ANATOMIE HUMAINE

DESCRIPTIVE, TOPOGRAPHIQUE ET FONCTIONNELLE

CHEZ LE MÊME ÉDITEUR

DES MÊMES AUTEURS

ANATOMIE HUMAINE DESCRIPTIVE, TOPOGRAPHIQUE ET FONCTIONNELLE, PAR H. ROUVIÈRE, A. DELMAS
TOME 1. – *Tête et cou.* 2002, 15e édition révisée par V. Delmas.
TOME 3. – *Membres.* 2002, 15e édition révisée par V. Delmas.
TOME 4. – *Système nerveux central – Voies et centres nerveux.* 2002, 15e édition révisée par V. Delmas.

ATLAS AIDE-MÉMOIRE D'ANATOMIE, PAR H. ROUVIÈRE. 1996. 5e édition révisée par V. Delmas.
376 pages, 252 figures en noir et en 3 couleurs.

PRÉCIS D'ANATOMIE ET DE DISSECTION, PAR H. ROUVIÈRE. 1976. 9e édition.
920 pages, 456 figures.

AUTRES OUVRAGES

ANATOMIE DE L'APPAREIL LOCOMOTEUR, PAR MICHEL DUFOUR
TOME 1. – *Membre inférieur.* 2002, 480 pages.
TOME 2. – *Membre supérieur.* 2002, 448 pages.
TOME 3. – *Tête et tronc.* 2002, 372 pages.

S'AUTO-ÉVALUER EN ANATOMIE CLINIQUE, PAR E.J. EVANS, B.J. MOXHAM, R.L.M. NEWELL, R.M. SANTER.
2002, 144 pages.

ANATOMIE GÉNÉRALE, PAR J.-P. CHEVREL, J.-L. DUMAS, J.-P. GUÉRAUD, J.-B. LÉVY. *Collection Abrégés cours + exos.*
2000, 256 pages.

ANATOMIE CRANIO-FACIALE, PAR F. LAISON, J.-F. GAUDY. *Collection Abrégés d'odontologie et de stomatologie.*
1993, 296 pages.

H. ROUVIÈRE • A. DELMAS

ANATOMIE HUMAINE

DESCRIPTIVE, TOPOGRAPHIQUE ET FONCTIONNELLE

TOME II

TRONC

QUINZIÈME ÉDITION RÉVISÉE PAR V. DELMAS

Professeur d'anatomie
Faculté de médecine Necker-Enfants Malades
Université René Descartes

MASSON

Maquette intérieure réalisée par Gérard Finel

Les illustrations introduisant les parties et les chapitres sont de Catherine Darphin.

ISBN : 2-294-00392-6

MASSON S.A. — 120, bd Saint-Germain, 75280 Paris Cedex 06

PRÉFACE DE LA 15e ÉDITION

CETTE nouvelle édition du traité d'*Anatomie humaine descriptive, topographique et fonctionnelle* d'Henri Rouvière et André Delmas adopte dans le texte la nomenclature anatomique internationale. Il s'agit là d'un choix tourné vers l'avenir, pour l'ouvrage qui est par l'originalité de son texte et de son iconographie, enrichis d'édition en édition, la référence anatomique en langue française.

La terminologie anatomique dont la première édition fut adoptée à Paris en 1955 sous le nom de Nomina Anatomica s'est progressivement imposée dans les publications internationales tant scientifiques que cliniques. Aux termes latins choisis comme langue commune, se sont retrouvées ainsi au cours des ans des correspondances ou des transpositions dans les termes anatomiques tels qu'ils sont utilisés actuellement par les anatomistes de langue française. Les termes latins ont été transposés quand ils étaient proches du français, adaptés quand ils en étaient trop éloignés.

Cet index placé en tête de chaque tome donne la correspondance entre la terminologie anatomique française, la terminologie latine qui sert de référence internationale et la traduction en anglais.

Enfin, ce traité d'*Anatomie humaine descriptive, topographique et fonctionnelle* individualise le système nerveux central en introduisant toute la partie fonctionnelle, œuvre d'André Delmas, réalisant ainsi une unité de tout le traité. Ceci justifie qu'un tome soit spécialement dévolu au système nerveux central. Ainsi le Rouvière-Delmas répond au besoin de son temps.

Mes remerciements vont aux éditions Masson pour l'aide et le soutien qu'elles ont apportés pour la réalisation de ces transformations. Mes remerciements vont aussi au Docteur Gervais Hounnou (Bénin), au Docteur Djibril Ouattara (Côte d'Ivoire) ainsi qu'à Madame Claire Guilabert pour leur assistance dans la mise en conformité du texte selon les modifications de la nomenclature.

L'imagerie anatomique en IRM est aujourd'hui devenue une illustration incomparable de l'anatomie du vivant. L'iconographie s'est magnifiquement enrichie grâce au Professeur Emmanuel A. Cabanis, au Docteur Marie-Thérèse Iba Zizen (CHNO – XV-XX) et au Docteur Adrian Istoc (Cluj, Roumanie) ; qu'ils en soient chaleureusement remerciés.

VINCENT DELMAS

PRÉFACE DE LA 12e ÉDITION

UNE nouvelle édition d'un ouvrage classique ne devrait nécessiter que des révisions mineures, aussi bien du texte que de l'illustration. Lorsqu'il s'agit de l'Anatomie humaine, cela paraît presque s'imposer, tant les travaux et les écrits de nos devanciers se sont appliqués à donner du corps humain une description exacte avec une probité et une forme difficiles à dépasser. Il suffit cependant de reprendre la lecture des anciens ouvrages d'Anatomie humaine de Cruveilhier et de Sappey du siècle dernier et, au début de ce siècle, des traités français comme les Traités de Poirier, de Paturet ou de Testut et Latarjet pour constater que, si l'Anatomie fondamentale reste bien la même et si nous n'avons pas grand'chose à ajouter ou à modifier à ce qui a été écrit, les exigences de nos contemporains sont devenues impérieuses sur certains points qui appellent des précisions d'intérêt pratique.

La description du corps humain peut entraîner comme toute description des mises au point qui tiennent à l'évolution de nos connaissances et de leurs applications. Un traité d'Anatomie humaine doit aujourd'hui offrir au lecteur, surtout lorsque celui-ci est un débutant, non seulement des renseignements sur l'organisation du corps humain mais encore sur les fonctions qu'assument les organes qui le constituent. C'est une évidence.

Déjà dans les éditions précédentes de ce Traité, il a paru nécessaire d'introduire des chapitres d'anatomie fonctionnelle qui éclairent d'un jour plus vivant les seules descriptions.

L'iconographie doit, elle aussi, refléter l'esprit nouveau que nous avons souhaité apporter à cet ouvrage. Les images photographiques, radiographiques, tomodensitométriques et aujourd'hui celles qui sont obtenues par la résonance magnétique nucléaire montreront au lecteur que l'illustration des éditions antérieures qui a été conservée, était à la fois exacte, didactique, en accord avec la description. Elles apportent encore la preuve que la connaissance du corps humain de l'homme vivant est nécessaire plus encore que celle qui résultait des seules préparations anatomiques.

Cette illustration n'a été possible que grâce au concours inestimable de mes amis Emmanuel Cabanis et Marie-Thérèse Cabanis-Iba-Zizen. Pour avoir travaillé avec eux, apprécié leur rigueur, leur science et leur enthousiasme, je tiens à souligner que sans leur collaboration l'iconographie de cet ouvrage ne serait pas ce qu'elle est devenue ; aussi je veux les en remercier en toute amitié.

André Delmas

PRÉFACE DE LA 1re ÉDITION

L'EXPOSÉ de l'anatomie par systèmes (systèmes squelettique, musculaire, nerveux, etc.), tel qu'il est fait dans les traités classiques, conduit, à propos des rapports, à des descriptions incomplètes et à des répétitions nombreuses qui augmentent sans profit le volume de l'ouvrage.

Si l'étudiant et le praticien veulent avoir une vue d'ensemble complète de l'anatomie d'un organe ou d'un groupe d'organes contenus dans une même région, ils sont obligés de recueillir les renseignements dispersés, au gré des systèmes, dans les différents volumes du traité.

De plus, la documentation bibliographique a pris de nos jours un très grand développement. Les gros traités d'anatomie sont obligés et s'efforcent d'analyser tous les travaux, mémoires et notes que publient de nombreux périodiques. Il en résulte une accumulation énorme de faits souvent sans importance, devant lesquels l'étudiant s'arrête, découragé.

J'ai voulu remédier à ces inconvénients en présentant l'anatomie sous une forme nouvelle, plus pratique, mieux adaptée aux besoins des étudiants et des praticiens.

Je divise l'anatomie en trois parties principales : 1° tête et cou ; — 2° tronc ; — 3° membres. Un chapitre spécial est consacré au système nerveux central.

Chaque partie fait l'objet d'une double étude : une étude descriptive et analytique, — une étude topographique et synthétique.

Je décris tout d'abord, successivement, les os, les articulations, les muscles, les vaisseaux, les nerfs, etc., en un mot tous les éléments qui composent le segment du corps envisagé. J'analyse les caractères morphologiques de tous ces organes et je mets ceux-ci en place dans la région qu'ils occupent. De cette manière, le lecteur voit s'édifier pièce par pièce tout un segment de l'organisme dont il pénètre ainsi en détails l'architecture.

À cette documentation fournie par l'analyse fait suite une étude topographique, dans laquelle je montre région par région, en une vue d'ensemble, les rapports que présentent entre eux tous les organes d'une même région.

Ainsi les anatomies descriptive et topographique sont étroitement unies, s'éclairent et se complètent.

Enfin, cette méthode d'exposition permet à l'élève et au praticien de trouver rassemblés en quelques pages d'un même volume tous les renseignements concernant un organe ou une région.

J'ai allégé le texte autant que j'ai pu, en laissant de côté tous les détails inutiles et les variations innombrables, sans intérêt. Mais j'ai largement mis à profit les recherches et publications récentes de quelque importance.

Une description anatomique doit être complète, précise, simple, mais en même temps suggestive ; aussi je me suis efforcé, quand cela était possible, d'expliquer le fait anatomique par l'embryologie, l'anatomie comparée ou la physiologie.

Grâce à l'effort consenti par MM. MASSON et Cie, j'ai pu donner à la partie iconographique de ce traité un soin et un luxe tout particuliers.

À l'exception de trente-huit figures empruntées à divers ouvrages, toutes sont originales. La plupart ont été exécutées à l'aquarelle d'après des préparations faites par moi. J'ai pu ainsi, en vérifiant les descriptions classiques, en modifier certaines, inexactes ou incomplètes.

À côté des figures au lavis ou à l'aquarelle, de nombreux schémas illustrent le texte. On publie trop souvent des schémas ridiculement inexacts, qui sont la caricature du modèle. J'ai soigneusement évité ce défaut ; presque toutes les figures schématiques que je présente sont, en effet, des reproductions simplifiées, mais exactes, de coupes et de préparations.

Toutes les figures ont été dessinées par M. MOREAUX avec un soin et une conscience qui n'ont d'égal que son beau talent. Je lui adresse mes biens vifs remerciements.

Je prie MM. MASSON et Cie de recevoir l'expression de ma gratitude pour l'attention, l'empressement et la perfection apportés à l'exécution matérielle de cet ouvrage.

HENRI ROUVIÈRE

Table des matières

ANATOMIE DU TRONC

LE TRONC : ASPECT GÉNÉRAL, DIVISION, TOPOGRAPHIE

SQUELETTE DU TRONC

ARTICULATIONS DU TRONC

MUSCLES DU TRONC

CŒUR ET VAISSEAUX DU TRONC

NERFS DU TRONC

VISCÈRES DU TRONC

NOMINA ANATOMICA

(P.N.A. *)

Termes définissant la situation et la direction des différentes parties du corps :

Vertical = *Verticalis* = Vertical
Horizontal = *Horizontalis* = Horizontal
Médian = *Medianus* = Median
Coronal = *Coronal* = Coronal
Sagittal = *Sagittalis* = Sagittal
Frontal = *Frontalis* = Frontal
Transversal = *Transversalis* = Transverse
Médial (interne) = *Medialis* = Medial
Intermédiaire = *Intermedius* = Intermediate
Latéral (externe) = *Lateralis* = Lateral
Antérieur = *Anterior* = Anterior
Occipital = *Occipitalis* = Occipital
Milieu (centre) = *Medius* = Middle
Postérieur = *Posterior* = Posterior
Ventral = *Ventralis* = Ventral
Dorsal = *Dorsalis* = Dorsal
Interne = *Internus* = Internal
Externe = *Externus* = External
Droit = *Dexter* = Right
Gauche = *Sinister* = Left
Longitudinal = *Longitudinalis* = Longitudinal
Transversal = *Transversus* = Transverse
Cranial = *Cranialis* = Cranial
Caudal = *Caudalis* = Caudal
Supérieur = *Superior* = Superior
Inférieur = *Inferior* = Inferior
Superficiel = *Superficialis* = Superficial
Profond = *Profundus* = Deep
Rostral = *Rostralis* = Rostral
Apical = *Apicalis* = Apical
Basal = *Basalis* = Basal
Basilaire = *Basilaris* = Basilar
Axial = *Axialis* = Axial
Luminal = *Luminalis* = Luminal

Termes concernant les membres

Proximal = *Proximalis* = Proximal
Distal = *Distalis* = Distal
Central = *Centralis* = Central
Périphérique = *Periphericus/Peripheralis* = Peripheral
Radial = *Radialis* = Radial
Ulnaire = *Ulnaris* = Ulnar
Tibial = *Tibialis* = Tibial
Péroné / Fibulaire = *Fibularis/Peronealis* = Fibular/Peroneal
Palmaire = *Palmaris/Volaris* = Palmar/Volar
Plantaire = *Plantaris* = Plantar
Fléchisseur = *Flexor* = Flexor
Extenseur = *Extensor* = Extensor

Termes spécifiques

Abdomen = *Abdomen* = Abdomen
Acétabulum = *Acetabulum* = Acetabulum
Acromion = *Acromion* = Acromion
Adénohypophyse = *Adenohypophysis* = Adenohypophysis
Aditus ad antrum = *Aditus ad antrum* = Aditus to antrum
Adminiculum lineae albae = *Adminiculum lineae albae* = Posterior attachment linea alba
Agger nasi = *Agger nasi* = Agger nasi
Aile de la crista galli = *Ala cristae galli* = Ala of crista galli
Aile du nez = *Ala nasi* = Ala of nose
Aile du vomer = *Ala vomeris* = Ala of vomer
Aile iliaque = *Ala ossis ilii* = Ala of ilium
Aileron du pharynx = *Ala pharyngis* = Ala pharyngis
Aileron du sacrum = *Pars lateralis basis ossis sacri* = Base of sacrum lateral part
Aileron latéral du pharynx = *Ala pharyngis lateralis* = Lateral ala pharyngis
Aileron médial du pharynx = *Ala pharyngis medialis* = Medial ala pharyngis
Aire cochléaire = *Area cochlea* = Cochlear area
Aire intercondylaire antérieur = *Area intercondylaris anterior* = Anterior intercondylar area
Aire vestibulaire = *Area vestibularis* = Vestibular area
Aire vestibulaire inférieure = *Area vestibularis inf.* = Inferior vestibular area
Aire vestibulaire supérieure = *Area vestibularis superior* = Superior vestibular area
Albuginée des corps caverneux = *Tunica albuginea corporum cavernosum* = Tunica albuginea of corpora cavernosa
Albuginée du testicule = *Tunica albuginea testis* = Tunica albuginea testis
Allantoïde = *Allantoidea* = Allantoid
Alvéoles dentaires = *Alveoli dentales* = Dental alveoli
Alvéoles pulmonaires = *Alveoli pulmonis* = pulmonar alveole
Ampoule de la trompe utérine = *Ampulla tubae uterinae* = Ampulla of uterine tube
Ampoule du canal déférent = *Ampulla ductus deferentis* = Ampulla of ductus deferens
Ampoule hépato-pancréatique = *Ampulla hepato-pancreatica* = Hepatopancreatic ampulla

* Nomenclature anatomique internationale (français-latin-anglais) adoptée à Paris en 1955 et révisée en 1998.

Ampoule rectale = *Ampulla recti* = Rectal ampulla
Angle colique droit = *Flexura coli dextra* = Right colic flexure
Angle de la mandibule = *Angulus mandibulae* = Angle of mandible
Angle de l'œil = *Angulus oculi* = Angle of eye
Angle droit du côlon = *Flexura coli dextra* = Right colic flexure
Angle du sternum = *Angulus sterni* = Sternal angle
Angle duodéno-jéjunal = *Flexura duodenojejunalis* = Duodenojejunal flexure
Angle gauche du côlon = *Flexura coli sinistra* = Left colic flexure
Angle hépatique du côlon = *Flexura coli dextra* = Right colic flexure
Angle infra-sternal = *Angulus infrasternalis* = Infrasternal angle
Angle irido-cornéen = *Angulus iridocornealis* = Iridocorneal angle
Angle postérieur des côtes = *Angulus costae* = Angle of rib
Angle splénique du côlon = *Flexura coli sinistra* = Left colic flexure
Angle sub-pubique = *Angulus subpubicus* = Subpubic angle
Anneau conjonctival = *Anulus conjunctivae* = Conjunctival ring
Anneau fémoral = *Anulus femoralis* = Femoral ring
Anneau fibreux artériel du cœur = *Anulus fibrosus cordis* = Fibrous ring
Anneau fibreux atrio-ventriculaire = *Trigonum fibrosum* = Fibrous trigone
Anneau fibro-cartilagineux de la membrane du tympan = *Anulus fibrocartilagineus membranae tympani* = Fibrocartilaginous ring
Anneau inguinal = *Anulus inguinalis* = Inguinal ring
Anneau inguinal superficiel = *Anulus inguinalis superficialis* = Superficialis inguinal ring
Anneau lymphatique du pharynx = *Anulus lymphoidus pharyngis* = Pharyngeal lymphaticus ring
Anneau ombilical = *Anulus umbilicalis* = Umbilical ring
Anneau tendineux commun = *Anulus tendineus communis* = Common tendinous ring
Anneau tympanique = *Anulus tympanicus* = Tympanic ring
Anneaux fibreux du cœur = *Anuli fibrosi cordis* = Anulus fibrosus
Anse cervicale = *Ansa cervicalis* = Ansa cervicalis
Anse lenticulaire = *Ansa lenticularis* = Ansa lenticularia
Anse sub-clavière = *Ansa subclavia* = Ansa subclavia
Anthélix = *Antihelix* = Antihelix
Antilingula = *Antilingula* = Antilingula
Antitragus = *Antitragus* = Antitragus
Antre mastoïdien = *Antrum mastoideum* = Mastoid antrum
Anus = *Anus* = Anus
Aorte = *Aorta* = Aorta
Aorte abdominale = *Aorta abdominalis* = Abdominal aorta
Aorte thoracique = *Aorta thoracica* = Thoracic aorta
Aorte thoracique descendante = *Aorta descendens* = Descending aorta
Apex de la tête de la fibula = *Apex capitis fibulae* = Apex of head of fibula
Apex du cœur = *Apex cordis* = Apex of heart
Aponévrose du biceps brachial = *Aponeurosis m. bicipitis brachii* = Bicipital aponeurosis
Aponévrose du muscle oblique externe = *Aponeurosis m. obliqui externi abdominis* = External oblique aponeurosis
Aponévrose épicrânienne / galea = *Galea aponeurotica* = Epicranial aponeurosis
Aponévrose palmaire = *Aponeurosis palmaris* = Palmar aponeurosis
Appendice de l'épididyme = *Appendix epididymidis* = Appendix of epididymis
Appendice du testicule = *Appendix testis* = Appendis of testis
Appendice vermiculaire = *Appendix vermiformis* = Appendix
Appendices épiploïques = *Appendices epiploicae* = Omental appendices
Aqueduc du cerveau = *Aqueductus cerebri* = Cerebral aqueduct
Aqueduc du vestibule = *Aqueductus vestibuli* = Vestibular aqueduct
Arachnoïde = *Arachnoidea* = Arachnoid
Arc alvéolaire (des mâchoires) = *Arcus alveolaris* = Alveolar arch
Arc antérieur de l'atlas = *Arcus anterior (atlas)* = Anterior arch (atlas)
Arc aortique = *Arcus aortae* = Aortic arch
Arc cricoïdien = *Arcus (cart cricoidea)* = Arch of cricoid cartilage
Arc de l'aorte = *Arcus aortae* = Aortic arch
Arc de l'azygos = *Arcus venae azygos* = Arch of azygos vein
Arc du canal thoracique = *Arcus ducti thoracici* = Arch of thoracic duct
Arc ilio-pectinée = *Arcus iliopectineus* = Iliopectineal arch
Arc lombo-costal latéral = *Arcus lumbocostalis lateralis* = Lateral arcuate ligament
Arc lombo-costal médial = *Arcus lumbocostalis medialis* = Medial arcuate ligament
Arc palato-glosse = *Arcus palatoglossus* = Palatoglossal arch
Arc palato-pharyngé = *Arcus palatopharyngeus* = Palatopharyngeal arch
Arc plantaire profond = *Arcus plantaris profundus* = Deep plantar arch
Arc plantaire superficiel = *Arcus plantaris superficialis* = Superficial plantar arch
Arc postérieur de l'atlas = *Arcus posterior (atlas)* = Posterior arch (atlas)
Arc tendineux de l'élévateur de l'anus = *Arcus tendineus m. levatori ani* = Tendinous arch of levator ani
Arc tendineux du fascia pelvien = *Arcus tendineus fasciae pelvis* = Tendinous arch of pelvic fascia
Arc tendineux du soléaire = *Arcus tendineus m. solei* = Tendinous arch of soleus
Arc vertébral = *Arcus vertebrae* = Vertebral arch
Arcade dentale mandibulaire = *Arcus dentalis mandibularis* = Mandibular dental arcade
Arcade dentale maxillaire = *Arcus dentalis maxillaris* = Maxillar dental arcade
Arcade palmaire profonde = *Arcus palmaris profundus* = Deep palmar arch
Arcade palmaire superficielle = *Arcus palmaris superficialis* = Superficial palmar arch
Arcade plantaire = *Arcus plantaris* = Deep plantar arch
Arcade supra-ciliaire = *Arcus superciliaris* = Superciliary arch
Arcade veineuse dorsale du pied = *Arcus venosus dorsalis pedis* = Dorsal venous arch of foot
Arcade veineuse palmaire superficielle = *Arcus venosus palmaris superficialis* = Superficial venous palmar arch
Arcade veineuse plantaire = *Arcus venosus plantaris* = Plantar venous arch
Arche longitudinale du pied = *Arcus pedis longitudinalis* = Longitudinal arch of foot
Arche transverse du pied = *Arcus pedis transversus* = Transverse arc of foot
Area cribrosa = *Area cribrosa* = Cribriform area
Aréole mammaire = *Areola mammae* = Areola

Artère (anastomose) = *Vas anastomoticum* = Anastomotic vessel
Artère alvéolaire inférieure = *A. alveolaris inferior* = Inferior alveolar artery
Artère alvéolaire supérieure = *A. alveolaris superior* = Superior alveolar artery
Artère angulaire. = *A. angularis* = Angular artery
Artère appendiculaire = *A. appendicularis* = Appendicular artery
Artère arquée du pied = *A. arcuata pedis* = Arcuate artery of foot
Artère articulaire inférieure du genou = *A. genu inferior* = Inferior genicular artery
Artère articulaire moyenne du genou = *A. genu media* = Middle genicular artery
Artère articulaire supérieure du genou = *A. genu superior* = Superior genicular artery
Artère ascendante palatine = *A. palatina ascendens* = Ascending palatine artery
Artère auriculaire postérieure = *A. auricularis posterior* = Posterior auriculare artery
Artère axillaire = *A. axillaris* = Axillary artery
Artère basilaire = *A. basilaris* = Basilar artery
Artère brachiale = *A. brachiali* = Brachial artery
Artère brachiale profonde = *A. profunda brachii* = Deep artery of arm
Artère buccale = *A. buccalis* = Buccal artery
Artère cæcale antérieure = *A. cæcalis anterior* = Anterior caecal artery
Artère cæcale postérieure = *A. cæcalis posterior* = Posterior caecal artery
Artère cardio - œsophagienne = *Rami œsophagei(A. gastrica sinistra)* = Oesophageal branches
Artère carotico - tympanique = *A. caroticotympanicae* = Caroticotympanic arteries
Artère carotide commune droite = *A. carotis communis dextra* = Common carotid artery (right)
Artère carotide commune gauche = *A. carotis communis sinistra* = Common carotid artery (left)
Artère carotide externe = *A. carotis externa* = External carotid artery
Artère carotide interne = *A. carotis interna* = Internal carotid artery
Artère centrale de la rétine = *A. centralis retinae* = Central retinal artery
Artère cérébelleuse inférieure et postérieure = *A. cerebelli inferior et posterior* = Posterior and inferior cerebellar artery (PICA)
Artère cérébelleuse postérieure = *A. cerebelli posterior* = Cerebellar tonsilar branches
Artère cérébrale antérieure = *A. cerebri anterior* = Anterior cerebral artery
Artère cérébrale moyenne = *A. cerebri media* = Middle cerebral artery
Artère cérébrale postérieure = *A. cerebri posterior* = Posterior cerebral artery
Artère cervicale ascendante = *A. cervicalis ascendens* = Ascending cervical artery
Artère cervicale profonde = *A. cervicalis profunda* = Deep cervical artery
Artère cervicale transverse = *A. transversa colli* = Transverse cervical artery
Artère cervicale transverse superficielle = *A. transversa colli* = Transverse cervical artery
Artère choroïdienne antérieure = *A. choroidea anterior* = Anterior choroidal artery
Artère circonflexe antérieure de l'humérus = *A. circumflexa humeri anterior* = Anterior circumflex humeral artery
Artère circonflexe fibulaire = *Ramus circumflexus fibularis* = Circumflex fibular branch
Artère circonflexe iliaque profonde = *A. circumflexa ilium profunda* = Deep circumflex iliac artery
Artère circonflexe iliaque superficielle = *A. circumflexa ilium superficialis* = Superficial circumflex iliac artery
Artère circonflexe latérale du fémur = *A. circumflexa femoris lateralis* = Lateral circumflex femoral artery
Artère circonflexe médiale du fémur = *A. circumflexa femoris medialis* = Medial circumflex femoral artery
Artère circonflexe postérieure de l'humérus = *A. circumflexa humeri posterior* = Posterior circumflex humeral artery
Artère cochléaire commune = *A. cochlearis communis* = Common cochlear artery
Artère colique droite = *A. colica dextra* = Right colic artery
Artère colique droite inférieure = *A. colica dextra, ramus inferior* = Inferior right colic artery
Artère colique droite moyenne = *A. colica dextra, ramus medius* = Middle right colic artery
Artère colique droite supérieure = *A. colica dextra, ramus superior* = Superior right colic artery
Artère colique gauche inférieure = *A. colica sinistra, ramus inferior* = Inferior left colic artery
Artère colique gauche supérieure = *A. colica sinistra, ramus superior* = Superior left colic artery
Artère collatérale interne supérieure (de la brachiale) = *A. collateralis ulnaris superior* = Superior ulnar collateral artery
Artère collatérale ulnaire inférieure (de la brachiale) = *A. collateralis ulnaris inferior* = Inferior ulnar collateral artery
Artère communicante antérieure = *A. communicans anterior* = Anterior communicating artery
Artère communicante postérieure = *A. communicans posterior* = Posterior communicating artery
Artère coronaire droite = *A. coronaria dextra* = Right coronary artery
Artère coronaire gauche = *A. coronaria sinistra* = Left coronary artery
Artère crémastérique = *A. cremasterica* = Cremasteric artery
Artère cystique = *A. cystica* = Cystic artery
Artère de l'angle colique droit = *A. colica dextra (ramus flexurae coli dextrae)* = Right flexural artery
Artère de l'angle colique gauche = *A. colica sinistra (ramus flexurae coli sinistrae)* = Left flexural artery
Artère de la paroi inférieure du troisième ventricule = *Rami centrales (A. cerebri media)* = Central arteries (middle cerebral artery)
Artères de la plèvre = *Rami pleurae* = Pleural branches
Artère déférentielle = *A. ductus deferentis* = Artery to vas deferens
Artère descendante du genou = *A.descendens genus* = Descending genicular artery
Artère dorsale de la langue = *Rami dorsales linguae* = Dorsal lingual branches
Artère dorsale du carpe = *A. carpalis dorsalis* = Dorsal carpal artery
Artère dorsale du nez = *A. dorsalis nasi* = Dorsal nasal artery
Artère dorsale du pénis = *A. dorsalis penis* = Dorsal artery of penis
Artère dorsale du pied = *A. dorsalis pedis* = Dorsalis pedis artery
Artère du bulbe du pénis = *A. bulbi penis* = Artery of bulb of penis

Artère du canal déférent = *A. ductus deferentis* = Artery to ductus deferens
Artère du canal ptérygoïde = *A. canalis pterygoidei* = Artery of pterygoid canal
Artère du côlon ascendant = *A. colica dextra* = Right colic artery
Artère du côlon descendant = *A. colica sinistra* = Left colic artery
Artère du côlon transverse = *A. colica media* = Middle colic artery
Artère du quadriceps = *Ramus descendens (A. circumflexa lateralis)* = Descending branch
Artère épigastrique inférieure = *A. epigastrica inferior.* = Inferior epigastric artery
Artère épigastrique superficielle = *A. epigastrica superficialis* = Superficial epigastric artery
Artère ethmoïdale antérieure = *A. ethmoidalis anterior* = Anterior ethmoid artery
Artère ethmoïdale postérieure = *A. ethmoidalis posterior* = Posterior ethmoid artery
Artère faciale = *A. facialis* = Facial artery
Artère fémorale = *A. femoralis* = Femoral artery
Artère fémorale profonde = *A. profunda femoris* = Deep artery of thigh
Artère gastrique droite = *A. gastrica dextra* = Right gastric artery
Artère gastrique gauche = *A. gastrica sinistra* = Left gastric artery
Artère gastro-duodénale = *A. gastroduodenalis* = Gastroduodenal artery
Artère gastro-omentale droite = *A. gastroomentalis dextra* = Right gastro-omental artery
Artère gastro-omentale gauche = *A. gastroomentalis sinistra* = Left gastro-omental artery
Artère glutéale inférieure = *A. glutea inferior* = Inferior gluteal artery
Artère glutéale supérieure = *A. glutea superior* = Superior gluteal artery
Artère hépatique commune = *A. hepatica communis* = Common hepatic artery
Artère iléo-colique = *A. ileocolica* = Ileocolic artery
Artère iliaque commune = *A. iliaca communis* = Commun iliac artery
Artère iliaque externe = *A. iliaca externa* = External iliac artery
Artère iliaque interne = *A. iliaca interna* = Internal iliac artery
Artère ilio-lombale = *A. iliolumbalis* = Iliolumbar artery
Artère infra-orbitaire = *A. infraorbitalis* = Infra-orbital artery
Artère intercostale = *A. intercostalis* = Intercostal artery
Artère intercostale supérieure = *A. intercostalis superior* = Superior intercostal artery
Artère interosseuse antérieure = *A. interossea anterior* = Anterior interosseous artery
Artère interosseuse commune = *A. interossea communis* = Common interosseous artery
Artère interosseuse du premier espace (main) = *A. radialis indicis* = Radialis indicis artery
Artère interosseuse postérieure = *A. interossea posterior* = Posterior interosseous artery
Artère labiale inférieure = *A. labialis inferior* = Inferior labial branch
Artère labiale supérieure = *A. labialis superior* = Superior labial branch
Artère labyrinthique = *A. labyrinti* = Labyrintine artery
Artère lacrymale = *A. lacrymalis* = Lacrimal artery
Artère laryngée inférieure = *A. laryngea inferior* = Inferior laryngeal artery
Artère laryngée supérieure = *A. laryngea superior* = Superior laryngeal artery
Artère latérale du tarse = *A. tarsalis lateralis* = Lateral tarsal artery
Artère linguale = *A. lingualis* = Lingual artey
Artère malléolaire latérale = *A. malleolaris anterior lateralis* = Anterior lateral malleolar artery
Artère malléolaire médiale = *A. malleolaris anterior medialis* = Anterior medial malleolar artery
Artère massétérique = *A. masseterica* = Masseteric artery
Artère maxillaire = *A. maxillaris* = Maxillary artery
Artère médiale du tarse = *A. tarsea medialis* = Medial tarsal artery
Artère méningée moyenne = *A. meningea media* = Middle meningeal artery
Artère méningée postérieure = *A. meningea posterior* = Posterior meningeal artery
Artère méningée = *A. meningea* = Meningeal artery
Artère mésentérique inférieure = *A. mesenterica inferior* = Inferior mesenteric artery
Artère mésentérique supérieure = *A. mesenterica superior* = Superior mesenteric artery
Artère musculo-phrénique = *A. musculophrenica* = Musculophrenic artery
Artère nourricière de l'humérus = *A. nutricia humeri* = Humeral nutrient artery
Artère obturatrice = *A. obturatoria* = Obturator artery
Artère occipitale = *A. occipitalis* = Occipital artery
Artère ombilicale = *A. umbilicalis* = Umbilical artery
Artère ophtalmique = *A. ophtalmica* = Ophtalmic artery
Artère ovarique = *A. ovarica* = Ovarian artery
Artère palatine ascendante = *A. palatina ascendens* = Ascending palatine artery
Artère palatine descendante = *A. palatina descendens* = Descending palatine artery
Artère palatine inférieure = *A. palatina inferior* = Inferior palatine artery
Artère palatine supérieure = *A. palatina superior* = Superior palatine artey
Artère palmaire du carpe = *A. carpalis palmaris* = Palmar carpal artery
Artère palmaire profonde = *A. palmaris profunda* = Deep palmar branch
Artère palmaire superficielle = *A. palmaris superficialis* = Superficial palmar
Artère pancréatico-duodénale droite inférieure = *A. pancreatico-duodenalis inferior* = Inferior pancreaticoduodenal artery
Artère pancréatico-duodénale gauche = *A. pancreatico-duodenalis sinistra* = Left pancreaticoduodenal artery
Artère pancréatico-duodénale supérieure = *Arteria pancreatico-duodenalis superior* = Superior pancreaticoduodenal artery
Artère périnéale = *A. perinealis* = Perineal artery
Artère péronière / A. fibulaire = *A. peronea / A. fibularis* = Peroneal artery / Fibular artery
Artère péronière antérieure = *Ramus perforans (A. peronea)* = Perforating branch (fibular artery)
Artère péronière postérieure = *A. peronea* = Posterior peroneal artery
Artère petite méningée = *Ramus meningeus accessorius* = Accessory meningeal branch
Artère pharyngienne ascendante = *A. pharyngea ascendens.* = Ascending pharyngeal artery

Artère phrénique inférieure = *A. phrenica inferior* = Inferior phrenic artery
Artère plantaire latérale = *A. plantaris lateralis* = Lateral plantar artery
Artère plantaire médiale = *A. plantaris medialis* = Medial plantar artery
Artère poplitée = *A. poplitea* = Popliteal artery
Artère principale du pouce = *A. princeps pollicis* = Princeps pollicis artery
Artère profonde du pénis = *A. profunda penis (clitoridis)* = Deep artery of penis (clitoris)
Artère prostatique (artère vésicale inférieure) = *Rami prostatici (arteria vesicalis inferior)* = Prostatic branches (inferior vesical artery)
Artère pudendale externe inférieure = *A. pudenda externa inferior* = Inferior external pudendal artery
Artère pudendale externe supérieure = *A. pudenda externa superior* = Superior external pudendal artery
Artère pudendale interne = *A. pudenda interna* = Internal pudendal artery
Artère pulmonaire droite = *A. pulmonalis dextra* = Right pulmonary artery
Artère pulmonaire gauche = *A. pulmonalis sinistra* = Left pulmonary artery
Artère radiale = *A. radialis* = Radial artery
Artère rectale inférieure = *A. rectalis inferior* = Inferior rectal artery
Artère rectale moyenne = *A. rectalis media* = Middle rectal artery
Artère rectale supérieure = *A. rectalis superior* = Superior rectal artery
Artère récurrente radiale antérieure = *A. recurrens radialis* = Radial recurrent artery
Artère récurrente radiale postérieure = *A. interossea recurrens.* = Recurrent interosseous artery
Artère récurrente tibiale antérieure = *A. recurrens tibialis anterior* = Anterior tibial recurrent artery
Artère récurrente tibiale postérieure = *A. recurrens tibialis posterior* = Posterior tibial recurrent artery
Artére récurrente ulnaire = *A. recurrens ulnaris* = Ulnar recurrent artery
Artère récurrente ulnaire antérieure = *A. recurrens ulnaris (ramus anterior)* = Ulnar recurrent artery (anterior branch)
Artère récurrente ulnaire postérieure = *A. recurrens ulnaris (ramus posterior)* = Ulnar recurrent artery (posterior branch)
Artère rénale = *A renalis* = Renal artery
Artère sacrale latérale = *A. sacralis lateralis* = Lateral sacral artery
Artère sacrée moyenne = *A. sacralis mediana* = Median sacral artery
Artère scapulaire inférieure = *A. subscapularis* = Subscapular artery
Artère scapulaire supérieure = *A. suprascapularis* = Supracapular artery
Artère sphéno-palatine = *A. spheno-palatina* = Sphenopalatine artery
Artère spinale antérieure = *A. spinalis anterior* = Anterior spinal artery
Artère spinale postérieure = *A. spinalis posterior* = Posterior spinal artery
Artère splénique = *A. lienalis / A. splenica* = Splenic artery
Artère sterno-cléido-mastoïdienne = *Ramus sternocleido mastoideus* = Sternocleidomastoideus branch
Artère sub-clavière droite = *A. sub-clavia dextra* = Right subclavian artery
Artère sub-clavière gauche = *A. sub-clavia sinistra* = Left subclavian artery
Artère sublinguale = *A. sublingualis* = Sublingual artery
Artère sub-mentale = *A. submentalis* = Submental artery
Artère sub-scapulaire = *A. sub-scapularis* = Subscapular artery
Artère supra-orbitaire = *A. supraorbitalis* = Supraorbital artery
Artère supra-rénale = *A. suprarenalis* = Suprarenal artery
Artère supra-scapulaire = *A. suprascapularis* = Suprascapular artery
Artère supra-trochléaire = *A. supra-trochlearis* = Supratrochlear artery
Artère surrénale inférieure = *A. suprarenalis inferior* = Inferior suprarenal artery
Artère surrénale moyenne = *A. suprarenalis media* = Middle suprarenal artery
Artère surrénale supérieure = *A. suprarenalis superior* = Superior supra renal artery
Artère temporale moyenne = *A. temporalis media* = Middle temporal artery
Artère temporale postérieure = *A. temporalis posterior* = Posterior temporal artery
Artère temporale profonde = *A. temporalis profunda* = Deep temporal artery
Artère temporale superficielle = *A. temporalis superficialis* = Superficial temporal artery
Artère testiculaire = *A. testicularis* = Testicular artery
Artère thoracique inférieure = *A. thoracica inferior* = Inferior thoracic artery
Artère thoracique interne = *A. thoracica interna* = Internal thoracic artery
Artère thoracique latérale = *A. thoracica lateralis* = Lateral thoracic artery
Artère thoracique supérieure = *A. thoracica superior* = Superior thoracic artery
Artère thoraco-acromiale = *A. thoracoacromialis* = Thoracoacromial artery
Artère thyroïdea ima = *A. thyroidea ima* = Thyroid ima artery
Artère thyroïdienne inférieure = *A. thyroidea inferior* = Inferior thyroid artery
Artère thyroïdienne supérieure = *A. thyroidea superior* = Superior thyroid artery
Artère tibiale antérieure = *A. tibialis anterior* = Anterior tibial artery
Artère tibiale postérieure = *A. tibialis posterior* = Posterior tibial artery
Artère tonsillaire (artère faciale) = *Ramus tonsillaris (A. facialis)* = Tonsillar branch (facial artery)
Artère transversale de la face = *Arteria transversa faciei* = Transverse facial artery
Artère tubaire interne = *Ramus tubarius (A. Uterina)* = Tubal branch (uterine artery)
Artère tympanique = *A. tympanica anterior* = Anterior tympanic artery
Artère ulnaire = *A. ulnaris* = Ulnar artery
Artère urétrale = *A. urethralis* = Urethral artery
Artère utérine = *A. uterina* = Uterine artery
Artère vaginale = *A. vaginalis* = Vaginal artery
Artère vertébrale = *A. vertebralis* = Vertebral artery
Artère vésicale inférieure = *A. vesicalis inferior* = Inferior vesical artery
Artère vésicale supérieure = *A. vesicalis superior* = Superior vesical artery
Artère zygomatico-orbitale = *A. zygomatico-orbitalis* = Zygomatico-orbital artery
Artères bronchiques = *Rami bronchiales* = Bronchial branches
Artères cérébelleuses supérieures = *AA. cerebelli superiores* = Superior cerebellar arteries
Artères ciliaires = *AA. ciliares* = Ciliary arteries

Artères ciliaires antérieures = *AA. ciliares anteriores* = Anterior ciliary arteries
Artères ciliaires courtes postérieures = *AA. ciliares posteriores breves* = Short posterior ciliary arteries
Artères ciliaires longues postérieures = *AA. ciliares posteriores longae* = Long posterior ciliary arteries
Artères collatérales palmaires des doigts = *AA. digitales palmares propriae* = Proper palmar digital arteries
Artères corticales = *Rami corticales* = Cortical branches
Artères de l'estomac = *AA. Gastricae* = Gastric arteries
Artères de l'œsophage = *Rami œsophagei* = Oesophageal branches
Artères de l'uretère = *Rami ureterici* = Ureteric branches
Artères de la mamelle = *Rami mammali* = Mammary branches
Artères de la trompe utérine = *Rami tubarii* = Tubal branches
Artères de la vessie = *Rami vesicales* = Vesical branches
Artères de la vulve = *Rami labiales* = Labial branches
Artères des bronches = *Rami bronchiales* = Bronchial branches
Artères digitales palmaires = *AA. digitales palmares* = Palmar digital arteries
Artères dorsales des doigts = *AA. digitales dorsales* = Dorsal digital arteries
Artères du duodénum = *AA. Duodeni* = Duodenal arteries
Artères du jéjuno-iléon = *AA. jejunales et ileales* = Ileal and jejunal arteries
Artères du pancréas = *R. pancreatici* = Pancreatic branches
Artères du pénis = *Rami penis* = Penis branches
Artères du pont = *AA. Pontis* = Pontine arteries
Artères du rectum = *AA. Rectales* = Rectal arteries
Artères du scrotum = *Rami scrotales* = Scrotal branches
Artères gastriques courtes = *AA. gastricae breves* = Short gastric arteries
Artères intercostales postérieures = *AA. intercostales posteriores (III-XI)* = Posterior intercostal arteries
Artères interlobaires du rein = *AA. interlobares renis* = Interlobar artery
Artères interventriculaires antérieures = *Rami interventriculares anteriores* = Anterior interventricular branches
Artères lobaires du rein = *AA. interlobares renis* = Interlobar arteries
Artères lombales = *AA. Lumbales* = Lumbar arteries
Artères médiastinales = *Rami mediastinales* = Mediastinal branches
Artères métacarpiennes palmaires = *AA. metacarpeae palmares* = Palmar metacarpal arteries
Artères métatarsiennes plantaires = *AA. metatarseae plantares* = Plantar metatarsal arteries
Artères œsophagiennes inférieures = *Rami œsophagei (A. gastricae sinistrae)* = Oesophageal branches (left gastric artery)
Artères œsophagiennes moyennes = *Rami œsophageales (aorta thoracica)* = Oesophageal branches (thoracic aorta)
Artères œsophagiennes supérieures = *Rami œsophageales (A. thyroidea inferior)* = Oesophageal branches (inferior thyroid artery)
Artères palpébrales = *AA. Palpebrales* = Palpebral arteries
Artères pancréatico-duodénales = *AA. pancreatico-duodenales* = Pancreaticoduodenal artery
Artères parotidiennes = *Ramus parotideus (A. temporalis superficialis)* = Parotid branch (superficial temporal artery)
Artères perforantes (arcade palmaire profonde) = *Rami perforantes (Arcus palmaris profundus)* = Perforating branches (deep palmar arch)
Artères phréniques supérieures = *AA. Phrenicae superiores* = Superior phrenic arteries
Artères ptérygoïdiennes = *Rami pterygoidei* = Pterygoid branches
Artères sigmoïdes = *AA. Sigmoideae* = Sigmoid arteries
Artères splénique = *AA. Lienales* = Splenic artery
Artères striées antéro-latérales = *A. centralo-antero-mediales (cerebri anterior)* = Antérior medial central arteries
Artères striées latérales = *A. striati (A. cerebri media) laterales* = Lateral stiate arteries
Artères striées médiales = *A. striati (A. cerebri media) mediales* = Medial striate arteries
Artères surales = *AA. Surales* = Sural arteries
Artères testiculaires = *AA. Testiculares* = Testicular artery
Artères urétérales = *Rami ureterici* = Ureteric branches
Artères vaginales = *AA. Vaginales* = Vaginal artery
Articulation (en général) = *Articulatio / junctura* = Joint
Articulation acromio-claviculaire = *Art. acromioclavicularis* = Acromioclavicular joint
Articulation atlanto-occipitale = *Art. atlantooccipitalis* = Atlanto-occipital joint
Articulation calcanéo-cuboïdienne = *Art. calcaneo-cuboidea* = Calcaneocuboid joint
Articulation carpo-métacarpienne du pouce = *Art. carpometacarpea (pollicis)* = Carpometacarpal joint of thumb
Articulation condylaire = *Art. bicondylaris* = Bicondylar joint
Articulation costo-transversaire = *Art. costotransversaria* = Costotransverse joints
Articulation coxo-fémorale = *Art. coxae* = Hip joint
Articulation crico-thyroïdienne = *Art. cricothyroiedea* = Cricothyroid joints
Articulation cunéo-cuboïdienne = *Art. cuneocuboidea* = Cuneocuboid joint
Articulation cunéo-naviculaire = *Art. cuneonavicularis* = Cuneonavicular joint
Articulation des corps vertébraux = *Symphysis intervertebralis* = Intervertebral joint
Articulation des osselets de l'oreille = *Art. ossiculorum auditus* = Articulations of auditory assicles
Articulation du coude = *Art. cubitii* = Elbow joints
Articulation du cou-de-pied/ talo-crurale = *Art. talocruralis* = Ankle joint
Articulation du genou = *Art. genu* = Knee joint
Articulation gléno-humérale = *Art. glenohumerale* = Shoulder joint
Articulation huméro-radiale = *Art. humeroradialis* = Humeroradial joint
Articulation huméro-ulnaire = *Art. humeroulnaris* = Humero-ulnar joint
Articulation lombo-sacral = *Art. lumbosacralis* = Lumbosacral joint
Articulation médio-carpienne = *Art. medio-carpalis* = Midcarpal joint
Articulation médio-tarsienne = *Art. tarsi transversa* = Transverse tarsal joint
Articulation métacarpophalangienne du pouce = *Art. metacarpophalangea pollicis* = Metacarpophalangeal joints of thumb
Articulation piso-triquetrum = *Art. ossis pisiformis* = Pissiform joint

Articulation plane = *Articulatio plana* = Plane joint
Articulation radio-ulnaire distal = *Art. radioulnaris distalis* = Distal radio-ulnar joint
Articulation radio-ulnaire proximal = *Art. radioulnaris proximalis* = Proximal radio-ulnar joint
Articulation sacro-coccygienne = *Art. sacrococcygea* = Sacrococcygeal joint
Articulation sacro-iliaque = *Art. sacroiliaca* = Sacroiliac joint
Articulation sphéroïde = *Art. spheroidea* = Spheroidal joint
Articulation sterno-claviculaire = *Art. sternoclavicularis* = Sternoclavicular joint
Articulation sterno-costale = *Art. sternocostalis* = Sternocostal joint
Articulation subtalaire = *Art. subtalaris* = Subtalar joint
Articulation talo-calcanéenne / subtalaire = *Art. subtalaris* = Subtalar joint
Articulation talo-crurale = *Art. talocruralis* = Ankle joint
Articulation talo-scaphoïdienne = *Art. talocalcaneo-navicularis* = Talocalcaneonavicular joint
Articulation tarso-métatarsales = *Art. tarsometatarseae* = Tarsometatarsal joints
Articulation temporo-mandibulaire = *Art. temporomandibularis* = Temporomandibular joint
Articulation tibio-fibulaire supérieure = *Art. tibiofibularis* = Tibiofibular joint
Articulation transverse du tarse = *Art. tarsi transversa* = Transverse tarsal joints
Articulations atlanto-axoïdiennes = *Art. atlantoaxialis lateralis* = Lateral atlanto-axial joint
Articulations atlanto-odontoïdienne = *Art. atlantoaxialis mediana* = Median atlanto-axial joint
Articulations carpiennes = *Art. intercarpeae* = Intercarpal joints
Articulations carpo-métacarpiennes = *Art. carpometacarpeae* = Carpometacarpal joints
Articulations chondro-sternales = *Art. sternocostales* = Sternocostal joints
Articulations costo-vertébrales = *Art. costovertebrales* = Costovertebral joints
Articulations de la colonne vertébrale = *Articulationes columnae vertebralis* = Vertebral synovial joints
Articulations des corps vertébraux entre eux = *Juncturae columnae vertebralis* = Vertebral joints
Articulations du bassin = *Juncturae pelvis* = Joints of pelvic
Articulations du pied = *Art. pedis* = Joints of foot
Articulation du poignet ou radio-carpienne = *Art. radiocarpalis* = Wrist joint
Articulations du thorax = *Juncturae thoracis* = Thoracic joints
Articulations interchondrales = *Art. interchondrales* = Interchondral joints
Articulations intercunéennes = *Art. intercuneiformes* = Intercuneiform joints
Articulations intermétacarpiennes = *Art. intermetacarpales* = Intermetacarpal joints
Articulations intermétatarsiennes = *Art. intermetatarsales* = Intermetatarsal joint
Articulations interphalangiennes = *Art. interphalangeae* = Interphalangeal joints
Articulations métacarpophalangiennes des quatre derniers doigts = *Art. metacarpophalangeae* = Metacarpophalangeal joints
Articulations métatarsophalangiennes = *Art. metatarsophalangeae* = Metarsophalangeal joints
Articulations tarso-métatarsales = *Art. tarsometatarsales* = Tarsometatarsal joints
Asterion = *Asterion* = Asterion
Atlas = *Atlas* = Atlas
Atrium = *Atrium* = Atrium
Atrium droit = *Atrium dextrum* = Right atrium
Atrium gauche = *Atrium sinistrum* = Left atrium
Auricule droit = *Auricula dextra* = Right auricle
Auricule gauche = *Auricula sinistra* = Left auricle
Auricules = *Auriculae cordis* = Heart auricles
Axis = *Axis* = Axis
Base du cœur = *Basis cordis* = Base of heart
Base du crâne = *Basis cranii* = Cranial base
Base du métacarpien = *Basis ossis metacarpi* = Metacarpal base
Base du métatarsien = *Basis ossis metatarsi* = Metatarsal base
Bifurcation de la trachée = *Bifurcatio tracheae* = Tracheal bifurcation
Bord antérieur du tibia = *Margo anterius (tibia)* = Anterior border
Bord falciforme du hiatus saphéne = *Margo falciformis (hiatus saphenus)* = Falciform margin of saphenous opening
Bord latéral de la scapula = *Margo lateralis scapulae* = Lateral border of scapula
Bord mésovarique = *Margo mesovaricus* = Mesovarian border
Bord supra-orbital = *Margo supraorbitalis* = Supraorbital margin
Bord zygomatique du sphénoïde = *Margo zygomaticus (sphenoidale)* = Zygomatic margin
Bosse frontale latérale = *Tuber frontale* = Frontal tuber
Bosse frontale moyenne = *Glabella* = Glabella
Bosses pariétales = *Tuber parietale* = Parietal tuber
Bouche = *Os* = Mouth
Bourse du tendon du biceps brachial = *Bursa bicipitoradialis* = Bicipitoradial bursa
Bourse du tendon réfléchi du demi-membraneux = *Bursa m. semimembranosi* = Semimembranosus bursa
Bourse omentale = *Bursa omentalis* = Omental bursa
Bourse pharyngienne = *Bursa pharyngea* = Pharyngeal bursa
Bourse séreuse = *Bursa synovialis* = Synovial bursa
Bourse séreuse ansérine = *Bursa anserina* = Anserine bursa
Bourse séreuse bicipitale = *Bursa synovialis intertubercularis* = Bicipital synovial bursa
Bourse séreuse du m. gastro-cnémien latéral = *Bursa subtendinea m. gastrocnemii lateralis* = Lateral subtendinous bursa of gastrocnemius
Bourse séreuse du m. gastro-cnémien médial = *Bursa subtendinea m. gastrocnemii medialis* = Medial subtendinous bursa of gastrocnemius
Bourse séreuse du m. infra-épineux = *Bursa subtendinea m. infraspinati* = Subtendinous bursa of infraspinatus
Bourse séreuse prépatellaire moyenne = *Bursa prepatellaris subfascialis* = Subfacial prepatellar bursa
Bourse séreuse prérotulienne superficielle = *Bursa subcutanea prepatellaris* = Subcutaneous prepatellar bursa
Bourse séreuse prétibiale profonde = *Bursa infrapatellaris profunda* = Deep infrapatellar burse

Bourse séreuse profonde, intraquadricipitale = *Bursa suprapatellaris* = Suprapatellar burse
Bourse séreuse rétrohyoidienne = *Bursa retrohyoidea* = Retrohyoid bursa
Bourse séreuse rétro-olécrânienne = *Bursa subcutanea olecrani* = Subcutaneous olecranon bursa
Bourse séreuse sous-acromio-coracoïdienne = *Bursa subacromialis* = Subacromial bursa
Bourse séreuse sous-deltoïdienne = *Bursa subdeltoidea* = Subdeltoid bursa
Bourse séreuse sous-quadricipitale = *Bursa suprapatellaris* = Suprapatellar bursa
Bourse séreuse sous-scapulaire = *Bursa m. subscapularis* = Subscapular muscle bursa
Branche ascendante de l'ischion = *Ramus oss. ischii* = Ramus ischium
Branche circonflexe de la coronaire gauche = *Ramus circumflexus (arteriae coronaris sinistrae)* = Circumflex branch (left coronary artery)
Branche descendante de l'anse cervicale = *Ansa cervicalis (radix inferior)* = Inferior root ansa cervicalis
Branche descendante du pubis = *Ramus inferior oss. Pubis* = Inferior pubic ramus
Branche dorsale de la main du nerf ulnaire = *Ramus dorsalis manus n. ulnaris* = Dorsal branch ulnar nerve
Branche dorsale des nerfs spinaux = *Ramus dorsalis (nervi spinales)* = Dorsal ramus (spinal nerves)
Branche externe du nerf accessoire = *Ramus externus (N. accessorius)* = External branch (accessory nerve)
Branche horizontale du pubis = *Ramus superior ossis pubis* = Superior pubic ramus
Branche infrapatellaire du nerf saphène = *Ramus infrapatellaris (n. saphenus)* = Infrapatellar branch (saphenous nerve)
Branche jambière du nerf saphène interne = *Rami cutanei cruris medialis (n. saphenous)* = Medial cutaneous nerve of leg (saphenous nerve)
Branche palmaire du nerf médian = *Ramus palmaris n. mediani.* = Palmar branch (median nerve)
Branche postérieure du nerf radial = *Ramus profundus n. radialis* = Deep branch (radial nerve)
Branche prépyélique de l'artère rénale = *A. renalis (ramus anterior)* = Anterior branch (renal artery)
Branche profonde de l'artère glutéale supérieure = *Ramus profundus (A. glutea sup.)* = Deep branch (superior gluteal artery)
Branche profonde du nerf ulnaire = *Ramus profundus n. ulnaris* = Deep branch (ulnar nerve)
Branche rétropyélique de l'artère rénale = *A. renalis (ramus posterior)* = Posterior branch (renal artery)
Branche superficielle de l'artère glutéale supérieure = *Ramus superficialis (A. glutea sup)* = Superficial branch (superior gluteal artery)
Branche terminale antérieure / superficielle du nerf radial = *Ramus superficialis n. radialis* = Superficial branch of radial nerve
Branche terminale antérieure de l'artère obturatrice = *Ramus anterior (A. obturatoriae)* = Anterior branch (obturator artery)
Branche terminale postérieure / profonde du nerf radial = *Ramus profundus (N. radialis)* = Deep branch (radial nerve)
Branche terminale postérieure ou externe de l'artère obturatrice = *Ramus posterior (A. obturatoriae)* = Posterior branch (obturator artery)
Branche transverse du plexus cervical superficiel = *N. transversus colli* = Transverse cervical nerve
Branche ventrale du nerf spinal = *Ramus ventralis n. spinalis* = Ventral ramus spinal nerve
Branches temporo- et cervico-faciales du facial = *Rami buccales et temporales n. facialis* = Temporal and buccal branches (facial nerve)
Bras = *Brachium* = Arm
Bras du colliculus inférieur = *Brachium colliculi inferioris* = Brachium of inferior colliculus
Bras du colliculus supérieur = *Brachium colliculi superioris* = Brachium of superior colliculus
Bregma = *Bregma* = Bregma
Bronche = *Bronchus* = Bronchus
Bronche apicale = *Bronchus segmentalis apicalis* = Apical segmental bronchus
Bronche intralobulaire = *Bronchioli* = Bronchioles
Bronche principale = *Bronchus principalis* = Main bronchus
Bronche souche = *Bronchus principalis* = Main bronchus
Bronches = *Bronchi* = Bronchus
Bronchioles terminales = *Bronchioles respiratorii* = Terminal bronchioles
Bulbe / moelle allongée = *Medulla oblongata / bulbus* = Medulla oblongata / bulb
Bulbe du pénis = *Bulbus penis* = Bulb of penis
Bulbe olfactif = *Bulbus olfactorius* = Olfactory bulb
Bulbe supérieur de la veine jugulaire = *Bulbus jugularis superior* = Superior bulb of jugular vein
Bulbe vestibulaire = *Bulbus vestibuli* = Bulb of vestibule
Bulle ethmoïdale = *Bulla ethmoidalis* = Ethmoidal bulla
Cæcum = *Caecum* = Caecum
Caisse du tympan = *Cavum tympani* = Tympanic cavity
Calcar avis = *Calcar avis* = Calcarine spur
Calices du rein = *Calices renales* = Renal calices
Calvaria / voûte du crâne = *Calvaria* = Calvaria
Canal alvéolaire = *Ductuli alveolares* = Alveolar duct
Canal anal = *Canalis analis* = Anal canal
Canal artériel = *Ductus arteriosus* = Ductus arteriosus
Canal biliaire droit = *Ductus hepaticus dexter* = Right hepatic duct
Canal biliaire gauche = *Ductus hepaticus sinister* = Left hepatic duct
Canal carpien = *Canalis carpi* = Carpal tunnel
Canal central de la moëlle spinale = *Canalis centralis medullae spinalis* = Central canal of spinal cord
Canal cholédoque = *Ductus choledochus* = Bile duct
Canal cochléaire = *Ductus cochlearis* = Cochlear duct
Canal condylien postérieur = *Canalis condylaris* = Condylar canal
Canal cystique = *Ductus cysticus* = Cystic duct
Canal de la glande sublinguale = *Ductus sublingualis major* = Major sublingual duct
Canal de la glande sublinguale = *Ductus sublingualis minor* = Minor sublingual duct
Canal de la vésicule séminale = *Ductus excretorius vesiculae seminalis* = Excretory duct of seminal vesicle
Canal déférent = *Ductus deferens* = Ductus deferens
Canal dentaire inférieur = *Canalis mandibulae* = Mandibular canal
Canal dentaire supérieur = *Canalis alveolaris* = Alveolar canal
Canal des adducteurs = *Canalis adductorius* = Adductor canal

Canal du muscle du marteau = *Semi-canalis m tensoris tympani* = Canal for tensor tympani
Canal éjaculateur = *Ductus ejaculatorius* = Ejaculatory duct
Canal endo-lymphatique = *Ductus endolymphaticus* = Endolymphaticus duct
Canal facial = *Canalis facialis* = Facial canal
Canal fémoral = *Canalis femoralis* = Femoral canal
Canal hépatique = *Ductus hepaticus communis* = Common hepatic duct
Canal hépato-cholédoque = *Ductus hepatico-choledocus* = Bile duct
Canal hyaloïdien = *Canalis hyaloideus* = Hyaloid canal
Canal incisif = *Canalis incisivus* = Incisive canal
Canal infra-orbitaire = *Canalis infraorbitalis* = Infraorbital canal
Canal inguinal = *Canalis inguinalis* = Inguinal canal
Canal lacrymo-nasal = *Canalis nasolacrymalis* = Nasolacrymal canal
Canal lymphatique droit = *Ductus lymphaticus dexter* = Right thoracic duct
Canal médullaire des os = *Cavitas medullaris* = Marrow cavity
Canal mésonéphrique = *Ductus mesonephricus* = Mesonephrotic duct
Canal obturateur = *Canalis obturatorius* = Obturator canal
Canal optique = *Canalis opticus* = Optic canal
Canal osseux de la trompe auditive = *Isthmus tubae auditivae* = Isthmus auditory tube
Canal paramésonéphrotique = *Ductus paramesonephricus* = Paramesonephrotic duct
Canal parotidien = *Ductus parotideus* = Parotid duct
Canal ptérygoïdien = *Canalis pterygoideus* = Pterygoid canal
Canal sacral = *Canalis sacralis* = Sacral canal
Canal semi-circulaire antérieur = *Ductus semi-circularis anterior* = Anterior semi-circular duct
Canal semi-circulaire latéral = *Ductus semi-circularis lateralis* = Lateral semi-circular duct
Canal semi-circulaire postérieur = *Canalis semi-circularis posterior.* = Posterior semi-circular duct
Canal spiral de la cochlée = *Canalis spiralis cochleae* = Spiral canal of cochlea
Canal spiral du modiolus = *Canalis spiralis modioli* = Spiral canal of modiolus
Canal submandibulaire = *Ductus submandibularis* = Submandibular duct
Canal vagino-péritonéal = *Processus vaginalis peritonei* = Vaginoperitoneal process
Canal veineux d'Arantius = *Ductus veinosus hepatis* = Ductus veinosus hepatis
Canal vertébral = *Canalis vertebralis* = Vertebral canal
Canal voméro-vaginal = *Canalis vomero-vaginalis* = Vomerovaginal canal
Canalicule de la cochlée = *Canaliculus cochlae* = Cochlear canaliculus
Canalicule lacrymal = *Canaliculus lacrymalis* = Lacrymal canaliculus
Canaux aberrants = *Ductuli aberrantes* = Aberrant ductules
Canaux alvéolaires = *Canales alveolares* = Alveolar canals
Canaux efférents = *Ductuli efferentes testis* = Efferent ductules
Canaux ethmoïdaux = *Foramina ethmoidalea* = Ethmoïdal foramen
Canaux excréteurs de la glande lacrymale = *Ductuli excretorii glandulae lacrimalis* = Excretory ducts of lacrimal gland
Canaux palatins = *Canales palatini* = Palatine canals
Canaux semi-circulaires = *Canales semi-circulares* = Semicircular canals
Canaux sublinguaux mineurs = *Ductus sublinguales minores* = Minor sublingual ducts
Canines = *Dentes canini* = Canine tooth
Capillaire = *Vas capillare* = Capillary
Capitatum = *Capitatum* = Capitatum
Capsule adipeuse du rein = *Capsula adiposa renis* = Perirenal fat capsule
Capsule adipeuse périrénale = *Capsula adiposa renis* = Perirenal fat capsule
Capsule articulaire = *Capsula articularis* = Articular capsule
Capsule du cristallin = *Capsula lentis* = Capsule of lens
Capsule du rein = *Capsula fibrosa* = Fibrous capsule
Capsule externe = *Capsula externa* = External capsule
Capsule fibreuse de la glande thyroïde = *Capsula fibrosa glandulae thyroideae* = Fibrous capsule of thyroid gland
Capsule fibreuse du foie = *Tunica fibrosa hepatis* = Fibrous capsule
Capsule fibreuse du rein = *Capsula fibrosa renis* = Fibrous capsule
Capsule interne = *Capsula interna* = Internal capsule
Capsule surrénale droite = *Glandula supra-renalis dexter* = Right suprarenal gland
Capsule surrénale gauche = *Glandula supra-renalis sinister* = Left suprarenal gland
Capsule thyroïdienne = *Capsula fibrosa (glandulae thyroideae)* = Fibrous capsule
Capuchon clitoridien = *Preputium clitoridis* = Prepuce of clitoris
Cardia = *Cardia* = Cardia
Caréne = *Carina tracheae* = Carina of trachea
Caroncule de l'hymen = *Caruncula hymenalis* = Hymenal caruncle
Caroncule hyménéal = *Caroncula hymenalis* = Hymeneal caroncle
Caroncule lacrymale = *Caruncula lacrimalis* = Lacrimal caruncle
Caroncule sublinguale = *Caruncula sublingualis* = Sublingual caruncle
Carpe = *Carpus* = Wrist
Carrefour du ventricule latéral = *Pars centralis ventriculi lateralis* = Central part of lateral ventricle
Cartilage aryténoïde = *Cartilago arytenoidea* = Aryteroid cartilage
Cartilage auriculaire = *Cartilago auriculae* = Auricular cartilage
Cartilage corniculé = *Cartilago corniculata* = Corniculate cartilage
Cartilage costal = *Cartilago costalis* = Costal cartilage
Cartilage cricoïde = *Cartilago cricoidea* = Cricoid cartilage
Cartilage cunéiforme = *Cartilago cuneiformis* = Cuneiform cartilages
Cartilage de conjugaison = *Cartilago epiphysialis* = Epiphysial cartilage
Cartilage de la cloison = *Cartilago septi nasi* = Septal nasal cartilage
Cartilage épiglottique = *Cartilago epiglottica* = Epiglottic cartilage
Cartilage épiphysaire = *Cartilago epiphysialis* = Epiphysial cartilage
Cartilage sésamoïde antérieur = *Cartilago sesamoides anterior* = Anterior sesamoid cartilage
Cartilage sésamoïde postérieur = *Cartilago sesamoides posterior* = Posterior sesamoid cartilage
Cartilage thyroïde = *Cartilago thyroidea* = Thyroid cartilage
Cartilage triticé = *Cartilago triticea* = Triticeal cartilage
Cartilage vomérien = *Cartilago vomeronasalis* = Vomeronasal cartilage
Cartilage voméro-nasal = *Cartilago vomeronasalis* = Vomeronasal cartilage

Cartilages accessoires du nez = *Cartilagines nasales accessoriae* = Accessory nasal cartilages
Cartilages de l'aile du nez = *Cartilagines alares major et minor* = Minor and major alar cartilage
Cartilages de la trachée = *Cartilagines tracheales* = Tracheal cartilages
Cartilages du larynx = *Cartilagines laryngis* = Laryngeal cartilage
Cartilages latéraux du nez = *Cartilagines nasi laterales* = Lateral nasal cartilage
Cavité abdominale = *Cavitas abdominalis* = Abdominale cavity
Cavité buccale = *Cavum oris* = Buccal cave
Cavité du septum pellucidum = *Cavum septi pellucidi* = Cave septum pellucidum
Cavité glénoïde = *Cavitas glenoidalis* = Glenoid cavity
Cavité pelvienne = *Cavitas pelvis* = Pelvic cavity
Cavité péricardique = *Cavitas pericardiaca* = Pericardial cavity
Cavité péritonéale = *Cavitas peritonealis* = Peritoneal cavity
Cavité pleurale = *Cavitas pleuralis* = Pleural cavity
Cavité pulpaire de la dent = *Cavitas dentis* = Dental cavity
Cavité septale = *Cavum septi pellucidi* = Cave septum pellucidum
Cavité tympanique = *Cavitas tympani* = Tympanic cavity
Cavité utérine = *Cavitas uteri* = Uterine cavity
Cavités glénoïdes du tibia = *Facies articularis superior (tibia).* = Superior articular surface (tibia)
Cavités pneumatiques annexées aux fosses nasales = *Sinus paranasales* = Paranasal sinuses
Ceinture pelvienne = *Cingulum membri inferioris / pelvicum* = Pelvic girdle
Ceinture scapulaire = *Cingulum membri superioris / pectorale* = Pectoral / shoulder girdle
Cellules ethmoïdales = *Cellulae ethmoidales* = Ethmoidal cells
Cellules ethmoïdales antérieures = *Cellulae ethmoidales anteriores* = Anterior ethmoidal cells
Cellules ethmoïdales postérieures = *Cellulae ethmoidales posteriores* = Posterior ethmoidal cells
Cellules mastoïdiennes = *Cellulae mastoideae* = Mastoid cells
Centre phrénique = *Centrum tendineum* = Central tendon
Centre semi-ovale = *Centrum semi-ovale* = Centrum semi-ovale
Centre tendineux du périnée = *Centrum perinei* = Perineal body
Centre tendineux du périnée = *Corpus perineale* = Central tendon of perineum / perineal body
Cercle artériel du cerveau = *Circulus arteriosus cerebri* = Cerebral arterial circle
Cerveau antérieur = *Prosencephalon* = Prosencephalon
Cerveau hémisphérique = *Telencephalon* = Telencephalon
Cerveau intermédiaire = *Diencephalon* = Diencephalon
Cerveau moyen = *Mesencephalon* = Mesencephalon
Cerveau postérieur = *Rhombencephalon* = Rhombencephalon
Cervelet = *Cerebellum* = Cerebellum
Chaîne des osselets = *Ossicula auditus* = Auditory ossicles
Chaîné sympathique = *Truncus sympathicus* = Sympathetic trunk
Chaîne sympathique abdominale = *Ganglia lumbalia (p. abdominalis systematis autonomici).* = Lumbar ganglia
Chaîne sympathique pelvienne = *Ganglia sacralia (p. pelvina s.a.).* = Sacral ganglia
Chaîne sympathique thoracique = *Ganglia thoracica (p. thoracica s.a.)* = Thoracic ganglia
Chambre antérieure de l'œil = *Camera bulbi anterior* = Anterior chamber
Chambre postérieure de l'œil = *Camera bulbi posterior* = Posterior chamber
Chambres de l'œil = *Camerae bulbi* = Chambers
Charpente fibreuse du cœur = *Trigonum fibrosum cordis* = Fibrous trigone
Chef oblique de l'abducteur de l'hallux = *Caput obliquum (M. abductor hallucis)* = Oblique head
Chef transverse de l'abducteur de l'hallux = *Caput transversum (M. abductor hallucis)* = Transverse head
Chef court du biceps = *Caput breve bicipitis* = Short head biceps brachii
Chef huméro-ulnaire du m. fléchisseur commun superficiel = *Caput humeroulnare (M. flexoris digitorum superficialis)* = Humero-ulnar head (flexoris digitorum superficialis m.)
Chef latéral du triceps brachial = *Caput laterale (triceps brachii)* = Lateral head
Chef long du biceps brachial = *Caput longum (biceps brachii)* = Long head biceps brachii
Chef médial du triceps brachial = *Caput mediale (triceps brachii)* = Triceps brachii
Chef profond du m. court fléchisseur du pouce = *Musculus flexor pollicis brevis (caput profundum)* = Flexor pollicis brevis deep head
Chef radial du m. fléchisseur commun superficiel = *Caput radiale (M. flexoris digitorum superficialis)* = Radial head (flexoris digitorum superficialis m.)
Chef superficiel du m. court fléchisseur du pouce = *Musculus flexor pollicis brevis (caput superficiale)* = Flexor pollicis brevis superficial head
Chiasma des nerfs optiques = *Chiasma opticum* = Optic chiasma
Choanes = *Choana* = Choara
Choroïde = *Choroidea* = Choroid
Cils = *Cilia* = Eyelash
Cingulum = *Cingulum* = Cingulum
Circonférence articulaire de la tête de l'ulna = *Circumferentia articularis (ulna)* = Articular circumference of head of ulna
Circonvolution intralimbique = *Stria longitudinalis medialis et lateralis et indusium griseum* = Lateral and medial longitudinal stria and indusium griseum
Citerne ambiente = *Cisterna ambiens* = Ambient cistern
Citerne cérébello-médullaire postérieure = *Cisterna cerebellomedullaris posterior / cisterna magna* = Cisterna magna
Citerne chiasmatique = *Cisterna chiasmatica* = Chiasmatic cistern
Citerne du chyle = *Cisterna chyli* = Chyle cistern
Citernes subarachnoïdiennes = *Cisternae subarachnoideae* = Subarachnoid cisterns
Claustrum = *Claustrum* = Claustrum
Clavicule = *Clavicula* = Clavicle
Clitoris = *Clitoris* = Clitoris
Clivus = *Clivus* = Clivus
Coccyx = *Os coccygis* = Coccyx
Cochlée = *Cochlea* = Cochlea
Cœur = *Cor* = Heart
Col anatomique de l'humérus = *Collum anatomicum humeri* = Anatomical neck of humerus
Col chururgical de l'humérus = *Collum chirugicum humeri* = Surgical neck of humerus
Col de l'omoplate = *Collum scapulae* = Neck of scapula
Col de l'utérus = *Cervix uteri* = Cervix of uterus
Col de la vésicule biliaire = *Collum vesicae biliaris* = Neck of gall bladder
Col de la vessie = *Cervix vesicae* = Neck of bladder
Col des côtes = *Collum costae* = Neck of rib
Col du fémur = *Collum femoris* = Neck of femur

Col du radius = *Collum radii* = Neck of radius
Collet de la dent = *Cervix dentis* = Cervix of tooth
Colliculi = *Colliculi* = Colliculus
Colliculus du facial = *Colliculus facialis* = Facial colliculus
Colliculus inférieur = *Colliculus inferior* = Inferior colliculus
Colliculus seminalis = *Colliculus seminalis* = Seminal colliculus
Colliculus supérieur = *Colliculus superior* = Superior colliculus
Côlon = *Colon* = Colon
Côlon ascendant = *colon ascendens* = Ascending colon
Côlon descendant = *Colon descendens* = Descending colon
Côlon sigmoïde = *Colon sigmoideum* = Sigmoid colon
Côlon transverse = *Colon transversum* = Transvers colon
Colonne antérieure de la moelle = *Colummna anterior* = Ventral column
Colonne du fornix = *Columna fornicis* = Column of fornix
Colonne intermédiaire de la moelle = *Columna intermedia* = Intermediate column
Colonne postérieure de la moelle = *Columna posterior* = Dorsal column
Colonne vertébrale = *Columna vertebralis* = Vertebral column
Colonnes anales = *Columnae anales* = Anal columns
Colonnes charnues = *Trabeculae carneae* = Trabeculae carneae
Colonnes du vagin = *Columnae rugarum* = Vaginal columns
Colonnes grises de la moelle spinale = *Columnae grisae* = Grey columns
Colonnes rénales = *Columnae renales* = Renal columns
Commissure antérieure du troisième ventricule = *Commissura anterior* = Anterior commissure
Commissure latérale des paupières = *Commissura palpebrarum lateralis* = Lateral palpebral commissure
Commissure postérieure des lévres = *Commissura labiorium posterior* = Posterior commissure
Commissure postérieure du troisième ventricule = *Commissura posterior / commissura epithalamica* = Posterior commissure
Commissure rétro-séminale = *Lobus medius (prostata)* = Middle lobe
Commissure supra-optique = *Commissurae supraopticae* = Supra-optic commissure
Conduit cholédoque = *Ductus choledocus* = Bile duct
Conduit de l'époophore = *Ductus epoophori* = Ductus epoophori
Conduit du muscle du marteau = *Semi-canalis tensoris tympani* = Canal for tensor tympani
Conduit lacrymal = *Ductus lacrymalis* = Lacrimal duct
Conduit pancréatique accessoire = *Ductus pancreaticus accessorius* = Accessory pancreatic duct
Conduit pancréatique principal = *Ductus pancreaticus major* = Major pancreatic duct
Conduit thoracique = *Ductus thoracicus* = Thoracic duct
Conduits biliaires = *Ductuli biliferi interlobulares* = Interlobular bile ducts
Conduits lactifères = *Ductus lactiferi* = Lataferous duct
Condyle de l'humérus = *Capitulum humeri* = Capitulum humerus
Condyle de l'occipital = *Condylus occipitalis* = Occipital condyle
Condyle latéral du tibia = *Condylus lateralis tibiae* = Lateral condyle
Condyle médial du tibia = *Condylus medialis tibiae* = Medial condyle
Condyles fémoraux = *Condylus femoris* = Femoral condyle
Cône artériel = *Conus arteriosus* = Conus arteriosus
Cone artériel du ventricule droit = *Conus arteriosus* = Infundibulum
Cônes efférents = *Ductuli efferentes testis* = Efferent ductules
Confluent des sinus = *Confluens sinuum* = Confluence of sinuses
Confluent veineux occipito-vertébral = *Plexus veinosus suboccipitalis* = Suboccipital venous plexus
Conjonctive = *Tunica conjunctiva* = Conjonctiva
Conjonctive oculaire = *Tunica conjunctiva bulbi* = Bulbar conjunctiva
Conjonctive palpébrale = *Tunica conjunctiva palpebrarum* = Palpebral conjunctiva
Conque = *Concha auriculae* = Concha of auricle
Cordage tendineux = *Chordae tendineae* = Chordae tendineae
Corde du tympan = *Chorda tympani* = Chorda tympani
Corde oblique = *Chorda obliqua membranae interossei antebrachii* = Oblique cord
Cordon antérieur de la moelle spinale = *Funiculus anterior (medullae spinalis)* = Anterior funiculus (spinal cord)
Cordon intermédiaire du sympathique = *Rami interganglionnares* = Interganglionic branches
Cordon latéral de la moelle spinale = *Funiculus lateralis (medullae spinalis)* = Lateral funiculus (spinal cord)
Cordon postérieur de la moelle spinale = *Funiculus posterior (medullae spinalis)* = Posterior funiculus (spinal cord)
Cordon spermatique = *Funiculus spermaticus* = Spermatic cord
Cordons de la moelle = *Funiculi medullae spinalis* = Funiculus (spinal cord)
Corne antérieure de la moelle = *Cornu anterius medullae* = Anterior horn
Corne antérieure du ventricule latéral = *Cornu anterius ventriculi lateralis* = Frontal horn (lateral ventricle)
Corne de l'utérus = *Cornu uteri* = Uterine horn
Corne du coccyx = *Cornu coccygeum* = Coccygeal cornu
Corne du sacrum = *Cornu sacrale* = Sacral cornu
Corne inférieure du cartilage thyroïde = *Cornu inferius (cartilagini thyroideae)* = Inferior horn (thyroid cartilage)
Corne inférieure du ventricule latéral = *Cornu inferius ventriculi lateralis* = Inferior horn (lateral ventricle)
Corne latérale de la moëlle spinale = *Cornu laterale medullae spinalis.* = Lateral horn
Corne latérale du coccyx = *Cornu coccygeum* = Coccygeal cornu
Corne postérieure de la moelle = *Cornu posterius medullae spinalis* = Dorsal horn
Corne postérieure du ventricule latéral = *Cornu posterius ventriculi lateralis* = Posterior horn
Corne supérieure du cartilage thyroïde = *Cornu superius (cartilagini thyroideae)* = Superior horn (thyroid cartilage)
Cornée = *Cornea.* = Cornea
Cornet nasal inférieur = *Concha nasalis inferior* = Inferior nasal concha
Cornet nasal moyen = *Concha nasalis media* = Middle nasal concha
Cornet nasal supérieur = *Concha nasalis superior* = Superior nasal concha
Cornet nasal suprême = *Concha nasalis suprema* = Supreme concha
Cornets = *Conchae nasales* = Nasal concha
Cornets ethmoïdaux = *Conchae nasales* = Nasal concha
Corona ciliaris = *Corona ciliaris* = Corona ciliaris

Corona radiata = *Corona radiata* = Corona radiata
Corps adipeux de l'orbite = *Corpus adiposum orbitae* = Orbital fat body
Corps adipeux de la bouche = *Corpus adiposum buccae* = Buccal fat pad
Corps adipeux de la fosse acétabulaire = *Corpus adiposum fossae acetabuli* = Fat body of acetabular fossa
Corps adipeux infra-patellaire = *Corpus adiposum infrapatellare* = Infrapatellar fat pad
Corps calleux = *Corpus callosum* = Corpus callosum
Corps caverneux du pénis = *Corpus cavernosum penis* = Corpus cavernosum penis
Corps ciliaire = *Corpus ciliare* = Ciliary body
Corps de l'épididyme = *Corpus épididymidis* = Body epididymis
Corps de l'estomac = *Corpus gastricum* = Body of stomach
Corps de l'ischion = *Corpus oss. ischii* = Body ischium
Corps de l'occipital = *Pars basilaris (occipitale)* = Basilar part
Corps de l'os hyoïde = *Corpus ossis hyoidei* = Body of hyoid bone
Corps de l'utérus = *Corpus uteri* = Body of uterus
Corps de la vésicule biliaire = *Corpus vesicae felleae* = Body of gallbladder
Corps du clitoris = *Corpus clitoridis* = Body of clitoris
Corps du pancréas = *Corpus pancreatis* = Body of pancreas
Corps du pénis = *Corpus penis* = Body of penis
Corps du pubis = *Corpus ossis pubis* = Body of pubis
Corps du sphénoïde = *Corpus sphenoidale* = Body of sphenoid
Corps du sternum = *Corpus sterni* = Body of sternum
Corps géniculé latéral = *Corpus geniculatum laterale* = Lateral geniculate body
Corps géniculé médial = *Corpus geniculatum mediale* = Medial geniculate body
Corps mamillaire = *Corpus mammillare* = Mammillary body
Corps para-aortique = *Corpora para-aortica* = Para-aortic bodies
Corps restiforme = *Corpus restiforme* = Restiform body
Corps spongieux du pénis = *Corpus spongiosum penis* = Corpus spongiosum penis
Corps strié = *Corpus striatum* = Corpus striatum
Corps trapézoïde = *Corpus trapezoideum* = Trapezoid body
Corps vertébral = *Corpus vertebrae* = Vertebral body
Corps vitré = *Corpus vitreum* = Vireous body
Corpuscule rénal = *Corpuscula renis* = Renal corpuscle
Cortex céréral = *Cortex cerebri* = Cerebral cortex
Côte = *Costa* = Rib
Côtes flottantes = *Costae spuriae* = False ribs
Cou = *Collum* = Neck
Coude = *Regio cubiti* = Cubital region
Couronne de la dent = *Corona dentis* = Crown
Couronne du gland = *Corona glandis* = Corona of glans
Crémaster = *M. Cremaster* = Cremaster
Crémaster superficiel = *M. Cremaster superficialis* = Superficial cremaster
Crête ampullaire = *Crista ampullaris* = Ampullar crest
Crête du tubercule majeur = *Crista tuberculi majoris* = Crest of greater tubercle
Crête du tubercule mineur = *Crista tuberculi minoris* = Crest of lesser tubercle
Crête du vestibule = *Crista vestibuli* = Vestibular crest
Crête iliaque = *Crista iliaca* = Iliac crest
Crête inférieure du maxillaire = *Crista conchalis (maxilla)* = Conchal crest
Crête inférieure du palatin = *Crista conchalis (o. palatinum)* = Conchal crest
Crête infra-temporale = *Crista infratemporalis.* = Infratemporal crest
Crête interosseuse de la fibula = *Margo interossea (fibula)* = Interosseous border
Crête interosseuse de l'ulna = *Margo interossea (ulna)* = Interosseous border
Crête intertrochantérique = *Crista intertrochanterica* = Intertrochanteric crest
Crête lacrymale antérieure = *Crista lacrymalis anterior* = Anterior lacrimal crest
Crête lacrymale postérieure = *Crista lacrymalis posterior* = Anterior lacrimal crest
Crête nasale = *Crista nasalis* = Nasal crest
Crête occipitale externe = *Crista occipitalis externa* = External occipital crest
Crête occipitale interne = *Crista occipitalis interna* = Internal occipital crest
Crête sacrale intermédiaire = *Crista sacralis intermedia* = Intermedial sacral crest
Crête sacrale latérale = *Crista sacralis lateralis* = Lateral sacral crest
Crête sacrale médiale = *Crista sacralis medialis* = Medial sacral crest
Crête sacrale médiane = *Crista sacralis mediana* = Median sacral crest
Crête sphénoïdale = *Crista sphenoidalis* = Sphenoid crest
Crête supra-ventriculaire = *Crista supraventricularis* = Supraventricular crest
Crête transverse = *Crista transversa (fundus meatus acusticus internus)* = Transverse crest (fundus of internal acoustic meatus)
Crête turbinale du palatin = *Crista conchalis (o. palatinum)* = Conchal crest
Crête urétrale = *Crista urethralis* = Urethral crest
Crista galli = *Crista galli* = Crista galli
Crista terminalis = *Crista terminalis* = Crista terminalis
Cristallin = *Lens* = Lens
Cristalloïde = *Capsula lentis* = Capsule of lens
Cryptes tonsillaires = *Cryptae tonsillares* = Tonsillar crypts
Cuboïde = *Os cuboideum* = Cuboid
Cul-de-sac recto-utérin = *Excavatio recto-uterina* = Rectouterine pouch
Cul-de-sac vésico-utérin = *Excavatio vesicouterina* = Vesicouterine pouch
Cunéiforme intermédiaire = *Os cuneiforme intermedium* = Intermediate cuneiform
Cuneiforme latéral = *Os cuneiforme laterale* = Lateral cuneiform
Cunéiforme médial = *Os cuneiforme mediale* = Medial cuneiform
Cunéus = *Cuneus* = Cuneus
Cupule pleurale / dôme pleural = *Cupula pleurae* = Cervical pleura / pleural cupula / dome of pleura
Cuspide = *Cuspis* = Cusp
Dartos = *Tunica dartos scroti* = Dartos fascia
Décussation des pédoncules cérébelleux supérieurs = *Decussatio pedonculorum cerebellarium superiorum* = Decussation of superior cerebellar peduncles
Décussation des pyramides = *Decussatio pyramidum (decussatio motoria)* = Decussation of pyramids (motor decussation)
Dents = *Dentes* = Teeth

Dents déciduales = *Dentes decidui* = Deciduous teeth
Dents incisives = *Dentes incisivi* = Incisor teeth
Dents molaires = *Dentes molares* = Molar teeth
Dents permanentes = *Dentes permanentes* = Permanent teeth
Dents prémolaires = *Dentes premolares* = Premolar tooth
Détroit inférieur = *Apertura pelvis inferior* = Pelvic outlet
Détroit supérieur = *Apertura pelvis superior* = Pelvic inlet
Diaphragme pelvien = *Diaphragma pelvis* = Pelvic diaphragm / pelvic floor
Diaphragme uro-génital = *Diaphragma urogenitale* = Urogenital diaphragm
Diaphyse = *Diaphysis* = Diaphysis
Diarthrose = *Junctura synovials / articulatio/ diarthrosis* = Synovial joint / diarthrosis
Diencéphale = *Diencephalon* = Diencephalon
Diploë = *Diploe* = Diploe
Disque articulaire = *Discus articularis* = Articular disc
Disque articulaire de l'articulation radio-ulnaire distale = *Discus articularis Art. radioulnaris* = Articular disc of distal radioulnar joint
Disque articulaire sterno-claviculaire = *Discus articularis sternoclavicularis* = Sternoclavicular articular disc
Disque interpubique = *Discus interpubicus / fibrocartilago interpubica* = Interpubic disc
Disques intervertébraux = *Disci intervertebrales* = Intervertebral disc
Diverticule de l'iléon = *Diverticulum ilei* = Ileal diverticulum
Dorsum sellae = *Dorsum sellae* = Dorsum sellae
Ductus reuniens = *Ductus reuniens* = Ductus reuniens
Duodénum = *Duodenum* = Duodenum
Dure-mère crânienne = *Dura mater encephali* = Cranial dura mater
Dure-mère spinale = *Dura mater spinalis* = Spinal dura mater
Écaille de l'occipital = *Squama occipitalis* = Squamous part of occipital bone
Écaille du temporal = *Pars squamosa (o. temporal)* = Squamous part
Écaille = *Squama* = Squamous
Écorce cérébelleuse = *Cortex cerebelli* = Cerebellar cortex
Écorce cérébrale = *Cortex cerebri* = Cerebral cortex
Écorce grise = *Cortex* = Cortex
Éminence collatérale = *Eminentia collateralis* = Collateral eminence
Eminence cruciforme = *Eminencia cruciformis* = Cruciform eminence
Éminence hypothénar = *Hypothenar* = Hypothenar eminence
Éminence ilio-pubique = *Eminentia iliopubica* = Iliopubic ramus
Eminence intercondylaire = *Eminentia intercondylaris (tibia)* = Tibial intercondylar eminence
Eminence médiale = *Eminentia medialis* = Medial eminence
Eminence pyramidale de la cavité tympanique = *Eminentia pyramidalis* = Pyramidal eminence
Éminence thénar = *Thenar* = Thenar
Eminentia arcuata = *Eminentia arcuata* = Arcuate eminence
Empreinte cardiaque = *Impressio cardiaca* = Cardiac impression
Empreinte colique du foie = *Impressio colica hepatis* = Colic impression
Empreinte du ligament costo-claviculaire = *Impressio Lig. costo-clavicularis* = Impression for costo clavicular ligament
Empreinte du trijumeau = *Impressio trigemini* = Trigeminal impression
Empreinte duodénale du foie = *Impressio duodenalis hepatis* = Duodenal impression
Empreinte gastrique du foie = *Impressio gastrica hepatis* = Gastric impression
Empreinte rénale du foie = *Impressio renalis hepatis* = Renal impression
Encéphale = *Encephalon* = Encephalon
Endocarde = *Endocardium* = Endocardium
Endolymphe = *Endolympha* = Endolymph
Endomètre = *Endometrium* = Endometrium
Épicarde = *Epicardium* = Epicardium
Épicondyle latéral de l'humérus = *Epicondylus lateralis humeri* = Lateral epicondyle (humerus)
Epicondyle latéral du fémur = *Epicondylus lateralis femoris* = Lateral epicondyle (femur)
Épicondyle médial de l'humérus = *Epicondylus medialis humeri* = Medial epicondyle
Epicondyle médial du fémur = *Epicondylus medialis femori* = Medial epicondyle
Épididyme = *Epididymis* = Epididymis
Épigastre = *Epigastrium* = Epigastric region
Épine de l'hélix = *Spina helicis* = Spine of helix
Épine de la scapula = *Spina scapulae* = Spine of scapula
Épine du sphénoïde = *Spina ossis sphenoidalis* = Spine of sphenoid bone
Epine géni = *Spina mentalis* = Mental spine
Épine iliaque antéro-inférieure = *Spina iliaca anterior inferior* = Anterior inferior iliac spine
Épine iliaque antéro-supérieure = *Spina iliaca anterior superior* = Anterior superior iliac spine
Épine iliaque postéro-inférieure = *Spina iliaca posterior inferior* = Posterior inferior iliac spine
Épine iliaque postéro-supérieure = *Spina iliaca posterior superior* = Posterior superior iliac spine
Épine ischiatique = *Spina ischiadica* = Ischial spine
Épine nasale antérieure = *Spina nasalis anterior* = Anterior nasal spine
Épine nasale du frontal = *Spina nasalis (ossis frontalis)* = Nasal spine
Épine supra-méatique = *Spina supra-meatica* = Suprameatal spine
Épiphyse = *Epiphisis* = Epiphisis
Epoophore = *Epoophoron* = Epoophoron
Équateur de l'œil = *Equator bulbi* = Equator (eyeball)
Équateur du cristallin = *Equator lentis* = Equator (lens)
Espace épidural = *Spatium epidurale* = Epidural space
Espace épisclérale = *Spatium episcerale* = Episceral space
Espace intercostal = *Spatium intercostale* = Intercostal space
Espace interosseux de l'avant-bras = *Spatium interosseum antibrachii* = Forearm interosseous space
Espace périlymphatique = *Spatium perilymphaticum* = Perilymphatic space
Espace rétro-inguinal = *Spatium retro-inguinale* = Retro inguinale space
Espace rétro-pubique = *Spatium retropubicum* = Retropubic space
Espace sous-arachnoïdien = *Spatium subarachnoideum* = Subarachnoid space
Espaces zonulaires = *Spatia zonularia (zonula ciliaris)* = Zonular spaces (ciliary zonule)
Estomac = *Gaster* = Stomach
Ethmoïde = *O. ethmoidale* = Ethmoid
Étrier = *Stapes* = Stapes
Excavation recto-utérine = *Excavatio recto-uterina* = Rectouterine pouch
Excavation vésico-rectale = *Excavatio recto-vesicalis* = Vesicorectal pouch
Excavation vésico-utérine = *Excavatio vesico-uterina* = Vesico uterine pouch

Expansion aponévrotique du biceps = *Aponeurosis m. bicipitis* = Bicipital aponeurosis
Extrémité (des structures ayant une pointe) = *Extremitas* = End
Extrémité antérieure de la rate = *Extremitas anterior lienis* = Anterior extremity of spleen
Extrémité médiale de la rate = *Extremitas medialis lienis* = Medial extremity of spleen
Extrémité postérieure de la rate = *Extremitas posterior lienis* = Posterior extremity of spleen
Extrémité / membre = *Membrum* = Limb
Face = *Facies* = Face
Facette articulaire costales = *Fovea costalis* = Costal facet
Facette articulaire péronière = *Facies articularis fibularis* = Fibular articular facet
Facette auriculaire de l'os coxal = *Facies auricularis (os coxae)* = Auricular surface
Faisceau atrio-ventriculaire = *Fasciculus atrioventricularis* = Atrioventricular bundle
Faisceau latéral du plexus brachial = *Fasciculus lateralis plexus brachialis* = Lateral cord of brachial plexus
Faisceau longitudinal inférieur = *Fasciculus longitudinalis inferior.* = Inferior longitudinal fasciculus
Faisceau longitudinal postérieur = *Fasciculus longitudinalis medialis* = Medial longitudinal fasciculus
Faisceau longitudinal supérieur = *Fasciculus longitudinalis superior* = Superior longitudinal fasciculus
Faisceau médial du plexus brachial = *Fasciculus medialis plexus brachialis* = Medial cord of brachial plexus
Faisceau postérieur du plexus brachial = *Fasciculus posterior plexus brachialis* = Posterior cord of brachial plexus
Faisceau propre du cordon latéral de la moelle = *Fasciculus proprius* = Fasciculus proprius
Faisceau spino-thalamique postérieur = *Tractus spinothalamicus posterior* = Posterior spinothalamic tract
Faisceau unciné du cerveau = *Fasciculus uncinatus cerebri* = Uncinate fasciculus of cerebrum
Faisceau unciné du cervelet = *Fasciculus uncinatus cerebelli* = Uncinate fasciculus of cerebellum
Fascia = *Fascia* = Fascia
Fascia antérieur du muscle transverse = *Fascia anterior musculi transversalis* = Transversalis muscle fascia
Fascia axillaire = *Fascia axillaris* = Axillary fascia
Fascia buccinateur = *Fascia buccinatorica* = Buccinator fascia
Fascia clavi-pectoral = *Fascia clavipectoralis* = Clavipectoral fascia
Fascia clitoridien = *Fascia clitoridis* = Fascia of clitoris
Fascia cervical = *Fascia cervicalis* = Cervical fascia
Fascia cribriformis = *Fascia cribrosa* = Cribriform fascia
Fascia de la cuisse = *Fascia femoris* = Femoral fascia
Fascia de la jambe = *Fascia cruris* = Deep fascia of leg
Fascia de la paroi abdominale antéro-latérale = *Fascia abdominalis (regio antero lateralis)* = Anterolateral abdominal fascia
Fascia de la paroi abdominale postérieure = *Fascia abdominalis (regio posterior)* = Posterior abdominal fascia
Fascia de l'abdomen = *Fascia abdominalis* = Abdominal fascia
Fascia dorsal de la main = *Fascia dorsalis manus* = Dorsal fascia of hand
Fascia dorsal du pied = *Fascia dorsalis pedis* = Dorsal fascia of foot
Fascia du bras = *Fascia brachii* = Brachial fascia
Fascia du muscle carré des lombes = *Fascia m. quadratus lumborum* = Quadratus lumborum fascia
Fascia du muscle petit dentelé postérieur et inférieur = *Fascia thoracolumbalis* = Thoracolumbar fascia
Fascia du périnée = *Fascia perinei* = Deep perineal fascia / perineal fascia
Fascia endo-thoracique = *Fascia endothoracica* = Endothoracici fascia
Fascia iliaca = *Fascia iliaca* = Fascia iliaca
Fascia lata = *Fascia lata* = Fascia lata
Fascia lombo-sacrée = *Fascia lumbo-sacralis* = Lumbo-sacral fascia
Fascia massétérique = *Fascia masseterica* = Masseteric fasia
Fascia orbitaire = *Fascia orbitalis* = Orbital fascia
Fascia pariétalis = *Fascia parietalis abdominis* = Parietal abdominal fascia
Fascia parotidien = *Fascia parotidea* = Parotid fascia
Fascia pectoral = *Fascia pectoralis* = Pectoral fascia
Fascia pelvien = *Fascia pelvis* = Pelvic fascia
Fascia penis = *Fascia penis* = Fascia of penis
Fascia recto-prostatique = *Fascia rectoprostatica* = Rectoprostatic fascia
Fascia recto-vaginal = *Fascia rectovaginale* = Rectovaginal fascia
Fascia rénal = *Fascia renalis* = Renal fascia
Fascia rétro-pancréatique = *Fascia retro pancreatica* = Retropancreatic fascia
Fascia superficialis = *Fascia superficialis* = Superficial fascia
Fascia temporal = *Fascia temporalis* = Temporal fascia
Fascia thoraco-lombal = *Fascia thoraco-lumbalis* = Thoracolumbar fascia
Fascia transversalis = *Fascia transversalis* = Transversal fascia
Fausses côtes = *Costae spuriae* = False ribs
Faux du cerveau = *Falx cerebri* = Falx cerebri
Faux du cervelet = *Falx cerebelli* = Falx cerebelli
Faux inguinal / tendon conjoint = *Falx inguinalis / tendo conjunctivus* = Inguinal falx / conjoint tendon
Fémur = *Femur* = Thigh bone / femur
Fenêtre de la cochlée = *Fenestra cochleae* = Round window
Fenêtre du vestibule = *Fenestra vestibuli* = Oval window
Fente palpébrale = *Rima palpebrarum* = Palpebral fissure
Fibres arciformes externes = *Fibrae arcuatae externae* = External arcuate fibre
Fibres arciformes internes = *Fibrae arcuatae internae* = Internal arcuate fibre
Fibres intercrurales du m. oblique externe = *Fibrae intercrurales* = Intercrural fibre
Fibro-cartilage du pavillon de l'oreille = *Cartilago auriculae* = Auricular cartilage
Fibula = *Fibula* = Fibula
Filum terminale = *Filum terminale* = Filum terminale
Fimbria de l'hippocampe = *Fimbria hippocampi* = Fimbria of hippocampus
Fimbria du pavillon de la trompe utérine = *Fimbriae tubae uterinae* = Fimbriae
Fimbria ovarique = *Fimbria ovarica* = Ovarian fimbria
Fimbria = *Fimbria hippocampi* = Fimbria of hippocampus
Fissure horizontale du poumon droit = *Fissura horizontalis pulmonis dextri* = Horizontal fissure of right lung
Fissure oblique du poumon = *Fissura obliqua pulmonis* = Oblique fissure
Fissure orbitaire inférieure = *Fissura orbitalis inferior* = Inferior orbital fissure
Fissure orbitaire supérieure = *Fissura orbitalis superior* = Superior orbital fissure

Fissure ptérygo-palatine = *Fissura pterygopalatina* = Pterygomaxillary fissure
Fissure transverse du cerveau = *Fissura transversa cerebri* = Transverse cerebral fissure
Fissure tympano-squameuse = *Fissura tympano-squamosa* = Tuympano squamous fissure
Fissures du cervelet = *Fissurae cerebelli* = Cerebellar fissures
Flocculus = *Flocculus* = Flocculus
Foie = *Hepar* = Liver
Folia du cerebellum = *Folia cerebelli* = Folia of cerebellum
Fond de l'utérus = *Fundus uteri* = Fundus of uterus
Fond de la vésicule biliaire = *Fundus vesicae felleae* = Fundus of gallbladder
Fontanelle antérieure = *Fonticulus anterior* = Anterior fontanelle
Fontanelle bregmatique = *Fonticulus anterior* = Anterior fontanelle
Fontanelle lambdatique = *Fonticulus posterior* = Posterior fontanelle
Fontanelle postérieure = *Fonticulus posterior* = Posterior fontanelle
Fontanelle ptérique = *Fonticulus anterolateralis* = Sphenoidal fontanelle
Fontanelles = *Fonticuli cranii* = Fontanelles
Foramen incisif = *Foramen incisivum* = Incisive foramina
Foramen cæcum = *Foramen caecum* = Foramen caecum
Foramen de la veine cave inférieure du diaphragme = *Foramen venae cavae diaphragmatis* = Caval opening of diaphragm
Foramen épineux = *Foramen spinosum* = Foramen spinosum
Foramen épiploïque = *Foramen epiploicum* = Epiploic foramen
Foramen ethmoïdal = *Foramen ethmoidale* = Ethmoidal foramen
Foramen interventriculaire = *Foramen interventriculare* = Interventricular foramen
Foramen intervertébral = *Foramen intervertebrale* = Intervertebral foramen
Foramen jugulaire = *Foramen jugulare* = Jugular foramen
Foramen lacerum = *Foramen lacerum* = Foramen lacerum
Foramen magnum = *Foramen magnum* = Foramen magnum
Foramen mastoïdien = *Foramen mastoideus* = Mastoid foramen
Foramen mental = *Foramen mentale* = Mental foramen
Foramen obturé = *Foramen obturatum* = Obturator foramen
Foramen ovale = *Foramen ovale cordis* = Foramen ovale
Foramen ovale = *Foramen ovale (os sphenoidale)* = Foramen ovale
Foramen ovale du sphénoïde = *Foramen ovale* = Foramen ovale
Foramen pariétal = *Foramen parietale* = Parietal foramen
Foramen rotondum = *Foramen rotundum* = Foramen rotundum
Foramen sacral antérieur = *Foramina sacralia pelvina* = Anterior sacral foramina
Foramen sacral postérieur = *Foramina sacralia dorsalia* = Posterior sacral foramina
Foramen singulare = *Foramen singulare* = Foramen singulare
Foramen stylo-mastoïdien = *Foramen stylo-mastoideum* = Stylomastoid foramen
Foramen supra-orbitaire = *Foramen supra-orbitalis* = Supra-orbital foramen
Foramen vasculaire des os = *Foramen ossei* = Nutrient foramen and nutrient canal of bone
Foramen vertébral = *Foramen vertebrale* = Vertebral foramen
Foramina = *Foramina venarum minimarum* = Opening of smallest cardiac veins
Forceps majeur = *Forceps major* = Major forceps / frontal forceps
Forceps mineur = *Forceps minor* = Minor forceps / occipital forceps
Formation réticulaire = *Formatio reticularis* = Reticular formation
Fornix = *Fornix* = Fornix
Fornix inférieur de la conjonctive = *Fornix conjunctivae inferior* = Inferior conjunctival fornix
Fornix supérieur de la conjonctive = *Fornix conjunctivae superior* = Superior conjunctival fornix
Fossa subarcuata = *Fossa subarcuata* = Subarcuate fossa
Fosse acétabulaire = *Fossa acetabuli* = Acetabular fossa
Fosse antérieure du crâne = *Fossa cranii anterior* = Anterior cranial fossa
Fosse axillaire = *Fossa axillaris* = Axillary fossa
Fosse canine = *Fossa canina* = Canine fossa
Fosse condylaire = *Fossa condylaris* = Condylar fossa
Fosse coronoïde = *Fossa coronoidea* = Coronoid fossa
Fosse du sac lacrymal = *Fossa sacci lacrymalis* = Fossa for lacrimal sac
Fosse hyaloïdienne = *Fossa hyaloidea* = Hyaloid fossa
Fosse iliaque interne = *Fossa iliaca* = Iliac fossa
Fosse infra-épineuse = *Fossa infraspinata* = Infraspinal fossa
Fosse infra-temporale = *Fossa infratemporalis* = Infratemporal fossa
Fosse inguinale latérale = *Fossa inguinalis lateralis* = Lateral inguinal fossa
Fosse inguinale médiale = *Fossa inguinalis medialis* = Medial inguinal fossa
Fosse intercondylaire = *Fossa intercondylaris* = Intercondylar fossa
Fosse interpédonculaire = *Fossa interpeduncularis* = Interpeduncular fossa
Fosse ischio-anale = *Fossa ischio-analis* = Ischioanal fossa
Fosse jugulaire = *Fossa jugularis* = Jugular fossa
Fosse mandibulaire du temporal = *Fossa mandibularis (temporale)* = Mandibular fossa
Fosse moyenne du crâne = *Fossa cranii media* = Middle cranial fossa
Fosse nasale = *Cavitas nasalis ossea* = Nasal cavity
Fosse naviculaire de l'urètre = *Fossa navicularis urethrae* = Navigular fossa
Fosse olécrânienne = *Fossa olecrani* = Olecranon fossa
Fosse ovale du cœur = *Fossa ovalis cordis* = Oval fossa
Fosse pituitaire = *Fossa hypophysea* = Hypophysial fossa
Fosse poplitée = *Fossa poplitea* = Popliteal fossa
Fosse postérieure du crâne = *Fossa cranii posterior* = Posterior cranial fossa
Fosse ptérygoïde = *Fossa pterygoidea* = Pterygoid fossa
Fosse ptérygo-palatine = *Fossa pterygo-palatina* = Pterygopalatine fossa
Fosse radiale = *Fossa radialis* = Radial fossa
Fosse rhomboïde = *Fossa rhomboidea* = Rhomboid fossa
Fosse sub-scapulaire = *Fossa subscapularis* = Subscapular fossa
Fosse supra-claviculaire = *Fossa supraclavicularis* = Supraclavicular fossa
Fosse supra-épineuse = *Fossa supraspinala* = Supraspinal fossa
Fosse supra-vésicale = *Fossa supravesicalis* = Suprevesical fossa
Fosse temporale = *Fossa temporalis* = Temporal fossa

Fossette cystique = *Fossa vesicae fellae* = Fossa for gallbladder
Fossette de la fenêtre ovale = *Fossula fenestrae vestibuli* = Fossa of oval window
Fossette de la fenêtre ronde = *Fossula fenestrae cochleae* = Fossa of round window
Fossette digastrique = *Fossa digastrica* = Digastric fossa
Fossette glosso-épiglottique = *Vallecula epiglottica* = Epiglottic vallecula
Fossette lacrymale = *Fossa glandulae lacrymalis* = Fossa for lacrimal gland
Fossette naviculaire = *Fossa vestibulis vaginae* = Vestibular fossa
Fossette naviculaire du pavillon = *Fossa triangularis auriculae* = Triangular fossa
Fossette pétreuse = *Fossula petrosa* = Petrosal fossula
Fossette scaphoïde = *Fossa scaphoidea* = Scaphoid fossa
Fossette sublinguale = *Fovea sublingualis* = Sublingual fossa
Fossette sub-mandibulaire = *Fovea submandibularis* = Submandibular fossa
Fossette supra-tonsillaire = *Fossa supratonsillaris* = Supratonsillar fossa
Fossette trochantérique = *Fossa trochanterica* = Trochanteric fossa
Fovea capitis du fémur = *Fovea capitis femoris* = Fovea for ligament of head
Fovea inferior = *Fovea inferior (ventriculi quarti)* = Inferior fovea
Fovea oblonga du cartilage aryténoïde = *Fovea oblonga (cartilaginis arytenoideae)* = Oblong fovea
Fovea superior du quatrième ventricule = *Fovea superior (ventriculi quarti)* = Superior fossa
Foveola = *Foveola* = Foveola
Frein de la langue = *Frenulum linguae* = Frenulum of tongue
Frein de la lèvre = *Frenulum labii* = Frenulum of lip
Frein du clitoris = *Frenulum clitoridis* = Frenulum of clitoris
Frein du prépuce = *Frenulum preputii* = Frenulum
Frein du voile médullaire supérieur = *Frenulum veli medullaris superior* = Frenulum of superior medullary velum
Frontal = *Os frontale* = Frontal bone
Fundus gastrique = *Fundus gastricus* = Fundus of stomach
Funiculus separans = *Funiculus separans* = Funiculus separans
Gaine carotidienne = *Vagina carotica* = Carotid sheath
Gaine commune des fléchisseurs = *Vagina communis communis m. flexorium* = Common flexor sheat
Gaine commune des tendons des péroniers = *Vagina communis tendinum m. peroneorum* = Commun tendinous sheath of fibulares
Gaine commune du tendon des fléchisseurs = *Vagina communis tendinum m. flexorum* = Common flexor sheath
Gaine des tendons du long extenseur commun des orteils = *Vagina tendinum m. extensoris digitorum pedis longi* = Tendinous sheath of extensor digitorum longus
Gaine des tendons du long fléchisseur commun des orteils = *Vagina tendinum m. flexoris digitorum pedis longi* = Tendinous sheath of flexor digitorum longus
Gaine du globe oculaire = *Vagina bulbi* = Fascial sheath of eyeball
Gaine du muscle droit de l'abdomen = *Vagina m. recti abdominis* = Rectus sheath
Gaine du tendon du long fléchisseur de l'hallux = *Vagina tendinis m. flexoris hallucis longi* = Tendinous sheath of flexor hallucis longus
Gaine du tendon du tibial antérieur = *Vagina tendinis m. tibialis anterior* = Tendinous sheath of tibialis anterior
Gaine du tendon du tibial postérieur = *Vagina tendinis m. tibialis posterior* = Tendinous sheath of tibialis posterior
Gaine du tendon de l'extenseur du petit doigt = *Vagina tendinum m. extensoris digiti minimi* = Tendinous sheath of extensor digiti minimi brevis
Gaine du tendon de l'extenseur des doigts et extenseur de l'index = *Vagina tendinum m. extensoris digitorum et extensoris indicis* = Tendinous sheath of extensor digitorum et extensor indicis
Gaine du tendon de l'extenseur long de l'hallux = *Vagina tendinum m. extensoris hallucis longi* = Tendinous sheath of extensor hallucis longus
Gaine du tendon de l'extenseur ulnaire du carpe = *Vagina tendinum m. extensoris carpi ulnaris* = Tendinous sheath of extensor carpi ulnaris
Gaine du tendon des muscles extenseurs radiaux du carpe = *Vagina tendinum m. extensorum carpi radialum* = Tendinous sheath of extensores carpi radiales
Gaine du tendon du long extenseur du pouce. = *Vagina tendinis m. extensoris pollicis longi* = Tendinous sheath of extensor pollicis longus
Gaine du tendon du fléchisseur ulnaire du carpe = *Vagina tendinum m. flexoris carpi ulnaris* = Tendinous sheath of flexor carpi ulnaris
Gaine du tendon du fléchisseur radial du carpe. = *Vagina tendinis m. flexoris carpi radialis* = Tendinous sheath of flexor carpi radialis
Gaine du tendon du long abducteur et du court extenseur du pouce = *Vagina tendinum m. abductoris longi et extensoris brevis pollicis* = Tendinous sheath of abductor longus et extensor pollicis brevis
Gaine du tendon du muscle fléchisseur long du pouce = *Vagina tendinis m. flexoris pollicis longi* = Tendinous sheath of flexor pollicis longus
Gaine fibreuse des doigts de la main = *Vagina fibrosa digitorum manus* = Fibrous sheaths of digits of hand
Gaine fibreuse des doigts des mains = *Vaginae fibrosae digitorum manus* = fibrous sheats of digits of hand
Gaine fibreuse des doigts du pied = *Vagina fibrosa digitorum pedis* = Fibrous sheaths of toes
Gaine plantaire du tendon du long péronier latéral = *Vagina plantaris tendinis m. peronei longi* = Plantar tendinous sheat of fibularis longus
Gaines des doigts de la main = *Vaginae synoviales digitorum manus* = Synovial sheath of digits of hand
Gaines des tendons fléchisseurs des orteils = *Vaginae tendinum digitorum pedis* = Tendinous sheaths of toes
Gaines digitales = *Vaginae synoviales tendinum digitorum* =
Gaines synoviales des doigts du pied = *Vaginae synoviales digitorum pedis* = Synovial sheaths of toes
Gaines des doigts de la main = *Vaginae synoviales digitorum manus* = Synovial sheats of digits of hand
Gaines des tendons des doigts du pied = *Vagina tendinum digitorum pedis* = Tendinous sheat of toes
Gaines fibreuses des doigts des mains = *Vagina fibrosae digitorum manus* = Fibrous sheaths of digits of hand
Gaines séreuses péritendineuses = *Vaginae synoviales* = Synovial sheath
Ganglion cardiaque = *Ganglion cardiaca* = Cardiac ganglion
Ganglion cervical moyen = *Ganglion cervicale medium* = Middle cervical ganglion
Ganglion cervical supérieur = *Ganglion cervicale superius* = Superior cervical ganglion

Ganglion cervico-thoracique / ganglion stellaire = *Ganglion cervicothoracicum / ganglion stellatum* = Cervicothoracic ganglion / stellate ganglion
Ganglion ciliaire = *Ganglion ciliare* = Ciliary ganglion
Ganglion de l'habenula = *Nucleus habenulae* = Habenular nucleus
Ganglion géniculé = *Ganglion geniculi* = Geniculate ganglion
Ganglion inférieur du nerf glosso-pharyngien = *Ganglion inferius nervi glosso-pharyngei* = Inferior ganglion of glossopharyngeal nerve
Ganglion inférieur du nerf vague = *Ganglion inferius nervi vagi* = Inferior ganglion (vagus nerve)
Ganglion otique = *Ganglion oticum* = Otic ganglion
Ganglion ptérygo-palatin = *Ganglion pterygopalatinum* = Pterygopalatine ganglion
Ganglion rénal = *Ganglion renalis* = Renal ganglia
Ganglion spinal = *Ganglion spinale* = Spinal ganglion
Ganglion spirale = *Ganglion spirale cochleae* = Spiral ganglion
Ganglion splanchnique thoracique = *Ganglion thoracicum splanchnicum* = Thoracic splanchnic ganglion
Ganglion stellaire = *Ganglion stellatum* = Stellate ganglion
Ganglion sub-lingual = *Ganglion sublinguale* = Sublingual ganglion
Ganglion supérieur du nerf glosso-pharyngien = *Ganglion superius nervi glosso-pharyngei* = Superior ganglion of glossopharyngeal nerve
Ganglion supérieur du nerf vague = *Ganglion superius (nervi vagi)* = Superior ganglion (vagus nerve)
Ganglion trigéminal = *Ganglion trigeminale* = Trigeminal ganglion
Ganglion vestibulaire = *Ganglion vestibulare* = Vestibular ganglion
Ganglions aortico-rénaux = *Ganglia aorticorenalia* = Aorticorenal ganglia
Ganglions coeliaques = *Ganglion coeliaca* = Coeliac ganglia
Ganglions intermédiaire = *Ganglia intermedia* = Intermediate ganglia
Ganglions pelviens = *Ganglia pelvica* = Pelvic ganglion
Ganglions phréniques = *Ganglia phrenica* = Phrenic ganglia
Gencives = *Gengivae* = Gingiva
Genou = *Genu* = Knee
Genou de la capsule interne = *Genu capsulae internae* = Genu of internal capsule
Genou du clitoris = *Crus clitoridis* = Crus of clitoris
Genou du corps calleux = *Genu corporis callosi* = Genu corpus callosum
Genou du nerf facial = *Genu n. facialis* = Genu of facial nerve
Ginglyme = *Ginglymus* = Hinge joint
Glabelle = *Glabella* = Glabella
Gland = *Glans* = Glans
Gland du clitoris = *Glans clitoridis* = Glans of clitoris
Gland du pénis = *Glans penis* = Glans penis
Glande = *Glandula* = Gland
Glande bulbo-urétrale = *Glandula bulbourethralis* = Bulbourethral gland
Glande mammaire = *Gl. Mammaria* = Mammary gland
Glande parathyroïde = *Glandula parathyroidea* = Parathyroid gland
Glande parathyroïde inférieure = *Gl. parathyroidea inferior* = Inferior parathyroid gland
Glande parathyroïde supérieure = *Gl. parathyroidea superior* = Superior parathyroid gland
Glande parotide = *Gl. Parotis* = Parotid gland
Glande parotide accessoire = *Gl. parotis accessoria* = Accessory parotid gland
Glande pinéale = *Glandula pinealis* = Pineal gland
Glande sub-linguale = *Gl. Sublingualis* = Sublingual gland
Glande sub-mandibulaire = *Gl. Submandibularis* = Submandibular gland
Glande thyroïde = *Glandula thyroidea* = Thyroid gland
Glande vestibulaire majeur = *Gl. vestibularis major* = Greater vestibular gland
Glandes buccales = *Gl. Buccales* = Buccal glands
Glandes labiales = *Gl. Labiales* = Labial glands
Glandes lacrymales = *Gl. Lacrymales* = Lacrymal glands
Glandes linguales = *Gl. lingualis* = Lingual glands
Glandes molaires = *Gl. Molares* = Molar glands
Glandes palatines = *Gl. Palatinae* = Palatine glands
Glandes salivaires = *Glandulae oris* = Glands of mouth
Glande surrénale = *Gl. Suprarenalis* = Suprarenal gland
Glandes thyroïdes accessoires = *Gl. thyroideae accessoriae* = Accessory thyroid glands
Glandes urétrales = *Gl. Urethrales* = Urethral glands
Glandes vestibulaires mineures = *Gl. vestibularis minor* = Minor vestibular glands
Globe oculaire = *Bulbus oculi* = Eyeball
Globus pallidus = *Globus pallidus* = Globus pallidus
Globus pallidus latéral = *Globus pallidus lateralis* = Globus pallidus lateral segment
Globus pallidus médial = *Globus pallidus medialis* = Globus pallidus medial segment
Glomus = *Glomus* = glomus
Glomus carotidien = *Glomus caroticum* = Carotid body
Glomus choroïdien = *Glomus choroideum* = Choroidal enlargement
Glomus coccygien = *Glomus coccygeum* = Coccygeal body
Glotte = *Glottis* = Glottis
Gonion = *Gonion* = Gonion
Gouttière lacrymale = *Sulcus lacrimalis* = Lacrimal groove
Gouttière scaphoïde de l'oreille = *Scapha* = Scapha
Grand bassin = *Pelvis major* = Greater pelvis
Grand omentum = *Omentum majus* = Greater omentum
Grand trochanter = *Trochanter major* = Greater trochanter
Grande aile du sphénoïde = *Ala major ossis sphenoidalis* = Greater wing of sphenoidal bone
Grande corne de l'os hyoïde = *Cornu majus o. hyoidei* = Greater horn of hyoid bone
Grande courbure de l'estomac = *Curvatura gastri major* = Greater curvature of stomach
Grande incisure ischiatique = *Incisura ischiadica major* = Greater sciatic notch
Grande lèvre de la vulve = *Labium majus pudendi* = Labium majus
Grande veine cérébrale = *V. cerebri magna* = Great cerebral vein
Grands calices rénaux. = *Calyces renales majores* = Major calices
Granulations de l'arachnoïde = *Granulationes arachnoideae* = Arachnoid granulations
Gros intestin = *Intestinum crassum* = Large intestine
Gubernaculum testis = *Gubernaculum testis* = Gubernaculum testis
Gyrus cérébraux = *Gyri cerebri* = Cerebral gyri
Gyrus cingulaire = *Gyrus cinguli* = Cingulate gyrus

Gyrus cinguli = *Gyrus cinguli* = Cingulate gyrus
Gyrus dentatus = *Gyrus dentatus* = Dentate gyrus
Gyrus frontal inferieur = *Gyrus frontalis inferior* = Inferior frontal gyrus
Gyrus frontal moyen = *Gyrus frontalis medius* = Middle frontal gyrus
Gyrus frontal supérieur = *Gyrus frontalis superior* = Superior frontal gyrus
Gyrus occipito-temporal latéral = *Gyrus occipitotemporalis lateralis* = Lateral occipitotemporal gyrus
Gyrus paracentral = *Gyrus paracentralis* = Paracentral gyrus
Gyrus para-hippocampal = *Gyrus parahippocampalis* = Parahippocampal gyrus
Gyrus paraterminal = *Gyrus paraterminalis* = Paraterminal gyrus
Gyrus postcentral = *Gyrus postcentralis* = Postcentral gyrus
Gyrus précentral = *Gyrus precentralis* = Precentral gyrus
Gyrus supramarginal = *Gyrus supramarginalis* = Supramarginal gyrus
Gyrus temporal moyen = *Gyrus temporalis medius* = Middle temporal gyrus
Gyrus temporal supérieur = *Gyrus temporalis superior* = Superior temporal gyrus
Gyrus temporaux transverses = *Gyri temporales transversi* = Transverse temporal gyri
Habenula = *Habenula* = Habenula
Hamatum = *Os hamatum* = Hamatum
Hamulus lacrimalis = *Hamulus lacrimalis* = Lacrimal hamulus
Hanche = *Articulatio coxae* = Hip joint
Helix = *Helix* = Helix
Hiatus aortique du diaphragme = *Hiatus aorticus diaphragmatis* = Aortic hiatus
Hiatus du canal des nerfs grand et petit pétreux = *Hiatus canalis n. petrosi majoris et minoris* = Hiatus for greater and lesser petrosal nerve
Hiatus œsophagien du diaphragme = *Hiatus œsophageus* = Oesophageal hiatus
Hiatus sacral = *Hiatus sacralis* = Sacral hiatus
Hiatus tendineux de l'adducteur = *Hiatus tendineus adductorius* = Adductor hiatus
Hiatus uro-génital = *Hiatus urogenitale* = Urogenital hiatus
Hile de l'ovaire = *Hilus ovarii* = Hilum of ovary
Hile de la glande surrénale = *Hilus glandula suprarenalis* = Hilum of suprarenal gland
Hile de la rate = *Hilus lienis* = Splenic hilum
Hile du foie = *Porta hepatis* = Porta hepatis
Hile du poumon = *Hilum pulmonis* = Hilum of lung
Hile du rein = *Hilum renale* = Hilum of kidney
Hippocampe = *Hippocampus* = Hippocampus
Humérus = *Humerus* = Humerus
Humeur aqueuse = *Humor aquosus* = Aqueous humor
Hymen = *Hymen* = Hymen
Hypochondre = *Hypochondrium* = Hypochondrium
Hypogastre = *Hypogastrium* = Pubic region
Hypophyse = *Hypophysis* = Pituitary gland
Iléon = *Ileum* = Ileum
Impression trigéminale = *Impressio trigeminalis* = Trigeminal impression
Impressions digitales des gyrus céréraux = *Impressiones digitatae / impressiones gyrorum* = Impressions of cerebral gyri
Incisure acétabulaire = *Incisura acetabuli* = Acetabular notch
Incisure cardiaque du poumon gauche = *Incisura cardiaca pulmonis sinistri* = Cardiac notch of left lung
Incisure cardiaque du poumon gauche = *Incisura cardiaca pulmonis sinistri* = Cardiac notch of left lung
Incisure claviculaire du sternum = *Incisura clavicularis sterni* = Clavicular notch
Incisure de la scapula = *Incisura scapulae* = Suprascapular notch
Incisure de la tente du cervelet = *Incisura tentorii* = Tentorial notch
Incisure du cartilage du méat acoustique = *Incisurae cartilaginis meatus acustici* = Notch in cartilage of acoustic meatus
Incisure ethmoïdale = *Incisura ethmoidalis* = Ethmoidal notch
Incisure fibulaire du tibia = *Incisura fibularis (tibia)* = Fibular notch
Incisure frontale = *Incisura frontalis* = Frontal notch
Incisure frontale interne = *Incisura (ou foramen) frontale* = Frontal notch
Incisure interaryténoïdienne = *Incisura interarytenoidea* = Interarytenoid notch
Incisure ischiatique majeure = *Incisura ischiadica major* = Greater sciatic notch
Incisure ischiatique mineure = *Incisura ischiadica minor* = Lesser sciatic notch
Incisure jugulaire = *Incisura jugularis* = Jugular notch
Incisure mastoïde = *Incisura mastoidea* = Mastoid notch
Incisure nasale = *Incisura nasalis* = Nasal notch
Incisure pariétale = *Incisura parietalis* = Parietal notch
Incisure préoccipitale = *Incisura preoccipitalis* = Preoccipitalis notch
Incisure radiale de l'ulna = *Incisura radialis (ulna)* = Radial notch
Incisure sphéno-palatine = *Incisura spheno-palatina* = Sphenopalatine notch
Incisure trochléaire de l'ulna = *Incisura trochlearis (ulna)* = Trochlear notch (ulna)
Incisure ulnaire du radius = *Incisura ulnaris radii* = Ulnar notch of radius
Incisures costales du sternum = *Incisurae costales sterni* = Costal notches
Incus = *Incus* = Incus
Indusium gris = *Indusium griseum* = Indusium griseum
Infundibulum de la trompe utérine = *Infundibulum tubae uterinae* = Infundibulum
Infundibulum du troisième ventricule = *Infundibulum* = Infundibulum
Intestin grêle = *Intestinum tenue* = Small intestine
Iris = *Iris* = Iris
Ischion = *Os ischii* = Ischium
Isthme de l'utérus = *Isthmus uteri* = Isthmus of uterus
Isthme de la glande thyroïde = *Isthmus glandulae thyroideae* = Isthmus of thyroid gland
Isthme de la prostate = *Isthmus prostatae* = Isthmus of prostate
Isthme de la trompe utérine = *Isthmus tubae uterinae* = Isthmus of uterine tube
Isthme du gosier = *Isthmus faucium* = Isthmus of fauces / oropharyngeal isthmus
Jambe = *Crus* = Leg
Jéjunum = *Jejunum* = Jejunum
Jointure cartilagineuse = *Junctura cartilaginea* = Cartilaginous joint
Jointure fibreuse = *Junctura fibrosa* = Fibrous joint
Jointure osseuse / synostose = *Junctura ossea / synostosis* = Bony union / synostosis
Jointure synoviale / articulation = *Junctura synovialis / articulatio* = Synovial joint
Jugum sphenoidale = *Jugum sphenoidale* = Jugum sphenoidale
Labrum = *Labrum articulare* = Labrum
Labrum acétabulaire = *Labrum acetabulare* = Acetabular labrum

Labrum glénoïdal = *Labrum glenoidale* = Glenoid labrum
Labyrinthe de l'ethmoïde = *Labyrinthus ethmoidalis* = Ethmoidal labyrinth
Labyrinthe du rein = *Labyrinthus corticis renalis* = Cortical labyrinth of renal cortex
Labyrinthe membraneux = *Labyrinthus membranaceus* = Membranous labyrinth
Labyrinthe osseux = *Labyrinthus osseus* = Bony labyrinth
Lac lacrymal = *Lacus lacrimalis* = Lacus lacrimalis
Lacunes de l'urètre = *Lacunae urethrales* = Urethral lacunae
Lacunes latérales du sinus sagittal supérieur = *Lacunae laterales* = Lateral lacunae
Lambda = *Lambda* = Lambda
Lame basilaire de la cochlée = *Lamina basilaris ductus cochlearis* = Basal lamina
Lame criblée de la sclère = *Lamina cribrosa sclerae* = Lamina cribosa of sclera
Lame criblée de l'ethmoïde = *Lamina cribrosa ethmoidalis* = Cribriform plate
Lame du cartilage cricoïde = *Lamina cartilaginis cricoideae* = Lamina of cricoid cartilage
Lame latérale du processus ptérygoïde = *Lamina processus pterygoidei lateralis* = Lateral plate of pterygoid process
Lame médiale du processus ptérygoïde = *Lamina processus pterygoidei medialis* = Medial plate of pterygoid process
Lame orbitaire = *Lamina orbitalis ethmoidalis* = Orbital plate
Lame orbitaire de l'ethmoïde = *Lamina orbitalis ossis ethmoidalis* = Orbitale plate
Lame perpendiculaire de l'ethmoïde = *Lamina perpendicularis ethmoidalis* = Perpendicular plate
Lame prétrachéale = *Lamina pretrachealis (fascia cervicalis)* = Pretracheal layer
Lame prévertébrale = *Lamina prevertebralis (fascia cervicalis)* = Prevertebral layer
Lame superficielle = *Lamina superficialis* = Superficial layer
Lame terminale du 3e ventricule = *Lamina terminalis (ventriculus tertius)* = Lamina terminalis
Lame vertébrale = *Lamina arcus vertebrae* = Lamina
Lamina affixa = *Lamina affixa* = Lamina affixa
Langue = *Lingua* = Tongue
Larynx = *Larynx* = Larynx
Lemniscus latéral = *Lemniscus lateralis* = Lateral lemniscus
Lemniscus médial = *Lemniscus medialis* = Medial lemniscus
Ligament acromio-claviculaire = *Lig. acromioclaviculare* = Acromioclavicular ligament
Ligament acromio-coracoïdien = *Lig. coracoacromiale* = Coracoacromial ligament
Ligament annulaire du radius = *Lig. anulare radii* = Anular ligament of radius
Ligament annulaire du stapes = *Lig. anulare stapedis.* = Anular ligament of stapes
Ligament arqué = *Ligamentum arcuatum pubis* = Arcuate pubic ligament
Ligament arqué latéral = *Lig. arcuatum laterale* = Laterale arcuate ligament
Ligament artériel = *Lig. arteriosum (ductus arteriosus)* = Ligamentum arteriosum
Ligament calcanéo-cuboïdien = *Lig. calcaneocuboideum* = Calcaneocuboid ligament
Ligament calcanéo-cuboïdien dorsal = *Lig. calcaneocuboideum dorsale* = Dorsal calcaneocuboid ligament
Ligament calcanéo-cuboïdien plantaire = *Lig. calcaneocuboideum plantare* = Plantar calcaneocuboid ligament
Ligament calcanéo-fibulaire = *Lig. calcancofibulare* = Calcaneofibular ligament
Ligament calcanéo-naviculaire = *Lig. calcaneonaviculare* = Calcaneonavicular ligament
Ligament calcanéo-naviculaire plantaire = *Lig. calcaneonaviculare plantare* = Plantar calcaneonavicular ligament
Ligament carré = *Lig. quadratum* = Quadrate ligament
Ligament collatéral = *Ligamentum collateralium* = Collateral ligament
Ligament coraco-huméral = *Lig. coracohumerale* = Coracohumeral ligament
Ligament coronaire du foie = *Lig. coronarium hepatis* = Coronary ligament
Ligament costo-claviculaire = *Lig. costo-claviculaire* = Costo clavicular ligament
Ligament costo-transversaire = *Lig. costotransversarium* = Costotransverse ligament
Ligament costo-xiphoïdien = *Lig. costoxiphoidea* = Costoxiphoid ligament
Ligament crico-pharyngé = *Lig. cricopharyngeum* = Cricopharyngeal ligament
Ligament crico-thyroïdien = *Lig. cricothyroideum* = Cricothyroid ligament
Ligament crico-trachéal = *Lig. cricotracheale* = Cricothracheal ligament
Ligament croisé = *Lig. cruciatum* = Cruciate ligament
Ligament cruciforme de l'atlas = *Lig. cruciforme atlantis* = Cruciate ligament of atlas
Ligament cuboïdo-naviculaire plantaire = *Lig. cuboideo naviculare plantare* = Plantar cuboideonavicular ligament
Ligament de la patella = *Lig. patellae* = Patellar ligament
Ligament de la tête du fémur = *Lig. capitis femoris* = Ligament of head of femur
Ligament de l'ovaire = *Lig. ovarii proprium / ligamentum utero-ovaricum* = Ligament of ovary
Ligament deltoïdien = *Lig. deltoideum* = Deltoid ligament
Ligament denticulé = *Lig. denticulatum* = Denticulate ligament
Ligament du poumon = *Lig. pulmonale* = Pulmonal ligament
Ligament duodéno-colique = *Plica duodenomesocolica* = Duodenomesocolic fold
Ligament falciforme du foie = *Lig. falciforme hepatis* = Falciform ligament of liver
Ligament gastro-colique = *Lig. gastrocolicum* = Gastrocolic ligament
Ligament gastro-splénique = *Lig. gastrolienale* = Gastrosplenic ligament
Ligament hepatico-colique = *Lig. hepatocolicum* = Hepatocolic ligament
Ligament hépato-duodénal = *Lig. hepatoduodenal* = Hepatoduodenal ligament
Ligament hépato-gastrique = *Ligamenium hepato-gastricum* = Hepatogastric ligament
Ligament hépato-rénal = *Lig. hepatorenale* = Hepatorenal ligament
Ligament huméral transverse = *Lig. transversum humeri* = Transverse humeral ligament
Ligament ilio-fémoral = *Lig. ilio-femorale* = Iliofemoral ligament

Ligament ilio-fémoral descendant = *Lig. iliofemorale pars descedens* = Iliofemoral ligament descending part
Ligament ilio-fémoral transverse = *Lig. iliofemorale pars transversa* = Iliofemoral ligamen transverse part
Ligament ilio-lombal = *Lig. iliolumbale* = Iliolumbar ligament
Ligament inférieur du pubis = *Ligamentum pubicum inferius* = Inferior pubic ligament
Ligament inguinal = *Lig. inguinale* = Inguinal ligament
Ligament interclaviculaire = *Lig. interclaviculare* = Interclavicular ligament
Ligament interépineux = *Lig. interspinalium* = Interspinal ligament
Ligament interfavéolaire = *Lig. interfoveolare* = Interfaveolar ligament
Ligament interosseux sacro-iliaque = *Lig. sacroiliacum interosseum* = Interosseous sacroiliac ligament
Ligament intertransversaire = *Lig. intertransversarium* = Intertransverse ligaments
Ligament intra-articulaire de la tête de la côte = *Lig. capitis costae intraarticulare* = Intra-articular ligament of head of rib
Ligament intra-articulaire sterno-costal = *Lig. sternocostale intraarticulare* = Intra-articular sternocostal ligament
Ligament ischio-fémoral = *Lig. ischiofemorale* = Ischiofemoral ligament
Ligament jaune = *Lig. flavum* = Ligamentum flavum
Ligament lacunaire = *Lig. lacunare* = Lacunar ligament
Ligament large de l'utérus = *Lig. latum uteri* = Broad ligament of uterus
Ligament latéral de l'articulation temporo mandibulaire = *Lig. laterale Art. temporomandibularis* = Lateral ligament
Ligament lombo-costal = *Lig. lumbocostale* = Lumbocostal ligament
Ligament lombo-sacré vertébral = *Lig. sacroiliaca interossea* = Interosseous sacro-iliac ligament
Ligament longitudinal antérieur = *Lig. longitudinale anterius* = Anterior longitudinal ligament
Ligament longitudinal postérieur = *Lig. longitudinale posterius* = Posterior longitudinal ligament
Ligament médial de l'articulation temporo-mandibulaire = *Lig. mediale Art. temporomandibularis* = Medial ligament
Ligament ménisco-fémoral = *Lig. meniscofemorale* = Meniscofemoral ligament
Ligament métacarpien transverse superficiel = *Lig. metacarpeum transverseum superficiale* = Superficial transverse metatarsal ligament
Ligament nuchal = *Lig. Nuchae* = Nucheal ligament
Ligament palpébral latéral = *Lig. palpebrale laterale* = Lateral palpebrar ligament
Ligament palpébral médial = *Lig. palpebrale mediale* = Medial palpebrar ligament
Ligament pancréatico-splénique = *Lig. phrenico-lienale* = Pancreaticosplenic ligament
Ligament pectinéal = *Lig. pectineale* = Pectineal ligament
Ligament phrénico-colique droit = *Lig. phrenicocolicum dextrum* = Right phrenicocolic ligament
Ligament phrénico-colique gauche = *Lig. phrenicocolicum sinistrum* = Left phrenicocolic ligament
Ligament phrénico-gastrique = *Lig. gastrophrenicum* = Gastrophrenic ligament
Ligament phrénico-splénique = *Lig. phrenicolienale* = Phrenicosplenic ligament
Ligament piso-hamatum = *Lig. pisohamatum* = Pisohamate ligament
Ligament poplité arqué = *Lig. popliteum arcuatum* = Arcuate popliteal ligament
Ligament poplité oblique = *Lig. popliteum obliquum* = Oblique popliteal ligament
Ligament ptérygo-épineux = *Lig. pterygospinale* = Pterygospinal ligament
Ligament pubo-fémoral = *Lig. pubofemorale* = Pubofemoral ligament
Ligament pubo-prostatique = *Lig. puboprostaticum* = Puboprostatic ligament
Ligament pubo-vésical = *Lig. pubovesicale* = Pubovesical ligament
Ligament pulmonaire = *Lig. pulmonale* = Pulmonary ligament
Ligament radié chondrosternale = *Lig. sternocostalia radiata anterior* = Radiate sternocostal ligaments
Ligament radié de la tête de la côte = *Lig. capitis costae radiatum* = Radiate ligament of head of rib
Ligament radio-carpien dorsal. = *Lig. radiocarpeum dorsale* = Dorsal radiocarpeum ligament
Ligament radio-carpien palmaire = *Lig. radiocarpeum palmare* = Palmar radiocarpeum ligament
Ligament réfléchi = *Lig. reflexum* = Reflected ligament
Ligament réfléchi du canal inguinal = *Lig. reflexum* = Reflected ligament
Ligament rond de l'utérus = *Lig. teres uteri* = Round ligament of uterus
Ligament rond du foie = *Lig. teres hepatis* = Round ligament of the liver
Ligament sacro-coccygien antérieur = *Lig. sacrococcygeum ventrale* = Anterior sacrococcygeal ligament
Ligament sacro-coccygien latéral = *Lig. sacrococcygeum laterale* = Lateral sacrococcygeal ligament
Ligament sacro-coccygien postérieur = *Lig. sacrococcygeum dorsale* = Posterior sacrococcygeal ligament
Ligament sacro-épineux = *Lig. sacrospinale* = Sacrospinous ligament
Ligament sacro-iliaque postérieur = *Lig. sacroiliacum posterius* = Posterior sacroiliac ligament
Ligament sacro-iliaque ventral = *Lig. sacroiliacum ventralium* = Ventral sacroillac ligament
Ligament sacro-tubéral = *Lig. sacrotuberale* = Sacrotuberous ligament
Ligament sphéno-mandibulaire = *Lig. sphenomandibulare* = Sphenomandibular ligament
Ligament spiral de la cochlée = *Lig. spirale cochleae* = Spiral ligament
Ligament sterno-claviculaire antérieur = *Lig. sternoclaviculare anterius* = Anterior sternoclavicular ligament
Ligament sterno-claviculaire postérieur = *Lig. sternoclaviculare posterius* = Postérior sternoclavicular ligament
Ligament sterno-claviculaire supérieur = *Lig. sternoclaviculare superius* = Superior sternoclavicular ligament
Ligament sterno-péricardique inférieur = *Lig. sternopericardiaca inferiora* = Inferior sternoclavicular ligament
Ligament sterno-péricardique supérieur = *Lig. sternopericardiaca superiora* = Superior sternopericardic ligament

Ligament stylo-hyoïdien = *Lig. stylohyoideum.* = Stylohyoid ligament
Ligament stylo-mandibulaire = *Lig. stylomandibulare* = Stylomandibular ligament
Ligament supra-épineux = *Lig. supraspinale* = Supraspinal ligament
Ligament suspenseur de l'ovaire = *Lig. suspensorium ovarii* = Suspensory ligament of ovary
Ligament suspenseur de l'aisselle = *Lig. suspensorium axillae* = Suspensory ligament of axilla
Ligament suspenseur de l'ovaire = *Lig. suspensorium ovari* = Suspensory ligament of ovary
Ligament suspenseur du clitoris = *Lig. suspensorium clitoridis* = Suspensory ligament of clitoris
Ligament suspenseur du pénis = *Lig. suspensorium penis* = Suspensory ligament of penis
Ligament talo-calcanéen interosseux = *Lig. talocalcaneum interosseum* = Talocalcaneal interosseous ligament
Ligament talo-calcanéen latéral = *Lig. talocalcaneum laterale* = Lateral talocalcaneal ligament
Ligament talo-calcanéen postérieur = *Lig. talocalcaneum posterius* = Posterior talocalcaneal ligament
Ligament talo-fibulaire = *Lig. talofibulare* = Talofibular ligament
Ligament talo-naviculaire = *Lig. talonaviculare* = Talonavicular ligament
Ligament thyro-épiglottique = *Lig. thyreoepiglotticum* = Thyreoepiglottic ligament
Ligament thyro-hyoïdien médian = *Lig. thyreohyoideum medianum* = Median thyrohyoid ligament
Ligament transverse de l'atlas = *Lig. transversum atlantis* = Tansverse ligament of atlas
Ligament transverse du genou = *Lig. transversum genu* = Transverse ligament of knee
Ligament transverse du périnée = *Lig. transversum perinei* = Transverse perineal ligament
Ligament transverse intermétacarpien profond = *Lig. metacarpeum transversum profundum* = Deep transverse metacarpal ligament
Ligament trapézoïde = *Lig. trapezoideum* = Trapezoid ligament
Ligament triangulaire du foie = *Lig. triangulare hepatis* = Triangular ligament of liver
Ligament ulno-carpien palmaire = *Lig. ulnocarpeum palmare* = Palmar ulnocarpal ligament
Ligament utéro-sacré = *Lig. rectouterinum* = Uterosacral ligament / Recto-uterine ligament
Ligament vestibulaire = *Lig. restibulare* = Vestibular ligament
Ligament vocal = *Lig. vocale* = Vocale ligament
Ligaments alaires de l'articulation atlanto-axiale médiane = *Ligamenta alaria* = Alar ligaments
Ligaments cunéo-métatarsaux interosseux = *Lig. cuneometatarsalia interossea* = Cuneometatarsal interesseous ligaments
Ligaments de la tête de la fibula = *Lig. capitis fibulae anterius et posterius* = Anterior and posterior ligament of fibular head
Ligaments de l'apex de la dent de l'axis = *Ligamenta apicis dentis* = Membrane apical ligament of dens
Ligaments du péricarde = *Lig. pericardiaca* = Pericardic ligaments
Ligaments gléno-huméraux = *Lig. glenohumeralia* = Glenohumeral joint
Ligaments intercarpiens dorsaux = *Lig. intercarpalia dorsalia* = Dorsal intercarpal ligaments
Ligaments piso-métacarpiens = *Lig. pisometacarpeum* = Pisometacarpal ligament
Ligaments sacro-iliaques antérieurs = *Lig. sacroiliaca ventralia* = Anterior sacro-iliac ligaments
Ligaments sacro-iliaques postérieurs = *Lig. sacroiliaca dorsalia* = Posterior sacro-iliac ligaments
Ligaments sterno-costaux radiés = *Lig. sternocostalia radiata* = Radiate sternocostal ligaments
Ligaments thyro-hyoïdiens latéraux = *Lig. thyreohyoidea lateralia* = Lateral thyrohyoid ligament
Ligaments tibio-fibulaires = *Lig. tibio-fibulare anterius et posterius* = Anterior and posterior tibiofibular ligament
Ligne âpre = *Linea aspera* = Linea aspera
Ligne arquée = *Linea arcuata* = Arcuate line
Ligne blanche = *Linea alba* = Linea alba
Ligne du soléaire = *Linea m. solei (tibia)* = Soleal line
Ligne glutéale antérieure = *Linea glutea anterior* = Anterior gluteal line
Ligne glutéale postérieure = *Linea glutea posterior* = Inferior gluteal line
Ligne intertrochantérique = *Linea intertrochanterica* = Intertrochanteric line
Ligne mylo-hyoïdienne = *Linea mylohyoidea* = Mylohoid line
Ligne nuchale inférieure = *Linea nuchalis inferior* = Inferior nuchal line
Ligne nuchale supérieure = *Linea nuchalis superior* = Superior nuchal line
Ligne oblique de la mandibule = *Linea obliqua mandibulae* = Oblique line
Ligne oblique du cartilage thyroïde = *Linea obliqua (cartilago thyroidea)* = Oblique line
Ligne pectiné = *Linea pectinea* = Pectineal line
Ligne temporale du frontal = *Linea temporalis (o. frontalis)* = Temporal line
Limbe de la fosse ovale = *Limbus fossae ovalis* = Limbus fossae ovalis
Limbus de la cornée = *Limbus corneae* = Corneal limbus
Limbus sphenoïdalis = *Limbus sphenoidalis* = Limbus of sphenoid
Limen insulae = *Limen insulae* = Limen insulae / insular treshold
Linea temporalis = *Linea temporalis* = Temporal line
Lingula du sphénoïde = *Lingula sphenoidalis* = Sphenoidal lingula
Lingula mandibulæ = *Lingula mandibulae* = Lingula
Lobe carré = *Lobus quadratus* = Quadrate lobe
Lobe de l'insula = *Insula* = Insula
Lobe de la glande thyroïde = *Lobus glandulae thyroideae* = Lobe of thyroid gland
Lobe frontal = *Lobus frontalis* = Frontal lobe
Lobe occipital = *Lobus occipitalis* = Occipital lobe
Lobe pyramidal de la glande thyroïde = *Lobus pyramidalis gl. Thyroideae* = Pyramidal lobe
Lobe temporal = *Lobus temporalis* = Temporal lobe
Lobes des hémisphères cérébraux = *Lobi cerebri* = Cerebral lobes
Lobes du foie = *Lobi hepatis* = Lobes of liver
Lobes du poumon = *Lobi pulmonis* = Pulmonar lobes
Lobes du rein = *Lobi renales* = Kydney lobes
Lobule de l'oreille = *Lobulus auriculae* = Lobule of auricle
Lobule du testicule = *Lobuli testis* = Lobules of testis
Lobule pariétal inférieur = *Lobulus parietalis inferior* = Inferior parietal lobule

Lobule pariétal supérieur = *Lobulus parietalis superior* = Superior parietal lobule
Locus coeruleus = *Locus coeruleus* = Locus coeruleus
Macula = *Macula lutea* = Macula of retina
Macula de l'utricule = *Macula utriculi* = Macula of utricle
Macula du saccule = *Macula sacculi* = Macula of saccule
Macula lutea = *Macula lutea* = Macula
Main = *Manus* = Hand
Malléole latéral = *Malleolus lateralis* = Lateral malleollus
Malléole médial = *Malleolus medialis* = Medial malleolus
Mamelles = *Mamma* = Breast
Mamelon = *Papilla mammae* = Nipple
Mandibula = *Mandibula* = Mandible
Manubrium du malleus = *Manubrium mallei* = Handle of malleus
Manubrium du sternum = *Manubrium sterni* = Manubrium of sternum
Masse latérale de l'atlas = *Massa lateralis atlantis* = Lateral mass
Maxillaire = *Maxilla* = Maxilla
Méat acoustique interne = *Meatus acusticus internus* = Internal acoustic meatus
Méat inférieur = *Meatus nasi inferior* = Inferior nasal meatus
Méat moyen = *Meatus nasi medius* = Middle nasal meatus
Méat supérieur = *Meatus nasi superior* = Superior nasal meatus
Méat suprême = *Meatus nasi supremus* = Supreme nasal meatus
Méat = *Meatus* = Meatus
Médiastin = *Mediastinum* = Mediastinum
Médiastin antérieur = *Mediastinum anterior* = Anterior mediastinum
Médiastin postérieur = *Mediastinum posterior* = Posterior mediastinum
Mediastinum testis = *Mediastinum testis* = Mediastinum of testis
Membrana tectoria = *Membrana tectoria (Art. atlantoaxialis mediana)* = Tectorial membrane
Membrana tectoria du canal cochléaire. = *Membrana tectoria ducti cochlearis* = Tectorial membrane of cochlear duct
Membrane atlanto-occipitale = *Membrana atlantooccipitalis* = Atlanto-occipital membrane
Membrane du tympan = *Membrana tympani* = Tympanic membrane
Membrane hyo-épiglottique = *Ligamentum hyo-epiglotticum* = Hyoepiglottic ligament
Membrane intercostale = *Membrana intercostalis* = Intercostal membrane
Membrane interosseuse de la jambe = *Membrana interossea cruris* = Interosseous membrane of leg
Membrane interosseuse de l'avant-bras = *Membrana interossea antebrachii* = Interosseous membrane of forearm
Membrane obturatrice = *Membrana obturatoria* = Obturator membrane
Membrane secondaire du tympan = *Membrana tympani secundaria* = Secondary tympanic membrane
Membrane supra-pleurale du fascia endothoracique = *Membrana suprapleuralis (endothoracic fascia)* = Suprapleural membrane of endothoracic fascia
Membrane thyro-hyoïdienne = *Membrana thyreohyoidea* = Thyreohyoid membrane
Membrane vitrée = *Membrana vitrea* = Vitreous membrane
Méninges = *Meninges* = Meninges
Ménisque = *Meniscus articularis.* = Meniscus
Ménisque articulaire de l'Art. temporo-mandibulaire = *Discus articularis (Art. temporo mandibularis)* = Articular disc of temporomandibular joint
Ménisque articulaire du genou = *Meniscus articularis genu* = Meniscus knee joint
Ménisques du genou = *Menisci (genu) medialis et lateralis* = Meniscus
Mésencéphale = *Mesencephalon* = Mesencephalon
Mésentère = *Mesenterium* = Mesentery
Mésentérium commune = *Mesenterium commune* = Mesenterium commune
Méso-appendice = *Mesoappendix* = Meso-appendix
Méso-côlon = *Mesocolon* = Mesocolon
Méso-côlon ascendant = *Mesocolon ascendens* = Ascending mesocolon
Méso-côlon pelvien = *Mesocolon sigmoideum* = Sigmoid mesocolon
Méso-côlon transverse = *Mesocolon transversum* = Transverse mesocolon
Mésogastre = *Mesogastrium* = Mesogastrium
Mésométre = *Mesometrium* = Mesometrium
Mésonephros = *Mesonephros* = Mesonephros
Mésosalpynx = *Mesosalpinx* = Mesosalpinx
Méso-testis = *Mesorchium* = Mesorchium
Mésovarium = *Mesovarium* = Mesovarium
Métacarpe = *Metacarpus* = Metacarpus
Métacarpiens = *Ossa metacarpalia* = Metacarpals
Métatarse = *Metatarsus* = Metatarsus
Métatarsiens = *Ossa metatarsalia* = Metatarsals
Metencéphale = *Metencephalon* = Metencephalon
Modiolus = *Modiolus* = Modiolus
Moelle spinale = *Medulla spinalis* = Spinal cord
Mont du pubis = *Mons pubis* = Mons pubis
Muqueuse de la bouche = *Tunica mucosa oris* = Mucosa of mouth
Muqueuse de la trachée = *Tunica mucosa tracheae* = Mucosa of trachea
Muqueuse du pharynx = *Tunica mucosa pharyngis* = Mucosa of pharynx
Muqueuse du voile du palais = *Tunica mucosa veli palatini* = Mucosa of soft palate
Muqueuse pituitaire = *Membrana mucosa (regionis olfactoriae nasi)* = Olfactory mucosa
Muqueuse tympanique = *Tunica mucosa cavi tympani* = Mucosa of tympanic cavity
Muscle = *Musculus* = Muscle
Muscle oblique supérieur de la tête = *M. obliquus capitis superior* = Obliquus capitis superior
Muscle supinateur = *M. supinator* = Supinator muscle
Muscle abaisseur de la lévre inférieure = *M. depressor labii inferioris* = Depressor labii inferioris
Muscle abaisseur de l'angle de la bouche = *M. depressor anguli oris* = Depressor anguli oris
Muscle abaisseur du septum nasal = *M. depressor septi* = Depressor septi
Muscle abducteur de l'hallux = *M. abductor hallucis* = Abductor hallucis
Muscle abducteur du petit doigt = *M. abductor digiti minimi* = Abductor digiti minimi
Muscle adducteur de l'hallux = *M. adductor hallucis* = Adductor hallucis
Muscle adducteur du petit doigt = *M. adductor digiti minimi* = Adductor digiti minimi
Muscle adducteur du pouce = *M. adductor pollicis* = Adductor pollicis
Muscle anconé = *M. anconeus* = Anconeus

Muscle articulaire du genou = *M. articularis genus* = Articularis genus
Muscle aryténoïdien inférieur = *M. vocalis* = Vocalis
Muscle aryténoïdien oblique = *M. arytenoideus obliquuus* = Oblique arytenoid
Muscle aryténoïdien transverse = *M. arytenoideus transversus* = Transverse arytenoid
Muscle auriculaire = *M. auricularis* = Auricularis
Muscle auriculaire antérieur = *M. auricularis anterior* = Anterior auricularis
Muscle auriculaire postérieur = *M. auricularis posterior* = Posterior auricularis
Muscle auriculaire supérieur = *M. auricularis superior* = Superior auricularis
Muscle biceps brachial = *M. biceps brachii* = Biceps brachii
Muscle biceps fémoral = *M. biceps femoris* = Biceps femoris
Muscle brachial = *M. brachialis* = Brachialis
Muscle brachio-radial = *M. brachio radialis* = Brachioradialis
Muscle broncho-œsophagien = *M. broncho œsophagus* = Bronchooesophageous
Muscle buccinateur = *M. buccinator* = Buccinator
Muscle bulbo-spongieux = *M. bulbo spongiosus* = Bulbospongiosus
Muscle carré des lombes = *M. quadratus lumborum* = Quadratus lumborum
Muscle carré fémoral = *M. quadratus femoris* = Quadratus femoris
Muscle carré plantaire = *M, quadratus plantae (flexor digitorum accessorius)* = Quadratus plantae m.
Muscle carré pronateur = *M. pronator quadratus* = Pronator quadratus
Muscle ciliaire = *M. ciliaris* = Ciliary muscle
Muscle coccygien = *M. coccygeus* = Coccygeus.
Muscle constricteur inférieur = *M. constrictor pharyngis inferior* = Inferior constrictor
Muscle constricteur moyen = *M. constrictor pharyngis medius* = Middle constrictor
Muscle constricteur supérieur = *M. constrictor pharyngis superior* = Superior constrictor
Muscle coraco-brachial = *M. coraco brachialis* = Coracobrachialis
Muscle court abducteur du pouce = *M. abductor pollicis brevis* = Abductor pollicis brevis
Muscle court adducteur = *M. adductor brevis* = Adductor brevis
Muscle court élévateur des côtes = *M. levator costarum brevis* = Levator costarum brevis
Muscle court extenseur des doigts du pied = *M. extensor digitorum brevis* = Extensor digitorum brevis
Muscle court extenseur radial du carpe = *M. extensor carpi radialis brevis* = Extensor carpi radialis brevis
Muscle court fléchisseur de l'hallux = *M. flexor hallucis brevis* = Flexor hallucis brevis
Muscle court fléchisseur des doigts = *M. flexor digitorum brevis* = Flexor digitorum brevis
Muscle court fléchisseur du petit doigt = *M. flexor digiti minimi brevis* = Flexor digiti minimi brevis
Muscle court fléchisseur du petit doigt du pied = *M. flexor digiti pedis minimi brevis* = Flexor digiti pedis minimi brevis
Muscle court fléchisseur du pouce = *M. flexor pollicis brevis* = Flexor pollicis brevis
Muscle court palmaire = *M. palmaris brevis* = Palmaris brevis
Muscle court péronier = *M. peroneus brevis* = Peroneus brevis
Muscle crico-aryténoïdien latéral. = *M. crico-arytenoideus laterali* = Lateral crico-arytenoid
Muscle crico-aryténoïdien postérieur = *M. crico-arytenoideus posterior* = Posterior crico-arytenoid
Muscle crico-thyroïdien = *M. crico thyroideus* = Cricothyroid
Muscle de l'antitragus = *M. antitragus* = Antitragus
Muscle de la langue = *M. linguae* = Muscles of tongue
Muscle de l'uvula = *M. uvulae* = Musculus uvulae
Muscle deltoïde. = *M. deltoideus* = Deltoid
Muscle dentelé antérieur = *M. serratus anterior* = Serratus anterior
Muscle dentelé postérieur et inférieur = = Serratus posterior inferior
Muscle dentelé postérieur et supérieur = *M. serratus posterior superior* = Serratus posterior superior
Muscle diaphragme = *M. diaphragma* = Diaphragm
Muscle digastrique = *M. Biventer* = Two-bellied muscle
Muscle digastrique = *M. digastricus* = Digastric
Muscle dilatateur = *M. dilatator* = Dilator
Muscle droit antérieur de la tête = *M. rectus capitis anterior* = Rectus capitis anterior
Muscle droit de l'abdomen = *M. rectus abdominis* = Rectus abdominis
Muscle droit du fémur = *M. rectus femoris* = Rectus femoris
Muscle droit inférieur = *M. rectus inferior* = Rectus inferior
Muscle droit latéral = *M. rectus lateralis* = Rectus lateralis
Muscle droit latéral de la tête = *M. rectus capitis lateralis* = Rectus capitis lateralis
Muscle droit médial = *M. rectus medialis* = Rectus medialis
Muscle droit supérieur = *M. rectus superior* = Rectus superior
Muscle du tragus = *M. tragicus* = Tragicus
Muscle élévateur de l'anus = *M. levator ani* = Levator ani
Muscle élévateur de la paupière supérieure = *M. levator palpebrae superiors.* = Levator palpebrae superioris
Muscle élévateur de la scapula = *M. levator scapulae* = Levator scapulae
Muscle élévateur de l'angle de la bouche = *M. levator anguli oris* = Levator anguli oris
Muscle élévateur du voile du palais = *M. levator veli palatini* = Levator veli palatini
Muscle élévateur profond de l'aile du nez et de la lèvre = *M. levator labii superioris alaeque nasi* = Levator labii superioris alaeque nasi
Muscle élévateur superficiel de l'aile du nez et de la lèvre = *M. levator labii superioris alaeque nasi* = Levator labii superioris alaeque nasi
Muscle erector spinae. = *M. erector spinae* = Erector spinae
Muscle extenseur commun des doigts. = *M. extensor digitorum communis* = Extensor digitorum communis
Muscle extenseur de l'index = *M. extensor indicis* = Extensor indicis
Muscle extenseur propre du petit doigt = *M. extensor digiti minimi* = Extensor digiti minimi
Muscle extenseur ulnaire du carpe = *M. extensor carpi ulnaris* = Extensor carpi ulnaris
Muscle fléchisseur profond des doigts = *M. flexor digitorum profundus* = Flexor digitorum profundus
Muscle fléchisseur superficiel des doigts = *M. flexor digitorum superficialis* = Flexor digitorum superficialis

Muscle fléchisseur radial du carpe = *M. flexor carpi radialis* = Flexor carpi radialis
Muscle fléchisseur ulnaire du carpe = *M. flexor carpi ulnaris* = Flexor carpi ulnaris
Muscle frontal = *Venter frontalis m. occipito-frontalis* = Frontal belly occipitofrontalis
Muscle génio-glosse = *M. genioglossus* = Genioglossus
Muscle génio-hyoïdien = *M. geniohyoideus* = Geniohyoideus
Muscle gracile = *M. gracilis* = Gracilis
Muscle grand adducteur = *M. adductor magnus* = Adductor magnus
Muscle grand droit postérieur de la tête = *M. rectus capitis posterior-major* = Rectus capitis posterior-major
Muscle grand fessier = *M. gluteus maximus* = Gluteus maximus
Muscle grand pectoral = *M. pectoralis major* = Pectoralis major
Muscle grand rhomboïde = *M. rhomboideus major* = Rhomboideus major
Muscle grand zygomatique = *M. zygomaticus major* = Zygomaticus major
Muscle hyo-glosse = *M. hyoglossus* = Hyoglossus
Muscle iliaque = *M. iliacus.* = Iliacus
Muscle infra-épineux = *M. infraspinatus* = Infraspinatus
Muscle interépineux (des lombes) = *Mm. interspinales lumborum* = Interspinales lumborum
Muscle interépineux du thorax = *Mm. interspinales thoracis* = Interspinales thoracis
Muscle ischio-caverneux = *M. ischiocavernosus* = Ischiocavernosus
Muscle jumeau du triceps sural = *M. gastrocnemius (triceps surae)* = Gastrocnemius
Muscle jumeau externe = *Caput lateralis (m. gastrocnemius)* = Lateral head
Muscle jumeau interne = *Caput medialis (m. gastrocnemius)* = Medial head
Muscle latissimus dorsi = *M. latissimus dorsi* = Latissimus dorsi
Muscle long abducteur du pouce = *M. abductor pollicis longus* = Abductor pollicis longus
Muscle long de la tête = *M. longus capitis* = Longus capitis
Muscle long du cou = *M. longus colli* = Longus colli
Muscle long du thorax = *M. longissimus thoracis* = Longissimus thoracis
Muscle long extenseur de l'hallux = *M. extensor hallucis longus* = Extensor hallucis longus
Muscle long extenseur des doigts du pied = *M. extensor digitorum longus* = Extensor digitorum longus
Muscle long extenseur du pouce = *M. extensor pollicis longus* = Extensor pollicis longus
Muscle long extenseur radial du carpe = *M. extensor carpi radialis longus* = Extensor carpi radialis longus
Muscle long fléchisseur de l'hallux = *M. flexor hallucis longus* = Flexor hallucis longus
Muscle long fléchisseur des orteils = *M. flexor digitorum longus* = Flexor digitorum longus.
Muscle long fléchisseur du pouce = *M. flexor pollicis longus* = Flexor pollicis longus
Muscle long palmaire = *M. palmaris longus* = Palmaris longus
Muscle long péronier = *M. peroneus longus* = Peroneus longus
Muscle longissimus de la tête = *M. longissimus capitis* = Longissimus capitis
Muscle longitudinal inférieur de la langue = *M. longitudinalis inf. linguae* = Inferior longitudinal muscle
Muscle longitudinal supérieur de la langue = *M. longitudinalis sup. linguae* = Superior longitudinal muscle
Muscle masséter = *M. masseter* = Masseter
Muscle mental = *M. mentalis* = Mentalis
Muscle moteur des osselets = *M. ossiculorum auditus* = Ossiculorum auditus
Muscle moyen adducteur = *M. adductor longus* = Adductor longus
Muscle moyen fessier = *M. gluteus medius* = Gluteus medius
Muscle mylo-hyoïdien = *M. mylo-hyoideus* = Mylo-hyoideus
Muscle oblique de l'oreille = *M. obliquus auriculae* = Oblique muscle of auricle
Muscle oblique externe de l'abdomen = *M. obliquus externus abdominis* = Obliquus externus abdominis
Muscle oblique inférieur de l'œil = *M. obliquus inferior* = Inferior oblique
Muscle oblique interne de l'abdomen = *M. obliquus internus abdominis* = Internal oblique
Muscle oblique supérieur de l'œil = *M. obliquus superior* = Obliquus superior
Muscle oblique supérieur de l'œil = *M. obliquus superior* = Superior oblique
Muscle obturateur externe = *M. obturatorius externus* = Obturatorius externus
Muscle obturateur interne = *M. obturatorius internus* = Obturatorius internus
Muscle occipito-frontal = *M. occipito-frontalis* = Occipito-frontalis
Muscle omo-hyoïdien = *M. omohyoideus* = Omohyoideus
Muscle opposant du petit doigt (manus) = *M. opponens digiti minimi (manus)* = Opponens digiti minimi
Muscle opposant du petit doigt du pied = *M. opponens digiti minimi (pedis)* = Opponens digiti minimi
Muscle orbiculaire de la bouche = *M. orbicularis oris* = Orbicularis oris
Muscle orbiculaire de la bouche partie labiale = *Pars labialis orbicularis oris* = Labial part orbicularis oris
Muscle orbiculaire de la bouche partie marginale = *Pars marginalis orbicularis oris* = Marginal part orbicularis oris
Muscle orbiculaire de l'œil = *M. orbicularis oculi (pars orbitalis)* = Orbicularis oculi
Muscle orbiculaire des paupières = *M. orbicularis oculi (pars palpebralis)* = Orbicularis oculi
Muscle palato-glosse = *M. palatoglossus* = Palatoglossus
Muscle palato-pharyngien = *M. palato pharyngeus* = Palato pharyngeus
Muscle papillaire du cône artériel = *M. papillaris septalis* = Septal papillary muscles
Muscle petit de l'hélix = *M. helicis minor* = Helicis minor
Muscle petit droit postérieur de la tête = *M. rectus capitis posterior minor* = Rectus capitis posterior minor
Muscle petit fessier = *M. gluteus minimus* = Gluteus minimus
Muscle petit pectoral = *M. pectoralis minor* = Pectoralis minor
Muscle petit psoas = *M. psoas minor* = Psoas minor
Muscle petit rhomboïde = *M. rhomboideus minor* = Rhomboideus minor
Muscle petit zygomatique = *M. zygomaticus minor* = Zygomaticus minor
Muscle pharyngo-glosse = *Pars glosso-pharyngea m. constrictoris pharyngis superioris* = Glossopharyngeal part of superior constrictor
Muscle piriforme = *M. piriformis* = Piriformis
Muscle plantaire = *M. plantaris* = Plantaris
Muscle plastyma = *M. platysma* = Plastyma

Muscle poplité = *M. popliteus* = Popliteus
Muscle psoas iliaque = *M iliopsoas* = Iliopsoas
Muscle psoas = *M. psoas major* = Psoas major
Muscle ptérygoïdien latéral = *M. pterygoideus lateralis* = Lateral pterygoid
Muscle ptérygoïdien médial = *M. pterygoideus medialis* = Medial pterygoid
Muscle pyramidal = *M. pyramidalis* = Pyramidalis
Muscle quadriceps fémoral = *M. quadriceps femoris* = Quadriceps femoris
Muscle recto-coccygien = *M. rectococcygeus* = Rectococcygeus
Muscle recto-urétral = *M. rectourethralis* = Rectourethral mucle
Muscle rhomboïde = *M. rhomboideus* = Rhomboid
Muscle risorius = *M. risorius* = Risorius
Muscle rond pronateur = *M. pronator teres* = Pronator teres
Muscle sartorius = *M. sartorius* = Sartorius
Muscle scalène antérieur = *M. scalenus anterior* = Scalenus anterior
Muscle scalène moyen = *M. scalenus medius* = Scalenus medius
Muscle scalène postérieur = *M. scalenus posterior* = Scalenus posterior
Muscle semi-épineux de la tête = *M. semispinalis capitis* = Semispinalis capitis
Muscle semi-épineux du cou = *M. semi-spinalis cervicis* = Semi-spinalis cervicis
Muscle semi-membraneux = *M. semimembranosus* = Semimembranosus
Muscle semi-tendineux = *M. semitendinosus* = Semitendinosus
Muscle soléaire = *M. soleus* = Soleus
Muscle sphincter de l'urètre = *M. sphincter urethrae* = Urethral sphincter
Muscle sphincter externe de l'anus = *M. sphincter ani externus* = External anal sphincter
Muscle splénius = *M. splenius* = Splenius
Muscle stapédius = *M. stapedius* = Stapedius
Muscle sterno-cléido-hyoïdien = *M. sterno-cleido-hyoideus* = Sternocleidohyoid
Muscle sterno-cleïdo-mastoïdien = *M. sterno-cleido-mastoideus* = Sternocleidomastoid
Muscle stylo-glosse = *M. stylo-glossus* = Stylo-glossus
Muscle stylo-hyoïdien = *M. stylo-hyoideus* = Stylohyoid
Muscle stylo-pharyngien = *M. stylo-pharyngeus* = Stylopharyngeus
Muscle sub-clavier = *M. subclavius* = Subclavius
Muscle sub-costal = *M. subcostalis* = Subcostalis
Muscle sub-scapulaire = *M. subscapularis* = Subscapularis
Muscle supra-épineux = *M. supraspinatus* = Supraspinatus
Muscle suspenseur du duodénum = *M. suspensorius duodeni* = Suspensorius duodeni
Muscle tarsal inférieur = *M. tarsalis inf.* = Inferior tarsal muscle
Muscle tarsal supérieur = *M. tarsalis sup.* = Superior tarsal muscle
Muscle temporal = *M. temporalis* = Temporalis
Muscle tenseur du fascia lata = *M. tensor fasciae latae* = Tensor fasciae latae
Muscle tenseur du tympan = *M. tensor tympani* = Tensor tympani
Muscle tenseur du voile du palais = *M. tensor veli palatini* = Tensor veli palatini
Muscle teres major = *M. teres major* = Teres major
Muscle teres minor = *M. teres minor* = Teres minor
Muscle thyro-aryténoïdien = *M. thyreo-arytenoideus* = Thyreoarytenoid
Muscle thyro-hyoïdien = *M. thyreo-hyoideus* = Thyrohyoid
Muscle tibial antérieur = *M. tibialis ant.* = Tibialis ant.
Muscle tibial postérieur = *M. tibialis post.* = Tibialis post.
Muscle trachéal = *M. trachealis* = Trachealis
Muscle transversaire de l'oreille = *M. transversus auriculae* = Transverse muscle of auricle
Muscle transverse de l'abdomen = *M. transversus abdominis* = Transversus abdominis
Muscle transverse de la langue = *M. transversus linguae* = Transversus linguae
Muscle transverse du thorax = *M. transversus thoracis* = Transversus thoracis
Muscle transverse profond du périnée = *M. transversus perinei profundus* = Deep transverse perineal muscle
Muscle transverse superficiel du périnée = *M. transversus perinei superficialis* = Superficial transverse perineal muscle
Muscle trapèze = *M. trapezius* = Trapezius
Muscle triceps brachial = *M. triceps brachii* = Triceps brachii
Muscle triceps sural = *M. triceps surae* = Triceps surae
Muscle troisième péronier antérieur = *M. peroneus tertius* = Peroneus tertius
Muscle vaste intermédiaire = *M. vastus intermedius* = Vastus intermedius
Muscle vaste latéral = *M. vastus lateralis* = Vastus lateralis
Muscle vaste médial = *M. vastus medialis* = Vastus medials
Muscles adducteurs de la cuisse = *Mm. adductores femoris* = Adductor femoris
Muscles du cou = *Mm. colli* = Muscle of neck
Muscles du nez = *Mm. nasi* = Nasalis
Muscles infra-hyoïdiens = *Mm. infra-hyoidei* = Infra-hyoid muscles
Muscles intercostaux externes = *Mm. intercostales externi* = External intercostal muscles
Muscles intercostaux internes = *Mm. intercostales interni* = Internal intercostal muscles
Muscles interépineux du cou = *Mm. interspinales cervicis* = Interspinales cervicis
Muscles interosseux dorsaux de la main = *Mm. interossei dorsales (manus)* = Dorsal interossei hand
Muscles interosseux dorsaux du pied = *Mm. interossei dorsales (pedis)* = Dorsal interossei foot
Muscles interosseux palmaires = *Mm. interossei palmares* = Palmar interossei
Muscles interosseux plantaires = *Mm. interossei plantares* = Plantar interossei
Muscles intertransversaires du cou = *Mm. intertransversarii posteriores cervici* = Posterior cervical intertransversarii
Muscles jumeaux (fesse) = *Mm. gemelli* = Gemelli.
Muscles lombricaux = *Mm. lumbricales* = Lumbricals
Muscles lombricaux palmaires = *Mm. lumbricales manus* = Lumbricals
Muscles lombricaux plantaires = *Mm. lumbricales pedis* = Lumbricals
Muscles papillaires = *Mm. papillares* = Papillary muscles
Muscles papillaires du cœur = *Mm. papillares* = Papillar muscles
Muscles pectinés de l'atrium droit. = *Mm. pectinati* = Pectinate muscles
Muscles ptérygoïdiens = *Mm. pterygoidei* = Pterygoid muscles
Muscles scalènes = *Mm. scaleni* = Scalenus
Muscles tarsaux = *Mm. tarsales* = Tarsal
Muscles transverso-spinales = *Mm. transversospinales* = Transversospinales
Myélencéphale = *Myelencephalon* = Myelencephalon

Myocarde = *Myocardium* = Myocardium
Narine = *Nares* = Nares / nostrils
Naso-pharynx = *Pars nasalis (Cavi pharyngis)* = Nasopharynx
Nerf = *Nervus* = Nerve
Nerf fibulaire superficiel = *N. fibularis superficialis* = Superficial fibular nerve
Nerf musculaire du nerf fémoral = *Ramus muscularis n. femoralis* = Muscular branch
Nerf palmaire = *Ramus palmaris n. mediani* = Palmar branch of median nerve
Nerf abducens = *N. abducens* = Abducens nerve
Nerf accessoire = *N. accessorius* = Accessory nerves
Nerf alvéolaire inférieur = *N. alveolaris inferior* = Inferior alveolar nerve
Nerf alvéolaire supérieur et antérieur = *Rami alveolares superiores anteriores* = Superior anterior alveolar nerve
Nerf alvéolaire supérieur et moyen = *Ramus alveolaris medius sup.* = Superior medius alveolar nerve
Nerf alvéolaire supérieur et postérieurs = *Rami alveolares posteriores anteriores* = Superior posterior alveolar nerve
Nerf auriculo-temporal = *N. auriculo temporalis* = Auriculo temporal nerve
Nerf axillaire = *N. axillaris* = Axillaris nerve
Nerf buccal = *N. buccalis* = Buccal nerve
Nerf calcanéen interne = *Rami calcanei medialis (n. tibialis)* = Medial calcaneal branches
Nerf cardiaque cervical inférieur du sympathique = *N. cardiacus cervicalis inferior* = Inferior cervical cardiac nerve
Nerf cardiaque cervical moyen du sympathique = *N. cardiacus cervicalis medius* = Middle cervical cardiac nerve
Nerf cardiaque cervical supérieur = *N. cardiacus cervicalis superior* = Superior cervical cardiac nerve
Nerf cardiaque cervical supérieur du sympathique = *N. cardiacus cervicalis superior* = Superior cervical cardiac nerve
Nerf carotidien interne = *N. caroticus internus* = Internal carotid nerve
Nerf caverneux = *Nn. cavernosi penis* = Cavernous nerves of penis
Nerf cervical = *Nervus cervicalis* = Cervical nerve
Nerf clunial médial = *N. clunium medii* = Medial clunial nerves
Nerf coccygien = *Nervus coccygeus* = Coccygeal nerve
Nerf cochléaire = *Nervus cochlearis* = Cochlear nerve
Nerf cochléo-vestibulaire = *N. vestibulo-cochlearis* = Vestibulocohlear nerve
Nerf cutané brachial médial = *N. cutaneus brachii medialis* = Medial brachial cutaneous nerve
Nerf cutané fémoral latéral = *N. cutaneus femoris lateralis* = Lateral femoral cutaneous nerve
Nerf cutané fémoral postérieur = *N. cutaneus femoris posterior* = Posterior femoral cutaneous
Nerf cutané latéral de la jambe = *N. cutaneus surae lateralis* = Lateral sural cutaneous nerve
Nerf cutané latéral du bras = *N. cutaneus brachii lateralis* = Lateral brachial cutaneous nerve
Nerf cutané médial antibrachial = *N. cutaneus antibrachii medialis* = Medial antebrachial cutaneous nerve
Nerf cutané médial du bras = *N. cutaneus brachii medialis* = Meical cutaneous nerve of arm
Nerf cutané sural latéral = *N. cutaneus surae lateralis.* = Lateral sural cutaneus nerve
Nerf de l'obturateur externe = *Ramus muscularis n. obturatorii* = Muscular branch (obturator nerve)
Nerf de l'obturateur interne = *N. musculi obturatorii interni* = Nerve to obturatorius internus
Nerf de la glande sublinguale = *N. sublingualis* = Sublingual nerve
Nerf de la glande sub-mandibulaire = *N. sub-mandibularis* = Submandibular nerve
Nerf de la membrane du tympan = *Ramus membranae tympani n. mandibularis* = Branches to tympanic membrane
Nerf deuxième cervical = *N. cervicalis secundus* = Second cervical nerve
Nerf dorsal de la scapula = *N. dorsalis scapulae* = Dorsal scapular nerve
Nerf dorsal du clitoris = *N. dorsalis clitoridis* = Dorsal nerve of clitoris
Nerf dorsal du pénis = *N. dorsalis penis* = Dorsal nerve of penis
Nerf du ptérygoïdien médial = *N. pterygoideus medialis* = Nerve to medial pterygoid
Nerf du quadriceps = *Rami musculares n. femoralis* = Muscular branches
Nerf du soléaire = *N. suralis* = Sural nerve
Nerf du stapedius = *N. stapedius* = Nerve to stapedius
Nerf du stylo-pharyngien. = *Ramus m. stylopharyngei* = Stylopharyngeus branch
Nerf du sub-clavier = *N. subclavius* = Subclavian nerve
Nerf du sub-scapulaire = *N. subscapularis* = Subscapular nerve
Nerf du tenseur du tympan = *N. tensoris tympanii* = Tensor tympani nerve
Nerf du thyro-hyoïdien = *Ramus thyreohyoideus ansae cervicalis* = Thyrohyoid branch
Nerf du vaste externe = *Ramus muscularis n. femoralis* = Muscular branch
Nerf du vaste interne = *Ramus muscularis n. femoralis* = Muscular branch
Nerf du vaste interne et de l'anconé = *Ramus muscularis n. radialis* = Muscular branch (radial nerve)
Nerf ethmoïdal postérieur = *Nervus ethmoidalis posterior* = Posterior ethmoidal nerves
Nerf facial = *N. facialis* = Facial nerve
Nerf fémoral = *N. femoralis* = Femoral nerves
Nerf fessier inférieur = *N. gluteus inferior* = Inferior gluteal nerve
Nerf fessier supérieur = *N. gluteus superior* = Superior gluteal nerve
Nerf frontal = *N. frontalis* = Frontal nerve
Nerf génito-fémoral = *N. genitofemoralis* = Genitofemoral nerve
Nerf glosso-pharyngien = *N. glossopharyngeus* = Glossopharyngeal nerve
Nerf grand auriculaire = *N. auricularis magnus* = Great auricular nerve
Nerf grand occipital = *N. occipitalis major* = Greater occipital nerve
Nerf hypogastrique = *N. hypogastricus* = Hypogastric nerve
Nerf hypoglosse = *N. hypoglossus* = Hypoglossal nerve
Nerf ilio-hypogastrique = *N. ilio hypogastricus* = Iliohypogastric nerve
Nerf ilio-inguinal = *N. ilio inguinalis* = Ilio inguinal nerve
Nerf inférieur du sous-scapulaire = *N. subscapularis* = Subscapular nerve
Nerf infra-trochléaire = *N. infra-trochlearis* = Infratrochlear nerve
Nerf intercostaux = *Nn. Intercostales* = Intercostal nerve
Nerf intercosto-huméral = *N. cutaneus brachii medialis* = Medial brachial cutaneous nerve
Nerf intermédiaire = *N. intermedius* = Intermediate nerve

Nerf interosseux antérieur = *N. interosseus (antibrachii anterior)* = Anterior interosseous nerve
Nerf interosseux postérieur = *N. interosseus (antibrachii posterior)* = Posterior interosseous nerve
Nerf ischiatique = *N. ischiadicus* = Sciatic nerve
Nerf lacrymal = *N. lacrimalis* = Lacrimal nerve
Nerf laryngé externe = *Ramus externus n. laryngei superioris* = External branch
Nerf laryngé récurrent = *N. laryngeus recurrens* = Recurrent laryngeal nerve
Nerf laryngé récurrent droit = *N. laryngeus recurrens dexter* = Right reccurent laryngeal nerve
Nerf laryngé récurrent gauche = *N. laryngeus recurrens sinister* = Left recurrent laryngeal nerve
Nerf laryngé supérieur = *N. laryngeus superior* = Superior laryngeal nerve
Nerf lingual = *N. lingualis* = Lingual nerve
Nerf long thoracique = *N. thoracicus longus* = Long thoracic nerve
Nerf mandibulaire = *N. mandibularis* = Mandibular nerve
Nerf massétérique = *N. massetericus* = Masseteric nerve
Nerf maxillaire = *N. maxillaris* = Maxillar nerve
Nerf médian = *N. medianus* = Median nerve
Nerf mentonnier = *N. mentalis* = Mental nerve
Nerf musculaire du nerf musculo-cutané = *Ramus muscularis n. musculo cutanei* = Muscular branch
Nerf musculaire du nerf péronier superficiel = *Ramus muscularis n. peronei superficialis* = Muscular branch
Nerf musculo-cutané = *N. musculo cutaneus* = Musculocutaneous nerve
Nerf musculo-cutané externe (branche du nerf fémoral) = *Rami musculares cutanei anteriores (n. femoralis)* = Muscular branch
Nerf musculo-cutané interne (du nerf fémoral). = *Rami musculares cutanei anteriores (n. femoralis)* = Femoral nerve
Nerf mylo-hyoïdien = *N. mylo hyoideus* = Nerve to mylohyoid
Nerf nasal interne = *N. ethmoidalis anterior* = Anterior ethmoidal nerve
Nerf nasal = *N. naso-ciliaris* = Nasociliary nerve
Nerf naso-palatin = *N. naso-palatinus* = Nasopalatine nerve
Nerf obturateur = *N. obturatorius* = Obturator nerve
Nerf obturateur (branche antérieure) = *Ramus ant. n. obturatorii* = Anterior branch
Nerf obturateur (branche postérieure) = *Ramus posterior n. obturatorii* = Posterior branch
Nerf oculomoteur = *N. oculomotorius* = Oculomotor nerve
Nerf olfactif = *N. olfactorii* = Olfactory nerve
Nerf ophtalmique = *N. ophtalmicus* = Ophtalmic nerve
Nerf optique = *N. opticus* = Optic nerve
Nerf palatin antérieur = *N. palatinus anterior* = Anterior palatine nerve
Nerf palatin moyen = *N. palatinus medius* = Medial palatine nerve
Nerf palatin postérieur = *N. palatinus posterior* = Posterior palatine nerve
Nerf pectoral = *N. pectorali* = Pectoral nerve
Nerf périnéal = *N. perinei* = Perineal nerve
Nerf péronier commun = *N. peroneus communis* = Common peroneal nerve
Nerf peronier superficiel = *N. peroneus superficialis* = Superficial peroneal nerve
Nerf petit pétreux = *N. petrosus minor* = Lesser petrosal nerve
Nerf petit splanchnique = *N. splanchnicus minor* = Lesser splanchnic nerve
Nerf pharyngé = *N. pharyngeus* = Pharyngeal nerve
Nerf phrénique accessoire = *N. phrenici accessorii* = Accessory phrenic nerve
Nerf phrénique = *N. phrenicus* = Phrenic nerve
Nerf plantaire latéral = *N. plantaris lateralis* = Lateral plantar nerve
Nerf plantaire médial = *N. plantaris medialis* = Medial plantar nerve
Nerf postérieur cutané fémoral = *N. cutaneus femoris posterior* = Posterior femoral cutaneous nerve
Nerf présacré = *N. presacralis* = Presacral nerve
Nerf pudendal = *N. pudendus* = Pudendal nerve
Nerf radial = *N. radialis* = Radial nerve
Nerf rectal inférieur = *N. rectalis inferior* = Inferior rectal nerve
Nerf récurrent = *N. laryngeus recurrens* = Recurrent laryngeal nerve
Nerf saphène = *N. saphenus* = Saphenous nerve
Nerf sub-occipital = *N. sub-occipitalis* = Suboccipital nerve
Nerf supérieur du rond pronateur = *Ramus muscularis (n. mediani)* = Muscular branches
Nerf supra-claviculaire = *N. supra clavicularis* = Supraclavicular nerves
Nerf supra-orbitaire = *N. supra-orbitalis* = Supraorbital nerve
Nerf supra-orbitaire latéral = *N. supra orbitalis (ramus lateralis)* = Supraorbital nerve
Nerf supra-orbitaire médial = *N. supra orbitalis (ramus medialis)* = Supraorbital nerve
Nerf supra-scapulaire = *N. suprascapularis* = Suprascapular nerve
Nerf supra-trochléaire = *N. supratrochlearis* = Supratrachlear nerve
Nerf sural = *N. suralis* = Sural nerve
Nerf temporal profond antérieur = *N. temporalis profundi (ramus ant.)* = Deep temporal nerves
Nerf temporal profond moyen = *N. temporalis (ramus medius).* = Temporal nerves
Nerf temporal profond postérieur = *N. temporalis (ramus posterior)* = Temporal nerves
Nerf temporo-buccal = *N. buccalis* = Buccal nerve
Nerf temporo-massétérin = *N. massetericus* = Masseteric nerve
Nerf tenseur du voile = *N. tensoris veli palatini* = Tensor veli palatini nerve
Nerf thoraco-dorsal = *N. thoraco dorsalis* = Dorsal thoracic nerve
Nerf tibial = *N. tibialis* = Tibial nerve
Nerf tibial antérieur = *N. peroneus profundus* = Deep peroneal nerve
Nerf tibial postérieur. = *N. tibialis* = Tibial nerve
Nerf trijumeau. = *N. trigeminus* = Trigeminal nerve
Nerf trochléaire = *N. trochlearis* = Trochlear nerve
Nerf ulnaire = *N. ulnaris* = Ulnar nerves
Nerf vague = *N. vagus* = Vagus nerve
Nerf vertébral = *N. vertebralis* = Vertebral nerve
Nerf vestibulaire = *N. vestibularis* = Vestibular nerve
Nerf vidien = *N. canalis pterygoidei* = Nerve of pterygoid canal
Nerf zygomatique = *Nervus zygomaticus* = Zygomatic nerve
Nerfs cardiaques cervicaux inférieurs du vague = *N. cardiaci cervicales inferiores vagi* = Inferior cervical cardiac branch of vagus
Nerfs cardiaques cervicaux supérieurs du vague = *N. cardiaci cervicales superiores vagi* = Superior cervical cardiac branch of vagus

Nerfs ciliaires courts = *Nn. ciliares breves* = Short ciliary nerves
Nerfs ciliaires longs = *Nn. ciliares longi* = Long ciliary nerves
Nerfs de la parotide = *Rami parotidei n. mandibularis* = Parotid branches of auriculotemporal nerve
Nerfs digitaux palmaires communs = *Nn. digitales palmares communes* = Common palmar digital nerves
Nerfs digitaux palmaires communs du nerf médian = *Nn. digitales palmares communes n. mediani* = Common palmar digital nerves
Nerfs digitaux plantaires communs = *Nn. digitales plantares communes* = Common plantar digital nerves
Nerfs digitaux plantaires propres = *Nn. digitales plantares proprii* = Proper plantar digital nerves
Nerfs du pharynx = *Nn. pharyngis* = Pharyngeal nerve
Nerfs lombaux = *Nn. lumbales* = Lumbar nerves
Nerfs musculaires du nerf médian = *Rami musculares n. mediani* = Muscular branch median nerve
Nerfs nasaux supérieurs = *Rami nasales posteriores superiores* = Posterior superior nasal branches
Nerfs périnéaux du nerf pudendal = *N. perineales nervi pudendi* = Perineal nerves
Nerfs phréniques accessoires = *Nn. phrenici accessorii* = Accessory phrenic nerves
Nerfs sacraux = *Nn. sacrales* = Sacral nerves
Nerfs spinaux = *Nn. spinales* = Spinal nerves
Nerfs splanchniques = *Nn. splanchnici* = Splanchnic nerves
Nerfs temporaux profonds = *Nn. temporales profundi* = Deep temporal nerve
Neurohypophyse = *Neurohypophysis* = Posterior lobe of pituitary gland
Nodule = *Nodulus* = Nodules
Nodule des valves semi-lunaires = *Nodulus valvularum semilunarium* = Nodules of semilunar cusps
Nodules lymphoïdes agrégés = *Noduli lymphoidei aggregati* = Aggregated lymphoid nodules
Nœud atrio-ventricualire = *Nodus atrioventricularis* = Atrioventricular node
Nœud cystique = *Nodus cysticus* = Cystic node
Noeud jugulo-digastrique = *Nodus jugulodigastricus* = Jugulodigastric node
Nœud sinu-atrial = *Nodus sinuatrialis* = Sinu-atrial node
Nœud tibial antérieur = *Nodus tibialis anterior* = Anterior tibial node
Nœuds = *Nodi lymphatici* = Nodes
Nœuds axillaires = *Nodi lymphatici axillares* = Axillar nodes
Nœuds broncho-pulmonaires = *Nodi bronchopulmonales* = Bronchopulmonary nodes
Nœuds cervicaux externes = *Nodi lymphatici cervicales superficiales* = Cervical exterior nodes
Nœuds cervicaux internes = *Nodi lymphatici cervicales profundi* = Cervical internal nodes
Nœuds cervicaux profonds = *Nodi lymphatici cervicales profundi* = Cervical deep nodes
Nœuds cervicaux profonds juxta-viscéraux = *Nodi cervicales anteriores profundi* = Anterior deep cervical nodes
Nœuds cervicaux superficiels = *Nodi lymphatici cervicales superficiales* = Cervical anterior nodes
Nœuds de la gastrique gauche = *Nodi lymphatici gastrici sinistri* = Left gastric nodes
Nœuds du coude = *Nodi cubitales* = Cubital nodes
Nœuds du membre inférieur = *Nodi lymphoidi membri inferioris* = Lymph nodes of lower limb
Nœuds duodéno-pancréatiques = *Nodi pancreatiduodenales* = Pancreaticoduodenal nodes
Nœuds épigastriques inférieurs = *Nodi epigastrici inferiores* = Inferior epigastric nodes
Nœuds faciaux = *Nodi faciales* = Facial nodes
Nœuds hépatiques = *Nodi lymphatici hepatici* = Hepatic nodes
Nœuds iliaques communs = *Nodi iliaci communes* = Common iliac nodes
Nœuds iliaques externes = *Nodi iliaci externi* = External iliac nodes
Nœuds iliaques internes = *Nodi iliaci interni* = Internal iliac nodes
Nœuds iliaques superficiels = *Nodi lymphatici iliaci superficiales* = Superficial iliac nodes
Nœuds inguinaux profonds = *Nodi inguinales profundi* = Deep inguinal nodes
Nœuds inguinaux superficiels = *Nodi lymphatici inguinales superficiales* = Superficial inguinal nodes
Nœuds intrapulmonaires = *Nodi intrapulmonales* = Intrapulmonary nodes
Nœuds juxta-oesophagiens = *Nodi juxtaoesophageales* = Juxtaoesophageal nodes
Nœuds latéraux péricardiques = *Nodi pericardiaci laterales* = Lateral pericardial nodes
Nœuds latéraux profonds du cou = *Noduli cervicales laterales profundi* = Lateral cervical deep nodes
Nœuds lombaux = *Nodi lumbales* = Lumbar nodes
Nœuds lombaux droits = *Nodi lumbales dextri* = Right lumbar nodes
Nœuds lombaux gauche = *Nodi lumbales sinistri* = Left lumbar nodes
Nœuds mastoïdiens = *Nodi mastoidei* = Mastoid nodes
Nœuds médiastinaux antérieurs = *Nodi lymphatici mediastinales anteriores* = Anterior mediastinal nodes
Nœuds mésentériques = *Nodi mesenterici* = Mesenteric nodes
Nœuds mésentériques inférieurs = *Nodi mesenterici inferiores* = Inferior mesenteric nodes
Nœuds mésentériques supérieurs = *Nodi mesenterici superiores* = Superior mesenteric nodes
Nœuds occipitaux = *Nodi occipitales* = Occipital nodes
Nœuds pancréatico-spléniques = *Nodi lymphatici pancreaticolienales* = Pancreaticosplenic nodes
Nœuds paracoliques = *Nodi paracolici* = Paracolic nodes
Nœuds paramammaires = *Nodi paramammarii* = Paramammary nodes
Nœuds pararectaux = *Nodi pararectales* = Pararectal nodes
Nœuds parasternaux = *Nodi parasternales* = Parasternal nodes
Nœuds paratrachéaux = *Nodi lymphatici tracheales sinistri* = Paratracheal nodes
Nœuds paratrachéaux = *Nodi paratracheales* = Paratracheal nodes
Nœuds parotidiens = *Nodi parotidei* = Parotid nodes
Nœuds pectoro-axillaires = *Nodi lymphatici pectorales axillares* = Axillar pectoral nodes
Nœuds phréniques = *Nodi phrenici* = Diaphragmatic nodes
Nœuds poplités = *Nodi poplitei* = Popliteal nodes
Nœuds prépéricardiques = *Nodi prepericardiaci* = Prepericardial nodes
Nœuds pyloriques = *Nodi pylorici* = Pyloric nodes
Nœuds sous-mentaux = *Nodi submentales* = Submental nodes

Nœuds sternaux = *Nodi lymphatici et vasa lymphatica sternalia* = Sternal nodes
Nœuds sub-mandibulaires = *Nodi submandibulares* = Submandibular nodes
Nœuds sub-scapulaire = *Nod. lymph. subscapulares* = Subscapular nodes
Nœuds trachéaux = *Nodi tracheales* = Tracheal nodes
Nœuds trachéo-bronchiques inférieurs = *Nodi lymphatici tracheobronchiales inferiores* = Inferior tracheobronchial nodes
Nœuds trachéo-bronchiques supérieurs = *Nodi lymphatici tracheobronchiales superiores* = Superior tracheobronchial nodes
Noyau ambigu = *Nucleus ambiguus* = Nucleus ambiguus
Noyau arciforme = *Nuclei arcuati* = Arcuate nucleus
Noyau caudé = *Nucleus caudatus* = Caudate nucleus
Noyau cochléaire dorsal = *Nucleus cochlearis dorsalis* = Dorsal cochlear nucleus
Noyau cochléaire ventral = *Nucleus cochlearis ventralis* = Cochlearis ventral nucleus
Noyau cunéiforme = *Nucleus cuneatus* = Cuneate nucleus
Noyau cunéiforme accessoire = *Nucleus cuneatus accessorius* = Accessory cuneate nucleus
Noyau de l'habenula = *Nucleus habenulae* = Habenular nucleus
Noyau de l'hypoglosse = *Nucleus n. hypoglossi* = Nucleus of hypoglossal nerve
Noyau dentelé = *Nucleus dentatus* = Dentate nucleus
Noyau dorsal = *Nucleus dorsalis* = Posterior thoracic nucleus
Noyau dorsal du vague = *Nucleus dorsalis nervi vagi* = Dorsal nucleus of vagus nerve
Noyau du corps trapézoïde = *Nucleus corporis trapezoidei* = Nuclei of trapezoid body
Noyau du lemniscus latéral = *Nucleus lemnisci lateralis* = Nuclei of lateral lemniscus
Noyau du nerf abducens = *Nucleus n. abducentis* = Nucleus of abduccent nerve
Noyau du nerf facial = *Nucleus n. facialis* = Motor nucleus of facial nerve
Noyau du nerf oculomoteur = *Nucleus n. oculomotorii* = Nucleus of oculomotor nerve
Noyau du tractus gracile = *Nucleus gracilis* = Gracile nucleus
Noyau du tractus mésencéphalique du nerf trijumeau = *Nucleus tractus mesencephali n. trigemini* = Trigeminal mesencephalic tractus nucleus
Noyau du tractus solitaire = *Nucleus tractus solitarii* = Solitary nuclei
Noyau emboliforme = *Nucleus emboliformis* = Emboliform nucleus
Noyau fastigial = *Nucleus fastigii* = Fastigial nucleus
Noyau gélatineux = *Nucleus gelatinosus* = Gelatinous nucleus
Noyau globuleux = *Nucleus globosus* = Globose nucleus
Noyau gracile = *Nucleus gracilis* = Gracile nucleus
Noyau interpédonculaire = *Nucleus interpeduncularis* = Interpeduncular nucleus
Noyau lenticulaire = *Nucleus lentiformis* = Lentiform nucleus
Noyau moteur du nerf trijumeau = *Nucleus motorius n. trigemini.* = Motor nucleus of trigeminal nerve
Noyau olivaire accessoire dorsal = *Nucleus olivaris accessorius dorsalis.* = Dorsal accessory olivary nucleus
Noyau olivaire accessoire médial = *Nucleus olivaris accessorius medialis* = Medial accessory olivary nucleus
Noyau paraventriculaire = *Nucleus paraventricularis hypothalami* = Paraventricular nucleus
Noyau rouge = *Nucleus ruber* = Red nucleus
Noyau salivaire inférieur = *Nucleus salivatorius inferior* = Inferior salivatory nucleus
Noyau salivaire supérieur = *Nucleus salivatorius superior* = Posterior salivatory nucleus
Noyau sub-thalamique = *Nucleus subthalamicus* = Subtalamic nucleus
Noyau supra-optique = *Nucleus supra opticus hypothalami* = Supra optic nucleus
Noyau ventro-médial de l'hypothalamus = *Nucleus ventromedialis hypothalami* = Ventromedial nucleus of hypotalamus
Noyau vestibulaire latéral = *Nucleus vestibularis lateralis* = Lateral vestibular nucleus
Noyau vestibulaire médial = *Nucleus vestibularis medialis* = Medial vestibular nucleus
Noyau vestibulaire supérieur = *Nucleus vestibularis sup.* = Superior vestibular nucleus
Noyaux du nerf trochléaire = *Nucleus n. trochlearis* = Nucleus of trochlear nerve
Noyaux du pont = *Nuclei pontis* = Pontine nuclei
Noyaux du tractus solitaire = *Nucleus tractus solitarii* = Solitary tract nuclei
Noyaux du tractus spinal du trijumeau = *Nucleus tractus spinalis n. trigemini* = Trigeminal spinal tract nucleus
Obélion = *Obelion* = Obelion
Obex = *Obex* = Obex
Occipital = *Os occipitale* = Occipital bore
Œil = *Oculus* = Eye
Œsophage = *Esophagus* = Oesophagus
Olécrâne = *Olecranon* = Olecranon
Olive bulbaire = *Oliva* = Inferior olive
Olive cérébelleuse = *Nucleus dentatus* = Dentale nucleus
Ombilic = *Umbilicus* = Umbilicus
Ombilic de la membrane du tympan = *Umbo membranae tympani* = Umbo of tympanic membrane
Omentum = *Omentum* = Omentum
Orbiculus ciliaris = *Orbiculus ciliaris* = Orbiculus
Orbite = *Orbita* = Orbit
Oreille externe = *Auris externa* = External ear
Oreille interne = *Auris interna* = Internal ear
Oreille moyenne = *Auris media* = Middle ear
Organe de l'olfaction = *Organum olfactus* = Olfactory organ
Organe de l'ouïe = *Organum vestibulocochleare* = Vestibulocochlear organ
Organe du goût = *Organum gustus* = Gustatory organ
Organe du toucher = *Organum tactum* = Tact organ
Organe voméro-nasal = *Organum vomeronasale* = Vomeronasal organ
Organes des sens = *Organa sensuum* = Sense organs
Organes génitaux mâles (féminins) = *Organa genitalia masculina (feminina)* = Male (female) external genitalia
Orifice iléal = *Ostium ileale* = Ileal orifice
Os = *Os* = Bone
Os cunéiforme latéral = *Os cuneiforme laterale* = Lateral cuneiform
Os (cavité médullaire) = *Cavitas medullaris ossis* = Medullary cavity / marrow cavity
Os (trou et canal nourriciers) = *Foramen nutricium et canalis nutricius ossis* = Nutrient foramen and nutrient canal
Os court = *Os breve* = Short bone
Os de la face = *Ossa faciei* = Facial bones

Os des sutures = *Os suturale* = Sutural bone
Os du crâne = *Ossa cranii* = Bones of cranium
Os hyoïde = *Os hyoideum* = Hyoid bone
Os iliaque = *Os coxae* = Hip bone / coxal bone
Os intermaxillaire = *Os incisivum* = Incisive bone / premaxilla
Os interpariétal = *Os interparietale* = Interparietal bone
Os lacrymal = *Os lacrimale* = Lacrimal bone
Os long = *Os longum* = Long bone
Os nasal = *Os nasale* = Nasal bone
Os plat = *Os planum* = Flat bone
Os sésamoïdes = *Ossa sesamoidea* = Sesamoid bones
Os trigone = *Os trigonum* = Trigonum bone
Os zygomatique = *Os zygomaticum* = Zygomatic bone
Ostium du tronc pulmonaire = *Ostium trunci pulmonalis* = Opening of pulmonary trunk
Ostium aortique du cœur = *Ostium aortae* = Aortic orifice
Ostium atrio-ventriculaire droit = *Ostium atrioventriculare dextrum* = Right atrioventricular orifice
Ostium atrio-ventriculaire gauche = *Ostium atrioventriculaire sinistrum* = Left atrioventricular orifice
Ostium de la veine cave inférieure = *Ostium venae cavae inferioris* = Opening of inferior vena cava
Ostium de la veine cave supérieure = *Ostium venae cavae superioris* = Opening of superior vena cava
Ostium de l'utérus = *Ostium uteri* = External os of uterus
Ostium du sinus coronaire = *Ostium sinus coronari* = Opening of coronary sinus
Ostium externe de l'utérus = *Ostium uteri* = External os of uterus
Ostium ombilicale = *Ostium ombilicale* = Ostium ombilicale
Ostium pharyngé de la trompe auditive = *Ostium pharyngeum tubae auditivae* = Pharyngeal opening of auditory tube
Ostium pylorique = *Ostium pyloricum* = Pyloric orifice
Ostium urétéral = *Ostium ureteris* = Ureteral orifice
Ostium urétral interne = *Ostium urethrae internum* = Internal urethral orifice
Ouraque = *Urachus* = Urachus
Ouverture latérale du quatrième ventricule = *Apertura lateralis ventriculi quarti* = Lateral aperture
Ouverture médiane du quatrième ventricule = *Apertura mediana ventriculi quarti* = Median aperture
Ovaire = *Ovarium* = Ovary
Palais dur = *Palatum durum* = Hard palate
Palais mou / voile du palais = *Palatum molle / velum paltinum* = Soft palate
Palais osseux = *Palatum osseum* = Bony palate
Palatin = *Os palatinum* = Palatine bone
Pancréas = *Pancreas* = Pancreas
Papilla lacrymale = *Papilla lacrimalis* = Lacrimal papilla
Papille = *Papilla* = Papilla
Papille duodénal majeur = *Papilla duodeni major* = Major duodenal papilla
Papille duodénale mineure = *Papilla duodeni minor* = Minor duodenal papilla
Papille incisive = *Papilla incisiva* = Incisive papilla
Papilles circumvalées = *Papillae vallatae* = Vallate papillae
Papilles filiformes = *Papillae filiformes* = Filiform papillae
Papilles foliées = *Papillae foliatae* = Foliate papillae
Papilles fungiformes = *Papillae fungiformes* = Fungiform papillae
Papilles linguales = *Papillae linguales* = Lingual papillae
Paradidyme = *Paradidymis* = Paradidymis
Paramètre = *Parametrium* = Parametrium
Pariétal = *Os parietale* = Parietal bone
Paroi inférieur de l'orbite = *Paries inferior orbitae* = Floor of orbit
Paroi jugulaire de la cavité tympanique = *Paries jugularis cavitatis tympani* = Jugular wall (floor) of tympanic cavity
Paroi supérieure de la cavité nasale = *Paries superior cavitatis nasi* = Roof of nasal groove
Paroi vestibulaire du canal cochléaire = *Paries vestibularis ductus cochlearis* = Vestibular surface of cochlear duct
Paroophore = *Paroophoron* = Paroophoron
Partie flaccide de la membrane du tympan = *Pars flaccida membranae tympanicae* = Pars flaccida of tympanic membrane
Partie antérieure de la parotide = *Pars anterior (gl. parotis)* = Anterior part of parotid gland
Partie ascendente du duodénum = *Pars ascendens duodeni* = Ascending part
Partie descendante du duodénum = *Pars descendens duodeni* = Descending part
Partie horizontale du duodénum = *Pars horizontalis duodeni* = Inferior part of duodenum
Partie intercartilagineuse de la fente glottique = *Pars intercartilaginea rimae glottidis* = Intercartilaginous part of rima glottidis
Partie intermembraneuse de la fente glottique = *Pars intermembranacea rimae glottidis* = Intermenbraneous part of rima glottidis
Partie interstitielle de la trompe utérine = *Pars uterina tubae* = Uterine part of uterine tube
Partie latérale de l'occipital = *Pars lateralis ossis occipitalis* = Lateral part occipital bone
Partie operculaire du gyrus frontal inférieur = *Pars opercularis gyrii frontalis inferior* = Opercular part of inferior frontal gyrus
Partie profonde de la parotide = *Pars profunda (gl. parotis)* = Deep part of parotid gland
Partie triangulaire du gyrus frontal inférieur = *Pars triangularis (gyrus frontalis inferior)* = Triangular part
Partie tympanique de l'os temporal = *Pars tympanica ossis temporalis* = Tympanic part of temporal bone
Paume de la main = *Palma manus* = Palm
Paupière = *Palpebra* = Eyelid
Pavillon de l'oreille = *Auricula* = Auricle
Peau = *Cutis* = Skin
Pédicule de l'arc de la vertèbre = *Pediculus arcus vertebrae* = Pedicle of vertebral arch
Pédoncule cérébelleux inférieur = *Pedunculus cerebellaris inferior* = Inferior cerebellar peduncle
Pédoncule cérébelleux moyen = *Pedunculus cerebellaris medius* = Middle cerebellar peduncle
Pédoncule cérébelleux supérieur = *Pedunculus cerebellaris superior* = Superior cerebellar peduncle
Pédoncules cérébraux = *Pedunculus cerebri* = Cerebral peduncle
Pelvis = *Pelvis minor* = Lesser pelvis
Pelvis = *Pelvis* = Pelvis
Pelvis du rein = *Pelvis renalis* = Renal pelvis
Pénis = *Penis* = Penis
Péricarde = *Pericardium* = Pericardium
Périlymphe = *Perilympha* = Perilymph
Périnée = *Perineum* = Perineum
Périodontium = *Periodontium* = Periodontium

Périorbite = *Periorbita* = Periorbita
Périoste = *Periosteum* = Periosteum
Péritoine = *Peritoneum* = Peritoneum
Péritoine de la région ombilicale = *Peritoneum ombilicale* = Ombilical peritoneum
Péritoine pariétal = *Peritoneum parietale* = Parietal peritoneum
Péritoine viscéral = *Peritoneum viscerale* = Visceral peritoneum
Péronier / Fibulaire = *Fibularis/ Peronealis* = Fibular/Peroneal
Petit nerf occipital = *N. occipitalis minor* = Lesser occipital nerve
Petit omentum = *Omentum minus* = Lesser omentum
Petit sinus frontal = *Sinus frontalis minor* = Lesser frontal sinus
Petit trochanter = *Trochanter minor* = Lesser trochanter
Petite aile du sphénoïde = *Ala minor o. sphenoidalis* = Lesser wing of sphenoid
Petite corne de l'os byoïde = *Cornu minus ossis hyoidei* = Lesser horn
Petite courbure de l'estomac = *Curvatura gastri minor* = Lesser curvature of stomach
Petite lèvre de la vulve = *Labium minus pudendi* = Labium minus
Petite veine du cœur = *V. cordis parva* = Small cardiac vein
Petits calices rénaux = *Calyces renales minores* = Minor calices
Phalange distale = *Phalanx distalis* = Distal phalanx
Phalange I, II, III = *Phalanx proximalis, media, distalis* = Proximal, middle, distal phalanx
Pharynx = *Pharynx* = Pharynx
Pied = *Pes* = Foot
Pie-mère crânienne = *Pia-mater encephali / pia mater cranialis* = Cranial pia mater
Pie-mère spinale = *Pia-mater spinalis* = Spinal pia mater
Pilier du diaphragme = *Crus diaphragmatis* = Crus of diaphragm
Pilier du fornix = *Crus fornicis* = Crus of fornix
Pilier interne du canal inguinal = *Crus mediale (anuli inguinalis)* = Medial crus
Piliers médial et latéral de l'anneau inguinal = *Crus mediale et laterale anuli inguinalis* = Medial and lateral crus of inguinal ring
Pisiforme = *Os pisiforme* = Pisiform
Plante du pied = *Planta pedis* = Sole
Plèvre = *Pleura* = Pleura
Plèvre costale = *Pleura costalis* = Costa pleura
Plèvre diaphragmatique = *Pleura diaphragmatica* = Diaphragmatic pleura
Plèvre médiastinale = *Pleura mediastinalis* = Mediastinal pleura
Plexus aortique = *Plexus aorticus* = Aortic plexus
Plexus autonome = *Plexus autonomici* = Autonomic plexus
Plexus brachial = *Plexus brachialis* = Brachial plexus
Plexus cardiaque = *Plexus cardiacus* = Cardiac plexus
Plexus carotidien interne = *Plexus caroticus internus* = Internal carotid plexus
Plexus caverneux = *Plexus cavernosus* = Cavernous sinus
Plexus cervical = *Plexus cervicalis* = Cervical plexus
Plexus choroïde = *Plexus choroideus* = Choroid plexus
Plexus choroïdes du quatrième ventricule = *Plexus choroideus ventriculi quarti* = Choroid plexus of fourth ventricle
Plexus choroïdes du troisième ventricule = *Plexus choroideus ventriculi tertii* = Choroid plexus of third ventricle
Plexus cœliaque = *Plexus cœliacus* = Coeliac plexus
Plexus déférentiel = *Plexus deferentialis* = Deferential plexus
Plexus gastriques = *Plexus gastrici* = Gastric plexuses
Plexus hépatique = *Plexus hepaticus* = Hepatic plexus
Plexus hypogastrique inférieur = *Plexus hypogastricus inferior (pl. pelvicus)* = Inferior hypogastric plexus (pelvic plexus)
Plexus hypogastrique supérieur = *Plexus hypogastricus sup. (N. presacralis)* = Superior hypogastric plexus (presacral nerve)
Plexus intermésentérique = *Plexus intermesentericus* = Intermesenteric plexus
Plexus lombal = *Plexus lumbalis* = Lombar plexus
Plexus mésentérique supérieur = *Plexus mesentericus superior* = Superior mesentericus plexus
Plexus nerveux = *Plexus nervosus / plexus nervorum* = Nervous plexus
Plexus œsophagien = *Plexus œsophageus* = Oesophageal plexus
Plexus ovarique = *Plexus ovaricus* = Ovarian plexus
Plexus parotidien = *Plexus parotideus* = Parotid plexus
Plexus prostatique = *Plexus prostaticus* = Prostatic plexus
Plexus pudendal = *Plexus pudendalis* = Pudendal plexus
Plexus pulmonaire = *Plexus pulmonalis* = Pulmonary plexus
Plexus pulmonaire = *Plexus pulmonaris* = Pulmonary plexus
Plexus rénal = *Plexus renalis* = Renal plexus
Plexus sacral = *Plexus sacralis* = Sacral plexus
Plexus surrénal = *Plexus suprarenalis* = Suprarenal plexus
Plexus testiculaire = *Plexus testicularis* = Testicular plexus
Plexus urétérique = *Plexus uretericus* = Ureteric plexus
Plexus utéro-vaginal = *Plexus uterovaginalis* = Uterovaginal plexus
Plexus veineux carotidien interne = *Plexus venosus caroticus internus* = Internal carotid venous plexus
Plexus veineux pampiniforme = *Plexus venosus pampiniformis* = Pampiniform venous plexus
Plexus veineux pharyngé = *Plexus venosus pharyngeus* = Pharingeal venous plexus
Plexus veineux prostatique = *Plexus venosus prostaticus* = Prostatic venous plexus
Plexus veineux ptérygoïdien = *Plexus venosus pterygoideus* = Pterygoid venous plexus
Plexus veineux rectal = *Plexus venosus rectalis* = Rectal venous plexus
Plexus veineux sacral = *Plexus venosus sacralis* = Sacral venous plexus
Plexus veineux utérin = *Plexus venosus uterinus* = Uterine venous plexus
Plexus veineux vaginal = *Plexus venous vaginalis* = Vaginal venous plexus
Plexus veineux vertébral externe = *Plexus venosi vertebrales externi* = External vertebral venous plexus
Plexus veineux vertébral interne = *Plexus venosus vertebralis internus* = Internal vertebral venous plexus
Plexus veineux vertébraux = *Plexus venosi vertebrales* = Vertebral venous plexus
Plexus vésical = *Plexus vesicalis* = Vesical plexus
Pli du ligament large = *Plica ligamenti lati uteri* = Anterior fold of broad ligament of uterus
Pli gastro-pancréatique = *Plica gastropancreatica* = Gastropancreatic fold
Pli inter-urétérique = *Plica interureterica* = Interureteric crest
Pli lacrymal = *Plica lacrimalis* = Lacrimal fold

Pli malléaire antérieur et postérieur = *Plica mallearis anterior et posterior* = Anterior et posterior malleolar fold
Pli recto-utérin = *Plica rectouterina* = Recto-uterine fold
Pli salpingo-palatin = *Plica salpingopalatina* = Salpingopalatine fold
Pli salpingo-pharyngien = *Plica salpingopharyngea* = Salpingopharyngeal fold
Pli semi-lunaire du colon = *Plica semilumaris coli* = Semilunar folds of colon
Pli spiral = *Plica spiralis* = Spiral fold
Pli synovial = *Plica synovialis* = Synovial folds
Pli synovial infra-patellaire = *Plica synovialis infrapatellaris* = Infrapatellar synovial fold
Pli triangulaire = *Plica triangularis* = Triangular fold
Pli vésical transverse = *Plica vesicalis transversa* = Transverse vesical fold
Pli vestibulaire = *Plica vestibularis* = Vestibular fold
Pli vocal = *Plica vocalis* = Vocal fold
Plis circulaires de l'intestin grêle = *Plicae circulares intestinui tenuis* = Circular folds od small intestine
Plis palatins transverses = *Plicae palatinae transversae* = Transverse palatine folds
Plis palmés (utérus) = *Plicae palmatae (canalis cervicis uteri)* = Palmate folds
Plis palmés du canal cervical de l'utérus = *Plicae palmatae canalis cervicis uteri* = Palmate fold of cervical canal
Plis semi-lunaires du colon = *Plicae semilunares coli* = Semilunar folds of colon
Plis transverse du rectum = *Plicae transversae recti* = Transverse folds of rectum
Point lacrymal = *Punctum lacrimale* = Lacrimal punctum
Pôle antérieur de l'œil = *Polus anterior bulbi oculi* = Anterior pole of eyeball
Pôle frontal = *Polus frontalis* = Frontal pole
Pôle occipital = *Polus accipitalis* = Occipital pole
Pont = *Pons* = Pons
Pore acoustique externe = *Porus acusticus externus* = External acoustic pore
Portion orbitaire de la glande lacrymale = *Pars orbitalis glandulae lacrimalis* = Orbital part of lacrimal gland
Portion palpébrale de la glande lacrymale = *Pars palpebralis glandulae lacrimalis* = Palpebral part of lacrimal gland
Portion vaginale du col utérin = *Portio vaginalis cervici uteri* = Vaginal part of cervix uteri
Poumon = *Pulmo* = Lung
Pourtour de la tête du radius = *Circumferentia articularis (radius)* = Articular circumference
Première phalange = *Phalanx proximalis* = Proximal phalanx
Première portion du duodénum = *Pars superior duodeni* = Superior part
Prépuce = *Preputium* = Prepuce
Processus = *Processus* = Process
Processus accessoire = *Processus accessorius vertebrae lumbales* = Accessory process
Processus articulaire = *Processus articularis* = Articular process
Processus basiliaire = *Pars basilaris (ossis occipitalis)* = Basilar part
Processus caudé = *Processus caudutus* = Caudate process
Processus ciliaires = *Processus ciliares* = Ciliary processes
Processus clinoïde antérieur = *Processus clinoideus anterior* = Anterior clinoid process
Processus clinoïde moyen = *Processus clinoideus medius* = Middle clinoid process
Processus clinoïde postérieur = *Processus clinoideus posterior* = Posterior clinoid process
Processus cochléariforme = *Processus cochleariformis* = Processus cochleariformis
Processus condylaire de la mandibule = *Processus condilaris (mandibulae)* = Condylar process
Processus coracoïde = *Processus coracoideus* = Coracoid process
Processus coronoïde = *Processus coronoideus* = Coronoid process
Processus épineux = *Processus spinosus* = Spinous process
Processus frontal de l'os zygomatique = *Processus frontalis (zygomatici)* = Frontal process
Processus frontal du maxillaire = *Processus frontalis (maxillae)* = Frontal process
Processus intra-jugulaire du temporal = *Processus intrajugularis (o. temporal)* = Intrajugular process
Processus jugulaire = *Processus jugularis* = Jugular process
Processus lacrymal du cornet inférieur = *Processus lacrymalis (conchae nasalis inferior)* = Lacrimal process
Processus latéral du talus = *Processus lateralis tali* = Lateral process talus
Processus mastoïde = *Processus mastoideus* = Mastoid process
Processus maxillaire du cornet inférieur = *Processus maxillaris (conchae nasalis inferior)* = Maxillary process
Processus musculaire = *Processus muscularis* = Musculary process
Processus orbitaire du palatin = *Processus orbitalis (palatini)* = Orbital process
Processus palatin du maxillaire = *Processus palatinus (maxillae)* = Palatine process
Processus papillaire = *Processus papillaris* = Papillary process
Processus ptérygo-épineux = *Processus pterygospinosus* = Pterygospinous process
Processus ptérygoïde = *Processus pterygoideus* = Pterygoid process
Processus pyramidal du palatin = *Processus pyramidalis (ossi palatini)* = Pyramidal process
Processus sphénoïdal du palatin = *Processus sphenoidalis (ossi palatini)* = Sphenoidal process
Processus styloïde = *Processus styloideus (ossi temporalis)* = Styloid process
Processus styloïde du radius = *Processus styloideus radii* = Radial styloid process
Processus transverse = *Processus transversus* = Transversal process
Processus unciforme = *Processus uncinatus (ethmoidalis)* = Uncinate process
Processus unciforme de l'os hamatum = *Hamulus ossi hamati* = Hook of hamate
Processus uncinatus = *Processus uncinatus* = Uncinate process
Processus vaginal du péritoine = *Processus vaginalis peritonei* = Vaginal process of peritoneum
Processus vaginal du sphénoïde = *Processus vaginalis* = Vaginal process
Processus vaginale = *Processus vaginalis* = Vaginal process
Processus vocale = *Processus vocalis (cArt. arytaenoideae)* = Vocal process
Processus xiphoïde = *Processus xyphoideus* = Xyphoid process
Processus zygomatique du frontal = *Processus zygomaticus (frontalis)* = Zygomatic process
Processus zygomatique du maxillaire = *Processus zygomaticus (maxillae)* = Zygomatic process
Processus zygomatique du temporal = *Processus zygomaticus (o. temporalis)* = Zygomatic process

Proéminence laryngée = *Prominentia laryngea* = Laryngeal prominence
Prolongement antérieur de la glande sub-mandibulaire = *Processus anterior glandulae submandibularis* = Anterior processus of submandibular gland
Promontoire = *Promontorium* = Promontory
Promontoire de la cavité tympanique = *Promontorium cavitatis tympani* = Promontory of tympanic cavity
Prosencephale = *Prosencephalon* = Prosencephalon
Prostate = *Prostata* = Prostate
Protubérance mentonnière = *Protuberantia mentalis* = Mental protuberance
Protubérance occipitale externe = *Protuberantia occipitalis externus* = External occipital protuberance
Protubérance occipitale interne = *Protuberantia occipitalis internus* = Internal occipital protuberance
Ptérion = *Pterion* = Pterion
Pubis = *Os pubis* = Pubis
Pulvinar = *Pulvinar* = Pulvinar
Pupille = *Pupilla* = Pupil
Putamen = *Putamen* = Putamen
Pylore = *Pylorus* = Pylorus
Pyramide bulbaire = *Pyramis bulbi* = Pyramid
Pyramides rénales = *Pyramides renales* = Renal pyramids
Quatrième ventricule = *Ventriculus quartus* = Fourth ventricle
Queue de cheval = *Cauda equina* = Cauda equina
Queue de l'épididyme = *Cauda epididymidis* = Tail of epididymis
Queue de l'hélix = *Cauda helicis* = Tail of helix
Queue du pancréas = *Cauda pancreatis* = Tail of pancreas
Racine antérieure des nerfs spinaux = *Radix ventralis (N. spinales)* = Ventral root of spinal nerve
Racine de l'hélix = *Crus helicis* = Crus of helix
Racine de la dent = *Radix dentis* = Root of tooth
Racine de la langue = *Radix linguae* = Root of longue
Racine des corps caverneux = *Radix corporum cavernosorum* = Crus of corpora cavernosa
Racine des nerfs spinaux = *Radix nervorum spinalium* = Root of spinal nerves
Racine du mésentère = *Radix mesenterii* = Root of mesentery
Racine du pénis = *Radix penis* = Root of penis
Racine latérale du nerf médian = *Radix lateralis n. mediani* = Lateral root of median nerve
Racine médiale du nerf médian = *Radix medialis n. mediani* = Medial root of median nerve
Racine postérieure des nerfs spinaux = *Radix dorsalis n. spinalium* = Dorsal root of spinal nerves
Radiation optique = *Radiatio optica* = Optic radiation
Radius = *Radius* = Radius
Rameau palmaire du nerf ulnaire = *Ramus palmaris n. ulnaris* = Palmar branch of ulnar nerve
Rameau carotidien du glosso-pharyngien = *Ramus sinus carotici nervi glossopharyngei* = Carotid branch of glossopharyngeal nerve
Rameau communicant avec le glosso-pharyngien = *Ramus communicans cum n. glosso-pharyngeo* = Communicating branch with glossopharyngeal nerve
Rameau communicant avec le nerf glosso-pharyngien = *Ramus communicans cum nervo glossopharyngeo* = Communicating branch with glossopharyngeal nerve
Rameau communicant avec le nerf laryngé récurrent = *Ramus communicans cum nervo laryngeo recurrente* = Communicating branch with recurrent laryngeal nerve
Rameau communicant avec le rameau auriculaire du nerf vague = *Ramus communicans cum ramo auriculare nervi vagi* = Communicating branch with auricular branch of vagus nerve
Rameau cutané antérieur des nerfs intercostaux = *Ramus cutaneus anterior (N. intercostales)* = Anterior cutaneous branch of intercostal nerves
Rameau cutané antérieur du nerf ilio-hypogastrique = *Ramus cutaneus anterior n. iliohypogastricus* = Anterior cutaneous branch od iliohypogastric nerve
Rameau cutané latéral des nerfs intercostaux = *Ramus cutaneus lateralis (N. intercostales)* = Lateral cutaneous branch of intercostal nerves
Rameau cutané latéral du nerf ilio-hypogastrique = *Ramus cutaneus lateralis n. iliohypogastricus* = Lateral cutaneous branch of iliohypogastric nerve
Rameau cutané postérieur du bras = *N. cutaneus brachii posterior* = Posterior brachial cutaneous nerve
Rameau dorsal de l'artère intercostale postérieure = *Ramus dorsalis (A. intercostalis posterior)* = Dorsal branch (posterior intercostal artery)
Rameau infra-patellaire du nerf fémoral = *Ramus infrapatellaris (N. femoralis).* = Infrapatellar branch
Rameau infrapatellaire du nerf saphène = *Ramus infrapatellaris n. sapheni* = Infrapatellar branch
Rameau méningé du nerf spinal = *Ramus meningeus (N. spinalis)* = Meningeal branch
Rameau méningé du vague = *Ramus meningeus n. vagi* = Meningeal branch of vagal nerve
Rameau méningé moyen = *Ramus meningeus medius* =
Rameau musculaire du nerf péronier profond = *Ramus muscularis n. peroneus profundus* = Muscular branches of deep fibular nerve
Rameau œsophagien du pneumo-gastrique = *Rami œsophagei vagi* = Oesophageal branches
Rameau perforant cutané supérieur du nerf fémoral = *Rami cutanei n. femoralis* = Anterior cutaneous branches
Rameau pharyngien du glosso-pharyngien = *Rami pharyngei n. glosso-pharyngei* = Paryngeal branch
Rameau pharyngien du vague = *Rami pharyngei n. vagi* = Pharyngeal branch
Rameau pubique de l'artère épigastrique inférieure = *Ramus pubicus A. epigastricae inferioris* = Pubic branch of inferior epigastric artery
Rameau pubique de l'obturatrice = *Ramus pubicus A. obturatoriae* = Pubic branch of obturator artery
Rameau superficiel du nerf ulnaire = *Rami superficialis n. ulnaris* = Superficial branch of ulnar nerve
Rameau superficiel du radial = *Ramus superficialis n. radialis* = Superficial branch of radial nerve
Rameau supra-hyoïdien de l'artère linguale = *Ramus supra hyoideus A. lingualis* = Suprahyoid branch of lingual artery
Rameaux bronchiaux du vague = *Rami bronchiales* = Bronchial branches of vagus
Rameaux coeliaques du tronc vagal postérieur = *Rami cœliaci (truncus vagalis posterior)* = Coeliac branches
Rameaux communicants = *Rami communicantes* = Rami communicantes
Rameaux cutanés médiaux de la jambe du nerf saphéne = *Rami cutanei cruris mediales n. sapheni* = Medial crural cutaneous nerve

Rameaux perforants (artère plantaire latérale) = *AA. perforantes (A. plantaris lateralis)* = Perforating branches (lateral plantar artery)
Rameaux pharyngés de l'artère pharyngienne ascendante = *Rami pharyngei (A. pharyngea ascendens)* = Pharyngeal branches (ascending pharyngeal artery)
Rameaux pulmonaires du vague = *Plexus pulmonis n. vagi* = Pulmonary plexus
Rameaux tonsillaires du glosso-pharyngien = *Rami tonsillares n. glosso-pharyngei* = Tonsillar branches
Rampe tympanique = *Scala tympani* = Scala tympani
Rampe vestibulaire = *Scala vestibuli* = Scala vestibuli
Raphé du pharynx = *Raphe pharyngis* = Pharyngeal raphe
Raphé ano-coccygien = *Lig. anococcygeum* = Anococcygeal ligament
Raphé ptérygo-mandibulaire = *Raphe pterygomandibularis* = Pterygomandilar raphe
Raphé ptérygo-mandibulaire = *Raphe pterygomandibularis* = Pterygomandibular raphe
Rate = *Lien* = Spleen
Rate accessoire = *Lien accessorius* = Accessory spleen
Rayons médullaires du cortex rénal = *Radii medullares cortex renalis* = Medullary rays of renal cortex
Rebord orbitaire = *Margo orbitalis* = Orbital margin
Récessus duodénal = *Recessus duodenalis* = Duodenal fossa
Récessus de membrane du tympan = *Recessus membranae tympani* = Recessus of tympanic membrane
Récessus duodéno-jéjunal = *Recessus paraduodenalis* = Paraduodenal fossa
Récessus elliptique = *Recessus ellipticus* = Elliptical recess
Récessus épitympanique = *Recessus epitympanicus* = Epitympanic recess
Récessus hypotympanique = *Paries jugularis cavi tympani* = Jugular wall
Récessus iléo-appendiculaire = *Recessus ileocaecalis inf.* = Inferior ileocaecal recess
Récessus iléo-cæcal = *Recessus ileocaecalis sup.* = Superior ileocaecal recess
Récessus infundibulaire = *Recessus infundibuli* = Infundibular recess
Récessus intersigmoïde = *Recessus intersigmoideus* = Intersigmoid recess
Récessus latéral du 4e ventricule = *Recessus lateralis ventriculi quarti* = Lateral recess
Récessus optique = *Recessus opticus* = Optic recess
Récessus pharyngé = *Recessus pharyngeus* = Pharyngeal recess
Récessus pleural droit = *Recessus pleuralis dexter* = Right pleural recesses
Récessus pleural gauche = *Recessus pleuralis sinister* = Left pleural recesses
Récessus rétro-cæcal = *Recessus retrocaecalis* = Retrocaecal recess
Récessus spheno-ethmoïdal = *Recessus spheno-ethmoidalis* = Spheno ethmoidal recess
Récessus sphérique = *Recessus sphericus* = Spherical recess
Recessus supra-pinéal = *Recessus suprapinealis* = Suprapineal recess
Rectum = *Rectum* = Rectum
Région antérieure du genou = *Regio genu anterior* = Anterior regio of knee
Région antébrachiale antérieure = *Regio antebrachii anterior* = Anterior region of forearm
Région antébrachiale postérieure = *Regio antebrachii posterior* = Posterior region of forearm
Région axillaire = *Regio axillaris* = Axillary region
Région brachiale antérieure = *Regio brachii anterior* = Anterior region of arm
Région brachiale postérieure = *Regio brachii posterior* = Posterior region of arm
Région carotidienne = *Regio sterno-cleido mastoidea* = Sternocleidomastoid region
Région de la nuque = *Regio colli posterior* = Posterior cervical region
Région deltoïdienne = *Regio deltoidea* = Deltoid region
Région des lèvres = *Regio buccalis* = Buccal region
Région dorsale de la main = *Dorsum manus* = Dorsum of hand
Région dorsale du pied = *Dorsum pedis* = Dorsum of foot
Région du canal inguinal = *Inguen* = Groin / Inguinal region
Région du pli du coude = *Fossa cubitalis* = Cubital fossa
Région épigastrique = *Regio epigastrica* = Epigastric region
Région fémorale postérieure = *Regio femori posterior* = Posterior region of thigh
Région génienne = *Regio infraorbitalis* = Infraorbital region
Région glosso sus-hyoïdienne = *Trigonum submandibulare* = Submandibular triangle
Région hypochondre = *Regio hypocondriaca* = Hypocondrium
Région inguinale = *Regio inguinalis* = Inguinal region
Région intermédio-latérale = *Substantia intermedia lateralis (medullar spinalis)* = Lateral intermediate substance
Région jambière antérieure = *Regio cruris anterior* = Anterior region of leg
Région jambière postérieure = *Regio cruris posterior* = Anterior region of leg
Région labiale = *Regio labialis* = Labial region
Région lombo-iliaque = *Regio lumbalis* = Lumbar region
Région massétérine = *Regio parotideo masseterica* = Parotid region
Région mentonnière = *Regio mentalis* = Mental region
Région nasale = *Regio nasalis* = Nasal region
Région occipitale = *Regio occipitalis* = Occipital region
Région oléocrânienne = *Regio cubiti posterior* = Posterior region of elbow
Région ombilicale = *Regio umbilicalis* = Umbilical region
Région palmaire = *Palma manus* = Palm
Région pariétale = *Regio parietalis* = Parietal region
Région parotidienne = *Regio parotideo masseterica* = Parotid region
Région périnéale = *Regio perinealis* = Perineal region
Région plantaire = *Planta pedis* = Sole
Région poplitée = *Regio genu posterior (fossa poplitea)* = Posterior region of knee
Région postérieure du cou-de-pied = *Regio calcanea* = Heel region
Région postérieure du genou = *Regio genu posterior (fossa poplitea)* = Posterior region of knee
Région ptérygo-maxillaire = *Fossa pterygo-palatina* = Pterygopalatine fossa
Région pubienne = *Regio pubica* = Pubic region
Région rachidienne = *Regio vertebralis* = Vertebral region
Région rotulienne = *Regio genu anterior* = Anterior region of knee
Région sacrée = *Regio sacralis* = Sacral region
Région scapulaire = *Regio scapularis* = Scapular region
Région sous-mandibuaire = *Trigonum sub-mandibularis* = Submandibular region
Région sterno-cléido-mastoïdienne = *Regio sterno-cleido-mastoidea* = Mastoid region

Région sus-claviculaire = *Trigonum omoclaviculare (fossa supra clavicularis major)* = Subclavian triangle
Région sus-hyoïdienne = *Trigonum submandibulare* = Submandibular triangle
Région sus-hyoïdienne latérale = *Pars lateralis* = Lateral part
Région sus-hyoïdienne médiane = *Regio medialis* = Medial region
Région temporale = *Regio temporalis* = Temporal region
Rein = *Ren* = Kidney
Rein droit = *Ren dexter* = Right kidney
Rein gauche = *Ren sinister* = Left kidney
Repli glosso-épiglottique = *Plica glosso-epiglottica* = Lateral glosso-epiglotic fold
Repli iléo-appendiculaire = *Plica ileocaecalis* = Ileocaecal fold
Repli mésentérico-cæcal = *Plica cascalis vascularis* = Vascular fold of caecum
Repli semi-lunaire = *Plica semilunaris conjunctivae* = Plica semilunaris
Repli sublingual = *Plica sublingualis* = Sublingual fold
Repli tympano-malléolaire = *Plica mallearis* = Malleolar fold
Repli utéro-sacré = *Plica recto-uterina* = Recto-uterine fold
Replis alaires = *Plicae alares* = Alar folds
Réseau admirable = *Rete mirabile* = Rate mirabile
Réseau artériel = *Rete arteriosum* = Arterial plexus
Réseau de Haller = *Rete testis* = Rete testis
Réseau péri-articulaire = *Rete articulare genu* = Genicular anastomosis
Réseau périrotulien = *Rete patellae* = Patellar anastomosis
Réseau veineux dorsal de la main = *Rete venosum dorsale manus* = Dorsal venous network of hand
Réseau veineux dorsal du pied = *Rete venosum dorsale pedis* = Dorsal venous network of foot
Réseau veineux plantaire = *Rete venosum plantare* = Planatar venous network
Rete testis = *Rete testis* = Rete testis
Rétinaculum de la patella = *Retinaculum patellae* = Patellar retinaculum
Rétinaculum des extenseurs = *Retinaculum mm. Extensorum* = Extensor retinaculum
Rétinaculum des extenseurs des orteils = *Retinuculum mm. extensorum inferius* = Inferior extensor retinaculum
Rétinaculum des fléchisseurs = *Retinaculum m. flexorum* = Flexor retinaculum
Rétinaculum des péroniers = *Retinaculum mm. peroneorum (fibularium)* = Inferior peroneal reticulum
Rétinaculum des péroniers supérieur et inférieur = *Retinaculum mm. peroneorum inferius et superius* = Inferior and superior fibular retinaculum
Rétinaculum inférieur des extenseurs = *Retinaculum mm. extensorum inferius* = Extensor retinaculum
Rétine = *Retina* = Retina
Rétine ciliaire = *Pars ciliaris et pars iridica retinae* = Ciliary part of retina
Rétine proprement dite = *Pars optica retinae* = Optic part of retina
Rhinencéphale = *Rhinencephalon* = Rhinencephalon
Rhino-pharynx = *Pars nasalis cavi pharyngis* = Nasopharynx
Rhombencéphale = *Rhombencephalon* = Rhombencephalon
Rides du vagin = *Rugae vaginales* = Vaginal rugae
Rivus lacrymalis = *Rivus lacrimalis* = Lacrimal path way
Rocher = *Pars petrosa ossis temporalis* = Petrous part
Rostrum du corps calleux = *Rostrum corporis callosi* = Rostum
Rostrum du sphénoïde = *Rostrum sphenoidale* = Sphenoidal rostrum
Rostrum sphénoïdal = *Rostrum sphenoidale* = Sphenoidal rostrum
Rotule = *Patella* = Patella
Ruban de Reil latéral = *Lemniscus lateralis* = Lateral lemniscus
Ruban de Reil médian = *Lemniscus medialis* = Medial lemniscus
Sac endolymphatique = *Saccus endolymphaticus* = Endolymphaticus sac
Sac fibreux péricardique = *Pericardium fibrosum* = Fibrous pericardium
Sac lacrymal = *Saccus lacrimalis* = Lacrimal sac
Saccule = *Sacculus (vestibuli)* = Saccule
Saccule du larynx = *Sacculus laryngis* = Laryngeal saccule
Sacrum = *Sacrum* = Sacrum
Scaphoïde carpien = *Os scaphoideum* = Scaphoid
Scaphoïde tarsien = *Os naviculare* = Navicular
Scapula = *Scapula* = Scapula
Scissure calcarine = *Sulcus calcarinus* = Calcarine sulcus
Scissure calloso-marginale = *Sulcus cinguli* = Cingulate sulcus
Scissure de Glaser = *Fissura tympanosquamosa* = Tympanosquamous fissure
Scissure de Rolando = *Sulcus centralis* = Central sulcus
Scissure de Sylvins = *Sulcus lateralis* = Lateral sulcus
Scissure du poumon gauche = *Fissura obliqua pulmonis sinistri* = Left oblique fissure
Scissure interhémisphérique = *Fissura longitudinalis cerebri* = Longitudinal cerebral fissure
Scissure interlobaire = *Fissura pulmonis* = Pulmonary fissue
Scissure perpendiculaire externe = *Sulcus parieto occipitalis* = Parieto-occipital sulcus
Scissure perpendiculaire interne = *Sulcus parieto occipitalis* = Parieto-occipital sulcus
Scissure pétro-squameuse = *Fissura petro-squamosa* = Petrosquamous fissure
Scissure pétro-squameuse postérieure = *Fissura tympano-mastoidea* = Tympanomastoid fissure
Scissure sous-frontale = *Sulcus cinguli* = Cingulate sulsus
Sclérotique = *Sclera* = Sclera
Scrotum = *Scrotum* = Scrotum
Segment antérieur ou lenticulo-strié de la capsule interne = *Crus anterius capsulae internae* = Anterior limb
Segment membraneux de la cloison ventriculaire = *Septum atrioventriculare.* = Atrioventricular septum
Segment orbitaire de la troisième frontale = *Pars orbitalis (gyrus frontalis inf.)* = Orbital part
Segment postérieur ou lenticulo-optique de la capsule interne = *Crus posterius capsulae internae* = Posterior limb
Segment rétro-lenticulaire de la capsule interne = *Pars retrolentiformis capsulae internae* = Retrolentiform limb
Segment sous-lenticulaire de la capsule interne = *Pars sublentiformis capsulae internae* = Sublentiform lim
Segments bronchopulmonaires = *Segmenta broncho-pulmonalia* = Bronchopulmonary segments
Selle turcique = *Sella turcica* = Sella turcica
Semi-lunaire = *Os lunatum* = Lunate
Septum atrio-ventriculaire = *Septum atrioventriculare* = Atrioventricular septum
Septum fibreux cervico-thoracique = *Membrana suprapleuralis* = Supra pleural menbrane
septum interatrial = *Septum interatriale* = Interatrial septum
Septum intermusculaire antérieur de la jambe = *Septum intermusculare anterius*

cruris = Anterior intermuscular septum of leg
Septum intermusculaire de la cuisse = *Septum intermusculare femoris* = Femoral intermuscular septum
Septum intermusculaire latéral du bras = *Septum intermusculare brachii laterale* = Lateral intermuscular septum of arm
Septum inter-musculaire médial du bras = *Septum intermusculare brachii mediale* = Medial intermuscular septum of arm
Septum intermusculaire postérieur de la jambe = *Septum intermusculare posterius cruris* = Posterior intermuscular septum of leg
Septum interventriculaire = *Septum interventriculare* = Interventricular septum
Septum lingual = *Septum linguae* = Lingual septum
Septum lucidum = *Septum pellucidum* = Septum pellucidum
Septum médian de la langue = *Septum linguae* = Lingual septum
Septum nasal = *Septum nasi* = Nasal septum
Septum orbitaire = *Septum orbitale* = Orbital septum
Septum orbitaire = *Septum orbitale* = Orbital septum
Septum recto-vaginal = *Septum rectovaginale* = Rectovaginal septum
Septum recto-vésical = *Septum rectovesicale* = Rectovesical septum
Séreuse péricardique = *Pericardium serosum* = Serous pericardium
Sillon antéro-postérieur droit du foie = *Fossa vesicae felleae* = Fossa for gallbladder
Sillon antéro-postérieur gauche du foie = *Fissura Lig. teretis* = Fissure for round ligament
Sillon astragalien = *Sulcus tali* = Tarsal sulcus
Sillon auriculo-ventriculaire = *Sulcus coronarius* = Coronar sulcus
Sillon balano-préputial = *Collum glandis* = Neck of glans
Sillon basilaire = *Sulcus basilaris* = Basilar sulcus
Sillon bicipital latéral = *Sulcus bicipitalis lateralis* = Lateral bicipital groove
Sillon bicipital médial = *Sulcus bicipitalis medialis* = Medial bicipital groove
Sillon calcanéen = *Sulcus calcanei* = Calcaneal sulcus
Sillon carotidien = *Sulcus caroticus* = Carotid sulcus
Sillon carpien = *Sulcus carpi* = Carpal groove
Sillon circonférentiel de Vicq d'Azyr = *Fissura horizontalis cerebelli* = Horizontal fissure
Sillon circulaire du lobe de l'insula = *Sulcus circularis insulae* = Circular sulcus of insula
Sillon collatéral antérieur de la moelle épinière = *Sulcus lateralis anterior medullae spinalis* = Anterior lateral sulcus
Sillon collatéral postérieur de la moelle épinière = *Sulcus lateralis posterior medullae spinalis* = Posterior lateral sulcus
Sillon costal = *Sulcus costae* = Costal groove
Sillon de l'os propre du nez = *Sulcus ethmoidalis ossis nasalis* = Ethmoidal groove
Sillon de la veine cave inférieure = *Sulcus venae cavae* = Groove for vena cava
Sillon de Monro = *Sulcus hypothalamicus* = Hypothalamic sulcus
Sillon de Reil = *Sulcus circularis insulae* = Circular sulcus of insula
Sillon du canal d'Arantius = *Fissura Lig. venosi* = Fissure of ligamentum venosum
Sillon du nerf moteur oculaire commun = *Sulcus nervi oculomotoris* = Oculomotor sulcus
Sillon du sinus longitudinal supérieur = *Sulcus sinus sagittalis superioris* = Groove for superior sagittal sinus
Sillon intermédiaire postérieur de la moelle épinière = *Sulcus intermedius posterior medullae spinalis* = Posterior intermediate sulcus
Sillon interpariétal = *Sulcus interparietalis* = Interparietal sulcus
Sillon intertuberculaire = *Sulcus intertubercularis humeri* = Intertubercular sulcus
Sillon interventriculaire antérieur = *Sulcus interventricularis anterior* = Anterior interventricular sulcus
Sillon interventriculaire inférieur = *Sulcus interventricularis inferior* = Inferior interventricular sulcus
Sillon limitant = *Sulcus limitans.* = Sulcus limitans
Sillon longitudinal principal du foie = *Fissura Lig. teretis* = Fissure for ligamentum teres
Sillon médian antérieur de la moelle épinière = *Fissura mediana anterior medullae spinalis* = Anterior median fissure
Sillon médian du quatrième ventricule = *Sulcus medianus ventriculi quarti* = Median sulcus
Sillon médian postérieur de la moelle épinière = *Sulcus medianus posterior medullae spinalis* = Posterior median sulcus
Sillon mylo-hyoïdien = *Sulcus mylo-hyoideus* = Mylohyoid groove
Sillon obturateur = *Sulcus obturatorus* = Obturator groove
Sillon olfactif = *Sulcus olfactorius* = Olfactory groove
Sillon palpébral inférieur = *Sulcus infra palpebralis* = Infrapalpebral sulcus
Sillon palpébral supérieur = *Sulcus supra palpebralis* = Supra palpebral sulcus
Sillon péri-irien = *Angulus irido cornealis* = Iridocorneal angle
Sillon post-rolandique = *Sulcus post-centralis* = Post central sulcus
Sillon prérolandique = *Sulcus precentralis* = Pre central sulcus
Sillon radial = *Sulcus n. radialis* = Radial groove
Sillon sous-nasal = *Philtrum* = Philtrum
Sillon sous-pariétal = *Sulcus subparietalis* = Subparietal sulcus
Sillon terminal = *Sulcus terminalis* = Terminal sulcus
Sillon transverse du foie = *Porta hepatis* = Porta hepatis
Sillons interventriculaires = *Sulci interventriculares cordis* = Interventricular sulcus
Sinus astragalo-calcanéen = *Sinus tarsi* = Tarsal sinus
Sinus carotidien = *Sinus caroticus* = Carotid sinus
Sinus caverneux = *Sinus cavernosus* = Cavernous sinus
Sinus coronaire = *Sinus coronarius* = Coronary sinus
Sinus coronaire antérieur = *Sinus intercavernosus anterior* = Anterior intercavernous sinus
Sinus coronaire postérieur = *Sinus intercavernosus posterior* = Posterior intercavernous sinus
Sinus costo-diaphragmatique = *Recessus costo-diaphragmaticus* = Costodiaphragmatic recess
Sinus costo-médiastinal antérieur = *Recessus costo-mediastinalis* = Paranasal sinus
Sinus costo-médiastinal postérieur = *Recessus costo-mediastinalis posterior* = Anterior costomediastinal recess
Sinus crâniens = *Sinus durae matris* = Dural venous sinuses

Sinus de l'aorte = *Sinus aortae* = Aortic sinus
Sinus de la face = *Sinus paranasalis* = Paranasal sinus
Sinus de l'épididyme = *Sinus epididymis* = Sinus of epididymus
Sinus de Tourtual = *Fossa supra tonsillaris* = Supraton sillar fossa
Sinus de Valsalva = *Sinus aortae* = Aortic sinus
Sinus droit = *Sinus rectus* = Straight sinus
Sinus du rein = *Sinus renalis* = Renal sinus
Sinus du tarse = *Sinus tarsi* = Tarsal sinus
Sinus épididymaire = *Sinus epididymidis* = Sinus of epididymis
Sinus frontal = *Sinus frontalis* = Frontal sinus
Sinus galactophore = *Sinus lactiferi* = Lactiferous sinus
Sinus lactifère = *Sinus lactiferi* = Lactiferous sinus
Sinus latéraux = *Sinus transversus et sigmoideus* = Transverse sinus and sigmoid sinus
Sinus longitudinal inférieur = *Sinus sagittalis inferior* = Inferior sagittal sinus
Sinus longitudinal supérieur = *Sinus sagittalis superior* = Superior sagittal sinus
Sinus maxillaire = *Sinus maxillaris* = Maxillary sinus
Sinus oblique du péricarde = *Sinus obliquus pericardii* = Oblique pericardial sinus
Sinus occipital transverse = *Plexus basilaris* = Basilar plexus
Sinus occipitaux postérieurs = *Sinus occipitalis* = Occipital sinus
Sinus pétreux inférieur = *Sinus petrosus inferior* = Inferior petrosal sinus
Sinus pétreux supérieur = *Sinus petrosus superior* = Superior petrosal sinus
Sinus pleural = *Recessus pleuralis* = Pleural recesses
Sinus prostatique = *Sinus prostaticus* = Prostatic sinus
Sinus sphénoïdal = *Sinus sphenoidalis* = Sphenoidal sinus
Sinus sphéno-pariétal = *Sinus spheno-parietalis* = Sphenoparietal sinus
Sinus tonsillaire = *Sinus tonsillaris* = Tonsillar sinus
Sinus transverse de Theile = *Sinus transversus pericardi* = Transverse pericardial sinus
Sinus tympani = *Sinus tympani* = Sinus tympani
Sinus uro-génital = *Sinus urogenitalis* = Urogenital sinus
Sinus veineux carotidien = *Pl. venosus caroticus internus* = Internal carotid venous plexus
Sinus veineux de la sclère = *Sinus venosus sclerae* = Scleral venous sinus
Sourcillier = *M. corrugator supercilii* = Corrugator supercilii
Sphénoïde = *O. sphenoidale* = Sphenoid
Sphincter d'Oddi = *Sphincter ampullae hepato pancreaticae* = Sphincter of ampulla
Sphincter pylorique = *M. sphincter pylori* = Pyloric sphincter
Splénium du corps calleux = *Splenium corporis callosi* = Splenium
Splenius capitis = *M. splenius capitis* = Splenius capitis
Splenius colli = *M. splenius cervicis colli* = Splenius cervicis
Sternum = *Sternum* = Sternum
Stratum zonale = *Stratum zonale thalami* = Zonal layer
Strie longitudinale médiale = *Stria longitudinalis medialis* = Medial longitudinal stria
Strie olfactive latérale = *Stria olfactoria lateralis* = Olfactory lateral stria
Strie olfactive médiale = *Stria olfactoria medialis* = Olfactory medial stria
Strie terminale = *Stria terminalis* = Stria terminalis
Stries acoustiques = *Striae medullares ventriculi quarti* = Medullary striae of fourth ventricle
Stries médullaires = *Striae medullares ventriculi quarti* = Medullary striae of fourth ventricle
Substance perforée postérieure = *Substantia perforata posterior* = Posterior perforated substance
Substance blanche de la moelle = *Substantia alba medullae spinalis* = White substance
Substance gélatineuse de Rolando = *Substantia gelatinosa* = Gelatinous substance
Substance grise de la moelle = *Substantia grisea medullae spinalis* = Grey substance
Substance perforée antérieure = *Substantia perforata anterior* = Anterior perforated substance
Substance perforée postérieure = *Substantia perforata posterior* = Posterior perforated substance
Substance réticulaire = *Formatio reticularis* = Reticular formation
Substantia nigra = *Substantia nigra* = Substantia nigra
Sulcus ptérygo-palatin = *Sulcus pterygo palatinus* = Pterigopalatine sulcus
Suleus terminalis = *Sulcus terminalis* = Sulcus terminalis
Suleus tympanicus = *Sulcus tympanicus* = Tympanic sulcus
Supérieur = *Superior* = Superior
Surface articulaire supérieure du tibia = *Facies articularis superior tibiae* = Superior articular surface
Surface auriculaire = *Facies auricularis* = Auricular surface
Surface auriculaire de l'os coxal = *Facies auricularis (os ilium)* = Auricular surface
Surface auriculaire du sacrum = *Facies auricularis (os sacrum)* = Auricular surface
Surface pectinéale = *Pecten ossis pubis* =
Surface poplitée = *Facies poplitea femoris* = Popliteal surface
Surface préspinale = *Area intercondylaris anterior* = Anterior intercondylar area
Surface rétro-spinale (tibia) = *Area intercondylaris posterior* = Posterior intercondylar area
Sustentaculum lienis = *Lig. phrenico colicum* = Phrenicocolic ligament
Sustentaculum tali = *Sustentaculum tali* = Sustentaculum tali
Suture = *Sutura* = Suture
Suture frontale = *Sutura frontalis* = Frontal suture
Suture dentelée = *Sutura serrata* = Serrate suture
Suture écailleuse = *Sutura squamosa* = Squamous suture
Suture inter-maxillaire = *Sutura intermaxillaris* = Intermaxillary suture
Suture lambdoïde = *Sutura lambdoidea* = Lambdoid suture
Suture plane = *Sutura plana* = Plane suture
Suture sagittale = *Sutura sagittalis* = Sagital suture
Suture tympano-pétreuse = *Sutura petro-tympanica* = Petrotympanic suture
Suture tympano-squameuse antérieure = *Sutura tympano squamosa anterior* = Anterior tympanosquamous suture
Suture tympano-squameuse postérieure = *Sutura tympano-squamosa posterior* = Posterior tympanosquamous suture
Sympathique abdominal = *Ganglia abdominalis* = Abdominal ganglia
Sympathique cervical = *Ganglia cervicalis* = Cervical Ganglia
Sympathique sacral = *Ganglia sacralia* = Sacral ganglia
Sympathique thoracique = *Ganglia thoracica* = Thoracic ganglia

Symphyse pubienne = *Symphysis pubica* = Pubic symphysis
Synchondrose sternale = *Synchondrosis sternalis* = Sternal synchondrose
Syndesmose tibio-fibulaire inférieure = *Syndesmosis tibio-fibularis distalis* = Tibiofibular syndesmosis
Synostose = *Synostosis / junctura ossea* = Synostosis
Synoviale = *Membrana synovialis* = Synovial membrane
Synovie = *Synovia* = Synovial fuid
Système cardio-necteur = *Systema conducente cordi* = Conducting system of heart
Systéme cardio-vasculaire = *Systema cardiovasculare* = Cardiovascular system
Système de la veine porte = *V. portae* = Portal vein
Systéme digestif = *Systema digestorium* = Alimentary system
Systéme génital = *Systema genitale* = Genital system
Systéme génital de la femme = *Systema genitale femininum* = Female genital system
Systéme génital de l'homme = *Systema genitale masculinum* = Male genital system
Système lymphatique = *Systema lymphaticum* = Lymphoid system
Système nerveux autonome = *Systema nervosum autonomicum* = Autonomic nervous system
Système nerveux central = *Systema nervosum centrale* = Central nervous system
Système nerveux parasympathique = *Pars parasympathica s. nervosi autonomici* = Parasympathic part of autonomic nervous system
Système nerveux périphérique = *Systema nervosum periphericum* = Peripheral nervous system
Système nerveux sympathique = *Pars sympathica systema nervosi autonomici* = Sympathic part of autonomic nervous system
Systéme respiratoire = *Systema respiratorium* = Respiratory system
Systéme urinaire = *Systema urinarium* = Urinary system
Système végétatif abdominal = *Pars abdominalis* = Abdominal part of peripheral autonomic system
Système végétatif céphalique = *Pars cephalica systematis autonomici* = Cephalic part of peripheral autonomic system
Système végétatif cervical = *Pars cervicalis systematis autonomici* = Cervical part of peripheral autonomic system
Système végétatif pelvien = *Pars pelvina systematis autonomici* = Pelvic part of peripheral autonomic system
Système végétatif thoracique = *Pars thoracica systematis autonomici* = Thoracic part of peripheral autonomic system
Table externe = *Lamina externa (ossium cranii)* = External table
Table interne = *Lamina interna (ossium cranii)* = Internal table
Tache jaune de la pituitaire = *Regio olfactoria mucosae nasi* = Olfactory region
Taenia cinerea du quatrième ventricule = *Taenia cinerea ventriculi quarti* = Taenia cinerea
Taenia du colon = *Taenia coli* = Taenia coli
Talus = *Talus* = Talus
Tapetum du corps calleux = *Tapetum (corporis callosi)* = Tapetum
Tarse = *Tarsus* = Ankle
Tarse des paupières = *Tarsus palpebrae* = Tarsus of eyelids
Tegmen tympani = *Tegmen tympani* = Tegmen tympani
Télencéphale = *Telencephalon* = Telencephalon
Temporal = *Os temporal* = Temporal bone
Tendon = *Tendo* = Tendon
Tendon calcanéen d'Achille = *Tendo calcaneus (Achillis)* = Calcaneal tendon
Tente du cervelet = *Tentorium cerebelli* = Cerebellar tentorium
Testicule = *Testis* = Testis
Tête de l'épididyme = *Caput epididymidis* = Head of epididymis
Tête de l'humérus = *Caput humeri* = Head of humerus
Tête de la fibula = *Caput fibulae* = Head of fibula
Tête de l'ulna = *Caput ulnae* = Head of ulna
Tête des côtes = *Caput costae* = Head of ribs
Tête des métacarpiens = *Caput metacarpalium* = Head of metacarpals
Tête des métatarsiens = *Caput metatarsalium* = Head of metatarsals
Tête des phalanges = *Caput phalangium* = Head of phalanx
Tête du fémur = *Caput femoris* = Head of femur
Tête du malleus = *Caput mallei* = Head of malleus
Tête du noyau caudé = *Caput nucleus caudatus* = Head of caudate nucleus
Tête du pancréas = *Caput pancreatis* = Head of pancreas
Tête du radius = *Caput radii* = Head of radius
Tête du talus = *Caput tali* = Head of talus
Thalamus = *Thalamus* = Thalamus
Thorax = *Thorax* = Thorax
Thymus = *Thymus* = Thymus
Tibia = *Tibia* = Tibia
Tissu compact = *Substantia compacta* = Compact bone
Tissu spongieux = *Substantia spongiosa* = Spongy bone
Toile choroïdienne du quatrième ventricule = *Tela choroidea ventriculi quartii* = Tela choroidea of fourth ventricule
Toile choroïdienne du troisième ventricule = *Tela choroidea ventriculi tertii* = Tela choroidea of third ventricule
Toit du quatrième ventricule = *Tegmen ventriculi quarti* = Roof of fourth ventricle
Tonsille = *Tonsilla* = Tonsil
Tonsille cérébelleuse = *Tonsilla cerebelli* = Tonsil of cerebellum
Tonsille linguale = *Tonsilla lingualis* = Lingual tonsil
Tonsille palatine = *Tonsilla palatina* = Palatine tonsil
Tonsille pharyngienne = *Tonsilla pharyngea* = Pharyngeal tonsil
Tonsille tubaire = *Tonsilla tubaria* = Tubal tonsil
Torus de l'élévateur de l'ostium pharyngien de la trompe auditive = *Torus levatorius* = Torus levatorius
Trabécule septo-marginale = *Trabecula septomarginalis* = Septomarginal trabecula
Trachée = *Trachea* = Trachea
Tractus cortico-nucléaire = *Tractus corticonuclearis* = Corticonuclear tract
Tractus cortico-spinal = *Tractus corticospinalis* = Corticospinal tract
Tractus cortico-spinal latéral = *Tractus corticospinalis lateralis* = Lateral corticospinal tract
Tractus cortico-spinal antérieur = *Tractus corticospinalis anterior* = Anterior corticospinal tract
Tractus dorso-latéral = *Tractus dorso-lateralis* = Dorsolateral tract
Tractus ilio-tibial (fascia lata) = *Tractus iliotibialis* = Iliotibial tract
Tractus olfactif = *Tractus olfactorius* = Olfactory tract
Tractus olivo-spinal = *Tractus olivospinalis* = Olivospinal tract
Tractus optique = *Tractus opticus* = Optic tract
Tractus réticulo-spinal antérieur = *Tractus reticulospinalis anterior* = Anterior reticulospinal tract

Tractus réticulo-spinal latéral = *Tractus reticulo-spinalis lateralis* = Lateral reticulospinal tract
Tractus rubro-spinal = *Tractus rubrospinalis* = Rubrospinal tract
Tractus solitaire = *Tractus solitarius* = Solitary tract
Tractus spino-cérébelleux antérieur = *Tractus spinocerebellaris anterior* = Anterior spinocerebellar tract
Tractus spino-cérébelleux postérieur = *Tractus spinocerebellaris posterior* = Posterior spinocerebellar tract
Tractus spino-cérébelleux postérieur = *Tractus spinocerebellaris posterior* = Posterior spinocerebellar tract
Tractus spino-thalamique = *Tractus spinothalamicus* = Spinothalamic tract
Tractus spino-thalamique antérieur = *Tractus spinothalamicus anterior* = Anterior spinothalamic tract
Tractus tecto-bulbaire = *Tractus tectobulbaris* = Tectobulbar tract
Tractus tecto-spinal = *Tractus tectospinalis* = Tectospinal tract
Tractus tegmental central = *Tractus tegmentalis centralis* = Central tegmental tract
Tractus temporo-pontin = *Tractus temporopontinus* = Temporopontine tract
Tractus vasculaire de l'oeil = *Tunica vasculosa bulbi* = Vascular layer of eyeball
Tractus vestibulo-spinal = *Tractus vestibulospinalis* = Vestibulospinal tract
Tragus = *Tragus* = Tragus
Trapèze (muscle) = *M. trapezius* = Trapezius
Trapèze (os) = *Os trapezium* = Trapezium
Trigone de l'habenula = *Trigonum habenulae* = Habenular triangle
Trigone de l'hypoglosse = *Trigonum n. hypoglossi* = Hypoglossal trigone
Trigone du nerf hypoglosse = *Trigonum n. hypoglossi* = Hypoglossal trigone
Trigone du vague = *Trigonum n. vagi* = Vagal trigone
Trigone fémoral = *Trigonum femorale* = Femoral triangle
Trigone lombal = *Trigonum lumbale* = Lumbar triangle
Trigone olfactif = *Trigonum olfactorium* = Olfactory trigone
Trigone omo-claviculaire = *Trigonum omo-claviculure (ou fossa supra clavicularis major)* = Subclavian triangle
Trigone sub-mandibulaire = *Trigonum submandibulare* = Submandibular triangle
Trigone vésical = *Trigonum vesicae* = Trigone of bladder
Triquetrum = *Os triquetrum* = Triquetrum
Trochlée de l'humérus = *Trochlea humeri* = Trochlea of humerus
Trochlée du muscle oblique supérieur de l'œil = *Trochlea musculi obliqui superioris bulbi* = Trochlea superior oblique eyeball
Trochlée du talus = *Trochlea tali* = Trochlea of talus
Trochlée fémorale = *Facies patellaris* = Patellar surface
Trochlée fibulaire du calcaneus = *Trochlea fibularis os calcaneus* = Fibular trochlea calcaneus
Trochlée humérale = *Trochlea humeri* = Trochlea
Trochoïde = *Art. trochoidea* = Pivot joint
Troisième nerf cervical = *Nervus cervicalis tertius* = Third cervical nerve
Troisième nerf occipital = *Nervus occipitalis tertius* = Third occipital nerve nerve
Troisième ventricule = *Ventriculus tertius* = Third ventricle
Trompe auditive = *Tuba auditiva* = Auditory tube
Trompe utérine = *Tuba uterina* = Uterine tube
Tronc jugulaire = *Truncus jugularis* = Jugular trunk
Tronc brachio-céphalique artériel = *Truncus brachio-cephalicus* = Brachio cephalic trunk
Tronc cervico-intercostal = *Truncus costo-cervicalis* = Costovervical trunk
Tronc cœliaque = *Truncus coeliacus* = Coeliac trunk
Tronc du faisceau atrio-ventriculaire = *Truncus fasciculi atrio ventricularis* = Atrioventricular bundle
Tronc inférieur du plexus brachial = *Truncus inferior plexus brachialis* = Inferior trunk
Tronc intestinal lymphatique = *Truncus intestinalis lymphaticus* = Intestinal trunks
Tronc moyen du plexus brachial = *Truncus medius plexus brachialis* = Middle trunk of brachial plexus
Tronc pulmonaire = *Truncus pulmonalis* = Pulmonary trunk
Tronc supérieur du plexus brachial = *Truncus superior plexus brachialis* = Superior trunck of brachial plexus
Tronc sympathique = *Truncus sympathicus* = Sympathetic trunk
Tronc sympathique = *Gangliones trunci sympathici* = Ganglion of sympathetic trunk
Tronc thyro-bicervico scapulaire = *Truncus thyreo cervicalis* = Thyrocervical trunk
Tronc vagal antérieur = *Truncus vagalis anterior* = Anterior vagal trunk
Tronc vagal postérieur = *Truncus vagalis posterior* = Posterior vagal trunk
Troncs lombaires lymphatiques = *Trunci lumbales lymphatici* = Lumbar trunk
Tuber cinereum = *Tuber cinereum* = Tuber cinereum
Tuber ischiatique = *Tuber ischiadicum* = Ischial tuberosity
Tuber omental du pancréas = *Tuber omentale* = Omental tuberosity
Tubercule antérieur du thalamus = *Tuberculum anterius thalami* = Anterior thalamic tubercle
Tubercule articulaire de l'os temporal = *Tuberculum articularis (temporalis)* = Articular tubercle
Tubercule carotidien = *Tubercule carotidien* = Carotid tubercle
Tubercule caudé = *Tuberculum caudatum* = Caudate tubercle
Tubercule conoïde = *Tuberculum conoideum* = Conoid tubercle
Tubercule de la selle = *Tuberculum sellae* = Tuberculum sellae
Tubercule des adducteurs = *Tuberculum adductorium* = Adductor tubercle
Tubercule des côtes = *Tuberculum costae* = Costal tubercle
Tubercule du muscle scaléne antérieur = *Tuberculum m. scaleni ant* = Scalene tubercle
Tubercule du noyau gracile = *Tuberculum nuclei gracilis* = Nucleus gracilis tubercle
Tubercule du pubis = *Tuberculum pubicum* = Pubic tubercle
Tubercule du trapèze (carpe) = *Tuberculum ossi trapezii* = Trapezium tubercle
Tubercule épiglottique = *Tuberculum epiglotticum* = Epiglottic tubercle
Tubercule infra-glénoïdien = *Tuberculum infraglenoidale* = Infraglenoid tubercle
Tubercule jugulaire = *Tuberculum jugulare* = Jugular tubercle
Tubercule majeur de l'humérus = *Tuberculum majus* = Greater tubercle
Tubercule mineur de l'humérus = *Tuberculum minus* = Lesser tubercle
Tubercule obturateur antérieur = *Tuberculum obturatorium ant.* = Anterior obturator tubercle
Tubercule obturateur postérieur = *Tuberculum obturatorium post.* = Posterior obturator tubercle

Tubercule omental = *Tuber omentale* = Omental tuberosity
Tubercule pharyngien = *Tuberculum pharyngeum* = Pharyngeal tubercle
Tubercule supra-glénoïdien = *Tuberculum supraglenoidale* = Supraglenoid tubercle
Tuberculum intervenosum = *Tuberculum intervenosum* = Intervenous tubercle
Tubérosité de l'os naviculaire = *Tuberositas ossi navicularis* = Navicular tuberosity
Tubérosité deltoïdienne = *Tuberositas deltoidea* = Deltoid tuberosity
Tuberosité du 1er métatarsien = *Tuberositas ossi metatarsalis I* = Tuberosity of first metatarsal bone
Tubérosité du 5e métatarsien = *Tuberositas ossi metatarsalis V* = Tuberosity of fifth metatarsal bone
Tubérosité du cuboïde = *Tuberositas ossis cuboidei* = Cuboid tuberosity
Tubérosité du deltoïde = *Tuberositas deltoidea* = Deltoid tuberosity
Tubérosité du Ier métatarsien = *Tuberositas ossi metatarsalis I* = Tuberosity of first metatarsal bone
Tubérosité du maxillaire = *Tuber maxillare* = Maxillary tuberosity
Tubérosité du radius = *Tuberositas radii* = Radial tuberosity
Tubérosité du tibia = *Tuberositas tibiae* = Tibial tuberosity
Tubérosité glutéale = *Tuberositas glutea* = Gluteal tuberosity
Tubérosité iliaque = *Tuberositas iliaca* = Iliac tuberosity
Tubules séminifères droits = *Tubuli seminiferi recti* = Straight tubules
Tunique fibreuse du globe oculaire = *Tunica fibrosa bulbi* = Fibrous layer of eyeball
Tunique vaginale = *Tunica vaginalis* = Tunica vaginalis
Tunique vaginale du testicule = *Tunica vaginalis* = Tunica vaginalis
Tunique vasculaire du globe oculaire = *Tunica vasculosa bulbi* = Vascular layer of eyeball
Tuniques du testicule = *Tunicae funiculi spermatici et testis* = Tunica
Ulna = *Ulna* = Ulna
Uncus de l'hippocampe = *Uncus* = Uncus
Uretère = *Ureter* = Ureter
Urètre = *Urethra* = Urethra
Urètre antérieur = *Pars spongiosa urethrae* = Spongy urethra
Urètre de l'homme = *Urethra masculina* = Male urethra
Urètre de la femme = *Urethra feminina* = Female urethra
Urètre membraneux = *Pars membranacea urethrae* = Membranous urethra
Urètre postérieur = *Pars prostatica et membranacea urethrae* = Prostatic et membranousurethra
Urètre prostatique = *Pars prostatica urethrae* = Prostatic urethra
Urètre spongieux = *Pars spongiosa urethrae* = Spongy urethra
Utérus = *Uterus* = Uterus
Utricule = *Utriculus* = Utricle
Utricule prostatique = *Utriculus prostaticus* = Prostatic urethra
Uvula = *Uvula* = Uvula
Vagin = *Vagina* = Vagina
Valve atrio-ventriculaire droite / valve tricuspide = *Valva atrioventicularis dextra / valva tricuspidalis* = Right atrioventricular cusp / tricuspid valv
Valve atrio-ventriculaire gauche / valve mitrale = *Valva atrio ventricularis sinistra / valva mitralis* = Mitral valve / left atrioventricular valve
Valves (mitrale, tricuspide, aorte et pulmonaire) = *Valvae* = Valve
Valvules anales = *Valvulae anales* = Anal valves
Valvule de la fosse naviculaire = *Valvula fossae navicularis* = Valve of navicular fossa
Valvule de la veine cave inférieure = *Valvula venae cavi inferioris* = Valve of inferior vena cava
Valvule du foramen ovale = *Valvula foraminis ovale* = Valve of foramen ovale
Valvule du sinus coronaire = *Valvula sinus coronarii* = Valve of coronary sinus
Valvule semi-lunaire = *Valvula semilunaris.* = Seminular cusp
Veine = *Vena* = Vein
Veine anastomotique inférieure = *V. anastomotica inferior* = Inferior anastomotic vein
Veine anastomotique supérieure = *V. anastomotica superior* = Superior anastomotic vein
Veine antérieure du cœur = *V. cordis ant.* = Anterior cardiac vein
Veine antérieure du septum lucidum = *V. anterior septi pellucidi* = Anterior vein of septum pellucidum
Veine auriculaire postérieure = *V. auricularis posterior* = Posterior auricular vein
Veine axillaire = *V. axillaris* = Axillar vein
Veine azygos = *V. azygos* = Azygos vein
Veine basilique. = *V. basilica* = Basilic vein
Veine brachio-céphalique = *V. brachiocephalica* = Brachio cephalic vein
Veine cardiaque médiane / veine interventriculaire postérieure = *V. cordis media / V. interventricularis posterior* = Middle cardiac vein / posterior interventricular vein
Veine cave inférieure = *V. cava inferior* = Vena cava inferior
Veine cave supérieure = *V. cava superior* = Superior vena cava
Veine centrale de la glande suprarénale = *V. centralis (gl. suprarenalis)* = Central vein of suprarenal gland
Veine centrale de la rétine = *V. centralis retinae* = Central retinal vein
Veine céphalique = *V. cephalica* = Cephalic vein
Veine cervicale profonde = *V. cervicalis profunda* = Deep cervical vein
Veine circonflexe iliaque profonde = *V. circumflexa ilium profunda* = Deep circumflex iliac vein
Veine colique droite = *V. colica dextra* = Right colic vein
Veine de la base = *V. basalis* = Basal vein
Veine dorsale profonde du pénis = *V. dorsale penis profunda* = Deep dorsal vein of penis
Veine du bord droit du cœur = *V. marginalis dextra* = Right marginal vein
Veine du bord gauche du cœur = *V. marginalis sinistra* = Left marginal vein
Veine épigastrique inférieure = *V. epigastrica inferior* = Inferior epigastric vein
Veine faciale = *V. facialis* = Facial vein
Veine fémorale = *V. femoralis* = Femoral vein
Veine fémorale profonde = *V. profunda femoris* = Profunda femoris vein / deep vein of thigh
Veine frontale = *V. frontalis* = Frontal vein
Veine gastrique droite = *V. gastrica dextra* = Right gastric vein
Veine gastrique gauche = *V. gastrica sinistra* = Left gastric vein
Veine gastro-omentale droite = *V. gastroomentalis / gastroepiploica dextra* = Right gastro-omental vein
Veine gastro-omentale gauche = *V. gastroomentalis / gastroepiploica sinistra* = Left gastro-omental vein

Veine grande du cœur = *V. cordis magna* = Great cardiac vein
Veine grande saphène = *V. saphena magna* = Great saphenous vein
Veine hémi-azygos = *V. hemiazygos* = Hemi-azygos vein
Veine hémi-azygos accessoire = *V. hemiazygos accessoria* = Accessory hemi-azygos vein
Veine hépatique = *V. hepatica* = Hepatic vein
Veine hépatique droite = *V. hepatica dextra* = Right hepatic vein
Veine hépatique gauche = *V. hepatica sinistra* = Left hepatic vein
Veine hépatique intermédiaire = *V. hepatica intermedia* = Intermediate hepatic vein
Veine honteuse interne = *V. pudenda interna* = Internal pudendal vein
Veine iliaque commune = *V. iliaca communis* = Common iliac vein
Veine iliaque externe = *V. iliaca externa* = External iliac vein
Veine iliaque interne = *V. iliaca interna* = Internal iliac vein
Veine intercostale supérieure droite = *V. intercostalis superior dextra* = Right superior intercostal veins
Veine intercostale supérieure gauche = *V. intercostalis superior sinistra* = Left superior intercostal veins
Veine interventriculaire antérieure = *V. cordis media / V. interventricularis posterior* = Middle cardiac vein / anterior interventricular vein
Veine jugulaire antérieure = *V. jugularis anterior* = Anterior jugular vein
Veine jugulaire externe = *V. jugularis externa* = External jugular vein
Veine jugulaire interne = *V. jugularis interna* = Internal jugular vein
Veine linguale = *V. lingualis* = Lingual vein
Veine linguale profonde = *V. profunda linguae* = Deep lingual vein
Veine lombale ascendante = *V. lumbalis ascendens* = Ascending lumbar vein
Veine médiane basilique = *V. mediana basilica* = Basilic vein
Veine médiane céphalique = *V. mediana cephalica* = Cephalic vein
Veine médiane de l'avant-bras = *V. mediana antibrachii* = Median atebrachial vein
Veine médiane du coude = *V. mediana cubiti* = Median cubital vein
Veine médiane profonde du cerveau = *VV. cerebri media profunda* = Deep middle cerebral vein
Veine médiane superficielle du cerveau = *V. media superficialis cerebri* = Superficial middle cerebral vein
Veine mésentérique inférieure = *V. mesenterica inferior* = Inferior mesenteric vein
Veine mésentérique supérieure = *V. mesenterica superior* = Superior mesenteric vein
Veine oblique de l'atrium gauche = *V. obliqua atrii sinistri* = Oblique vein of left atrium
Veine occipitale = *V. occipitalis* = Occipital vein
Veine occipitale superficielle = *V. occipitalis superficialis* = Superficial vein
Veine ombilicale = *V. umbilicalis* = Umbilical vein
Veine ophtalmique inférieure = *V. ophtalmica inferior* = Inferior ophtalmic vein
Veine ophtalmique supérieure = *V. ophtalmica superior* = Superior phtalmic vein
Veine petite saphène = *V. saphena parva* = Small saphenous vein
Veine poplitée = *V. poplitea* = Popliteal vein
Veine porte. = *V. portae* = Portal vein
Veine postérieure du septum lucidum = *V. posterior septi pellucidi* = Posterior vein of septum pellucidum
Veine profonde de la face = *V. faciei profunda* = Deep facial vein
Veine rétromandibulaire = *V. retromandibularis* = Retromandibular vein
Veine sacrée moyenne = *V. sacralis media* = Median sacral vein
Veine saphène accessoire = *V. saphena accessoria* = Accessory saphenous vein
Veine splénique = *V. lienalis* = Splenic vein
Veine sub-clavière = *V. subclavia* = Subclavian vein
Veine sub-mentale = *V. submentalis* = Submental vein
Veine supra-rénale = *V. suprarenalis* = Suprarenal vein
Veine supra-rénale droite = *V. supra-renalis dextra* = Right suprarenal vein
Veine supra-rénale gauche = *V. supra renalis sinistra* = Left uprarenal vein
Veine supra-scapulaire = *V. supra scapularis* = Suprascapular vein
Veine supra-trochléaire = *V. supra trochlearis* = Supratrochlear vein
Veine thyroïdienne inférieure = *V. thyroidea inferior* = Inferior thyroid vein
Veine vertébrale = *V. vertebralis* = Vertebral vein
Veines = *Venae* = Veins
Veines labiales = *VV. labiales* = Labial vein
Veines antérieures de la vessie = *VV. vesicae urinariae* = Vesical vein
Veines arquées = *VV. arcuatae* = Arcuate veins
Veines atriales droites = *VV. atriales dextrae* = Right atrial veins
Veines bronchiques = *VV. bronchiales* = Bronchial veins
Veines cérébelleuses = *VV. cerebelli* = Cerebellar veins
Veines cérébelleuses supérieures = *VV. superiores cerebelli* = Superior veins of cerebellar hemisphere
Veines cérébelleuses inférieures = *VV. inferiores cerebelli* = Inferior veins of cerebellar hemisphere
Veines cérébrales inférieures = *VV. cerebri inferiores* = Inferior cerebral veins
Veines cérébrales supérieures = *VV. cerebri superiores* = Superior cerebral veins
Veines cystiques = *V. cystica* = Cystic vein
Veines de l'œsophage = *VV. œsophagi* = Oesophageal veins
Veines de l'orbite = *VV. orbitae* = Orbital vein
Veines de l'ovaire = *VV. ovarii* = Ovarian vein
Veines de l'uretère = *VV. ureteri* =
Veines de l'utérus = *VV. uterinae* = Uterine vein
Veines de la caisse du tympan = *VV. cavitatis tympani* = Tympanic cavity veins
Veines de la glande sublinguale = *VV. gl. sublingualis* = Sublingual veins
Veines de la glande sub-mandibulaire = *VV. gl. submandibularis* = Submnadibular veins
Veines de la langue = *VV. linguae* = Lingual vein
Veines de la mamelle = *VVV. mammae* = Mammary veins
Veines de la membrane du tympan = *VV. membranae tympani* = Tympanic membrane veins
Veines de la parotide = *VV. gl. parotidis* = Parotid veins
Veines de la plèvre = *VV. pleurae* = Pleural veins
Veines de la prostate = *Plexus venosus prostaticus* = Prostatic venous plexus
Veines de la rate = *VV. lienales* = Splenic veins

Veines de la trachée = *VV. tracheales* = Tracheal veins
Veines de la trompe utérine = *VV. tubae uterinae* = Uterine tube veins
Veines de la trompe auditive = *VV. tubae auditivae* = Auditory tube veins
Veines de la vessie = *Plexus venosus vesicalis* = Vesical venous plexus
Veines de la vulve = *VV. labiales* = Labial vein
Veines de Marschall = *V. obliqua atrii sinistri* = Oblique vein of left atrium
Veines des bourses = *VV. scrotales* = Scrotal veins
Veines des bronches = *VV. bronchiales* = Bronchial veins
Veines des circonvolutions = *VV. cerebri* = Cerbral veins
Veines des fosses nasales = *VV. cavitatis nasi* = Nasal cavity veins
Veines des glandes surrénales = *VV. suprarenales* = Suprarenal veins
Veines des paupières = *VV. palpebrarum* = Palpebrar veins
Veines des plexus choroïdes = *VV. choroideae* = Choroid veins
Veines diaphragmatiques inférieures = *VV. phrenicae inferiores* = Inferior phrenic veins
Veines diploïques = *VV. diploicae* = Diploic vein
Veines dorsales profondes du clitoris = *VV. profundae clitoridis* = Deep veins of clitoris
Veines dorsales superficielles du pénis = *VV. dorsales penis superficiales* = Superficial dorsal veins of penis
Veines du côlon = *VV. colicae* = Colic veins
Veines du conduit auditif externe = *VV. meatus acustici externi* = External acoustic meatus veins
Veines du corps thyroïde = *VV. glandulae thyroïdeae* = Thyroid veins
Veines du foramen caecum = *VV. foraminis caeci* = Foramen caecum veins
Veines du jéjuno iléon = *VV. jejunales et ilei* = Jejunal and ileal veins
Veines du larynx = *VV. laryngis* = Laryngeal veins
Veines du ligament rond du foie = *VV. ligamenti teres hepatis* = Round ligament of liver vein
Veines du pancréas = *VV. pancreaticae* = Pancreatic veins
Veines du pavillon de l'oreille = *VV. auriculae* = Auricular veins
Veines du pénis = *VV. penis* = Penis veins
Veines du pharynx = *V. pharyngea* = Pharyngeal veins
Veines du rectum. = *VV. recti* = Rectal veins
Veines du rein = *VV. renales* = Renal veins
Veines du thymus = *VV. thymicae* = Thymic veins
Veines du vagin = *Plexus venosus vaginalis* = Vaginal venous plexus
Veines du ventricule gauche = *VV. ventriculi sinistri cordis* = Ventricular vein
Veines émissaire = *V. emissaria mastoidea* = Mastoid emissary vein
Veines émissaires = *VV. emissariae* = Emissary vein
Veines gastriques courtes = *VV. gastricae breves* = Short gastric veins
Veines hépatiques = *VV. hepaticae* = Hepatic veins
Veines iléales = *VV. ileales* = Ileal veins
Veines intercostales antérieures = *VV. intercostales anteriores* = Anterior intercostal veins
Veines intercostales postérieures = *VV. intercostales posteriores* = Posterior intercostal veins
Veines interlobaires du rein = *VV. interlobares renis* = Interlobar renal veins
Veines interlobulaires = *VV. interlobulares renis* = Interlobular renal veins
Veines jejunales = *VV. jejunales* = Jejunal veins
Veines lacrymales = *V. lacrymalis* = Lacrimal veins
Veines lombales = *VV. lumbales* = Lumbar veins
Veines massétériques = *V. massetericae* = Masseteric veins
Veines maxillaires = *VV. maxillares* = Maxillary veins
Veines méningées = *VV. meningeae* = Meningeal veins
Veines méningées moyennes = *VV. meningeae mediae* = Middle meningeal veins
Veines métacarplennes dorsales = *VV. metacarpae dorsales* = Dorsal metacarpal veins
Veines nasales externes = *VV. nasales externae* = External nasal vein
Veines œsophagiennes = *VV. œsophageae* = Oesophageal veins
Veines ovariques = *VV. ovaricae* = Ovarian veins
Veines pancéatico-duodénales = *VV. pancreaticoduodenales* = Pancreaticoduodenal veins
Veines pancréatiques = *VV. pancreaticae* = Pancreatic veins
Veines péricardiques = *VV. pericardiacae* = Pericardial veins
Veines pharyngiennes = *VV. pharyngeae* = Pharyngeal veins
Veines profondes = *VV. profundae* = Deep veins
Veines profondes du cerveau = *VV. profundae cerebri* = Deep cerebral veins
Veines pulmonaires = *VV. pulmonales* = Pulmonary vein
Veines ranines = *V. lingualis* = Lingual vein
Veines rectales moyennes = *VV. rectales mediae* = Median rectal veins
Veines rénales = *VV. renales* = Renal vein
Veines stellaires = *Venulae stelletae* = Stellate veins
Veines sub-mandibulaires = *VV. submandibulares* = Submandibular veins
Veines superficielles = *VV. superficiales* = Superficial vein
Veines superficielles du bras = *VV. superficiales membri superioris* = Superficial veins of upper limb
Veines superficielles du cerveau = *VV. superficiales cerebri* = Superficial cerebral veins
Veines supra-trochléaires = *VV. supratrochleares* = Supratrochlear vein
Veines temporales superficielles = *VV. temporales superficiales* = Superficial temporal veins
Veines testiculaires = *VV. testiculares* = Testicular vein
Veines thalamo-striées = *VV. thalamostriata* = Thalamostriate veins
Veines thoracique internes = *VV. thoracicae internae* = Internal thoracic vein
Veines thyroïdiennes moyennes = *VV. thyroideae mediae* = Median thyroid veins
Veines thyroïdiennes supérieures = *VV. thyroideae superiores* = Superior thyroid vein
Veines tibiales postérieures = *VV. tibiales posteriores* = Posterior tibial vein
Veines utérines = *VV. uterinae* = Uterine veins
Veines ventriculaires droites = *VV. ventriculares dextrae* = Right ventricular veins

Veines vésicales = *VV. vesicales* = Vesical veins
Veins du tronc cérébral = *VV. trunci encephali* = Veins of brainstem
Ventre occipital du muscle occipito-frontal = *Venter occipitalis m. occipito frontalis.* = Occipital belly of occipitofrontalis
Ventre antérieur du digastrique = *Venter anterior m. digastrici* = Anterior belly of digastric muscle
Ventre frontal du muscle occipito-frontal = *Venter frontalis m. occipito frontalis* = Frontal belly of occipitofrontalis
Ventre inférieur de l'omohyoïdien = *Venter inferior m. omo hyoidei* = Inferior bellyof omohyoid muscle
Ventre postérieur du digastrique = *Venter posterior m. digastrici* = Posterior belly of digastric muscle
Ventre supérieur de l'omo-hyoïdien = *Venter superior m. omo hyoidei* = Superior belly of omohyoid muscle
Ventricule du cœur = *Ventriculus cordis* = Right/left ventricle
Ventricule du larynx = *Ventriculus laryngis* = Laryngeal ventricle
Ventricule latéral = *Ventriculus lateralis* = Lateral ventricle
Ventricule terminal de la moelle = *Ventriculus terminalis* = Terminal ventricle
Vermis = *Vermis* = Vermis
Vertèbre proéminente = *Vertebra prominens (C VII)* = Vertebra prominens
Vertèbres cervicales = *Vertebrae cervicales* = Cervical vertebrae
Vertèbres coccyglennes = *Vertebrae coccygeae* = Coccygeal vertebrae
Vertèbres lombales = *Vertebrae lumbales* = Lumbar vertebrae
Vertèbres sacrales = *Vertebrae sacrales* = Sacral vertebrae
Vertèbres thoraciques = *Vertebrae thoracicae* = Thoracic vertebrae
Vésicule billaire = *Vesica fellea* = Gallbladder
Vésicule séminale = *Vesicula seminalis* = Seminal vesicle
Vessie = *Vesica urinaria* = Urinary bladder
Vestibule de la bouche = *Vestibulum oris* = Oral vestibule
Vestibule de la bourse omentale = *Vestibulum bursae omentalis* = Vestibule omental bursa
Vestibule du labyrinthe = *Vestibulum labyrinthi* = Labyrinth vestibule
Vestibule du larynx = *Vestibulum laryngis* = Laryngeal vestibule
Vestibule du vagin = *Vestibulum vaginae* = Vaginal vestibule
Vestibule nasal = *Vestibulum nasi* = Nasal vestibule
Vestige du processus vaginal = *Vestigium processus vaginalis* = Vestige of processus vaginalis
Vibrisses = *Vibrissae* = Hairs of vestibule of nose
Villosités intestinales = *Villi intestinales* = Intestinal villi
Voile du palais = *Velum palatinum* = Soft palate
Voile médullaire inférieure = *Velum medullare inferius* = Inferior medullary velum
Voile médullaire supérieure = *Velum medullare superius* = Superior medullary velum
Vomer = *Vomer* = Vomer
Voûte orbitaire = *Paries superior orbitae* = Roof of orbit
Vraies côtes = *Costae verae* = True ribs
Vulve = *Pudendum femininum / vulva* = Pudendum / vulva
Zone orbiculaire de l'articulation de la hanche = *Zona orbicularis* = Zona orbicularis
Zonule ciliaire = *Zonula ciliaris* = Ciliary zonule

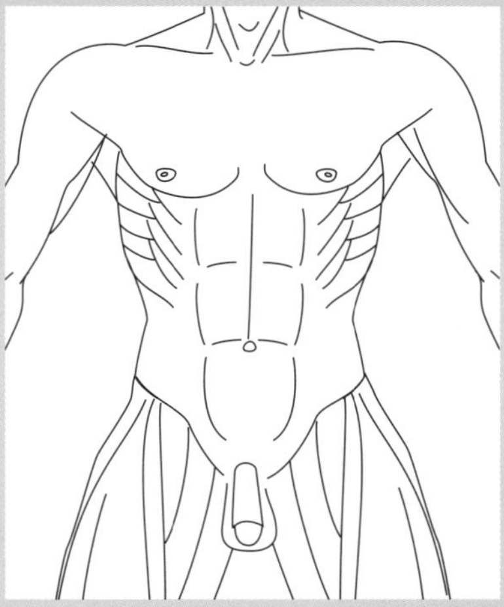

ANATOMIE DU TRONC

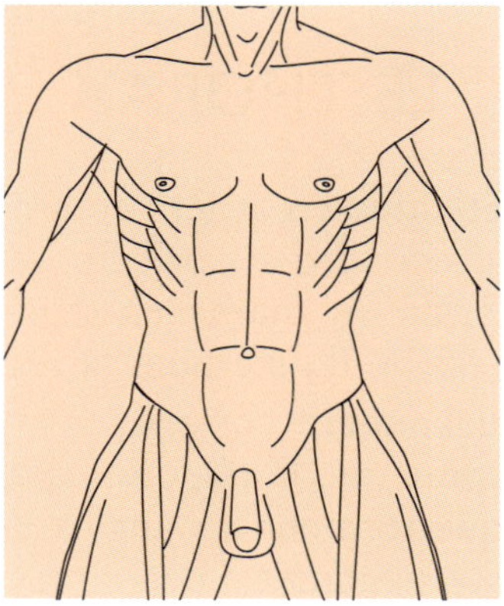

LE TRONC : ASPECT GÉNÉRAL, DIVISION, TOPOGRAPHIE

Le tronc contient les principaux organes de la vie végétative appartenant aux appareils : circulatoire, respiratoire, digestif, urinaire et génital. Il comprend de haut en bas trois étages : le thorax ou poitrine, l'abdomen ou ventre et le pelvis.

En haut, le tronc se continue par le cou et la tête, en bas le bassin est fermé par le plancher périnéal perforé des orifices des conduits évacuateurs des trois réservoirs : digestif, urinaire et génital.

Sur le tronc s'attachent les racines des membres, membre supérieur sur le thorax, membre inférieur sur le pelvis.

La limite entre le thorax et l'abdomen est indiquée par le rebord costal. Celui-ci dessine depuis le dos une courbe successivement descendante d'arrière en avant, puis ascendante sur la paroi antérieure du tronc, de telle sorte que thorax et abdomen empiètent l'un sur l'autre, ainsi est constitué un étage thoraco-abdominal dont les cavités restent cependant séparées par la cloison musculaire du diaphragme.

En bas, l'abdomen vient s'encastrer dans le pelvis, formant un étage mixte abdomino-pelvien.

Il résulte de ces empiètements de l'abdomen, tant en haut sur le thorax qu'en bas sur le pelvis, que la paroi et la cavité abdominales sont plus grandes en avant qu'en arrière, ce qui est l'inverse pour le thorax et le pelvis (fig. 1) *(a, b, c)*, plus étendus en arrière qu'en avant.

LE THORAX

La paroi thoracique est plus étendue en arrière et sur les côtes qu'en avant où elle paraît échancrée par le rebord chondro-sternal. En avant, la paroi montre le relief des muscles pectoraux. Les seins ou mamelles reposent sur eux, constituant de chaque côté de la légère dépression du sternum la région mammaire.

En arrière, le thorax est légèrement convexe, c'est le dos. Le dos présente de chaque côté dans sa partie supérieure, la région scapulaire qui s'appuie sur la cage thoracique. Entre les reliefs que forment les angles des côtes se succèdent, sur la ligne médiane, les saillies sous-cutanées des processus épineux des vertèbres thoraciques.

La cavité du thorax figure un cône creux dont le sommet tronqué communique avec le cou, ce sommet est de plus incliné en bas et en avant, suivant un plan incliné à 45°. La cavité thoracique est ainsi plus haute en arrière et sur les côtés qu'en avant. À l'intérieur de sa cavité, l'avancée de la colonne des corps vertébraux et de chaque côté d'elle le recul de la paroi costale circonscrivent deux gouttières costo-vertébrales ou pulmonaires qui logent la majeure partie des poumons. L'orifice inférieur du thorax est séparé de la cavité abdominale par le diaphragme dont les orifices

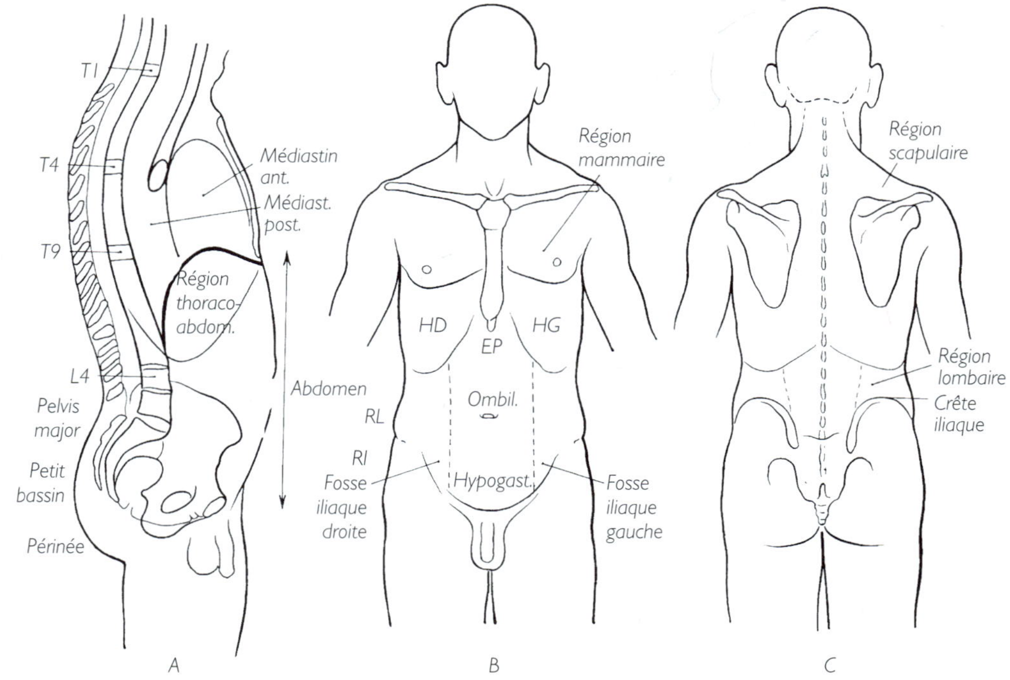

Fig. 1 ▪ Topographie générale des parois thoraco-abdominales et du petit bassin :
A — Vue antérieure ; B — Vue postérieure ; C — Coupe sagittale.

servent au passage des organes, vaisseaux et nerfs qui gagnent l'une ou l'autre de ces cavités.

Le diaphragme constitue une coupole dont les versants limitent avec la paroi les récessus costo-diaphragmatiques. Ceux-ci sont occupés par des récessus pleuraux et partiellement par les poumons.

Deux coupes schématiques, l'une sagittale, l'autre horizontale, permettent de reconnaître dans la cavité thoracique trois régions, deux sont latérales : les régions pleuro-pulmonaires en rapport à la périphérie avec la paroi ; la troisième, médiane, le médiastin se situe entre la colonne vertébrale et le sternum. L'arbre trachéo-bronchique divise le médiastin en médiastin postérieur et médiastin antérieur, ce dernier contenant le cœur, les gros vaisseaux et le thymus (fig. 1a et 2).

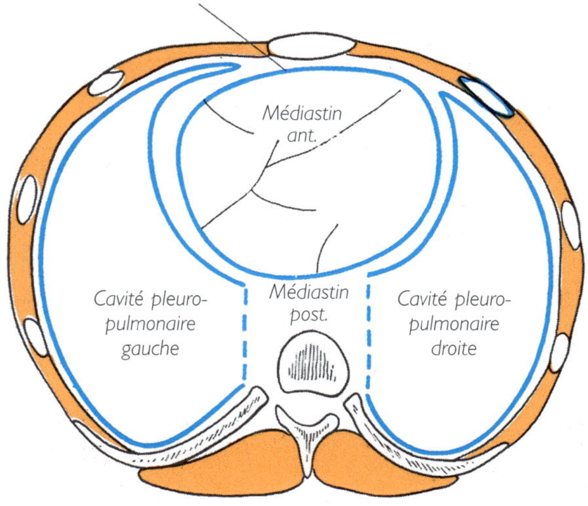

Fig. 2 ▪ Coupe schématique horizontale de la cavité thoracique.

L'ABDOMEN

▪ **PAROIS ABDOMINALES.** Sur une vue antérieure, l'abdomen se présente comme un écusson bombé dont le bord supérieur correspond au rebord costal et le bord inférieur est limité par le bord supérieur des deux os iliaques. Deux lignes horizontales et deux verticales vont permettre de diviser la paroi abdominale antérieure.

L'horizontale supérieure passe par l'extrémité antérieure des dixièmes côtes, l'inférieure relie le sommet des deux crêtes iliaques. Les verticales coïncident à peu près avec le sillon latéral du ventre.

Ainsi sont délimitées les 9 régions de la paroi abdominale.

De ses 9 régions, 3 sont impaires et médianes, en haut la région épigastrique ou cœliaque, au centre la région ombilicale, en bas au-dessus du pubis, la région pubique ou hypogastre. Le relief des muscles droits de l'abdomen se marque de chaque côté de la dépression médiane de la ligne blanche.

Trois autres régions de la paroi abdominale sont paires et latérales. En haut, les hypochondres droit et gauche, ou sous-phrénique, au-dessous des hypocondres, les régions latérales de l'abdomen et les régions lombales droite et gauche, en bas les régions inguinales ou fosses iliaques droite et gauche dont le bord inférieur correspond à la région de l'aine ou région inguinale (fig. 1 *a, b, c*).

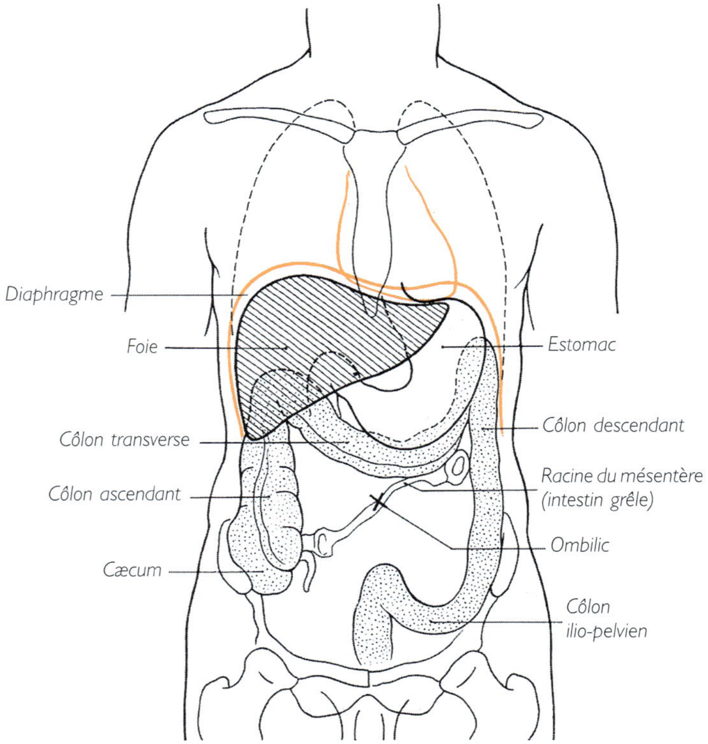

Fig. 3 ▪ Topographie générale de la cavité abdominale.

■ **LOGES VISCÉRALES DE L'ABDOMEN.** À ces divisions de la paroi antéro-latérale de l'abdomen correspondent des loges viscérales : l'hypocondre droit à la loge hépatique (région sous-phrénique droite), l'épigastre à la région cœliaque (pancréas, petite courbure de l'estomac), l'hypocondre gauche (région sous-phrénique gauche), au fundus et à la grande courbure de l'estomac, à la rate (fig. 3).

La région latérale ou le flanc droit de l'abdomen recouvre le côlon ascendant, la gauche la courbure colique gauche et le côlon descendant. La région ombilicale répond à l'estomac, au côlon transverse et à l'intestin grêle (fig. 4 et 5).

La région inguinale droite est occupée par le cæcum, l'hypogastre par l'intestin grêle, la région inguinale gauche par le côlon ilio-pelvien.

Sur une coupe sagittale médiane, la cavité abdominale apparaît divisée en deux étages par le mésocôlon transverse : un étage sus-mésocolique contient le foie, la rate, le pancréas, la partie moyenne de l'estomac, et un étage sous-mésocolique loge l'intestin grêle et le gros intestin (fig. 6).

Une coupe horizontale transversale de l'abdomen passant par la 1re vertèbre lombale montre que l'abdomen contient encore des organes situés en arrière du péritoine pariétal, les reins et les uretères, les glandes suprarénales, ces organes sont plaqués contre la paroi lombale entre les dernières côtes et la crête iliaque (fig. 7 et 8).

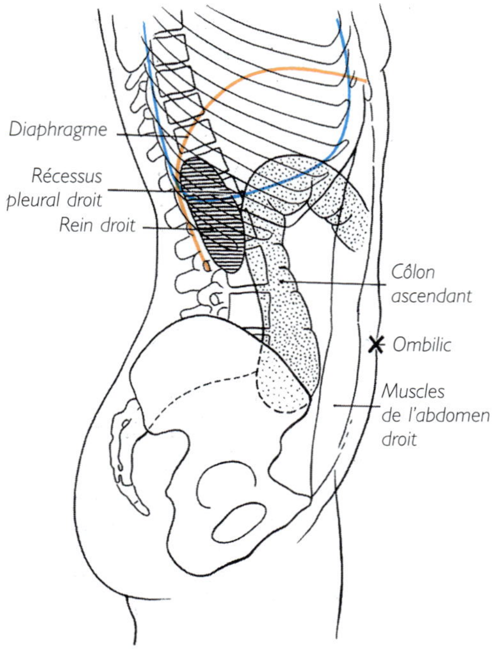

Fig. 4 ▪ Projection sur la paroi latérale de l'abdomen (flanc droit) du côlon ascendant.

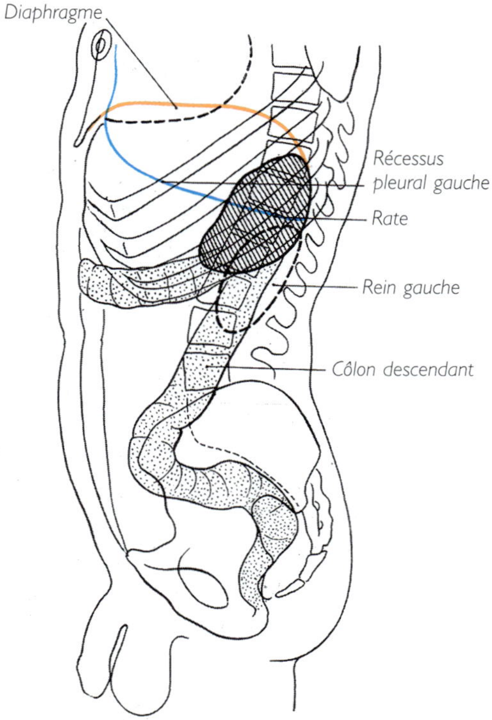

Fig. 5 ▪ Projection sur la paroi latérale de l'abdomen (flanc gauche) du côlon descendant.

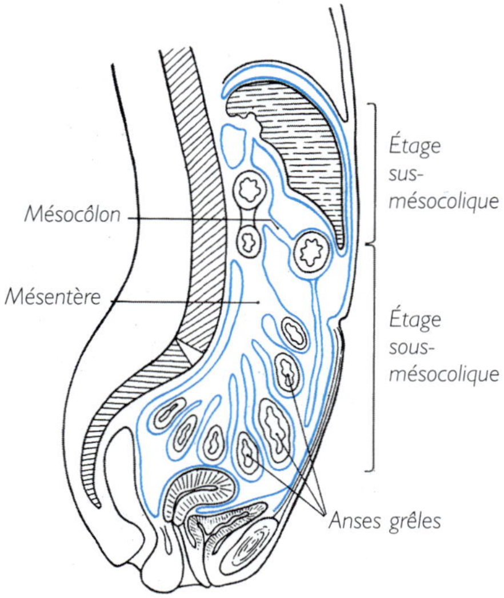

Fig. 6 ▪ Les étages de la cavité abdominale.

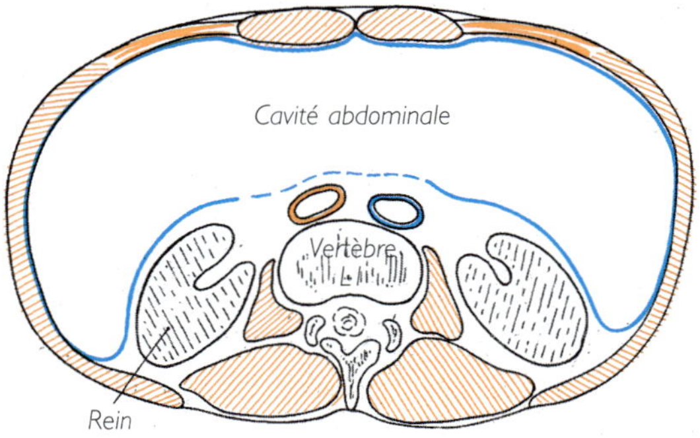

Fig. 7 ▪ Coupe horizontale schématique passant par la vertèbres lombales.

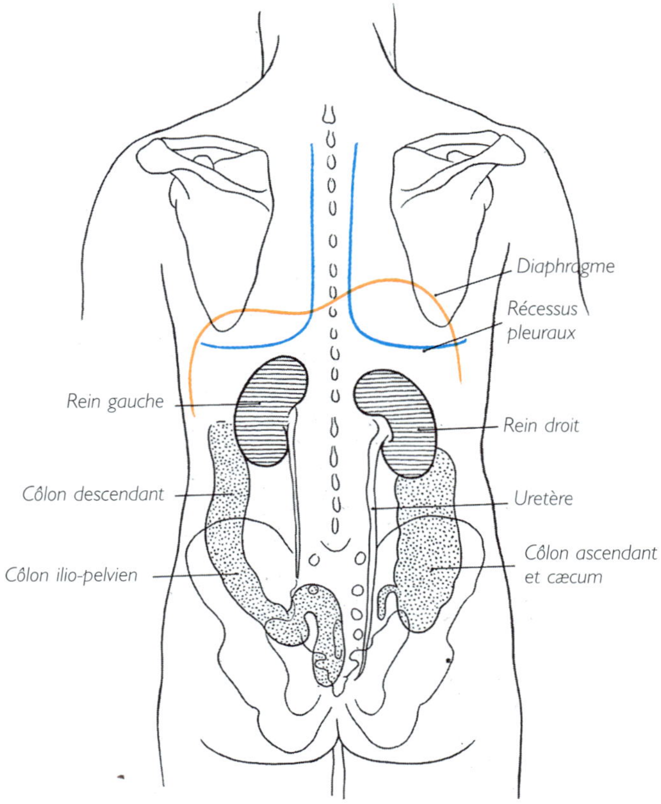

Fig. 8 ▪ Projections sur les régions latérales de l'abdomen et la région lombale des organes intra-abdominaux.

LE BASSIN OU PELVIS

Il est divisé en grand et petit bassins.

Le grand bassin ou pelvis major aux parois évasées correspond en avant à la région abdominale inférieure, régions inguinales et hypogastre, il est occupé par conséquent par des viscères abdominaux.

Le petit bassin ou pelvis minor plus étroit que le grand bassin est un entonnoir osseux et musculaire. Il contient, d'avant en arrière, le réservoir urinaire : la vessie urinaire, puis les réservoirs et organes génitaux : vésicule séminale chez l'homme, utérus et ses annexes, ovaires chez la femme, enfin en arrière, le réservoir digestif, le rectum.

Au-dessous du petit bassin, le plancher périnéal présente les orifices de ces réservoirs pelviens, rendus continents par des sphincters, et les organes génitaux externes (fig. 1 c et 9).

Afin de respecter la conception de l'ouvrage à la fois descriptif, topographique et fonctionnel, seront d'abord décrits les systèmes osseux, articulaires, musculaires, vasculaires et nerveux, puis les viscères et les appareils correspondants. Cette description sera suivie chaque fois d'un chapitre de topographie des viscères thoraciques, abdominaux et pelviens.

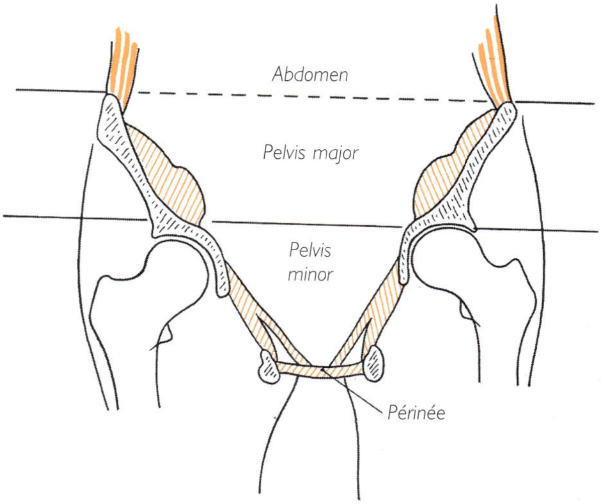

Fig. 9 ▪ Coupe frontale schématique des divisions de la région pelvienne (bassin) et du plancher périnéal.

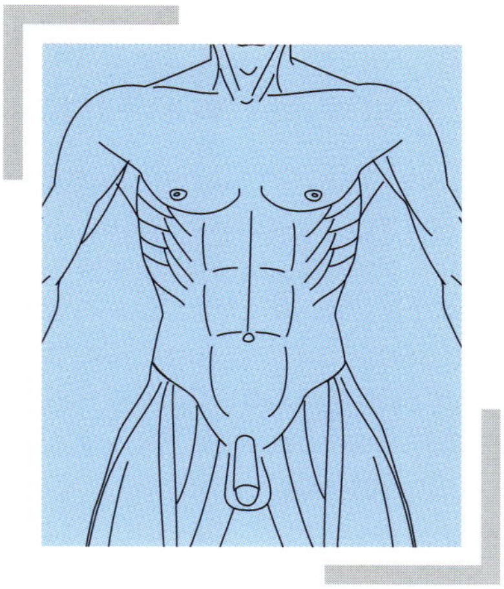

SQUELETTE DU TRONC

Le squelette du tronc comprend trois parties principales : la colonnes vertébrale, le thorax et le pelvis.

COLONNE VERTÉBRALE

La colonne vertébrale est une longue tige osseuse, résistante et flexible, située à la partie médiane et postérieure du tronc, depuis la tête qu'elle soutient jusqu'au bassin qui la supporte. Elle engaine et protège la moelle spinale contenue dans le canal vertébral.

La colonne vertébrale se compose d'éléments osseux superposés, appelés *vertèbres*.

I. NOMBRE DES VERTÈBRES

Le nombre des vertèbres est considéré comme assez constant : 33 à 35 se divisant en 24 vertèbres présacrales (7 cervicales, 12 thoraciques, 5 lombales), 5 vertèbres sacrales et 3 à 5 coccygiennes. Ces chiffres sont cependant sujets à de fréquentes variations car on ne les trouve que chez 65 % des individus. Les variations numériques sont d'autant plus souvent rencontrées que l'on descend des vertèbres cervicales vers le coccyx. Si l'on trouve assez constamment 7 vertèbres cervicales, le nombre des vertèbres thoraciques oscille entre 11 et 13, celui des vertèbres lombales entre 4 et 6, des vertèbres sacrales entre 4 et 6 et des vertèbres coccygiennes entre 3 et 5.

II. POIDS DES VERTÈBRES

Le poids des vertèbres est un caractère quantitatif qui résume sous une forme unique la multiplicité des caractères morphologiques de chacune d'entre elles.

Si l'on inscrit les poids des vertèbres successives sur un graphique, celui-ci montre leur évolution pondérale de la base du crâne au sacrum. On exprime mieux encore cette évolution par un graphique du poids relatif qui considère le poids d'une vertèbre en pourcentage du poids total de la colonne vertébrale (Delmas et Pineau).

Ce graphique peut être interprété de différentes manières, en fonction du type de posture, de la locomotion, du groupe zoologique. La constance du graphique fait surtout ressortir les appartenances phylétiques pour l'homme, son appartenance à la souche proto-insectivore. Cette constance phylétique du matériau constituant les vertèbres est indépendante de la forme de l'os dont le modelage est fonctionnel.

Nous étudierons : 1° les caractères généraux des vertèbres ; 2° les caractères particuliers que présentent les vertèbres dans les différentes régions de la colonne vertébrale ; 3° la colonne vertébrale en général.

III. CARACTÈRES GÉNÉRAUX DES VERTÈBRES

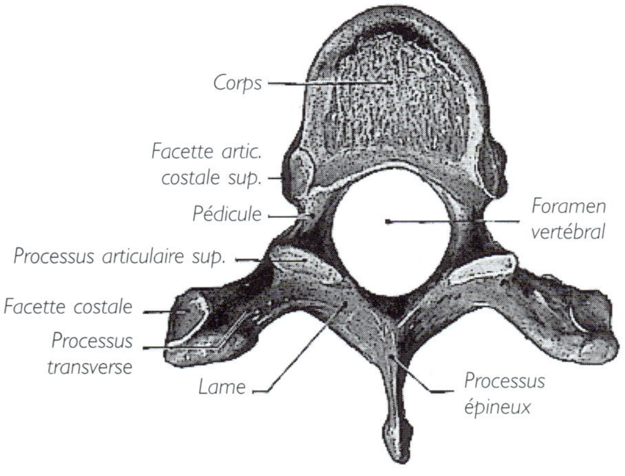

Fig. 10 ▪ Vertèbre thoracique.

Toute vertèbre comprend : 1° une partie antérieure renflée, le *corps vertébral* ; 2° un arc osseux à concavité antérieure, l'*arc vertébral,* circonscrivant avec la face postérieure du corps vertébral un orifice, le *foramen vertébral* ; cet arc osseux est formé de chaque côté par des pédicules en avant, par les lames vertébrales en arrière ; 3° une saillie médiane et postérieure, le *processus épineux* ; 4° deux éminences horizontales et transversales, les *processus transverses* ; 5° quatre saillies verticales, les *processus articulaires*, par lesquels la vertèbre s'unit aux vertèbres voisines (fig. 10).

a) CORPS VERTÉBRAL. Le corps vertébral a la forme d'un segment de cylindre. Il présente deux faces et une circonférence. ❑ Les deux *faces*, horizontales, sont, l'une, supérieure, l'autre, inférieure. Toutes deux présentent une partie centrale excavée, irrégulière, bordée par un bourrelet périphérique, annulaire, de tissu compact. ❑ La *circonférence* est creusée en forme de gouttière, en avant et sur les côtés du corps vertébral. Le segment postérieur de la circonférence, en rapport avec le foramen vertébral, est concave dans le sens transversal et déprimé à sa partie centrale. Sur toute la circonférence du corps vertébral, on observe des foramens vasculaires particulièrement grands et nombreux à la partie centrale, déprimée, du segment postérieur.

b) Pédicules vertébraux. Les pédicules vertébraux sont deux colonnettes osseuses, l'une, droite, l'autre, gauche, étendues d'avant en arrière, du corps vertébral aux massifs osseux qui donnent naissance aux lames vertébrales, aux processus transverses et articulaires. Les pédicules sont aplatis transversalement.

Leurs bords supérieur et inférieur sont échancrés, concaves, et limitent, avec les bords correspondants des pédicules situés au-dessus et au-dessous, des orifices, les *foramens intervertébraux*. L'incisure inférieure du pédicule est beaucoup plus prononcée que l'incisure supérieure.

c) Lames vertébrales. Les lames s'étendent des pédicules au processus épineux, et limitent en arrière le foramen vertébral. Aplaties, quadrilatères, elles sont dirigées suivant un plan oblique de haut en bas, d'avant en arrière et de dehors en dedans. Elles offrent une face postérieure, une face antérieure et deux bords, l'un, supérieur, l'autre, inférieur. Leur face antérieure présente une dépression rugueuse, allongée transversalement, nettement bordée en haut par une crête toujours bien marquée. Cette dépression et cette crête donnent attache au ligament jaune sous-jacent.

d) Processus épineux. Ce processus naît de l'angle d'union des lames et se dirige en arrière. Il est aplati transversalement et présente deux faces latérales, un bord supérieur mince, un bord inférieur épais, une base d'implantation large et un sommet libre.

e) Processus transverses. Les processus transverses s'implantent par leur base l'un à droite, l'autre à gauche sur l'arc vertébral, en arrière des pédicules. Ils se dirigent en dehors et se terminent par un sommet libre. On leur reconnaît : deux faces, l'une, antérieure, l'autre, postérieure ; deux bords, l'un, supérieur, l'autre, inférieur ; une base et un sommet.

f) Processus articulaires. Au nombre de quatre, deux supérieurs et deux inférieurs, les processus articulaires sont des éminences verticales, implantées, comme les processus transverses, sur l'arc vertébral, à l'union des pédicules vertébraux et des lames. Les processus supérieur et inférieur du même côté figurent dans leur ensemble une colonnette osseuse, dirigée verticalement et terminée à ses extrémités supérieure et inférieure par une surface articulaire.

Ils s'articulent par ces surfaces avec les processus articulaires correspondants des deux vertèbres voisines.

g) Foramen vertébral. Le foramen vertébral est limité en avant par le corps, en dehors par les pédicules, en arrière par les lames. Les foramens vertébraux superposés constituent le canal vertébral.

IV. CARACTÈRES PARTICULIERS DES VERTÈBRES DANS CHAQUE RÉGION DE LA COLONNE VERTÉBRALE

La colonne vertébrale est divisée en cinq régions, à savoir : la *région cervicale*, la *région thoracique*, la *région lombale*, la *région sacrale*, et la *région coccygienne*. On compte sept vertèbres à la région cervicale, douze à la région thoracique, cinq à la région lombale, cinq à la région sacrale, de quatre à six à la région coccygienne.

Dans chacune des régions de la colonne vertébrale, les vertèbres présentent des caractères propres à chacune de ces régions. Ces caractères sont particulièrement nets dans les vertèbres qui occupent la partie moyenne de la région. Ils se modifient aux extrémités de la région, de telle manière que c'est par gradation que se produit le passage d'un type de vertèbre à un autre.

VERTÈBRES CERVICALES

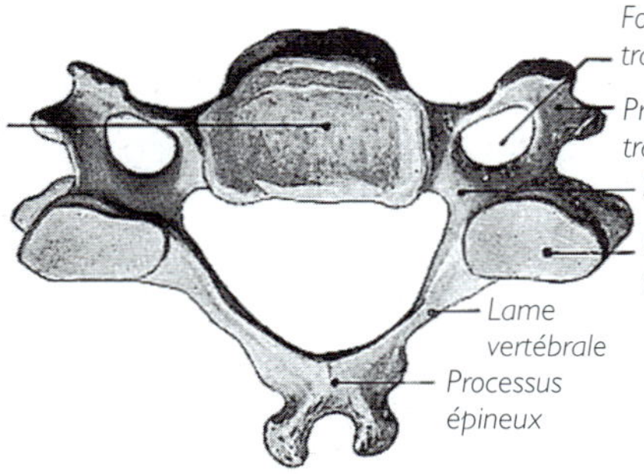

Fig. 11 ▪ Vertèbre cervicale, face supérieure.

Les caractères particuliers des vertèbres cervicales ont été décrits avec le squelette du cou (voir Tome I). Voici, résumés, leurs caractères principaux (fig. 11) :

Le corps vertébral, allongé transversalement, plus épais en avant qu'en arrière, présente sur sa face supérieure deux éminences latérales, les *crochets* ou *processus semi-lunaires*. Sur sa face inférieure, il existe deux échancrures latérales en rapport avec les crochets.

Les *pédicules* naissent de la partie postérieure des faces latérales du corps vertébral. Leur bord supérieur est aussi profondément échancré que l'inférieur.

Les *lames vertébrales*, quadrilatères, sont plus larges que hautes.

Le *processus épineux* présente un sommet bituberculeux et une face ou bord inférieur, creusé d'une gouttière antéro-postérieure.

Les *processus transverses* s'implantent par deux racines qui circonscrivent avec le pédicule le foramen transversaire ; leur face supérieure est creusée en gouttière, et leur sommet est bifurqué ou bituberculeux.

Les *processus articulaires* se terminent par des facettes articulaires, planes, taillées en biseau ; les facettes supérieures regardent en haut et en arrière ; les facettes inférieures regardent en bas et en avant.

Le *foramen vertébral* est triangulaire et le côté antérieur ou base est plus grand que les deux autres.

▪ **CARACTÈRES PROPRES À CERTAINES VERTÈBRES CERVICALES.** La première vertèbre cervicale ou atlas, la deuxième cervicale ou axis, la sixième et la septième vertèbres cervicales présentent des particularités surtout marquées dans l'atlas et l'axis. Nous avons déjà décrit ces deux dernières cervicales en étudiant le squelette du cou (voir Tome I).

VERTÈBRES THORACIQUES

a) CORPS VERTÉBRAL. Le corps est plus épais que celui des vertèbres cervicales et son diamètre transversal est à peu près égal au diamètre antéro-postérieur (fig. 10). On voit à la partie postérieure des faces latérales, près du pédicule, deux facettes costales, l'une, supérieure, l'autre, inférieure, destinées à s'articuler avec la tête des côtes (fig. 12).
Ces surfaces articulaires sont taillées en biseau aux dépens de la face voisine. Chaque côte s'articule avec les demi-facettes supérieure et inférieure de deux vertèbres voisines. ❑ La face postérieure du corps vertébral en rapport avec le foramen vertébral est fortement concave en arrière (fig. 10).

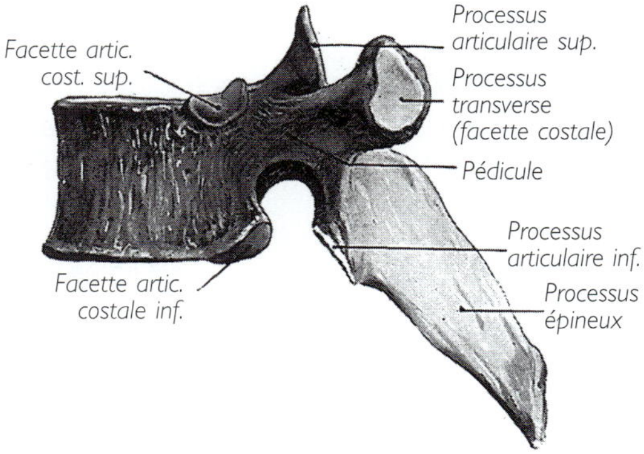

Fig. 12 ▪ Vertèbres thoraciques, vue latérale.

b) PÉDICULES. Ils s'implantent sur la moitié supérieure environ des parties latérales de la face postérieure du corps vertébral. Leur bord inférieur est beaucoup plus échancré que leur bord supérieur.

c) LAMES. Les lames sont aussi hautes que larges.

d) PROCESSUS ÉPINEUX. Volumineux et long, le processus épineux est très incliné en bas et en arrière. Le sommet est occupé par un seul tubercule.

e) PROCESSUS TRANSVERSES. Ces processus se détachent de chaque côté de la colonne osseuse formée par les processus articulaires, en arrière du pédicule. Ils sont dirigés en dehors et un peu en arrière. Leur extrémité libre, renflée, présente sur sa face antérieure une surface articulaire, la *facette costale*, qui répond à la tubérosité des côtes (fig. 10 et 12).

f) PROCESSUS ARTICULAIRES. Les processus articulaires font saillie au-dessus et au-dessous de la base des processus transverses. La facette articulaire du processus supérieur regarde en arrière, en dehors et un peu en haut. La facette du processus inférieur présente une orientation inverse.

g) FORAMEN VERTÉBRAL. Il est à peu près circulaire.

▪ CARACTÈRES PROPRES À CERTAINES VERTÈBRES THORACIQUES.

1. Première vertèbre thoracique. Le corps de cette vertèbre rappelle celui des vertèbres cervicales et présente sur sa face supérieure des crochets latéraux. Toutefois, il existe sur ses faces latérales : en haut, une facette complète qui répond à toute la surface articulaire de la première côte ; en bas, une demi-facette pour la deuxième côte.

2. Dixième vertèbre thoracique. La facette costale articulaire inférieure du corps vertébral fait défaut.

3. Onzième et douzième vertèbres thoraciques. Le corps vertébral de chacune de ces vertèbres ne présente sur ses faces latérales qu'une seule facette costale qui est complète, c'est-à-dire en rapport avec toute la surface articulaire de la côte correspondante. Elle siège sur la face latérale du pédicule et en avant de lui.

La facette costale des processus transverses manque.

Enfin, le processus articulaire inférieur de la douzième vertèbre thoracique est semblable aux processus articulaires inférieurs des vertèbres lombales.

VERTÈBRES LOMBALES

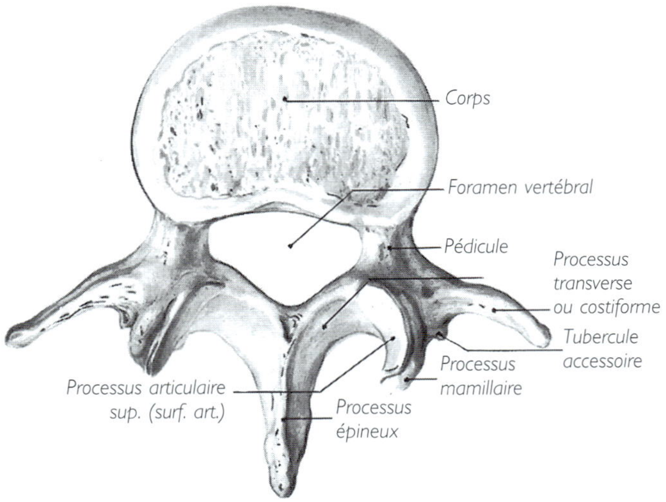

Fig. 13 ▪ Vertèbre lombale.

a) CORPS VERTÉBRAL.
Le corps des vertèbres lombales est volumineux, réniforme, à grand axe transversal (fig. 13).

b) PÉDICULES. Ils sont très épais et s'implantent sur les trois cinquièmes supérieurs ou sur la moitié supérieure de l'angle formé par l'union de la face postérieure avec la face latérale du corps vertébral (fig. 16). Le bord inférieur est beaucoup plus échancré que le bord supérieur.

c) LAMES. Les lames sont plus hautes que larges.

d) PROCESSUS ÉPINEUX. Ce processus est une lame verticale, rectangulaire, épaisse, dirigée horizontalement en arrière et terminée par un bord postérieur libre, renflé (fig. 16).

e) PROCESSUS TRANSVERSE OU PROCESSUS COSTIFORME. Les processus transverses s'implantent à l'union du pédicule et du processus articulaire supérieur. Ils sont longs, étroits, et se terminent par une extrémité effilée. Ces processus représentent les côtes lombales.

Sur la base postérieure de leur base d'implantation, se dresse un tubercule, appelé *tubercule accessoire* (fig. 17). Ce tubercule est, d'après certains, l'homologue du processus transverse des vertèbres thoraciques, tandis que, pour Vallois, les tubercules

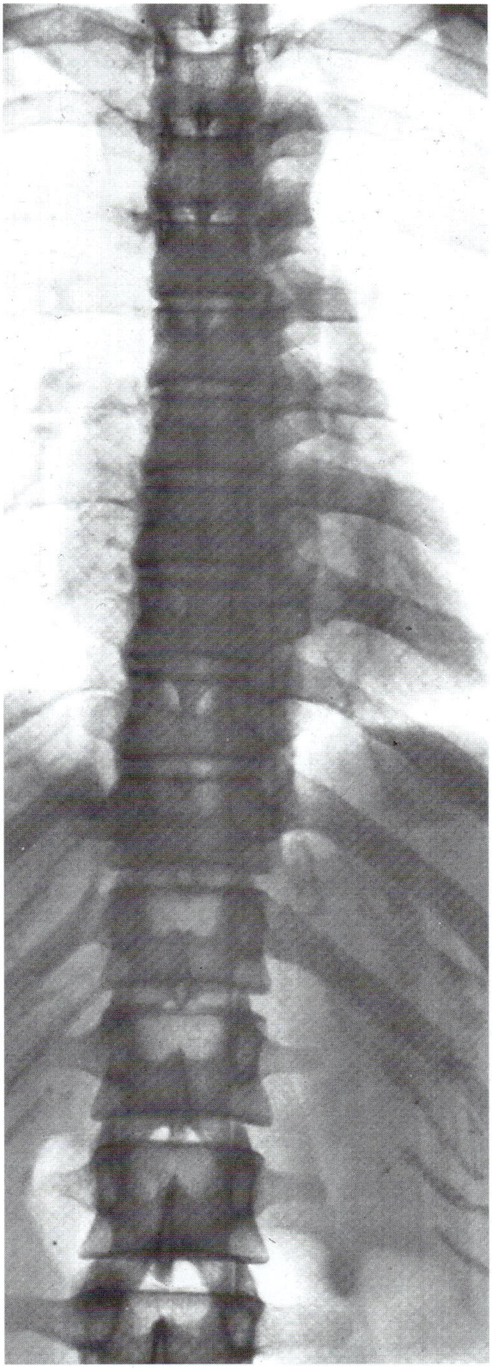

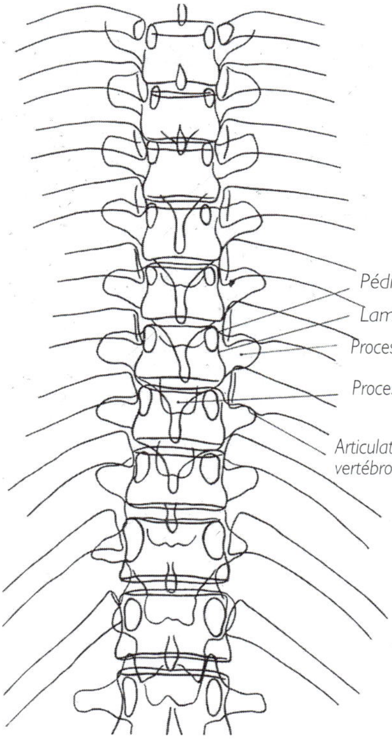

Fig. 14 ▪ Radiographie de la colonne vertébrale thoracique, vue de face.

CARACTÈRES PARTICULIERS DES VERTÈBRES DANS CHAQUE RÉGION DE LA COLONNE VERTÉBRALE

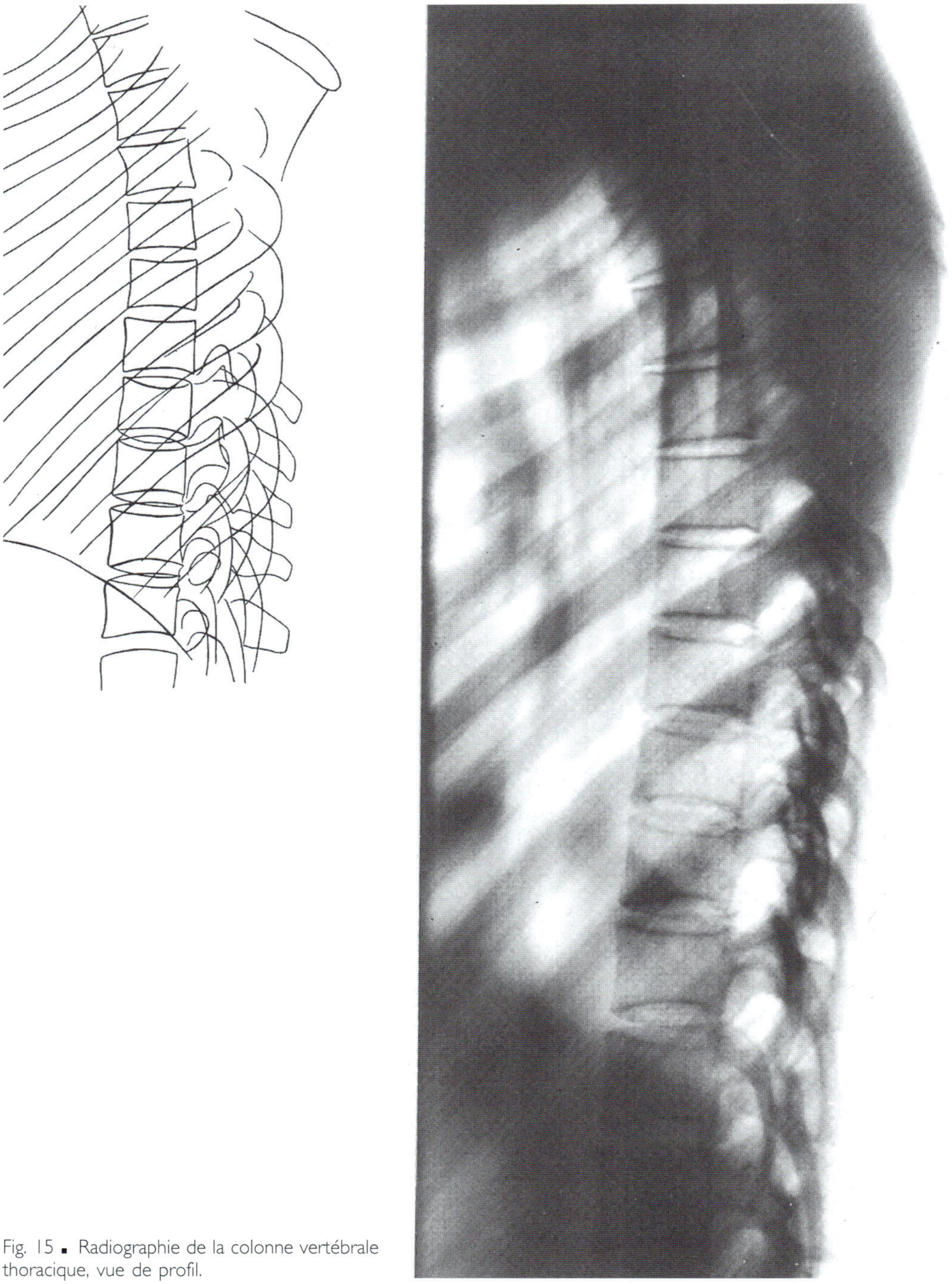

Fig. 15 ▪ Radiographie de la colonne vertébrale thoracique, vue de profil.

accessoires ainsi que les processus mamillaires (voir plus loin) sont de simples tubercules d'insertion de certains tendons des muscles spinaux.

f) PROCESSUS ARTICULAIRES. Les *processus articulaires supérieurs* sont aplatis transversalement. Leur face médiale est occupée par une surface articulaire en forme de gouttière verticale, dont la concavité regarde en dedans et un peu en arrière. Leur face latérale présente, le long du bord postérieur du processus, une saillie appelée *processus mamillaire* (fig. 17).

Les *processus articulaires inférieurs* offrent une surface articulaire convexe, en forme de segment de cylindre (fig. 16).

Cette surface regarde en dehors et légèrement en avant et glisse dans la concavité du processus articulaire supérieur de la vertèbre située au-dessous.

g) FORAMEN VERTÉBRAL. Il est triangulaire et ses trois côtés sont à peu près égaux.

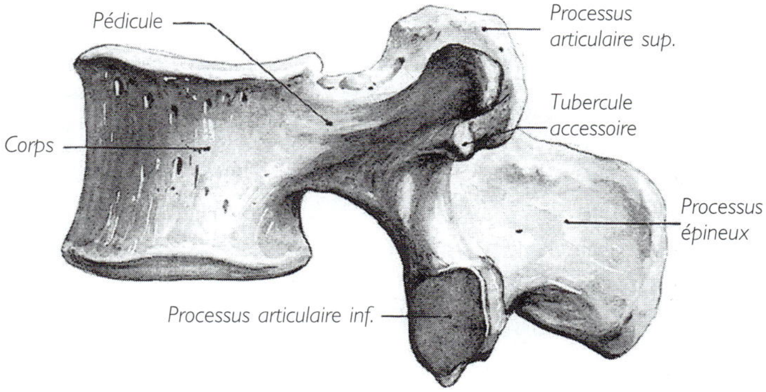

Fig. 16 ▪ Vertèbre lombale, face latérale.

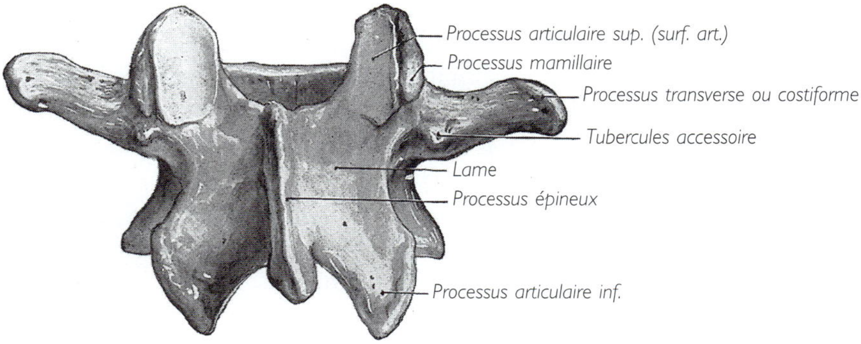

Fig. 17 ▪ Vertèbre lombale, face postérieure.

■ **CARACTÈRES PROPRES À CERTAINES VERTÈBRES LOMBALES.**

1. Première vertèbre lombale. Son processus transverse ou costiforme est moins développé que celui des autres vertèbres lombales.

2. Cinquième vertèbre lombale. La hauteur du corps est plus grande en avant qu'en arrière. Les processus articulaires inférieurs sont plus écartés l'un de l'autre que dans les autres vertèbres. La surface articulaire de ces processus s'élève jusqu'à la limite inférieure des pédicules, tandis qu'elle s'arrête dans les autres vertèbres au niveau de la face inférieure du corps vertébral (fig. 16) (Mutel et Weber).

VERTÈBRES SACRALES ET COCCYGIENNES

Les vertèbres sacrales et coccygiennes se soudent et forment deux os distincts, le sacrum et le coccyx.

A. Sacrum.

Le sacrum résulte de la réunion des cinq vertèbres sacrales.

Il est situé à la partie postérieure du bassin, au-dessous de la colonne lombale et entre les deux os iliaques. Il forme avec la colonne lombale un angle obtus, saillant en avant, appelé *angle sacro-vertébral antérieur* ou *promontoire*. Cet angle mesure, en moyenne, 118° chez la femme et 126° chez l'homme (Bleicher et Beau).

Le sacrum est incurvé, et sa concavité, plus accentuée chez la femme que chez l'homme, regarde en avant.

Sa forme est celle d'une pyramide quadrangulaire, aplatie d'avant en arrière, à base supérieure, à sommet inférieur. Nous lui décrirons donc quatre faces, une base et un sommet.

1. Face antérieure (fig. 18). Cette face est concave de haut en bas et transversalement. Sa partie moyenne est occupée par les corps des cinq vertèbres sacrales, séparés les uns des autres par quatre crêtes transversales. La hauteur des corps vertébraux diminue de haut en bas, si bien que la crête transversale comprise entre les deuxième et troisième vertèbres sacrales est à mi-hauteur de l'os.

Aux extrémités des crêtes transversales, on voit de chaque côté quatre orifices, les *foramens sacraux pelviens*. Ces orifices ovalaires, à grosse extrémité interne, traversés par les branches antérieures des nerfs sacraux, se prolongent en dehors par des gouttières dont la largeur et la profondeur diminuent de dedans en dehors. Elles convergent vers la grande incisure ischiatique. La première est légèrement descendante, la deuxième horizontale, tandis que les deux dernières, la dernière surtout, sont légèrement ascendantes. ❑ La distance qui sépare chaque foramen sacral pelvien de la ligne médiane diminue de haut en bas.

Les deuxième, troisième et quatrième vertèbres sacrales donnent insertion au muscle piriforme sur une surface qui circonscrit au-dessus, en dehors et au-dessous, les deuxième et troisième foramens sacraux pelviens.

2. Face postérieure (fig. 22). Cette face est convexe et très irrégulière. Elle présente sur la ligne médiane une crête, la *crête sacrale médiane*, formée de trois ou quatre tubercules alternant avec des dépressions. Les tubercules résultent de la fusion des

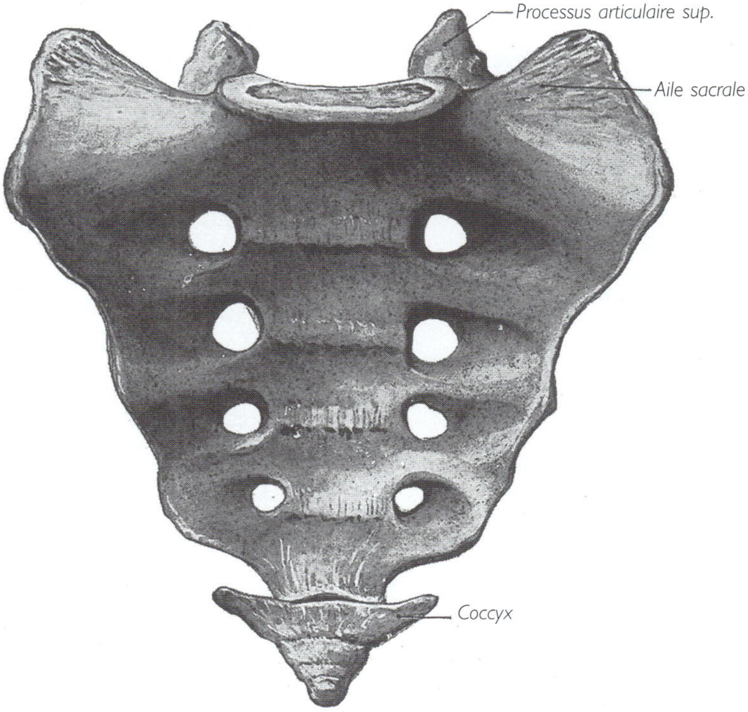

Fig. 18 ▪ Sacrum et coccyx, face antérieure.

processus épineux. La crête sacrale médiane se bifurque en bas, à la hauteur des troisième ou quatrième foramens sacraux dorsaux, en deux colonnettes osseuses, les *cornes sacrales*. Les cornes sacrales divergent de haut en bas et limitent le *hiatus sacral*, au sommet duquel se termine le canal sacral.

De chaque côté de la crête, on trouve : ❑ 1° la *gouttière sacrale*, formée par la réunion des lames vertébrales ; ❑ 2° les *crêtes sacrales intermédiaires*, au nombre de trois ou quatre, disposées en série linéaire et verticale, et résultant de la fusion des processus articulaires ; ❑ 3° les *foramens sacraux dorsaux*, au nombre de quatre de chaque côté, plus petits que les antérieurs et traversés par les branches postérieures des nerfs sacraux. De même que les foramens sacraux pelviens, la série des foramens sacraux dorsaux se rapproche peu à peu de la ligne médiane, de haut en bas ; ils sont un peu plus éloignés de la ligne médiane que les foramens antérieurs ; ❑ 4° les *crêtes sacrales latérales* ou *tubercules conjugués* ; celles-ci, plus volumineuses que les crêtes sacrales intermédiaires, sont placés en dehors des foramens sacraux dorsaux et résultent de la soudure des processus transverses des vertèbres sacrales : « Entre deux foramens sacraux dorsaux superposés, se trouve la base du processus transverse qui, tout de suite, semble se bifurquer pour aller se conjuguer, en dessus et en des-

CARACTÈRES PARTICULIERS DES VERTÈBRES DANS CHAQUE RÉGION DE LA COLONNE VERTÉBRALE

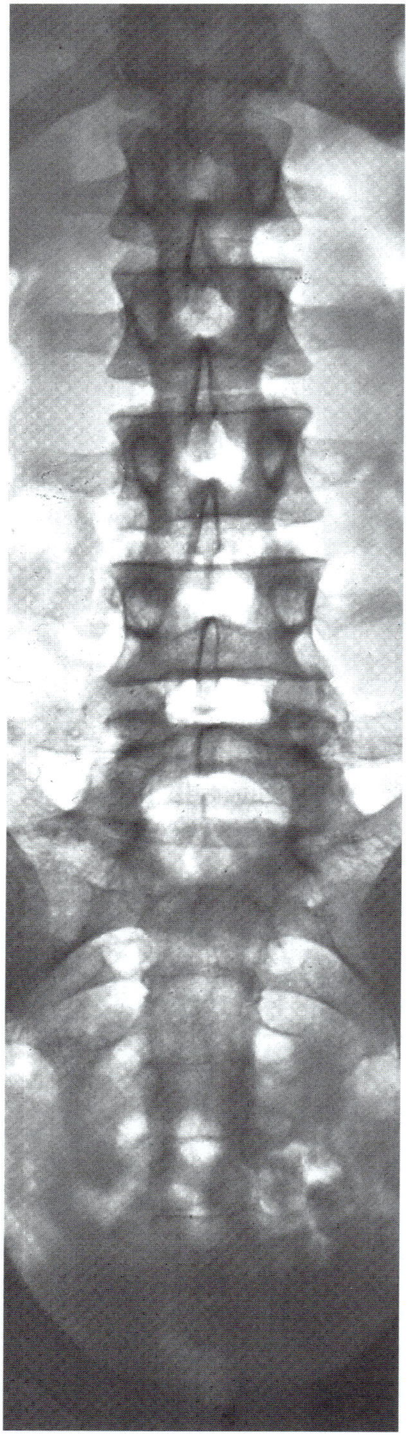

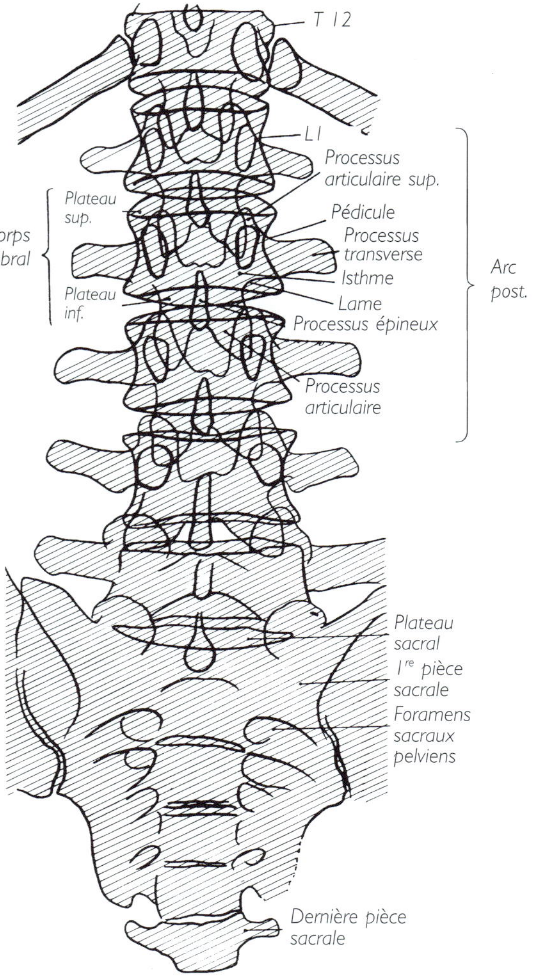

Fig. 19 ▪ Radiographie de la colonne vertébrale et du sacrum, vue de face.

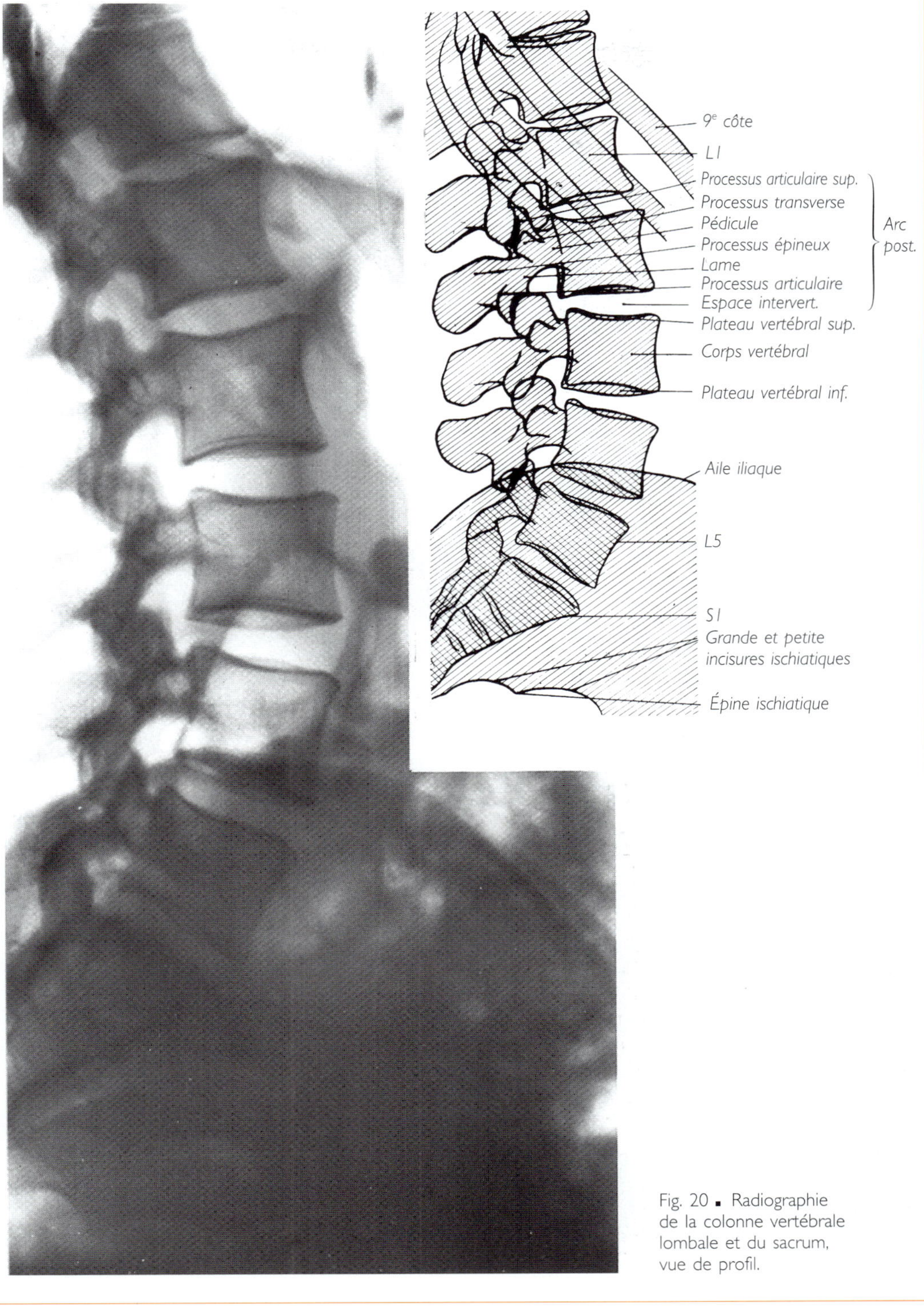

Fig. 20 ▪ Radiographie de la colonne vertébrale lombale et du sacrum, vue de profil.

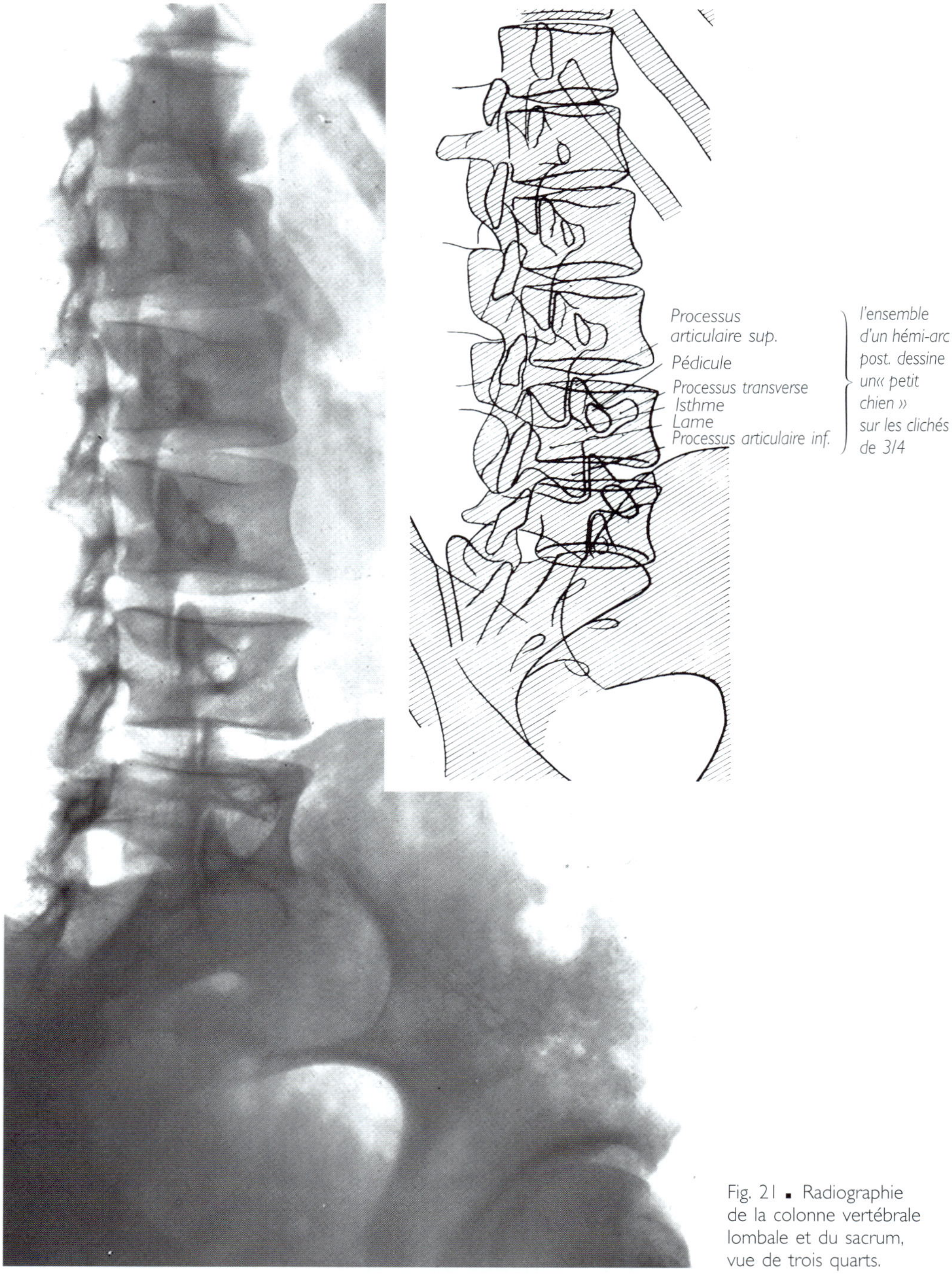

Fig. 21 ▪ Radiographie de la colonne vertébrale lombale et du sacrum, vue de trois quarts.

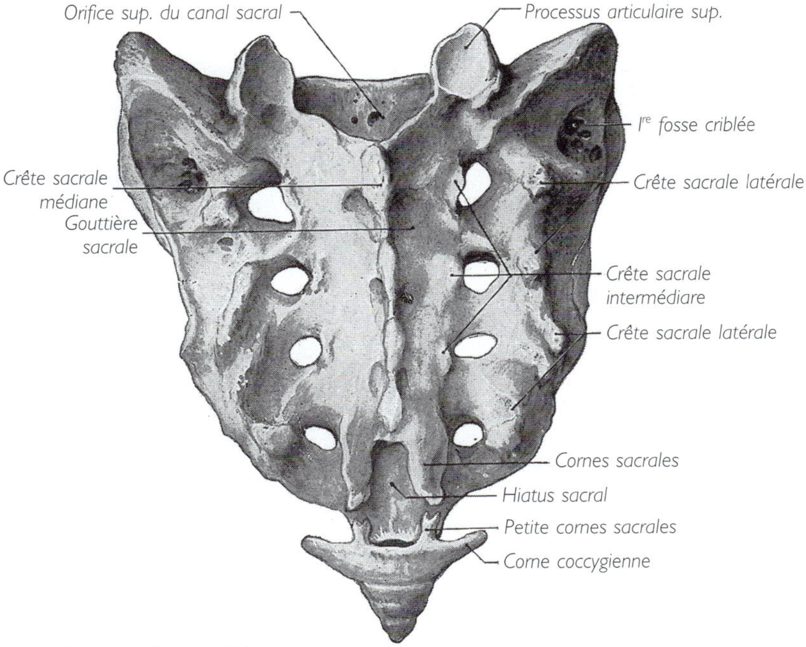

Fig. 22 ▪ Sacrum et coccyx, face postérieure.

sous, avec les branches que lui envoient les processus transverses voisins et former des tubercules qu'on ne peut mieux appeler que crête sacrale latérale » (Max Posth).

Dans l'intervalle compris entre deux crêtes sacrales latérales voisines et en dehors d'elles, se voit une dépression rugueuse, perforée de trous vasculaires et appelée *fosse criblée du sacrum*. La première fosse criblée est de beaucoup la plus étendue, la plus profonde et la plus riche en trous vasculaires.

Les muscles érecteurs de la colonne vertébrale prennent des insertions sur la face postérieure du sacrum, en particulier sur la crête sacrale médiane et sur les crêtes sacrales intermédiaires et latérales. Sur ces dernières, s'insère aussi le muscle grand fessier.

3. Faces latérales (fig. 23).
Les faces latérales sont triangulaires, à base supérieure. On peut leur distinguer deux segments, l'un, supérieur, l'autre, inférieur.

Le *segment supérieur*, large, répond aux deux premières vertèbres sacrales. Sa partie antéro-inférieure est occupée par une surface articulaire appelée *surface auriculaire*, parce que le contour de cette surface ressemble à celui du pavillon de l'oreille. Elle s'articule avec une facette semblable de l'os coxal. Nous préciserons la forme de ces surfaces articulaires en décrivant l'articulation sacro-iliaque.

En arrière de la surface auriculaire se trouve une surface inégale, rugueuse, dans laquelle on distingue la première fosse criblée.

Le *segment inférieur* des faces latérales répond aux trois dernières vertèbres sacrales. Il se présente sous la forme d'un bord épais, mousse, recouvert de rugosités destinées aux insertions des ligaments sacro-tubéraux.

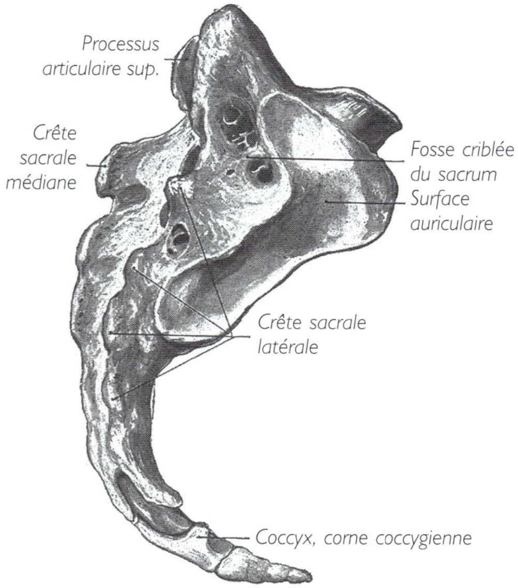

Fig. 23 ▪ Sacrum et coccyx, face latérale.

4. Base. La base du sacrum regarde en avant et en haut (fig. 24).

Sa *partie moyenne* présente d'avant en arrière, d'abord la face supérieure, réniforme, du corps de la première vertèbre sacrale, puis l'orifice supérieur, triangulaire à base antérieure, du canal sacral. Les bords latéraux de cet orifice sont obliques en bas, en dedans et en arrière, et limitent une échancrure dont le sommet inférieur répond à l'extrémité supérieure de la crête sacrale médiane (fig. 22 et 24).

Ses *parties latérales* sont occupées en avant par une large surface lisse, triangulaire à base externe, concave transversalement convexe d'avant en arrière : c'est l'*aile sacrale*. Celle-ci est limitée en avant et en bas par un bord mousse qui entre dans la constitution de l'ouverture supérieure du pelvis (fig. 18 et 24).

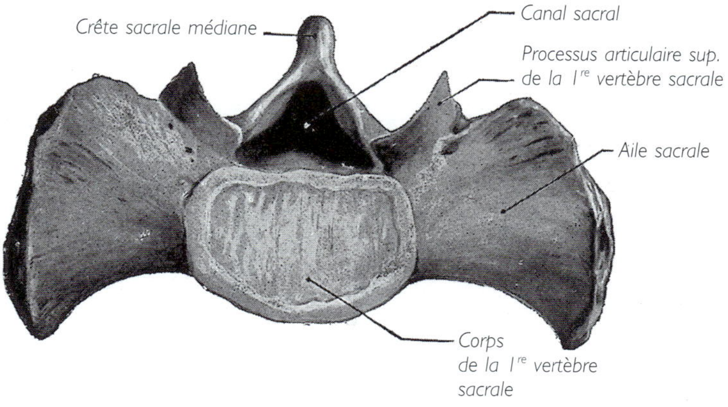

Fig. 24 ▪ Base du sacrum.

On voit parfois sur la surface de l'aileron une gouttière oblique en avant et en dehors, déterminée par le tronc lombo-sacral (Poirier). La partie externe de l'aile sacrale donne insertion, sur une petite surface, au muscle iliopsoas.

En arrière des ailes sacrales, se dressent les processus articulaires supérieurs de la première vertèbre sacrale. Leur surface articulaire, légèrement concave, regarde en dedans et en arrière. Les processus articulaires sont séparés des ailes par deux gouttières, qui contribuent à former les foramens intervertébraux intermédiaires à la cinquième vertèbre lombale et au sacrum.

5. Sommet. Le sommet est occupé par une surface convexe, elliptique, dont le grand axe est transversal et qui s'articule avec la base du coccyx. La surface articulaire inférieure du sacrum, la surface supérieure du coccyx et les surfaces articulaires des vertèbres coccygiennes qui sont incomplètement soudées présentent à leur partie centrale une petite fossette d'origine notochordale (R. Dieulafé).

6. Canal sacral. Le canal sacral forme la partie inférieure du canal vertébral. Prismatique triangulaire en haut, il se rétrécit et s'aplatit peu à peu vers le bas. À son extrémité distale, le canal sacral est représenté par une gouttière ouverte en arrière et bordée latéralement par les cornes sacrales.

Le canal sacral donne naissance de chaque côté à quatre canaux, véritables foramens intervertébraux, qui se bifurquent bientôt pour s'ouvrir en avant et en arrière, à la surface de l'os, par les foramens sacraux pelviens et dorsaux.

B. **Coccyx.**

Le coccyx est une pièce osseuse, aplatie d'avant en arrière, triangulaire, dont la base est proximale et le sommet distal. Il est formé par la réunion de quatre à six vertèbres atrophiées.

On distingue au coccyx deux faces, deux bords, une base et un sommet (fig. 21 et 22).

❑ La *face antérieure* est légèrement concave. ❑ La *face postérieure* est convexe. ❑ Toutes deux présentent des sillons transversaux, indices de la séparation primitive des vertèbres du coccyx.

Les *bords latéraux*, irréguliers, donnent insertion aux ligaments sacro-tubéraux et sacro-épineux et au muscle ischio-coccygien.

La *base* s'articule avec le sommet du sacrum (voir : *Sommet du sacrum*). Elle émet, de chaque côté, deux prolongements (fig. 22) : l'un, vertical, appelé *petite corne du coccyx*, est relié à la corne sacrale correspondante par un ligament, l'autre, transversal, est désigné sous le nom de *corne coccygienne.*

Le *sommet*, mousse, est fréquemment dévié de la ligne médiane.

V. COLONNE VERTÉBRALE DANS SON ENSEMBLE

DIMENSIONS. La colonne vertébrale mesure en moyenne 75 cm de longueur.

Les diamètres antéro-postérieur et transversal atteignent leurs plus grandes dimensions au niveau de la base du sacrum. Ils diminuent de ce point vers les deux extrémités. Cette diminution est irrégulière vers le haut, rapide et progressive vers le bas.

■ **COURBURES.** La colonne vertébrale n'est pas rectiligne. Elle décrit quatre courbures dans le plan sagittal et une courbure dans le plan frontal.

Les *courbures sagittales* se succèdent de haut en bas et sont alternativement, dans une même direction, convexe et concave (fig. 25b). La courbure cervicale est convexe en avant ; la courbure thoracique est concave en avant, la courbure lombale est convexe dans le même sens, enfin la courbure sacro-coccygienne a sa concavité dirigée en avant.

Les courbures sagittales varient avec l'âge : la colonne vertébrale du nouveau-né ne présente nettement qu'une courbure thoracique, concave en avant. Les autres manquent ou sont très peu développées. Quand l'enfant commence à s'asseoir, la courbure cervicale se forme par l'action des muscles qui relèvent la tête. De même, la courbure lombale se développe quand l'enfant commence à marcher. La formation de cette courbure résulte de la contraction des muscles extenseurs de la colonne vertébrale.

Les courbures sagittales ont pour résultat d'augmenter la résistance et l'élasticité de la colonne vertébrale.

La *courbure latérale* est une légère inflexion de la colonne thoracique au niveau des troisième, quatrième et cinquième vertèbres thoraciques. La concavité de cette courbure regarde généralement à gauche.

■ **CONFIGURATION EXTÉRIEURE.** Envisagée dans son ensemble, la colonne vertébrale peut être divisée en deux parties : ❑ l'une, supérieure, très longue, est formée de vertèbres mobiles les unes sur les autres, et dont le volume ainsi que la résistance augmentent régulièrement de haut en bas ; ❑ l'autre, inférieure, ou sacro-coccygienne, se compose de vertèbres soudées les unes aux autres et dont le volume diminue de haut en bas.

À l'ensemble de la colonne vertébrale, on peut considérer au point de vue descriptif quatre faces et un canal vertébral.

La *face ventrale* offre une colonne cylindrique, médiane, formée par la superposition des corps vertébraux (fig. 25 *c*).

La *face dorsale* présente : I° sur la ligne médiane, la *crête épinière* constituée par la superposition des processus épineux ; 2° sur les côtés, les *gouttières vertébrales*. Le versant médial des gouttières vertébrales est formé par les processus épineux, le versant antéro-lateral par les processus articulaires et transverses, le fond par les lames vertébrales (fig. 25 *a*).

Les *faces latérales* montrent, en arrière des corps vertébraux, les pédicules et les foramens intervertébraux, les processus transverses et les processus articulaires (fig. 25 *b*).

La hauteur des pédicules et les dimensions des foramens intervertébraux augmentent régulièrement de haut en bas jusqu'à la cinquième lombaire.

■ **CANAL VERTÉBRAL.** Le canal vertébral s'étend sur toute la hauteur de la colonne vertébrale. Prismatique et triangulaire au cou et à la région lombaire, il est à peu près cylindrique à la région thoracique. Ses dimensions, qui sont en rapport avec

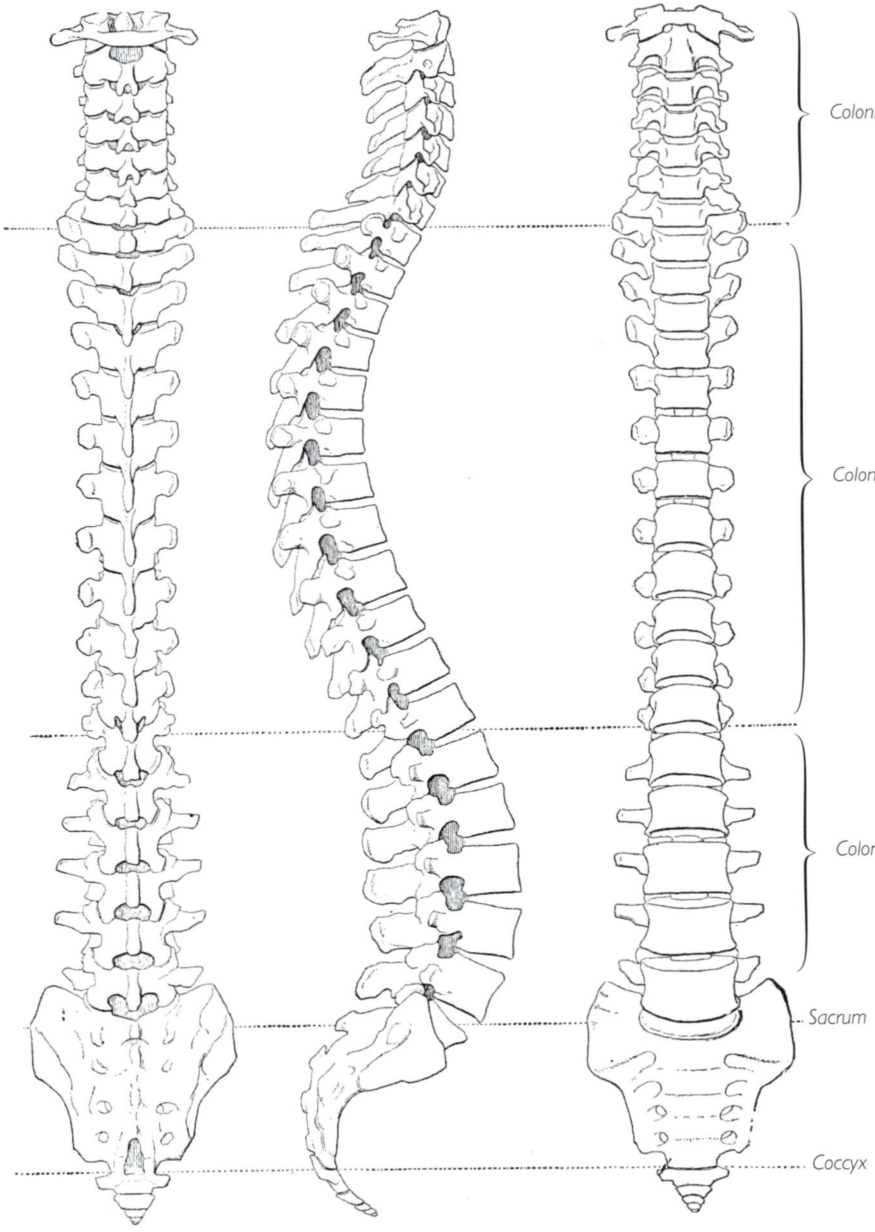

Fig. 25a ▪ Colonne vertébrale, vue postérieure (d'après P. Richer).

b ▪ Colonne vertébrale, vue latérale (d'après P. Richer).

c ▪ Colonne vertébrale, vue antérieure (d'après P. Richer).

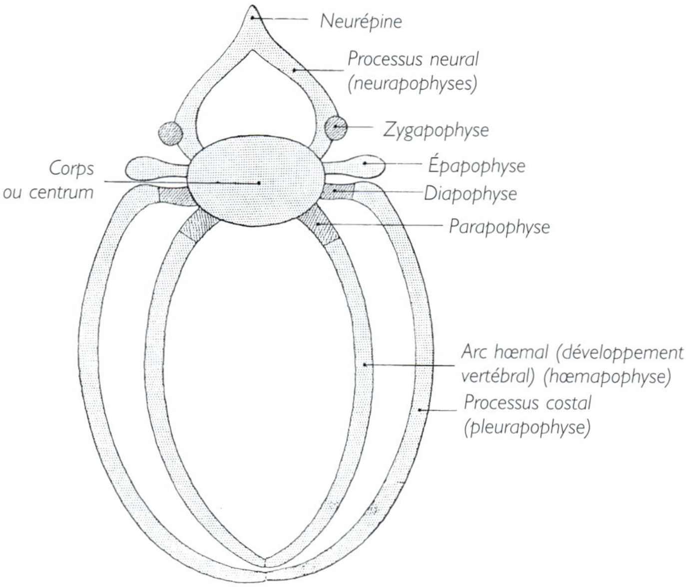

Fig. 26 ▪ Schéma de la vertèbre type.

la mobilité de la région, sont plus grandes au cou et à la région lombale qu'à la région thoracique.

▪ **DÉVELOPPEMENT DES VERTÈBRES.** La distribution des points d'ossification des vertèbres et les variations qu'elle présente aux différents étages de la colonne vertébrale ne peuvent être comprises que si l'on connaît au préalable la disposition de la vertèbre type ou synthétique qui résume tous les caractères de la vertèbre dans la série des vertébrés.

La *vertèbre type* comprend (fig. 26) : ❑ 1° un *corps* ou *centrum* qui devient le corps vertébral ; ❑ 2° un *processus neural,* formé par la réunion de deux prolongements ou *neurapophyses* ; les neurapophyses forment chez l'homme les pédicules et les lames vertébrales ; les deux neurapophyses réunies se prolongent dorsalement en une saillie médiane, la *neurépine* ou processus épineux ; elles émettent de plus des prolongements verticaux, les *zygapophyses,* qui constituent les processus articulaires ; ❑ 3° un premier *arc ventral* ou *antérieur, l'arc hœmal,* formé de chaque côté par la *parapophyse* en arrière et l'*hœmapophyse* en avant ; l'arc hœmal n'est pas représenté chez l'homme ; il existe dans la queue des poissons, de beaucoup de reptiles et de mammifères à queue richement musclée ; il n'est développé dans le tronc que chez certains poissons (Vialleton) ; ❑ 4° un deuxième arc ventral, ou *processus costal,* comprenant des *diapophyses* en arrière et des *pleurapophyses* en avant ; cet arc est représenté chez l'homme par les arcs costaux ; ❑ 5° enfin, les *épapophyses,* ou processus transverses.

▪ **OSTÉOGENÈSE DES VERTÈBRES EN GÉNÉRAL.** La description qui suit est basée sur les recherches faites par Teissandier et Champagne sur un très grand nombre d'embryons préparés suivant la méthode de Spalteholtz ; en sorte que les résultats qu'ils ont obtenus sont indiscutables.

La vertèbre s'ossifie par trois centres d'ostéogenèse primitifs : un médian pour le corps et deux latéraux pour le processus neural et les processus qui s'en détachent (fig. 27).

Le *centre primitif médian* du corps comprend un seul point d'ossification principal. Celui-ci émet en arrière un prolongement relié tout d'abord à la masse principale par un étroit pédicule (fig. 27). Cette disposition a pu

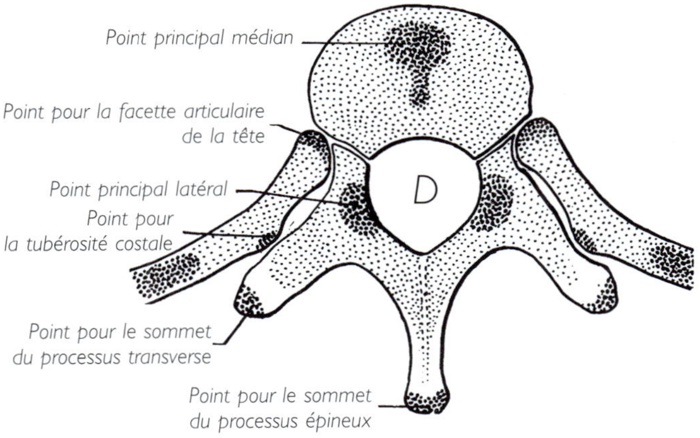

Fig. 27 ▪ Disposition générale des points d'ossification principaux de quelques points secondaires d'une vertèbre (schématique ; Teissandier).

faire croire à l'existence de deux points d'ossification médians pour le corps, l'un principal, l'autre accessoire placé en arrière du premier.

Chaque *centre primitif latéral* ne comprend, lui aussi, qu'un seul point d'ossification principal qui apparaît sur l'un des côtés de l'arc neural, à l'union du pédicule, de la lame et du processus transverse. D'abord de forme ovoïde, ce point d'ossification donne des prolongements qui forment les processus articulaires, le processus transverse et la lame correspondants.

Les points d'ostéogenèse principaux apparaissent vers le milieu du troisième mois de la vie intra-utérine.

L'ostéogenèse intéresse à peu près simultanément les colonnes cervicale et thoracique et s'étend très vite aux vertèbres lombales et sacrales.

Aux trois centres primitifs d'ossification, s'ajoutent des centres ou points d'ossification secondaires. Ce sont : 1° deux points secondaires pour les disques épiphysaires ; ceux-ci ont la forme de lamelles minces qui recouvrent les faces supérieure et inférieure du corps vertébral ; 2° un point pour le sommet du processus épineux ; ce point est double dans les vertèbres cervicales ; 3° un point pour le sommet du processus transverse ; 4° un point pour les processus articulaires supérieurs ; 5° un pour les processus articulaires inférieurs. Ces points secondaires se développent vers la dix-huitième année.

▪ **ARCHITECTURE.** ❑ Dans le corps vertébral, les travées osseuses sont, les unes, verticales ; d'autres, radiaires convergent des surfaces latérales, antérieure et postérieure, vers le centre ; d'autres enfin irradient vers le corps à partir des pédicules et des surfaces articulaires des processus articulaires. ❑ Dans les processus épineux, les travées dessinent des arcades ouvertes vers la racine du processus (Mutel, Gallois et Japiot).

SQUELETTE DU THORAX

Le squelette du thorax est constitué : 1° par les vertèbres thoraciques ; 2° par les côtes et les cartilages costaux ; 3° par une pièce médiane, antérieure, le sternum, auquel s'unissent en avant les sept premiers cartilages costaux.

I. STERNUM

Le sternum est un os allongé de haut en bas, aplati d'avant en arrière, situé à la partie antérieure et médiane du thorax. Il est dirigé obliquement en bas et en avant, de telle sorte qu'un plan le prolongeant en haut aboutit à la troisième vertèbre cervicale (Cruveilhier).

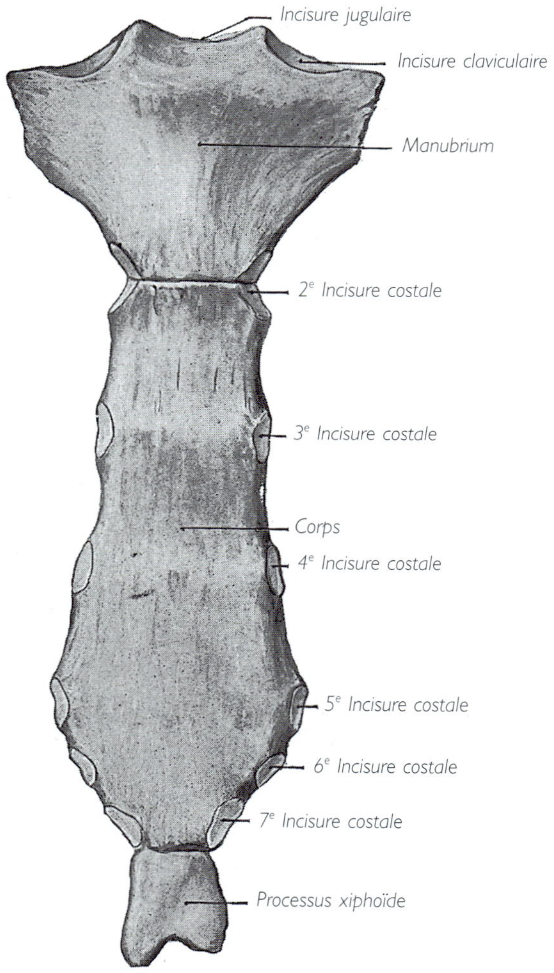

Fig. 28 ▪ Sternum, face antérieure.

Le sternum est primitivement formé de plusieurs pièces indépendantes, les *sternèbres* ; certaines d'entre elles se soudent dans le cours du développement ; par suite, chez l'adulte, le sternum, que les anciens comparaient à l'épée des gladiateurs, paraît constitué seulement par trois pièces principales, qui sont, de haut en bas : 1° le *manubrium sternal*, ou *poignée*, ou *présternum* ; 2° le *corps*, ou *lame* ou *mésosternum* ; 3° la *pointe*, ou *processus xiphoïde* (fig. 28).

On décrit au sternum deux faces, l'une, ventrale, l'autre, dorsale, deux bords latéraux et deux extrémités, l'une, craniale, ou base, l'autre, caudale, ou sommet.

1. Face antérieure. La face antérieure est convexe de haut en bas. Elle présente des crêtes transversales, vestiges de la soudure des sternèbres (fig. 28). La ligne d'union du manubrium au corps du sternum forme l'arête d'un angle dièdre saillant en avant, appelé *angle sternal*. On remarque de plus, de chaque côté : sur le manubrium, une crête rugueuse oblique en bas et en dedans pour l'insertion du muscle sterno-cléido-mastoïdien ; sur le corps, quelques rugosités pour le muscle grand pectoral.

2. Face postérieure. Cette face est concave, lisse et croisée par des crêtes transversales semblables à celles de la face antérieure, mais beaucoup moins accentuées, souvent même à peine visibles.

3. Bords latéraux. Chaque bord latéral présente sept *incisures articulaires* ou *costales*, qui s'articulent avec les sept premiers cartilages costaux. La première incisure costale est à la partie supérieure du bord latéral du manubrium ; la deuxième répond à l'union du manubrium et du corps (fig. 28).

Les incisures articulaires sont séparées les unes des autres par six *incisures intercostales du sternum* dont la hauteur diminue graduellement de haut en bas.

4. Extrémité supérieure. L'extrémité supérieure ou *base du sternum* est occupée par trois incisures, une médiane et deux latérales. L'échancrure médiane, dont la concavité regarde en haut, est appelée *incisure jugulaire*. Les incisures latérales regardent en haut et en dehors. Chacune d'elles est occupée par une facette articulaire, concave transversalement, convexe d'avant en arrière, appelée *incisure claviculaire*.

5. Extrémité inférieure. L'extrémité inférieure ou processus xiphoïde, plus mince que le reste de l'os, de forme variable, est en retrait sur la face antérieure du corps du sternum et placée sur le prolongement de la face postérieure.

Le processus xiphoïde est fréquemment percé d'un trou.

Le processus xiphoïde se termine par un sommet quelquefois bifide et fréquemment dévié en avant, en arrière ou sur le côté.

Le processus xiphoïde est très souvent cartilagineux.

ARCHITECTURE. Le sternum se compose de tissu spongieux à larges mailles, entouré d'une mince enveloppe de tissu compact.

OSTÉOGENÈSE. L'ébauche cartilagineuse du sternum est primitivement formée de deux moitiés latérales distinctes qui se réunissent secondairement sur la ligne médiane.

Dans cette lame cartilagineuse, apparaissent vers le sixième mois de la vie intra-utérine, des points d'ossification distincts pour chacune des pièces du sternum (fig. 29).

Normalement, le manubrium se développe par un seul point d'ossification principal médian et par deux points secondaires pour les incisures claviculaires.

On compte dans le corps du sternum deux points d'ossification par sternèbre. Ces points sont placés de part et d'autre de la ligne médiane. Cependant, la première sternèbre ne présente le plus souvent qu'un seul point d'ossification médian.

Enfin, le processus xiphoïde se développe ordinairement par un seul point d'ossification.

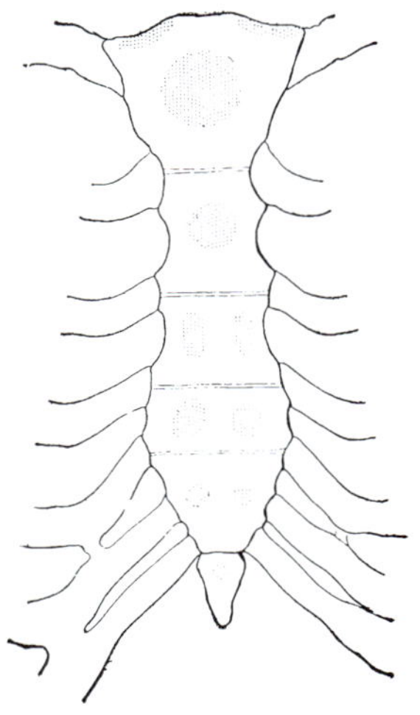

Fig. 29 ▪ Sternum, ostéogenèse.

II. CÔTES

Les côtes sont des os plats, très allongés, en forme d'arcs aplatis de dehors en dedans. Au nombre de douze de chaque côté, on les désigne sous les noms de première, deuxième, troisième, etc., en allant de haut en bas.

On distingue trois catégories de côtes (fig. 36) : ❑ 1° les *vraies côtes*, qui sont unies au sternum par les cartilages costaux ; ❑ 2° les *fausses côtes*, celles-ci ne s'étendent pas jusqu'au sternum, mais s'unissent, par l'extrémité antérieure du cartilage qui les prolonge, au cartilage costal situé au-dessus ; les fausses côtes au nombre de trois, sont les huitième, neuvième et dixième ; ❑ 3° les *côtes flottantes* ; on donne ce nom aux onzième et douzième côtes, dont le cartilage reste libre.

A. **Caractères généraux des côtes.**

DIRECTION. Les côtes décrivent une courbe concave en dedans. Mais cette courbe n'est pas régulière.

Suivie de la colonne vertébrale vers le sternum, chaque côte se dirige d'abord en bas et en dehors ; puis elle change une première fois de direction et se porte en bas et en avant. Enfin, près de son extrémité antérieure, elle s'infléchit et se porte en bas, en dedans et en avant. Les deux coudures qui résultent de ces changements de direction sont très apparentes sur la face externe de l'os ; on les désigne sous les noms d'*angle postérieur* et d'*angle antérieur* des côtes (fig. 30).

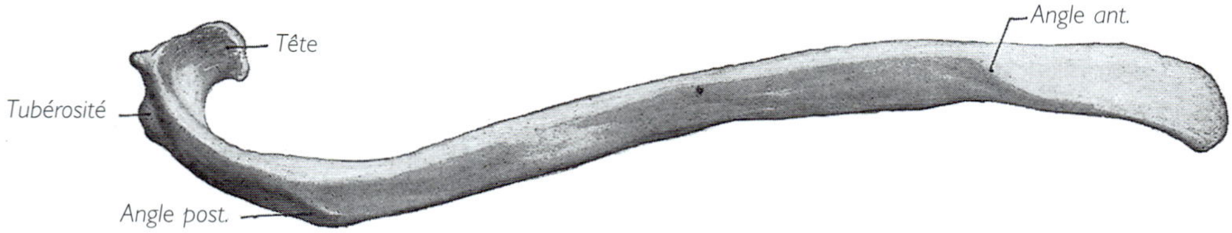

Fig. 30 Côte, vue externe.

La courbure des côtes est complexe et peut être décomposée en trois courbures secondaires : ❑ 1° une *courbure suivant les faces* que nous venons de décrire et d'après laquelle la côte décrit une courbe concave en dedans ; ❑ 2° une *courbure suivant les bords*, telle que les bords affectent la forme d'un S dont l'extrémité postérieure est relevée tandis que l'antérieure est abaissée (fig. 30) ; ❑ 3° enfin, une *courbure suivant l'axe*, par laquelle la face externe des côtes regarde en bas et en arrière dans sa partie postérieure, directement en dehors dans sa partie moyenne, en haut et en avant dans sa partie antérieure.

Les côtes sont inclinées de haut en bas et d'arrière en avant. Cette inclinaison augmente graduellement de la première à la douzième côte.

LONGUEUR. La longueur des côtes augmente de la première à la septième et diminue de la septième à la douzième.

CONFIGURATION. On distingue à chaque côte un corps, une extrémité dorsale et une extrémité ventrale.

a) CORPS. Le corps présente : ❑ 1° une face latérale sur laquelle fait saillie l'angle de la côte (fig. 30) ; ❑ 2° une face médiale creusée, le long de son bord inférieur et dans le segment moyen de la côte, d'une gouttière appelée *sillon de la côte* ; ❑ 3° un *bord supérieur*, mousse ; ❑ 4° un *bord inférieur*, mince, rugueux, formant la lèvre inféro-latérale du sillon. Sur les lèvres de cette gouttière s'insèrent les muscles intercostaux.

b) EXTRÉMITÉ POSTÉRIEURE. L'extrémité postérieure de la côte comprend trois parties : la tête, le tubercule et le col (fig. 31).

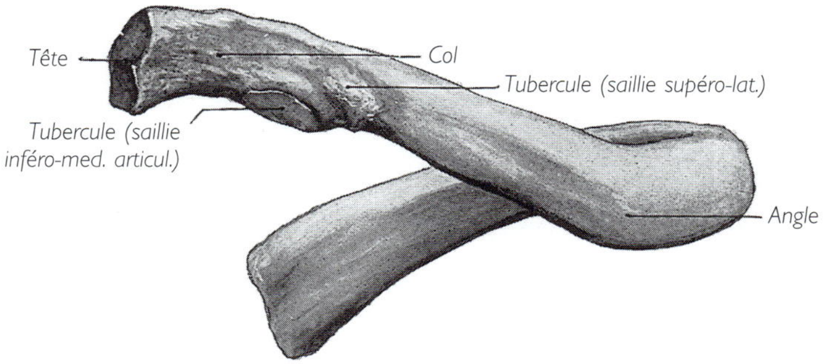

Fig. 31 ▪ Côte, vue postérieure.

La *tête* a la forme d'un angle dièdre saillant en dedans ; l'arête de cet angle, horizontale et antéro-postérieure, répond au disque intervertébral ; les faces, supérieure et inférieure, sont occupées par deux facettes articulaires qui s'opposent aux demi-facettes costales des corps vertébraux correspondants (fig. 12).

Le *tubercule* se compose de deux saillies séparées l'une de l'autre par une légère dépression oblique en bas et en dehors. La *saillie inféro-médiale* est articulaire et répond à la surface articulaire du processus transverse. La *saillie supéro-latérale*, rugueuse, donne attache à des ligaments.

Le *col* est compris entre la tête et le tubercule. Il est aplati d'avant en arrière. Sa face antérieure est lisse ; sa face postérieure est recouverte de rugosités déterminées par des insertions ligamenteuses.

c) EXTRÉMITÉ ANTÉRIEURE. Elle est creusée d'une excavation qui reçoit l'extrémité externe du cartilage costal.

B. **Caractères propres à certaines côtes.**

1. Première côte. La première côte est la plus large et la plus courte de toutes les côtes. Elle est aplatie de haut en bas.

a) CORPS. Le corps de la première côte présente une face supérieure, une face inférieure, un bord externe convexe et un bord concave.

La *face supérieure* (fig. 32) regarde en haut et en avant. On remarque, le long de son bord interne et un peu en avant de sa partie moyenne, une petite éminence rugueuse, le *tubercule du muscle scalène antérieur*, sur lequel s'insère le muscle scalène antérieur. Le tubercule du muscle scalène antérieur est parfois peu apparent. Il est bordé en avant et en arrière par deux gouttières larges et peu profondes ; la gouttière antérieure livre passage à la veine subclavière ; la postérieure à l'artère subclavière. Cette gouttière artérielle répond exactement à la partie moyenne du corps de la côte, c'est-à-dire qu'en mesurant l'axe de la côte, le segment qui est en avant de la gouttière et celui qui est en arrière ont la même longueur (Granjon).

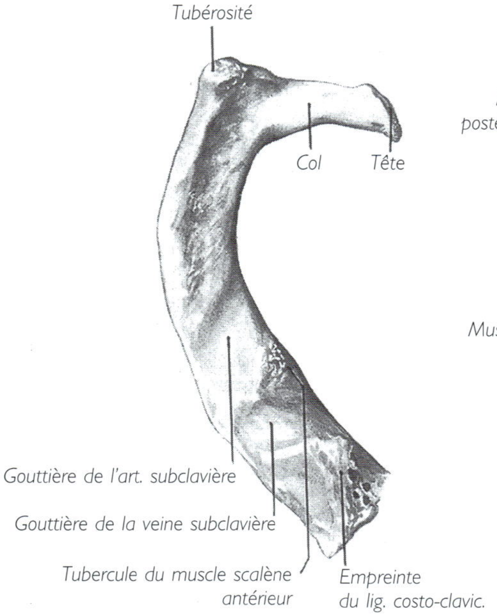

Fig. 32 ▪ Première côte, vue d'en haut.

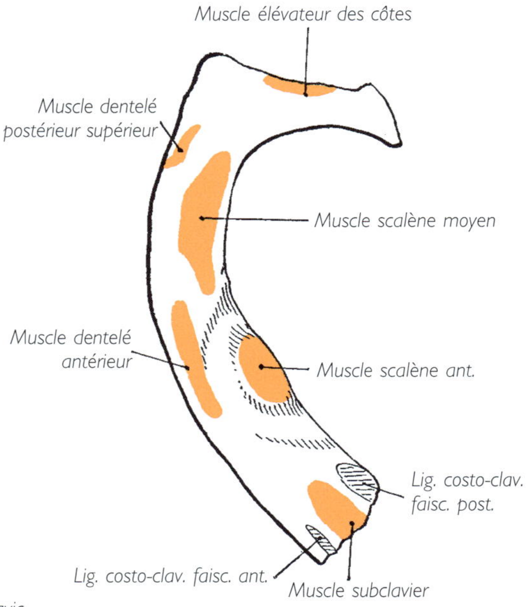

Fig. 33 ▪ Première côte, vue d'en haut. Insertions musculaires.

En avant de la gouttière antérieure ou veineuse, la face supérieure est rugueuse et donne attache au ligament costo-claviculaire et au muscle subclavier. En dehors et en arrière de la gouttière postérieure ou artérielle, on voit des rugosités pour l'insertion du muscle scalène moyen et du muscle dentelé antérieur. La première côte n'a pas de sillon.

b) EXTRÉMITÉ POSTÉRIEURE. On voit sur la tête une seule facette articulaire, circulaire, convexe. ❑ Le *col* est grêle et aplati de haut en bas. ❑ Le *tubercule* est une saillie qui se dresse sur le bord latéral de la côte ❑ Le long du bord latéral de la côte s'insèrent : le muscle dentelé postérieur supérieur en dehors de la tubérosité ; le muscle élévateur des côtes en dedans.

2. Deuxième côte. Les faces de la deuxième côte ont une orientation oblique, intermédiaire à celles de la première côte qui sont horizontales, et de la troisième qui sont verticales. On voit sur sa face latérale une surface rugueuse pour les insertions du muscle scalène postérieur et du muscle dentelé antérieur (fig. 34). Le muscle dentelé postérieur supérieur s'attache en arrière du muscle scalène postérieur, et le muscle élévateur des côtes s'insère sur le bord supérieur du col. ❑ Elle ne présente pas de sillon.

3. Onzième et douzième côtes. Les deux dernières côtes n'ont pas de tubercule. Leur tête possède une seule facette articulaire.

La douzième côte n'a pas de sillon ni d'angle postérieur. Sa longueur est très variable. Elle est tantôt très courte, tantôt longue, et peut atteindre jusqu'à 14 cm. Quand elle est très courte, elle est à peu près horizontale.

■ **ARCHITECTURE.** Les côtes sont formées, comme les os plats, d'une couche de tissu spongieux comprise entre deux lames de tissu compact.

■ **OSTÉOGENÈSE DES CÔTES.** Les côtes se développent par un point d'ostéogenèse primitive et trois complémentaires. Le point primitif apparaît avant ceux des vertèbres, du cinquante-cinquième au soixantième jour de la vie intra-utérine, à l'union des deux tiers antérieurs et du tiers postérieur du cartilage. Elle débute par les côtes moyennes et s'étend ensuite vers les premières et dernières côtes (Champagne et Teissandier). Les trois points complémentaires forment les deux saillies de la tubérosité et la facette articulaire de la tête. Ils se développent vers la seizième année.

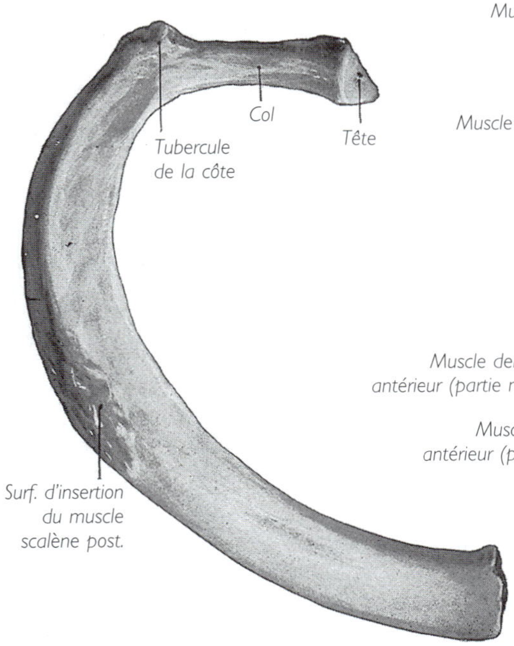

Fig. 34 ▪ Deuxième côte, face supérieure.

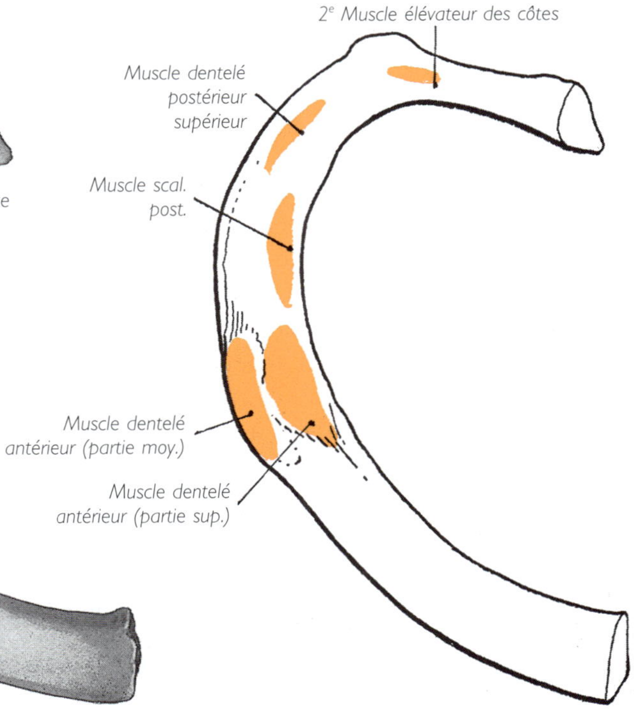

Fig. 35 ▪ Deuxième côte, face supérieure. Insertions musculaires.

C. **Cartilages costaux.**

Les cartilages costaux prolongent les côtes en avant (fig. 36). Ils sont aplatis comme elles et présentent : une *face antérieure* convexe, une *face postérieure* concave, un *bord supérieur*, un *bord inférieur*, une *extrémité latérale* qui s'enfonce dans l'excavation de l'extrémité antérieure de la côte correspondante, et une *extrémité médiale*. L'extrémité interne des sept premiers cartilages costaux s'articule avec le sternum ; celle des huitième, neuvième et dixième s'unit au bord inférieur du cartilage sus-jacent ; l'extrémité interne des onzième et douzième est effilée et libre.

Leur *longueur* croît du premier au septième et diminue du septième au douzième.

Leur *direction* varie également de haut en bas : ❑ le premier cartilage costal est oblique en bas et en dedans ; ❑ les deuxième et troisième ont une direction à peu près horizontale ; le quatrième est oblique en haut et en dedans ; ❑ les cinquième, sixième, septième, huitième, neuvième et dixième continuent d'abord la direction de la côte, puis s'infléchissent en haut et en dedans ; ❑ les onzième et douzième cartilages costaux sont courts et prolongent la direction des onzième et douzième côtes.

Les sixième, septième et huitième cartilages costaux s'articulent fréquemment entre eux par leurs bords.

En ce qui concerne le siège des articulations des cartilages costaux avec le sternum, voyez ces articulations.

III. THORAX

La portion dorsale de la colonne vertébrale, les côtes, les cartilages costaux et le sternum constituent ensemble le thorax ou cage thoracique.

■ **CONFIGURATION EXTÉRIEURE.** La cage thoracique a la forme d'un tronc de cône à base inférieure, légèrement aplati d'avant en arrière. On lui reconnaît une face antérieure, une face postérieure, deux faces latérales, une base ou orifice inférieur, et un sommet ou orifice supérieur (fig. 36).

La *face antérieure* est limitée de chaque côté par les angles antérieurs des côtes. Inclinée de haut en bas et d'arrière en avant, cette face s'élargit graduellement de haut en bas. Elle présente au milieu le sternum, sur les côtés les cartilages costaux et la partie antérieure des huit à neuf premières côtes.

La *face postérieure* est limitée latéralement par les angles des côtes. On voit sur cette face, de dedans en dehors, les processus épineux, les gouttières vertébrales et la partie postérieure des côtes, depuis leur extrémité dorsale jusqu'à l'angle de la côte.

Les *faces latérales* sont constituées par les segments des côtes compris entre les angles antérieurs et postérieurs. Ces faces, convexes, s'élargissent progressivement de la première à la septième côte et diminuent de la septième à la douzième. Les espaces intercostaux, compris entre les côtes, augmentent de hauteur d'arrière en avant.

L'*orifice supérieur* est limité d'avant en arrière par l'incisure jugulaire, la première côte et la première vertèbre thoracique. Il est elliptique, à grand diamètre trans-

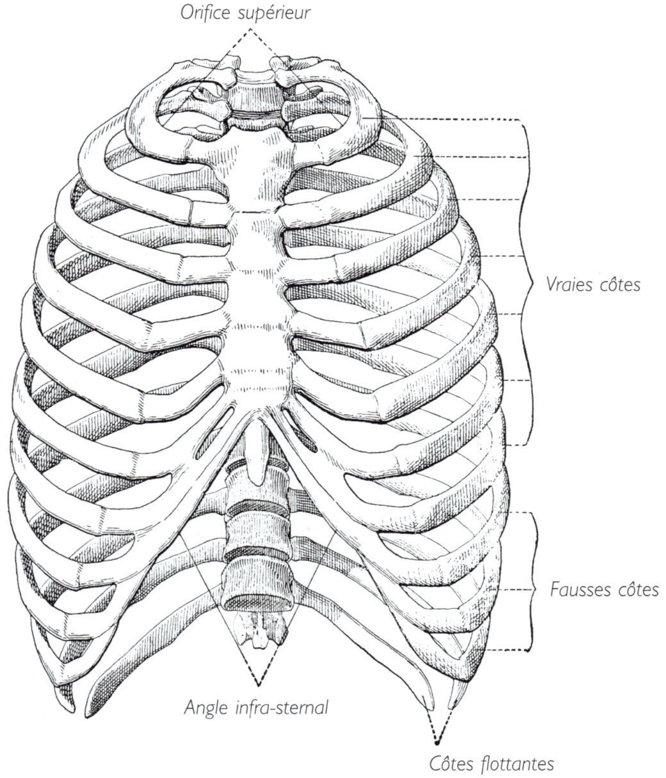

Fig. 36 ▪ Thorax, vue antérieure (d'après P. Richer).

versal, et son bord postérieur est largement échancré au milieu par la saillie de la première vertèbre thoracique. L'orifice supérieur du thorax est dans un plan oblique en bas et en avant, de telle sorte qu'une ligne horizontale tangente à l'incisure jugulaire rencontre en arrière le disque intervertébral compris entre la deuxième et la troisième vertèbre thoracique. Le diamètre antéro-postérieur et médian de l'orifice supérieur mesure environ 6 cm ; son diamètre transverse est en moyenne de 10 cm (Cruveilhier).

L'*orifice inférieur* est limité d'avant en arrière par l'appendice xiphoïde, le bord inférieur des six derniers cartilages costaux, la douzième côte et la douzième vertèbre thoracique. Cet orifice regarde en bas et en avant ; cela tient à ce que son contour antérieur présente une large échancrure appelée *angle infra-sternal*. L'angle infra-sternal est limité latéralement par les cartilages des fausses côtes ; son sommet est occupé par le processus xiphoïde. Il mesure de 70 à 75° (Charpy).

Le diamètre antéro-postérieur et médian de l'orifice inférieur du thorax est de 12 cm ; le diamètre transverse est de 26 cm (Cruveilhier).

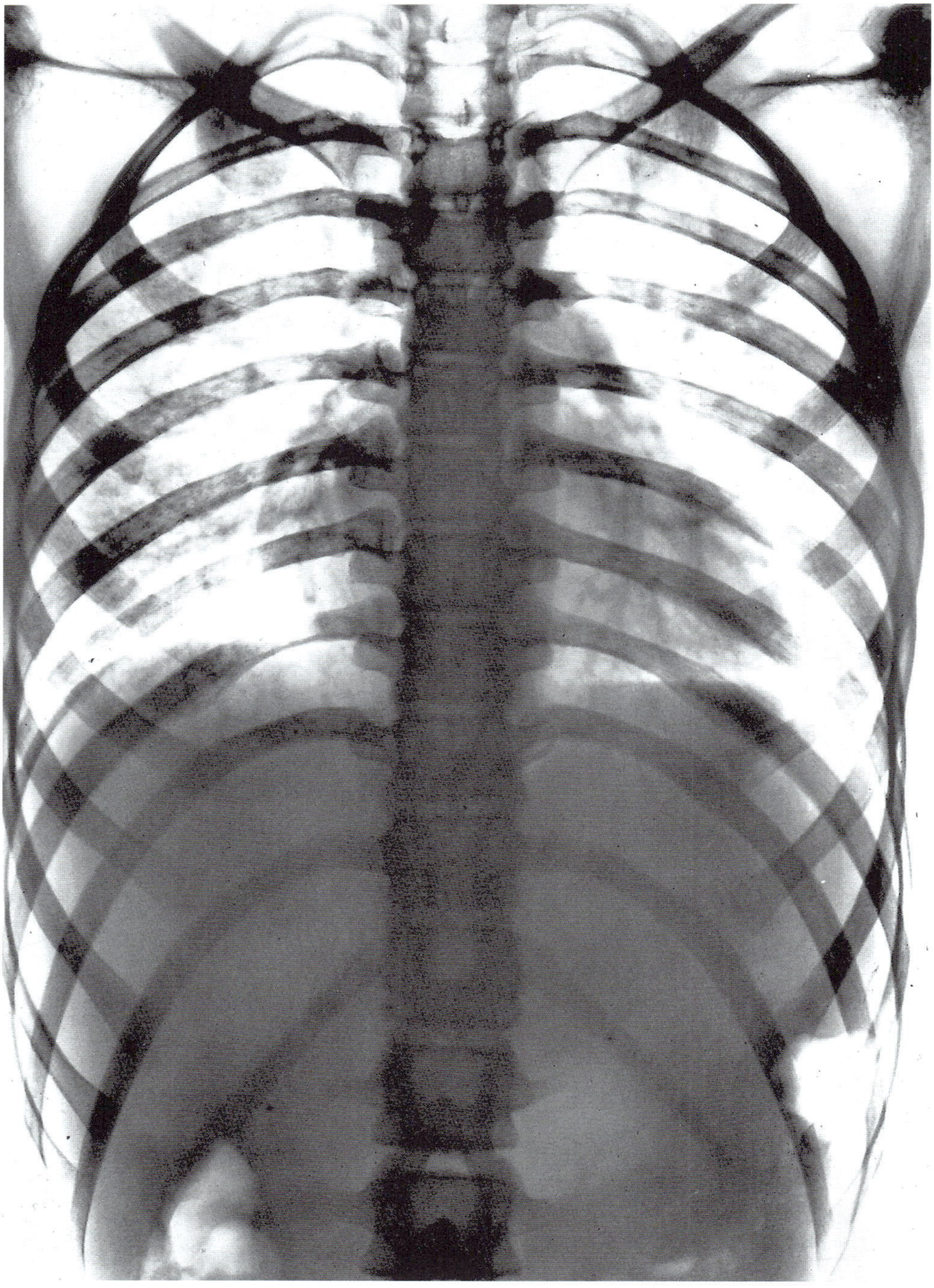

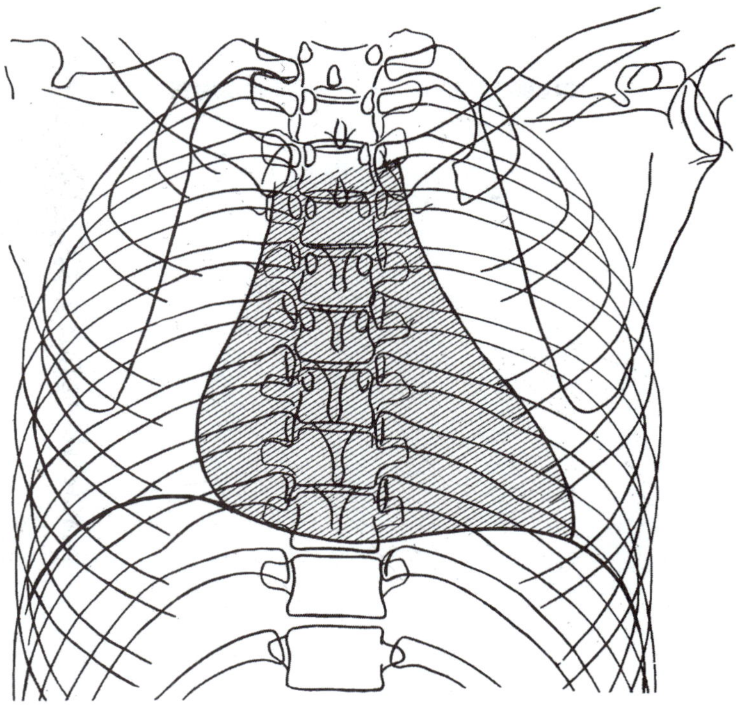

Fig. 37 ▪ Radiographie du thorax osseux, vue de face

▪ **CONFORMATION INTÉRIEURE.** Les faces antérieure et latérales de la surface intérieure du thorax reproduisent, avec des courbures inverses, la configuration des faces correspondantes de la surface extérieure.

La face postérieure présente : 1° une saillie médiane formée par les corps vertébraux ; 2° les gouttières pulmonaires, larges et profondes, placées de part et d'autre de la colonne thoracique.

SQUELETTE DU BASSIN OU PELVIS

Les os iliaques, le sacrum et le coccyx, articulés entre eux, forment une ceinture osseuse à laquelle on donne le nom de pelvis.

On décrit au pelvis une surface extérieure, une surface intérieure et deux ouvertures, l'une, supérieure, l'autre, inférieure (fig. 38).

▪ **SURFACE EXTÉRIEURE DU PELVIS.** La surface extérieure du pelvis présente : ❑ 1° en avant, et de chaque côté de la symphyse pubique, le corps, la branche supérieure et la branche inférieure du pubis, encadrant en avant le foramen obturé ; ❑

2° sur les côtés, la face glutéale de l'ilium, l'acétabulum, le corps de l'ischium et la tubérosité ischiatique ; ❑ 3° en arrière, la face postérieure du sacrum et du coccyx.

■ **SURFACE INTÉRIEURE.** La surface intérieure, ainsi que la cavité pelvienne qu'elle limite, est divisée par un relief à peu près circulaire, appelé *ouverture supérieure*, en deux parties : l'une, supérieure, ou *pelvis major*, l'autre, inférieure, ou *cavité pelvienne*.

a) OUVERTURE SUPÉRIEURE OU DÉTROIT SUPÉRIEUR. L'ouverture supérieure est constituée d'arrière en avant : 1° par le promontoire, c'est-à-dire par l'angle que forme l'articulation du corps de la cinquième vertèbre lombale avec le sacrum ; 2° par le bord antérieur de l'aile sacrale ; 3° par la ligne arquée de l'ilium ; 4° par le pecten du pubis ; 5° par la lèvre postérieure du bord supérieur de l'angle du pubis et de la symphyse pubique (fig. 38).

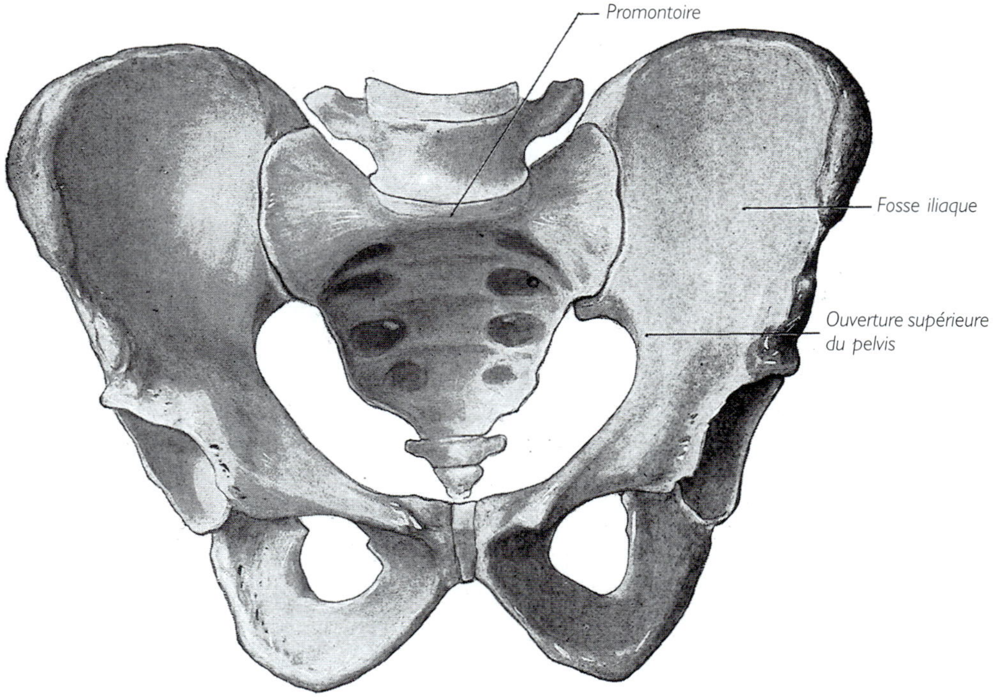

Fig. 38 ■ Bassin, vue antérieure.

L'ouverture supérieure est sur un plan oblique en bas et en avant, formant avec le plan horizontal un angle moyen de 60°.

b) PELVIS MAJOR. Les parois du pelvis major sont formées par les fosses iliaques et les ailes sacrales.

c) PETIT BASSIN OU CAVITÉ PELVIENNE. Le petit bassin est limité : ❑ en avant, par la face postérieure de la symphyse pubique et par la face interne du cadre osseux du foramen obturé ; ❑ sur les côtés, par une surface lisse en rapport avec les acétabulums ; ❑ en arrière, par la face antérieure concave du sacrum et du coccyx.

Le petit bassin ou cavité pelvienne présente un rétrécissement appelé *détroit moyen*. Celui-ci répond, d'arrière en avant, à l'articulation de la 4e avec la 5e vertèbre sacrale, au ligament sacro-épineux, à l'épine ischiatique et à une ligne qui réunit cette épine au tiers inférieur de la symphyse (Brindeau).

L'axe de l'excavation est représenté par une ligne courbe concave en avant, concentrique à la courbure sacrale et passant à égale distance des parois antérieure et postérieure du petit bassin.

d) LIMITE SUPÉRIEURE. La limite supérieure du pelvis major est circonscrite d'avant en arrière par l'extrémité supérieure de la symphyse pubique, le bord antérieur de l'os iliaque, la crête iliaque, le bord postérieur de l'aile sacrale et le promontoire. Cette ouverture est largement échancrée en avant, dans l'intervalle des deux épines iliaques antéro-supérieures.

Elle présente aussi une échancrure postérieure, moins large et moins profonde que l'antérieure, bordée par les tubérosités iliaques et la base du sacrum.

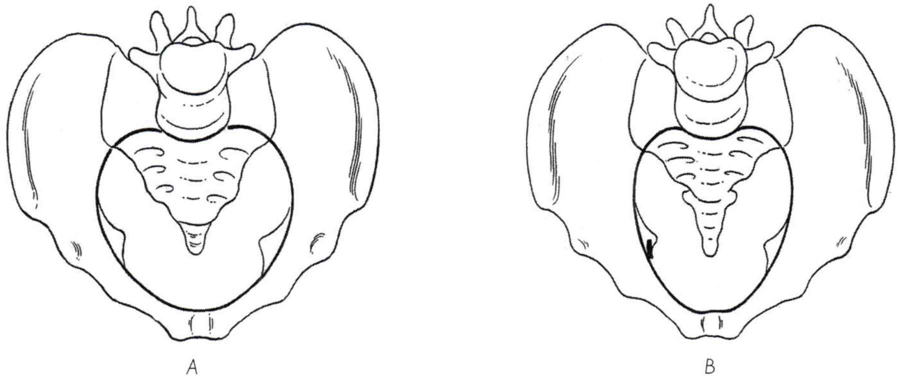

Fig. 39 ▪ A) Bassin de type féminin ; B) Bassin de type masculin.

e) OUVERTURE INFÉRIEURE OU DÉTROIT INFÉRIEUR. Cet orifice, de forme losangique, est limité : en avant, par l'extrémité inférieure de la symphyse pubique ; en arrière, par le sommet du coccyx ; sur les côtés, par les branches ischio-pubiennes et par les tubérosités ischiatiques. L'intervalle compris de chaque côté entre la tubérosité de l'ischium et le coccyx est occupé par le ligament sacro-tubéral.

DIMENSIONS DU BASSIN CHEZ LA FEMME (Fig. 40).

1. Ouverture supérieure du pelvis ou détroit supérieur. Le diamètre antéro-postérieur ou promonto-sus-pubien, mesuré du promontoire au point le plus élevé de la symphyse = 11 cm.

Le diamètre transverse maximum = 13,5 cm.

Les diamètres obliques mesurés de l'articulation sacro-iliaque d'un côté à l'éminence lio-pectinée du côté opposé = 12 cm.

2. Détroit moyen. Le diamètre antéro-postérieur = 12 cm.

Le diamètre transverse, entre les acétabulums = 12 cm.

3. Ouverture inférieure du pelvis ou détroit inférieur. Le diamètre antéro-postérieur ou coccy-sous-pubien = 7 à 10 cm. Le diamètre transverse ou bi-ischiatique = 12,5 cm.

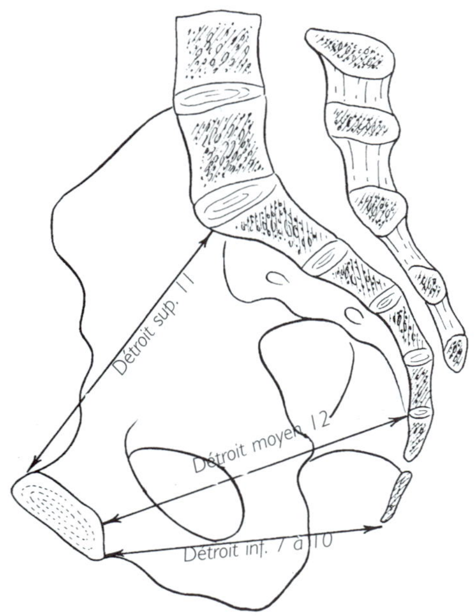

Fig. 40 ▪ Dimensions du bassin chez la femme.

VARIATIONS DU BASSIN SUIVANT LE SEXE.

❑ Chez la femme :

1° Les parois du bassin sont moins épaisses que chez l'homme ;

2° L'ouverture supérieure est plus évasée ;

3° Le petit bassin est plus large ;

4° La symphyse pubique est moins élevée ;

5° La concavité de la paroi postérieure ou sacro-coccygienne est plus accentuée ;

6° L'ouverture inférieure du pelvis est plus large ;

7° Les branches ischio-pubiennes sont plus grêles et plus déjetées en dehors, de telle sorte que l'arcade pubienne forme un angle plus ouvert chez la femme que chez l'homme ; cet angle est chez l'homme comme l'écartement entre l'index et le médius, chez la femme comme l'écartement entre le pouce et l'index.

8° Les foramens obturés sont plus grands que chez l'homme et triangulaires ; ils sont ovalaires chez l'homme.

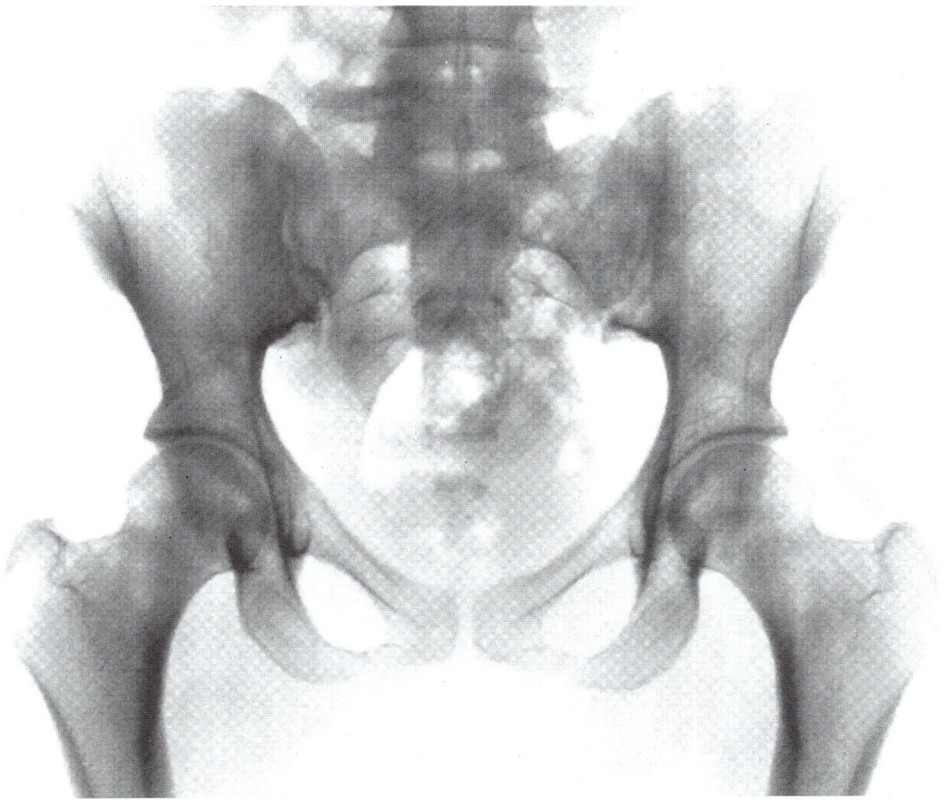

Fig. 41 ▪ Radiographie du bassin, vue de face.

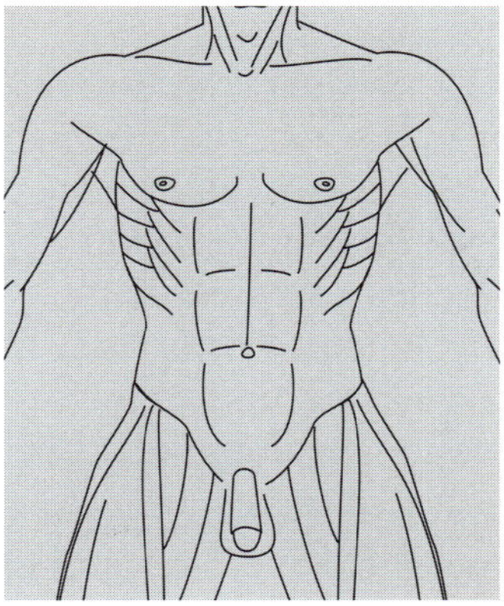

ARTICULATIONS DU TRONC

Il convient d'examiner successivement : 1° les articulations de la colonne vertébrale : 2° les articulations du thorax ; 3° les articulations du bassin.

ARTICULATIONS DE LA COLONNE VERTÉBRALE

Les jointures de la colonne vertébrale avec la tête ont été décrites à propos du cou (voir Tome I). Celles qui unissent la colonne vertébrale au thorax et au bassin seront étudiées avec les articulations du thorax et du bassin. Il reste donc à décrire les articulations des vertèbres entre elles.

I. ARTICULATIONS DES VERTÈBRES ENTRE ELLES

Les articulations intervertébrales sont construites de la même manière à tous les étages de la colonne vertébrale, à l'exception des articulations des vertèbres cervicales entre elles, des articulations sacro-vertébrale et sacro-coccygienne.

A. **Disques intervertébraux.**

Ces articulations sont des amphiarthroses ou articulations cartilagineuses.

SURFACES ARTICULAIRES. Les surfaces articulaires sont les faces supérieure et inférieure des corps vertébraux. La concavité de ces surfaces est atténuée, à l'état frais, par une mince lame de cartilage qui revêt leur partie centrale excavée.

MOYENS D'UNION. Les moyens d'union se composent de disques intervertébraux et des ligaments périphériques.

1. Disques intervertébraux. Ils occupent les intervalles compris entre les corps vertébraux (fig. 42 et 59, A). Leur forme est celle d'une lentille biconvexe, qui s'adapte et s'attache par ses faces aux surfaces articulaires des corps vertébraux (fig. 42). Leur circonférence dessine à la surface de la colonne vertébrale des bandelettes blanches qui alternent régulièrement avec les corps vertébraux.

La hauteur des disques varie suivant les régions. Elle diminue légèrement de la colonne cervicale, où elle est à peu près uniforme, jusqu'à la cinquième ou sixième vertèbre thoracique, elle augmente ensuite graduellement vers le bas et atteint ses plus grandes dimensions entre les vertèbres lombales.

a) STRUCTURE. On peut distinguer à chaque disque intervertébral deux parties : l'une périphérique, l'autre, centrale.

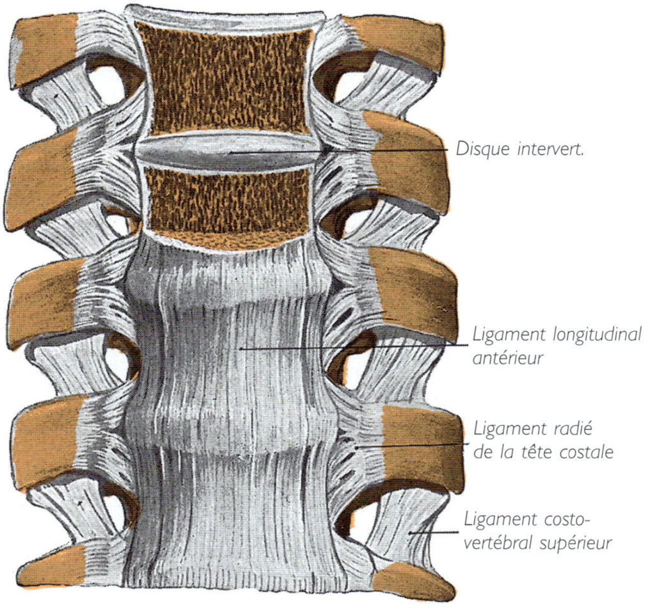

Fig. 42 ▪ Articulations des corps vertébraux et articulations de la tête costale proprement dites, vue antérieure. On voit, à la partie supérieure de la figure, la coupe frontale d'un disque intervertébral.

La *partie périphérique* est dure parce qu'elle est d'une texture très serrée. Elle est formée de lamelles fibreuses disposées de la périphérie vers le centre en couches à peu près concentriques. Dans chacune des lamelles, les fibres s'étendent entre deux corps vertébraux voisins suivant une direction oblique qui est la même pour toutes les fibres de la même lamelle fibreuse. Les fibres des lamelles voisines ont une obliquité inverse. L'obliquité des fibres des disques intervertébraux n'est pas la même à tous les étages de la colonne vertébrale. Ainsi, chez l'homme, leur inclinaison sur l'horizontale est plus accentuée aux lombes que dans les régions cervicale et thoracique.

Les fibres du disque intervertébral sont obliques parce qu'elles doivent s'orienter dans le sens des tractions auxquelles elles sont soumises. Or ces tractions s'exercent dans le sens vertical ou dans le sens horizontal, suivant qu'il s'agit du mouvement d'inclinaison ou d'un mouvement de rotation ; par suite, les fibres s'orientent suivant une direction intermédiaire aux directions de traction verticale et horizontale.

Nous avons de plus observé que l'inclinaison des fibres sur l'horizontale : 1° est proportionnelle à leur longueur et que celle-ci est d'autant plus grande que les mouvements sont étendus ; 2° qu'elle croît proportionnellement à la pression que supporte le disque auquel elles appartiennent (Rouvière).

La *partie centrale* des disques intervertébraux est une substance gélatineuse et molle. Ce « *nucleus pulposus* » n'est pas exactement central ; il est situé plus près du bord postérieur que des autres points de la périphérie du disque. Blanchâtre et presque transparent chez l'enfant, il devient opaque, jaunâtre, de plus en plus dense et de plus en plus petit, à mesure que le sujet avance en âge. Cette masse centrale est comprimée entre les deux vertèbres voisines et fait hernie sur les coupes horizontales ou verticales du disque (fig. 42). Elle est constituée par de minces faisceaux fibreux séparés les uns des autres par des espaces remplis d'un tissu muqueux contenant de grosses cellules. Ces cellules sont des vestiges de la corde dorsale.

2. Ligaments périphériques. Ces ligaments sont deux bandes fibreuses, blanc nacré, qui s'étendent sur toute la hauteur de la colonne vertébrale, l'un en avant, l'autre en arrière des corps vertébraux. On les nomme ligament longitudinal antérieur et ligament longitudinal postérieur (fig. 42 et 43).

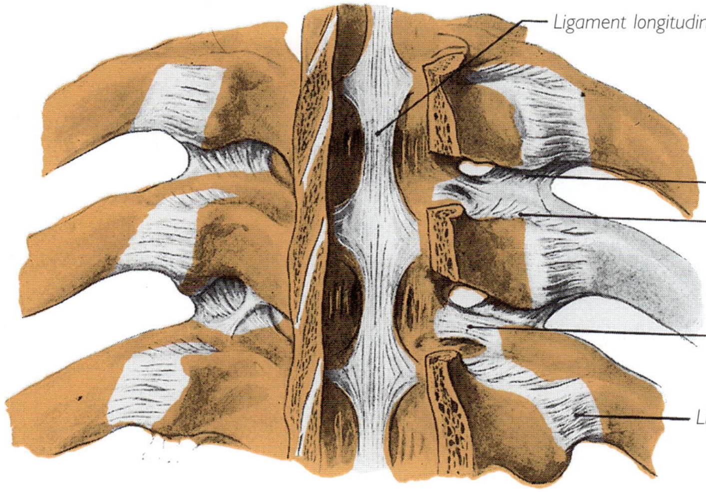

Fig. 43 ▪ Ligament longitudinal postérieur et articulations de la tête costale, vue postérieure.

a) LIGAMENT LONGITUDINAL ANTÉRIEUR. Ce ligament descend sur la face antérieure de la colonne vertébrale, depuis le processus basilaire de l'os occipital jusqu'à la face antérieure de la deuxième vertèbre sacrale.

La forme et les dimensions du ligament longitudinal antérieur ont des caractères différents aux divers étages de la colonne vertébrale. ❑ *Entre l'os occipital et l'atlas*, le ligament est une étroite et mince bandelette unie en arrière au ligament occipitoatloïdien antérieur et tendue du processus basilaire au tubercule antérieur de l'atlas. ❑ *Au-dessous de l'atlas,* le ligament s'élargit graduellement de haut en bas et occupe, jusqu'à la troisième vertèbre thoracique, l'intervalle compris entre les muscles longs du cou. ❑ Plus bas et *sur toute la hauteur de la colonne thoracique,* le ligament s'étend sur les faces latérales des corps vertébraux, jusqu'au voisinage des articulations de la tête costale (fig. 42). Une limite assez nette permet de distinguer à l'ensemble du ligament trois parties ou bandelettes, une moyenne et deux latérales. La partie moyenne est plus épaisse que les deux autres, dont elle est séparée par des interstices vasculaires. ❑ *À la région lombale,* les bandelettes latérales disparaissent et le ligament longitudinal antérieur descend seulement sur la face antérieure des corps vertébraux, entre les deux muscles psoas. ❑ *Au sacrum,* le ligament longitudinal antérieur recouvre la première vertèbre sacrale et se termine sur la deuxième.

Le ligament longitudinal antérieur adhère aux disques intervertébraux et aux vertèbres, surtout aux parties saillantes des corps vertébraux, voisines des disques.

Il se compose de fibres longues, superficielles, qui s'étendent sur trois ou quatre vertèbres, et de fibres courtes, profondes, qui unissent deux vertèbres voisines.

b) LIGAMENT LONGITUDINAL POSTÉRIEUR. Celui-ci est situé sur la face postérieure des corps vertébraux et des disques intervertébraux (fig. 43). Il s'insère en haut sur la gouttière basilaire de l'os occipital, en avant, c'est-à-dire au-dessus du ligament occipito-axoïdien et se termine en bas sur la première vertèbre coccygienne. Ses bords latéraux, régulièrement festonnés, dessinent une série d'arcades concaves en dehors, séparées les unes des autres par des saillies ou dents. Les arcades sont en regard des corps vertébraux ; les dents répondent aux disques intervertébraux. Ainsi le ligament est large au niveau des disques, étroit en regard de la partie moyenne des corps vertébraux.

Le ligament est uni par sa face antérieure aux disques intervertébraux et à la partie attenante des corps vertébraux. Des veines qui sortent de la vertèbre et les plexus veineux antérieurs de la colonne vertébrale le séparent de la partie moyenne du corps vertébral.

À l'extrémité supérieure de la colonne, le ligament longitudinal postérieur adhère par sa face antérieure au ligament occipito-axoïdien postérieur et par sa face postérieure à la dure-mère.

Dans la région sacrale, le ligament est réduit à une étroite bandelette qui descend jusqu'à la base du coccyx où elle s'attache.

Le ligament longitudinal postérieur est constitué, comme l'antérieur, par des fibres longues qui sont superficielles ou postérieures et par des fibres courtes, profondes ou antérieures.

B. Articulations zygapophysaires.

Ces articulations sont des arthrodies dans les régions cervicale et thoracique, des trochoïdes dans la région lombale.

■ **SURFACES ARTICULAIRES.** Dans chacune de ces articulations, le processus articulaire inférieur d'une vertèbre s'unit au processus articulaire supérieur de la vertèbre située au-dessous. Ces processus entrent en contact par des facettes articulaires, encroûtées de cartilage, planes dans les régions cervicale et dorsale, taillées en segment de cylindre dans la région lombale. La forme et l'orientation de ces surfaces articulaires ont été précisées quand nous avons décrit les caractères particuliers des vertèbres cervicales, thoraciques et lombales.

■ **MOYENS D'UNION.** Les surfaces articulaires sont unies par une capsule articulaire, lâche et mince dans la région cervicale, plus serrée et plus résistante à la région thoracique et surtout à la région lombale. Cette capsule est renforcée en dedans par le ligament jaune correspondant (fig. 44). Les articulations thoraciques et lombales présentent encore en arrière un faisceau de renforcement appelé ligament postérieur.

■ **SYNOVIALE.** La laxité de la synoviale est plus grande à la région cervicale que dans les autres parties de la colonne vertébrale.

C. **Union des lames vertébrales.**

Les lames vertébrales sont unies entre elles, depuis l'axis jusqu'au sacrum, par des ligaments élastiques, épais et très résistants, appelés, en raison de leur couleur, *ligament jaunes*. Au-dessus de l'axis, les ligaments jaunes sont remplacés par des membranes ligamenteuses, d'une texture particulière.

a) LIGAMENTS JAUNES. Il existe, dans chaque espace interlamellaire, deux ligaments jaunes, l'un, droit, l'autre, gauche, unis entre eux sur la ligne médiane. Leur forme est rectangulaire. Leur largeur diminue progressivement de l'extrémité supérieure à l'extrémité inférieure de la colonne vertébrale, tandis que leur hauteur et leur épaisseur augmentent graduellement dans le même sens.

Les ligaments jaunes présentent deux bords, deux faces et deux extrémités (fig. 44).

❑ Le *bord supérieur*, courbe, concave en haut, s'attache à la face antérieure de la lame

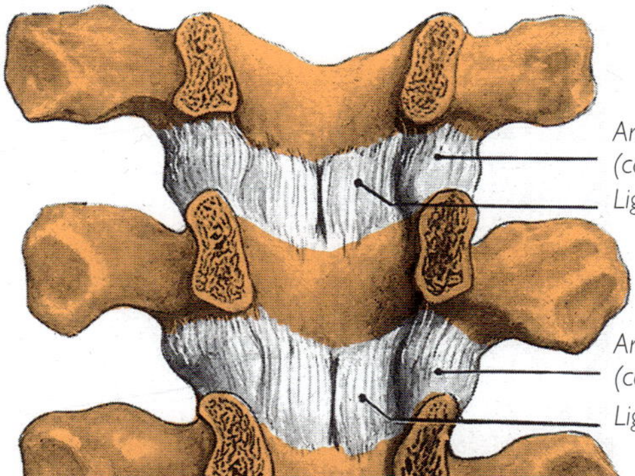

Fig. 44 ■ Ligaments jaunes et articulations zygapophysaires entre elles, vue antérieure.

située au-dessus, sur une empreinte rugueuse, allongée transversalement. Cette empreinte d'insertion est située à la partie moyenne de la lame vertébrale de la région cervicale. Dans les régions thoracique et lombale, elle est d'autant plus rapprochée du bord inférieur de la lame que la vertèbre est rapprochée du sacrum. ❑ Le *bord inférieur* s'attache au bord supérieur de la lame sous-jacente. ❑ La *face antérieure* est séparée de la dure-mère par de la graisse et des veines. ❑ La *face postérieure* répond en haut aux lames et dans l'intervalle des lames aux muscles spinaux. ❑ L'*extrémité interne* s'unit sur la ligne médiane à celle du ligament jaune du côté opposé. L'angle d'union des deux ligaments, saillant en arrière, se confond avec le bord antérieur du ligament interépineux. ❑ L'*extrémité externe* s'étend jusqu'aux articulations des processus articulaires et renforce la partie interne de la capsule de ces articulations.

D. **Union des processus épineux.**

Les processus épineux sont unies entre eux : 1° par le ligament interépineux ; 2° par le ligament surépineux.

a) LIGAMENT INTERÉPINEUX. Les ligaments interépineux sont des membranes fibreuses qui occupent l'intervalle compris entre deux processus épineux voisins. Ils s'attachent par leur bord supérieur et leur bord inférieur aux processus épineux correspondants.

Leurs faces répondent aux muscles spinaux. ❑ Leur extrémité antérieure se continue avec l'angle d'union des ligaments jaunes. ❑ Leur extrémité postérieure se confond avec le ligament surépineux.

b) LIGAMENT SURÉPINEUX. C'est un cordon fibreux qui s'étend sur toute la longueur de la colonne vertébrale, en arrière des processus épineux et des ligaments interépineux. Il adhère au sommet des processus épineux et s'unit, dans l'intervalle de ces processus, au bord postérieur des ligaments interépineux.

Aux régions lombales, le ligament se confond avec le raphé produit par l'entrecroisement des fibres tendineuses des muscles du dos.

Dans la région thoracique, le ligament est plus nettement distinct, mais plus grêle que dans la région lombale.

Au cou, le ligament surépineux prend le nom de *ligament nuchal*. Il forme en arrière des vertèbres une cloison médiane intermusculaire, qui s'étend jusqu'au fascia superficiel. Ce ligament a été décrit avec les articulations des vertèbres cervicales (voir Tome I).

E. **Processus transverses.**

Les processus transverses sont unis entre eux par des ligaments intertransversaires.

Au cou, ces ligaments sont remplacés par les muscles intertransversaires.

Au thorax, ils relient les sommets de deux processus transverses voisins.

Aux régions lombales, ils sont assez développés et unissent les tubercules accessoires qui représentent les processus transverses.

F. **Articulations des vertèbres cervicales. — Articulations unco-vertébrales.**

Les articulations de l'atlas et de l'axis entre eux et avec l'os occipital ont été déjà décrites.

Les corps des autres vertèbres cervicales sont articulés entre eux non seulement par des disques intervertébraux placés entre les segments moyens, horizontaux des corps vertébraux voisins, mais encore par des *articulations unco-vertébrales*.

Ces articulations sont des athrodies qui relient le processus semi-lunaire des vertèbres à la partie correspondante, biseautée, du corps vertébral sus-jacent.

Les surfaces articulaires sont recouvertes d'une couche de fibro-cartilage et sont maintenues en contact par une capsule articulaire que remplace en dedans le disque intervertébral.

G. **Articulation lombo-sacrale.**

L'articulation lombo-sacrale est saillante en avant (voir : *angle sacro-vertébral antérieur*). Elle est à peu près semblable à celles qui unissent les vertèbres lombales entre elles. Elle présente toutefois deux particularités intéressantes : ❏ 1° la surface articulaire du corps de la première vertèbre sacrale est inclinée à 45° sur l'horizontale et regarde en avant ; ❏ 2° les surfaces des processus articulaires supérieurs du sacrum regardent un peu en dedans et surtout en arrière.

De ces deux dispositions particulières, il résulte que la cinquième vertèbre lombale est à cheval sur la première vertèbre sacrale. De plus, en raison de l'inclinaison de la surface articulaire du corps de la première vertèbre sacrale, la colonne vertébrale aurait tendance à glisser en avant si elle n'était maintenue par les ligaments de la jointure et surtout par les processus articulaires inférieurs de la cinquième vertèbre lombale qui s'accrochent aux processus articulaires supérieurs de la première vertèbre sacrale.

Les *ligaments intertransversaires* de l'articulation sacro-vertébrale sont très développés. Chacun d'eux part du processus transverse de la cinquième vertèbre lombale et se termine sur la partie antéro-latérale de l'aileron du sacrum. Ce ligament est appelé, depuis Bichat, *ligament intertransversaire lombo-sacral*.

H. **Articulation sacro-coccygienne.**

Le sacrum est uni au coccyx par une amphiarthrose ou articulation cartilagineuse.

Les *surfaces articulaires* sont elliptiques, à grand axe transversal. Celle du sacrum est convexe ; la surface coccygienne est concave. Elles sont unies par un ligament interosseux et par des ligaments périphériques.

1° Le *ligament interosseux de l'articulation sacro-coccygienne* est analogue à un disque intervertébral. Il est en général ossifié chez le vieillard.

2° Les *ligaments périphériques* se distinguent en antérieur, postérieur et latéraux.

Le *ligament sacro-coccygien antérieur* est formé de faisceaux fibreux qui descendent de la face antérieure du sacrum sur la face antérieure du coccyx, les uns directement, les autres en s'entrecroisant en avant du coccyx.

Le *ligament sacro-coccygien postérieur* s'insère en haut sur l'échancrure sacrale et sur les cornes sacrales ; il se termine par deux faisceaux latéraux sur la face postérieure du coccyx.

Les *ligaments sacro-coccygien latéraux* se composent de deux faisceaux : l'un, interne, unit la corne sacrale à la petite corne du coccyx ; l'autre, externe, s'étend du bord latéral du sacrum au sommet de la corne coccygienne (fig. 63).

I. **Articulation médio-coccygienne.**

Les disques intervertébraux, qui, chez le nouveau-né, unissent entre elles les pièces coccygiennes, s'ossifient de bonne heure. Toutefois, le ligament interosseux qui relie la première vertèbre coccygienne à la deuxième ne s'ossifie généralement pas avant quarante ans (Max Posth). Ces deux vertèbres restent donc longtemps unies par une amphiarthrose qui forme l'articulation médio-coccygienne.

II. ASPECTS FONCTIONNELS DE LA COLONNE VERTÉBRALE

La colonne vertébrale est non seulement l'axe du corps, mais un organe porteur et locomoteur entourant la moelle, elle remplit ainsi trois fonctions : statique, cinétique, protectrice. Chacune des parties constitutives de la vertèbre est impliquée dans ces trois fonctions.

La colonne des corps vertébraux et des disques intervertébraux est l'organe de la statique corporelle. Elle supporte le poids de la tête, du tronc et des membres supérieurs, transmet cette charge aux membres inférieurs. La colonne statique est l'agent de la posture qu'elle maintient, régularise et adapte sans cesse aux changements de position du sujet.

La colonne des arcs est constituée par l'ensemble des processus articulaires, transverse et épineux, qui prennent part à l'exécution des mouvements soit d'une vertèbre, soit de la colonne vertébrale en entier. L'arc vertébral est l'organe cinétique.

Le pourtour du canal vertébral, c'est-à-dire la face postérieure du corps, le pédicule, les lames, forme l'organe protecteur de la moelle, de ses racines et de leurs enveloppes méningées.

A. **La colonne vertébrale, organe statique.**

La colonne statique ou portante comprend deux parties : la colonne des 24 vertèbres présacrales, c'est-à-dire situées au-dessus du sacrum, et la colonne des vertèbres soudées, le sacrum et le coccyx.

L'ensemble des corps vertébraux et des disques qui les unit constitue une colonne flexible dont la solidité dépend des corps vertébraux et la plasticité, des disques, d'autant plus hauts et plus épais que la région vertébrale est mobile et près du sacrum.

L'atlas et l'axis assurent la jonction entre la boîte crânienne et la colonne vertébrale proprement dite. Ces deux vertèbres différent de celles qui leur font suite par l'absence de disque intervertébral entre l'os occipital et l'atlas et entre l'atlas et l'axis.

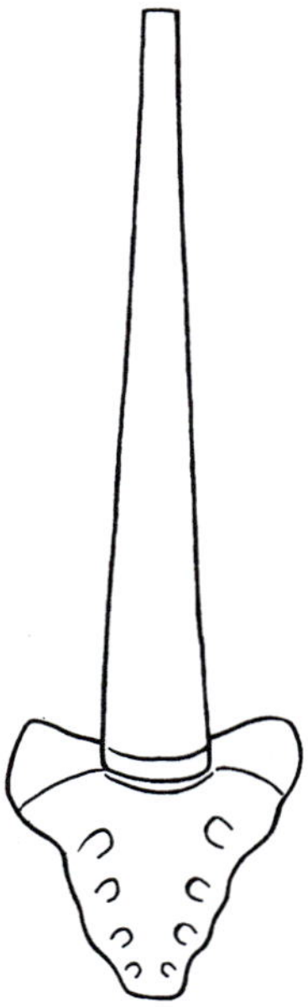

Fig. 45 ▪ La colonne des corps vertébraux.

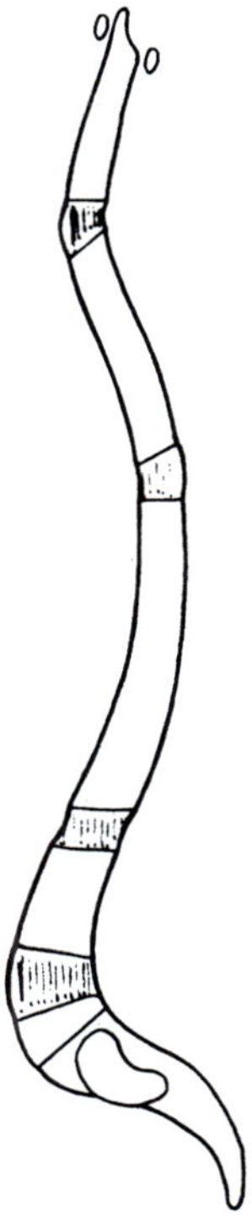

Fig. 46 ▪ Courbures vertébrales et cunéiformité des vertèbres.

Les corps vertébraux augmentent de volume, de la 3e vertèbre cervicale à la 5e vertèbre lombale. Ils représentent, avec leurs disques, une colonne tronconique à base inférieure reposant sur le socle sacral. La base du socle sacral supporte l'ensemble sus-jacent, tandis que son sommet inférieur se continue par le coccyx. Les deux premières pièces sacrales transmettent le poids du corps au bassin et aux membres inférieurs (fig. 45). Les faces supérieures et inférieures des corps vertébraux ne sont pas planes mais inclinées, de telle sorte que les corps sont plus ou moins en forme de coins. Lorsque la base de ce coin est placée en avant, la colonne des corps est convexe (régions cervicale et lombale), lorsqu'elle regarde en arrière (région thoracique) la colonne est concave ; ainsi se succèdent des courbures vertébrales sagittales, variables suivant les sujets. Les courbures présentent un sommet à leur point le plus saillant ou le plus déclive. Pour la courbure cervicale, ce sommet siège entre C6 et C7, entre T7 et T8 pour la colonne thoracique et entre L3-L4 pour la colonne lombale. À la jonction lombo-sacrale (L5-SI), la courbure surplombe l'aire du petit bassin et porte le nom de promontoire. Le sacrum lui-même concave en avant, présente sa courbure maximum au niveau de S3 (fig. 46).

Les courbures vertébrales apparaissent inversées et moins prononcées lorsque l'on considère, sur le sujet vivant, la ligne des épineuses. Leur voussure dans la région thoracique porte le nom de cyphose thoracique, leur ensellure dans la région lombale celui de lordose lombale.

L'importance des courbures diffère suivant les sujets, ce qui a permis de décrire une typologie vertébrale. Celle-ci détermine une typologie fonctionnelle de la posture et de la locomotion : dans la posture verticale, la ligne de gravité du corps descend du centre de gravité de la tête, situé un peu en arrière de la selle turcique, jusqu'au sommet de la voûte plantaire, chez les sujets aux courbures peu marquées elle longe les faces antérieures de C6 et C7 et de L3-L4, chez les sujets aux courbures vertébrales accentuées elle passe très en avant de la concavité thoracique antérieure et passe en arrière des corps vertébraux lombaux.

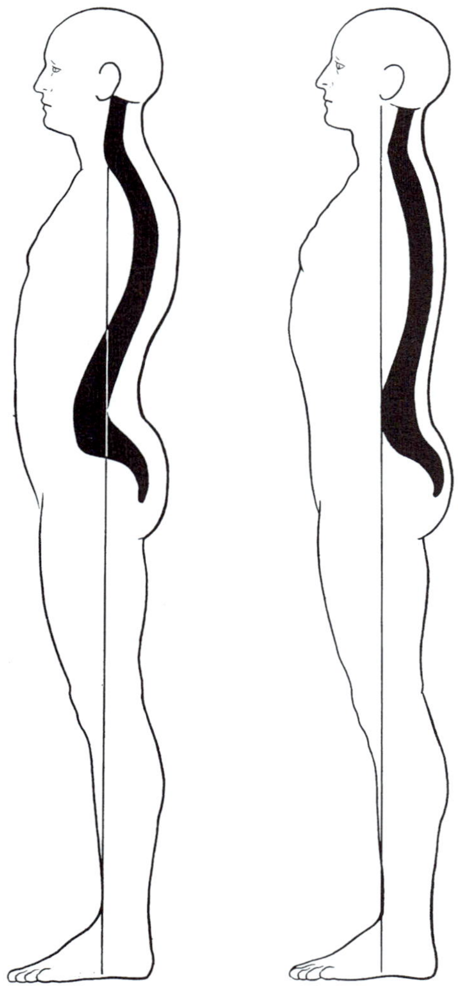

Fig. 47 ▪ Typologie vertébrale :
A — Courbures accentuées ; B — Courbures faibles.

La morphologie des sujets appartenant à ces deux types vertébraux (Delmas) est bien différente : les cavités thoraciques et abdominales des sujets à colonne vertébrale droite sont peu profondes, leur thorax et leur abdomen sont plats. Chez les sujets aux colonnes vertébrales à courbures accentuées, les cavités viscérales sont au contraire profondes.

Chez les premiers, la colonne est flexible, ce qui favorise le déplacement du centre de gravité et les activités locomotrices ; chez les seconds, la colonne est moins mobile, mais assure à leur porteur une plus grande stabilité.

La structure de la colonne portante répond à sa fonction statique : c'est un pilier dont les travées verticales unissent les plateaux supérieur et inférieur ; ces travées sont soutenues par des fibres osseuses soit horizontales soit obliques. La vertèbre étant aussi un organe de mouvement, des fibres en écharpe ou en éventail partent des processus de l'arc postérieur pour gagner par le pédicule les plateaux du corps vertébral, ces fibres en s'entrecroisant avec les précédents, le renforcent, sauf en avant où le corps vertébral offre une moindre résistance aux pressions (fig. 48).

Le corps vertébral peut supporter, avant de s'écraser, une charge de 600 kg. Il résiste à cette pression et aux chocs qu'il reçoit grâce aux disques intervertébraux qui les amortissent.

Le disque comprend en son centre une partie gélatineuse riche en eau, le nucleus pulposus, maintenu en place par l'anneau fibreux dont les couches concentriques sont faites de lamelles aux fibrilles orientées successivement en sens inverse. Ce système est fortement ancré sur le rebord de chaque plateau vertébral ou listel marginal. Les pressions qui s'exercent sur le disque sont réparties sur toute la surface des plateaux sus et sous-jacents (fig. 49) par le nucleus pulposus peu compressible mais déformable.

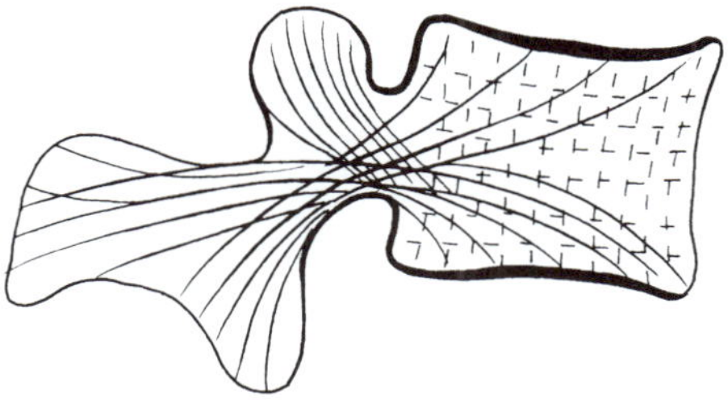

Fig. 48 Architecture de la vertèbre.

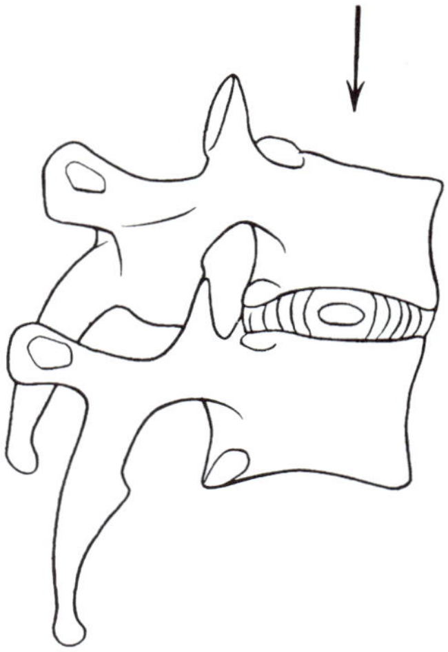

Fig. 49 ▪ Le disque intervertébral.

La hauteur des disques intervertébraux varie suivant les étages : 3 mm pour l'étage cervical, 5 mm au niveau thoracique, 9 mm dans la région lombale qui a la charge la plus lourde à supporter.

Le disque, par sa seule élasticité, suffit à redresser les courbures vertébrales modifiées par les changements d'attitude.

En raison de sa constitution, le disque perd une partie de son eau de constitution sous l'effet d'une charge prolongée et s'aplatit à la fin de la journée ou sous une charge continue ou encore trop forte. La répétition de pressions au cours de la vie entraîne sa déshydratation progressive et sa diminution de hauteur au cours du vieillissement. Les disques ne jouant plus leur rôle d'amortisseur, la colonne devient moins élastique, plus rigide, se tasse, ce qui explique la diminution de la taille chez le vieillard.

Le disque supporte 75 kg sans changer de forme, et même 200 kg (Saunders).

■ **RÔLE DE CERTAINES VERTÈBRES.** Certaines vertèbres sont situées à la jonction des différents étages de la colonne vertébrale : ce sont les vertèbres charnières qui jouent un rôle particulier dans la statique et la cinétique vertébrales.

L'atlas et l'axis appartiennent au système de support et de mouvement de la tête.

Les deux premières vertèbres thoraciques supportent comme une console les vertèbres cervicales auxquelles elles ressemblent, et commandent les mouvements d'élévation ou d'abaissement des deux premières côtes au cours des mouvements respiratoires (v. anatomie fonctionnelle de la cage thoracique).

La 12e vertèbre thoracique, vertèbre charnière thoraco-lombale, possède la morphologie d'une vertèbre thoracique, elle est aussi appelée vertèbre diaphragmatique. Située à la jonction de la colonne lombale et du thorax, elle reste indépendante des mouvements du thorax tout en participant à sa fixation.

La 3e vertèbre lombaire, seule vertèbre dont les faces supérieure et inférieure soient horizontales, est le véritable plan-socle (Delmas) de la totalité de la colonne vertébrale portante, la 4e et la 5e vertèbre lombale formant le pied de console sur lequel repose le plateau horizontal de la 3e. Ces deux vertèbres sont très cunéiformes et leur disque élevé et épais assure l'adaptation de la colonne vertébrale sus-jacente aux changements de posture.

Le sacrum lui-même participe au soubassement de la console lombale, le corps de la 1re vertèbre sacrale qui supporte la 5e vertèbre lombale peut être surélevé au-dessus des ailerons (sacrum hypobasal) à son niveau (sacrum homobasal) ou au-dessous (sacrum hyperbasal ou encastré), dans le premier cas la colonne lombale sera plus mobile, dans le troisième, plus fixe (fig. 50).

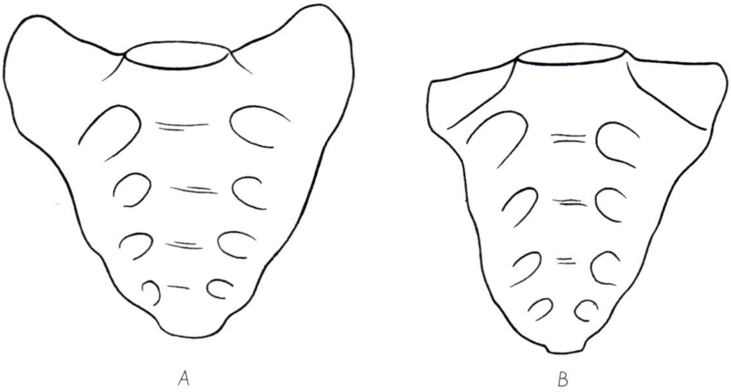

Fig. 50. ▪ A — Sacrum hyperbasal ; B — Sacrum hypobasal.

B. La colonne vertébrale, organe de mouvement.

La colonne n'est pas seulement un organe statique, elle est le siège de mouvements, mieux encore elle est l'organe des mouvements d'ensemble du tronc, de la tête et du cou. La direction et l'amplitude des mouvements de chaque vertèbre sont déterminées par l'orientation des surfaces de glissement des processus articulaires. L'action et la force des muscles moteurs s'exercent sur les processus transverses et épineux, véritables leviers orientés dans les plans transversal et sagittal de l'espace.

Chaque vertèbre se comporte comme un levier du premier genre ou levier inter-appui. L'appui se fait sur le processus articulaire, la puissance s'exerce sur l'arc vertébral, la résistance siège au niveau du disque qui, comprimé, absorbe les efforts de pression et, se détendant, rétablit passivement l'équilibre modifié par le mouvement (fig. 51).

L'inclinaison, l'orientation et l'étendue des surfaces articulaires, surfaces d'appui, imposent leurs directions aux mouvements des vertèbres. Elles en déterminent la nature (flexion extension, inclinaison rotation) et l'amplitude. La longueur, la direction des processus transverses et épineux sont celles de leviers qui permettent à la puissance c'est-à-dire aux muscles de s'exercer sur ces leviers. La hauteur des disques intervertébraux et l'appareil ligamentaire (ligaments jaunes, longitudinaux antérieurs, interépineux) limitent les déplacements de chaque vertèbre.

Nous verrons successivement les mouvements particuliers de chaque étage de la colonne, puis ceux de l'ensemble vertébral.

ANATOMIE FONCTIONNELLE DE LA COLONNE CERVICALE CINÉTIQUE.

Il faut distinguer dans la colonne cervicale plusieurs étages : un étage supérieur cervico-céphalique, système de soutien et de mouvement de la tête. Ce système composé de l'atlas et de l'axis, vertèbres dépourvues de disques intervertébraux, est le pivot céphalique. Un étage moyen, formé par les vertèbres de C3 à C5, un étage inférieur cervico-thoracique constitué par les deux dernières vertèbres cervicales C6 et C7.

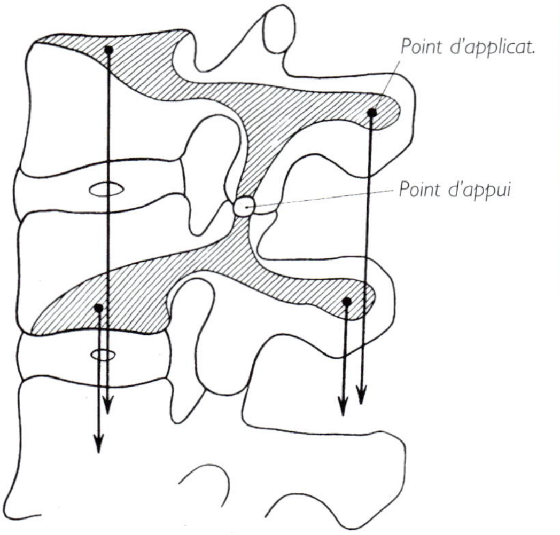

Fig. 51 ▪ La vertèbre considérée comme un levier. Le point d'appui siège au niveau de l'articulation zygapophysaire. Le levier est schématisé en grisé. Les flèches indiquent la direction des forces.

Au repos, et au cours des mouvements, les vertèbres cervicales constituent un trépied pour les vertèbres sus-jacentes qui, ainsi portées, peuvent se déplacer, le port de la tête étant assuré. La partie essentielle du trépied est formée par la colonne antérieure des corps vertébraux, doublée en arrière par les deux colonnettes des processus articulaires. Il faut noter que les corps vertébraux sont inclinés en avant, les interlignes articulaires en arrière, l'ensemble réalise un système de répartition des poussées verticales et un système d'accrochage, quelle que soit la position de la tête et du cou.

Les processus transverses, solidement implantés sur le corps, et le pédicule, sont orientés en dehors et en avant. Les processus épineux, légèrement obliques, relativement courts, s'emboîtent les uns sur les autres.

Les facettes articulaires de la vertèbre cervicale sous-jacente sont faiblement inclinées, de telle sorte que les surfaces inférieures de la vertèbre sus-jacente avec laquelle elles s'articulent, glissent en montant sur elle comme sur un plan incliné au cours des mouvements de flexion, et descendent au cours de l'extension.

Dans la flexion, le mouvement est arrêté par la compression du disque en avant, et la tension des ligaments jaunes et interépineux en arrière. Dans l'extension, le mouvement est arrêté par la tension du ligament longitudinal antérieur et la rencontre des processus épineux.

Les surfaces de glissement des processus articulaires cervicaux supérieurs sont, de plus, orientées de telle sorte que celles de C3 et C4 s'inscrivent dans un cercle dont le centre est situé en arrière du canal vertébral, le centre du cercle est en avant du canal vertébral pour C6 et C7. Les surfaces de C5, intermédiaires, sont planes et ne s'inscrivent pas dans un cercle (fig. 52).

Les faces articulaires d'une même vertèbre étant jumelées, les mouvements de rotation et d'inclinaison latérale se font en sens inverse pour chacune d'elles. L'inclinaison latérale, et la rotation qui lui est associée, s'accompagne nécessairement de l'ascension d'un côté et de la descente de l'autre.

Pour les vertèbres C3-C4, l'inclinaison et la rotation sont égales, pour C6-C7, la rotation est presque pure. Elle se fait autour de l'axe vertical intermédiaire.

Au cours des mouvements de flexion-extension, d'inclinaison latérale ou de rotation, le corps de la vertèbre supérieure se déplace légèrement dans la glissière concave formée latéralement par les articulations unco-vertébrales, réalisant ainsi avec la face supérieure du corps vertébral une sorte d'articulation en selle. Avec l'âge, les mouvements provoquent une fissuration du disque transformant l'amphiarthrose des corps vertébraux en une diarthro-amphiarthrose (Tonduri).

Le mouvement de flexion extension atteint 100° entre C2 et C7. Si la tête se mobilise sur les deux premières vertèbres cervicales, l'amplitude du mouvement monte à 150°. L'inclinaison latérale est de 45° de chaque côté, le mouvement associé de rotation-inclinaison ou torsion de la tête s'élève à 80° et même 90° de chaque côté.

En résumé, la colonne cervicale est l'étage le plus mobile de la colonne vertébrale.

ANATOMIE FONCTIONNELLE DE LA COLONNE THORACIQUE CINÉTIQUE. L'anatomie fonctionnelle des vertèbres thoraciques est bien différente de celle des vertèbres cervicales, la colonne portante étant constituée par les corps vertébraux et les disques, sans réalisation d'un trépied de sustentation. Les processus articulaires jouent le rôle de butées dans les mouvements de flexion-extension. Les processus épineux, fortement obliques, presque verticaux, fixent la colonne vertébrale dans la position correspondant à la morphologie du sujet, sans grands déplacements antéro-postérieurs. La région thoracique est donc relativement rigide. Les processus transverses, leviers latéraux, sont très inclinés en dehors et en arrière, ils se prolongent par les côtes qui, tout en ayant leurs mouvements propres, augmentent la longueur et le mode d'action des processus transverses.

Le système vertébro-costal est ainsi caractérisé par la relative rigidité de l'ensemble vertébral, sa solidarité avec la cage thoracique qui reste relativement indépendante en raison de son rôle dans le mécanisme respiratoire.

Le mouvement de flexion-extension et la rotation sont déterminés par l'orientation des processus articulaires. Ceux-ci sont sensiblement verticaux et s'inscrivent dans un cercle dont le centre coïncide avec celui du corps de la vertèbre.

Les processus articulaires supérieurs constituent des segments de cylindre dans lequel glissent comme un piston les segments de cylindre des processus articulaires inférieurs des vertèbres sus-jacentes. Dans l'extension, un mouvement de descente se produit qui tend à effacer la courbure dorsale et dans la flexion, d'un mouvement ascensionnel de l'arc vertébral qui tend à accentuer cette courbure.

La flexion atteint 40° et l'extension 55° sur une colonne isolée, chez le vivant, ou lorsque la colonne est solidaire de la cage thoracique, l'amplitude totale de la flexion extrême ne dépasse pas 40°.

Au cours de ce mouvement, les deux premières et les dernières vertèbres thoraciques sont les plus mobiles. On peut considérer que les vertèbres de T5 à T9 le sont très peu, elles sont dites vertèbres cardiaques en raison de leur rapport avec le cœur. Elles représentent la région de la colonne autour de laquelle se produisent les mouvements de flexion-extension.

L'inclinaison latérale s'accompagne de l'ascension du processus articulaire d'un côté, de sa descente de l'autre. Ce mouvement est arrêté par la rencontre des surfaces articulaires et la tension des ligaments jaunes. Elle atteint 30° de chaque côté.

La rotation se ferait au niveau de la colonne thoracique d'autant plus aisément que le centre de rotation de la vertèbre coïncide avec celui du disque, mais les côtes solidaires à la fois des autres côtes, des vertèbres et du sternum, limitent ce mouvement dont l'amplitude ne dépasse pas, pour cette raison, 20° (fig. 53).

Par contre, la situation de ce centre de rotation favorise les déformations thoraciques dans les scolioses lorsque les muscles insuffisants abandonnent le thorax aux forces de la pesanteur.

ANATOMIE FONCTIONNELLE DE LA COLONNE LOMBALE CINÉTIQUE. Les vertèbres lombales sont caractérisées par la massivité de leurs processus transverses et épineux, leviers de leurs mouvements, et par l'orientation sagittale de leurs processus articulaires.

Les processus articulaires remplissent avant tout un rôle de butée latérale limitant par leur rencontre toute inclinaison à droite ou à gauche. Les processus articulaires inférieurs de la vertèbre sus-jacente viennent s'encastrer entre les processus articu-

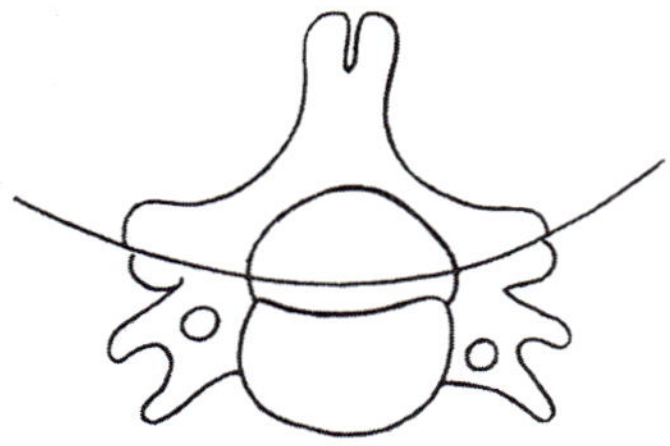

Fig. 52 ▪ Orientation des processus articulaires de C4.

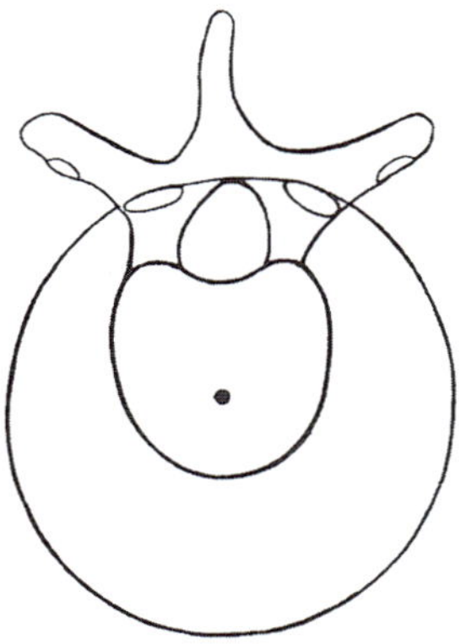

Fig. 53 ▪ Orientation des processus articulaires de T7.

Fig. 54 ▪ Orientation des processus articulaires de L3.

laires supérieurs de la vertèbre lombale située au-dessous. Ainsi est assurée la solidité de la colonne vertébrale au-dessus du sacrum.

L'inclinaison latérale ne dépasse pas 20° de chaque côté.

Les processus articulaires s'inscrivent, comme ceux des vertèbres cervicales et thoraciques, dans un cercle, ici de petit rayon, dont le centre se situe à l'origine du processus épineux. La situation de ce centre permettrait la rotation si celle-ci n'était empêchée par la résistance que lui oppose en avant le disque intervertébral soumis au cours de ce mouvement à des efforts de cisaillement considérables. La rotation est ainsi limitée à 5° de chaque côté (fig. 54).

En raison même de leur inscription dans un cercle, les processus articulaires supérieurs constituent ensemble un segment de cylindre creux dans lequel se meut le segment de cylindre plein des processus articulaires de la vertèbre sus-jacente.

Celui-ci se déplace verticalement dans le cylindre creux au cours de la flexion-extension. Dans la flexion, les processus articulaires de la vertèbre supérieure s'élèvent, la colonne lombale redresse sa courbure. Ce mouvement atteint une amplitude de 40°.

Dans l'extension le mouvement inverse se produit, la colonne des arcs se raccourcit légèrement, accentue sa courbure, c'est-à-dire l'ensellure lombale, tandis que s'allonge la colonne des corps. Ce mouvement atteint une amplitude de 30°.

LE SACRUM ET SES ARTICULATIONS DANS LA POSTURE ET LA LOCOMOTION VERTICALES.

Le sacrum transmet le poids du corps aux membres inférieurs par l'intermédiaire de la ceinture pelvienne. Il forme avec les deux os iliaques un anneau solide.

Toutes les parties du sacrum ne jouent pas le même rôle. Seules les deux premières pièces sacrales assurent cette transmission par l'intermédiaire des articulations sacro-iliaques. Les trois dernières pièces sacrales sont reliées à l'os iliaque par les ligaments sacro-tubéraux et sacro-épinaux qui contribuent à limiter le déplacement du sacrum.

La surface auriculaire sacrale figure, d'après Farabeuf et Max Posth, un rail creux coudé dans lequel roule le rail plein de l'auricule iliaque. Il n'en est pas toujours ainsi (Delmas) : quand les courbures de la colonne vertébrale sont faibles, la facette auriculaire est allongée, presque verticale et plane, ce qui ne permet que de faibles déplacements du sacrum bien encastré en clef de voûte entre les deux os iliaques. Lorsque, au contraire, la colonne vertébrale présente des courbures accentuées, les mouvements du sacrum sont plus importants et l'on observe la disposition en rail creux et plein de Farabeuf.

La partie verticale de l'auricule est maintenue en place par deux groupes de ligaments : des ligaments craniaux et des ligaments caudaux perpendiculaires au segment vertical de l'auricule, s'opposant aux mouvements de bascule du sacrum sous la pesée de la colonne vertébrale et du poids du corps (Weisl).

Fixé en arrière par ces ligaments interosseux qui l'empêchent de basculer dans l'aire de l'ouverture supérieure du pelvis, maintenu par les ligaments antérieurs, le sacrum est aussi fixé à distance dans la cavité pelvienne par les ligaments sacro-épineux et sacro-tubéraux, ceux-ci s'insérant sur la partie libre non encastrée du sacrum la tendent et déterminent ainsi la concavité de cet os. L'importance de ces ligaments dans la posture verticale se traduit au niveau de l'os iliaque par le grand développement de l'épine ischiatique chez l'homme.

Lorsque le sacrum est peu mobile, avec des surfaces auriculaires lisses, il est orienté obliquement, lorsque le sacrum est plus mobile, à auricules en rail creux, la traction des ligaments sacro-tubéraux et sacro-épineux sur les bords libres du sacrum accentue la concavité sacrale.

L'orientation complexe des auricules sacrales rend au premier abord mal aisée la compréhension des mouvements de l'articulation sacro-iliaque qui doit être solide dans sa fonction statique et cependant mobile, afin de s'adapter aux conditions sans cesse changeantes de la locomotion.

Le sacrum s'encastre en effet en clef de voûte entre les os iliaques dans la posture verticale, mais cette configuration générale du sacrum est un peu différente si l'on envisage cet os suivant des plans horizontaux successifs.

La face antérieure de la première vertèbre sacrale est en effet plus développée que sa face postérieure, de telle sorte que toute pression d'arrière en avant tend à chasser la partie haute du sacrum vers la cavité pelvienne, ce qui facilite sa bascule en avant.

La 2e vertèbre sacrale est au contraire légèrement plus développée en arrière qu'en avant et par ailleurs moins cunéiforme dans le sens vertical. Elle se déplace en sens inverse de la première vertèbre sacrale, c'est-à-dire d'avant en arrière. Ces configurations opposées des 2 premières vertèbres sacrales limitent ainsi leur déplacement et la bascule en avant de la première vertèbre sacrale dans l'aire du détroit supérieur est rapidement arrêtée.

Si l'on considère par ailleurs la congruence des surfaces articulaires, on voit qu'elles réalisent un engrenage comparable à celui d'une pince à mors. Dans la posture verticale, le coin sacral s'enfonce entre les auricules iliaques et, toute charge comme tout mouvement tend à serrer ce système de pince dont les mors assurent la solidité.

Dans la marche, où les pas sont alternés : appui sur un membre inférieur, balancement de l'autre membre, la pince se serre d'un côté, se desserre légèrement de l'autre, de telle sorte que le passage de l'appui au balancement et du balancement à l'appui s'accompagne d'alternatives de serrage et de desserrage de la pince sacro-iliaque.

Quand la pince se desserre, le sacrum bascule légèrement d'un côté, décrivant un mouvement angulaire (la nutation) qui projette la base et l'aileron d'un côté vers l'aire de l'ouverture inférieure du pelvis tandis que la pointe se projette en arrière et arrête le déplacement, le retour en sens inverse est la contre-nutation. Ce mouvement angulaire possède un centre que Farabeuf place en arrière du sacrum, au niveau du ligament sacro-iliaque interosseux, Bonnaire à la jonction des parties verticales et horizontales de l'auricule, et Wesl en avant dans le petit bassin en regard de S2 et S3. Il est à remarquer que cette dernière situation à l'intérieur du petit bassin le fait coïncider avec le centre de gravité du corps, en regard de S3, sur la ligne qui joint les deux têtes fémorales.

La conception d'un tel centre est satisfaisante car elle permet d'associer plusieurs facteurs, fonctionnellement liés en biomécanique (fig. 55).

Avec Wesl, on peut distinguer un déplacement en masse du sacrum ou translation et la rotation autour du centre pelvien (fig. 56).

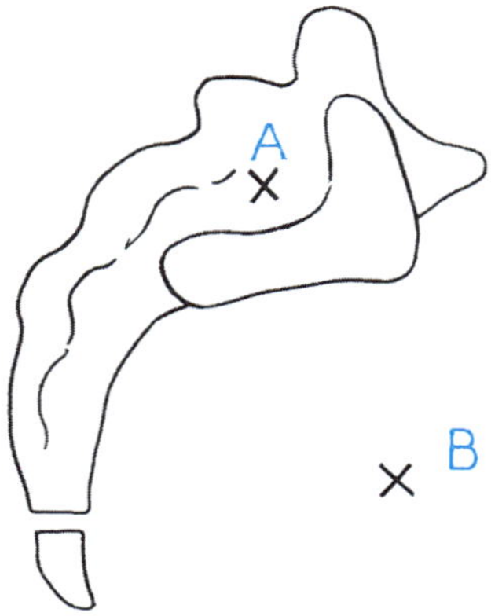

Fig. 55 ▪ Axes des mouvements du sacrum : (A) d'après Farabeuf, (B) d'après Weisl.

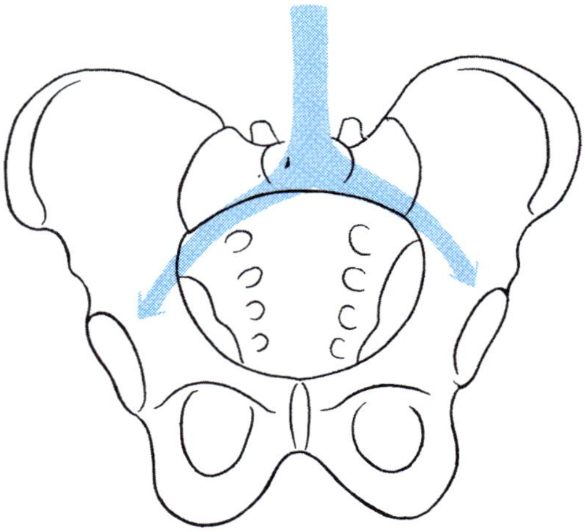

Fig. 56 ▪ Transmission des forces par le sacrum aux cavités cotyloïdes et aux fémurs.

L'amplitude du mouvement reste faible et ne diminue le diamètre antéro-postérieur que de quelques millimètres, 3 mm quand le sacrum est du type synarthrosique peu mobile, 15 mm quand l'articulation sacro-iliaque est du type des diarthroamphiarthroses (Delmas).

▪ **MOUVEMENTS DE LA COLONNE VERTÉBRALE DANS SON ENSEMBLE.** Les mouvements observés à chaque étage de la colonne vertébrale ne rendent pas complètement compte de ceux de l'ensemble de la colonne vertébrale. Les mouvements particuliers (flexion, extension, inclinaison, rotation) soit se compensent, soit se combinent pour corriger ce qui, à un étage, pourrait sous une action musculaire trop violente, faire supporter à un processus articulaire (le point d'appui) un effort trop important ou cisailler un disque.

Pour chaque colonne vertébrale et pour chaque mouvement, il existe aux différents étages des vertèbres neutres dont les déplacements sont de faible amplitude (Delmas et Raou). Ainsi C7 ne prend que peu de part à la flexion, l'extension, l'inclinaison latérale et la rotation, T5, T6, T8, T10 à la flexion, T2, L2, L3, L5 au contraire prennent une part active à l'extension de la colonne.

Les variations morphologiques de la base sacrale jouent aussi un rôle important. L'hypobasalité élève l'appui sacral, aussi la mobilité sacrale est-elle, dans ce cas, plus grande et s'accompagne fréquemment d'une bituberculisation du processus épineux de la 5ᵉ vertèbre lombale.

Toutes ces conditions variables d'un sujet à l'autre ne permettent pas de définir avec précision l'amplitude totale des mouvements de la colonne vertébrale. On peut admettre qu'elle est pour :

— la flexion de 110° ;
— l'extension de 140° ;
— l'inclinaison latérale de 75° pour chaque côté ;
— la rotation de 90° de chaque côté (fig. 57).

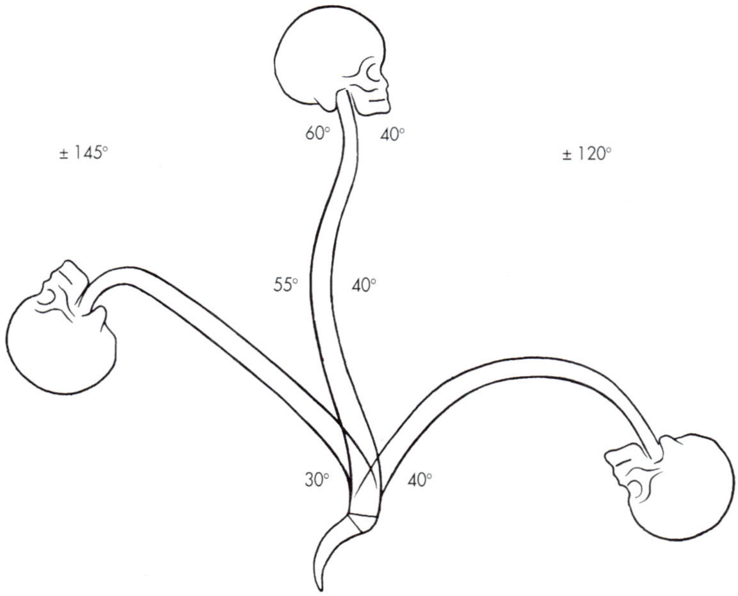

Fig. 57 ▪ Mouvement d'extension et de flexion de la colonne vertébrale dans son ensemble.

On remarquera que le mouvement d'extension est le plus développé, ce qui est conforme à la recherche spontanée et constante de la posture verticale, la flexion étant l'attitude de repos. On remarquera de même l'importance relative de la rotation. Ce mouvement s'accompagne le plus souvent d'une inclinaison latérale, ce qui entraîne la torsion de la colonne vertébrale, torsion qui, à la fois limite l'amplitude du mouvement, mais le rend plus solide en tendant plusieurs ligaments à la fois.

La flexion de la colonne tend à effacer les courbures cervicales et lombales, mais accentue peu la courbure thoracique.

L'extension est surtout marquée aux niveaux cervical et lombale qui exagèrent leurs courbures normales. Dans la région du cou, la tête est projetée en arrière au-dessus de C7, la gorge tendue, le menton levé ; dans la région lombale, l'extension est surtout le fait des deux dernières vertèbres lombales L4 et L5. L'étage thoracique et thoraco-lombale se redressent moins. L'extension de toute la colonne vertébrale est donc surtout un mouvement de ses extrémités.

L'inclinaison latérale fait décrire à la colonne vertébrale un mouvement général en arc assez régulier, toutefois, en raison même du blocage latéral des articulations lombales et de la présence de la cage thoracique, l'inclinaison latérale n'existe vraiment qu'à partir de L2, elle diminue ensuite à l'étage thoracique et reprend à partir de C6, la tête venant à la rencontre de l'épaule du même côté.

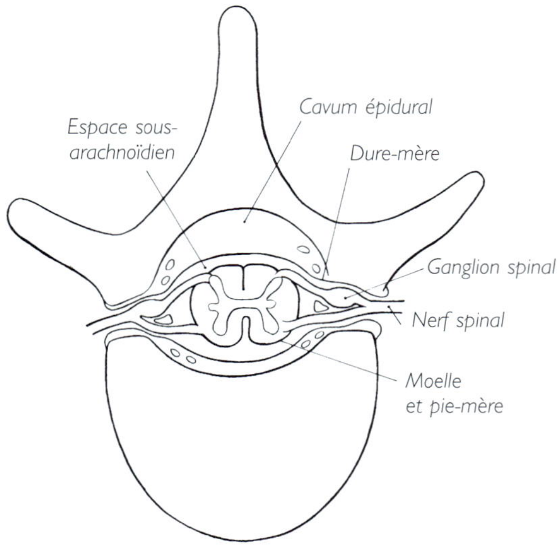

Fig. 58 ▪ La colonne vertébrale, organe protecteur.

La rotation d'ensemble du tronc chez le sujet debout met en jeu, sans qu'on en ait conscience, les articulations du bassin et de la hanche. Ce mouvement du tronc paraît ainsi avoir plus d'amplitude qu'il n'en a réellement. Très faible en réalité au niveau lombale, faible encore à l'étage thoracique, il ne prend toute sa valeur que dans la région du cou. Nous faisons plus tourner notre tronc sur les membres inférieurs, qu'il ne tourne lui-même.

C. **La colonne vertébrale, organe protecteur du système nerveux central.**

La moelle est logée à l'intérieur du canal vertébral, formé par la succession des foramens vertébraux et des diverses formations qui occupent les espaces entre les vertèbres.

Ce canal est continu, c'est un étui ostéofibreux dont les parois osseuses sont constituées par la face postérieure des corps vertébraux en avant, les faces médiales des pédicules en dehors et des lames en arrière.

Le grand ligament longitudinal postérieur revêt la face postérieure des corps des vertèbres et des disques, empêche le nucleus pulposus de faire hernie dans la lumière du canal. Le ligament protège ainsi la moelle ou ses racines au cours des mouvements de la colonne vertébrale. En arrière, les ligaments jaunes, tendus entre les lames, assurent la continuité et la solidité de la paroi postérieure du canal. Celui-ci communique avec les espaces périvertébraux au moyen des foramens intervertébraux qui livrent passage aux racines nerveuses et aux pédicules vasculaires (fig. 58).

La moelle spinale n'occupe pas toute la hauteur du canal vertébral, elle s'arrête au niveau du disque qui sépare L1 et L2 au-dessous du cône terminal. Les racines de la queue de cheval et le filum terminal descendent jusqu'au canal sacral. La moelle spinale ne remplit pas non plus le canal en entier, ses diamètres sagittal et transversal sont plus petits, ils ne dépassent pas 1 cm pour la moelle thoracique, 1,5 cm au niveau des renflements cervical et lombale tandis que le canal vertébral mesure 14 mm en moyenne, dans le sens antéro-postérieur et 24 mm dans le sens transversal à l'étage cervical, 16 mm et 23 mm à l'étage lombal. Il s'élargit davantage encore en regard de la 5e vertèbre lombale (Delmas et Pineau).

La tige médullaire ne suit pas tout à fait les courbures du canal, elle tend à être rectiligne, elle est plus proche de la paroi postérieure dans la région thoracique et de la paroi antérieure aux autres étages.

La moelle est baignée dans le canal par le liquide cérébro-spinal et entourée par les méninges spinales. La dure mère adhère aux parois osseuses et s'engage en entonnoir dans les foramens intervertébraux où elle se fixe. Le liquide cérébro-spinal forme une gaine liquidienne autour de la moelle spinale. La moelle s'arrêtant au-dessous de L2, le liquide cérébro-spinal remplit une citerne subarachnoïdienne qui s'étend jusqu'à la 2e vertèbre sacrale, traversée par les racines de la queue de cheval. C'est dans cette citerne que se pratique la ponction lombale. La dure-mère spinale n'occupe pas toute la hauteur du canal sacral de telle sorte qu'il existe entre le canal sacral osseux et elle un cavum épidural dans lequel se pratiquent les injections épidurales.

Enfin la moelle spinale et ses racines sont entourées par les artères spinales et leurs ramifications et par d'importants plexus veineux.

ARTICULATIONS DU THORAX

Les articulations du thorax comprennent : 1° les *articulations de la tête costale* ; 2° les *articulations des côtes avec les cartilages costaux* ; 3° les *articulations des cartilages costaux entre eux* ; 4° les *articulations sterno-costales* ; 5° les *synchondroses intersternébrales* ; 6° l'*articulation sterno-claviculaire*.

I. ARTICULATIONS DE LA TÊTE COSTALE

Les côtes sont unies à la colonne vertébrale : 1° par les articulations de la tête costale proprement dites ; 2° par les articulations costo-transversaires ; 3° par les ligaments costo-transversaires (fig. 59).

A. **Articulations de la tête costale proprement dites.**

Ces articulations relient la tête des côtes aux parties latérales des corps vertébraux. Chacune d'elles se compose de deux arthrodies ou articulations planes séparées par un ligament interosseux.

SURFACES ARTICULAIRES. La tête de chaque côte a la forme d'un coin. Elle présente deux faces articulaires revêtues de fibro-cartilage, l'une, supéro-médiale, l'autre, inféro-latérale, séparées l'une de l'autre par une arête mousse antéro-postérieure.

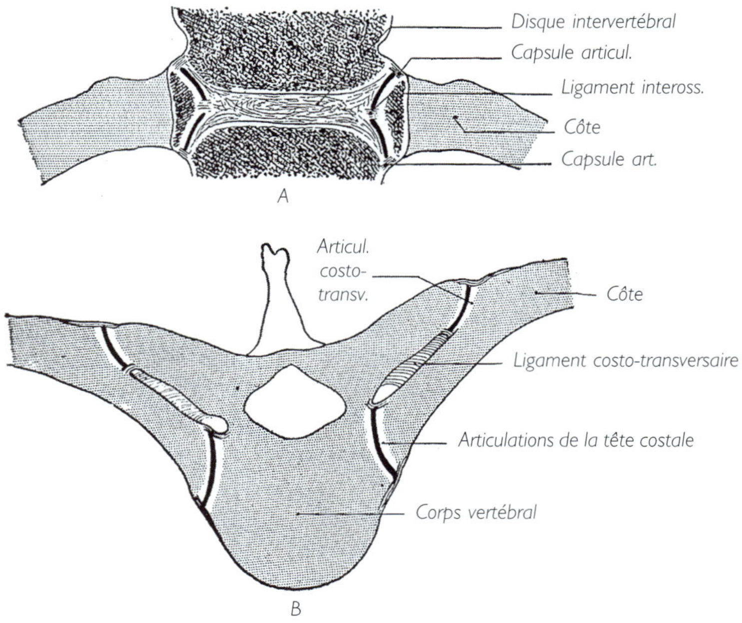

Fig. 59 ▪ Coupes des articulations des corps vertébraux et des articulations de la tête costale.
A, Coupe frontale d'un disque intervertébral et des articulations de la tête costale correspondantes.
B, Coupe horizontale des articulations de la tête costale.

Le coin costal s'adapte à une dépression en forme d'angle dièdre, formée par la demi-facette articulaire costale inférieure d'une vertèbre, par la demi-facette costale supérieure de la vertèbre sous-jacente et par le segment de disque intervertébral compris entre ces facettes articulaires. Les surfaces articulaires du coin costal répondent aux demi-facettes articulaires des vertèbres ; ces surfaces sont revêtues de fibro-cartilage ; l'arête costale répond au disque intervertébral.

La tête des première, onzième et douzième côtes ne s'articule qu'avec une seule vertèbre et présente à cet effet une seule facette articulaire à peu près plane ou très légèrement convexe, en rapport avec une surface articulaire placée sur la face latérale de la vertèbre correspondante.

▪ **MOYENS D'UNION.** Les têtes costales sont unies aux corps vertébraux par : 1° une capsule articulaire mince, renforcée en avant et en arrière par des ligaments ; 2° un ligament intra-articulaire.

1. Capsule articulaire. Elle est mince. Les ligaments qui la renforcent sont le ligament radié de la tête costale ou rayonné et le ligament vertébro-costal postérieur.

Le *ligament radié de la tête costale* a la forme d'un éventail. Il s'insère en dehors sur la face antérieure de la tête costale, d'où les fibres rayonnent vers les deux vertèbres et le disque intervertébral correspondant (fig. 60).

Le *ligament vertébro-costal postérieur* est représenté par de petits faisceaux qui vont de la côte à la face antérieure du foramen intervertébral placé au-dessus et à la face externe du pédicule de la vertèbre sous-jacente (fig. 43).

2. Ligament sterno-costal intra-articulaire.

Le ligament intra-articulaire de la tête costale est un faisceau fibro-cartilagineux court, plus épais en avant qu'en arrière, étendu horizontalement de l'arête de la tête costale au disque intervertébral (fig. 59, A).

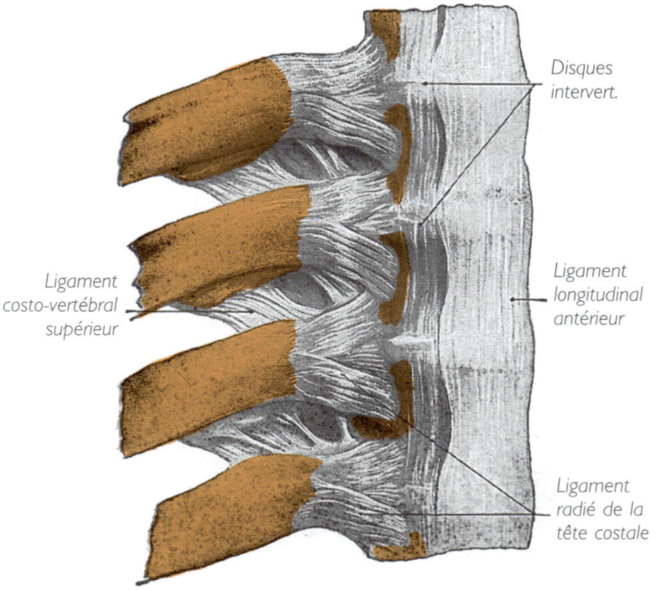

Fig. 60 ▪ Articulations de la tête costale, vue antérieure.

Le ligament divise en deux articulations secondaires chacune des articulations de la tête costale. Fréquemment, la partie postérieure du ligament fait défaut et les deux cavités articulaires communiquent entre elles.

Le ligament interosseux fait défaut dans les articulations de la tête costale des première, onzième et douzième côtes.

▪ **SYNOVIALE.** Chaque articulation de la tête costale possède deux synoviales séparées par le ligament interosseux. Les deux synoviales se continuent l'une avec l'autre quand ce ligament est incomplet.

B. Articulations costo-transversaires.

Ce sont des trochoïdes qui unissent les tubérosités des côtes aux processus transverses.

▪ **SURFACES ARTICULAIRES.** Elles sont à peu près circulaires et recouvertes de cartilage. La surface articulaire de la côte est convexe, celle du processus transverse est concave. L'une et l'autre sont taillées en segments de cylindre dont l'axe est dirigé dans le sens du col de la côte (Roud).

Les surfaces costale et transversaire des vertèbres supérieures sont dans un plan frontal. Leur orientation se modifie de haut en bas, car elles s'inclinent en bas et en avant, d'autant plus qu'elles sont inférieures.

▪ **MOYENS D'UNION.** La capsule articulaire est renforcée par deux ligaments : ❑ un *ligament costo-transversaire latéral* très résistant, tendu entre le sommet du processus transverse et la saillie supéro-externe de la tubérosité costale (fig. 43) ; ❑ un *ligament costo-transversaire*, qui relie le bord inférieur du processus transverse au bord inférieur de la côte.

■ **SYNOVIALE.** Elle tapisse la face interne de la capsule.

C. **Ligaments costo-transversaires.**

Ces ligaments relient le col de la côte à la vertèbre voisine. La dénomination de ligaments costo-transversaires a, comme le dit Poirier, l'avantage, sur celle de costo-vertébraux, d'indiquer l'insertion de ces ligaments sur le col de la côte.

Ils sont au nombre de quatre.

1° Le *ligament costo-transversaire* est formé de petits faisceaux ligamenteux qui s'étendent horizontalement de la face postérieure du col de la côte à la face antérieure du processus transverse (fig. 59 B).

2° Le *ligament costo-vertébral supérieur* est une lame quadrilatère, forte, épaisse, résistante, dont les fibres montent obliquement en haut et en dehors, du bord supérieur du col de la côte au bord inférieur du processus costiforme sus-jacent (fig. 60).

3° Le *ligament cervico-lamellaire*, mince et long, s'insère, d'une part, sur la face postérieure du col de la côte immédiatement au-dessus du ligament interosseux, d'autre part, sur le bord inférieur de la lame vertébrale sus-jacente.

4° Le *ligament cervico-méniscal* est inconstant. Il s'attache, comme le précédent, à la face postérieure du col de la côte, au-dessus du ligament interosseux ; de là il se porte en dedans, traverse le foramen intervertébral et se termine sur la face postérieure du disque intervertébral correspondant.

II. ARTICULATIONS COSTO-CHONDRALES

Ces articulations unissent les côtes aux cartilages costaux. Ce sont des synarthroses ou articulations fibreuses. L'extrémité antérieure des côtes présente une cavité dans laquelle pénètre l'extrémité du cartilage correspondant. Le cartilage est soudé à la côte.

Tout autour de l'articulation, le périoste costal se continue avec le périchondre du cartilage et contribue à augmenter la solidité de l'articulation.

III. ARTICULATIONS INTERCHONDRALES

Les articulations interchondrales unissent entre eux, par leurs bords contigus, les sixième, septième et huitième cartilages costaux. Les surfaces articulaires, planes, occupent la partie moyenne élargie des bords des cartilages.

Elles sont maintenues en contact par un manchon capsulaire constitué par le périchondre qui s'étend d'un cartilage à l'autre et qui est renforcé par de minces faisceaux fibreux.

Une *synoviale* tapisse la face interne de la capsule.

IV. ARTICULATIONS STERNO-COSTALES

Les sept premiers cartilages costaux, à l'exception du premier et très souvent aussi du septième, sont unis au sternum par des articulations à peu près semblables aux articulations de la tête costale proprement dites. Chacune d'elles se compose, en effet, de deux arthrodies séparées par un ligament interosseux.

À l'exception de la première et de la sixième articulation, toutes les autres siègent en regard des lignes de soudure des pièces sternales. Or comme, chez l'adulte, deux de ces lignes sont toujours visibles, il en résulte que le siège de deux articulations seulement est repéré par ces lignes. Ce sont : la deuxième, qui est à l'union du manubrium et du corps du sternum, et la septième, qui siège à la jonction du corps du sternum et du processus xiphoïde.

La première est immédiatement sous-jacente à la facette claviculaire.

SURFACES ARTICULAIRES. Les surfaces articulaires sternales, ou incisures costales, sont des dépressions anguleuses à deux versants, l'un, supérieur, l'autre, inférieur. Elles sont revêtues d'une mince couche de fibro-cartilage. Ces incisures reçoivent l'extrémité médicale, anguleuse, saillante, des cartilages costaux.

MOYENS D'UNION. On trouve dans ces articulations : 1° une capsule articulaire renforcée en avant et en arrière par des ligaments ; 2° un ligament interosseux.

1. Capsule articulaire. La capsule fibreuse unit le périchondre du cartilage au périoste du sternum.

Les deux ligaments qui renforcent la capsule sont le *ligament sterno-costal radié* et le *ligament chondro-sternal postérieur*. Ces deux ligaments, placés l'un en avant, l'autre en arrière de l'articulation, sont formés de fibres qui vont en divergeant de l'extrémité interne du cartilage au sternum. Le ligament sterno-costal radié est toujours plus développé que le postérieur.

2. Ligament interosseux. Ce ligament est un faisceau fibro-cartilagineux tendu horizontalement de l'arête de l'angle cartilagineux costal au fond de l'échancrure sternale.

Il divise l'articulation en deux cavités, tantôt distinctes, tantôt communiquant entre elles parce que la partie postérieure du ligament fait souvent défaut.

SYNOVIALE. La synoviale est double ou simple, suivant que la cavité articulaire est ou n'est pas divisée en deux cavités distinctes par un ligament interosseux.

a) ARTICULATIONS STERNO-COSTALES DES PREMIER ET SEPTIÈME CARTILAGES COSTAUX.

Le *premier cartilage costal* est généralement uni au sternum par synchondrose. Il est de plus relié au sternum par deux *premiers ligaments sterno-costaux radiés*, l'un, antérieur, l'autre, postérieur.

L'*articulation sterno-costale* du septième cartilage costal est caractérisée par la présence d'un ligament sterno-costal de la septième côte très résistant.

Ce ligament recouvre la face antérieure de l'articulation et s'entrecroise, en avant du processus xiphoïde, avec celui du côté opposé.

V. SYNCHONDROSES INTERSTERNÉBRALES

Les trois pièces principales du sternum, c'est-à-dire le manubrium, le corps et le processus xiphoïde, sont unies entre elles par deux articulations, l'une, supérieure, l'autre, inférieure.

a) SYNCHONDROSE MANUBRIOSTERNALE. Cette jointure relie le manubrium au corps du sternum. Elle est tantôt une amphiarthrose, tantôt une diarthro-amphiarthrose.

Les surfaces articulaires, planes, ovalaires, allongées transversalement, sont encroûtées d'une mince couche de cartilage.

Elles sont unies par un ligament interosseux. Ce ligament est lui-même revêtu, en avant et en arrière, d'une lame fibreuse en continuité avec le périoste des pièces osseuses voisines. Sur les côtés, le ligament interosseux se continue avec le ligament interosseux de la deuxième articulation chondro-sternale.

Il se forme parfois dans l'épaisseur du ligament interosseux une cavité articulaire plus ou moins développée. La jointure est alors une diarthro-amphiarthrose.

b) SYNCHONDROSE XIPHOSTERNALE. Cette articulation relie le corps du sternum au processus xiphoïde. Les deux pièces osseuses sont seulement unies par une couche de cartilage. L'articulation est donc une synchrondrose.

L'ossification envahit progressivement cette articulation qui, en général, est complètement ossifiée chez le vieillard.

Le processus d'ossification envahit également l'articulation sternale supérieure. Mais, dans cette jointure, l'ossification complète ne s'observe que rarement et à un âge très avancé.

MÉCANISME DES ARTICULATIONS DU THORAX. Les mouvements du thorax résultent de la combinaison des mouvements que présentent les diverses articulations qui unissent entre elles les pièces osseuses et cartilagineuses du thorax.

Nous étudierons d'abord séparément le mécanisme de chacune de ces articulations, ensuite les mouvements d'ensemble de la cage thoracique.

1° MÉCANISME DES DIVERSES ARTICULATIONS QUI UNISSENT ENTRE ELLES LES PIÈCES OSSEUSES OU CARTILAGINEUSES DU THORAX. Les *articulations de la tête costale proprement dites,* considérées isolément, exécutent des mouvements d'inclinaison assez étendus dans tous les sens, surtout en bas et en haut. Elles exécutent aussi des mouvements de glissement en avant et en arrière, très limités.

Les articulations costo-transversaires sont le siège de mouvements de glissement de faible amplitude de la surface convexe de la côte sur la surface concave du processus transverse.

Les *mouvements de la côte sur la colonne vertébrale* sont des mouvements de rotation qui se passent à la fois dans les articulations de la tête costale proprement dite et costo-transversaire. Ils se produisent autour d'un axe qui passe par l'arête de la tête costale et par l'axe de courbure des surfaces cylindriques costo-transversaires. Cet axe suit l'axe longitudinal du col de la côte (Roud). Les mouvements de rotation qu'exécute la côte autour de cet axe ont pour effet d'élever ou d'abaisser l'arc costal. En même temps que la côte s'élève, son extrémité antérieure se porte en avant et en dehors. Quand elle s'abaisse, le mouvement inverse se produit.

Les *articulations interchondrales* et *sterno-costales* sont le siège de mouvements de glissement peu étendus.

En ce qui concerne les *articulations sternales,* il est à retenir que seule la synchondrose manubriosternale est mobile et présente de faibles mouvements d'inclinaison en avant et en arrière des deux pièces sternales en présence.

Enfin, les cartilages costaux possèdent une flexibilité et une élasticité telles qu'ils peuvent s'infléchir ou s'étendre, c'est-à-dire augmenter ou redresser leur courbure.

2° MOUVEMENTS D'ENSEMBLE DU THORAX. Les mouvements d'ensemble du thorax sont : 1° le mouvement de dilatation ou d'inspiration qui résulte de l'élévation des côtes ; 2° le mouvement de resserrement ou d'expiration produit par l'abaissement des côtes.

Mouvement de dilatation ou d'inspiration. Quand les côtes osseuses s'élèvent, leur extrémité antérieure se porte en dehors et en avant. Par suite, les diamètres transverse et antéro-postérieur du thorax sont agrandis. Voici le mécanisme de ces mouvements.

En se portant en dehors, la partie moyenne et antérieure des côtes s'éloigne de la ligne médiane. L'extrémité antérieure des côtes osseuses, bien qu'elle soit reliée au sternum ou au cartilage costal sus-jacent par son propre cartilage, peut s'écarter cependant du sternum grâce : 1° à la flexibilité de la côte osseuse par laquelle la côte peut modifier sa courbure ; 2° à l'élasticité des cartilages costaux qui permet un certain allongement de ces cartilages ; 3° à leur flexibilité qui leur permet de redresser leur courbure ; 4° à la mobilité des articulations sterno-costales. Le résultat de tous ces changements se produisant simultanément sur tous les arcs costaux a pour résultat d'augmenter le diamètre transverse du thorax.

En même temps que la côte s'élève, son obliquité en bas et en avant diminue, sa direction tend de plus en plus vers l'horizontale et l'extrémité antérieure de la côte se porte en avant. Les côtes poussent en avant les cartilages costaux et, par leur intermédiaire, le sternum. Ainsi le diamètre antéro-postérieur du thorax est agrandi.

La projection du sternum en avant est plus accentuée en bas qu'en haut. Cela tient à la différence de longueur des côtes sternales. Les côtes inférieures sont plus longues que les supérieures et déterminent un déplacement du sternum plus considérable.

Mouvement de resserrement ou d'expiration. Le resserrement du thorax est le résultat de l'abaissement des côtes qui entraîne la diminution des diamètres transverse et antéro-postérieur du thorax. Le mécanisme suivant lequel le resserrement thoracique se produit est l'inverse de celui qui détermine la dilatation. Il présente cependant ceci de particulier, c'est que l'abaissement des côtes se fait d'abord passivement, en raison de l'élasticité des cartilages qui reviennent à la position de repos.

ÉLASTICITÉ DE LA CAGE THORACIQUE. La flexibilité des côtes et des cartilages, l'élasticité de ceux-ci, la mobilité des arcs costaux due à la multiplicité des jointures qui unissent entre elles les différentes pièces osseuses ou cartilagineuses du thorax, s'ajoutent pour donner à l'ensemble de la cage thoracique une très grande élasticité en même temps qu'une plus grande résistance aux chocs extérieurs. Cette élasticité diminue avec l'âge.

Une forte pression agissant sur la paroi antérieure du thorax refoule cette paroi vers la colonne vertébrale. Le déplacement de la paroi peut être considérable chez les sujets jeunes, sans qu'il se produise de fracture. Ceci explique pourquoi une pression violente peut entraîner des lésions des organes intrathoraciques sans fracture des arcs costaux.

Une pression portant sur la paroi antérieure du thorax se répartit sur tout le plastron sterno-costal et, par conséquent, sur tous les arcs costaux qui s'unissent aux bords latéraux du sternum.

Un choc portant sur la paroi latérale du thorax, qui est à la fois convexe verticalement et transversalement, atteint un seul arc costal ou un nombre restreint d'arcs costaux dont la résistance est inférieure à celle de la totalité des arcs costaux qui supportent le sternum. Il en résulte que « les côtes n'offrent latéralement qu'une résistance isolée et se fracturent bien plus facilement que lorsque le choc est dirigé d'avant en arrière, où les pressions portent à la fois sur toute l'étendue du sternum » (Cruveilhier).

VI. ARTICULATION STERNO-CLAVICULAIRE

L'articulation sterno-claviculaire réunit la clavicule au sternum et au premier cartilage costal. C'est une articulation par emboîtement réciproque.

SURFACES ARTICULAIRES. Les surfaces articulaires présentent de très nombreuses variations individuelles dans leur forme et leur étendue. Ces variations tiennent, d'après Fick, d'une part aux modifications subies par la jointure sous l'influence des professions diverses, d'autre part au fait que l'articulation sterno-claviculaire unit la clavicule au sternum par l'intermédiaire d'un fibro-cartilage qui représente, sous des aspects très divers, l'os supra-sternal.

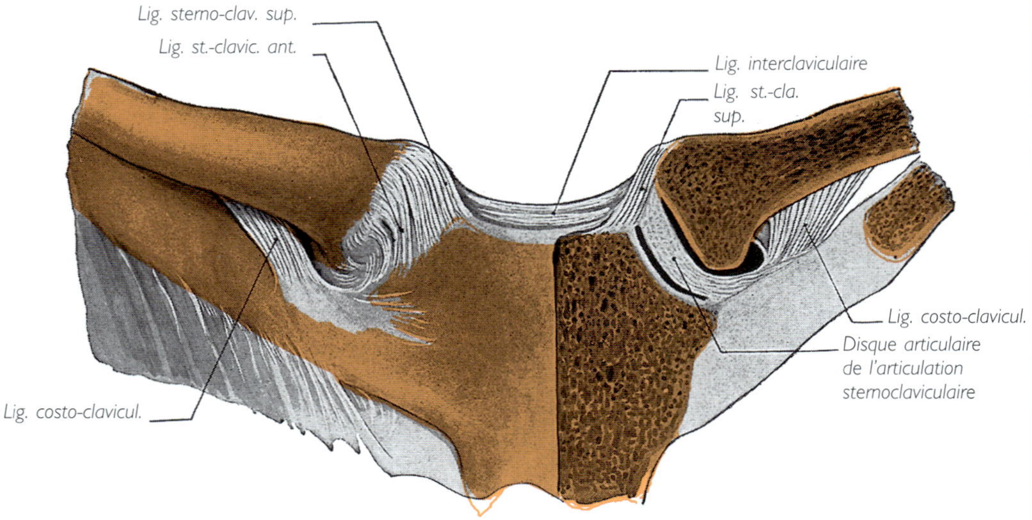

Fig. 61 ▪ Articulation sterno-claviculaire. — À droite, vue antérieure de l'articulation disséquée. — À gauche, la figure montre la coupe frontale de la jointure.

La *surface articulaire claviculaire* (fig. 61) est située à la partie antéro-inférieure de l'extrémité médiale de la clavicule. Celle-ci déborde en haut, en arrière et en avant l'incisure claviculaire, et la surface articulaire occupe seulement cette partie de l'extrémité de la clavicule qui s'affronte à l'incisure sternale. Elle n'occupe donc que les deux tiers ou les trois quarts inférieurs de l'extrémité médiale de la clavicule.

La surface articulaire de la clavicule regarde en dedans, en bas et un peu en avant. Elle est légèrement concave d'avant en arrière, convexe de haut en bas, et se prolonge généralement sur la face inférieure de la clavicule en une facette articulaire convexe en bas, large de 2 à 5 mm, en rapport avec le premier cartilage costal.

La *surface articulaire sternale* est moins étendue que la précédente qui la déborde fortement en avant et en arrière. Elle regarde en haut, en dehors et un peu en arrière. Ses courbures sont inverses de celles de la surface claviculaire ; elle est concave de haut en bas et légèrement convexe d'avant en arrière.

La surface articulaire sternale se continue en dehors par une *facette costale* étroite, qui occupe l'extrémité interne de la face supérieure du premier cartilage costal. Cette facette est bordée en avant et en arrière par les ligaments triangulaires de la première articulation chondro-sternale.

Les surfaces articulaires de l'articulation sont revêtues sur toute leur étendue d'une couche de fibro-cartilage.

a) DISQUE ARTICULAIRE. Les surfaces articulaires, bien que présentant des courbures dirigées en sens inverse, ne se correspondent pas exactement. La concordance est rétablie par un fibro-cartilage interarticulaire (fig. 61). Celui-ci s'attache par son bord circonférenciel à la capsule et aux ligaments de la jointure. Il s'insère de plus : en haut, sur la clavicule au-dessus de la surface articulaire ; en bas, sur le premier cartilage costal. Normalement, le fibro-cartilage est d'épaisseur inégale. Il est plus épais à la périphérie qu'au centre et s'amincit généralement de haut en bas et d'arrière en avant.

Le fibro-cartilage présente une infinité de variations individuelles. Il peut être perforé au centre ou à sa partie antérieure. Il peut être adhérent à la surface sternale sur une plus ou moins grande partie de son étendue, etc.

■ **MOYENS D'UNION.** La *capsule articulaire* qui s'insère autour des surfaces articulaires est renforcée par quatre ligaments que l'on distingue en antérieur, postérieur, supérieur et inférieur (fig. 61).

1. Ligaments antérieur et postérieur. Ces ligaments, encore appelés *ligaments sterno-claviculaires antérieur et postérieur*, sont placés l'un sur la face antérieure, l'autre sur la face postérieure de l'articulation. Ils s'étendent obliquement de haut en bas et de dehors en dedans, du pourtour de la surface claviculaire au pourtour de la surface sternale, ainsi qu'aux parties attenantes des faces antérieure et postérieure du manubrium.

2. Ligament supérieur. Il comprend deux parties qui ne se distinguent l'une de l'autre que par des attaches différentes : une partie inférieure ou *ligament sterno-claviculaire supérieur*, et une partie supérieure ou *ligament interclaviculaire.*

1° Le *ligament sterno-claviculaire* est formé de fibres courtes qui s'attachent à la clavicule et au sternum immédiatement au-dessus des surfaces articulaires.

2° Le *ligament interclaviculaire* est placé au-dessus du précédent, avec lequel il est en continuité. Il s'étend d'une clavicule à l'autre en passant au-dessus de la fourchette sternale. Ce faisceau est aplati d'avant en arrière, limité par un bord supérieur libre, concave, tranchant, et par un bord inférieur, épais, adhérent à la fourchette sternale. Il présente souvent un ou deux orifices vasculaires.

3. Ligament inférieur ou ligament costo-claviculaire. On distingue au ligament costo-claviculaire deux lames, l'une, antérieure, l'autre, postérieure, séparées l'une de l'autre par du tissu cellulaire lâche dans lequel peut se développer une petite bourse séreuse.

La lame antérieure, en continuité avec le feuillet antérieur de la gaine du subclavier, n'a pas une texture ligamenteuse ; la lame postérieure constitue le *ligament costo-claviculaire proprement dit*. Ce ligament se compose de faisceaux fibreux qui s'attachent en bas au premier cartilage costal et à la partie attenante de la première côte. Les faisceaux montent obliquement en haut et en dehors et se terminent sur une empreinte rugueuse qui occupe l'extrémité interne de la face inférieure de la clavicule, en arrière du muscle subclavier qui le sépare de la lame antérieure.

■ **SYNOVIALE.** L'articulation présente deux synoviales, l'une, *ménisco-sternale*, l'autre, *ménisco-claviculaire*. Les deux synoviales ne communiquent l'une avec l'autre que s'il existe une solution de continuité dans le disque articulaire. La synoviale ménisco-claviculaire est plus étendue et plus lâche que la synoviale ménisco-sternale ; aussi permet-elle des mouvements de plus grande amplitude que la synoviale ménisco-sternale.

MÉCANISME DE L'ARTICULATION STERNO-CLAVICULAIRE. L'épaule et la clavicule peuvent exécuter des mouvements d'élévation, d'abaissement, de projection en avant et de projection en arrière, qui se passent dans l'articulation sterno-claviculaire.

Elles peuvent aussi décrire des mouvements de circumduction par la succession des mouvements précédents.

Les *mouvements d'élévation et d'abaissement* se font autour d'un axe antéro-postérieur passant à travers l'extrémité interne de la clavicule, un peu en dehors de l'articulation. Par suite, quand l'extrémité externe de la clavicule s'élève ou s'abaisse, son extrémité interne se meut en sens inverse.

Le mouvement d'élévation de l'extrémité interne est vite limité par la tension des ligaments sterno-claviculaires antérieur, postérieur, supérieur et interclaviculaire.

Le mouvement d'abaissement de l'extrémité interne de la clavicule est arrêté par la tension du ligament costo-claviculaire.

Les *mouvements de projection en avant et de projection en arrière* s'exécutent autour d'un axe vertical passant par la partie moyenne du ligament costo-claviculaire. Les mouvements de projection de l'épaule en avant ou en arrière s'accompagnent de mouvements en sens inverse de l'extrémité interne de la clavicule. Ces derniers sont de faible amplitude ; les mouvements de projection en avant de l'extrémité interne sont arrêtés par la tension du ligament sterno-claviculaire antérieur et du ligament costo-claviculaire ; les mouvements de projection en arrière sont limités par la tension du ligament sterno-claviculaire postérieur et de la lame postérieure du ligament costo-claviculaire.

ARTICULATIONS DU BASSIN

Les os iliaques sont unis : 1° entre eux par la ***symphyse pubienne ou pubique*** ; 2° au sacrum par les ***ligaments sacro-tubéraux*** et par les ***ligaments sacro-épineux.***

I. SYMPHYSE PUBIENNE

Cette articulation est une amphiarthrose ou articulation cartilagineuse.

SURFACES ARTICULAIRES. Les surfaces articulaires occupent le bord interne des lames quadrilatères du pubis. Chacune d'elles est elliptique et mesure en moyenne 3 cm de longueur et 12 mm de largeur. Le grand axe, incliné en bas et en arrière, fait avec l'horizontale un angle de 30°. Cette surface est taillée obliquement d'avant en arrière et de dehors en dedans ; l'intervalle qui sépare les deux pubis est donc plus large en avant qu'en arrière (fig. 62).

La surface articulaire est recouverte par une couche de cartilage qui nivelle les irrégularités que présente l'os sec.

MOYENS D'UNION. Les moyens d'union de la symphyse pubienne sont : un disque interpubique et un manchon fibreux périphérique (fig. 62).

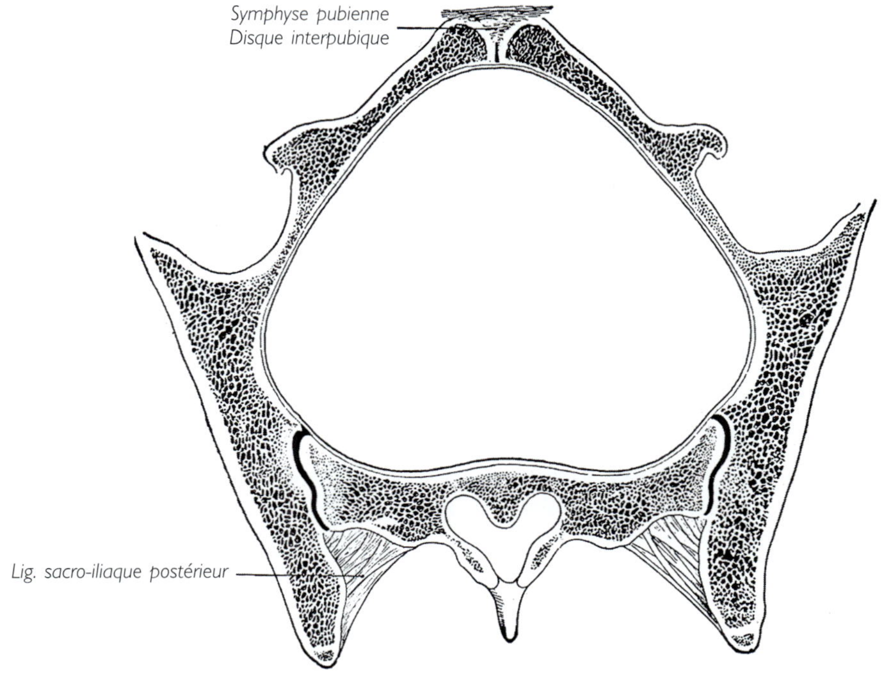

Fig. 62 ▪ Coupe horizontale de la symphyse pubienne et des articulations sacro-iliaques (d'après Luschka).

1. Disque interpubique. On donne ce nom à un fibro-cartilage qui occupe tout l'espace compris entre les surfaces articulaires ; il est donc plus large en avant qu'en arrière.

Il est constitué, à la manière des disques intervertébraux, par du tissu fibreux dont les éléments s'étendent d'une surface cartilagineuse à l'autre.

Les éléments fibreux du disque interpubique sont surtout abondants à la périphérie ; ils ont une direction oblique ou transversale qui s'entrecroise avec celle des faisceaux voisins. Sa partie centrale est normalement creusée, chez l'adulte, d'une cavité irrégulière, sans synoviale, qui fait de cette articulation une diarthro-amphiarthrose. Cette cavité, aplatie transversalement, occupe la partie moyenne de la hauteur de la jointure, près de sa face postérieure.

Chez la femme, le ligament interosseux est plus épais que chez l'homme. Pendant la grossesse, le ligament interosseux acquiert une plus grande laxité et la cavité articulaire s'agrandit.

2. Manchon fibreux périphérique. Tout autour du disque interpubique se trouve un manchon fibreux dont l'aspect et la texture diffèrent sur les différentes faces de la jointure.

Aussi distingue-t-on à ce manchon fibreux quatre parties ou ligaments : postérieur, supérieur, antérieur et inférieur.

Le *ligament postérieur* est une membrane fibreuse, continue avec le périoste et tendue d'un pubis à l'autre sur la face postérieure saillante de la symphyse.

Le *ligament supérieur* est un faisceau fibreux épais et dense.

Le *ligament antérieur*, très épais, est formé de fibres transversales, verticales, et obliques, provenant des tendons des muscles voisins : moyens adducteurs, droits internes, piliers des muscle oblique externe, tendons conjoints droits et muscle pyramidal.

Ces fibres transversales et obliques s'entrecroisent sur la ligne médiane. L'ensemble constitue l'amas tendineux ou fibreux prépubien (voir muscle oblique externe).

Le *ligament inférieur* ou *ligament arqué du pubis* est un volumineux faisceau fibreux, arqué, tendu sous la symphyse entre les branches descendantes des pubis. Il est en continuité en haut avec le ligament interosseux et se termine en bas par un bord libre aigu, presque tranchant, qui arrondit le sommet de l'arcade pubienne.

MOUVEMENTS DE LA SYMPHYSE PUBIENNE. Quand les différentes pièces du bassin sont articulées entre elles, la symphyse pubienne est une articulation à peu près immobile. À la fin de la grossesse, les parties molles des articulations du bassin se ramollissent et la mobilité de ces articulations augmente. Les pubis peuvent alors exécuter de légers mouvements l'un sur l'autre et s'écarter légèrement l'un de l'autre.

II. ARTICULATION SACRO-ILIAQUE

L'articulation sacro-iliaque a été primitivement une *diarthro-amphiarthrose*, comme le prouvent la constitution fibro-cartilagineuse du revêtement des surfaces articulaires et surtout l'existence normale, chez le fœtus, de faisceaux ligamenteux intra-articulaires reliant ces surfaces entre elles. Secondairement, ces tractus disparaissent et l'articulation prend les caractères d'une diarthrose (Hakim).

Mais la disposition des surfaces articulaires est si particulière chez l'homme adulte que cette jointure ne ressemble, par ses caractères généraux, à aucune autre. S'il fallait la classer dans l'un des genres de diarthroses, nous en ferions une *condylienne*. Les surfaces articulaires de cette articulation sont, en effet, l'une concave, l'autre convexe, et taillées en segments d'ellipsoïde dont le grand axe est incurvé dans le même sens que la surface articulaire.

SURFACES ARTICULAIRES. Les surfaces articulaires sont les *surfaces auriculaires* ou *auricules* du sacrum et de l'os coxal[1].

L'*auricule sacrale* est creusée d'une dépression elliptique, arquée, considérée par Farabeuf et Max Posth comme un « segment de gouttière circulaire dont le centre est le tubercule conjugué des première et deuxième vertèbres sacrales ».

L'*ilium* présente un renflement elliptique, allongé en forme de croissant, c'est-à-dire incurvé de la même manière que la gouttière de la surface sacrale.

Les bords de la gouttière sacrale sont renflés, convexes, en forme de bourrelets, et répondent à des sillons qui circonscrivent l'éminence de la surface iliaque (fig. 63).

1. Voir aussi page 27.

Ainsi chacune des surfaces articulaires présente des ondulations formées : ❑ 1° sur la surface sacrée, par la gouttière sacrale de cette surface et par les bourrelets qui bordent la gouttière sacrale ; ❑ 2° sur la surface iliaque, par le renflement iliaque et les sillons qui limitent ce renflement (fig. 63).

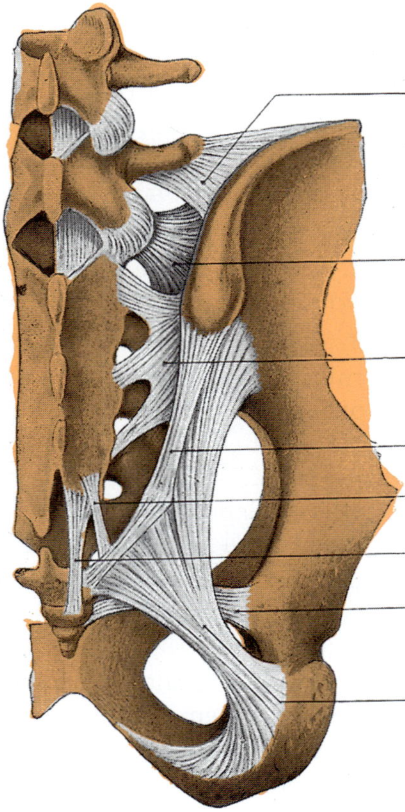

Fig. 63 ▪ Articulation sacro-iliaque et ligaments sacro-épineux.
Plan ligamenteux superficiel ilio-articulaire du ligament sacro-iliaque postérieur (d'après Hakim et Canela).

Les surfaces articulaires sont recouvertes d'un revêtement mince dont la couche profonde est cartilagineuse, tandis que la couche superficielle est fibro-cartilagineuse.

▪ **MOYENS D'UNION.** L'articulation sacro-iliaque présente comme toute diarthrose une capsule articulaire. Cette capsule se confond dans presque toute son étendue avec les ligaments de la jointure qui sont les ligaments sacro-iliaques antérieur et postérieur.

Au ligament sacro-iliaque postérieur se rattache le ligament ilio-lombal.

1. Ligament sacro-iliaque antérieur. Le ligament antérieur, confondu avec la capsule, s'étend sur toute la hauteur de la face antérieure ou abdomino-pelvienne de l'articulation. Il est formé de fibres transversales qui s'insèrent à 2 mm environ du revêtement fibro-cartilagineux.

Ce ligament présente à chacune de ses extrémités deux faisceaux qui se distinguent du reste du plan ligamenteux par leur épaisseur plus grande et par la direction de leurs fibres qui sont obliques en haut et en dehors. Ce sont les *ligaments sacro-iliaques ventral* et *inférieur*, appelés encore *ligaments antéro-supérieur* et *antéro-inférieur.*

Le ligament antéro-supérieur est tendu d'avant en arrière et de dedans en dehors entre l'aile sacrale et l'os iliaque. ❑ Le ligament antéro-inférieur est placé à l'extrémité inférieure de l'articulation ; il s'étend de l'extrémité supérieure de la grande incisure ischiatique au bord latéral du sacrum, suivant une direction oblique en dedans, en bas et en arrière.

2. Ligament sacro-iliaque postérieur. Le ligament sacro-iliaque postérieur comprend trois plans ligamenteux : *superficiel, moyen* et *profond* (Hakim).

a) PLAN LIGAMENTEUX SUPERFICIEL (fig. 63). Il se compose de deux à trois faisceaux parallèles ou divergents, aplatis et minces, mais résistants, qui pourraient être appelés *ligaments ilio-articulaires*. Ils vont, en effet, de la tubérosité iliaque aux crêtes sacrales intermédiaires ou articulaires (Hakim et Canela Lazaro).

Ils s'insèrent en dehors sur la région postéro-inférieure de la tubérosité iliaque, au voisinage immédiat du versant interne de l'épine iliaque postéro-supérieure. Ces attaches iliaques du plan ligamenteux superficiel sont étroitement unies à celles des deuxième, troisième et quatrième ligaments ilio-transversaires conjugués du plan ligamenteux moyen. Le quatrième ligament ilio-transversaire conjugué déborde en arrière sur le plan ligamenteux superficiel (fig. 63).

De leur insertion iliaque, les faisceaux se portent en dedans. Deux faisceaux constants se terminent sur les première et deuxième crêtes sacrale intermédiaires ; deux autres, inconstants, gagnent : l'un, inférieur, le bord interne du troisième foramen sacré dorsal ou le troisième tubercule articulaire ; l'autre, supérieur, la partie externe du processus articulaire du sacrum.

b) PLAN LIGAMENTEUX MOYEN. Celui-ci se compose de faisceaux ou ligaments secondaires, puissants, qui s'étagent de haut en bas, en arrière des surfaces articulaires. Ils sont *ilio-transversaires* parce qu'ils unissent la crête et la tubérosité iliaque aux processus transverses du sacrum, c'est-à-dire aux tubercules conjugués postéro-latéraux ou transversaires qui dérivent de ces processus (fig. 64).

1° Le *ligament ilio-transversaire sacral* est le plus élevé de ces faisceaux. Il unit l'extrémité postérieure de la crête iliaque à la branche de division supérieure du premier processus transverse.

Les faisceaux ou ligaments suivants s'étendent de la tubérosité iliaque aux tubercules conjugués. Ils sont appelés pour cette raison *ligaments ilio-transversaires conjugués* (Farabeuf). Ces ligaments sont placés les uns au-dessous des autres, de telle manière que chacun d'eux est partiellement recouvert par le ligament sous-jacent.

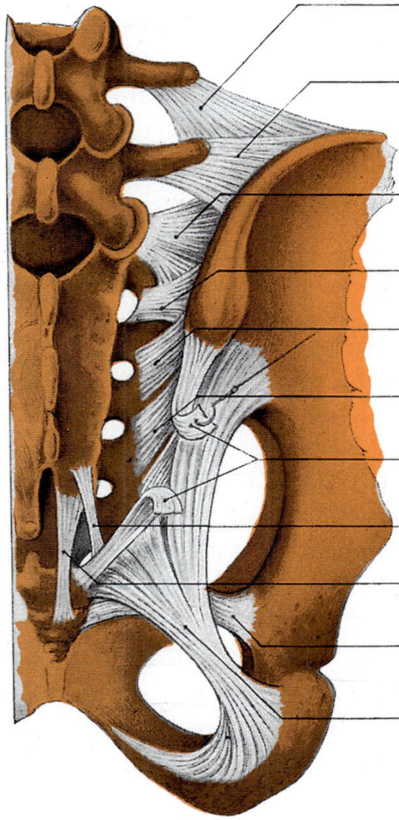

Fig. 64 ▪ Articulation sacro-iliaque et ligaments sacro-épineux. — Plan ligamenteux moyen ilio-transversaire du ligament sacro-iliaque postérieur (d'après Hakim et Canela).

2° Le *premier ligament ilio-transversaire conjugué* s'attache d'une part à la tubérosité iliaque en arrière du sommet de la pyramide, d'autre part au premier tubercule conjugué. Il est souvent confondu avec le plan ligamenteux profond.

3° Le *deuxième ligament ilio-transversaire conjugué*, ou *ligament de Zaglas,* court et épais, s'étend de la tubérosité iliaque, près de l'épine iliaque postéro-supérieure, au deuxième tubercule conjugué.

4° Les *troisième* et *quatrième ligaments ilio-transversaires conjugués* unissent l'épine iliaque postéro-supérieure aux troisième et quatrième tubercules conjugués. Le quatrième ligament ilio-transversaire conjugué recouvre en grande partie le troisième et se confond, en dehors, avec le ligament sacro-tubéral.

c) PLAN LIGAMENTEUX PROFOND. Il est représenté par un volumineux ***ligament sacro-iliaque interosseux*** parce que les faisceaux qui le composent sont placés sans ordre et plus ou moins inclinés les uns sur les autres, appelé encore ***ligament axile*** parce que l'axe autour duquel s'exécutent les mouvements du sacrum passe au milieu de ces faisceaux. Il s'insère en dehors sur toute la tubérosité iliaque, en avant du plan moyen, en particulier sur la pyramide ; il se termine en dedans sur les deux premières fosses criblées du sacrum.

d) LIGAMENT ILIO-LOMBAL. Le système des ligaments ilio-transversaires sacraux est prolongé vers le haut par deux faisceaux ligamenteux ilio-transversaires lombaux, l'un, inférieur, l'autre, supérieur (fig. 64).

❑ Le *ligament ilio-lombal* inférieur s'étend du sommet et du bord inférieur du processus transverse de la cinquième vertèbre lombale à la partie postérieure de la crête iliaque. ❑ Le *ligament ilio-lombal supérieur*, beaucoup moins important que le précédent, unit le sommet et le bord inférieur du processus transverse de la quatrième vertèbre lombale à la crête iliaque, sur laquelle il s'insère, en dehors du faisceau précédent.

Les fibres les plus internes des deux faisceaux du ligament ilio-lombal se terminent sur le sacrum, tandis que d'autres se portent en avant et en bas et s'attachent à une ligne rugueuse qui court en dehors de l'articulation sacro-iliaque, depuis l'extrémité postérieure de la crète iliaque jusqu'à l'extrémité postérieure de la ligne arquée de l'ilium (Vallois). Cependant l'insertion inférieure est beaucoup plus sacrale qu'iliaque ; c'est pourquoi ce faisceau descendant est appelé *ligament intertransversaire lombo-sacral.*

Les deux faisceaux sont plus ou moins étroitement unis, suivant les sujets, et constituent ensemble le ligament ilio-lombal.

■ **SYNOVIALE.** La capsule articulaire est revêtue sur sa face interne d'une synoviale dont la surface irrégulière est soulevée en plusieurs points par de petites franges.

■ **MÉCANISME DE L'ARTICULATION SACRO-ILIAQUE.** ❑ 1° Le sacrum est plus large en haut qu'en bas. Des coupes des articulations sacro-iliaques, horizontales ou parallèles au détroit supérieur, mettent en évidence que le sacrum atteint sa plus grande largeur en arrière de la face antérieure, au niveau de l'un des bourrelets de la surface articulaire sacrale (fig. 62). Grâce à cette disposition, le sacrum est placé entre les os iliaques, en *clef de voûte*, aussi bien dans un plan vertico-transversal que dans un plan horizontal ou oblique en bas et en avant (Farabeuf et Max Posth). Au déplacement des deux os iliaques qui maintiennent entre eux le sacrum, s'opposent : 1° en avant, la symphyse pubienne qui, en dehors de la grossesse, est une articulation à peu près immobile ; 2° en arrière, les faisceaux du ligament sacro-iliaque postérieur.

❑ MOUVEMENTS DE L'ARTICULATION SACRO-ILIAQUE. L'articulation sacro-iliaque peut exécuter autour d'un axe transversal passant par le premier tubercule conjugué des mouvements par lesquels l'éminence arquée de la surface articulaire iliaque glisse dans la gouttière de la surface articulaire du sacrum. Il se produit ainsi des mouvements de bascule par lesquels la base et le sommet du sacrum se déplacent en sens inverse. Ces mouvements de bascule sont appelés mouvements de *nutation* et de *contre-nutation*. Dans la nutation, la base du sacrum se porte en avant, et le coccyx en arrière. La *contre-nutation* est le mouvement par lequel le sacrum, ayant basculé en avant, reprend sa situation normale.

Le mouvement de nutation est bientôt arrêté, non pas seulement par les ligaments appelés *freins de nutation*, mais aussi par la résistance qu'oppose le ligament axile par suite de la torsion qu'imprime à ses faisceaux le mouvement de nutation. Le mouvement de contre-nutation s'arrête quand le sacrum a repris sa position normale, car, au-delà, le mouvement est normalement impossible, par suite de la résistance des différents faisceaux du ligament postérieur.

Le poids du tronc est transmis au bassin et aux membres inférieurs par les articulations sacro-iliaques. La poussée peut également se faire du bassin au tronc, dans le saut par exemple. Dans ces différents cas, le choc est atténué par les mouvements de nutation que les ligaments de la jointure « arrêtent peu à peu en serrant de plus en plus le sacrum entre les iliums » (Max Posth)[1].

❑ MOUVEMENTS DES ARTICULATIONS DU BASSIN PENDANT LA GROSSESSE. ❑ L'amplitude des mouvements de nutation augmente au cours de la grossesse parce que, pendant la gestation, les parties molles des articulations du bassin se ramollissent et se relâchent. Le relâchement des parties molles articulaires est tel que, en plaçant chez la parturiente les membres inférieurs en hyperextension, les os iliaques entraînés par le poids des membres inférieurs « s'abaissent, s'interversent en tournant autour d'un axe transversal » ; il se produit ainsi un mouvement de contre-nutation par glissement des os iliaques mobiles sur le sacrum fixe. Ce mouvement a pour résultat d'abaisser la symphyse pubienne, de l'éloigner du promontoire et d'augmenter de 3 mm environ le diamètre antéro-postérieur du détroit supérieur (Dieulafé). ❑ L'hyperflexion des membres inférieurs sur le bassin entraîne le mouvement inverse des os iliaques sur le sacrum, c'est-à-dire un mouvement de nutation par lequel le diamètre promonto-pubien diminue, tandis que le diamètre antéro-postérieur du détroit inférieur s'accroît de 1,3 à 2,5 cm (Dieulafé).

Dans *l'articulation sacro-coccygienne*, le déplacement de la pointe du coccyx de la flexion extrême à l'extension extrême peut atteindre, à la fin de la grossesse, 53 mm en décrivant un arc de 95° (Vallois et Thomas).

Les articulations des vertèbres lombales acquièrent également pendant la grossesse une mobilité beaucoup plus grande qu'à l'état normal (Vallois et Thomas).

III. LIGAMENTS SACRO-ÉPINEUX ET SACRO-TUBÉRAL

Ces ligaments sont des bandes fibreuses larges, résistantes, tendues entre le sacrum et l'os coxal, dans l'intervalle compris entre ces deux os à la partie postéro-latérale du bassin. Ces ligaments sont, de chaque côté, au nombre de deux et se distinguent en ligaments sacro-épineux et sacro-tubéral (fig. 63).

a) LIGAMENT SACRO-TUBÉRAL. Le ligament sacro-tubéral s'insère en haut : ❑ 1° sur les épines iliaques postéro-supérieure et postéro-inférieure et sur l'incisure ischiatique qui les sépare ; ❑ 2° sur la partie attenante de la face glutéale de l'ilium, depuis l'extrémité postérieure de la crête iliaque jusqu'à l'incisure ischiatique ; ❑ 3° au-dessous de l'articulation sacro-iliaque, sur le bord latéral du sacrum et des deux premières vertèbres coccygiennes.

De là, le ligament, presque vertical, descend un peu obliquement en bas, en dehors et en avant, en se rétrécissant ; il s'élargit à nouveau en approchant de l'ischium. Il s'attache au bord interne, saillant, de la tubérosité ischiatique, et aussi à la lèvre interne de la branche ascendante de l'ischium par un *processus falciforme* dont le bord supérieur, concave, se continue avec le fascia du muscle obturateur interne.

De la face postérieure du ligament sacro-tubéral se détachent des faisceaux charnus du muscle grand fessier.

1. À ce sujet voir anatomie fonctionnelle de la colonne vertébrale où le mécanisme de l'articulation sacro-iliaque est envisagé suivant de nouvelles données qui précisent sans les contredire le mécanisme classique de l'articulation sacro-iliaque.

b) LIGAMENT SACRO-ÉPINEUX. Ce ligament est une lame fibreuse triangulaire, mince, placée en avant du ligament sacro-tubéral, dont il croise obliquement la direction. Il naît, en avant du ligament sacro-tubéral auquel il est étroitement uni, du bord latéral du sacrum et du coccyx, au niveau des deux dernières vertèbres sacrales et des deux ou trois premières vertèbres coccygiennes. De là, ses fibres vont en convergeant en dehors et un peu en avant ; elles s'attachent au sommet de l'épine ischiatique.

Le ligament sacro-épineux est confondu en avant avec le muscle ischio-coccygien dont il dérive par transformation fibreuse de ses faisceaux musculaires postérieurs.

Les ligaments sacro-épineux divisent l'intervalle compris entre l'os coxal et le bord latéral du sacrum et du coccyx en deux orifices. ❑ L'orifice supérieur, très grand, répond à la grande incisure ischiatique et livre passage au muscle piriforme, ainsi qu'aux deux pédicules vasculo-nerveux de la région glutéale. ❑ L'orifice inférieur, plus petit, est en rapport avec la petite incisure ischiatique. Il est traversé par le muscle obturateur interne, les vaisseaux et nerf pudendaux, le nerf rectal inférieur et le nerf du muscle obturateur interne.

IV. MEMBRANE OBTURATRICE

La membrane obturatrice est une lame fibreuse qui ferme à peu près complètement le foramen obturé. Elle ménage toutefois une large ouverture, en regard de la gouttière sous-pubienne qu'elle transforme en canal sous-pubien.

La membrane obturatrice s'attache au pourtour du foramen obturé ainsi qu'aux tubercules ischio-pubiens antérieur et postérieur, qui se dressent sur le bord aigu de cet orifice. Cependant, en haut et en avant, la membrane se termine par un bord libre tendu de la lèvre postérieure de la gouttière sous-pubienne, à l'extrémité supérieure de la crête tuberculaire. De plus, tandis que la membrane s'attache au bord même de l'orifice, le long des parties postérieure et antérieure de son pourtour, elle s'insère au contraire, en bas et en arrière, sur la face interne de la branche ischio-pubienne, jusqu'à un demi centimètre environ au-dessous du bord inférieur de l'orifice. L'insertion s'éloigne encore en haut et en arrière du foramen obturé et se fixe sur la crête tuberculaire (fig. 65, A).

La membrane obturatrice se compose de fibres entrecroisées dans tous les sens, mais la plupart des faisceaux ont une direction à peu près horizontale.

Elle est renforcée sur sa face externe par une lame fibreuse distincte, sur une grande partie de son étendue, de la membrane obturatrice proprement dite ; c'est la *bandelette sous-pubienne* (Testut). Cette bandelette s'attache en arrière au tubercule précotyloïdien et au ligament transverse de l'acétabulum ; elle se termine en avant sur le tubercule ischio-pubien antérieur ainsi que sur le bord du foramen obturé et de la face antérieure du pubis, au voisinage de ce tubercule (fig. 65, B). La bandelette sous-pubienne est unie à la membrane obturatrice par son bord inférieur. Elle en est séparée, dans le reste de son étendue, par un espace qui s'élargit graduellement de bas en haut. Son bord supérieur, libre, contribue à former le plancher du canal du foramen obturé, dont la paroi supérieure est constituée par la gouttière sous-pubienne.

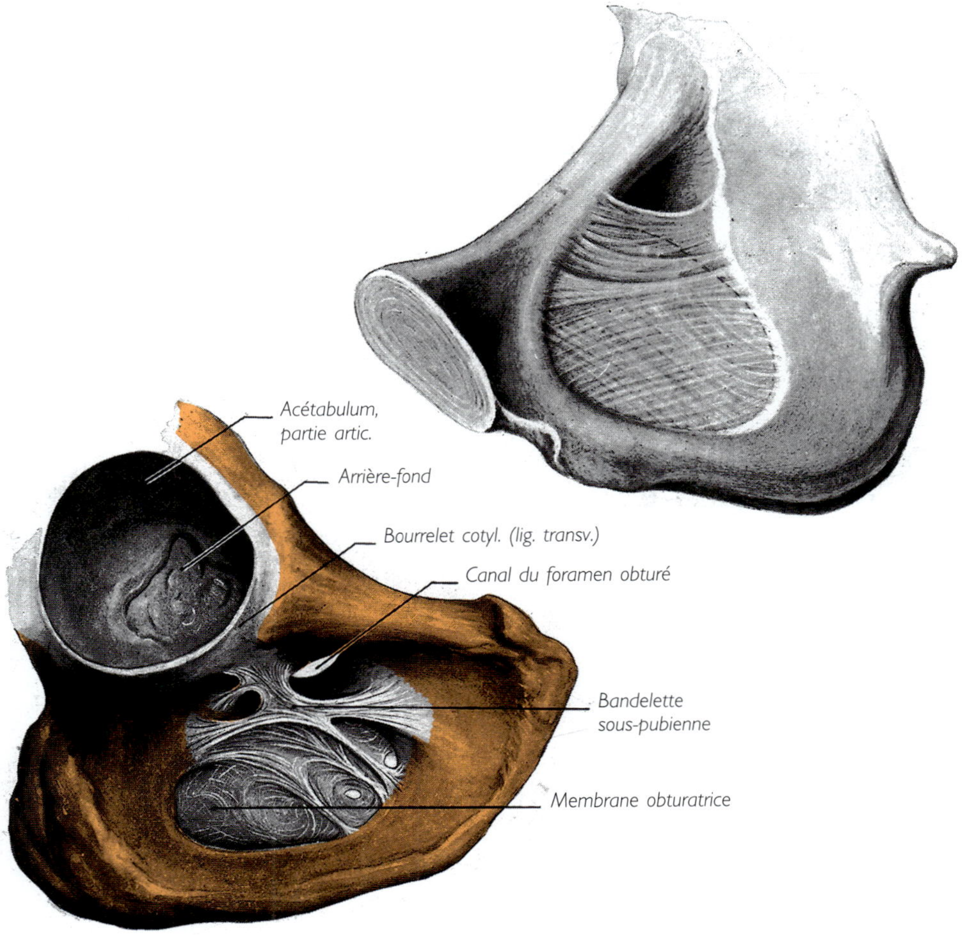

Fig. 65 ▪ Membrane obturatrice. — A, face latérale ; B, face médiale.

La bandelette sous-pubienne est encore unie à certains points du bord du foramen obturé par quelques faisceaux qui adhèrent, sur la plus grande partie de leur trajet, à la face externe de la membrane obturatrice. La bandelette sous-pubienne et ces expansions constituent ce que Poirier et R. Picqué ont appelé ***membrane obturatrice latérale.***

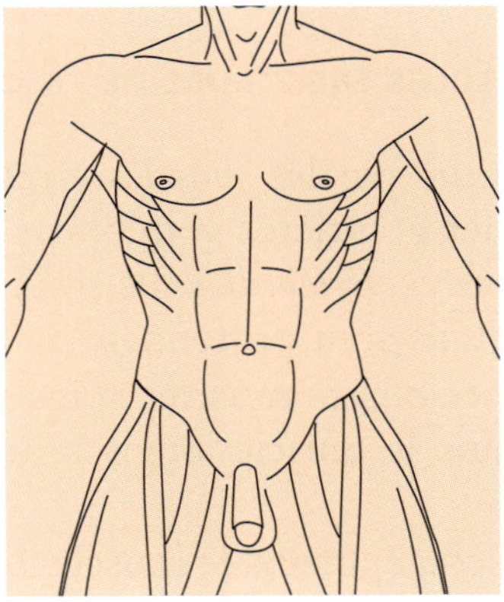

MUSCLES DU TRONC

Les muscles du tronc se répartissent en cinq groupes : 1° les muscles de la paroi postérieure du tronc ; 2° les muscles de la région antéro-latérale du thorax ; 3° les muscles intercostaux externes ; 4° les muscles de la paroi postérieure du tronc ; 5° le diaphragme.

La description des muscles du plancher pelvien et du périnée est inséparable de celle des organes génito-urinaires. Nous les décrirons avec ces organes.

MUSCLES DE LA RÉGION POSTÉRIEURE DU TRONC

Les muscles du tronc peuvent être divisés en trois groupes principaux : un *groupe postérieur*, comprenant les muscles placés en arrière des gouttières vertébrales ; un *groupe moyen*, représenté par les muscles situés dans le plan des processus transverses des vertèbres dorsales et lombales ; enfin un *groupe antérieur*, formé par les muscles placés en avant de ces processus.

I. GROUPE POSTÉRIEUR

Les muscles du groupe postérieur, ou muscles du dos, sont disposés sur quatre plans principaux, que nous décrirons en allant du plan profond au plan superficiel.

PLAN PROFOND — MUSCLES ÉRECTEURS DE LA COLONNE VERTÉBRALE

Le plan profond est constitué par les *muscles érecteurs de la colonne vertébrale*. Ces muscles sont logés dans les gouttières vertébrales et sont encore appelés, pour cette raison, *muscles des gouttières vertébrales*. Ils sont formés de faisceaux longitudinaux d'autant plus courts qu'ils sont profondément situés.

On distingue de chaque côté quatre muscles spinaux proprement dits ; ce sont : le muscle transversaire épineux, le muscle longissimus, le muscle sacro-lombal, le muscle épineux.

Le muscle transversaire du cou épineux, le muscle longissimus et le muscle sacro-lombal sont réunis, en bas, en une masse musculaire indivise appelée masse commune.

1. Masse commune des muscles spinaux sacro-lombaux. La masse commune aux muscles spinaux sacro-lombaux et aux muscles spinaux occupe la gouttière sacrale et la gouttière lombale. Elle se compose d'une partie profonde, charnue, le muscle transversaire du cou épineux, et d'une lame tendineuse très épaisse, qui représente le tendon d'insertion des muscles sacro-lombal et longissimus (fig. 67 et 68).

Cette lame tendineuse, qui est aussi confondue avec la lame d'insertion du muscle latissimus dorsi, s'insère : ❑ 1° sur l'épine iliaque postéro-supérieure et la partie voisine de la crête iliaque ; ❑ 2° sur la tubérosité iliaque ; ❑ 3° sur la crête sacrale et sur les processus épineux des trois ou quatre dernières vertèbres lombales.

Les fibres charnues qui font suite aux faisceaux tendineux se portent en haut et se séparent un peu au-dessous de la douzième côte en deux parties ; l'une, médiale, est le muscle longissimus ; l'autre, latérale, est le muscle sacro-lombal.

2. Muscle transversaire épineux

a) FORME, SITUATION, TRAJET. Le muscle transversaire épineux est un muscle très long, appliqué directement sur la colonne vertébrale, depuis le sacrum jusqu'à l'axis, dans la gouttière comprise entre les processus épineux et les processus transverses.

b) INSERTIONS ET DESCRIPTION. Le muscle transversaire épineux se compose, de chaque côté, de nombreux groupes ou séries de faisceaux ou « chevrons » musculaires qui ont été vus de façon différente par Trolard et par Winckler plus récemment.

D'après Trolard, chaque groupe prend son origine sur un processus transverse et se divise en deux faisceaux : les muscles rotateurs et les muscles multifides (fig. 66, côté gauche). ❑ Le *muscle court rotateur* se termine sur la partie externe du bord inférieur de la lame vertébrale de la première vertèbre située au-dessus de son point d'origine ; ❑ le *muscle long rotateur*, sur la partie interne du bord inférieur de la lame de la deuxième vertèbre située au-dessus ; ❑ le *muscle court multifide*, sur la base du processus épineux de la troisième vertèbre susjacente ; le muscle long multifide, enfin, sur le sommet du processus épineux de la quatrième.

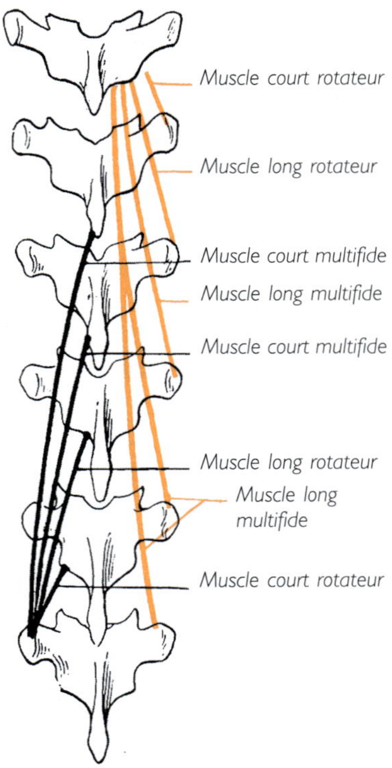

Fig. 66 ▪ Schémas du muscle transversaire du cou épineux : *à gauche* (d'après Trolard) ; *à droite* (d'après Winckler).

Pour Winckler les faisceaux de chaque groupe ont une disposition inverse de celle qui a été décrite par Trolard (fig. 66, côté droit) : ils naissent, en effet, des processus transverses de quatre à cinq vertèbres superposées et se terminent sur le bord inférieur de la lame (muscles rotateurs) et sur le processus épineux (muscles multifides) de la vertèbre susjacente à celles qui ont donné naissance aux divers faisceaux du groupe.

La disposition des chevrons musculaires se modifie aux deux extrémités du muscle transversaire épineux. Dans la région sacrale, les faisceaux musculaires sont confondus en une masse indivise. Au cou, le nombre de faisceaux de chaque petit muscle diminue régulièrement de la cinquième vertèbre cervicale à la troisième.

3. Muscle longissimus

a) FORME, SITUATION, TRAJET. Le muscle longissimus est une longue bande musculaire, large et épaisse en bas, étroite et mince en haut, qui monte en arrière du muscle transversaire épineux depuis la masse commune jusqu'à la deuxième côte (fig. 67).

b) INSERTIONS ET DESCRIPTION. Sur toute la hauteur de la masse commune, le muscle longissimus se confond en dehors avec le muscle sacro-lombal. Au-dessus de la masse commune, ce muscle diminue rapidement de volume de bas en haut, car, tout le long de son trajet, il abandonne ses faisceaux de terminaison. Ceux-ci se distinguent en faisceaux latéraux et faisceaux médiaux.

Les *faisceaux latéraux* ou *costaux* se fixent : dans la région lombale, au bord inférieur des processus transverses ou costiformes ; dans la région thoracique, au bord inférieur des côtes, en dedans de l'angle dorsal.

Les *faisceaux médiaux* ou *transversaires* se terminent sur les tubercules accessoires des vertèbres lombales et sur les processus transverses des vertèbres thoraciques.

4. Muscle sacro-lombal ou ilio-costal

a) FORME, SITUATION, TRAJET. Le muscle sacro-lombal est situé en dehors du muscle longissimus et s'étend de la masse commune à la troisième vertèbre cervicale. Large, épais et prismatique triangulaire en bas, ce muscle diminue graduellement de volume de son origine caudale à son extrémité craniale (fig. 67).

b) INSERTIONS ET DESCRIPTION. Les faisceaux charnus du muscle sacro-lombal proviennent de la partie latérale de la lame tendineuse qui recouvre la masse commune.

De cette origine, le muscle monte à peu près verticalement et donne naissance, tout le long de son trajet, à de petits faisceaux de terminaison qui s'attachent : 1° par cinq petits faisceaux charnus, au sommet des processus costiformes des vertèbres lombales (Trolard) ; 2° par des languettes tendineuses, à l'angle postérieur des six dernières côtes, selon la description classique, des dix dernières côtes, d'après Winckler.

Ce premier corps musculaire de l'ilio-costal étant épuisé, le muscle est reconstitué par des faisceaux qui naissent du bord supérieur des côtes, en dedans de l'angle (fig. 67). Cependant chacun de ces faisceaux ne naît pas d'une seule côte, mais se détache par des fascicules distincts de plusieurs arcs costaux (Winckler). Parmi ces faisceaux, ceux qui viennent des six dernières côtes se terminent sur l'angle des six premières, et ceux qui viennent des six premières vont s'attacher aux tubercules dorsaux des processus transverses des cinq dernières vertèbres cervicales.

5. Muscle épineux

a) FORME, SITUATION, TRAJET. Le muscle épineux est fusiforme, allongé sur la face latérale des processus épineux de la colonne dorsale, en arrière de la partie la plus médiale du muscle transversaire épineux et en dedans du muscle longissimus (fig. 67).

b) INSERTIONS ET DESCRIPTION. Il s'insère en bas, par quatre faisceaux tendineux, sur le sommet des processus épineux des deux premières vertèbres lombales et des deux dernières vertèbres thoraciques.

Les faisceaux musculaires se réunissent en un corps charnu et celui-ci se termine par des bandelettes tendineuses en nombre variable sur les processus épineux des dix premières vertèbres thoraciques.

6. Muscles interépineux. Les muscles interépineux sont de petits faisceaux musculaires plats et minces, situés dans les espaces interépineux. Au nombre de deux dans chaque espace, ils réunissent, de chaque côté de la ligne médiane, le bord supérieur d'un processus épineux au bord inférieur du processus situé au-dessus.

Les muscles interépineux font défaut entre les vertèbres thoraciques, ou tout au moins entre les vertèbres thoraciques moyennes.

■ **ACTION DES MUSCLES ÉRECTEURS DE LA COLONNE VERTÉBRALE.** ❑ Les muscles érecteurs de la colonne vertébrale sont tous extenseurs de la colonne vertébrale.

De plus, ces muscles, à l'exception du muscle épineux et des muscles interépineux, impriment au tronc, quand ils se contractent d'un seul côté, un mouvement d'inclinaison latérale et de rotation, variable pour chacun d'eux. ❑ Le muscle transversaire épineux détermine un mouvement de rotation qui porte la face antérieure du tronc du côté opposé. ❑ Le muscle longissimus et le muscle sacro-lombal inclinent la colonne vertébrale de leur côté et impriment un léger mouvement de rotation qui porte la face antérieure du tronc du côté correspondant aux muscles en contraction.

PLAN DES MUSCLES DENTELÉS POSTÉRIEURS

Ce plan repose directement sur les muscles érecteurs de la colonne vertébrale. Il comprend les muscles dentelés postérieurs, supérieur et inférieur, réunis par une lame fasciale intermédiaire (fig. 68).

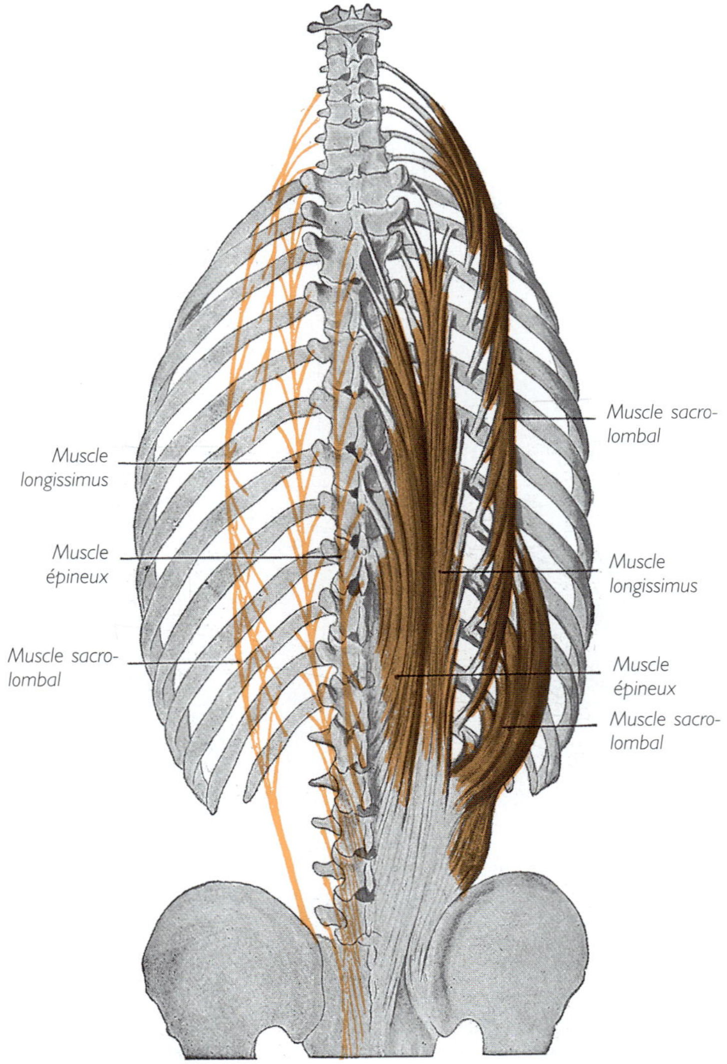

Fig. 67 ▪ Muscles sacro-lombal, longissimus et épineux.

1. Muscle dentelé postérieur supérieur

a) FORME, SITUATION, TRAJET. Quadrilatère, très mince, situé à la partie supérieure du dos, ce muscle s'étend de la colonne vertébrale aux premières côtes.

b) INSERTIONS ET DESCRIPTION. Il naît par une mince lame tendineuse : ❑ 1° de la partie inférieure du ligament nuchal ; ❑ 2° des processus épineux de la septième vertèbre cervicale et des trois premières vertèbres thoraciques ; ❑ 3° des ligaments interépineux correspondants.

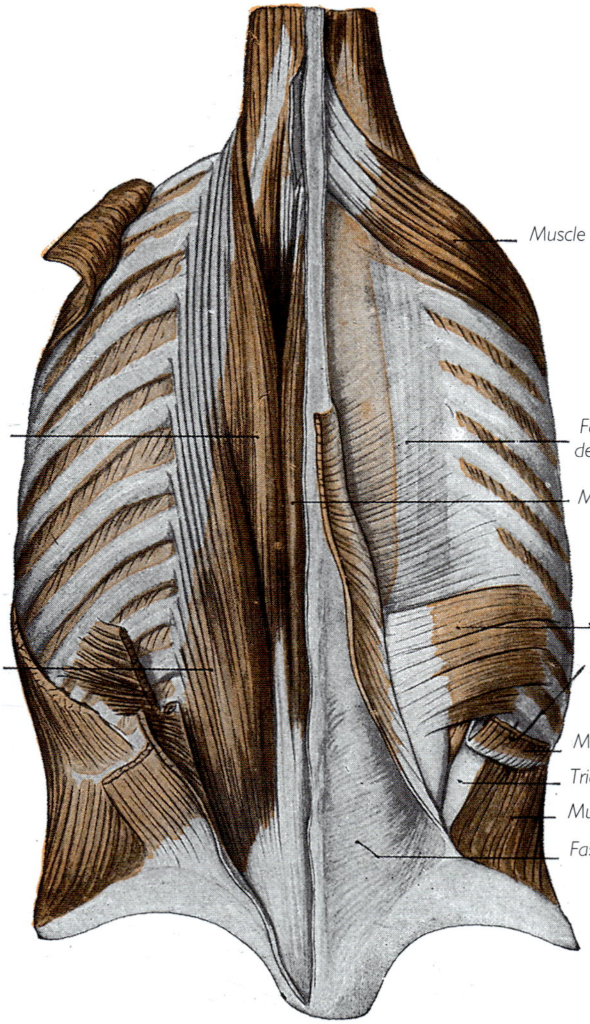

Fig. 68 ▪ Muscles de la région postérieure. À gauche : muscles érecteurs de la colonne vertébrale. À droite : plan des muscles dentelés postérieurs.

Le muscle dentelé postérieur supérieur s'étend de là en bas et en dehors et se divise en trois ou quatre digitations. Celles-ci s'attachent par de courtes fibres tendineuses au bord latéral de la 1e côte, à la face latérale et au bord supérieur des 2e, 3e, 4e et parfois, aussi, 5e côtes, un peu en dehors de l'angle.

2. Muscle dentelé postérieur inférieur

a) FORME, SITUATION, TRAJET. Ce muscle, de même forme que le précédent, est situé à la partie inférieure du dos et va de la colonne vertébrale aux quatre dernières côtes.

b) INSERTIONS ET DESCRIPTION. ❑ Il s'attache en dedans, par une mince lame tendineuse, aux processus épineux des deux dernières vertèbres thoraciques et des trois premières vertèbres lombales, et aux ligaments interépineux correspondants. ❑ Le muscle se dirige en haut et en dehors et se divise en trois ou quatre digitations qui s'attachent par de courtes fibres tendineuses au bord inférieur et à la face externe des trois ou quatre dernières côtes.

■ **FASCIA INTERMÉDIAIRE DES MUSCLES DENTELÉS POSTÉRIEURS.** Le plan des muscles dentelés est constitué, dans la zone intermédiaire aux deux muscles dentelés postérieurs, par un fascia mince, tendu de la colonne vertébrale aux côtes comprises entre la quatrième et la neuvième (fig. 68). Les fibres de ce fascia résultent de la régression des fibres musculaires qui occupaient primitivement toute l'étendue de l'espace compris entre les muscles dentelés postérieurs. Elle constitue une surface de glissement dans l'articulation scapulo-thoracique.

■ **ACTION DES MUSCLES DENTELÉS POSTÉRIEURS.** ❑ Le muscle dentelé postérieur supérieur élève les premières côtes ; il est donc inspirateur. ❑ Le muscle dentelé postérieur inférieur abaisse les quatre dernières côtes ; c'est un muscle expirateur.

MUSCLE RHOMBOÏDE

a) FORME, SITUATION, TRAJET. Aplati, quadrilatère, le muscle rhomboïde est placé à la partie supérieure du dos, entre la colonne vertébrale et la scapula. Il recouvre le muscle dentelé postérieur supérieur et la partie supérieur du fascia intermédiaire des muscles dentelés postérieurs (fig. 69).

b) INSERTIONS ET DESCRIPTION. Le muscle rhomboïde s'insère en dedans, par de courtes fibres tendineuses : ❑ 1° sur la partie inférieure du ligament nuchal ; ❑ 2° sur les processus épineux de la septième vertèbre cervicale et des quatre premières vertèbres thoraciques ; ❑ 3° sur les ligaments interépineux correspondants.

Aux fibres tendineuses font suite des fibres charnues qui se portent en bas et en dehors et se terminent sur le bord spinal de la scapula. ❑ Les fibres supérieures s'attachent directement à ce bord depuis l'angle supérieur jusqu'à l'épine de la scapula, et forment un faisceau distinct, le ***muscle petit rhomboïde***. ❑ Le reste du muscle, ou ***muscle grand rhomboïde***, s'attache à la partie sous-épineuse du bord spinal, soit par de très courtes fibres tendineuses, soit par une arcade fasciale qui s'étend depuis l'épine jusqu'à l'angle inférieur de la scapula.

c) ACTION. Le muscle rhomboïde élève et porte la scapula en dedans. De plus, comme le muscle rhomboïde est beaucoup plus épais et plus puissant à sa partie inférieure qu'à sa partie supérieure, il imprime à la scapula un mouvement de rotation qui attire l'angle inférieur en haut et en dedans, et abaisse le moignon de l'épaule.

PLAN SUPERFICIEL

Ce plan comprend deux muscles, le muscle latissimus dorsi et le muscle trapèze. Ces deux muscles sont décrits, le muscle latissimus dorsi avec le membre supérieur (voir Tome III), le muscle trapèze avec les muscles de la nuque (voir Tome I).

Je rappellerai en quelques mots la disposition de chacun de ces muscles.

1. Muscle latissimus dorsi ou muscle grand dorsal.

a) FORME, SITUATION, TRAJET. Ce muscle, large et aplati, recouvre toute la partie inférieure du dos et s'étend de la région lombale à l'humérus (fig. 69).

b) INSERTIONS ET DESCRIPTION. Le muscle latissimus dorsi s'insère : ❑ 1° par une membrane tendineuse, sur les processus épineux des six dernières vertèbres thoraciques, sur ceux des vertèbres lombales et sacrales, sur les ligaments interépineux correspondants et sur le tiers postérieur de la crête iliaque ; ❑ 2° par quatre languettes charnues, sur les quatre dernières côtes.

La membrane tendineuse d'insertion sur les vertèbres et l'os iliaque est mince, mais résistante, de forme triangulaire à base interne : c'est le *fascia thoraco-lombal*.

Les fibres musculaires convergent vers la base de l'aisselle et forment une lame charnue très large, qui recouvre directement la masse commune, la partie postérieure des muscles larges de l'abdomen, le muscle dentelé postérieur inférieur et le fascia des muscles dentelés postérieurs.

En haut et en dehors, le muscle latissimus dorsi recouvre encore l'angle inférieur du muscle rhomboïde et celui de la scapula d'où se détache assez souvent un faisceau accessoire. Le muscle contourne ensuite le bord inférieur du muscle grand rond, passe en avant de lui et se termine par un tendon aplati dans le fond du sillon intertuberculaire.

c) ACTION. Le muscle latissimus dorsi est adducteur et rotateur du bras en dedans. Quand il prend son point fixe sur le bras, le muscle latissimus dorsi soulève le tronc. Il élève en même temps les quatre dernières côtes.

2. Muscle trapèze.

a) FORME, SITUATION, TRAJET. Large, triangulaire, aplati et mince, le muscle trapèze va de la colonne vertébrale et de l'os occipital à l'épaule. Il recouvre la nuque et la partie supérieure du dos (fig. 69).

b) INSERTIONS ET DESCRIPTION. Ce muscle naît : du tiers interne de la ligne courbe supérieure de l'os occipital, de la protubérance occipitale externe, du ligament nuchal, des processus épineux de la septième vertèbre cervicale, des dix premières vertèbres thoraciques et des ligaments interépineux correspondants.

De là les fibres convergent vers la ceinture scapulaire et se fixent, suivant une ligne d'attache courbe, concave en dedans, sur le tiers externe du bord postérieur et de la face supérieure de la clavicule, sur le bord interne et la face supérieure de l'acromion et sur la lèvre supérieure du bord postérieur de l'épine de la scapula.

Au cou, le muscle trapèze recouvre les muscles splénius et élévateur de la scapula et la portion du muscle semi-épineux comprise dans l'espace triangulaire limité par les muscles splénius. ❑ Au dos, ce muscle recouvre le muscle rhomboïde et la partie supéro-interne du muscle latissimus dorsi.

c) ACTION. Le muscle trapèze élève l'épaule et rapproche la scapula de la colonne vertébrale. Prenant son point fixe sur l'épaule, il imprime à la tête un mouvement d'inclinaison latérale et un mouvement de rotation qui porte la face du côté opposé.

Il contribue aussi, par ses faisceaux inférieurs, à soulever le tronc.

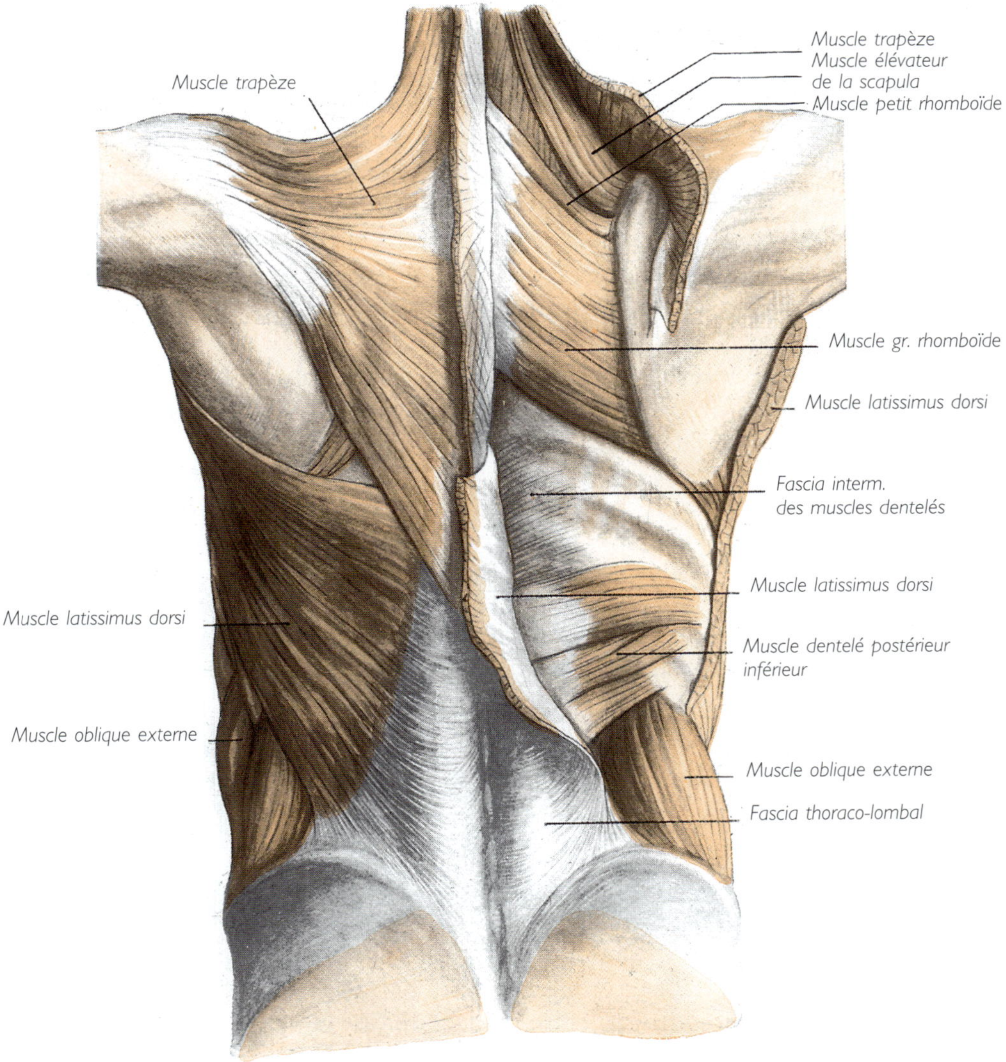

Fig. 69 ▪ Muscles postérieurs du tronc. — Plan superficiel à gauche ; — plan du muscle rhomboïde à droite.

II. GROUPE MOYEN

Le groupe moyen des muscles de la région postérieure du tronc comprend les muscles situés dans le plan des fascias du muscle transverse de l'abdomen, c'est-à-dire les muscles intertransversaires et le muscle carré des lombes.

À ce groupe il faut ajouter le fascia d'insertion postérieure du muscle transverse, par laquelle ce muscle s'attache à la colonne lombale. Le muscle transverse sera décrit avec les muscles de la paroi antéro-latérale de l'abdomen.

1. Muscles intertransversaires. Ce sont de petits muscles tendus entre deux processus transverses voisins.

Nous avons précédemment décrit les muscles intertransversaires du cou, au nombre de deux par espace intertransversaire (voir Tome I).

Aux lombes, chaque muscle intertransversaire est formé de deux faisceaux, l'un, externe, l'autre, interne. Chacun de ces faisceaux a une signification morphologique particulière. ❑ Le *faisceau latéral* s'étend entre deux processus costiformes voisins ; il représente un muscle intercostal. ❑ Le *faisceau médial* unit les tubercules accessoires de deux vertèbres lombales voisines ; il constitue à lui seul le véritable muscle intertransversaire.

Au dos, les muscle intertransversaires sont en général atrophiés et représentés par quelques faisceaux fibreux tendus entre les processus transverses voisins, près du sommet de ces processus.

Les muscles intertransversaires impriment à la colonne vertébrale des mouvements d'inclinaison latérale.

2. Muscle carré des lombes.

a) FORME, SITUATION, TRAJET. Aplati, quadrilatère, tendu de la crête iliaque à la douzième côte et à la colonne lombale, le muscle carré des lombes est en avant des muscles spinaux et séparé d'eux par le fascia d'insertion du muscle transverse de l'abdomen (fig. 70).

b) INSERTIONS ET DESCRIPTION. Le muscle carré des lombes est formé par trois sortes de faisceaux : des faisceaux ilio-costaux, des faisceaux ilio-transversaires et des faisceaux costo-transversaires.

Les faisceaux *ilio-costaux* et *ilio-transversaires* s'attachent : 1° par des fibres tendineuses dont la longueur augmente de dedans en dehors, à la partie postérieure de la lèvre interne de la crête iliaque, sur une longueur de un à deux travers de doigt ; 2° au bord supérieur du ligament ilio-lombal.

Ils se portent de là en haut et en dedans. Les premiers se terminent, par implantation directe des fibres charnues et par une lame tendineuse superficielle, sur le bord inférieur de la douzième côte, dans une étendue variable selon les dimensions de la côte, environ sur les deux tiers médiaux d'une douzième côte normale. Les autres s'attachent au sommet des processus transverses des quatre premières vertèbres lombales par quatre languettes tendineuses.

Les *faisceaux costo-transversaires* naissent par des fibres charnues du bord inférieur de la douzième côte. Ils descendent dans l'épaisseur de la couche musculaire précédente, obliquement en bas et en dedans, et s'attachent par des faisceaux tendineux au sommet et à la face antérieure des processus transverses des vertèbres lombales.

Ces faisceaux s'entrecroisent au voisinage de leur insertion transversaire avec les digitations ilio-transversaires du même muscle et passent au-devant d'elles.

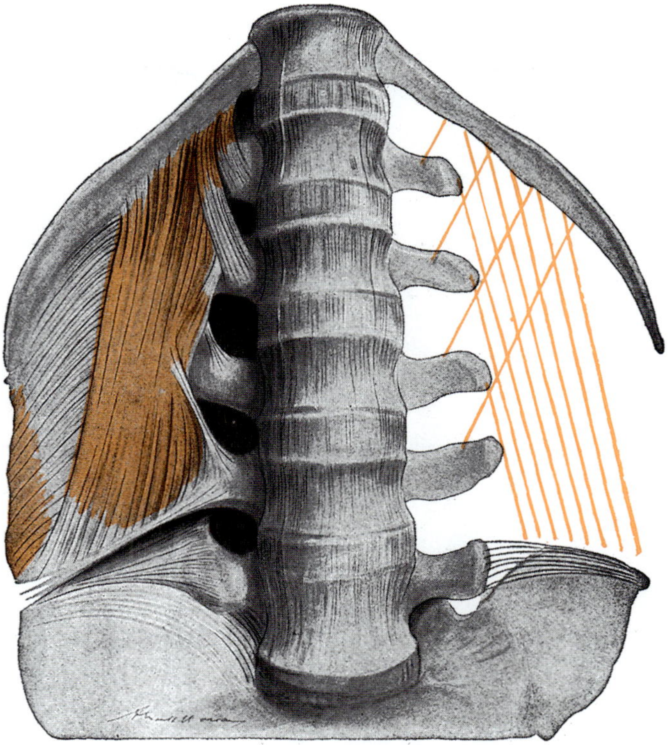

Fig. 70 ▪ Muscle carré des lombes

c) ACTION. Le muscle carré des lombes incline la colonne lombale du même côté et abaisse la douzième côte. Quand il prend son point fixe en haut, il incline le bassin de son côté.

III. GROUPE ANTÉRIEUR

Ce groupe comprend le muscle iliopsoas et le muscle petit psoas.

A. **Muscle iliopsoas.**

Ce muscle se compose de deux chefs, le psoas et l'iliaque.

1. Muscle psoas.

a) FORME, SITUATION, TRAJET. Épais, fusiforme, le muscle psoas descend de la colonne lombale jusqu'au petit trochanter (fig. 71).

b) INSERTIONS ET DESCRIPTION. On peut distinguer à ce muscle deux parties : l'une, principale, l'autre, accessoire ou transversaire.

GROUPE ANTÉRIEUR

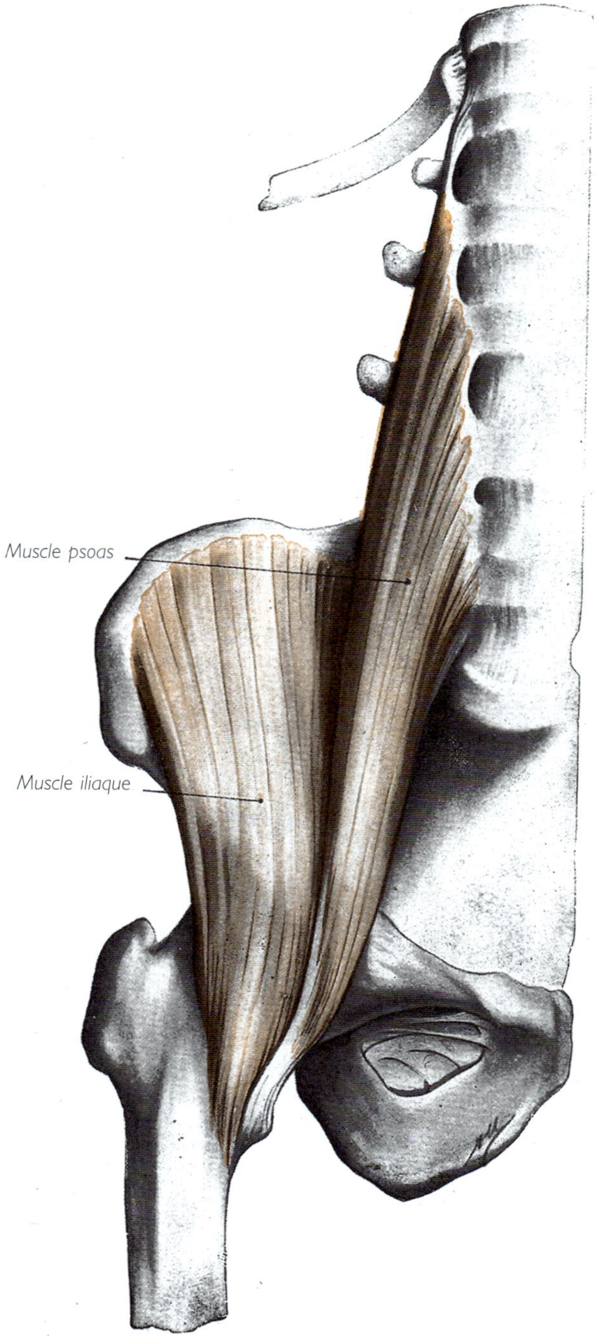

Fig. 71 ▪ Muscle iliopsoas

a) La *partie principale* s'insère : ❑ 1° par des faisceaux tendineux sur les disques intervertébraux, depuis la douzième vertèbre thoracique jusqu'à la cinquième vertèbre lombale ; ❑ 2° sur la partie de la face latérale de la douzième vertèbre thoracique et des cinq vertèbres lombales attenante aux insertions sur les disques intervertébraux ; ❑ 3° sur des arcades tendineuses qui s'étendent sur la face latérale des vertèbres, du bord supérieur au bord inférieur du corps vertébral ; ces arcades unissent entre eux les faisceaux tendineux par lesquels le muscle s'attache directement aux disques et aux corps vertébraux ; elles limitent avec la vertèbre correspondante un orifice traversé par les vaisseaux lombaux et les rameaux communicants du nerf sympathique.

b) La *partie accessoire* est plus profonde que la précédente qui la recouvre. Elle naît de la face antérieure des processus transverses des vertèbres lombales, surtout près de la base de ces processus, par cinq languettes charnues. La languette inférieure qui se détache du processus costiforme de la 5e vertèbre lombale manque souvent.

Les faisceaux qui naissent des corps vertébraux et ceux qui s'attachent aux processus costiformes s'unissent en une masse commune, sauf, cependant, près des corps vertébraux, où les deux catégories de faisceaux sont séparées l'une de l'autre par un interstice celluleux. Dans cet interstice cheminent les branches du plexus lombal et la veine lombale ascendante.

Le corps charnu fusiforme descend le long de la colonne lombale, en avant des processus transverses, jusqu'à la cinquième vertèbre lombale, où il présente sa plus grande largeur. Le muscle psoas longe ensuite la partie interne de la fosse iliaque, pénètre dans la cuisse en passant entre la partie externe du ligament inguinal et la gouttière que présente le bord antérieur de l'os coxal, depuis l'épine iliaque antéro-supérieure jusqu'à l'éminence ilio-pectinée. Le muscle psoas descend ensuite en avant de l'articulation coxo-fémorale et s'attache au sommet du petit trochanter. Cette insertion se fait par un tendon qui commence haut dans l'épaisseur du muscle et apparaît seulement sur son côté antéro-latéral, un peu au-dessus de la cuisse.

L'extrémité supérieure du muscle psoas, qui s'attache à la douzième vertèbre thoracique et au corps de la première vertèbre lombale, est au-dessus de l'arcade du muscle psoas et du diaphragme, par conséquent dans la paroi de la cavité thoracique (fig. 72).

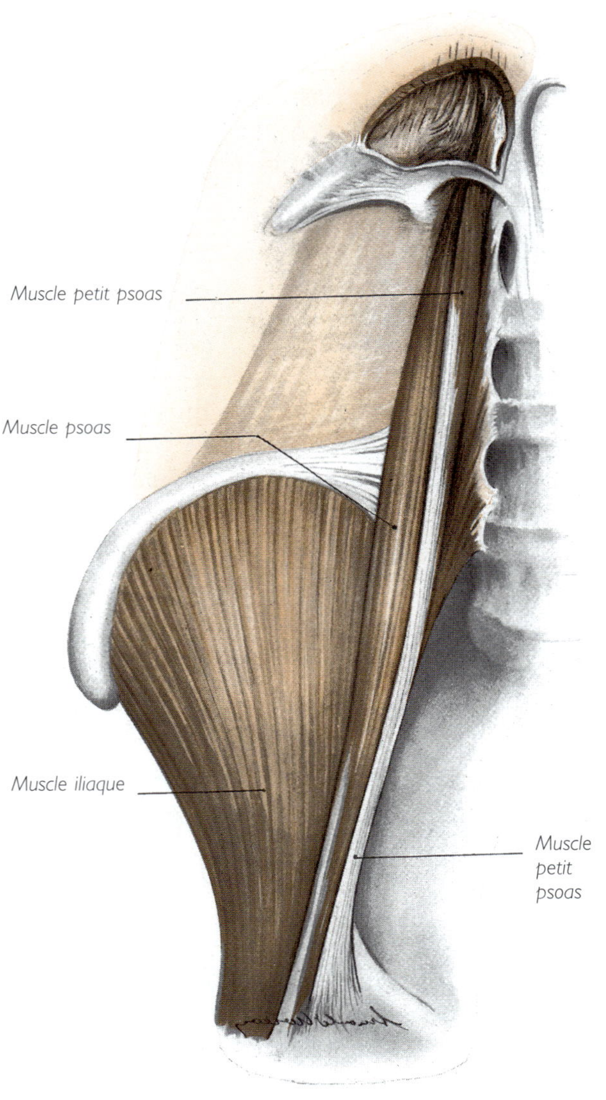

Fig. 72 ▪ Muscles iliopsoas et petit psoas.

2. Muscle iliaque.

a) FORME, SITUATION, TRAJET. Le muscle iliaque, en forme d'éventail, s'étend de la fosse iliaque qu'il recouvre au petit trochanter (fig. 71).

b) INSERTIONS ET DESCRIPTION. Il naît, par des fibres charnues, de presque toute la fosse iliaque, sauf de la partie antéro-inférieure de cette fosse, sus-jacente à l'éminence ilio-pectinée. Il naît aussi : du pourtour de la fosse iliaque, c'est-à-dire de la lèvre interne de la crête iliaque, du ligament ilio-lombal, ainsi que de la partie externe de l'aile sacrale, du tiers postérieur de la ligne arquée de l'ilium, enfin de la face interne des épines iliaques antérieures et de la lèvre médiale de l'incisure qui les sépare. Ses fibres descendent obliquement en bas, en dedans et en avant, en convergeant, et se terminent sur le côté externe du tendon du muscle psoas ou bien s'attachent au petit trochanter par un tendon plus ou moins distinct de celui du muscle psoas.

■ **ACTION.** Le muscle psoas-iliaque fléchit la cuisse sur le bassin, et lui imprime un mouvement de rotation en dehors. Prenant son point fixe sur le fémur, il fléchit le tronc et lui imprime un mouvement de rotation qui porte sa face antérieure du côté opposé.

B. **Muscle petit psoas.**

a) FORME, SITUATION, TRAJET. Le muscle petit psoas est un muscle inconstant, grêle, charnu en haut, tendineux en bas, qui descend en avant du muscle psoas, de la douzième vertèbre thoracique jusqu'à l'éminence ilio-pectinée (fig. 72).

b) INSERTIONS ET DESCRIPTION. Ce muscle naît du corps de la douzième vertèbre thoracique, du corps de la première vertèbre lombale et du disque intervertébral correspondant. Il descend en avant du muscle psoas, mais sa direction presque verticale croise à angle très aigu celle de ce dernier muscle, vers la partie moyenne de son trajet, le muscle petit psoas se continue par un tendon aplati, nacré, étroitement uni au fascia iliaca. Ce tendon s'attache à la partie supérieure de l'éminence ilio-pectinée.

c) ACTION. Le muscle petit psoas contribue faiblement à fléchir le bassin sur la colonne lombale.

MUSCLES DE LA PAROI ANTÉRO-LATÉRALE DU THORAX

Les muscles de la paroi antéro-latérale du thorax peuvent être divisés, d'après leurs rapports avec le squelette, en trois groupes : 1° un groupe superficiel, situé en dehors du plan osseux ; 2° un groupe intercostal, qui occupe les espaces intercostaux ; 3° un groupe profond, situé en dedans du plan squelettique.

Les muscles du groupe superficiel (grand pectoral, petit pectoral, sub-clavier et dentelé antérieur) sont décrits avec la musculature du membre supérieur (Voir tome III).

I. GROUPE INTERCOSTAL

Les muscles de ce groupe occupent les espaces intercostaux et sont disposés dans chaque espace, sur trois plans : un plan externe représenté par les muscles intercostal externe et court élévateur des côtes, un plan moyen constitué par le muscle intercostal interne, et un plan interne formé de deux muscles, le muscle intercostal intime et le muscle subcostal[1]. Chacun des muscles intercostaux n'occupe qu'une partie de l'étendue des espaces intercostaux (voir fig. 128, et fig. 76).

1. Muscles intercostaux externe et court élévateur des côtes. Le *muscle intercostal externe* est formé de faisceaux parallèles, obliques en bas et en avant. Ils s'attachent d'une part à la lèvre externe de la gouttière costale de la côte supérieure de l'espace intercostal, d'autre part à la lèvre externe du bord supérieur de la côte sous-jacente (fig. 73). Ces insertions se font à la fois par des faisceaux charnus et tendineux.

Le muscle intercostal externe n'occupe pas toute l'étendue de l'espace intercostal. Il commence en arrière à l'articulation costo-transversaire et s'arrête en avant au voisinage de l'articulation chondro-costale. Le muscle intercostal externe se continue au-delà par un plan fibreux discontinu, formé de minces bandelettes.

Le *muscle court élévateur des côtes* est situé en arrière du muscle intercostal externe. Il s'étend obliquement en bas et en dehors, du sommet d'un processus transverse où il s'attache par un court tendon au bord supérieur et à la face externe de la côte sous-jacente.

Les muscles courts élévateurs des côtes des derniers espaces présentent fréquemment un faisceau qui descend jusqu'à la deuxième côte sous-jacente à l'insertion supérieure du muscle. On donne à ce faisceau le nom de *muscle long élévateur des côtes*.

Le muscle court élévateur des côtes recouvre partiellement les faisceaux les plus reculés du muscle intercostal externe, avec lequel il est plus ou moins confondu.

2. Muscle intercostal interne. Le *muscle intercostal interne* (Eisler, Carrière) est placé en dedans du muscle intercostal externe et occupe seulement la partie de l'espace intercostal comprise entre la ligne axillaire moyenne et le bord du sternum.

Son insertion supérieure se fait en dedans de celle du muscle intercostal externe sur toute la hauteur du versant externe de la gouttière sous-costale (fig. 73). Les fibres descendent obliquement en bas et en arrière et se terminent sur le bord supérieur de la côte sous-jacente (Carrière).

3. Muscle intercostal intime et muscle subcostal. Le *muscle intercostal intime* est en dedans du muscle intercostal interne, et occupe, dans l'espace intercostal, la région qui s'étend depuis l'angle postérieur des côtes jusqu'à 5 ou 6 cm du bord du sternum.

Ses fibres sont obliques en bas et en arrière comme celles du muscle intercostal interne que certains auteurs considèrent, avec Souligoux, comme une lame de dédoublement du muscle intercostal intime.

---

1. On a pendant longtemps décrit deux muscles intercostaux : l'un, interne, comprenant les muscles intercostaux interne et moyen que je vais décrire, l'autre, externe, uniquement formé par le muscle intercostal externe. Hébrand, d'une part, et Miski, d'autre part, ont donné de bonnes raisons pour revenir à cette conception. Si je continue à distinguer avec Grégoire et Carrière trois plans musculaires dans chaque espace intercostal, c'est surtout parce que cette manière de voir rend plus facile l'étude topographique des vaisseaux et des nerfs des espaces intercostaux.

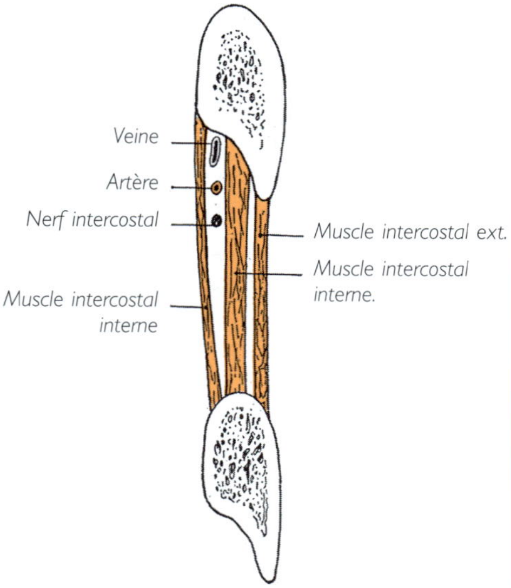

Fig. 73 ▪ Coupe verticale des muscles intercostaux.

Elles s'insèrent : en haut, sur la lèvre interne de la gouttière sous-costale ; en bas, sur le bord supérieur de la côte sous-jacente, en dedans du muscle intercostal moyen (fig. 73).

On donne le nom de ***muscle subcostal*** aux faisceaux les plus reculés du muscle intercostal intime. Ces faisceaux vont de la face interne d'une côte à la face interne de la côte sous-jacente ou de la suivante. Les muscles intercostaux affectent avec des lames fasciales ou celluleuses intercostales, et avec les vaisseaux et nerfs intercostaux, des rapports qui seront décrits avec l'espace intercostal.

ACTION DES MUSCLES INTERCOSTAUX. L'action des muscles intercostaux est difficile à déterminer. Ces muscles jouent-ils un rôle actif dans la respiration ? Sont-ils inspirateurs ou expirateurs ? Toutes les réponses possibles ont été faites à ces questions. D'après Cruveilhier, ces muscles se contractent seulement « pour opposer une résistance active à la pression atmosphérique quand celle-ci devient trop considérable ». Je pense (Delmas) qu'ils rétablissent constamment la hauteur de l'espace intercostal chaque fois que celui-ci est modifié.

II. GROUPE PROFOND. — MUSCLE TRANSVERSE DU THORAX

Le muscle transverse du thorax est le seul muscle du groupe profond de la paroi antéro-latérale du thorax.

a) FORME, SITUATION, TRAJET. Il est mince, aplati, dentelé, situé sur la face postérieure du plastron sterno-costal. Ses faisceaux relient le sternum aux cartilages costaux (voir fig. 142).

b) INSERTIONS ET DESCRIPTION. Il s'insère en dedans, par une lame tendineuse : ❑ 1° sur la partie inférieure de la face postérieure du sternum, le long du bord latéral de cet os ; ❑ 2° sur le bord et la face postérieure de l'appendice xiphoïde.

Les fibres se portent en dehors et un peu en haut en divergeant. Elles se terminent par des digitations distinctes sur la face postérieure et sur le bord inférieur des troisième, quatrième, cinquième et sixième cartilages costaux.

c) ACTION. Le muscle transverse du thorax abaisse les cartilages costaux.

MUSCLES DE LA PAROI ANTÉRO-LATÉRALE DE L'ABDOMEN

La paroi abdominale antéro-latérale comprend cinq muscles : le muscle droit de l'abdomen, le muscle pyramidal, le muscle transverse de l'abdomen, le muscle oblique interne et le muscle oblique externe.

1. Muscle droit de l'abdomen.

a) FORME, SITUATION, TRAJET. Le muscle droit de l'abdomen est un muscle allongé, aplati, épais, étendu le long de la ligne médiane, du pubis à la partie antéro-inférieure du thorax (fig. 74).

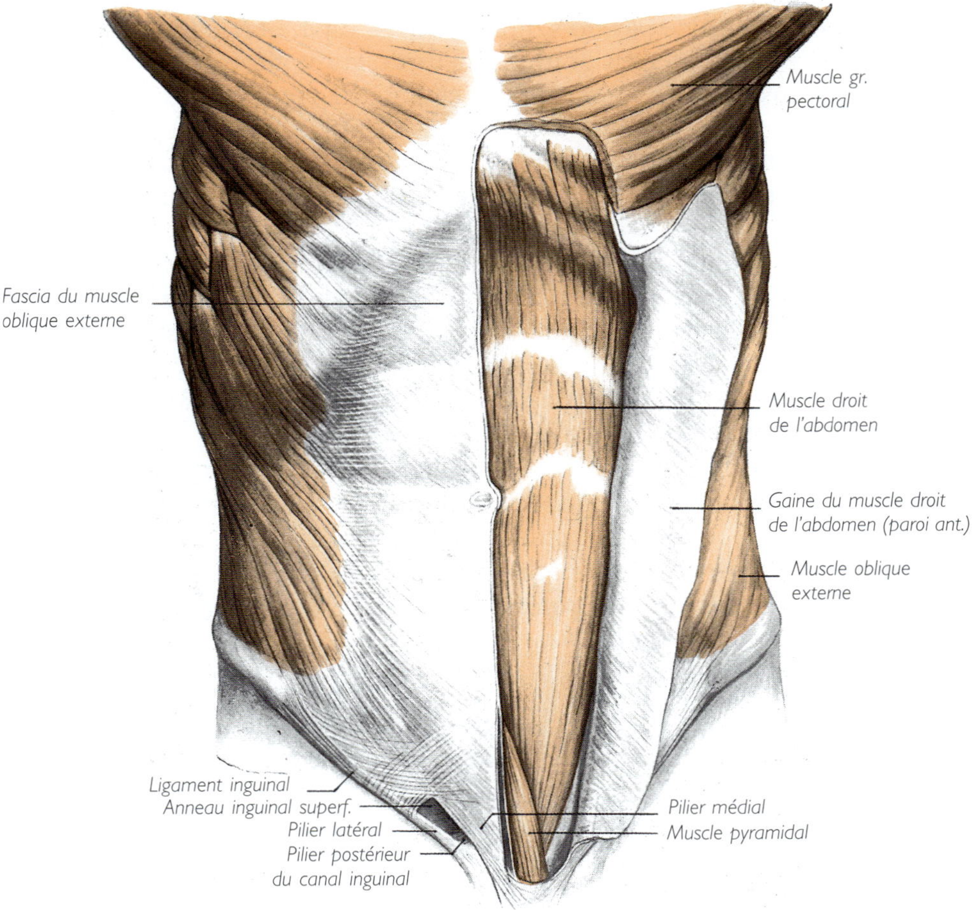

Fig. 74 ▪ Muscles droit, oblique externe et pyramidal de l'abdomen.

b) INSERTIONS ET DESCRIPTION. Ce muscle s'insère en bas, par un tendon aplati et court ; 1° sur la partie antérieure du bord supérieur et sur la face antérieure du pubis, de l'épine à la symphyse ; 2° sur la face antérieure de la symphyse.

Le tendon du muscle droit de l'abdomen est généralement divisé en deux faisceaux distincts, l'un, médial, l'autre, latéral ; ce dernier est toujours plus large que l'interne.

Les fibres les plus superficielles du faisceau médial s'entrecroisent sur la face antérieure de la symphyse avec celles du côté opposé, tandis que d'autres, parmi les plus internes, se perdent dans l'extrémité inférieure de la ligne blanche.

Du faisceau externe se détache, en dehors, une expansion triangulaire, connue sous le nom de *ligament de Henle* (fig. 85). Le bord externe de ce ligament est libre. Son bord inférieur ou base s'attache à l'épine du pubis et au pecten du pubis. Le ligament de Henle est très fréquemment renforcé, en avant, par des éléments tendineux provenant de la faux inguinale.

Au tendon du muscle droit de l'abdomen fait suite un corps charnu qui s'élargit de bas en haut et se termine par trois digitations. La digitation externe, la plus large, s'attache à la face externe et au bord inférieur de la moitié externe du cinquième cartilage costal, ainsi qu'à l'extrémité de la cinquième côte ; la digitation moyenne se rend à la face externe et au bord inférieur du sixième cartilage costal ; la digitation interne se fixe à la face externe et au bord inférieur du septième cartilage costal, au ligament sterno-costal de la septième côte et à la face antérieure du processus xiphoïde.

Ce muscle présente des intersections tendineuses transversales ou obliques, rectilignes ou sinueuses. Le plus souvent incomplètes, surtout en arrière, elles s'étendent rarement, à la fois à toute la largeur et à toute l'épaisseur du muscle. Leur nombre varie de deux à cinq. Lorsqu'il existe deux ou trois intersections, ce qui est normal, l'une est au niveau de l'ombilic, les autres sont au-dessus ; quand il y a quatre intersections, l'une d'elles est sous-ombilicale.

Chacun des muscles droits est contenu dans une gaine, presque entièrement constituée par les fascias des muscles oblique externe, oblique interne et transverse. Cependant la partie supérieure de cette gaine est constituée en avant par une membrane tendineuse d'insertion du muscle grand pectoral.

Les deux muscles droits sont séparés l'un de l'autre, sur la ligne médiane, par un raphé tendineux appelé *ligne blanche*.

2. Muscle pyramidal.

a) FORME, SITUATION, TRAJET. Le muscle pyramidal est inconstant. C'est un muscle triangulaire à base inférieure, placé en avant de la partie inférieure du muscle droit. Il s'étend de la ligne blanche au pubis (fig. 74).

b) INSERTIONS ET DESCRIPTION. Il s'insère par de courtes fibres tendineuses sur le pubis, au-dessous du muscle droit, et sur la face antérieure de la symphyse, par des fibres entrecroisées sur la ligne médiane avec celles du muscle pyramidal, du muscle droit et du muscle oblique externe du côté opposé.

De ces origines, les fibres charnues montent légèrement inclinées en-dedans et se terminent sur la face latérale de la ligne blanche.

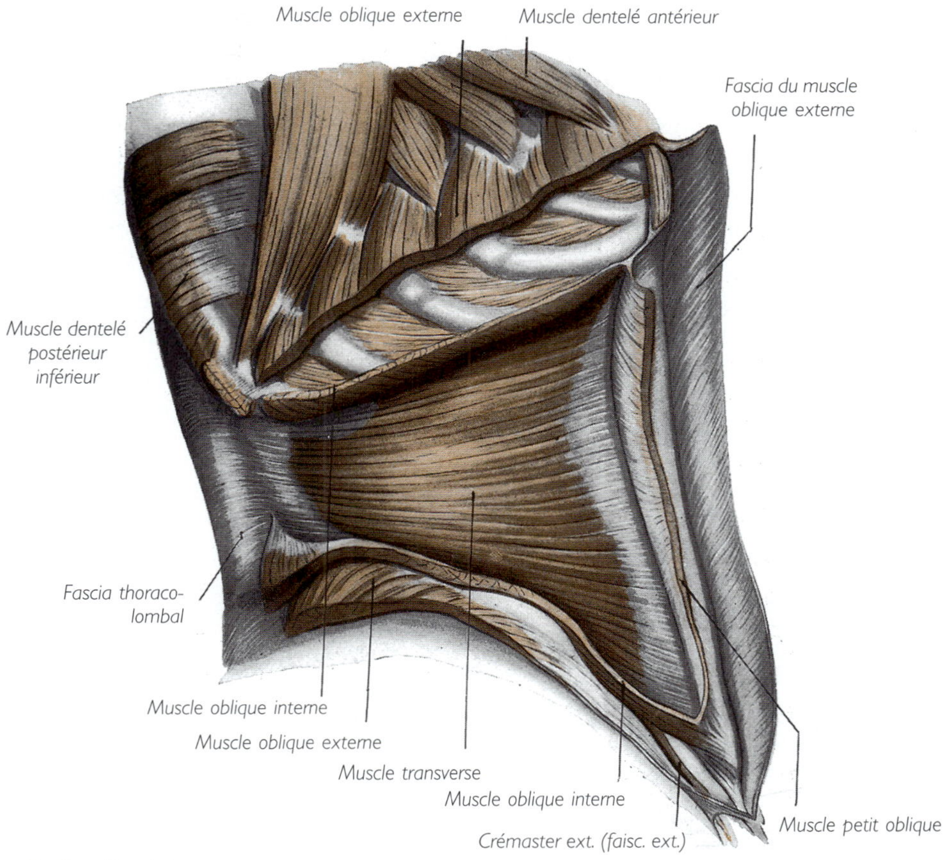

Fig. 75 ▪ Muscle transverse.

3. Muscle transverse de l'abdomen.

a) FORME, SITUATION, TRAJET. Le muscle transverse de l'abdomen est le plus profond des trois muscles plats et larges de la paroi antéro-latérale de l'abdomen. Demi-cylindrique, charnu à sa partie moyenne, il se termine à ses deux extrémités par une membrane tendineuse, c'est-à-dire par un tendon fascial. Le muscle transverse occupe toute la moitié latérale de la paroi abdominale, depuis la colonne vertébrale jusqu'à la ligne blanche (fig. 75 et 79).

b) INSERTIONS ET DESCRIPTION. Il naît de haut en bas : ❏ 1° de la face interne des six derniers arcs costaux, par six digitations charnues qui s'engrènent avec celles du diaphragme. Ces digitations s'insèrent sur le cartilage des septième et huitième arcs costaux, sur le cartilage et sur la partie osseuse du neuvième, enfin sur la partie osseuse des dixième, onzième et douzième arcs costaux. Les digitations du muscle transverse et du diaphragme restent distinctes sur les septième, huitième et neuvième côtes ; elles sont, au contraire, unies les unes aux autres sur les dixième, onzième et douzième côtes (voir : ***Diaphragme***) ; ❏ 2° du sommet des processus transverses des quatre premières vertèbres lombales, par une lame tendineuse dite fascia du muscle transverse de l'abdomen ; ce fascia, large, quadrilatère, occupe, en hauteur, tout l'intervalle compris entre les insertions costales et iliaques (fig. 86) ; ❑ 3° de la moitié ou des deux tiers antérieurs de la lèvre interne de la crête iliaque et du tiers externe du ligament inguinal, par des fibres charnues et tendineuses courtes.

Les fibres charnues commencent un peu en dehors des muscles spinaux. Elles se portent horizontalement en avant et forment une lame triangulaire dont la base antérieure se continue par une lame tendineuse, le *fascia du muscle transverse de l'abdomen*, suivant une ligne concave en dedans. Cette ligne commence en haut sur le bord du processus xiphoïde, en arrière du muscle grand rhomboïde ; elle passe bientôt en dehors de ce muscle et finit sur le pubis en dehors de l'épine. De son origine, la lame tendineuse antérieure s'étend jusqu'à la ligne blanche et au pubis.

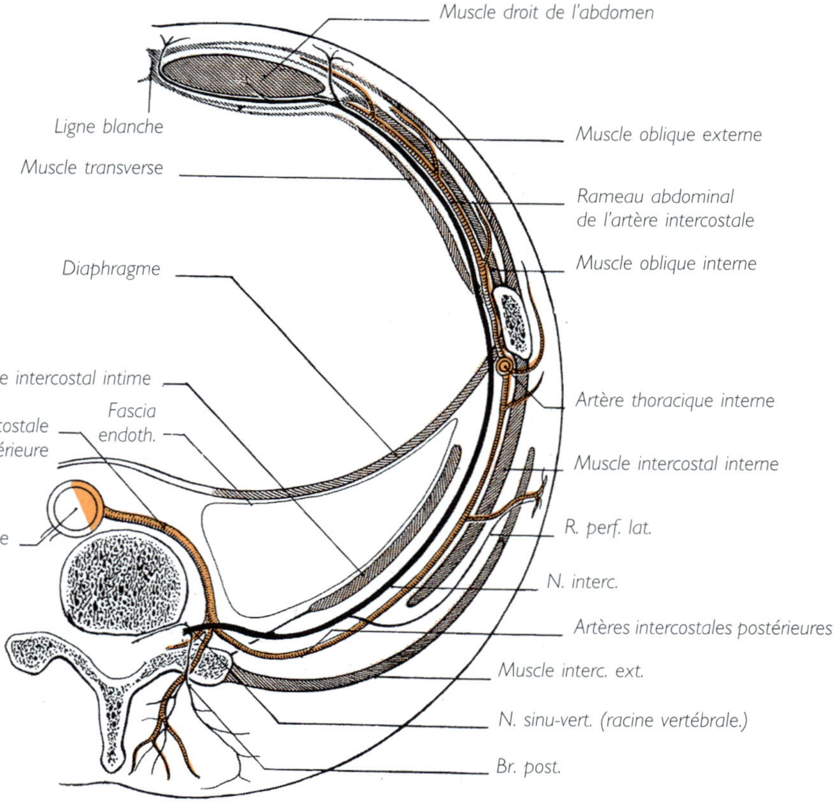

Fig. 76. ▪ Projection, sur une coupe transversale passant par l'un des cinq derniers espaces, de l'artère et du nerf intercostal correspondants (schématique).

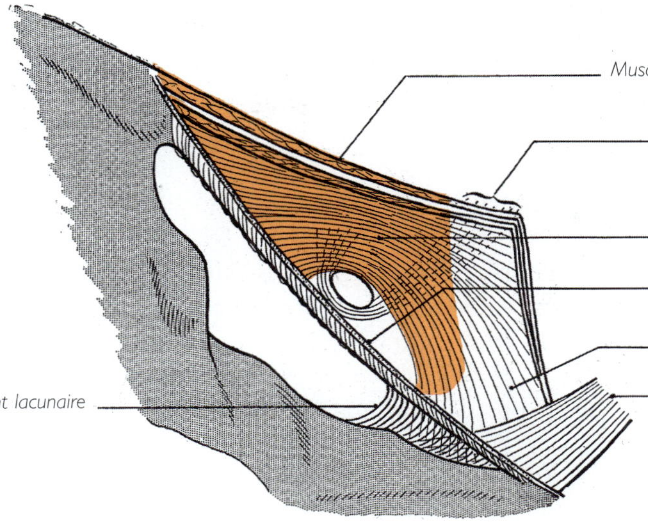

Fig. 77 ▪ La faux inguinale par devant. Ses rapports avec le pilier postérieur du canal inguinal, le ligament de Colles et le ligament lacunaire. Le crémaster externe n'a pas été représenté.

Elle passe en arrière du muscle droit de l'abdomen dans les deux tiers ou les trois quarts supérieurs de ce muscle (fig. 76 et 79) ; elle passe en avant dans le tiers ou le quart inférieur (fig. 81).

Les faisceaux inférieurs du muscle transverse, nés de l'arcade fémorale, se portent en bas et en dedans. Ils passent d'abord au-dessus, puis en arrière du cordon ou du ligament rond, et s'unissent aux fibres du muscle oblique interne placées devant eux pour former la *faux inguinale*.

La *faux inguinale* s'attache, suivant une ligne d'insertion continue : 1° au pubis et à la symphyse, en avant du muscle droit de l'abdomen ; 2° à l'épine du pubis ; 3° au pecten du pubis par l'intermédiaire du ligament lacunaire auquel il s'unit.

Quelques fibres inférieures du muscle transverse, nées du ligament inguinal, s'unissent à des fibres analogues du muscle oblique interne pour constituer le crémaster externe (voir ce muscle et aussi : *Enveloppes du testicule*).

4. Muscle oblique interne de l'abdomen.

a) FORME, SITUATION, TRAJET. Large, aplati, triangulaire, le muscle oblique interne de l'abdomen est appliqué sur le muscle transverse qu'il recouvre presque entièrement. Ses fibres rayonnent de la crête iliaque vers les dernières côtes, la ligne blanche et le pubis (fig. 76 et 78).

b) INSERTIONS ET DESCRIPTION. Le muscle petit oblique de l'abdomen naît : ❑ 1° par des fibres charnues et tendineuses, du tiers externe du ligament inguinal et des trois quarts antérieurs de l'interstice de la crête iliaque ; ❑ 2° par une lame tendineuse mince, confondue avec le fascia thoraco-lombal, du quart postérieur de la crête iliaque et du processus épineux de la cinquième vertèbre lombale.

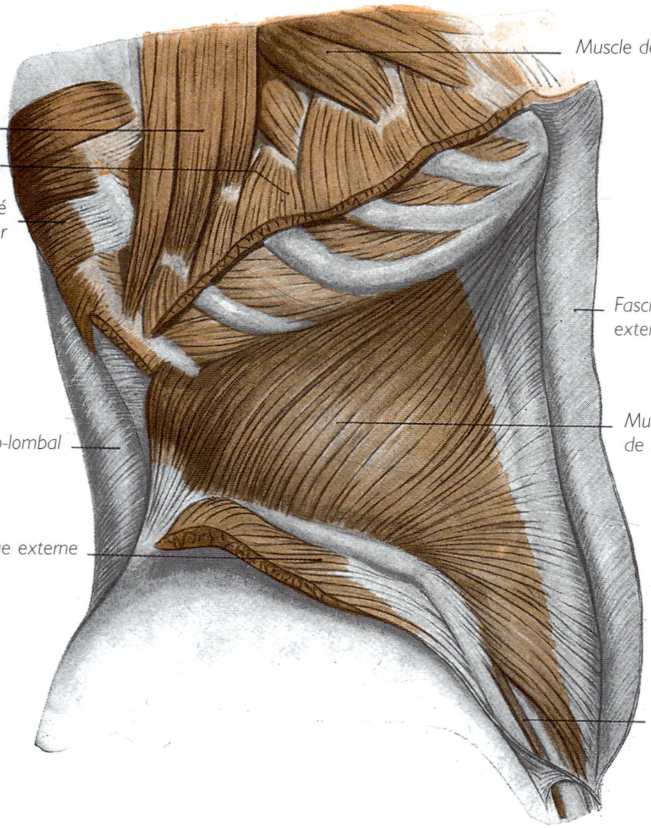

Fig. 78 ▪ Muscle petit oblique de l'abdomen.

De ces insertions, les fibres s'étalent en éventail et se terminent sur une longue ligne d'attache qui va des dernières côtes au pubis, en passant par la ligne blanche.

Les *fibres postérieures*, obliques en haut et en avant, se fixent au bord inférieur et au sommet des quatre derniers cartilages costaux.

Les *fibres moyennes* se continuent jusqu'à la ligne blanche par une large lame tendineuse appelée *fascia du muscle oblique interne*. Ce fascia fait suite au corps charnu suivant une ligne légèrement oblique en bas et en avant, qui se confond en bas avec la limite externe du fascia du muscle transverse de l'abdomen, mais qui est plus externe que celui-ci en haut. Dans les deux tiers ou les trois quarts supérieurs du muscle droit, le fascia du muscle oblique interne se divise, le long du bord externe de ce muscle, en deux feuillets : l'un, *antérieur*, s'unit au fascia du muscle oblique externe et passe en avant du muscle droit ; l'autre, *postérieur*, s'accole au fascia antérieur du muscle transverse et passe en arrière (fig. 76 et 79). Le long du tiers ou du quart inférieur du muscle droit, le fascia du muscle oblique interne s'unit seulement au fascia du muscle oblique externe et passe toute entier en avant du muscle droit (fig. 79 et 81). La zone d'adhérence entre le muscle oblique interne et le muscle oblique externe diminue de largeur de haut en bas, si bien que, tout à fait en bas, les deux fascias sont seulement unis près de la ligne blanche.

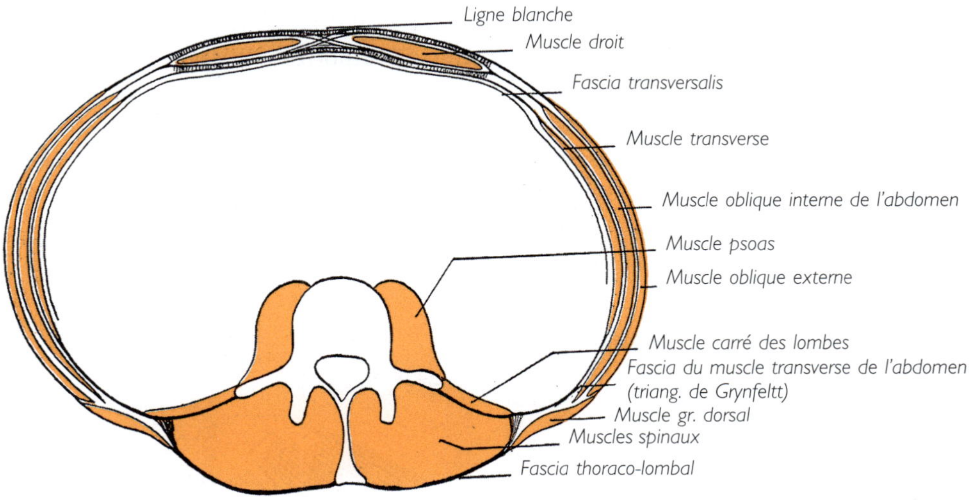

Fig. 79 ▪ Coupe horizontale des muscles et des fascias de la paroi abdominale, passant au-dessus des arcades de Douglas.

Les *fibres inférieures* qui naissent du ligament inguinal se comportent comme les faisceaux sous-jacents du muscle transverse ; elles passent au-dessus, puis en arrière du cordon ou du ligament rond, s'unissent aux fibres du muscle transverse, avec lesquelles elles constituent la faux inguinale, et par ce tendon s'attachent à la symphyse pubienne, au pubis et au pecten du pubis.

Les fibres les plus inférieures du muscle oblique interne de l'abdomen sont entraînées vers les bourses avec quelques fibres du muscle transverse, lors de la descente du testicule, et forment le muscle crémaster externe.

MUSCLE CRÉMASTER EXTERNE. Le muscle crémaster externe comprend deux faisceaux, l'un, latéral, l'autre, médial. ❑ Le *faisceau latéral*, confondu à ses origines avec les fibres voisines du muscle oblique interne et du muscle transverse, s'insère sur le ligament inguinal. De là, il descend sur la face antéro-externe de la tunique fibreuse du cordon et des bourses en décrivant des anses à concavité supérieure. ❑ Les fibres en anses se réunissent sur la face interne du cordon en un faisceau tendineux. Le *faisceau médial* du muscle crémaster, qui, par un trajet ascendant, va s'attacher à l'épine du pubis (voir : *Enveloppes du testicule*).

5. Muscle oblique externe.

a) FORME, SITUATION, TRAJET. Mince, large, charnu en arrière, tendineux en avant, le muscle oblique externe est le plus superficiel des muscles de la paroi antéro-latérale de l'abdomen. Ses fibres vont de la paroi thoracique à la ligne blanche, au pubis, au ligament inguinal et à la crête iliaque (fig. 74).

b) INSERTIONS ET DESCRIPTION. — INSERTIONS SUPÉRIEURES OU COSTALES. Le muscle oblique externe s'insère en haut, par sept ou huit digitations charnues et tendineuses, sur la face externe et le bord inférieur des sept à huit dernières côtes ; cependant, la dernière digitation naît du cartilage de la 12e côte. Ces digitations disposées en dents de scie s'engrènent avec les digitations inférieures du muscle dentelé antérieur, et avec les languettes d'origine costale du muscle latissimus dorsi en bas. Elles se succèdent suivant une direction oblique en bas, en dehors et en arrière, en augmentant de largeur de la 5e à la 8e côte, pour diminuer ensuite de la 8e à la 12e.

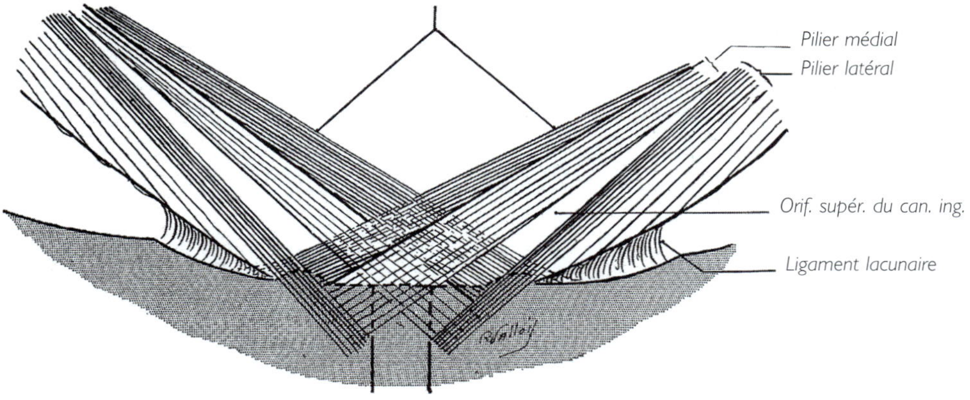

Fig. 80 ▪ Les piliers du canal inguinal (schématique).

De ces attaches, les fibres supérieures se portent horizontalement en dedans ; les moyennes, obliquement en bas et en dedans ; les inférieures descendent de plus en plus verticalement. Les fibres du muscle oblique externe forment dans leur ensemble une lame charnue triangulaire, limitée en avant et en bas par deux lignes perpendiculaires l'une à l'autre. La ligne antérieure, à peu près verticale, descend en dehors du muscle droit de l'abdomen ; la ligne inférieure, horizontale, atteint la crête iliaque au niveau ou un peu en arrière de son extrémité antérieure.

Aux fibres charnues font suite des fibres tendineuses qui se rassemblent en une lame très large, appelée *fascia du muscle oblique externe*. Seuls, les faisceaux postérieurs du muscle oblique externe, nés des deux ou trois dernières côtes, s'attachent à la moitié antérieure de la crête iliaque par des fibres charnues et de courtes fibres tendineuses.

TERMINAISON DU FASCIA DU MUSCLE OBLIQUE EXTERNE. Le tendon fascial du muscle oblique externe se fixe en avant sur la ligne blanche, en bas sur le pubis et le ligament inguinal.

Insertions sur la ligne blanche. En avant, le fascia du muscle oblique externe s'unit à celui du muscle oblique interne, et passe en avant du muscle droit de l'abdomen ; ses fibres s'entrecroisent sur la ligne médiane avec celles du côté opposé et contribuent à former la ligne blanche (fig. 79 et 81).

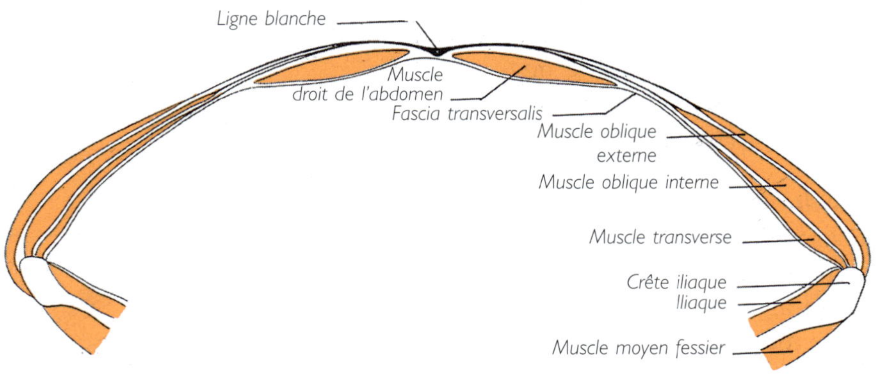

Fig. 81 ▪ Coupe horizontale des muscles et des fascias de la paroi abdominale passant au-dessous des arcades de Douglas.

Insertions pubiennes ; piliers de l'orifice superficiel du canal inguinal. Les insertions pubiennes se font par trois bandelettes obliques en bas et en dedans, appelées piliers de l'orifice externe du canal inguinal, et par l'arcade fémorale (fig. 74, 80 et 82).

Les piliers du canal inguinal (fig. 80 et 83) font suite aux fibres qui proviennent tantôt de la huitième côte, tantôt de la neuvième, parfois même de la dixième.

Le *pilier latéral* s'attache à l'épine du pubis. Son insertion se prolonge sur la face antérieure de l'os par quelques fibres qui recouvrent les attaches du pilier médial du côté opposé et se terminent sur le fascia du muscle gracile de la cuisse (Gilis). ❏ Le *pilier médial* passe en avant de l'extrémité inférieure du muscle droit de l'abdomen et du muscle pyramidal, s'entrecroise sur la ligne médiane avec celui du côté opposé et se termine sur la face antérieure du pubis et sur l'épine pubienne du côté opposé. ❏ Le *pilier postérieur du canal inguinal*, ou *ligament de Colles*, descend en arrière du pilier interne qui le recouvre, croise la ligne médiane et s'insère : 1° sur le pubis de la symphyse à l'épine, en avant du muscle droit de l'abdomen et en arrière du pilier interne du côté opposé ; 2° sur l'épine du pubis ;

3° sur l'extrémité interne du pecten du pubis, par quelques fibres unies au ligament lacunaire (fig. 80).

Les piliers médial et latéral sont divergents et ménagent entre eux un intervalle triangulaire. Cet intervalle est transformé en un orifice à peu près circulaire par le pilier postérieur du canal inguinal qui ferme l'extrémité inférieure de cette ouverture, et par les fibres arciformes (voir plus loin) qui arrondissent son extrémité supérieure. Cet orifice est appelé *anneau inguinal superficiel* ou *orifice externe* ou, plus exactement, *orifice superficiel du canal inguinal* (fig. 74, 80 et 83).

Ligament inguinal. *Insertions au ligament inguinal. Bandelette ilio-pubienne, ligament lacunaire et fibres arciformes.* ❑ Dans l'intervalle compris entre l'épine pubienne et l'épine iliaque antéro-postérieure, le fascia du muscle oblique externe se perd sur le ligament inguinal.

Le *ligament inguinal* est une corde fibreuse tendue de l'épine iliaque antéro-supérieure à l'épine du pubis. Deux sortes de fibres la composent : des fibres propres et surtout les fibres du fascia du muscle oblique externe.

Les *fibres propres* constituent le *ligament de Henle*. Elles s'étendent de l'épine iliaque antéro-supérieure à l'épine du pubis (fig. 82).

Les *fascias du muscle oblique externe* qui vont au ligament inguinal s'enroulent sur les fibres propres de cette arcade d'avant en arrière et de dehors en dedans, de telle manière que l'arcade affecte la forme d'une gouttière à concavité supérieure (fig. 82).

Le fond de la gouttière est en partie occupé par les fibres propres. ❑ Le versant antérieur se continue avec le fascia du muscle oblique externe. ❑ Le versant postérieur se présente sous la forme d'une mince lame fibreuse appelée *ligament inguinal*.

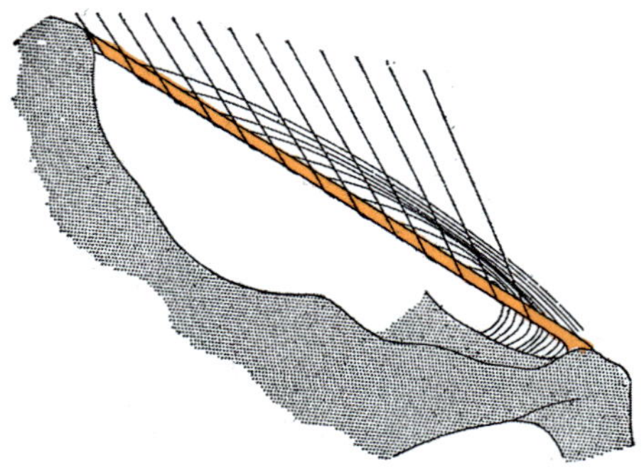

Fig. 82 ▪ Schéma destiné à montrer le mode de constitution du ligament inguinal et du ligament lacunaire. — Le ligament inguinal externe de Henle est figuré en rouge.

La *bandelette ilio-pubienne* (Thompson) s'étend, comme l'arcade fémorale, de l'épine iliaque antéro-supérieure à l'épine du pubis. Cependant de nombreuses fibres se séparent de l'arcade en regard du bord externe de la faux inguinale et s'étendent en arrière de ce tendon et du muscle droit de l'abdomen jusqu'à la ligne blanche (fig. 85). Cette dernière partie de la bandelette ilio-pubienne est donc placée en arrière du muscle transverse, de la faux inguinale et du ligament de Henle (fig. 85), en avant du fascia transversalis.

Le bord supérieur de la bandelette est libre, très mince ; son bord inférieur s'unit au ligament inguinal, le long du bord postérieur de la gouttière. Elle fait partie de cette arcade, car « elle est constituée par les fibres les plus profondes du bord inférieur du fascia du muscle oblique externe replié en gouttière » (Gilis).

La bandelette ilio-pubienne est très adhérente au fascia transversalis placé en arrière d'elle, et renforce ce fascia. Cependant, le long de la moitié externe environ du ligament inguinal, la bandelette et le fascia s'écartent l'un de l'autre, ménageant ainsi entre eux un intervalle occupé par les vaisseaux circonflexes iliaques (Gilis) (fig. 84, A).

Toutes les fibres du ligament inguinal ne se terminent pas sur l'épine du pubis ; certaines, avant d'atteindre ce point osseux, s'infléchissent en bas, en arrière et en dehors, et s'attachent à la crête pectinéale. Elles constituent le *ligament lacunaire* (fig. 82 et 85).

Le *ligament lacunaire* est une lame fibreuse triangulaire, qui occupe l'angle formé par le bord antérieur de l'os coxal et l'extrémité interne du ligament inguinal. Il est dirigé suivant un plan très oblique en arrière et en bas, presque horizontal. Son bord externe, libre, concave, délimite en dedans l'anneau crural.

Ses fibres externes s'infléchissent en bas et se portent, en dehors du ligament, le long du pecten du pubis, où elles contribuent à former avec le périoste qui recouvre cette crête et le fascia pectinéal, un épaississement fibreux appelé *ligament pectinéal*.

Enfin, certaines fibres tendineuses du muscle oblique externe s'étalent sur le tendon fascia de ce muscle en suivant un trajet incurvé qui leur a fait donner le nom de *fibres arciformes.*

On divise les fibres arciformes en deux groupes, l'un, externe, l'autre, interne (fig. 83).

Les *fibres arciformes externes* partent de l'épine iliaque antéro-supérieure et de la partie externe de l'arcade fémorale ; elles s'appliquent sur la face antérieure du fascia du muscle oblique externe en décrivant des courbes à concavité supéro-externe.

Les *fibres arciformes internes* sont inconstantes. Elles viennent du muscle oblique externe opposé, traversent la ligne médiane et s'étalent sur le muscle oblique externe en décrivant une courbe dont la concavité inféro-interne arrondit l'angle supérieur de l'orifice superficiel du canal inguinal.

Insertions iliaques. Le muscle oblique externe s'attache à la moitié antérieure de la lèvre latérale de la crête iliaque par des fibres charnues et tendineuses. La longueur des fibres tendineuses diminue graduellement d'avant en arrière.

Les fibres postérieures du muscle oblique externe, insérées sur la crête iliaque, sont généralement séparées du muscle latissimus dorsi par un intervalle triangulaire à base inférieure, connu sous le nom de *triangle lombal*. Dans l'aire de ce triangle, la paroi abdominale est seulement formée par les muscles oblique interne et transverse. C'est un point faible de la paroi par lequel peut se produire une variété de hernie lombale.

■ **AMAS TENDINEUX/FIBREUX PRÉPUBIEN.** La surface pubienne réservée à l'insertion des muscles de l'abdomen est si étroite que les faisceaux tendineux se confondent en partie en une seule masse fibreuse prépubienne, médiane. Celle-ci est formée, de chaque côté surtout par le faisceau interne du muscle droit de l'abdomen, le muscle pyramidal, les piliers du muscle oblique externe, la faux inguinale et aussi par le tendon du muscle long adducteur et le ligament suspenseur du pénis ou du

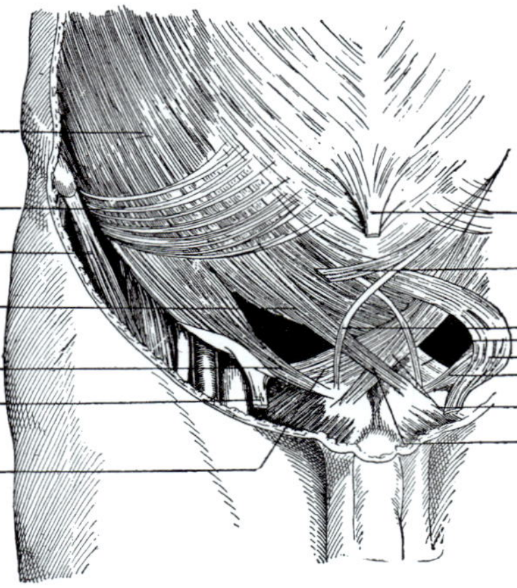

Fig. 83 ▪ Piliers de l'orifice externe ou superficiel du canal inguinal ; fibres arciformes du muscle oblique externe.

clitoris (Rouvière et Martin). À la vérité, les insertions signalées plus haut des piliers des muscles oblique externe, pyramidal, etc., ne représentent pas leur attache osseuse, mais plutôt le point où ces faisceaux disparaissent dans l'amas tendineux prépubien.

▪ **ACTION DES MUSCLES DE LA PAROI ANTÉRO-LATÉRALE DE L'ABDOMEN.** La contraction des différents muscles larges de l'abdomen a pour résultat de comprimer les viscères abdominaux. Ils interviennent donc dans la miction, la défécation, l'expiration forcée, le vomissement, l'accouchement.

Les muscles droit de l'abdomen, oblique externe et oblique interne prennent généralement leur point fixe sur le bassin ; ils abaissent les côtes et le thorax, et contribuent à produire l'expiration.

Lorsque le muscle oblique externe se contracte d'un seul côté, il détermine de plus un mouvement de rotation du thorax qui porte sa face antérieure du côté opposé. ❑ La contraction unilatérale du muscle oblique interne imprime au thorax un mouvement de rotation qui porte sa face antérieure du côté du muscle en action. ❑ Lorsque les muscles droit de l'abdomen, oblique externe et oblique interne prennent leur point fixe sur le thorax, ils portent le bassin en avant et en haut.

Le muscle transverse attire les côtes en dedans, rétrécit le thorax ; il est donc expirateur.

FASCIAS DE L'ABDOMEN

I. FASCIAS DE LA PAROI ABDOMINALE ANTÉRO-LATÉRALE

Il y a lieu de distinguer des fascias de revêtement et des fascias d'insertion.

A. **Fascias de revêtement.**

1. Fascia transversalis. Les muscles larges de l'abdomen sont recouverts d'un mince revêtement fibreux (muscle oblique externe) ou fibro-celluleux sans importance, exception faite du feuillet qui recouvre la face profonde de la paroi musculaire abdominale, surtout formée par la face profonde du muscle transverse. On donne pour cela à ce feuillet le nom de *fascia transversalis*. C'est aussi parce qu'il n'est pas partout en contact avec le muscle transverse et qu'il n'est nulle part mieux individualisé que là où il n'est pas en connexion avec ce muscle que Drouet propose de l'appeler *fascia pariétalis* (fig. 79 et 81).

Le *fascia transversalis* est, en haut, celluleux et difficile à différencier du fascia sous-péritonéal. Sa consistance augmente de haut en bas et il prend, à la partie inférieure de la paroi, les caractères d'une lame fibreuse. Le fascia transversalis recouvre toute l'étendue de la face profonde du muscle transverse, sauf cependant cette partie du fascia d'insertion de ce muscle qui, au-dessous de la ligne arquée, passe en avant du muscle droit de l'abdomen. À ce niveau, le fascia transversalis abandonne le fascia du muscle transverse pour passer en arrière du muscle droit de l'abdomen.

Ses connexions à la limite inférieure de la paroi abdominale antérieure diffèrent suivant les points (fig. 84).

En regard de la moitié latérale, environ, du ligament inguinal, le fascia transversalis descend jusqu'au fascia iliaca et se confond avec lui (fig. 84, A). Mais, vers la partie moyenne de l'arcade, il rencontre les éléments du cordon qui s'enfoncent dans l'orifice profond du canal inguinal et il émet autour d'eux un diverticule qui pénètre dans le canal et constitue la gaine fibreuse du cordon (voir : cordon spermatique). ❑ Au niveau des vaisseaux iliaques externes, le fascia transversalis se continue avec la gaine de ces vaisseaux. À ce niveau, le fascia est doublé sur sa face antérieure d'une couche cellulo-graisseuse ; celle-ci est en continuité avec le tissu cellulaire qui enveloppe directement les vaisseaux et forme dans le canal crural la gaine dite vasculaire (fig. 84, B). ❑ En dedans des vaisseaux fémoraux, le fascia descend en arrière du ligament inguinal jusqu'au pecten du pubis. Il constitue en ce point le *septum fémoral* (fig. 84, C). ❑ Enfin, en dedans du ligament inguinal, le fascia transversalis recouvre la face postérieure du ligament de Henle et du muscle droit de l'abdomen et s'attache à la lèvre postérieure du bord supérieur du pubis (voir plus loin : *gaine des muscles droits de l'abdomen*).

On décrit sous le nom de faisceaux de renforcement du fascia transversalis le ligament inguinal, le ligament de Henle et le ligament interfavéolaire. Nous avons dit précédemment que le ligament de Henle est une expansion du tendon du muscle droit de l'abdomen. Il est nettement distinct du fascia transversalis, en avant duquel il est placé. On sait également que le ligament inguinal est une membrane tendi-

FASCIAS DE LA PAROI ABDOMINALE ANTÉRO-LATÉRALE

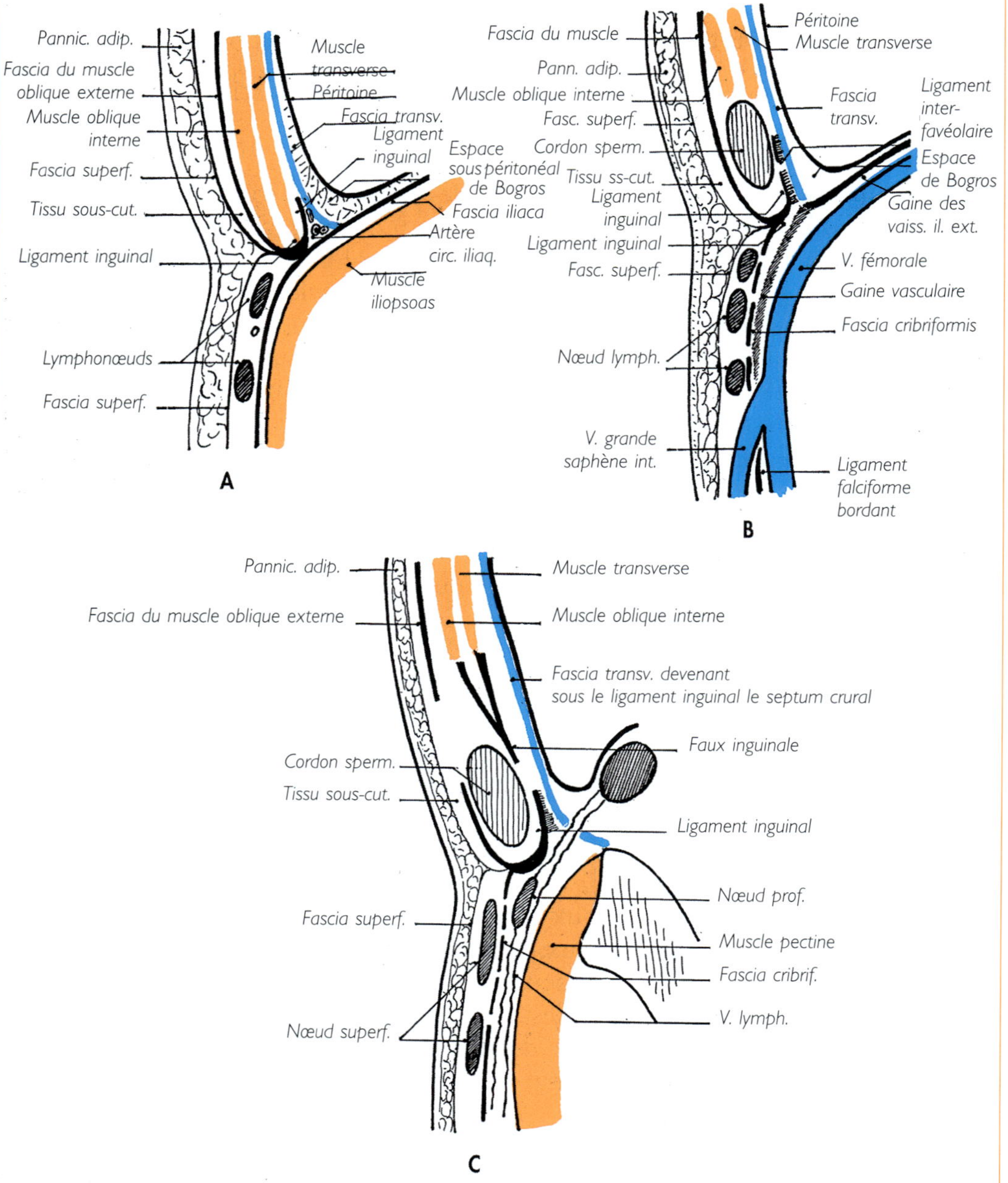

Fig. 84 ▪ Coupes para-sagittales des régions inguino-abdominale et inguino-crurale.
▪ La coupe A passe en dehors de l'orifice profond du canal inguinal.
▪ La coupe B passe en dedans de cet orifice et intéresse la veine fémorale.
▪ La coupe C intéresse la région en dedans de la précédente et passe par la loge lymphatique du canal crural.

neuse, unie dans une grande partie de son étendue au fascia transversalis, mais différente de ce fascia. Nous montrerons plus loin que le ligament interfavéolaire est encore une formation ayant une signification différente de celle du fascia transversalis ; mais il s'unit si étroitement au fascia qu'on ne peut les séparer l'un de l'autre.

Profondément, le fascia transversalis est en rapport avec le péritoine que double une couche de tissu cellulaire appelée fascia sous-péritonéal.

B. **Fascias d'insertion ou tendons fasciaux.**

Ces fascias sont les lames tendineuses par lesquelles les trois muscles larges, muscles oblique externe, oblique interne et transverse, se terminent en avant. Ces lames concourent toutes à la constitution de la gaine des muscles droits de l'abdomen et de la ligne blanche. De plus, le fascia du muscle transverse de l'abdomen émet une expansion qui est le ligament interfavéolaire.

1. Gaine des muscles droits de l'abdomen. Chaque muscle droit est contenu dans une gaine fibreuse dont la constitution est différente en haut et en bas.

Dans les deux tiers ou les trois quarts supérieurs du muscle, la gaine est formée : ❑ en avant, par le fascia d'insertion du muscle oblique externe uni au feuillet antérieur du fascia d'insertion du muscle oblique interne et aussi, tout à fait en haut, par une lame tendineuse d'insertion du muscle grand pectoral ; ❑ en arrière, par le fascia d'insertion du muscle transverse uni au feuillet postérieur de celui du muscle oblique interne (voir fig. 79).

Dans le tiers ou le quart inférieur du muscle droit de l'abdomen, les lames tendineuses des muscles oblique externe, oblique interne et transverse passent en totalité en avant du muscle droit. La partie postérieure de la gaine est uniquement constituée par le feuillet profond du fascia de revêtement du muscle transverse, c'est-à-dire par le *fascia transversalis* qui abandonne le fascia d'insertion de ce muscle pour passer en arrière du muscle droit de l'abdomen (fig. 81).

En définitive, la paroi postérieure de la gaine des muscles droits est donc tendineuse en haut, fibro-celluleuse en bas. La limite entre ces deux zones est indiquée par une arcade tendineuse concave en bas, qui représente le bord inférieur de la partie tendineuse de la paroi postérieure de la gaine.

À ce bord arqué on donne le nom d'arcade de Douglas ou ligne arquée. Fréquemment il existe au-dessous de l'arcade de Douglas proprement dite une ou deux arcades secondaires ; cela tient à ce que le passage, en avant du muscle droit, du fascia du muscle transverse de l'abdomen et du feuillet postérieur du fascia du muscle oblique interne ne se fait pas d'un seul coup, mais par plusieurs échelons successifs.

La paroi antérieure de la gaine des muscles droits est renforcée en haut par des fibres tendineuses du muscle grand pectoral.

En bas, la gaine contient le muscle pyramidal, qui n'est séparé du muscle droit de l'abdomen correspondant que par une mince lame le plus souvent fibro-celluleuse, rarement tendineuse.

Après avoir recouvert les faces antérieure et postérieure des muscles droits de l'abdomen, les fascias tendineux des muscles oblique externe, oblique interne et transverse s'entrecroisent sur la ligne médiane, entre les muscles droits de l'abdomen, et forment un raphé tendineux médian, appelé ligne blanche.

La ligne blanche, unie en arrière au fascia transversalis, ferme en dedans la gaine des muscles droits. La limite externe de cette gaine répond à l'angle de séparation des deux feuillets du fascia du muscle oblique interne en haut, et à l'angle de séparation du fascia transversalis et du fascia du muscle transverse de l'abdomen dans le quart inférieur du muscle droit de l'abdomen (fig. 79 et 81).

Le muscle droit de l'abdomen est enveloppé dans sa gaine par une mince nappe celluleuse. Celle-ci est interrompue ou divisée en avant par des adhérences qui unissent les intersections tendineuses du muscle à la partie correspondante de la gaine. En arrière, la couche celluleuse est au contraire continue. De plus, près du pubis, son épaisseur augmente graduellement de haut en bas : cela provient de ce que le muscle droit s'attache à la partie antérieure du bord supérieur du pubis, tandis que le fascia transversalis se termine sur la lèvre postérieure de ce bord. Il en résulte la formation, au-dessus du pubis, d'un espace prismatique triangulaire à base inférieure, rempli de tissu cellulo-adipeux ; c'est la *cavité suprapubienne*. Cet espace est séparé de celui du côté opposé par l'adminiculum lineæ albæ, dont le bord postérieur est uni au fascia transversalis.

2. Ligne blanche. La ligne blanche est un raphé tendineux médian, qui s'étend entre les muscles droits de l'abdomen, depuis la face antérieure du processus xiphoïde jusqu'au bord supérieur de la symphyse pubienne. Elle est large en haut, depuis le processus xiphoïde jusqu'à un ou deux travers de doigt au-dessous de l'ombilic ; sa largeur peut atteindre, au voisinage de l'ombilic, environ 2 cm. Plus bas, elle est étroite et linéaire.

La ligne blanche est essentiellement constituée par l'entrecroisement des fibres tendineuses des muscles oblique externe, oblique interne et transverse (fig. 79). Des fibres longitudinales la renforcent à ses deux extrémités.

Les fibres longitudinales supérieures partent de la face antérieure du processus xiphoïde et se perdent peu après dans le raphé tendineux.

Les faisceaux longitudinaux inférieurs se distinguent en antérieur et postérieur. ❑ Le faisceau antérieur se compose de quelques fibres courtes qui naissent du pubis et s'étendent sur la face antérieure de la ligne blanche. ❑ Le faisceau postérieur, beaucoup plus important, appelé ***adminiculum lineæ albæ***, s'implante par une base large sur le bord supérieur de la symphyse et du pubis, ainsi que sur le ligament pectinéal. De là il monte, en s'effilant, en arrière de la ligne blanche et se perd sur la face postérieure du raphé tendineux, à mi-distance de l'ombilic au pubis. À la base de l'adminiculum, se voit une dépression profonde qui contient un peloton adipeux et quelques ramifications des vaisseaux sus-pubiens.

Les fibres tendineuses des muscles larges, entrecroisées sur la ligne blanche, ménagent parfois entre elles de petits orifices particulièrement fréquents au-dessus et au voisinage de l'ombilic. Dans ces interstices s'engagent quelques ramifications vasculaires ou nerveuses, un peloton adipeux, parfois même un petit cul-de-sac péritonéal qui est l'amorce d'une hernie de la ligne blanche.

3. Ligament interfavéolaire. C'est une bandelette fibreuse, très mince, inconstante, qui naît de l'extrémité externe de la ligne arquée, descend, confondue avec le fascia transversalis, un peu obliquement en bas et en dehors, puis décrit une anse dont la concavité, dirigée en haut et en dehors, embrasse le cordon chez l'homme, le ligament rond chez la femme, à leur entrée dans le canal inguinal (fig. 85). En dehors du canal, les fibres du ligament se perdent dans le fascia transversalis.

Le ligament interfavéolaire est essentiellement constitué par des fibres qui émanent de la ligne arquée du côté correspondant, mais qui proviennent du fascia d'insertion du muscle transverse du côté opposé (Gilis).

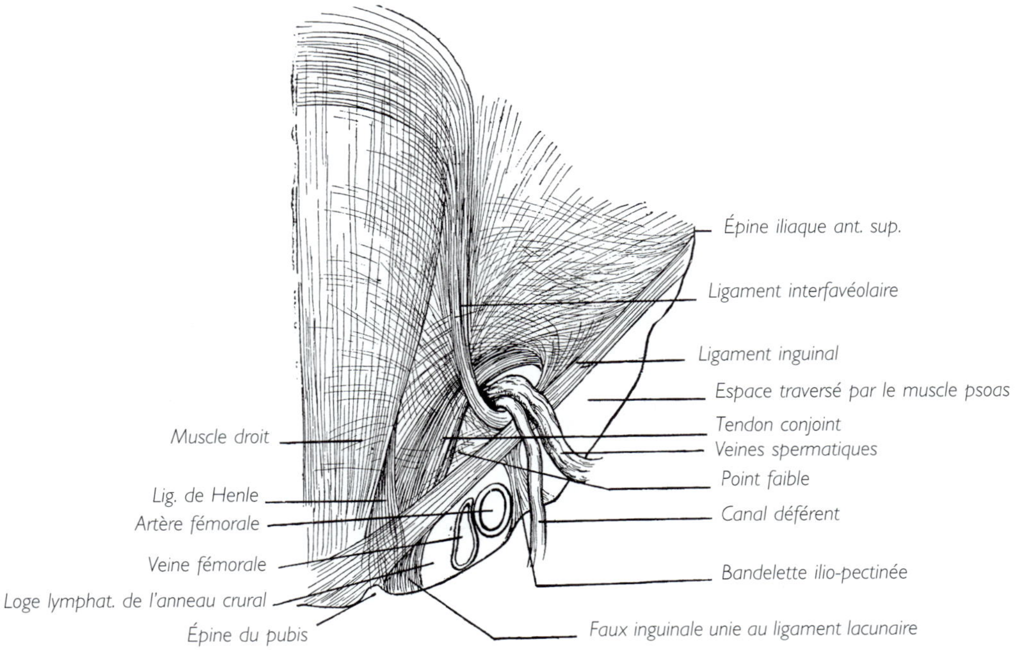

Fig. 85 ▪ Ligaments interfavéolaire et de Henle, tendon conjoint et ligament inguinal.

II. FASCIAS DE LA PAROI ABDOMINALE POSTÉRIEURE

De même que dans la paroi abdominale antéro-latérale, il y a lieu de distinguer dans la paroi abdominale postérieure des fascias de revêtement et des fascias ou membranes tendineuses d'insertion.

A. Fascias ou membranes tendineuses d'insertion.

1. Premier plan : fascia thoraco-lombal. Le fascia thoraco-lombal est la lame tendineuse d'insertion du muscle latissimus dorsi (fig. 69). Il est triangulaire. Sa base interne s'étend verticalement du processus épineux de la septième vertèbre thoracique à la dernière sacrale.

Sa face superficielle est recouverte en haut par le muscle trapèze (fig. 69).

Sa face profonde recouvre les muscles dentelé postérieur inférieur, oblique interne et spinaux (fig. 79).

Le fascia thoraco-lombal est uni, le long du bord externe des muscles spinaux : au muscle dentelé postérieur inférieur, au muscle oblique interne en bas, au fascia du muscle transverse de l'abdomen dans l'intervalle compris entre ces deux muscles. L'union est réalisée par de solides tractus conjonctifs qui dépriment le fascia thoraco-lombal sous la forme d'une gouttière dite *gouttière lombale latérale* (fig. 79).

2. Deuxième plan : fascia du muscle dentelé postérieur inférieur ; fascia du muscle oblique interne. Le deuxième plan fascial de la paroi abdominale postérieure est constitué par les fascias d'insertion du muscle dentelé postérieur inférieur en haut et du muscle oblique interne.

Le fascia du muscle dentelé postérieur inférieur est uni dans presque toute son étendue à la face profonde du fascia thoraco-lombal.

Le feuillet tendineux du muscle oblique interne se réunit au fascia thoraco-lombal par celles de ses fibres qui s'attachent au processus épineux de la cinquième vertèbre lombale et à l'extrémité postérieure de la crête iliaque.

3. Troisième plan : fascia du muscle transverse de l'abdomen. Le troisième plan fascial est formé par le fascia d'insertion du muscle transverse de l'abdomen. Cette lame tendineuse est renforcée par une série de trousseaux fibreux qui vont en rayonnant du sommet des processus transverses des vertèbres lombales à la face postérieure du fascia du muscle transverse de l'abdomen. Les faisceaux de renforcement qui proviennent des troisième, quatrième et cinquième vertèbres lombales sont généralement peu distincts. Les expansions fibreuses nées des première et deuxième vertèbres lombales sont au contraire très résistantes et s'étendent des processus transverses de ces vertèbres au bord inférieur de la douzième côte. Elles constituent une lame fibreuse épaisse, d'aspect nacré, connue sous le nom de *ligament lombo-costal de Henle* (fig. 86).

Triangle lombo-costo-abdominal. Grynfeltt a décrit, sous le nom de *triangle lombo-costo-abdominal*, un espace triangulaire limité : en dedans par le bord externe des muscles spinaux, en dehors par le bord postérieur du muscle oblique interne, en haut par la douzième côte. Très souvent, le muscle dentelé postérieur inférieur échancre l'angle supéro-interne de cet espace (fig. 68 et fig. 86), et lui donne la forme d'un quadrilatère. Dans l'aire de ce triangle, le fascia du muscle transverse de l'abdomen est directement en contact avec le muscle latissimus dorsi (fig. 79). Il existe là un point faible de la paroi par lequel peut se produire une variété de hernie lombale (voir : *Région lombo-iliaque*).

B. **Fascias de revêtement des muscles de la paroi abdominale.**

Les muscles et leurs fascias d'insertion sont recouverts de fascias de revêtement. Sur le fascia tendineux lombal, le fascia est mince et très adhérent. Entre les différents plans qui se superposent, se trouvent des couches de tissu conjonctif qui représentent les fascias de revêtement des muscles dont les surfaces s'opposent. Dans la profondeur, aux confins de la cavité abdominale, un plan formé par les feuillets de revêtement des muscles carré des lombes et iliopsoas mérite d'être décrit.

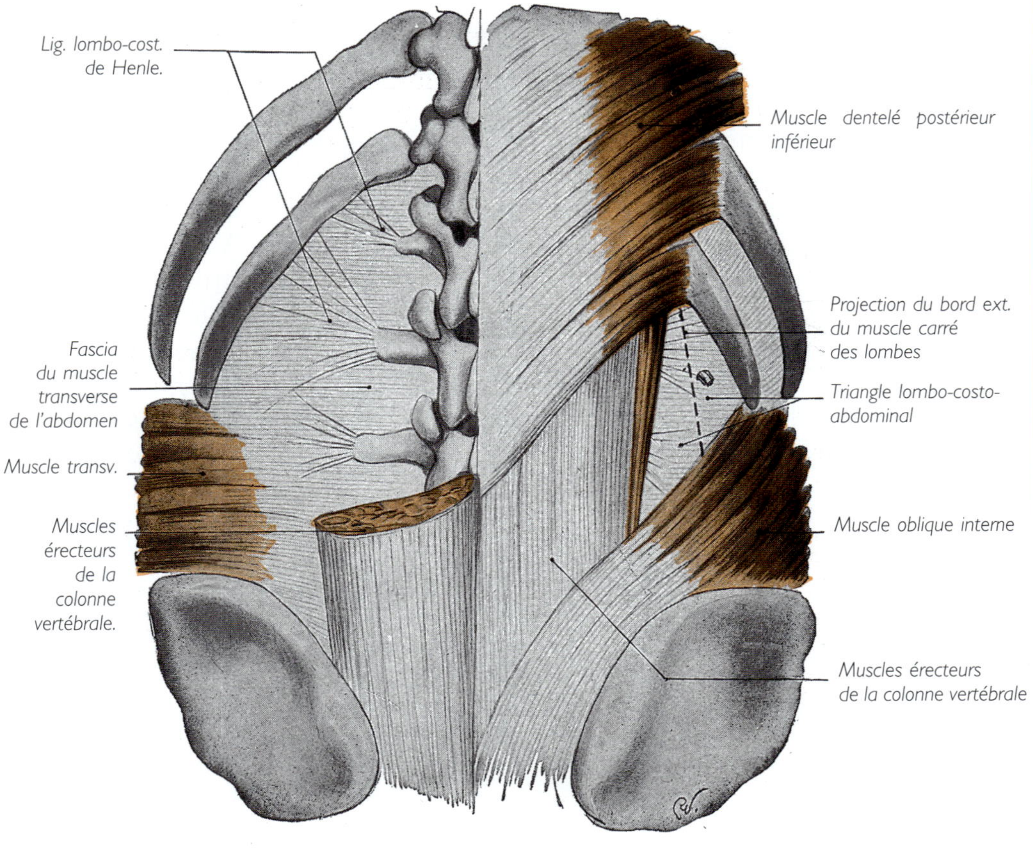

Fig. 86 ▪ Fascia du muscle transverse de l'abdomen et triangle lombo-costo-abdominal.

1. Fascias du muscle carré des lombes et fascia iliaca. Le plan le plus profond des fascias de revêtement est constitué par les *fascias de revêtement* du muscle carré des lombes et du muscle iliopsoas (fig. 79).

Le *fascia du muscle carré des lombes* s'étend sur la face antérieure de ce muscle. Il s'attache en dedans aux processus transverses des vertèbres lombales et s'unit en dehors, le long du bord externe du muscle, au fascia d'insertion du muscle transverse. À sa partie supérieure, le fascia du muscle carré des lombes est renforcé par le *ligament arqué latéral*. Nous avons déjà dit qu'on appelait ainsi un faisceau de fibres horizontales étendu de la face antérieure du processus transverse de la première vertèbre lombale au sommet de la douzième côte (fig. 88).

Le *fascia* du *muscle iliopsoas* ou *fascia iliaca* recouvre dans toute son étendue le muscle iliopsoas.

Au-dessus du ligament inguinal, le fascia iliaca s'attache en dedans aux corps vertébreux, aux arcades d'insertion du muscle psoas et à la ligne arquée de l'ilium ; en dehors, au fascia du muscle carré des lombes, et à la crête iliaque. En haut, le fascia iliaca présente un épaississement, le *ligament arqué médial*. Le ligament arqué médial s'attache en dedans au corps de la deuxième vertèbre lombale, contourne en avant le muscle psoas et se termine à la base du processus transverse de la première (fig. 88).

Au niveau du ligament inguinal, le fascia iliaca adhère en avant au ligament inguinal, tandis que sa partie interne, libre, qui limite en dehors l'anneau crural, s'épaissit et forme une lame fibreuse, résistante, appelée *bandelette ilio-pectinée*, tendue entre le ligament inguinal et l'éminence ilio-pectinée. Au-dessous du ligament inguinal, le fascia iliaca se prolonge jusqu'à l'insertion trochantérienne du muscle iliopsoas. Cette partie du fascia est décrite avec le fascia fémoral.

Le fascia du muscle iliopsoas n'est pas directement en contact avec le muscle. Il en est séparé par une nappe de tissu cellulaire lâche plus ou moins infiltrée de graisse, dans laquelle courent certaines branches terminales du plexus lombal, le nerf fémoral en particulier.

DIAPHRAGME

SITUATION, FORME

Très large, aplati et mince, le diaphragme constitue une cloison musculo-tendineuse qui sépare la cavité thoracique de la cavité abdominale. Ce muscle a la forme d'une voûte allongée transversalement, dont la convexité regarde en haut et qui s'implante par sa base sur le pourtour interne de l'orifice inférieur du thorax.

La voûte diaphragmatique n'est pas régulière. Elle est divisée en deux parties latérales, l'une, droite, l'autre, gauche, par l'échancrure que présente le diaphragme en regard de la colonne vertébrale et par une dépression de la partie moyenne de la coupole diaphragmatique, sur laquelle repose le cœur. De plus, la convexité est plus accentuée à droite qu'à gauche, tout au moins dans l'expiration forcée et même dans la respiration moyenne.

Le point culminant de la voûte diaphragmatique est, de chaque côté, à 6 cm environ de la ligne médiane et répond, pendant l'expiration, à la moitié inférieure du 4e espace à droite, et au cinquième cartilage costal à gauche (R. Soupault). La partie médiane de la voûte répond à la base du processus xiphoïde.

CONSTITUTION

On distingue au diaphragme deux parties, l'une, centrale, tendineuse, appelée *centre tendineux* ; l'autre, périphérique, charnue, formée de faisceaux musculaires qui s'attachent autour de l'orifice inférieur du thorax (fig. 87 et 88). Cette configuration particulière du diaphragme est expliquée par son mode de constitution. On peut, en effet, considérer ce muscle comme formé par un ensemble de muscles digastriques dont les ventres musculaires, constituant la partie périphérique ou charnue, s'insèrent sur deux points opposés du pourtour de l'orifice inférieur du thorax, tandis que leurs tendons intermédiaires s'entrecroisent dans la partie centrale du muscle en constituant le centre tendineux.

A. **Centre tendineux.**

Le centre tendineux est une lame tendineuse très résistante, allongée transversalement, échancrée en arrière et occupant la partie centrale du diaphragme. Son contour irrégulier est celui d'une feuille de trèfle dont les trois folioles se distinguent en antérieure, droite et gauche. La foliole antérieure est la plus grande ; la foliole gauche est la plus petite. La foliole antérieure est allongée transversalement ; les folioles latérales ont leur grand axe oblique en dehors et en arrière.

À l'union de la foliole médiane et de la foliole droite se trouve l'orifice de la veine cave inférieure (voir plus loin : *Orifices du diaphragme*).

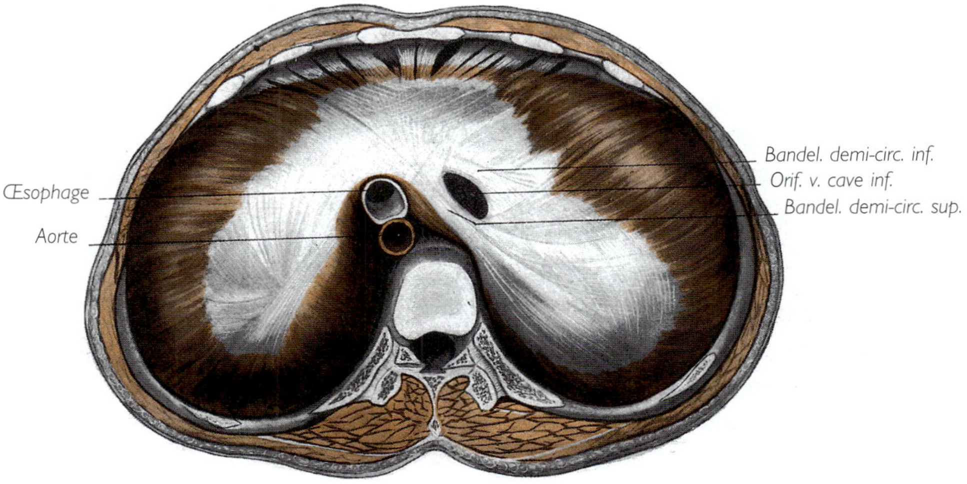

Fig. 87 ▪ Diaphragme, face supérieure (d'après Bourgery).

Les fibres tendineuses du centre tendineux, intermédiaires aux faisceaux charnus, affectent les directions les plus diverses. Parmi ces fibres, il en est qui se rassemblent en deux faisceaux distincts, connus, depuis Bourgery, sous les noms de bandelettes demi-circulaires supérieure et inférieure du diaphragme.

La *bandelette demi-circulaire supérieure* est placée sur la face convexe du diaphragme (fig. 87) ; elle contourne en arrière et en dedans l'orifice de la veine cave inférieure et se termine par deux éventails tendineux sur les folioles antérieure et droite.

La *bandelette demi-circulaire inférieure* s'étend de la foliole droite à la foliole gauche en décrivant une courbe concave en arrière, dont la partie moyenne borde en dehors et en avant l'orifice de la veine cave inférieure (fig. 87 et 88). Cette bandelette est sous-jacente à la précédente et se voit seulement, sur l'une ou l'autre des deux faces du muscle, en avant de l'orifice de la veine cave.

B. **Partie périphérique ou charnue du diaphragme.**

INSERTIONS ET DESCRIPTION. Le diaphragme s'insère sur tout le pourtour interne de l'ouverture inférieure du thorax, c'est-à-dire sur la colonne vertébrale, sur les côtes et sur le sternum (fig. 88).

1. Portion vertébrale. On distingue de part et d'autre de la ligne médiane, à la portion vertébrale du diaphragme, deux parties : l'une, interne, l'autre, externe.

a) PARTIE INTERNE. CRUS DIAPHRAGMATIS OU PILIERS DU DIAPHRAGME. La partie interne comprend les fibres de la portion vertébrale du diaphragme qui s'attachent aux corps vertébraux. Ces fibres forment deux gros faisceaux, l'un, droit, l'autre, gauche, appelés *crus diaphragmatis*.

Le *crus diaphragmatis droit* est plus long et plus épais que le gauche. Il s'insère par un tendon large, aplati, sur la face antérieure du corps des deuxième et troisième vertèbres lombales et sur les disques intervertébraux qui les unissent l'un à l'autre et aux corps vertébraux voisins. L'insertion du pilier droit s'étend fréquemment jusque sur le corps de la quatrième vertèbre lombale.

Le *crus diaphragmatis gauche* s'attache, par un tendon moins large et moins épais que le tendon du pilier droit, au corps de la deuxième vertèbre lombale et aux disques intervertébraux attenants à cette vertèbre. L'insertion se prolonge souvent jusque sur le corps de la troisième vertèbre lombale.

Les fibres tendineuses les plus internes des crus diaphragmatis s'entrecroisent assez souvent sur la ligne médiane avec celles du côté opposé ; les autres sont directement descendantes.

Au tendon de chaque pilier fait suite un corps charnu. Celui-ci monte obliquement en haut et en avant et s'étale en une nappe musculaire qui se termine sur l'échancrure postérieure du centre tendineux. Les deux crus diaphragmatis limitent ainsi, avec la colonne vertébrale, une large ouverture divisée en deux orifices secondaires par deux faisceaux charnus qui vont d'un crus diaphragmatis à l'autre, en s'entrecroisant sur la ligne médiane. Le plus souvent, le faisceau venant du crus diaphragmatis gauche passe en avant de celui que donne le crus diaphragmatis

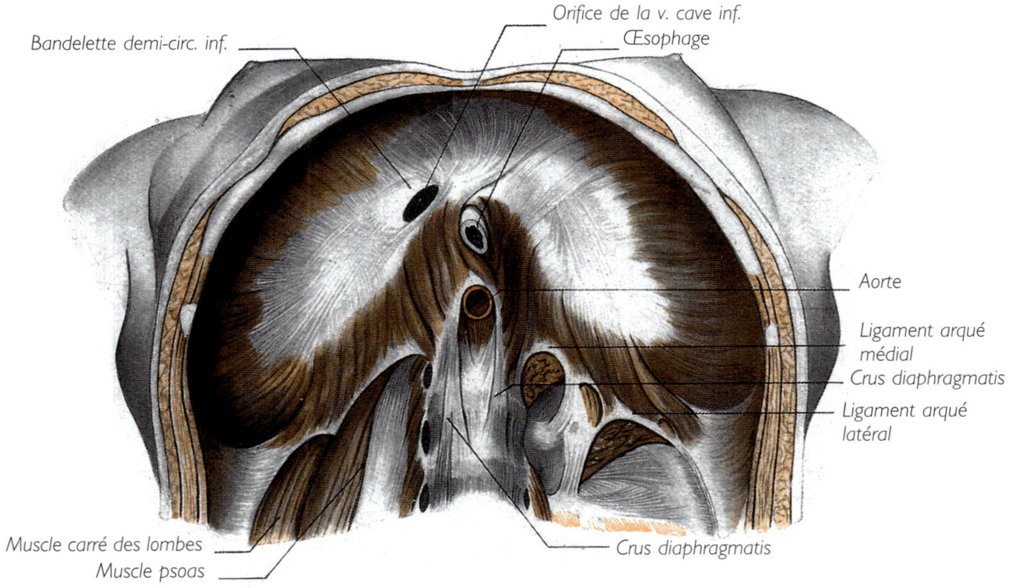

Fig. 88 ▪ Diaphragme, face inférieure (d'après Bourgery).

droit. ❑ Des deux orifices ainsi formés, le postérieur est le ***hiatus aortique*** ; l'antérieur est le ***hiatus œsophagien*** (fig. 88).

Chacun des crus diaphragmatis est très souvent subdivisé en deux faisceaux, l'un, interne, ou principal, l'autre, externe, ou accessoire, par un interstice qui livre passage au nerf grand splanchnique.

b) PARTIE EXTERNE. La partie externe de la portion vertébrale du diaphragme est une lame musculaire dont les fibres s'attachent au ***ligament arqué médial***. Elle est séparée du pilier correspondant par un interstice que traverse le cordon du sympathique et le petit splanchnique.

Les fibres musculaires nées du ligament arqué médial se terminent en haut sur les parties latérales de l'échancrure postérieure du centre tendineux.

2. Portion costale. La portion costale s'insère sur la face interne des six derniers arcs costaux et sur trois arcades tendineuses qui unissent le sommet de la dixième côte à celui de la onzième, le sommet de la onzième à celui de la douzième, enfin le sommet de la douzième à la face antérieure du processus transverse de la première vertèbre lombale.

Les insertions sur les arcs costaux se font par six digitations musculaires distinctes, qui s'engrènent avec celles du muscle transverse. Les deux premières digitations s'attachent au cartilage des septième et huitième arcs costaux ; la troisième s'insère à la fois sur le cartilage et sur la portion osseuse du neuvième arc costal ; enfin, les trois dernières s'attachent à la face interne de la portion osseuse des dixième, onzième et douzième arcs costaux.

Les digitations costales du diaphragme qui naissent des septième, huitième et neuvième arcs costaux sont nettement isolées des digitations correspondantes du muscle transverse, tandis que celles qui s'attachent aux dixième, onzième et douzième côtes sont unies aux faisceaux du muscle transverse par d'étroites intersections fibreuses adhérentes à l'arc costal.

Des trois arcades fasciales qui donnent insertion au diaphragme, la dernière, celle qui unit le sommet de la douzième côte à la face antérieure du processus transverse de la première vertèbre lombale, croise la face antérieure du muscle carré des lombes et porte le nom de *ligament arqué latéral*.

Les fibres qui s'attachent à elle forment une lame charnue mince. La partie externe de cette lame peut manquer. Dans ce cas, il existe, dans le plan musculaire du diaphragme, une solution de continuité, appelée *hiatus costo-diaphragmatique*, qui met en communication la région rénale et le tissu sous-pleural.

Les digitations costales sont séparées les unes des autres au voisinage immédiat de leurs insertions par un interstice qui livre passage au nerf intercostal correspondant ainsi qu'à un rameau de l'artère musculo-phrénique.

Les fibres de la portion costale du diaphragme se terminent sur le bord latéral des folioles latérales et antérieure du centre phrénique.

3. Portion sternale. La portion sternale du diaphragme est constituée soit par un seul faisceau musculaire médian, soit par deux faisceaux séparés l'un de l'autre par un interstice celluleux. Ces faisceaux s'insèrent sur la face postérieure de l'extrémité inférieure du processus xiphoïde ; quelques fibres peuvent même gagner la ligne blanche (Courty et Godlewski). Ils se terminent en arrière sur la partie moyenne de la foliole antérieure.

Les faisceaux sternaux sont séparés l'un de l'autre et de la portion costale du diaphragme par des interstices celluleux de largeur variable (fig. 87).

OSTIUMS DU DIAPHRAGME

Le diaphragme présente trois grands orifices traversés par la veine cave inférieure, l'aorte et l'œsophage ; il présente encore des ouvertures plus étroites, comprises entre les différents faisceaux des piliers, destinées au passage de la veine azygos, du sympathique et des nerfs splanchniques.

1. Foramen de la veine cave. Cet orifice, situé dans le centre tendineux, à l'union de la foliole droite et de la foliole antérieure, est elliptique, et son grand axe, oblique d'arrière en avant et de droite à gauche, mesure environ 3 cm. Il est limité en arrière et en dedans par la bandelette semi-circulaire supérieure, en avant et en dehors par la bandelette semi-circulaire inférieure. La veine cave inférieure adhère intimement à tout le pourtour tendineux de cette ouverture.

2. Hiatus aortique. De même que tous les orifices vasculaires, l'orifice aortique est fibreux. Il est en effet bordé par une arcade tendineuse que forment les tendons des crus diaphramatis et un prolongement interne de ces tendons (fig. 88). Son extrémité supérieure répond à la douzième vertèbre thoracique. Par cet orifice, passent l'aorte et le conduit thoracique. L'aorte est seulement unie à la partie antérieure de cette ouverture.

3. Hiatus œsophagien. Le hiatus œsophagien est musculaire. Il répond au corps de la dixième vertèbre thoracique. Il est elliptique, situé un peu à gauche de la ligne médiane, et traversé par l'œsophage et les nerfs vagues. L'œsophage est uni au bord de l'orifice par un tissu conjonctif dense et par des fibres musculaires qui vont du diaphragme aux parois de l'œsophage (Rouget).

4. Orifices diaphragmatiques du grand sympathique, des nerfs splanchniques et des veines azygos (fig. 218). Le *grand sympathique* traverse l'interstice compris entre les piliers et la lame musculaire provenant du ligament arqué médial. ❑ Les *nerfs grands splanchniques* passent dans l'interstice compris entre le faisceau principal et le faisceau accessoire de chacun des crus diaphramatis. ❑ Les *nerfs petits splanchniques* pénètrent dans la cavité abdominale ordinairement par l'interstice diaphragmatique qui livre passage à la chaîne du sympathique. Mais chacun d'eux peut encore traverser le diaphragme soit par l'orifice des nerfs grands splanchniques, soit par un interstice qui lui est propre, situé en dehors du grand splanchnique et en dedans du sympathique, soit, enfin, par le hiatus œsophagien (Sousa Pereira). ❑ Enfin, la *racine interne de la veine azygos*, à droite, et celle de la veine hémi-azygos inférieure, à gauche, traversent tantôt l'orifice des nerfs grands splanchniques, tantôt, mais plus rarement, le hiatus aortique.

L'intervalle qui sépare, en avant, le chef sternal de la partie costale du diaphragme (fente de Larrey) livre passage à la branche abdominale de l'artère thoracique interne, tandis que les sixième, septième, huitième, neuvième, dixième et onzième nerfs intercostaux, accompagnés d'une ramification de la branche musculo-phrénique de l'artère thoracique interne, s'insinuent entre les digitations costales du diaphragme et gagnent la paroi abdominale.

ACTION

Le diaphragme est un muscle inspirateur. Il est classique de dire que la contraction du diaphragme détermine l'accroissement des trois diamètres du thorax.

1° En se contractant, les fibres charnues du diaphragme redressent leur courbure et abaissent légèrement le centre tendineux ; il en résulte une augmentation du diamètre vertical du thorax.

2° Les fibres musculaires prennent ensuite leur point fixe sur le centre tendineux immobilisé par le péricarde d'une part et par les viscères abdominaux d'autre part ; elles agissent sur les côtes qu'elles élèvent. Or on sait que toute côte qui s'élève se porte en dehors et projette le sternum en avant. Ainsi, les diamètres antéro-postérieur et transversal du thorax sont agrandis (cf. mouvements de la cage thoracique au cours de la respiration).

L'expérimentation, dans les mains de Galien et, dix-huit siècles plus tard, de Duchenne de Boulogne, a montré que la contraction du diaphragme élève les dernières côtes et élargit la partie inférieure du thorax. Cela tient à ce que le diaphragme qui se contracte prend son point d'appui sur les viscères abdominaux, qui lui servent de poulie de réflexion ; de sorte qu'en raison de sa courbure le muscle agit sur les côtes par sa partie périphérique charnue, qui se porte presque verticalement vers ses attaches costales. Ce qui le prouve, c'est que l'excitation du nerf phrénique sur un chien dont l'abdomen a été largement ouvert ne s'accompagne d'aucun élargissement thoracique.

Or si l'on exerce une forte pression sur la voûte diaphragmatique de ce chien éventré, par l'intermédiaire du foie qui oppose au diaphragme la surface péritonéale lisse de ses lobes, les côtes s'élèvent et le thorax s'élargit, parce qu'on a donné au diaphragme la poulie de réflexion qui lui faisait défaut (Rist, Rouvière et J. Œconomos).

Mais quelles que soient la direction donnée à la pression et sa force, l'excitation du nerf phrénique ne détermine pas un élargissement aussi étendu que celui qu'elle avait produit sur le même animal alors que l'abdomen était intact. Il est donc vraisemblable que normalement l'élargissement du thorax par la contraction du diaphragme est dû à l'intervention simultanée des deux mécanismes décrits plus haut : d'une part, la traction exercée sur les dernières côtes par les faisceaux costaux du diaphragme ; d'autre part, la pression produite sur la face interne du thorax par les organes abdominaux refoulés par le diaphragme (Rouvière et J. Œconomos).

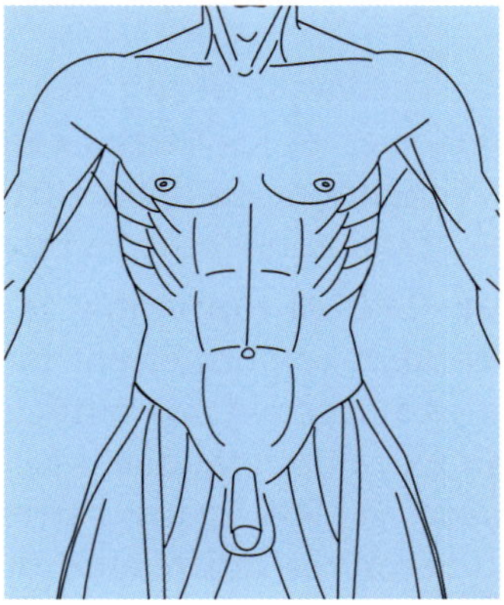

CŒUR ET VAISSEAUX DU TRONC

CŒUR [1]

I. DÉVELOPPEMENT DU CŒUR

La description du cœur et en particulier celle des cavités cardiaques, atriums et ventricules, ne peut être bien comprise que si l'on connaît le développement du cœur. Mais il est aussi de toute évidence que l'étude de ce développement est bien plus facile, si l'on a acquis au préalable quelque notions sur la morphologie du cœur. Pour le cœur, comme pour le cerveau, l'étude anatomique et l'étude embryologique doivent être menées de front. Aussi, je conseille au lecteur de lire une première fois, dès maintenant, les pages suivantes consacrées au développement de cet organe. Ensuite, quand il étudiera la morphologie du cœur, il relira utilement les lignes qui expliquent les différents détails d'ordre morphologique, à mesure que ceux-ci apparaîtront au cours de la description.

1. Le tube cardiaque. Le cœur est primitivement représenté par deux ébauches latérales distinctes. Bientôt ces deux ébauches se réunissent sur la ligne médiane et forment un tube cardiaque unique.

Celui-ci est placé en avant de l'intestin antérieur, entre l'extrémité supérieure du tube digestif et l'ombilic. Il est entouré d'une cavité séreuse d'origine cœlomique, la cavité pleuro-péricardique. Cette séreuse enveloppe le tube cardiaque de toutes parts, sauf en arrière, où elle forme un méso médian, le *mésocarde*, qui relie le cœur à la paroi antérieure du tube digestif (fig. 89).

---

1. Les définitions générales concernant le cœur, les systèmes artériels, veineux et lymphatiques ont été données au début du tome I.

L'extrémité caudale du tube cardiaque reçoit des veines : les veines omphalo-mésentériques, les veines ombilicales et les veines cardinales communes.

De son extrémité craniale s'échappent les deux aortes primitives. C'est pourquoi l'on appelle parfois l'extrémité craniale *artérielle* et l'extrémité caudale *veineuse*.

2. Division du tube cardiaque. Dès sa formation, le tube cardiaque présente des inégalités de calibre qui s'accentuent et permettent bientôt de distinguer trois segments renflés, séparés les uns des autres par des rétrécissements. Les parties dilatées sont, de l'extrémité craniale à l'extrémité caudale : le *bulbe primitif*, le *ventricule sacculaire primitif* et l'atrium *primitif* (fig. 90). Dans l'atrium primitif s'ouvre le *sinus veineux*. On donne ce nom au réservoir qui résulte de la confluence de différents troncs veineux qui se rendent au cœur.

Le bulbe est uni au ventricule primitif par une partie rétrécie, le *détroit de Haller*. Le ventricule primitif communique avec l'atrium primitif par un autre rétrécissement, la *jonction atrio-ventriculaire*. Il existe, enfin, entre l'atrium primitif et le sinus veineux, un dernier rétrécissement qui se traduit, sur la surface extérieure du tube cardiaque, par un sillon plus marqué à droite qu'à gauche.

3. Inflexion du tube cardiaque. Dès sa formation, le tube cardiaque est à peu près en direction cranio-caudale (fig. 89). Mais, comme il s'allonge beaucoup plus vite que la cavité qui le contient, il est obligé de se replier sur lui-même. C'est pourquoi

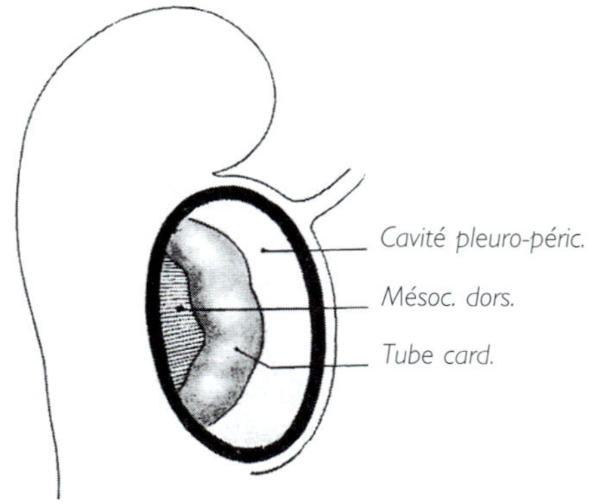

Fig. 89 ▪ Vue latérale schématique du tube cardiaque unique, lorsqu'il vient de se former. Il est représenté dans la cavité pleuro-péricardique dont la paroi latérale droite est enlevée.

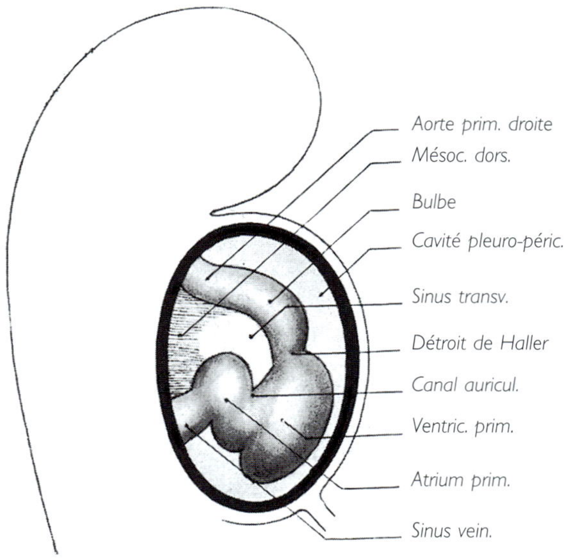

Fig. 90 ▪ Vue latérale schématique du tube cardiaque lorsque l'inflexion cardiaque s'est produite. Il est encore représenté ici dans la cavité pleuro-péricardique dont la paroi latérale droite est enlevée. — Formation du sinus transverse du péricarde.

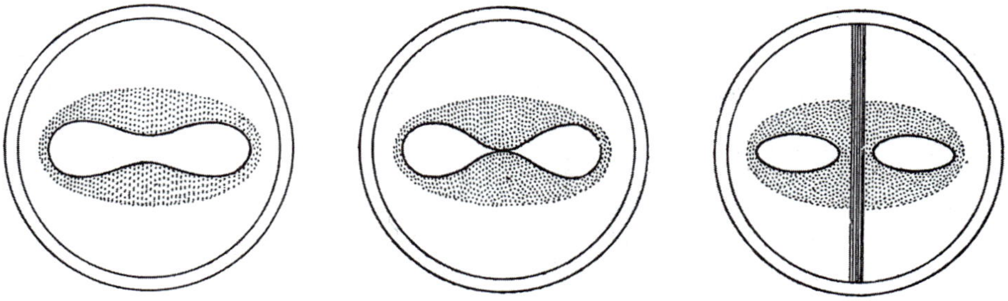

Fig. 91 ▪ Schémas destinés à montrer la formation du septum intermedium.
▪ L'atrium primitif a été sectionné frontalement et sa partie postérieure a été enlevée. On voit ainsi les bourrelets endocardiques par leur face auriculaire. Ces bourrelets sont recouverts d'un grisé. — Schéma A : les bourrelets endocardiques avant la formation du septum primum ; — schémas B et C : les bourrelets endocardiques se soudent entre eux par leur partie moyenne et forment le septum intermedium auquel s'unit — schéma C — le septum primum.

l'extrémité caudale, veineuse, du tube cardiaque se porte en haut et en arrière, de telle sorte que l'atrium primitif et le sinus veineux se placent en arrière du ventricule primitif et du bulbe (fig. 90).

De très bonne heure, l'atrium primitif donne naissance à deux prolongements antérieurs, l'un, droit, l'autre gauche, qui s'enroulent sur les parties latérales du bulbe. Ce sont les *auricules*.

Le sinus veineux est tout d'abord dans le prolongement direct de l'atrium primitif. Mais bientôt, par suite d'une inflexion à droite de l'extrémité veineuse du cœur et d'une inégalité d'accroissement des parties droite et gauche de l'atrium primitif, le sinus veineux se déplace vers la droite et s'ouvre dans cette partie de l'atrium primitif qui deviendra l'atrium droit.

4. Sinus transverse du péricarde. La torsion du cœur projette fortement en avant la partie moyenne de l'anse cardiaque. Aussi, pour se produire, la torsion doit forcément entraîner soit l'allongement, soit la rupture du mésocarde dorsal. Or le mésocarde ne s'allonge pas, mais se déchire, se résorbe et disparaît (comparez les schémas 89 et 90). Il en résulte la formation, en arrière de l'anse cardiaque, d'un canal de communication qui relie entre elles les deux moitiés droite et gauche de la cavité pleuro-péricardique. C'est là l'ébauche du sinus transverse du péricarde.

5. Cloisonnement de l'atrium primitif et du canal atrial. La première ébauche de la paroi interatriale apparaît dès la fin de la troisième semaine ou au commencement de la quatrième.

Un sillon vertical, interatrial, se creuse sur la surface extérieure de l'atrium primitif, à gauche et près du sinus veineux ; il forme la limite superficielle des atriums droit et gauche.

En regard de ce sillon, se détache de la paroi postéro-supérieure de la cavité atriale une lame verticale et antéro-postérieure appelée *septum primum* (Born) (fig. 92 et 93).

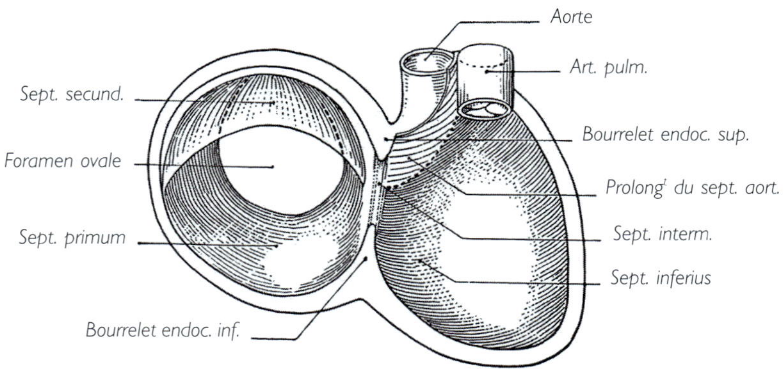

Fig. 92 ▪ Coupe schématique du cœur en voie de développement. La coupe est à peu près verticale et antéro-postérieure. Elle passe un peu à droite du septum primum, du septum secundum, du septum intermedium, du septum inferius et du septum aorticum. Elle sectionne les bourrelets endocardiques du canal atrial un peu à droite du septum intermedium déjà formé. L'intervalle compris entre les deux bourrelets répond donc à l'orifice atria-ventriculaire droit.

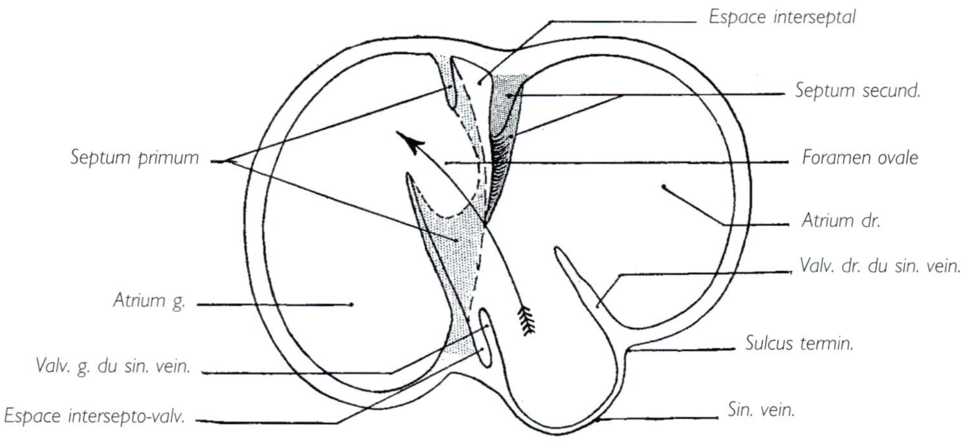

Fig. 93 ▪ Coupe des atriums faite suivant un plan transversal oblique de haut en bas et d'avant en arrière et passant à travers la cloison interatriale en voie d'évolution.
▪ Ce plan de coupe sectionne la partie antérieure du septum secundum : il intéresse en même temps le septum primum et le foramen ovale.
▪ La flèche indique la direction du courant sanguin, qui va du sinus veineux à l'atrium gauche à travers le foramen ovale.

Le septum primum progresse d'arrière en avant vers le canal atrial. À ce stade, le canal atrial a tout d'abord la forme d'une fente transversale, bordée par deux bourrelets endocardiques, l'un, supérieur, l'autre, inférieur. Le septum primum se soude à ces deux bourrelets. En même temps ceux-ci se réunissent entre eux par leur partie moyenne (fig. 91 et 92) : ils forment ainsi une cloison, le *septum intermedium*, qui divise le canal atrial en deux orifices distincts, les ostiums atrio-ventriculaires droit et gauche.

Le septum primum se soude ainsi au septum intermedium en même temps qu'aux bourrelets endocardiques.

Le septum intermedium déborde de chaque côté la cloison interatriale constituée par le septum primum, sous la forme d'un repli endocardique qui est la première ébauche de la valve médiale des ostiums atrio-ventriculaires.

Le septum primum ne constitue pas une cloison interatriale complète, car, avant même qu'il soit soudé au septum intermedium, il se déchire et se résorbe dans sa partie supérieure. Il en résulte une ouverture, le *foramen ovale* (fig. 92). Cet orifice persiste jusqu'à la naissance, mais il subit au cours de la vie fœtale des transformations qui préparent son oblitération.

6. Mode d'oblitération du foramen ovale. L'*oblitération du foramen ovale* se produit, à quelques détails près, de la manière qui a été décrite par Born et qui est la suivante :

Peu de temps après la formation du foramen ovale, on voit apparaître à droite et près du septum primum, sur la paroi antéro-supérieure de l'atrium primitif, une nouvelle cloison qui se développe en bas et en arrière. C'est le *septum secundum* (fig. 92). Celui-ci, en forme de croissant concave en bas et en arrière, s'unit au septum primum partout où il est en contact avec lui.

Le septum secundum forme la limite antéro-supérieure du foramen ovale, tandis que le bord postéro-inférieur de cet orifice est constitué par le septum primum (fig. 92 et 93).

Au cours de la vie fœtale, ce dernier septum s'accroît et s'étend en haut et en avant sous la forme d'une membrane mince, tandis que le septum secundum se développe en sens inverse. Ainsi le foramen ovale se rétrécit progressivement.

Mais l'accroissement du septum secundum est lent, tandis que l'expansion membraneuse qui prolonge le septum primum s'étend très vite en avant en haut, si bien qu'à la naissance elle forme une membrane dont le bord antérieur dépasse dans cette direction le bord libre du septum secundum. Pendant toute la vie fœtale, cette membrane est refoulée vers l'atrium gauche par le courant sanguin venu du sinus veineux (fig. 93). Mais, à la naissance, quand la respiration pulmonaire s'est établie et que la pression dans l'atrium gauche est devenue supérieure à celle de l'atrium droit, la membrane qui prolonge en haut et en avant le septum primum s'applique, par l'extrémité antéro-supérieure de sa face droite, sur la face gauche du septum secundum et s'unit à elle (fig. 94).

Ainsi s'est formée, en troisième lieu, la *valvule de la fosse ovale*. Mais cette soudure se fait de telle manière que le bord postéro-inférieur du septum secundum reste libre et constitue le limbe de la fosse ovale ; de même, le bord antérieur de la valvule

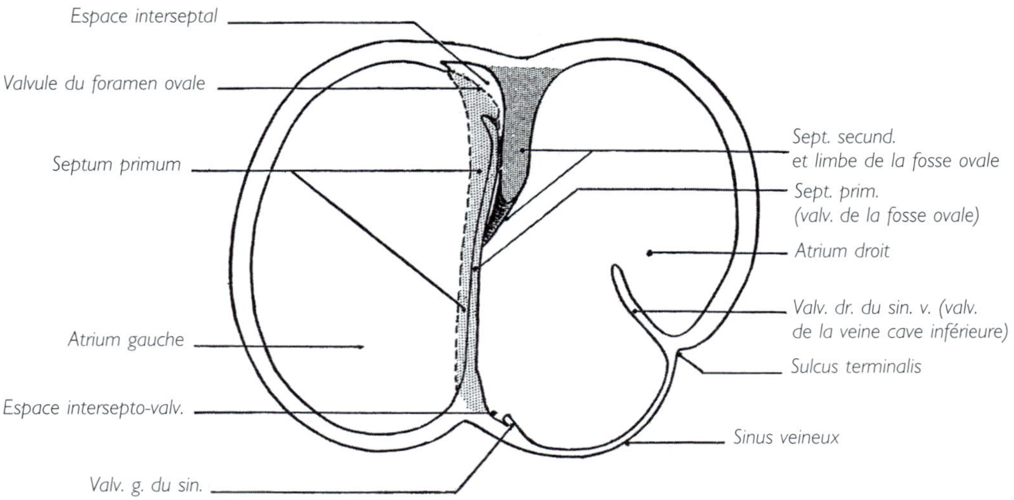

Fig. 94 ▪ Même coupe que sur la figure 93, montrant la disposition du septum primum et du septum secundum quand le foramen ovale est oblitéré.

de la fosse ovale reste également libre et en relief sur la paroi interne de l'atrium gauche, où il constitue la *valvule du foramen ovale* (fig. 94).

J'ai pu constater (Rouvière) que la ligne d'implantation du septum secundum sur la paroi atriale n'est pas, dans toute son étendue, au voisinage immédiat du septum primum. Ce n'est que sur les parois postérieure et supérieure de l'atrium primitif que les deux septa sont accolés l'un à l'autre. Sur la paroi atriale antérieure, le septum primum et le septum secundum s'écartent l'un de l'autre ; l'écartement augmente de bas en haut, de telle sorte que les lignes d'implantation des deux septa limitent un angle d'environ 20° ouvert en haut. Le segment de la paroi antérieure de l'atrium gauche compris dans cet angle, c'est-à-dire entre la ligne d'attache du septum primum et celle du septum secundum, peut être appelé *espace interseptal* (fig. 93).

Il résulte de cette disposition que les deux replis limitent entre eux non pas un orifice, mais un couloir dont la largeur, à peu près nulle en arrière et en bas, mesure en avant toute celle de l'espace interseptal. L'axe de ce couloir est dirigé obliquement en haut, en avant et à gauche.

Or, ainsi que le montre la figure 93, cette direction coïncide, en raison de l'orientation des valvules du sinus veineux, avec celle du courant sanguin venant de ce sinus, en particulier de la veine cave inférieure. C'est là, de toute évidence, une disposition très favorable au passage du sang, du sinus veineux dans l'atrium gauche.

La disposition que je viens de décrire est transitoire. Bientôt la corne antérieure du septum primum s'atrophie ou bien se soude partiellement et de dehors en dedans à la paroi de l'atrium gauche (fig. 94) ; ainsi l'angle interseptal peu à peu disparaît.

7. Atrium droit et sinus veineux. On a vu plus haut qu'un sillon, plus profond à droite qu'à gauche, marque sur la surface extérieure du cœur la limite entre le sinus veineux et l'atrium. À l'intérieur du tube cardiaque, cette limite est indiquée par deux valvules, l'une à droite, l'autre à gauche, plus petite que la droite (fig. 93). Ces deux valvules se réunissent au-dessus de l'orifice du sinus en un seul repli, *le septum spurium,* qui se prolonge sur la paroi postéro-supérieure de l'atrium.

Le septum spurium amarre à cette paroi les deux valvules du sinus veineux et empêche leur renversement dans la cavité du sinus.

Dans la suite du développement, l'atrium droit et le sinus veineux s'élargissent et celui-ci est peu à peu englobé dans la paroi de l'atrium droit définitif dont il forme toute la partie postérieure (comparez les figures 93 et 94).

Dès lors, les veines qui s'abouchaient au sinus veineux s'ouvrent séparément dans l'atrium droit par des orifices distincts.

Extérieurement, la partie de l'atrium constituée par le sinus veineux reste limitée à droite par un sillon à peu près vertical, légèrement arqué et concave à gauche, le *sulcus terminalis* (fig. 94).

En dedans, la zone formée par le sinus veineux se distingue par son aspect lisse, qui tranche sur la surface irrégulière de la région dérivée de l'atrium primitif.

À l'intérieur de l'atrium droit, le sinus veineux est limité le long de son bord droit par la valvule droite du sinus veineux. Celle-ci diminue de hauteur et se segmente en deux parties qui deviennent : l'une, la valvule de la veine cave inférieure, qui se dresse à droite et en avant de l'orifice de la veine cave inférieure ; l'autre, la valvule du sinus coronaire, implantée sur le bord latéro-externe de l'orifice du sinus coronaire (voir fig. 107).

La valvule gauche du sinus veineux ainsi que le septum spurium sont tout d'abord séparés du septum primum par un récessus de la cavité atriale appelée *espace intersepto-valvulaire* (Weber) (fig. 93). Cette valvule et le septum spurium s'atrophient et se soudent ensuite à la cloison interatriale. De cette manière, ils disparaissent, ainsi que l'espace intersepto-valvulaire.

8. Atrium gauche. Dans l'atrium gauche s'ouvre en arrière le tronc des veines pulmonaires. À mesure que l'atrium s'accroît, ce tronc se distend et ses parois entrent peu à peu dans la constitution de celle de l'atrium. Il en est ensuite de même de la partie initiale des deux branches droites gauches que le tronc reçoit des poumons, si bien qu'en définitive ce n'est plus un tronc pulmonaire qui s'abouche à l'atrium, mais bien quatre veines : deux à droite et deux à gauche.

9. Cloisonnement du ventricule primitif. Pendant que se fait le cloisonnement de l'atrium primitif, une cloison, le *septum inferius,* se détache de la partie postéro-inférieure du ventricule primitif.

Le septum inferius s'élève dans la cavité ventriculaire vers le septum intermedium et se soude à lui (fig. 92). Un sillon interventriculaire se forme sur la surface extérieure du cœur, en regard de la ligne d'union du septum inferius à la paroi ventriculaire.

Tandis que la cloison interatriale s'unit à la partie moyenne du septium intermedium, le septum inferius se soude à sa moitié droite (fig. 106). Par suite, il existe entre la cloison interatriale et le bord postéro-supérieur du septum inferius un segment de septum intermedium qui contribue à former : à droite, la paroi de l'atrium droit, à gauche, la paroi du ventricule gauche. C'est le septum atrio-ventriculaire. Ce segment est membraneux, car tous les éléments du cœur dérivés du septum intermédiaire restent membraneux, c'est-à-dire ne présentent pas d'éléments musculaires.

En regard du bulbe et de l'extrémité antérieure du septum intermedium, le septum inferius cesse de s'accroître quand il est arrivé un peu au-dessous du bulbe artériel. La partie manquante de la cloison interventriculaire est formée par la cloison du bulbe.

10. Cloisonnement du bulbe. La portion du bulbe comprise entre l'origine du sixième arc aortique gauche et le ventricule se divise en deux troncs, l'artère pulmonaire et l'aorte, par une cloison appelée *septum aorticum* ou *septum aortico-pulmonaire*. Cette cloison résulte de la réunion de deux bourrelets endocardiques de la paroi du bulbe croissant l'un vers l'autre.

Elle est spiralée de telle manière que la face qui, en haut, regarde à gauche est antérieure en bas (fig. 97).

Mais le septum aorticum ne s'arrête pas à la limite inférieure du bulbe. Il se prolonge, en effet, au-dessous du bulbe jusqu'au bord supérieur du septum inferius, auquel il s'unit. Ce prolongement constitue le segment interventriculaire de la partie membraneuse de la cloison des ventricules (fig. 92).

Avant de s'unir au septum inferius, le septum aortique limite avec lui une ouverture qui fait communiquer entre eux les deux ventricules. Cet orifice correspond au *foramen* qui existe normalement chez certains reptiles. Il peut aussi se présenter chez l'homme dans certaines malformations cardiaques.

11. Formation des parois du cœur, des colonnes charnues et des valves atrio-ventriculaires. De très bonne heure, la paroi des ventricules est constituée par des faisceaux musculaires qui forment à chaque ventricule une couche superficielle, continue. Mais, en dedans de cette mince enveloppe, les faisceaux musculaires s'anastomosent et limitent entre eux des fentes, en communication avec les cavités ventriculaires et tapissées, comme elles, par l'endocarde (fig. 95, A).

Dans l'ensemble, le myocarde ventriculaire présente alors un aspect spongieux.

Au cours du développement les travées les plus superficielles du réseau musculaire ventriculaire augmentent d'épaisseur, s'unissent entre elles et à l'enveloppe charnue du ventricule, qu'elles épaississent.

Dans la profondeur, au contraire, les faisceaux musculaires diminuent de nombre. Ceux qui persistent s'épaississent en bas, sur la plus grande partie de leur étendue à partir de la paroi ventriculaire ; ils forment ainsi les colonnes charnues ; mais en haut, près des ostiums atrio-ventriculaires ; des mêmes faisceaux s'atrophient, subissent une régression fibreuse et deviennent les cordages tendineux qui

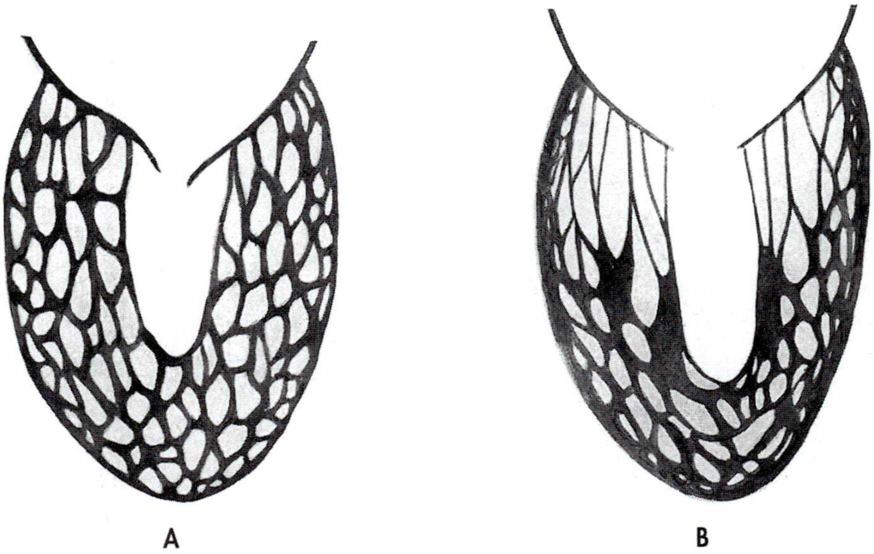

Fig. 95 ▪ Deux schémas destinés à montrer la formation des colonnes charnues, des cordages tendineux et des valves atrio-ventriculaires (d'après Gegenbaur).

prolongent les colonnes charnues de premier ordre, ou piliers du cœur, jusqu'aux valves atrio-ventriculaires (fig. 95, B). Les cordages tendineux se terminent par leur extrémité valvulaire sur une lamelle fibreuse. Celle-ci provient de l'atrophie des éléments charnus qui anastomosaient entre elles les extrémités des travées musculaires qui donnent naissance aux cordages. Cette lamelle fibreuse forme la charpente de la valvule. Le bord libre de celle-ci est uniquement constitué par le repli de l'endocarde provenant des bourrelets endocardiques du canal auriculaire.

12. Valvules semi-lunaires. L'orifice qui met en communication le bulbe et le ventricule primitif présente, avant que le bulbe se divise, quatre valvules : une antérieure, une postérieure et deux latérales (fig. 96). Mais, à l'extrémité inférieure du bulbe, les bourrelets longitudinaux qui forment le septum spirale sont placés latéralement, en regard de la partie moyenne des valvules latérales primitives, et ces bourrelets, en se portant l'un vers l'autre, divisent chacune des valvules latérales en deux parties : l'une, antérieure, l'autre, postérieure. Celles-ci deviennent les valvules postéro-latérales de l'artère pulmonaire et les valvules antéro-latérales de l'aorte (fig. 97).

13. Arrêts de développement et malformations cardiaques. Il peut se produire, à n'importe quel stade, des arrêts de développement qui donnent naissance aux malformations les plus diverses. Celles qui sont à la fois les plus fréquentes et les plus importantes au point de vue pathologique intéressent le cloisonnement de l'atrium primitif, du ventricule et du bulbe.

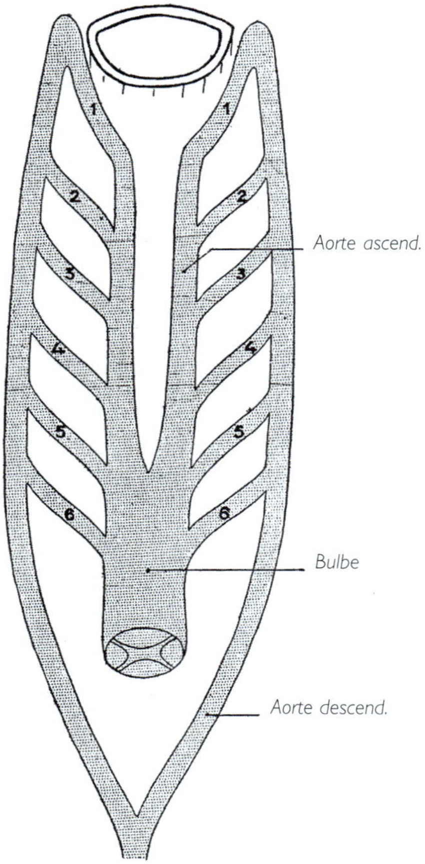

Fig. 96 ▪ Le bulbe artériel et les arcs aortiques (d'après Rathke).

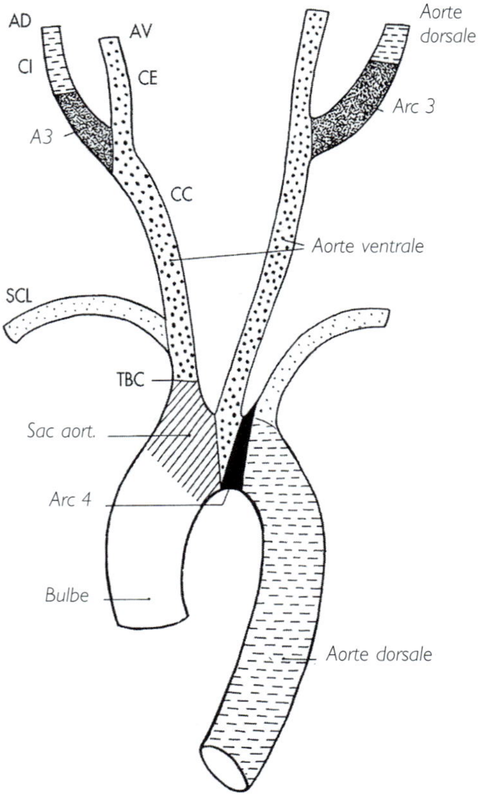

Fig. 97 ▪ Le tube artériel, les arcs aortiques et leurs dérivés (d'après Chawaf).

14. Malformations de la cloison interatriale. L'arrêt de développement de la cloison interatriale peut se produire alors que le septum primum n'a pas encore atteint les bourrelets endocardiques. Dans ce cas non seulement il persiste en avant du septum un orifice de communication entre les deux atriums, mais encore les deux bourrelets endocardiques restent séparés l'un de l'autre. Ainsi il ne peut se produire qu'un seul ostium atrio-ventriculaire.

Le foramen ovale peut ne pas s'oblitérer après la naissance et les dimensions de l'orifice interauriculaire varient selon que la valvule du foramen ovale s'est plus ou moins développée.

15. Malformations du septum interventriculaire et du septum spirale. Le septum inferius peut ne pas se former ou s'arrêter dans son développement avant d'avoir atteint le septum intermedium. Il est moins rare de voir le septum interaortico-pulmonaire ne pas s'étendre au-dessous des valvules semi-lunaires, jusqu'au bord supérieur du septum inferius. De l'un et l'autre de ces arrêts de développement résulte la formation d'un orifice de communication entre les deux ventricules.

Une autre anomalie de développement du septum aortico-pulmonaire a pour effet de diviser le bulbe en deux troncs très inégaux, de telle sorte que l'un d'eux est trop étroit.

La raison de cette malformation tient sans doute à ce que les colonnes sanguines qui partent des ventricules sont d'inégale importance (Gillavry). Lorsque cette anomalie existe, c'est également l'artère pulmonaire qui est trop étroite.

Le rétrécissement de l'artère pulmonaire peut coïncider avec un arrêt de développement du septum interventriculaire ou bien avec un foramen ovale plus ou moins ouvert.

Dans ce cas, le ventricule gauche, et, par conséquent, l'aorte, reçoivent non seulement le sang artériel de l'atrium gauche, mais aussi une partie du sang veineux du ventricule droit si le septum interventriculaire est incomplet ou de l'atrium droit si le foramen ovale persiste.

Lorsque le rétrécissement de l'artère pulmonaire existe alors que le foramen ovale et le canal artériel (voir plus loin) restent ouverts, l'anomalie de développement est compatible avec la vie, car la circulation pulmonaire peut être assurée : en partie par l'artère pulmonaire, en partie par le canal artériel qui conduit à l'artère pulmonaire du sang à la fois artériel et veineux amené par l'aorte, enfin par les artères bronchiques qui se dilatent.

Si, au contraire, le rétrécissement de l'artère pulmonaire coïncide avec un cloisonnement parfait des ventricules et des atriums, la malformation entraîne la mort à bref délai si l'enfant n'est pas opéré.

Il faut encore signaler parmi les anomalies du développement : la dextrocardie et la transposition du cœur droit et du cœur gauche (situs inversus).

Cette dernière malformation est due à une orientation anormale du septum aorticum. Le sujet qui la présente ne peut vivre que s'il s'est produit, en même temps que le situs inversus, une transposition de tous les troncs veineux qui s'abouchent au cœur.

16. Bulbe du cœur, arc aortique et leurs dérivés. Pour interpréter les anomalies ou les malformations des gros vaisseaux artériels issus du bulbe artériel, le schéma de Rathke assimilait les arcs aortiques de l'embryon aux arcs artériels des vertébrés inférieurs.

Dans ce schéma le bulbe donne naissance à deux aortes ventrales unies chacune à une aorte dorsale par des anastomoses, les arcs. Il y aurait ainsi 6 arcs. L'artère carotide commune et l'artère carotide externe provenant de l'aorte ventrale, l'artère carotide interne du 3e arc et de l'aorte dorsale, le 4e arc donnant l'artère sub-clavière droite et la crosse de l'aorte, les autres arcs regressant. En réalité, ainsi que Chawaf l'a montré récemment, le bulbe artériel se continue par une poche, le sac artériel, d'où les arcs rayonnent à la manière des bras d'une pieuvre. Le sac donne naissance aux artères carotides communes tandis que l'arc aortique est constitué de pièces et de morceaux : bulbe, sac, aorte ventrale gauche, 4e arc gauche, et la partie descendante de l'arc provenant de l'aorte dorsale. L'artère subclavière droite naît de l'aorte ventrale, la gauche de l'aorte dorsale.

Ce schéma de Chawaf explique mieux que le précédent les anomalies rencontrées.

II. ANATOMIE DU CŒUR

SITUATION. Le cœur est placé dans la cavité thoracique et occupe dans cette cavité le *médiastin,* c'est-à-dire la région intermédiaire aux deux régions pleuro-pulmonaires (fig. 2 et 98).

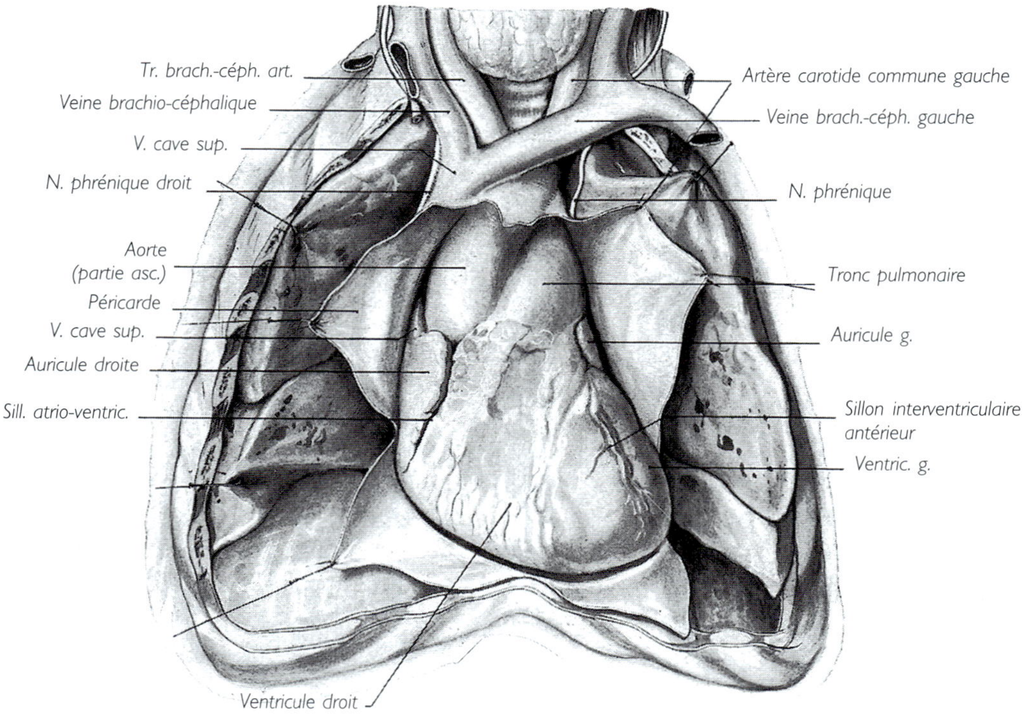

Fig. 98 ▪ Cœur et gros vaisseaux. Le péricarde a été incisé et les lambeaux ont été réclinés.

FORME. Sa forme est celle d'une pyramide triangulaire (fig. 98 et 99). Le grand axe de la pyramide, c'est-à-dire la direction du cœur, varie d'après la forme du thorax. Le grand axe se rapproche de la verticale et le cœur est allongé de haut en bas, quand le thorax est étroit. Le grand axe se rapproche de l'horizontale et le cœur est allongé transversalement, quand le thorax est large. Enfin, lorsque le thorax a des dimensions moyennes, le cœur ainsi que son grand axe sont assez rapprochés

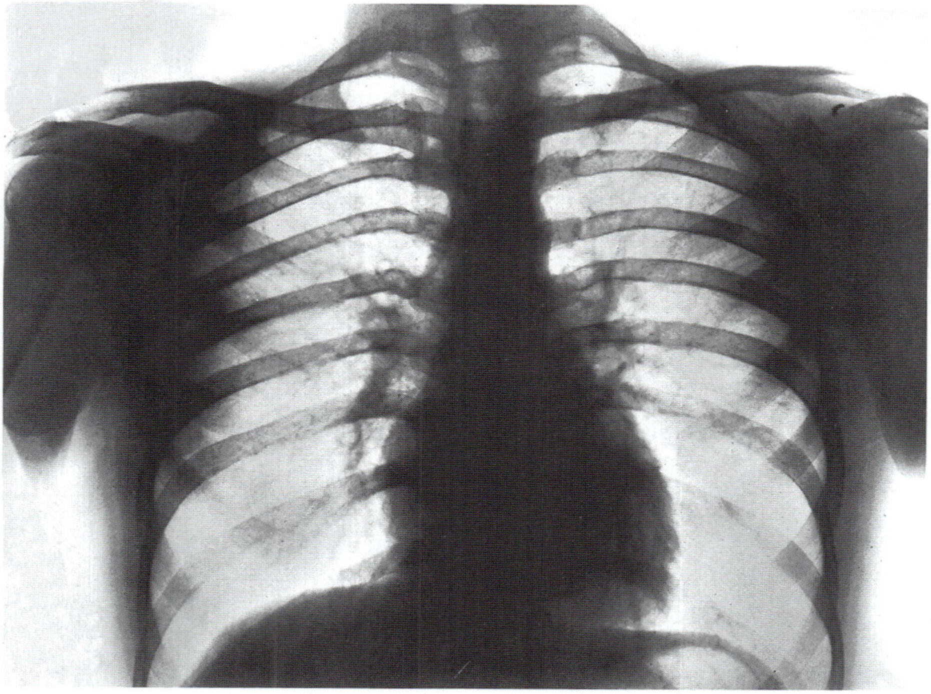

Fig. 99 ▪ Radiographie du thorax. — Cœur, vue de face.

de l'horizontale et se dirigent obliquement en avant, à gauche et légèrement en bas. Par suite, la base du cœur normal, qui est en arrière, regarde à la fois en arrière et à droite ; le sommet est en avant et à gauche (Dikansky).

▪ **CONSISTANCE. COULEUR.** Le cœur est ferme ; sa coloration rougeâtre.

▪ **POIDS.** Il augmente graduellement avec l'âge. Un peu plus élevé chez l'homme que chez la femme, il atteint en moyenne, à l'âge adulte, 270 g chez l'homme et 260 g chez la femme.

CONFIGURATION EXTÉRIEURE DU CŒUR

En raison de sa forme, on distingue au cœur trois faces, trois bords, une base et un sommet.

Nous avons déjà dit que le cœur est formé de quatre parties : les atriums droit et gauche, et les ventricules droit et gauche. L'atrium droit est placé en arrière du ventricule droit ; l'atrium gauche est en arrière du ventricule gauche.

Les limites des atriums et des ventricules sont indiquées sur la surface extérieure du cœur par des *sillons interventriculaire, interatrial* et *atrio-ventriculaire* (fig. 100). ❑ Le sillon atrio-ventriculaire est dans un plan perpendiculaire au grand axe du cœur et croise les trois faces et les trois bords de l'organe. ❑ Les sillons interventriculaire et inter-atrial sont disposés suivant un plan vertical passant par le grand axe du cœur ; ils parcourent l'organe de la base au sommet. ❑ Les sillons atrio-ventriculaire et interventriculaire, dans lesquels cheminent les vaisseaux coronaires, sont comblés par ces vaisseaux et par de la graisse qui les entoure.

■ **FACES.** Les trois faces sont : l'une, antérieure, ou sterno-costale ; une deuxième, inférieure, ou diaphragmatique : la troisième, latérale gauche (fig. 101). Chacune d'elles est divisée par le sillon atrio-ventriculaire en deux segments : l'un, antérieur, ou ventriculaire ; l'autre, postérieur, ou atriale.

a) FACE ANTÉRIEURE. La face antérieure ou sterno-costale regarde en avant, à droite et un peu en haut (fig. 98, 100 et 101).

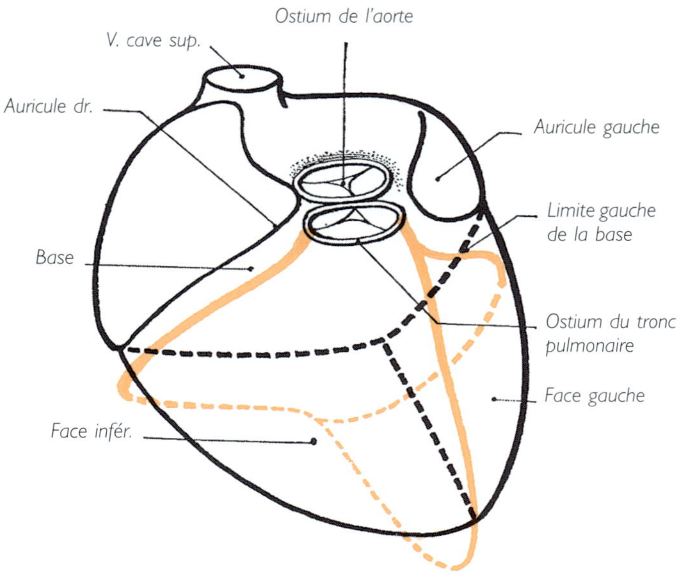

Fig. 100 ■ Schéma destiné à montrer la forme générale du cœur.
■ Le cœur est vu par sa face antérieure ou sterno-costale.
■ Le trait pointillé complète le contour de la base et des faces du cœur.

SEGMENT VENTRICULAIRE. Il présente deux zones : l'une, postérieure, ou artérielle, l'autre, antérieure.

a) La *zone artérielle* ou *postérieure* est en grande partie circonscrite par une partie du sillon atrio-ventriculaire qui décrit une courbe concave en avant et en haut. Elle est entièrement occupée par les orifices des deux gros troncs artériels qui s'échappent du cœur, l'ostium de l'aorte et l'ostium du tronc pulmonaire. Celui-ci est en avant de celui-là.

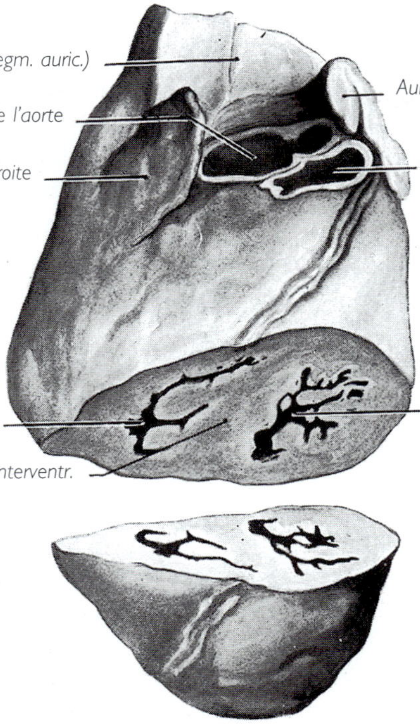

Fig. 101 ▪ Cœur, face antérieure. Le sommet du cœur a été sectionné et récliné pour montrer l'orientation des faces du cœur et la coupe des cavités ventriculaires.

La zone artérielle est taillée obliquement d'avant en arrière et de haut en bas. Elle regarde donc en haut et en arrière (fig. 101 et 118).

b) La *zone antérieure* du segment ventriculaire, c'est-à-dire tout le reste de ce segment, est légèrement convexe, et divisée en deux champs, l'un, gauche, petit, l'autre, droit, plus grand, par la partie antérieure du sillon interventriculaire ou *sillon interventriculaire antérieur*. La surface de cette zone est orientée en sens inverse de la zone artérielle et regarde en haut, en avant et aussi à droite.

SEGMENT ATRIAL. Il présente, au-dessus de la zone artérielle du segment ventriculaire, une large dépression en forme de gouttière ouverte en avant, et qui reçoit dans sa concavité l'aorte et le tronc pulmonaire. Le fond de la gouttière répond à la cloison qui sépare les deux atriums. Chacun des atriums, enfin, présente en avant un prolongement, aplati transversalement, et dont le contour est irrégulièrement dentelé. Ces prolongements sont les *auricules* (fig. 101).

L'*auricule droite*, en forme de pyramide triangulaire, présente : un segment auriculaire de la face antérieure du cœur ou droit, une face interne ou gauche et une face inférieure qui déborde en avant le sillon atrio-ventriculaire. Elle se confond par sa base avec l'atrium proprement dit ; elle s'enroule sur la paroi latérale droite de l'aorte, et son sommet libre s'étend jusqu'au voisinage du sillon interaortico-pulmonaire.

L'*auricule gauche* est plus longue et moins large que la droite. Son extrémité antérieure seule appartient au segment auriculaire de la face antérieure du cœur et s'avance jusque sur la face latérale gauche de l'ostium du tronc pulmonaire. Par la plus grande partie de son étendue, elle fait partie de la face gauche (voir plus loin). Sur la partie supérieure de l'atrium droit s'ouvre la veine cave supérieure. Cet orifice, comme on le verra plus loin, confine en arrière à la base du cœur.

b) FACE INFÉRIEURE (fig. 103). La face inférieure ou diaphragmatique est légèrement convexe et un peu inclinée en bas et en avant.

Le *segment ventriculaire* est divisé par la partie inférieure du sillon interventriculaire, ou *sillon interventriculaire postérieur*, en deux champs inégaux, le droit plus grand que le gauche.

Le *segment atrial* est très étroit, car le sillon atrio-ventriculaire est très rapproché surtout à gauche, de la limite entre la face inférieure et la base du cœur. À droite, cette limite se confond avec le vaste ostium de la veine cave inférieure qui appartient à la fois, comme nous le montrerons plus loin, à la face inférieure et à la face postérieure de l'atrium.

c) FACE LATÉRALE GAUCHE. Cette face regarde à gauche et en arrière. Elle est convexe de haut en bas. Cette convexité est surtout accusée dans le segment ventriculaire.

On voit, dans le segment auriculaire, l'*auricule gauche*. Celle-ci est contournée à la manière d'un hippocampe ou d'un S horizontal. Elle présente en effet, à son union avec l'atrium, une profonde incisure qui établit une limite nette entre l'auricule et l'atrium. Son extrémité antérieure, en forme de crochet, est séparée du reste de l'auricule par une autre incisure ouverte en bas. L'auricule gauche s'enroule sur la face latérale gauche du tronc pulmonaire (fig. 102).

■ **BORDS.** Les trois faces du cœur sont séparées les unes des autres par trois bords, un droit et deux gauches. ❑ Le *bord droit*, placé entre la face antérieure et la face inférieure, est aigu. ❑ Les *bords gauches* sont arrondis ; ils séparent la face latérale gauche des faces antérieure et inférieure.

■ **BASE.** La base du cœur est uniquement constituée par les atriums. Elle est divisée en deux segments, l'un, droit, l'autre, gauche, par le sillon interatrial. Ce sillon large, effacé, est sinueux. Il est convexe à droite dans la partie supérieure des atriums, en regard des veines pulmonaires ; à la partie inférieure, il est concave à droite, et la concavité qui se continue sur la face inférieure du cœur longe le bord interne ou gauche de l'ostium de la veine cave inférieure (fig. 102 et fig. 116).

Dans son ensemble, la base du cœur est à peu près plane de haut en bas, convexe transversalement. Elle regarde en arrière et à droite ; mais le segment gauche qui répond à l'atrium gauche est directement orienté vers l'arrière, tandis que le segment droit regarde fortement à droite (voir fig. 103).

Ce dernier segment présente, immédiatement à droite du sillon interatrial, une région allongée verticalement et qui se continue par la veine cave supérieure en haut et la veine cave inférieure en bas. Dans toute cette région qui dérive du sinus vei-

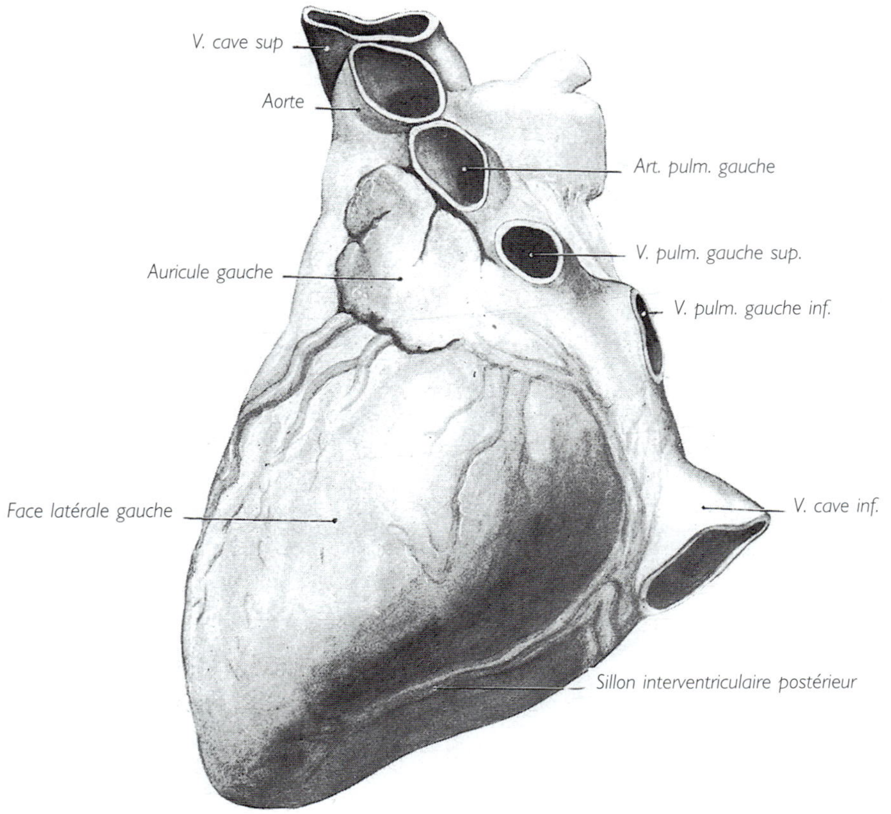

Fig. 102 ■ Cœur vu d'en bas et de gauche à droite.

neux, la paroi présente un aspect vasculaire. Cette zone vasculaire est limitée à droite par un sillon à peu près vertical, mais légèrement arqué et concave à gauche. C'est le *sulcus terminalis* de His (fig. 103).

Sur l'atrium gauche, on voit les orifices des quatre veines pulmonaires. Au nombre de deux de chaque côté, elles se distinguent, à droite et à gauche, en veines supérieure et inférieure (fig. 104). Entre les veines droites et les veines gauches, se trouve un large espace qui répond, comme on le verra plus loin, au sinus oblique du péricarde.

■ **SOMMET.** Le sommet ou *apex du cœur* est divisé par une légère dépression qui unit le sillon interventriculaire antérieur au sillon interventriculaire postérieur, en deux parties ; l'une, droite, petite, répond au ventricule droit ; l'autre, gauche, plus volumineuse, appartient au ventricule gauche et occupe le sommet même du cœur.

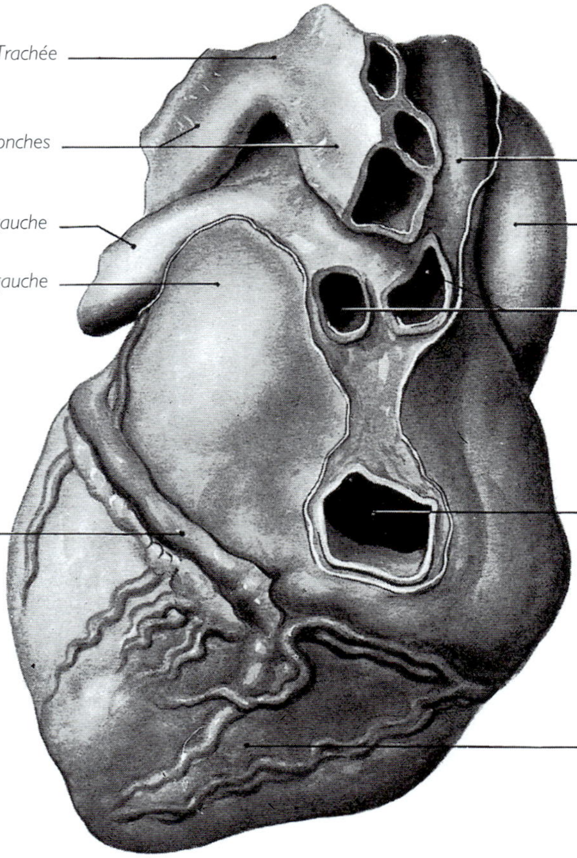

Fig. 103 ▪ Le cœur vu d'arrière en avant et de droite à gauche, afin d'exposer dans toute son étendue la base du cœur.
Le cœur est également vu un peu de bas en haut, ce qui permet de voir obliquement la face inférieure. — On a conservé sur la préparation la bifurcation trachéale et les bronches extrapulmonaires.

RAPPORTS DU CŒUR

Le cœur est entouré d'une enveloppe fibro-séreuse, le *péricarde*. Les connexions qui existent entre le cœur et le péricarde seront décrites avec cette membrane.

Le cœur présente par l'intermédiaire du péricarde des rapports plus ou moins étroits, soit avec les autres organes contenus dans la cavité thoracique, soit avec les parois mêmes de cette cavité.

La *face antérieure* du cœur répond : au thymus ou à ses vestiges, aux poumons et aux plèvres qui s'insinuent entre le péricarde et la paroi (voir fig. 203), aux artères thoraciques internes et au muscle transverse du thorax, au plastron sterno-costal.

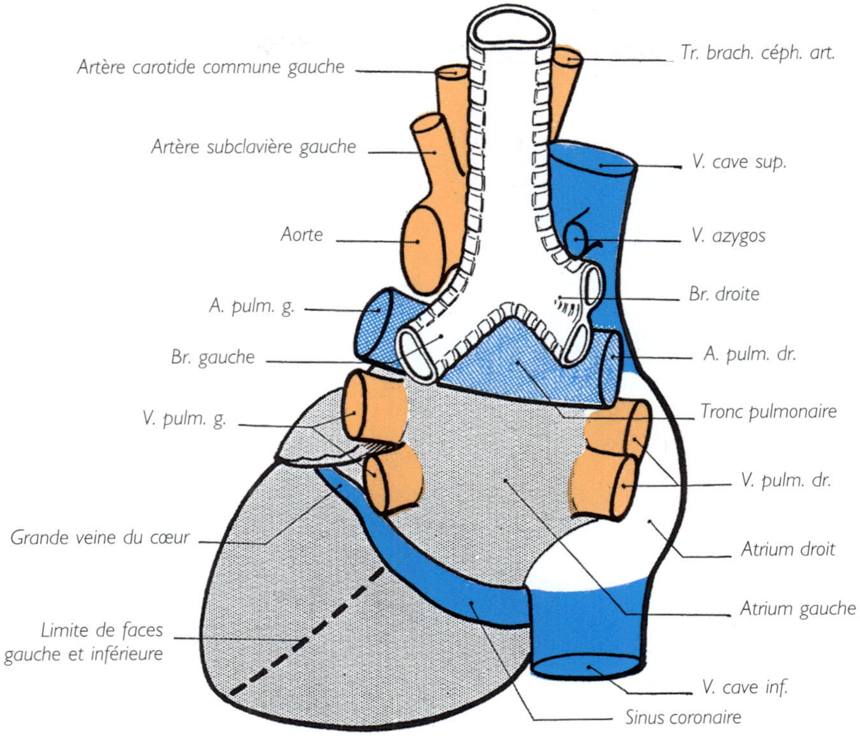

Fig. 104 ▪ Schéma montrant la base du cœur vu d'arrière en avant et un peu de gauche à droite. On voit également, en raccourci, les faces gauche et inférieure du cœur. On a laissé en blanc la partie de la base du cœur formée par l'atrium droit.

Il est inutile d'insister sur l'intérêt que présente la connaissance précise de la zone de la paroi thoracique antérieure qui répond au cœur. Mais cette zone, appelée *aire cardiaque*, varie avec la forme du thorax et selon que le grand axe du cœur se rapproche plus ou moins de la verticale ou de l'horizontale.

Quand le thorax a des dimensions moyennes, c'est-à-dire quand l'angle infrasternal est normal, l'aire cardiaque est un quadrilatère dont les quatre angles occupent les points suivants : ❑ les deux angles supérieurs sont situés de chaque côté du sternum, dans la partie moyenne du deuxième espace intercostal et à 1 cm environ du bord latéral du sternum ; ❑ l'angle inférieur droit répond à l'extrémité sternale du sixième espace intercostal droit ; ❑ enfin l'angle inférieur gauche est placé dans le cinquième espace intercostal gauche, un peu au-dessous et en dedans du mamelon, à 8 cm environ en dehors de la ligne médiane (fig. 105).

Les poumons et les plèvres s'étendent de chaque côté entre le péricarde et le cœur d'une part, le plastron sterno-costal de l'autre. Plus loin, en décrivant les

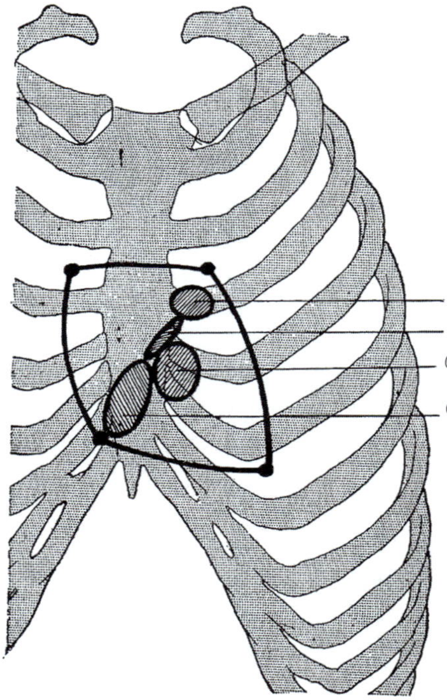

Fig. 105 ▪ Projection du cœur et des orifices du cœur, sur la paroi thoracique.

plèvres et les poumons, nous dirons quelles sont les lignes de projection sur la paroi thoracique du bord antérieur des poumons et des récessus costo-médiastinaux. De la superposition de ces lignes sur l'aire cardiaque, il sera aisé de déduire les limites de la région de la face antérieure du cœur et du péricarde en rapport direct avec la paroi thoracique (voir encore : *médiastin*).

La *face inférieure* du cœur repose sur le diaphragme, et plus particulièrement sur la foliole antérieure du centre tendineux. Sa surface de projection est à peu près triangulaire et l'angle postéro-latéral droit répond au foramen de la veine cave.

La *face gauche* répond à la plèvre et à l'empreinte cardiaque du poumon gauche ; elle est croisée de haut en bas et vers sa partie moyenne par le nerf phrénique et par les artères phréniques supérieures gauches (fig. 202 et fig. 203).

La *base* est divisée, avons-nous dit, en deux segments par le sillon interauriculaire. ❑ Le segment gauche, constitué par l'atrium gauche qui regarde presque directement en arrière, répond aux organes du médiastin postérieur, en particulier à l'œsophage, par l'intermédiaire du sinus oblique du péricarde (voir : *péricarde*). Ce segment se projette en arrière sur toute la hauteur des sixième, septième et huitième vertèbres thoraciques. La surface de projection empiète de plus, en haut, sur le corps de la cinquième vertèbre thoracique. Le segment droit, formé par l'atrium droit, regarde en arrière et surtout à droite ; il entre en rapport avec la plèvre et le poumon droits (fig. 203). Le nerf phrénique droit et les artères phréniques supérieures correspondants descendent, à droite, en bordure de la base.

Il est bien entendu que presque tous les rapports du cœur qui viennent d'être signalés sont médiats et s'établissent par l'intermédiaire du péricarde.

CONFORMATION INTÉRIEURE DU CŒUR

DIVISION DU CŒUR. Les cavités du cœur se distinguent en cavités droites et cavités gauches. Les cavités droites, c'est-à-dire l'atrium et le ventricule droits, sont séparées des cavités gauches, atrium et ventricule gauches, par les septums interatrial et interventriculaire, de telle manière que le cœur semble constitué par deux moitiés indépendantes, l'une, droite, l'autre, gauche.

1. Septum interventriculaire. Le septum interventriculaire s'étend de la paroi antérieure à la paroi inférieure du cœur et s'unit à ces parois en regard des sillons interventriculaires antérieur et postérieur. Il est triangulaire. Sa base confine aux atriums, où elle se continue avec le septum interatrial ; le sommet répond à la pointe du cœur.

Le septum interventriculaire est incurvé en segment de cylindre. Sa face droite, qui appartient au ventricule droit, est convexe ; elle regarde en avant, à droite et en haut. Sa face gauche est concave : elle regarde en arrière, à gauche et en bas (fig. 102).

Cependant le septum interventriculaire devient tourmenté, plus irrégulier au voisinage immédiat de la base des ventricules, car il finit en arrière selon une ligne très sinueuse qui laisse : ❑ à droite, l'ostium atrio-ventriculaire droit et celui du tronc pulmonaire ; ❑ à gauche, l'ostium atrio-ventriculaire gauche et l'ostium de l'aorte. Il suffit de regarder la figure 109 qui montre la base du ventricule vue d'arrière en avant après résection des atriums pour se rendre compte que la base du septum interventriculaire décrit successivement de haut en bas : une première courbe concave à droite qui embrasse l'ostium du tronc pulmonaire et une deuxième courbe concave à gauche qui contourne l'ostium de l'aorte. La base du septum descend ensuite entre les deux ostiums atrio-ventriculaire gauches.

Le septum interventriculaire présente, au double point de vue de sa structure et de son épaisseur, deux parties : une partie épaisse, musculaire, et une pars membranacea ou partie membraneuse du septum interventriculaire mince (fig. 106).

La *partie musculaire* comprend presque toute la cloison et s'étend, en diminuant un peu d'épaisseur, depuis le sommet jusqu'au voisinage de la base. Son épaisseur moyenne mesure près de 1 cm.

Elle donne naissance à droite aux piliers de la valve interne de la valve atrio-ventriculaire droite.

La *partie membraneuse* est à la base du septum interventriculaire, au voisinage immédiat du septum interatrial, en regard de la partie postéro-latérale, droite de l'ostium de l'aorte. Son épaisseur ne dépasse pas 2 mm. Sa longueur et sa hauteur mesurent de 7 à 8 mm.

Ce segment membraneux du septum n'est pas tout entier interventriculaire (fig. 106).

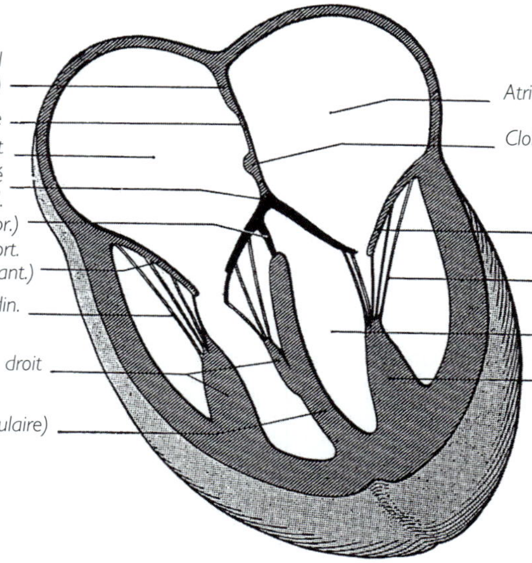

Fig. 106 ▪ Coupe demi-schématique du cœur, destinée à montrer la constitution de la cloison interatriale et du septum interventriculaire, ainsi que la disposition générale des valves atrio-ventriculaires et les piliers du cœur. Les parties de la cloison et des valves atrio-ventriculaires dérivées du septum intermedium sont indiquées en noir, ainsi que le petit segment membraneux du septum interventriculaire formé par le septum aorticum.

En effet, si sa face gauche répond dans toute son étendue au ventricule gauche et finit en haut en regard de la valvule semi-lunaire postérieure de l'aorte et de la valve atrio-ventriculaire gauche droite, sa face droite comprend deux segments : l'un, antérieur, ventriculaire, très étroit ; l'autre, postérieur, interatrio-ventriculaire, un peu plus étendu que le précédent. Ces deux segments sont séparés l'un de l'autre par l'attache de la cuspide médiale de la valve atrio-ventriculaire droite. Par suite, une aiguille enfoncée transversalement dans la paroi atriale, près de cette valve, pénètre directement dans le ventricule gauche. Le septum est ici un *septum atrio-ventriculaire* (fig. 106).

On trouvera l'explication de ces faits dans les quelques lignes consacrées plus haut à un aperçu du développement des septums atrio-ventriculaire et interventriculaire.

2. Septum interatrial. Le septum interatrial est une membrane mince qui sépare l'un de l'autre les deux atriums. Il paraît se continuer en avant avec le septum interventriculaire ; par le reste de son pourtour, il s'unit à la paroi des atriums en regard du sillon interatrial.

Le septum interatrial est orienté, de même que le septum interventriculaire, suivant un plan oblique tel que l'une de ses faces regarde à droite, en avant et un peu en haut, tandis que l'autre regarde à gauche, en arrière et une peu en bas.

On remarque, dans la région postéro-inférieure de la face droite, une zone amincie, déprimée, limitée en haut et en avant par un bord saillant, arqué, concave en arrière et surtout en bas. La dépression est appelée *fosse ovale* et le bord arciforme porte le nom de *limbe de la fosse ovale* (fig. 107). La dépression que borde le limbe de la fosse ovale se prolonge en haut, en avant et à gauche de l'anneau, en un cul-de-sac mesurant de 3 à 6 mm de profondeur. Ce cul-de-sac s'ouvre assez souvent dans l'atrium gauche par une fente qui occupe le fond même du cul-de-sac. On donne le nom de *valvule de la fosse ovale* à la mince membrane qui forme la paroi même de la fosse.

La face gauche du septum interatrial est parfois légèrement saillante ou déprimée dans la zone correspondant à la partie inférieure de la fosse ovale. L'aspect variable qu'elle offre en cet endroit est dû à la minceur de la paroi. La surface gauche du septum présente de plus, en haut et en avant, un repli arciforme, la *valvule du foramen ovale*, concave en haut et en avant (fig. 108). Le repli semi-lunaire limite à gauche la fente qui met parfois en communication la fosse ovale avec l'atrium gauche. Cette fente est un vestige du foramen ovale.

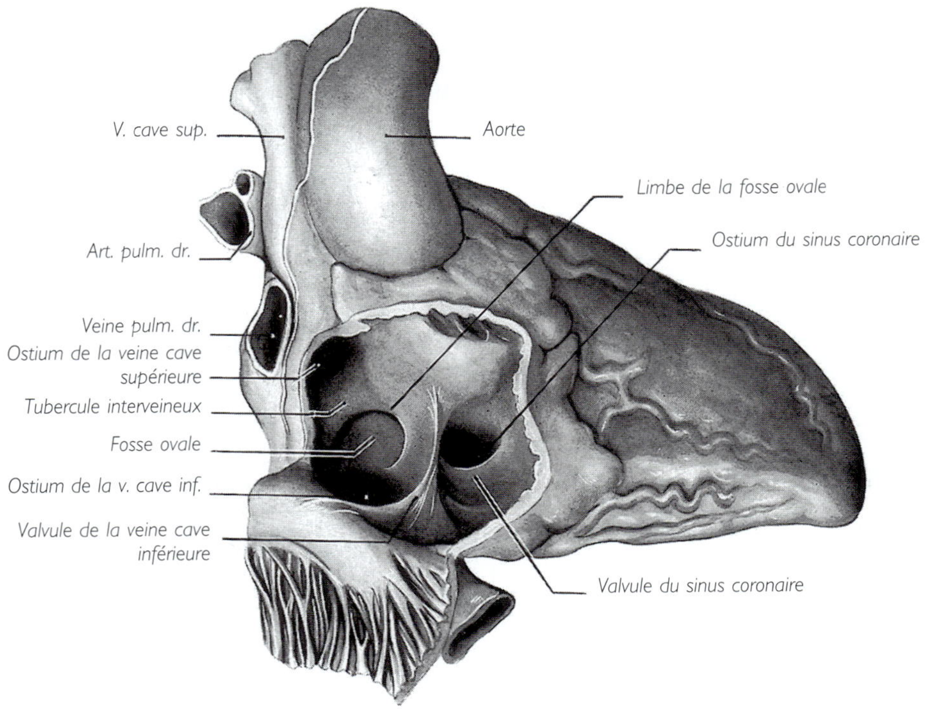

Fig. 107 ▪ Cœur, face antérieure et configuration intérieure de l'atrium droit. La paroi externe de l'atrium droit a été sectionnée et réclinée, afin d'en montrer la configuration intérieure.

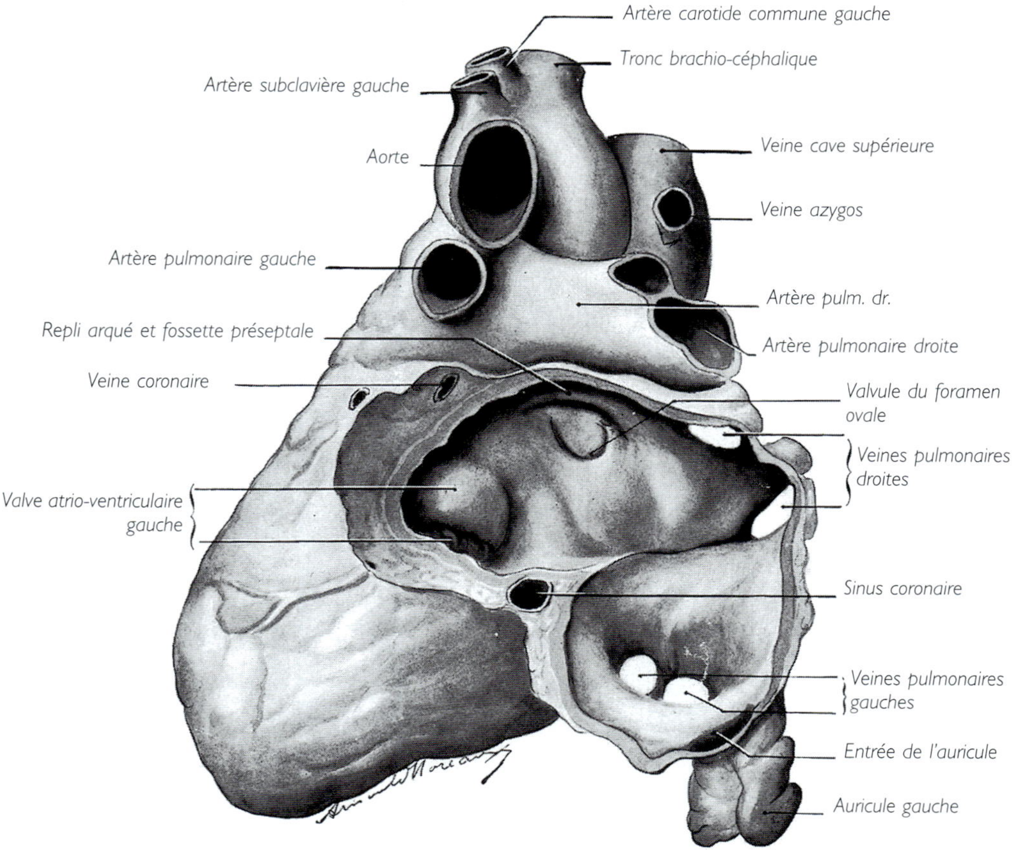

Fig. 108 ▪ Atrium gauche (cœur d'adulte). La paroi externe de l'atrium gauche a été sectionnée et rabattue en arrière. La fossette préseptale est rarement aussi développée chez l'adulte que sur cette préparation.

En avant du repli semi-lunaire, on trouve chez l'adulte une dépression ou bien seulement quelques petits enfoncements irréguliers, vestiges d'une fossette que j'ai décrite sous le nom de *fossette préseptale (Rouvière)*. La fossette préseptale, particulièrement développée chez le fœtus et le jeune enfant, est bordée en avant et en haut par un repli arqué de la paroi.

(Le lecteur voudra bien se reporter à l'exposé du développement du septum interatrial pour comprendre la signification du repli semi-lunaire, du limbe de la fosse ovale, de la fosse ovale et du foramen ovale.)

VENTRICULES

A. Caractères généraux des ventricules.

Les ventricules sont deux cavités pyramidales ou conoïdes, placées en avant des atriums de part et d'autre du septum interventriculaire. ❑ Le sommet des ventricules répond au sommet du cœur. ❑ La base de chacun d'eux, dirigée en arrière, est entièrement occupée par deux orifices circulaires : l'un, *atrio-ventriculaire*, met en communication l'atrium avec le ventricule ; l'autre, *artériel*, plus petit que le précédent, fait communiquer le ventricule droit avec le tronc pulmonaire, le ventricule gauche avec l'aorte.

a) OSTIUMS ATRIO-VENTRICULAIRES. Chacun des ostiums atrio-ventriculaires est muni d'un appareil valvulaire appelé *valve atrio-ventriculaire*.

Les *valves atrio-ventriculaires* ont la forme d'un entonnoir membraneux fixé par sa base au bord de l'ostium atrio-ventriculaire et saillant dans la cavité ventriculaire (fig. 106).

Elles sont découpées en plusieurs cuspides par de profondes incisures. Chaque cuspide présente : ❑ une *face axiale* lisse ; ❑ une *face pariétale* qui est rendue inégale par les insertions des cordages tendineux (voir plus loin) ; ❑ un *bord adhérent* uni au pourtour de l'ostium atrio-ventriculaire ; ❑ enfin, un *bord libre* irrégulièrement dentelé.

b) OSTIUMS ARTÉRIELS. Chacun des ostiums artériels est pourvu de trois valvules, les *valvules semi-lunaires*.

Les *valvules semi-lunaires* sont de minces replis membraneux qui limitent des poches en nid de pigeon avec la paroi artérielle sur laquelle ces valvules sont insérées (fig. 109 à 111). On reconnaît à chaque valvule : ❑ une face *supérieure* ou *pariétale*, concave ; ❑ une *face inférieure* ou *axiale*, convexe ; ❑ un *bord adhérent*, courbe, concave en haut, par lequel la valvule s'unit à la paroi ❑ un *bord libre*, à peu près horizontal ; celui-ci présente à sa partie moyenne un petit renflement formé par un nodule fibreux, appelé *nodule des valvules semi-lunaires*.

Il convient de remarquer que l'insertion des valvules semi-lunaires ne correspond pas exactement à la limite de la paroi artérielle (Bant). En effet, la partie inférieure du bord adhérent des valvules s'attache en regard de la paroi musculaire du cœur ou myocarde, tandis que les extrémités du bord adhérent se fixent à la paroi artérielle. Cependant, la moitié postérieure de la valvule latérale gauche de l'aorte s'attache à une paroi membraneuse qui se continue en bas avec la valve atrio-ventriculaire gauche.

c) PAROIS DES VENTRICULES ET COLONNES CHARNUES. Les parois des ventricules sont beaucoup plus épaisses que celles des atriums. Elles sont hérissées de saillies musculaires appelées *colonnes charnues*. Les colonnes charnues sont de trois ordres (fig. 106, 110 et 111).

Les *colonnes charnues de premier ordre*, appelées encore *piliers du cœur* ou *muscles papillaires*, de forme conique, sont unies par leur base à la paroi ventriculaire. De leur sommet se détachent de petits *cordages tendineux* qui se terminent sur les bords

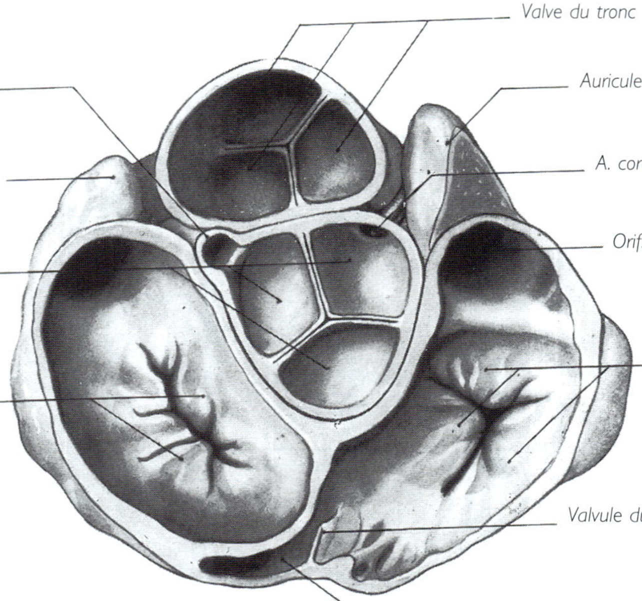

Fig. 109 ▪ Les ostiums atrio-ventriculaires et artériels du cœur. — Les atriums ont été enlevés après section faite un peu en arrière de leur paroi antérieure.

et sur la face pariétale de la valve atrio-ventriculaire. En raison de leur mode d'insertion sur la valvule, on distingue les cordages tendineux en trois catégories : ❏ les cordages tendineux de premier ordre s'attachent au bord adhérent de la valvule ; ❏ ceux de deuxième ordre, à la face pariétale ; ❏ ceux de troisième ordre, au bord libre. Parmi les cordages tendineux de premier ordre, les uns vont directement s'attacher au bord adhérent de la valvule, tandis que d'autres adhèrent sur une étendue variable à la surface pariétale de la valvule avant d'atteindre leur point d'insertion.

Les *colonnes charnues de deuxième ordre* sont unies à la paroi ventriculaire par leurs deux extrémités et libres dans le reste de leur étendue.

Les *colonnes charnues de troisième ordre* adhèrent à la paroi sur toute leur longueur. Elles sont de simples saillies de la paroi ventriculaire.

B. **Conformation intérieure du ventricule droit.**

Le ventricule droit, dont la forme est celle d'une pyramide triangulaire, présente trois parois, un sommet et une base (fig. 110).

1. Parois. Les parois se distinguent en antérieure, inférieure et interne. Elles mesurent environ 0,5 cm d'épaisseur.

La *paroi antérieure*, légèrement concave, répond à la face sterno-costale du cœur.

La *paroi inférieure*, qui est aussi légèrement concave, correspond à la face diaphragmatique du cœur.

La *paroi interne*, fortement convexe, est formée par le septum interventriculaire.

De *nombreuses colonnes charnues* sont implantées sur les trois parois du ventricule.

Les colonnes charnues de premier ordre seront décrites avec la valve atrio-ventriculaire droite, sur laquelle se terminent leurs cordages tendineux.

Les colonnes charnues de deuxième et troisième ordre sont très nombreuses au voisinage de la pointe.

Parmi les colonnes charnues de deuxième ordre, il en est une qui mérite une mention spéciale en raison des connexions qu'elle présente avec le faisceau atrio-ventriculaire ; c'est la *trabécule septo-marginale*.

Elle s'attache d'une part à la paroi antérieure du ventricule, par son extrémité inférieure qui se confond avec la base d'implantation du pilier antérieur de la valve atrio-ventriculaire droite ; d'autre part, elle s'unit par son extrémité supérieure à la paroi interne du ventricule, au-dessous et en avant de l'*infundibulum ou cône artériel* (voir : *Base du ventricule*). La trabécule septo-marginale est courbe et aplatie transversalement. Son bord postérieur, concave, est libre. Son bord antérieur, convexe, est relié aux parois antérieure et interne du ventricule par de petites colonnes charnues.

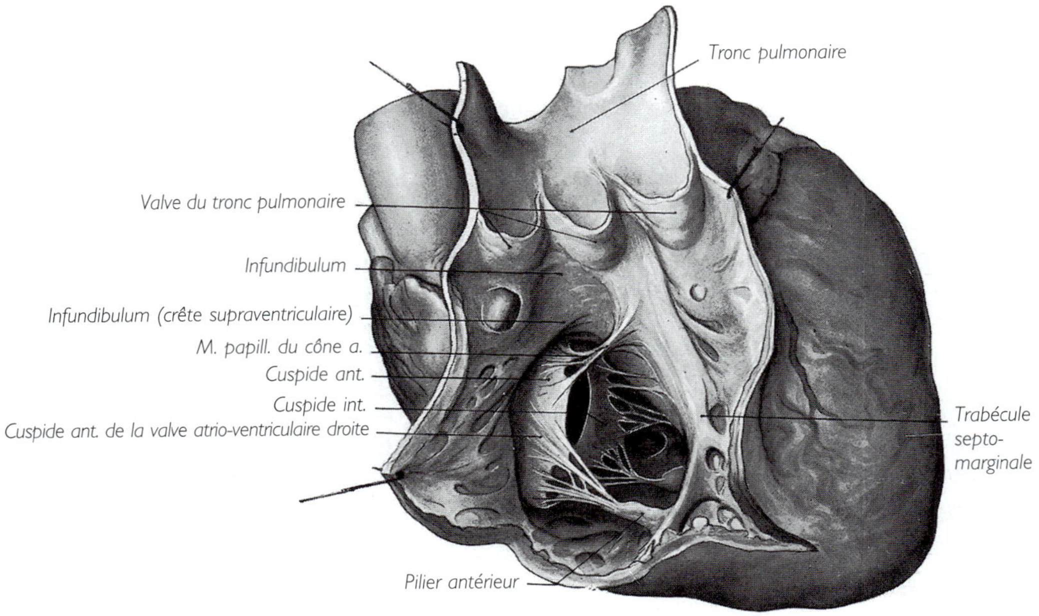

Fig. 110 ▪ Conformation intérieure du ventricule droit. Le ventricule droit a été ouvert par une incision menée depuis l'ostium du tronc pulmonaire jusqu'à la partie moyenne du ventricule, et passant entre les valvules semi-lunaires antérieure et droite.

2. Sommet. Le sommet du ventricule droit est cloisonné par de très nombreuses colonnes charnues de deuxième et troisième ordre qui s'unissent entre elles et donnent à cette partie de la cavité ventriculaire « un aspect caverneux » (Cruveilhier).

3. Base. La base est occupée par l'ostium atrio-ventriculaire droit, par l'atrium du tronc pulmonaire et par les valvules correspondantes.

a) OSTIUM ATRIO-VENTRICULAIRE DROIT ET VALVE ATRIO-VENTRICULAIRE DROITE.

L'ostium atrio-ventriculaire droit occupe la partie inférieure de la base du ventricule. Il est dans un plan à peu près vertical et regarde en arrière et à droite. Son contour est à peu près circulaire ; sa circonférence mesure environ 120 mm chez l'homme et 105 mm chez la femme (Testut).

Lorsque l'angle infra-sternal est normal, c'est-à-dire quand le thorax a des dimensions moyennes, l'ostium atrio-ventriculaire droit se projette, sur la paroi antérieure du thorax, suivant une surface elliptique dont le grand axe est très fortement oblique en bas et à droite presque vertical. L'extrémité supérieure de cette surface est un peu à gauche de la ligne médiane, à la hauteur du quatrième espace intercostal. Son extrémité inférieure est en regard de l'extrémité sternale du sixième espace intercostal droit (fig. 105).

La valvule annexée à cet orifice est appelée *valve atrio-ventriculaire droite* (fig. 109).

Elle est divisée par trois incisures en trois cuspides principales, triangulaires, fixées par leur base au bord de l'ostium atrio-ventriculaire. Chacune d'elles répond à l'une des parois du ventricule. Aussi les distingue-t-on, comme les parois, en antérieure, inférieure et interne ou septale.

Il existe assez souvent deux cuspides accessoires, découpées par les incisures, qui séparent la cuspide inférieure des cuspides antérieure et interne (fig. 109).

b) PILIERS DU VENTRICULE DROIT ANNEXÉS À LA VALVE ATRIO-VENTRICULAIRE DROITE.

Les muscles papillaires septaux de chaque valve naissent de la paroi ventriculaire correspondante vers la partie moyenne ou dans la moitié postérieure de cette paroi.

De la partie moyenne de la paroi antérieure se détache le pilier antérieur. Il est de forme conique et les cordages tendineux qui le continuent se terminent pour la plupart sur la cuspide antérieure. Quelques-uns se rendent à la cuspide inférieure.

La trabécule septo-marginale se détache de la face interne de la base de ce pilier.

La paroi inférieure donne naissance à un ou deux piliers inférieurs dont les cordages tendineux s'insèrent sur la cuspide inférieure et sur l'extrémité inférieure de la cuspide interne.

Enfin, la plupart des cordages tendineux de la cuspide interne se détachent de la paroi interne du ventricule, soit directement, soit par l'intermédiaire de petites colonnes charnues de premier ordre. Parmi celles-ci, il en est une constante, courte, de forme conique, qui naît de la paroi interne du ventricule au voisinage de l'extrémité supérieure de la trabécule septo-marginale ; elle se termine par cinq ou six cordages tendineux qui s'attachent à la partie supérieure de la cuspide interne et surtout à la partie interne de la cuspide antérieure ; elle a été appelée par Luschka *muscle papillaire septal*, parce qu'elle s'implante à la partie inférieure de l'*infundibulum* ou *cône artériel* que nous allons décrire.

c) OSTIUM DU TRONC PULMONAIRE. — INFUNDIBULUM. La cuspide antérieure de la valve atrio-ventriculaire droite, son pilier antérieur, la trabécule septo-marginale et le muscle papillaire du cône artériel constituent dans leur ensemble une cloison à claire-voie, qui divise la cavité ventriculaire en deux régions : l'une, postéro-inférieure, l'autre, antéro-supérieure.

La région postéro-inférieure correspond en arrière à l'ostium atrio-ventriculaire (fig. 110).

La région antéro-supérieure du ventricule droit émet en haut un diverticule en forme d'entonnoir, dont le sommet tronqué, placé en haut, est occupé par l'ostium du tronc pulmonaire. Ce diverticule est appelé *infundibulum* ou *cône artériel*. Il mesure environ 1,5 cm de longueur. La paroi interne de l'infundibulum est soulevée sur presque toute sa hauteur par une saillie musculaire large, en forme de bourrelet ; c'est la *crête supraventriculaire*. Le relief formé par la crête supraventriculaire limite en bas et en arrière l'entrée de l'infundibulum, qu'il sépare de la partie antérieure de l'ostium atrio-ventriculaire droit. La crête supraventriculaire se prolonge en dehors, sur la paroi antérieure du ventricule, en passant au-dessus du pilier du cône artériel et de la valve antérieure de la valve atrio-ventriculaire droite.

L'*ostium du tronc pulmonaire* est situé à l'extrémité supérieure de l'infundibulum, au-dessus, en avant et un peu à gauche de l'ostium atrio-ventriculaire droit. Il est circulaire, et sa circonférence, un peu plus grande chez l'homme que chez la femme, mesure de 65 à 70 mm. Cet orifice regarde en haut, en arrière et à gauche.

Quand l'angle infra-sternal est normal, l'ostium du tronc pulmonaire répond à la partie interne du troisième cartilage costal, et la surface de projection occupe toute la hauteur de ce cartilage (fig. 105).

L'orifice pulmonaire est muni de trois valvules semi-lunaires ; l'une est antérieure ; les deux autres, postérieures, sont l'une à droite, l'autre à gauche (fig. 109). Le nodule fibreux, qui occupe la partie moyenne du bord libre de chaque valvule, est appelé *nodule des valvules semi-lunaires*.

C. **Conformation intérieure du ventricule gauche.**

Le ventricule gauche a la forme d'un cône légèrement aplati transversalement, ce qui permet de lui reconnaître deux parois, un sommet et une base (fig. 111).

1. Parois et bords. Les deux parois, l'une, gauche, ou externe, l'autre, droite, ou interne, sont fortement concaves. Leur épaisseur, beaucoup plus grande que celle des parois antérieure et inférieure du ventricule droit, est en moyenne de 1 cm.

La *paroi gauche* est parcourue par de nombreuses colonnes charnues, sauf en arrière, en regard de la cuspide externe de la valve atrio-ventriculaire gauche, où la surface ventriculaire tend à devenir régulière et présente seulement quelques colonnes charnues de troisième ordre.

Les piliers de la valve atrio-ventriculaire gauche naissent de cette paroi ainsi que des bords qui l'unissent à la paroi interne ou droite.

La *paroi droite* est constituée par le septum interventriculaire. Elle est aréolaire dans sa moitié ou son tiers antérieur, lisse en arrière, du côté de l'orifice aortique.

Les parois ventriculaires se continuent l'une avec l'autre suivant deux bords arrondis, l'un, antéro-supérieur, l'autre postéro-inférieur.

2. Sommet. Le sommet du ventricule gauche est arrondi et sa surface est recouverte d'un réseau de colonnes charnues de deuxième et de troisième ordre, semblable à celui de la partie antérieure des parois ventriculaires. Ici les colonnes charnues de deuxième et de troisième ordre restent très rapprochées de la paroi, en sorte qu'elles donnent à celle-ci un aspect aréolaire, bien différent de l'aspect caverneux que présente, en avant, la cavité du ventricule droit.

3. Base. La base est entièrement occupée par l'ostium atrio-ventriculaire gauche, par l'ostium de l'aorte et par les valvules annexées à ces orifices.

a) OSTIUM ATRIO-VENTRICULAIRE GAUCHE ET VALVE ATRIO-VENTRICULAIRE GAUCHE.

L'ostium atrio-ventriculaire gauche est placé à la partie inférieure de la base du ventricule, à gauche de l'ostium atrio-ventriculaire droit (fig. 109). Il est dans un plan qui regarde en arrière, à droite et un peu en haut.

La circonférence de cet orifice annulaire mesure environ 110 mm chez l'homme et 90 mm chez la femme.

L'ostium atrio-ventriculaire gauche se projette sur la paroi thoracique antérieure — lorsque le thorax a des dimensions normales ou moyennes —, suivant une surface à peu près circulaire qui répond à l'extrémité interne des quatrième et cinquième cartilages costaux, et à la partie du sternum attenante à ces cartilages (fig. 105).

L'ostium atrio-ventriculaire gauche est pourvu d'un appareil valvulaire, appelé, valve mitrale ou *valve atrio-ventriculaire gauche*. Cette valve se compose de deux cuspides quadrilatères, l'une, gauche, ou externe, l'autre, droite, ou interne. Cependant, l'attache de la cuspide interne est légèrement supéro-interne, et celle de l'externe est inféro-externe. Le grand axe des deux cuspides s'étend, en effet, obliquement de bas en haut et de droite à gauche (fig. 109). Elles sont toutes deux plus longues et plus épaisses que les cuspides atrio-ventriculaires droites. ❑ La *cuspide gauche* se détache de la moitié inféro-latérale gauche de l'ostium atrio-ventriculaire gauche et répond à la paroi gauche du ventricule. Sa face axiale regarde en arrière, à droite et un peu en haut. ❑ La *cuspide droite* naît de la moitié supéro-latérale droite de l'ostium atrio-ventriculaire, en regard de la cloison interventriculaire et de l'orifice aortique qu'elle sépare de l'ostium atrio-ventriculaire. Sa face axiale regarde en arrière, à gauche et un peu en bas.

La cuspide droite est un peu plus grande que la gauche.

Les incisures qui, en avant et en arrière, séparent les deux cuspides l'une et l'autre sont fréquemment occupées par une petite cuspide accessoire.

b) PILIERS DU VENTRICULE GAUCHE ANNEXÉS À LA VALVE ATRIO-VENTRICULAIRE GAUCHE.

Les deux valves atrio-ventriculaires gauches reçoivent les cordages tendineux de deux piliers, l'un, antérieur, l'autre, postérieur. Ces cordages tendineux sont à la fois plus nombreux et plus forts que ceux de la valve atrio-ventriculaire droite (fig. 111).

Le *pilier antérieur* naît du bord antérieur du ventricule gauche et de la partie de sa paroi gauche attenante à ce bord, à l'union du tiers antérieur et du tiers moyen du ventricule.

Le *pilier postérieur* se détache du bord postéro-inférieur du ventricule et de la partie voisine de la paroi externe, sensiblement plus près du sommet du ventricule que le pilier antérieur. Les origines des deux piliers se font par plusieurs racines qui se continuent, vers la pointe du ventricule, avec le réseau des colonnes charnues de deuxième et troisième ordre.

Le pilier antérieur est irrégulièrement conique ou cylindro-conique. Le pilier postérieur présente une face antérieure excavée dont la concavité s'adapte à la face postérieure convexe du pilier antérieur (fig. 111).

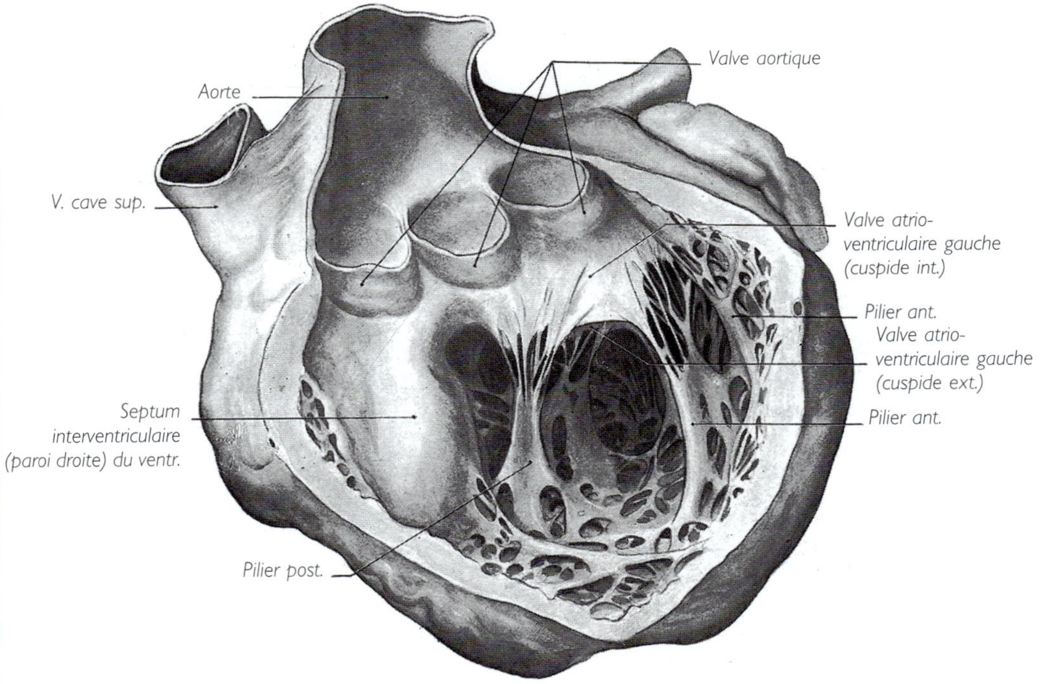

Fig. 111 ▪ Ventricule gauche. — La section longe son bord antérieur et passe entre les valvules semi-lunaires antérieures.

Les cordages tendineux se détachent du sommet des piliers, qui très souvent — le postérieur surtout — se divisent en deux ou trois mamelons secondaires.

Les cordages tendineux du pilier antérieur vont à la moitié supérieure des deux cuspides atrio-ventriculaires gauches ; ceux du pilier postérieur s'attachent à la moitié inférieure de ces cuspides. Mais, tandis que les cordages tendineux s'insèrent sur toute l'étendue de la face pariétale de la cuspide gauche depuis son bord libre jusqu'à son bord adhérent, ceux de la cuspide droite sont tous de troisième ordre et s'attachent seulement au bord libre de cette cuspide dont la surface pariétale reste par conséquent lisse (fig. 106).

c) OSTIUM DE L'AORTE. Cet orifice est situé en avant et à droite de l'ostium atrio-ventriculaire gauche, en arrière de l'ostium du tronc pulmonaire. Il est dans un plan qui regarde en haut, à droite et en arrière (fig. 109).

De même que l'ostium du tronc pulmonaire, l'ostium de l'aorte est circulaire et mesure en moyenne de 65 à 70 mm de circonférence.

La projection sterno-costale de l'ostium de l'aorte, quand le thorax a des dimensions moyennes et que l'angle infra-sternal est normal, a la forme d'une ellipse très allongée, inclinée à 45° de haut en bas et de gauche à droite, à partir d'un point du bord inférieur du troisième cartilage costal gauche, très rapproché du sternum (fig. 105).

Son appareil valvulaire comprend également trois valvules semi-lunaires. Mais celles-ci sont plus résistantes que les valvules du tronc pulmonaire, et leur situation est inverse de celle de ces valvules. En effet, l'une des valvules de l'ostium de l'aorte est postérieure ; les deux autres sont antérieures, l'une, à droite, l'autre, à gauche (fig. 109). Le nodule de leur bord libre est appelé *nodule des valvules semi-lunaires*.

On a vu plus haut que la disposition contraire des valvules aortiques et des valvules du tronc pulmonaire est due au cloisonnement du bulbe. Le détroit de Haller qui fait communiquer le bulbe avec le ventricule primitif est muni de quatre valvules semi-lunaires ; une antérieure, une postérieure et deux latérales. Le septum aortique qui cloisonne le bulbe divise les valvules latérales en deux moitiés, l'une, antérieure, l'autre, postérieure. Les moitiés antérieures forment les valvules postérieures du tronc pulmonaire, et les moitiés postérieures deviennent les valvules antérieures de l'ostium de l'aorte (voir fig. 97).

D. **Chambres du cœur.**

Dans chaque cavité ventriculaire droite et gauche du cœur, on peut distinguer, d'après la description que nous avons donnée, deux chambres communiquant entre elles :

- une chambre d'entrée qui est veineuse et répond, en arrière, à l'ostium atrio-ventriculaire correspondant ;
- une chambre de sortie ou artérielle qui s'ouvre, en haut, dans l'atrium artériel.

1. Cavité du ventricule droit. Elle présente ainsi une chambre d'entrée postéro-inférieure dont l'axe, parallèle au grand axe du cœur, est oblique de la pointe à l'ostium atrio-ventriculaire droit. (On peut la dire presque sagittale.) Les parois de ce segment veineux sont irrégulières, hérissées de piliers de troisième ordre qui donnent à la pointe son aspect spongieux.

La chambre artérielle ou pulmonaire du cœur est antérieure, obliquement dirigée de dehors en dedans, ou mieux, de droite à gauche et de bas en haut ; son axe fait un angle ouvert avec l'axe de la chambre veineuse ; l'infundibulum est à parois lisses.

La cloison à claire-voie qui sépare les deux chambres est constituée par la grande cuspide antérieure de la valve atrio-ventriculaire droite, les cordages tendineux de cette cuspide et le trabécule septo-marginal tendu du pilier antérieur au pilier du cône artériel ; l'orifice qui est percé dans cette cloison est elliptique, à grand axe oblique en haut et en dedans.

2. Cavité du ventricule gauche. Elle est divisée par la cuspide droite de la valve atrio-ventriculaire gauche en deux chambres ; une gauche, inféro-externe, atriale, une droite supéro-interne, artérielle ou aortique.

La chambre veineuse du ventricule gauche renferme la cuspide gauche dans sa totalité, puisqu'elle répond en arrière à l'ostium atrio-ventriculaire gauche ; elle est postérieure par rapport à la chambre aortique et le sang veineux venu de l'atrium gauche s'écoule directement dans cette chambre auriculaire ; la communication atrio-ventriculaire est fermée au cours de la systole ventriculaire par le jeu mécanique de la cuspide droite entraînée fortement en dehors vers l'angle gauche du ventricule qui s'engrène avec le bord de la cuspide gauche, cette dernière ne jouant qu'un rôle passif dans la fermeture de l'orifice (Marc See, Latarjet).

La chambre artérielle du ventricule gauche est une étroite gouttière verticale entre la cuspide droite de la valve atrio-ventriculaire gauche et le septum interventriculaire.

Pendant la systole, le sang s'engage violemment, de bas en haut et d'avant en arrière, dans ce défilé étroit qui aboutit au canal aortique.

Le courant sanguin glisse avec une forte pression sur la face pariétale de la cuspide droite de la valve atrio-ventriculaire gauche qui est lisse, n'ayant que des cordons tendineux de troisième ordre se fixant sur le bord libre de la cuspide [1].

ATRIUMS

Les atriums sont placés en arrière des ventricules, de chaque côté de la cloison interatriale. Ils sont plus petits que les ventricules ; leurs parois sont beaucoup plus minces ; ils sont lisses sur la plus grande partie de leur étendue ; ils ne présentent pas de colonnes charnues de premier ordre, et celles de deuxième et troisième ordre n'existent qu'en des zones très limitées de leur surface.

A. Conformation intérieure de l'atrium droit.

L'atrium droit a la forme d'un ovoïde irrégulier, dont le grand axe est à peu près vertical. On lui reconnaît six parois (fig. 107).

1° La *paroi externe* ou *droite* est concave et présente quelques colonnes charnues de deuxième et troisième ordre, dirigées d'arrière en avant ; on les appelle *muscles pectinés de l'atrium droit.*

1. G. Cordier et P. Roux ont montré que la morphogenèse vient prouver le rôle primordial de la pression sanguine dans la disposition des cordages tendineux de la cuspide gauche de la valve atrio-ventriculaire gauche. La disparition des cordages tendineux de premier et de deuxième ordre coïncide chez l'embryon de 13,5 mm avec la division du bulbe et l'achèvement du septum interventriculaire.

2° La *paroi interne* est formée par le septum interatrial. Elle a été décrite plus haut (voir : *Septum interatrial*).

3° La *paroi supérieure* présente en arrière l'ostium de la veine cave supérieure. Cet orifice, avalvulaire, circulaire, mesure environ 20 mm de diamètre.

4° La *paroi inférieure* est occupée par les ostiums de la veine cave inférieure et du sinus coronaire.

L'*ostium de la veine cave supérieure* est situé à l'union de la paroi inférieure avec la paroi postérieure, immédiatement en dehors du septum interatrial et dans un plan oblique qui regarde en avant et en haut. Il est circulaire et mesure, en chiffres ronds, 30 mm de diamètre.

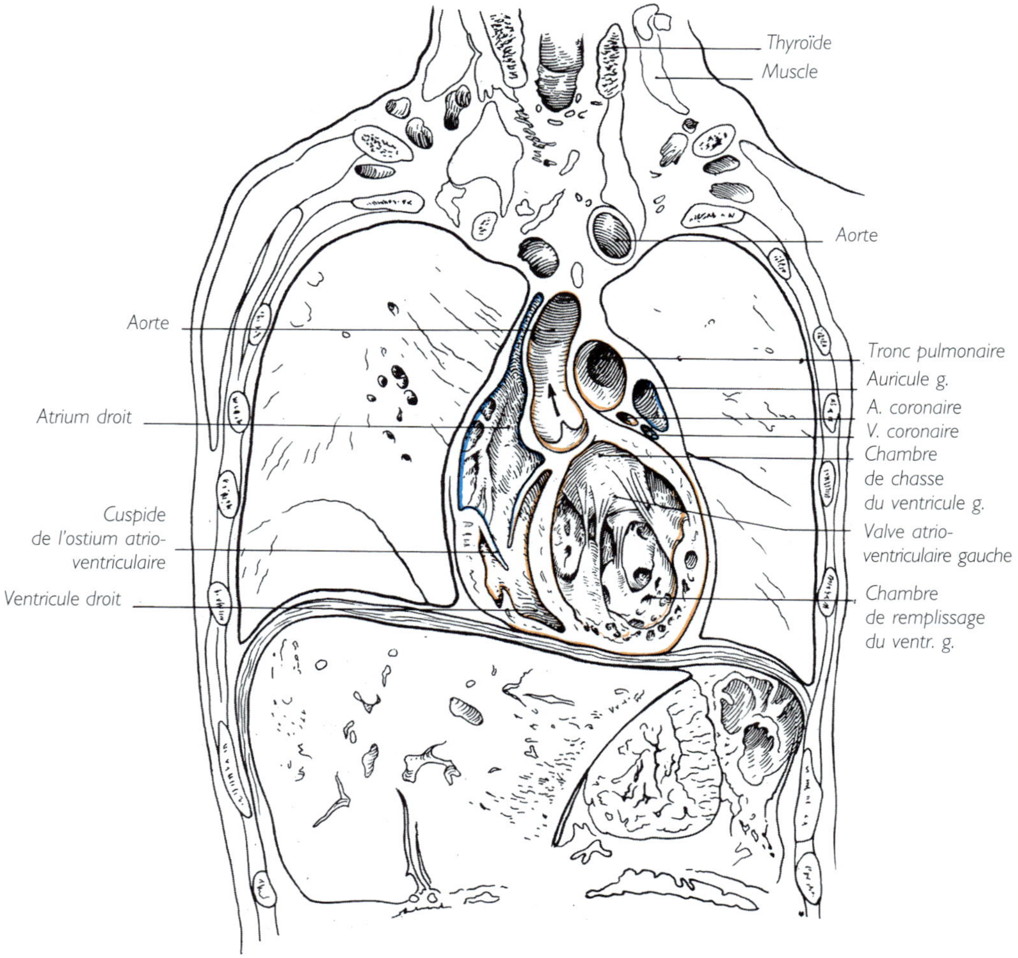

Fig. 112 ▪ Coupe frontale du thorax montrant l'atrium et le ventricule droits, le ventricule gauche avec les valves atrio-ventriculaires gauches et les deux chambres de ce ventricule.

Sur le bord antérieur de cet orifice, se dresse la *valvule de la veine cave inférieure*. C'est un repli valvulaire mince, en forme de croissant, dont le bord supérieur libre est concave. La valvule de la veine cave inférieure commence sur le bord droit de l'orifice, longe tout le bord antérieur et finit sur la cloison, au niveau de la corne inférieure du limbe de la fosse ovale ou un peu en avant de cet anneau.

L'*ostium du sinus coronaire* est situé en avant et en dedans de l'ostium de la veine cave inférieure, tout contre le septum interatrial. Son diamètre moyen est de 12 mm (Cruveilhier). Il est également pourvu, le long de son bord antéro-externe, d'un repli valvulaire mince, en forme de croissant, la *valvule du sinus coronaire* (fig. 107).

Les valvules de la veine cave inférieure et du sinus coronaire sont les parties persistantes de la valve qui borde à droite l'orifice de communication entre le sinus veineux et l'atrium primitif.

5° La *paroi antérieure* correspond à l'ostium atrio-ventriculaire.

À cette paroi est annexée l'*auricule droite* qui s'ouvre dans l'atrium par un large orifice placé au-dessus de l'ostium atrio-ventriculaire, à la jonction des parois antérieure, supérieure et externe.

La cavité de l'auricule est cloisonnée par de nombreuses colonnes charnues.

6° La *paroi postérieure* est lisse. On décrit sur cette paroi, à égale distance des deux veines caves et près de la paroi interne, une saillie transversale, inconstante, le *tubercule interveineux*. Cette saillie ne se voit que sur le cœur en place et se présente sous la forme d'un repli de la paroi, déterminé probablement par les lignes de réflexion du péricarde, tendues entre les deux veines caves (Tandler).

On peut voir encore sur cette paroi une saillie allongée, étroite, peu marquée, la *crista terminalis*. Cette crête répond au sulcus terminalis (voir base du cœur) et s'étend du bord droit de l'ostium de la veine cave supérieure vers le bord droit de l'ostium de la veine cave inférieure.

B. **Conformation intérieure de l'atrium gauche.**

La forme de l'atrium gauche est irrégulièrement arrondie. On lui reconnaît, comme à l'atrium droit, six parois (fig. 108).

La *paroi externe* est lisse, d'arrière en avant, jusqu'à l'auricule gauche qui est en avant de cette paroi. L'*auricule gauche*, qui s'ouvre à l'union de la paroi externe et de la paroi antérieure, présente les mêmes caractères que l'auricule droite.

La *paroi interne* est constituée par le septum interatrial déjà vu.

Les *parois supérieure* et *inférieure* sont étroites et lisses.

La *paroi postérieure* présente les quatre ostiums des veines pulmonaires, deux à droite, deux à gauche.

La *paroi antérieure*, enfin, est occupée par l'ostium atrio-ventriculaire gauche et par celui de l'auricule.

STRUCTURE DU CŒUR

Le cœur se compose : 1° d'une tunique musculaire épaisse, le *myocarde* ; 2° d'une membrane, l'*endocarde*, qui revêt la surface interne du myocarde et limite les cavités du cœur.

Le cœur est de plus entouré par une enveloppe fibro-séreuse, le *péricarde*, que nous décrirons après avoir étudié les vaisseaux et nerfs du cœur.

A. **Myocarde.**

Le cœur est un organe essentiellement musculaire. Les fibres musculaires prennent toutes leurs insertions sur un appareil fibreux placé à la base des ventricules et qui forme la charpente du cœur.

■ **CHARPENTE FIBREUSE DU CŒUR.** La charpente fibreuse du cœur se compose de quatre anneaux fibreux atrio-ventriculaires, placés autour des ostiums atrio-ventriculaires et artériels de la base des ventricules (fig. 113).

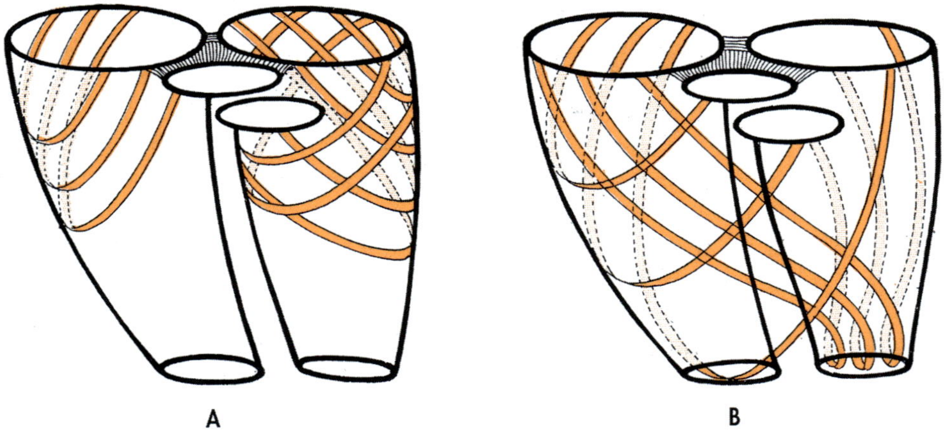

Fig. 113 ■ Charpente fibreuse du cœur et fibres musculaires des ventricules — *A*, fibres propres : — *B*, fibres communes.

Ces anneaux fibreux ont évidemment la même forme, la même orientation et les mêmes dimensions que les orifices qu'ils circonscrivent.

a) Anneaux fibreux atrio-ventriculaires. ❑ Les bords atrial et ventriculaire des anneaux fibreux atrio-ventriculaires servent de surface d'insertion aux fibres musculaires des atriums et des ventricules. ❑ Leur bord interne émet une expansion qui s'étend dans la cuspide et forme sa charpente fibreuse. C'est sur cette lame fibreuse et sur les anneaux que se terminent les cordages tendineux. ❑ Leur bord externe ou périphérique répond aux anneaux fibreux voisins et au sillon atrio-ventriculaire. En regard de ce sillon, il donne attache aux fibres musculaires.

b) Anneaux artériels. Les anneaux artériels sont formés dans chaque orifice par trois épaississements fibreux de la paroi, concaves en haut, et qui répondent au bord adhérent des trois valvules semi-lunaires. Ces anses sont unies entre elles par leurs extrémités ; les espaces anguleux, ouverts en bas, compris entre deux anses voisines, sont occupés par des expansions fibreuses de ces anses. Chaque anse émet encore un prolongement membraneux qui forme la lame fibreuse centrale de la valvule.

L'anneau aortique s'unit en arrière par du tissu fibreux aux anneaux atrio-ventriculaires. Il existe dans cette région un épaississement de la charpente fibreuse, qui occupe l'intervalle anguleux compris entre les deux anneaux atrio-ventriculaires et le segment postérieur de l'anneau aortique (fig. 113).

■ **FIBRES MUSCULAIRES.** Il faut distinguer trois catégories de fibres musculaires : les fibres des ventricules, celles des atriums et le système de commande ou cardionecteur.

a) FIBRES DES VENTRICULES. La disposition générale des fibres des ventricules est résumée dans cette phrase : « le cœur ventriculaire est composé de deux sacs musculeux renfermés dans un troisième sac musculeux » (Winslow). Les ventricules se composent, en effet, de fibres propres à chaque ventricule et de fibres communes aux deux ventricules, qui enveloppent les précédentes.

Les *fibres musculaires propres des ventricules* décrivent des anses inclinées obliquement sur l'axe du cœur et fixées aux anneaux fibreux par leurs deux extrémités (fig. 113, schéma A). Leur longueur et leur obliquité sont différentes ; les plus longues, dont la direction se rapproche de celle de l'axe du cœur, sont à la périphérie ; les plus courtes, beaucoup plus inclinées sur l'axe du cœur que les précédentes, forment les couches les plus profondes. Ces fibres réunies constituent pour chaque ventricule « une espèce de petit baril » (Cruveilhier) ouvert à ses deux extrémités. L'ouverture postérieure répond à la base du ventricule ; l'ouverture antérieure est près du sommet.

Les fibres musculaires communes ou unitives des ventricules enveloppent et réunissent les deux sacs musculeux formés par les fibres propres. Elles naissent des anneaux fibreux et se portent vers le sommet du cœur suivant une direction
❑ oblique en avant et à gauche sur les faces antérieure et latérale gauche du cœur
❑ oblique en avant et à droite sur la face inférieure (fig. 113, schéma B).

Arrivées au sommet du cœur, elles s'engagent dans l'orifice antérieur des sacs musculeux propres à chaque ventricule. ❑ Les fibres des faces antérieure et latérale gauche pénètrent dans le sac ventriculaire gauche en décrivant une boucle, et l'ensemble de ces fibres ainsi contournées sur elles-mêmes dessine un tourbillon au sommet du cœur. ❑ Les fibres de la face inférieure s'enfoncent dans le sac ventriculaire droit en décrivant des anses qui oblitèrent son orifice antérieur.

À l'intérieur des sacs ventriculaires, les fibres gagnent les anneaux fibreux de la base des ventricules. Dans ce trajet, les unes s'appliquent sur la surface interne du sac formé par les fibres propres ; d'autres s'écartent de cette paroi et forment, à l'intérieur de la cavité, les colonnes charnues.

b) FIBRES DES ATRIUMS. La musculature des atriums, mince, se compose également de fibres propres et de fibres communes. Les unes et les autres s'attachent uniquement aux anneaux atrio-ventriculaires.

Les *fibres propres* sont groupées en deux catégories de faisceaux : 1° des faisceaux annulaires enroulés autour des orifices ; 2° des faisceaux ansiformes qui vont de la partie supérieure à la partie inférieure ou diaphragmatique de l'anneau fibreux, après avoir contourné la face postérieure ou l'une des faces latérales de l'atrium.

Les *fibres communes* s'étendent transversalement sur la face antérieure et sur la face postérieure des atriums.

c) SYSTÈME DE COMMANDE OU CARDIO-NECTEUR. Sous ces deux noms, on désigne un système particulier de faisceaux musculaires et d'éléments nerveux chargé d'assurer la propagation de la contraction du myocarde et ainsi de coordonner les contractions des différentes parties du myocarde.

Il comprend deux parties : le nœud sinu-atrial et le faisceau atrio-ventriculaire.

NŒUD SINU-ATRIAL OU NŒUD SINUSAL. Celui-ci longe dans la paroi de l'atrium droit le sulcus terminalis. Il commence en haut, sous le péricarde, sur le côté externe de l'ostium de la veine cave supérieure ; de là, il descend en regard du sillon de His et se termine ou paraît se terminer après un trajet de 2 à 3 cm environ, dans la couche profonde de la paroi atriale, voisine de l'endocarde (fig. 114). « L'onde excitatrice » partie du nœud sinusal diffuse dans la paroi des atriums, puis « se concentre » vers le nœud atrio-ventriculaire du faisceau atrio-ventriculaire.

FAISCEAU ATRIO-VENTRICULAIRE (HIS) (fig. 114). Le faisceau atrio-ventriculaire relie la musculature des atriums à celle des ventricules et c'est par lui que l'onde excitatrice passe des atriums dans les parois ventriculaires. Il naît dans la paroi atriale, au voisinage de l'ostium du sinus coronaire, en dedans de l'orifice de ce sinus. Les fibres, d'abord épanouies en éventail et sinueuses, se rassemblent en une masse compacte, ovoïde, appelée *nœud atrio-ventriculaire*, auquel fait suite le *faisceau atrio-ventriculaire*.

Celui-ci se porte en avant et en haut, le long et sur le flanc droit du bord postérieur du septum interventriculaire, le long de l'attache à la paroi de la cuspide interne de la valve atrio-ventriculaire droite. Il atteint bientôt la partie membraneuse du septum interventriculaire dont il longe le bord inférieur. Enfin, parvenu à la limite antéro-supérieure de ce segment membraneux du septum interventriculaire, le faisceau atrio-ventriculaire se divise en deux faisceaux secondaires, l'un, droit, l'autre, gauche (fig. 114). ❑ Le *faisceau droit* se porte en avant, pénètre dans la trabécule septo-marginale qui le conduit jusqu'à la base des piliers antérieur et postérieur, où il se perd. ❑ Le *faisceau gauche* gagne la face gauche du septum interventriculaire, en passant en regard de l'intervalle compris entre la valvule droite et la valvule postérieure de l'ostium de l'aorte. Il descend ensuite, en s'élargissant, sur la face latérale gauche de la cloison ; puis il se divise en deux groupes de fibres, l'un, antérieur, l'autre, postérieur, qui s'écartent et s'étendent jusqu'à la base des piliers antérieur et postérieur du ventricule gauche.

Les faisceaux droit et gauche se divisent vers la base des piliers en de nombreuses ramifications. Celles-ci se répandent sur la surface du ventricule et des piliers, en formant un réseau sous-endocardique à larges mailles, fait de *myofibres conductrices cardiaques* (fig. 114).

VASCULARISATION DU SYSTÈME CARDIO-NECTEUR. Le nœud sinu-atrial est irrigué par une branche d'une artère atriale antérieure provenant le plus souvent de l'artère coronaire droite, parfois de l'artère coronaire gauche, rarement par deux rameaux artériels ayant cette double origine (Correia).

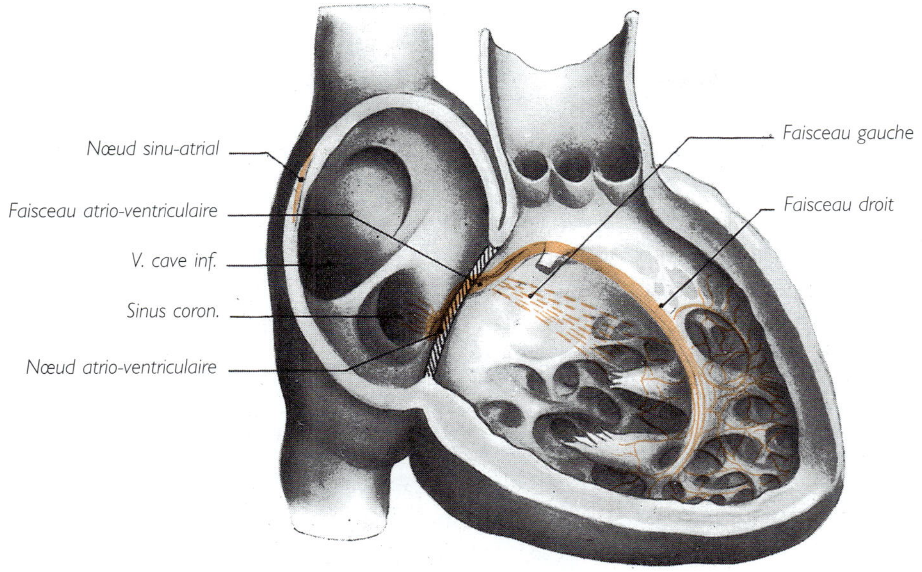

Fig. 114 ■ Nœud sinu-atrial et faisceau atrio-ventriculaire.

Le nœud atrio-ventriculaire et le tronc du faisceau atrio-ventriculaire sont irrigués par le premier des rameaux interventriculaires septaux postérieurs qui se détache d'ordinaire de la partie atrio-ventriculaire de l'artère coronaire droite, rarement de la partie terminale de la branche atrio-ventriculaire de l'artère coronaire gauche ; plus rarement encore il est irrigué par deux rameaux provenant de l'une et de l'autre des artères coronaires (Correia).

La branche droite du faisceau atrio-ventriculaire reçoit un rameau de la deuxième artère perforante antérieure appelé par Brocq et Mouchet : *artère du pilier antérieur du ventricule droit*, et par Correia : *artère du pilier antérieur et des piliers internes du ventricule droit.*

La branche gauche du faisceau atrio-ventriculaire est vascularisée par les rameaux interventriculaires septaux antérieurs de l'artère coronaire gauche.

B. **Endocarde.**

L'endocarde est la tunique interne du cœur. C'est une membrane mince, lisse, adhérente, qui recouvre toute la surface interne des atriums et des ventricules. L'endocarde se continue avec la tunique interne des vaisseaux.

Les *valves atrio-ventriculaires* sont constituées par un repli de l'endocarde qui revêt une lame fibreuse centrale émanant de l'anneau fibreux correspondant.

Les *valvules semi-lunaires* ont la même structure que les cuspides atrio-ventriculaires, avec cette différence que l'endocarde est remplacé sur la face pariétale de la valvule par l'endothélium artériel.

C. Vaisseaux et nerfs du cœur.

ARTÈRES CORONAIRES. Les artères du cœur sont les artères coronaires. Elles sont au nombre de deux : l'artère coronaire gauche ou antérieure, et l'artère coronaire droite ou postérieure.

1. Artère coronaire gauche. L'artère coronaire gauche naît de l'aorte au niveau ou immédiatement au-dessus de la partie moyenne de la valvule semi-lunaire gauche (fig. 117). Elle chemine dans la dépression profonde qui sépare le tronc pulmonaire de l'atrium et de l'auricule gauches, gagne ainsi l'extrémité supérieure du sillon interventriculaire antérieur et parcourt ce sillon jusqu'à la pointe (fig. 115 et 117) ; arrivée là, l'artère contourne le plus souvent le sommet du cœur et se termine dans le sillon interventriculaire postérieur, à une distance de la pointe qui varie entre 1 et 3 cm (P. Brocq et A. Mouchet).

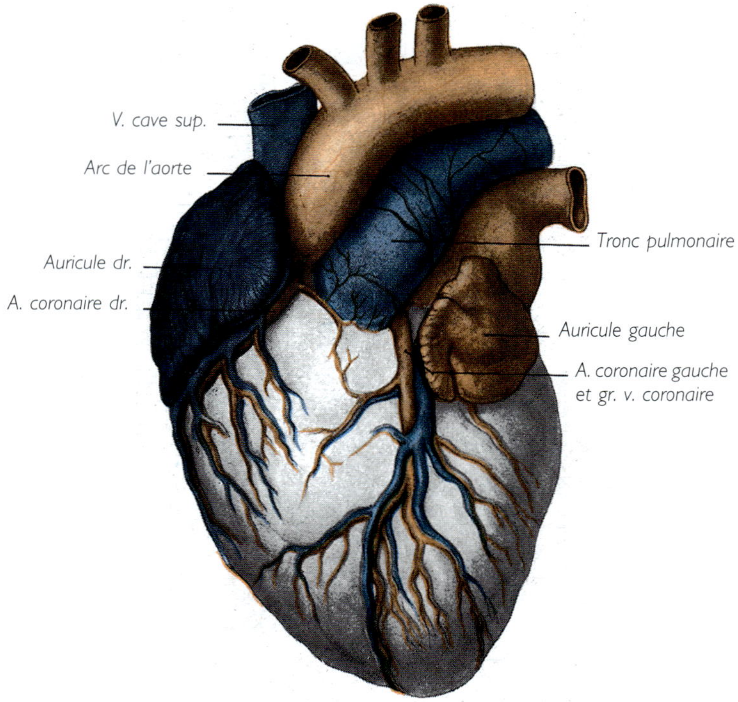

Fig. 115 ▪ Artères et veines coronaires, vue antérieure (d'après Bonamy, Broca et Beau).

L'artère coronaire gauche donne de multiples collatérales :

1° Des *rameaux vasculaires* destinés aux parois voisines de l'aorte et du tronc pulmonaire. Parmi ces rameaux, il faut distinguer le *rameau du cône artériel*, qui se ramifie dans la couche graisseuse placée sur la face antérieure de l'artère pulmonaire (fig. 115).

2° Le *rameau atrio-ventriculaire*. Cette branche se porte à gauche et s'engage dans le sillon atrio-ventriculaire ; elle se termine : tantôt au niveau de l'extrémité postérieure du sillon interventriculaire postérieur, où elle s'anastomose avec l'artère coronaire droite (fig. 116 et 117) ; tantôt à une distance variable de ce sillon, sur la face inférieure ou même sur la face gauche du cœur. Le rameau atrio-ventriculaire donne des rameaux à l'atrium et au ventricule gauches.

3° Parmi les *rameaux atriaux de l'artère coronaire gauche* nés du rameau atrio-ventriculaire, on distingue : une artère atriale gauche antérieure, une artère atriale du bord gauche intermédiaire et une artère atriale gauche postérieure (Brocq et Mouchet).

L'*artère atriale gauche antérieure* naît de l'origine du rameau atrio-ventriculaire, se porte en arrière et en haut, en cheminant sur la face interne de l'auricule, et gagne la face supérieure de l'atrium gauche. Elle donne des rameaux à l'auricule et à l'atrium gauches, au septum interatrial et à la partie supéro-interne de l'atrium droit.

Elle donne parfois l'artère du nœud sinu-atrial ou artère de l'atrio-necteur.

L'*artère atriale du bord gauche intermédiaire* se ramifie sur la face gauche de l'atrium.

L'*artère atriale gauche postérieure* se distribue à la face postérieure de l'atrium gauche.

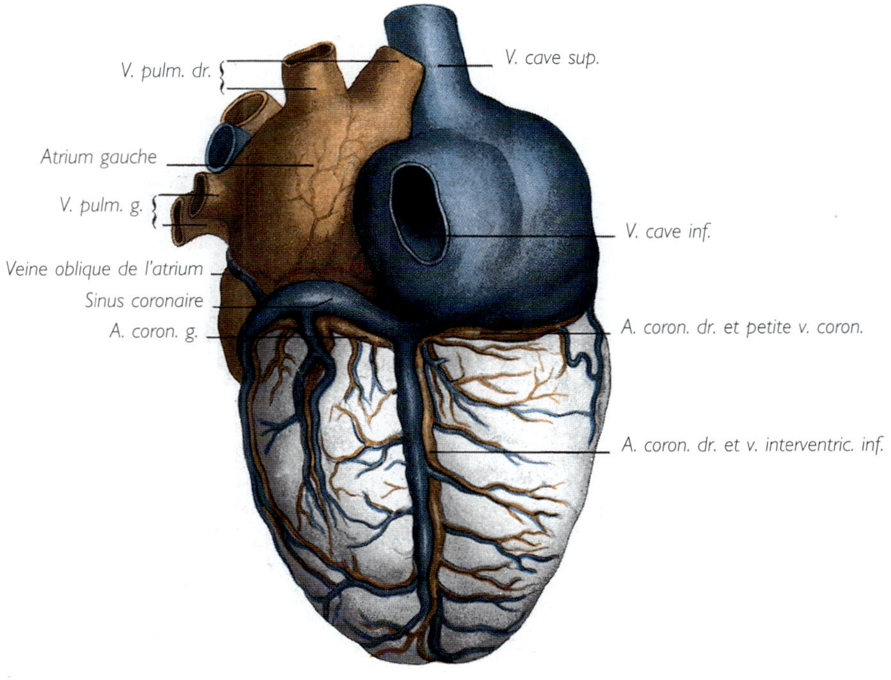

Fig. 116 ▪ Artères coronaires et sinus coronaire, vue postéro-inférieure (d'après Bonamy, Broca et Beau).

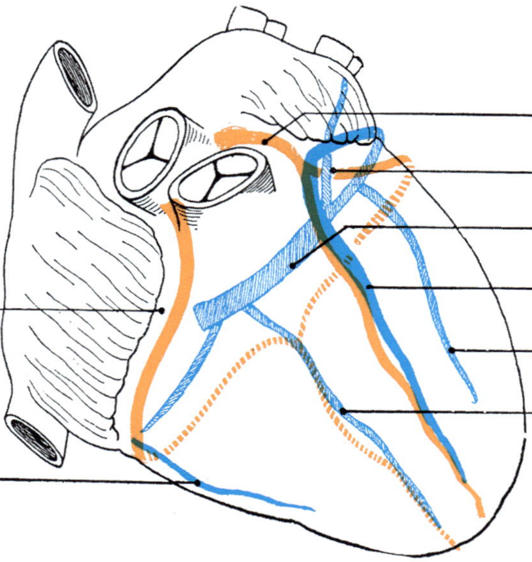

Fig. 117 ▪ Schéma des artères et veines coronaires.

Parmi les *branches ventriculaires* du rameau atrio-ventriculaire, la plus importante est l'*artère du bord gauche,* qui descend sur la face gauche du ventricule.

4° Des *artères ventriculaires de l'artère coronaire gauche*. Les unes se portent à droite et à gauche sur la surface du cœur et s'enfoncent dans la paroi ventriculaire à quelque distance de leur origine. D'autres, au nombre de 10 à 12 environ, appelées *artères antérieures de la cloison,* ou *rameaux interventriculaires septaux de l'artère coronaire gauche,* pénètrent, dès leur origine, dans la paroi du cœur et se distribuent à peu près aux deux tiers antérieurs de la cloison interventriculaire.

2. Artère coronaire droite. Cette artère, plus volumineuse que la gauche, naît au niveau ou immédiatement au-dessus de la partie moyenne de la valvule semi-lunaire droite (fig. 117). Elle chemine d'abord d'arrière en avant, entre le tronc pulmonaire et l'auricule droite. Ensuite, l'artère s'infléchit à droite et s'engage dans la partie droite du sillon atrio-ventriculaire. Arrivée à l'extrémité postérieure du sillon interventriculaire postérieur, l'artère coronaire droite se coude, passe dans ce sillon et se termine à quelque distance du sommet du cœur. Elle s'anastomose fréquemment à sa terminaison avec l'artère coronaire gauche (fig. 115 et 116).

L'artère coronaire droite donne près de son origine :

1° Des *rameaux vasculaires* pour les parois de l'aorte et du tronc pulmonaire, parmi lesquels il existe un *rameau artériel,* analogue à l'artère graisseuse qui se ramifie sur l'aorte.

2° Des *artères atriales antérieures*. L'une d'elles, la plus volumineuse, naît de l'artère coronaire droite près de son origine. Elle se porte en haut et en arrière, pénètre dans le septum interatrial ou monte en avant de ce septum sur la face supérieure de l'atrium droit. Elle se distribue au septum interatrial, à la face supérieure et à la face postérieure de l'atrium droit (Brocq et Mouchet) ; elle donne le plus souvent l'artère du nœud sinu-atrial.

3° Des *rameaux atriaux* et *ventriculaires* qui naissent dans le sillon atrio-ventriculaire.

Parmi les rameaux atriaux, Brocq et Mouchet distinguent une artère atriale du bord droit et une ou plusieurs artères atriales droites postérieures.

Le plus important des rameaux ventriculaires est appelé, en raison de son trajet, *rameau marginal droit*.

4° Enfin, dans le sillon interventriculaire postérieur, l'artère coronaire droite donne des *rameaux ventriculaires* aux deux ventricules et des *artères perforantes,* ou *artères septales postérieures* ou encore *rameau interventriculaire septal de l'artère coronaire droite* pour la cloison. La première est l'artère du nœud atrio-ventriculaire.

Brocq et Mouchet décrivent encore des *branches rétro-ventriculaires gauches* qui naissent de l'artère coronaire droite au niveau de l'extrémité postérieure du sillon interventriculaire postérieur et qui se ramifient dans la partie postérieure du ventricule gauche.

Les artères coronaires droite et gauche sont anastomosées entre elles dans 97 % des cas. Ces anastomoses siègent particulièrement dans le septum interventriculaire, dans les sillons interventriculaire et atrio-ventriculaire inférieurs, à la pointe du cœur, sur le dôme auriculaire et autour du tronc pulmonaire (Brocq et Mouchet).

■ **VEINES.** Les veines du cœur sont : la grande veine du cœur, les petites veines du cœur et les veines minimes du cœur.

1. Grande veine du cœur et sinus coronaire. La grande veine du cœur commence vers la pointe du cœur et chemine dans le sillon interventriculaire antérieur jusqu'à son extrémité supérieure. Elle s'infléchit ensuite à gauche, s'engage dans le sillon atrio-ventriculaire, et parcourt ce sillon jusqu'au voisinage de la face inférieure de l'atrium droit, où elle se termine (fig. 115, 116 et 117).

Dans le sillon interventriculaire, la grande veine du cœur est à gauche de l'artère ; elle est au-dessus d'elle dans le sillon atrio-ventriculaire, ou bien elle la recouvre.

À sa terminaison, la grande veine du cœur augmente brusquement de calibre, et ce conduit veineux terminal dilaté, ampullaire, long de 3 cm en moyenne, prend le nom de *sinus coronaire* (fig. 116).

Nous avons décrit avec l'atrium droit l'orifice atrial de ce sinus et la valvule dont il est pourvu. Le sinus présente encore à son origine, c'est-à-dire à sa jonction avec la veine coronaire, une deuxième valvule dite *valvule du sinus coronaire*. Celle-ci, en forme de croissant, s'implante sur la face antérieure du tronc veineux et se termine par un bord libre concave dirigé en arrière et à droite. Ces valvules du sinus coronaire sont toujours insuffisantes. L'existence de valvules accessoires a été décrite dans la lumière du sinus coronaire (Laux et Marchal). L'importance physiologique de ces valvules et leur distribution ont été précisées en vue de la revascularisation chirurgicale du myocarde (Cordier et Heffez).

Le sinus coronaire présente encore cette particularité d'être pourvu d'une couche de fibres musculaires striées analogues à celles du myocarde.

Le sinus coronaire représente le segment terminal de la veine cave supérieure gauche qui s'atrophie au cours du développement.

a) COLLATÉRALES. Il faut distinguer les veines afférentes de la grande veine du cœur et celles du sinus coronaire.

La *grande veine du cœur* reçoit : des veines du septum interventriculaire, de la partie antérieure des ventricules droit et gauche, de la paroi gauche du ventricule gauche et de l'atrium gauche. Parmi ces veines, il en est une, ventriculaire, généralement plus volumineuse que les autres, appelée *veine postérieure du ventricule gauche*.

Le *sinus coronaire* recueille le sang veineux de la presque totalité du cœur.

Il reçoit, en effet :

1° La *grande veine du cœur*.

2° La *veine oblique de l'atrium* (fig. 116). Cette veine, de petit calibre, descend sur la face postérieure de l'atrium gauche en dehors des veines pulmonaires gauches, et se termine à l'extrémité gauche du sinus coronaire ; elle représente un segment de la veine cave supérieure gauche, beaucoup plus atrophié que le sinus coronaire qui lui fait suite. À son extrémité inférieure, au voisinage de son abouchement au sinus coronaire, la veine oblique de l'atrium soulève un petit repli de la séreuse péricardique, appelé *pli de la veine cave gauche*.

3° La *veine du ventricule gauche*, qui monte sur la face inférieure du ventricule.

4° La *veine moyenne du cœur*, qui chemine dans le sillon interventriculaire postérieur.

5° La *petite veine du cœur* ; celle-ci longe l'artère coronaire droite sur la partie inférieure du sillon atrio-ventriculaire, depuis le bord droit du cœur jusqu'à l'extrémité terminale du sinus.

2. Petites veines cardiaques. Les *petites veines cardiaques, veines cardiaques accessoires*, ou *veines antérieures du cœur* viennent de la partie antérieure et droite du ventricule droit. Elles s'abouchent directement à l'atrium droit, immédiatement au-dessus du sillon atrio-ventriculaire, par des orifices appelés *foramens des petites veines cardiaques*.

La plus importante de ces veines est la *veine du bord droit du cœur* (fig. 117), qui monte sur le bord latéral du ventricule droit et s'ouvre dans l'atrium droit au niveau de la base de l'auricule.

3. Veines minimes du cœur. On donne ce nom à de petites veinules qui proviennent des parois du cœur et s'ouvrent dans les cavités voisines (atriums ou ventricules) par de petits pertuis, les *foramens des veines minimes*. Les veines minimes du cœur se rencontrent particulièrement dans les parois des atriums et dans les muscles papillaires des ventricules.

En plus de cette catégorie de veines minimes du cœur que nous venons de décrire, il existe des canalicules veineux de dérivation qui naissent, à la surface du cœur, des veines tributaires de la grande veine du cœur, et vont à travers la paroi s'ouvrir dans les cavités cardiaques (Langer).

LYMPHATIQUES. La surface du cœur est recouverte d'un réseau lymphatique sous-péricardique dans lequel se déversent les réseaux du myocarde et de l'endocarde par l'intermédiaire de collecteurs lymphatiques principaux du cœur valvulés péri-artériels (Otto C. Aagaard).

Du réseau lymphatique sous-péricardique partent deux troncs collecteurs principaux, l'un, gauche, l'autre, droit.

Le *collecteur principal gauche* draine la partie gauche du réseau. Il monte en contournant la face gauche, puis la face postérieure du tronc pulmonaire, et se termine dans un nœud lymphatique trachéo-bronchique inférieur.

Le *collecteur principal droit* a ses origines dans la partie droite du réseau. Il accompagne, vers son origine, l'artère coronaire droite dans le sillon atrio-ventriculaire ; il monte ensuite sur la face antérieure de l'aorte, le long ou près du sillon interaortico-pulmonaire, et se termine d'ordinaire dans un nœud du centre médiastinal antérieur gauche.

Il existe fréquemment de un à trois petits nodules épicardiques décrits par Rainer et placés sur le trajet des collecteurs principaux, le long des troncs aortique et pulmonaire.

NERFS. Le plexus cardiaque formé par des rameaux des nerfs vagues et du sympathique s'étend sur les faces antérieure (plexus cardiaque antérieur) et postérieure (plexus cardiaque postérieur) de la partie horizontale de l'arc de l'aorte (voir : *Plexus cardiaque*).

Les nerfs du cœur viennent tous du plexus cardiaque. Ils descendent le long des gros troncs artériels et se divisent en deux groupes ; les uns vont directement aux atriums ; ce sont les *filets atriaux* ; les autres constituent autour des artères coronaires droite et gauche les *plexus nerveux coronaires droit et gauche*.

De ces plexus se détachent des filets nerveux qui s'anastomosent entre eux à la surface du cœur, où ils forment un *plexus sous-péricardique*. Celui-ci contient un grand nombre de ganglions microscopiques qui paraissent groupés le long des sillons de la surface du cœur et autour des orifices veineux des atriums. ❑ D'autres rameaux nerveux émanés des plexus coronaires traversent le myocarde et forment, à la face profonde de l'endocarde, un *plexus sous-endocardique*.

Le plexus sous-péricardique fournit aux couches superficielles du myocarde et au péricarde. ❑ Le plexus sous-endocardique innerve les couches profondes du myocarde et l'endocarde.

D. **Péricarde.**

Le péricarde est un sac fibro-séreux qui enveloppe le cœur. Il se compose de deux parties : l'une, extérieure ou superficielle, fibreuse, est le péricarde fibreux ; l'autre, profonde, est le péricarde séreux (fig. 118).

PÉRICARDE SÉREUX. Le péricarde séreux comprend, comme toute séreuse, une lame viscérale et une lame pariétale appliquées l'une contre l'autre et limitant une cavité virtuelle, la *cavité du péricarde*.

a) LAME VISCÉRALE. La lame viscérale revêt le cœur de la pointe à la base et recouvre les vaisseaux coronaires et leurs ramifications superficielles. En haut et en arrière,

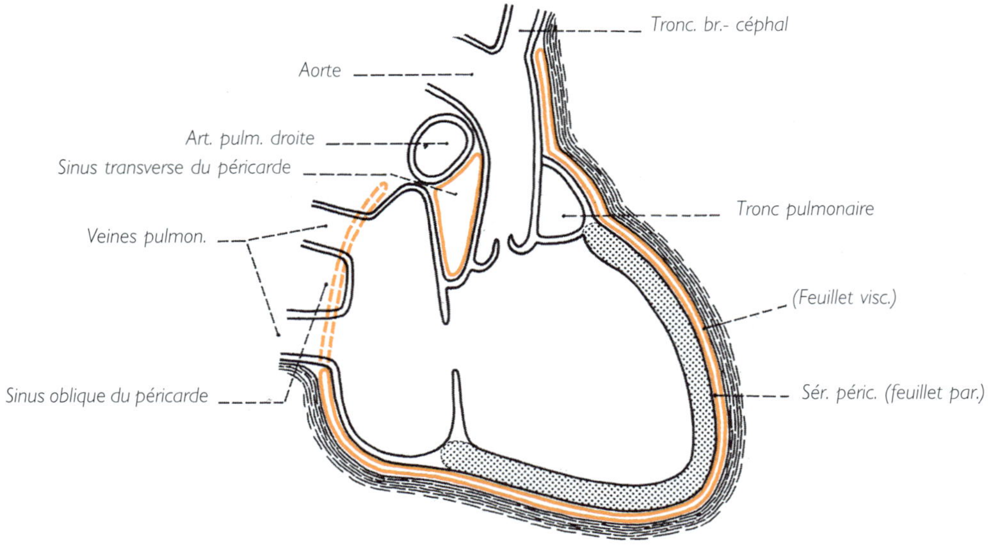

Fig. 118 ▪ Schéma destiné à montrer la disposition générale du péricarde.
La séreuse péricardique est représentée en rouge.

la lame viscérale rencontre les artères qui partent des ventricules et les veines qui s'ouvrent dans les atriums. Elle se prolonge sur ces vaisseaux et forme ainsi deux gaines vasculaires : l'une enveloppe le pédicule artériel formé par l'aorte et le tronc pulmonaire (fig. 98 et 118), l'autre entoure le pédicule veineux constitué par les veines caves et les veines pulmonaires.

La gaine du pédicule artériel du péricarde s'étend plus haut en avant qu'en arrière. En avant, en effet, elle remonte jusqu'à l'origine du tronc brachio-céphalique, tandis que, sur la face postérieure du pédicule, le feuillet séreux se réfléchit à 2 cm environ au-dessus de l'origine de l'aorte pour recouvrir la face inférieure du tronc pulmonaire, puis la face antérieure des atriums (fig. 118).

La ligne de réflexion de la lame viscérale sur la lame pariétale, autour du pédicule artériel, s'étend obliquement de bas en haut et de gauche à droite sur la face antérieure du pédicule, depuis le bord inférieur de l'origine de l'artère pulmonaire gauche, jusqu'à la partie antérieure de l'origine du tronc brachio-céphalique artériel, en passant en avant de l'angle de bifurcation du tronc pulmonaire. Elle descend de là sur la face droite de la partie ascendante de la crosse aortique jusqu'au plafond du sinus transverse, c'est-à-dire jusqu'à la branche droite du tronc pulmonaire. La ligne de réflexion contourne ensuite la face postérieure de la crosse aortique en suivant la face inférieure de l'artère pulmonaire droite, passe ensuite en arrière de l'extrémité terminale du tronc pulmonaire et arrive enfin au bord inférieur de l'origine de l'artère pulmonaire gauche.

Sur la partie aortique de la gaine artérielle se distingue le *lit de l'auricule*.

La *gaine du pédicule veineux du péricarde* est très irrégulière, car elle s'enfonce dans les intervalles qui séparent les uns des autres les vaisseaux de ce pédicule. Elle dessine ainsi des dépressions en cul-de-sac, des diverticules de profondeur différente. Le plus large et le plus profond de ces diverticules s'étend sur la face postérieure de l'atrium gauche, entre les veines pulmonaires gauches d'une part, les veines pulmonaires droites et la veine cave inférieure d'autre part : il est appelé *sinus oblique du péricarde* (fig. 119, 103 et 148).

La gaine du pédicule veineux est très courte. Elle répond seulement à l'orifice d'abouchement des vaisseaux dans les atriums, sauf cependant sur la veine cave supérieure, où elle entoure les trois quarts antéro-externes du vaisseau, sur une hauteur de 2 cm en avant et de 1 à 1,5 cm à droite.

SINUS TRANSVERSE DU PÉRICARDE. Les gaines des pédicules artériel et veineux sont séparées l'une de l'autre par un prolongement de la cavité du péricarde en forme de canal (fig. 118). Ce canal séreux est limité : ❑ en avant, par la face postérieure du pédicule artériel ; ❑ en arrière, par la face antérieure des atriums et de la veine cave supérieure ; ❑ en haut, par la branche droite du tronc pulmonaire, avant qu'elle ne s'engage en arrière de la veine cave supérieure. ❑ L'orifice gauche du sinus est compris entre l'auricule et l'atrium gauches à gauche, le tronc pulmonaire à droite, l'artère coronaire gauche en bas ; ❑ l'orifice droit est limité par l'aorte en dedans, l'auricule droite, l'atrium droit et la veine cave supérieure en dehors, l'artère coronaire droite en bas. ❑ Le doigt introduit dans le sinus transverse contourne complètement en arrière le pédicule artériel (fig. 121).

PLI DE LA VEINE CAVE GAUCHE. Le pli de la veine cave gauche limite en dedans le récessus pulmonaire gauche situé entre l'artère pulmonaire gauche en haut et la

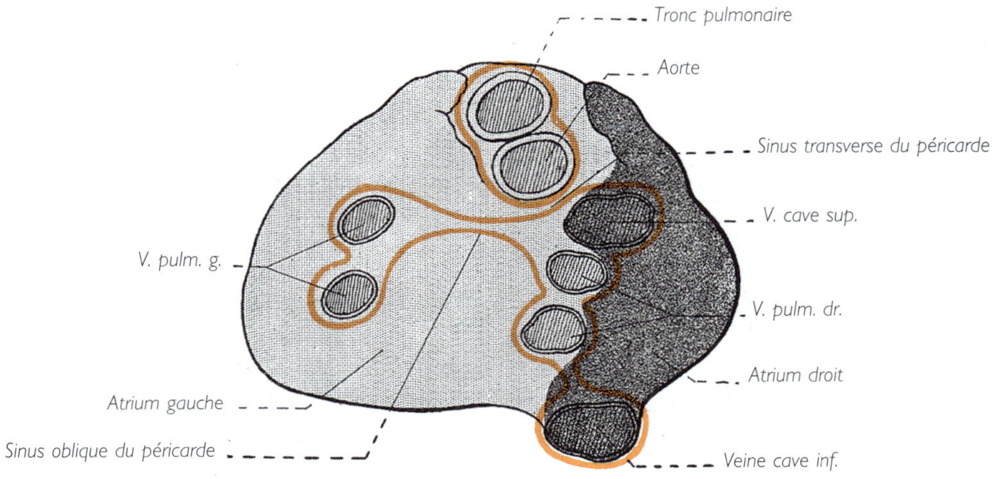

Fig. 119 ▪ Ligne de réflexion de la séreuse péricardique autour des pédicules artériel et veineux. L'atrium gauche est teinté de gris clair : l'atrium droit est en gris foncé.

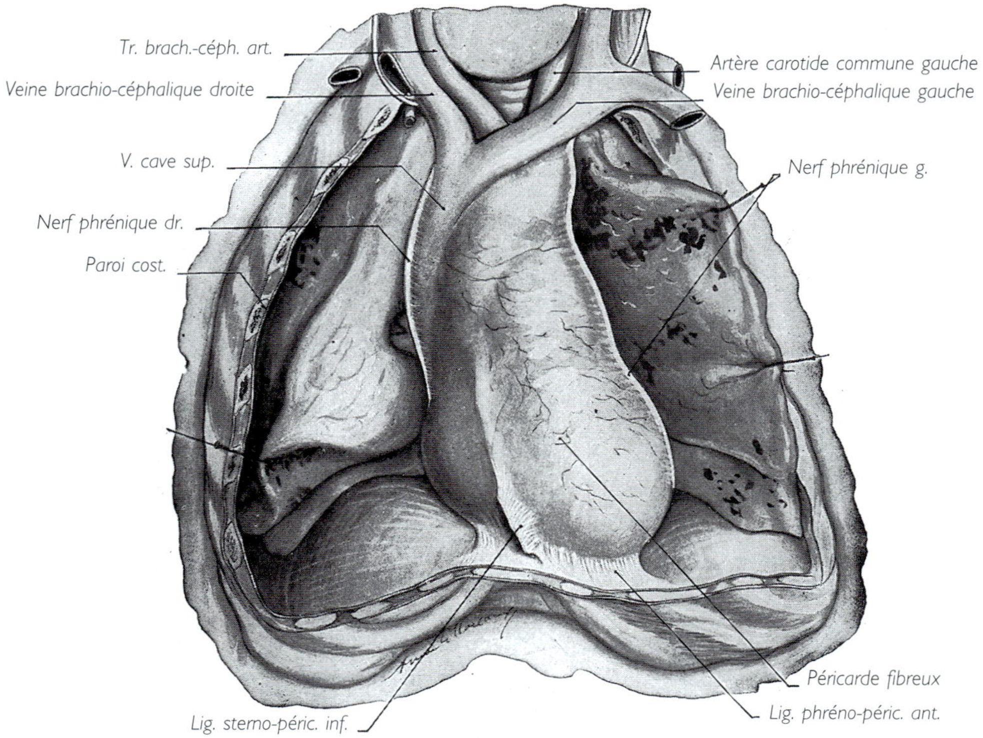

Fig. 120 ▪ Péricarde fibreux.

veine pulmonaire supérieure gauche en bas, le fond étant constitué par le péricarde pariétal libre.

Ce pli de la veine cave gauche sépare ce récessus de l'orifice gauche du sinus transverse du péricarde.

Allison décrit un récessus post-cave, ou fossette rétro-cave où le péricarde s'insinue derrière la veine cave supérieure, au-dessus de la veine pulmonaire supérieure droite.

En avant, la réflexion du péricarde, quand il passe de la gaine artérielle à l'étui veineux, mérite d'être précisée.

À la corne supérieure du croissant péricardique (Haller), Soulié figure un diverticule s'insinuant derrière l'arc de l'aorte, atteignant l'origine du tronc artériel brachio-céphalique sur sa face postérieure et s'interposant entre la veine cave supérieure en arrière, la portion ascendante de l'aorte en avant et la branche droite du tronc pulmonaire en bas. Il mesure une profondeur moyenne de 23 mm et, d'après Luschka, l'accumulation de liquide pathologique dans ce diverticule pourrait amener des troubles circulatoires dans le domaine de la veine cave supérieure.

En réalité, le cul-de-sac ou recessus interaorticocave présente de bas en haut (Cordier et Cabrol) :

1° L'orifice droit du sinus transverse du péricarde limité par l'aorte, en dedans, l'auricule droite, l'atrium droit et la veine cave supérieure en dehors, l'artère coronaire droite en bas (étage sous-artériel du récessus).

2° Un segment moyen, où le tronc pulmonaire, par les deux tiers antérieurs de sa circonférence, est saillant dans cet étage artériel du récessus (Milhiet et Jæger) jusqu'à sa disparition derrière la veine cave supérieure.

En effet, c'est seul le bord inférieur de la branche droite du tronc pulmonaire qui forme le toit de l'orifice droit du sinus transverse du péricarde ; lorsque la cavité péricardique est ouverte, le doigt, sortant du diverticule haut situé derrière l'origine du tronc artériel brachio-céphalique, tout en restant intra-péricardique, doit suivre toute la hauteur de la face antérieure de l'origine de l'artère pulmonaire droite pour atteindre le bord inférieur de cette artère et pénétrer dans l'orifice étroit, en fente verticale du sinus transverse du péricarde (Cordier et Cabrol).

3° Plus haut, entre la veine cave supérieure et l'aorte, au-dessus du péricarde séreux, si l'on dissocie le péricarde fibreux, assez mince à ce niveau, on peut écarter la veine cave supérieure de l'aorte et tomber sur la face antérieure de l'origine de la bronche droite.

b) LAME PARIÉTALE. Après avoir engainé les pédicules artériel et veineux, la lame viscérale du péricarde séreux se réfléchit et se continue avec la lame pariétale qui tapisse la face profonde du péricarde fibreux.

c) CAVITÉ DU PÉRICARDE. Les deux lames de la séreuse limitent une cavité virtuelle. Les parois de cette cavité sont humectées par une très petite quantité de sérosité qui facilite le glissement des lames séreux l'un sur l'autre.

■ **PÉRICARDE FIBREUX.** Le sac fibreux du péricarde est une membrane fibreuse épaisse, qui double en dehors le feuillet pariétal de la séreuse. Cette membrane fait corps avec le feuillet séreux pariétal ; elle est, comme la séreuse et par son intermédiaire, exactement appliquée sur la surface du cœur (voir fig. 120).

a) FORME ET RAPPORTS. Le péricarde fibreux présenterait donc la même conformation et les mêmes rapports que le cœur s'il ne s'étendait au-dessus de cet organe jusqu'à la ligne de réflexion du péricarde séreux. Le péricarde fibreux s'élève en effet au-dessus du cœur de toute la hauteur des gaines du péricarde séreux, artériel et veineux. Par suite, la forme du péricarde est celle d'un cône tronqué à base inférieure (fig. 120). Par suite, encore, les rapports du péricarde sont plus étendus en hauteur que ceux du cœur.

De même que le cœur, le péricarde répond, en avant, à la paroi thoracique, aux plèvres et aux poumons qui s'insinuent entre le péricarde et la paroi (voir : *Rapports du cœur* et *Rapports des poumons*) ; le péricarde répond encore, en avant et en haut, au thymus chez l'enfant. ❑ Il est en rapport *en arrière* avec les organes du médiastin postérieur, et en particulier avec l'œsophage, qui descend exactement en arrière du sinus oblique du péricarde. ❑ *Sur les côtés*, le péricarde n'est séparé des plèvres médiastines que par une mince couche de tissu cellulaire lâche dans laquelle des-

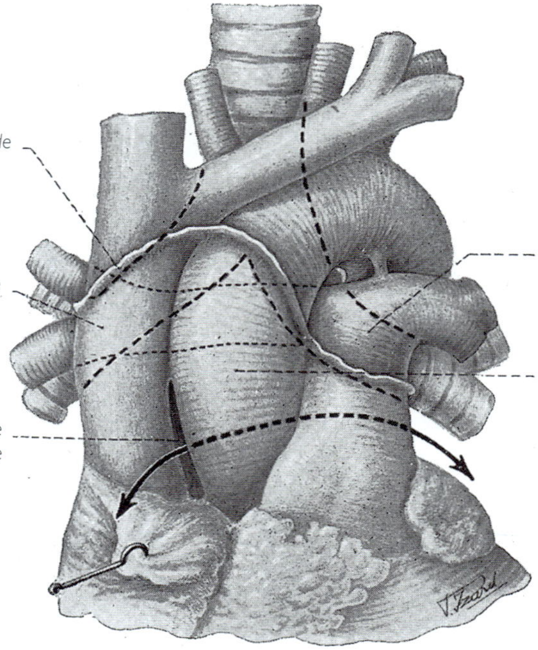

Fig. 121 ▪ Vue antérieure de la réflexion du péricarde sur les vaisseaux de la base du cœur.
On notera la disposition de l'étui séreux du pédicule artériel, en particulier le croissant péricardique (Haller) sur l'aorte dont la corne supérieure droite remonte jusqu'à l'origine du tronc artériel brachio-céphalique.
Dans l'interstice, entre la veine cave supérieure et le segment ascendant de l'aorte, on notera, de haut en bas, une zone très courte extra-péricardique qui répond à l'origine de la bronche droite, une zone moyenne, où le péricarde revêt, dans le fond de l'interstice, la face antérieure de l'artère pulmonaire droite et dessine un cul-de-sac qui s'insinue derrière le bord droit de l'aorte (Soulié) ; enfin, au-dessus de l'auricule droite, l'orifice droit du sinus transverse du péricarde.
Le sinus transverse du péricarde est figuré par une flèche ; ce diverticule étroit, appelé petite cavité péricardique, se situe entre la gaine artérielle et la gaine veineuse ; il s'ouvre à droite par une fente étroite entre la veine cave inférieure et la portion ascendante de l'arc de l'aorte, l'orifice gauche est entre le bord gauche du tronc pulmonaire et l'atrium gauche prolongé par son auricule.

cendent le nerf phrénique et les vaisseaux phréniques supérieurs. ❑ *En bas,* le péricarde repose sur le centre tendineux, en particulier sur la foliole antérieure et sur la partie antérieure de la foliole gauche ; mais il en est toujours séparé par une mince nappe de tissu cellulo-graisseux, en continuité avec le fascia endothoracique. Certains désignent sous le nom d'*espace de Portal* l'intervalle compris entre le péricarde et le diaphragme et que remplit cette couche de tissu cellulo-graisseux. En bas, le péricarde émet de plus, autour de la veine cave inférieure, une gaine qui l'entoure jusqu'au diaphragme. ❑ *En haut,* le péricarde fibreux se sépare de la lame pariétale le long de la ligne de réflexion de la séreuse, et se prolonge à la surface des gros vaisseaux en se confondant avec leur tunique externe.

b) LIGAMENTS. Le péricarde est relié aux pièces squelettiques et aux organes voisins par des lames ou bandelettes fibreuses appelées *ligaments* (fig. 122).

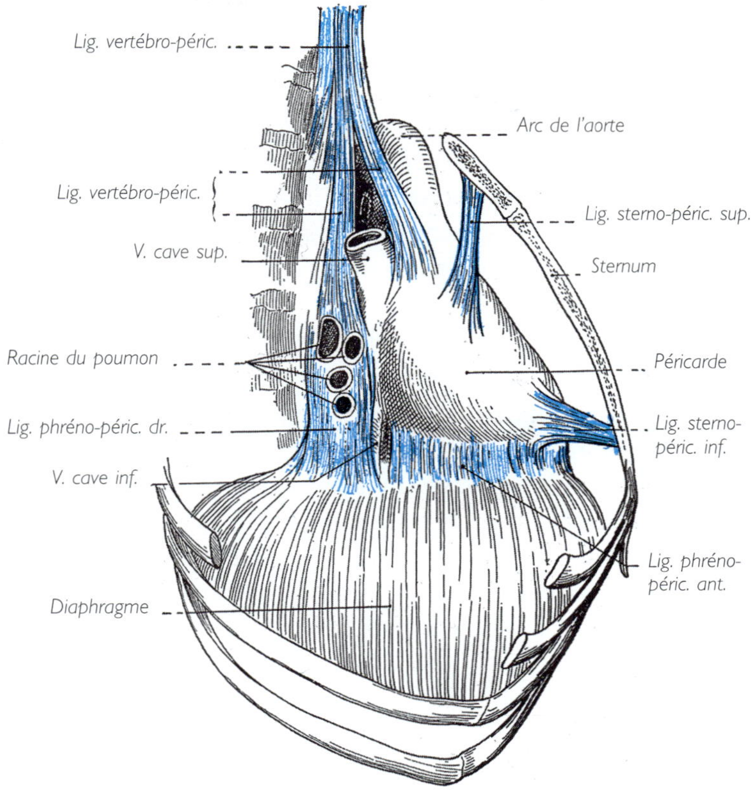

Fig. 122 ▪ Les ligaments du péricarde (d'après Soulié, modifié).

Les ligaments principaux du péricarde sont : les ligaments phréno-péricardiques, les ligaments sterno-péricardiques supérieur et inférieur, les ligaments vertébro-péricardiques.

Les *ligaments phréno-péricardiques* sont des dépendances du fascia endothoracique, c'est-à-dire de la couche cellulo-fibreuse qui double la plèvre pariétale. La texture et l'aspect de ce fascia varient suivant la région considérée. Sur le péricarde, il présente une première lame immédiatement sous-pleurale de tissu cellulaire lâche, puis une couche fibreuse qui s'unit au péricarde fibreux et constitue une partie de ce péricarde (Luschka). Quand cette couche fibreuse passe du péricarde, auquel elle est unie, sur le diaphragme où elle est très adhérente, elle franchit le sillon formé en avant et sur les côtés, à l'union de la base du péricarde avec le diaphragme. Elle forme là une nappe fibreuse très résistante, divisée par des solutions de continuité en trois segments qui sont les ligaments phréno-péricardiques.

Ces ligaments se distinguent, d'après leur situation, en ligaments antérieur, droit et gauche. ❑ Le *ligament phréno-péricardique antérieur* répond au bord antérieur de la base du péricarde. ❑ Le *ligament phréno-péricardique droit*, renforcé par des faisceaux tendineux qui émanent du centre tendineux, recouvre la face postéro-externe de la veine cave inférieure. ❑ Le *ligament phréno-péricardique gauche* est inconstant ; il est situé à la partie postérieure et gauche de la base du péricarde.

Le *ligament sterno-péricardique supérieur* est sur le prolongement du feuillet profond de la lame prétrochéale du fascia cervical. Il s'insère d'une part sur le manubrium, immédiatement au-dessous des attaches du muscle sterno-thyroïdien, d'autre part sur le péricarde en regard de l'origine des troncs artériels. Il contribue à former en avant la loge du thymus (Hureau).

Le *ligament sterno-péricardique inférieur* s'étend de l'extrémité inférieure du sternum et du processus xiphoïde à la partie inférieure du péricarde.

Les *ligaments vertébro-péricardiques* sont des bandelettes fibreuses développées dans l'épaisseur des cloisons sagittales. Leur insertion se confond avec celle des cloisons sagittales sur la lame prévertébrale du fascia cervical, depuis la sixième vertèbre cervicale jusqu'à la quatrième vertèbre thoracique. Ils se terminent, en bas, sur la partie supérieure du péricarde : à droite, ils s'attachent au-dessus et en avant du pédicule pulmonaire ; à gauche, ils s'insèrent sur le péricarde par deux lames qui embrassent l'arc de l'aorte. Le ligament gauche est beaucoup plus développé que le droit.

On décrit encore, sous les noms de *ligaments trachéo-péricardiques, broncho-péricardique* et *ligament œsophago-péricardique*, des tractus fibreux qui relient le péricarde à l'œsophage, aux bronches et à la trachée (voir *trachée, bronches*).

RÉCESSUS PÉRITONÉAL RÉTRO-CARDIAQUE OU BOURSE SÉREUSE RÉTRO-CARDIAQUE. On observe dans 60 % des cas environ un prolongement de la cavité péritonéale qui siège en arrière du cœur entre la base de cet organe et l'extrémité inférieure de l'œsophage thoracique. Il se présente soit sous la forme d'un récessus péritonéal ouvert sur le bord supérieur du récessus omental inférieur, soit d'une bourse séreuse isolée de la cavité péritonéale dont elle est une dépendance (Broman, Favaro, Locchi, Andreassi, Laux, Guerrier et Marchal).

APPAREIL SÉRO-GRAISSEUX DU CŒUR. FRANGES GRAISSEUSES DU PÉRICARDE. Il existe toujours sur le péricarde des franges graisseuses, fixées au péricarde fibreux et destinées à remplir les espaces libres qui se forment entre le péricarde, les poumons et le diaphragme, au cours des mouvements d'inspiration et d'expiration, et des mouvements du cœur. Elles siègent surtout le long de l'insertion diaphragmatique du péricarde et sur sa face antérieure, près de la pointe du cœur (fig. 123). Dans cette dernière région, on en compte d'ordinaire trois, volumineuses, et dont l'existence paraît être liée aux mouvements de la pointe du cœur.

Poirier a donné à l'ensemble de ces franges qu'il a décrites le nom d'*appareils séro-graisseux du cœur.*

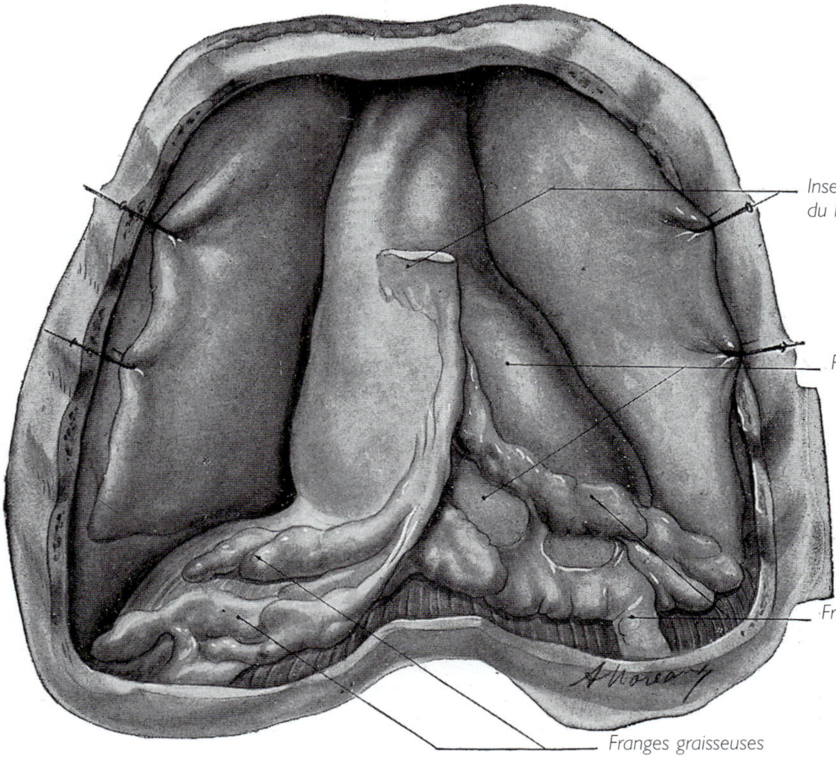

Fig. 123 ▪ Appareil séro-graisseux du cœur. Franges graisseuses du péricarde.

▪ **VAISSEAUX ET NERFS DU PÉRICARDE.** Les *artères* du péricarde fibreux et de la lame pariétale de la séreuse proviennent des artères phréniques supérieures, bronchiques, œsophagiennes et aussi, chez l'enfant, des artères thymiques. ❑ Celles de la lame viscérale de la séreuse péricardique sont fournies par les artères coronaires.

Les *veines* accompagnent les artères ; celles du péricarde fibreux et de la lame pariétale de la séreuse se jettent dans les veines azygos en arrière et dans les veines phréniques supérieures sur les côtés.

Les *lymphatiques* se rendent aux nœuds lymphatiques médiastinaux antérieurs, postérieurs, phréniques, et trachéo-bronchiques inférieurs.

Les *nerfs* du péricarde fibreux et de la lame pariétale de la séreuse viennent des nerfs phréniques, vagues, enfin du sympathique. ❑ La lame viscérale de la séreuse est innervée par le plexus nerveux sous-péricardique.

ARTÈRES DU TRONC

Du cœur partent deux troncs artériels, le tronc pulmonaire et l'aorte.

I. TRONC PULMONAIRE

ORIGINE ET TRAJET. Le tronc pulmonaire ne présente que les caractères extérieurs des artères, car il conduit aux poumons le *sang veineux* du ventricule droit.

Son origine est à l'ostium du tronc pulmonaire de ce ventricule. De là, l'artère se dirige obliquement en haut, à gauche et en arrière, en décrivant un demi-tour de spire sur les faces antérieure et gauche de la partie ascendante de l'aorte. Après un trajet de 5 cm environ, le tronc pulmonaire arrive au-dessous de l'arc de l'aorte et se bifurque en deux branches terminales : l'artère pulmonaire droite et l'artère pulmonaire gauche (fig. 124).

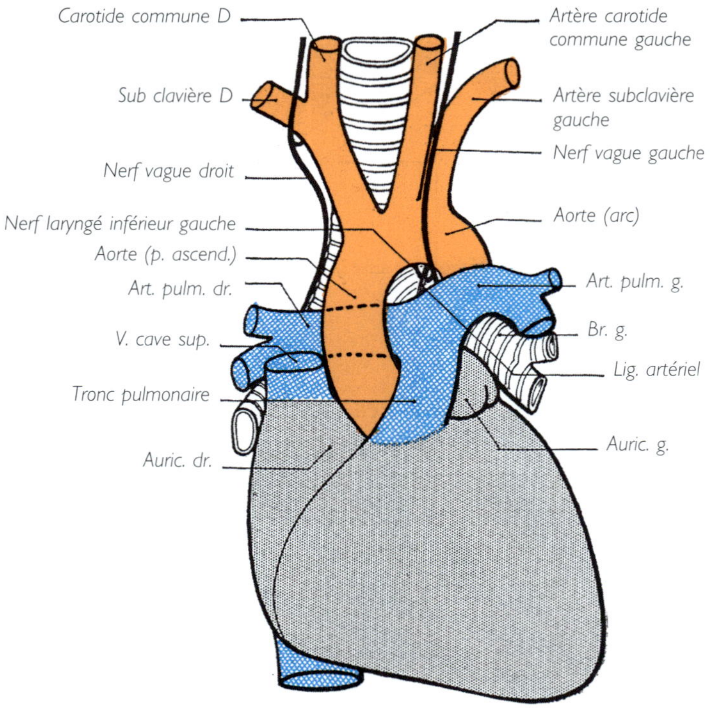

Fig. 124 ▪ Tronc pulmonaire et arc de l'aorte (schéma).

RAPPORTS [1]. Le tronc pulmonaire est contenu avec l'aorte dans le même péricarde séreux (fig. 98). Entre l'artère et la séreuse cheminent : le rameau qui monte sur la face antérieure de l'artère, des rameaux nerveux du plexus cardiaque et le collecteur lymphatique cardiaque gauche qui contourne les faces gauches et postérieure de l'artère.

Par l'intermédiaire de la gaine séreuse du pédicule artériel, l'artère présente les rapports suivants.

À son origine, elle est située en avant de l'aorte entre les deux auricules ; à ce niveau, elle est croisée par les artères coronaires droite et gauche qui passent l'une à droite, l'autre à gauche, entre le tronc pulmonaire et l'auricule correspondante (fig. 115).

Lorsque l'artère est arrivée sur la face gauche de l'aorte, elle est en rapport : 1° en arrière, avec la face antérieure de l'atrium gauche, dont elle est séparée par le sinus transverse du péricarde ; plus haut, avec les nœuds lymphatiques trachéo-bronchiques inférieurs et la bifurcation de la trachée : celle-ci est à la fois en arrière et au-dessus d'elle ; 2° à gauche, avec l'auricule ; la surface de contact avec celle-ci est limitée en haut par un *repli latéro-pulmonaire* du péricarde séreux, analogue aux replis graisseux préaortiques ; 3° à droite, avec l'aorte, à laquelle elle est étroitement unie.

La bifurcation de l'artère se fait un peu à gauche de la bifurcation trachéale. L'angle de division de l'artère est très ouvert en haut et à droite et répond en arrière à la bronche gauche près de sa face inférieure. Cet angle est au-dessous, en avant et à gauche de l'arc de l'aorte, et lui est uni par le ligament artériel quand ce ligament ne se détache pas de l'artère pulmonaire gauche.

Le tronc pulmonaire est en rapport plus éloigné, par l'intermédiaire du péricarde :
❑ en dehors, avec la plèvre et le poumon droits ; ❑ en avant, avec le thymus ou ses vestiges adipeux. Sa projection antérieure se fait sur la partie interne du deuxième espace intercostal et du deuxième cartilage costal (voir fig. 126).

BRANCHES TERMINALES. Les artères pulmonaires droite et gauche se portent l'une à droite, l'autre à gauche, et gagnent le hile du poumon correspondant (fig. 124).

L'*artère pulmonaire droite*, plus longue et plus volumineuse que la gauche, mesure environ 5 cm de longueur. Elle passe à peu près horizontalement, ou en descendant légèrement (Hovelacque) : en arrière de la partie ascendante de l'aorte d'abord et de la veine cave supérieure ensuite ; en avant de la bifurcation trachéale et de la bronche droite qu'elle croise obliquement au-dessous de l'origine de la bronche lobaire supérieure (voir fig. 195) ; au-dessous de l'arc de l'aorte et de l'arc de la veine azygos ; au-dessus de l'atrium droit et du sinus transverse du péricarde.

L'*artère pulmonaire gauche*, longue de 3 cm en moyenne, est donc plus courte que l'artère pulmonaire droite ; elle est également d'un moins gros calibre ; enfin, elle n'est pas horizontale, mais oblique en haut, en dehors et en arrière. L'artère pul-

1. Pour le tronc, comme pour la tête, le cou et les membres, en décrivant les vaisseaux et les nerfs, je signalerai seulement leurs principales connexions. L'étude de leurs rapports sera complétée d'une part quand je décrirai les différents organes avec lesquels ces vaisseaux sont en connexion, d'autre part en étudiant la région à laquelle ils appartiennent.

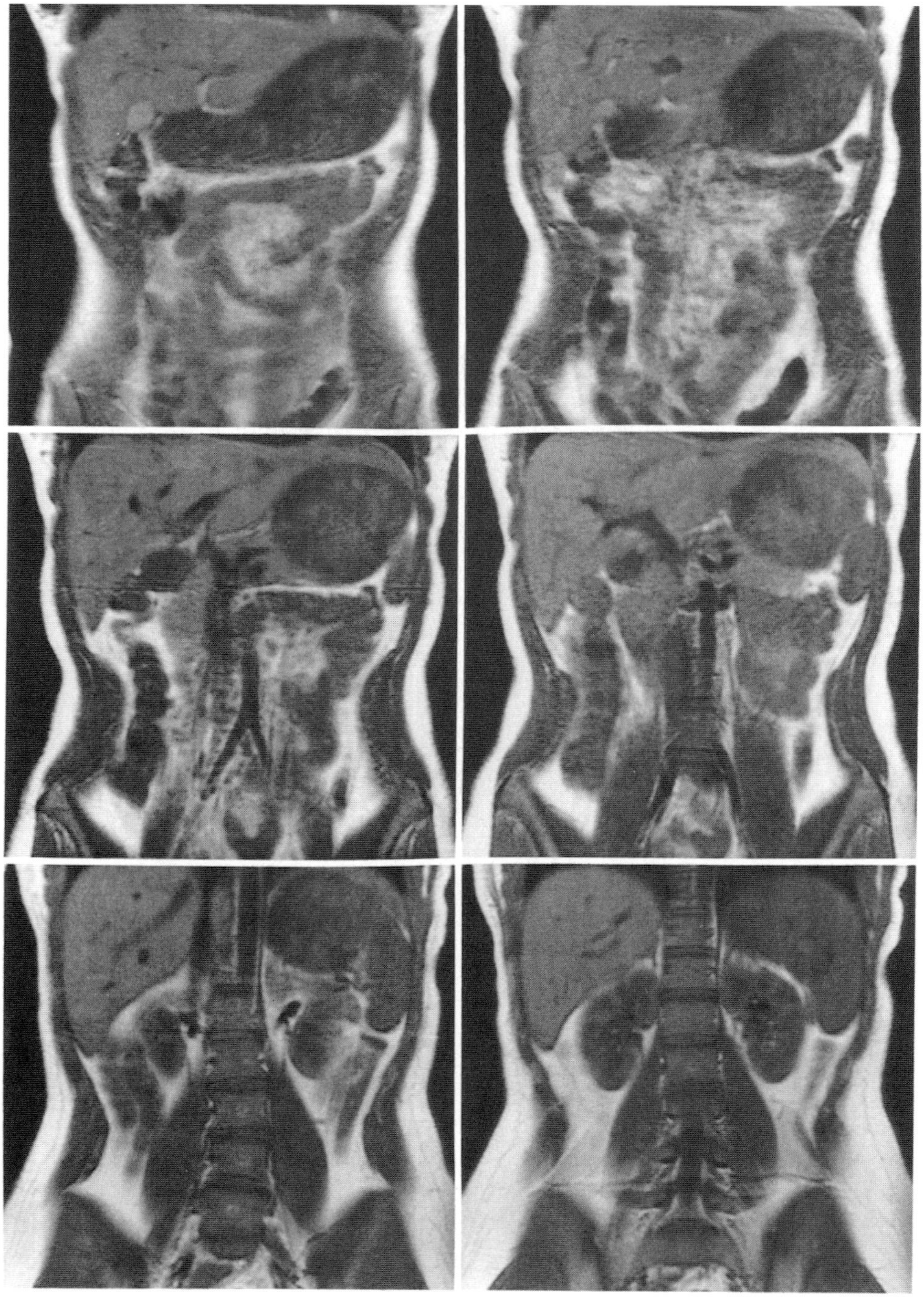

Planche I. — Sur le vivant : série de coupes frontales de l'abdomen, d'avant en arrière (ventro-dorsales), en Imagerie par Résonance Magnétique (IRM).

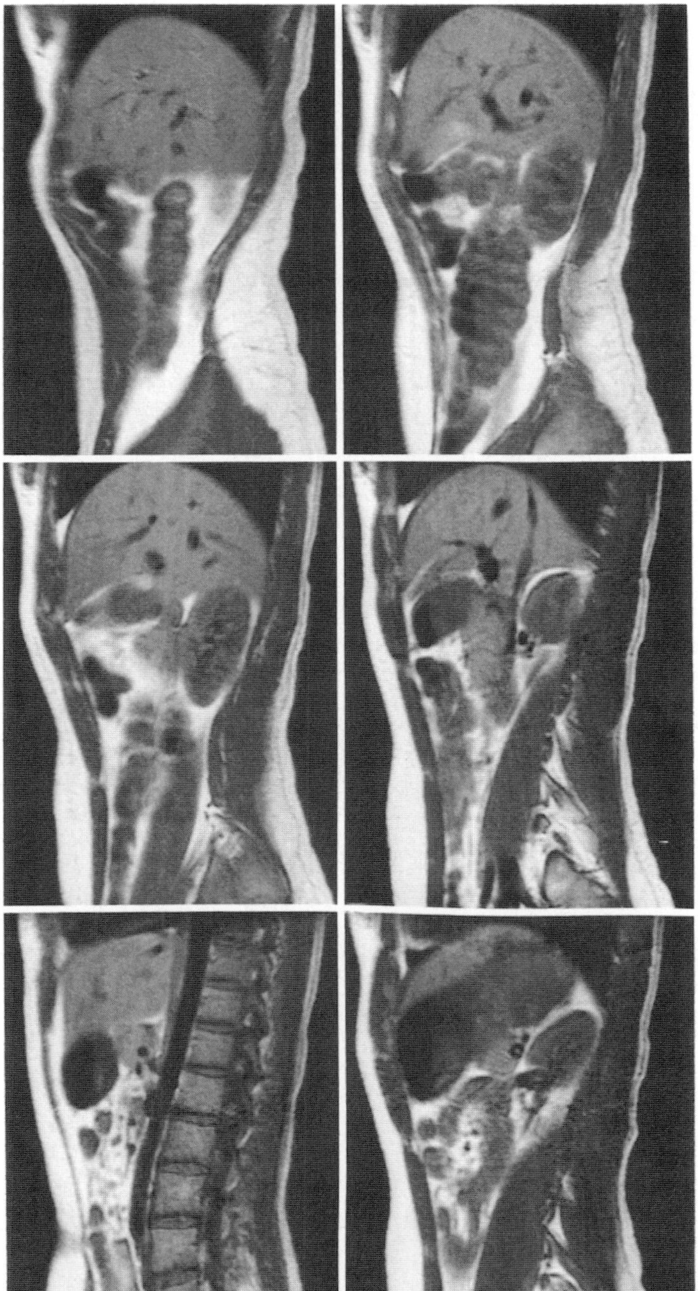

Planche II. — Sur le vivant : série de coupes sagittales de l'abdomen, de droite à gauche, en IRM.

monaire gauche passe obliquement en avant et au-dessus de la bronche gauche, dont elle contourne les faces antérieure et supérieure ; elle passe au-dessus de l'atrium gauche, au-dessous et à gauche de la partie horizontale de l'arc de l'aorte, au-dessus, enfin, de l'origine de la bronche lobaire supérieure gauche (voir fig. 195).

C'est de son bord supérieur que se détache le plus souvent le ligament artériel.

Les rapports des artères pulmonaires droite et gauche au hile et dans les poumons seront décrits avec ces organes.

LIGAMENT ARTÉRIEL ET CANAL ARTÉRIEL. On donne le nom de *ligament artériel* à un cordon fibreux, long de 6 à 8 mm et large de 3 mm, unissant le tronc pulmonaire à l'arc de l'aorte. Il naît soit de l'angle de bifurcation des deux artères pulmonaires, soit, le plus souvent, de l'artère pulmonaire gauche (Gérard). Il se termine sur la face inférieure de la partie horizontale de l'arc de l'aorte.

Ce ligament provient de l'atrophie du canal artériel ou *ductus arteriosus* qui fait communiquer chez le fœtus le tronc pulmonaire avec l'aorte. Le ductus arteriosus est lui-même formé par le sixième arc aortique gauche (voir fig. 96).

II. AORTE

ORIGINE, TRAJET ET TERMINAISON. L'aorte est le tronc d'origine de toutes les artères du corps (fig. 125).

De l'ostium de l'aorte du ventricule gauche, l'aorte monte et décrit une courbe dont la concavité inférieure s'appuie sur la racine du poumon gauche. Elle arrive ainsi sur la face latérale gauche du corps de la quatrième vertèbre thoracique. L'aorte prend alors une direction descendante et gagne le diaphragme en se rapprochant peu à peu de la ligne médiane. Elle traverse l'ostium de ce muscle et descend dans la cavité abdominale jusqu'à la quatrième vertèbre lombale, où elle se termine en donnant trois branches terminales : l'artère sacrale médiane et les deux artères iliaques communes.

Le trajet de l'aorte permet de distinguer à ce vaisseau deux segments qui sont, de haut en bas : la *crosse de l'aorte*, l'*aorte thoracique descendante*, l'*aorte abdominale*.

TRONC DE L'AORTE

A. Crosse de l'aorte.

La crosse de l'aorte s'étend du ventricule gauche au flanc gauche de la quatrième vertèbre thoracique et se développe suivant un plan à peu près vertical, oblique d'avant en arrière et de droite à gauche. Elle comprend deux parties : l'une, ascendante, l'autre, horizontale ou arc de l'aorte.

PARTIE ASCENDANTE. La partie ascendante de l'aorte commence au ventricule. Elle se dirige d'abord un peu obliquement en haut, en avant et à droite, sur une longueur de 3 à 4 cm ; ensuite, elle se redresse et monte verticalement sur une longueur de 3 cm environ, jusqu'à la hauteur de la première articulation chondrosternale gauche (fig. 126).

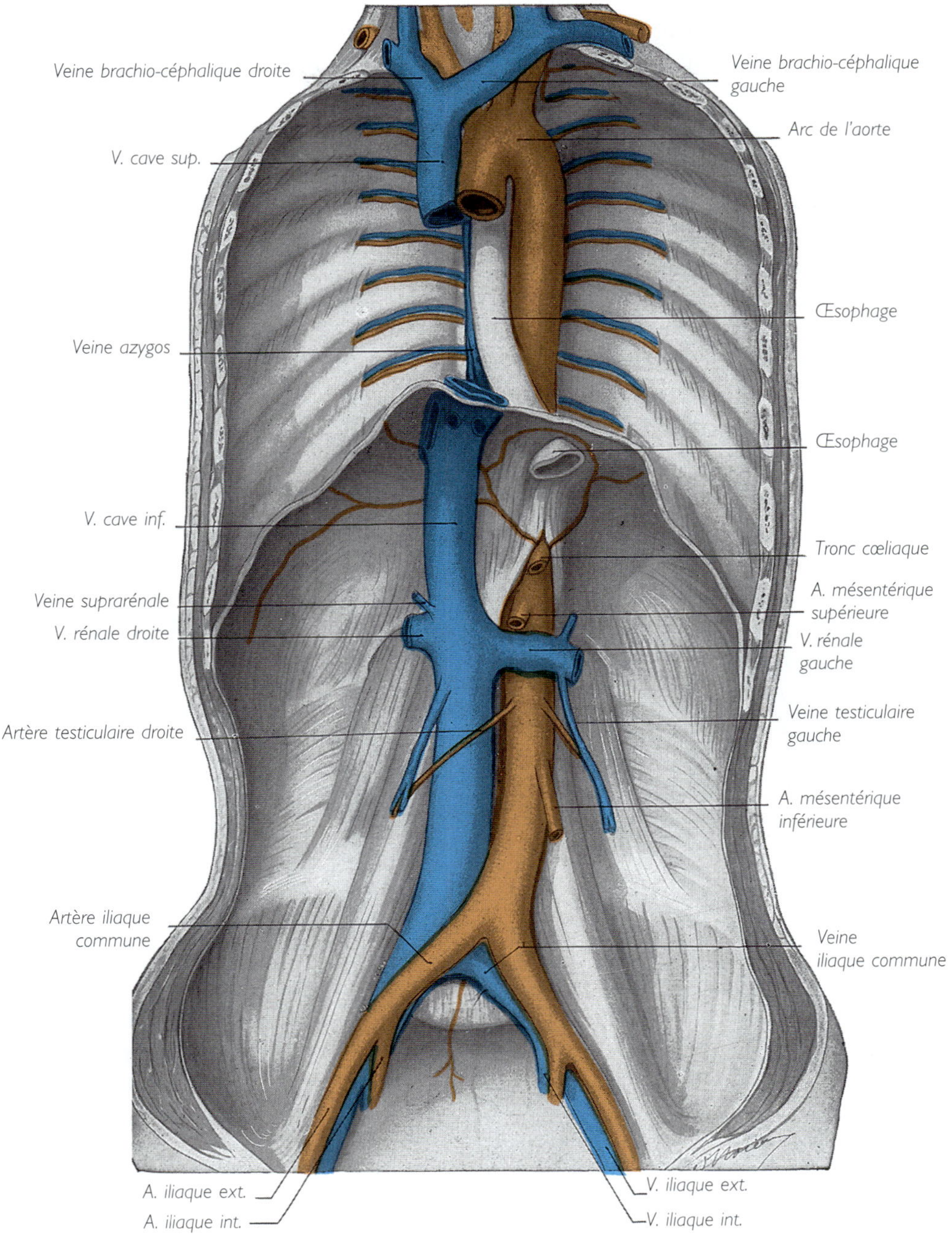

Fig. 125 ▪ Aorte et veine cave inférieure.

Son extrémité inférieure présente trois légères dilatations placées en regard des valvules semi-lunaires de l'ostium de l'aorte ; ce sont les *sinus de l'aorte*. ❑ La crosse aortique présente encore, chez le sujet âgé, une deuxième dilatation qui siège à l'union des parties ascendante et horizontale de l'arc. Cette dilatation, appelée *sinus de l'aorte*, augmente à mesure que le sujet avance en âge.

1. Rapports. La partie ascendante de l'aorte est contenue dans la gaine séreuse artérielle du péricarde avec le tronc pulmonaire qui est situé d'abord devant elle, puis sur son côté gauche. ❑ En avant de l'aorte sous la séreuse péricardique, cheminent le rameau artériel, le collecteur lymphatique principal droit et des rameaux nerveux du plexus cardiaque. ❑ En arrière et sur les côtés, le sinus transverse du péricarde sépare le pédicule artériel formé par l'aorte et le tronc pulmonaire, des atriums et des auricules (fig. 119). Le *lit de l'auricule*, c'est-à-dire la région de la paroi aortique sur laquelle glisse l'auricule droite, est marqué en haut et en bas par des *replis graisseux préaortiques*. ❑ Au-dessus du sinus transverse du péricarde, la partie ascendante de l'aorte répond : à droite, à la veine cave supérieure (fig. 125 et 115) ; en arrière, à l'artère pulmonaire droite qui croise horizontalement sa face postérieure (fig. 118).

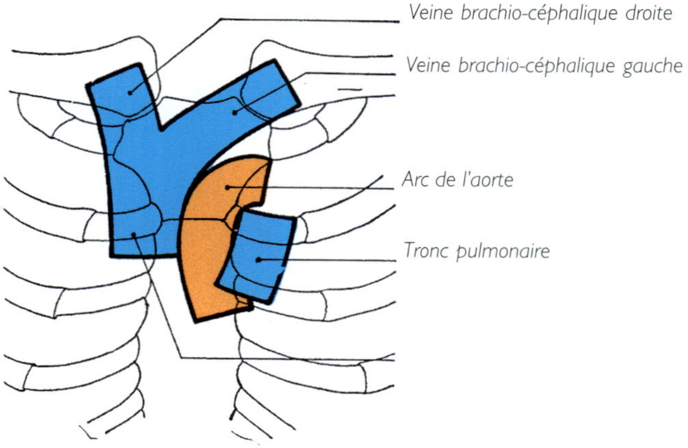

Fig. 126 ▪ Projection, sur la paroi thoracique, du tronc pulmonaire, de l'arc de l'aorte, de la veine cave supérieure et des veines brachio-céphaliques.

Par l'intermédiaire du péricarde, la partie ascendante de l'aorte est en rapport : en avant, avec le thymus ou son reliquat graisseux ; sur les côtés, avec les plèvres et les poumons.

Elle se projette sur le sternum (fig. 126). La projection de son extrémité inférieure a été précédemment indiquée (voir fig. 105). Sa face gauche longe le bord gauche du sternum, ou bien est un peu en dedans de lui. Sa face droite reste à quelque distance du bord droit du sternum ; en tout cas, elle ne déborde pas ce bord sur le sujet normal (Chaperon). Son extrémité supérieure s'élève jusqu'à la première articulation chondrosternale gauche ; elle se projette en général un peu au-dessous de la clavicule.

▪ **PARTIE HORIZONTALE OU ARC DE L'AORTE.** À l'extrémité supérieure de la partie ascendante de l'aorte, l'aorte s'infléchit brusquement et se porte obliquement en arrière et à gauche jusqu'à la face latérale gauche de la quatrième vertèbre thoracique. Arrivée là, elle se coude une deuxième fois pour devenir l'aorte thoracique descendante.

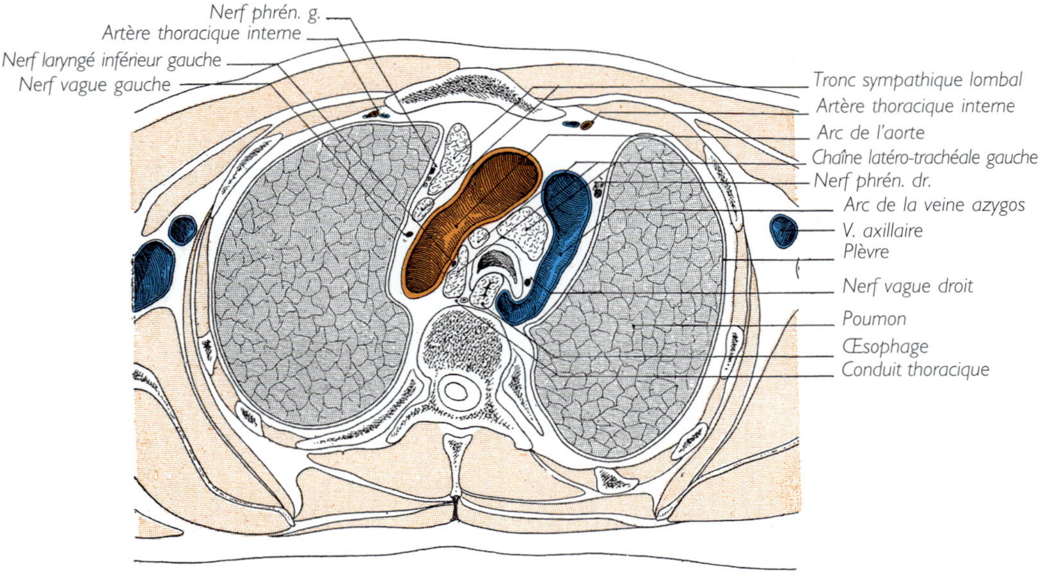

Fig. 127 ▪ Coupe horizontale du thorax passant par l'arc de l'aorte et par l'arc de la veine azygos. Les nœuds lymphatiques sont ici anormalement développés.

Dans ce court trajet, l'arc de l'aorte est concave en arrière et à droite, et cette concavité répond à la saillie formée par la trachée et l'œsophage (fig. 127). Il est également concave en bas, et cette deuxième concavité embrasse la racine du poumon gauche.

Le coude formé par l'union de la partie ascendante avec l'arc de l'aorte est, en moyenne, à 2 cm au-dessous et en arrière de l'incisure sternale. L'aorte présente à ce niveau la dilatation appelée *sinus de l'aorte*.

1. Rapports. La *face inférieure* de l'arc répond d'avant en arrière d'abord au tronc pulmonaire et à ses deux branches de bifurcation, puis à la bronche gauche (fig. 124 et fig. 202). Elle est reliée à l'artère pulmonaire gauche ou au tronc pulmonaire lui-même par le ligament artériel. Le ganglion cardiaque du plexus cardiaque répond à l'espace losangique compris entre l'aorte en haut, la bifurcation du tronc pulmonaire et le ligament artériel en bas.

Le nerf laryngé inférieur gauche contourne la face inférieure de l'arc de l'aorte et passe soit dans l'angle d'union du ligament artériel et de l'arc, soit au-dessous du ligament artériel (voir : t. I *Nerf laryngé inférieur*). Sous l'aorte se trouve encore le *nœud lymphatique de l'anse du nerf laryngé inférieur* (voir : *Nœuds viscéraux du thorax*).

La *face supérieure* donne naissance à trois troncs artériels qui sont d'avant en arrière le tronc brachio-céphalique, l'artère carotide commune gauche et l'artère subclavière gauche (fig. 125).

En arrière de l'artère subclavière gauche, la face supérieure de l'arc de l'aorte forme la paroi inférieure d'un *récessus pleural supra-aortique,* dans lequel s'enfoncent la plèvre et le poumon gauches, jusqu'au contact de l'œsophage et du flanc gauche de la colonne vertébrale.

La *face gauche et antérieure* est croisée par le nerf vague, par la partie inférieure de la chaîne préaortico-carotidienne et par les nerfs du plexus cardiaque antérieur. Le nerf phrénique est bien en avant du nerf vague et descend à quelque distance en avant et à gauche de l'arc de l'aorte. Cette face est de plus recouverte par la plèvre gauche dont elle est séparée, tout au moins près de son bord inférieur, par des nœuds lymphatiques du lymphocentre médiastinal antérieur gauche ou préa-ortico-carotidien (fig. 127).

La *face droite et postérieure* croise d'avant en arrière la trachée, le nerf laryngé inférieur gauche, l'œsophage et le conduit thoracique.

Elle est également en rapport avec des nœuds lymphatiques du lymphocentre trachéal gauche (fig. 127).

B. **Aorte thoracique descendante.**

La partie descendante de l'aorte thoracique s'étend du flanc gauche du corps de la quatrième vertèbre thoracique au diaphragme (fig. 125). Elle descend obliquement en bas en dedans et un peu en avant ; l'aorte se rapproche ainsi graduellement de la ligne médiane.

L'aorte thoracique descendante est en rapport en *avant* avec la racine du poumon et le nerf vague gauches en haut et avec l'œsophage et le récessus pleural gauche en bas. En haut, l'aorte est à gauche de l'œsophage, mais, à mesure qu'elle descend, elle se rapproche de la ligne médiane et se place d'abord en arrière, puis à droite et en arrière de cet organe. Elle répond : ❑ *en arrière,* à la colonne vertébrale, à la veine hémi-azygos, au grand nerf sympathique gauche ; ❑ *à gauche,* à la plèvre médiastine gauche ; ❑ *à droite,* à la face latérale de la colonne vertébrale et à l'œsophage en haut, au conduit thoracique et à la veine azygos en bas (voir pour détails : *Rapports de l'œsophage*).

C. **Aorte abdominale.**

L'aorte traverse l'ostium du diaphragme et pénètre dans la cavité abdominale. Dans ce même orifice passent, en arrière de l'aorte, le conduit thoracique ou ses troncs d'origine et parfois la racine interne de la veine azygos.

Dans l'abdomen, l'aorte descend verticalement ; son axe n'est pas médian, mais un peu dévié à gauche ; elle se termine au niveau de la quatrième vertèbre lombale (fig. 125). Elle est en rapport : ❑ *en avant* et de haut en bas, avec le récessus omental inférieur, le pancréas, la partie horizontale du duodénum et les anses grêles ; ❑ *en arrière,* avec le conduit thoracique et la colonne vertébrale ; ❑ *à droite,* et de haut en bas, d'abord avec le lobe caudé dont elle est séparée par un diverticule péritonéal dérivé du récessus hépato-entérique, ensuite avec la veine cave inférieure ; ❑ *à gauche,* avec la glandes suprarénales et le rein gauches (voyez ces organes).

Sur toute sa hauteur s'étagent les nombreux nœuds lymphatiques lombaux, tandis que ses faces antérieure et latérales sont en étroite connexion avec les différents plexus sympathiques qui se succèdent le long de l'aorte.

BRANCHES COLLATÉRALES DE L'AORTE

A. Branches de la crosse de l'aorte.

Les branches de la crosse de l'aorte se distinguent en deux groupes : 1° *celles qui naissent de la partie ascendante* ; ce sont les artères coronaires ; 2° *celles qui naissent de la partie horizontale* ou arc ; celles-ci, au nombre de trois, sont le tronc brachio-céphalique, l'artère carotide commune gauche et l'artère subclavière gauche.

Les *artères coronaires* ont été décrites avec les vaisseaux du cœur. En ce qui concerne le tronc brachio-céphalique, l'artère carotide commune gauche et l'artère subclavière gauche, nous ne nous occuperons que de leur segment intrathoracique. Pour tout le reste, nous renvoyons le lecteur au chapitre concernant les vaisseaux de la tête et du cou (Tome I).

TRONC BRACHIO-CÉPHALIQUE. Ce tronc naît de la face convexe de la crosse de l'aorte à l'union de la partie ascendante avec l'arc de l'aorte (fig. 124 et 125) ; son origine est légèrement déjetée à droite de la ligne médiane. Il se dirige obliquement en haut, en dehors et légèrement en arrière, et se termine, après un trajet de 3 cm environ, en arrière de l'articulation sterno-costoclaviculaire droite, où il se divise en deux branches terminales, les artères carotide commune et subclavière droite.

Le tronc brachio-céphalique artériel répond : ❑ *en avant,* à la veine brachio-céphalique gauche qui le croise, au thymus ou au corps graisseux qui représente cette glande après sa régression, enfin au nerf cardiaque supérieur du nerf vague, qui descend appliqué sur le tronc artériel ; ❑ *en arrière,* à la trachée, au nerf vague droit qui s'éloigne de lui progressivement de haut en bas, et aux nerfs du plexus cardiaque postérieur ; ❑ *à gauche,* à l'artère carotide commune gauche, en bas, puis à la trachée, car, en montant, le tronc brachio-céphalique se place peu à peu sur la face latérale gauche de la trachée ; ❑ *à droite,* au nerf vague qui l'atteint après avoir croisé l'artère subclavière et qui s'infléchit aussitôt en bas et en arrière pour devenir postérieur au tronc brachio-céphalique, ❑ à la plèvre et au poumon droits. Normalement, le tronc brachio-céphalique ne donne aucune branche collatérale.

ARTÈRE CAROTIDE COMMUNE GAUCHE. L'artère carotide commune gauche naît de la face supérieure de la portion horizontale de l'arc de l'aorte, en arrière et à gauche du tronc brachio-céphalique (fig. 124 et 125). Elle monte obliquement en haut, en dehors et un peu en avant, ou bien un peu en arrière, jusqu'à la base du cou. Le trajet intrathoracique de cette artère mesure environ 3 cm de longueur.

À son origine, l'artère carotide commune gauche est en grande partie cachée derrière l'extrémité inférieure du tronc brachio-céphalique artériel. Mais ces deux troncs s'écartent graduellement l'un de l'autre de bas en haut et interceptent un espace triangulaire, dont le fond est occupé par la trachée. L'artère carotide commune gauche est encore en rapport : ❑ *en avant,* avec le rameau cardiaque supérieur du nerf vague, avec la veine brachio-céphalique gauche et avec le thymus ou son vestige adipeux ; ❑ *en arrière,* avec les rameaux sympathiques du plexus cardiaque postérieur, avec l'œsophage et le nerf laryngé inférieur gauche, avec l'artère subclavière gauche, avec le conduit thoracique qui longe la face interne de cette artère ; ❑ *en dedans,* avec la trachée ; ❑ *en dehors,* avec le nerf vague gauche qui croise la face externe de l'artère carotide de haut en bas et d'arrière en avant ou bien longe cette face en arrière, avec la plèvre et le poumon gauches ; l'artère creuse une gouttière sur la face interne du sommet du poumon. L'artère carotide commune gauche est encore longée en avant et en dehors, dans son trajet intrathoracique, par le centre lymphatique médiastinal antérieur.

■ **ARTÈRE SUBCLAVIÈRE GAUCHE.** L'artère subclavière gauche naît de l'arc de l'aorte, en arrière de l'artère carotide commune gauche. De là, elle gagne la base du cou par un trajet à peu près vertical, très légèrement incliné cependant en dehors et en avant (fig. 124 et 125).

L'artère subclavière gauche répond : ❑ *en avant,* à l'artère carotide commune gauche dont elle est séparée par le nerf vague ; ❑ *en arrière,* à la colonne vertébrale et aux muscles prévertébraux ; ❑ *en dedans,* à la face gauche de la trachée, au bord gauche de l'œsophage, au nerf laryngé inférieur gauche, aux nœuds lymphatiques et au conduit thoracique ; ❑ *en dehors,* à la plèvre et au poumon gauches (voir fig. 180).

■ **ARTÈRE THYROÏDIENNE INFÉRIEURE (DE NEUBAUER).** Elle est la plus importante parmi les branches supplémentaires de l'arc de l'aorte. Elle naît de l'arc de l'aorte entre le tronc brachio-céphalique et l'artère carotide commune gauche, ou bien de l'un de ces troncs. De là, l'artère monte en avant de la trachée et se termine à l'isthme du corps thyroïde.

B. Branche de l'aorte thoracique descendante.

L'aorte thoracique descendante donne des *branches viscérales* et des *branches pariétales.* ❑ Les branches viscérales sont les rameaux bronchiaux, les artères œsophagiennes et les rameaux médiastinaux. ❑ Les branches pariétales sont les artères intercostales postérieures.

■ **RAMEAUX BRONCHIAUX DE L'AORTE THORACIQUE DESCENDANTE.** Le nombre des rameaux bronchiaux est variable. On en compte parfois deux, le plus souvent trois, deux d'un côté et un de l'autre (Hovelacque et Evrard).

Généralement, ils naissent, soit de la face inférieure de l'arc de l'aorte, soit de la partie supérieure de l'aorte descendante. Ils gagnent parfois, par un trajet oblique en bas et en dehors, la face postérieure de la bronche correspondante et, dans ce trajet, le rameau bronchial droit passe ordinairement en avant de l'œsophage ; le plus souvent (Hovelacque et Evrard), ils passent sur la face antérieure de la bronche. Ces artères pénètrent avec les bronches dans les poumons, où elles se ramifient (voir : *Poumons*).

Ils donnent, en dehors du poumon, quelques ramifications aux organes voisins et aux nœuds lymphatiques.

■ **ARTÈRES ŒSOPHAGIENNES.** Au nombre de deux à quatre (Gossart), les artères œsophagiennes sont grêles, naissent à des hauteurs différentes de la face antérieure de l'aorte et se distribuent à l'œsophage. Elles s'anastomosent : en haut, avec les rameaux œsophagiens des artères thyroïdiennes inférieures et les rameaux bronchiaux de l'aorte thoracique descendante ; en bas, avec ceux des artères phréniques inférieures et gastrique gauche.

■ **RAMEAUX MÉDIASTINAUX.** On donne ce nom à de fines artérioles qui se détachent de la face antérieure de l'aorte et vont aux organes voisins : péricarde, plèvres, nœuds lymphatiques.

■ **ARTÈRES INTERCOSTALES POSTÉRIEURES.** *a*) NOMBRE. Les artères intercostales postérieures sont ordinairement de chaque côté au nombre de huit ou neuf, destinées aux huit ou neuf derniers espaces intercostaux, car les artères des deux ou trois premiers espaces proviennent de l'artère intercostale supérieure, branche de l'artère subclavière (fig. 125).

b) ORIGINE, TRAJET ET RAPPORTS. Les artères intercostales postérieures naissent par paires de la face postérieure de l'aorte, près et de part et d'autre de la ligne médiane. Elles gagnent l'extrémité postérieure de l'espace intercostal correspondant par un trajet à peu près horizontal pour les artères inférieures, mais oblique en haut et en dehors pour les artères intercostales supérieures, et d'autant plus oblique que l'artère est élevée.

Dans ce trajet, les artères intercostales sont appliquées sur les corps vertébraux et passent en arrière du sympathique. En raison de la situation de l'aorte à gauche de la ligne médiane, les artères intercostales droites ont un trajet plus long que les gauches, surtout en haut, et les premières de ces artères croisent la face postérieure de l'œsophage, du conduit thoracique et de la veine azygos.

c) BRANCHES TERMINALES. En atteignant l'extrémité postérieure de l'espace intercostal, chaque artère intercostale postérieure se divise en deux branches, le *rameau dorsal des artères intercostales postérieures* et l'*artère intercostale proprement dite* (fig. 128).

1° Le *rameau dorsal des artères intercostales postérieures* se porte en arrière et se divise, en regard du foramen intervertébral, en deux rameaux, l'un, spinal, l'autre, dorsal. ❑ Le *rameau spinal* s'engage dans le foramen intervertébral et se distribue au contenu du canal vertébral et aux vertèbres. ❑ Le *rameau dorsal* se dirige en arrière, passe entre les processus transverses des vertèbres et se ramifie dans les muscles et les téguments du dos.

2° L'*artère intercostale postérieure* gagne par un trajet oblique en haut et en dehors, sous le fascia endothoracique, le bord inférieur de la côte sus-jacente et l'atteint au voisinage de son angle postérieur (Carrière). L'artère est déjà placée entre la veine intercostale qui est au-dessus d'elle et le nerf intercostal qui est au-dessous (voir fig. 73). Elle pénètre ensuite entre les muscles intercostaux externe et intime. Arrivée à la partie moyenne de l'espace, elle rencontre le muscle intercostal interne et chemine dès lors entre ce muscle et le muscle intercostal intime d'abord, puis entre le muscle intercostal interne qui est en avant, le fascia endothoracique et le muscle transverse du thorax qui sont en arrière. Enfin, l'artère intercostale postérieure atteint l'extrémité antérieure de l'espace intercostal où elle s'anastomose avec les

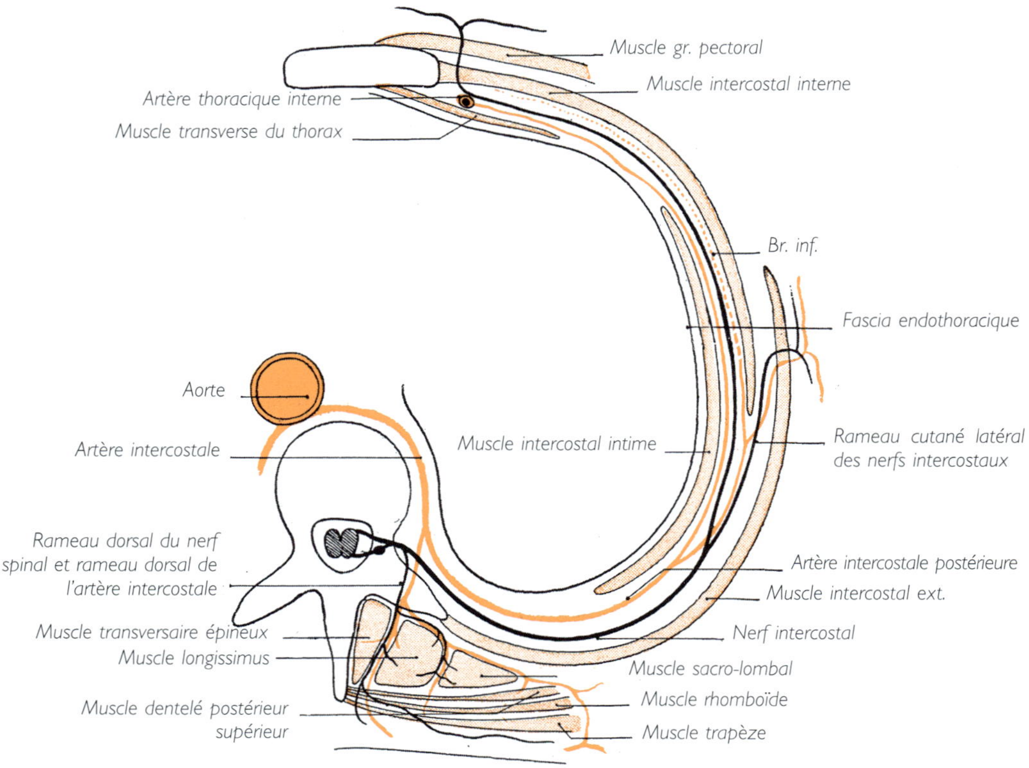

Fig. 128 ▪ Projection sur une coupe transversale de la paroi thoracique, passant par un espace intercostal, d'une artère intercostale postérieure et d'un nerf intercostal (schématique).

artères intercostales antérieures nées de l'artère thoracique interne ou de sa branche musculo-phrénique (fig. 128 et fig. 142).

Elle donne en cours de route : 1° des rameaux aux muscles intercostaux ; 2° un *rameau cutané latéral* qui traverse le muscle intercostal externe vers la ligne axillaire moyenne et s'anastomose avec les rameaux thoraciques de l'artère axillaire ; 3° une *branche inférieure.*

Celle-ci naît en regard de l'extrémité postérieure du muscle intercostal intime, soit directement, soit par un tronc commun avec la branche perforante. Elle longe d'arrière en avant le bord supérieur de la côte sous-jacente, entre les muscles intercostaux externe et intime, jusqu'au bord postérieur du muscle intercostal interne. La branche inférieure chemine ensuite, toujours le long du bord supérieur de la côte, dans l'interstice qui sépare le muscle intercostal interne du muscle intercostal intime d'abord, du fascia endothoracique et du muscle transverse du thorax ensuite. De même que l'artère intercostale postérieure, elle s'anastomose à l'extrémité antérieure de l'espace, avec un rameau de l'artère intercostale antérieure qui naît de

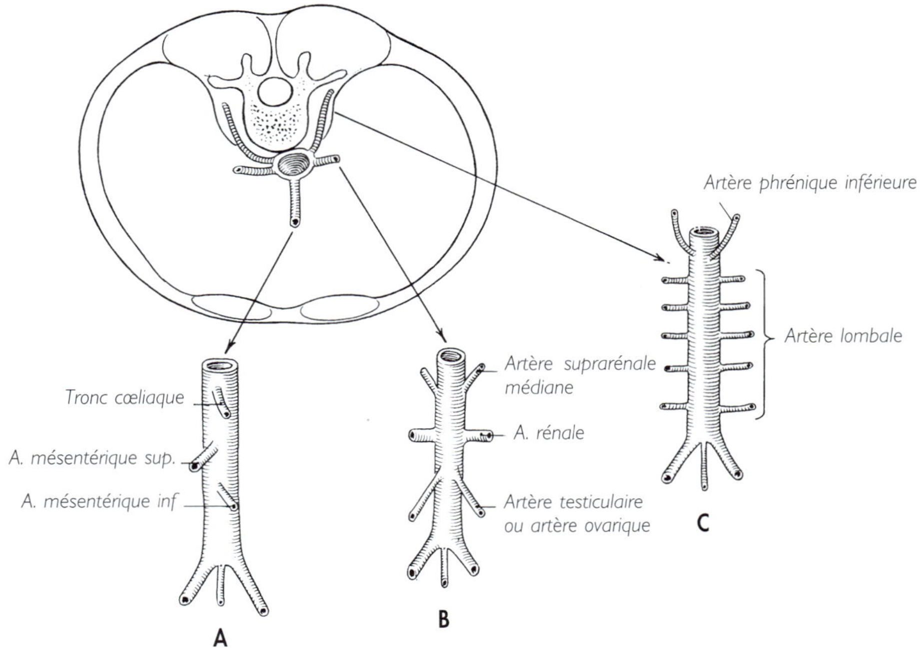

Fig. 129 ▪ Les branches collatérales de l'aorte abdominale.
▪ A. Pour les viscères intrapéritonéaux. — B. Pour les viscères extrapéritonéaux — C. Branches pariétales.

l'artère thoracique interne ou de sa branche musculo-phrénique. La branche inférieure donne en regard de l'extrémité postérieure du muscle intercostal interne un rameau sans importance qui s'insinue entre les muscles intercostaux interne et externe ; ce rameau est considéré par Carrière comme résultant de la bifurcation de la branche inférieure.

C. Branche de l'aorte abdominale.

L'aorte abdominale donne des branches pariétales et des branches viscérales.

Les *branches pariétales* ont une disposition segmentaire comme les artères intercostales postérieures auxquelles elles succèdent : les artères lombales et les artères phréniques inférieures (fig. 129, *c*).

Les *branches viscérales* sont, soit impaires et médianes, soit paires et latérales.

Les branches impaires de l'aorte abdominale sont destinées aux viscères qui se fixent à la paroi abdominale postérieure par un méso, ce sont des artères digestives. Elles se détachent de la face antérieure de l'aorte : le tronc cœliaque en regard du bord inférieur de T12, l'artère mésentérique supérieure au niveau du disque séparant T12 de L1, l'artère mésentérique inférieure à la hauteur du bord inférieur de L3 (fig. 129 *a* et fig. 130).

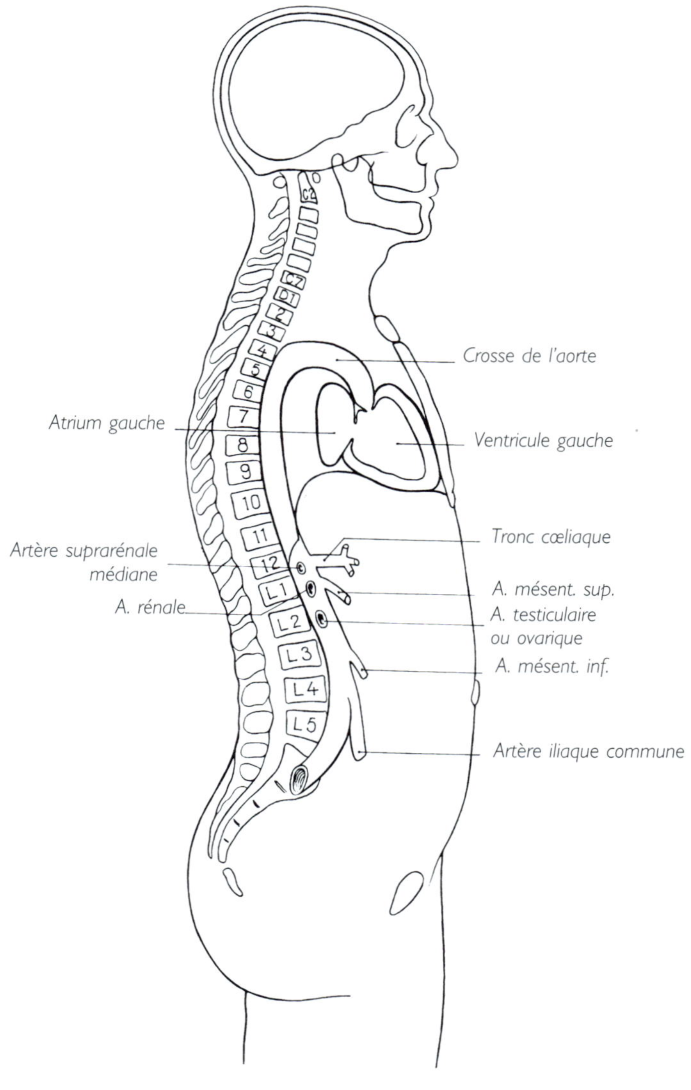

Fig. 130 ▪ Les projections vertébrales de l'aorte et de ses branches abdominales.

Les branches latérales de l'aorte abdominale (fig. 129, *b*) sont les artères suprarénales qui naissent de l'aorte au niveau de l'artère mésentérique supérieure (T12, L1), les artères rénales qui naissent un peu au-dessous de l'artère mésentérique supérieure, au niveau de la première vertèbre lombale, et les artères génitales (artères testiculaires ou ovariques) entre L1 et L3. (fig. 130).

▪ ARTÈRES PHRÉNIQUES INFÉRIEURES

Au nombre de deux, l'une droite, l'autre gauche, les artères phréniques inférieures se détachent ordinairement de la face antérieure de l'aorte à son émergence du diaphragme, au niveau de la douzième vertèbre thoracique ; elles peuvent naître du tronc cœliaque.

Chacune d'elles se dirige en haut, en dehors et en avant, appliquée sur le pilier correspondant du diaphragme.

Elles donnent en passant, à la glande surrénale qui est en dehors d'elles, de un à trois rameaux appelés *artères suprarénales* ou *suprarénales supérieures*. Chaque artère phrénique se divise peu après en deux branches, l'une, interne, l'autre, externe (fig. 131).

Ces deux branches terminales se ramifient sur la face inférieure du diaphragme. ❑ La *branche interne* s'unit à celle du côté opposé, autour de l'orifice œsophagien, et donne quelques petits rameaux à l'œsophage ; ❑ la *branche externe* se dirige en

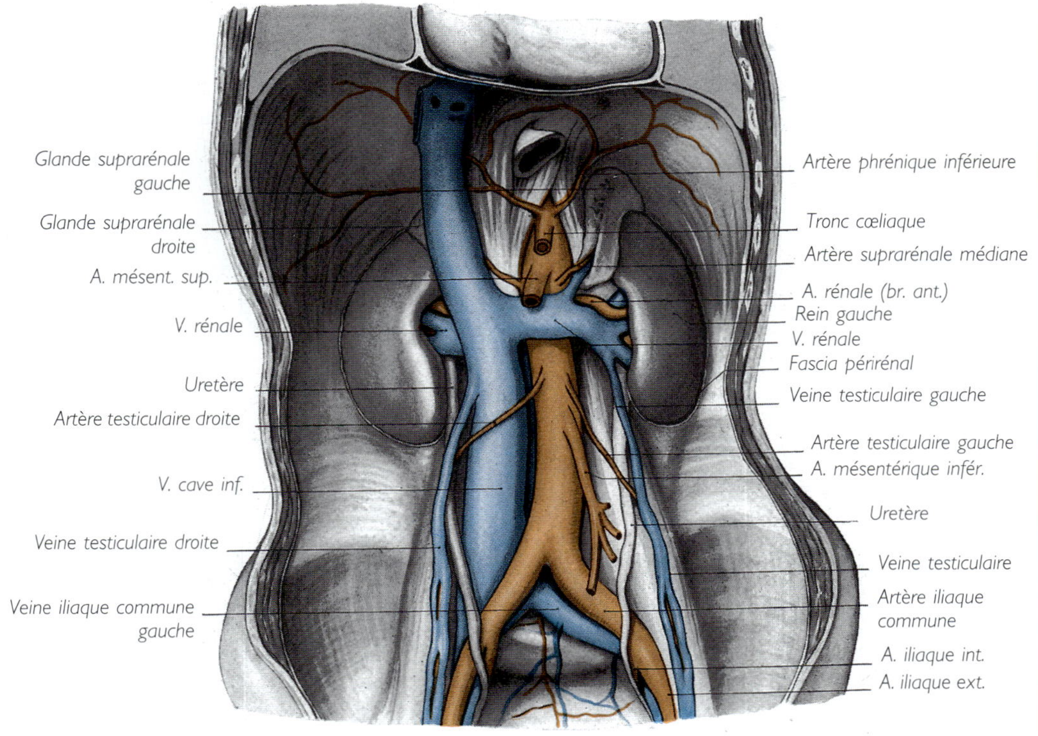

Fig. 131 ▪ Aorte abdominale et veine cave inférieure.

dehors et en avant, et ses ramifications s'anastomosent avec celles des artères intercostales.

ARTÈRES LOMBALES. Les artères lombales sont de chaque côté au nombre de cinq. Les quatre premières naissent de la face postérieure de l'aorte ; la cinquième se détache de l'artère sacrale médiane.

Elles ont la même disposition générale que les artères intercostales postérieures. Dès leur origine, les artères lombales se portent en dehors. Elles passent en arrière de la chaîne sympathique abdominale. De plus, la première artère lombale passe également en arrière du pilier diaphragmatique correspondant. Chacune d'elles s'engage ensuite au-dessous du ligament arqué médial du muscle psoas et chemine dans la gouttière latérale de la vertèbre. Arrivée en regard du foramen intervertébral, elle se divise en deux branches terminales, l'une postérieure ou dorso-spinale, l'autre, antérieure ou abdominale.

Le *rameau dorsal spinal,* analogue à celui des artères intercostales, donne : 1° un *rameau spinal* pour le contenu du canal vertébral et pour la vertèbre ; 2° un *rameau dorsal* qui se distribue aux muscles et aux téguments de la région lombale.

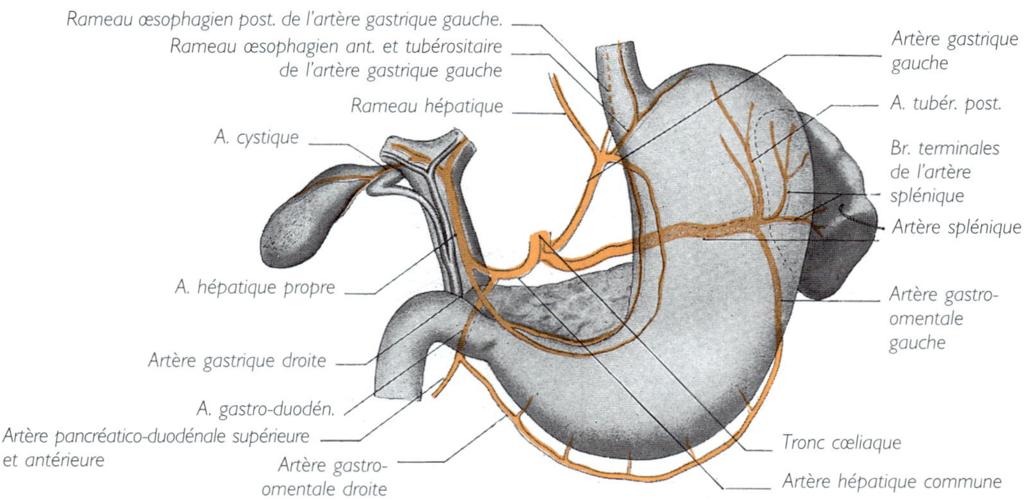

Fig. 132 ▪ Tronc cœliaque et ses branches.

La *branche antérieure ou abdominale* se dirige en dehors, entre les parties principale et accessoire du muscle psoas, et passe ensuite en arrière ou en avant du muscle carré des lombes. D'après Salmon et Dor, la branche antérieure des deux artères lombales passe en arrière de ce muscle, tandis que celle des deux suivantes passe en avant. Quoi qu'il en soit, chacune d'elles se distribue à la paroi latérale de l'abdomen. Les ramifications des branches antérieures s'anastomosent de chaque côté, dans la paroi abdominale, avec celles des artères circonflexes iliaque superficielle et profonde, sous-cutanée abdominale, épigastrique inférieure, thoracique interne, intercostales postérieures et ilio-lombale.

▪ **TRONC CŒLIAQUE.** Le tronc cœliaque donne tout le sang artériel du foie, de l'estomac, du grand omentum et de la rate et contribue pour une très grande part à la vascularisation du pancréas (fig. 132, 133, 134 et 135).

Il naît de la face antérieure de l'aorte, un peu à gauche de la ligne médiane, immédiatement au-dessous des artères phréniques inférieures et en regard du bord inférieur de la douzième vertèbre thoracique ou du disque qui unit cette vertèbre à la première vertèbre lombale. Le tronc cœliaque, long de 1 à 3 cm, gagne le bord supérieur du corps du pancréas, l'atteint à son extrémité droite, près du col, et s'y termine.

L'origine aortique du tronc cœliaque est située tantôt au-dessous, tantôt au niveau, tantôt, et le plus souvent, au-dessus du bord supérieur du pancréas. Aussi, pour atteindre ce bord, le tronc cœliaque se porte, suivant le cas, tantôt en avant et en haut, tantôt directement en avant, tantôt en avant et en bas (de Rio-Branco, P. Descomps). Dans le premier cas, le tronc cœliaque, entouré par les éléments du plexus solaire, est recouvert par le pancréas ; dans les deux autres cas, par le péritoine pariétal.

Le tronc cœliaque — qu'entourent des ganglions et des nerfs du plexus solaire (voir : *Plexus solaire*) ainsi que des nœuds lymphatiques — se termine en donnant trois branches : l'*artère gastrique gauche*, l'*artère hépatique commune* et l'*artère splénique*. Le plus souvent, l'artère gastrique gauche, la plus petite des trois, se détache de la face supérieure du tronc cœliaque qui se divise peu après en deux grosses branches : l'une, droite, l'artère hépatique commune ; l'autre, gauche, l'artère splénique (fig. 132 et 133). Parfois, mais moins souvent, le tronc cœliaque donne d'un coup ses trois branches terminales.

1. Artère gastrique gauche. De son origine, cette artère, que la veine gastrique gauche accompagne, se dirige d'abord en haut et à gauche, appliquée par le péritoine sur le pilier gauche du diaphragme. Puis elle décrit une courbe concave en bas, appelée arc de l'*artère gastrique gauche*, et se porte en bas, à gauche et en avant. Dans cette partie curviligne de son trajet, l'artère soulève le péritoine en un repli falciforme, le *pli gastro-pancréatique*. L'artère gastrique gauche gagne ainsi la petite courbure de l'estomac qu'elle atteint un peu au-dessous du cardia. Elle se divise peu après en deux branches, l'une antérieure, l'autre, postérieure. Celles-ci descendent, appliquées sur la paroi gastrique le long de la petite courbure, et se terminent ordinairement en s'anastomosant avec les branches terminales de l'artère gastrique droite (fig. 132 et 133 ; voir, pour détails : *artère gastrique droite*).

La veine gastrique gauche accompagne l'artère ; elle longe son bord inférieur dans le pli gastro-pancréatique, puis, plus bas, se place en avant de l'artère pour passer dans l'angle de bifurcation du tronc cœliaque en artère hépatique commune et artère splénique : elle se jette dans le tronc porte près de son origine en arrière du pancréas (voir fig. 290). L'artère gastrique gauche, accompagnée par le plexus nerveux de l'artère gastrique gauche, est encore en rapport avec le centre des lymphonœuds de l'artère gastrique gauche, ainsi qu'avec des rameaux gastriques des nerfs vagues et le ganglion semi-lunaire gauche.

a) BRANCHES. L'artère gastrique gauche donne avant sa division : ❏ 1° un *rameau hépatique*, inconstant, qui se rend au lobe gauche du foie par la partie postérieure ou gauche (pars condensa) du petit omentum ; ❏ 2° des *rameaux œsophagiens*, l'un, antérieur, l'autre, postérieur, pour les parois de la région cardiaque de l'estomac et de l'extrémité inférieure de l'œsophage ; ❏ 3° un *rameau fundique antérieur* destiné au fundus gastrique. Tous ces rameaux se détachent de l'artère gastrique gauche. Le rameau fundique naît souvent d'un tronc commun avec le rameau œsophagien antérieur.

Les *branches terminales* de l'artère gastrique gauche donnent des *rameaux gastriques* antérieurs et postérieurs pour les parois antérieure et postérieure de l'estomac.

2. Artère hépatique commune. Dans une première partie de son trajet, l'artère hépatique commune est à peu près *horizontale* et se dirige en avant et à droite, le long et au-dessus du bord supérieur du corps et du tubercule épiploïque du pancréas, croise le flanc gauche de la veine porte et se place en avant de ce vaisseau, dans le petit omentum. En allant de la paroi abdominale au petit omentum, l'artère soulève un repli péritonéal, le *pli hépato-pancréatique*.

Elle change ensuite de direction, se redresse et monte, dans le petit omentum, obliquement en haut et à droite vers le hile du foie (fig. 132 et 133). Dans cette deuxième partie, ascendante, de son trajet, l'artère hépatique commune est placée dans l'épaisseur du petit omentum, en avant de la veine porte et à gauche du conduit hépatique. Un peu au-dessous du hile, l'artère se divise en deux branches terminales, l'une, droite, l'autre, gauche.

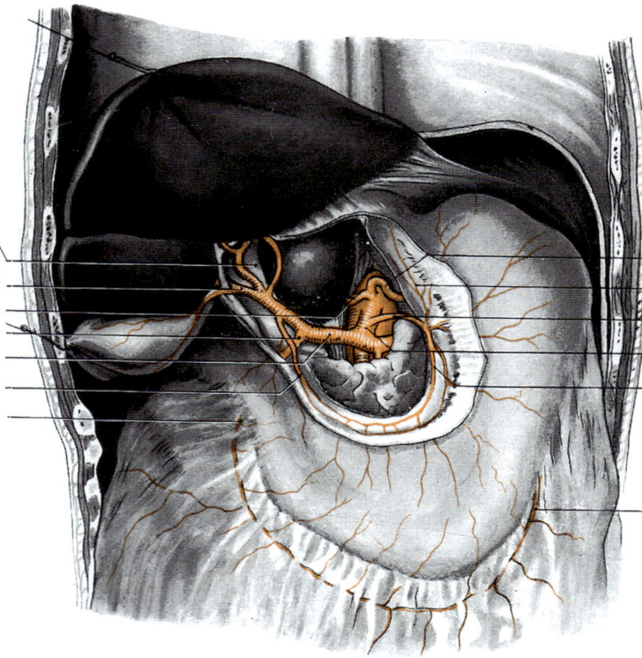

Fig. 133 ▪ Tronc cœliaque.
Cette figure montre surtout les artères hépatique commune et gastrique gauche.

L'artère hépatique commune, ainsi que ses branches collatérales, sont encore en rapport étroit : d'une part, avec le plexus nerveux hépatique, d'autre part, avec le centre hépatique de nœuds lymphatiques (voir pour détails : *pédicule hépatique*).

a) BRANCHES COLLATÉRALES. L'artère hépatique commune donne avant sa division trois grosses branches collatérales qui sont, dans l'ordre suivant lequel elles naissent de l'artère hépatique : les artères gastro-duodénale, gastrique droite et cystique (fig. 132 et 133).

ARTÈRE GASTRO-DUODÉNALE. Cette artère naît de l'artère hépatique quand celle-ci change de direction pour monter vers le hile du foie. Son origine divise le tronc de l'artère hépatique en deux segments : l'un placé à droite est l'artère *hépatique commune*, l'autre qui va au foie est l'artère *hépatique propre*.

L'artère gastro-duodénale descend obliquement en bas et à droite, sur la face postérieure de la première portion du duodénum, en longeant la limite droite du récessus omental inférieur, c'est-à-dire la ligne suivant laquelle le péritoine se réfléchit de la face postérieure de la première portion du duodénum sur le pancréas. En atteignant le bord inférieur du duodénum, l'artère gastro-duodénale se divise en deux branches : l'*artère pancréatico-duodénale supérieure et antérieure* et l'*artère gastro-omentale droite*. Auparavant, elle a donné une *artère pancréatico-duodénale supérieure et postérieure* (fig. 134).

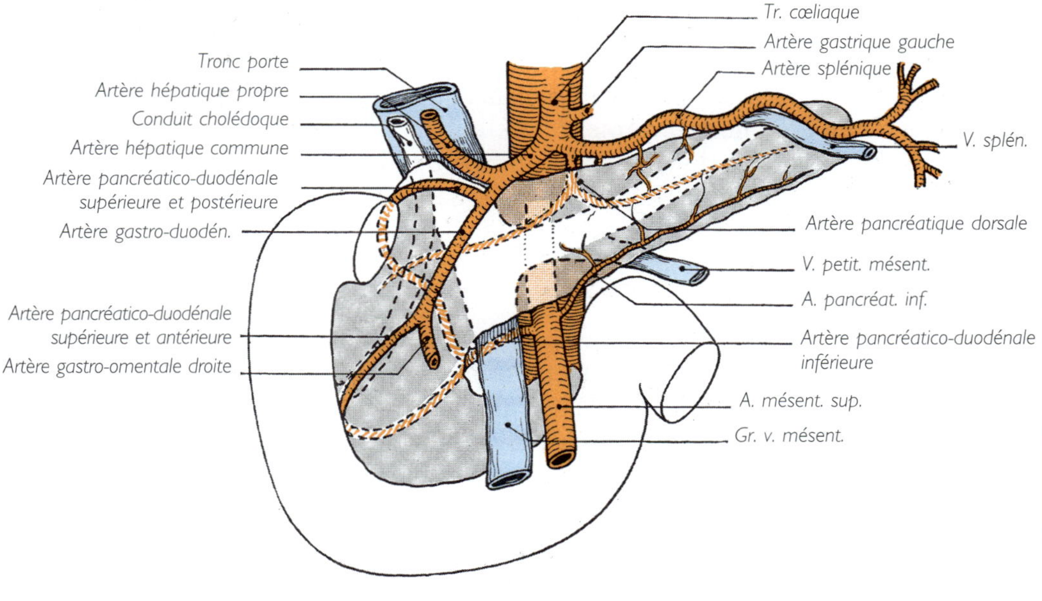

Fig. 134 ▪ Vaisseaux du pancréas.

L'*artère pancréatico-duodénale supérieure et postérieure* se détache de l'artère gastro-duodénale derrière le duodénum, au-dessus ou au niveau du bord supérieur du pancréas. Elle se dirige à droite et croise une première fois le conduit cholédoque en passant en avant de lui. Elle descend ensuite sur la face postérieure du pancréas, à droite du conduit cholédoque. L'artère s'incline bientôt à gauche, croise une deuxième fois le conduit cholédoque en passant en arrière de ce canal et s'anastomose avec la branche supérieure de l'artère pancréatico-duodénale inférieure, qui est elle-même une branche de l'artère mésentérique supérieure (fig. 134).

L'*artère pancréatico-duodénale supérieure et antérieure* est une des deux branches terminales de l'artère gastro-duodénale. Elle se porte à droite vers le bord interne de la deuxième portion du duodénum, contourne le bord droit de la tête du pancréas en passant soit au-dessus (fig. 134), soit, le plus souvent, au-dessous du conduit cholédoque, au voisinage et un peu au-dessus de l'angle formé par les deuxième et troisième portions du duodénum (Evrard) (fig. 157) ; elle s'anastomose sur la face postérieure du processus cinatus (Evrard) avec la branche inférieure de l'artère pancréatico-duodénale inférieure, branche de l'artère mésentérique supérieure (fig. 134).

L'*artère gastro-omentale droite* se dirige en bas et à gauche et longe, dans l'épaisseur du grand omentum, la grande courbure de l'estomac, dont elle est toujours un peu distante. Elle s'anastomose avec l'artère gastro-omentale gauche, branche de l'artère splénique. Sur tout son trajet, l'artère donne de nombreuses branches aux deux faces de l'estomac et au grand omentum.

ARTÈRE GASTRIQUE DROITE. C'est un rameau grêle qui se détache de la partie ascendante de l'artère hépatique, c'est-à-dire en aval de l'artère gastro-duodénale. Elle descend dans l'épaisseur du petit omentum, en avant de la veine porte, suivant un trajet récurrent oblique en bas et à gauche, jusqu'au bord supérieur du duodénum. Elle s'infléchit alors fortement vers la gauche, croise le bord supérieur du pylore et se divise le long de la petite courbure de l'estomac en deux branches qui s'anastomosent avec les branches terminales de l'artère gastrique gauche. Cependant, l'anastomose peut avoir seulement lieu entre l'artère gastrique droite non bifurquée et la branche terminale postérieure de l'artère gastrique gauche ; elle peut même faire défaut (fig. 132).

ARTÈRE CYSTIQUE. Elle naît soit directement de l'artère hépatique, soit, le plus souvent, de sa branche terminale droite. Cette artère se dirige horizontalement en avant et à droite vers le col de la vésicule, qu'elle aborde par son côté gauche. Elle se divise aussitôt en deux branches terminales ; l'une, gauche, continue le trajet de l'artère sur le côté gauche, puis sur la face supérieure de la vésicule ; l'autre, droite, gagne le côté droit de la vésicule en croisant sa face inférieure (Pedro Belou). (Pour les rapports, voir : *pédicule hépatique*).

RAMEAUX POUR LES NŒUDS LYMPHATIQUES. Comme toutes les artères viscérales, l'artère hépatique donne des rameaux très courts aux nœuds voisins.

b) BRANCHES TERMINALES. Les deux branches terminales de l'artère hépatique pénètrent dans le foie, où elles se ramifient suivant un mode que nous indiquerons en étudiant cet organe.

3. Artère splénique. L'artère splénique est la branche la plus volumineuse du tronc cœliaque.

À son origine, l'artère splénique est séparée de l'origine de l'artère hépatique par la veine gastrique gauche. Elle répond au bord supérieur du corps du pancréas (fig. 134 et 135). Mais elle se place bientôt sur la face postérieure de cet organe et chemine de droite à gauche sur cette face, le long du bord supérieur de la glande, en décrivant des sinuosités qui apparaissent au-dessus de ce bord. À l'extrémité externe du corps du pancréas, l'artère franchit le bord supérieur de la glande, passe en avant de la queue du pancréas, puis dans le ligament pancréatico-splénique, et se divise, au voisinage du hile de la rate, en deux branches terminales, l'une, supérieure, l'autre, inférieure (fig. 132).

Sur tout son trajet, l'artère splénique est entourée par le plexus nerveux splénique et longée par le lymphocentre splénique. Elle est encore en rapport plus ou moins étroit selon la région avec la veine splénique. Elle répond aussi aux organes de la paroi (voir : *Rapports de la face postérieure du corps du pancréas*).

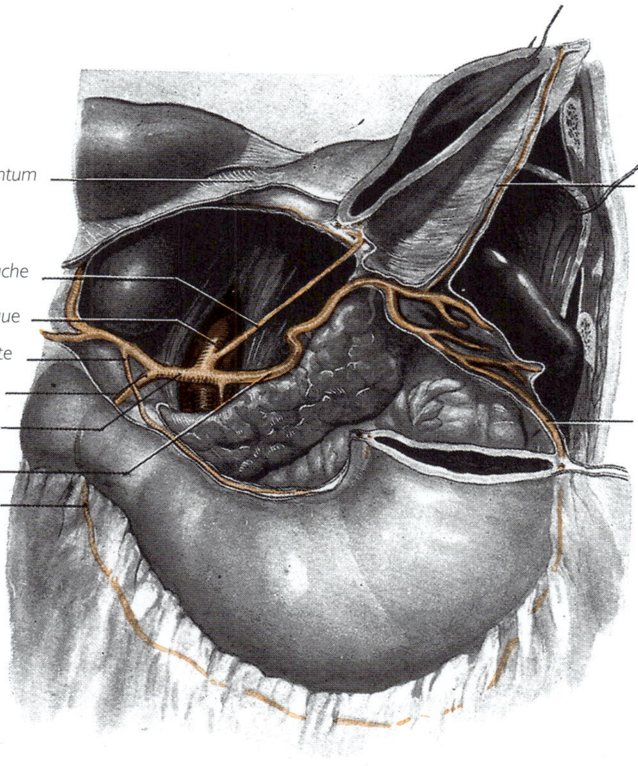

Fig. 135 ▪ Tronc cœliaque. Cette figure est surtout destinée à montrer l'artère splénique.

a) BRANCHES COLLATÉRALES. L'artère splénique fournit :

1° Des *rameaux pancréatiques*, parmi lesquels on remarque, le plus souvent, une artère pancréatique dorsale (voir : *Vaisseaux du pancréas*).

2° Des *rameaux pour les nœuds lymphatiques*, aux nœuds du centre splénique.

3° Des *artères gastriques courtes*, au nombre de deux à six, qui vont à l'estomac, en traversant le ligament gastroliénal ; l'un d'eux, plus volumineux, se ramifie sur la face postérieure du fundus gastrique jusqu'au cardia ; c'est l'*artère fundique postérieure*.

Les vaisseaux courts peuvent se détacher du tronc de l'artère splénique, ou bien de ses branches terminales ou même de ses rameaux hilaires.

4° L'*artère gastro-omentale gauche*. Cette artère a une origine aussi variable que celle des vaisseaux courts ; elle naît en général du tronc de l'artère splénique près de sa bifurcation ou bien de sa branche inférieure. De même que les vaisseaux courts, elle se rend à l'estomac par le ligament gastroliénal et atteint la grande courbure vers le milieu de sa partie verticale. L'artère gastro-omentale gauche longe ensuite de gauche à droite la grande courbure de l'estomac dont elle reste distante de 1 à 2 cm, et s'anastomose avec l'artère gastro-omentale droite. Elle donne des rameaux à l'estomac et au grand omentum.

b) BRANCHES TERMINALES. Chacune des deux branches terminales se divise en deux ou trois rameaux secondaires qui pénètrent dans les dépressions du hile de la rate.

ARTÈRE MÉSENTÉRIQUE SUPÉRIEURE

1. Origine. L'artère mésentérique supérieure irrigue une partie du pancréas, l'intestin grêle et la moitié droite du gros intestin. Elle naît de la face antérieure de l'aorte, à 1 cm environ au-dessous du tronc cœliaque, à la hauteur du bord supérieur de la première vertèbre lombale ou du disque qui sépare cette vertèbre de la douzième vertèbre thoracique.

2. Trajet. Rapports. Terminaison. On peut distinguer à l'artère mésentérique supérieure deux segments, l'un, sus-mésentérique, l'autre, intramésentérique.

Le segment *sus-mésentérique* s'étend de l'origine de l'artère jusqu'à son entrée dans le mésentère. Dans ce trajet, l'artère mésentérique supérieure descend : ❏ en avant de l'aorte dont elle est séparée par la veine rénale gauche, ❏ en arrière du pancréas et de la veine splénique, ❏ à gauche et un peu en arrière de la grande veine mésentérique (fig. 134), ❏ à droite du confluent des veines splénique et mésentérique inférieure. L'artère se dégage du pancréas et croise son bord inférieur au niveau du col. Elle passe ensuite en avant du processus uncinatus et de la partie horizontale du duodénum qui sépare l'artère mésentérique supérieure de l'artère mésentérique inférieure ; ❏ elle descend à gauche de la grande veine mésentérique, à droite de la partie ascendante du duodénum et pénètre dans le mésentère lorsqu'elle passe en avant de la partie horizontale du duodénum.

Dans son *segment intramésentérique*, l'artère mésentérique supérieure descend en bas et à droite en décrivant une courbe dont la convexité regarde à gauche (fig. 137). Elle longe d'abord la racine du mésentère, puis s'en éloigne à partir de l'origine de l'artère iléo-colique et se termine à une distance de l'angle iléo-colique qui varie de 45 à 90 cm, et sur cette partie de l'intestin grêle qui représente le sommet de l'anse intestinale primitive (Lardennois et Okinczyc). C'est en ce point de l'intestin grêle que persiste parfois un vestige du canal vitellin. Il est classique de dire que, dans le mésentère, l'artère est à gauche et un peu en arrière de la veine mésentérique. Cependant la veine croise fréquemment l'artère de bas en haut et de gauche à droite en passant en avant d'elle (Hovelacque).

L'artère mésentérique supérieure et ses branches sont en rapport avec le plexus nerveux mésentérique supérieur. C'est enfin sur le trajet des vaisseaux mésentéri-

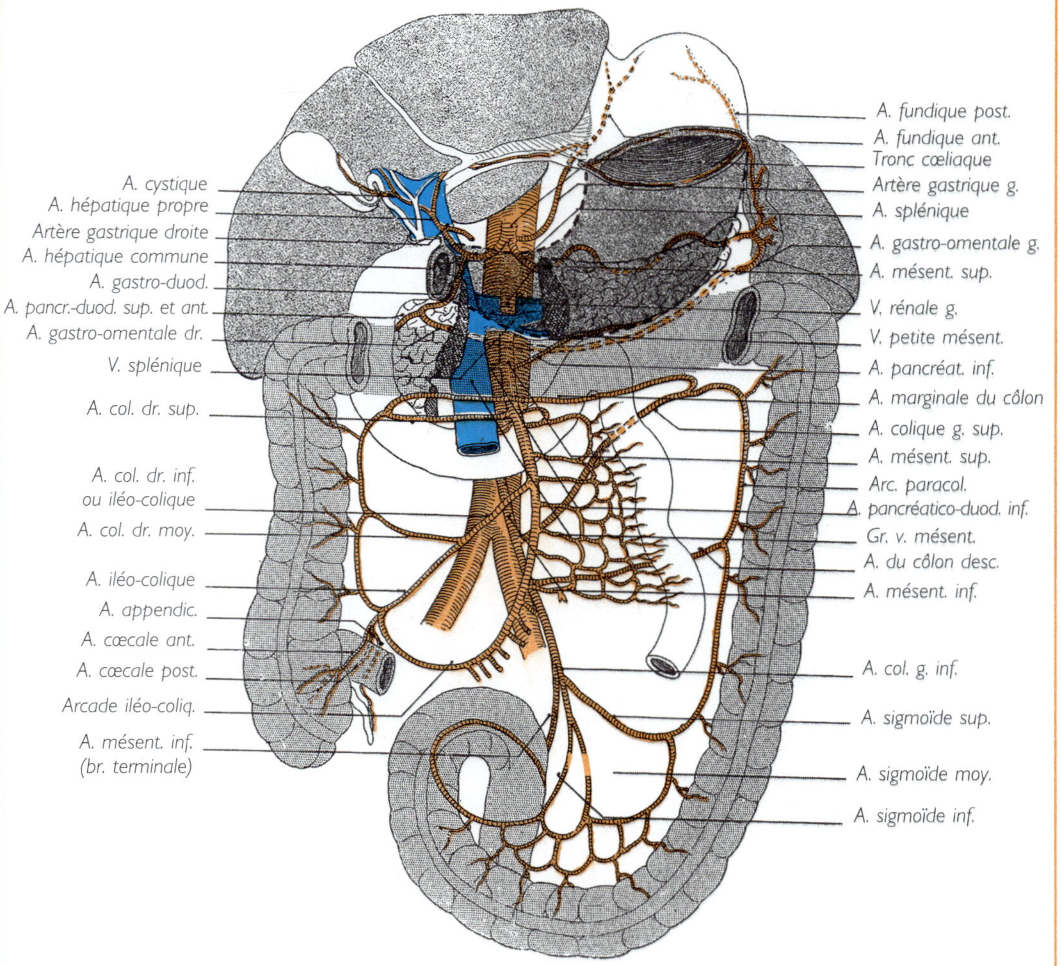

Fig. 136 ▪ Schéma du tronc cœliaque et des artères mésentériques.

ques supérieurs et de leurs branches que s'échelonnent les nombreux éléments du lymphocentre lymphatique mésentérique supérieur.

3. Branches collatérales. En plus de quelques rameaux très grêles destinés aux ganglions du plexus solaire et à la partie voisine du pancréas, l'artère mésentérique supérieure donne l'artère pancréatico-duodénale inférieure, l'artère pancréatique inférieure, les artères intestinales et les artères coliques droites.

a) Artère pancréatico-duodénale inférieure. Cette branche se détache de l'artère mésentérique en regard du bord inférieur du col du pancréas. Elle se divise peu après en deux branches, l'une, supérieure, l'autre, inférieure, qui se portent à droite : la première, sur la face postérieure de la tête du pancréas ; la deuxième sur la face

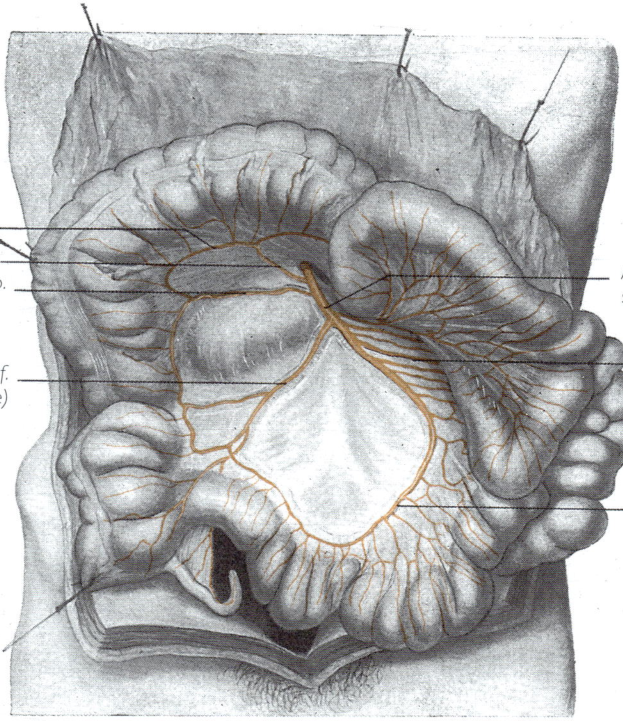

Fig. 137 ▪ Artère mésentérique supérieure.

postérieure du processus uncinatus (Evrard) ; elles s'anastomosent avec les artères pancréatico-duodénales supérieures et antérieures, branches de l'artère hépatique commune (voir : *Vaisseaux du pancréas*). Une de ses ramifications se porte à gauche, le long de la partie ascendante du duodénum et s'anastomose avec la première artère jéjunale.

Les deux branches terminales de cette artère peuvent naître directement de l'artère mésentérique supérieure. Il existe alors deux artères pancréatico-duodénales inférieures.

b) ARTÈRE PANCRÉATIQUE INFÉRIEURE (TESTUT). — PANCREATICA MAGNA. L'artère pancréatique inférieure naît de l'artère mésentérique supérieure quand celle-ci se dégage de la face postérieure de la glande. Elle se porte à gauche et longe de droite à gauche la face inférieure du corps du pancréas.

L'artère pancréatique inférieure, quand elle existe seule, remplace la branche transverse d'une autre artère appelée *pancreatica magna*. Celle-ci se détache de l'artère mésentérique supérieure en arrière du pancréas, descend et se divise, en regard du bord inférieur du col de cet organe, en deux branches terminales, l'une, gauche, l'autre, droite. La branche gauche longe de droite à gauche le bord inférieur du pancréas ; elle représente l'artère pancréatique inférieure ; ❑ la branche droite monte en avant de la tête du pancréas et s'anastomose avec l'artère pancréatico-duodénale supérieure et antérieure.

c) ARTÈRES JÉJUNALES ET ILÉALES. Au nombre de 12 à 15 en général, ces branches naissent du bord gauche de l'artère mésentérique et se rendent, dans l'épaisseur du mésentère, vers l'intestin grêle (fig. 137). Les artères intestinales les plus élevées (a. jéjunales) sont plus volumineuses que les inférieures (a. iléales).

Chacune d'elles se bifurque à quelque distance de l'intestin, et les deux branches de division s'anastomosent à plein canal avec celles des artères intestinales voisines. Il se forme ainsi tout le long de l'intestin une première série d'arcades à convexité intestinale. De la convexité de ces arcades partent de nouvelles branches qui se divisent à leur tour et s'anastomosent, comme les artères intestinales, par une deuxième série d'arcades. Ces arcades donnent naissance à un plus grand nombre de rameaux qui constituent une troisième série d'arcades. Il se forme en général trois séries d'arcades, rarement quatre ou cinq. Cependant, il n'existe qu'une rangée d'arcades aux deux extrémités du jéjuno-iléum.

De la dernière série d'arcades, appelée encore *vaisseau parallèle* (Dwight), partent des ramifications qui vont directement au bord adhérent de l'intestin : ce sont les *vaisseaux droits*. Chaque vaisseau droit se divise en deux branches, l'une, droite, l'autre, gauche, qui se ramifient sur la face correspondante de l'anse. La division se fait à une distance variable de l'intestin. Parfois elle se produit à l'origine même du vaisseau droit. Souvent, enfin, les branches antérieure et postérieure naissent séparément du vaisseau parallèle.

L'une des branches, antérieure ou postérieure, donne parfois naissance, près du bord mésentérique de l'intestin, à un rameau qui remonte, croise ce bord et s'enfonce dans la paroi, sur l'autre face du tube intestinal. Ces rameaux sont bien différents de ceux que l'on a décrits sous le nom de *vaisseaux rétrogrades* qui n'existent pas (Hovelacque) (fig. 138).

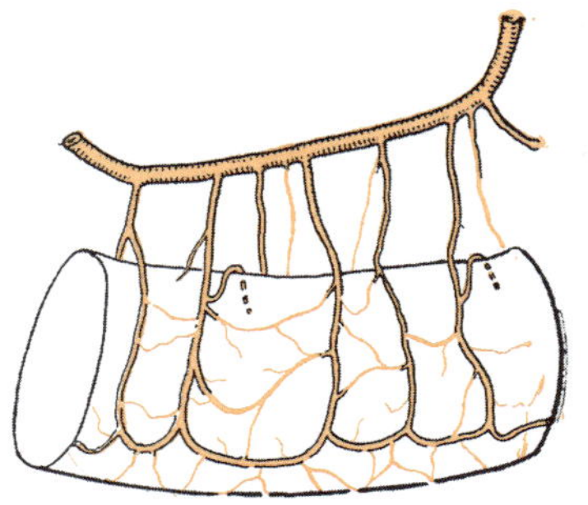

Fig. 138 ▪ Ramification des vaisseaux droits dans la paroi intestinale (d'après Hovelacque).

Les branches antérieure et postérieure des vaisseaux droits cheminent d'abord sous la séreuse, traversent ensuite la musculaire et arrivent dans la sous-muqueuse.

Dans leur trajet intrapariétal, elles donnent des collatérales qui s'anastomosent avec les collatérales des branches voisines. Près du bord libre de l'intestin, elles se divisent dans la sous-muqueuse en deux rameaux terminaux qui divergent et s'anastomosent avec les rameaux semblables des artères voisines. Ainsi se forment une série d'anses artérielles qui, dans leur ensemble, constituent sur chaque face de l'intestin une arcade longitudinale (fig. 138). De cette arcade partent de fins rameaux qui s'anastomosent en réseau sur le bord libre (Hovelacque).

La première artère intestinale a une disposition un peu particulière. Elle se détache de l'artère mésentérique quand celle-ci émerge au bord inférieur du pancréas et se porte aussitôt à gauche vers l'angle duodéno-jéjunal. Elle se bifurque près de cet angle. De ses deux branches de bifurcation, l'une, droite, se porte à droite le long du bord pancréatique des quatrième et troisième portions du duodénum et s'anastomose avec l'artère pancréatico-duodénale gauche ; l'autre, gauche, longe la partie initiale du jujénum et forme, en s'anastomosant avec la deuxième artère intestinale, l'extrémité supérieure de la première série d'arcades (Grégoire).

d) ARTÈRE COLIQUE DROITE. Au nombre de trois, les artères coliques droites sont de haut en bas : l'artère colique droite supérieure ou de l'angle colique droit, l'artère colique droite moyenne ou du côlon ascendant, et l'artère colique droite inférieure ou iléo-colique (fig. 136).

ARTÈRE COLIQUE DROITE SUPÉRIEURE (ARTÈRE DE LA COURBURE DROITE — CORSY ET AUBERT). Elle se sépare de la face antérieure de l'artère mésentérique en avant de la partie horizontale du duodénum et près du bord inférieur du pancréas. Elle monte ensuite « presque verticalement » vers l'extrémité droite de la partie mobile du côlon transverse et se divise bientôt en deux branches terminales. Celles-ci naissent : tantôt au-dessus de la racine du mésocôlon transverse, c'est-à-dire dans le mésocôlon, plus ou moins près de la partie mobile du côlon transverse : tantôt au-dessous de l'attache du mésocôlon (J. Gosset). Des deux branches terminales, ❑ l'une, *ascendante* ou *gauche*, s'anastomose dans le mésocôlon transverse avec une branche de l'artère colique gauche supérieure et constitue avec elle l'*artère marginale du côlon* ; ❑ l'autre, descendante, forme une arcade anastomotique avec l'artère du côlon ascendant ou la branche colique de l'artère iléo-colique.

De l'artère colique droite supérieure naît parfois une branche importante connue sous le nom d'*artère du côlon transverse*. Cette branche se détache en général directement du tronc de l'artère mésentérique supérieure au voisinage de l'origine de l'artère colique droite supérieure (fig. 137 et 139). Elle descend dans l'épaisseur du mésocôlon, vers la partie moyenne du côlon transverse, et s'anastomose avec l'artère marginale du côlon (fig. 137).

ARTÈRE COLIQUE DROITE MOYENNE. L'artère colique droite moyenne, ou artère du côlon ascendant, est inconstante. Elle naît soit du tronc de l'artère mésentérique, soit de l'artère iléo-colique. Elle se porte en dehors et se divise, à proximité du côlon ascendant, en deux branches, l'une, ascendante, l'autre, descendante. Celles-ci s'anastomosent avec la branche descendante de l'artère colique droite supérieure en haut, et avec la branche ascendante de l'artère iléo-colique en bas. L'artère du côlon ascendant fait assez souvent défaut.

ARTÈRE COLIQUE DROITE INFÉRIEURE OU ILÉOCOLIQUE. Celle-ci naît à une hauteur variable, d'ordinaire un peu au-dessus du bord inférieur de la partie horizontale du duodénum. Elle descend obliquement en bas et à droite, le long de la racine du mésentère, croise la face antérieure de la veine mésentérique supérieure et semble prolonger vers le cæcum le tronc de l'artère mésentérique supérieure.

Puisque l'artère iléo-colique longe le bord adhérent du mésentère, elle présente les mêmes rapports que ce bord (voir *Mésentère*).

Cette artère se divise, dans la plupart des cas, à quelque distance de l'angle iléo-colique, soit en un bouquet de rameaux terminaux, soit en deux branches principales (Hovelacque et Sourdin) : l'une, colique, l'autre, iléale. ❑ La *branche colique* monte le long du côlon ascendant et s'anastomose avec la branche descendante de l'artère du côlon ascendant ou, quand celle-ci fait défaut, de l'artère colique droite supérieure. ❑ La *branche iléale* s'incline vers l'intestin grêle et constitue, en s'anastomosant avec la branche terminale descendante de l'artère mésentérique, l'arcade iléo-colique. Cette arcade existe seule le long des 40 ou 50 derniers centimètres du jéjuno-iléum (Latarjet).

De l'arcade iléo-colique et de l'arcade paracolique formée par les artères coliques anastomosées, naissent des vaisseaux terminaux droits destinés au cæcum et au côlon. Parmi ces rameaux terminaux, il en est deux qui ont une disposition particulière ; ce sont les *artères cæcales antérieure et postérieure.*

L'*artère cæcale antérieure* passe en avant de l'iléum et se ramifie sur la face antérieure du cæcum.

L'*artère cæcale postérieure* passe en arrière de l'iléum et se rend à la face postérieure du cæcum. C'est de l'artère cæcale postérieure ou de l'artère iléo-colique que se détache le plus souvent l'artère appendiculaire destinée à l'appendice.

L'*artère appendiculaire* descend derrière l'iléum et gagne le bord mésentérique de l'appendice ; tantôt elle s'accole à lui près de sa base et le suit jusqu'à la pointe ; tantôt, et c'est le cas le plus fréquent, elle se rapproche peu à peu de l'appendice et c'est près de la pointe qu'elle s'accole à lui et le pénètre presque aussitôt (Hovelacque et Sourdin). Elle donne : quelques rameaux à la paroi appendiculaire, une artère *cæco-appendiculaire* qui se dirige vers le cæcum et une branche inconstante, l'*artère iléo-appendiculaire*, qui remonte vers le bord libre de l'iléum.

Les artères cæcale antérieure, appendiculaire et iléo-appendiculaire déterminent la formation de replis péritonéaux qui seront décrits avec le péritoine cæco-appendiculaire.

4. Branches terminales. Après le départ de toutes ses branches, l'artère mésentérique supérieure se comporte comme une artère intestinale et se termine en se bifurquant. Des deux branches de bifurcation, l'une s'anastomose avec la dernière des branches intestinales de l'artère mésentérique, l'autre avec la branche iléale de l'artère iléo-colique.

Ce mode de terminaison de l'artère mésentérique supérieure, tel que l'entendent Lardennois et Okinczyc, est exact au point de vue embryologique. Toutefois, les deux branches de bifurcation ne se distinguent en rien morphologiquement des branches de division des artères intestinales voisines. Aussi la plupart des auteurs décrivent encore comme branche terminale de l'artère mésentérique supérieure l'artère iléo-colique, parce qu'elle paraît prolonger, le long de la racine du mésentère, le tronc même de l'artère mésentérique.

■ **ARTÈRES SUPRARÉNALES MÉDIANES.** Les artères suprarénales médianes sont au nombre de deux, l'une, droite, l'autre, gauche, et se détachent des faces latérales de l'aorte, à peu près au même niveau que l'artère mésentérique supérieure (fig. 131). Elles se portent vers le bord interne de la glande suprarénale en croisant les piliers du diaphragme. L'artère droite, plus longue que la gauche, passe en arrière de la veine cave inférieure. Chacune de ces artères se ramifie sur les deux faces des glandes suprarénales. Les artères suprarénales médianes sont inconstantes. Elles existent dans un tiers de cas à droite, dans la moitié des cas à gauche.

ARTÈRES RÉNALES. Les artères rénales sont généralement au nombre de deux, l'une, droite, l'autre, gauche. Il peut en exister 2, rarement 3, exceptionnellement 4, d'un seul côté ; simples ou doubles, elles naissent normalement des faces latérales de l'aorte, un peu au-dessous de l'artère mésentérique supérieure, au niveau de la première vertèbre lombale. De là, ces artères volumineuses se dirigent en dehors et un peu en bas jusqu'au voisinage du hile rénal, où elles se divisent en branches terminales (fig. 131). Celles-ci sont en général au nombre de deux, l'une, antérieure, l'autre, postérieure.

Dans ce trajet, les artères rénales, entourées par les plexus nerveux rénaux, sont en rapport en arrière avec les piliers du diaphragme, la chaîne sympathique abdominale et le muscle psoas.

En avant, l'artère gauche est recouverte par la veine rénale correspondante. L'artère rénale droite répond, de dedans en dehors, d'abord à la veine cave inférieure, puis à la veine rénale droite.

Les artères rénales font partie du pédicule rénal. Dans ce pédicule, l'artère et sa branche terminale antérieure sont en avant du bassinet ; elles passent en arrière de la veine rénale et de ses principales branches d'origine (voir pour détails : *Pédicule rénal*).

1. Branches. Avant de se diviser, chaque artère rénale donne de fins rameaux aux nœuds lymphatiques voisins, à la capsule adipeuse du rein, au bassinet et à la partie supérieure de l'uretère. La branche la plus importante, l'*artère suprarénale inférieure*, naît de l'artère rénale ou de l'une de ses branches terminales et gagne l'extrémité inférieure de la glande suprarénale, où elle se ramifie. ❑ Les branches terminales pénètrent dans le sinus du rein ; elles seront décrites avec les vaisseaux du rein.

ARTÈRES TESTICULAIRES ET OVARIQUES. Les artères testiculaires sont destinées aux testicules. Les artères ovariques se rendent aux ovaires et aux trompes. Les unes et les autres sont grêles, mais très longues, et leur longueur tient à la migration de la glande génitale, qui a considérablement accru la distance comprise entre l'origine et la terminaison de ces artères.

1. Origine, trajet et rapports. Elles naissent ordinairement de la face antérieure de l'aorte, à un niveau variable, dans l'intervalle compris entre les artères rénales et l'artère mésentérique inférieure (fig. 131). Elles peuvent naître à une hauteur différente à droite et à gauche.

1° Les *artères testiculaires* descendent, flexueuses, obliquement en bas et en dehors jusqu'à l'orifice profond du canal inguinal. Puis elles parcourent ce canal et descendent dans les bourses jusqu'au testicule (fig. 153). Elles sont accompagnées par les veines teticulaires et par les éléments du plexus nerveux spermatique, qui cheminent entre les vaisseaux sanguins.

Les artères testiculaires sont recouvertes à leur origine par le pancréas et le duodénum. Ensuite leurs rapports diffèrent à droite et à gauche.

L'*artère testiculaire droite* chemine, dans l'abdomen : en arrière du péritoine et de l'extrémité inférieure du mésentère ; en arrière également des artères coliques droites moyenne et inférieure qui la croisent et dont elle est séparée par le fascia d'accolement du mésocôlon ; en avant de la veine cave inférieure (quelquefois en arrière de ce vaisseau), en avant du muscle psoas et du fascia iliaca. Elle croise sur le muscle psoas la face antérieure de l'uretère et descend ensuite en dehors de ce conduit jusqu'à la bifurcation de l'artère iliaque commune. Plus loin, l'artère testiculaire droite chemine entre le péritoine et le fascia iliaca, en dehors de l'artère iliaque externe, jusqu'à l'orifice profond du canal inguinal.

L'*artère testiculaire gauche* répond : en avant au péritoine, au côlon ilio-pelvien et aux artères coliques gauches ; en arrière, au psoas et au fascia iliaca. Elle présente avec l'uretère, les artères coliques et les vaisseaux iliaques externes, les mêmes rapports qu'à droite.

Dans le canal inguinal et dans les bourses, l'artère testiculaire fait partie du cordon spermatique (voir : *Cordon spermatique et artères des testicules*).

2° Les *artères ovariques* ont le même trajet et les mêmes rapports que les artères testiculaires depuis leur origine jusqu'aux vaisseaux iliaques. À partir de là, les rapports diffèrent. Tandis que l'artère testiculaire gauche longe l'artère iliaque externe, l'ovarique croise ce vaisseau en passant en avant de lui et descend dans le ligament suspenseur de l'ovaire ou ligament lombo-ovarien vers l'extrémité supérieure de cet organe.

2. Branches. Les artères testiculaires et ovariques donnent quelques fins rameaux collatéraux à la capsule adipeuse du rein et à l'uretère. D'autres, très fins, vont au cæcum à droite, au côlon descendant à gauche (Grégoire et Tourneix).

Les *artères testiculaires* se divisent près du testicule en deux branches principales destinées au testicule et à l'épididyme (voir ces organes).

Les *artères ovariques* détachent une branche tubaire externe qui s'anastomose ensuite avec l'artère tubaire interne, branche de l'artère utérine ; elles donnent des rameaux à l'ovaire et s'anastomosent ensuite avec la branche terminale de l'artère utérine (voir : *Vaisseaux de l'ovaire*).

ARTÈRE MÉSENTÉRIQUE INFÉRIEURE

1. Origine. Autrefois appelée artère petite mésentérique elle irrigue la partie gauche du côlon et le rectum. Elle naît de la face antérieure de l'aorte, un peu à gauche de la ligne médiane, à 4 ou 5 cm environ au-dessus de la bifurcation de l'aorte, en regard : soit de l'artère lombale, soit du disque compris entre la troisième et la quatrième artères lombales, soit encore du bord supérieur de la quatrième. Cette origine est en arrière de la partie horizontale du duodénum.

2. Trajet et rapports. Cette artère se dirige d'abord en bas et un peu à gauche jusqu'à l'artère iliaque commune (fig. 136 et 139). Dans cette première partie de son trajet, l'artère, recouverte d'abord par la partie horizontale du duodénum et le fascia de Treitz, plus bas, par le péritoine, chemine sur la face antérieure d'abord, ensuite sur la face latérale de l'aorte. Toujours oblique en bas et à gauche, elle croise la chaîne sympathique, puis descend en dehors et le long de l'aorte, sur le muscle psoas, en dedans de l'uretère et des artères testiculaires (fig. 140). Quand l'artère mésentérique inférieure atteint l'artère iliaque commune, elle s'infléchit en bas et en dedans, croise les vaisseaux iliaques communs et descend dans le segment vertical de la racine du mésocôlon pelvien jusqu'à la troisième vertèbre sacrale, où elle se divise en deux branches terminales.

L'artère mésentérique inférieure est enlacée par le plexus nerveux mésentérique inférieur. Elle est encore en rapport, à son origine, avec un amas ganglionnaire nerveux pré-aortique.

Des nœuds lymphatiques du centre mésentérique inférieur jalonnent son trajet.

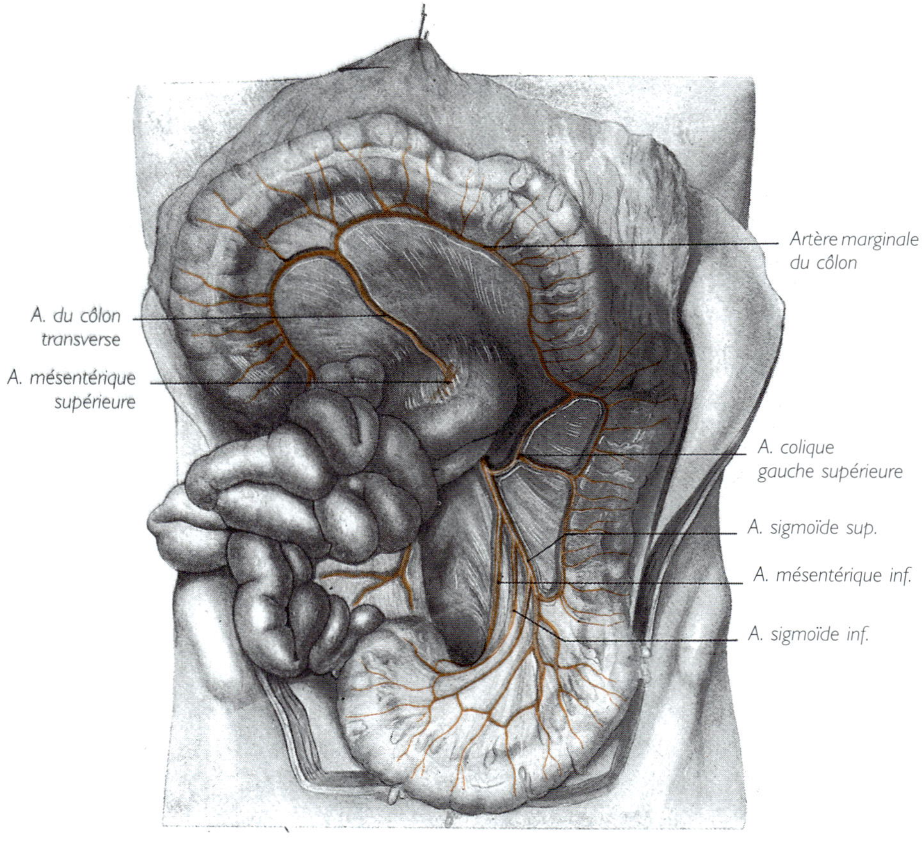

Fig. 139 ▪ Artère mésentérique inférieure.

3. Branches collatérales. L'artère mésentérique inférieure donne normalement deux branches collatérales : les artères coliques gauches supérieure et inférieure (fig. 136 et 139).

a) ARTÈRE COLIQUE GAUCHE INFÉRIEURE, OU ARTÈRE DE L'ANGLE COLIQUE GAUCHE. Elle se détache de l'artère mésentérique au-dessous du duodénum. De là, ce vaisseau se dirige en haut et à gauche, croise et longe ensuite la petite veine mésentérique, avec laquelle il forme l'arc vasculaire de Treitz (fig. 140). Avec cette veine, l'artère colique gauche supérieure passe en avant des artères testiculaires et en dedans de l'uretère. Bientôt l'artère quitte la veine petite mésentérique qui s'infléchit en dedans. Elle se divise au-dessous du mésocôlon transverse, en avant du rein, à quelques centimètres de l'angle gauche du côlon, en deux branches : ❑ l'une, ascendante, l'autre, descendante. ❑ La branche ascendante, ou droite, chemine de gauche à droite dans le mésocôlon transverse et forme, en s'anastomosant avec la branche ascendante de l'artère colique droite supérieure, l'artère marginale du côlon. ❑ L'autre, descendante, gagne presque horizontalement le côlon descendant, descend le long du bord interne du côlon et s'unit le long du côlon descendant à la branche ascendante de la première artère sigmoïde. ❑ L'artériographie du vivant montre que « l'irrigation du côlon transverse dépend presque toujours en entier de l'artère mésentérique supérieure, tandis que l'artère mésentérique inférieure ne donne généralement ses premiers rameaux qu'à partir de l'angle colique gauche » (R. et C. dos Santos).

b) ARTÈRE COLIQUE GAUCHE INFÉRIEURE, OU TRONC DES ARTÈRES SIGMOÏDES. Cette branche naît de l'artère mésentérique au-dessous et très près de l'artère colique supérieure, un peu au-dessus et en dehors de l'artère iliaque commune. Peu après son origine, elle croise la petite veine mésentérique et se divise en trois branches qui sont les artères sigmoïdes supérieure, moyenne et inférieure (fig. 140).

L'*artère sigmoïde supérieure* gagne la partie inférieure du côlon descendant et le côlon iliaque en longeant la racine gauche du mésocôlon pelvien sous le péritoine pariétal, en dehors des artères iliaques commune et externe. Elle croise l'uretère et, chez la femme, l'artère utéro-ovarique.

Les *artères sigmoïdes moyenne et inférieure* pénètrent dans le mésocôlon et vont au côlon sigmoïde. Chacune d'elles se divise, à proximité du tube intestinal, en deux branches, l'une, ascendante, l'autre, descendante, qui s'anastomosent avec les branches correspondantes des artères voisines. Il existe même à la partie moyenne du côlon sigmoïde quelques arcades artérielles de second ordre (fig. 136).

La branche descendante de l'artère sigmoïde inférieure s'anastomose soit avec l'artère rectale supérieure gauche, soit, le plus souvent, avec un rameau qui naît de l'artère mésentérique inférieure un peu au-dessus du rectum (fig. 140). On donne à ce rameau le nom de l'*artère sigmoidea ima*.

L'arcade paracolique, formée par les artères coliques anastomosées entre elles, donne naissance à des vaisseaux droits qui se ramifient sur les parois du côlon.

Il existe assez souvent une *artère du côlon descendant*, qui se détache tantôt du tronc de l'artère mésentérique, tantôt de l'artère colique gauche supérieure, ou bien de l'artère sigmoïde supérieure, ou bien encore du tronc des artères sigmoïdes (fig. 137).

4. Branches terminales. L'artère mésentérique inférieure se divise, à l'extrémité supérieure du rectum et sur le milieu de sa paroi postérieure, en deux branches terminales, les artères rectales supérieures droite et gauche. Elles se ramifient sur les parois du rectum (voir : *Vaisseaux du rectum*).

Certains auteurs font terminer l'artère mésentérique inférieure immédiatement au-dessous de l'origine de l'artère colique gauche inférieure ; ils donnent à la partie sous-jacente du tronc de l'artère mésentérique le nom d'artère rectale supérieure, et celle-ci se divise, à l'extrémité supérieure du rectum, en deux branches, qui représentent les artères rectales supérieures que nous venons de décrire.

Il nous paraît préférable de conduire l'artère mésentérique inférieure jusqu'au rectum, parce que — étant entendu que l'on réserve le nom d'artères rectales aux artères du rectum — l'artère mésentérique inférieure contribue encore à l'irrigation du côlon pelvien par l'artère sigmoidea ima qui naît souvent à peu de distance au-dessus du rectum (fig. 140).

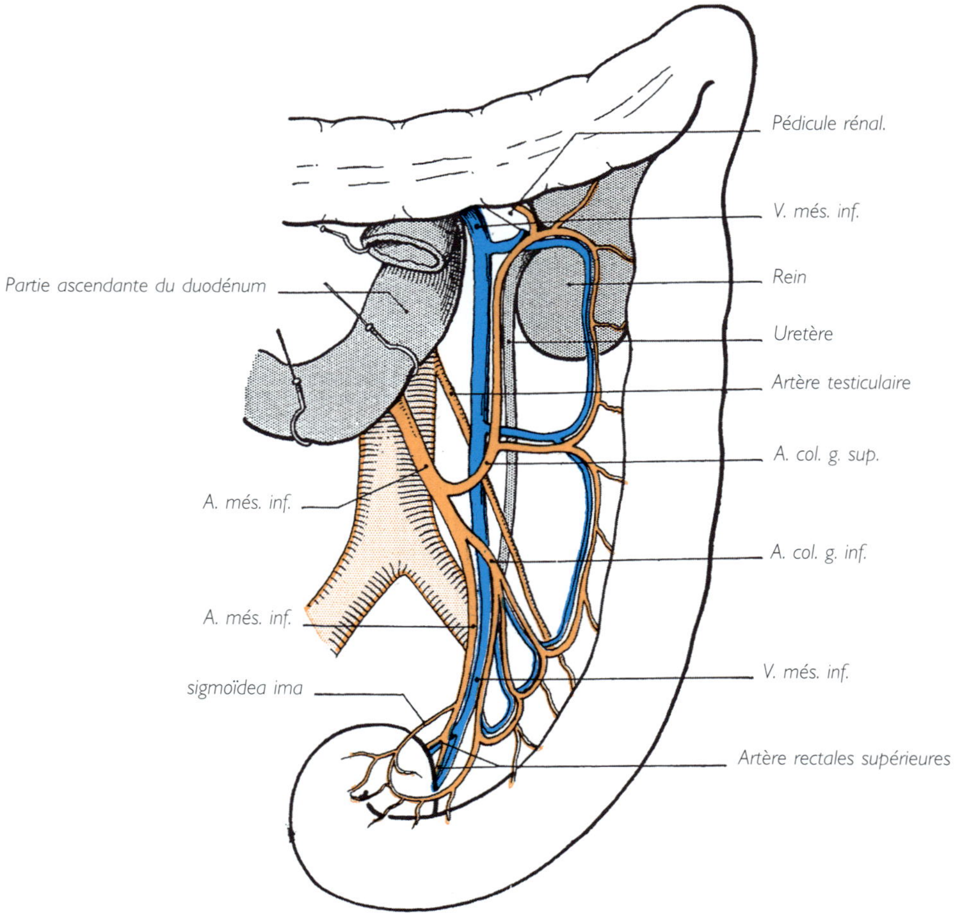

Fig. 140 ▪ Artère mésentérique inférieure et ses branches collatérales. Leurs rapports avec la veine mésentérique inférieure et l'uretère.

BRANCHES TERMINALES DE L'AORTE ABDOMINALE

L'aorte se divise ordinairement, à la hauteur du bord inférieur de la quatrième artère lombale, en trois branches terminales : une médiane, l'artère sacrale médiane, et deux latérales, les artères iliaques communes.

A. **Artère sacrale médiane.**

L'artère sacrale médiane prolonge l'aorte dans le bassin et représente le segment pelvien atrophié du tronc aortique (fig. 141).

Née de la face postérieure de l'extrémité de l'aorte, elle descend, accolée à la face antérieure de la cinquième vertèbre lombale, du promontoire, du sacrum et du coccyx, et se termine dans la glande coccygienne.

Cette artère est recouverte en haut par la veine iliaque commune. Plus bas, elle répond au côlon pelvien et au rectum.

Dans son trajet, l'artère sacrale médiane donne :

1° La *cinquième artère lombale*, analogue aux artères lombales aortiques ;

2° Des *branches latérales*, qui se portent transversalement en dehors et s'anastomosent, sur la face antérieure du sacrum, avec les rameaux internes des artères sacrales latérales ;

3° De grêles rameaux destinés à la paroi postérieure du rectum.

B. **Artères iliaques communes.**

TRAJET. De leur origine, les artères iliaques communes se dirigent obliquement en bas et en dehors, et se divisent, après un trajet de 6 cm environ, en artères iliaque externe et iliaque interne (fig. 141). Cette bifurcation se fait normalement en dedans de l'articulation sacro-iliaque en dehors du promontoire, à la hauteur du bord inférieur de la cinquième vertèbre lombale, à la hauteur également du bord postéro-supérieur de l'aile sacrale, à 3 cm environ de la ligne médiane à droite, et à 4 cm à gauche. Cependant, il n'est pas rare de voir l'artère iliaque commune se diviser un peu au-dessus ou un peu au-dessous du bord inférieur de la cinquième vertèbre lombale.

RAPPORTS. ❑ *En avant*, les artères iliaques communes sont recouvertes par le péritoine ; l'artère iliaque commune gauche constitue la paroi postérieure de la fossette intersigmoïde. Les artères testiculaires et ovariques restent en dehors d'elles. Enfin, le plus souvent, l'uretère gauche croise l'extrémité inférieure de l'artère iliaque commune, tandis que l'uretère droit passe sur l'artère iliaque externe (voir : *Uretère*). ❑ *En arrière*, les artères iliaques communes répondent aux veines homonymes, mais d'une manière différente à droite et à gauche. Suivie de bas en haut, la veine iliaque commune droite est d'abord en arrière, puis en dehors de l'artère. La veine gauche est, à son origine, située en arrière et en dedans de l'artère iliaque commune ; mais, très oblique en haut et en dedans, la veine se place bientôt en dedans et au-dessous de son artère et passe en arrière de l'extrémité supérieure de l'artère iliaque commune droite (fig. 141).

Artères et veines iliaques communes passent, de chaque côté, en avant d'une dépression profonde comprise entre le corps de la cinquième vertèbre lombale et le muscle psoas, et dont le fond est constitué par l'aile sacrale. On trouve dans cet enfoncement, appelé par Cunéo et Marcille, *fosse lombo-sacrale* : le tronc lombo-sacral ; en dehors de ce tronc, le nerf obturateur et l'artère ilio-lombale ; en avant de ces vaisseaux et nerfs, le groupe moyen des nœuds lymphatiques iliaques communs ; enfin, la cinquième artère lombale s'engage dans cette dépression appliquée sur la face latérale de la cinquième vertèbre lombale.

■ **BRANCHES COLLATÉRALES.** Les artères iliaques primitives ne donnent aucune collatérale de quelque importance. Nous signalerons seulement une *artère urétérale inférieure* qui peut naître encore de l'iliaque interne.

■ **BRANCHES TERMINALES.** Les artères iliaques communes se divisent en artère iliaque externe et artère iliaque interne.

1. Artère iliaque externe

a) TRAJET ET RAPPORTS. L'artère iliaque externe, branche de bifurcation externe de l'artère iliaque commune, s'étend, le long de la partie antéro-interne du muscle psoas, depuis cette bifurcation jusqu'au ligament inguinal, où elle devient l'artère fémorale (fig. 141).

Elle est en rapport : ❑ *en avant*, avec le péritoine qui la recouvre, avec l'uretère qui, dans la plupart des cas, croise l'extrémité supérieure de l'artère iliaque externe droite, avec les vaisseaux utéro-ovariques qui, « d'une façon constante, croisent à gauche aussi bien qu'à droite » l'artère iliaque externe (Proust et Maurer) ; ❑ *en dehors*, avec le muscle psoas, avec le nerf génito-fémoral qui longe son bord externe, de plus, l'artère iliaque gauche est longée en dehors par la racine externe du mésocôlon pelvien, tandis que l'artère droite répond au cæcum et à l'appendice ; ❑ *en dedans*, avec la veine iliaque externe qui, de bas en haut, tend à s'insinuer derrière l'artère ; avec le canal déférent ou le ligament rond qui croisent l'anse de l'artère épigastrique inférieure ; ❑ *en arrière*, avec le muscle psoas en bas, avec le muscle psoas et la veine iliaque externe en haut. On trouve enfin, le long de cette artère, les centres externe et moyen des nœuds lymphatiques iliaques externes. ❑ Artère et veine sont enveloppées d'une gaine fibreuse étroitement unie en dehors au fascia du muscle psoas.

b) BRANCHES COLLATÉRALES. L'artère iliaque externe donne, près du ligament inguinal, deux collatérales, l'artère épigastrique inférieure et l'artère circonflexe iliaque profonde.

ARTÈRE ÉPIGASTRIQUE INFÉRIEURE. Cette artère naît sur le côté interne de l'artère iliaque externe, à quelques millimètres en arrière et au-dessus du ligament inguinal (fig. 142). De ce point, l'artère épigastrique inférieure se porte d'abord en dedans sur une longueur de 1 cm environ, puis elle s'infléchit et monte obliquement en haut et en dedans vers l'ombilic.

L'artère épigastrique décrit donc à son origine une courbe, l'arc de l'artère épigastrique inférieure, qui est situé : en arrière de l'arcade et de la lèvre inféro-interne de l'orifice profond du canal inguinal, au-dessus de la veine iliaque, au-dessous du

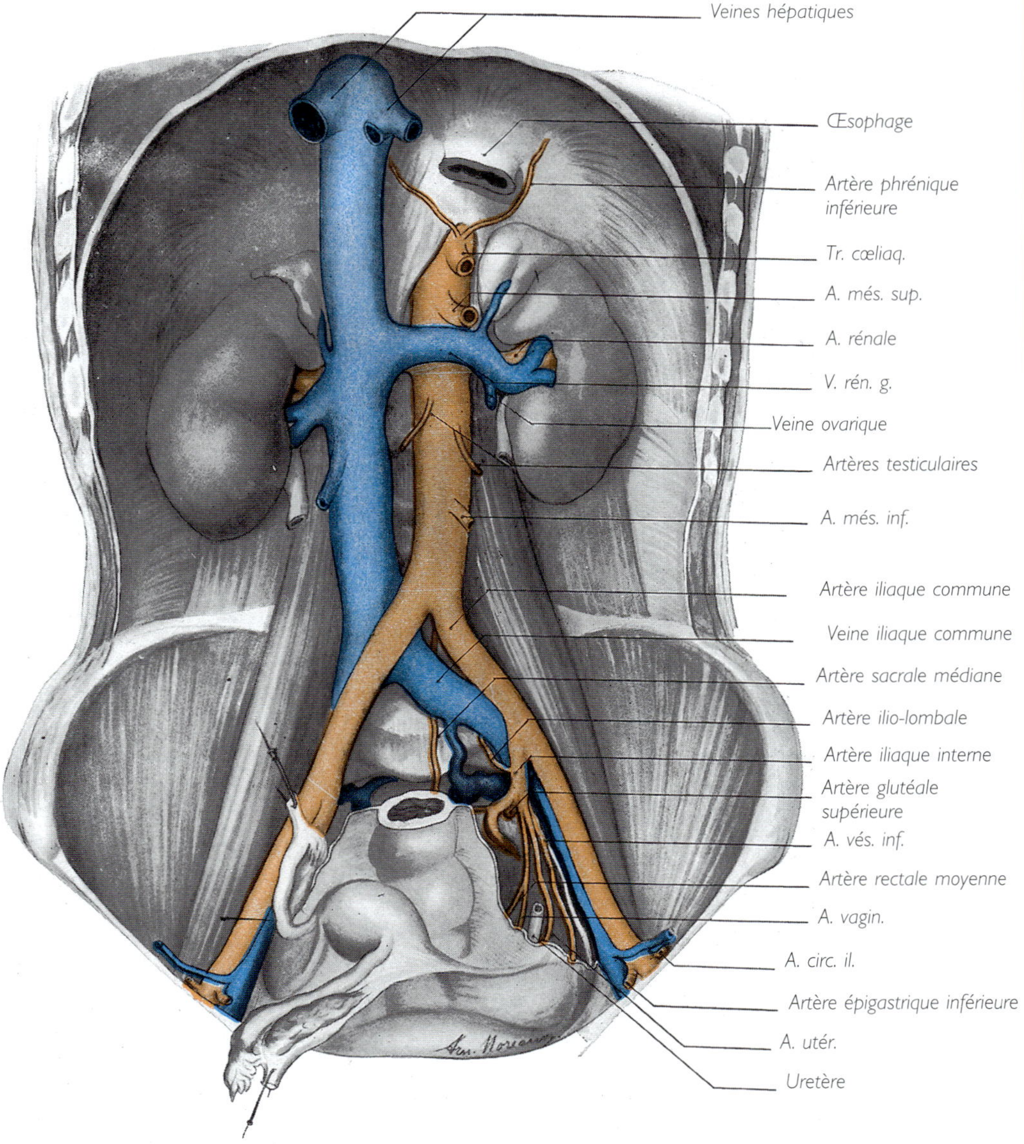

Fig. 141 ▪ Aorte, veine cave inférieure et vaisseaux iliaques.

conduit déférent ou du ligament rond qui s'appuient sur sa concavité pour passer du canal inguinal dans le bassin (fig. 142).

Dans son segment oblique en haut et en dedans, l'artère épigastrique inférieure suit une direction qui est indiquée par une ligne menée du milieu du ligament inguinal à l'ombilic (Gilis). Dans ce trajet, l'artère se rapproche peu à peu du muscle grand droit, croise le bord externe de ce muscle et s'engage peu après sous la ligne arquée.

Jusqu'à la ligne arquée, l'artère épigastrique inférieure est située en avant du fascia transversalis (Grégoire). À partir de la ligne arquée, elle monte dans la gaine du muscle droit et en arrière du corps charnu, jusqu'à l'ombilic. L'artère pénètre alors dans le muscle, où elle s'épuise.

D'après Salmon et Dor, un ou plusieurs de ces rameaux s'anastomosent, le plus souvent, dans l'épaisseur du muscle avec une ou plusieurs ramifications terminales, visibles à l'œil nu, de la branche abdominale ou interne de l'artère thoracique interne.

D'autres rameaux de l'artère épigastrique inférieure vont aux téguments et s'unissent, dans le tissu cellulaire sous-cutané, aux ramifications terminales de l'artère sous-cutanée abdominale, des artères lombales et de l'artère thoracique interne.

(Pour les rapports de l'artère, voir : *Paroi antéro-latérale de l'abdomen.*)

Branches collatérales. L'artère épigastrique inférieure donne trois collatérales principales qui, bien que de petit calibre, méritent une mention spéciale. Ce sont l'*artère crémastérique*, l'*anastomose avec l'artère obturatrice* et le *rameau pubique de l'artère épigastrique inférieure.*

L'*artère crémastérique* naît de l'arc de l'artère épigastrique inférieure, pénètre dans le canal inguinal avec la gaine fibreuse du cordon ou du ligament rond, descend en arrière de cette gaine et s'épuise dans les enveloppes du testicule ou dans les grandes lèvres.

Le *rameau obturateur* descend en arrière du bord externe du ligament lacunaire et de la branche horizontale du pubis ; il s'anastomose avec l'artère obturatrice à son entrée dans le canal sous-pubien (fig. 142).

Le *rameau pubique de l'artère épigastrique inférieure* se détache de l'artère épigastrique inférieure, soit isolément, soit par un tronc commun avec le précédent. Il se dirige en dedans jusqu'au voisinage de la symphyse.

ARTÈRE CIRCONFLEXE ILIAQUE PROFONDE. L'artère circonflexe iliaque se détache du côté externe de l'artère iliaque externe, à peu près au même niveau que l'artère épigastrique inférieure (fig. 142). Elle se porte en haut et en dehors, en arrière et le long du ligament inguinal, dans un étroit espace prismatique compris entre le ligament inguinal en avant, le fascia transversalis en arrière et le fascia iliaca en bas (fig. 84 A). Un peu avant d'atteindre l'épine iliaque antéro-supérieure, elle détache parfois un rameau ascendant appelé artère *épigastrique latérale* (Stieda). L'artère circonflexe iliaque profonde arrive ainsi à l'épine iliaque antéro-supérieure, où elle se divise en deux branches terminales, l'une, abdominale, l'autre, iliaque.

La *branche abdominale ou ascendante* se ramifie dans l'épaisseur de la paroi abdominale. Ses rameaux s'anastomosent avec ceux de l'artère sous-cutanée abdominale et des artères lombales.

La *branche iliaque ou circonflexe* perfore le muscle transverse et chemine le long de la crête iliaque dans l'interstice compris entre les muscles transverse et petit oblique. Elle donne des rameaux aux muscles de la paroi abdominale et à l'artère iliaque ;

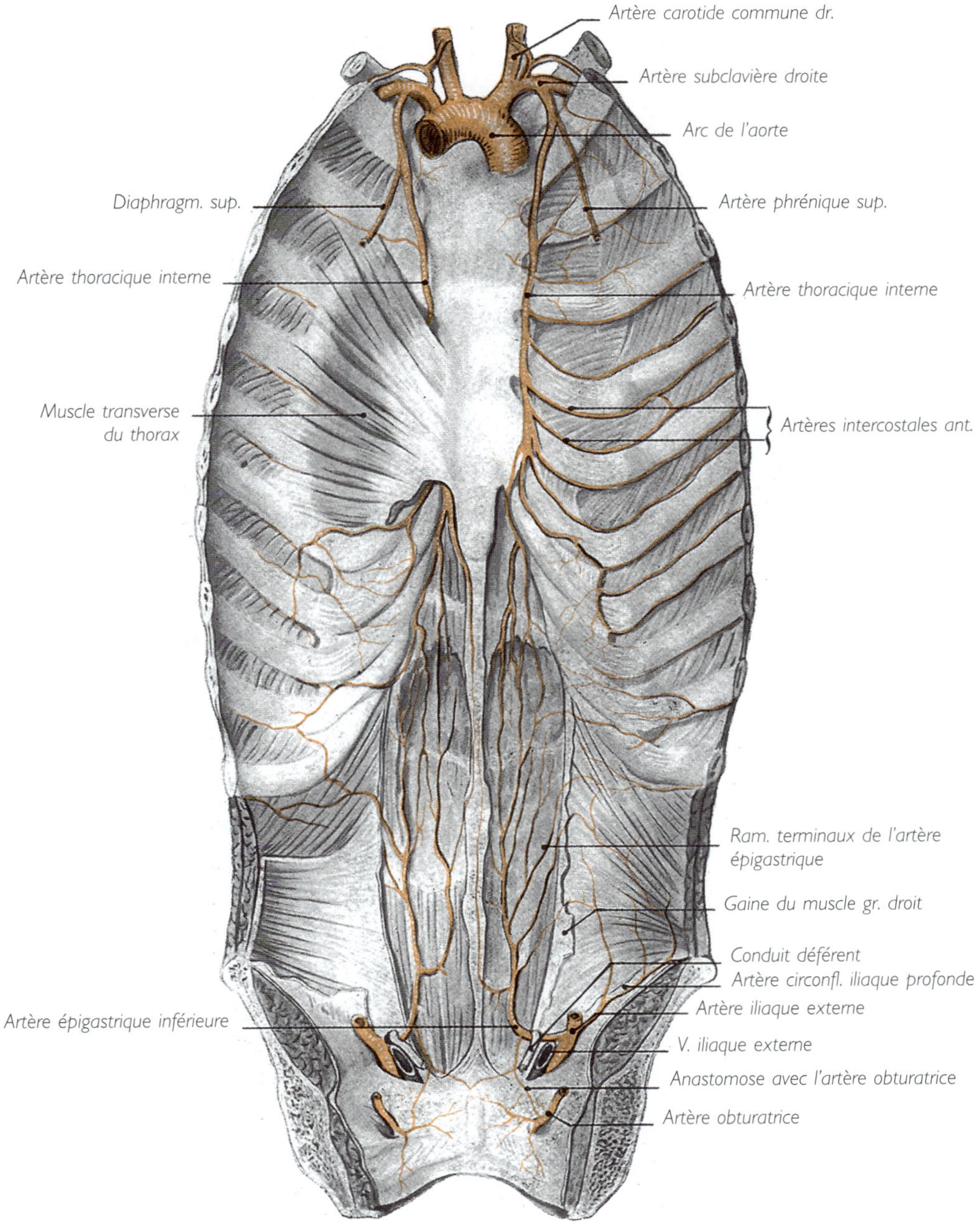

Fig. 142 ▪ Artères thoraciques internes et épigastriques inférieures (d'après Bonamy, Broca et Beau).

ces rameaux s'anastomosent avec ceux des artères lombales et de l'artère ilio-lombale.

2. Artère iliaque interne

a) TRAJET ET RAPPORTS. L'artère iliaque interne est la branche de bifurcation interne de l'artère iliaque commune. Elle est destinée aux organes intrapelviens et aux parois du bassin.

Dans la plupart des cas, cette artère, longue de 4 cm environ, se sépare à angle aigu de l'artère iliaque externe et descend à peu près verticalement en avant de l'aile sacrale en dedans du muscle psoas, en arrière et près de l'artère iliaque externe qui se projette sur elle et la cache en partie. L'artère iliaque interne croise ensuite le détroit supérieur et plonge dans le bassin en avant de l'articulation sacro-iliaque, suivant une direction légèrement oblique en arrière et en bas. Elle se termine ordinairement un peu au-dessus de la grande incisure ischiatique. ❑ Quand la bifurcation de l'artère iliaque commune est haute, l'artère iliaque interne s'accole tout d'abord à l'artère iliaque externe sur une longueur de 1 cm environ, puis elle descend dans la cavité pelvienne.

Dans ce court trajet, l'artère iliaque interne est accompagnée par la veine iliaque interne et par l'uretère (fig. 143).

La veine iliaque interne droite est en dehors de l'artère. La veine gauche monte en dehors et en arrière du tronc artériel.

❑ L'uretère droit descend en avant de l'artère iliaque interne. ❑ L'uretère gauche est situé en arrière et en dedans de l'artère. Cependant, cette disposition n'est pas constante, car la position de l'uretère vis-à-vis de l'artère iliaque interne varie selon que ce conduit a croisé l'iliaque externe ou l'artère iliaque commune (voir : *Uretère*).

Le nerf obturateur passe en dehors des artères et veines iliaques internes.

Les nœuds lymphatiques iliaques internes siègent surtout au voisinage de l'origine de ses branches.

(Voir encore, au sujet des rapports de l'artère iliaque interne : *Nerf obturateur, Côlon pelvien, Mésocôlon pelvien* et *Ovaires*.)

b) BRANCHES. L'artère iliaque interne se termine parfois au niveau, mais le plus souvent un peu au-dessus du bord supérieur de la grande incisure sciatique, en donnant douze branches.

Ces branches naissent tantôt directement de l'artère iliaque interne, tantôt et le plus souvent par deux troncs, l'un, antérieur, l'autre, postérieur.

Le *tronc antérieur* donne : les artères obturatrice, ombilicale, glutéale inférieure, pudendale interne, vésicale inférieure, rectale moyenne, le rameau prostatique de l'artère vésicale inférieure et l'artère du conduit déférent ; ces deux derniers sont remplacés chez la femme par les artères utérine et vaginale. L'artère glutéale inférieure et l'artère pudendale interne, les plus volumineuses de toutes, apparaissent généralement comme deux branches de bifurcation du tronc antérieur.

Le *tronc postérieur* se divise en quatre branches : l'artère ilio-lombale, les artères sacrales latérales supérieure et inférieure, et l'artère glutéale supérieure.

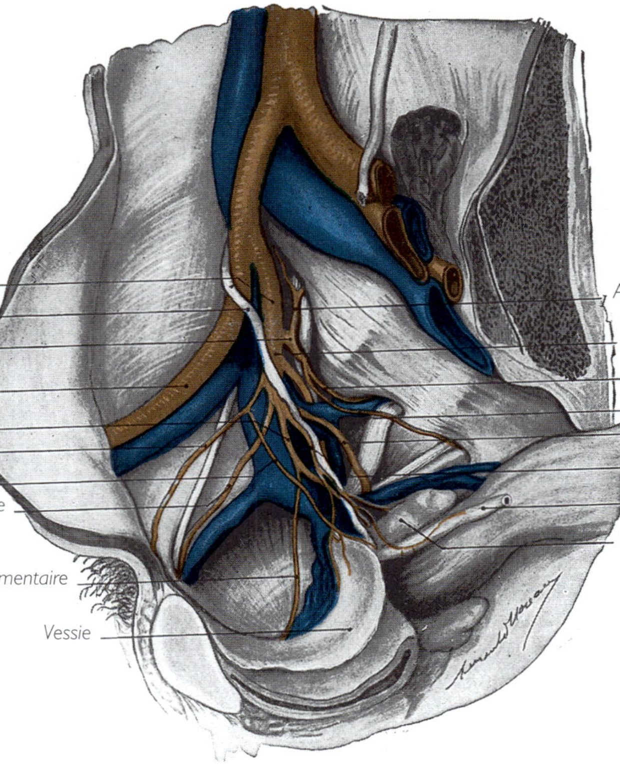

Fig. 143 ▪ Vaisseaux iliaques externes et internes chez l'homme.

Les modalités d'origine de ces diverses branches, soit sur l'artère iliaque interne, soit sur l'un de ses troncs terminaux, sont très nombreuses. Chacune d'elles peut se détacher isolément ou bien naître de l'une des branches voisines. C'est ainsi que l'on voit fréquemment l'artère vésicale inférieure, l'artère du conduit déférent et le rameau prostatique de l'artère vésicale inférieure provenir d'une racine commune.

Parmi ces branches, les unes vont aux organes intrapelviens, d'autres à la paroi pelvienne. On peut, à ce point de vue, distinguer trois catégories de branches : les *branches viscérales*, les *branches pariétales intrapelviennes* et les *branches pariétales extrapelviennes*.

Les artères et veines iliaques internes et leurs branches occupent l'espace pelvi-rectal supérieur compris entre le péritoine d'une part et les parois de la cavité pelvienne d'autre part. Les rapports intrapelviens de ces vaisseaux, chez l'homme et chez la femme, seront détaillés plus loin à propos des divers organes intrapelviens.

BRANCHE VISCÉRALE. ***Artère ombilicale***. L'artère ombilicale s'étend de l'artère iliaque interne à l'ombilic. Chez le fœtus, cette artère, qui est de très gros calibre, traverse l'ombilic avec l'allantoïde et porte le sang au placenta. Chez l'adulte, elle finit à l'ombilic.

De son origine, l'artère ombilicale se porte obliquement en bas et en avant jusqu'à la paroi latérale de la vessie. Elle s'incline ensuite en haut et en dedans et monte d'abord le long du bord latéral de la vessie (vessie vide) ou de sa face latérale (vessie distendue), puis sur la paroi abdominale.

L'artère ombilicale n'est perméable chez l'adulte que dans sa partie pelvienne, où elle donne naissance à deux ou trois rameaux, les *artères vésicales supérieures*. Celles-ci se ramifient sur la partie latérale et supérieure de la vessie (fig. 143 et 144).

Artère vésicale inférieure. Cette artère se dirige en bas, en avant et en dedans, et se ramifie sur la paroi postéro-inférieure de la vessie. Elle fournit également quelques rameaux aux vésicules séminales et à la prostate chez l'homme, au vagin et à l'urètre chez la femme.

Rameau prostatique de l'artère vésicale inférieure. Le rameau prostatique de l'artère vésicale inférieure naît le plus souvent de l'une des autres branches viscérales de l'artère iliaque interne. Il se ramifie sur la face latérale de la prostate et sur la partie de la vessie adjacente à la prostate.

Artère du conduit déférent. Elle se porte, comme les précédentes, en avant, en bas et en dedans et se distribue à la vésicule séminale et à la paroi postéro-inférieure de la vessie.

Elle donne auparavant un rameau au conduit déférent, l'*artère du conduit déférent*. Celle-ci se divise, en abordant le canal déférent, en deux branches : ❑ l'une, postérieure, descend le long de ce conduit jusqu'à la prostate ; ❑ l'autre, antérieure, est l'*artère du conduit déférent proprement dite*, elle chemine accolée au conduit déférent jusqu'à l'épididyme, où elle s'anastomose avec des ramifications de l'artère testiculaire.

Artère utérine. *Origine, trajet et rapports.* Tout d'abord, l'artère utérine descend accolée à la paroi pelvienne sur une longueur de 5 à 6 cm, à peu près jusqu'au niveau de l'épine ischiatique (Rieffel). Dans cette première partie de son trajet, l'artère est placée en arrière et en dehors de l'uretère (fig. 144) et croise en bas l'extrémité inférieure de la fossette ovarique.

Elle change ensuite de direction, se porte en dedans et passe au-dessous des ligaments larges. Dans ce court segment, l'artère utérine croise l'uretère en passant en avant et au-dessus de lui. Ce croisement se fait à 15 ou 20 mm en dehors du col et un peu au-dessous de l'isthme utérin (fig. 144) ; ❑ voir, pour détails : *Uretère* (et fig. 387).

Après avoir croisé l'uretère, l'artère utérine s'infléchit vers le haut, et pénètre dans la base des ligaments larges en décrivant une courbe, la *crosse de l'artère utérine* (Charpy), dont le sommet est à 15 mm environ au-dessus et en dehors du cul-de-sac latéral du vagin (Commandeur).

L'artère monte en se rapprochant de l'utérus et longe ensuite le bord latéral du corps utérin. Le long de l'utérus, l'artère utérine est légèrement sinueuse chez la nullipare, mais présente au contraire chez la multipare des flexuosités très accentuées.

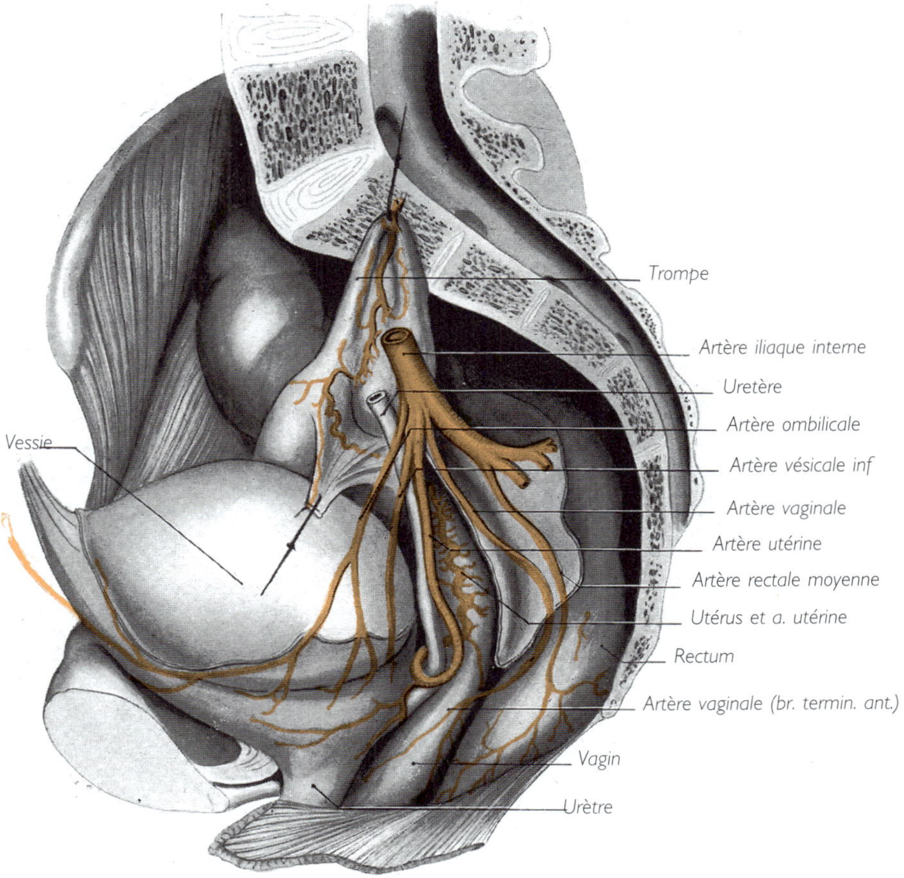

Fig. 144 ▪ Artère iliaque interne ; ses branches viscérales chez la femme (d'après Farabeuf).

L'artère se sépare du bord de l'utérus un peu au-dessous de son angle latéral et se porte de dedans en dehors, au-dessous du ligament utéro-ovarien, jusqu'à l'extrémité inférieure de l'ovaire, où elle s'anastomose avec l'artère ovarique (voir fig. 376).

Branches collatérales. Elles sont nombreuses. Nous les décrirons dans l'ordre suivant lequel elles naissent de l'artère utérine.

1° Le *rameau urétéral* se détache de l'artère quand celle-ci croise l'uretère.

2° Les *rameaux vésico-vaginaux* naissent de l'utérine en nombre variable dans le voisinage immédiat de l'artère uretère, en amont et en aval du croisement de ce canal par l'artère. Ils se distribuent à la paroi postéro-inférieure de la vessie et à la paroi antérieure du vagin.

3° L'*artère cervico-vaginale*, généralement volumineuse, se détache de la crosse de l'artère utérine et se ramifie sur le col de l'utérus et sur le cul-de-sac latéral du vagin.

4° Les *rameaux utérins* sont nombreux et flexueux. Ils se distinguent en rameaux du col et rameaux du corps.

Les *rameaux du col* ont un assez long trajet en dehors de l'utérus.

Les *rameaux du corps* pénètrent aussitôt dans la paroi utérine, à l'exception de la plus élevée des artères du corps, appelée par Fredet *artère récurrente du fond de l'utérus*. Ce rameau naît de l'artère utérine alors qu'elle s'est déjà éloignée du corps de l'utérus pour gagner l'ovaire (voir fig. 376).

5° Le *rameau tubaire* prend naissance au voisinage de l'angle utérin. Il se dirige de dedans en dehors dans le mésosalpinx, à quelque distance au-dessous de la trompe, et s'anastomose avec la branche tubaire externe de l'artère ovarique. Il est considéré par certains comme une branche terminale de l'artère utérine (voir fig. 376).

6° Les *rameaux ovariques* se détachent de la terminaison de l'artère utérine, c'est-à-dire de l'anastomose qui l'unit à l'artère ovarique.

Artère vaginale. Cette artère, appelée encore *artère vaginale longue* pour la distinguer des branches vaginales de l'artère utérine, se dirige en bas, en dedans et en avant. Elle se divise, un peu au-dessous de l'extrémité supérieure du bord latéral du vagin, en deux rameaux qui se ramifient sur les parois antérieure et postérieure du vagin (fig. 144).

Artère rectale moyenne. L'artère rectale moyenne se porte en bas et en dedans et se ramifie sur la partie latérale et inférieure de l'ampoule rectale. Cette artère s'anastomose avec l'artère rectale supérieure, branche de l'artère mésentérique inférieure, et avec l'artère rectale inférieure, branche de l'artère pudendale interne (fig. 274).

BRANCHES PARIÉTALES INTRAPELVIENNES. Au nombre de trois : l'artère ilio-lombale, l'artère sacrale latérale supérieure et l'artère sacrale latérale inférieure, ces branches naissent en général du tronc postérieur de l'artère iliaque interne (fig. 143).

Artère ilio-lombale. L'artère ilio-lombale monte en arrière du tronc de l'artère iliaque interne, en avant du nerf lombo-sacral (fig. 143), et pénètre dans la fosse lombo-sacrale comprise entre la cinquième vertèbre lombale et le muscle psoas. Elle se divise là en deux branches terminales, l'une, postérieure, ou ascendante, l'autre, transversale.

La *branche ascendante* s'épuise dans les muscles psoas, carré des lombes et spinaux. Elle donne encore parfois un rameau spinal qui supplée celui de l'artère lombale.

La *branche transversale* ou *iliaque* se porte en dehors, sous le muscle psoas, et se divise en deux rameaux, l'un, superficiel, l'autre, profond. Ces rameaux cheminent l'un au-dessus, l'autre au-dessous du muscle iliaque, et s'anastomosent avec l'artère circonflexe iliaque.

Artère sacrale latérale supérieure. Elle se porte en dedans, pénètre dans le premier foramen sacral pelvien et se divise en deux rameaux : ❑ l'un, *spinal*, pour le canal sacral ; ❑ l'autre, *dorsal*, qui traverse le foramen sacral dorsal et se perd dans les parties molles situées en arrière du sacrum.

Artère sacrale latérale inférieure. Celle-ci descend en avant des nerfs sacraux et en regard des foramens sacraux pelviens. Elle se termine en s'anastomosant avec la dernière des branches latérales de l'artère sacrale médiane.

L'artère sacrale latérale donne : ❑ des *rameaux externes* pour les muscles piriforme et ischio-coccygien ; ❑ des *rameaux internes* qui s'anastomosent avec les branches latérales de l'artère sacrale médiane ; ❑ des *rameaux dorso-spinaux*. Ceux-ci s'enfoncent dans les deuxième, troisième et quatrième foramens sacraux pelviens, et se divisent en un rameau spinal et un rameau dorsal qui ont la même disposition que ceux de l'artère sacrale latérale.

BRANCHES PARIÉTALES EXTRAPELVIENNES. Les branches pariétales extrapelviennes sont : l'artère glutéale supérieure, l'artère glutéale inférieure, l'artère obturatrice et l'artère pudendale interne.

Artère glutéale supérieure ou artère fessière. L'artère glutéale supérieure, la plus volumineuse des branches de l'artère iliaque interne, continue le tronc terminal postérieur de cette artère.

Elle se dirige d'abord en bas, en arrière et en dehors, passe entre le tronc lombosacral et le premier nerf sacral, traverse ensuite la grande incisure ischiatique au-dessus du muscle piriforme et pénètre dans la région glutéale. L'artère se divise aussitôt en deux branches, l'une superficielle, l'autre, profonde. La première se distribue au muscle grand fessier. La deuxième se ramifie entre les muscles glutéaux (voir, pour détails, t. III : *Artère fessière*).

Artère obturatrice. *Trajet et rapports.* L'artère obturatrice descend obliquement en avant et en bas sur la paroi latérale de l'excavation pelvienne ; puis elle s'engage dans le canal sous-pubien où elle se divise en deux branches terminales, l'une, antérieure, l'autre, postérieure.

Dans le bassin, l'artère obturatrice est appliquée sur le fascia du muscle obturateur interne, entre le nerf obturateur qui est au-dessus et la veine qui est au-dessous. Chez la femme, les vaisseaux et le nerf obturateur croisent en dehors la fossette ovarique et l'attache latérale du ligament large.

Dans le canal sous-pubien, le nerf se place en dehors des vaisseaux (voir t. III : *Région obturatrice*).

Branches collatérales. L'artère obturatrice donne, dans son trajet intrapelvien : ❑ 1° des *rameaux musculaires* pour les muscles iliopsoas et obturateur interne ; ❑ 2° un *rameau vésical* destiné à la partie antéro-inférieure de la vessie ; ❑ 3° une *branche rétro-pubienne* dont les ramifications en arrière de la symphyse s'anastomosent avec celles du côté opposé (fig. 142).

L'artère obturatrice s'anastomose encore avec l'artère épigastrique inférieure ou avec sa branche sus-pubienne, par un rameau parfois très volumineux (fig. 142).

Branches terminales. La *branche antérieure* contourne en avant, de haut en bas, le foramen obturé et se distribue à la partie supérieure et médiale de la cuisse. ❑ La *branche postérieure* descend le long du bord postérieur du foramen obturé et donne des rameaux à l'articulation coxo-fémorale et aux muscles voisins. Elle s'anastomose avec la branche antérieure et avec l'artère glutéale inférieure (voir, pour détails, t. III : *Artère obturatrice*).

Artère glutéale inférieure. Celle-ci est la plus grosse branche du tronc terminal antérieur. Elle descend en avant du fascia du plexus sacral qu'elle traverse bientôt en passant entre les deuxième et troisième nerfs sacraux. L'artère glutéale inférieure sort du

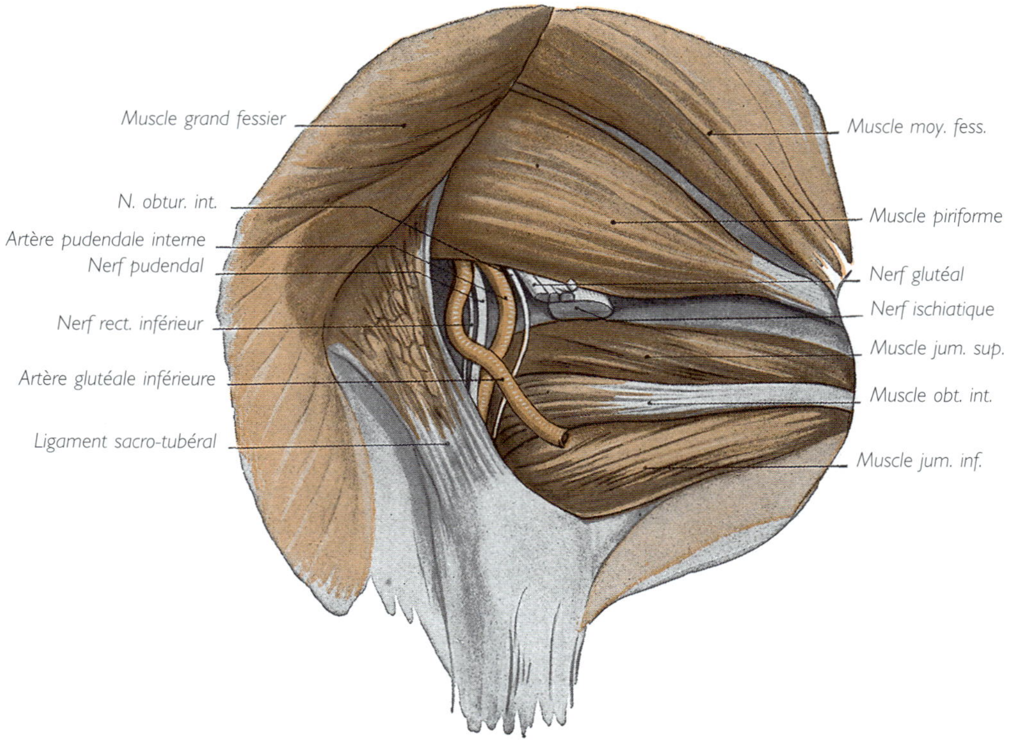

Fig. 145 ▪ Rapports des vaisseaux et nerfs qui traversent la grande incisure ischiatique au-dessous du muscle piriforme.

bassin par la partie inférieure de l'incisure ischiatique, au-dessous du muscle piriforme et en dedans des artères et nerfs pudendaux internes (fig. 145). L'artère traverse de haut en bas la région glutéale, où elle donne de nombreuses collatérales, puis elle descend dans la cuisse, où elle s'anastomose avec l'artère perforante supérieure, branche de l'artère profonde de la cuisse (voir, pour détails, t. III : *Artère ischiatique*).

Artère pudendale interne. L'artère pudendale interne est l'artère du périnée et des organes génitaux externes.

Trajet. De son origine sur le tronc terminal antérieur de l'artère iliaque interne, l'artère pudendale interne descend d'abord dans l'excavation pelvienne où l'artère chemine en avant du plexus sacral, puis au-dessous du bord inférieur de ce plexus et en dehors du nerf pudendal qui fait suite à la quatrième vertèbre sacrale. Elle pénètre ensuite dans la région glutéale par la partie inférieure de la grande incisure ischiatique. L'artère ne fait qu'apparaître dans cette région, car elle contourne l'épine ischiatique et s'enfonce dans le périnée.

Dans le périnée, l'artère pudendale interne chemine d'abord obliquement en bas et en avant, sur la paroi externe de la fosse ischio-anale, puis obliquement en avant et en haut, le long de la branche ischio-pubienne, jusqu'au bord inférieur de la sym-

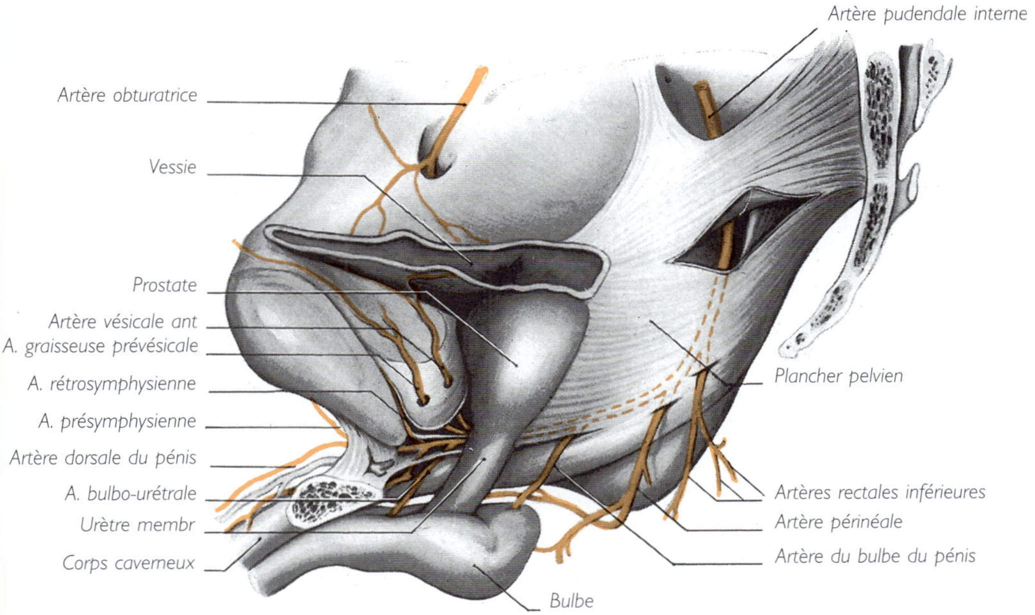

Fig. 146 ▪ Artère pudendale interne chez l'homme (d'après Farabeuf).

physe, où elle donne sa branche terminale, l'artère dorsale du pénis ou du clitoris (fig. 146 et 147).

Rapports. *Dans la cavité pelvienne,* l'artère pudendale interne descend à peu près verticalement, séparée du plexus sacral par le fascia qui recouvre ce plexus.

Quand l'artère pénètre dans la *région glutéale,* elle est placée au-dessous du muscle piriforme et en dehors de l'artère glutéale inférieure. Mais, après avoir contourné le sommet de l'épine ischiatique et avant de s'enfoncer dans le périnée, l'artère pudendale interne croise en avant l'artère glutéale inférieure (fig. 145).

Dans le périnée postérieur, l'artère est placée avec la veine pudendale interne et le nerf pudendal, dans la paroi externe de la fosse ischio-anale, dans un dédoublement du fascia du muscle obturateur interne, appelé *canal pudendal* (voir : *Nerf pudendal* et *Fosse ischio-anale*).

Dans le périnée antérieur, l'artère pudendale interne longe la branche ischio-pubienne, au-dessus du plan musculo-fascial moyen du périnée, toujours comprise dans un canal fascial. Ce canal occupe l'angle de jonction du fascia du muscle obturateur interne avec le feuillet profond du fascia moyen. Il est fermé en haut par une lame fibreuse qui s'unit en dehors au fascia du muscle obturateur, en dedans au fascia moyen (voir : *Fascia du périnée*).

L'artère passe enfin en avant du bord antérieur du fascia moyen, c'est-à-dire du fascia supérieur du diaphragme uro-génital, et se place sous la symphyse, sur la face dorsale du corps caverneux, où elle devient artère dorsale du pénis (fig. 147).

L'artère pudendale interne est partout accompagnée par la veine pudendale interne et par le nerf pudendal ou le nerf dorsal du pénis. Nous indiquerons les rapports précis qu'elle présente avec eux en décrivant le nerf pudendal et le périnée.

Branches collatérales. L'artère pudendale interne ne donne dans l'excavation pelvienne aucun rameau de quelque importance.

Elle fournit dans la région glutéale une branche musculaire qui se rend au muscle grand fessier à travers le ligament sacro-tubéral.

Ses branches les plus importantes appartiennent au périnée. Ce sont : les artères rectales inférieures, périnéale, bulbo-urétrale, caverneuse, vésicale antérieure, graisseuse prévésicale, enfin les artères rétro et pré-symphysiennes (fig. 146 et 147).

Les *artères rectales inférieures*, en nombre variable (une, deux ou trois), naissent dans la fosse ischio-anale. Elles se portent en dedans et en bas, à travers la fosse ischio-anale, se distribuent aux parois du canal anal et à la peau de la partie anale du périnée. Ces artères s'anastomosent avec les autres artères rectales.

L'*artère périnéale* se sépare de l'artère pudendale interne en regard du bord postérieur du muscle transverse superficiel du périnée. Elle contourne le bord postérieur de ce muscle et se porte en avant et en dedans, sous le fascia, le long de la dépression qui sépare les muscles ischio-caverneux de ceux des gouttières vertébrales. Elle fournit aux trois muscles du triangle ischio-bulbaire. Ensuite, l'artère devient superficielle et se termine dans la partie postérieure des bourses, des grandes lèvres et des petites lèvres.

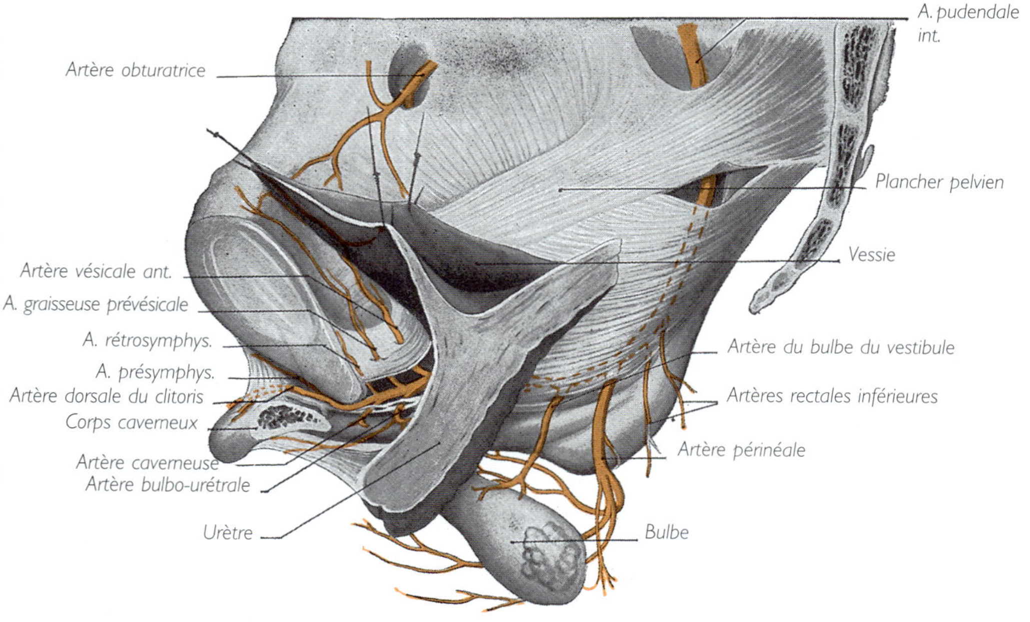

Fig. 147 ▪ Artère pudendale interne chez la femme (d'après Farabeuf).

L'*artère du bulbe du pénis* naît en avant de la précédente. Elle se porte en dedans, entre les deux feuillets du fascia moyen, et aborde le bulbe par sa face supérieure, en arrière de l'urètre chez l'homme, par son extrémité postéro-externe chez la femme (fig. 147).

L'*artère bulbo-urétrale* ou *urétrale* se détache de l'artère pudendale interne, un peu en arrière de la symphyse pubienne. Oblique en dedans et en bas, cette artère traverse le fascia moyen près de son extrémité antérieure ; peu après, elle disparaît dans la paroi supérieure du corps spongieux, près de la ligne médiane et au voisinage de l'angle d'union des deux corps caverneux.

Chez la femme, l'artère bulbo-urétrale passe au-dessous de la racine du clitoris, et se termine en avant dans le réseau veineux intermédiaire (Kobelt).

L'*artère caverneuse* naît à peu près au même niveau que la précédente et gagne, à travers le plan moyen du périnée, le corps caverneux correspondant.

L'*artère vésicale antérieure* est un rameau grêle qui monte sur la face antérieure de la prostate et de la vessie chez l'homme, de l'urètre et de la vessie chez la femme. Elle s'anastomose avec le rameau vésical de l'artère obturatrice, ainsi qu'avec les ramifications des branches vésicales de l'artère ombilicale.

L'*artère graisseuse prévésicale* (Farabeuf) se rend au tissu adipeux de l'espace prévésical.

L'*artère rétro-symphysienne* (Farabeuf) est encore une branche très fine qui s'anastomose avec le rameau rétro-pubien de l'artère obturatrice.

L'*artère présymphysienne* (Farabeuf), extrêmement ténue, monte sur la face antérieure de la symphyse et s'anastomose avec les autres artérioles présymphysiennes. Ces trois dernières ramifications sont inconstantes.

Branche terminale. Quand l'artère pudendale interne arrive sous la symphyse, elle prend le nom d'artère dorsale du pénis ou du clitoris.

L'*artère dorsale du pénis* traverse la lame latérale du ligament suspenseur du pénis. Elle chemine ensuite sur la face dorsale de cet organe, le long et en dehors de la veine dorsale profonde du pénis. Elle se termine en formant avec celle du côté opposé, autour de la base du gland, un anneau artériel d'où s'échappent des rameaux pour le prépuce et le gland. Sur tout son trajet, l'artère dorsale du pénis envoie : 1° des *rameaux superficiels* aux téguments ; 2° des *rameaux profonds*, les uns internes pour le corps caverneux, les autres externes qui vont au corps spongieux en contournant le corps caverneux.

L'artère dorsale du clitoris a une disposition identique à celle de l'artère dorsale du pénis.

VEINES DU TRONC

I. VEINES DE LA PETITE CIRCULATION

VEINES PULMONAIRES

Les veines pulmonaires ont les caractères morphologiques des veines, mais elles ramènent au cœur du sang artériel.

Elles sont généralement au nombre de deux pour chaque poumon : l'une, supérieure, l'autre, inférieure.

■ **ORIGINE.** Les veines pulmonaires naissent des veinules qui s'échappent du réseau capillaire des alvéoles pulmonaires ; elles reçoivent encore des veines venant des dernières ramifications bronchiques et de la plèvre viscérale. Ces veinules se réunissent les unes aux autres et forment des rameaux de plus en plus volumineux, qui gagnent le hile par un trajet différent de celui des bronches et des artères (Lucien et Hoche). Les veines cheminent en effet dans les espaces interbronchiques jusqu'au hile en formant des branches de plus en plus volumineuses. Peu après leur sortie du poumon, celles-ci se réunissent pour former les deux troncs veineux pulmonaires. L'on aperçoit donc, dans le pédicule, les angles formés par la réunion des principales branches d'origine des veines pulmonaires. C'est dans ces angles veineux que siègent les nœuds lymphatiques les plus antérieurs des pédicules.

■ **TRAJET ET RAPPORTS.** Les veines pulmonaires se portent en dedans et se terminent dans l'atrium gauche. Les veines supérieures sont légèrement inclinées en bas ; les inférieures sont à peu près horizontales. Leur longueur moyenne est de 1,5 cm. Les veines droites sont un peu plus longues que les veines gauches (fig. 148).

Les deux veines de chaque poumon prennent part à la constitution du pédicule pulmonaire. Elles sont placées, dans chaque pédicule, l'une au-dessus de l'autre.

La veine supérieure est sur un plan un peu antérieur à celui de la veine inférieure.

La veine supérieure est prébronchique ; la veine inférieure est sous-bronchique.

La veine supérieure droite est au-dessous et un peu en avant de l'artère, c'est-à-dire qu'elle déborde sur la face antérieure de l'artère pulmonaire droite. La veine supérieure gauche est généralement entièrement sous-artérielle (fig. 148, voir aussi : fig. 104, fig. 197, et fig. 199).

En arrivant sur la paroi postérieure de l'atrium gauche, les veines pulmonaires entrent en rapport avec la séreuse péricardique qui engaine environ les trois quarts de leur circonférence (fig. 119).

Les veines pulmonaires sont avalvulaires. La projection des orifices auriculaires des veines pulmonaires sur la colonne vertébrale est étendue de la huitième vertèbre thoracique à la dixième (Delmas et Heffez), plus large que ne le décrivait Giacomini.

Elles reçoivent fréquemment quelques veines bronchiques antérieures provenant des grosses bronches et des nœuds lymphatiques.

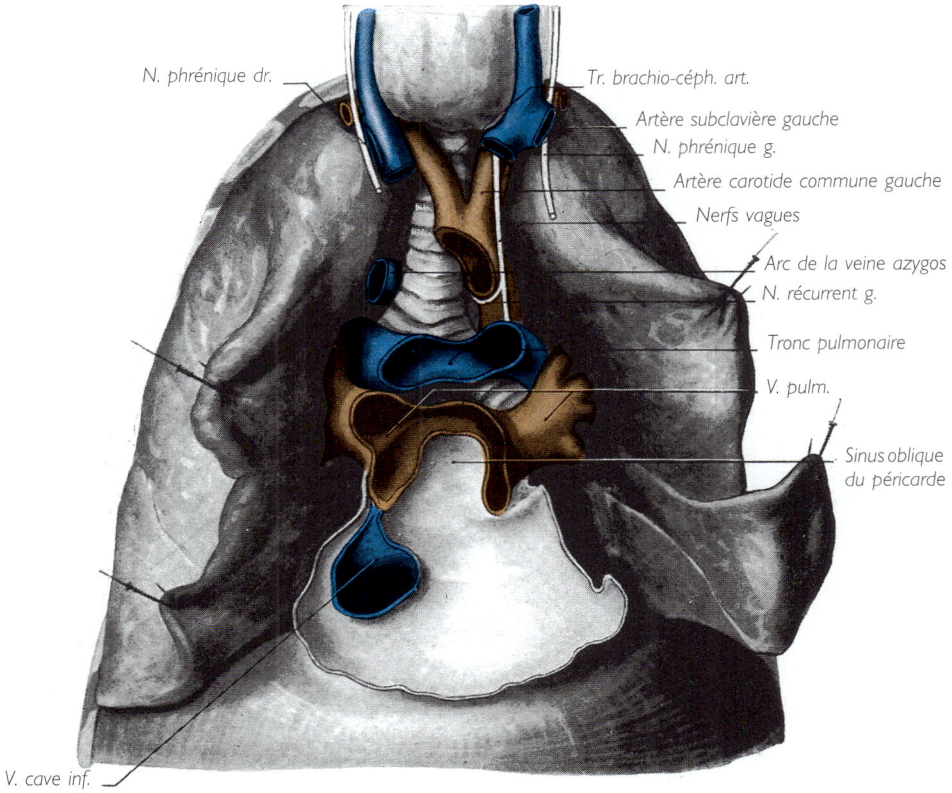

Fig. 148 ▪ Pédicules pulmonaires. — Le cœur a été enlevé ainsi que l'arc de l'aorte, la veine cave supérieure et le tronc de l'artère pulmonaire. Les veines pulmonaires ont été sectionnées au ras du cœur, ainsi que la veine cave inférieure, et l'on a pu conserver ainsi la partie postérieure du péricarde pariétal.

II. VEINES DE LA GRANDE CIRCULATION

Le sang veineux est ramené au cœur par trois troncs : le sinus coronaire qui résume la circulation veineuse du cœur, la veine cave supérieure et la veine cave inférieure.

Nous avons décrit plus haut le sinus coronaire et les veines du cœur.

En ce qui concerne les veines caves, nous étudierons successivement pour chacune d'elles : 1° ses branches d'origine ; 2° la veine cave elle-même ; 3° ses branches collatérales.

Nous rattacherons à l'étude du système de la veine cave inférieure la description de la *veine porte*, dont le sang se déverse en définitive dans la veine cave par l'intermédiaire des veines hépatiques. Nous décrirons ensuite le système des veines azygos qui anastomosent entre eux les systèmes caves supérieur et inférieur.

SYSTÈME DE LA VEINE CAVE SUPÉRIEURE

La veine cave supérieure ou descendante est le tronc collecteur des veines de la partie sus-diaphragmatique du corps (fig. 149).

A. Branches d'origine de la veine cave supérieure.

TRONCS BRACHIO-CÉPHALIQUES. La veine cave supérieure est constituée par la réunion des deux troncs brachio-céphaliques.

Les veines brachio-céphaliques naissent, en arrière de l'extrémité interne de la clavicule, de la réunion des veines jugulaire interne et subclavière. Elles se terminent en arrière du premier cartilage costal droit, en se réunissant pour former la veine cave supérieure (fig. 126). Comme la veine cave supérieure est à droite de la ligne médiane, il en résulte que les veines brachio-céphaliques diffèrent l'une de l'autre par leur situation, leur direction, leur longueur et leurs rapports (fig. 149 et 150).

1. Veine brachio-céphalique droite. La veine brachio-céphalique droite reste tout entière à droite de la ligne médiane. Sa direction, presque verticale, est légèrement oblique cependant en bas et à gauche. Sa longueur varie entre 2 et 3 cm.

Elle répond : ❑ *en avant,* à la plèvre et au poumon droits, à la clavicule et au premier cartilage costal ; ❑ *en arrière* au nerf vague et au tronc brachio-céphalique artériel qu'elle déborde à droite ; ❑ *à droite,* à la plèvre et au poumon droits, au nerf phrénique qui descend d'abord en arrière, puis à droite du tronc veineux ; ❑ *à gauche,* au thymus ou à son reliquat adipeux.

2. Veine brachio-céphalique gauche. La veine brachio-céphalique gauche traverse la ligne médiane, et sa direction est oblique en dedans et à droite, presque horizontale.

Sa longueur est le double de celle de la veine droite, soit environ 6 cm.

Elle est en rapport : ❑ *en avant,* avec l'articulation sterno-costo-claviculaire gauche et la partie supérieure du manubrium dont elle est séparé par le thymus (voir fig. 215) ; ❑ *en arrière,* avec les trois gros troncs artériels qui s'échappent de l'arc de l'aorte avec le nerf vague et le nerf phrénique gauches ainsi qu'avec les nœuds lymphatiques médiastinaux antérieurs ; ❑ *en bas,* avec l'arc de l'aorte ; ❑ *en haut,* avec les veines thyroïdiennes inférieures, ainsi qu'avec le fascia thyro-péricardique qui l'engaine dans un dédoublement. Elle est longée en haut et en bas par les nœuds lymphatiques médiastinaux antérieurs.

a) BRANCHES COLLATÉRALES. Chacune des veines brachio-céphaliques reçoit les veines vertébrale, jugulaire postérieure, thoracique interne et phrénique supérieure du même côté.

Les *veines vertébrale et jugulaire postérieure* ont été décrites avec le cou (voir t. I).

Les *veines thoraciques internes* montent, de part et d'autre de l'artère, jusqu'au deuxième espace intercostal, où elles se réunissent en un seul tronc. Celui-ci longe le côté interne de l'artère jusqu'à sa terminaison dans la veine brachio-céphalique gauche, à gauche et dans le confluent des deux veines, à droite.

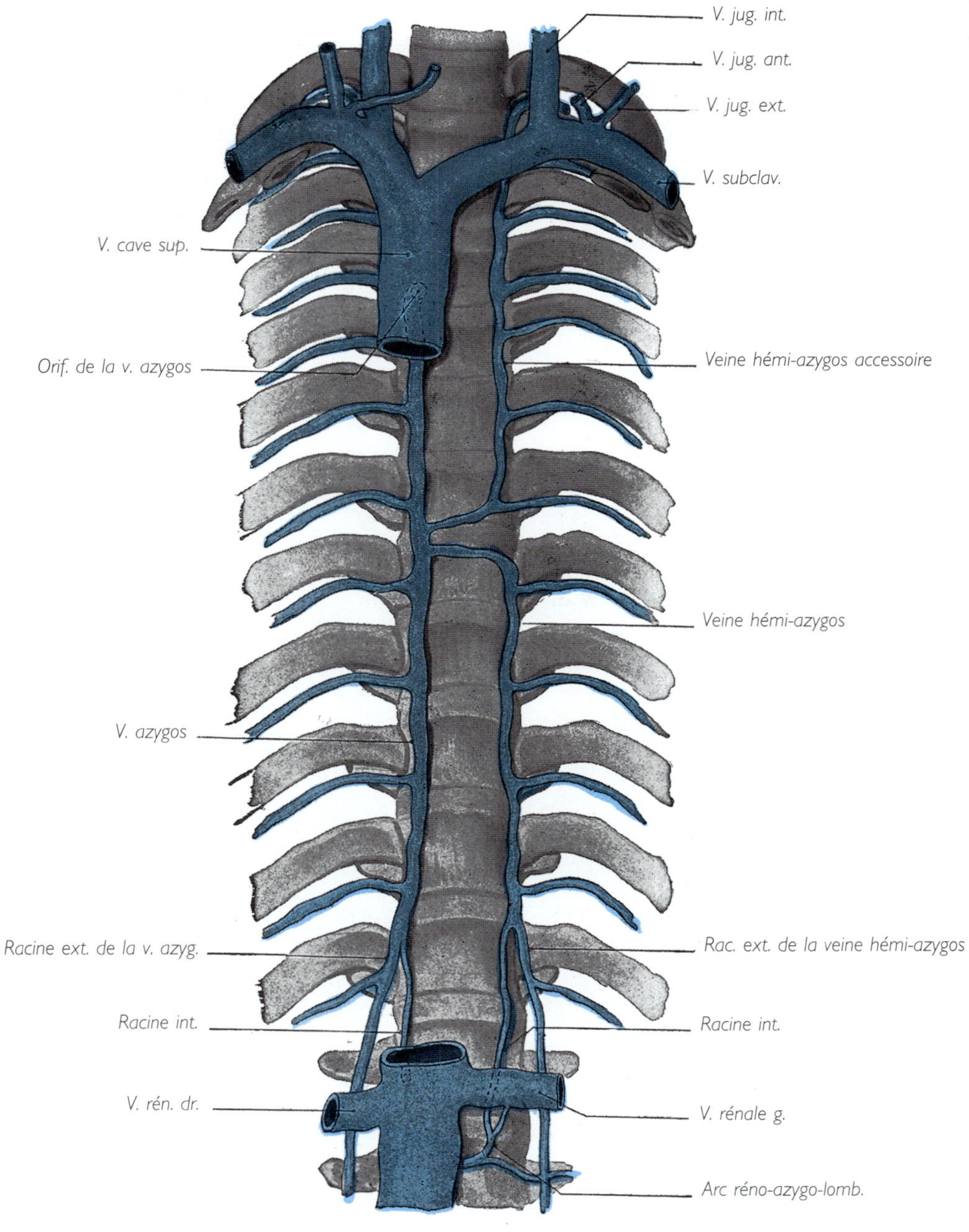

Fig. 149 ▪ Système de la veine cave supérieure.

Les *veines thyroïdiennes inférieures* s'ouvrent dans la veine brachio-céphalique gauche et dans le confluent des deux veines brachio-céphaliques.

Les confluents veineux jugulo-subclaviers gauche et droit peuvent encore recevoir, en totalité ou en partie, les troncs collecteurs terminaux du système lymphatique.

B. Tronc de la veine cave supérieure.

ORIGINE, TRAJET, TERMINAISON. De son origine qui est à la jonction des veines brachio-céphaliques, en arrière du premier cartilage costal droit, la veine cave supérieure descend un peu obliquement en arrière, en décrivant une courbe dont la concavité gauche s'adapte à la convexité de la partie ascendante de l'aorte (fig. 150). Elle s'ouvre sur la paroi supérieure de l'atrium droit, à mi-hauteur de l'extrémité antérieure ou sternale du deuxième espace intercostal droit.

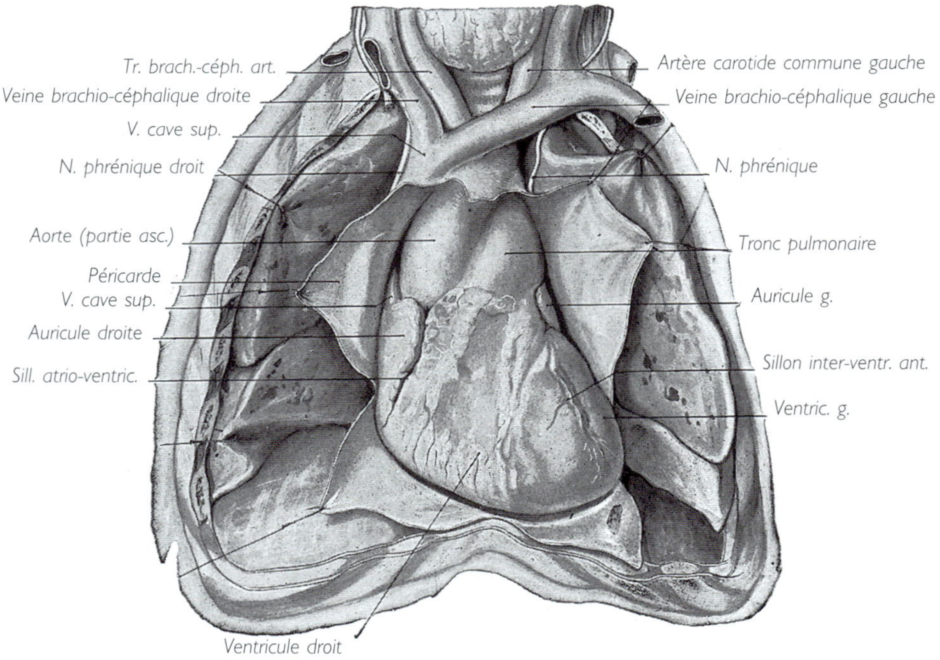

Fig. 150 ▪ Cœur et gros vaisseaux. Le péricarde a été incisé et les lambeaux ont été réclinés.

DIMENSIONS. La veine cave mesure en moyenne 7 cm de longueur et 2 cm de diamètre.

RAPPORTS. Elle répond : ❑ *en avant,* au thymus ou à son reliquat graisseux, à la plèvre et au poumon droits, à l'extrémité interne des deux premiers espaces intercostaux et au deuxième cartilage costal droits sur une largeur de 1 à 1,5 cm ; elle se projette également sur la partie du sternum attenante aux deux premiers espaces et au deuxième cartilage costal jusqu'à la limite droite de l'aorte ascendante (fig. 126) ; ❑ *en arrière*, et de haut en bas, aux nœuds contenus dans la dépression ou fossette décrite par Baréty, à la terminaison de la veine azygos, à certains éléments de la racine du poumon, c'est-à-dire au tronc pulmonaire et à la veine pulmonaire supérieure droites, car elle ne présente aucune connexion avec la veine pulmonaire inférieure droite ; ❑ *en dedans*, à la partie ascendante de l'aorte ; ❑ *en dehors*, à la plèvre droite, au nerf phrénique et aux vaisseaux diaphragmatiques supérieurs droits qui descendent le long de sa face externe (fig. 150 et fig. 201). Elle est encore en contact, en avant et en dehors, avec les éléments des lymphocentres médiastinaux antérieurs.

En bas, la veine cave affecte des rapports immédiats avec le péricarde. Les trois quarts antéro-externes de sa surface sont en effet engainés par la séreuse péricardique sur une hauteur de 2 cm en avant et de 1 à 1,5 cm à droite ; et le prolongement de la cavité péricardique qui s'insinue entre la veine cave et l'atrium droit d'une part, l'aorte d'autre part, représente l'ouverture droite du sinus transverse.

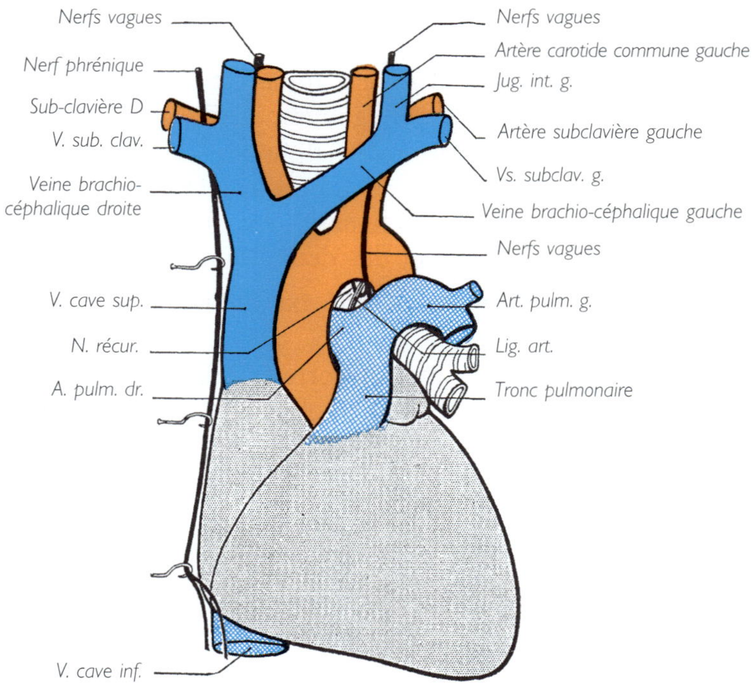

Fig. 151 ▪ Le tronc pulmonaire, l'arc de l'aorte, la veine cave supérieure et les veines brachio-céphaliques.

BRANCHES COLLATÉRALES. Normalement, la veine cave supérieure ne reçoit qu'une collatérale, la *veine azygos*, qui s'abouche à la face postérieure du tronc veineux cave, au-dessus de la racine du poumon. La veine azygos sera décrite avec les voies anastomotiques unissant le système cave supérieur au système cave inférieur.

SYSTÈME DE LA VEINE CAVE INFÉRIEURE

La veine cave inférieure ou ascendante est le tronc collecteur de tout le sang veineux de la partie sous-diaphragmatique du corps.

A. Veines d'origine de la veine cave inférieure.

La veine cave inférieure est formée par la réunion des veines iliaques communes, et chacun des troncs iliaques primitifs résulte de la jonction des veines iliaques externe et interne ou veine hypogastrique.

VEINE ILIAQUE EXTERNE

1. Origine, trajet et rapports. La veine iliaque externe fait suite à la veine fémorale au niveau du ligament inguinal, monte en dedans du muscle psoas et finit à son union avec la veine iliaque interne (fig. 141 et fig. 143).

À son origine, la veine iliaque externe est en dedans de l'artère ; mais, au cours de son trajet ascendant, elle tend à se placer peu à peu en arrière du tronc artériel. L'artère et la veine sont contenues dans une même gaine fibreuse qui est unie en dehors au fascia iliaca. La veine iliaque externe est croisée en dedans, près de son origine, par le conduit déférent ou le ligament rond.

Le long de la veine iliaque externe s'échelonnent les éléments des lymphocentres moyen et interne iliaques externes. Le nœud le plus reculé du centre moyen est appliqué sur ce tronc veineux ou sur le confluent des deux veines iliaques, externe et interne, dans l'angle d'écartement des deux artères correspondantes.

2. Branches collatérales. La veine iliaque externe reçoit les *veines épigastrique inférieure* et *circonflexe iliaque profonde*.

Ces veines sont satellites des artères correspondantes. Elles sont au nombre de deux par artère, mais elles se réunissent en un seul tronc au voisinage de leur terminaison.

Le tronc des veines circonflexes iliaques croise l'artère iliaque externe en passant tantôt en avant, tantôt en arrière d'elle.

Les veines épigastriques inférieures reçoivent les veines du plexus veineux testiculaire postérieur et les veines crémastériques. Elles sont anastomosées avec les veines thoraciques internes, sous-cutanées abdominales, obturatrices, enfin avec la veine porte par la veine centro-ombilicale.

VEINE ILIAQUE INTERNE OU VEINE HYPOGASTRIQUE

1. Origine, trajet et rapports. Volumineuse et courte comme le tronc artériel qu'elle accompagne, la veine iliaque interne est le vaisseau collecteur de toutes les veines satellites des branches de l'artère iliaque interne (fig. 143).

La veine iliaque interne est en dehors de son artère, mais d'une façon différente à droite et à gauche.

La veine iliaque interne droite est surtout en dehors de son artère.

La veine iliaque interne gauche est plus en arrière de l'artère que la veine droite, surtout en haut.

❑ À droite, le confluent des deux veines iliaques externe et interne est en général à 1 ou 1,5 cm au-dessous et en avant de la bifurcation de l'artère iliaque commune ; il est dans l'angle de bifurcation artérielle (fig. 143), ou bien il est recouvert, comme à gauche, par l'artère iliaque interne, quand les deux artères iliaques sont à leur origine accolées l'une à l'autre (Proust et Maurer). ❑ À gauche, ce confluent est en partie recouvert par la partie supérieure de l'artère iliaque interne.

Les veines iliaques internes sont encore en rapport avec les uretères. Ces rapports sont plus étroits du côté gauche que du côté droit, parce que, d'ordinaire, l'uretère gauche est en arrière, tandis que l'uretère droit est en avant de l'artère.

La veine iliaque interne peut être dédoublée en deux vaisseaux qui montent l'un en avant, l'autre en arrière de l'artère iliaque interne (Grégoire).

Les veines iliaques internes sont avalvulaires.

1. Branches d'origine. Les branches d'origine de la veine iliaque interne correspondent aux branches terminales de l'artère et se divisent comme celles-ci en branches pariétales et en branches viscérales.

a) BRANCHES VISCÉRALES. Les veines viscérales sont en moins grand nombre que les branches viscérales de l'artère iliaque interne, parce que certaines de ces veines reçoivent les veines satellites des artères voisines. On décrit seulement chez l'homme des veines *vésicales* et des *veines rectales moyennes*. Chez la femme, il existe, en outre, les *veines utérines* et les *veines vaginales*.

Les branches d'origine des veines viscérales s'anastomosent autour des viscères intrapelviens, où elles forment de riches plexus veineux.

De ces plexus se détachent les veines viscérales proprement dites qui se rendent au tronc de la veine iliaque interne.

Chez l'homme, on distingue quatre plexus : ❑ 1° un *plexus veineux prostatique*, ou *plexus de Santorini*, situé sur les faces antérieure et latérales de la prostate ; ❑ 2° *un plexus vésical* appliqué sur les faces latérales de la vessie, à l'origine des veines vésicales : ❑ 3° un *plexus veineux séminal*, placé dans l'épaisseur du fascia péritonéo-périnéal, autour des vésicules séminales ; ❑ 4° *un plexus rectal.*

Ces plexus ne sont pas indépendants et communiquent très largement les uns avec les autres. C'est ainsi que les plexus veineux prostatique et vésical sont si étroitement reliés par de nombreuses anastomoses que certains auteurs les décrivent sous le nom de *plexus vésico-prostatique.*

Chez la femme, il existe cinq plexus : ❑ 1° un *plexus veineux péri-urétral ou plexus de Santorini féminin* ; ❑ 2° un *plexus vésical* ; ❑ 3° un *plexus vaginal* ; ❑ 4° un *plexus utérin* ; ❑ 5° un *plexus rectal.* De même que chez l'homme, ces plexus communiquent entre eux et avec ceux du côté opposé. Les plexus utérin et vaginal se confondent et constituent le *plexus utéro-vaginal.*

PLEXUS VEINEUX PROSTATIQUE ET VEINES PUDENDALES INTERNES. Le *plexus veineux prostatique* est situé chez l'homme sur les faces antérieure et latérales de la prostate ; chez la femme, autour de l'urètre.

Il reçoit : ❑ 1° la *veine dorsale profonde du pénis* ou du clitoris ; ❑ 2° les *veines rétro-pubiennes* ; ❑ 3° les *veines antérieures de la vessie* ; ❑ 4° les *veines de la prostate*, de *l'urètre prostatique* et de *l'urètre périnéal.*

Les *veines pudendales internes* naissent de la partie antérieure, préprostatique, du plexus veineux prostatique, et chacune d'elles paraît faire suite à l'une des branches de la veine dorsale profonde du pénis qui se bifurque en arrivant au plexus. (En ce qui concerne leurs rapports, voir : *nerf pudendal, nerf dorsal du pénis* ou *du clitoris* et *fosse ischio-anale*.)

PLEXUS VEINEUX VÉSICAL ET VEINES VÉSICALES. Le plexus vésical recouvre les faces latérales de la vessie. Les veines vésicales naissent de ce plexus, du plexus séminal et de la partie latérale du plexus veineux prostatique. Elles vont directement à la veine iliaque interne.

PLEXUS VEINEUX HÉMORROÏDAL ET VEINES RECTALES MOYENNES. Les veines de la partie anale du rectum forment un réseau sous-muqueux très serré ; c'est le *plexus rectal.*

Le sang qu'il contient se déverse dans le système de la veine porte par les veines rectales supérieures, et dans le système cave inférieur par les veines rectales moyennes et inférieures. Ces différents vaisseaux sont unis par le plexus rectal, qui réalise ainsi une très importante anastomose porto-cave (fig. 274).

PLEXUS UTÉRO-VAGINAL. — VEINES UTÉRINES. Les plexus utérin et vaginal sont en continuité l'un avec l'autre et constituent ensemble le plexus utéro-vaginal.

Celui-ci, très développé, s'étend sur toute la longueur du bord latéral du vagin et de l'utérus, autour des artères utérine et vaginale.

Les *veines utérines* se détachent du plexus au niveau de l'isthme. On en compte généralement deux (Farabeuf) : l'une, la *veine utérine principale*, volumineuse, monte vers le tronc de la veine iliaque interne en arrière de l'uretère (fig. 387) ; l'autre, petite, souvent dédoublée, suit le trajet de l'artère utérine et se jette souvent dans la précédente.

Les *veines vaginales* qui partent du plexus vaginal vont à la veine iliaque interne, soit directement, par des veines vaginales longues, satellites des artères homonymes, soit indirectement, par des rameaux tributaires des veines utérines, vésicales, rectales moyennes et pudendales internes.

b) BRANCHES PARIÉTALES. Les branches de la veine iliaque interne ont le même territoire, le même trajet et les mêmes rapports que les artères correspondantes.

Cependant, nous avons vu que la veine pudendale interne prend naissance dans le plexus veineux prostatique. De ce plexus, la veine pudendale interne, simple ou dédoublée, descend avec l'artère, d'abord le long des branches ischio-pubiennes, au-dessus du plan moyen du périnée, où elle est en dedans de l'artère et du nerf, puis contre la paroi latérale de l'espace ischio-anal. Dans cette dernière région, la veine est alors placée soit, le plus souvent, au-dessus de l'artère, soit entre l'artère qui est en haut et le nerf qui est en bas. La veine suit l'artère jusque dans le bassin.

Les collatérales de la veine pudendale interne sont satellites des branches de l'artère.

La veine obturatrice, qui émerge de l'orifice profond du canal sous-pubien, court sur la paroi latérale de l'excavation pelvienne, au-dessous de l'artère, qui est elle-même au-dessous du nerf.

■ **VEINES ILIAQUES COMMUNES.** Les veines iliaques primitives sont formées par l'union de la veine iliaque externe et de la veine iliaque interne (voir : *veine iliaque interne*).

De leur origine, les veines iliaques primitives convergent l'une vers l'autre et s'unissent à droite de la colonne vertébrale, à la hauteur de la moitié supérieure de la cinquième vertèbre lombale, pour former la veine cave inférieure (fig. 152).

Comme l'origine des veines iliaques communes est à peu près dans la même situation à droite et à gauche, comme, d'autre part, l'origine de la veine cave inférieure est à droite de la ligne médiane, il en résulte que la veine iliaque commune gauche est plus longue et plus oblique que la droite.

Il en résulte aussi que leurs rapports sont différents. ❑ La *veine droite* repose sur le muscle psoas. Suivie de bas en haut, elle est d'abord en arrière, puis en dehors de l'artère. ❑ La *veine gauche*, d'abord située en arrière et en dedans de l'artère gauche, s'incline très fortement en dedans, passe en avant de la partie inférieure de la fosse lombo-sacrale gauche, croise ensuite la ligne médiane et la face antérieure de l'artère sacrale médiane sur la cinquième vertèbre lombale et passe enfin en arrière de l'extrémité supérieure de l'artère iliaque commune droite.

La veine iliaque commune gauche, seule, reçoit une collatérale, la *veine sacrale médiane*.

Les veines iliaques communes sont dépourvues de valvules.

B. **Tronc de la veine cave inférieure.**

■ **ORIGINE, TRAJET, TERMINAISON** (fig. 152). Il provient de la réunion des deux veines iliaques communes, qui se fait en avant et sur la partie droite de la colonne lombale, un peu au-dessous de la bifurcation de l'aorte, et à la hauteur de la partie supérieure de la cinquième vertèbre lombale.

La veine cave inférieure monte d'abord verticalement jusqu'à la hauteur de la première vertèbre lombale. Elle s'incline alors vers la droite pour s'engager dans une gouttière qu'elle creuse sur la face postérieure du foie. À la partie supérieure de ce sillon, où elle reçoit les grosses veines hépatiques, la veine cave inférieure s'infléchit en avant et à gauche (fig. 152), traverse le diaphragme et s'ouvre sur la paroi inférieure de l'atrium droit.

■ **DIMENSIONS.** La longueur de la veine cave inférieure est en moyenne de 22 cm. Son calibre est inégal. La veine présente, en effet, un renflement rénal et un renflement sus-hépatique, au-dessus de l'abouchement des veines rénales et des veines hépatiques. À son embouchure, la veine mesure environ 3 cm de diamètre.

■ **RAPPORTS.** *Dans la cavité abdominale.* ❑ 1° *En arrière,* la veine cave inférieure s'appuie, depuis son origine jusqu'à la deuxième vertèbre lombale, sur la partie interne du muscle psoas, sur le côté droit de la colonne vertébrale, sur les artères

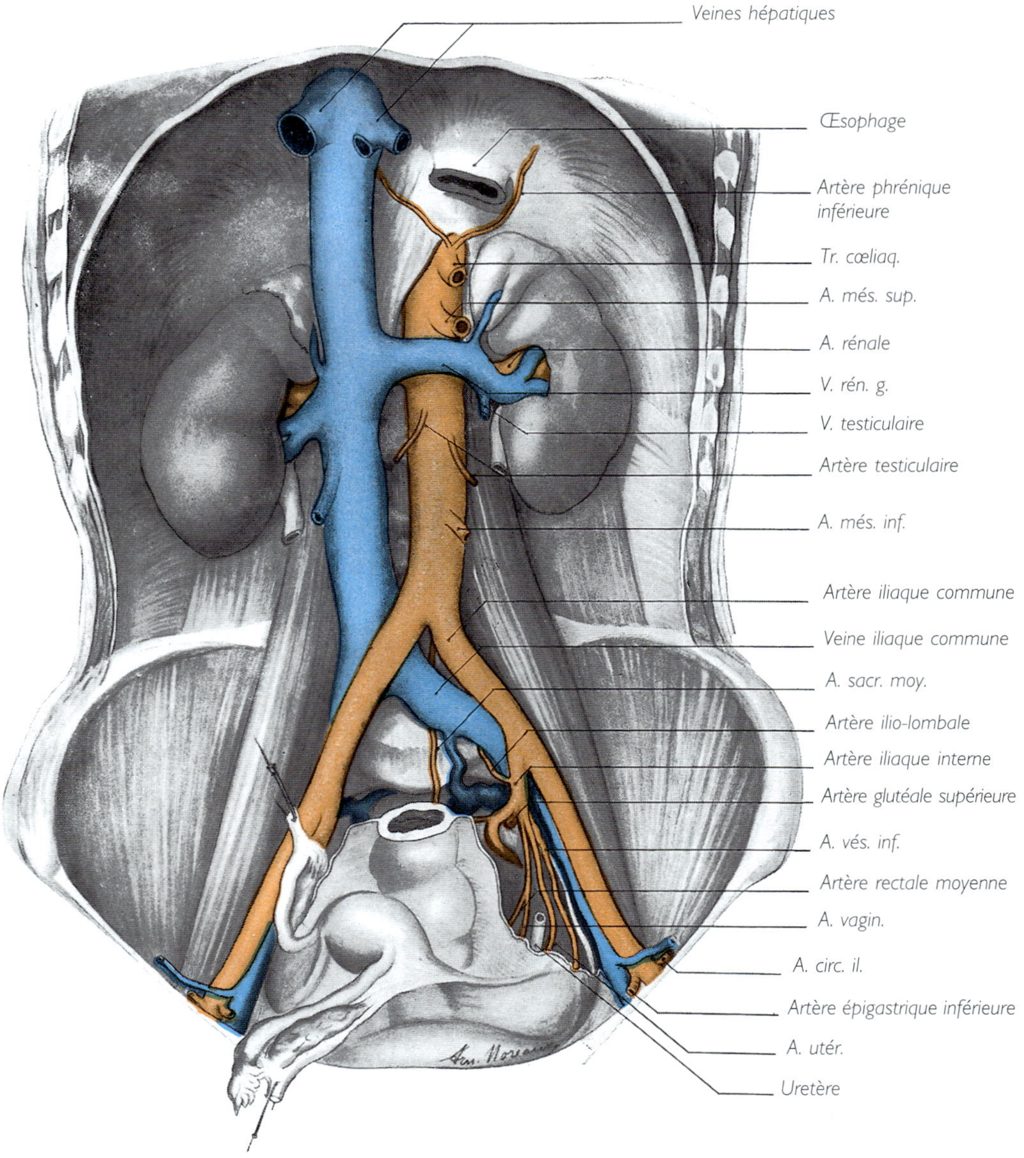

Fig. 152 ▪ Aorte, veine cave inférieure et vaisseaux iliaques.

lombales droites et la chaîne du grand sympathique ; à partir de la troisième vertèbre lombale, la veine cave répond également au pilier droit du diaphragme et, aussi, à la hauteur de la douzième vertèbre thoracique, à la glande suprarénale droite (voir cette glande) ; elle croise les artères rénale et suprarénale, ainsi que la branche externe de l'artère phrénique inférieure ; elle recouvre la racine interne de la veine azygos, les nerfs petit et grand splanchniques droits ; ❑ 2° *en avant*, la veine est en rapport de bas en haut avec le bord adhérent du mésentère, les parties horizontale, descendante et supérieure, la tête du pancréas, le foramen omental qui la sépare de la veine porte, enfin avec la face postérieure du foie, où elle occupe une profonde gouttière creusée entre le lobe droit et le lobe caudé. Elle est croisée, en regard de la troisième vertèbre lombale, par l'artère testiculaire ou utéro-ovarique, qui passe tantôt en avant et tantôt en arrière d'elle ; ❑ 3° *en dedans*, la veine longe l'aorte jusqu'à la première vertèbre lombale ; plus haut, elle en est séparée par le pilier droit du diaphragme, par le lobe caudé, ainsi que par le cul-de-sac péritonéal vestige du récessus hépato-entérique (voir : *Péritoine et foie*) ; ❑ 4° *en dehors*, elle répond au côlon ascendant, à l'uretère, au rein droit, à la glande suprarénale, qu'elle recouvre en partie, au lobe droit du foie.

Les nœuds lymphatiques aortiques latéraux s'échelonnent en avant, en arrière et sur les côtés de la veine cave inférieure.

Au diaphragme. La veine cave inférieure adhère étroitement au bord de l'orifice tendineux qu'elle traverse.

Dans le thorax. La longueur de son trajet intrathoracique est très réduite en dedans, où elle est mesurée par l'épaisseur de la mince couche celluleuse placée entre le diaphragme et la face inférieure du péricarde.

En dehors et en arrière, elle atteint 3 cm. Dans tout son trajet intrathoracique, la veine cave inférieure est entourée directement, jusqu'au diaphragme, par un prolongement du péricarde fibreux. De plus, en haut, au voisinage immédiat de sa terminaison, elle est également en rapport avec la séreuse péricardique en avant et sur les côtés (fig. 119).

Par l'intermédiaire du péricarde, la veine cave est en rapport en dehors avec le ligament phréno-péricardique droit, le nerf phrénique et quelques nœuds lymphatiques ; plus loin, avec la plèvre et le poumon droits.

La veine cave inférieure ne présente aucune autre valvule que la valvule de la veine cave inférieure.

■ **BRANCHES COLLATÉRALES.** Elle reçoit : les veines lombales, les veines rénales, la veine suprarénale droite, la veine testiculaire ou ovarique droite, les veines hépatiques et phréniques inférieures.

1. Veines lombales. Ces veines, satellites des artères lombales, ont une disposition identique à celle des artères. Il existe, en général, une veine pour chaque artère.

Chacune d'elles longe le bord supérieur de l'artère et s'ouvre sur la paroi postérieure de la veine cave.

Elles sont unies les unes aux autres par des anastomoses verticales qui croisent en avant la base des processus costiformes. La série de ces anastomoses constitue la *veine lombale ascendante* (fig. 159).

a) VEINE LOMBALE ASCENDANTE. Celle-ci monte le long de la colonne lombale, dans l'interstice celluleux compris entre les faisceaux du muscle psoas qui s'attachent aux corps vertébraux, et ceux qui naissent des processus costiformes. Dans cet interstice qui contient également les branches d'origine du plexus lombal, la veine passe en avant des quatrième et cinquième vertèbres lombales, en arrière des première et deuxième et indifféremment en avant ou en arrière de la troisième (Bonniot).

La veine lombale ascendante forme, en s'unissant à la douzième artère intercostale, la racine externe de la veine azygos et de la veine hémi-azygos à gauche.

Les veines lombales d'un côté s'anastomosent avec celles du côté opposé par l'intermédiaire des plexus veineux vertébraux internes et externes.

En bas, elles communiquent avec les veines ilio-lombales.

2. Veines rénales. Les trois à quatre branches veineuses qui sortent du rein se réunissent, au niveau du hile ou dans son voisinage, en un seul tronc qui est la veine rénale (fig. 123). Les veines rénales se dirigent en dedans et un peu en haut, en avant de l'artère, et se terminent sur le côté correspondant de la veine cave.

Par suite de la situation à droite de la veine cave inférieure, la veine rénale gauche est plus longue que la droite ; elle croise l'aorte en passant ordinairement en avant d'elle et au-dessous de l'artère mésentérique supérieure (fig. 152). (En ce qui concerne leurs rapports, voir : *Pédicule rénal*).

Les veines rénales reçoivent : ❑ la *veine suprarénale inférieure*, qui provient des glandes suprarénales ; ❑ des *veines de la capsule adipeuse du rein* ; ❑ une *veine urétérique*.

De plus, la veine rénale gauche reçoit presque toujours la *veine testiculaire* ou *ovarique gauche* et la *veine suprarénale* ou *surrénale moyenne* du même côté.

Les veines rénales communiquent avec la veine azygos à droite, avec la veine hémi-azygos à gauche, comme nous le montrerons en décrivant les origines de ces veines.

3. Veines suprarénales ou surrénales moyennes. Les veines suprarénales moyennes sont, en général, au nombre de deux, l'une, droite, l'autre, gauche. Chacune d'elles émerge du sillon antérieur de la glande suprarénale et se jette à droite dans la veine cave inférieure, à gauche dans la veine rénale (fig. 152).

4. Veines testiculaires ou ovariques. *a*) VEINES TESTICULAIRES. Elles viennent du testicule et de l'épididyme. Les veines du testicule, du corps et de la tête de l'épididyme montent dans les bourses, en avant ou autour de l'artère testiculaire et en avant du conduit déférent ; elles forment le *plexus veineux testiculaire antérieur* ou *groupe veineux antérieur* du cordon spermatique.

Ce plexus se compose, à son origine, de dix à quinze veinules sinueuses, qui montent en s'anastomosant et en diminuant progressivement de nombre. C'est ainsi que l'on compte seulement de quatre à cinq veines à l'orifice superficiel du canal inguinal, deux ou trois dans la fosse iliaque, puis une seule qui se jette : à droite, dans la veine cave inférieure, un peu au-dessous de la veine rénale ; à gauche dans la veine rénale (fig. 152 et 153).

Les veines de la queue de l'épididyme se résument en deux ou trois troncs placés en arrière de l'artère testiculaire et du conduit déférent ; celles-ci constituent le *plexus veineux testiculaire postérieur* ou groupe des *veines crémastériques* (fig. 152).

Toutes ces veines s'anastomosent entre elles.

Arrivées à l'orifice interne ou profond du canal inguinal, les veines du plexus postérieur se terminent dans les veines épigastriques inférieures (fig. 153).

b) VEINES OVARIQUES. Les veines ovariques prennent naissance dans le territoire des artères ovariques et dans une petite partie de celui des artères utérines (ovaires, trompes, ligaments ronds et partie supérieure du plexus utérin).

Les branches d'origine des veines ovariques, d'abord anastomosées en plexus veineux pampiniforme, montent le long de l'artère. Elles se réduisent bientôt à deux

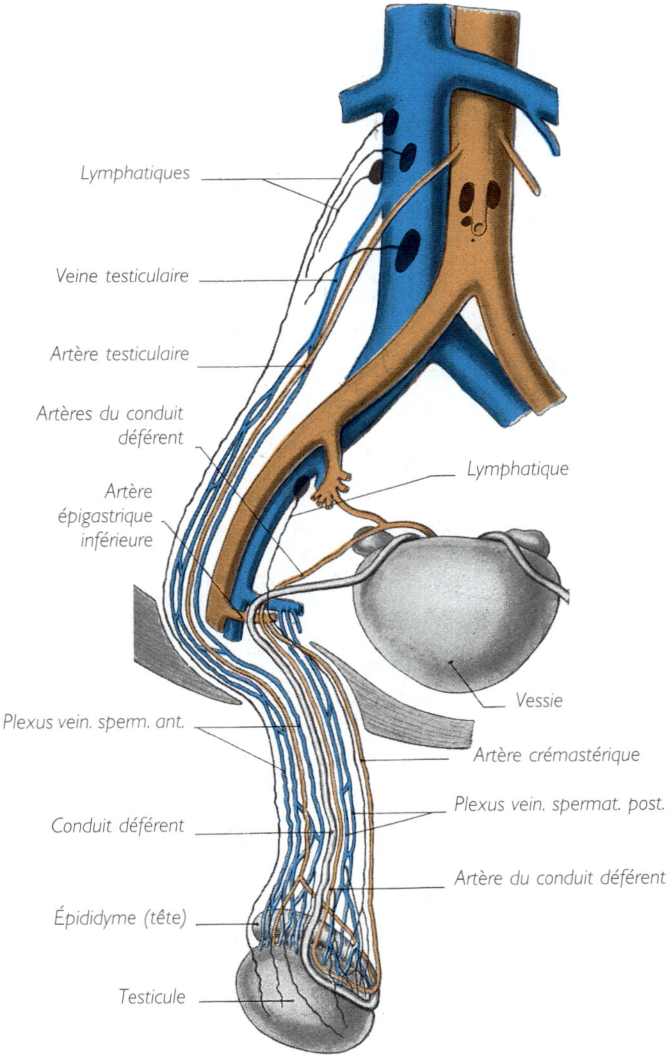

Fig. 153 ▪ Vaisseaux du testicule et de l'épididyme.

troncs qui se réunissent en un seul avant de se terminer comme les veines testiculaires à droite dans la veine cave, à gauche dans la veine rénale.

La veine ovarique et la veine testiculaire droites présentent une valvule ostiale qui fait défaut à gauche.

5. Veines hépatiques. Ces veines ont leur origine dans le foie et conduisent dans la veine cave inférieure tout le sang qu'amènent à cette glande l'artère hépatique et la veine porte (fig. 154).

Le réseau capillaire du foie donne naissance à des veinules ; celles-ci se réunissent en rameaux de plus en plus gros, qui sont les veines hépatiques. Toutes ces veines se dirigent vers la gouttière de la veine cave, creusée sur la face postérieure du foie. On les distingue en veines hépatiques et petites veines hépatiques.

Les *veines hépatiques* sont ordinairement au nombre de deux, l'une, droite, l'autre, gauche, et se jettent dans la veine cave, immédiatement au-dessous du diaphragme. ❑ La veine droite, la plus volumineuse, reçoit le sang du lobe droit. ❑ La *veine gauche* a ses origines dans le lobe gauche, dans le lobe carré et dans le lobe caudé.

Les *petites veines hépatiques*, en nombre variable (vingt environ), s'ouvrent dans la veine cave au-dessous des précédentes. Elles proviennent du lobe gauche, du lobe caudé et de la partie du lobe droit voisine de la veine cave.

Les veines hépatiques débouchent dans la veine cave sous un angle aigu, souvent voisin de l'angle droit (Gellert).

6. Veines phréniques inférieures. Ces veines, au nombre de deux par artère, accompagnent les artères phréniques inférieures, reçoivent la veine surrénale supérieure et s'abouchent par un tronc unique à la face antérieure de la veine cave, au ras de son orifice diaphragmatique.

SYSTÈME DE LA VEINE PORTE

La veine porte est le tronc qui conduit au foie le sang veineux de toutes les parties sous-diaphragmatiques du tube digestif, de la rate et du pancréas. Comme tout système porte, elle se termine à ses deux extrémités par un réseau capillaire. Elle naît, en effet, du réseau capillaire du tube digestif, du pancréas et de la rate, et se termine dans le foie par un second réseau capillaire (fig. 154).

A. Veines d'origine de la veine porte.

La veine porte provient de la réunion de trois veines volumineuses : la *grande veine mésentérique*, la *veine splénique* et la *petite veine mésentérique* (fig. 154, 156 et 157).

Chacune des ramifications de la veine porte, qu'elle soit branche d'origine ou branche collatérale, est satellite d'un seul rameau artériel. Seules les veines cystiques, tributaires de la veine porte, sont au nombre de deux par artère.

Toutes les veines du système porte sont dépourvues de valvules.

1. Grande veine mésentérique ou mésentérique supérieure. La disposition générale de la grande veine mésentérique est analogue à celle de l'artère.

Elle monte dans le mésentère, à droite et un peu en avant de l'artère.

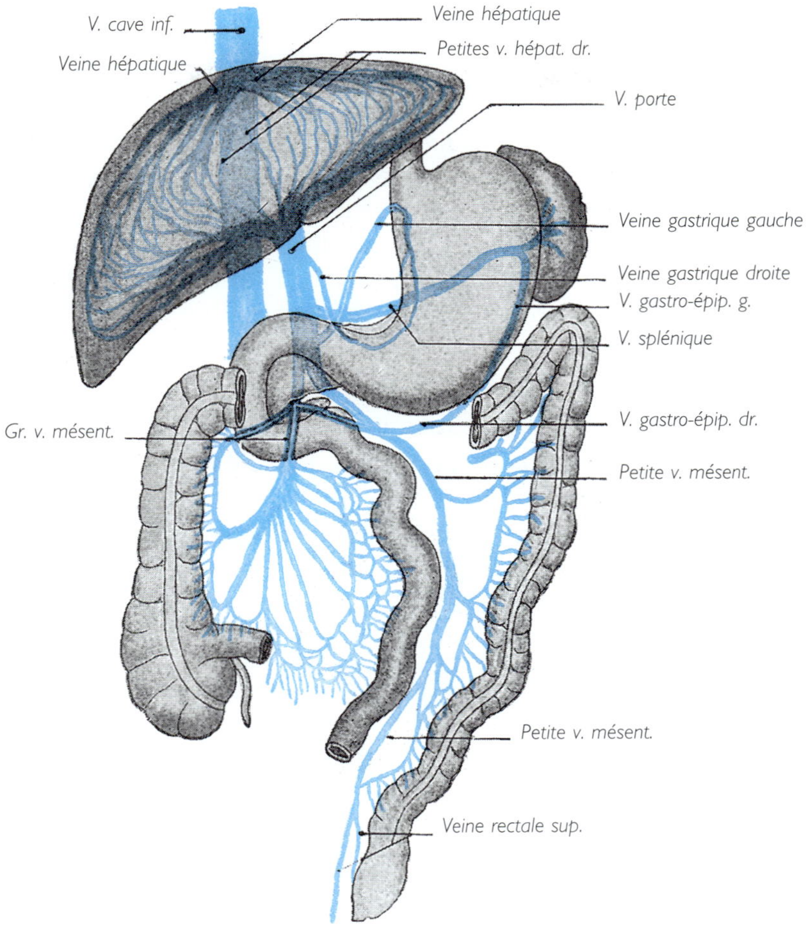

Fig. 154 ▪ Système de la veine porte (schéma)

Cependant, elle peut naître à gauche de l'artère et gagne ensuite le flanc droit de celle-ci en croisant le plus souvent sa face antérieure. Cette disposition est la plus fréquente d'après Hovelacque.

Sur la partie horizontale du duodénum et sur le processus uncinatus, la veine se place à droite et sur le même plan que le tronc artériel. Puis la veine mésentérique s'enfonce en arrière du col du pancréas en s'éloignant de l'artère et s'unit à la veine splénique (fig. 157).

a) BRANCHES COLLATÉRALES. ❑ Ses branches sont : les *veines jéjunales et iléales* et les *veines coliques droites,* satellites des artères homonymes. Elle reçoit encore la *veine gastro-omentale droite,* ainsi que la *veine pancréatico-duodénale inférieure gauche,* qui accompagnent les artères de même nom. ❑ La veine pancréatico-duodénale inférieure droite se jette, en avant du pancréas, dans la veine gastro-omentale droite. Quant à la veine pancréatico-duodénale supérieure droite, on verra plus loin qu'elle s'abouche directement au tronc porte (fig. 155).

Les *veines intestinales* prennent leur origine dans des arcades analogues à celles de l'artère mésentérique et s'ouvrent sur le côté gauche, convexe, du tronc veineux. Elles présentent les particularités suivantes : ❑ le mésentère étant artificiellement disposé dans un plan vertical antéro-postérieur, les veines des premières anses jéjunales sont généralement à droite des artères et passent cependant à gauche du tronc de l'artère pour se jeter dans la veine ; ❑ les veines intestinales de la partie moyenne et de la partie inférieure de l'intestin grêle sont au contraire à gauche des artères et passent à droite de la veine mésentérique pour se jeter dans le tronc veineux (Grégoire).

2. Veine splénique. La veine splénique naît de la réunion des veines qui émergent du hile de la rate et se dirige de dehors en dedans comme l'artère splénique.

Les branches d'origine de la veine sont le plus souvent placées en arrière des ramifications de l'artère.

Le tronc de la veine splénique croise le bord supérieur de la queue du pancréas, au-dessous du tronc artériel. Plus loin, la veine chemine ensuite en ligne droite sur

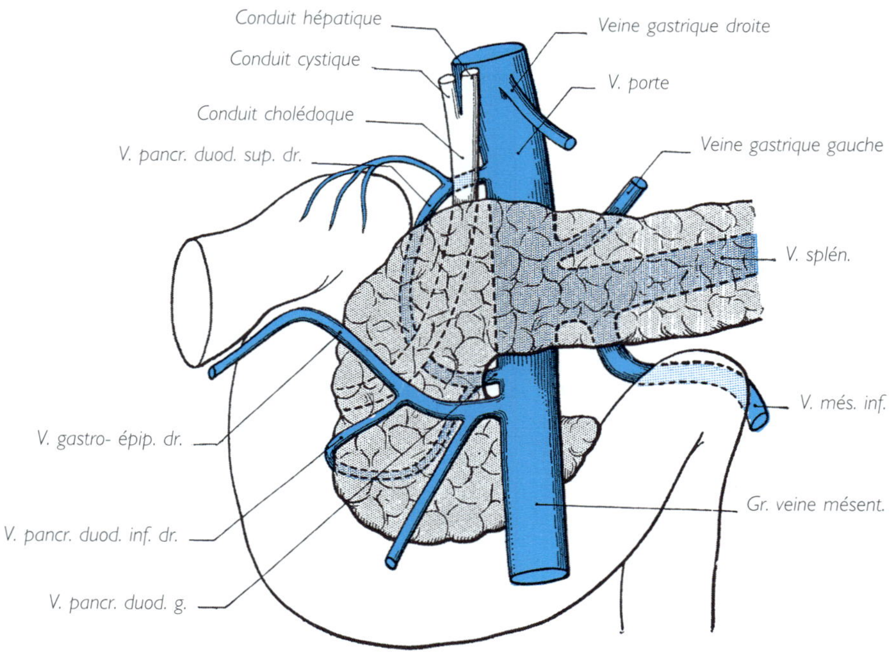

Fig. 155 ▪ Les veines du pancréas et du duodénum. — La première partie du duodénum a été réclinée à droite (d'après do RIO-BRANCO, modifié).

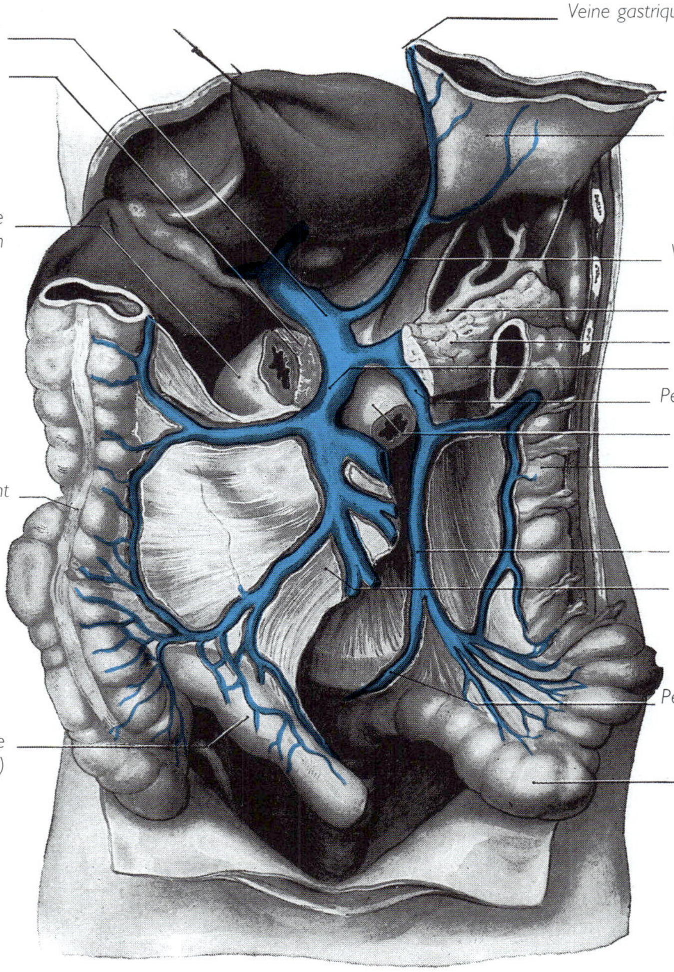

Fig. 156 ▪ Veine porte.

la face postérieure du pancréas, où elle est toujours au-dessous de l'artère. En arrivant sur la ligne médiane, elle passe en avant de l'origine de l'artère mésentérique supérieure et s'unit peu après à la grande veine mésentérique.

La veine splénique reçoit : les *veines gastriques courtes*, la *veine gastro-omentale gauche*, des *veines pancréatiques*, et très souvent la *petite veine mésentérique*.

3. Petite veine mésentérique ou veine mésentérique inférieure. La petite veine mésentérique, formée par la réunion des veines rectales, monte le long et à gauche de l'artère et croise avec elle les vaisseaux iliaques communs. Dès ce moment, la veine mésentérique inférieure monte à peu près verticalement et s'éloigne graduellement, mais légèrement, de l'artère. Elle rencontre bientôt l'artère colique gauche supérieure près de son origine et la croise en passant soit en avant, soit, le plus souvent, en arrière. La veine monte ensuite en dedans de cette artère (fig. 140).

Arrivée à la hauteur de l'extrémité inférieure du rein, la petite veine mésentérique s'incline en dedans et s'éloigne de l'artère colique gauche supérieure ; elle contourne de gauche à droite l'angle duodéno-jéjunal en passant au-dessus de lui, s'engage en arrière du pancréas et se termine le plus souvent dans la veine splénique, parfois dans la grande veine mésentérique, rarement dans l'angle de réunion des veines splénique et grande mésentérique. Elle reçoit les veines coliques gauches satellites des artères. Cependant le sang veineux de la partie supérieure du côlon descendant et de l'angle colique gauche est collecté par une veine colique qui se porte transversalement en dedans et se jette dans la partie supérieure de la petite veine mésentérique.

La partie de l'artère colique gauche supérieure, sous-jacente au croisement de cette artère par la petite veine mésentérique, et le segment sus-jacent de cette veine, d'abord accolé au côté interne de l'artère colique gauche, mais qui s'écarte ensuite de ce vaisseau pour s'infléchir à droite, dessinent une arcade qui est successivement, de bas en haut, artérielle, artério-veineuse et veineuse : c'est *l'arc vasculaire de Treitz* (voir fig. 140).

Un groupe important de nœuds lymphatiques est accolé au segment terminal de la petite veine mésentérique, sus-jacent à la partie artério-veineuse de l'arc de Treitz.

B. **Tronc de la veine porte.**

ORIGINE, TRAJET ET DIMENSIONS. Le tronc de la veine porte résulte de l'union de la grande veine mésentérique à la veine splénique qui, le plus souvent, a déjà reçu la veine petite mésentérique. Cette union se fait à angle droit ou presque droit, en arrière du col du pancréas, à droite de la ligne médiane et de l'artère mésentérique supérieure, à gauche du conduit cholédoque et à mi-hauteur du col du pancréas (fig. 157).

La veine se dirige obliquement en haut, en dehors et « légèrement en avant » (Grégoire). Elle est située d'abord en arrière du col du pancréas, où elle creuse une gouttière, et de la partie supérieure du duodénum, ensuite dans le petit omentum. Elle se termine au hile du foie.

Le tronc porte mesure en moyenne 10 cm de longueur et 15 mm de diamètre.

RAPPORTS. On peut donc considérer au tronc de la veine porte trois segments qui sont, de bas en haut : un segment *rétropancréatico-duodénal*, un *segment omental*, et *un segment hilaire* ou *terminal.*

Le *segment rétropancréatico-duodénal* représente environ le tiers inférieur du tronc porte. Il monte : ❑ à droite de la ligne médiane, à droite également de l'artère mésentérique supérieure en bas, et de l'artère hépatique commune en haut ; ❑ à gauche du conduit cholédoque ; le tronc porte se rapproche progressivement, de bas en haut, du conduit cholédoque et limite avec lui un *triangle interporto-cholédocien*, à base inférieure (fig. 157) ; ❑ en avant de la veine cave inférieure, dont elle est séparée par la lame de Treitz.

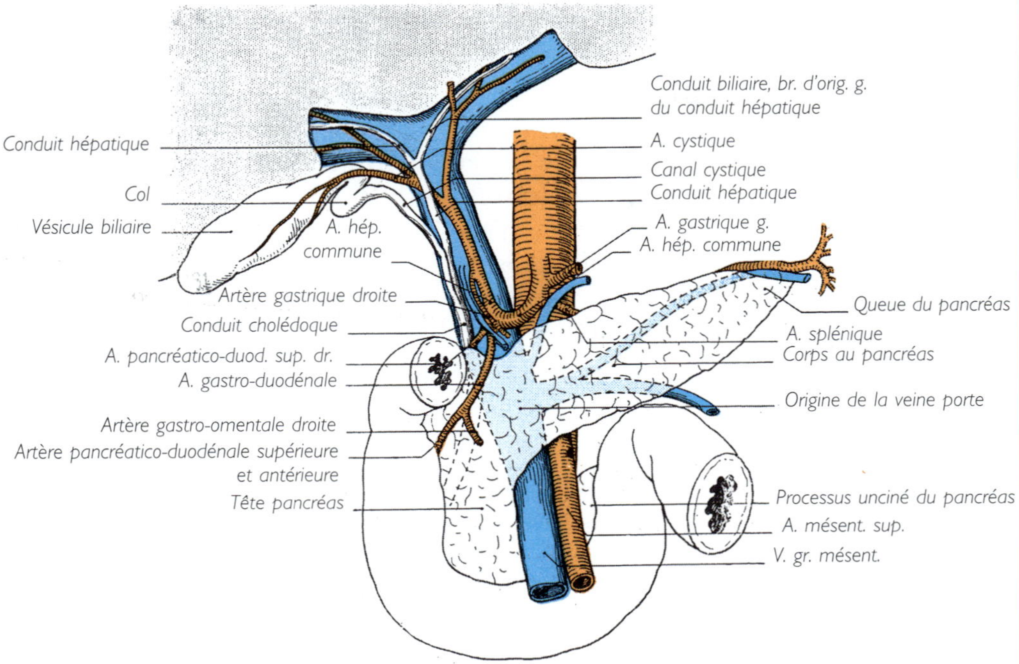

Fig. 157 ▪ Le pédicule hépatique.

Le *segment omental* comprend à peu près les deux tiers supérieurs du tronc veineux. Il occupe, avec les autres éléments du pédicule hépatique, le bord libre du petit omentum (fig. 157). La veine porte est ici en rapport : ❑ en avant et à droite, avec le conduit hépato-cholédoque, qui se place sur la face antérieure de la veine porte, immédiatement au-dessus du bord supérieur du pancréas ; ❑ en avant et à gauche, avec l'artère hépatique commune ; ❑ en arrière, avec la veine cave inférieure, dont elle est séparée par le foramen omental (voir, pour détails : *Pédicule hépatique*).

La veine porte atteint le sillon transverse du foie près de l'extrémité droite de ce sillon, en regard de la dépression que présente la lèvre postérieure du sillon transverse, dans l'intervalle qui sépare les tubercules papillaire et caudé du lobe caudé (voir : *Configuration du foie*).

Le *segment hilaire* ou *hépatique* est constitué par l'extrémité supérieure, bifurquée, de la veine porte. Ce segment est situé dans le sillon transverse. Ses rapports seront décrits avec les branches terminales du tronc porte et avec le pédicule hépatique.

▪ **BRANCHES COLLATÉRALES.** Les affluents de la veine porte sont : la *veine gastrique gauche*, la *veine gastrique droite* et la *veine pancréatico-duodénale supérieure droite.*

La *veine gastrique gauche* accompagne l'artère de même nom, mais elle s'étend au-delà du tronc cœliaque, passe en avant de lui entre les artères hépatiques communes et splénique, et se jette dans la veine porte près de son origine (fig. 157). (En ce qui concerne ses rapports avec l'artère, voir à *Artère gastrique gauche*).

Les veines *pylorique* et *pancréatico-duodénale supérieure droite* cheminent en sens inverse des artères correspondantes. La veine pancréatico-duodénale inférieure droite se jette dans la veine gastro-omentale droite (fig. 158).

BRANCHES TERMINALES. Le tronc de la veine porte se divise dans le sillon transverse ou hile du foie, ou un peu au-dessous du hile, en deux branches terminales, l'une, droite, l'autre, gauche. Chacune d'elles se porte vers l'extrémité correspondante du sillon transverse et pénètre dans le parenchyme hépatique.

Ces deux branches limitent, en s'écartant l'une de l'autre, un angle très ouvert en haut et à droite.

La bifurcation de la veine porte se fait à l'union du tiers droit avec les deux tiers gauches du sillon transverse. Par suite, la branche terminale droite est beaucoup plus courte que la gauche. Elle est aussi beaucoup plus volumineuse.

L'extrémité supérieure ou segment hilaire du tronc de la veine porte, et ses deux branches terminales, occupent la partie postérieure du sillon transverse. Elles sont

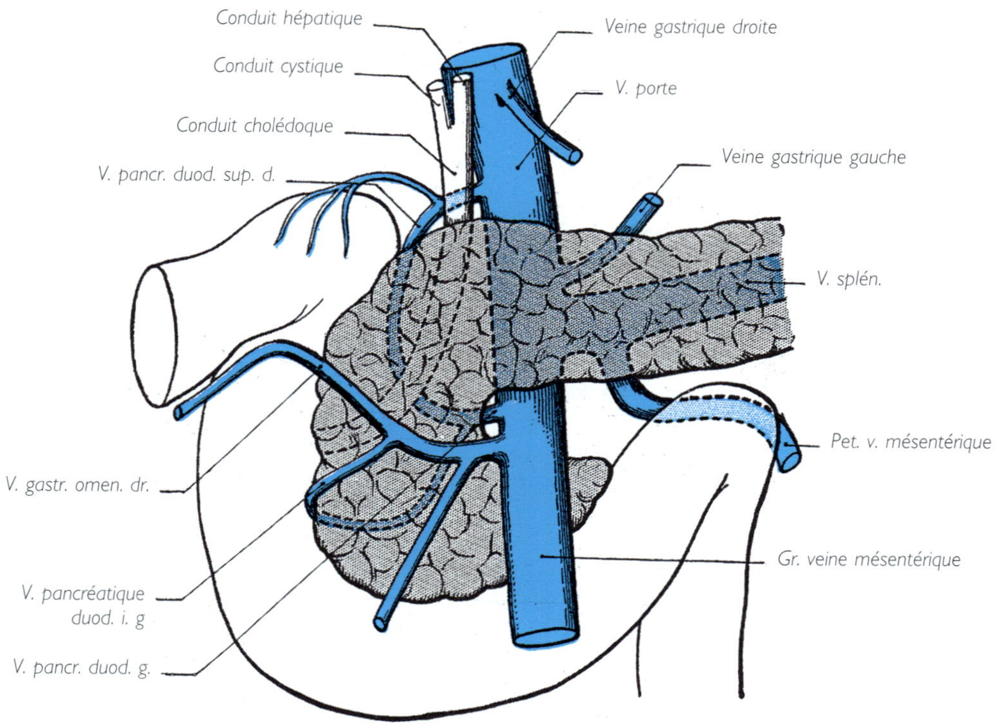

Fig. 158 ▪ Tronc de la veine porte (d'après Rio-Branco, modifié).

en arrière des branches terminales de l'artère hépatique et des branches d'origine du conduit hépatique (fig. 157).

Les branches terminales de la veine porte reçoivent quelques collatérales. Ce sont : les *veines cystiques* ou *superficielles*, tributaires de la branche terminale droite ; ❑ les reliquats de la *veine ombilicale* et du *conduit veineux* qui s'implantent sur la branche terminale gauche, à l'extrémité gauche du sillon transverse.

Les *veines cystiques inférieures* sont les seules branches de la veine porte qui soient au nombre de deux pour une artère.

La *veine ombilicale*[1] chez le fœtus conduit le sang du placenta jusqu'à la veine cave, par l'intermédiaire de la branche gauche de la veine porte et du canal d'Arantius.

Après la naissance, la veine ombilicale s'atrophie et s'oblitère.

Elle se transforme en un cordon fibreux, le *ligament rond du foie*, qui va de l'ombilic à la branche gauche de la veine porte, le long du bord inférieur du ligament suspenseur du foie et du sillon longitudinal gauche.

Cependant on trouve normalement, le long du ligament rond, une veinule, la *veine para-ombilicale*, qui a son origine dans la paroi abdominale, autour de l'ombilic, et se jette dans la branche gauche de la veine porte. D'après Wertheimer, il s'agit là d'un vaisseau de nouvelle formation, la *veine centro-ombilicale* qui, d'après cet auteur, est dans l'épaisseur même du ligament rond.

Le *conduit veineux* fait communiquer, chez le fœtus, la branche gauche de la veine porte avec la veine cave inférieure. Ce canal s'oblitère après la naissance en totalité ou en partie. Dans ce dernier cas, il reste perméable soit dans sa partie moyenne seulement, soit à l'une ou l'autre de ses extrémités, surtout au voisinage de son abouchement dans la veine cave. Le conduit veineux se présente chez l'adulte comme un cordon fibreux situé sur le prolongement du ligament rond, dans le segment postérieur ou vertical du sillon gauche du foie.

■ **VEINES PORTES ACCESSOIRES.** Le foie reçoit des organes voisins de petites veinules qui se terminent dans le foie par un réseau capillaire, de la même manière que la veine porte. On les nomme *veines portes accessoires.*

Les veines portes accessoires se répartissent en six groupes :

1° Les *veines épiploïques* viennent du petit omentum et s'enfoncent dans l'épaisseur des bords du sillon transverse ;

2° Les *veines cystiques*, au nombre de douze à quinze (Sappey), naissent de l'extrémité antérieure et de la paroi supérieure de la vésicule biliaire ; elles se terminent dans la partie attenante du foie ;

3° Les *veines phréniques* proviennent de la face inférieure du diaphragme et vont au foie par les ligaments coronaire et suspenseur ;

4° Les *veines des ligaments suspenseur et coronaire* se confondent avec les veines du groupe précédent ;

1. Ce que nous désignons sous le nom de veine ombilicale n'est en réalité que la branche interne de la veine ombilicale gauche (voir les traités d'embryologie). De tout le système des veines ombilicales, seule cette branche veineuse persiste pendant toute la durée de la vie fœtale.

5° Les *veines du hile* naissent dans le sillon transverse, des parois des vaisseaux et des conduits hépatiques ;

6° Les *veines para-ombilicales* ont leur origine dans la paroi abdominale, au voisinage de l'ombilic et dans l'épaisseur du ligament rond. Elles suivent le trajet de ce ligament. Les unes pénètrent dans le foie au niveau de son bord antérieur ; les autres, le long du sillon longitudinal gauche.

Les veines portes accessoires qui naissent des parois de l'abdomen (veines phréniques et veines du ligament rond), sont anastomosées avec les rameaux d'origine des veines tributaires des veines caves.

■ **ANASTOMOSES VEINEUSES PORTO-CAVES.** Le système veineux porte et le système cave sont indépendants. Le système porte draine vers le foie le sang venu du tractus digestif, le système cave assure le retour vers le cœur du sang de toute la grande circulation. Des veinules permettent cependant à ces deux systèmes de communiquer au voisinage des extrémités du tube digestif et des parois abdominales. Ce sont les anastomoses porto-caves. Elles peuvent prendre un grand développement quand le système porte ne permet pas au sang de l'intestin d'arriver au foie ou de le traverser. Elles le dérivent vers le système cave.

On distingue trois variétés d'anastomoses porto-caves : anastomoses digestives-œsophagiennes et rectales ; anastomoses pariéto-péritonéales ; anastomoses pariétales proprement dites ou péri-ombilicales.

1. Anastomoses veineuses digestives. Elles comprennent :

❑ les *anastomoses veineuses œsophagiennes* unissant les branches de la veine gastrique gauche, tributaires du système porte, aux veines inférieures de l'œsophage et aux veines du diaphragme, tributaires des veines cave inférieure et azygos ;

❑ les *anastomoses veineuses cardio-diaphragmatiques* : la veine collatérale gastrique, veine de la face postérieure du cardia, tributaire du système porte unie à la veine phrénique inférieure appartenant au système cave, est responsable des hémorragies digestives dans l'hypertension portale (Gillot et Hureau).

❑ les *anastomoses veineuses rectales*, la veine rectale (tributaire de la veine porte) est anastomosée avec les veines rectales moyennes et inférieures, tributaires de la veine cave par l'intermédiaire de la veine iliaque interne.

2. Anastomoses veineuses pariéto-péritonéales. Elles existent là où le tube digestif est accolé à la paroi et à la racine des mésos : veines de l'intestin grêle unies aux veines génitales et urétérales au niveau de la racine du mésentère, veines coliques et veines pariétales, veine splénique et veine rénale.

3. Anastomoses veineuses ombilicales. Elles se forment autour de l'ombilic entre les rameaux de la veine para-ombilicale (vestige de la veine ombilicale du ligament rond) et les veines épigastriques inférieures, sous-cutanées abdominales et thoracique interne, tributaires de la veine cave.

VEINES AZYGOS ET VEINES DE LA COLONNE VERTÉBRALE

Les deux systèmes caves sont unis par deux grandes voies anastomotiques constituées par la veine azygos et par les veines de la colonne vertébrale.

A. **Veine azygos.**

ORIGINE. La veine azygos se forme dans la cavité thoracique, à la hauteur du onzième espace intercostal droit, par la fusion de deux branches d'origine ou *racines*, l'une, externe, l'autre, interne (fig. 159 et 149). ❑ La *racine externe* est constituée par la réunion de la veine lombale ascendante droite et de la douzième veine intercostale. La jonction de ces deux veines se fait sur le bord interne du muscle carré des lombes, au-dessous de l'extrémité interne de la douzième côte et au-dessus du ligament arqué latéral. ❑ La *racine interne*, inconstante, naît soit de la face postérieure de la veine cave inférieure, soit, mais très rarement, de la veine rénale droite. Elle pénètre dans le thorax en passant le plus souvent, avec le nerf grand splanchnique qui est en avant d'elle, entre les faisceaux principal et accessoire du pilier droit du diaphragme.

TRAJET ET RAPPORTS. Dans le thorax, la veine azygos monte sur la face antérieure de la colonne vertébrale, à droite de la ligne médiane, jusqu'à la hauteur de la quatrième vertèbre thoracique. Dans ce parcours, elle n'est pas le plus souvent verticale, mais d'abord oblique en haut et à gauche jusqu'à la sixième ou cinquième vertèbre thoracique. Elle se rapproche ainsi plus ou moins de la ligne médiane. Ensuite, elle s'infléchit en dehors, c'est-à-dire à droite, jusqu'à la hauteur de la quatrième vertèbre thoracique.

Arrivée à la quatrième vertèbre thoracique, la veine azygos s'incurve en avant, passe au-dessus de la racine du poumon et s'ouvre dans la paroi postérieure de la veine cave supérieure. Ce segment de la veine, incurvé au-dessus de la racine du poumon, est l'*arc de la veine azygos.*

Dans la partie ascendante de son trajet, c'est-à-dire depuis son origine jusqu'à la quatrième vertèbre thoracique, la veine azygos répond : ❑ *en dedans*, au conduit thoracique et plus loin à l'aorte ; ❑ *en dehors*, à la plèvre médiastine droite ; ❑ *en arrière*, à la colonne vertébrale et aux artères intercostales droites ; ❑ *en avant*, à la racine du poumon en haut, plus bas à l'œsophage par l'intermédiaire d'un *récessus pleural droit.*

L'arc de la veine azygos passe au-dessus de la bronche et de l'artère pulmonaire droites, et au-dessous des nœuds latéro-trachéaux droits ; elle est comprise entre la plèvre droite qui est en dehors, l'œsophage, le nerf vague et la trachée qui sont en dedans (fig. 127).

Une paire de valvules parfois suffisantes existe vers le milieu de l'arc de la veine azygos.

BRANCHES COLLATÉRALES. La veine azygos reçoit : la *veine bronchique droite postérieure* (Voir : *Poumons*), des *veine œsophagiennes* et *péricardiques*, les *veines intercostales aortiques*, la *veine intercostale supérieure droite* et les *veines hémi-azygos* .

1. Veines intercostales aortiques. Elles sont satellites des artères intercostales aortiques et sont formées par la réunion de deux branches ; ❑ l'une, *intercostale*, longe, dans l'espace intercostal, le bord supérieur de l'artère de même nom ; ❑ l'autre, *dorso-spinale*, recueille le sang des plexus veineux extra et intravertébraux que nous décrivons plus loin.

2. Veine intercostale supérieure droite. Cette veine est le tronc collecteur des trois premières artères intercostales droites et correspond à l'artère intercostale supérieure, branche de l'artère subclavière. Le plus souvent, elle descend et se jette dans l'arc de la veine azygos ; parfois elle monte et se termine dans la veine brachio-céphalique droite.

3. Veines hémi-azygos. Les veines hémi-azygos sont ordinairement au nombre de deux, l'une, inférieure, l'autre, supérieure (fig. 159).

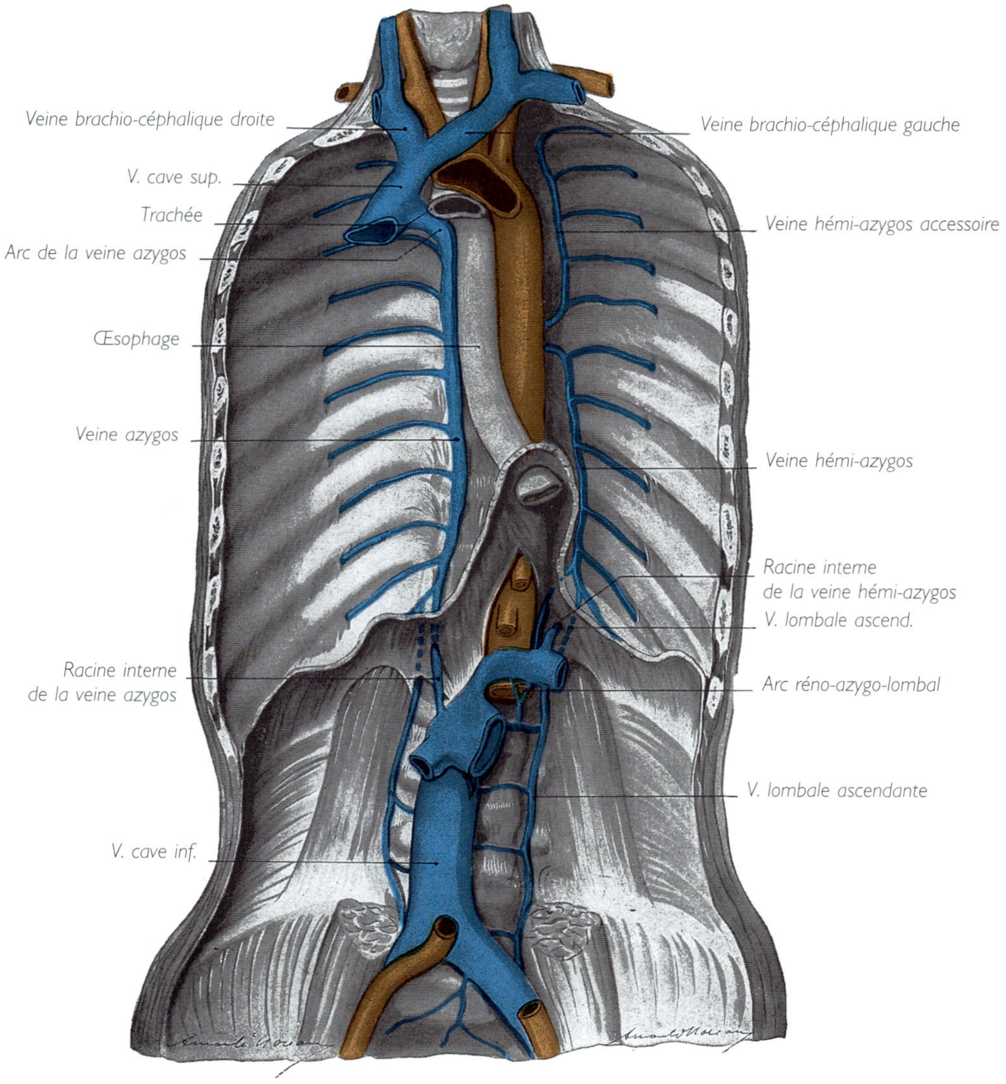

Fig. 159 ▪ Veines azygos.

La *veine hémi-azygos* se forme, comme la veine azygos, dans la cavité thoracique, au niveau du onzième espace intercostal, par la réunion de deux racines, l'une, externe, l'autre interne. ❑ La *racine externe* résulte de la réunion de la veine lombale ascendante gauche et de la douzième veine intercostale. ❑ La *racine interne*, inconstante, vient de la veine rénale, ou, plus exactement, d'une anastomose qui unit la veine rénale à la veine lombale sous-jacente ; elle forme avec ces veines l'*arc réno-azygo-lombal* de Lejars. Cette racine traverse en général le diaphragme entre les faisceaux principal et accessoire du pilier gauche, en arrière du nerf grand splanchnique.

La veine hémi-azygos monte sur le flanc gauche de la colonne vertébrale, en dehors de l'aorte et en avant des artères intercostales, jusqu'à la huitième ou septième vertèbre thoracique. Elle se porte alors transversalement à droite, passe en arrière de l'aorte et du conduit thoracique et se jette dans la veine azygos.

La veine hémi-azygos reçoit les quatre ou cinq dernières veines intercostales gauches.

La *veine hémi-azygos accessoire* descend sur le flanc gauche de la colonne vertébrale, en dehors de l'aorte, jusqu'à la sixième ou septième côte ; puis elle s'infléchit à droite, passe en arrière de l'aorte et du conduit thoracique et se termine dans la veine azygos. ❑ La veine hémi-azygos accessoire reçoit les six ou sept premières veines intercostales et les veines bronchiques postérieures gauches.

Assez souvent, sinon dans la plupart des cas, les veines intercostales du premier ou des deux premiers espaces forment une *veine intercostale supérieure gauche* qui monte et se jette dans la veine brachio-céphalique gauche (Ennabli).

Parfois, les veines hémi-azygos ne reçoivent que les trois ou quatre veines intercostales supérieures et inférieures ; dans ce cas, les veines intermédiaires (cinquième, sixième, septième et huitième) se rendent à la veine azygos, soit directement, soit par l'intermédiaire d'un tronc collecteur commun.

B. **Veines de la colonne vertébrale.**

Les veines de la colonne vertébrale constituent en s'anastomosant deux sortes de plexus : des *plexus veineux vertébraux internes* et des *plexus veineux vertébraux externes*.

1. Plexus veineux vertébraux internes. Ils se composent de quatre cordons veineux plexiformes longitudinaux, reliés entre eux par des plexus veineux transverses.

Les plexus longitudinaux, au nombre de deux de chaque côté, l'un, antérieur, l'autre, postérieur, sont placés au voisinage du foramen intervertébral.

Dans chaque moitié latérale du canal vertébral, le plexus longitudinal antérieur court en avant des racines spinales, tandis que l'autre, postérieur, est situé en arrière de ces racines.

Les plexus longitudinaux du même côté sont anastomosés entre eux et avec ceux du côté opposé par les plexus transverses : antérieur, postérieur et latéraux. Les anastomoses d'un côté à l'autre constituent les plexus transversaux antérieur et postérieur.

Les *plexus transversaux antérieurs* sont situés entre la face postérieure, excavée, des corps vertébraux et le ligament longitudinal postérieur. Ils reçoivent des veines provenant des corps vertébraux (Grillot, Plaisant).

Les *plexus transversaux postérieurs* sont en avant des lames et des ligaments jaunes.

Les plexus intravertébraux se prolongent autour des racines spinales dans les foramens intervertébraux, et c'est par l'intermédiaire des *foramens intervertébraux* que les plexus intravertébraux se déversent dans les veines vertébrales, intercostales, lombales et sacrales.

2. Plexus veineux vertébraux externes. Les plexus veineux vertébraux externes se distinguent en plexus antérieurs et postérieurs.

Les *plexus antérieurs* se développent sur les faces antérieure et latérales des corps vertébraux.

Les *plexus postérieurs* constituent un réseau veineux sous-musculaire qui recouvre les gouttières vertébrales dans toute leur étendue.

Les plexus veineux vertébraux externes antérieurs et postérieurs s'unissent de chaque côté aux plexus des troncs de la veine cave supérieure pour constituer : au dos et aux lombes, les branches dorso-spinales des veines intercostales et lombales ; au cou, les principaux affluents des veines vertébrales.

3. Anastomoses. Les plexus veineux vertébraux internes et externes, unis entre eux, s'étendent sur toute la hauteur de la colonne vertébrale. Ils communiquent en haut avec les veines tributaires de la veine cave supérieure et en bas avec des ramifications de la veine cave inférieure.

Ainsi donc, en arrière de la grande veine azygos, qui a ses racines dans le système cave inférieur et qui se termine dans la veine cave supérieure, il existe, entre les deux veines caves, un deuxième système anastomotique, réalisé par les plexus veineux vertébraux externes et internes.

LYMPHATIQUES DU TRONC

Nous décrirons successivement les groupes de nœuds lymphatiques du bassin, de l'abdomen et du thorax. Pour chacun d'eux, nous indiquerons les régions et les organes dont ils reçoivent les vaisseaux lymphatiques, mais sans insister ; nous entrerons dans les détails en décrivant les régions et les organes contenus dans les cavités thoracique et abdomino-pelvienne.

I. LYMPHOCENTRES

NŒUDS LYMPHATIQUES DU BASSIN

Les nœuds lymphatiques du bassin sont échelonnés le long des gros vaisseaux de la cavité pelvienne. C'est pourquoi Cunéo et Marcille ont été conduits à distinguer dans le bassin trois groupes de nœuds lymphatiques principaux : des *nœuds lymphatiques iliaques externes*, des *nœuds lymphatiques iliaques internes* et des *nœuds lymphatiques iliaques communs* (fig. 160). À ces différents groupes se rattachent encore de petits nœuds lymphatiques intercalés sur le trajet de leurs vaisseaux afférents. Je signalerai ces nœuds interrupteurs en décrivant les vaisseaux lymphatiques le long desquels ils sont placés.

1. Nœuds lymphatiques iliaques externes. Ces nœuds, au nombre de huit à dix, sont placés : ❑ les uns en dehors de l'artère iliaque externe (centre externe) ; ❑ d'autres en avant de la veine (centre moyen) ; ❑ d'autres, enfin, au-dessous de la veine iliaque externe, entre ce vaisseau et le nerf obturateur (centre interne). Dans chacun de ces centres de lymphonœuds, on distingue un nœud inférieur, un nœud moyen et un nœud supérieur. Mais l'un, et quelquefois même deux d'entre eux, peuvent manquer. Les lymphonœuds les plus inférieurs des centres externe et interne, appelés *nœuds rétro-cruraux* externe et interne, sont placés immédiatement en arrière de l'anneau crural.

Au centre interne se rattache encore un petit nœud qui existe parfois en regard de l'orifice profond du canal sous-pubien. C'est le *nœud lymphatique obturateur*. On confond fréquemment ce petit nœud inconstant et rare avec l'élément moyen du centre interne, qui est, au contraire, constant, volumineux du centre.

Les lymhocentres iliaques externes reçoivent : 1° les efférents des nœuds inguinaux ; 2° une grande partie des lymphatiques de l'utérus, de la vessie, de la prostate et de l'urètre postérieur ; 3° des lymphatiques du gland et ceux de la paroi abdominale, satellites des vaisseaux épigastriques inférieurs et circonflexes iliaques profonds ; 4° les lymphatiques provenant de la cuisse, satellites des vaisseaux obturateurs. Ils reçoivent encore quelques lymphatiques antérieurs de la cuisse et, parfois, aussi, un vaisseau efférent du testicule ou de l'ovaire.

2. Nœuds lymphatiques iliaques internes. Les nœuds lymphatiques iliaques internes siègent en regard des angles ou dans les angles que forment en s'écartant les unes des autres les branches de l'artère iliaque interne. Les plus reculés sont placés le long des artères sacrales latérales. Leur nombre varie de quatre à huit.

Ces nœuds reçoivent des lymphatiques des viscères pelviens, ainsi que les vaisseaux lymphatiques de la fesse et de la région postérieure de la cuisse, satellites des artères glutéales supérieure et inférieure.

3. Nœuds lymphatiques iliaques communs. Cunéo et Marcille divisent ces nœuds en trois groupes, comprenant chacun de un à trois nœuds (fig. 160).

Des trois groupes, ❑ l'un, *externe*, est sur le côté latéral des vaisseaux ; ❑ un autre, *moyen*, est dans la *fosse lombo-sacrale* décrite par Cunéo et Marcille (voir *Artères iliaques communes*) ; ❑ le troisième, *interne* ou *groupe du promontoire*, est dans l'angle de division de l'aorte.

Les nœuds lymphatiques iliaques communs reçoivent les vaisseaux efférents des nœuds lymphatiques iliaques externes et internes ; ils recueillent encore quelques lymphatiques de l'uretère, de la prostate, de l'urètre prostatique, de l'utérus et du vagin.

VAISSEAUX EFFÉRENTS DES NŒUDS LYMPHATIQUES DU BASSIN. Les vaisseaux efférents de chacun des nœuds du bassin se rendent aux nœuds situés au-dessus. Par conséquent, les vaisseaux efférents des nœuds les plus élevés du lymphocentre iliaque commun sont en définitive les collecteurs de toute la circulation lymphatique du bassin et aussi des membres inférieurs. Ces vaisseaux efférents se jettent dans les nœuds lymphatiques lombaux.

NŒUDS LYMPHATIQUES DE L'ABDOMEN

Les nœuds lymphatiques de l'abdomen peuvent être divisés en *nœuds lymphatiques pariétaux* et *viscéraux.*

A. Nœuds pariétaux.

Je les distinguerai en deux catégories : les *nœuds lymphatiques de la paroi de l'abdomen* et les *nœuds lymphatiques lombaux.*

1. Nœuds lymphatiques de la paroi de l'abdomen. En dehors de quelques nœuds superficiels qui n'existent que très rarement, les nœuds lymphatiques pariétaux normaux de l'abdomen siègent dans les plans profonds de la paroi : ❑ les uns, situés le long des vaisseaux épigastriques inférieurs, constituent les *nœuds lymphatiques épigastriques* ; ❑ d'autres, placés au voisinage de l'ombilic, forment le groupe des *nœuds ombilicaux et sus-ombilicaux* ; d'autres, enfin, satellites de l'artère circonflexe iliaque profonde, représentent le *centre de lymphonœuds circonflexe iliaque.*

2. Nœuds lymphatiques lombaux. Les nœuds lymphatiques lombaux (Poirier et Cunéo) sont groupés dans l'abdomen, autour de l'aorte et de la veine cave inférieure. Ces nœuds sont toujours très nombreux. On peut les diviser en quatre groupes principaux : *préaortiques, aortiques latéraux gauches, aortiques latéraux droits et rétro-aortiques* (fig. 160 et 161).

Nœuds lymphatiques préaortiques. Ils forment deux amas principaux, rénal et mésentérique inférieur, placés près de l'origine des artères rénales et mésentérique inférieure.

Nœuds lymphatiques aortiques latéraux gauches. Ils s'étagent le long du bord gauche de l'aorte.

Nœuds lymphatiques aortiques latéraux droits. Ceux-ci sont disposés à droite de l'aorte et se distinguent en nœuds préveineux, rétro-veineux, latéro-veineux et interaortico-veineux, selon qu'ils sont en avant, en arrière, en dehors ou en dedans de la veine cave inférieure.

Nœuds lymphatiques rétro-aortiques. Ils sont en arrière de l'aorte.

VAISSEAUX AFFÉRENTS ET EFFÉRENTS DES NŒUDS LYMPHATIQUES LOMBAUX. Les nœuds lymphatiques lombaux reçoivent : les vaisseaux efférents du centre iliaque interne, les lymphatiques du testicule ou de l'ovaire, la plus grande partie des lymphatiques de la trompe et du corps de l'utérus, ceux du rein et de la glande suprarénale du côté correspondant, de nombreux vaisseaux lymphatiques de la partie postérieure du foie, enfin ceux de la paroi abdominale postérieure.

Les collecteurs de la paroi abdominale postérieure sont satellites des vaisseaux sanguins lombaux. Ils sont interrompus, pendant leur traversée de l'interstice qui sépare les parties profonde et principale du muscle psoas, par de petits nodules intercalaires, dont l'infection est vraisemblablement à l'origine des abcès du muscle psoas dits « primitifs ».

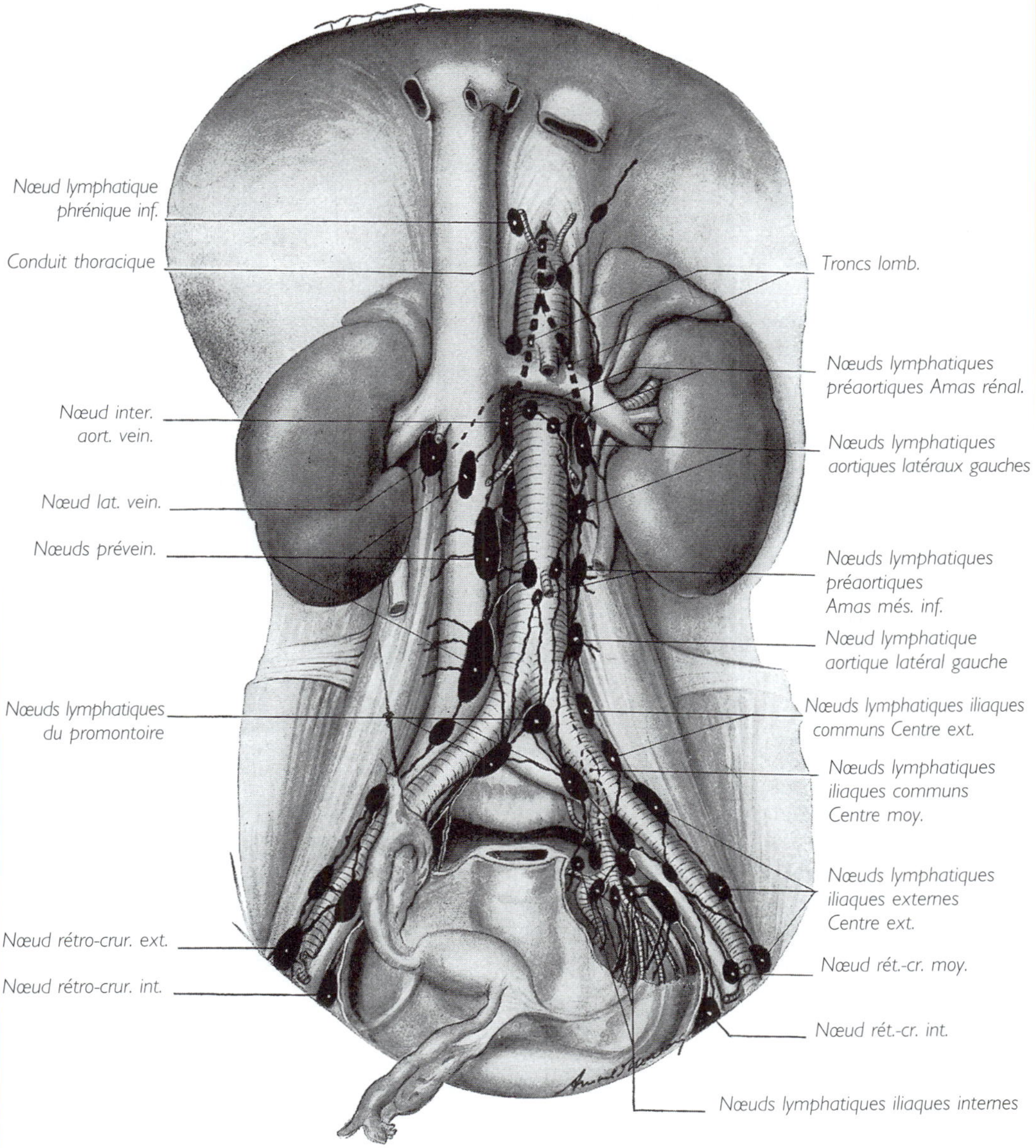

Fig. 160 ▪ Nœuds iliaques et lymphatiques lombaux (schématique).

La lymphe du lymphocentre formé par les nœuds lymphatiques lombaux et par les vaisseaux qui réunissent ces nœuds entre eux est collectée en haut, par deux canaux volumineux, appelés *troncs lombaux*, qui sont les branches d'origine principales du conduit thoracique.

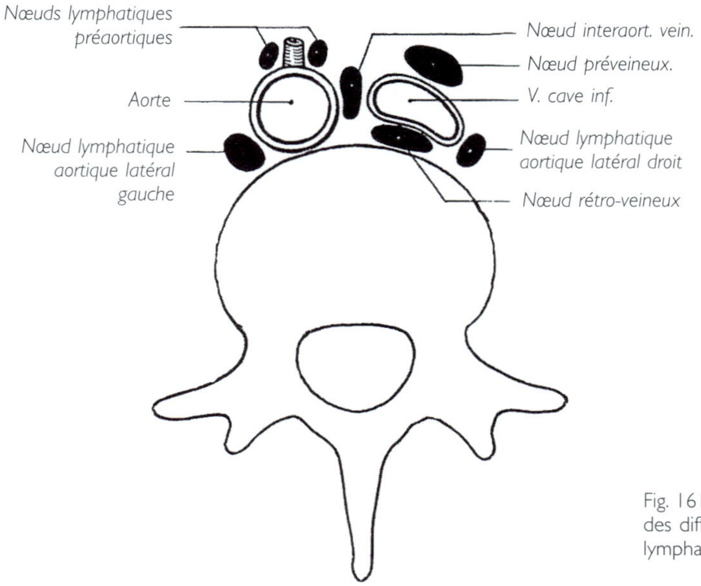

Fig. 161 ▪ Schéma montrant la situation des différents groupes de nœuds lymphatiques lombaux.

B. Nœuds viscéraux.

Les vaisseaux lymphatiques de l'estomac, de la rate, du pancréas, de l'intestin grêle et du gros intestin, ainsi qu'une partie de ceux du foie, aboutissent à des nœuds placés dans le voisinage immédiat de ces organes, le long de leurs vaisseaux sanguins. On désigne ces nœuds sous le nom de l'organe auxquel ils sont annexés, ou bien sous le nom de l'artère à laquelle ils sont accolés.

1. Centre lymphatique gastrique gauche (fig. 249). ❑ Il longe cette artère sur toute la longueur du pli gastro-pancréatique et de la petite courbure de l'estomac. Les nœuds de ce centre sont placés : les uns, le long de la petite courbure, surtout dans sa partie supérieure *(groupe de la petite courbure)* ; les autres, dans le pli gastro-pancréatique, au-dessus et en arrière des vaisseaux gastriques gauches *(groupe du pli gastro-pancréatique)*. ❑ Quelques *nœuds juxta-cardiaques* placés au voisinage du cardia prolongent ce centre en haut, jusqu'à l'extrémité inférieure de l'œsophage.

2. Centre lymphatique liénal (fig. 249). Il accompagne l'artère splénique et comprend trois groupes qui sont, dans le sens du courant lymphatique : les nœuds gastro-omentaux gauches, les nœuds du hile de la rate et les nœuds sus-pancréatiques placés le long du bord supérieur du pancréas.

3. Centre lymphatique hépatique (fig. 249). Les nœuds lymphatiques hépatiques comprennent les nœuds échelonnés le long de l'artère hépatique commune et de ses branches. Ces nœuds se répartissent en cinq groupes principaux : ❑ les *nœuds lymphatiques gastro-omentaux droits, subpyloriques* et *rétropyloriques,* se succèdent les uns aux autres le long des artères gastro-omentale droite et gastro-duodénale ; ❑ les *nœuds lymphatiques pancréatico-duodénaux,* plus ou moins satellites des artères pancréatico-duodénales, se divisent en nœuds lymphatiques pancréatico-duodénaux antérieurs et postérieurs, selon qu'ils sont placés en avant ou en arrière du duodénum et de la tête du pancréas ; ❑ le *groupe pylorique* ou *suprapylorique* existe rarement ; il est représenté par un petit nœud situé sur l'artère gastrique droite, au-dessus du pylore ; ❑ enfin, le *groupe de l'artère hépatique commune* est formé par les nœuds situés le long du tronc de l'artère hépatique commune. C'est dans ce dernier groupe que se déverse la lymphe qui traverse tous les autres groupes.

Aux nœuds lymphatiques hépatiques se rattachent les nœuds du pédicule hépatique, qui sont plus particulièrement en rapport avec les voies biliaires extra-hépatiques. Parmi ces *nœuds,* deux existent dans la plupart des cas. Ce sont : le *nœud lymphatique cystique* situé dans l'angle ouvert en avant, formé par le corps et le col de la vésicule biliaire, et le *nœud lymphatique hépatique accessoire* placé dans le petit omentum, sur le bord antérieur du foramen omental.

4. Centres lymphatiques mésentériques supérieur et inférieur. Les nœuds qui composent ces centres sont disposés le long des artères mésentériques supérieure et inférieure et de leurs ramifications.

Il faut distinguer : les nœuds du mésentère et les nœuds annexés aux artères du gros intestin.

Nœuds lymphatiques mésentériques. Au nombre de cent à deux cents, ils constituent le groupe de nœuds le plus nombreux de l'économie.

Ils sont répartis dans l'épaisseur du mésentère de manière à former trois groupes secondaires : ❑ 1° *un groupe périphérique juxta-intestinal,* placé le long de la dernière arcade artérielle ou des vaisseaux droits qui en partent ; ❑ 2° un *groupe intermédiaire* situé à peu près à mi-hauteur du mésentère ou un peu au-dessus, le long de la première arcade artérielle ; ❑ 3° un *groupe central* comprenant les nœuds disposés dans la racine du mésentère, autour des troncs de l'artère et de la veine mésentériques supérieures (Poirier et Cunéo).

Les nœuds du mésentère reçoivent les lymphatiques de l'intestin grêle. ❑ Des éléments du groupe central partent en général plusieurs collecteurs ou *troncs intestinaux* : parfois l'un d'eux descend sur le côté gauche de l'aorte et se jette dans le tronc lombal gauche ; les autres se portent en bas et à gauche de l'aorte, très rarement à droite, et se terminent dans les nœuds latéro-aortiques voisins du pédicule rénal (Rouvière, Martin).

Nœuds satellites des artères du gros intestin. On peut les diviser en trois groupes principaux, selon qu'ils sont accolés aux artères du cæcum, à celles du côlon ou du rectum.

Les nœuds satellites des artères du cæcum et de l'appendice se répartissent en cinq groupes secondaires, en rapport avec les cinq branches de l'artère iléo-colique : *groupes iléal, colique, cæcal antérieur, cæcal postérieur et appendiculaire.*

Les *nœuds satellites des artères du côlon* ont été divisés par Jamieson et Dobson en quatre groupes : ❑ les *nœuds épicoliques* placés sur la paroi même du côlon ; ❑ les *nœuds lymphatiques paracoliques*, situés le long de l'arcade artérielle paracolique formée par les branches anastomosées des artères coliques ; ❑ les *nœuds intermédiaires*, qui siègent sur les artères coliques à mi-chemin entre l'origine de ces artères et le côlon ; ❑ enfin, les *nœuds principaux* accolés : à l'origine de ces artères coliques, au tronc de l'artère mésentérique inférieure, à l'angle de bifurcation de l'artère mésentérique inférieure en ses deux branches terminales, les artères rectales supérieures, enfin au segment terminal de la veine mésentérique inférieure.

Nœuds satellites des artères du rectum. Ce sont de petits nodules appelés *nœuds lymphatiques ano-rectaux* (Gerota), ou *pararectaux* (Poirier et Cunéo). Ils siègent le long des artères rectales supérieures et de leurs branches.

Les nœuds satellites des artères du gros intestin reçoivent la lymphe du gros intestin. Ceux qui sont accolés aux artères coliques droites et au segment terminal de la veine mésentérique inférieure écoulent leur contenu dans les nœuds centraux du mésentère ; les autres, dans les nœuds lymphatiques lombaux.

Il est à souligner que tous les lymphatiques abdominaux aboutissent à un carrefour lymphatique rétropancréatique – véritable lieu de rassemblement du système lymphatique abdominal (G. Hidden).

NŒUDS LYMPHATIQUES DU THORAX

On divise les nœuds du thorax en nœuds pariétaux et viscéraux.

A. Nœuds pariétaux.

Les nœuds pariétaux se répartissent en trois groupes : les *nœuds lymphatiques phréniques*, *parasternaux* ou *rétro-sternaux* et les *nœuds pariétaux postérieurs.*

1. Nœuds lymphatiques phréniques. Ils siègent autour de la base du péricarde.

Les uns, *antérieurs* ou *prépéricardiques*, sont répartis en trois amas : un médian, rétroxiphoïdien, et deux latéraux situés en arrière de l'extrémité antérieure de la septième côte.

Les autres sont *prévertébraux* ou *péricardiaux latéraux*. Ils sont placés : à gauche, au voisinage immédiat du nerf phrénique ; à droite, autour de la veine cave inférieure et du nerf phrénique, mais surtout en avant et en dedans de la veine cave inférieure.

Il existe encore d'autres nœuds supra-phréniques autour de l'œsophage et de l'aorte ; mais ceux-ci appartiennent au groupe des nœuds médiastinaux postérieurs.

Les nœuds lymphatiques phréniques reçoivent des lymphatiques du diaphragme, de la plèvre diaphragmatique, du péricarde, du péritoine sub-diaphragmatique et du foie. ❑ Leurs canaux efférents se rendent aux nœuds lymphatiques parasternaux et médiastinaux antérieurs. Ces derniers suivent les artères phréniques supérieures.

2. Nœuds lymphatiques parasternaux. Ceux-ci sont échelonnés de chaque côté du sternum sur le trajet des vaisseaux thoraciques internes.

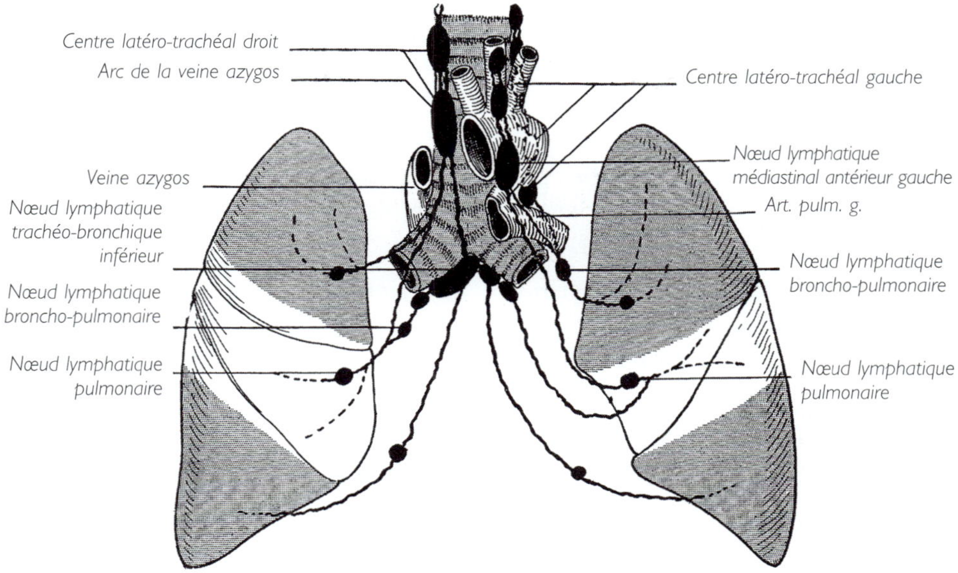

Fig. 162 ▪ Nœuds viscéraux du thorax (schématique). — Les nœuds lymphatiques médiastinaux antérieurs droit et transversal n'ont pu être représentés, car la veine cave supérieure et les troncs brachio-céphaliques dont ils sont satellites ont été enlevés pour permettre de voir les centres sous-jacents.
Ce schéma synthétise également les connexions entre les nœuds des territoires lymphatiques pulmonaires.

À ces nœuds aboutissent les vaisseaux efférents des nœuds lymphatiques phréniques antérieurs, ainsi que des troncs lymphatiques provenant de la paroi antérieure du thorax et de la partie interne de la mamelle.

3. Nœuds pariétaux postérieurs. Ils se distinguent en deux groupes : les nœuds intercostaux et les nœuds lymphatiques prévertébraux.

Nœuds lymphatiques intercostaux. Ils siègent dans les espaces intercostaux, le long du paquet vasculo-nerveux, en particulier dans le segment latéro-vertébral, où l'on en trouve d'ordinaire de un à trois.

Les *nœuds lymphatiques intercostaux* reçoivent les lymphatiques de la paroi postéro-latérale du thorax.

Leurs canaux efférents, excepté ceux du premier espace, se jettent dans le conduit thoracique, mais de manières différentes, selon l'espace intercostal envisagé (fig. 165). Ceux des cinq à six derniers espaces se jettent de chaque côté, dans un même tronc collecteur qui descend jusqu'à la douzième vertèbre thoracique, puis remonte et s'ouvre dans le conduit thoracique à la hauteur du onzième espace. Du deuxième espace au cinquième, les canaux efférents se rendent séparément au conduit thoracique. Enfin, les lymphatiques efférents du premier ou des deux premiers espaces montent vers le cou et se terminent dans le confluent jugulo-subclavier, directement ou par l'intermédiaire du centre cervical transverse.

Nœuds lymphatiques prévertébraux. Les nœuds lymphatiques prévertébraux sont intercalés sur le trajet des vaisseaux efférents des nœuds lymphatiques intercostaux. Les uns, appliqués sur les faces latérales de la colonne vertébrale, sont *latéraux vertébraux* ; les autres sont *prévertébraux*.

B. **Nœuds viscéraux.**

Je les diviserai en quatre groupes principaux : les nœuds médiastinaux antérieurs, les nœuds médiastinaux postérieurs, les nœuds péritrachéo-bronchiques et les nœuds intra-pulmonaires (fig. 162).

1. Nœuds lymphatiques médiastinaux antérieurs. Ils sont placés à la partie supérieure du médiastin, en avant des gros vaisseaux. Ils constituent trois lymphocentres : les centres médiastinaux antérieurs droit, gauche et transverse.

Le *centre médiastinal antérieur droit ou préveineux* s'étend le long des artères phréniques supérieures, des veines cave supérieure et brachio-céphalique droite, depuis le diaphragme jusqu'à la base du cou.

Le *centre médiastinal antérieur gauche ou pré-artériel* monte depuis la racine du poumon gauche, jusqu'au cou, en avant de l'arc de l'aorte et de l'artère carotide commune gauche (fig. 162).

Le *centre médiastinal antérieur transverse* longe la veine brachio-céphalique gauche et anastomose entre eux les centres lymphatiques médiastinaux antérieurs droit et gauche.

2. Nœuds lymphatiques médiastinaux postérieurs. Ces nœuds sont placés le long de l'œsophage et de l'aorte thoracique.

3. Nœuds lymphatiques trachéo-bronchiques (fig. 162). Entre les nœuds lymphatiques médiastinaux antérieurs échelonnés le long des gros vaisseaux placés au-dessus du péricarde, et les nœuds lymphatiques médiastinaux postérieurs placés surtout le long de l'œsophage, se trouve le groupe de nœuds viscéral le plus important du thorax, celui des nœuds lymphatiques trachéo-bronchiques.

Ces nœuds lymphatiques se répartissent en trois groupes secondaires : les *nœuds lymphatiques broncho-pulmonaires*, les *nœuds lymphatiques trachéo-bronchiques inférieurs* et les *nœuds lymphatiques paratrachéaux*.

Nœuds lymphatiques broncho-pulmonaires. Ils siègent entre les éléments des racines du poumon, depuis l'origine des bronches jusqu'à la surface médiastinale des poumons. Ils se distinguent en antérieurs, postérieurs, supérieurs et inférieurs, selon qu'ils sont placés en avant, en arrière, au-dessus ou au-dessous de la bronche.

Nœuds lymphatiques trachéo-bronchiques inférieurs. Ce groupe comprend les nœuds des racines du poumon sous-jacents à la bifurcation trachéale et aux bronches extrapulmonaires. Ils sont placés dans l'angle de bifurcation de la trachée. On en compte en moyenne de trois à cinq.

Nœuds lymphatiques paratrachéaux. Ils peuvent se répartir en trois groupes : le centre latéro-trachéal droit, le centre latéro-trachéal gauche et les nœuds lymphatiques paratrachéaux.

Le *centre latéro-trachéal droit* est un amas lymphonodal placé sur la face antéro-latérale droite de la trachée intrathoracique, dans une dépression décrite par Baréty, comprise entre la veine cave supérieure et la veine brachio-céphalique droite en avant, la trachée, l'arc de l'aorte et le tronc brachio-céphalique artériel en dedans, l'artère subclavière en haut et l'arc de la veine azygos en bas. Cette dépression est fermée en dehors par la plèvre médiastine. Le nœud le plus inférieur de ce centre, qui est aussi d'ordinaire le plus volumineux, est en rapport avec l'arc de la veine azygos (fig. 162). C'est vers ce nœud, que Rouvière a appelé *nœud de l'arc de la veine azygos*, que convergent la plupart des vaisseaux lymphatiques du poumon droit et de la partie inférieure du poumon gauche (fig. 162).

Le *centre latéro-trachéal gauche* ou *centre récurrentiel gauche* longe la partie verticale du nerf récurrent gauche.

Les *nœuds lymphatiques paratrachéaux* sont des éléments lymphonodaux, petits et rares, placés en arrière de la trachée, sur le trajet des canaux lymphatiques qui relient les nœuds lymphatiques trachéo-bronchiques inférieurs au centre latéro-trachéal droit.

4. Nœuds lymphatiques pulmonaires. Ils occupent les angles de division de la bronche, de l'artère et de la veine. Il en existe toujours un dans les angles qui séparent les pédicules broncho-vasculaires de deux lobes voisins. À ces *nœuds lymphatiques pulmonaires interlobaires* s'ajoutent des *nœuds lobaires* placés dans le premier angle de division des bronches lobaires.

Aux nœuds lymphatiques pulmonaires peuvent être rattachés de tout petits nodules situés sous la plèvre viscérale, appelés nœuds sous-pleuraux.

VAISSEAUX AFFÉRENTS ET EFFÉRENTS DES NŒUDS VISCÉRAUX DU THORAX.

Les *nœuds lymphatiques médiastinaux antérieurs droits et gauches* font partie des voies lymphatiques ascendantes médiastinales antérieures droite et gauche. Celles-ci reçoivent des lymphatiques des organes voisins (plèvres, péricarde, cœur, poumons, thymus et diaphragme) et se terminent dans le confluent jugulo-subclavier correspondant, directement ou par l'intermédiaire d'un autre tronc collecteur de la base du cou.

Les *nœuds lymphatiques médiastinaux postérieurs* reçoivent de la lymphe du diaphragme et des organes du médiastin postérieur, qu'ils écoulent dans les nœuds lymphatiques trachéo-bronchiques inférieurs et dans le conduit thoracique.

Les *nœuds lymphatiques trachéo-bronchiques* et *pulmonaires* sont échelonnés le long des voies lymphatiques d'origine pulmonaire. La lymphe des poumons gagne en effet les centres latéro-trachéaux directement et surtout par l'intermédiaire des nœuds lymphatiques pulmonaires, broncho-pulmonaires et trachéo-bronchiques inférieurs. Les nœuds lymphatiques broncho-pulmonaires sont, pour la plupart, en connexion avec le centre latéro-trachéal du même côté. Le groupe sus-bronchique des nœuds lymphatiques broncho-pulmonaires gauches est relié au centre récurrentiel gauche par un collecteur qui passe sous l'arc de l'aorte, et le long duquel siège un nœud accolé à l'anse du nerf récurrent gauche. Les lésions du *nœud lymphatique du ligament artériel* du nerf récurrent gauche seraient à l'origine de certaines paralysies de ce nerf.

Les nœuds lymphatiques trachéo-bronchiques inférieurs, qui reçoivent non seulement des lymphatiques des poumons, mais aussi une partie de ceux de l'œsophage et du cœur, sont généralement reliés au centre latéro-trachéal droit qui résume ainsi la plus grande partie de la circulation lymphatique intrathoracique (fig. 162). (Voyez, pour détails, les lymphatiques de ces différents organes.)

Enfin, chaque centre latéro-trachéal se continue par un ou plusieurs collecteurs terminaux qui vont, directement ou non, au confluent veineux jugulo-subclavier du même côté (voir plus loin : *Les collecteurs terminaux supra-phréniques*).

II. TRONCS COLLECTEURS LYMPHATIQUES TERMINAUX

TRONCS COLLECTEURS DES LYMPHATIQUES SUS-DIAPHRAGMATIQUES

On trouve normalement, de chaque côté de la base du cou, les troncs collecteurs lymphatiques : *subclavier, jugulaire, cervical transverse, thoracique interne, médiastinal antérieur, latéro-trachéal, récurrentiel* et *intercostal*. Ces divers troncs font suite aux groupes

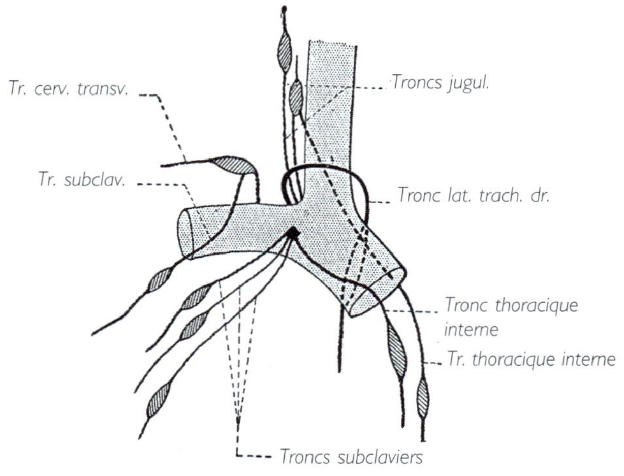

Fig. 163 ▪ Troncs lymphatiques terminaux, côté droit (d'après Alvaro Rodrigues et Sousa Pereira).

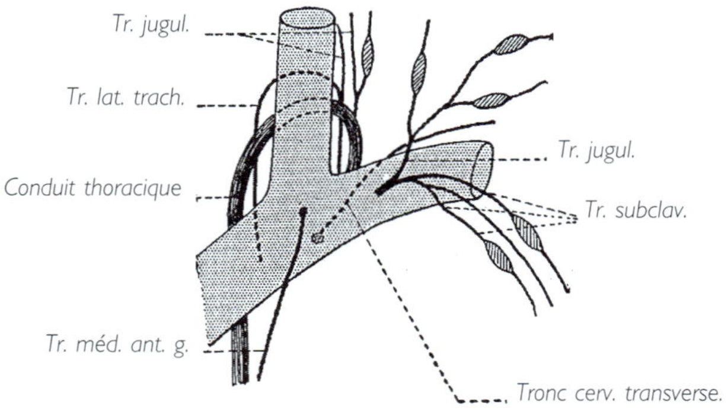

Fig. 164 ▪ Troncs lymphatiques terminaux, côté gauche (d'après Alvaro Rodrigues et Sousa Pereira).

de nœuds homonymes : nœuds sous-claviculaires (nœuds axillaires), centre jugulaire interne, cervical transverse, thoracique interne, nœuds lymphatiques médiastinaux antérieurs, latéro-trachéaux et récurrentiels ; le tronc intercostal collecte la lymphe des nœuds du premier ou des deux premiers espaces intercostaux.

Dans la plupart des cas, certains de ces collecteurs terminaux, simples ou dédoublés, s'abouchent directement au confluent veineux jugulo-subclavier ; les autres se terminent de manière différente à droite et à gauche. À gauche, ils se jettent dans le conduit thoracique. À droite, ils se réunissent en formant un ou plusieurs troncs (fig. 163 et 164). Lorsqu'il existe un seul tronc, celui-ci est appelé *conduit lymphatique droit* (Alvaro Rodrigues et Sousa Pereira). Le conduit lymphatique droit, qui mesure de quelques millimètres à 1 cm de longueur, se jette dans le confluent veineux jugulo-subclavier.

TRONC COLLECTEUR DES LYMPHATIQUES SOUS-DIAPHRAGMATIQUES. CONDUIT THORACIQUE

Presque tous les lymphatiques sub-diaphragmatiques aboutissent à un seul tronc collecteur, le *conduit thoracique*.

Le conduit thoracique (fig. 165) est le plus volumineux des troncs lymphatiques du corps. Il est le collecteur des lymphatiques sub-diaphragmatiques, à l'exception d'une partie des lymphatiques du foie et des lymphatiques de la partie sus-ombilicale de la paroi abdominale. Il reçoit encore les lymphatiques de la paroi postéro-latérale du thorax et quelques collecteurs terminaux de la base du cou.

■ **FORME.** C'est un long conduit, de couleur gris blanchâtre sur le cadavre. Ses parois sont minces et souples. Aussi le conduit thoracique est aplati quand il est vide. Quand il est distendu, sa surface est un peu irrégulière, surtour au voisinage de ses extrémités.

■ **ORIGINE.** Le conduit thoracique résulte de la réunion des deux troncs lombaux qui font suite, en haut, aux nœuds lymphatiques aortiques latéraux droit et gauche.

La jonction des canaux lombaux se fait en un point variable : en avant des deux premières vertèbres lombales ou des deux dernières vertèbres thoraciques (Jossifow). Par suite, l'origine du conduit thoracique est intra-abdominale quand elle est basse ; elle est intrathoracique quand elle est haute. L'origine haute et l'origine basse existent à peu près avec la même fréquence.

Il est encore classique de dire que le conduit thoracique commence par un segment dilaté appelé *citerne du chyle*. La vérité est tout autre. Le conduit thoracique n'est dilaté à son origine que si celle-ci est basse. La forme de cette dilatation est variable. Celle-ci est tantôt allongée, tantôt ampullaire. Lorsqu'elle est ampullaire, elle constitue la citerne du chyle. Mais la citerne du chyle n'existe que si un ou plusieurs troncs intestinaux se jettent directement dans l'extrémité inférieure même de la citerne du chyle (Jossifow).

Cette disposition se rencontre dans un tiers des cas environ.

■ **TRAJET ET DIRECTION** (fig. 165). De son origine, le conduit thoracique monte en longeant le côté droit de l'aorte. Au-dessus de l'aorte, le conduit suit la face postéro-

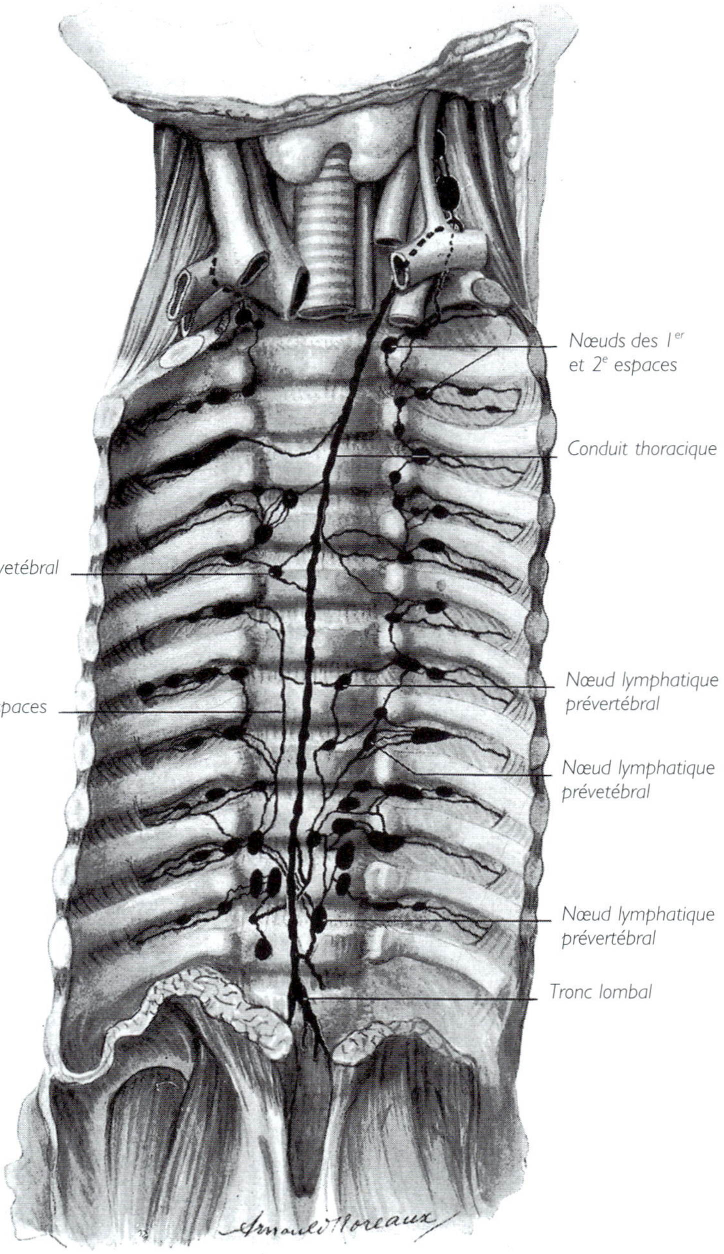

Fig. 165 ▪ Le conduit thoracique et les nœuds pariétaux postérieurs du thorax.

interne de l'artère subclavière gauche. Il arrive ainsi à la base du cou, où il décrit une courbe concave en bas, qui le porte en avant et à gauche vers le confluent jugulo-subclavier, où il se termine. Ce segment terminal, courbe, du canal est appelé *arc du conduit thoracique*. L'arc du conduit thoracique est d'autant plus élevé que l'orifice supérieur du thorax est étroit ; il est bas c'est-à-dire à trajectoire tendue, quand l'orifice supérieur du thorax est large (Lissitzyn).

■ **TERMINAISON.** Le conduit thoracique s'abouche soit à la veine jugulaire interne, soit à la veine subclavière au voisinage du confluent de ces deux vaisseaux, soit au confluent lui-même. Il s'ouvre soit directement, soit après avoir cheminé dans la paroi du vaisseau sanguin, ce qui supplée à l'insuffisance possible des valvules terminales du canal (Buy et Argaud).

■ **CALIBRE.** En outre de la dilatation que peut présenter le segment initial du conduit thoracique, celui-ci s'élargit encore à son extrémité terminale. Cette seconde dilatation est appelée ampoule du *conduit thoracique*.

En raison de ces inégalités de calibre, le conduit thoracique mesure, suivant les régions, de 4 à 10 mm de diamètre.

■ **RAPPORTS.** *a*) DANS L'ABDOMEN. Lorsque son origine est intra-abdominale, le conduit thoracique est placé, de même que dans la traversée du diaphragme, en arrière de la partie droite de l'aorte et en dedans du pilier droit.

b) DANS LE THORAX. Il faut distinguer à la partie thoracique du conduit, deux segments : l'un, interazygo-aortique, l'autre, sus-aortique.

Dans le segment interazygo-aortique *(fig. 209)*. Le conduit thoracique longe le flanc droit de l'aorte ; il est plus ou moins enfoncé dans le sillon qui sépare l'aorte de la colonne vertébrale. En haut, il croise la face interne de l'arc de l'aorte. Le conduit est encore en rapport : à droite, avec la veine azygos ; en arrière, avec les artères intercostales droites et le segment transversal des veines hémi-azygos.

Dans le segment sus-aortique. Le conduit thoracique monte sur la face postéro-interne de l'artère subclavière et entre en rapport avec l'artère carotide commune gauche et le nerf vague en avant, le muscle long du cou en arrière, l'œsophage et le nerf récurrent en dedans, l'artère subclavière et la plèvre en dehors.

c) AU COU. L'arc du conduit thoracique traverse un espace triangulaire, appelé *trigone de l'artère vertébrale* (Waldeyer), compris entre le long du cou et l'œsophage en dedans, le muscle scalène antérieur en dehors et la première côte en bas. Dans cet espace, le conduit thoracique passe : en dehors et en arrière du paquet vasculo-nerveux du cou formé par l'artère carotide commune gauche, la veine jugulaire interne et le nerf vague, en dedans et en avant de l'artère et de la veine vertébrales, en dedans aussi du nerf phrénique contenu dans un dédoublement du fascia du muscle scalène antérieur (fig. 166). Il peut encore passer en dedans ou en dehors d'un nœud inférieur du centre jugulaire, et c'est ce voisinage qui explique la possibilité de blesser le conduit thoracique au cours d'un curage des nœuds lymphatiques du cou.

■ **COLLATÉRALES.** Le conduit thoracique reçoit les canaux efférents des nœuds intercostaux, des nœuds lymphatiques prévertébraux et une partie des lymphatiques efférents des nœuds lymphatiques médiastinaux postérieurs. Au conduit thoracique aboutissent encore un certain nombre des troncs collecteurs terminaux du côté gauche.

■ **VALVULES.** Les valvules, peu nombreuses, existent surtout aux deux extrémités du canal. À l'extrémité supérieure, on trouve normalement deux valvules ou une seule. Une seule valvule est toujours insuffisante.

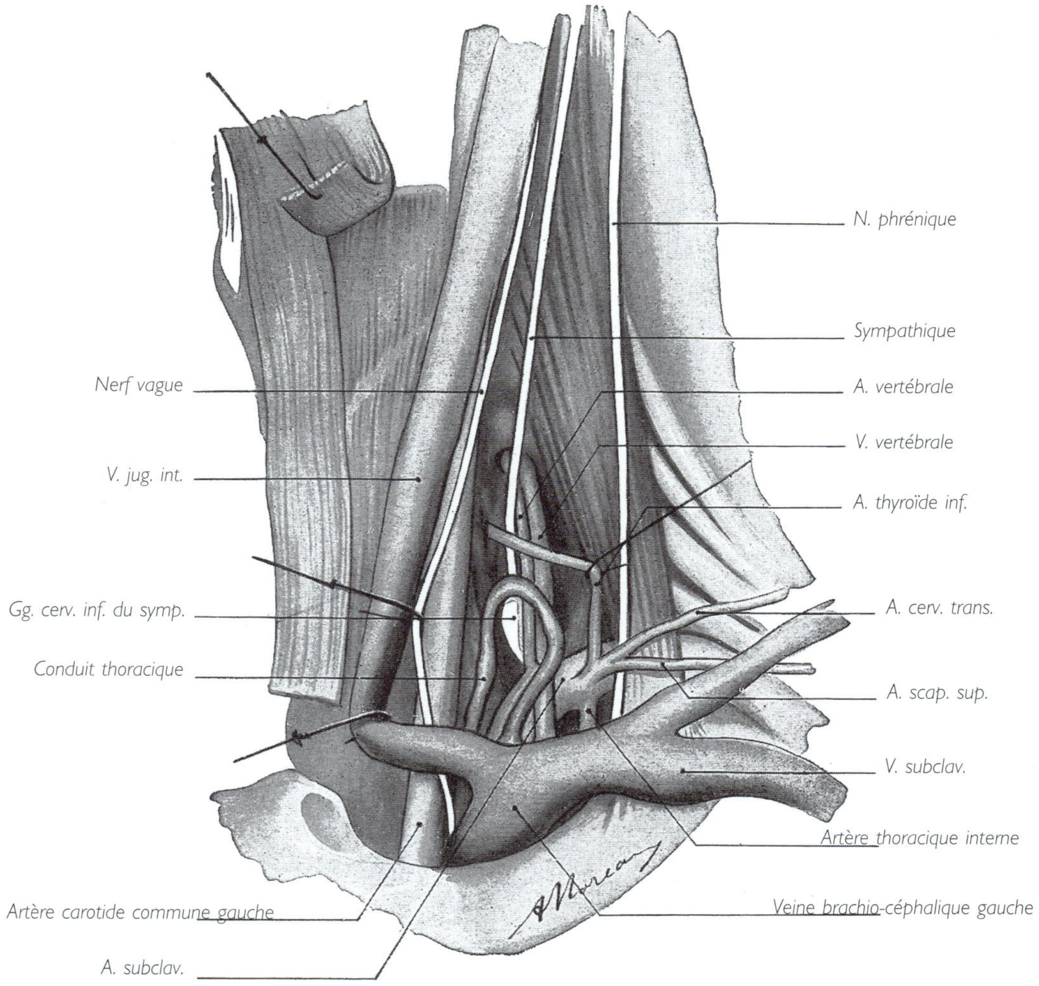

Fig. 166 ▪ Rapports du conduit thoracique au cou.

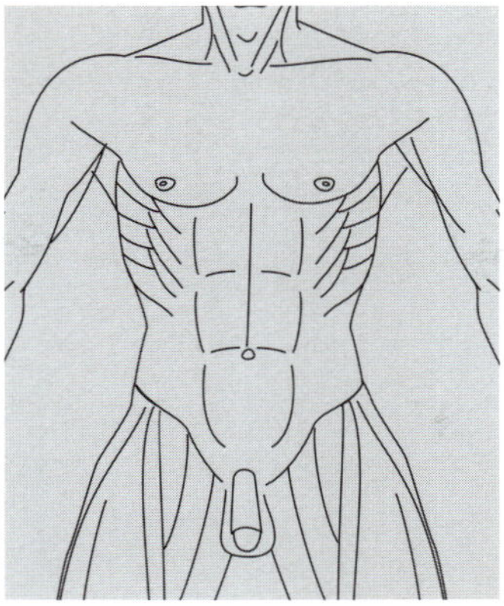

NERFS DU TRONC

Le tronc est innervé par : les nerfs vagues, phréniques, les nerfs spinaux thoraciques, lombaux, sacraux et coccygien, et par le nerf grand sympathique.

Le nerf vague a été décrit avec les nerfs crâniens, et le nerf phrénique avec le plexus cervical (voir tome I, *Ces deux nerfs*).

I. NERFS SPINAUX THORACIQUES, LOMBAUX, SACRAUX ET COCCYGIEN

On sait que les nerfs spinaux se divisent, à leur sortie du foramen intervertébral, en deux branches : l'une, *postérieure*, pour la partie postérieure ou dorsale du corps ; l'autre, *antérieure*, destinée à la peau et aux muscles de la partie antérieure.

BRANCHES POSTÉRIEURES

Les rameaux dorsaux des nerfs spinaux ont une disposition générale partout la même. Ils se dirigent en arrière et traversent un orifice limité en haut et en bas par les processus transverses voisins, en dedans par les processus articulaires, en dehors par le ligament costo-vertébral supérieur. En sortant de cet orifice que Cruveilhier a nommé *foramen intervertébral postérieur*, les branches postérieures émergent dans la gouttière vertébrale, le long du bord externe du muscle transversaire épineux. Elles se ramifient dans la région spinale.

Mais les branches postérieures des nerfs spinaux ont des caractères particuliers dans certaines régions de la colonne vertébrale. Nous avons précédemment indiqué ceux qui distinguent les unes des autres les branches postérieures des nerfs cervicaux. Il ne sera donc question, dans ce chapitre, que des caractères particuliers des branches postérieures thoraciques, lombales, sacrales et de la branche coccygienne.

1° Les *branches postérieures des huit premiers nerfs spinaux thoraciques* se divisent en deux rameaux, l'un, latéral, l'autre, médial (fig. 167).

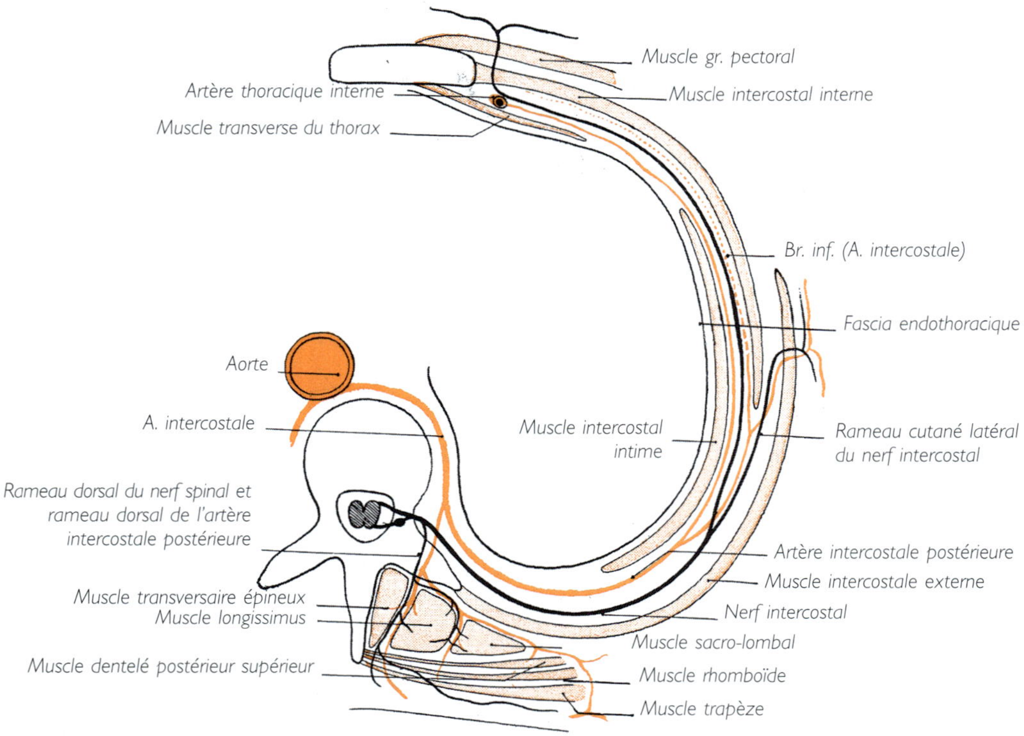

Fig. 167 ▪ Projection, sur une coupe transversale de la paroi thoracique passant par un espace intercostal, d'une artère intercostale postérieure et d'un nerf spinal thoracique.

Le *rameau latéral,* ou *musculaire,* se porte en dehors, en bas et en arrière, entre les muscles sacro-lombal et long dorsal, et se termine dans ces deux muscles.

Le *rameau médial,* ou *musculo-cutané,* passe d'abord de dehors en dedans entre les muscles long dorsal et transversaire épineux jusqu'aux processus épineux ; puis il s'infléchit en dehors et en bas, traverse les plans musculaires superficiels et se ramifie dans les téguments de la région. Ce rameau donne, en passant, des filets aux muscles qu'il côtoie ou qu'il traverse.

2° Les *branches postérieures des quatre derniers nerfs spinaux thoraciques et des trois premiers nerfs lombaux* se divisent également en rameaux latéral et médial.

Le *rameau médial,* grêle, est à peu près exclusivement musculaire, ou ne donne de filets nerveux cutanés qu'à la partie médiane du dos.

Le *rameau latéral,* musculo-cutané, descend très obliquement en dehors, en arrière et en bas, entre les muscles sacro-lombal et longissimus, ou bien à travers la masse commune. Il perfore le fascia et devient sous-cutané bien au-dessous de l'émergence de la branche postérieure dans la gouttière vertébrale. Cette différence de niveau est égale à la hauteur de trois vertèbres au moins (Boppe et Brouet). Aussi le rameau sous-cutané des derniers nerfs spinaux thoraciques et des trois nerfs lombaux donne des ramifications à la partie supérieure de la région fessière.

3° Les *branches postérieures des deux derniers nerfs lombaux* donnent un rameau latéral qui s'épuise dans la masse commune et un rameau médial, musculo-cutané, qui fournit quelques filets à la peau de la région médiane.

4° Les *branches postérieures des nerfs sacraux* s'anastomosent entre elles à leur sortie des foramens sacraux dorsaux. Des arcades ainsi formées partent des rameaux pour les muscles et pour les téguments de la région sacrale et de la partie voisine de la région glutéale.

5° La *branche postérieure du nerf coccygien*, anastomosée avec la cinquième vertèbre sacrale, se distribue aux téguments de la région coccygienne.

BRANCHES ANTÉRIEURES

A. Branches antérieures des nerfs spinaux thoraciques : nerfs intercostaux.

Les branches antérieures des nerfs spinaux thoraciques sont appelées nerfs intercostaux. Ceux-ci sont au nombre de douze.

1. Caractères communs des nerfs intercostaux

a) ORIGINE, TRAJET ET RAPPORTS. En sortant du foramen intervertébral, le nerf spinal thoracique donne par division sa branche postérieure et sa branche antérieure ou nerf intercostal.

Chaque nerf intercostal pénètre aussitôt dans l'espace intercostal. Il est tout d'abord situé à mi-hauteur de l'espace, sous le fascia endothoracique. Peu à peu, le nerf se rapproche du bord inférieur de la côte sus-jacente, atteint l'artère intercostale postérieure et chemine au-dessous d'elle, d'abord entre les muscles intercostal externe et intercostal intime, puis entre celui-ci et le muscle intercostal interne (fig. 167). L'artère est elle-même au-dessous de la veine (fig. 168). Le nerf intercostal se termine à l'extrémité antérieure de l'espace par un rameau cutané perforant antérieur.

b) BRANCHES. Chaque nerf intercostal donne des rameaux musculaires et des rameaux cutanés.

RAMEAUX MUSCULAIRES. Ils innervent les muscles subcostal, élévateur des côtes et intercostaux correspondants.

RAMEAUX CUTANÉS. Ces rameaux, au nombre de deux, sont le rameau cutané latéral et le rameau cutané antérieur.

Le *rameau cutané latéral des nerfs intercostaux* naît au voisinage de l'angle postérieur des côtes. Il chemine d'abord entre les muscles intercostaux intime et externe, puis entre les muscles intercostaux interne et externe (fig. 167). Un peu en avant de la ligne axillaire moyenne, ce rameau traverse le muscle intercostal externe, émerge des plans musculaires le long des attaches costales du muscle dentelé antérieur en haut et du muscle latissimus dorsi en bas, traverse le fascia et se divise en deux branches l'une, antérieure, l'autre, postérieure ; celles-ci se distribuent aux téguments voisins.

Le *rameau cutané antérieur des nerfs intercostaux* peut être considéré comme le rameau terminal du nerf. Parvenu à l'extrémité antérieure de l'espace intercostal, le nerf traverse, en effet, le muscle intercostal interne et les muscles qui recouvrent les espaces intercostaux ; il donne ensuite deux ramifications terminales, l'une, médiale, l'autre, latérale, qui s'épuisent dans les téguments.

c) ANASTOMOSES. Chacun des nerfs intercostaux s'anastomose avec le grand sympathique par deux rameaux communicants, l'un blanc, l'autre gris, qui vont aux deux ganglions les plus rapprochés.

2. Caractères particuliers de chaque nerf intercostal. Le *premier nerf intercostal* prend part presque en entier à la constitution du plexus brachial, par une volumineuse anastomose qui contourne le bord interne de la première côte et s'unit au huitième nerf cervical. Ce qui reste du premier nerf intercostal après le départ de l'anastomose se sépare de celle-ci au-dessous du bord interne de la première côte, et forme un cordon grêle qui représente le premier nerf intercostal proprement dit. Celui-ci s'applique sur la face intérieure de la première côte, qu'il croise obliquement. Il atteint le premier espace un peu en arrière du premier cartilage costal. Ce nerf ne donne pas de rameau cutané latéral.

Le *deuxième nerf intercostal* se distingue aussi par un rameau perforant latéral qui donne une branche pour les téguments de la base de l'aisselle et de la partie supéro-interne du bras. De plus, il envoie, comme les trois suivants, un rameau au muscle transverse du thorax.

Les quatre premiers nerfs intercostaux envoient chacun un rameau au muscle dentelé postérieur supérieur.

Les *troisième, quatrième, cinquième* et *sixième nerfs intercostaux* se divisent, en avant, en deux branches terminales : l'une, cutanée, est le rameau cutané antérieur des nerfs intercostaux ; l'autre, musculaire, se rend au muscle transverse du thorax.

Les *septième, huitième, neuvième, dixième, onzième* et *douzième nerfs intercostaux* donnent chacun des filets vers le diaphragme. De plus, les cinq derniers innervent en grande partie les muscles et les téguments de la paroi abdominale (fig. 169). En avant, ces nerfs dépassent, en effet, l'extrémité antérieure des espaces correspondants, croisent la face profonde des cartilages, puis les insertions du diaphragme. Ils passent ensuite entre les faisceaux du muscle transverse et s'engagent aussitôt après entre celui-ci et le muscle oblique interne. Ils poursuivent

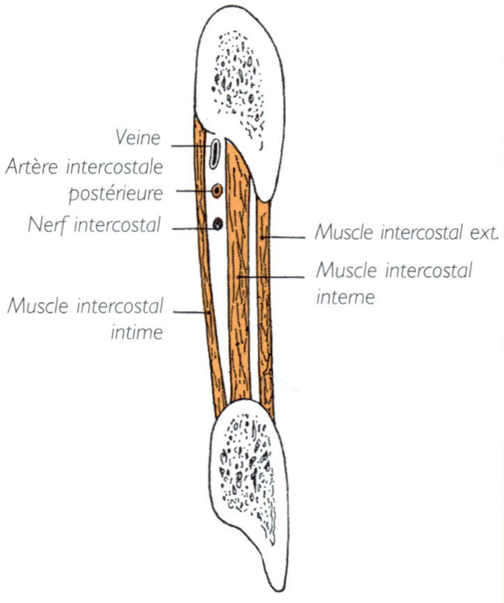

Fig. 168 ▪ Coupe verticale de l'espace intercostal.

leur trajet en bas et en dedans, s'anastomosent entre eux et ne tardent pas à pénétrer dans la gaine du muscle droit de l'abdomen. Dans cette gaine, le nerf gagne la ligne blanche en passant en arrière du muscle.

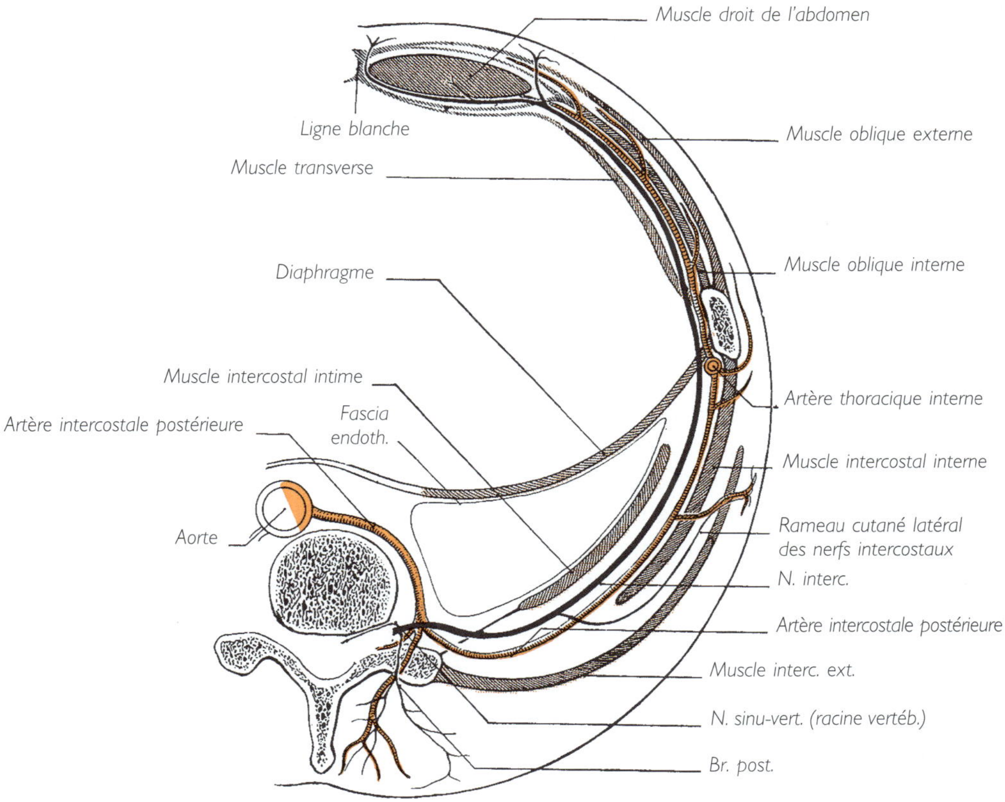

Fig. 169 ▪ Projection, sur une coupe transversale passant par l'un des cinq derniers espaces, de l'artère et du nerf intercostal correspondants (schématique).

Chacun d'eux fournit : ❑ 1° des rameaux aux muscles de la paroi thoracique (muscles élévateur des côtes, subcostal, intercostaux) ; ❑ 2° un rameau cutané latéral ; ❑ 3° un rameau au diaphragme ; ce rameau contribue, d'après les uns, à l'innervation de ce muscle ; d'après d'autres, il est exclusivement sensitif et destiné au péritoine et à la plèvre ; cette dernière opinion est aujourd'hui à peu près généralement adoptée ; ❑ 4° un ou plusieurs filets aux muscles obliques et transverses de l'abdomen ; ❑ 5° deux rameaux cutanés antérieurs, l'un, latéral, ou cutané, l'autre, médial, ou musculo-cutané ; le premier traverse le fascia des deux muscles obliques le long du bord latéral du muscle droit de l'abdomen ; l'autre abandonne quelques filets au muscle droit de l'abdomen, perfore la gaine de ce muscle le long de son bord interne et s'épuise dans les téguments ; ces rameaux perforants traversent souvent le muscle (Minne, Senneville et Libersa).

Le *rameau ventral du nerf thoracique* n'est pas intercostal, mais sous-costal. Il longe le bord inférieur de la douzième côte, en avant du muscle carré des lombes, auquel il abandonne quelques rameaux. Après avoir croisé ce muscle, il perfore le muscle transverse et présente ensuite, dans la paroi abdominale, la même disposition que les nerfs précédents. De plus, il contribue souvent à l'innervation du muscle pyramidal. Son rameau cutané latéral, encore appelé *rameau glutéal*, naît à proximité du bord latéral du muscle carré des lombes et devient sous-cutané à peu près au-dessus du milieu de la crête iliaque (Brouet). Il se ramifie dans les téguments de la région glutéale.

B. **Rameaux ventraux des nerfs lombaux : plexus lombal.**

Les branches antérieures des quatre premiers nerfs lombaux forment, en s'anastomosant, le plexus lombal (fig. 170).

1. Constitution. La *branche antérieure du premier nerf lombal* reçoit une anastomose du douzième nerf intercostal, envoie un rameau anastomotique à la deuxième racine lombale et se divise ensuite en deux branches qui sont les nerfs ilio-hypogastrique et ilio-inguinal.

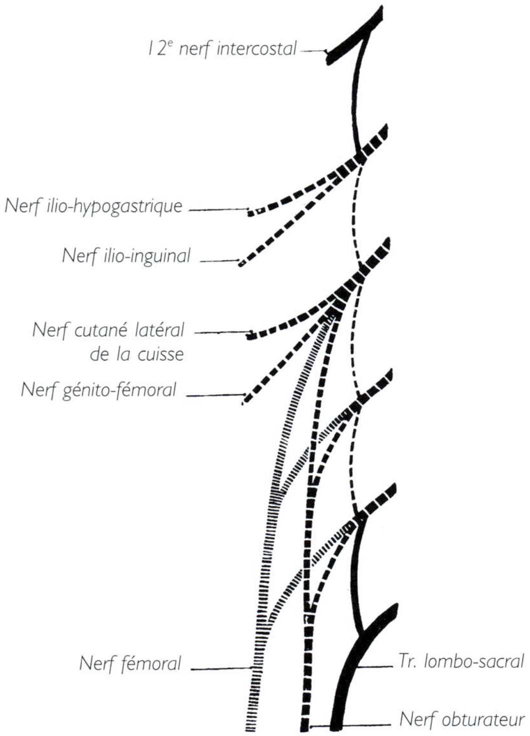

Fig. 170 ▪ Schéma montrant la constitution du plexus lombal.

Le *deuxième nerf lombal* reçoit l'anastomose du premier, donne naissance à deux nerfs, le nerf cutané latéral de la cuisse et le nerf génito-fémoral, et se divise en deux branches, l'une, antérieure, l'autre, postérieure.

Le *troisième nerf lombal*, uni au deuxième et au quatrième par des anses anastomotiques, se divise, comme le précédent, en branche antérieure et branche postérieure.

Le *quatrième nerf lombal*, enfin, anastomosé avec le troisième et avec le cinquième, se divise, comme les deuxième et troisième, en deux branches, l'une, antérieure, l'autre, postérieure.

Les branches antérieures des deuxième, troisième et quatrième nerfs lombaux se réunissent et forment le nerf obturateur.

Les branches postérieures, plus volumineuses que les antérieures, se réunissent également en un seul tronc qui est le nerf fémoral.

2. Forme, situation et rapports. Le plexus lombal est de forme triangulaire. Étroit en haut, il s'élargit graduellement de haut en bas (fig. 171).

Il est placé le long des corps vertébraux, dans l'épaisseur du muscle psoas. Les cordons nerveux passent à travers les faisceaux charnus, sauf cependant à la partie médiale du muscle, où le plexus chemine dans l'interstice qui sépare les faisceaux insérés sur les processus costiformes de ceux qui naissent des corps vertébraux et des disques intervertébraux.

Dans cet interstice monte la veine lombale ascendante. Celle-ci passe toujours en avant des branches antérieures des quatrième et cinquième nerfs lombaux, en arrière des premier et deuxième et indifféremment en avant ou en arrière du troisième (Bonniot).

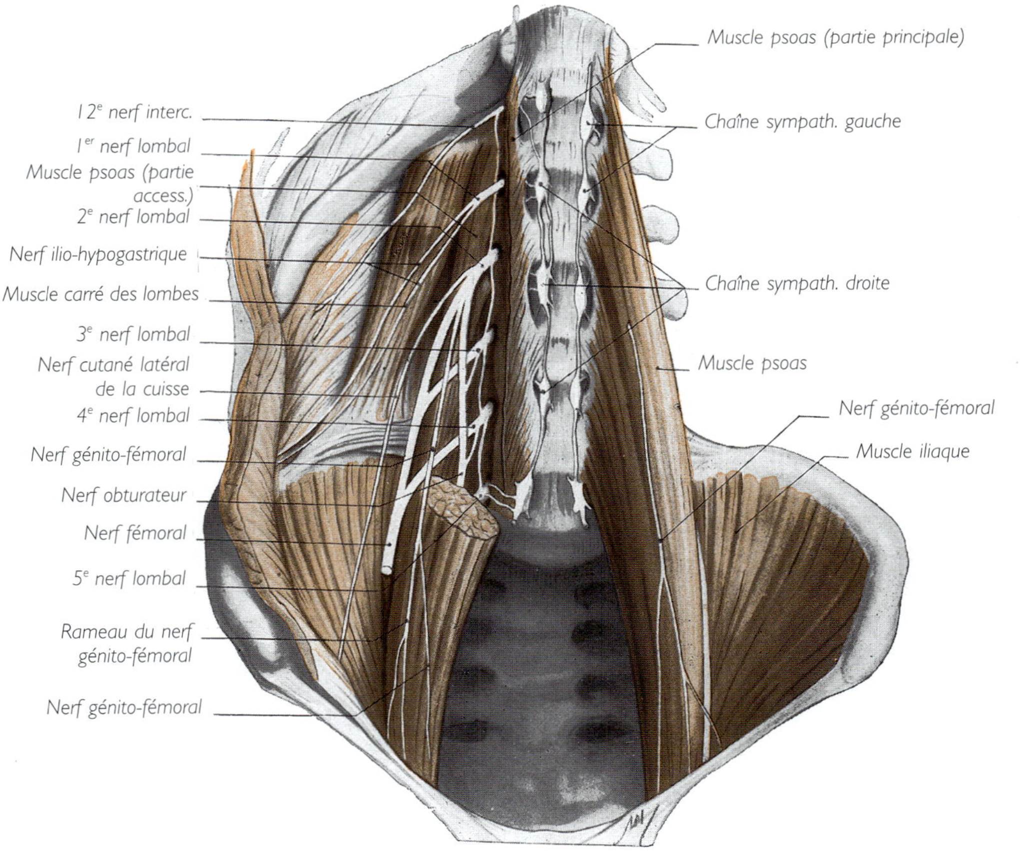

Fig. 171 ▪ Plexus lombal.

3. Anastomoses. Le plexus lombal s'anastomose avec le grand sympathique par des rameaux communicants. Ceux-ci s'étendent des nerfs lombaux aux ganglions de la chaîne sympathique, en passant par les orifices compris entre les ligaments arqués médiaux et les corps vertébraux.

4. Branches. Le plexus lombal donne des branches collatérales et des branches terminales.

Les *branches collatérales* sont grêles et courtes. Elles sont destinées au muscle carré des lombes, psoas et petit psoas. Les nerfs du muscle carré des lombes naissent des deux premières racines lombales ; ceux du muscle psoas viennent des quatre premières.

Les *branches terminales* sont : le nerf ilio-hypogastrique, le nerf ilio-inguinal, le nerf cutané latéral de la cuisse, le nerf génito-fémoral, le nerf obturateur et le nerf fémoral (fig. 171).

a) NERF ILIO-HYPOGASTRIQUE. Le nerf ilio-hypogastrique se dirige en bas et en dehors. Il émerge du muscle psoas en arrière de son bord latéral et croise la face antérieure du muscle carré des lombes et de son fascia en cheminant au-dessous du douzième nerf intercostal et en arrière du feuillet postérieur de la capsule fibreuse du rein. En raison de son trajet oblique, le nerf ilio-hypogastrique arrive bientôt au voisinage de la crête iliaque. Il perfore le muscle transverse au ras du bord latéral du muscle carré des lombes ou un peu en dehors de ce bord (Brouet). Le nerf donne aussitôt après un *rameau cutané latéral*, appelé encore *rameau glutéal*, parce qu'il se distribue aux téguments de la partie supérieure de la fesse. Ce rameau passe entre les muscles oblique interne et externe, et chemine un peu au-dessus de la crête iliaque, jusqu'à 2 cm en arrière de l'épine iliaque antéro-supérieure, où il devient superficiel (Brouet).

À peu de distance en avant de l'origine du rameau perforant et peu après avoir traversé le muscle transverse, le nerf ilio-hypogastrique se divise en deux branches, l'une, abdominale, l'autre, génitale.

La *branche abdominale* chemine d'arrière en avant, entre les muscles transverse et oblique interne, et traverse parfois ce dernier muscle un peu au-dessus de l'orifice profond du canal inguinal ; elle pénètre bientôt dans la gaine du muscle droit. Elle donne alors un rameau perforant latéral et un rameau perforant médial analogues à ceux des derniers nerfs intercostaux. Le nerf perforant médial peut passer en avant du muscle droit ; il donne un rameau au muscle pyramidal.

La *branche génitale* traverse le muscle oblique interne au niveau de l'épine iliaque antéro-supérieure et gagne entre les deux muscles obliques l'orifice profond du canal inguinal. Elle descend alors dans le canal, en avant et en dehors du cordon ou du ligament rond, et se termine : 1° par des *filets médiaux* ou *génitaux*, dans les téguments du pubis, du scrotum ou des grandes lèvres ; 2° par des *filets latéraux* ou *cruraux*, dans la peau de la partie supéro-interne de la cuisse.

Les deux branches du nerf ilio-hypogastrique détachent en passant de nombreux rameaux pour les muscles de la paroi abdominale.

b) NERF ILIO-INGUINAL. Le nerf ilio-inguinal chemine au-dessous du nerf ilio-hypogastrique ; il présente le même trajet et les mêmes rapports que lui. Après avoir perforé le muscle transverse, ce nerf chemine entre ce muscle et le muscle oblique interne jusqu'au voisinage de l'épine iliaque antéro-supérieure, où il se divise en deux branches, l'une, abdominale l'autre, génitale.

La branche abdominale se perd dans les muscles de la paroi ; la branche génitale traverse le muscle oblique interne et s'unit à celle du nerf ilio-hypogastrique. Quand elle reste indépendante, la branche génitale présente un trajet et des rapports analogues à ceux du rameau génital du nerf ilio-hypogastrique.

c) NERF GÉNITO-FÉMORAL. Du deuxième nerf lombal qui lui donne naissance, le nerf génito-fémoral se porte en bas et en avant, à travers le muscle psoas. Il émerge de ce muscle à la hauteur de la troisième vertèbre lombale et descend dans l'épaisseur du fascia iliaca. Peu après, le nerf croise en arrière les vaisseaux testiculaires et l'uretère, atteint l'artère iliaque externe, longe le côté externe de ce vaisseau et se divise, à une distance variable au-dessus du ligament inguinal, en deux branches terminales, l'une, latérale, l'autre, médiale.

La *branche latérale* ou *fémorale* suit l'artère iliaque externe et traverse l'anneau crural, où elle est située en avant et en dehors de l'artère fémorale. Le nerf perfore ensuite le fascia cribriformis en avant de ce dernier vaisseau et se distribue aux téguments du trigone fémoral.

La *branche interne* ou *génitale* descend dans le canal inguinal en arrière du cordon ou du ligament rond, innerve le crémaster et se termine dans le scrotum ou les grandes lèvres.

d) NERF CUTANÉ LATÉRAL DE LA CUISSE. Ce nerf traverse le muscle psoas dont il émerge le long de son bord latéral. Il descend ensuite obliquement en bas et en dehors, dans l'épaisseur du fascia du muscle iliaque, et sort de la cavité abdominale en passant au-dessous du ligament inguinal, en dedans de l'épine iliaque antéro-supérieure.

Le nerf cutané latéral de la cuisse se distribue à la peau de la partie externe de la fesse et de la cuisse.

e) NERF OBTURATEUR. ❑ Le nerf obturateur descend en arrière puis en dedans du muscle psoas, et passe dans la dépression décrite par Marcille, en arrière des vaisseaux iliaques communs. Il pénètre ensuite dans la cavité pelvienne en dehors du tronc lombo-sacral et en croisant l'articulation sacro-iliaque. Le nerf se dirige alors en avant et en bas, au-dessous du détroit supérieur, des vaisseaux iliaques externes et du centre interne des nœuds lymphatiques iliaques externes. Il est appliqué sur le fascia du muscle obturateur interne au-dessus de l'artère obturatrice qui est elle-même au-dessus de la veine. ❑ Il passe, d'autre part, en dehors des vaisseaux iliaques internes et de l'uretère ; il croise ensuite, chez la femme, la fossette ovarique et le côté externe du ligament rond, tandis que, chez l'homme, il passe en dehors du conduit déférent. Enfin, le nerf sort du bassin par le canal sous-pubien, où il donne le nerf du muscle obturateur externe et deux branches terminales destinées aux muscles adducteurs de la cuisse.

f) NERF FÉMORAL. Le nerf fémoral se dégage du muscle psoas, le long de la gouttière formée par ce muscle et par le muscle iliaque. Il descend dans cette gouttière recouvert par le *fascia iliaca*, passe sous le ligament inguinal et pénètre dans la cuisse.

Dans son trajet abdominal, le nerf fémoral donne le rameau de l'artère fémorale ainsi que des rameaux aux muscles psoas et iliaque. Il donne également naissance au *rameau cutané antérieur du nerf fémoral* (voir t. III : *nerf fémoral*).

C. Rameaux ventraux des nerfs sacraux et du nerf coccygien.

Ces branches antérieures forment, en s'anastomosant trois plexus : le plexus sacral, le plexus pudendal et le plexus coccygien (fig. 172).

PLEXUS SACRAL

1. Constitution. Le plexus sacral est constitué par le tronc lombo-sacral et par les branches antérieures des trois premières racines sacrales (fig. 172).

Le tronc lombo-sacral résulte de l'union de la branche antérieure de la cinquième racine lombale avec la branche anastomotique que lui envoie la quatrième. Il descend dans la cavité pelvienne en passant en avant de l'aile sacrale et s'unit à la première racine sacrale le long du bord supérieur du muscle piriforme, en regard du bord supérieur de l'incisure ischiatique.

Le volume des branches sacrales décroît de la première à la cinquième. La première croise très obliquement le bord supérieur du muscle piriforme, de manière à gagner la partie antéro-inférieure de la grande incisure ischiatique ; la deuxième passe en avant de ce muscle ; la troisième longe son bord inférieur.

Les branches antérieures des deuxième et troisième vertèbres sacrales envoient à la quatrième un rameau anastomotique qui contribue à former le plexus pudendal. Elles s'unissent ensuite au tronc nerveux formé par l'union du tronc lombo-sacral avec la première racine sacrale.

En définitive, tous les nerfs qui entrent dans la constitution du plexus sacral convergent les uns vers les autres et se réunissent. Le plexus présente ainsi dans son ensemble la forme d'un triangle dont la base répond à la ligne des foramens sacraux pelviens et le sommet au bord inférieur de la grande incisure ischiatique.

2. Rapports. Le plexus sacral est directement appliqué sur la face antérieure du muscle piriforme. Il est recouvert par un fascia, résistant, qui prolonge en haut et en arrière le fascia pelvien et qui s'attache : d'une part, au sacrum en dedans des foramens sacraux pelviens, d'autre part, au bord antérieur de l'incisure ischiatique ainsi qu'au bord supérieur de l'épine ischiatique (Morestin). Il se continue en bas avec le fascia pelvien le long du muscle coccygien. Ce fascia fibreux sépare le plexus sacral des vaisseaux iliaques internes.

Le plexus sacral est traversé : ❑ 1° par l'artère glutéale supérieure qui passe dans l'angle d'union du tronc lombo-sacral avec la première racine sacrale ; ❑ 2° par l'artère glutéale inférieure qui s'engage dans l'angle formé par la deuxième et la troisième racines sacrales ; ❑ 3° par l'artère pudendale interne qui croise le bord inférieur du plexus au-dessous de la troisième racine sacrale et en dehors de la quatrième ; celle-ci est elle-même en continuité avec le nerf pudendal (fig. 172).

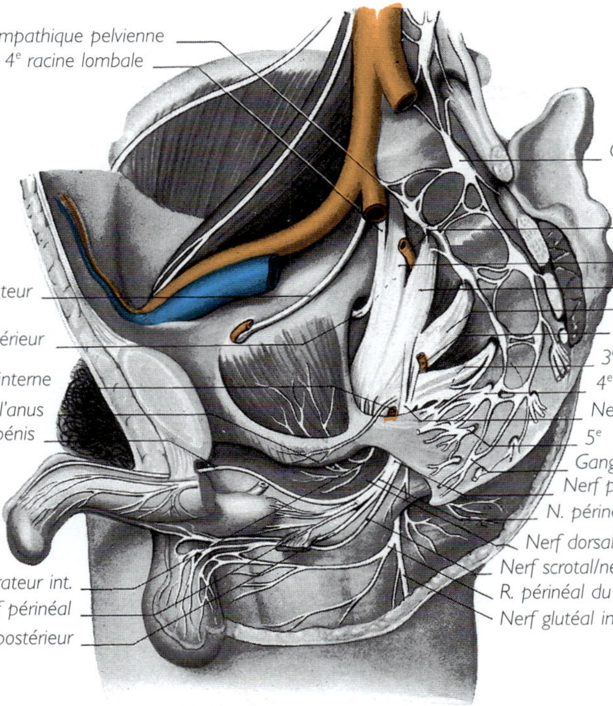

Fig. 172 ▪ Plexus sacral et plexus pudendal. Nerf pudendal (d'après Hirschfeld).

3. Anastomoses. Le plexus sacral est anastomosé : ❏ en haut, avec le plexus lombal, par la branche anastomotique de la quatrième racine lombale ; ❏ en bas, avec le plexus pudendal, par les rameaux qui se détachent des deuxième et troisième racines sacrales ; ❏ en dedans, avec la chaîne sympathique pelvienne, par des rameaux communicants au nombre de deux en général pour chaque nerf sacral.

4. Branches. Le plexus sacral donne six branches collatérales qui sont : le nerf du muscle obturateur interne, le nerf glutéal supérieur, les nerfs des muscles piriforme, jumeau supérieur, jumeau inférieur et carré fémoral, enfin le nerf glutéal inférieur. Il se termine par le nerf ischiatique qui fait suite au sommet du plexus.

Toutes ces branches vont au membre inférieur, à l'exception du *nerf du muscle obturateur interne*. Celle-ci sort de la cavité pelvienne par la partie inférieure de la grande incisure ischiatique, contourne l'épine ischiatique en dehors des vaisseaux et nerfs pudendaux (fig. 145), s'engage dans la petite incisure ischiatique et s'applique sur la face interne du muscle obturateur interne auquel il se distribue (voir fig. 172).

PLEXUS PUDENDAL

1. Constitution et rapports. Le plexus pudendal est constitué par la branche antérieure de la quatrième racine sacrale à laquelle se joignent deux rameaux anastomotiques provenant des deuxième et troisième racines (fig. 172). Le plexus pudendal est étroitement uni au plexus sacral qui est placé au-dessus de lui. Il repose sur le muscle ischio-coccygien et il est recouvert par le même fascia que le plexus sacral.

2. Anastomoses. Le plexus pudendal est anastomosé : en haut, avec le plexus sacral, en bas, avec le plexus sacro-coccygien, par un rameau de la quatrième racine sacrale ; en dedans, avec le quatrième ganglion du sympathique pelvien par un ou deux rameaux communicants qui vont à la quatrième racine sacrale ; en avant, avec le plexus hypogastrique inférieur par plusieurs filets.

3. Branches collatérales. Toutes les branches du plexus pudendal, collatérales ou terminales, sont destinées au rectum, à la vessie, aux organes génitaux et au périnée (fig. 172).

Les *nerfs viscéraux du plexus pudendal* vont au rectum, à la vessie, au vagin, les unes directement (Cruveilhier), les autres, en plus grand nombre, par l'intermédiaire du plexus hypogastrique.

Le nerf du *muscle élévateur de l'anus*, né de la quatrième et de la troisième racine sacrale, se porte en avant, appliqué sur la face supéro-interne du muscle élévateur de l'anus, et se termine dans ce muscle. Le *nerf du muscle ischio-coccygien*, né de la quatrième racine sacrale, pénètre le muscle par sa face supérieure.

Le *nerf rectal inférieur* provient des troisième et quatrième racines sacrales. Il sort du bassin, en passant par la partie inférieure de la grande incisure ischiatique, contourne le ligament sacro-épineux en dedans des vaisseaux et nerfs pudendaux, et pénètre dans la fosse ischio-anale en passant par la petite incisure ischiatique. Ce nerf innerve le sphincter externe de l'anus et la peau de la région anale. Ses rameaux atteignent le muscle surtout vers la partie moyenne de sa face latérale.

Le *rameau cutané du nerf pudendal* est un rameau sensitif, né des troisième et quatrième racines sacrales. Ce nerf sort du bassin en passant au sommet de l'angle d'écartement des ligaments sacro-tubéral et sacro-épineux ; puis il descend sous le muscle grand fessier, contourne le bord inférieur de ce muscle et se ramifie dans les téguments de la fesse, en dedans du rameau cutané fessier du nerf glutéal inférieur.

4. Branche terminale : nerf pudendal

a) ORIGINE, TRAJET ET RAPPORTS. Ses fibres proviennent des deuxième, troisième et quatrième racines sacrales. Dès son origine, le nerf sort du bassin par la partie inférieure de la grande incisure ischiatique, au-dessous du muscle piriforme. Il contourne ensuite l'épine ischiatique et pénètre dans la paroi externe de la fosse ischio-anale.

À son émergence dans la région glutéale, le nerf pudendal est placé en dehors du nerf rectal inférieur, en dedans et en arrière de l'artère et de la veine pudendales internes ; celle-ci est elle-même en dedans ou en dehors de l'artère qu'elle recouvre plus ou moins. Le nerf longe encore le côté postéro-interne de l'artère quand elle croise la face externe de l'épine (fig. 145). En arrivant à l'entrée de la petite incisure ischiatique, il s'infléchit comme l'artère et se place d'abord en arrière, puis au-dessous d'elle. Dès lors, ou bien le nerf s'éloigne peu à peu de l'artère, car la veine pudendale qui, sur la face externe de l'épine, est en dehors du nerf, s'insinue souvent entre l'artère et le nerf dans la paroi externe de la fosse ischio-anale, ou bien le nerf reste immédiatement au-dessous de l'artère, parce que la veine se place au-dessus de celle-ci (voir : *fosse ischio-anale*). Cette deuxième disposition est de beaucoup la plus fréquente.

Dans la paroi externe de cette fosse, le nerf et les vaisseaux pudendaux sont enveloppés par une même gaine fasciale appelée *canal pudendal* et provenant d'un dédoublement du fascia du muscle obturateur interne. Le nerf pudendal, qui est le plus inférieur des éléments du paquet vasculo-nerveux, longe le bord supérieur du repli falciforme du ligament sacro-tubéral.

b) BRANCHES. Le trajet du nerf dans la paroi de la fosse ischio-anale est court. Le nerf pudendal se divise en effet dans sa gaine, un peu au-dessous de la petite incisure ischiatique et au-dessus de la tubérosité ischiatique, en deux branches terminales : une branche inférieure, le *nerf périnéal*, et une branche supérieure ou profonde, le *nerf dorsal du pénis* (fig. 172).

NERF PÉRINÉAL. Ce nerf se dirige en bas et en avant dans la gaine du paquet vasculo-nerveux, jusqu'au bord postérieur du muscle transverse profond. Il se divise alors en deux branches : le *nerf scrotal ou nerf labial antérieur* et le *rameau musculaire du nerf périnéal*.

Mais, avant sa division, le nerf périnéal a donné, près de son origine, une branche collatérale, le *nerf scrotal ou labial postérieur*.

Nerf scrotal ou labial postérieur. Ce rameau sort de la gaine fasciale du paquet vasculo-nerveux pudendal et se dirige en bas et en avant jusqu'au muscle transverse superficiel du périnée. Il chemine sous le fascia superficiel, le long du bord interne du muscle ischio-caverneux, jusqu'à la partie antérieure du triangle ischio-bulbaire, où il devient superficiel ; il se ramifie dans le scrotum ou les grandes lèvres.

Nerf scrotal ou labial antérieur. Le nerf scrotal ou labial antérieur accompagne l'artère périnéale superficielle et se porte avec elle en avant et en dedans. Il contourne le bord postérieur du muscle transverse superficiel et chemine dans le plan superficiel du périnée jusqu'au scrotum et à la face inférieure du pénis, ou bien jusqu'aux grandes lèvres.

Rameau musculaire du nerf périnéal. Celui-ci pénètre dans le triangle ischio-bulbaire en passant soit au-dessus, soit au-dessous du muscle transverse superficiel ou du muscle transverse profond (Hovelacque). Il détache quelques filets pour les muscles de ce triangle et se termine par deux rameaux : ❑ l'un, *bulbaire*, pénètre dans le bulbe ; ❑ l'autre, *urétral*, longe d'arrière en avant la face inférieure du corps spongieux, donne de nombreux filets nerveux à cet organe et se perd dans le gland.

Chez la femme, le nerf bulbo-urétral innerve en outre le muscle constricteur de la vulve et se termine dans le bulbe.

NERF DORSAL DU PÉNIS OU DU CLITORIS. Ce nerf accompagne l'artère pudendale interne d'abord sur la paroi latérale de l'espace ischio-anal, ensuite le long de la branche ischio-pubienne. Il est contenu dans la même gaine fasciale que ces vaisseaux.

Mais tandis que, sur la paroi latérale de la fosse ischio-anale, le nerf pudendal et ses branches terminales sont au-dessous des vaisseaux, le nerf dorsal contourne peu à peu les vaisseaux en passant d'ordinaire en dehors d'eux, si bien qu'à la partie antérieure de la branche ischio-pubienne le nerf est normalement placé en dehors et au-dessus des vaisseaux ; de plus, la veine est en dedans de l'artère, rarement au-dessus d'elle et au niveau du nerf.

Le nerf dorsal croise le bord antérieur du fascia supérieur du diaphragme uro-génital. Ensuite, il passe sous la symphyse pubienne et gagne la face dorsale du pénis ou du clitoris à travers les faisceaux du ligament suspenseur.

Sur le pénis, le nerf est placé en dehors de l'artère dorsale et se divise en deux rameaux : l'un, interne, continue la direction du nerf dorsal et s'étend jusqu'au gland où il se termine ; l'autre, externe, se ramifie sur la face latérale du pénis.

Chez la femme, le nerf dorsal du clitoris se distribue au clitoris et à son capuchon.

■ **PLEXUS COCCYGIEN.** Le plexus coccygien est constitué par la branche antérieure du cinquième nerf sacral et par le nerf coccygien (fig. 172).

La cinquième racine sacrale et le nerf coccygien sortent du canal vertébral par l'extrémité inférieure du canal sacral. La branche antérieure de la 5e racine sacrale passe d'arrière en avant entre l'articulation sacro-coccygienne et le ligament sacro-coccygien latéral ; ❑ le nerf coccygien croise l'articulation médio-coccygienne (Morestin). Les deux nerfs traversent le muscle coccygien et s'unissent par une anse anastomotique placée en avant de ce muscle. De plus, la branche antérieure de la cinquième racine sacrale reçoit un rameau anastomotique de la quatrième.

Cette double anastomose constitue le plexus coccygien.

Ce plexus donne : ❑ 1° des *rameaux viscéraux* qui vont au plexus hypogastrique inférieur et proviennent peut-être de la quatrième racine sacrale par l'anastomose qui unit ce nerf au plexus ; ❑ 2° des *rameaux cutanés* destinés à la peau de la région coccygienne ; ❑ 3° un *rameau anococcygien* qui détache un filet pour le muscle coccygien, traverse ce muscle et se termine dans les téguments compris entre le coccyx et l'anus.

II. SYSTÈME NERVEUX AUTONOME DU TRONC

J. Delmas et Laux ont donné du système sympathique une systématisation où se trouve l'idée directrice, « la formule générale », qui doit guider l'élève dans l'étude détaillée du sympathique viscéral. Cette manière d'envisager la disposition du système nerveux végétatif apporte avec elle, en ce qui concerne le sympathique thoraco-abdomino-pelvien, une nomenclature simple et rationnelle.

Avant de décrire la partie thoracique du système nerveux autonome, j'exposerai dans ses grandes lignes cette systématisation du sympathique, en ce qui concerne le sympathique viscéral (fig. 173).

Les divers organes de la grande cavité viscérale constituent des étages viscéro-nerveux superposés, c'est-à-dire des groupes viscéraux topographiques avec leurs nerfs sympathiques correspondants. Ce sont : *l'étage cervico-médiastinal antérieur, l'étage médiastinal postérieur, l'étage thoraco-abdominal* et *l'étage lombo-pelvien*.

Une parfaite analogie règne dans l'innervation sympathique de ces étages ; on distingue, en effet, dans chacun d'eux : des rameaux communicants, des ganglions latéro-vertébraux (ganglions de la chaîne sympathique), un nerf splanchnique ou un système de nerfs splanchniques, enfin, le groupe de viscères avec ses plexus nerveux.

Pour chacun de ces étages, les ganglions de la chaîne sympathique forment des centres ganglionnaires latéro-vertébraux. C'est ainsi que l'on trouve de haut en bas (fig. 173) : 1° un *centre céphalique et cervical*, constitué par les ganglions cervicaux ; 2° un *centre thoracique supérieur* formé par les cinq premiers ganglions thoraciques ; 3° un *centre thoracique inférieur*, représenté par les six derniers ganglions thoraciques ; 4° enfin, les ganglions lombaux et les ganglions sacraux qui constituent un *centre lombo-pelvien*.

De ces divers centres de distribution se détachent des rameaux qui se groupent en troncs nerveux destinés aux *ganglions des plexus autonomes*, ce sont les *nerfs splanchniques*.

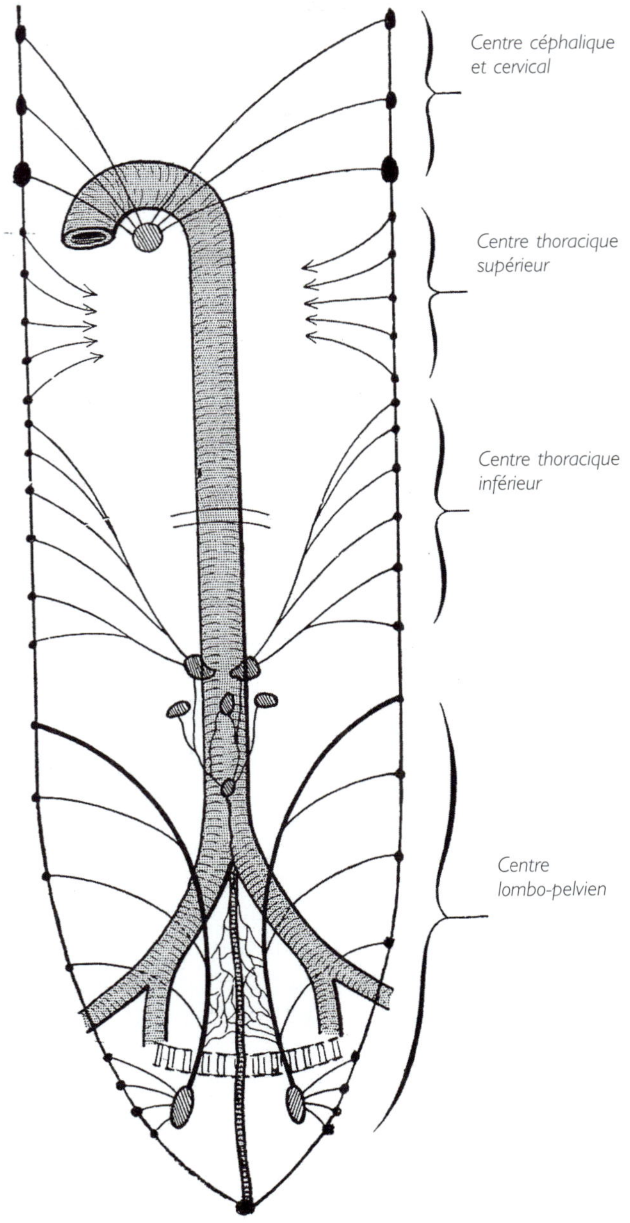

Fig. 173 ▪ Disposition générale du sympathique viscéral (d'après Delmas et Laux).

Ces nerfs splanchniques évoluent entre deux types extrêmes : d'une part, la concentration en un nerf unique pour l'étage considéré et d'autre part, la dispersion en de multiples troncs nerveux plus ou moins anastomosés, réalisant parfois un véritable cordon plexiforme.

On peut ainsi décrire de chaque côté (fig. 173) : ❑ 1° des *nerfs cardiaques thoraciques* ; ceux-ci, nés de la chaîne cervicale, se jettent dans les plexus cardiaque et pulmonaire ; ce sont les nerfs cardiaques ; ❑ 2° des *nerfs splanchniques médiastinaux postérieurs* ; ces derniers sont représentés par les rameaux nerveux qui se détachent du centre médiastinal postérieur et se rendent à l'œsophage, à l'aorte thoracique et au plexus de l'artère bronchique ; ❑ 3° des *nerfs splanchniques abdominaux* : les nerfs splanchniques abdominaux sont le plus souvent concentrés en deux nerfs dans la traversée du défilé diaphragmatique ; mais ils peuvent être en plus grand nombre ; ils contribuent à l'innervation de tous les viscères abdominaux ; ❑ 4° enfin, le *nerf splanchnique pelvien* qui vient des ganglions lombaux et apporte aux organes pelviens une partie de leur innervation organo-végétative.

PARTIE THORACIQUE DU SYSTÈME NERVEUX AUTONOME

A. Tronc sympathique thoracique.

Dans le thorax la chaîne ou tronc sympathique comprend généralement onze ganglions, rarement douze. Cela tient à ce que le premier ganglion thoracique se confond avec le ganglion cervical inférieur. Le cordon intermédiaire qui réunit les ganglions est le plus souvent simple ; il est parfois divisé sur une longueur variable en deux ou trois petits cordons parallèles. Il passe de la cavité thoracique dans la cavité abdominale à travers l'interstice qui sépare le crus diaphragmatis de la lame musculaire qui se détache du ligament arqué médial.

Les ganglions thoraciques sont placés en avant des articulations de la tête costale (fig. 174). Cependant le tronc sympathique thoracique croise de haut en bas la série de ces articulations, de telle façon qu'elle est : en dehors d'elles en haut ; en avant, au niveau des quatrième et cinquième côtes ; enfin, en dedans des articulations, à partir du 6e arc costal (Proust, Maurer et Dreyfus).

Ils sont croisés en arrière, ainsi que le cordon intermédiaire, par les vaisseaux intercostaux. ❑ En avant, la chaine sympathique thoracique est recouverte par l'aorte en haut et à gauche ; partout ailleurs, par le fascia endothoracique et par la plèvre correspondante.

La veine azygos monte en dedans et en avant de la chaîne droite.

RAMEAUX COMMUNICANTS. Chaque ganglion thoracique est relié par un ou deux rameaux communicants gris, transversaux (en général par un seul), aux nerfs intercostaux voisins, et reçoit généralement un, rarement deux, communicants blancs, obliques. Ces derniers se continuent dans les nerfs splanchniques (Botar).

BRANCHES PÉRIPHÉRIQUES. Les ganglions du tronc sympathique thoracique forment, de chaque côté, le centre médiastinal postérieur et le centre d'origine macroscopique des splanchniques abdominaux, décrits par Delmas, Laux et Cabanac (fig. 173). Aussi, en dehors de quelques filets externes destinés aux artères intercostales, je diviserai les rameaux nerveux qui s'échappent des ganglions thoraciques en rameaux supérieurs provenant du centre médiastinal postérieur et en rameaux inférieurs qui naissent du centre des splanchniques abdominaux.

1. Rameaux supérieurs. Les rameaux supérieurs naissent des quatre ou cinq premiers ganglions et vont aux organes intrathoraciques. Ce sont : ❑ des *rameaux œsophagiens* qui se rendent à l'œsophage ; leur existence est discutée ; ❑ des *rameaux aortiques* et des *rameaux pulmonaires* qui vont à l'aorte, à la colonne vertébrale et au plexus pulmonaire postérieur.

2. Plexus pulmonaires. On distingue en général deux plexus pulmonaires : l'un, antérieur, placé au-devant des racines du poumon ; l'autre, postérieur, situé en arrière. Chacun d'eux est formé par les rameaux pulmonaires du nerf vague et du sympathique anastomosés entre eux. Les plexus postérieurs s'anastomosent entre eux en arrière de la bifurcation trachéale.

Ces deux plexus peuvent être divisés au point de vue anatomo-physiologique en plexus fonctionnel et en plexus nourricier (Delmas et Laux).

Le *plexus fonctionnel* comprend le plexus pulmonaire antérieur et la plus grande partie du plexus postérieur. Ses rameaux viennent en partie du plexus cardiaque, qui est, en réalité, un plexus-cardio-pulmonaire (Delmas et Laux) ; ils accompagnent les bronches et les vaisseaux pulmonaires. ❑ Le *plexus nourricier* est formé par des rameaux provenant du centre médiastinal postérieur du sympathique. Il est satellite des rameaux bronchiaux de l'aorte thoracique descendante.

3. Rameaux inférieurs. Les rameaux inférieurs viennent des six à sept derniers ganglions thoraciques et se rendent aux organes intra-abdominaux. Ils se réunissent pour former les nerfs grand et petit splanchniques (fig. 174).

a) NERF GRAND SPLANCHNIQUE. Le *nerf grand splanchnique* résulte de la réunion des rameaux qui se détachent des sixième, septième, huitième et neuvième ganglions ; il reçoit aussi quelquefois celui du dixième et celui du cinquième.

Ces rameaux descendent obliquement en bas, en avant et en dedans, appliqués par la plèvre sur la face latérale des corps vertébraux, et chacun d'eux se branche sur le cordon nerveux formé par la réunion des rameaux plus élevés. Ils forment ainsi un seul tronc à la hauteur du corps de la dixième ou onzième vertèbre thoracique. Le nerf ainsi formé traverse le diaphragme en passant entre le faisceau principal et le faisceau accessoire du crus diaphragmatis correspondant, au niveau de la douzième vertèbre thoracique, et se jette dans l'extrémité externe du ganglion cœliaque du même côté.

Le nerf grand splanchnique présente souvent à son origine, au niveau de la dixième ou onzième vertèbre thoracique, un renflement ganglionnaire appelé *ganglion splanchnique*. Ce ganglion existe presque toujours à droite, rarement à gauche.

b) NERF PETIT ABDOMINO-SPLANCHNIQUE. Ce nerf est formé par les rameaux inférieurs des dixième, onzième et douzième ganglions thoraciques. Il descend un peu en dehors et en arrière du nerf grand splanchnique et traverse le diaphragme normalement, par l'interstice qui livre passage au cordon du grand sympathique, mais au-dessus et en avant de lui, parfois mais rarement, par le même orifice que le nerf grand splanchnique ou par l'orifice aortique.

Le nerf petit abdomino-splanchnique se divise peu après en trois groupes de rameaux : les uns vont à la partie externe du bord convexe du ganglion cœliaque ; d'autres se jettent dans le ganglion mésentérique supérieur (Delmas et Laux) ; d'autres, enfin, se rendent directement au plexus rénal.

Lorsque la racine provenant du douzième ganglion thoracique reste indépendante, elle forme le *nerf splanchnique inférieur*, qui se rend au plexus rénal (J. Delmas et Laux).

B. **Plexus cardiaque.**

Le plexus cardiaque est constitué par les anastomoses qui unissent entre eux les rameaux cardiaques des nerfs vagues et sympathique.

Les rameaux sympathiques qui forment ce plexus ne proviennent pas de la chaine thoracique supérieure, mais des ganglions cervicaux, c'est-à-dire du centre céphalique et cervical. Au nombre de trois de chaque côté, ils se distinguent en supérieur, moyen et inférieur, et naissent des ganglions cervicaux supérieur, moyen et inférieur (voir Tome I).

Rappelons que les rameaux cardiaques du nerf vague se distinguent, eux aussi, en rameaux supérieur, moyen et inférieur. Le rameau supérieur se détache du nerf vague cervical à un niveau variable ; le rameau moyen vient du nerf récurrent ; le rameau inférieur naît du nerf vague au-dessous du nerf récurrent. Tous ces rameaux s'anastomosent autour des gros vaisseaux de la base du cœur et forment le plexus cardiaque (fig. 174).

Ce plexus peut être divisé en deux parties, l'une, antérieure, ou plexus cardiaque antérieur, l'autre, postérieure, ou plexus cardiaque postérieur. On les décrit généralement de la manière suivante.

Le *plexus cardiaque antérieur ou superficiel* est formé par les nerfs cardiaques supérieurs des nerfs vagues et par la totalité ou une partie du nerf cardiaque supérieur du sympathique gauche. Il s'étend sur la face antérieure de l'arc de l'aorte.

Le *plexus cardiaque postérieur ou profond* est constitué par les nerfs cardiaques moyens et inférieurs des nerfs vagues et par tous les rameaux cardiaques du nerf sympathique, à l'exception du nerf cardiaque supérieur gauche.

Ce plexus, beaucoup plus étendu et beaucoup plus serré que l'antérieur, est placé en avant de la trachée, sur la face postérieure de l'arc de l'aorte.

Les deux plexus, antérieur et postérieur, sont unis par des anastomoses qui passent sous la face inférieure de l'arc de l'aorte. Ces anastomoses forment elles-mêmes, en se reliant, un réseau ou plexus, qui comprend dans ses mailles un volumineux ganglion, le *ganglion cardiaque (Wrisberg)*, placé entre la partie horizontale de l'aorte en haut, l'artère pulmonaire en bas et le ligament artériel en dehors. Ce ganglion peut faire défaut. Il est alors remplacé par de nombreux petits ganglions disséminés dans le plexus (Laignel-Lavastine).

Des plexus cardiaques partent quelques filets destinés à la paroi de l'aorte et de l'artère pulmonaire. Certains vont directement aux atriums. Le plus grand nombre

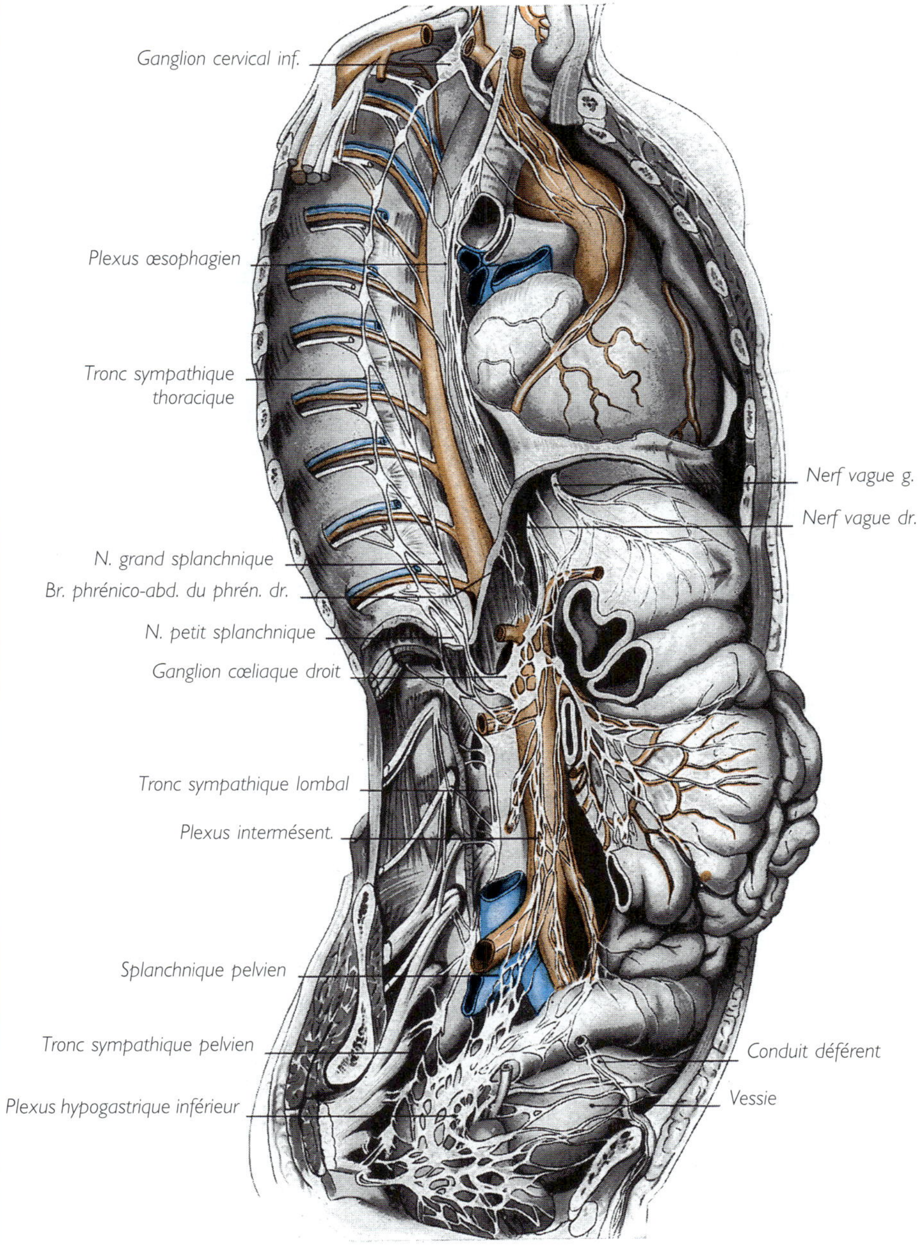

Fig. 174 ▪ Partie thoracique du système nerveux autonome (d'après Hirschfeld).

de leurs branches suivent les artères coronaires autour desquelles elles forment les plexus coronaires droit ou antérieur et gauche ou postérieur.

Certains auteurs, et, parmi eux, Valentin, Hovelacque, J. Delmas et Laux, décrivent d'une autre façon le plexus cardiaque qu'ils divisent en plexus antérieur ou artériel et en plexus postérieur ou veineux.

Le *plexus cardiaque antérieur ou artériel* descend le long du pédicule artériel du cœur, aussi bien sur sa face postérieure que sur sa face antérieure. C'est ce plexus qui présente le ganglion cardiaque et les anastomoses qui unissent sous l'arc de l'aorte les plexus superficiel et profond de la description classique.

Le *plexus cardiaque postérieur ou veineux* passe en arrière du tronc pulmonaire et de ses branches et aborde le cœur au niveau des atriums, en particulier en arrière de l'atrium droit, en formant le plexus cardiaque.

L'étude du développement a montré que les nerfs du plexus artériel viennent de la partie supérieure du nerf sympathique et des nerfs vagues, tandis que ceux du plexus veineux naissent au-dessous des nerfs du plexus artériel.

En somme, le cœur reçoit ses nerfs par ses deux pédicules, artériel et veineux. Cette manière de voir, claire, logique parce qu'elle concorde avec les données de l'embryologie, doit remplacer la description restée jusqu'à maintenant classique.

PARTIE ABDOMINALE DU SYSTÈME NERVEUX AUTONOME

A. Tronc sympathique lombal.

Le tronc sympathique lombal fait suite à celui du thorax. Il pénètre de chaque côté dans l'abdomen, en passant entre le crus diaphragmatis et le ligament arqué médial, et s'étend jusqu'au promontoire, où il se continue avec le sympathique pelvien. Il est en général constitué de chaque côté par quatre ganglions réunis par le cordon intermédiaire.

Le tronc sympathique lombal est placé de chaque côté de la ligne médiane, sur la face antérieure de la colonne lombale, en dedans du muscle psoas, dont il longe les insertions en avant des vaisseaux lombaux. La chaîne droite est en arrière de la veine cave inférieure ; la chaîne gauche est recouverte un peu par l'aorte et surtout par des nœuds lymphatiques.

RAMEAUX COMMUNICANTS. Chaque ganglion est relié aux nerfs lombaux voisins par des rameaux communicants. Les rameaux communicants des deux premiers ganglions sont au nombre de deux à trois, en général deux : l'un, gris, transversal ; l'autre, blanc, oblique (Botar).

Les rameaux communicants des deux derniers ganglions sont gris.

BRANCHES PÉRIPHÉRIQUES. À l'exception de quelques *filets osseux* pour la colonne vertébrale, de *filets vasculaires* satellites des artères lombales et de *filets musculaires* (Hovelacque) destinés au muscle psoas, les branches efférentes des ganglions lombaux se portent en avant en contournant l'aorte. Les uns se jettent dans le *plexus intermésentérique* ; les autres, les plus importants, constituent les *nerfs splanchniques pelviens*.

B. **Plexus solaire.**

On donne le nom de plexus solaire à un très important plexus nerveux situé autour des origines du tronc cœliaque et de l'artère mésentérique supérieure. Il occupe en avant de l'aorte l'espace compris entre le hiatus aortique en haut, les artères rénales en bas, les glandes suprarénales sur les côtés.

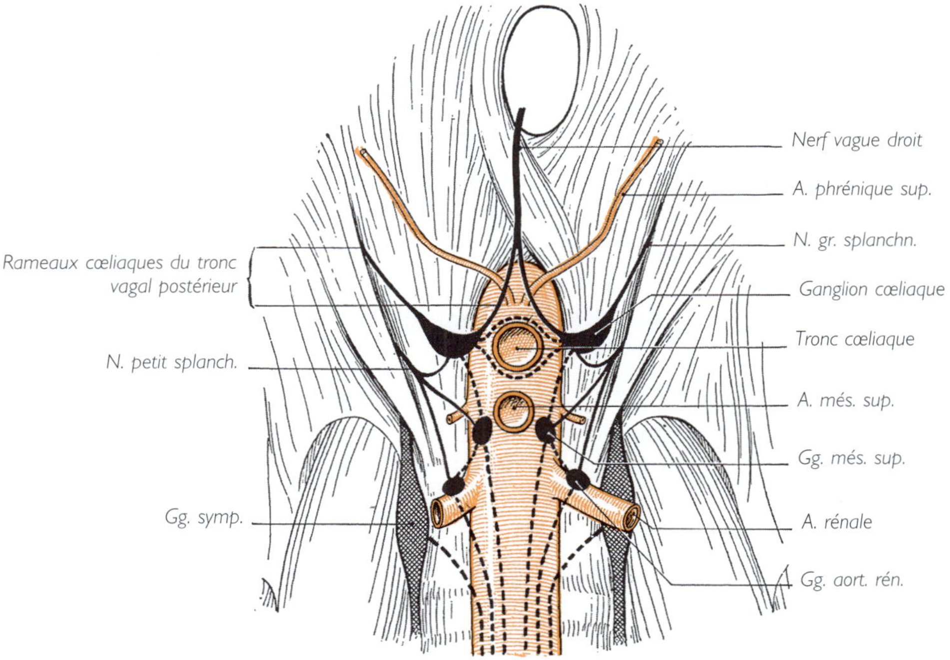

Fig. 175 ▪ Plexus solaire.

▪ **CONSTITUTION.** Le plexus solaire présente à étudier : des ganglions, des branches nerveuses afférentes et des branches efférentes ou périphériques.

1. Ganglions. Les ganglions du plexus sont nombreux. On distingue ordinairement trois paires de ganglions principaux : les *ganglions cœliaques*, les *ganglions mésentériques supérieurs* et les *ganglions rénaux* ou *aortico-rénaux* (fig. 175).

a) GANGLIONS CŒLIAQUES. Ces ganglions sont placés l'un à droite, l'autre à gauche de l'aorte, en regard du tronc cœliaque. Ils sont aplatis transversalement et présentent un bord inférieur convexe, un bord supérieur concave et deux extrémités, l'une, postéro-externe, l'autre, antéro-interne.

Le *ganglion cœliaque* reçoit à son extrémité postéro-externe le nerf grand splanchnique et à son extrémité antéro-interne la branche terminale du nerf vague droit.

Ces deux nerfs unis par le ganglion constituent avec lui le *rameau cœliaque du tronc vagal postérieur*. Le ganglion cœliaque droit reçoit encore, par son bord concave, quelques rameaux terminaux du nerf phrénique droit (inconstants) et, par son bord convexe, quelques filets du nerf petit splanchnique.

Le *ganglion cœliaque* reçoit à son extrémité postéro-externe le nerf grand splanchnique. Quelques filets du nerf petit splanchnique l'abordent par son bord convexe.

D'après Laignel-Lavastine, le ganglion cœliaque gauche reçoit souvent, par son extrémité antéro-interne, un rameau du nerf vague droit, qui forme, avec le ganglion et le nerf grand splanchnique gauche, une anse nerveuse analogue à celle du côté droit.

Les deux ganglions cœliaques émettent de nombreux filets nerveux qui se détachent surtout de leur bord convexe et contribuent à former le plexus solaire.

b) GANGLIONS MÉSENTÉRIQUES SUPÉRIEURS. Ces ganglions sont placés de part et d'autre de l'origine de l'artère mésentérique supérieure et au-dessous de cette artère.

c) GANGLIONS RÉNAUX. Ceux-ci sont ordinairement situés en avant de l'origine des artères rénales.

Les divers ganglions du plexus solaire sont reliés entre eux par de très nombreux filets nerveux.

2. Branches afférentes. Ce sont : les nerfs grands splanchniques, petits splanchniques et le nerf vague (fig. 175).

Le nerf grand splanchnique aboutit de chaque côté à l'extrémité postéro-externe du ganglion cœliaque.

Le nerf vague droit donne une branche terminale qui se termine à l'extrémité antéro-interne du ganglion cœliaque droit et constitue avec ce ganglion et le nerf grand splanchnique correspondant le rameau cœliaque du tronc vagal postérieur.

Laignel-Lavastine a montré que le ganglion cœliaque gauche reçoit souvent par son extrémité antéro-interne un rameau du nerf vague droit qui forme avec le ganglion et le nerf grands splanchniques gauches une anse analogue à celle du rameau cœliaque du tronc vagal postérieur.

Le nerf petit splanchnique, enfin, se divise en plusieurs filets nerveux qui se rendent aux trois ganglions : ganglions cœliaque, mésentérique supérieur et aorticorénal du même côté.

3. Branches efférentes ou périphériques. Du plexus solaire se détachent des plexus secondaires qui se rendent à tous les organes de l'abdomen en suivant le trajet des branches de l'aorte abdominale.

1° Les *ganglions phréniques* accompagnent les artères phréniques.

2° Les *plexus supraránaux* (voir : *Capsules ou glandes surrénales*).

3° Le *plexus cœliaque* entoure le tronc cœliaque et se divise en trois plexus secondaires, plexus gastrique, splénique et hépatique, satellites des trois branches du tronc cœliaque. ❑ Le *plexus gastrique* s'anastomose, à la partie supérieure de la petite courbure, avec les nerfs vagues. ❑ Le *plexus hépatique* vient de la partie droite du plexus cœliaque, reçoit du nerf vague gauche un rameau anastomotique appelé branche hépatique (Hirschfeld, Cruveilhier) ou gastro-hépatique (Latarjet, Bonnet et Bonniot) et envoie des rameaux récurrents destinés au pylore et à la première portion du duodénum.

Au plexus hépatique se rattache le *plexus cholédocien* qui vient de la partie droite du plexus cœliaque et se rend au foie en suivant le conduit hépato-cholédoque (Latarjet, Bonnet et Bonniot).

4° Le *plexus mésentérique supérieur* accompagne l'artère mésentérique supérieure et ses branches.

Dans le mésentère, les ramifications de ce plexus ont un trajet rectiligne et plus ou moins indépendant des vaisseaux. Les uns vont directement à l'intestin ; les autres se réunissent auparavant au voisinage de l'intestin en une arcade nerveuse (Cruveilhier).

5° Les *plexus rénaux*, qui ont une « disposition nettement péri-artérielle », proviennent des ganglions aortico-rénaux, des ganglions cœliaques et mésentériques supérieurs, des nerfs petit et grand splanchniques, du nerf splanchnique inférieur. Ils sont anastomosés avec le plexus mésentérique inférieur (Gil Vernet, Petit-Dutaillis et Flandrin). (En ce qui concerne leurs rapports, voir : *Nerfs du rein*).

Il existe, sur le trajet des rameaux nerveux du plexus rénal, un ou plusieurs ganglions inconstants parmi lesquels le plus fréquent et le plus gros de tous, siège en arrière de l'artère et généralement au voisinage de l'origine de ce vaisseau.

6° Les *plexus testiculaires ou ovariques*, satellites des artères homonymes, se détachent de la partie inférieure du plexus solaire.

7° Le *plexus intermésentérique*. Hovelacque a donné ce nom aux filets émanés du plexus solaire, qui descendent en avant et sur les côtés de l'aorte dans l'intervalle compris entre les artères mésentériques. Il s'étend donc jusqu'au plexus mésentérique inférieur. Aux filets émanés du plexus solaire, se joignent des rameaux qui émanent des deux premiers ganglions lombaux et contribuent à former plus bas les splanchniques pelviens.

C. **Plexus mésentérique inférieur.**

Ce plexus est formé de ganglions, de branches afférentes constituées par les nerfs du plexus intermésentérique, et de branches efférentes. Parmi celles-ci, les unes accompagnent l'artère mésentérique inférieure, les autres descendent au-dessous de cette artère, au-devant de l'aorte et constituent la racine médiane des nerfs hypogastriques.

D. **Nerfs hypogastriques et plexus hypogastrique supérieur.**

Il existe un nerf hypogastrique de chaque côté formant le plexus hypogastrique supérieur.

Considérés dans leur ensemble, les deux nerfs hypogastriques sont formés par trois racines : deux latérales et une médiane constituant le plexus hypogastrique supérieur (fig. 173).

Chaque *racine latérale* est un cordon nerveux résultant de la réunion de quatre rameaux provenant des quatre ganglions lombaux. Les deux racines latérales descendent en convergeant et se réunissent parfois au niveau de la cinquième vertèbre lombale.

La *racine médiane ou moyenne* a une origine plus complexe. Elle est formée par de grêles rameaux nerveux qui se détachent du plexus mésentérique inférieur. Ils descendent en avant de l'aorte, s'anastomosent entre eux et s'unissent aux racines latérales.

Chaque nerf hypogastrique est constitué par la racine latérale du même côté et par quelques filets nerveux de la racine moyenne (fig. 173).

Au niveau de la cinquième vertèbre lombale, les racines des deux nerfs hypogastriques sont parfois confondues en un seul tronc, le *nerf présacral*, qui, en réalité, est normalement lombal ; le plus souvent, elles se présentent sous la forme de deux cordons nerveux (les racines latérales) réunis entre eux par un plexus nerveux intermédiaire (la racine médiane).

Mais, à la partie inférieure de la cinquième vertèbre lombale ou bien au niveau du promontoire, les deux nerfs hypogastriques s'isolent, se séparent l'un de l'autre et se rendent au plexus hypogastrique inférieur du côté correspondant (fig. 173). Ce segment, bien individualisé, de chaque nerf hypogastrique, a été décrit jusqu'à maintenant sous les noms de *cordon plexiforme* (Cruveilhier) et de *nerf hypogastrique supérieur* (Latarjet).

Un peu avant d'arriver au plexus hypogastrique inférieur, chaque nerf hypogastrique reçoit quelques filets des plexus nerveux périsigmoïdiens et rectaux supérieurs (J. Delmas et Jayle).

PARTIE PELVIENNE DU SYSTÈME NERVEUX AUTONOME

A. Tronc sympathique pelvien.

Le tronc sympathique pelvien descend appliqué sur la face antérieure du sacrum, en dedans des foramens sacraux pelviens (fig. 174). Il comprend de chaque côté quatre ganglions, rarement cinq. Le cordon intermédiaire qui les réunit se termine en avant du coccyx de façon variable ; le plus souvent, il s'unit à celui du côté opposé et forme avec lui une anse nerveuse coccygienne au milieu de laquelle on voit un *ganglion coccygien*. Parfois, chacune des chaînes se dissocie en plusieurs filets précoccygiens.

RAMEAUX COMMUNICANTS. Les ganglions sont reliés aux rameaux ventraux des nerfs sacraux et du nerf coccygien par des rameaux communicants, généralement au nombre de deux par ganglion.

BRANCHES PÉRIPHÉRIQUES. Les chaînes sympathiques envoient : 1° des rameaux internes qui s'anastomosent avec ceux du côté opposé et forment un plexus autour de l'artère sacrale médiane ; 2° des rameaux antérieurs qui se rendent au plexus hypogastrique inférieur.

1. Plexus hypogastrique inférieur

a) CONSTITUTION, SITUATION, RAPPORTS. Le plexus hypogastrique inférieur est destiné à innerver la vessie, le rectum et les organes génitaux (fig. 174).

Il se compose de petits ganglions réunis entre eux par de nombreux cordons nerveux étroits et courts. L'ensemble du plexus constitue une lame nerveuse irrégulièrement quadrilatère, fenêtrée, c'est-à-dire percée de nombreux orifices que limitent les ganglions et les nerfs anastomotiques. Cette lame nerveuse est appelée par Latarjet *plexus hypogastrique*.

Le plexus hypogastrique inférieur est placé au-dessous du péritoine, au-dessus du plancher pelvien, en dedans des vaisseaux de l'espace profond du périnée, en dehors du rectum et des vésicules séminales chez l'homme, en dehors du rectum et de la partie postéro-supérieure du vagin chez la femme. Il est contenu dans l'épaisseur de la gaine hypogastrique.

b) BRANCHES AFFÉRENTES. Les branches afférentes du plexus hypogastrique inférieur sont : ❑ 1° le nerf splanchnique pelvien ou cordon plexiforme ; ❑ 2° des rameaux de la chaîne sympathique sacrale, provenant surtout des deuxième et troisième ganglions ; ❑ des rameaux qui se détachent des racines du plexus pudendal qui proviennent elles-mêmes des deuxièmes, troisièmes et quatrièmes branches antérieures des nerfs sacraux ; ces derniers rameaux constituent les *nerfs splanchniques pelviens*.

c) BRANCHES PÉRIPHÉRIQUES OU RAMEAUX EFFÉRENTS OU NERFS ÉRECTEURS (ERKARDT) OU NERF HYPOGASTRIQUE INFÉRIEUR (LATARJET). On peut, en ce qui concerne les branches du plexus, aussi bien les branches afférentes que les branches efférentes, distinguer à celui-ci, avec J. Delmas et Jayle, deux parties : l'une, supérieure et interne, l'autre, inférieure et externe, réunies l'une à l'autre par de nombreux rameaux anastomotiques (fig. 176).

La *partie supérieure* et *interne* ou *pelvienne* reçoit comme branche afférente le nerf hypogastrique du même côté et distribue ses rameaux efférents aux organes génitaux internes et à la vessie.

La *partie inférieure* et *externe* ou *périnéo-pelvienne*, dont les branches afférentes viennent des racines du plexus pudendal par les nerfs splanchniques pelviens, innerve la région inférieure du rectum et de la vessie ainsi que l'appareil de l'érection.

Il existe donc, comme le montre la figure 176, deux courants nerveux principaux dans le bassin, l'un, supérieur, l'autre, inférieur.

Cette question mise à part de l'origine dans le plexus de ses rameaux efférents et des rapports de ceux-ci avec les branches afférentes, on peut distinguer au plexus hypogastrique inférieur autant de catégories de rameaux efférents — nerfs ou plexus secondaires — qu'il y a d'organes dans le bassin.

Ces plexus secondaires donnent naissance aux nerfs de l'organe correspondant. On en reconnaît six.

1° Le *plexus hémorroïdal moyen* ou *plexus rectal moyen. Les nerfs du rectum* qui le constituent s'anastomosent avec la terminaison du plexus mésentérique inférieur.

2° Le *plexus urétéral*. Celui-ci forme autour de l'uretère, à 1 cm environ de sa terminaison, une anse nerveuse constante.

3° Le *plexus vésical*. Il naît du plexus hypogastrique inférieur et de l'anse nerveuse urétérale et donne des rameaux nerveux indépendants qui abordent la vessie à l'union de sa face latérale et de sa face postéro-inférieure.

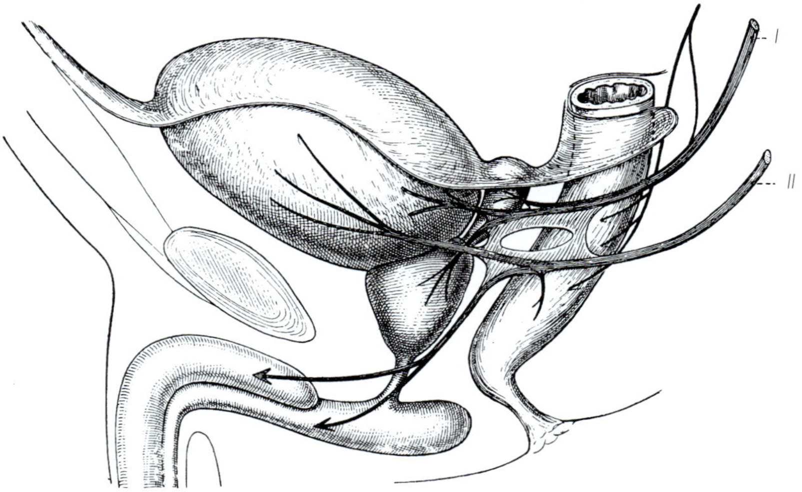

Fig. 176 ▪ Le plexus hypogastrique inférieur et les deux courants nerveux du pelvis (d'après J. Delmas et G. E. Jayle). I. Le nerf hypogastrique, la portion pelvienne du plexus hypogastrique inférieur et ses branches principales (vésiculaire, vésicale, prostatique) ; en avant du tronc hypogastrique, le nerf rectal supérieur lui envoie une racine. — II. Le nerf splanchnique pelvien, la portion périnéale du plexus hypogastrique inférieur et ses branches principales (nerf rectal inférieur, vésical, bulbaire et caverneux).

4° Les *plexus déférentiels*. Anastomosés avec le plexus vésical, ils émettent le long du conduit déférent un plexus déférentiel qui s'unit au plexus testiculaire.

5° Le *plexus prostatique*. Il donne les nerfs de la prostate et de l'urètre postérieur.

6° Les *nerfs caverneux du pénis*. Parmi ces nerfs, les uns pénètrent directement dans les corps caverneux au-dessous de la symphyse. Un rameau plus long, appelé *nerf caverneux du pénis* (Müller), est destiné à la fois aux corps caverneux et au corps spongieux ; il se porte sur le dos du pénis et s'unit au nerf dorsal.

Chez la femme, il existe, de même que chez l'homme, un plexus rectal et un plexus vésical.

À la place des plexus déférentiel et prostatique, on trouve un *plexus latéro-utérin* et un *plexus utéro-vaginal*. Les nerfs utérins abordent l'utérus au niveau de l'isthme et de la partie sus-vaginale du col ; ils sont placés, avant d'atteindre l'utérus, dans la partie antéro-supérieure des plis recto-utérins, en dedans de l'uretère, en dedans et en arrière de l'artère utérine (Latarjet). Plus loin, ils forment, le long du bord latéral du corps de l'utérus, un *plexus latéro-utérin* qui enlace l'artère utérine.

Les nerfs du vagin sont unis au plexus vésical en avant et au plexus hémorroïdal en arrière.

Comme on vient de le voir, le système nerveux de la vie organique destiné aux organes intrathoraciques, intra-abdominaux, intrapelviens et aux organes génitaux externes, est complété par les fibres organiques des nerfs vagues et par les branches viscérales des nerfs sacraux, provenant des plexus pudendaux et coccygien. Les éléments organiques des nerfs vagues constituent une partie du *parasympathique crânien*, et les branches viscérales des nerfs sacraux représentent le système *parasympathique pelvien* (voir tome IV : *Système nerveux végétatif*).

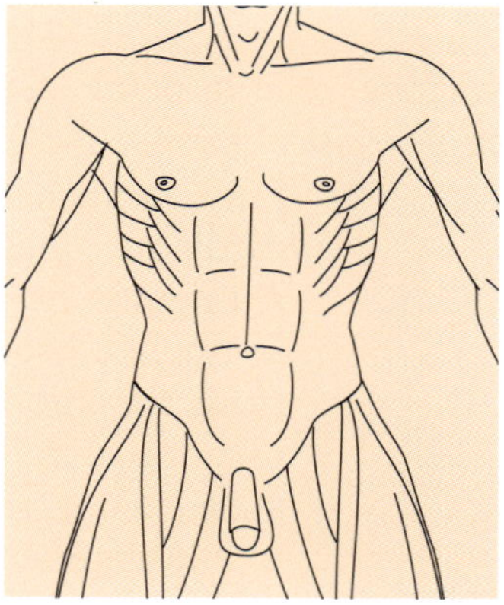

VISCÈRES DU TRONC

Le tronc renferme dans ses cavités thoracique, abdominale et pelvienne la presque totalité des viscères, c'est-à-dire des organes qui assurent la vie végétative : respiration, nutrition, reproduction, excrétion.

ORGANES THORACIQUES

Les viscères du thorax appartiennent à l'appareil respiratoire : trachée, bronches, poumons, et à l'appareil digestif, l'œsophage.

I. APPAREIL RESPIRATOIRE

TRACHÉE

La trachée fait suite au larynx. Elle commence dans le cou et se termine dans le thorax en donnant deux branches de bifurcation, les bronches (fig. 177).

Sa description a été faite précédemment (voir Tome I : *Trachée*). Il ne sera question ici que des rapports de la partie thoracique de ce conduit, c'est-à-dire de ses 10 derniers centimètres.

■ **RAPPORTS DE LA PARTIE THORACIQUE DE LA TRACHÉE. 1. Face antérieure.** En bas, la bifurcation trachéale répond en avant à la bifurcation du tronc pulmonaire et à la branche droite de cette artère, car la bifurcation artérielle se fait normalement un peu à gauche de la bifurcation de la trachée.

En avant de la bifurcation du tronc pulmonaire, monte l'arc de l'aorte. Sa partie horizontale passe au-dessus de l'artère pulmonaire droite. Elle croise la partie antéro-latérale gauche de la trachée ; elle la dévie vers la droite (fig. 179) et creuse sur elle une empreinte appelée *dépression aortique* (fig. 177).

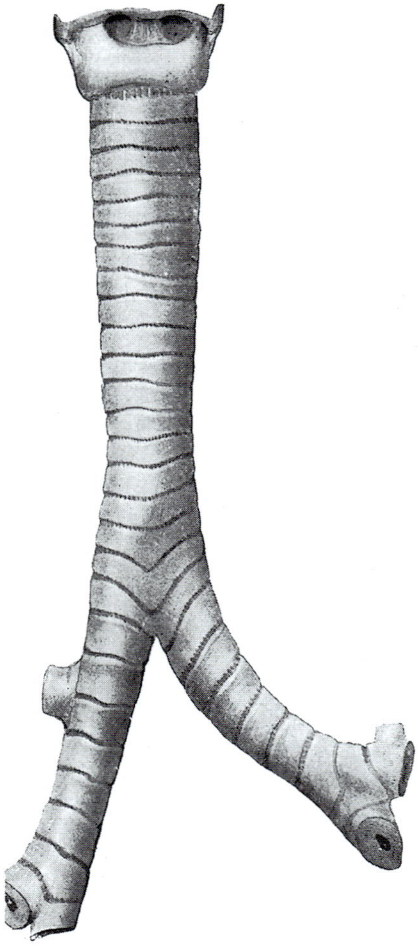

Fig. 177 ▪ Trachée.

Entre la trachée et l'aorte s'insinue le plexus cardiaque postérieur.

Au-dessus de l'aorte, la face antérieure de la trachée répond, de droite à gauche, au tronc brachio-céphalique artériel, à l'artère carotide commune gauche (fig. 178 et 180) ainsi qu'aux nœuds lymphatiques médiastinaux antérieurs. Le tronc brachio-céphalique et l'artère carotide commune gauche s'écartent l'un de l'autre de bas en haut et laissent bientôt à découvert toute la face antérieure de la trachée. Entre les deux troncs monte, appliquée sur la trachée, la petite et inconstante artère thyroïdienne inférieure.

Ces troncs artériels sont croisés en avant par la veine brachio-céphalique gauche. Celle-ci est comprise, ainsi que les nœuds lymphatiques médiastinaux antérieurs, entre les deux feuillets du fascia thyro-péricardique. La veine brachio-céphalique gauche et ce fascia sont donc en rapport avec le conduit trachéal dans l'intervalle des deux vaisseaux.

La veine cave supérieure descend à quelque distance en avant du flanc droit de la trachée, dont elle est séparée par une dépression, la *fossette de Baréty*. Celle-ci est remplie par des nœuds du centre latéro-trachéal droit.

Enfin, en avant de la veine brachio-céphalique gauche, la trachée répond au thymus ou à son reliquat graisseux (voir Tome I : *Région sous-thyroïdienne*).

2. Face postérieure. En arrière, la trachée est appliquée sur l'œsophage qui la déborde à gauche. Au thorax comme au cou, ces deux conduits sont unis par du tissu conjonctif peu dense et par des tractus appelés *muscles trachéo-œsophagiens*, composés de fibres musculaires lisses et de tissu fibro-élastique.

3. Faces latérales. Latéralement, la trachée est en rapport : ❏ 1° *à gauche*, avec l'arc de l'aorte, l'artère carotide commune gauche et le nerf vague, l'artère subclavière gauche, le conduit thoracique, le nerf laryngé inférieur gauche, le centre de nœuds latéro-trachéal ou récurrentiel gauche et la plèvre médiastine gauche ; ❏ 2° *à droite*, avec l'arc de la veine azygos ; avec le tronc brachio-céphalique artériel qui, en montant, tend à se placer de plus en plus sur la face latérale droite de la trachée ; avec le nerf vague droit qui contourne successivement les faces externe et postérieure de ce tronc artériel, puis se place sur la face latérale droite de la trachée et passe entre elle et l'arc de la veine azygos ; avec les nœuds latéro-trachéaux droits et la plèvre médiastine droite (fig. 179).

BRONCHES

■ **ORIGINE ET TERMINAISON.** La trachée se divise en deux bronches, l'une, droite, l'autre gauche, soit au niveau de la partie inférieure de la cinquième vertèbre thoracique, soit au niveau du disque qui unit cette vertèbre à la sixième. Les deux

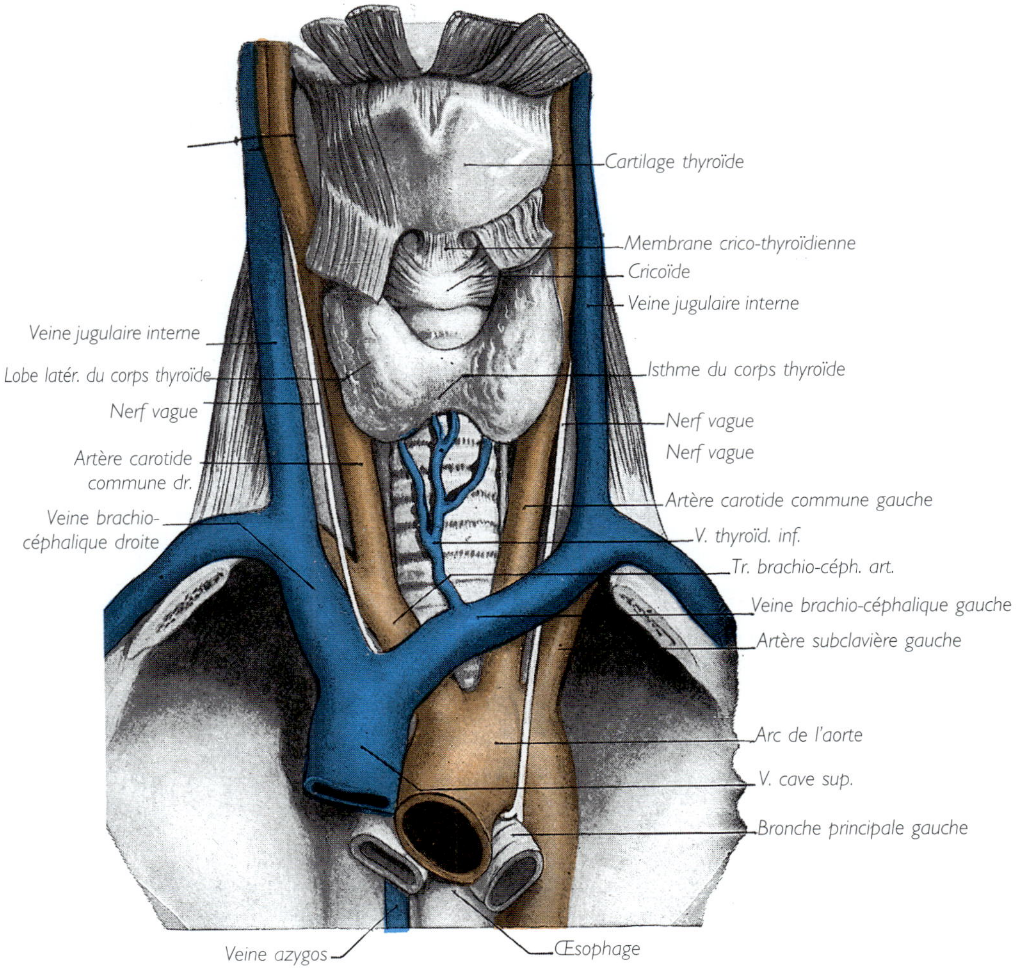

Fig. 178 ■ Larynx, corps thyroïde et trachée, vue antérieure.

bronches s'écartent l'une de l'autre et se dirigent vers le hile du poumon correspondant. Chacune d'elles pénètre dans le poumon par le hile, et le traverse jusqu'à sa base en donnant de nombreuses ramifications.

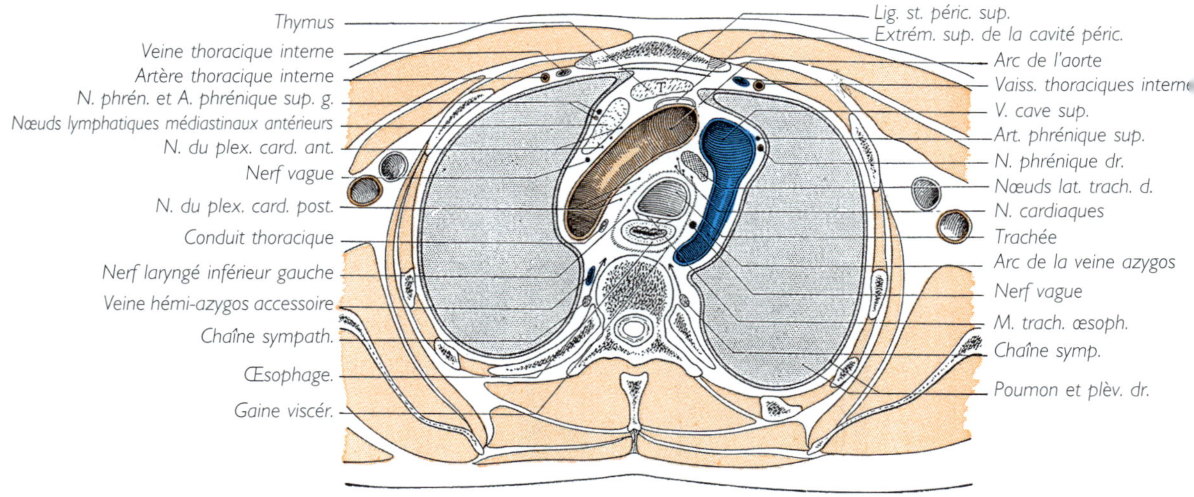

Fig. 179 ▪ Coupe horizontale du thorax passant par l'arc de l'aorte et par l'arc de la veine azygos (4ᵉ vertèbre thoracique) (demi-schématique).

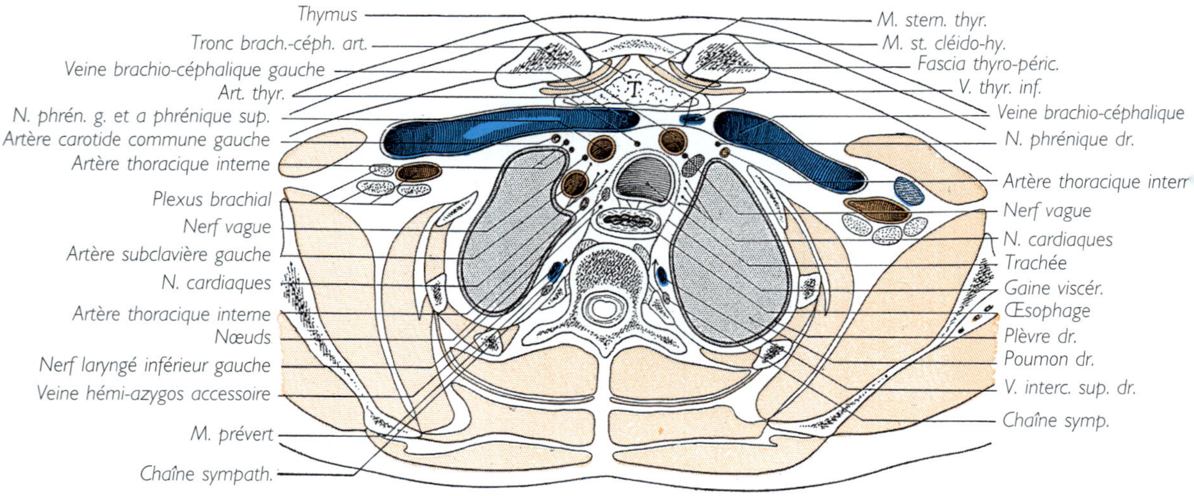

Fig. 180 ▪ Coupe horizontale passant par la partie inférieure au cou (2ᵉ vertèbre thoracique) (demi-schématique).

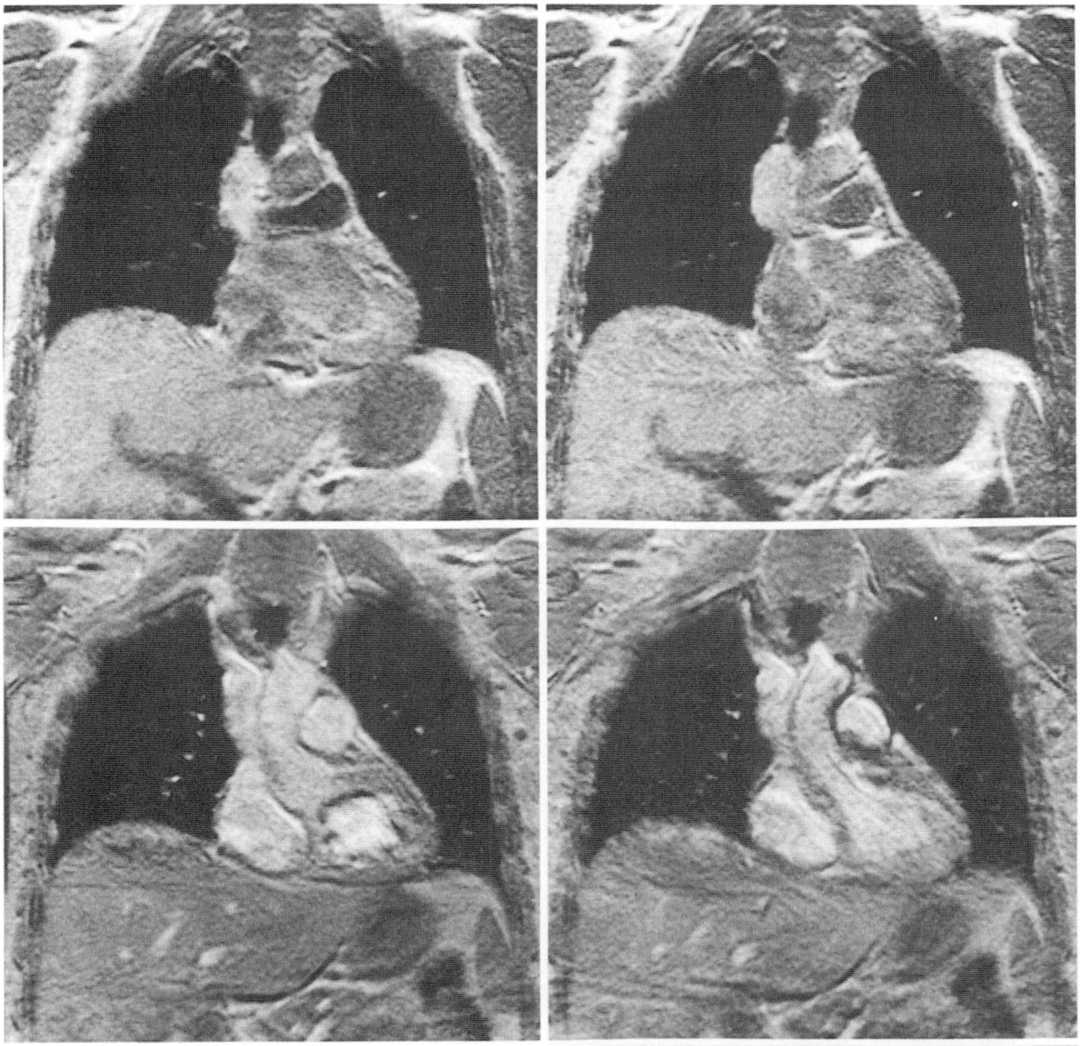

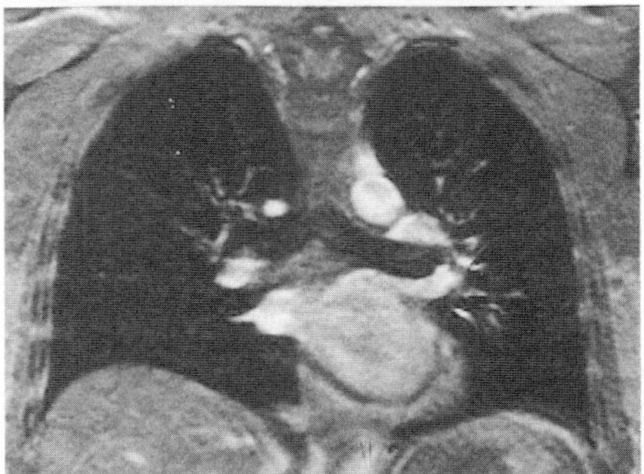

Planche III. — Sur le vivant : série de coupes frontales du thorax, d'avant en arrière (ventro-dorsales), en IRM. Enregistrement cinétique.

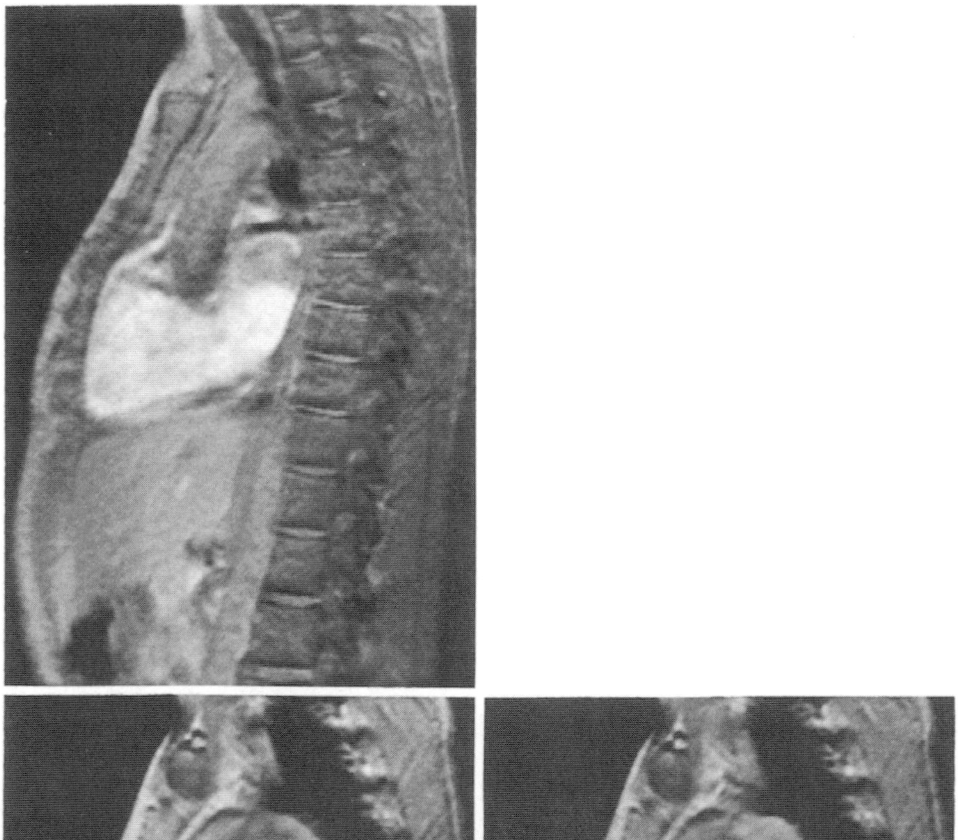

Planche IV. — Sur le vivant : coupes sagittales du thorax en IRM. Enregistrement cinétique.

Dans ce trajet, la bronche ne perd pas son individualité, et elle constitue, au milieu des ramifications qu'elle donne, le *tronc bronchique*, c'est-à-dire la *bronche principale* de l'arbre bronchique.

■ **DIRECTION.** ***Bifurcation trachéale et ligament interbronchique.*** Dès leur origine, les bronches principales divergent. Elles se portent obliquement en bas, en dehors et un peu en arrière et limitent entre elles, au-dessous de la trachée, un angle qui mesure en moyenne 70°. Un *ligament interbronchique* occupe le sommet de cet angle lorsqu'il n'existe pas d'éperon cartilagineux dans la paroi de l'angle de bifurcation (Dupas et Badelon).

La direction des bronches principales n'est pas rectiligne (fig. 181). La bronche droite décrit une courbe concave en dedans et un peu en avant. La bronche gauche est sinueuse, en forme de S très allongée ; elle présente, en effet, au voisinage de son origine, une première courbure concave en dehors et en haut (fig. 177 et 181), due à la présence de l'arc de l'aorte qui s'appuie sur elle. Plus bas, la bronche gauche décrit une deuxième courbe dont la concavité, dirigée en dedans et en bas, s'adapte, à distance, à la convexité du cœur (fig. 181).

La bronche souche comprend deux segments, l'un, extrapulmonaire, l'autre, intrapulmonaire. Nous décrirons seulement dans ce chapitre les bronches extrapul-

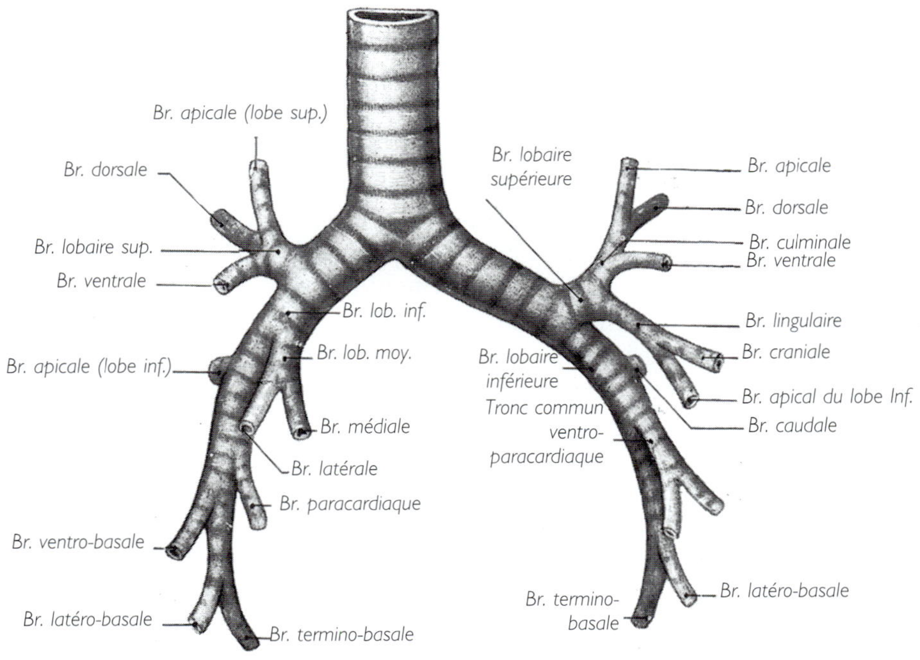

Fig. 181 ▪ Arbre bronchique, vue antérieure.

monaires ; leur segment intrapulmonaire sera étudié en même temps que la constitution anatomique des poumons.

■ **CONFIGURATION EXTÉRIEURE.** Les bronches extrapulmonaires présentent la même configuration et la même structure que la trachée. Chacune d'elles, en effet, est aplatie en arrière, tandis que, sur tout le reste de sa surface, elle est convexe et soulevée transversalement par des saillies circulaires déterminées par des anneaux cartilagineux incomplets, ouverts en arrière.

Les bronches extrapulmonaires droite et gauche se distinguent l'une de l'autre par trois caractères principaux (fig. 181) : ❑ 1° la bronche droite est *rectiligne* et *plus oblique* que la gauche ; elle est presque verticale ; la bronche gauche est plus inclinée au dehors ; de plus, elle dessine une légère courbe concave en haut ; ❑ 2° la bronche droite est *plus courte* que la gauche ; la longueur de la bronche droite égale environ 2 cm ; celle de la bronche gauche est de 5 cm ; ❑ 3° la bronche droite est d'un *plus gros calibre* que la gauche ; cette différence de calibre concorde avec la différence de volume des deux poumons.

■ **RAPPORTS.** Les bronches font partie des *racines du poumon* ou pédicules pulmonaires.

Les *racines du poumon* sont constituées par l'ensemble des éléments qui se rendent aux poumons ou qui en sortent. Chaque pédicule comprend donc : la bronche, l'artère pulmonaire, les veines pulmonaires, les rameaux bronchiaux de l'aorte thoracique descendante, les nerfs et les lymphatiques du poumon.

Les rapports des bronches avec les autres éléments de la racine du poumon sont un peu différents dans les pédicules droit et gauche (voir fig. 221). Chaque bronche est en rapport : ❑ *en avant*, avec l'artère pulmonaire correspondante ; celle-ci, qui est à peu près horizontale à droite, un peu oblique en haut et en dehors à gauche, croise à angle très aigu la face antérieure de la bronche ; mais tandis que, au hile du poumon, l'artère pulmonaire droite est en avant de la bronche, l'artère pulmonaire gauche est au-dessus du tronc bronchique ; ❑ *en avant et en bas*, avec les veines pulmonaires qui s'étagent l'une au-dessus et un peu en avant de l'autre, mais au-dessous de l'artère ; cependant la veine supérieure droite déborde un peu sur l'artère ; ❑ *en arrière*, avec les vaisseaux bronchiques.

La bronche est encore en rapport dans la racine du poumon avec les nœuds de la racine, ainsi qu'avec les plexus pulmonaires antérieur et postérieur, dont les rameaux enlacent les faces antérieure et postérieure de la racine.

Chaque bronche présente de plus des connexions particulières avec les organes voisins du pédicule. Ainsi la *bronche gauche* est contournée en haut, par l'arc de l'aorte ; elle est croisée en arrière par l'aorte thoracique descendante et par le nerf vague gauche. Elle répond encore : en haut, au nerf laryngé inférieur gauche qui passe sous l'arc de l'aorte ; en arrière, à l'œsophage qui déborde à gauche la trachée déviée vers la droite (fig. 178) ; en avant, à la plèvre et au poumon gauches. La *bronche droite* est contournée, en arrière et en haut, par l'arc de la veine azygos. Elle est encore croisée en arrière par le nerf vague droit. Sa face antérieure répond à la veine cave supérieure et au nerf phrénique droit qui descend en dehors de la veine (voir fig. 201).

■ **VAISSEAUX ET NERFS.** Les *artères* des bronches extrapulmonaires viennent des rameaux bronchiaux de l'aorte thoracique descendante. ❑ Leurs *veines* se jettent dans les veines bronchiques. ❑ Les *lymphatiques* se rendent aux nœuds lymphatiques trachéo-bronchiques. ❑ Leurs *nerfs* viennent du plexus pulmonaire.

ANATOMIE FONCTIONNELLE DE LA TRACHÉE ET DES GROSSES BRONCHES.

Les mouvements respiratoires mobilisent la trachée et les grosses bronches. Celles-ci suivent les changements de volume des poumons et résistent aux tractions qui s'exercent sur elles.

Chez le sujet en expiration, la bifurcation trachéale se projette en arrière sur le bord supérieur du corps de la 5e vertèbre thoracique. Au cours de l'inspiration, ou quand le sujet se redresse, elle s'éloigne de la colonne vertébrale, venant en avant et en bas jusqu'au niveau de T6.

La bifurcation est entraînée par les ligaments péricardo-trachéo-bronchiques du péricarde fibreux, solidaires du diaphragme qui s'abaisse dans l'inspiration.

Comme l'inspiration élève le manubrium de la hauteur d'une vertèbre, la bifurcation trachéale qui, dans l'expiration, se projette sur la paroi thoracique antérieure suivant la ligne qui unit les deux premiers espaces intercostaux, descend dans l'inspiration au niveau de la ligne unissant l'insertion des 4e cartilages costaux sur le sternum.

En résumé, l'inspiration abaisse la trachée par rapport à la colonne vertébrale d'une vertèbre et par rapport au sternum de deux espaces.

Dans le même temps, on observe une torsion hélicoïdale des grosses bronches. Celle-ci permet la distribution de l'air courant aux divisions bronchiques successives et adapte l'arbre bronchique aux déplacements du poumon.

Les muscles interbronchiques règlent le débit de l'air circulant, tandis que les cartilages assurent la béance de la lumière bronchique en maintenant passivement l'équilibre entre les pressions extra et intrabronchiques.

POUMONS

Les poumons sont les organes de la respiration dans lesquels le sang veineux se transforme en sang artériel.

■ **SITUATION.** Ils sont au nombre de deux, l'un, droit, l'autre, gauche, et séparés l'un de l'autre par le *médiastin.*

On donne ce nom à la région limitée latéralement par les poumons et les plèvres, en avant par le sternum, en arrière par la colonne vertébrale.

■ **VOLUME.** Il est peu d'organes qui présentent d'aussi nombreuses variations de volume. Ces différences dépendent surtout : ❑ 1° de la capacité du thorax, car le volume des poumons est proportionnel à cette capacité ; ❑ 2° de l'état d'inspiration ou d'expiration.

Le poumon droit est toujours plus volumineux que le gauche.

POIDS. Le poids des deux poumons chez l'homme adulte est de 1 300 g en moyenne, 700 g pour le poumon droit, 600 g pour le poumon gauche. Chez la femme, le poumon droit pèse environ 550 g, le poumon gauche, 450 g.

Le poumon qui a respiré est plus léger que l'eau ; le poumon qui n'a pas respiré est plus dense que l'eau. En jetant dans l'eau les poumons d'un enfant mort-né, on peut donc reconnaître si l'enfant a respiré ou non, suivant que les poumons surnagent ou plongent.

CAPACITÉ. La capacité des poumons chez l'homme adulte, mesurée par la quantité d'air qu'ils contiennent, est, en chiffres ronds, de 5 000 cm^3 après une inspiration forcée. Après une inspiration normale, elle est seulement de 3 500 cm^3 comprenant : 1° l'*air de la respiration* qui a pénétré dans les poumons pendant l'inspiration normale ; 2° l'*air de réserve respiratoire* qui peut être expulsé après une expiration normale par une expiration forcée ; 3° l'*air résiduel* qui reste dans les poumons après une expiration forcée. La quantité d'air de la respiration est de 500 cm^3. L'air de réserve respiratoire et l'air résiduel sont en quantités à peu près égales ; on évalue à 1 500 cm^3 environ la quantité d'air composant chacune de ces masses.

COULEUR. La surface extérieure des poumons est lisse et brillante, parce qu'elle est tapissée par le feuillet viscéral de la plèvre, qui fait corps avec elle.

La teinte des poumons est rouge brun avant la naissance, rosée chez l'enfant qui a respiré, gris rosé, puis bleuâtre chez l'adulte. À mesure que le sujet avance en âge, il se forme à la surface des poumons des dépôts pigmentaires disposés sous forme de points, de taches et de lignes. Celles-ci dessinent de petites figures polygonales qui répondent aux limites des lobules pulmonaires superficiels.

CONSISTANCE. ÉLASTICITÉ. Le poumon est mou et se laisse déprimer par une faible pression. Si la compression est forte, il se produit un bruit de crépitation causé par la rupture des vésicules.

Le tissu pulmonaire est composé d'éléments très solidement liés les uns aux autres ; aussi, malgré son peu de consistance, le poumon doit à la « force de cohésion » de son tissu une très forte résistance aux causes de distension (Cruveilhier).

Le tissu du poumon jouit encore d'une grande élasticité, grâce à laquelle le poumon distendu tend à revenir sur lui-même.

CONFIGURATION EXTÉRIEURE ET RAPPORTS. On compare généralement la forme des poumons à celle de la moitié d'un cône coupé en deux par un plan vertical. Chaque poumon présente, en effet, une face pariétale convexe, une face médiastinale à peu près plane, un sommet dirigé en haut, une face diaphragmatique et trois bords, l'un, antérieur, un autre, postérieur, le troisième, inférieur.

Chaque poumon est enveloppé par une séreuse, la *plèvre* ; et c'est par l'intermédiaire des plèvres que les poumons présentent avec la paroi thoracique et les organes du médiastin les connexions que nous allons indiquer.

1. Face latérale ou costale. La face latérale augmente graduellement de hauteur d'avant en arrière. Elle se moule sur la paroi latérale du thorax et porte les empreintes des côtes.

Cependant, en arrière, la face externe des poumons abandonne la paroi costale le long du fond de la gouttière costo-vertébrale et s'applique ensuite d'arrière en avant sur le flanc de la colonne vertébrale. Cette face est partout séparée de la paroi thoracique (côtes, muscles intercostaux et colonne vertébrale), par la plèvre et par une couche de tissu conjonctif sous-pleural, fibreuse, appelée *fascia endothoracique* (voir : *Plèvres*).

2. Face interne ou médiastinale. Le hile, c'est-à-dire la région de la face interne du poumon par laquelle la racine du poumon pénètre dans le parenchyme pulmonaire, est placé sur la face interne, près de son bord postérieur.

Son contour est à peu près ovalaire à droite, triangulaire à gauche.

Les éléments de la racine du poumon ont une disposition un peu différente dans le hile droit et dans le hile gauche.

Dans le hile droit (fig. 184), la bronche est en arrière et en haut, les veines bronchiques postérieures et la plupart des nerfs sont en arrière de la bronche ; l'artère pulmonaire et, le plus souvent l'artère bronchique, sont en avant d'elle ainsi que les veines bronchiques antérieures et le plexus pulmonaire antérieur ; les veines pulmonaires occupent la partie antérieure et inférieure de la racine du poumon, au-dessous de l'artère, en avant et au-dessous de la bronche. Cependant la veine pulmonaire supérieure empiète généralement un peu sur la face antérieure de l'artère.

Les nœuds lymphatiques interbronchiques sont disséminés dans les intervalles compris entre les bronches, les vaisseaux et leurs premières branches collatérales.

Dans le hile gauche, l'artère pulmonaire, qui a complètement croisé la face antérieure de la bronche, est placée au-dessus d'elle (fig. 185). Les autres éléments de la racine du poumon ont à peu près la même disposition que dans le hile droit, sauf les veines pulmonaires. Ainsi la veine pulmonaire supérieure, qui est prébronchique, ne déborde généralement pas sur l'artère. La veine pulmonaire inférieure est au-dessous de la bronche, de l'artère pulmonaire et de la veine pulmonaire supérieure (fig. 185).

La face médiale du poumon se moule sur les organes du médiastin qui y marquent leur empreinte.

En avant et au-dessous du hile, la face interne du poumon est excavée ; elle répond au cœur et au péricarde. Mais, comme le cœur est incliné à gauche, il s'ensuit que l'excavation ou *empreinte cardiaque* est beaucoup plus accusée sur le poumon gauche que sur le poumon droit. ❑ Au-dessus de l'empreinte cardiaque et en avant du hile, la face interne des poumons est encore déprimée par l'empreinte que laissent la veine cave supérieure à droite et la partie ascendante de l'arc de l'aorte à gauche.

Au-dessus du hile, on voit sur le poumon droit deux gouttières verticales en rapport avec les veines et artères brachio-céphaliques droites, et, sur le poumon gauche, une gouttière horizontale qui répond à la partie horizontale de l'arc de l'aorte. Cette partie de la face interne des poumons répond encore au thymus ou à ses vestiges.

En arrière du hile, la face interne des poumons est creusée d'une gouttière verticale, plus large et plus profonde sur le poumon gauche que sur le poumon droit. Cette gouttière répond à l'aorte à gauche, à la veine azygos à droite (voir fig. 184 et 185).

Au-dessous du hile droit, se trouve une dépression causée par la veine cave inférieure.

3. Sommet. Le sommet est cette partie du poumon qui fait saillie au-dessus de l'orifice supérieur du thorax. Il est limité en bas par une large dépression creusée par la première côte, inclinée comme elle en bas et en avant et dont la profondeur et la largeur augmentent d'arrière en avant (fig. 182 et 183). On peut distinguer au sommet du poumon deux faces, l'une, médiale, l'autre, latérale ou antéro-latérale, et un bord antéro-supérieur. Faces et bord entrent en rapport, par l'intermédiaire du dôme ou coupole pleurale et du fascia endothoracique qui coiffent le sommet du poumon, avec les organes de la base du cou.

La *face médiale du sommet droit* répond : en avant, à l'extrémité supérieure des artères phréniques supérieures, puis à celle du tronc brachio-céphalique artériel et à l'artère subclavière, au nerf vague qui descend en avant de l'artère, au nerf laryngé

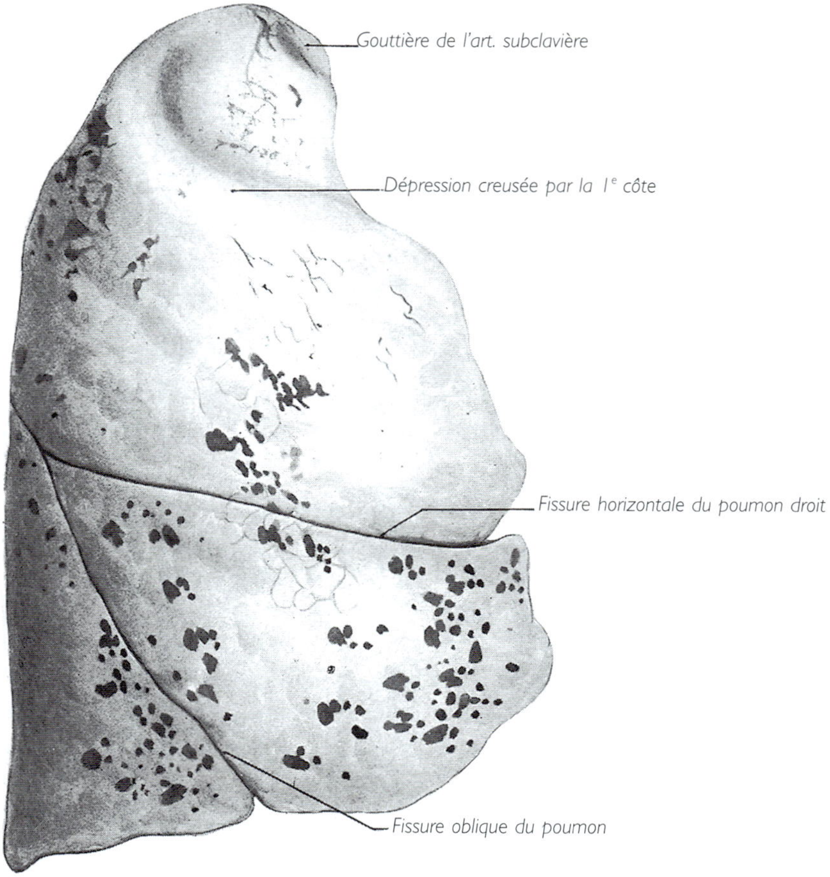

Fig. 182 ▪ Poumon droit, face externe ou costale.

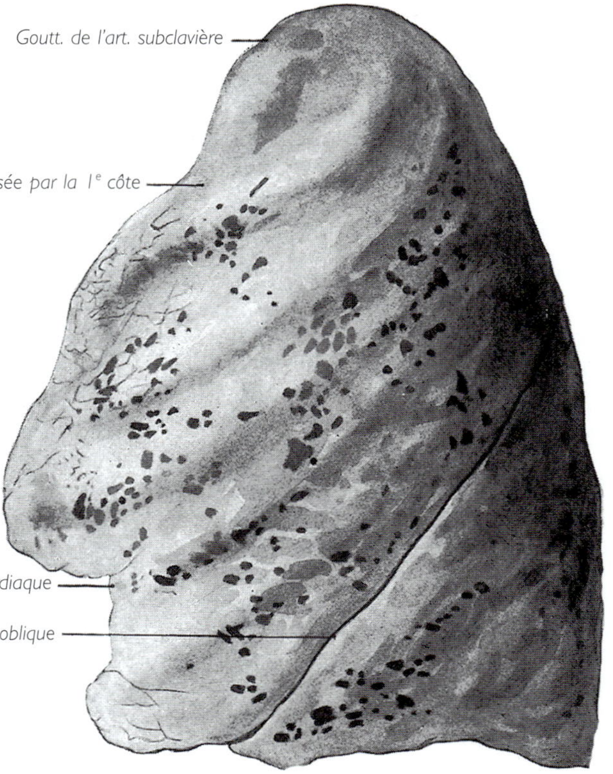

Fig. 183 ▪ Poumon gauche, face externe ou costale.

inférieur droit, à l'anse subclavière, à l'anastomose du nerf phrénique avec le ganglion cervical inférieur du sympathique, qui contournent la face inférieure de l'artère, à la trachée et à l'œsophage (voir Tome I : *Région sterno-cléido-mastoïdienne*).

La *face interne du sommet gauche* est en rapport avec le tronc brachio-céphalique veineux, l'artère carotide commune gauche, le nerf vague, l'artère subclavière gauche, l'anse subclavière, le conduit thoracique, la trachée et l'œsophage (fig. 180).

L'artère subclavière gauche, la veine brachio-céphalique gauche et, à droite, le tronc brachio-céphalique artériel creusent chacun une gouttière sur la face interne et sur la partie antérieure du poumon.

La *face externe* est recouverte d'avant en arrière, aussi bien à gauche qu'à droite, par la veine subclavière, par le muscle scalène antérieur, par l'artère subclavière qui a contourné le bord antérieur de la coupole pleurale, par les troncs inférieurs du plexus brachial, enfin par les muscles scalènes moyen et postérieur. ❑ L'artère scapulaire postérieure a traversé le muscle scalène moyen ou bien a croisé sa face externe, près de la 1re côte, où elle peut être blessée au cours d'une résection du premier arc costal.

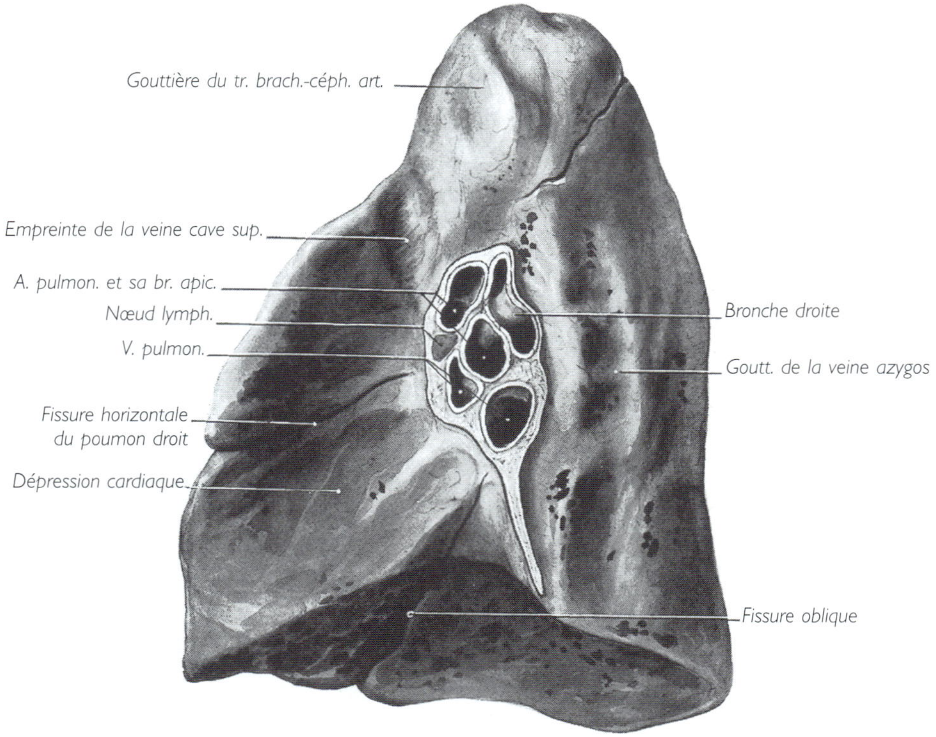

Fig. 184 ▪ Poumon droit, face interne ou médiastinale.

Les faces latérales et médiales sont séparées l'une de l'autre par un *bord antéro-supérieur* mousse, à peu près vertical, échancré légèrement par la gouttière de l'artère subclavière. Ce bord est longé en dedans et de haut en bas par la partie initiale de l'artère thoracique interne que contourne le nerf phrénique. Son extrémité postérieure répond au ganglion cervical inférieur du sympathique, qui est placé dans la fossette sus et rétro-pleurale.

En ce qui concerne les rapports du sommet du poumon avec la paroi, nous renvoyons le lecteur à un chapitre consacré à la topographie thoraco-pulmonaire dans lequel nous avons réuni toutes les notions les plus utiles à connaître sur les rapports des poumons et de leurs fissures avec la paroi thoracique (voir plus loin : *Topographie thoraco-pulmonaire*).

4. Base. La base des poumons, concave, se moule sur la convexité du diaphragme.

5. Bords. Le *bord antérieur* sépare en avant la face costale de la face médiastinale. Celui du poumon droit décrit une courbe convexe en dedans ; celui du poumon gauche, convexe en haut, présente en bas une large échancrure, l'*incisure cardiaque*, en rapport avec le cœur. Il est prolongé au-dessous par une languette de parenchyme : le processus linguiforme ou lingula.

Le *bord postérieur* sépare en arrière les faces costale et médiastinale. Il longe la ligne d'union des faces antérieure et latérale des corps vertébraux.

Le *bord inférieur* circonscrit la base du poumon. On lui reconnaît deux segments : l'un, interne, épais, concave en dedans, est placé entre la base et la face interne du poumon ; l'autre, externe, convexe en dehors, sépare la base de la face externe. Ce segment est aplati, mince et s'enfonce dans le *récessus costo-diaphragmatique*, c'est-à-dire dans l'angle que forme la plèvre diaphragmatique avec la plèvre costale.

LOBES DES POUMONS ET FISSURES INTERLOBAIRES. Les poumons sont découpés en plusieurs parties ou *lobes* par des fissures appelées fissures interlobaires. Ces fissures sont particulièrement nettes à la face latérale du poumon et s'enfoncent généralement jusqu'au voisinage du hile.

On les retrouve à la face médiale, tantôt complètes jusqu'au hile, tantôt s'arrêtant à quelque distance de celui-ci (fig. 193).

Le *poumon droit* est divisé en trois lobes par deux fissures interlobaires (fig. 182) : 1° une fissure oblique, oblique en bas et en avant ; 2° une petite fissure ou fissure

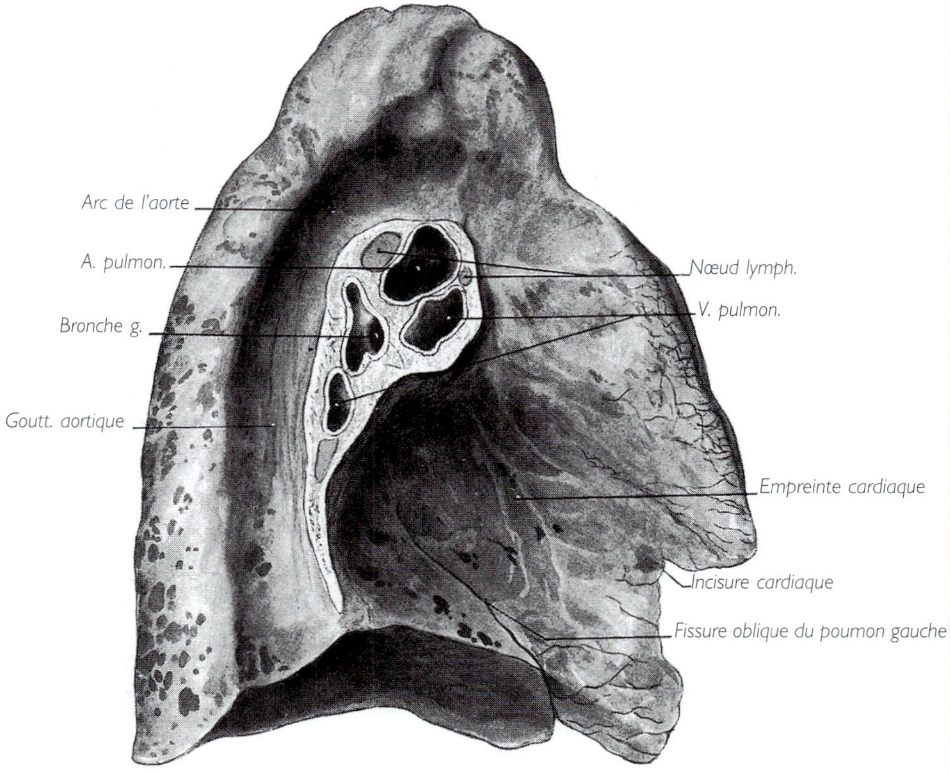

Fig. 185 ▪ Poumon gauche, face interne ou médiastinale.

horizontale qui s'étend obliquement en avant et légèrement en bas, de la partie moyenne de la fissure oblique au bord antérieur du poumon.

Le lobe supérieur répond à la partie antéro-supérieure du poumon droit. Il présente trois faces : une médiale, médiastine ; une latérale, costo-vertébrale ; une inférieure, fissurale. Cette face inférieure comprend deux champs : un champ postérieur, fortement oblique en bas et en avant, reposant par l'intermédiaire de la fissure oblique sur la partie haute du lobe inférieur, et un champ antérieur, presque horizontal, séparé du lobe moyen par la fissure horizontale.

Le lobe moyen forme la partie antérieure et inférieure du poumon droit. Il présente quatre faces : une face médiale, médiastine ; une face latérale, costale ; une face supérieure, en rapport avec le lobe supérieur, et une face inférieure, appliquée, dans sa partie haute, sur la face antérieure du lobe inférieur et, dans sa partie basse, directement sur la coupole diaphragmatique.

Le lobe inférieur est situé en arrière et au-dessous des deux précédents. On peut lui reconnaître cinq faces : une inférieure, diaphragmatique ; une postéro-médiale, vertébro-médiastinale ; une antéro-médiale, cardiaque, répondant à la gouttière de la veine cave inférieure ; une latérale, superficielle, costale ; une antérieure, fissurale, répondant, en haut, au lobe supérieur et, en bas, au lobe moyen.

Le *poumon gauche* est divisé en deux lobes, l'un supérieur, l'autre inférieur, par une fissure interlobaire qui croise sa face externe de haut en bas et d'arrière en avant (fig. 183).

Le lobe supérieur gauche, beaucoup plus volumineux que le droit, présente, comme lui, trois faces : interne, externe et inférieure. Sa face inférieure comprend deux portions d'inégale importance : une supérieure, fissurale, répondant au lobe inférieur ; une inférieure, étroite, appliquée sur le diaphragme.

La conformation du lobe inférieur gauche est identique à celle de son homologue droit (fig. 193).

La profondeur des fissures est variable. C'est la fissure horizontale qui est la plus sujette aux variations. Elle est parfois marquée par un simple sillon. Elle peut faire défaut à droite et se développer à gauche. Elle est le plus souvent incomplète (G. Jiron).

Le nombre des fissures, et par conséquent celui des lobes, peut être plus grand (Dévé, Lucien, d'Hour, etc.). Parmi les lobes supplémentaires que l'on rencontre le plus souvent, les plus importants sont le *lobe infra-cardiaque ou paracardiaque* et le *lobe accessoire du poumon droit*.

Le *segment cardiaque* existe normalement chez les quadrupèdes, tout au moins du côté droit, parfois des deux côtés (cobaye) ; chez l'homme, il correspond au territoire de la bronche paracardiaque (voir plus loin). Il est donc taillé aux dépens du lobe inférieur et siège à la partie interne de ce lobe. À droite, il est étroit et situé sous le hile, au voisinage de la veine cave inférieure ; à gauche, il est également placé au-dessous du hile ; il est plus étalé dans le sens antéro-postérieur, mais moins épais qu'à droite (Lucien).

Le *lobe accessoire du poumon droit*, sur lequel les radiologistes ont appelé l'attention (d'Hour), est dû à une anomalie de l'arc de la veine azygos qui creuse une fissure de haut en bas, dans le lobe supérieur du poumon droit. Le lobe accessoire du poumon droit est en dedans de cette fissure anormale. Il est à noter qu'en raison même de son mode de formation, et contrairement à ce qui se passe pour les autres fissures que tapisse seulement le feuillet viscéral de la plèvre, les parois de la fissure du lobe accessoire du poumon droit sont recouvertes par un repli des deux feuillets de la séreuse.

■ **TOPOGRAPHIE THORACO-PULMONAIRE.** Les rapports des poumons et des fissures avec la paroi varient d'un sujet à l'autre. Ils varient aussi chez un même sujet, selon qu'il est en état d'inspiration ou d'expiration, surtout quand la respiration est forcée. Dans l'exposé qui suit, nous indiquons la disposition la plus fréquente et qui tient le milieu entre les différences individuelles, quand le sujet est en état de respiration calme.

1. Point culminant du sommet du poumon. Ce point est sur un plan tangent à l'extrémité postérieure de la première côte. Mais, en raison de l'obliquité de cette côte, le sommet du poumon déborde celle-ci d'une hauteur qui augmente graduellement de l'extrémité postérieure à l'extrémité antérieure du premier arc costal. Cette hauteur mesure environ 1,5 cm en regard de la partie moyenne de la côte, et 5 cm au niveau de l'extrémité interne du premier cartilage costal (fig. 186).

Le sommet du poumon s'élève au-dessus de la partie interne de la clavicule. Son point culminant est à 2 ou 3 cm au-dessus de cet os sur une verticale passant à 4 ou 4,5 cm en dehors de la ligne médiane.

2. Bord antérieur. Le bord antérieur du poumon comprend deux segments : un segment supérieur, court, qui est le bord antérieur du sommet pulmonaire, et un segment inférieur, qui est le bord antérieur proprement dit. Ces deux segments sont séparés l'un de l'autre par l'extrémité antérieure de l'empreinte formée sur le poumon par le premier arc costal (fig. 186).

a) POUMON DROIT. Le bord antérieur du sommet du poumon descend du point culminant obliquement en bas, en dedans et en avant, et croise l'articulation sterno-claviculaire. Au-dessous de cette articulation, le bord antérieur du poumon est échancré par l'extrémité antérieure de l'empreinte en forme de gouttière, creusée par la première côte ; il s'infléchit à ce niveau et se porte fortement en dedans et en bas, sur toute la hauteur de cette incisure, si bien qu'au niveau du bord inférieur de la première articulation chondro-sternale, il est à 1 ou 1,5 cm en dedans de cette articulation.

C'est là que commence le bord antérieur proprement dit. Celui-ci descend en bas et en dedans jusqu'à la hauteur de la deuxième articulation chondro-sternale. Il rencontre à ce niveau le bord antérieur du poumon gauche et n'est séparé de lui que par les culs-de-sac pleuraux.

De la deuxième articulation chondro-sternale à la quatrième, le bord antérieur du poumon descend verticalement. Il s'infléchit ensuite en bas et à droite et gagne ainsi l'extrémité interne du sixième cartilage, où il rejoint le bord inférieur.

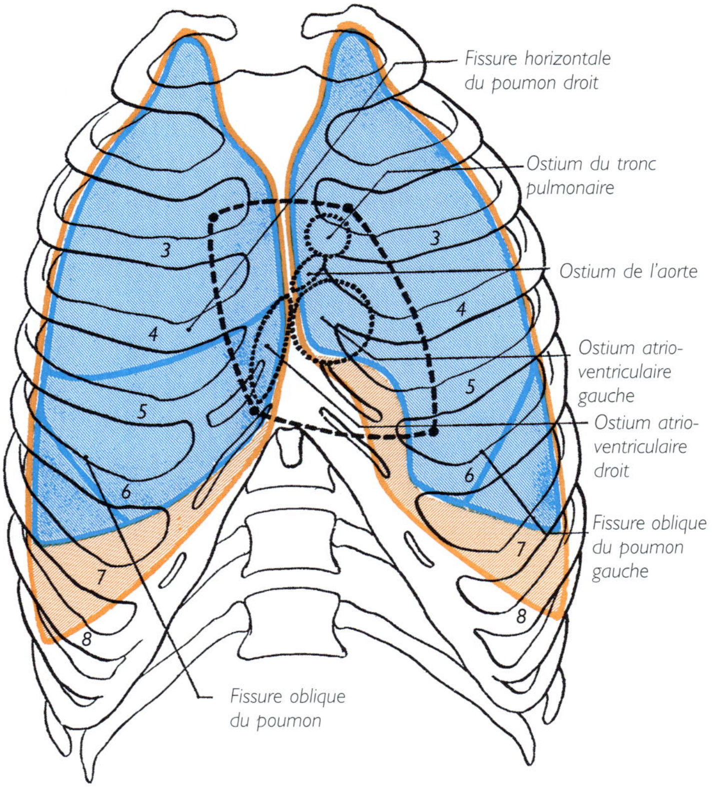

Fig. 186 ▪ Schéma destiné à montrer les rapports du cœur, des poumons, des fissures interlobaires et des plèvres avec la paroi thoracique. Vue antérieure.
(Imité de Merkel, modifié.).
Les poumons sont projetés en bleu ; les plèvres en rouge.

b) POUMON GAUCHE. Le bord antérieur du poumon gauche a des connexions à peu près identiques à celles que présente le bord antérieur du poumon droit, depuis le point culminant jusqu'à la hauteur du quatrième cartilage costal (fig. 186).

Au niveau de ce cartilage, le bord antérieur du poumon gauche s'écarte brusquement de la ligne médiane et décrit une courbe concave en dedans et en bas, l'*échancrure cardiaque*. Cette échancrure s'étend de l'extrémité antérieure du quatrième cartilage costal au tiers externe du sixième, croisant le cartilage de la cinquième côte, à 2 ou 3 cm du sternum.

3. Bord inférieur. Il ne s'agit ici que du segment externe du bord inférieur.

Il fait suite au bord antérieur et commence : à droite, à l'extrémité interne ou sternale du sixième cartilage costal ; à gauche, à la jonction du tiers moyen avec le tiers externe de ce cartilage. De là, il se dirige en dehors et un peu en bas, presque horizontalement. Il croise le sixième espace intercostal sur la ligne mamillaire, le septième espace sur la ligne axillaire, le neuvième sur la ligne scapulaire, et atteint la colonne vertébrale au niveau de l'extrémité postérieure de la onzième côte (fig. 187).

4. Fissures obliques. La *fissure oblique du poumon gauche* commence en haut et en arrière, en regard de l'extrémité postérieure du troisième espace intercostal. Elle finit en bas et en avant, sur la ligne mamillaire, au niveau de l'articulation de la sixième côte avec son cartilage (fig. 186 et 187).

La *fissure oblique du poumon droit* commence en haut et en arrière, soit au même niveau que celle du poumon gauche, soit un peu au-dessous, en regard de l'extrémité postérieure du quatrième espace.

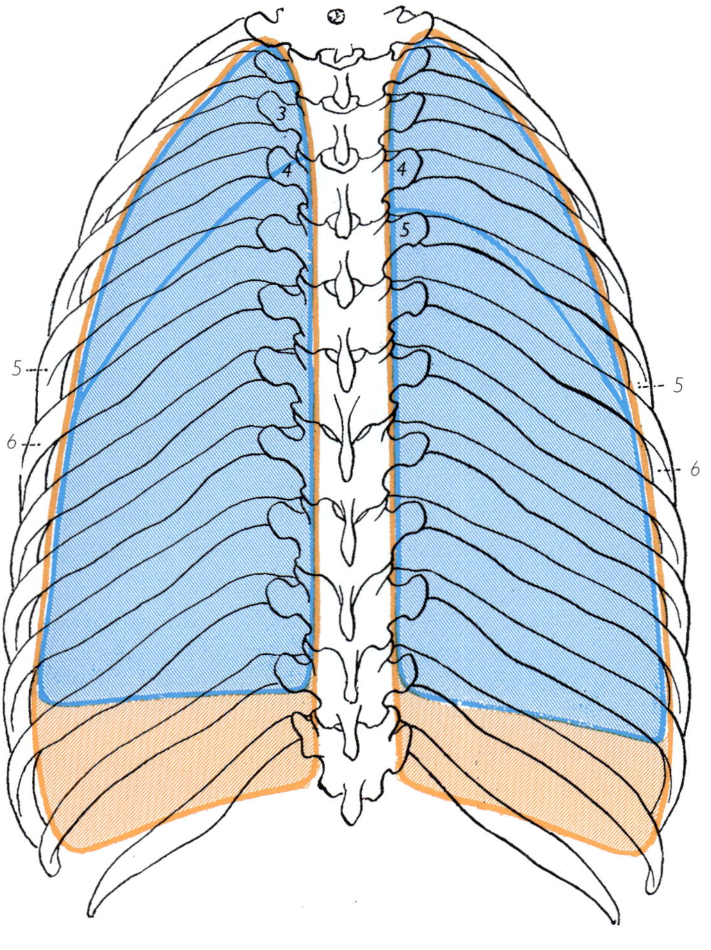

Fig. 187 ▪ Schéma destiné à montrer les rapports des poumons, des fissures interlobaires et des plèvres avec la paroi thoracique. Vue postérieure.
(Imité de Merkel, modifié.).
Les poumons sont projetés en bleu ; les plèvres en rouge.

Elle se termine en bas et en avant à une distance variable du sternum, généralement au voisinage de l'articulation de la sixième côte avec son cartilage.

La *fissure horizontale du poumon droit* se détache de la précédente à la hauteur du quatrième espace intercostal, un peu en arrière de la ligne axillaire. Elle atteint le bord antérieur du poumon en regard de l'extrémité antérieure du troisième espace ou du quatrième cartilage costal (fig. 186).

■ **CONSTITUTION.** Les poumons sont constitués : 1° par la partie intrapulmonaire de l'arbre bronchique ; 2° par des vaisseaux comprenant les artères pulmonaires, les veines pulmonaires, les vaisseaux bronchiques et les lymphatiques ; 3° des rameaux nerveux ; 4° du tissu conjonctivo-élastique qui remplit les interstices compris entre les autres éléments.

La disposition des bronches, des artères et des veines pulmonaires a été étudiée par de nombreux anatomistes, en particulier par Lucien et ses élèves, Beau, Hovelacque, Monod et Evrard, l'école lilloise, Boyden, Appleton, Ruiz Liard, Gomez Oliveros.

1. Arbre bronchique. Nous avons déjà indiqué la direction et le trajet des bronches principales dans l'épaisseur des poumons. Chacune des bronches principales et ses ramifications constituent un arbre bronchique.

Depuis Aéby, on admet que chacune de ces bronches principales résultant de la bifurcation de la trachée se poursuit sans interruption à travers le poumon jusqu'à la partie postérieure, inférieure et interne de l'organe. De ces deux troncs bronchiques principaux droit et gauche, se détachent, suivant le mode monopodique, les différentes bronches lobaires (fig. 189).

Nous donnerons la description de Gaston Cordier et Christian Cabrol, qui fait apparaître la synthèse de ce qui a été observé.

Le *tronc bronchique principal droit* (fig. 189, 190, 193 A) émet successivement : par sa face latérale, la bronche lobaire supérieure ; par sa face antérieure et un peu plus bas, la bronche lobaire moyenne. Il se continue finalement par la bronche lobaire inférieure. Sa portion comprise entre la naissance des bronches lobaire supérieure et moyenne porte le nom de bronche intermédiaire.

Chacune de ces bronches lobaires se divise ensuite en un certain nombre de bronches dites segmentaires, qui ventilent un territoire donné au lobe. Ces territoires, de forme pyramidale à sommet hilaire, constituent les segments pulmonaires (fig. 180, 181, 182).

La bronche lobaire supérieure émet ainsi trois bronches segmentaires : une supérieure ou apicale ; une antérieure ou ventrale ; une postérieure ou dorsale.

La bronche lobaire moyenne donne naissance à deux branches segmentaires : l'une interne ou médiale ; l'autre externe ou latérale.

La bronche lobaire inférieure, contrairement aux précédentes, qui se divisent dichotomiquement, se ramifie suivant le mode monopodique. Elle émet ainsi successivement : par sa face postérieure, la bronche segmentaire apicale du lobe inférieur ou bronche de Nelson, qui ventile la partie postéro-supérieure du lobe ; puis, un peu plus bas, par sa face médiale, la bronche médio-basale ou paracardiaque ; plus loin, par sa face antérieure, la bronche ventro-basale et, par sa face

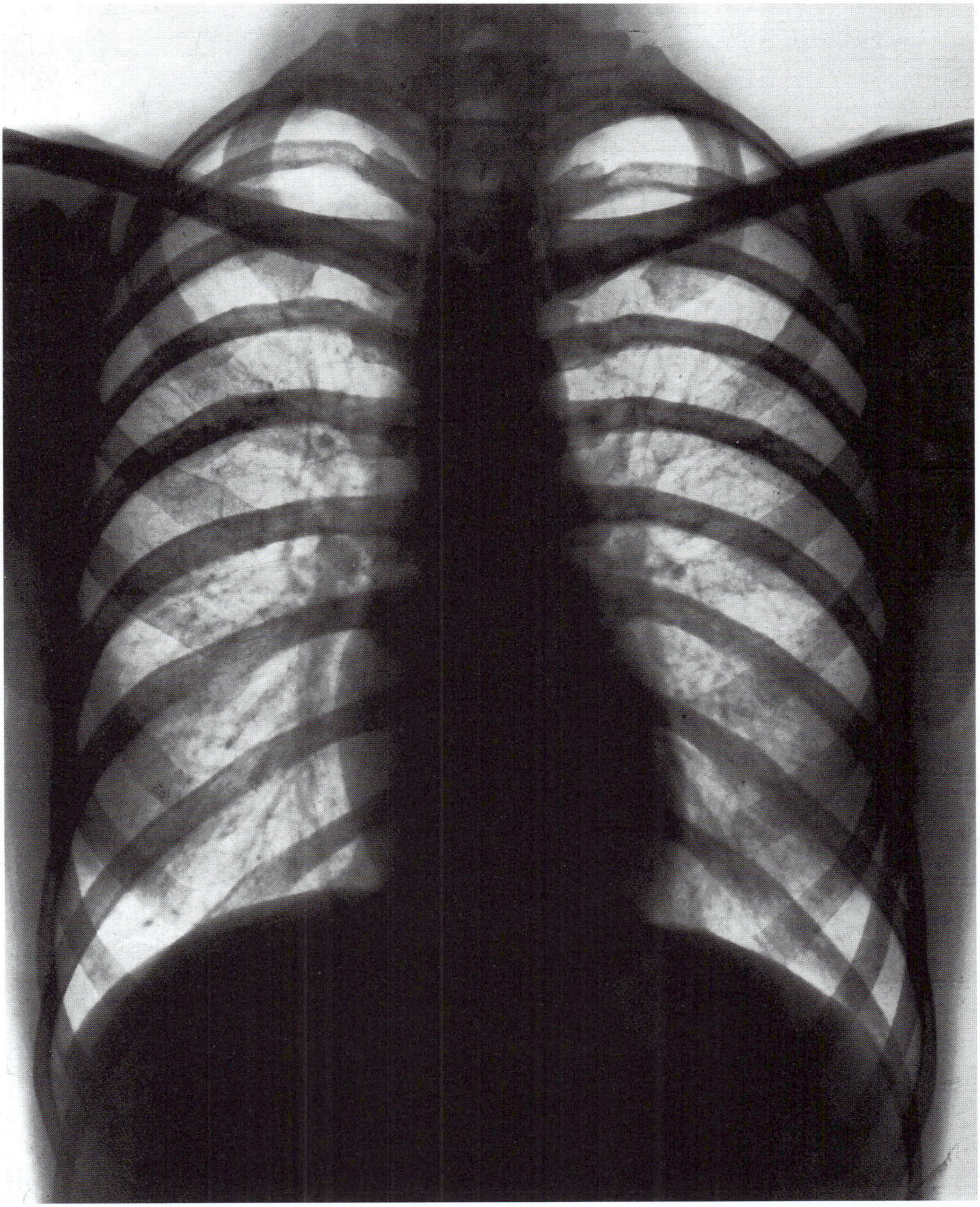

Fig. 188 ▪ Radiographie des poumons.

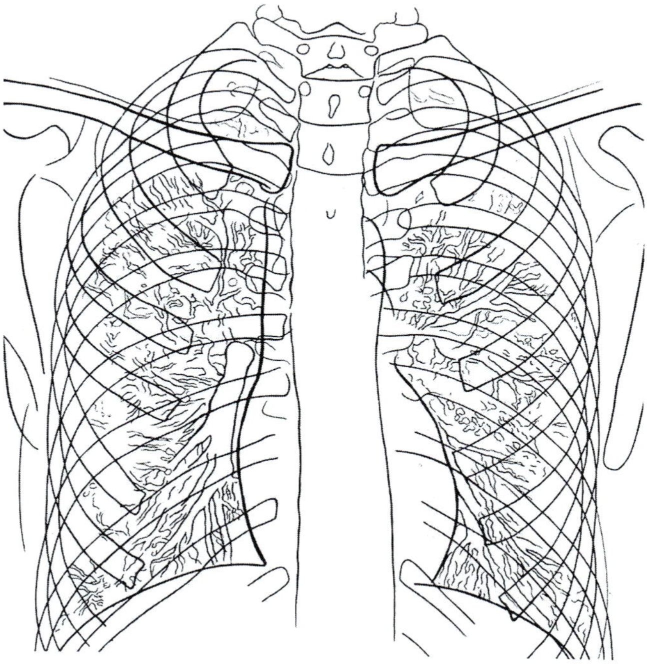

Fig. 188 *bis* ▪ Dessin de la radiographie des poumons (fig. 188).

antéro-latérale, la bronche latéro-basale. Elle se termine par la bronche termino-basale, qui représente l'épanouissement du tronc bronchique principal droit.

On donne le nom de bronche basale à cette partie de tronc bronchique principal qui est située au-dessous de l'origine de l'apicale du lobe inférieur, et celui de pyramide basale à l'ensemble des quatre segments ventilés par cette bronche basale, c'est-à-dire les segments paracardiaque, ventro, latéro et termino-basal.

À gauche (fig. 189, 191 et 193 B), le *tronc bronchique principal* fournit seulement deux bronches lobaires correspondant aux deux lobes de ce poumon : la bronche lobaire supérieure, qui se détache de sa face antéro-latérale, et la bronche lobaire inférieure, qui représente la continuation de ce tronc bronchique principal.

La bronche lobaire supérieure gauche, à l'opposé des autres bronches lobaires, ne donne pas directement naissance aux différentes bronches segmentaires correspondantes, mais se divise en deux troncs supérieur et inférieur.

Le tronc inférieur ventile la partie antérieure et inférieure du lobe supérieur gauche, que l'on a coutume d'appeler, depuis Churchill et Belsey : la *lingula* (bien que ce terme soit classiquement réservé au processus linguiforme du lobe supérieur). Ce tronc lingulaire (homologue, pour certains, de la bronche lobaire moyenne droite) donne naissance à deux bronches segmentaires : l'une supérieure ou craniale, l'autre inférieure ou caudale.

Le tronc supérieur se ramifie dans la partie supérieure et postérieure du lobe, la plus volumineuse : le *culmen*. Ce tronc culminal donne naissance (comme la bronche lobaire supérieure droite dont il constitue, pour certains, l'équivalent) à trois bronches segmentaires : ventrale, apicale et dorsale, ces deux dernières se détachant en règle par un tronc commun apico-dorsal.

La bronche lobaire inférieure gauche présente la même disposition que son homologue droite, la seule différence marquante tenant à la naissance, par un tronc commun, des deux bronches segmentaires : ventro-basale et paracardiaque.

a) LOBULES PULMONAIRES (fig. 194). Les bronches segmentaires se divisent en deux ou trois branches dites bronches sous-segmentaires, qui déterminent ainsi, à l'intérieur de chaque segment, des territoires plus petits appelés sous-segments. Les bronches sous-segmentaires donnent à leur tour naissance à des bronches plus petites qui se divisent elles aussi, et ainsi de suite. Les dernières ramifications bronchiques, appelées *bronchioles*, aboutissent à de petites masses polyédriques dont le volume est d'environ 1 cm^3 ; ce sont les *lobules pulmonaires*.

Chaque bronchiole pénètre dans le lobule et prend le nom de *rameau bronchial des segments*. Celui-ci se comporte d'une manière différente dans la moitié supérieure et dans la moitié inférieure du lobule (Laguesse et d'Hardivillier).

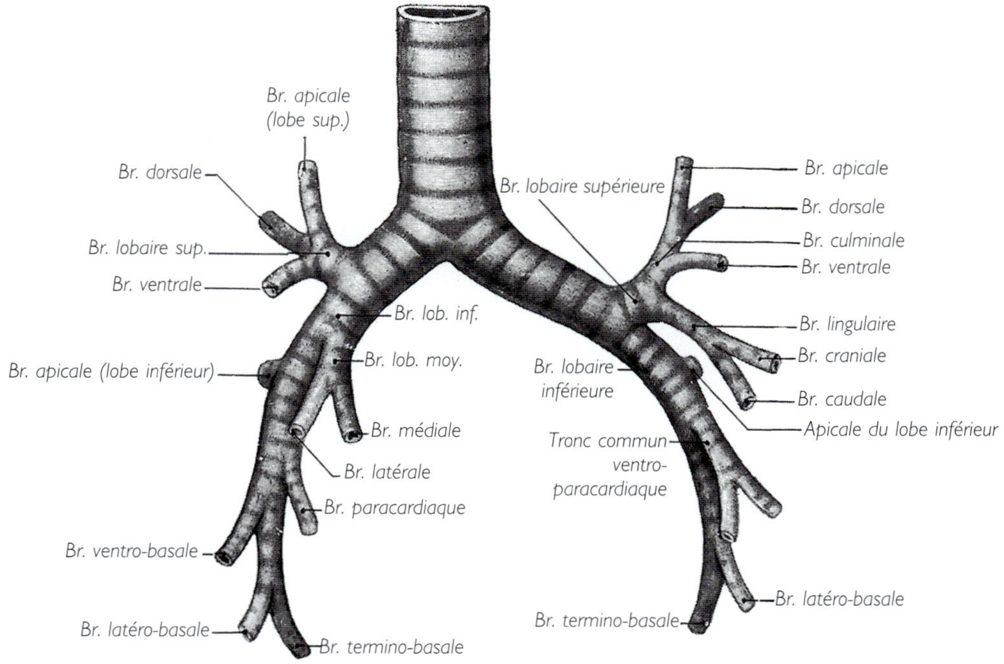

Fig. 189 ▪ Arbre bronchique. Vue antérieure.

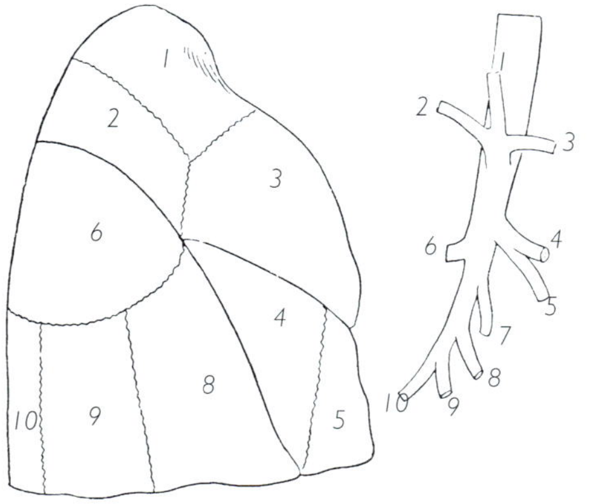

Fig. 190 ▪ Vue externe du poumon droit et de l'arbre bronchique droit destinée à montrer la projection corticale des segments pulmonaires et la disposition des bronches segmentaires.
Segments et bronches segmentaires possèdent également une désignation numérique. La plus communément employée est celle de Jackson-Huber.
1. Apical. — 2. Dorsal. — 3. Ventral. — 4. Latéral. — 5. Médial. — 6. Apical du lobe inférieur ou Nelson. — 7. Paracardiaque. — 8. Ventro-basal. — 9. Latéro-basal. — 10. Termino-basal.

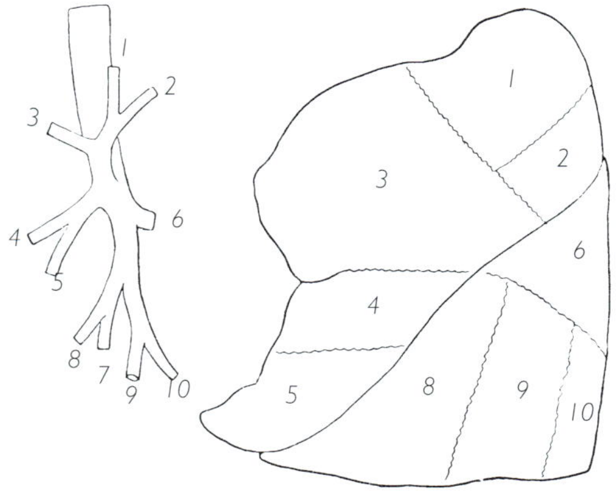

Fig. 191 ▪ Vue externe du poumon gauche et de l'arbre bronchique gauche montrant la projection des segments pulmonaires et l'ordonnance des bronches segmentaires.
Même nomenclature que dans la figure 190.
4 = cranial. 5 = caudal.

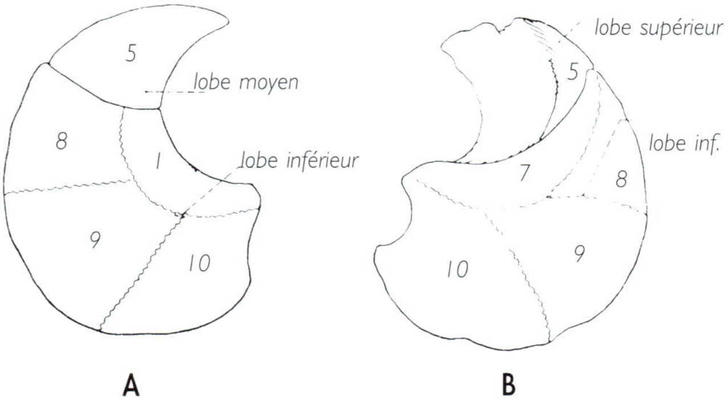

Fig. 192 ▪ Poumons. Face inférieure ou diaphragmatique.
A. — Poumon droit.
B. — Poumon gauche.
La nomenclature est la même que dans les figures précédentes.

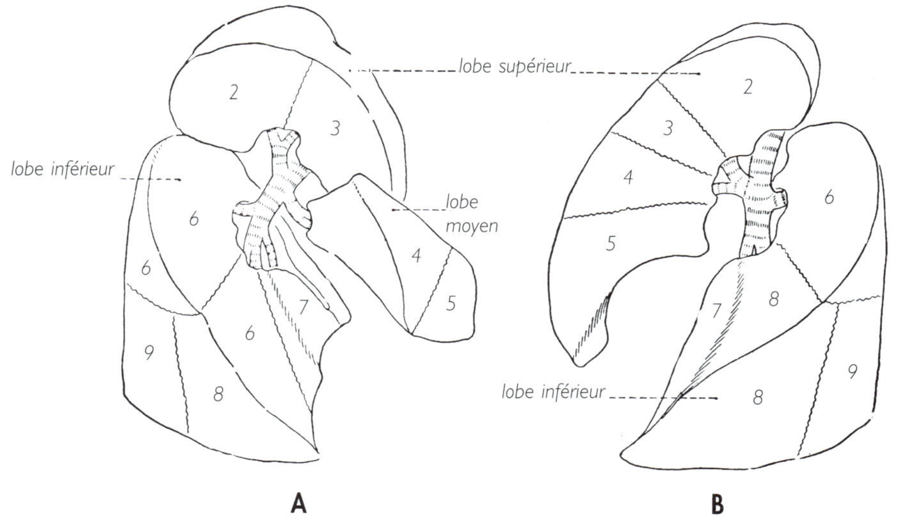

Fig. 193 ▪ Vue externe des poumons, les lobes écartés.
A. — Poumon droit.
B. — Poumon gauche.
Même nomenclature segmentaire que dans les figures précédentes.

Dans la moitié supérieure (étage du tronc), le rameau bronchial des segments émet quelques collatérales qui se divisent plusieurs fois.

Dans la moitié inférieure (étage de la ramure), la bronche intralobulaire se divise cinq à six fois de suite et les derniers rameaux portent le nom de *bronchioles respiratoires*. Chaque bronchiole terminale s'élargit et devient un conduit bosselé, le *canal alvéolaire du poumon* ; ce dernier subit un certain nombre de divisions successives, formant un bouquet de canaux recouverts de bosselures. Ces bosselures sont déterminées par des dépressions en cul-de-sac de la surface interne, appelées *alvéoles pulmonaires*.

Les alvéoles sont au nombre de 300 millions et leur surface varie entre 30 m^2 pendant l'expiration à 100 m^2 au cours de l'inspiration profonde.

b) STRUCTURE DE L'ARBRE BRONCHIQUE. L'arbre bronchique est constitué comme la trachée par une tunique externe et par une tunique interne ou muqueuse.

La *tunique externe est fibro-chondro-musculaire*. Elle se compose, en effet, d'une lame superficielle fibro-cartilagineuse ou simplement fibreuse, suivant le calibre de la bronche, et d'une couche profonde musculaire.

Dans la couche fibro-cartilagineuse, les cartilages, reliés entre eux par une lame fibreuse, ne sont pas disposés en forme d'anneau comme dans la trachée ou les bronches extrapulmonaires. Ce sont des plaques cartilagineuses, de formes diverses, disséminées sans ordre. Ces plaques cartilagineuses diminuent de nombre et

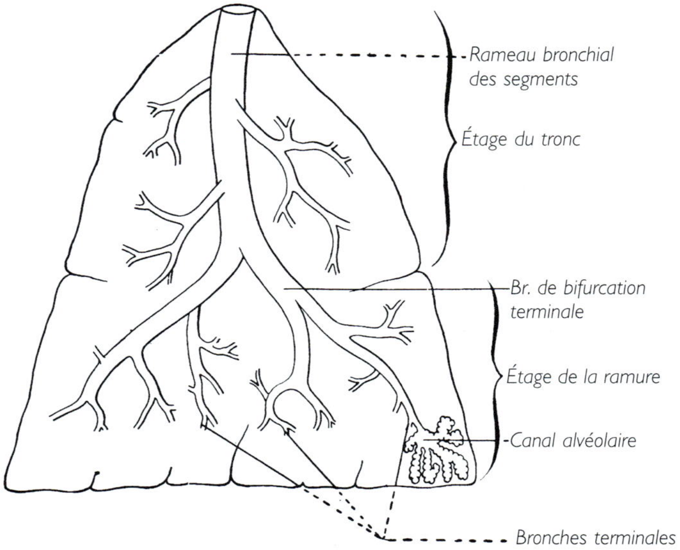

Fig. 194 ▪ Schéma du lobule pulmonaire de l'homme (d'après une reconstruction de Laguesse et d'Hardivillier).

d'étendue à mesure que le calibre des ramifications bronchiques diminue ; elles disparaissent dans les bronches de 1 mm de diamètre ; la couche superficielle est alors uniquement représentée par la membrane fibreuse.

La couche musculaire est formée de faisceaux transversaux placés à l'intérieur de la lame fibreuse ou fibro-cartilagineuse.

La *tunique interne* ou muqueuse s'amincit en même temps que diminue le diamètre des bronches.

▪ VAISSEAUX ET NERFS

a) ARTÈRES PULMONAIRES. L'artère pulmonaire se divise en deux branches, les artères pulmonaires droite et gauche (fig. 195 et 196).

Chacune des artères pulmonaires s'enfonce dans le poumon correspondant ; c'est à partir de ce point que l'on ne doit plus parler de racine du poumon principale.

L'artère pulmonaire croise la face antérieure du tronc bronchique principal, devant la bronche lobaire supérieure à droite, au-dessus de la bronche lobaire supérieure à gauche.

Ce qui a fait dire à Aéby que la bronche lobaire supérieure était épartérielle à droite et hypartielle à gauche.

Après le croisement du tronc bronchique, le fait essentiel est l'enroulement de l'artère pulmonaire autour du tronc bronchique principal. L'artère suit la bronche sur sa face externe, puis sur sa face postérieure.

L'*artère pulmonaire droite*, légèrement descendante, frontalement dirigée, atteint l'arbre bronchique droit au-dessous de l'origine de la bronche lobaire supérieure, au niveau du bord interne de la bronche intermédiaire dont elle croise la face antérieure, passant ainsi au-dessus de la bronche lobaire moyenne. Elle se recourbe ensuite légèrement en bas et en dehors et s'applique sur la face antéro-latérale de la bronche lobaire inférieure qu'elle contourne en spirale, passant en avant et en dehors de la bronche apicale du lobe inférieur, en dehors et en arrière des bronches ventro et latéro-basale. Elle se termine finalement à la face postérieure de la bronche termino-basale.

Ses branches sont dans l'ensemble satellites des collatérales du tronc bronchique principal. Ces collatérales s'échelonnent ainsi tout le long de l'artère pulmonaire. Les premières sont destinées au lobe supérieur. Habituellement au nombre de deux, la première, constante, volumineuse, naît un peu avant le croisement de la bronche droite et de l'artère pulmonaire, au niveau de la face médiastinale du lobe : c'est l'artère médiastinale du lobe supérieur ; la seconde se détache un peu plus bas, au moment où l'artère pulmonaire est en regard de la fissure : d'où son nom d'artère fissurale du lobe supérieur.

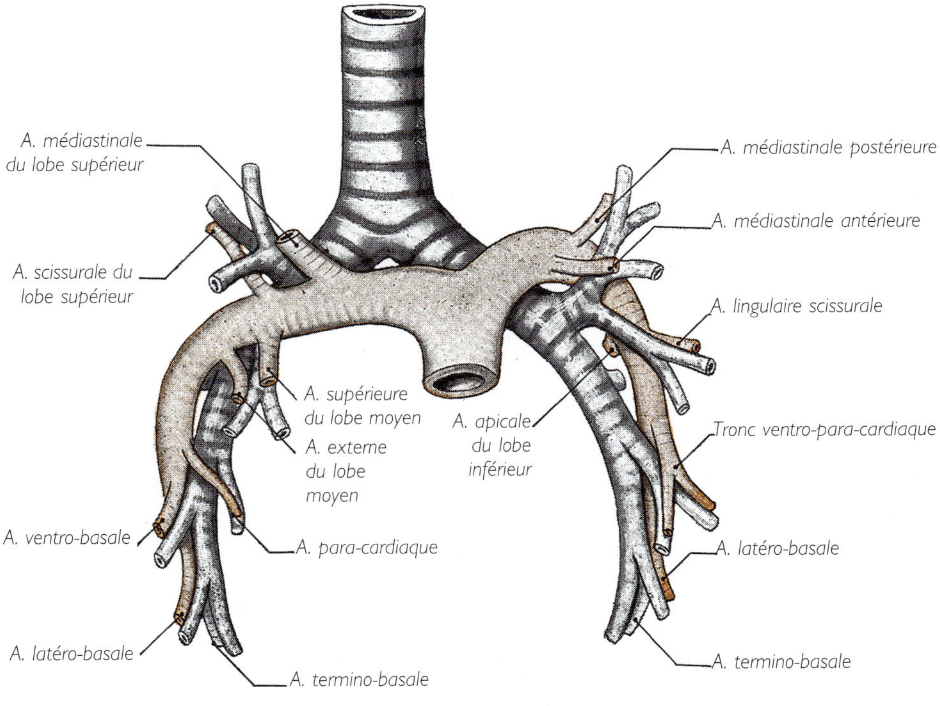

Fig. 195 ▪ Trajet et branches collatérales des artères pulmonaires droite et gauche. Rapports avec l'arbre bronchique. Vue antérieure.

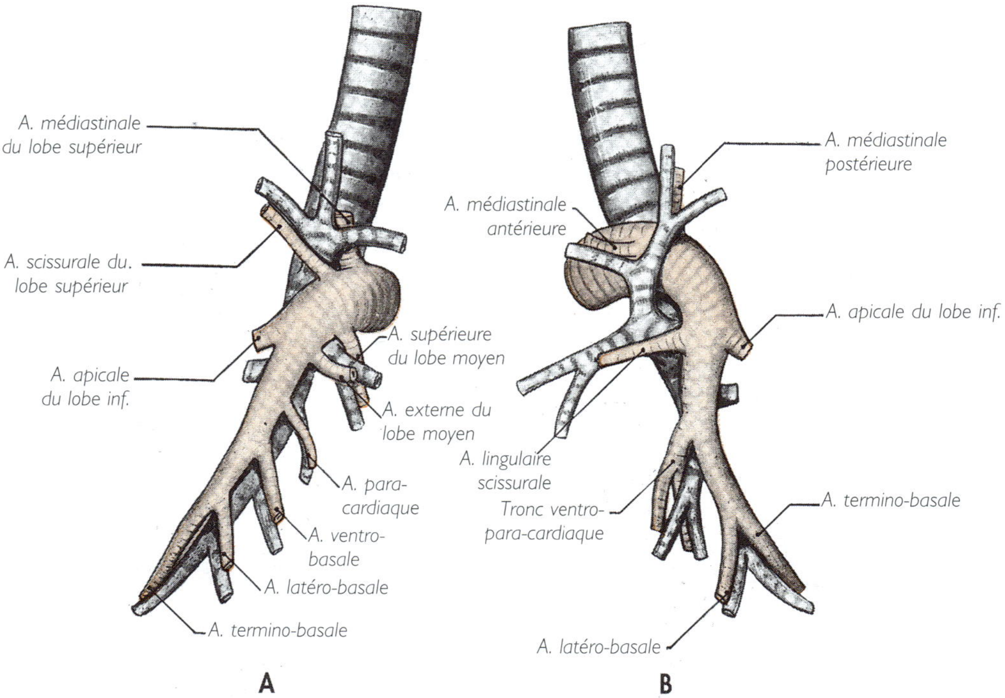

Fig. 196 ▪ Les artères pulmonaires, vue latérale externe.
A. — *Artère pulmonaire droite.*
B. — *Artère pulmonaire gauche.*

Les artères du lobe moyen, très souvent au nombre de deux également (artère supérieure constante et artère externe du lobe moyen), naissent au même niveau ou légèrement plus bas que les artères fissurales du lobe supérieur, de la face antérieure de l'artère pulmonaire.

Les artères du lobe inférieur se détachent de la portion terminale de l'artère pulmonaire, en général à hauteur des bronches segmentaires correspondantes. La plus haute, artère apicale ou artère du segment apical du lobe inférieur, naît très souvent au même niveau ou même au-dessus des artères du lobe moyen.

L'*artère pulmonaire gauche*, légèrement ascendante, presque sagittalement dirigée d'avant en arrière, rejoint très rapidement le tronc bronchique principal gauche, qu'elle atteint au-dessus de l'origine de la bronche lobaire supérieure. Décrivant une courbe concave en bas et en avant, elle croise successivement la face antérieure de la bronche souche gauche, puis son bord supérieur, passant ainsi au-dessus de la bronche lobaire supérieure, puis en arrière d'elle, pour venir finalement rejoindre la bronche lobaire inférieure, avec laquelle elle présente sensiblement les mêmes rapports qu'à droite.

Ses premières branches collatérales sont destinées au lobe supérieur. Leur nombre est très variable, en moyenne de trois. La première naît un peu avant le croisement de l'artère pulmonaire et de la bronche lobaire supérieure (artère médiastinale antérieure), la seconde juste en aval de ce croisement (artère médiastinale postérieure). Elles se rendent habituellement au territoire culminal. La troisième naît de la portion fissurale de l'artère pulmonaire gauche et se distribue le plus souvent au territoire lingulaire.

Les artères du lobe inférieur se détachent, comme du côté opposé, à la hauteur des bronches segmentaires correspondantes. L'artère du segment apical du lobe inférieur naît, en règle, au-dessus de l'artère lingulaire fissurale, mais de la face postérieure de l'artère pulmonaire.

Ces branches artérielles se ramifient comme les bronches. Les branches de division qui correspondent aux bronches sus-lobulaires pénètrent avec elles dans les lobules et présentent le même mode de ramification que les bronches intralobulaires. Finalement, elles forment, à la surface des alvéoles, un réseau capillaire péri-alvéolaire qui donne naissance aux premières branches d'origine des veines pulmonaires.

b) VEINES PULMONAIRES. Les veines pulmonaires naissent du réseau capillaire péri-alvéolaire. Leurs branches d'origine, ou *veines périlobulaires*, reçoivent encore des veinules bronchiques venant des petites bronches, et des veines pleurales qui proviennent de la plèvre viscérale.

Les veines périlobulaires se réunissent en formant des troncs de plus en plus volumineux, qui ont un trajet indépendant de celui des bronches. Elles se drainent finalement dans des veines qui courent à la périphérie des différents segments (veines périsegmentaires sous-pleurales et veines intersegmentaires).

À droite (fig. 197 et 198), au niveau du lobe supérieur, ces veines périsegmentaires se rassemblent en trois troncs : un tronc médiastinal, qui draine les veines sous-pleurales de la face interne (ou médiastinale) du lobe ; un tronc interlobaire antérieur, situé dans le plan de la fissure horizontale à la face inférieure du segment ventral, et un tronc fissural supérieur, formé par l'union d'un tronc interlobaire postérieur. Ces trois troncs forment la *racine supérieure de la veine pulmonaire supérieure droite*.

La racine inférieure est constituée par la réunion des veines du lobe moyen, habituellement groupées en deux troncs : l'un superficiel, drainant les veines sous-pleurales de la face interne du lobe (veine médiale médiastinale) ; l'autre profond (tronc fissural inférieur).

Les veines du lobe inférieur constituent la veine pulmonaire inférieure droite. Elles se groupent habituellement, elles aussi, en deux racines : la racine supérieure rassemble les veines qui cheminent entre la face inférieure du segment de Nelson et la pyramide basale (veines inter-apico-basales) ; elle sort du lobe inférieur en passant en arrière de la bronche basale ; la racine inférieure réunit les veines intersegmentaires de la pyramide basale ; elle sort du poumon en s'insinuant entre la bronche segmentaire paracardiaque en avant et la bronche terminobasale en arrière.

À gauche (fig. 199 et 200), la disposition veineuse est grossièrement identique.

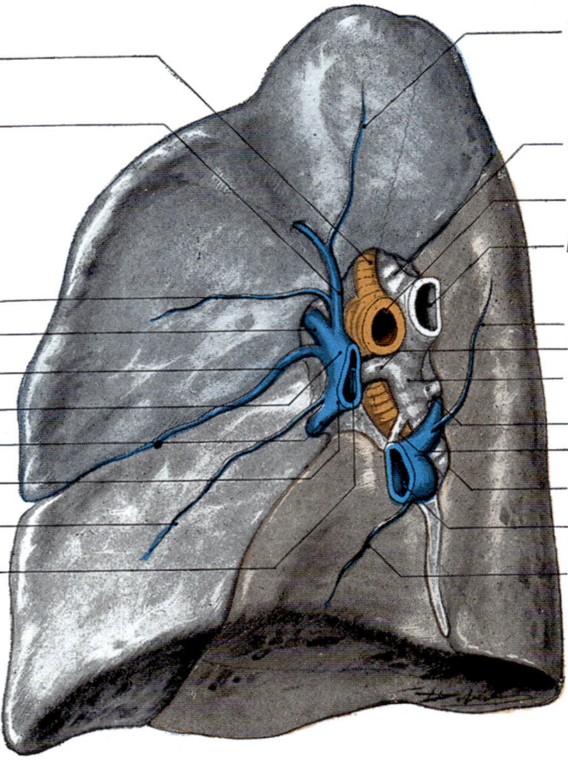

Fig. 197 ▪ Poumon droit, vue interne. Groupement des différentes veines périsegmentaires.
Le lobe supérieur est teinté en bleu. — Le lobe inférieur est teinté en rouge. — Le lobe moyen n'est pas colorié.

Au niveau du lobe supérieur, les veines intersegmentaires du culmen se drainent toutes dans le tronc central qui émerge à la face interne du lobe entre le segment apical et le segment ventral.

La racine inférieure groupe les veines du territoire lingulaire (veine intersegmentaire et veines périsegmentaires sous-pleurales de la face interne du territoire). Contrairement à ce que l'on observe à droite, il est très rare de rencontrer des veines au niveau de la fissure oblique. Les veines du lobe inférieur s'ordonnent de la même façon que du côté opposé pour former la veine pulmonaire inférieure gauche.

Les veines de chaque poumon se résument finalement en deux troncs, les *veines pulmonaires* proprement dites, qui s'ouvrent dans l'atrium gauche. Les gros troncs veineux pulmonaires reçoivent, des grosses bronches et même des bronches extra-pulmonaires, quelques veinules par lesquelles elles s'anastomosent avec les veines bronchiques.

c) RAMEAUX BRONCHIAUX DE L'AORTE THORACIQUE DESCENDANTE. Les rameaux bronchiaux de l'aorte thoracique descendante sont ordinairement au nombre de deux, l'un, droit, l'autre, gauche. Ils naissent de l'aorte, gagnent soit la face postérieure, soit, le plus souvent, la face antérieure de la bronche correspondante et pénètrent avec elle dans le poumon. Ils donnent des rameaux aux nœuds du hile, à la paroi des vaisseaux pulmonaires et aux ramifications de l'arbre bronchique, jusqu'aux lobules.

d) VEINES BRONCHIQUES. On distingue des veines bronchiques postérieures et des veines bronchiques antérieures.

Les *veines bronchiques postérieures*, l'une, droite, l'autre, gauche, courent en arrière de la bronche ; elles ne sont pas satellites du rameau bronchial de l'aorte thoracique descendante et de ses branches. La veine droite se jette dans la veine azygos ; la veine gauche, dans la veine hémi-azygos accessoire.

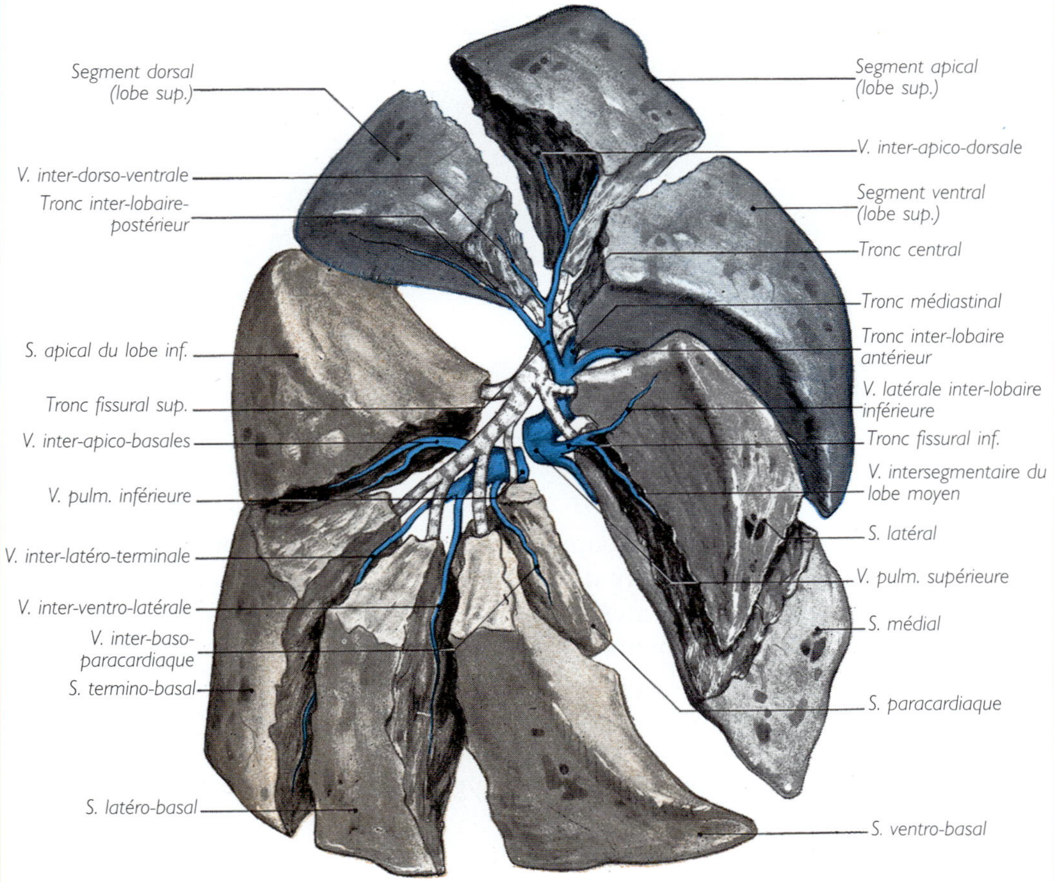

Fig. 198 ▪ Poumon droit, vue externe.
Les lobes sont écartés les uns des autres et teintés de la même façon que dans la figure 197. Chaque lobe a subi de plus une division en ses différents segments pour permettre d'apercevoir le cheminement des veines intersegmentaires.

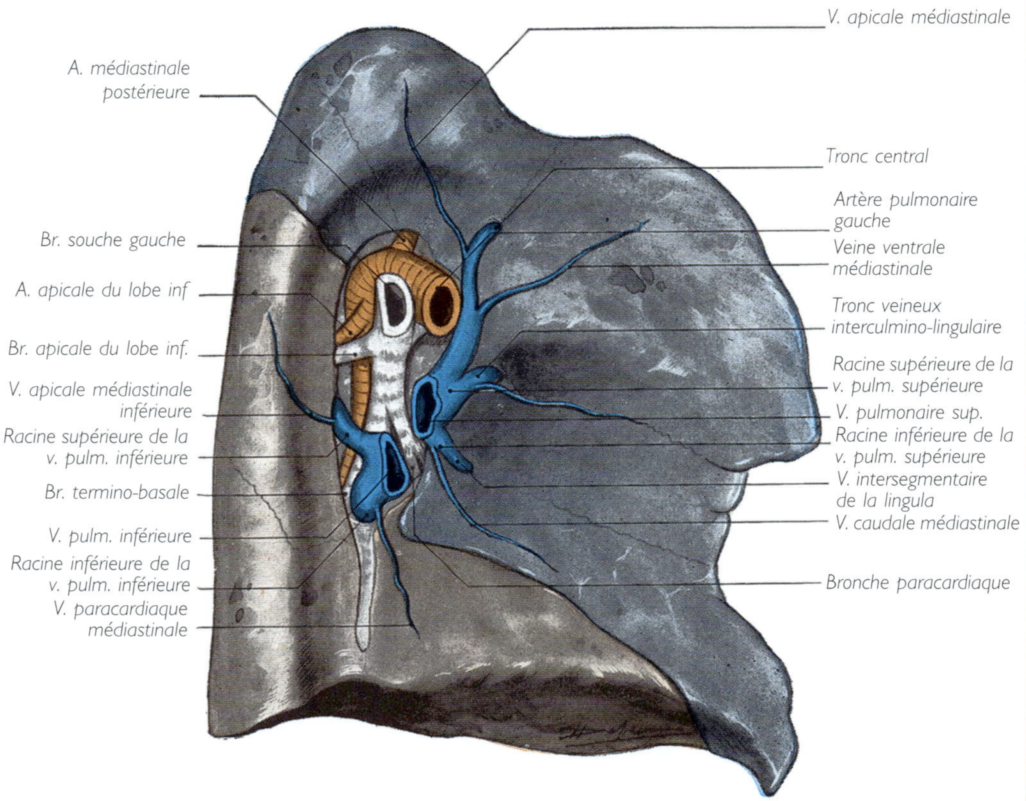

Fig. 199 ▪ Poumon gauche, vue interne.
Groupement des veines périsegmentaires.
Le lobe supérieur est teinté en bleu.
Le lobe inférieur en rouge.

Les veines bronchiques postérieures ont un territoire beaucoup moins étendu que celui des rameaux bronchiaux de l'aorte thoracique descendante, car elles ne reçoivent pas les veines des petites bronches, qui sont tributaires des veines pulmonaires. De plus, le sang veineux de la paroi antérieure des grosses bronches se déverse dans les veines bronchiques antérieures.

Les *veines bronchiques antérieures* reçoivent encore quelques veinules des nœuds lymphatiques interbronchiques. Elles se terminent au-delà du hile, soit dans les veines pulmonaires, soit dans la veine azygos et dans la veine hémi-azygos accessoire.

e) ANASTOMOSES VASCULAIRES. Elles ont une grande importance fonctionnelle réunissant au niveau du poumon la petite et la grande circulation et régularisant l'hématose au niveau des alvéoles.

Les artérioles pulmonaires et bronchiques très nombreuses sont appelées encore anastomoses de blocage car elles sont aussi bien susceptibles de permettre que d'arrêter le passage du sang d'un vaisseau à l'autre, dans les deux sens pulmonaire ou bronchique.

Il existe aussi des anastomoses artério-veineuses entre les artérioles pulmonaires et les veinules pulmonaires soit directes, soit indirectes par l'intermédiaire des artères et des veines bronchiques. Elles constituent un système de sécurité en cas de surcharge du système artériel pulmonaire.

f) LYMPHATIQUES. Les vaisseaux lymphatiques viennent d'un réseau périlobulaire visible à la surface des poumons.

Ce réseau se déverse, par des troncs satellites des vaisseaux et des bronches, dans les nœuds lymphatiques trachéo-bronchiques, directement ou par l'intermédiaire des nœuds lymphatiques pulmonaires. On peut, en ce qui concerne les connexions des lymphatiques des poumons avec ces groupes de nœuds, distinguer dans chaque poumon trois territoires lymphatiques : supérieur, inférieur et moyen (fig. 162).

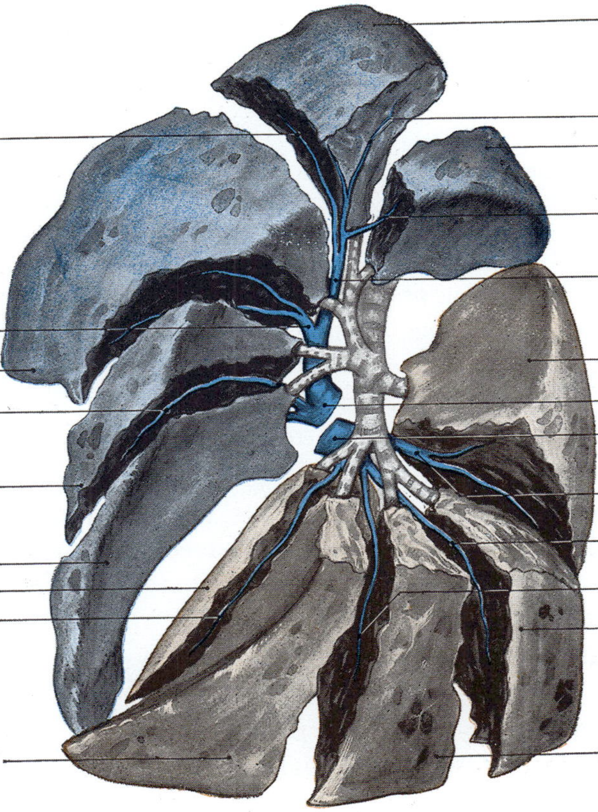

Fig. 200 ▪ Poumon gauche, vue externe.
Comme dans la figure 168, les deux lobes sont représentés écartés l'un de l'autre et scindés en leurs différents segments. Leur coloriage est le même que dans la figure 169. Remarquer le trajet des veines périsegmentaires et l'absence de veines dans le plan de la grande fissure.

Dans le poumon droit, ❑ le territoire supérieur, constitué par la région antéro-interne du lobe supérieur, est en connexion avec les nœuds latéro-trachéaux droits ; ❑ le territoire inférieur, formé par la partie inférieure du lobe inférieur, se déverse dans les nœuds intertrachéo-bronchiques ; ❑ enfin, le territoire moyen, qui comprend tout le reste du poumon, est à la fois tributaire des nœuds latéro-trachéaux droits et des nœuds lymphatiques trachéo-bronchiques inférieurs.

Dans le poumon gauche, ❑ le territoire supérieur, formé par la partie supérieure du lobe supérieur, est en connexion avec les centres médiastinaux antérieurs ; ❑ le territoire inférieur, constitué par la partie inférieure du lobe inférieur, envoie ses lymphatiques aux nœuds lymphatiques trachéo-bronchiques inférieurs ; ❑ enfin, le territoire moyen, qui comprend la partie inférieure du lobe supérieur et les deux tiers supérieurs du lobe inférieur, est en connexion : d'une part, avec le lymphocentre médiastinal antérieur et, d'autre part, avec les nœuds lymphatiques trachéo-bronchiques inférieurs.

Comme les nœuds lymphatiques trachéo-bronchiques inférieurs envoient normalement leurs efférents aux nœuds latéro-trachéaux droits, il en résulte qu'en définitive les lymphatiques des poumons s'écoulent directement ou non dans les nœuds latéro-trachéaux droits, sauf, cependant, les lymphatiques du territoire supérieur du poumon gauche et une partie de ceux qui proviennent de son territoire moyen.

g) NERFS. Ils proviennent des plexus pulmonaires.

PLÈVRES

Les plèvres sont les enveloppes séreuses des poumons.

Chacune d'elles se compose, comme toute séreuse, d'une *plèvre pulmonaire* qui tapisse le poumon et d'une *plèvre pariétale* appliquée sur la paroi thoracique. Ces deux feuillets se continuent l'un avec l'autre au niveau du hile ; ils sont, de plus, en contact l'un avec l'autre et limitent entre eux une cavité virtuelle, close de toutes parts, la *cavité pleurale* (fig. 203).

■ **PLÈVRE PULMONAIRE.** Mince et transparente, la plèvre pulmonaire recouvre toute la surface pulmonaire, sauf le hile, et fait corps avec le poumon. Elle revêt également les parois des fissures obliques dans toute leur étendue. Sa surface libre, en contact avec la plèvre pariétale, est brillante, lisse et unie.

■ **PLÈVRE PARIÉTALE.** La plèvre pariétale recouvre les parois de la loge contenant le poumon, et dans cette loge on peut évidemment reconnaître autant de parties qu'à la surface pulmonaire, c'est-à-dire : une partie costale et une partie médiastinale qui correspondent aux faces costale et médiastine du poumon, une partie diaphragmatique en rapport avec la base, enfin un dôme qui coiffe le sommet du poumon.

1. Plèvre costale. La partie costale de la plèvre pariétale est appliquée : sur le sternum, le muscle transverse du thorax et les vaisseaux thoraciques en avant ; sur les côtes et les espaces intercostaux latéralement ; enfin, en arrière, sur le flanc de la colonne vertébrale depuis le fond de la gouttière costo-vertébrale jusqu'au bord postérieur de la face médiastine du poumon ; elle recouvre, dans cette dernière région, la chaîne sympathique et les vaisseaux intercostaux.

En bas, au-dessous du bord inférieur du poumon, la plèvre pariétale costale s'applique directement sur la plèvre pariétale diaphragmatique. C'est la *zone muette* de la plèvre (voir : *Sinus costo-diaphragmatique*).

2. Plèvre médiastinale. La plèvre médiastinale recouvre les organes du médiastin, depuis le sternum jusqu'à la colonne vertébrale. Ces organes sont : ❑ 1° *dans le médiastin antérieur*, le péricarde, le nerf phrénique et les vaisseaux phréniques supérieurs, les vestiges du thymus, les artères et veines brachio-céphaliques droites, ainsi que les veines caves supérieure et inférieure à droite (fig. 201) ; le péricarde, l'arc de l'aorte, l'artère carotide commune gauche, le nerf vague gauche, le nerf phrénique gauche et la veine brachio-céphalique gauche, à gauche (fig. 202) ; ❑ 2° *dans le médiastin postérieur*, la trachée, l'œsophage, la veine azygos et le nerf vague droit, à droite ; l'aorte thoracique descendante, l'œsophage, les veines hémi-azygos et, en haut, le conduit thoracique à gauche (fig. 201 et 202).

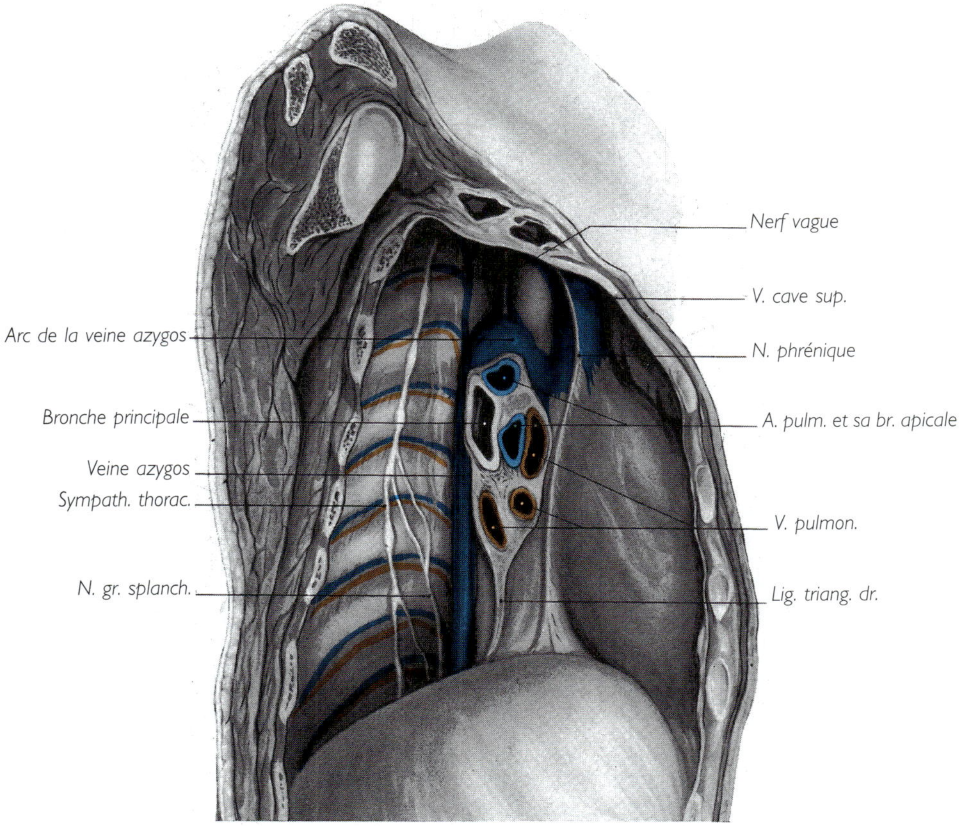

Fig. 201 ▪ Le médiastin vu par sa face latérale droite, la plèvre étant en place.

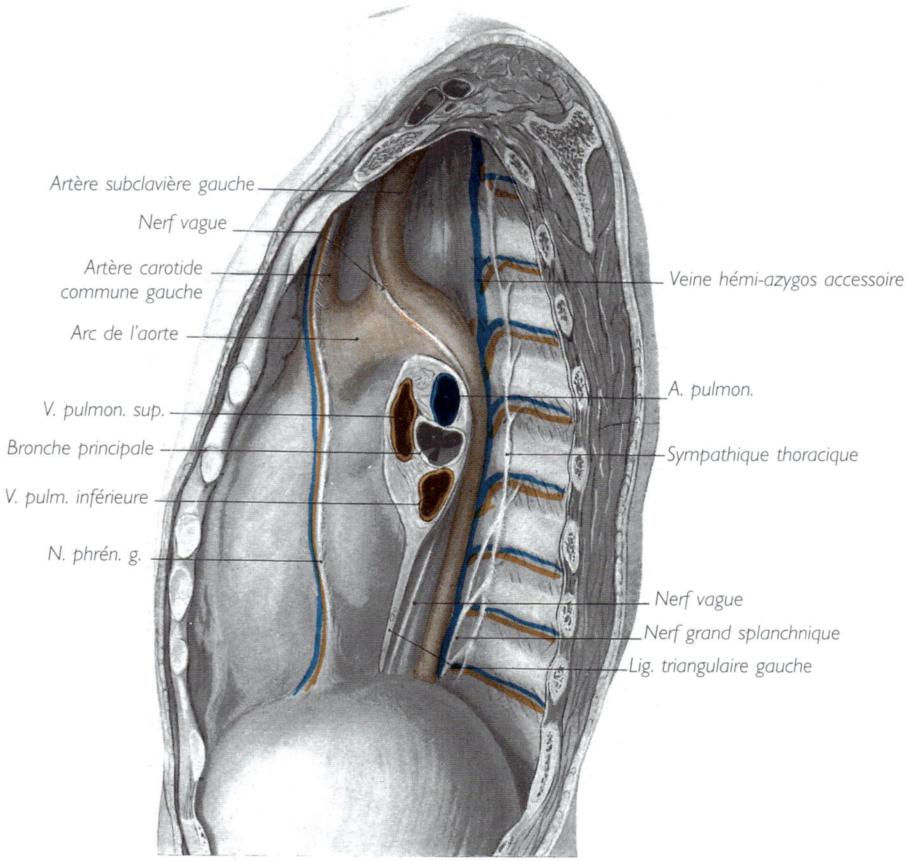

Fig. 202 ▪ Le médiastin vu par sa face latérale gauche, la plèvre étant en place. Le nerf vague gauche est sur cette figure (dessinée d'après nature), dans la partie sus-aortique de son trajet, en arrière de sa position normale, car il devrait suivre jusqu'à l'arc de l'aorte le trajet de l'artère carotide commune gauche.

La plèvre médiastine recouvre très fidèlement ces organes et s'enfonce dans les dépressions qui les séparent les uns des autres. C'est ainsi qu'elle s'enfonce dans la dépression sus-aortique située au-dessus de la terminaison de l'arc de l'aorte, en arrière de l'origine de l'artère subclavière gauche. C'est ainsi également qu'elle émet entre l'œsophage et la veine azygos à droite, entre l'œsophage et l'aorte à gauche, un prolongement en cul-de-sac dont la profondeur augmente régulièrement de haut en bas. Ce sont les *récessus pleuraux droit* et *gauche* (voir : *ligament pulmonaire*). Le premier est plus profond que le second (fig. 203), mais tous deux augmentent de profondeur de haut en bas. Ils sont unis entre eux, en bas près du diaphragme, par une membrane fibrocelluleuse, le *ligament interpleural (Morosow)*.

a) LIGNE DE RÉFLEXION DU FEUILLET PARIÉTAL SUR LE FEUILLET VISCÉRAL. — LIGAMENTS PULMONAIRES. Le revêtement du médiastin par la plèvre pariétale est forcément

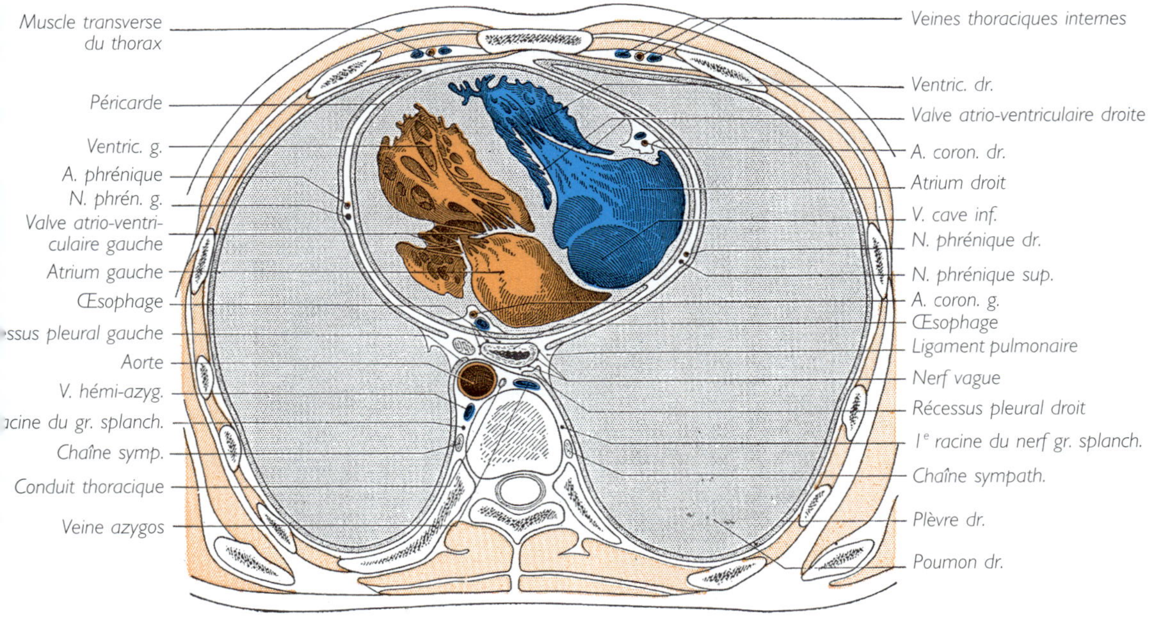

Fig. 203 ▪ Coupe horizontale du thorax passant par la septième vertèbre thoracique (demi-schématique).

interrompu par la racine du poumon qui relie le poumon au médiastin. La plèvre médiastine se réfléchit autour du pédicule et se continue avec la plèvre viscérale.

Mais la ligne de réflexion de la plèvre médiastine n'est pas limitée au pourtour du pédicule (fig. 201 et 202 ; voir aussi fig. 184 et 185). Elle se prolonge au-dessous du hile jusqu'au diaphragme ou à son voisinage. Dans son ensemble, la ligne de réflexion a la forme d'une raquette dont l'ovale entoure le pédicule en avant, en haut et en arrière, tandis que le manche est représenté par un étroit méso appelé *ligament pulmonaire* (fig. 201 et 202). Les deux lames de ce méso sont accolées l'une à l'autre parce que nul organe autre que des lymphatiques ne s'insinue entre elles.

Le ligament pulmonaire gauche est à peu près vertical. Le ligament pulmonaire droit est dévié en arrière par la veine cave inférieure et se dirige obliquement en bas et en arrière (Braine).

Chacun des ligaments pulmonaires répond, en dedans, au bord latéral correspondant de l'œsophage par l'intermédiaire du tissu conjonctif qui entoure l'œsophage et forme autour de lui une gaine ou *adventice de l'œsophage* (A. Monteiro). Les deux lames ou feuillets des ligaments sont assez fortement unis à ce fascia, surtout le feuillet postérieur, qui adhère au ligament interpleural. C'est le feuillet postérieur de ces ligaments qui s'insinue, à droite entre l'œsophage et la veine azygos, à gauche entre l'œsophage et l'aorte pour former les récessus pleuraux droit et gauche (fig. 203 et fig. 215).

3. Plèvre diaphragmatique. La plèvre pariétale tapisse le diaphragme de part et d'autre du médiastin.

La séreuse est très adhérente au diaphragme.

4. Coupole pleurale. La coupole pleurale coiffe le sommet du poumon.

Sous le nom d'*appareil suspenseur de la plèvre* (Sebileau), on a réuni un ensemble de faisceaux musculaires et fibreux comprenant : un muscle, le muscle *petit scalène*, et deux faisceaux fibreux principaux, le *ligament vertébro-pleural* et le *ligament costo-pleural* (fig. 204).

Le *muscle petit scalène* s'attache en haut au processus transverse de la septième vertèbre cervicale. Il descend de là obliquement en bas, en avant et en dehors, tangentiellement à la coupole pleurale, à laquelle il adhère par de nombreux faisceaux tendineux. Enfin, ce muscle se termine par un mince tendon sur le bord médial de la première côte, en arrière de l'insertion du muscle scalène antérieur. Ce muscle existe dans plus de la moitié des cas (Zuckerkandl). Quand il fait défaut, il est remplacé par un faisceau fibreux, le *ligament vertébro-pleuro-costal*.

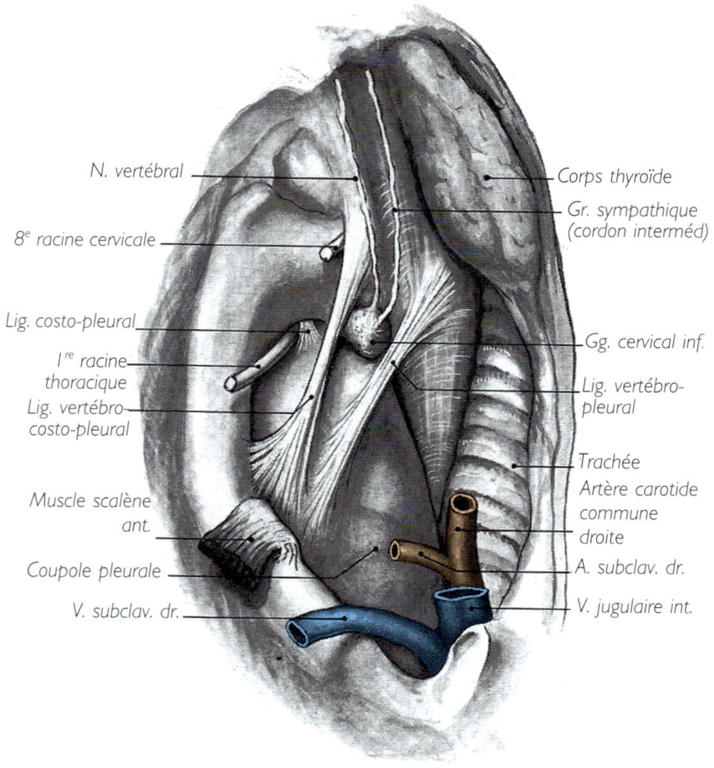

Fig. 204 ▪ Coupole pleurale et appareil suspenseur de la plèvre (côté droit).

Le *ligament vertébro-pleural*, qu'il ne faut pas confondre avec le précédent, mérite plutôt le nom de *pleuro-membraneux*. Il se détache du fascia prévertébral et de la gaine viscérale ; il se perd sur la partie supéro-interne de la coupole pleurale.

Le *ligament costo-pleural* fait souvent défaut. Il amarre la plèvre au col de la première côte. Le premier nerf thoracique ou, plus exactement, l'anastomose que ce nerf envoie au huitième nerf cervical, passe au-dessous de ce ligament et croise ensuite le bord interne de la côte pour gagner le plexus brachial.

En réalité, l'appareil suspenseur de la plèvre ainsi compris, auquel se joignent parfois des fibres tendineuses des muscles scalènes antérieur et moyen (Leblanc), ne se termine pas sur la coupole pleurale, mais sur un « dôme conjonctif » indépendant de la plèvre (Quénée ; voir plus loin : *Fascia endothoracique*).

Quoi qu'il en soit, les ligaments vertébro-pleuraux en dedans, le ligament costo-pleural en dehors, la plèvre en bas, l'extrémité postérieure de la première côte en arrière et le ligament vertébro-pleuro-costal ou le muscle petit scalène en haut et en dehors, limitent une dépression anguleuse à la fois *sus et rétro-pleurale (Sébileau)*, contenant le ganglion cervical inférieur du sympathique.

La disposition de ces ligaments dans les divers ordres de mammifères montre que leur existence est liée à la station verticale (Locchi) et à l'inclinaison de la 1e côte (A. Delmas).

Les autres rapports du dôme pleural se confondent avec ceux du sommet du poumon qui ont été déjà décrits (voir : *Sommet du poumon*).

5. Récessus pleuraux. Les angles suivant lesquels la plèvre pariétale se réfléchit d'une paroi sur une autre portent le nom de *récessus* ou de *culs-de-sac pleuraux.*

Ces récessus sont : 1° le *récessus costo-diaphragmatique*, qui est l'angle d'union, à la périphérie du diaphragme, de la plèvre costale avec la plèvre diaphragmatique ; 2° un *récessus costo-médiastinal antérieur* et un *récessus costo-médiastinal postérieur*, formés par la jonction de la plèvre costale avec la plèvre médiastine ; 3° le *récessus médiastino-diaphragmatique*, formé par l'angle de réunion des plèvres diaphragmatique et médiastine. On donne encore quelquefois le nom de récessus pleural supérieur à la *coupole pleurale.*

Le récessus costo-médiastinal antérieur et le récessus costo-diaphragmatique ne répondent pas directement au bord correspondant du poumon. Ils sont à distance de ce bord. Les poumons s'insinuent dans ces culs-de-sac et se rapprochent plus ou moins du fond même des récessus pendant l'inspiration, tandis qu'ils s'en éloignent pendant l'expiration.

6. Fascia sous-pleural ou fascia endothoracique. La plèvre pariétale est doublée dans toute son étendue par une lame de tissu conjonctif, analogue au fascia sous-péritonéal. C'est le *fascia sous-pleural*, appelé encore *fascia endothoracique.*

Le fascia sous-pleural a une constitution différente suivant les régions.

Il forme sous la plèvre costale une mince membrane étroitement unie au revêtement fibreux du muscle intercostal interne ainsi qu'au périoste des côtes, tandis qu'elle est séparée de la plèvre pariétale costale par un plan de clivage celluleux, présentant des traînées graisseuses le long du bord inférieur des côtes (Latarjet et

Francillon). Il est cependant possible, chez certains sujets, de séparer le fascia de la paroi costale.

En arrière, en regard de la face latérale de la colonne vertébrale, le fascia endothoracique est plus dense, distinct du feuillet pariétal de la plèvre, et relié aux vertèbres par de fins ligaments (Braine).

Sur la coupole pleurale, le fascia endothoracique forme un dôme conjonctif sus-jacent à la coupole pleurale à laquelle il est simplement accolé, car c'est sur ce dôme conjonctif, indépendant de la plèvre, que s'insèrent les différentes formations décrites sous le nom d'appareil suspenseur de la plèvre (Quénée, Leblanc, Cordier et Devos, Hovelacque, Monod et Évrard, Latarjet et Francillon). Le fascia endothoracique forme avec les éléments de ce faux appareil suspenseur de la plèvre une cloison indépendante du feuillet pariétal de la séreuse pleurale et solidement attachée au squelette voisin ; c'est la *membrane suprapleurale* (Leblanc).

Le fascia endothoracique est épais et mou dans la région du médiastin. Cependant, certains admettent avec Luschka qu'il forme à la surface du péricarde une lame fibreuse unie au péricarde, distincte d'une couche de tissu sous-pleural peu serré, immédiatement sous-jacente à la plèvre.

Sous la plèvre diaphragmatique, le tissu sous-pleural est cellulo-graisseux à la périphérie du diaphragme ; mais sa densité augmente de dehors en dedans ; en même temps il s'amincit, de telle sorte que, sous la plus grande partie de la plèvre diaphragmatique, le fascia est représenté par une très mince couche d'un tissu très serré qui unit étroitement la séreuse au diaphragme.

La plèvre adhère encore à la paroi, par l'intermédiaire du fascia endothoracique : en avant, en regard du muscle transverse du thorax ; en arrière, entre l'angle postérieur des côtes et la colonne vertébrale et sur la colonne vertébrale.

Le grand intérêt que présentent les rapports du fascia endothoracique en chirurgie thoracique explique le nombre et l'importance des travaux publiés sur ce sujet.

■ **VAISSEAUX ET NERFS.** ❑ Les *artères de la plèvre* pariétale proviennent des artères voisines : artères thoraciques internes, intercostales, médiastines et phréniques. ❑ La plèvre viscérale est irriguée par les rameaux bronchiaux de l'aorte thoracique descendante.

Les *veines de la plèvre* sont satellites des artères.

Les *lymphatiques de la plèvre* viscérale se confondent avec les lymphatiques du poumon.

Ceux de la plèvre pariétale se rendent aux vaisseaux lymphatiques de la paroi, qui sont eux-mêmes tributaires des nœuds lymphatiques parasternaux, intercostaux et phréniques.

Cependant, il est trois régions de la plèvre pariétale qui présentent des connexions particulières : ❑ 1° la plèvre pariétale qui recouvre la partie moyenne du premier arc costal et du premier espace envoie des lymphatiques aux nœuds de la chaîne cervicale transverse ; ❑ 2° la plèvre pariétale qui répond à la paroi interne de la cavité axillaire envoie, d'ordinaire, quelques collecteurs aux nœuds de l'aisselle ; ❑ 3° enfin, la région pleurale qui s'étend au-dessous de la région axillaire jusqu'à la sixième côte donne parfois, elle aussi, quelques canaux lymphatiques tributaires des nœuds axillaires.

Ces connexions expliquent les cas de propagation de la tuberculose pulmonaire aux nœuds de l'aisselle grâce à la formation, dans les adhérences pleurales, de lymphatiques qui unissent ceux du poumon à ceux de la plèvre pariétale.

Les nerfs de la plèvre pariétale viennent des nerfs intercostaux, la plèvre médiastine et la plèvre diaphragmatique par les fibres sensitives du phrénique. L'irritation de ses nerfs détermine les points de côté intercostaux ou sur le trajet du phrénique à la base du cou, ou encore par des douleurs abdominales (fibres abdominales du phrénique).

Les *nerfs* de la plèvre viscérale viennent du plexus pulmonaire.

ANATOMIE FONCTIONNELLE DE LA RESPIRATION

A. **Mouvements de la cage thoracique au cours de la respiration.**

La cage thoracique augmente tous ses diamètres dans l'inspiration et les diminue dans l'expiration. Ce mécanisme résulte du jeu combiné de la colonne vertébrale, des dix premières côtes et de leurs cartilages, et du sternum.

La colonne thoracique redresse sa courbure dans l'inspiration, l'augmente dans l'expiration, elle entraîne l'appareil costal tout entier dans un mouvement d'ouverture ou de fermeture en éventail qui s'étend jusqu'à l'insertion sternale des cartilages costaux.

Les premières côtes étant courtes, très obliques, agissent directement sur le manubrium. De la 3e à la 7e, elles sont directement reliées au corps du sternum par leurs cartilages, à partir de la 7e, ceux-ci n'atteignent plus directement le sternum, mais par l'intermédiaire du 7e cartilage, les 4 dernières côtes forment ainsi des volets latéraux mobiles.

Les mouvements des côtes dépendent de l'axe mécanique des articulations costo-vertébrales, de la longueur des côtes et de celle des cartilages et de leur obliquité.

Les articulations vertébro et transverso-costales réalisent une charnière. La côte s'élève ou s'abaisse suivant l'axe de la charnière. Cet axe varie suivant les étages : il est presque transversal pour la 1e côte, faisant seulement 10° avec le plan frontal (fig. 205 *a*), il est de 20° pour la 2e côte, de 40° pour la 3e et la 4e, de 45° de la 5e à la 10e (Félix) (fig. 205 *b*).

L'axe de la charnière transverso-costale est de plus incliné de dehors en dedans, et de haut en bas, pour les premières côtes, il est horizontal au niveau de la 7e et orienté de bas en haut de la 7e à la 10e.

Chaque côte se meut donc suivant un axe qui lui est propre, et les mouvements sont différents pour chacune au cours de l'inspiration : élévation, projection en avant, projection en dehors.

L'élévation des côtes augmente de la 1re à la 4e puis diminue progressivement, de la 4e à la 10e.

La projection dans un plan sagittal porte l'extrémité antérieure de la côte en avant assez fortement pour la 1e côte, puis de moins en moins pour les côtes suivantes

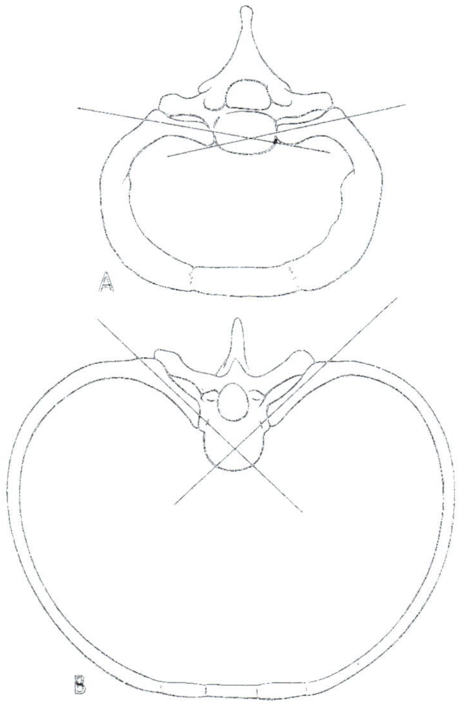

Fig. 205 ▪ Axe vertébro-costal de la première vertèbre thoracique *(A)* et la 7e vertèbre thoracique *(B)*.

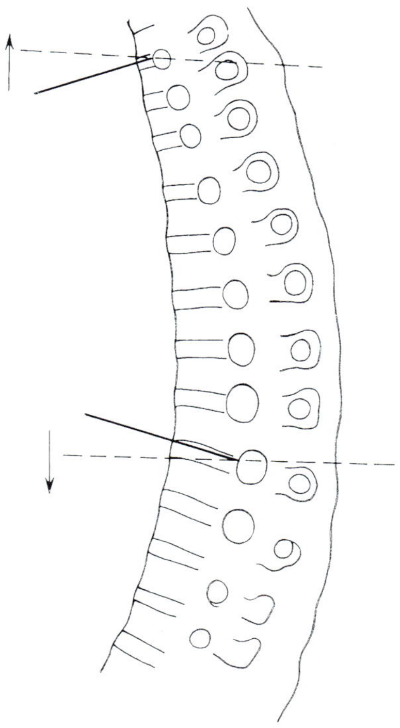

Fig. 206 ▪ Inclinaison des charnières transverso-costales *(VON HAYECK)*.

jusqu'à la 7e. À partir de la 7e, l'extrémité antérieure est projetée non plus en avant, mais en arrière.

Enfin les côtes se déplacent transversalement, l'amplitude de ce mouvement va en croissant de la 1e à la 9e (Landerer).

On peut distinguer dans le thorax, trois étages :

- Un étage supérieur (2 premières côtes), le couvercle du thorax qui se soulève dans l'inspiration portant le manubrium sternal en haut et en avant.
- Un étage moyen de la 3e à la 7e côte où prédomine l'élévation, le déplacement en avant est faible, l'extension latérale de moyenne amplitude. Cet étage correspond à l'insertion directe des cartilages costaux sur le corps du sternum.
- Un étage inférieur de la 7e à la 10e où prédominent les projections latérales et en arrière (mouvement en anse de seau).

On remarquera que ce mouvement qui éloigne les côtes du sternum dans l'inspiration correspond justement à l'ouverture de l'angle sterno-chondro-costal.

B. **Muscles de la respiration.**

La respiration met en jeu, non seulement ses organes propres, voies aériennes et poumons, mais tout appareil mécanique : cage thoracique, muscles et centres nerveux bulbaires et médullaires.

Les centres qui assurent la commande automatique des muscles inspirateurs et expirateurs sont excités par les nerfs du poumon (plexus broncho-pulmonaires du nerf vague) dont les terminaisons périphériques sont sensibles au CO_2 des alvéoles pulmonaires.

L'automatisme des mouvements respiratoires peut être modifié par l'écorce cérébrale, volontairement ou sous l'effet des émotions. Normalement, on compte 16 inspirations à la minute pendant la journée, 12 pendant le sommeil.

Les muscles inspirateurs sont nombreux, on peut les classer en deux groupes : le diaphragme, muscle respiratoire principal qui accroît la hauteur et les dimensions de la cavité thoracique, et les muscles qui agissent sur certaines côtes ou le sternum.

Dans la respiration normale et paisible, les muscles scalènes soulèvent l'orifice supérieur du thorax, les muscles intercostaux prolongent l'action des muscles scalènes mais plus faiblement, le diaphragme enfin s'abaissant de deux vertèbres, augmente la hauteur de la cavité thoracique et ses diamètres transverse et antéropostérieur (*voir diaphragme*).

Dans l'inspiration forcée volontaire, le muscle sterno-cléido-mastoïdien ajoute son action à celle des muscles scalènes pour élever le sternum et la première côte par l'intermédiaire de la clavicule et du muscle sous-clavier. L'action du muscle sterno-cléido-mastoïdien nécessite la fixation préalable de la tête en arrière.

L'immobilisation de la scapula par les muscles rhomboïde et trapèze permet aux muscles dentelé antérieur et petit pectoral de prendre part au mécanisme de l'inspiration.

Il faut remarquer que la mise en tension et l'extension même de la colonne vertébrale sont nécessaires pour permettre l'action de ces muscles inspirateurs. Elle est due aux muscles érecteurs du tronc : longissimus, ilio-costal.

L'expiration nécessite la mise au repos des muscles inspirateurs. L'expiration forcée est due à l'appareil intercostal interne et aux muscles de la paroi abdominale.

L'action des muscles intercostaux est fort contreversée, si l'on peut admettre que le muscle intercostal externe est faiblement inspirateur et le muscle intercostal intime plutôt expirateur, la fonction principale de ces muscles est de maintenir constant l'écartement des côtes au cours de la respiration et surtout de répondre à la pression intra-thoracique en s'opposant au déplacement exagéré des côtes au cours des mouvements respiratoires et en limitant l'importance de leur écartement au cours de l'inspiration, de leur rapprochement dans l'expiration.

II. TUBE DIGESTIF INTRATHORACIQUE

ŒSOPHAGE

L'œsophage est le segment du tube digestif qui relie le pharynx à l'estomac.

TRAJET ET DIRECTION. L'œsophage commence à l'extrémité inférieure du pharynx. Il descend en avant de la colonne vertébrale, traverse successivement la partie inférieure du cou, le thorax, le diaphragme, pénètre dans l'abdomen et s'ouvre dans l'estomac en formant avec le fundus de cet organe un angle aigu ouvert en haut et à gauche. L'orifice d'abouchement de l'œsophage dans l'estomac est appelé *cardia*.

La direction générale de l'œsophage est un peu oblique en bas et à gauche. En effet, son extrémité supérieure est médiane, tandis que son extrémité inférieure est à 2 cm environ à gauche de la ligne médiane.

Mais l'œsophage n'est pas rectiligne. Il décrit dans le sens antéro-postérieur une courbe concave en avant, moins accusée cependant que celle de la colonne vertébrale, car l'œsophage qui est appliqué en haut sur la colonne vertébrale jusqu'à la quatrième vertèbre thoracique s'en éloigne ensuite graduellement jusqu'à sa terminaison.

Dans le sens transversal, l'œsophage est sinueux. On le voit s'incliner tout d'abord à gauche jusqu'à la quatrième vertèbre thoracique, où il rencontre l'arc de l'aorte ; il s'infléchit alors vers la droite et revient sur la ligne médiane ; arrivé à la hauteur de la septième vertèbre thoracique, il s'incline de nouveau à gauche jusqu'à son abouchement à l'estomac.

CONFIGURATION EXTÉRIEURE ET INTÉRIEURE. L'œsophage a l'aspect d'un épais ruban musculaire, irrégulièrement aplati d'avant en arrière, depuis son origine jusqu'à la bifurcation de la trachée ; il tend à devenir cylindrique dans le reste de son étendue, sauf à son extrémité inférieure, où il prend une forme conique à base inférieure.

La surface intérieure est rose pâle et lisse sur le vivant. Elle est blanchâtre sur le cadavre et présente des plis muqueux longitudinaux qui s'effacent par la distension du conduit. L'orifice inférieur de l'œsophage ou *cardia* est muni d'un repli semi-lunaire plus ou moins marqué suivant les sujets ; c'est la *valvule cardio-œsophagienne* ; nous en reparlerons en décrivant le cardia.

Quand l'œsophage est vide, sa cavité est réduite à une simple fente à peu près transversale au cou et dans la partie supérieure du thorax ; elle est ouverte, mais un peu aplatie d'avant en arrière au-dessous de la trachée et de la bronche gauche ; elle est enfin largement ouverte à sa terminaison dans l'estomac.

DIMENSIONS. L'œsophage mesure en moyenne 25 cm de longueur.

Quand il est moyennement distendu, son calibre varie suivant les régions. Le conduit œsophagien présente en effet quatre rétrécissements appelés *rétrécissements cricoïdien, aortique, bronchique et diaphragmatique*. Le premier occupe l'orifice supérieur de l'œsophage ; les trois autres répondent à l'arc de l'aorte, à la bronche gauche et au diaphragme.

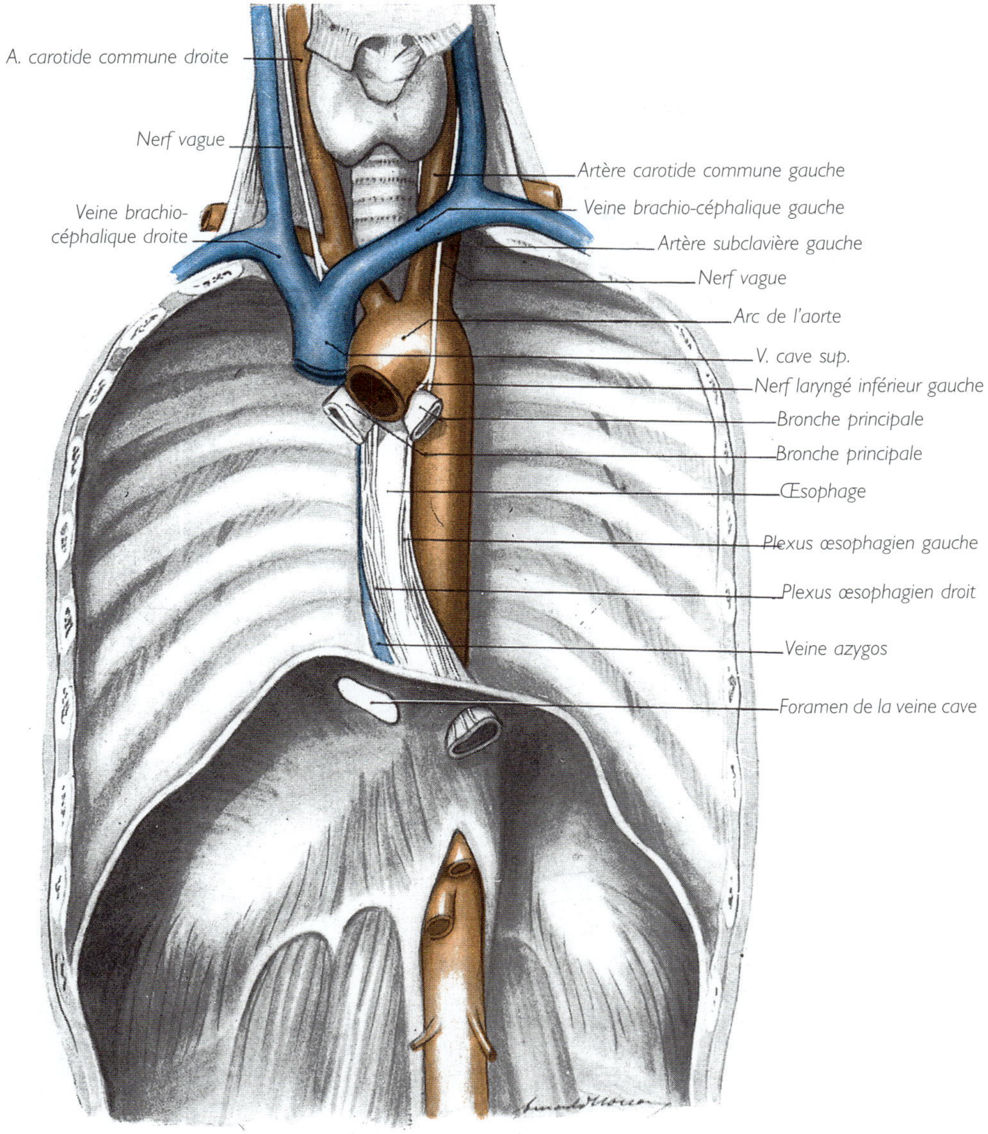

Fig. 207 ▪ Œsophage, ses rapports.

Le calibre de l'œsophage moyennement distendu varie chez l'adulte, suivant les régions, entre 2 et 3 cm.

▪ RAPPORTS

1. Orifice supérieur. L'orifice supérieur de l'œsophage répond : en avant, au bord inférieur du cartilage cricoïde ; en arrière, à la sixième vertèbre cervicale. Il est situé à 15 cm environ de la partie moyenne de l'arcade dentaire inférieure.

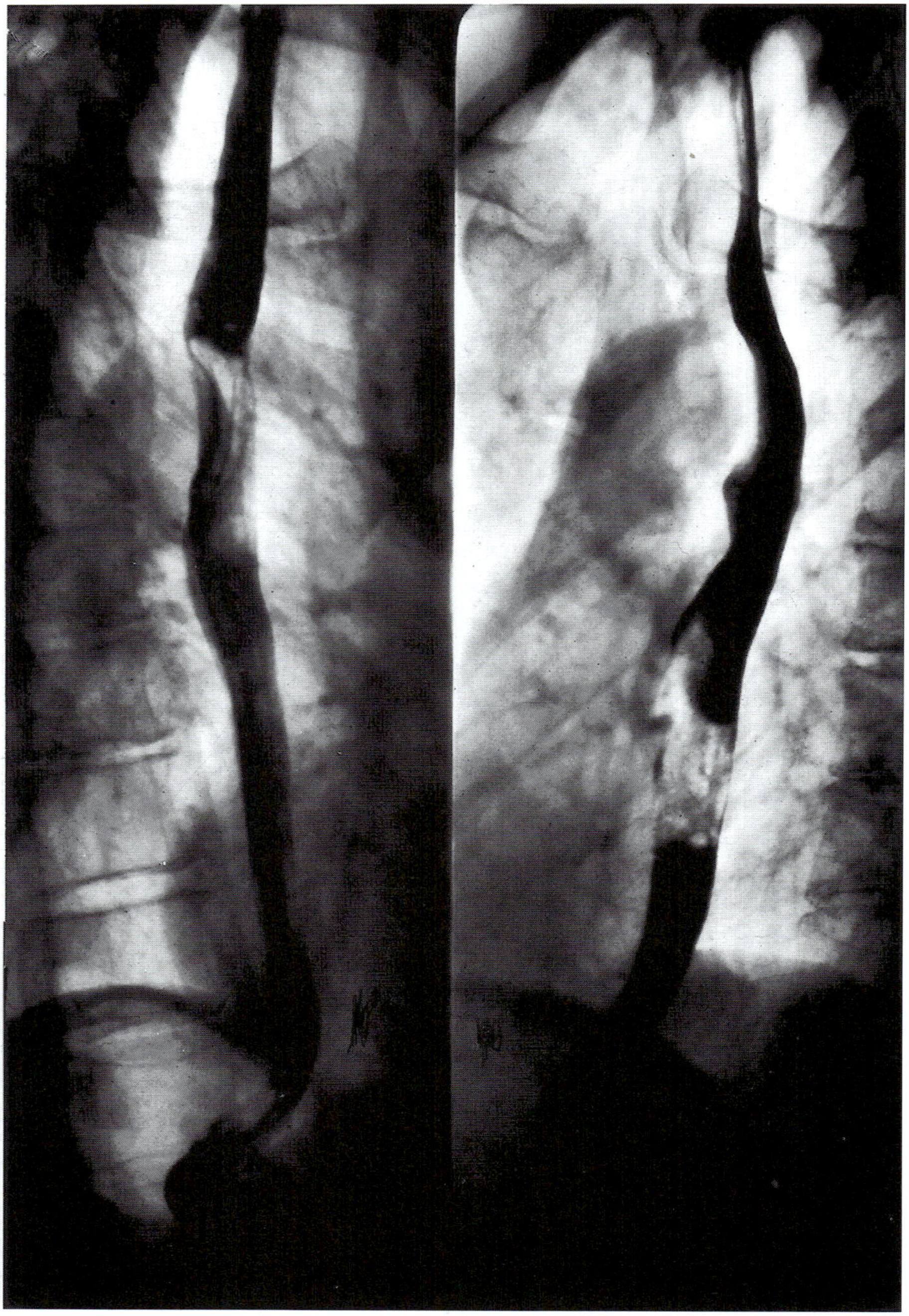

Fig. 208 ▪ Image radiographique de l'œsophage thoracique opacifié par la baryte.

2. Portion cervicale. ❑ *En avant*, l'œsophage est en rapport avec la trachée et le nerf laryngé inférieur gauche. Ce nerf monte sur la face antérieure de l'œsophage qui déborde la trachée à gauche, tandis que le nerf laryngé inférieur droit longe le bord droit de l'œsophage. ❑ L'œsophage, la trachée et les nerfs laryngés inférieurs sont entourés par la lame prétrachéale du cou (voir Tome I, *Régions infrathyroïdiennes*).

❑ *En arrière*, l'œsophage est séparé du fascia prévertébral, des muscles prévertébraux et de la colonne vertébrale par la lame prétrachéale et par l'espace celluleux, très mince, rétroviscéral, compris entre cette gaine et le fascia prévertébral.

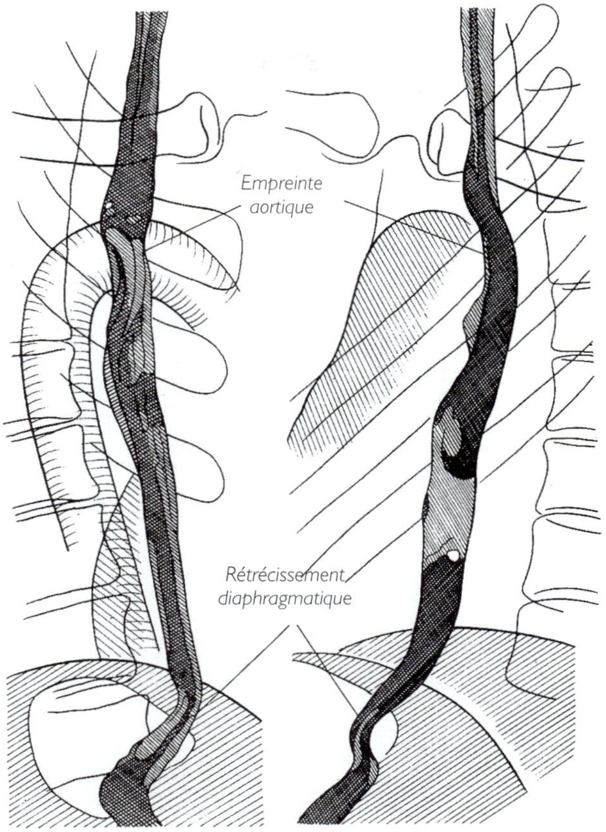

Fig. 208 b.

❑ *Sur les côtés*, l'œsophage répond, par l'intermédiaire de la lame prétrachéale, aux lobes latéraux du corps thyroïde, au paquet vasculo-nerveux du cou et à l'artère thyroïdienne inférieure. Le nerf laryngé inférieur droit monte sur le côté droit de l'œsophage, d'abord à distance de ce conduit, puis en dedans de la lame prétrachéale.

L'artère thyroïdienne inférieure pénètre dans cette lame soit avant, soit après sa division en branches terminales. Nous avons indiqué ailleurs les rapports de cette artère avec les nerfs laryngé inférieurs (voir Tome I).

3. Portion thoracique. L'œsophage occupe dans le thorax le médiastin postérieur (fig. 207 et 208).

En avant, il est en rapport de haut en bas : ❑ 1° avec la trachée à laquelle il est uni par du tissu cellulaire dont la densité augmente de bas en haut, et par des brides élastiques et musculaires lisses trachéo-œsophagiennes[1] ; ❑ 2° avec la bifurcation

1. L'œsophage est parfois relié aussi à la bronche gauche, à l'arc de l'aorte et à la plèvre gauche, par de courts et grêles faisceaux musculaires lisses. On a donné à ces tractus inconstants les noms de *muscles trachéo-œsophagien, broncho-œsophagien, aortico-œsophagien et pleuro-œsophagien*.

de la trachée et l'origine de la bronche gauche, parce que l'œsophage est dévié à gauche, tandis que l'extrémité inférieure de la trachée est elle-même déjetée à droite par l'arc de l'aorte qui s'appuie sur elle ; ❑ 3° avec les nœuds lymphatiques trachéo-bronchiques inférieurs ; ❑ 4° avec le rameau bronchial de l'aorte thoracique descendante et l'artère pulmonaire droite qui croisent tous deux transversalement la face antérieure de l'œsophage ; ❑ 5° avec le péricarde, le sinus oblique du péricarde et la couche cellulo-graisseuse qui remplit l'espace de Portal (voir fig. 122 et fig. 207).

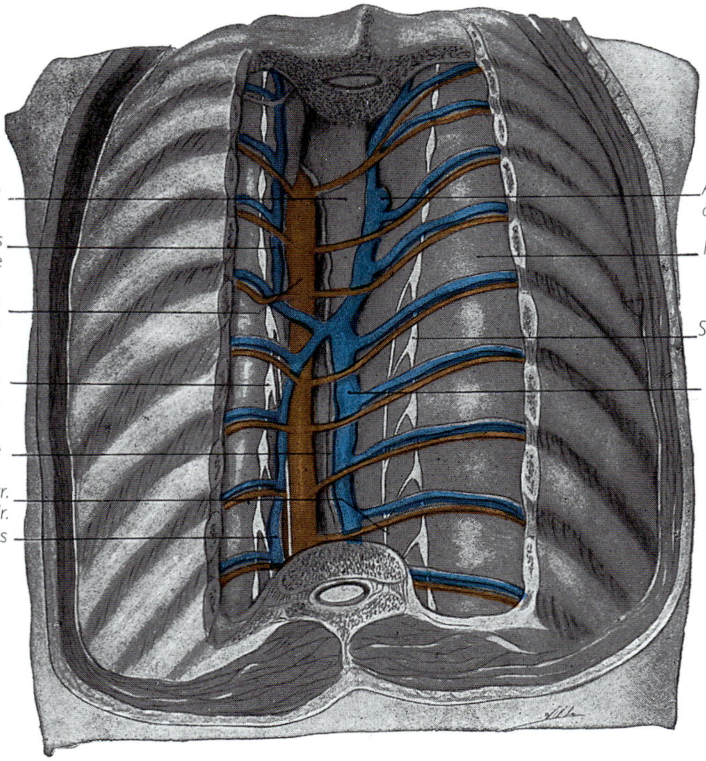

Fig. 209 ▪ Médiastin postérieur.

On a décrit à la partie inférieure de l'œsophage, entre ce conduit et le péricarde, des culs-de-sac pleuraux pré-œsophagiens qui normalement n'existent pas.

En arrière, l'œsophage est appliqué sur la colonne vertébrale depuis son origine, jusqu'à la quatrième vertèbre thoracique. Sur toute cette hauteur, il répond successivement, d'avant en arrière, à la lame prétrachéale qui l'accompagne jusqu'à la quatrième vertèbre thoracique, à l'espace rétroviscéral, à la lame prévertébrale et aux muscles prévertébraux.

À partir de la quatrième vertèbre thoracique, l'œsophage s'éloigne de la colonne vertébrale et répond : ❑ 1° à l'aorte thoracique descendante ; ce vaisseau est placé, en haut, à gauche de l'œsophage (fig. 207), mais il s'incline progressivement, de haut en bas, vers la ligne médiane et se place, dès la septième ou huitième vertèbre thoracique, en arrière du conduit œsophagien ; ❑ 2° à la veine azygos qui monte sur le côté droit de la face antérieure de la colonne vertébrale ; ❑ 3° au conduit thoracique placé le long du bord droit de l'aorte ; ❑ 4° aux récessus pleuraux droit et gauche ainsi qu'au ligament tendu en arrière de l'œsophage, entre ces deux culs-de-sac (fig. 215) ; ❑ 5° à la veine hémi-azygos et aux premières artères intercostales aortiques droites qui croisent transversalement la face antérieure de la colonne vertébrale en arrière de l'aorte, de la veine azygos et du conduit thoracique (fig. 208), au récessus rétro-cardiaque.

Sur les côtés, les rapports diffèrent à droite et à gauche.

À droite, l'œsophage est croisé à la hauteur de la quatrième vertèbre thoracique par l'arc de la veine azygos (fig. 207). Au-dessus et au-dessous d'elle, il est en rapport avec la plèvre et le poumon droits. ❑ Le nerf vague aborde le flanc droit de l'œsophage au-dessous de l'arc de la veine azygos ; il dévie ensuite et gagne peu à peu sa face postérieure.

À gauche, l'œsophage est croisé à la hauteur de la quatrième vertèbre thoracique par l'arc de l'aorte (fig. 207). Au-dessus de l'arc de l'aorte, il est séparé de la plèvre et du poumon gauches par l'artère subclavière gauche et le conduit thoracique. Il en est également séparé, au-dessous de l'arc de l'aorte, par l'aorte thoracique descendante, avant que ce tronc s'engage en arrière de l'œsophage. ❑ Le nerf vague gauche atteint le côté gauche de l'œsophage au-dessous de la bronche principale gauche et descend ensuite sur sa face antérieure.

Au-dessous de la racine du poumon, l'œsophage est longé de chaque côté par le ligament triangulaire du poumon (fig. 203).

4. Portion diaphragmatique. L'œsophage est uni aux parois du hiatus œsophagien qu'il traverse par des fibres musculaires qui vont du diaphragme à la paroi œsophagienne (Rouget) et surtout par une membrane annulaire conjonctive (Laimer). Les nerfs vagues sont appliqués sur l'œsophage : le droit sur la face postérieure, le gauche sur la face antérieure. Cette partie de l'œsophage répond au corps de la dixième vertèbre thoracique.

5. Portion abdominale. Le segment abdominal de l'œsophage mesure environ 2 cm de longueur.

Sa *face antérieure* est recouverte par le péritoine et répond à la face postérieure du foie, sur laquelle elle creuse l'échancrure œsophagienne. Les divisions du nerf vague gauche descendent sur cette face, sous le péritoine.

Sa *face postérieure* s'appuie sur le pilier gauche du diaphragme, sans interposition du péritoine. La branche interne de l'artère phrénique inférieure gauche chemine sur le diaphragme à 1 cm environ du hiatus œsophagien (Grégoire). La glande suprarénale gauche est un peu au-dessous de l'œsophage. Les ramifications du nerf vague droit sont directement appliquées sur la paroi œsophagienne.

Par l'intermédiaire du diaphragme, l'œsophage abdominal répond : à l'aorte qui est en arrière et à droite ; à la partie la plus déclive du poumon gauche ; enfin, au segment de colonne vertébrale compris entre la partie moyenne de la dixième vertèbre thoracique et la partie moyenne de la onzième vertèbre thoracique.

Son *bord gauche* répond, en haut, au ligament triangulaire gauche du foie ; le péritoine œsophagien se continue en haut avec le feuillet inférieur de ce ligament et, au-dessous de ce ligament, avec le péritoine pariétal qui revêt le diaphragme.

Son *bord droit* est longé par le petit omentum. Les deux feuillets de ce petit omentum s'écartent l'un de l'autre le long du bord droit de l'œsophage ; le feuillet antérieur se continue avec le péritoine antérieur de l'œsophage ; le feuillet postérieur se réfléchit à droite sur la paroi abdominale postérieure en regard du lobe caudé (voir fig. 245).

a) HIATUS ŒSOPHAGIEN (fig. 210). Il existe en fait un canal œsophagien diaphragmatique comprenant ces deux dernières parties de l'œsophage.

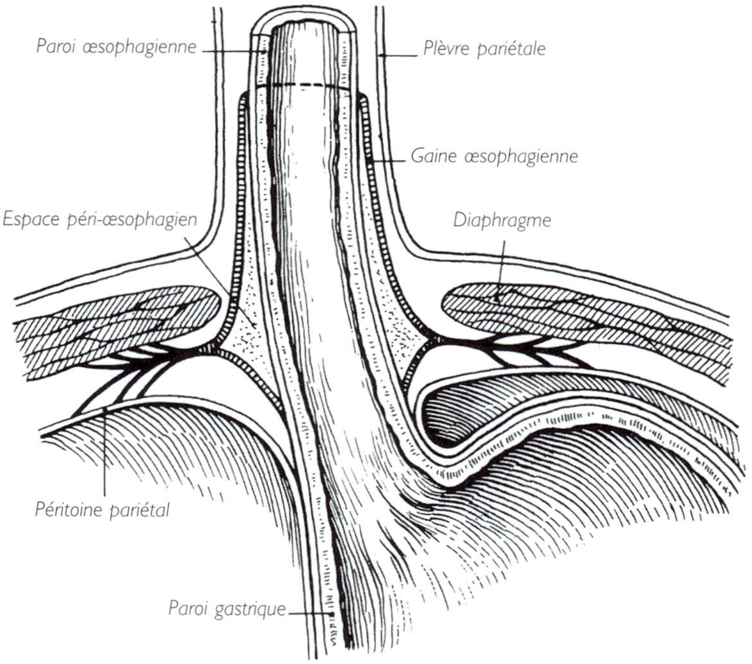

Fig. 210 ▪ Gaines de l'œsophage diaphragmatique.

L'œsophage abdominal est entouré sur toute sa longueur d'une gaine fibreuse sous-péritonéale en avant, prédiaphragmatique en arrière, insérée : en haut, sur l'œsophage, en bas, sur le cardia. Cette gaine adhère au péritoine sous-phrénique et aux piliers du diaphragme. Des faisceaux musculaires partent du diaphragme et se perdent sur elle. Enfin, entre cette gaine fibreuse et l'œsophage se trouve un espace celluleux de glissement (A. Delmas et Roux).

6. Orifice inférieur ou cardia. Les rapports du cardia seront décrits avec l'estomac.

■ **CONSTITUTION.** La paroi de l'œsophage, épaisse de 3 mm environ quand l'œsophage est vide, est constituée par trois tuniques superposées qui sont de dehors en dedans : ❏ une *tunique musculaire*, composé de fibres superficielles longitudinales et de fibres profondes circulaires ou obliques ; ❏ une *tunique celluleuse* sous-muqueuse ; ❏ une *muqueuse*.

■ **VAISSEAUX ET NERFS.** Les *artères œsophagiennes supérieures* proviennent des artères thyroïdiennes inférieures ; de plus, les rameaux bronchiaux de l'aorte thoracique descendante fournissent un rameau à la région voisine de l'arc de l'aorte. ❏ Les *artères œsophagiennes moyennes* naissent directement de l'aorte. ❏ Les *artères œsophagiennes inférieures* sont fournies par les artères phréniques inférieures et par l'artère gastrique gauche. Cependant, les deux ou trois derniers centimètres de l'œsophage thoracique et la portion diaphragmatique de l'œsophage sont peu vascularisés. Ce fait n'est pas sans intérêt pour l'étude de l'étiologie de l'ulcère peptique et permet d'expliquer l'échec fréquent des anastomoses gastro-œsophagiennes (Gossart).

Les *veines*, anastomosées entre elles dans la sous-muqueuse et à la surface extérieure de l'œsophage, établissent une importante anastomose porto-cave. Elles se déversent, en effet : en haut dans la veine cave supérieure par les veines thyroïdienne inférieure, azygos et phréniques ; en bas, dans la veine porte par la veine gastrique gauche.

Les *lymphatiques* de la partie cervicale de l'œsophage se rendent aux nœuds des chaînes jugulaires internes et récurrentielles ; ❏ ceux de la partie thoracique vont aux nœuds latéro-trachéaux, trachéo-bronchiques inférieurs et médiastinaux postérieurs ; ❏ enfin, ceux de la partie abdominale se jettent dans les nœuds de la petite courbure de l'estomac (nœuds lymphatiques gastriques gauches).

Pour se rendre à ces divers groupes de nœuds, les collecteurs lymphatiques cheminent sur un trajet plus ou moins long, de bas en haut ou de haut en bas, dans la paroi œsophagienne, si bien qu'ils aboutissent parfois à un nœud assez éloigné de leur point d'origine (Sakata).

Les *nerfs* proviennent du sympathique et des vagues par les plexus œsophagiens.

III. ANATOMIE TOPOGRAPHIQUE DU THORAX

La cage thoracique comprend des parois dont les parties constitutives ont fait l'objet d'une description systématique : squelette (p. 11 et 38), articulations (p. 67), muscles (p. 87), vaisseaux (p. 192) et nerfs (p. 271).

Elle contient des organes, cœur et gros vaisseaux, poumons et plèvres qui se projettent sur la paroi thoracique et occupent des loges et une région centrale, le médiastin.

Nous verrons successivement les parois et la glande mammaire, les projections pleuro-pulmonaires, le médiastin.

PAROIS THORACIQUES

On considère au thorax une paroi inférieure ou diaphragmatique, une paroi antéro-latérale ou sterno-costale et une paroi postérieure ou vertébrale.

La *paroi diaphragmatique* est constituée par le diaphragme, dont l'étude a été déjà faite. ❑ La *paroi vertébrale* est formée par le segment thoracique de la région vertébrale dont les caractères et les rapports principaux ont été signalés à propos de la colonne vertébrale, de la moelle spinale et des méninges. Elle sera décrite avec la région vertébrale de la paroi postérieure de l'abdomen. ❑ Reste la paroi sterno-costale.

A. **Paroi sterno-costale.**

La paroi sterno-costale ferme la cavité thoracique en avant et sur les côtés jusqu'à la colonne vertébrale. Elle comprend donc le sternum, les cartilages costaux, les côtes, les parties molles qui recouvrent ces pièces squelettiques et celles qui occupent les espaces intercostaux.

L'épaule cache la paroi sterno-costale en haut et en dehors. Partout ailleurs, la surface de cette paroi est libre. Elle présente des saillies déterminées par les glandes mammaires chez la femme, et divers autres reliefs qui se modèlent sur les arcs costaux et sur les masses musculaires sous-jacentes.

Nous distinguerons dans la paroi sterno-costale trois parties ou couches principales : une partie sus-squelettique ou sus-sterno-costale, une partie intercostale et enfin une partie sous-squelettique ou sous-sterno-costale, enfin la glande mammaire.

■ **PARTIE SUS-SQUELETTIQUE OU SUS-STERNO-COSTALE.** Cette partie de la paroi sterno-costale se compose de toutes les formations molles qui recouvrent la paroi squelettique sterno-costale.

1. Constitution. 1° La *peau* est épaisse et très mobile, sauf en avant du sternum.

2° La *couche sous-cutanée* se compose de tissu cellulo-graisseux, dans lequel il est en certains points difficile de reconnaître un pannicule adipeux, un fascia superficialis et une lame celluleuse sous-cutanée bien distincts les uns des autres. Cependant la partie profonde de cette couche est formée de tissu lamelleux assez lâche, qui donne à la peau sa mobilité.

En avant du sternum, la graisse tend à disparaître ; la couche sous-cutanée se compose essentiellement de tissu cellulo-fibreux qui unit la peau au fascia et au périoste, d'autant plus étroitement qu'il s'agit d'un point rapproché de la ligne médiane.

C'est dans le pannicule adipeux que se développe la glande mammaire (voir : *Glande mammaire*).

On trouve dans la couche sous-cutanée les branches antérieures de l'artère thoracique interne, les ramifications terminales des branches thoraciques de l'artère axillaire (thoracique supérieure, thoracique externe, branche thoracique des artères thoraco-acromiale et scapulaire inférieure), des rameaux thoraciques des artères intercostales aortiques. Ces ramifications artérielles sont insignifiantes ainsi que leurs veines satellites, sauf cependant les vaisseaux de la région mammaire, qui prennent pendant la période d'activité de la glande un très grand développement.

La couche sous-cutanée contient également les branches de division des rameaux cutanés latéraux et antérieurs des nerfs intercostaux.

Les rameaux cutanés latéraux des nerfs intercostaux émergent dans le plan sous-cutané, en avant de la ligne axillaire moyenne, suivant une ligne courbe, concave en arrière, qui suit les attaches costales des muscles dentelé antérieur et latissimus dorsi. Les rameaux cutanés antérieurs des nerfs intercostaux traversent le fascia près de l'extrémité antérieure des espaces intercostaux.

3° Le *fascia*, mince, s'attache en haut à la clavicule. En dedans, il s'unit au tissu dense formé par les faisceaux tendineux du muscle grand pectoral et par le périoste du sternum. En bas et en arrière, le fascia se continue avec celui des régions voisines.

4° La *couche musculaire* est formée : en avant et en haut, par le muscle grand pectoral et par le muscle petit pectoral qui est placé au-dessous du grand ; en avant et en bas, par les faisceaux d'insertion du muscle droit de l'abdomen et par les digitations du muscle oblique externe ; sur les côtés, par les muscles dentelé antérieur, latissimus dorsi, etc.

Ces muscles sont irrigués par les mêmes artères qui se rendent aux téguments. Leurs nerfs sont des branches collatérales du plexus brachial, à l'exception des muscles grand droit et oblique externe, dont les faisceaux supérieurs sont innervés par les nerfs intercostaux.

■ **PARTIE INTERCOSTALE.** Cette partie de la paroi thoracique comprend les espaces intercostaux et les pièces squelettiques du thorax, côtes, cartilages costaux et sternum, qui séparent les espaces intercostaux les uns des autres.

Le sternum, les côtes et les cartilages costaux ont été déjà décrits. Nous ne nous occuperons que des espaces intercostaux.

Nous comprenons sous cette dénomination toutes les parties molles situées dans le cadre ostéo-cartilagineux formé en haut et en bas par deux côtes voisines et leurs cartilages, en arrière par la colonne vertébrale, en avant par le sternum.

1. Constitution. Un espace intercostal est constitué par cinq plans : trois plans musculaires et deux plans cellulo-fibreux. Nous les examinerons en suivant l'ordre de leur superposition de la superficie vers la profondeur (fig. 211).

a) PLAN MUSCULAIRE EXTERNE. Il est représenté par le muscle intercostal externe dont les fibres vont obliquement en bas et en avant, du bord inférieur de la côte supérieure au bord supérieur de la côte sous-jacente.

Ce muscle occupe l'espace intercostal depuis l'articulation transverso-costale en arrière jusqu'au voisinage de l'articulation chondro-costale en avant.

L'intervalle compris entre l'extrémité antérieure du muscle et le sternum est occupé par une lame fibro-celluleuse, mince mais résistante, où l'on voit de nombreux tractus fibreux obliques en bas et en avant, qui représentent les vestiges de cette partie atrophiée du muscle intercostal externe.

En dedans de l'extrémité postérieure du muscle intercostal externe, qui se confond avec le muscle surcostal, on voit émerger la branche postérieure du nerf dorsal correspondant, par le foramen intervertébral (Cruveilhier). Ce foramen est limité en haut et en bas par les processus transverses des vertèbres voisines, en dehors par le ligament costo-vertébral supérieur, en dedans par les processus articulaires des vertèbres.

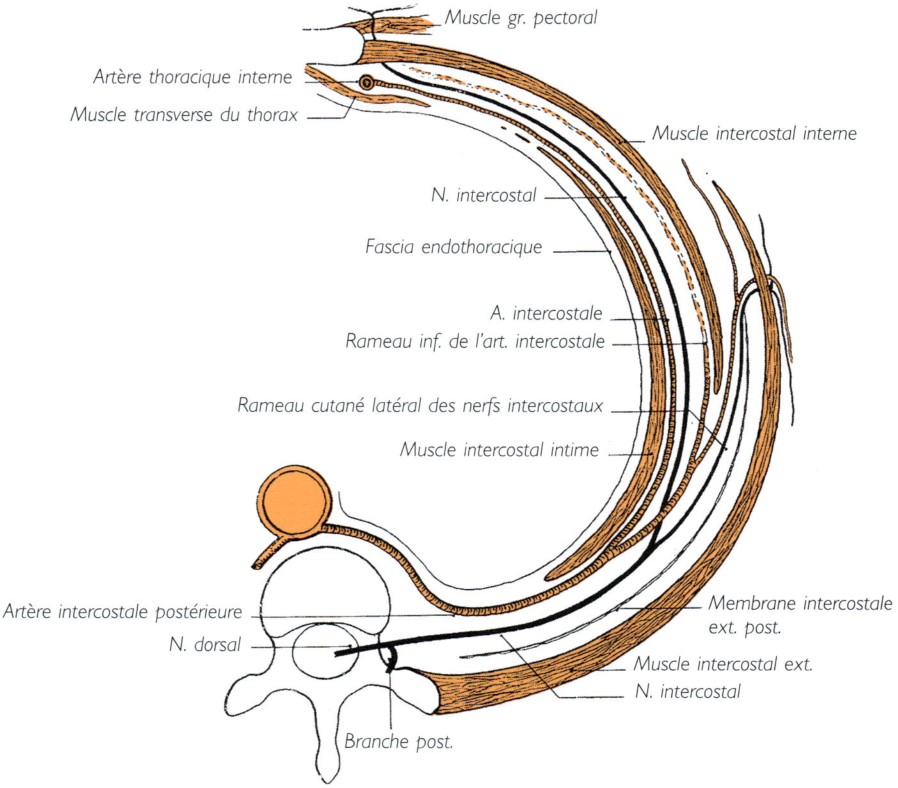

Fig. 211 ▪ Coupe d'un espace intercostal (d'après Carrière). Le feuillet de dédoublement de la membrane intercostale externe, qui recouvre en dedans le paquet vasculo-nerveux dans le segment postéro-latéral de l'espace, n'a pas été représenté.

Le muscle intercostal externe est traversé vers la partie moyenne de l'espace, et près de son bord supérieur, par le rameau cutané latéral des nerfs intercostaux.

b) PLAN FIBRO-CELLULEUX INTERMUSCULAIRE EXTERNE. Le muscle intercostal externe est doublé profondément par une nappe cellulo-fibreuse. Cette nappe est fibreuse en arrière, depuis l'extrémité postérieure de l'espace jusqu'au bord postérieur du muscle intercostal interne, c'est-à-dire jusqu'à la ligne axillaire moyenne, et constitue la *membrane intercostale externe postérieure* (Sauvé et Tinel). Plus en avant, elle est celluleuse et occupe l'interstice qui sépare les muscles intercostaux externe et moyen. Enfin, à l'extrémité antérieure de l'espace, elle se confond avec les vestiges fibreux du muscle intercostal externe.

Le segment postérieur fibreux se dédouble le long de son bord supérieur et limite avec la gouttière costale de la côte sus-jacente, en arrière du muscle intercostal interne, une gaine ostéo-fibreuse contenant le paquet vasculo-nerveux intercostal (Carrière).

c) PLAN MUSCULAIRE MOYEN. Ce plan n'existe que dans la moitié antérieure environ de l'espace intercostal. Les fibres du muscle intercostal interne, obliques en bas et en arrière, s'insèrent sur les côtes supérieure et inférieure, immédiatement en dedans du muscle intercostal externe. Les attaches à la côte supérieure se font en dehors de la gouttière costale.

d) PLAN CELLULEUX INTERMUSCULAIRE MOYEN. Le muscle intercostal moyen est séparé du muscle intercostal intime par une nappe celluleuse mince en bas, épaisse en haut, où elle répond à la gouttière costale et contient le paquet vasculo-nerveux.

e) PLAN MUSCULAIRE INTERNE. Le plan musculaire interne est constitué par les muscles intercostal intime et subcostal.

Ses insertions sur la côte supérieure se font à distance de celles des deux autres muscles intercostaux, sur la lèvre médiale de la gouttière costale.

Le muscle intercostal intime fait défaut aux deux extrémités de l'espace intercostal : ❑ en arrière, depuis l'angle postérieur de la côte jusqu'à la colonne vertébrale ; ❑ en avant, sur une longueur de 5 à 6 cm en dehors du sternum.

En dedans du muscle intercostal intime, l'espace intercostal est recouvert par un fascia fibreux étroitement uni au *fascia endothoracique*, qui est une dépendance du tissu sous-pleural.

2. Paquet vasculo-nerveux intercostal. Le paquet vasculo-nerveux intercostal, formé par les vaisseaux et nerf intercostaux, chemine dans les interstices qui séparent les muscles les uns des autres. Mais comme ces muscles ont une étendue différente, les connexions qui existent entre eux et le paquet vasculo-nerveux varient dans les diverses parties de l'espace intercostal.

On peut à ce point de vue diviser, avec Carrière, l'espace intercostal en quatre segments : ❑ 1° un *segment latéro-vertébral*, compris entre la colonne vertébrale et l'angle postérieur des côtes où s'arrête le muscle intercostal intime ; ❑ 2° un *segment postéro-latéral*, qui s'étend en avant du précédent jusqu'à la ligne axillaire moyenne, c'est-à-dire jusqu'au bord postérieur du muscle intercostal interne ; ❑ 3° un *segment moyen*, compris entre le bord postérieur du muscle intercostal interne et le bord antérieur du muscle intercostal intime ; ❑ 4° un *segment antérieur*, qui s'étend en avant du segment moyen jusqu'au sternum (fig. 211).

1° *Dans le segment latéro-vertébral*, le paquet vasculo-nerveux est placé en avant du muscle intercostal externe et de son revêtement fibro-celluleux ; il est en arrière du fascia endothoracique. Mais les éléments qui le composent ont des rapports entre eux très variables.

D'après Carrière, lorsque l'artère intercostale atteint l'espace correspondant, elle monte obliquement vers le bord inférieur de la côte sus-jacente, passe en avant du nerf intercostal et se place entre la veine intercostale qui est au-dessus et le nerf qui est au-dessous d'elle.

Cette disposition ne se rencontre en général, sur chaque hémithorax, que dans un certain nombre d'espaces intercostaux.

Les éléments du paquet vasculo-nerveux ont, en effet, une disposition différente suivant les espaces envisagés.

Au niveau du premier et du deuxième espace, les vaisseaux et nerfs n'ont entre eux que des rapports assez éloignés, sauf, cependant, au voisinage immédiat de la colonne vertébrale où l'artère, née de l'artère intercostale supérieure, passe verticalement en avant du nerf. Tandis que les vaisseaux se ramifient dans le premier et dans le deuxième espace, le premier nerf intercostal chemine sur la face inférieure de la première côte jusqu'au voisinage de la première articulation chondro-costale ; le deuxième nerf intercostal, de son côté, croise la face interne de la deuxième côte, empiète même parfois sur le premier espace intercostal et ne rejoint le deuxième espace intercostal qu'à 8 ou 10 cm de la colonne vertébrale.

Du troisième au neuvième espace intercostal, les vaisseaux sont tout d'abord situés, en atteignant l'extrémité postérieure de l'espace, à quelque distance en avant et légèrement au-dessous du nerf intercostal de telle manière que l'artère se projette sur le bord inférieur du nerf. L'artère est à ce moment immédiatement au-dessous de la veine. Bientôt les deux vaisseaux se séparent. La veine se place très vite au-dessus du tronc nerveux en passant en avant de lui, et chemine le long de son bord supérieur. L'artère gagne le bord inférieur du nerf et croise celui-ci en passant soit en avant de lui, comme la veine, soit en arrière ; il vient ainsi se placer au-dessus du nerf, sous la veine. ❑ Ces vaisseaux et nerfs sont compris entre la membrane intercostale externe et le fascia endothoracique.

Telle est la disposition qui se voit le plus souvent dans les espaces compris entre les deuxième et neuvième espaces intercostaux.

Dans les trois derniers espaces, les vaisseaux vont directement se placer au-dessus du nerf, et l'on trouve dès lors, juxtaposés de haut en bas, la veine, l'artère et le tronc nerveux.

2° *Dans le segment postéro-latéral*, les trois éléments du paquet vasculo-nerveux cheminent d'abord au-dessous, puis au niveau de la gouttière costale, dont ils se sont peu à peu rapprochés. Dans ce trajet, ces vaisseaux et nerfs sont placés entre les muscles intercostaux externe et intime, dans un dédoublement de la membrane intercostale externe. Le nerf est situé au-dessous de l'artère ; celle-ci est elle-même sous-jacente à la veine.

Dans ce même interstice, chemine, le long de la côte inférieure de l'espace, le rameau inférieur de l'artère intercostale qui s'est détaché de l'artère en regard de l'extrémité postérieure du muscle intercostal interne.

Le rameau cutané latéral des nerfs intercostaux, qui naît au niveau de l'angle postérieur des côtes, court également dans cet interstice, puis entre les muscles intercostaux interne et externe, et ne traverse ce dernier muscle qu'un peu en avant de la ligne axillaire moyenne.

3° *Dans le segment moyen*, le paquet vasculo-nerveux est situé dans la gouttière costale entre les muscles intercostaux interne et intime. On trouve de haut en bas la veine, l'artère et le nerf.

4° *Dans le segment antérieur*, le muscle intercostal intime n'existe pas et c'est entre le muscle intercostal interne en avant, le fascia endothoracique et le muscle transverse du thorax en arrière, que cheminent les vaisseaux et nerfs. Le nerf intercostal est au milieu de l'espace ; il traverse le muscle intercostal interne et devient le rameau cutané antérieur des nerfs intercostaux. L'artère intercostale épuisée est remplacée par les branches intercostales de l'artère thoracique interne, qui s'anastomosent avec les ramifications terminales de l'artère intercostale proprement dite.

Dans toute leur étendue, les vaisseaux intercostaux sont accompagnés de vaisseaux lymphatiques qui se terminent en arrière dans les nœuds lymphatiques intercostaux. Ces lymphatiques sont eux-mêmes interrompus, surtout dans la moitié postérieure de leur trajet, par de petits nœuds d'arrêt.

PARTIE SOUS-SQUELETTIQUE OU SOUS-STERNO-COSTALE. Sur la face profonde des côtes, des cartilages costaux et des espaces intercostaux, s'étend une lame fibreuse mince, le *fascia endothoracique*. Ce fascia est un produit de différenciation du tissu cellulaire sous-pleural et double la plèvre pariétale dans toute son étendue.

En avant, le muscle transverse du thorax s'étend de la partie inférieure du sternum et du processus xiphoïde aux troisième, quatrième, cinquième et sixième cartilages costaux. La face profonde de ce muscle répond à la plèvre pariétale et lui adhère par l'intermédiaire du fascia endothoracique, qui est ici très étroitement uni à la plèvre d'une part, au muscle de l'autre.

L'artère thoracique interne, accompagnée de ses veines satellites, descend en arrière des cartilages costaux et des espaces intercostaux, en avant du muscle transverse du thorax et en dehors du bord latéral du sternum. Elle est séparée du sternum par un intervalle qui varie de haut en bas entre 1 et 2 cm et augmente du premier au sixième espace intercostal (Delorme et Mignon).

En bas, sur le pourtour intérieur de l'orifice inférieur du thorax, la paroi sterno-costale donne insertion au diaphragme.

En arrière du processus xiphoïde et au-dessous des faisceaux sternaux du diaphragme on trouve d'abord une épaisse lame de tissu cellulo-graisseux sous-péritonéal, ensuite le péritoine. C'est dans le tissu cellulo-graisseux sous-péritonéal, rétro-xiphoïdien, que doit être enfoncé le trocard, dans la ponction du péricarde par la voie épigastrique indiquée par Marfan.

GLANDES MAMMAIRES OU MAMELLES

1. Situation. Les mamelles sont placées sur la paroi antérieure du thorax, entre le sternum et une ligne verticale tangente à la limite antéro-interne de l'aisselle. Dans le sens vertical, elles s'étendent de la troisième à la septième côte.

2. Forme et dimensions. Les mamelles sont à peu près hémisphériques chez la jeune fille. Cependant, leur moitié inférieure est ordinairement un peu plus arrondie et saillante que leur moitié supérieure. Cette disposition s'accentue avec l'âge et sous l'influence de la grossesse, de telle sorte que les mamelles deviennent pendantes et sont séparées, en bas, de la paroi thoracique par un *sillon sous-mammaire* de profondeur variable.

3. Configuration extérieure. La partie centrale de la surface antérieure, convexe, de la mamelle est occupée par une saillie de forme cylindrique ou conique, la *papille de la mamelle ou mamelon.*

La papille de la mamelle mesure environ 1 cm de hauteur et de largeur. Sa surface n'est pas unie ; son extrémité libre, arrondie, est parcourue par des sillons et parsemée de petits pertuis qui sont les orifices des conduits lactifères. Ces orifices, les *pores galactophores,* sont au nombre de dix à vingt.

L'extrémité libre du mamelon est parfois déprimée. Parfois même le mamelon tout entier est *rentré.*

Le mamelon est entouré d'une surface pigmentée annulaire, d'un diamètre de 4 à 5 cm, appelée *aréole mammaire*. Rosée chez la jeune fille, elle prend une teinte plus foncée dès le début de la grossesse. Sa surface est rendue inégale par la présence de petites éminences appelées *tubercules* aréolaires, formées par de volumineuses glandes sébacées.

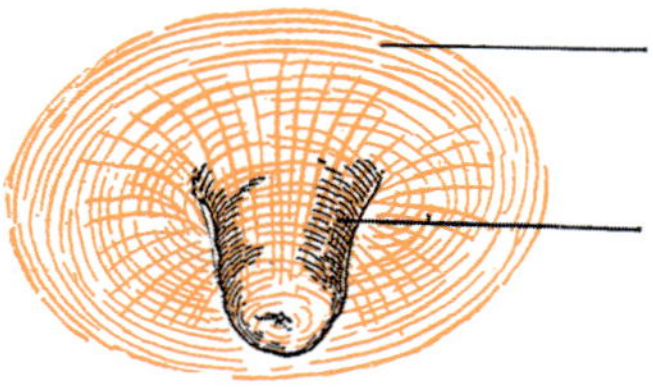

Fig. 212 ▪ Muscle aréolaire (d'après Charpy).

4. Structure

a) REVÊTEMENT CUTANÉ

Nous l'avons décrit en étudiant la configuration extérieure de la mamelle.

À la peau fine et mobile de l'aréole et à celle du mamelon, sont annexées des fibres musculaires lisses sous-dermiques, dont l'ensemble constitue le *muscle aréolaire* (fig. 212).

Ce muscle est formé de fibres circulaires et de fibres radiées.

Les *fibres circulaires* adhèrent à la peau au niveau de l'aréole ; elles s'étendent jusque dans la base du mamelon, où elles s'entrelacent autour des canaux excréteurs de la glande.

Les *fibres radiées* ont une direction perpendiculaire aux précédentes. Elles naissent du derme de l'aréole, montent dans le mamelon et se terminent sur le derme du mamelon.

b) MAMELLE. La glande mammaire revêt à peu près la forme de la mamelle elle-même (fig. 213). Elle est partout directement recouverte par une mince lame de tissu fibreux, appelée par certains *capsule fibreuse* de la glande. Cette capsule n'est pas une enveloppe isolable et fait corps, surtout en avant, avec la masse glandulaire.

La surface de la glande est régulière, à peu près plane, sur la face postérieure de la masse glandulaire. Partout ailleurs, elle est très irrégulière. De plus, sa circonférence, que découpent de profondes et larges incisures, émet en dehors un prolongement axillaire.

La glande mammaire est située dans l'épaisseur du pannicule adipeux, et celui-ci forme au corps glandulaire une enveloppe à peu près complète, à laquelle on peut distinguer une couche postérieure et une couche antérieure réunies entre elles sur le pourtour de la glande.

La *couche adipeuse antérieure* ou *préglandulaire* fait défaut dans la région de l'aréole où la glande mammaire n'est séparée du derme et du muscle aréolaire que par une mince couche de tissu conjonctif. Partout ailleurs les pelotons graisseux de la couche adipeuse préglandulaire sont contenus dans de petites loges, les *fosses adipeuses*, formées de la façon suivante (fig. 213) : la face antérieure de la glande, très irrégulière, est hérissée de saillies lamelleuses, et la capsule qui les recouvre se prolonge au-delà de leur sommet jusqu'à la face profonde de la peau en formant les *crêtes fibreuses du sein* ; les crêtes, anastomosées entre elles, limitent avec la peau des loges remplies par le tissu graisseux de la couche adipeuse préglandulaire ; ces loges sont les fosses adipeuses (Duret).

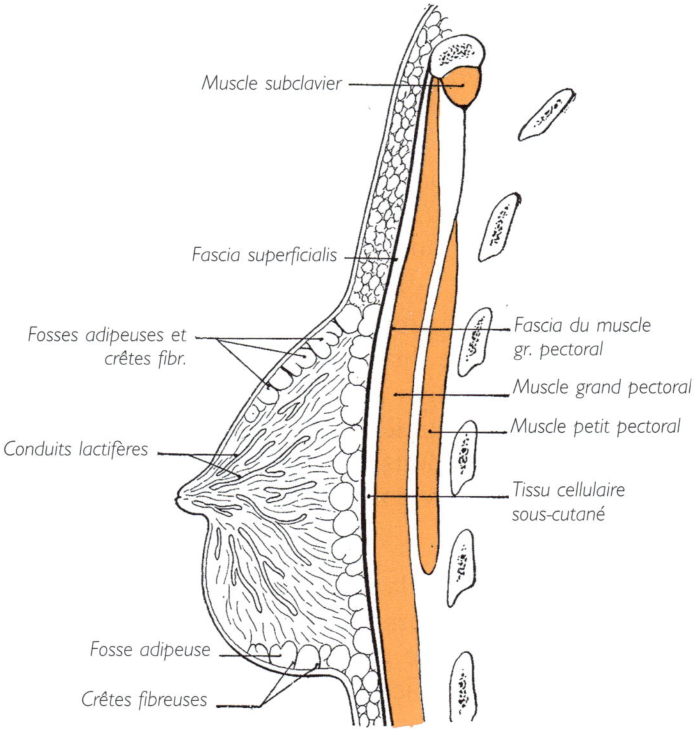

Fig. 213 ▪ Coupe sagittale de la mamelle.

On trouve encore dans cette couche un plexus artériel formé par les ramifications tégumentaires superficielles des artères de la mamelle, et un réseau veineux superficiel très développé, surtout à l'époque de la gestation et de l'allaitement.

La *couche adipeuse postérieure* ou *rétro-glandulaire* est plus mince que l'antérieure. Les fosses adipeuses n'existent pas, seules quelques travées fibreuses tendues de la glande au fascia superficialis séparent les pelotons adipeux les uns des autres.

Cette lame adipeuse contient un réseau artériel et de nombreuses veines.

RAPPORTS DE LA GLANDE AVEC LE FASCIA SUPERFICIALIS ET LE TISSU CELLULAIRE SOUS-CUTANÉ. Ici, comme dans toutes les régions où il existe un pannicule adipeux et un tissu cellulaire sous-cutané distincts, celui-ci est séparé de celui-là par un fascia superficialis qui limite profondément le pannicule adipeux (fig. 211).

La couche cellulaire comprise entre le fascia superficialis et le fascia de revêtement des muscles grand pectoral et dentelé antérieur est un tissu lamelleux lâche, dans lequel Chassaignac et, après lui, Richet ont vu une *bourse séreuse sous-mammaire*. L'existence de cette bourse séreuse doit être rare. Comme bien d'autres, nous ne l'avons jamais rencontrée.

5. Constitution. Une coupe antéro-postérieure de la glande mammaire passant par le mamelon a un aspect différent pendant la lactation et en dehors des périodes de lactation.

La glande qui sécrète présente une partie périphérique molle, rougeâtre, et une partie centrale, plus consistante, parcourue par les canaux excréteurs de la glande.

La glande au repos forme, au contraire, une masse blanchâtre, homogène, de consistance très ferme.

La glande mammaire se compose de plusieurs glandes indépendantes les unes des autres, au nombre de dix à vingt. Chacune d'elles constitue un *lobe*. Chaque lobe représente une glande en grappe qui se divise en lobules et en acini.

a) CONDUITS LACTIFÈRES. Chaque lobe possède un canal excréteur ou *conduit lactifère*, dans lequel se jettent les canaux provenant des lobules. Les conduits lactifères, en nombre égal à celui des lobes, se dirigent par un trajet sinueux vers le mamelon.

Ils présentent, avant de s'engager dans le mamelon, une dilatation longue de 1 à 1,5 cm, et large d'un demi-centimètre, appelée *sinus lactifère* ou *ampoule galactophore*. Au-delà du sinus, les conduits lactifères se dirigent en droite ligne vers le sommet du mamelon, où ils s'ouvrent par les *pores galactophores.*

6. Vaisseaux et nerfs

a) ARTÈRES. ❑ La partie interne de la mamelle est irriguée par les branches perforantes de l'artère thoracique interne, qui traversent les six premiers espaces intercostaux. La branche perforante principale, ou *artère principale externe et interne* (Salmon), traverse le deuxième espace. ❑ Les parties externe et inférieure reçoivent leurs artères des artères thoracique externe, scapulaire inférieure, thoraco-acromiale et thoracique supérieure, branches de l'artère axillaire. L'une d'elles est plus importante que les autres ; c'est l'*artère principale externe et interne* (Salmon). Enfin, la glande mammaire reçoit encore quelques rameaux des artères intercostales. La plupart des artères abordent la glande surtout par sa face superficielle. Les artères rétro-glandulaires sont peu nombreuses (Salmon).

b) VEINES. Il existe un réseau veineux superficiel, surtout visible pendant la grossesse et la lactation, dans lequel on reconnaît parfois, autour de l'aréole, un anneau anastomotique, appelé *cercle veineux de Haller*. Ce réseau superficiel se déverse dans les veines superficielles des régions voisines.

Les veines profondes se rendent aux veines thoraciques externes en dehors, à la veine thoracique interne en dedans et aux veines intercostales en arrière.

c) LYMPHATIQUES. Il faut distinguer trois catégories de collecteurs selon qu'ils sont tributaires de nœuds axillaires, des nœuds lymphatiques parasternaux et des nœuds supra-claviculaires.

NŒUDS LYMPHATIQUES AXILLAIRES. *Voie principale.* Les lymphatiques de la mamelle se rendent pour la plupart à un réseau sub-aréolaire. De ce réseau partent deux troncs lymphatiques principaux. Ceux-ci se portent vers l'aisselle, reçoivent en cours de route des collecteurs provenant des parties supérieure et inférieure de la glande et se terminent dans les nœuds axillaires du groupe thoracique externe, après avoir contourné le bord inférieur du muscle grand pectoral.

Des lymphatiques d'une région mammaire peuvent se rendre aux nœuds axillaires du côté opposé (Rieffel, Œlsner).

Voie transpectorale. Il est fréquent de voir des collecteurs issus de la face profonde de la glande mammaire gagner, à travers le muscle grand pectoral et le fascia clavi-pectoral, les nœuds subclaviculaires. Ces lymphatiques peuvent être interrompus par des nœuds interpectoraux.

Voie rétro-pectorale. D'autres lymphatiques contournent le bord inférieur du muscle grand pectoral et se rendent aux nœuds sub-claviculaires en passant soit en arrière des muscles pectoraux, soit entre les muscles grand et petit pectoraux.

NŒUDS LYMPHATIQUES PARASTERNAUX. Il existe normalement des troncs lymphatiques qui viennent de la partie interne de la glande, traversent le muscle grand pectoral et les espaces intercostaux, le plus souvent les 3e et 4e espaces sinon les 1er et 2e espaces (Dessaint) ; ils se terminent dans les nœuds lymphatiques parasternaux.

COLLECTEURS TRIBUTAIRES DES NŒUDS SUPRA-CLAVICULAIRES. Monard et Guénin ont trouvé un tronc lymphatique allant directement de la partie supérieure de la glande aux nœuds supra-claviculaires, en passant au-dessous de la clavicule. Ce collecteur est rare.

d) NERFS. Les nerfs cutanés sont fournis par la branche sus-claviculaire du plexus cervical superficiel, par le rameau cutané antérieur des nerfs intercostaux et par le rameau cutané latéral des deuxième, troisième, quatrième, cinquième et sixième nerfs intercostaux. Ces rameaux perforants innervent également la glande mammaire.

B. Projection pariétale des viscères intrathoraciques.

PROJECTION DU CŒUR SUR LA PAROI THORACIQUE ANTÉRIEURE. Le cœur présente par l'intermédiaire du péricarde des rapports plus ou moins étroits, soit avec les autres organes contenus dans la cavité thoracique, soit avec les parois mêmes de cette cavité.

La *face antérieure* du cœur répond : au thymus ou à ses vestiges, aux poumons et aux plèvres qui s'insinuent entre le péricarde et la paroi (voir fig. 203), aux artères et veines thoraciques internes et au muscle transverse du thorax, au plastron sterno-costal.

Il est inutile d'insister sur l'intérêt que présente la connaissance précise de la zone de la paroi thoracique antérieure qui répond au cœur. Mais cette zone, appelée *aire cardiaque,* varie avec la forme du thorax et selon que le grand axe du cœur se rapproche plus ou moins de la verticale ou de l'horizontale.

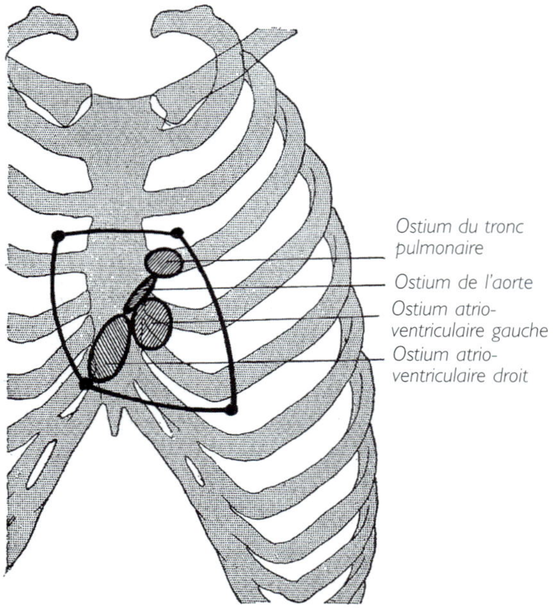

Fig. 214 ▪ Projection du cœur et des orifices du cœur sur la paroi thoracique.

Quand le thorax a des dimensions moyennes, c'est-à-dire quand l'angle xiphoïdien est normal, l'aire cardiaque est un quadrilatère dont les quatre angles occupent les points suivants : ❑ les deux angles supérieurs sont situés de chaque côté du sternum, dans la partie moyenne du deuxième espace intercostal et à 1 cm environ du bord latéral du sternum ; ❑ l'angle inférieur droit répond à l'extrémité sternale du sixième espace intercostal droit ; ❑ enfin l'angle inférieur gauche est placé dans le cinquième espace intercostal gauche, un peu au-dessous et en dedans du papille de la mamelle, à 8 cm environ en dehors de la ligne médiane (fig. 214).

Les poumons et les plèvres s'étendent de chaque côté entre le péricarde et le cœur d'une part, le plastron sterno-costal de l'autre. Plus loin, nous dirons quelles sont les lignes de projection sur la paroi thoracique du bord antérieur des poumons et des récessus costo-médiastinaux. De la superposition de ces lignes sur l'aire cardiaque, il sera aisé de déduire les limites de la région de la face antérieure du cœur et du péricarde en rapport direct avec la paroi thoracique.

▪ **PROJECTION DE LA PLÈVRE SUR LE THORAX.** Sous le nom de topographie thoraco-pleurale, on entend la description des rapports que la paroi thoracique présente avec les limites de la plèvre, c'est-à-dire avec la coupole pleurale, le récessus costo-médiastinal antérieur, le récessus costo-diaphragmatique et le récessus costo-médiastinal postérieur.

1. Coupole pleurale. La coupole pleurale a les mêmes rapports que le sommet du poumon.

2. Récessus costo-médiastinal antérieur. *À droite,* le récessus a des rapports à peu près semblables à ceux du bord antérieur du poumon droit, qui, dans la respiration calme et même sur le cadavre, est très rapproché du récessus costo-médiastinal (fig. 215). Parfois même ils se recouvrent, le sinus droit passant en avant du sinus gauche ou inversement.

À gauche, le récessus costo-médiastinal se projette à peu près sur la même ligne que le bord antérieur du poumon depuis le sommet jusqu'au quatrième cartilage costal. Au-dessous de ce cartilage, le poumon gauche s'éloigne notablement du récessus costo-médiastinal, car celui-ci est moins oblique en dehors et s'écarte beaucoup moins que le poumon de la ligne médiane et du sternum (fig. 215 et 186). C'est ainsi que le sinus croise le cinquième espace intercostal à 1 ou 1,5 cm en dehors du sternum et laisse à découvert le péricarde en regard seulement de l'extrémité interne de cet espace. Il atteint le sixième cartilage costal à 2 cm environ du bord latéral du sternum (fig. 186).

3. Récessus costo-diaphragmatique. Le récessus costo-diaphragmatique commence à l'extrémité inférieure du récessus costo-médiastinal, c'est-à-dire au niveau de l'extrémité interne du sixième cartilage costal à droite, et, sur ce cartilage, à 2 cm du bord du sternum à gauche. De là, le récessus se porte en bas et en arrière, croise la dixième côte sur la ligne axillaire moyenne (verticale abaissée du sommet du creux de l'aisselle), et la onzième à 10 cm environ de la ligne médiane (fig. 186 et 187). Le récessus se porte ensuite, d'abord directement en dedans, puis en dedans et en haut, et se termine au niveau d'un point de la colonne vertébrale compris entre le bord inférieur de la douzième côte en haut, et le bord supérieur ou la partie moyenne de la première vertèbre lombale en bas (Dufour).

Ses rapports avec la douzième côte diffèrent selon que la côte est longue ou courte. Si elle est longue, le récessus la croise à 7 ou 8 cm de la ligne médiane. Quand la côte est courte, la plèvre la déborde en bas, sur toute sa longueur.

Pratiquement, il faut savoir que le récessus costo-diaphragmatique croise la douzième côte (longue) à 8 cm de la ligne médiane, la onzième côte à 10 cm, et que, en avant de la onzième côte, il est, comme l'enseignait Farabeuf, à peu près à un gros travers de pouce au-dessus du rebord costal.

Comme le montre la comparaison entre la topographie thoraco-pulmonaire et la topographie thoraco-pleurale, la plèvre pariétale s'étend notablement au-dessous du bord inférieur, costal, des poumons. La plus grande partie de cette région pleurale infra-pulmonaire, où la plèvre costale s'applique étroitement sur la plèvre diaphragmatique au cours de la respiration, constitue la *zone muette de la plèvre* (Huard et Montagné), ainsi appelée parce que, dans toute l'étendue de cette zone, la simple ouverture de la cavité pleurale normale ne produit pas de pneumothorax.

4. Récessus costo-médiastinal postérieur. Ce récessus longe de chaque côté la ligne d'union de la face latérale avec la face antérieure des corps vertébraux.

CONTENU DE LA CAVITÉ THORACIQUE

Tous les organes contenus dans la cavité thoracique ont été étudiés au double point de vue descriptif et topographique.

Il est cependant une région du thorax, le *médiastin*, que nous devons examiner afin de donner une vue d'ensemble des connexions qui existent entre tous les organes de cette région.

■ **MÉDIASTIN.** Les parties latérales de la cavité thoracique, occupées par les poumons et les plèvres, constituent les *régions pleuro-pulmonaires*. Le *médiastin* est la région médiane du thorax, qui sépare l'une de l'autre les régions pleuro-pulmonaires.

1. Limites. Le médiastin est limité par le plastron sterno-costal en avant, la colonne vertébrale en arrière, les plèvres et les poumons latéralement, le diaphragme en bas, la base du cou en haut.

La limite supérieure du médiastin est toute fictive, car l'extrémité supérieure de cette région est entièrement un lieu de passage pour les organes qui s'étendent du thorax vers le cou et les membres supérieurs, ou inversement.

2. Division. On divise le médiastin en deux régions secondaires, l'une, antérieure, ou *médiastin antérieur*, l'autre, postérieure, ou *médiastin postérieur*, par un plan frontal passant par la bifurcation de la trachée.

a) MÉDIASTIN ANTÉRIEUR. Quand on a enlevé le plastron sterno-costal, on voit, entre les récessus costo-médiastinaux, la face antérieure du médiastin (fig. 215).

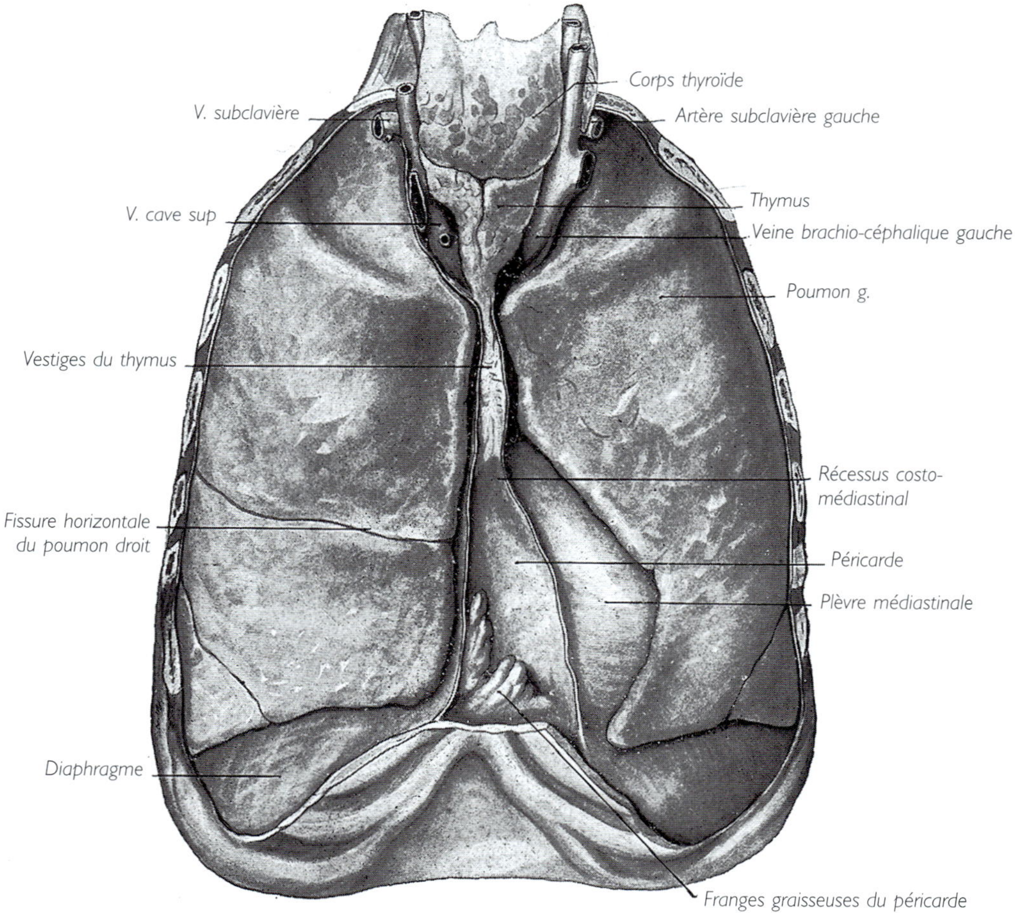

Fig. 215 ▪ Poumons et péricarde vus par devant. Rapports des récessus pleuraux costo-médiastinaux antérieurs avec les poumons et le péricarde.

Cette face est allongée de haut en bas « en forme de sablier ». En effet, elle est étroite à sa partie moyenne depuis les deuxièmes jusqu'aux quatrièmes cartilages costaux, tandis qu'elle s'élargit graduellement vers ses extrémités.

La partie antérieure du médiastin antérieur est occupée : en haut, par le thymus ou son vestige adipeux ; en bas, par le péricarde.

Ces organes sont recouverts en avant par une couche celluleuse qui contient : 1° en haut, au-dessus du muscle transverse du thorax et en regard de l'extrémité interne des trois premiers espaces intercostaux, les artères thoraciques internes et les nœuds lymphatiques parasternaux ; 2° en bas, les nœuds lymphatiques phréniques antérieurs. Cette couche celluleuse est, de plus, traversée par les ligaments sterno-péricardiques supérieur et inférieur.

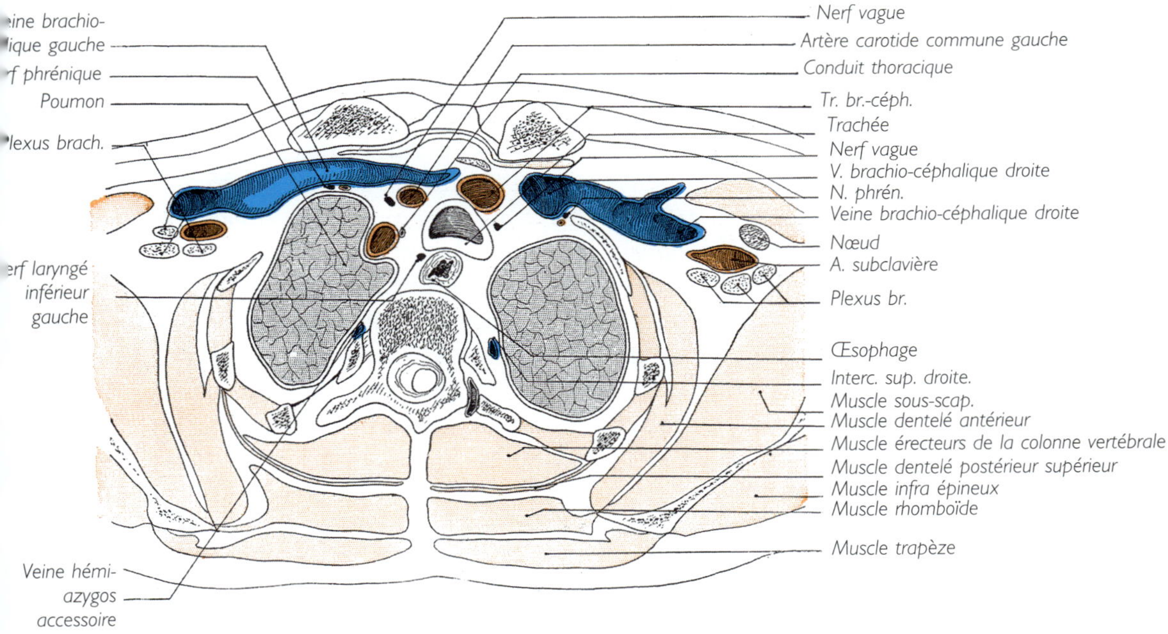

Fig. 216 ▪ Coupe horizontale passant par la partie inférieure du cou et par la partie supérieure de la deuxième vertèbre thoracique.

La face antérieure du médiastin est étroite parce que les plèvres et les poumons s'insinuent entre le sac fibreux péricardique et la paroi thoracique.

La région suivant laquelle le *péricarde* répond directement à la paroi est linéaire depuis les deuxièmes jusqu'aux quatrièmes cartilages costaux. Au-dessous de ces derniers cartilages, elle s'élargit progressivement de haut en bas et figure un triangle dont la base s'étend de l'extrémité médiale du sixième cartilage costal droit jusqu'au point où le récessus costo-médiastinal gauche croise la limite inférieure de l'aire cardiaque (fig. 215). Ce point est généralement sur le sixième cartilage costal, à 1,5 cm environ en dehors d'une verticale tangente au bord latéral gauche du sternum.

Sur les côtés, cette zone triangulaire du péricarde, directement rétro-sterno-costale, est limitée par les récessus costo-médiastinaux. Le récessus droit borde ce triangle depuis un point médian, placé à la hauteur des quatrièmes cartilages costaux, jusqu'à l'extrémité interne du sixième cartilage costal. La ligne de projection du récessus costo-médiastinal gauche est beaucoup plus inclinée en bas et en dehors de la précédente. Elle part du même point médian situé au niveau des quatrièmes cartilages costaux, et finit sur le sixième cartilage costal à 1,5 cm du sternum. Cette ligne croise le cinquième espace intercostal à quelque distance du sternum, de telle manière que le péricarde est en rapport avec les parties molles de cet espace, directement, c'est-à-dire sans interposition de la plèvre, sur une largeur de 1,5 cm à partir du bord gauche du sternum. Et, comme les artères thoraciques internes sont au moins à 1 cm en dehors du bord latéral du sternum, le lieu d'élection pour la paracentèse du péricarde, par la voie intercostale, se trouve à l'extrémité interne du cinquième espace intercostal gauche, au contact même du sternum.

Sur les côtés, le péricarde est assez étroitement uni à la plèvre médiastine par une mince couche de tissu conjonctif dense, qui dépend du fascia endothoracique. Cependant, les deux membranes peuvent être séparées l'une de l'autre.

Dans le tissu conjonctif serré qui les unit, cheminent les *nerfs phréniques* qu'accompagnent les *artères phréniques supérieures*. Le nerf phrénique droit descend verticalement et passe immédiatement en avant de la racine du poumon, ensuite sur la face externe de la veine cave inférieure dont il est toujours séparé par la gaine péricardique de la veine et par le ligament phréno-péricardique droit. Le nerf phrénique gauche passe à 2 cm environ en avant de la racine du poumon gauche et atteint le diaphragme à 2 cm environ, en arrière de la pointe du cœur. C'est au voisinage immédiat des deux nerfs phréniques que se trouvent les nœuds lymphatiques phréniques latéraux.

Nous avons décrit en détail les connexions qui existent entre le péricarde et le cœur.

Le *thymus* qui, avec le péricarde, occupe la partie antérieure du médiastin antérieur, est contenu dans une loge fibreuse appelée *loge thymique* (voir tome I). La paroi antérieure de la loge thymique est formée par le feuillet profond du fascia cervical moyen en haut, et par le ligament sterno-péricardique en bas. Sa paroi postérieure est constituée par le *fascia thyro-péricardique* et par le péricarde sous-jacent à ce fascia. Sur les côtés, enfin, la loge thymique est limitée par les gaines vasculaires du cou et par des membranes fibreuses qui relient les veines brachio-céphaliques aux vaisseaux thoraciques, à la clavicule et au premier cartilage costal.

En arrière du thymus et au-dessus du cœur, se trouvent de gros troncs vasculaires artériels et veineux (fig. 120).

Un premier plan, veineux, est constitué par les *veines brachio-céphaliques* et par la *veine cave supérieure* (fig. 120). La veine brachio-céphalique gauche et les veines thyroïdiennes inférieures tributaires de ce tronc sont dans le plan du fascia thyropéricardique qui les engaine (voir tome I). C'est le long des troncs du plan veineux que sont disposés les nœuds lymphatiques *médiastinaux antérieurs*.

Un deuxième plan, artériel, est placé en arrière du plan veineux. Il se compose : ❑ 1° des deux troncs du pédicule artériel du cœur, l'aorte et le tronc pulmonaire ; ❑ 2° des deux premières branches qui se détachent de la partie horizontale du tronc aortique, qui sont le tronc brachio-céphalique artériel et l'artère carotide commune gauche (fig. 120). ❑ L'artère subclavière gauche et le conduit thoracique qui montent en dehors de la trachée et de l'œsophage appartiennent au médiastin postérieur. Il en est de même de la partie terminale, de l'arc de l'aorte.

La *partie ascendante de l'aorte* et le *tronc pulmonaire* sont presque entièrement contenus dans le péricarde. La séreuse péricardique qui leur forme une gaine commune constitue, en arrière d'elles, le *sinus transverse de Theile*, qui sépare le pédicule artériel du cœur de son pédicule veineux.

Les *nœuds lymphatiques médiastinaux antérieurs* s'échelonnent en avant et à gauche de la partie horizontale de l'arc de l'aorte et de l'artère carotide commune gauche.

Au-dessus du péricarde, de nombreux nerfs courent entre les troncs vasculaires (fig. 217).

Le *nerf vague droit* passe entre l'artère et la veine subclavières, détache le muscle laryngé inférieur droit en regard de la face inférieure de cette artère, puis descend d'abord en dehors, ensuite en arrière du tronc brachio-céphalique artériel. Il arrive

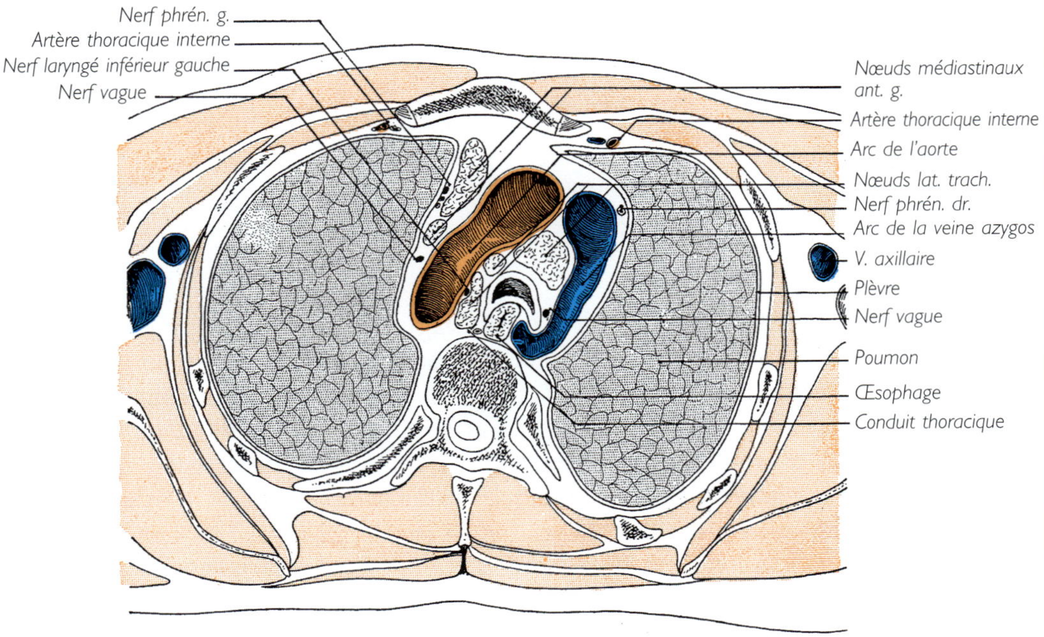

Fig. 217 ▪ Coupe horizontale du thorax passant par l'arc de l'aorte, par l'arc de la veine azygos et par la quatrième vertèbre thoracique. (À remarquer le développement anormal, pathologique, des nœuds lymphatiques médiastinaux antérieurs.)

ainsi sur la face latérale droite de la trachée où nous le retrouverons (voir : *médiastin postérieur*).

Le *nerf vague gauche* descend d'abord sur la face externe de l'artère carotide commune gauche, de haut en bas et d'arrière en avant. Il croise ensuite la face antéro-externe de la partie horizontale de l'arc de l'aorte suivant une direction oblique en bas et en arrière, et passe en arrière de la racine du poumon gauche.

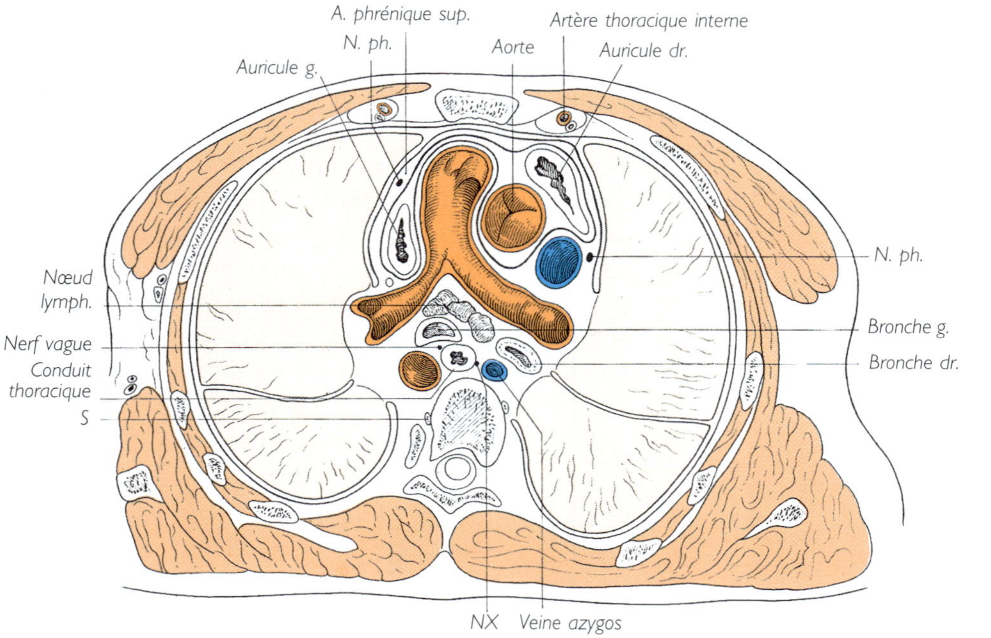

Fig. 218 ▪ Coupe horizontale du thorax passant par la 5e vertèbre thoracique, le plan de la coupe un peu oblique est plus bas en avant qu'en arrière.

Le *nerf laryngé inférieur gauche* naît du nerf vague en regard de la face inférieure de l'arc de l'aorte. Il contourne cette face en passant soit dans l'angle d'union du ligament artériel et de l'arc de l'aorte (fig. 217), soit au-dessous de ce ligament.

Le *nerf phrénique droit* descend d'abord en arrière et en dehors de la veine brachio-céphalique droite, puis sur la face externe de la veine cave supérieure.

Le *nerf phrénique gauche* passe à quelque distance en avant et en dehors de la partie horizontale de l'arc de l'aorte.

Les *plexus cardiaques antérieur et postérieur* s'étalent sur les faces antérieure et postérieure de la partie horizontale de l'arc de l'aorte. Le ganglion cardiaque est placé en regard de la face inférieure de l'arc de l'aorte.

b) MÉDIASTIN POSTÉRIEUR. Le médiastin postérieur comprend : la trachée et les bronches, l'œsophage thoracique, la partie terminale de l'arc de l'aorte et l'aorte thoracique descendante, la partie intra-thoracique de l'artère subclavière, les branches collatérales de l'aorte thoracique descendante, le conduit thoracique, les veines azygos, les nerfs vagues, les nœuds lymphatiques trachéo-bronchiques et médiastinaux postérieurs [1].

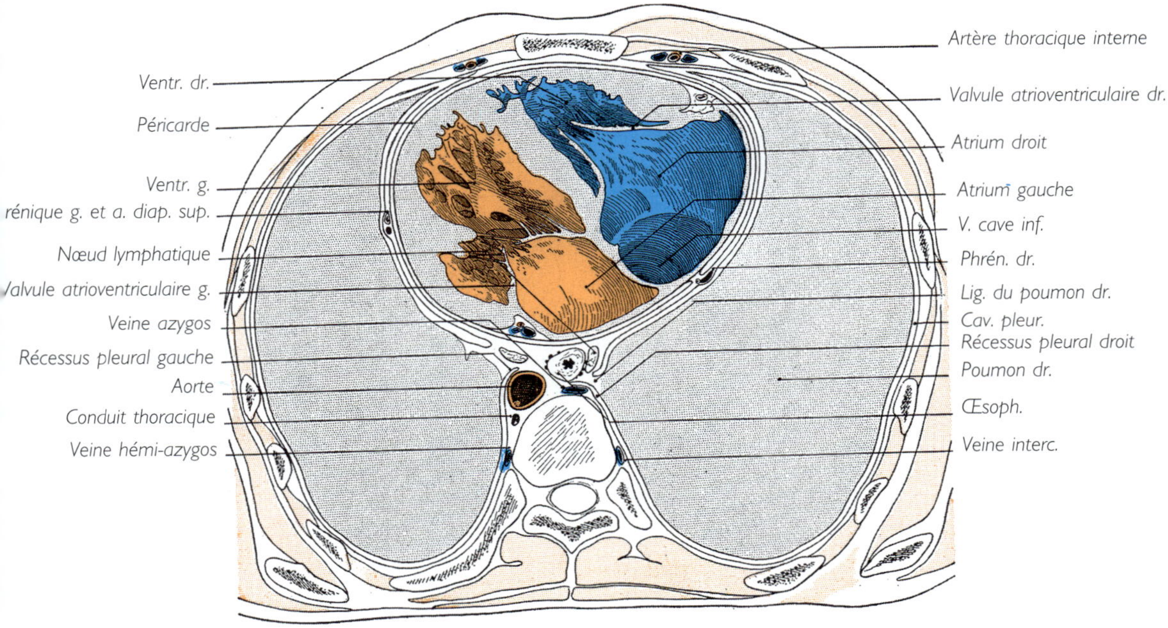

Fig. 219 ▪ Coupe horizontale du thorax passant par la septième vertèbre thoracique.
Sur cette coupe, le conduit thoracique, au lieu d'occuper sa place normale en avant de la colonne vertébrale, entre l'aorte et l'azygos, est situé en arrière de l'aorte, sur le flanc gauche de la colonne vertébrale.

La *trachée*, légèrement déviée vers la droite par l'arc de l'aorte qui s'appuie sur elle, se divise en deux bronches à la hauteur de la cinquième vertèbre thoracique ou du disque intervertébral qui sépare la cinquième de la sixième.

Elle est en arrière du fascia thyro-péricardique et des gros vaisseaux du médiastin antérieur (voir chacun de ces vaisseaux au chapitre *Vaisseaux du tronc*).

1. La plupart des auteurs ne comprennent dans le médiastin postérieur ni la trachée, ni les bronches. Mais ils ne décrivent pas non plus ces organes dans le médiastin antérieur, de telle sorte qu'ils arrivent à ce résultat surprenant que la trachée et les bronches ne paraissent pas faire partie du médiastin. Je les décris avec le médiastin postérieur en raison des relations étroites qui existent entre la trachée et l'œsophage et des rapports que présentent ces deux organes avec les nerfs vagues, les nerfs laryngés récurrents et les nœuds lymphatiques trachéo-bronchiques .
Je reconnais qu'il est aussi de bonnes raisons pour décrire la trachée et les bronches avec le médiastin antérieur. C'est ainsi que l'on est en droit d'étudier, avec le cœur, les artères pulmonaires droite et gauche, ainsi que les veines pulmonaires, et qu'il est souhaitable de ne pas séparer leur étude de celle des bronches qui constituent avec ces vaisseaux les racines du poumon. Mais encore il est indispensable de comprendre la trachée et les bronches dans l'un ou l'autre des médiastins, antérieur ou postérieur.

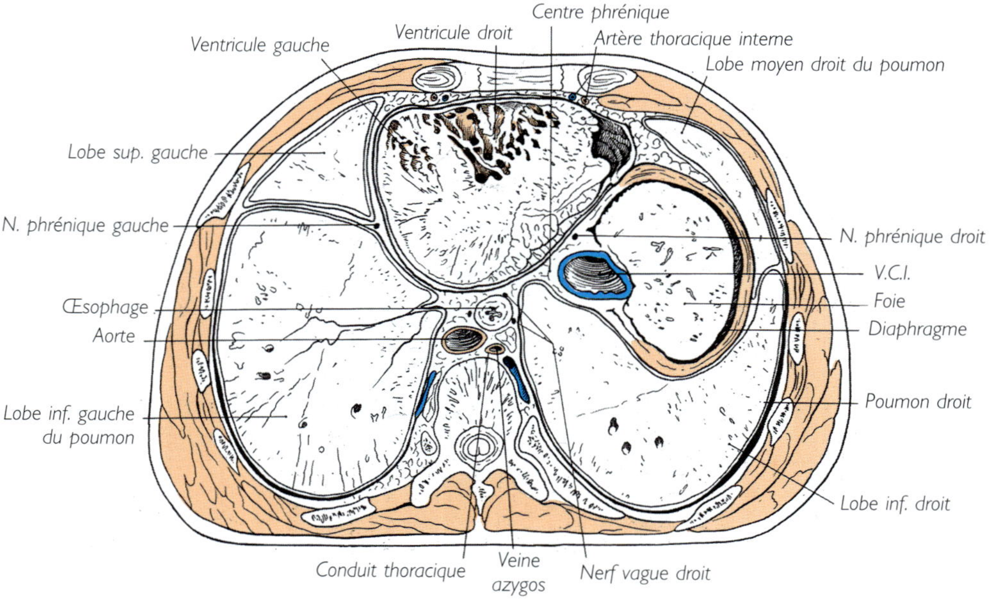

Fig. 220 ▪ Coupe horizontale du thorax passant par la 9e vertèbre thoracique, la coupole diaphragmatique droite est sectionnée, ainsi que la face supérieure du lobe droit du foie.

Elle est également en arrière des éléments antérieurs de la *chaîne latéro-trachéale droite*. Celle-ci est placée, en effet, dans une loge (Barety) limitée par : la face antéro-latérale droite de la trachée en arrière, la veine cave supérieure et la veine brachio-céphalique droite en avant, la partie supérieure de la portion verticale de l'arc de l'aorte et le tronc brachio-céphalique artériel en dedans, l'arc de la veine azygos en bas.

La *chaîne latéro-trachéale gauche* ou *récurrentielle gauche* longe le bord postéro-latéral de la trachée (voir plus loin).

La *bifurcation de la trachée* est en rapport, en avant, avec le tronc pulmonaire droit qui la recouvre (fig. 217). En arrière d'elle passent parfois les rameaux bronchiaux de l'aorte thoracique descendante droite, et le réseau nerveux intermédiaire, qui relie entre eux les deux plexus pulmonaires. L'angle de la bifurcation trachéale est occupé par les nœuds lymphatiques trachéo-bronchiques inférieurs ou nœuds de la bifurcation.

Autour des bronches sont groupés les organes qui composent les *racines du poumon* : ❑ les *rameaux bronchiaux de l'aorte thoracique descendante* sont, dans chaque pédicule, en arrière ou en avant de la bronche ; ❑ le *tronc pulmonaire* est en avant de la bronche à droite, en avant puis au-dessus du tronc bronchique à gauche ; ❑ les *veines pulmonaires* occupent la partie antéro-inférieure du pédicule ; la veine pulmonaire supérieure droite est à la fois prébronchique et préartérielle ; la veine pulmonaire supérieure gauche est le plus souvent seulement prébronchique et n'empiète que rarement sur la face antérieure de l'artère ; les veines pulmonaires inférieures droite et gauche sont sous-bronchiques ; ❑ les *vaisseaux lymphatiques* sont placés le long des bronches et des vaisseaux de la racine du poumon ; ❑ le *plexus pulmonaire* se déploie tout autour de la racine du poumon ; il est surtout développé en arrière ; ❑ enfin, les *nœuds lymphatiques broncho-pulmonaires* sont disposés dans les intervalles compris entre les éléments de la racine du poumon, au hile et au voisinage du hile.

La racine du poumon s'arrête au hile du poumon.

Le *hile du poumon* est la partie de la surface médiastinale du poumon par laquelle les organes qui composent la racine du poumon entrent et se perdent dans la masse pulmonaire [1].

L'*œsophage* est en arrière de la trachée. Mais il la déborde à gauche, en raison de l'inclinaison de l'œsophage à gauche depuis son origine jusqu'à l'arc de l'aorte, et en raison également de la déviation de la trachée vers la droite.

En avant de son bord gauche, monte le *nerf laryngé inférieur gauche* accompagné des nœuds récurrentiels gauches (fig. 207).

La face antérieure de l'œsophage peut être croisée, en arrière de la bifurcation de la trachée, par le rameau bronchial de l'aorte thoracique descendante droite. Immédiatement au-dessous de la trachée, c'est-à-dire dans l'angle de bifurcation des bronches, la face antérieure de l'œsophage répond aux nœuds lymphatiques trachéo-bronchiques inférieurs et, en avant de ces nœuds, au tronc pulmonaire. Plus bas, il est en rapport avec le péricarde, le sinus oblique du péricarde et l'atrium gauche.

Les bords latéraux de l'œsophage sont longés, au-dessous des racines du poumon, par le *ligament pulmonaire* correspondant (fig. 203).

La *partie horizontale de l'arc de l'aorte* croise d'avant en arrière la trachée, le nerf laryngé inférieur gauche, le bord gauche de l'œsophage et le conduit thoracique ; elle finit en arrière sur la face latérale gauche de la quatrième vertèbre thoracique (fig. 221).

L'*aorte thoracique descendante* descendante est située — en haut — en arrière de la racine du poumon, à gauche et en arrière de l'œsophage ; mais, à mesure qu'elle descend, l'aorte se rapproche de la ligne médiane, si bien qu'elle se place en arrière de l'œsophage, puis en arrière et à droite de ce conduit (fig. 203).

Les *artères intercostales postérieures* sont directement appliquées sur la colonne vertébrale et forment, avec les lymphatiques afférents du conduit thoracique et les nœuds lymphatiques prévertébraux, le plan vasculaire le plus profond du médiastin postérieur.

L'*artère subclavière gauche* monte à peu près verticalement au-dessus de la partie horizontale de l'aorte, en arrière de l'artère carotide commune gauche et du nerf

1. Certains auteurs décrivent le hile du poumon comme un *carrefour*, un *cratère*, creusé dans le poumon, d'étendue et de profondeur indéterminées, dans lequel la masse pulmonaire se compose des premières divisions des bronches, et des vaisseaux pulmonaires. Cette définition est analogue à celle que l'on pourrait donner du sinus du rein, à cette différence près que le sinus du rein est bien limité, tandis que le hile du poumon, d'après cette conception, ne l'est pas. Or le sinus du rein, même bien limité, n'est pas le hile du rein.

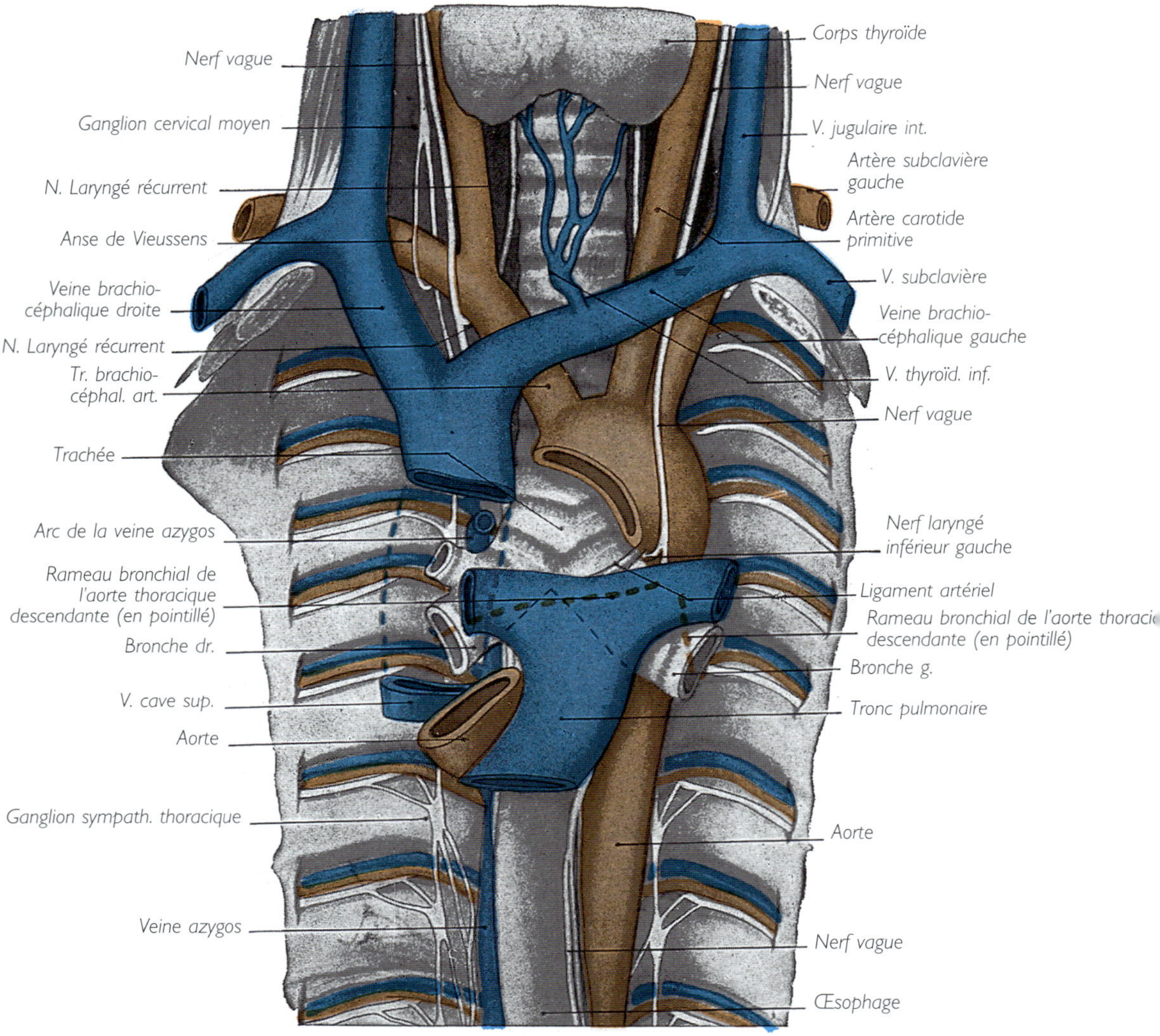

Fig. 221 ▪ Médiastin postérieur, vue antérieure.

vague gauche, en avant de la colonne vertébrale, en dehors de la trachée, de l'œsophage et du conduit thoracique, en dedans de la plèvre et du poumon gauches (fig. 216).

Le *conduit thoracique* chemine, à partir de son origine, le long du flanc droit de l'aorte. Il monte donc obliquement en haut et à gauche, nettement à gauche de la veine azygos, en avant des artères intercostales postérieures, en avant aussi des parties terminales, à direction transversale, des veines hémi-azygos ou de leur tronc commun. Il croise ensuite la face interne de l'arc de l'aorte et monte en dedans de l'artère subclavière gauche jusqu'à la base du cou.

Les *veines azygos* sont placées sur les parties latérales de la face antérieure de la colonne vertébrale.

La *veine azygos* monte en avant des artères intercostales, à droite du conduit thoracique, en arrière de l'œsophage et de la racine du poumon droit. L'arc de la veine azygos contourne en haut ce pédicule, en dehors de la face latérale droite de la trachée et du nerf vague droit (fig. 217).

Les *veines hémi-azygos* sont en dehors et en arrière de l'aorte. Leur segment terminal, transversal, par lequel elles se jettent dans la veine azygos, passe en arrière de l'aorte et du conduit thoracique.

Les *nerfs vagues* descendent dans le médiastin postérieur. ❑ Le *nerf vague droit* chemine sur le tronc brachio-céphalique artériel d'abord ; sur la face latérale de la trachée ensuite ; il passe en dedans de l'arc de la veine azygos, puis en arrière de la racine du poumon, où il contribue à former le plexus pulmonaire droit. Au-dessous de la racine du poumon, le nerf vague s'applique d'abord sur le bord droit, puis sur la face postérieure de l'œsophage. ❑ Le *nerf vague gauche*, que nous avons suivi jusqu'à la face inférieure de l'arc de l'aorte, descend ensuite en arrière de la racine du poumon, où il entre dans la constitution du plexus pulmonaire gauche. Il est alors en avant de l'aorte thoracique descendante. Plus bas, le nerf vague longe d'abord le bord gauche, puis la face antérieure de l'œsophage. En regard de la face inférieure de l'arc de l'aorte, il donne le nerf laryngé inférieur gauche, qui passe au-dessous du ligament artériel ou du point de jonction de ce ligament avec l'arc de l'aorte. On trouve, sous l'aorte et au contact du récurrent, le *nœud lymphatique du ligament artériel* qui est à l'origine de la chaîne récurrentielle gauche.

Les *nerfs du plexus cardiaque postérieur* ou profond descendent sur les faces antérieure et latérales de la trachée pour passer derrière l'arc de l'aorte et gagner le médiastin antérieur.

Le *tronc sympathique thoracique* n'est pas dans le médiastin postérieur, car il est situé, de chaque côté, en arrière des poumons et des plèvres, dans les régions pleuro-pulmonaires. Mais, parmi les rameaux supérieurs venus des quatre ou cinq premiers ganglions thoraciques, certains se rendent aux organes du médiastin postérieur, à l'aorte en particulier ; d'autres vont au plexus pulmonaire postérieur.

Les *nœuds lymphatiques médiastinaux postérieurs* se trouvent sur les bords latéraux et sur les faces de l'œsophage, disséminés dans le tissu conjonctif du médiastin postérieur.

Du *tissu conjonctif* entoure, en effet, tous les organes contenus dans le médiastin postérieur. Ce tissu, généralement *lâche*, se condense en certains endroits, par exemple autour de l'œsophage, où il forme une véritable *gaine ou adventice de l'œsophage* (A.A.P. Monteiro).

Les *plèvres médiastinales* qui limitent latéralement le médiastin postérieur s'insinuent dans les dépressions comprises entre les organes voisins. C'est ainsi qu'elles émettent en arrière de l'œsophage, en avant de la veine azygos à droite, et de l'aorte à gauche, des prolongements appelés *récessus pleuraux droit* et *gauche*. Ces culs-de-sac augmentent de profondeur de haut en bas et sont unis entre eux, à la partie inférieure du médiastin postérieur, par une membrane fibro-celluleuse frontale, rétro-œsophagienne, le *ligament interpleural de Morosow*. Ce ligament doit être considéré comme une partie plus différenciée et plus résistante du fascia périœsophagien signalé par Monteiro.

La plèvre gauche émet encore, au-dessus de l'aorte et en arrière de l'artère subclavière gauche, un *récessus sus-aortique* que remplit du tissu pulmonaire.

ESPACE INFRA-MÉDIASTINAL POSTÉRIEUR. Cette partie, la plus déclive du médiastin postérieur (Rossi), prolonge, en bas, le médiastin postérieur, au-dessous du plan transversal fictif passant par les récessus inférieurs de la plèvre.

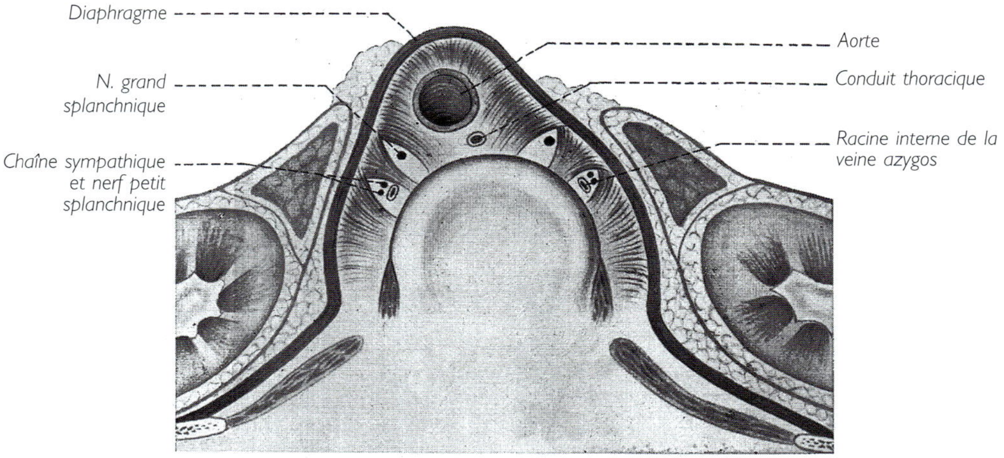

Fig. 222 ▪ Espace infra-médiastinal postérieur sur une coupe schématique horizontale passant entre la douzième vertèbre thoracique et la première vertèbre lombale (d'après J. Meillère et Bréhant).

C'est un angle dièdre aigu, sous-jacent au cul-de-sac pleural vertébro-diaphragmatique, ouvert, en haut entre le diaphragme, en avant, et, la colonne vertébrale, en arrière.

Sur une coupe transversale, il présente grossièrement l'aspect d'un croissant dont la concavité se moule sur la saillie du corps de la douzième vertèbre thoracique.

Il est limité, en avant, par la face postérieure des piliers du diaphragme et les fibres charnues qui en partent ; les piliers livrent passage, à ce niveau, à l'aorte. Il répond en arrière à la face antérieure des corps vertébraux de la douzième vertèbre thoracique et de la première vertèbre lombale ainsi que du disque correspondant.

Latéralement, l'espace s'arrête à la ligne courbe conventionnelle, oblique de haut en bas et d'arrière en avant qui s'étend de la face latérale du corps de la douzième vertèbre thoracique à l'insertion des piliers (Paturet). En bas, l'espace infra-médiastinal est fermé par l'insertion vertébrale des piliers sur les corps vertébraux de la première et de la deuxième vertèbre lombale ; en haut, l'espace s'ouvre sur la ligne médiane dans le tissu cellulaire du médiastin postérieur ; toutefois, cette limite supérieure peut être artificiellement représentée par le plan horizontal qui suit le bord des deux culs-de-sac inférieurs de la plèvre ; ainsi, approximativement, au tiers supérieur de la douzième vertèbre thoracique.

C'est dans l'espace inframédiastinal que l'on trouve les organes postérieurs qui traversent le diaphragme, en particulier l'aorte, le nerf sympathique et les nerfs splanchniques qui sont abordés dans cette région par la voie médiastinale postérieure.

L'aorte est sur la ligne médiane entre les deux piliers principaux du diaphragme, devant le ligament longitudinal antérieur, entourée d'une gaine dense qui adhère plus ou moins à la face postérieure de la portion verticale du diaphragme ; elle détache, avant de traverser son orifice, les artères phréniques inconstantes destinées aux piliers, les douzièmes artères intercostales postérieures de sa face postérieure et les premières artères lombales de ses flancs latéraux. Virno a désigné, sous le vocable de « loges latéro-aortiques » droite et gauche, les gouttières latérales à l'aorte qui logent les vaisseaux et les nerfs de l'espace infra-médiastinal.

Le conduit thoracique se place généralement derrière le bord droit de l'aorte.

Les deux racines d'origine des veines azygos se fusionnent dans l'espace infra-médiastinal postérieur. C'est dans l'espace infra-médiastinal, à sa partie haute, que se constitue le plus souvent la racine externe des veines azygos formée par l'union de la veine lombale ascendante avec la douzième veine intercostale qui est souvent grosse.

Le nerf grand splanchnique est le nerf le plus interne et le plus antérieur ; il se rapproche des veines azygos sans les atteindre ; il se renfle souvent en un ganglion (Lobstein) avant de quitter l'espace infra-médiastinal. Oblique en avant et en dedans, il traverse les fibres tendineuses ou déjà charnues du pilier diaphragmatique qu'il partage ainsi, pour certains, en pilier principal et pilier accessoire.

Le nerf petit abdomino-splanchnique traverse la région en dehors et en arrière du nerf grand splanchnique, et le diaphragme, normalement, dans l'interstice qui livre passage au cordon du nerf grand sympathique, mais au-dessus et en avant de lui ; rarement par le même orifice que le nerf grand splanchnique ou par le hiatus aortique. Lorsque la racine inférieure venue du douzième ganglion thoracique reste indépendante, ce nerf splanchnique inférieur n'a qu'une traversée très courte dans la région.

Le tronc sympathique thoracique est devant l'interligne articulaire costo-vertébral par son gros et douzième ganglion thoracique ; en réalité, il est à la limite latérale de l'espace et déjà recouvert par la plèvre costo-vertébrale (Braine).

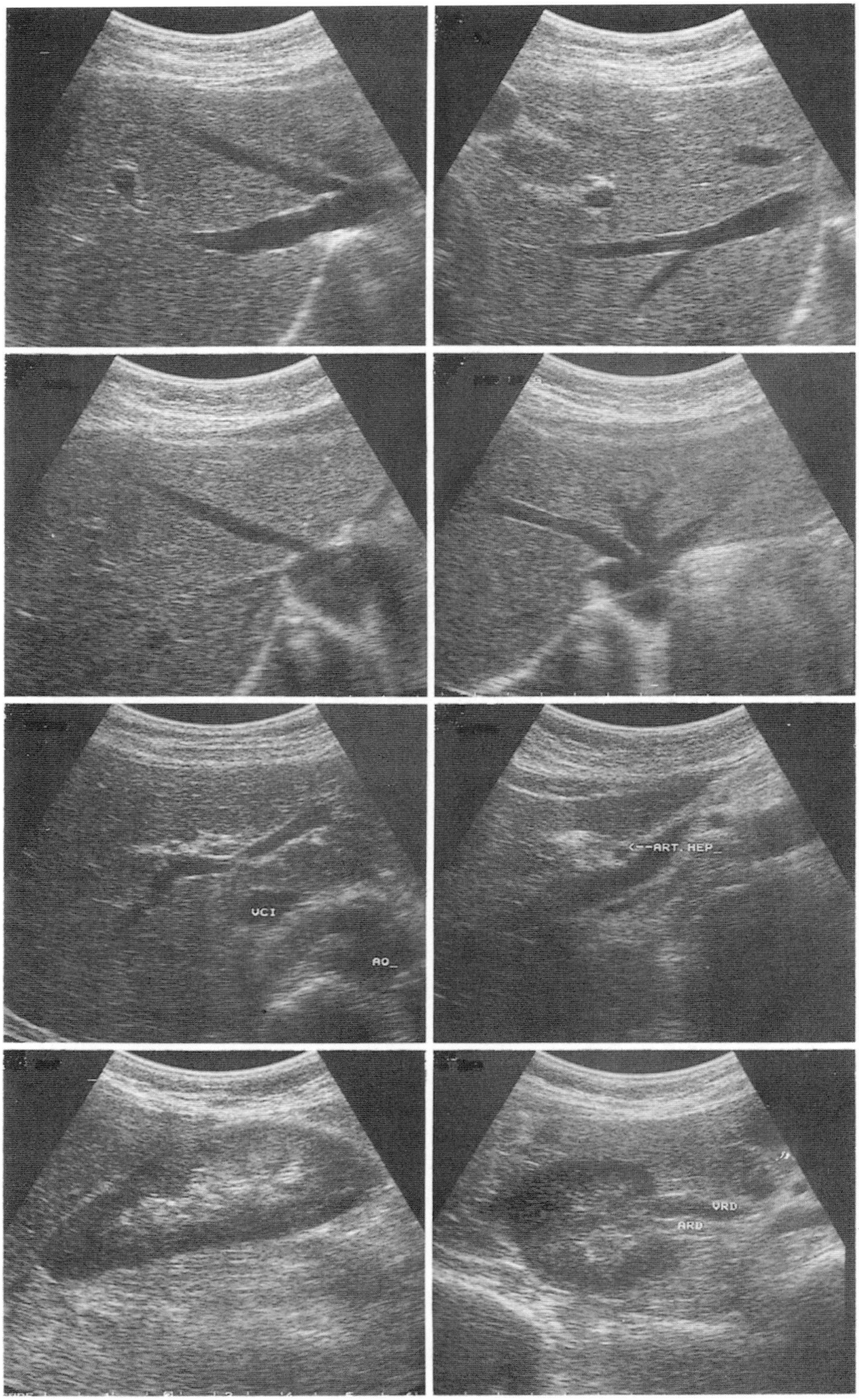

Planche V ▪ Sur le vivant : série de coupes horizontales du foie, de haut en bas (cranio-caudales) en échographie ; en bas : coupes sagittale (à gauche) et horizontale (à droite) du rein, en échographie (Dr A. KUJAS).

ORGANES DE L'ABDOMEN

L'abdomen contient la majeure partie de l'appareil digestif, l'estomac, le duodénum, l'intestin grêle et le gros intestin, ainsi que les glandes hépatiques et pancréatiques, foie et pancréas, et la rate.

Ces organes sont contenus dans la cavité péritonéale. C'est par le péritoine que nous commencerons leur étude.

I. APPAREIL DIGESTIF ET PÉRITOINE

PÉRITOINE

Le péritoine est une membrane séreuse annexée aux organes contenus dans la cavité abdomino-pelvienne, c'est-à-dire à la partie sous-diaphragmatique de l'appareil digestif et à certains organes de l'appareil génito-urinaire.

On reconnaît au péritoine, comme à toute membrane séreuse : ❑ 1° un *feuillet pariétal*, appelé encore *péritoine pariétal*, appliqué sur les parois des cavités abdominale et pelvienne ; le feuillet pariétal est doublé profondément, dans toute son étendue, par une couche de tissu cellulaire ou cellulo-adipeux, appelée *fascia propria* ; ❑ 2° un *feuillet viscéral*, ou *péritoine viscéral*, constitué par le revêtement séreux des organes abdomino-pelviens ; ❑ 3° des replis membraneux qui relient le péritoine pariétal au péritoine viscéral.

Ces replis engainent les pédicules vasculo-nerveux qui vont de la paroi aux organes enveloppés par la séreuse. Chacun d'eux se compose de deux feuillets séparés l'un de l'autre par une mince lame de tissu cellulo-graisseux, renfermant des vaisseaux et des nerfs. Ces feuillets séreux émanent du péritoine pariétal, s'avancent dans la cavité abdomino-pelvienne et se continuent avec le péritoine viscéral de part et d'autre de la zone suivant laquelle les vaisseaux et nerfs abordent l'organe auquel ils sont destinés.

Les replis du péritoine sont de plusieurs sortes et portent, suivant le cas, le nom de *méso*, d'*omentum* ou de *ligament*. ❑ On appelle *mésos* les replis péritonéaux qui unissent à la paroi un segment du tube digestif. Le méso s'appelle mésogastre, mésoduodénum, mésentère ou mésocôlon, suivant qu'il est en connexion avec l'estomac, le duodénum, le jéjunum et l'iléum ou le côlon. Le nom de méso s'applique également à quelques replis du péritoine génital. ❑ On nomme *ligaments* les replis du péritoine qui relient à la paroi des organes intra-abdominaux ou pelviens ne faisant pas partie du tube digestif (foie, utérus, etc.). ❑ Enfin, on donne le nom d'*omentums* aux replis péritonéaux qui s'étendent entre deux organes intra-abdominaux (voir fig. 223).

En fait à la surface des organes, le péritoine apparaît comme un « simple vernis » (Farabeuf), il ne prend la texture et l'allure d'une membrane ayant une certaine épaisseur qu'au niveau des parois (péritoine pariétal) et au niveau des mésos et des omentums. Sa doublure par le fascia propria permet alors de le mobiliser et de le suturer.

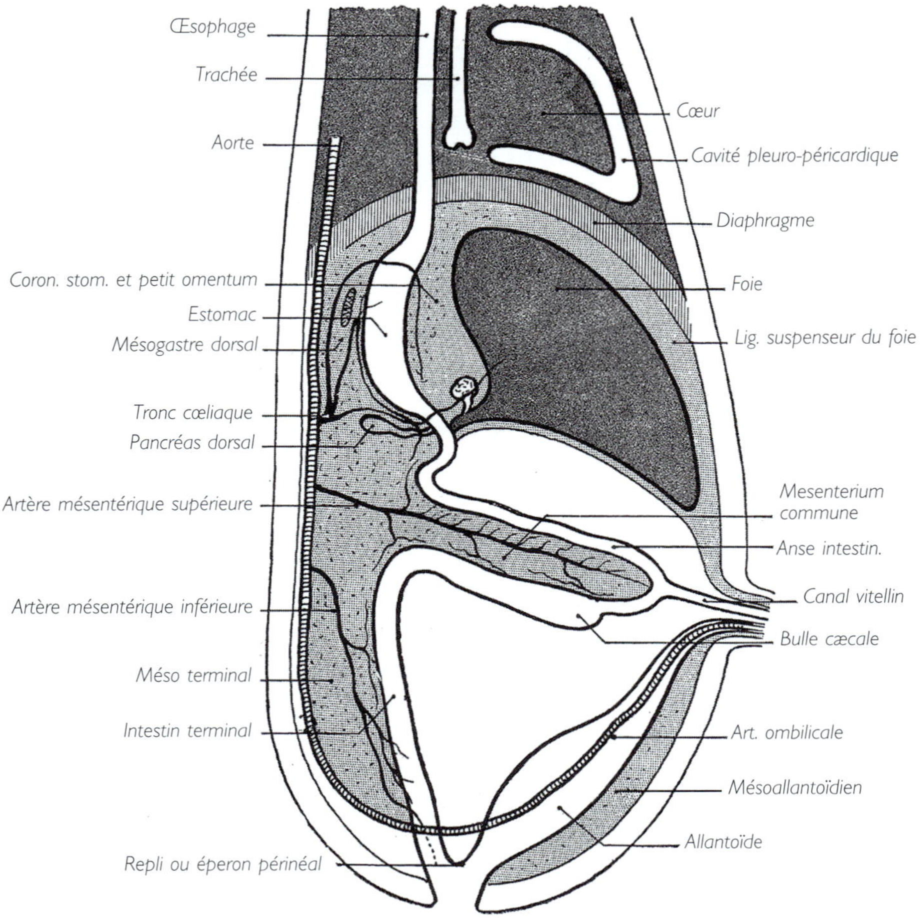

Fig. 223 ▪ Schéma montrant la disposition générale du tube digestif embryonnaire et des mésos du péritoine qui le retient à la paroi à un stade très précoce du développement.

Le schéma montre également les artères qui cheminent dans le mésogastre postérieur. ❑ Des trois branches du tronc cœliaque, l'*artère gastrique gauche* monte vers l'extrémité supérieure de l'estomac qu'elle croise à droite, et descend ensuite le long de la petite courbure, l'*artère splénique* gagne directement la partie moyenne de la grande courbure, l'*artère hépatique commune* se porte vers l'extrémité inférieure de l'estomac qu'elle croise à droite pour gagner le foie. ❑ L'*artère mésentérique supérieure*, destinée à l'anse intestinale, s'étend dans le mésentère commun jusqu'au sommet de l'anse. ❑ Enfin, l'artère *mésentérique inférieure* descend en arrière de l'intestin terminal.

Péritoine viscéral, péritoine pariétal, mésos, omentums et ligaments sont des parties d'une même membrane, partout continue, et qui limite une cavité virtuelle, la *cavité péritonéale*.

Il ne s'agit pas, dans ce chapitre, de la description complète, précise du péritoine. Celle-ci ne peut-être séparée de celle des organes engainés par cette séreuse. Mais, pour comprendre la morphologie et surtout la topographie de ces organes et du péritoine, il est indispensable d'envisager au préalable, à la lumière de l'embryologie, la disposition générale de la séreuse péritonéale dans ses rapports avec les organes qu'elle enveloppe. Comme la configuration du péritoine est commandée par celle des organes auxquels cette séreuse est annexée, l'étude générale du péritoine doit comprendre, pour être rationnelle, d'une part l'évolution des organes, intra-abdomino-pelviens, d'autre part les modifications que subit le péritoine au cours de cette évolution.

A. **Anatomie fonctionnelle du péritoine.**

Le péritoine assure le soutien des organes de la cavité abdominale les suspendant et les fixant à la paroi. La surface du péritoine humectée de sérosité permet aux viscères de glisser les uns sur les autres et favorise ainsi leurs mouvements propres.

Le péritoine assure enfin la résorption des liquides intrapéritonéaux, cette résorption normale se faisant surtout vers les hypochondres surtout à droite au-dessus du foie, à travers le diaphragme vers les lymphatiques du médiastin par des pertuits.

DÉVELOPPEMENT DE LA PARTIE SOUS-DIAPHRAGMATIQUE DE L'APPAREIL DIGESTIF. ÉVOLUTION DU PÉRITOINE CORRESPONDANT. Le tube digestif est, à l'origine, à peu près rectiligne. Mais il s'allonge beaucoup plus vite que le corps de l'embryon. Il en résulte des inflexions du tube digestif qui, s'ajoutant à des inégalités de calibre, permettent de reconnaître à sa partie sous-diaphragmatique plusieurs segments (fig. 223).

On trouve, en effet, de très bonne heure, un peu au-dessous du diaphragme, une partie dilatée, l'*estomac,* dont le bord antérieur est concave et le bord postérieur convexe.

À l'estomac fait suite un segment incurvé en forme d'anse dont la concavité regarde en arrière ; c'est l'*anse duodénale,* qui devient le duodénum.

À l'anse duodénale succède l'*anse intestinale.* Celle-ci est concave en arrière comme l'anse duodénale, mais elle est beaucoup plus longue que celle-ci. On distingue à l'anse intestinale un sommet d'où se détache le canal vitellin, et deux branches, l'une, supérieure, ou descendante, l'autre, inférieure, ou ascendante.

On remarque sur la branche ascendante de l'anse une dilatation appelée *bulle cæcale.* La partie qui se trouve en amont de la bulle cæcale forme le jéjunum et l'iléum. Le reste, y compris le bourgeon cæcal, représente le cæcum, le côlon ascendant et le côlon transverse. L'angle formé par le duodénum et l'anse intestinale deviendra l'angle duodéno-jéjunal.

L'anse intestinale se continue jusqu'à l'anus par un dernier segment, l'*intestin terminal,* qui donne le côlon descendant, le côlon ilio-pelvien et le rectum.

La coudure que présente le tube digestif à l'union de l'anse intestinale avec l'intestin terminal représente l'angle splénique du côlon.

À l'origine, les différents segments du tube digestif sont situés à peu près dans un plan sagittal (fig. 223). Leur revêtement séreux est relié sur toute sa longueur à la paroi abdominale postérieure par un méso médian, postérieur ou dorsal appelé :

❑ *mésogastre dorsal* au niveau de l'estomac ; ❑ *mésoduodénum* en regard du duodénum ; ❑ *mésentérium commune* dans la région qui répond à l'anse intestinale ; ❑ *méso terminal*, tout le long de l'intestin terminal.

L'estomac et la moitié supérieure de l'anse duodénale sont également unis à la paroi ventrale jusqu'à l'ombilic par un mésentère antérieur ou ventral. Comme ce mésentère est surtout en rapport avec l'estomac, il est généralement appelé mésogastre antérieur. Les mésogastres dorsal et antérieur se confondent en haut avec le septum transverse dont la partie supérieure devient le diaphragme.

DÉVELOPPEMENT DE L'ESTOMAC, DU DUODÉNUM, DU FOIE, DU PANCRÉAS ET DE LA RATE — ÉVOLUTION DES MÉSOGASTRE DORSAL ET ANTÉRIEUR ET DU MÉSODUODÉNUM.

1. Rotation et inflexion de l'estomac. Évolution du mésogastre dorsal — Première ébauche du récessus omental inférieur. L'estomac subit bientôt un mouvement de rotation tel que son bord antérieur concave, ou petite courbure, regarde à droite et que son bord postérieur, ou grande courbure, regarde à gauche.

Son bord postérieur s'accroit en effet plus vite et de façon plus importante que son bord antérieur, ce qui a pour effet d'entraîner le phénomène de rotation. (Dankmeijer).

De très bonne heure, il se forme, sur la face droite de l'estomac et du mésogastre dorsal, un diverticule de la cavité péritonéale qui se développe en haut, c'est-à-dire vers le diaphragme, à droite de l'estomac et dans l'épaisseur du mésogastre dorsal (fig. 224 et fig. 225, A).

À la suite de modifications sur lesquelles nous ne pouvons insister, ce diverticule, appelé *récessus* ou *cavité hépato-entérique*, se trouve limité en haut par le diaphragme et latéralement par deux lames, l'une, droite, l'autre, gauche, résultant du dédoublement du mésogastre dorsal par le récessus. La lame droite est appelée *mésolatéral* (Brachet) ou encore *mésohépato-cave*, parce que son bord antérieur est uni au foie et parce que son bord dorsal est longé de bas en haut par la veine cave inférieure. La lame gauche devient le *mésogastre dorsal proprement dit*. Celui-ci est encore très épais (fig. 224 et 225, A).

Bientôt la cavité hépato-entérique émet un prolongement qui s'enfonce de droite à gauche immédiatement en arrière de l'estomac, dans l'épaisseur du mésogastre dorsal proprement dit (fig. 224 et 225, B), dans l'intervalle compris entre les artères gastrique gauche et hépatique commune (fig. 223). Dès lors, l'estomac peut commencer son mouvement de rotation autour d'un axe vertical. Mais la rotation de l'estomac n'est pour rien dans la formation de ce prolongement.

La cavité hépato-entérique et son *prolongement transversal rétro-gastrique* constituent la première ébauche de du récessus omental inférieur (fig. 223, B et C). La formation de celle-ci, contrairement à l'opinion longtemps admise, est donc au début indépendante du changement de position de l'estomac (Broman). Mais la formation du prolongement frontal rétro-gastrique a eu pour résultat d'amincir et d'allonger considérablement le mésogastre postérieur, qui s'est ainsi modifié pour se prêter aux divers changements d'orientation de l'estomac.

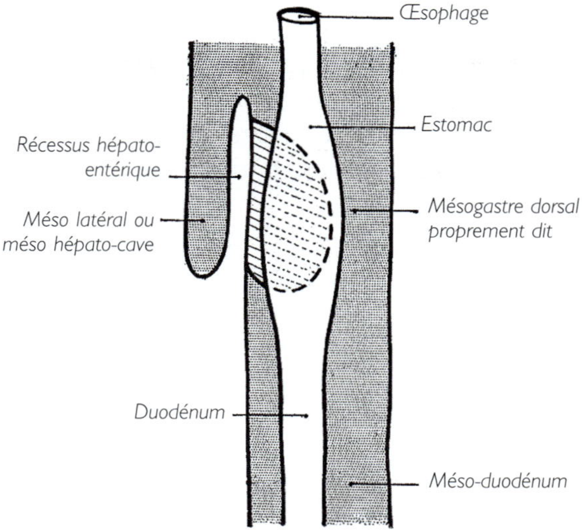

Fig. 224 ▪ Formation du récessus hépato-entérique.
La figure représente le segment postérieur d'une coupe frontale schématique du mésogastre dorsal et du mésoduodénum sur laquelle on a projeté l'estomac et le duodénum. En traits espacés, parallèles et obliques, on a figuré le prolongement rétro-gastrique que le récessus hépato-entérique envoie en arrière de l'estomac (imité de Brachet).

Pendant qu'il poursuit son mouvement de rotation autour d'un axe vertical, l'estomac bascule légèrement autour d'un axe antéro-postérieur, de telle sorte que son extrémité supérieure s'infléchit à gauche et entraîne vers la gauche l'extrémité inférieure de l'œsophage. Il subit de plus un léger déplacement de haut en bas, qui accompagne le mouvement de bascule. Enfin, en même temps, l'estomac s'accroît en tous sens.

Tous ces changements ne peuvent se produire que grâce à un allongement suffisant du mésogastre dorsal permettant à la grande courbure de se déplacer. Or cet allongement se produit très vite et plus grand qu'il ne faut pour assurer les déplacements de la grande courbure, si bien que le mésogastre forme bientôt un repli qui déborde la grande courbure sur toute sa longueur (fig. 225, C et fig. 226) ; ce repli en forme de sac est appelé pour cette raison *sac omental* ; on l'appelle encore improprement *grand omentum*.

En se déplaçant vers le bas, l'estomac glisse en avant du tronc cœliaque ; mais la paroi inférieure du récessus omental inférieur qui se déplace en même temps que l'estomac est bientôt accrochée et soulevée par le tronc cœliaque et par l'artère hépatique commune (fig. 227 et 229). Il en résulte la formation d'un repli saillant dans le récessus omental inférieur, le *pli hépatico-pancréatique* ou *pli de l'artère cœliaque* ou encore *faux de l'hépatique* (Broman), qui divise cette cavité en deux parties : ❑ l'une, droite, est appelée *vestibule de la bourse omentale*, ou encore *récessus omental inférieur* ;

❑ l'autre, gauche, est désignée sous le nom de *bourse omentale*, ou *récessus gastro-pancréatique de la bourse omentale*, ou encore *récessus omental supérieur* (fig. 229 et 231).

Cette séparation est complétée en haut par un repli du péritoine de l'œsophage abdominal soulevé par l'artère gastrique gauche. En effet, dans son double mouvement de bascule et de descente, l'estomac attire en bas et à gauche l'artère gastrique gauche qui entraîne avec elle un repli du péritoine. Ce repli est appelé *pli gastro-pancréatique* (fig. 231).

2. Péritoine de l'œsophage abdominal. Avant tout changement d'orientation, l'œsophage abdominal présente, comme l'estomac : deux faces, l'une, droite, l'autre, gauche, et deux bords, l'un, antérieur, l'autre, postérieur. Les deux feuillets du mésentère tapissent les deux faces et se continuent en avant avec le méso-œsophage antérieur, tandis qu'en arrière ils forment à l'œsophage un méso postérieur en continuité avec le mésogastre dorsal.

Quand l'estomac exécute son mouvement de rotation, l'œsophage tourne sur place dans l'épaisseur du mésentère dorsal. Sa face droite devient postérieure et disparaît dans l'épaisseur du méso-œsophage postérieur ; cette face se trouve donc dépourvue de revêtement péritonéal. Sa face gauche devient la face antérieure que tapisse toujours le feuillet gauche du méso-œsophage (fig. 226). Enfin, le bord antérieur de l'œsophage devient son bord droit, le long duquel les deux feuillets péritonéaux de ce conduit se continuent avec le méso-œsophage antérieur, qui forme dans la suite l'extrémité supérieure du petit omentum (fig. 226).

Cependant la répercussion du mouvement de rotation de l'estomac sur l'œsophage ne se fait pas sentir sur toute la hauteur de ce conduit et diminue progressivement de bas en haut.

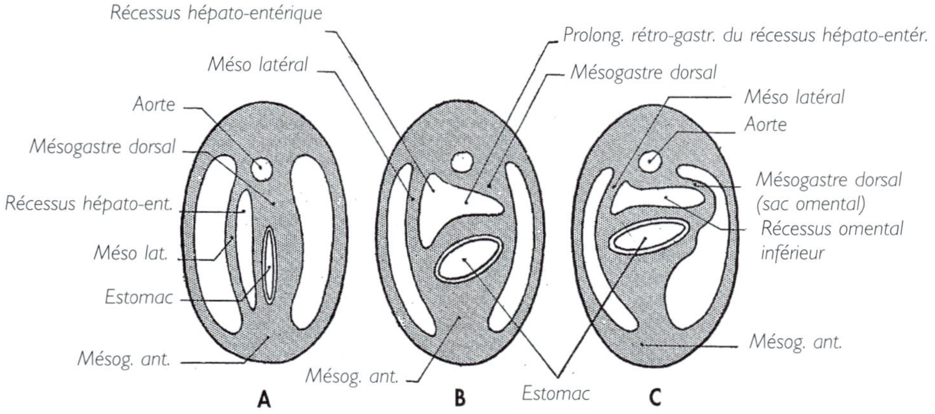

Fig. 225 ▪ Coupes horizontales schématiques montrant à différents stades : 1° la formation du récessus hépato-entérique, de son prolongement rétro-gastrique qui constitue la première ébauche du récessus omental inférieur, et de l'omentum majus ; 2° la rotation de l'estomac.

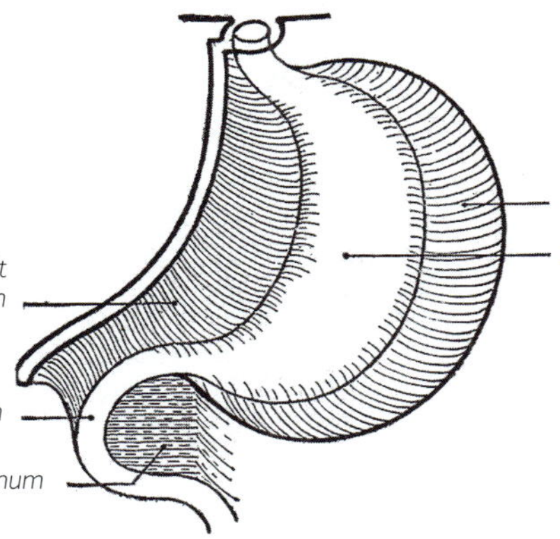

Fig. 226 ▪ L'estomac et le duodénum après leur rotation. Ébauche du grand omentum et du petit omentum.

Ceci explique les particularités que présentent les rapports de l'œsophage avec les nerfs vagues. Suivis de haut en bas, on voit que les nerfs vagues s'accolent, quand ils prennent contact avec l'œsophage, d'abord à la paroi latérale correspondante. Ensuite progressivement, le nerf vague droit gagne la paroi postérieure, et le nerf vague gauche la paroi antérieure du conduit œsophagien.

3. Rotation du duodénum
En s'infléchissant à droite, l'extrémité inférieure de l'estomac entraîne avec elle l'anse duodénale. Celle-ci exécute un mouvement de rotation par lequel l'anse et le mésoduodénum s'appliquent par leur face droite sur la partie correspondante de la paroi abdominale postérieure (fig. 226).

4. Formation du foie et du pancréas. Pendant que l'estomac subit les transformations que nous venons d'indiquer, le duodénum donne naissance à deux bourgeons creux. L'un d'eux naît de la paroi antérieure ou ventrale du duodénum, c'est le *diverticule hépatique*.

L'autre se détache de la paroi postérieure ou dorsale de l'anse duodénale et constitue le *pancréas dorsal* (fig. 227, A).

Le diverticule hépatique représente en même temps la première ébauche du foie et le rudiment du conduit cholédoque. L'extrémité libre du diverticule hépatique prolifère et forme de nombreuses travées cellulaires qui constituent le foie. De plus, il donne naissance à un bourgeon qui formera le *conduit cystique* et la *vésicule biliaire*. De l'origine du diverticule hépatique, ou, plus exactement, de la paroi intestinale au voisinage du point d'origine du diverticule hépatique, naissent, suivant les espèces animales, soit deux autres bourgeons pancréatiques ventraux placés de part et d'autre du bourgeon hépatique, soit un seul qui, dans ce cas, est à droite de l'ébauche hépatique.

Quand il y a deux bourgeons pancréatiques ventraux, celui de gauche s'atrophie, le plus souvent, de telle sorte qu'en définitive il en reste un seul qui constitue le pancréas ventral.

Le point d'implantation du diverticule hépatique et du pancréas ventral sur le duodénum est primitivement séparé, d'avant en arrière, de l'origine du pancréas dorsal par toute la largeur du tube intestinal. Mais, à la suite du mouvement de

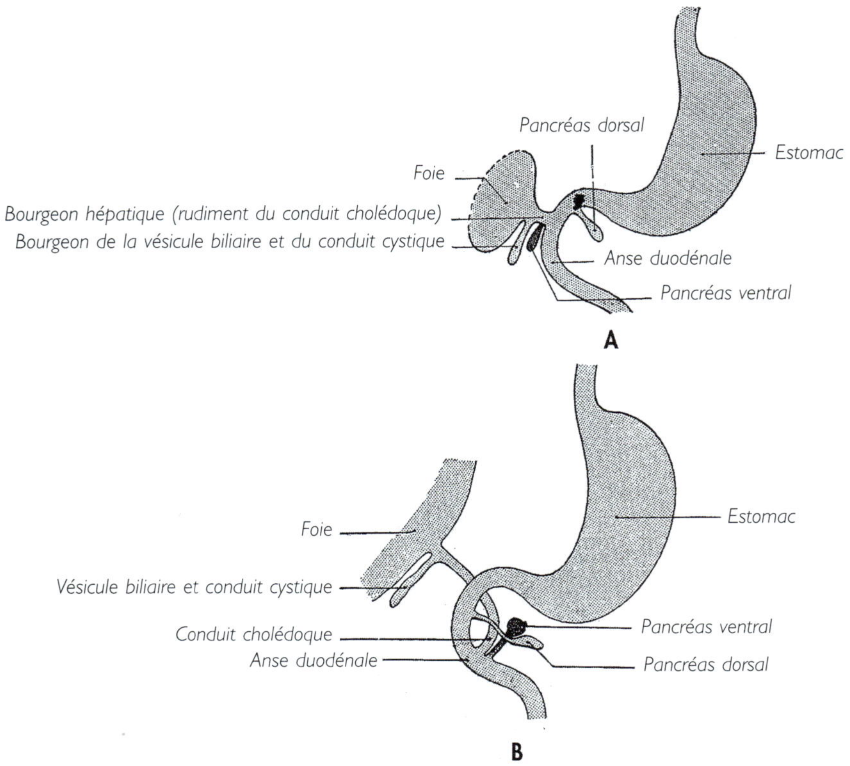

Fig. 227 ▪ Schémas montrant les ébauches du foie, du pancréas et des voies biliaires extra-hépatiques à deux stades de leur développement.
Le pancréas dorsal forme le corps, la queue et la partie inférieure ou caudale de la tête du pancréas ; son canal excréteur constitue le conduit pancréatique le long du corps du pancréas, puis il devient, dans la tête pancréatique, le conduit pancréatique accessoire. — Le pancréas ventral forme surtout la partie supérieure (Broman) et postérieure (A. Delmas) de la tête du pancréas. Son canal excréteur s'anastomose avec celui du pancréas dorsal ; il forme la partie terminale, incluse dans la tête, du conduit pancréatique.

rotation que subit l'anse duodénale (A. Delmas) et probablement aussi d'un développement inégal des différentes parties de cette anse, les diverticules hépatique et pancréatique ventral se rapprochent peu à peu du pancréas dorsal, arrivent à son contact, et alors le bourgeon pancréatique ventral s'unit au pancréas dorsal pour former le *pancréas* (fig. 227, B).

Le pancréas se développe d'avant en arrière et de bas en haut, d'abord dans le mésoduodénum, ensuite dans le mésogastre dorsal (fig. 224 et 229). Le pancréas passe directement du mésoduodénum dans le mésogastre dorsal qui est déjà infléchi vers la gauche, et la plicature du pancréas que Rogie a décrite n'existe pas, car elle n'a pas lieu de se produire.

À la suite de la rotation de l'estomac et du duodénum, le pancréas se place dans un plan frontal comme les mésos dans lesquels il se trouve : la tête de la glande occupe le mésoduodénum, tandis que le corps et la queue s'allongent obliquement de bas en haut et de dedans en dehors dans la partie du mésogastre dorsal qui limite en bas et en arrière le récessus omental inférieur.

5. Formation de la rate, du ligament gastro-splénique et du ligament pancréatico-splénique

La rate commence à se développer un peu de temps après le foie et le pancréas. Elle apparaît vers la fin du premier mois, dans l'épaisseur de la partie externe, infléchie, du mésogastre dorsal, entre la queue du pancréas et l'estomac, et à quelque distance de ces deux organes (fig. 228, 229, 231 et 232).

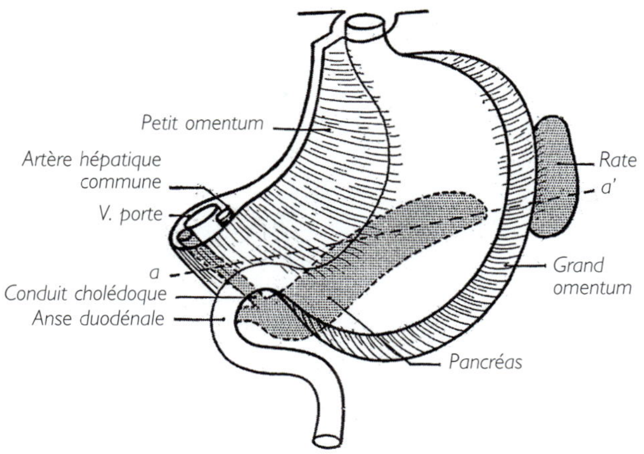

Fig. 228 ▪ Schéma montrant la disposition générale de l'estomac, du duodénum, de la rate et du pancréas qui se projette en arrière de l'estomac. La ligne aa' indique la direction des coupes.

La rate détermine d'abord un simple épaississement de la paroi du récessus omental inférieur. Mais elle s'accroît très vite et soulève le feuillet externe ou gauche du sac omental, dont elle se coiffe (fig. 231 et 232).

Il résulte de cela que la rate est reliée : ❑ 1° au pancréas par une partie du mésogastre qui devient le *ligament pancréatico-splénique* ; ❑ 2° à l'estomac par une autre partie du mésogastre qui prend le nom de *ligament gastrosplénique* (fig. 233).

6. Développement du foie, de ses ligaments et du petit omentum. On sait que le foie se développe entre les deux feuillets du mésogastre antérieur. Mais il ne l'envahit pas entièrement et sa présence permet de distinguer au mésogastre antérieur trois parties (fig. 223 et 229) : ❑ 1° une partie moyenne, hépatique, enveloppe le foie et constitue le péritoine hépatique proprement dit ; ❑ 2° une partie postéro-inférieure unit le foie au bord antérieur de l'estomac et de la partie supérieure du duodénum, et forme le *petit omentum* ; ❑ 3° une partie antéro-supérieure relie en haut et en avant le foie au diaphragme ; ce segment du mésogastre, d'abord très épais, s'amincit ensuite et devient le *ligament suspenseur ou falciforme du foie*.

Au-dessus du foie, entre cet organe et le diaphragme, il existe un segment du mésogastre antérieur, intermédiaire au ligament suspenseur et au petit omentum (fig. 223). Il unit le diaphragme au bord postéro-supérieur du foie qui devient en s'épaississant la face postérieure de cet organe. C'est là que se forme le *ligament coronaire du foie*. Ce ligament est dû à ce que les deux feuillets du mésogastre, qui est épais à ce niveau, restent très écartés et sont séparés l'un de l'autre par toute la largeur de la face postérieure du foie, de telle manière que chacun des feuillets s'étend jusqu'à l'extrémité latérale correspondante de cette face. Au-dessus et au-

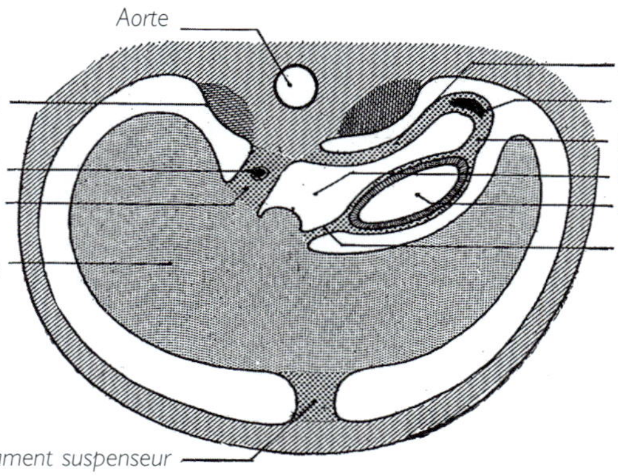

Fig. 229 ▪ Coupe transversale destinée à montrer le mode de formation au ligament suspenseur du foie et du petit omentum.
La coupe passe par le méso latéral.

dessous du ligament coronaire, les feuillets du mésogastre se rapprochent, au contraire, l'un de l'autre par amincissement des mésos et forment : le ligament suspenseur du foie en haut, le petit omentum et le méso-œsophage postérieur en bas (fig. 230).

Le ligament coronaire occupe donc à peu près toute la largeur de la cavité abdominale. Il circonscrit une surface très allongée transversalement, haute dans sa partie moyenne, effilée à ses extrémités latérales.

Le contour inférieur du ligament est très irrégulier. Il décrit en effet une grande sinuosité qui limite la cavité hépato-entérique (fig. 230). Le maximum de hauteur du ligament coronaire répond au méso latéral que contourne en bas le feuillet inférieur de ce ligament. Le méso latéral est parcouru de bas en haut par la veine cave inférieure, et celle-ci reçoit à ce niveau les veines hépatiques.

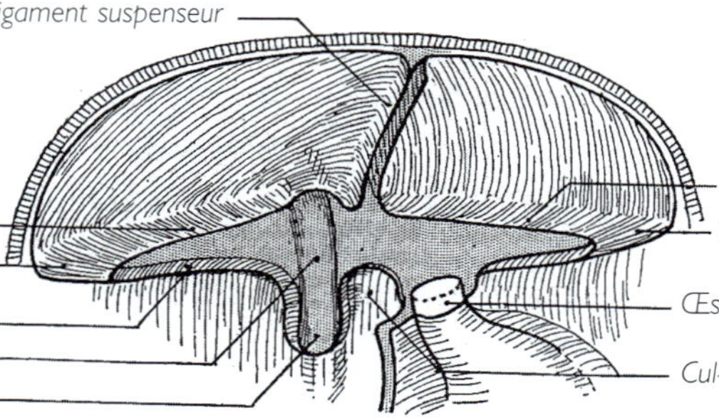

Fig. 230 ▪ Schéma montrant la disposition générale des ligaments triangulaires et coronaire. — Les ligaments qui relient le foie au diaphragme sont coupés au ras de ce muscle ; mais la coupe passe en bas, à travers le petit omentum, en avant de l'œsophage et de l'estomac.

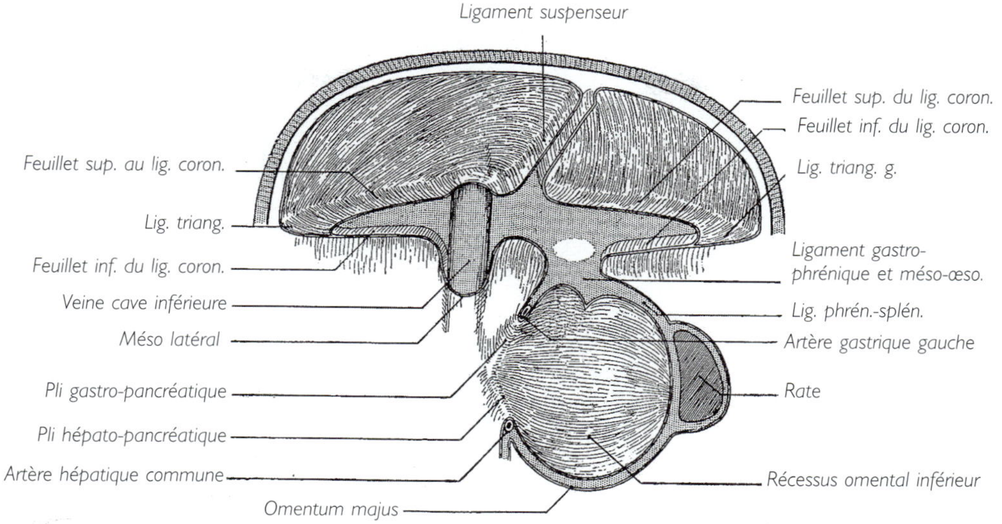

Fig. 231 ▪ Les ligaments du foie et le récessus omental inférieur. — Les ligaments qui relient le foie au diaphragme sont coupés au ras de ce muscle ainsi que l'œsophage. Plus bas, la coupe passe, en arrière de l'œsophage et de l'estomac à travers le ligament gastro-phrénique et le récessus omental inférieur. L'accolement du duodénum et de son méso au péritoine pariétal ne s'est pas encore fait et n'a pas été représenté. — L'orifice œsophagien du diaphragme est représenté en blanc à la limite du ligament coronaire et du méso-œsophage postérieur.

Le cul hépato-entérique, compris à l'origine entre le méso latéral et le mésogastre dorsal, est primitivement très étroit ; il s'élargit dans la suite parce que le foie forme en cet endroit le lobe de Spigel dont la surface limite en avant le cul-de-sac.

Aux extrémités effilées du ligament coronaire les deux feuillets du ligament s'allongent graduellement et s'appliquent l'un sur l'autre. Ainsi se forment les *ligaments triangulaires du foie*.

7. Changements d'orientation des branches du tronc cœliaque. Il est évident que les divers changements subis par les mésogastres entraînent des modifications dans l'orientation des branches du tronc cœliaque, qui cheminent dans leur épaisseur. Chacune de ces branches contracte, en outre, de nouveaux rapports à mesure que le foie, le pancréas et la rate se développent entre les feuillets du mésogastre. Le lecteur se rendra compte des changements subis par les artères hépatique commune et splénique en comparant les figures 223, 232 et 233.

L'artère splénique, entraînée par le mésogastre, décrit dans le repli une courbe concave en dedans, et entre en rapport avant d'atteindre la grande courbure de l'estomac, d'abord avec le pancréas, puis avec la rate qu'elle irrigue.

À la suite du mouvement de bascule de l'estomac, l'artère gastrique gauche est également entraînée à gauche, par la partie supérieure de l'estomac, et c'est au cours de son trajet, depuis son origine jusqu'à la petite courbure de l'estomac, qu'elle soulève le pli péritonéal appelé *pli gastro-pancréatique*.

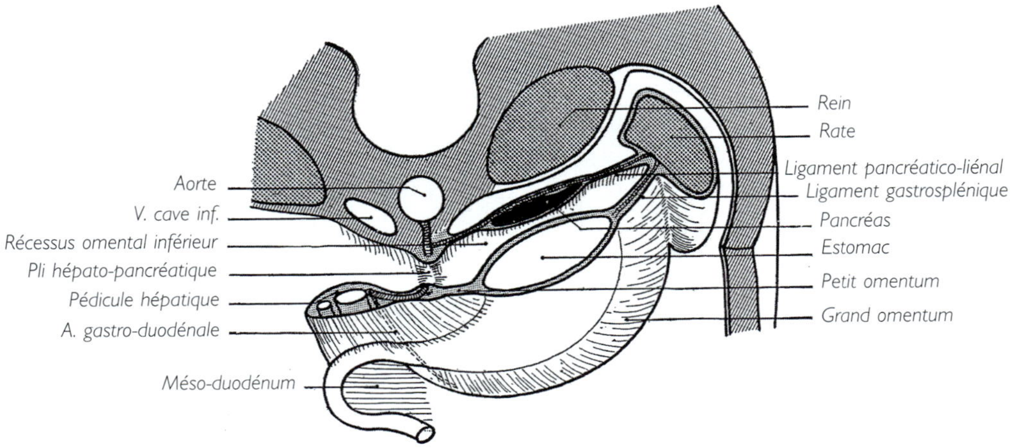

Fig. 232 ▪ Coupe transversale du récessus omental inférieur, avant la soudure du corps du pancréas à la paroi. La coupe passe suivant la ligne *aa'* de la figure 228.

L'artère hépatique commune, déviée par le pylore et l'anse duodénale, se porte en avant et légèrement à droite et soulève le repli appelé *pli hépato-pancréatique*.

8. Soudure de certaines parties du mésogastre dorsal au péritoine pariétal.

Quand deux feuillets péritonéaux sont en contact par leur surface séreuse, et quand ces feuillets ne sont pas mobiles l'un sur l'autre, ils se soudent l'un à l'autre. De leur soudure résulte la formation d'une lame celluleuse ou cellulo-fibreuse plus ou moins distincte, dite *fascia d'accolement*. Ces soudures ont encore pour résultat de modifier les lignes de réflexion suivant lesquelles le péritoine viscéral ou bien les mésos se continuent avec le péritoine pariétal. Elles commencent à se produire au troisième mois de la vie embryonnaire.

a) ACCOLEMENT DU MÉSOGASTRE DORSAL À LA PAROI. — FIXATION DU CORPS DU PANCRÉAS ET FORMATION DES LIGAMENTS GASTRO-PHRÉNIQUE ET PHRÉNICO-SPLÉNIQUE.

Le feuillet péritonéal postérieur de la paroi dorsale du récessus omental inférieur s'unit progressivement au péritoine pariétal correspondant. Cette soudure progresse de la ligne médiane vers la gauche et occupe bientôt une grande étendue. Comme le corps et la queue du pancréas sont inclus entre les deux feuillets péritonéaux de la paroi dorsale du récessus omental inférieur, il s'ensuit que le pancréas se soude lui aussi à la paroi abdominale postérieure (fig. 232 et 233). Mais la soudure n'intéresse que le corps du pancréas et respecte le plus souvent la queue de cette glande. Celle-ci reste libre et mobile, au-delà de la zone de soudure, entre les deux feuillets du mésogastre, et reliée au péritoine liénal par un court méso qui est *le ligament pancréatico-splénique* (fig. 233).

Au-dessus du pancréas, le feuillet postérieur du mésogastre s'unit au péritoine pariétal qui revêt la glande suprarénale et la partie interne du rein en bas, le diaphragme en haut. Quand cet accolement s'est produit, la partie supérieure de

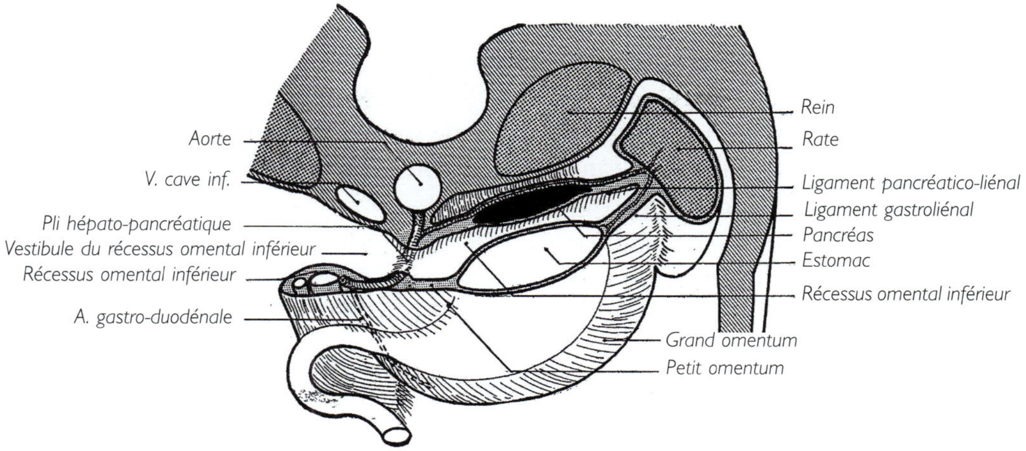

Fig. 233 ▪ Coupe transversale du récessus omental inférieur après la soudure du corps du pancréas à la paroi. La coupe passe suivant la ligne *aa'* de la figure 228.

l'estomac est reliée au diaphragme par un méso très court, qui est l'ébauche du *ligament gastro-phrénique* (fig. 241, A et B) ; la rate est elle-même rattachée au diaphragme par un *ligament phrénico-splénique* (fig. 231). Celui-ci est représenté par la partie du mésogastre dorsal comprise entre l'extrémité supérieure de la rate et l'extrémité latérale ou gauche du ligament gastro-phrénique.

Le ligament gastro-phrénique se modifie dans la suite, car, à la partie supérieure du fundus gastrique, le mésogastre dorsal ne s'accole pas seulement au péritoine diaphragmatique ; il se soude également en avant, par son feuillet antérieur, au feuillet viscéral du fundus gastrique. Par cette double soudure, le fundus gastrique est étroitement uni au diaphragme (fig. 241, B). C'est dans la zone que circonscrivent les deux feuillets du ligament gastro-phrénique que se développent les éléments fibreux du *ligament gastro-phrénique*. Le ligament gastro-phrénique se continue : en dedans, avec le pli gastro-pancréatique ; en dehors, avec le ligament phrénico-splénique (fig. 231).

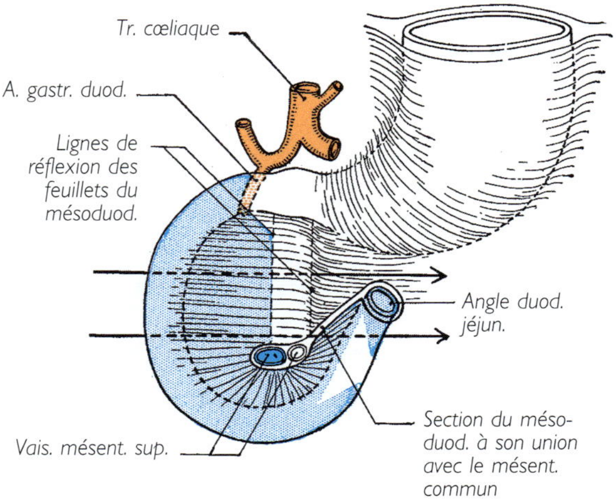

Fig. 234 ▪ Schéma destiné à montrer les zones d'accolement du duodénum et de son méso au péritoine placé en arrière. La teinte bleue indique ces zones.

Le feuillet inférieur du ligament gastro-phrénique marque la limite supérieure du récessus omental inférieur (fig. 231). Cette limite est tantôt régulièrement courbe et concave en bas, tantôt divisée par un repli en deux culs-de-sac secondaires (fig. 231).

Au-dessous du pancréas, le mésogastre dorsal s'unit au mésocôlon transverse et au côlon transverse qui se placent en arrière de lui. Nous reviendrons sur ce point quand nous aurons décrit la torsion de l'anse intestinale.

9. Allongement du duodénum. On a vu plus haut que le duodénum et son méso sont primitivement dans un plan sagittal. Ils sont ensuite entraînés dans un mouvement de rotation à droite par l'inflexion dans ce sens de l'extrémité inférieure de l'estomac, et s'appliquent par leur face droite sur la paroi abdominale postérieure.

De plus, l'anse duodénale s'allonge en même temps que se fait la torsion intestinale (voir fig. 238). Son extrémité inférieure passe d'abord au-dessous de la partie initiale de l'anse intestinale et de l'artère mésentérique supérieure, puis à gauche de cette artère, enfin, elle s'infléchit en haut, et l'angle duodénojéjunal est finalement situé en haut et à gauche de l'entrée de l'artère mésentérique supérieure dans le mésentère commun.

10. Soudure à la paroi du duodénum et du mésoduodénum. — ***Formation du foramen omental.*** Quand l'allongement du duodénum est terminé, la face postérieure de l'anse duodénale se soude au péritoine pariétal (fig. 234 à 237).

Cependant l'accolement ne s'étend pas à toute la surface postérieure de l'anse duodénale et de son méso. Ainsi il ne se produit pas en regard de la partie interne

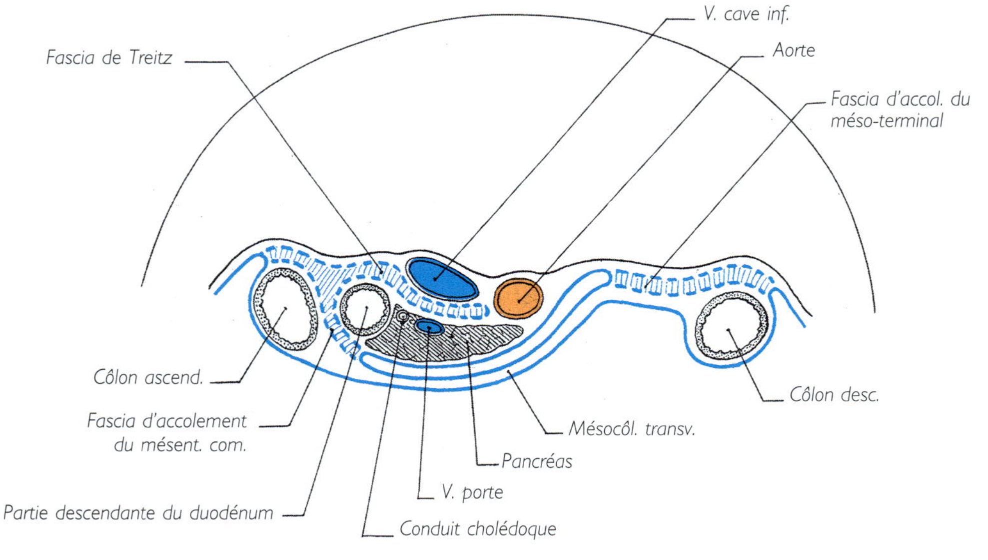

Fig. 235 ▪ Coupe schématique passant au niveau de la ligne *a* de la figure 230. Cette coupe intéresse le pancréas, le duodénum, le côlon ascendant et l'intestin terminal (côlon descendant) au-dessus de la partie ascendante du duodénum. Elle montre leurs rapports avec le péritoine ainsi que les fascias d'accolement qui se produisent entre le péritoine pariétal, le mésoduodénum, le mésentère commun et le méso-terminal.

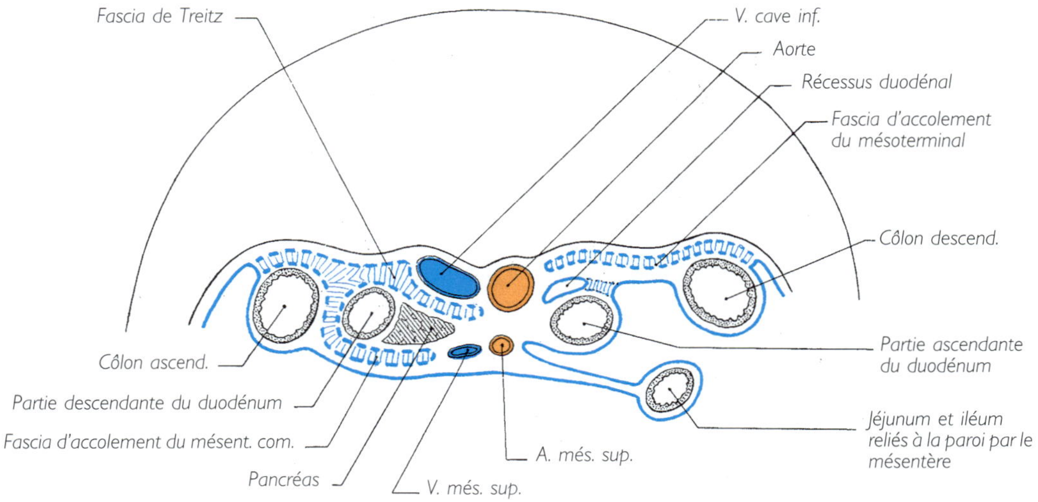

Fig. 236 ▪ Coupe schématique passant au niveau de la ligne *b* de la figure 230 et par le point de pénétration de l'artère mésentérique supérieure dans le mésentère commun. Cette coupe est destinée à montrer les rapports du duodénum, du pancréas, de l'anse intestinale et de l'intestin terminal (côlon descendant) avec le péritoine, ainsi que la formation des fascias d'accolement qui retient à ce niveau le méso-duodénum, le mésentère commun et le mésoterminal à la paroi.

de la partie supérieure du duodénum. De plus, il ne peut y avoir d'accolement, dans l'espace privé de péritoine, croisé par le pancréas, compris entre les lignes de réflexion sur le péritoine pariétal, des deux feuillets du méso.

Mais l'accolement se fait au-dessous et aussi à gauche de la ligne d'attache du mésoduodénum à la paroi, en regard des parties horizontale et ascendante du duodénum (fig. 234 et 243). Celles-ci, en effet, par suite de l'allongement de l'anse duodénale, ont été reportées avec leur revêtement péritonéal jusqu'à quelque distance au-dessous et à gauche de la ligne d'attache de ce méso.

Bien souvent, l'accolement de la partie ascendante du duodénum à la paroi est incomplet (fig. 234 et 236). Il se forme ainsi, à la limite externe de cette partie du duodénum, des replis qui limitent des récessus de la cavité péritonéale, appelés *récessus duodénaux*.

De cette soudure, il résulte : ❑ 1° que le péritoine pariétal se continue directement avec le revêtement séreux de la face antérieure du duodénum ; ❑ 2° que cet organe est dès lors accolé à la paroi et se présente comme un organe rétro-péritonéal ; ❑ 3° la formation d'un fascia d'accolement connu sous le nom de *fascia rétroduodénal (Treitz)* (fig. 235 et 236) ; ❑ 4° l'adhérence à la paroi abdominale de la partie du pancréas comprise entre les deux feuillets du méso-duodénum ; ❑ 5° le maintien dans une situation fixe et définitive du bord libre du petit omentum. Ce bord regarde à droite ; il s'étend du hile de la face inférieure du foie, où pénètre le pédicule hépatique, à l'angle, devenu fixe, formé par l'union des deux premiers segments du duodénum.

La soudure de la partie du duodénum située à droite de la ligne médiane s'étend en haut jusqu'à l'artère hépatique commune et à sa branche gastro-duodénale (fig. 234).

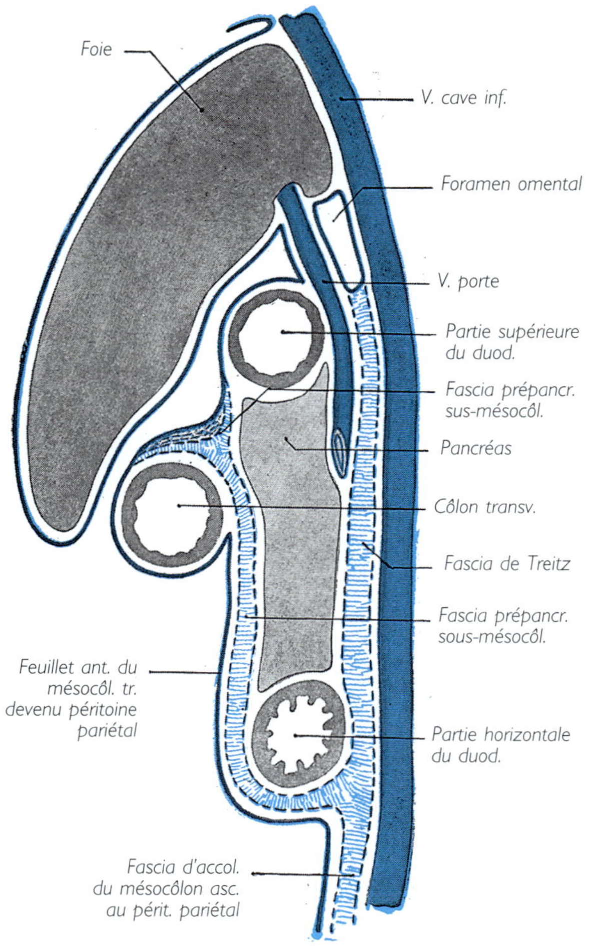

Fig. 237 ▪ Coupe schématique parasagittale passant par le foramen omental destinée à montrer les rapports du duodénum et du pancréas avec les organes voisins, le péritoine et les fascias d'accolement.

Avant la soudure du duodénum et de son méso à la paroi, l'orifice par lequel le récessus omental inférieur s'ouvrait dans la cavité péritonéale était encadré par le mésohépato-cave en arrière et en haut, et par l'artère hépatique commune en bas (fig. 231). Quand la soudure est faite, cet orifice, appelé *foramen omental*, est maintenant limité (fig. 237) : ❑ en avant, par le bord libre du petit omentum ; ❑ en arrière, par un relief de la paroi postérieure qui prolonge en bas le méso hépato-cave et dans lequel monte la veine cave inférieure ; ❑ en haut, par le lobe caudé ; ❑ en bas, par l'angle d'union du péritoine pariétal avec le feuillet postérieur du petit omentum, au niveau de l'extrémité externe de la partie supérieure du duodénum.

La partie de l'anse duodénale qui est à gauche de la ligne médiane et de l'artère mésentérique est appliquée en arrière sur le méso de l'intestin terminal qui repose lui-même sur la paroi abdominale (fig. 236 et 238 E). Nous montrerons plus loin par quel mécanisme le méso terminal a pris cette nouvelle disposition. Il suffit de savoir pour l'instant que le méso terminal se soude au péritoine pariétal et que la partie du duodénum et de son méso située à gauche de la ligne médiane se soude à son tour à la face antérieure du méso terminal. Embryologiquement, cette partie du duodénum n'est donc qu'indirectement unie à la paroi abdominale postérieure.

ÉVOLUTION DE L'ANSE INTESTINALE, DU MÉSENTÈRE COMMUN, DE L'INTESTIN TERMINAL ET DU MÉSO-CÔLON TERMINAL

1. Torsion de l'anse intestinale. L'anse intestinale s'accroît beaucoup plus vite en longueur que le corps de l'embryon et que le mésentère commun. Cette différence d'accroissement détermine un mouvement de torsion de l'anse, qui s'accomplit de la manière suivante :

Les deux branches de l'anse sont d'abord dans un plan sagittal (fig. 223). La branche descendante ou supérieure est au-dessus de la branche ascendante ou inférieure. Bientôt la branche supérieure se porte à droite de la ligne médiane ; la branche inférieure s'élève et se place à gauche de la précédente. Ensuite, la branche inférieure continue son mouvement d'élévation et se place transversalement au-dessus de la branche supérieure (fig. 238, A à C).

2. Division de l'anse intestinale en jéjunum et iléum, cæcum, côlon ascendant et côlon transverse. Ce mouvement s'exécute à la suite de l'allongement rapide du segment de l'anse intestinale située en amont de la bulle cæcale et qui devient le jéjunum et l'iléum.

Le reste de l'anse ou segment cæco-colique, comprenant la bulle cæcale et ce qui lui fait suite, est placé au-dessus du jéjunum et de l'iléum (fig. 238, C) ; il s'applique à peu près transversalement sur la paroi abdominale postérieure et sur le duodénum qui est lui-même accolé à la paroi. Le segment cæco-colique de l'anse intestinale représente seulement le cæcum et le côlon transverse. Il est recouvert dans une grande partie de son étendue par l'omentum majus qui descend et s'étale en avant de lui.

À ce stade, le cæcum est situé à l'extrémité droite du côlon transverse, au-dessous du foie et en avant du rein droit. Il n'y a pas encore de côlon ascendant. Mais bientôt l'extrémité droite du côlon transverse, attenante à la terminaison de l'intestin grêle, croît très vite ; le cæcum, arrêté à droite par la paroi latérale du corps, est dévié vers le bas et descend peu à peu, appliqué sur la paroi abdominale postérieure, jusque dans la région inguinale droite (Broman). De cette manière, se forme un segment du côlon, vertical, intermédiaire au cæcum et au côlon transverse ; c'est le *côlon ascendant* (fig. 238, D et E).

3. Modifications subies par le mésentère commun au cours de la torsion intestinale

a) DIVISION DE CE MÉSENTÈRE EN MÉSO-CÔLON ASCENDANT, MÉSO-CÔLON TRANSVERSE ET MÉSENTÈRE. La torsion de l'anse intestinale a pu se produire parce que le mésentère commun s'est suffisamment étendu pour se prêter à ces changements.

Elle a eu pour effet de donner au mésentère commun une orientation nouvelle.

La partie du mésentère commun en rapport avec le jéjunum et l'iléum, et qui était à l'origine presque entièrement située au-dessus de l'artère mésentérique (fig. 223), se déploie, quand la torsion est accomplie, au-dessous et à gauche de l'artère (fig. 238). L'autre partie du mésentère commun, qui était, au début du développement de l'anse, au-dessous de l'artère mésentérique et en connexion avec le segment cæco-colique de l'anse intestinale, s'étale, après la torsion, au-dessus et à droite de l'artère mésentérique (comparer les figures 223 et 238).

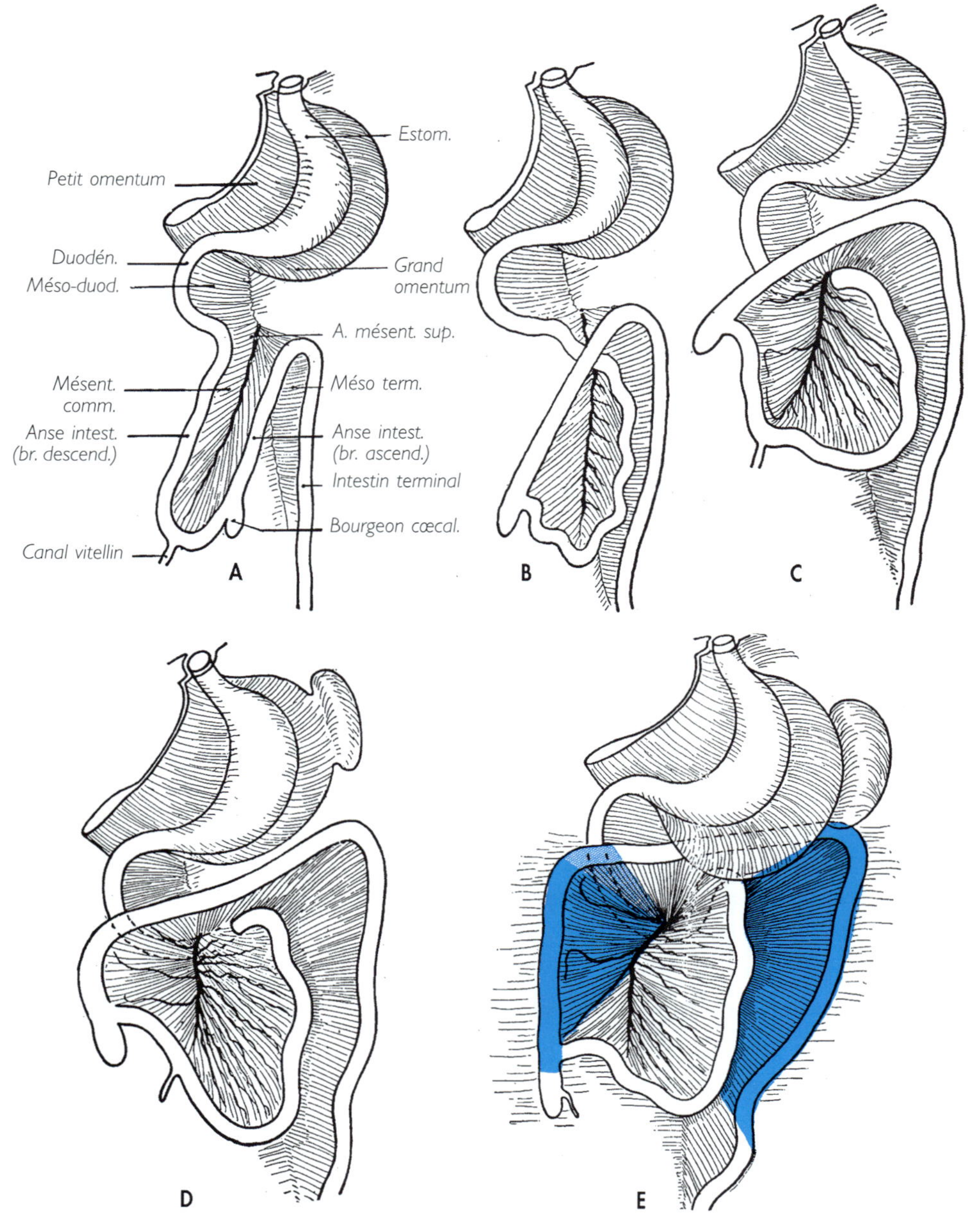

Fig. 238 ▪ Schémas montrant cinq stades successifs du développement du tube digestif, en particulier la torsion intestinale et la formation des mésentères.
Les teintes bleues indiquent les zones suivant lesquelles les mésocôlons s'accolent au péritoine pariétal.

Cette partie cæco-colique du mésentère commun peut être subdivisée en deux régions distinctes : ❑ l'une, située à droite de l'artère mésentérique, en connexion avec le côlon ascendant, est le *méso-côlon ascendant* ; ❑ l'autre, placée au-dessus de l'artère, est le mésocôlon transverse.

b) SOUDURE DU CÔLON ET DU MÉSOCÔLON ASCENDANTS. ❑ Le revêtement séreux de la face postérieure du côlon ascendant et le feuillet postérieur de son méso se soudent au péritoine pariétal. La soudure commence le long du bord droit du côlon ascendant et progresse de haut en bas et de dehors en dedans (Ancel et Cavaillon). Elle est limitée en haut d'abord par une ligne tendue du point d'entrée de l'artère mésentérique supérieure dans le mésentère à l'angle colique, droit. Cette limite est reportée ensuite, comme on le verra plus loin, jusqu'au bord interne de la partie descendante du duodénum. ❑ Elle s'arrête en bas et en dedans suivant une ligne qui va de l'origine de l'artère mésentérique supérieure à l'angle iléo-colique, soit à l'union du côlon et de l'intestin grêle. Cette ligne longe l'artère mésentérique supérieure en haut et sa branche iléo-colique en bas (fig. 238, D, et fig. 239, B).

c) LE MÉSENTÈRE PROPREMENT DIT. À gauche de l'artère mésentérique flotte le mésentère proprement dit (fig. 238, D, et 239, B). Celui-ci reste libre dans toute son étendue et présente de nombreux replis dont l'amplitude augmente du bord adhérent ou racine au bord libre ou intestinal. Ces plis sont dus à ce que le bord intestinal du

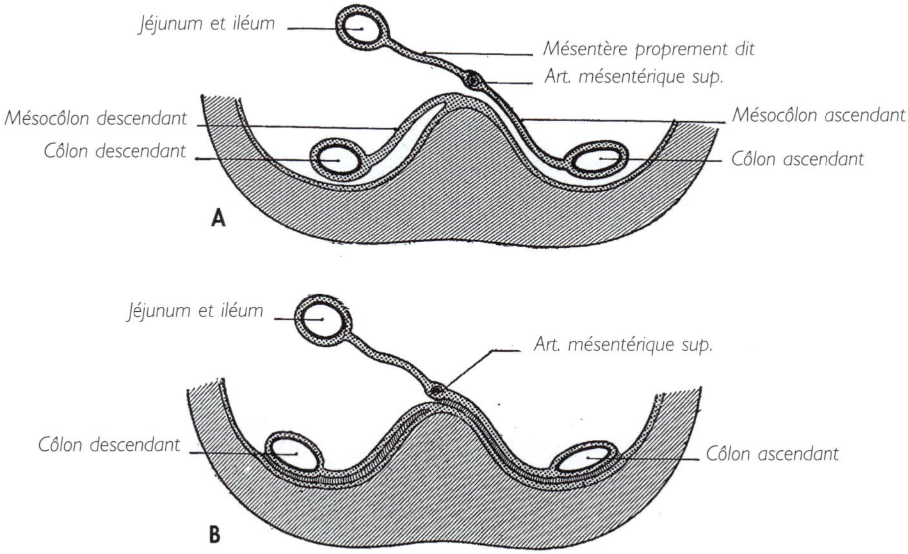

Fig. 239 ▪ Schémas montrant les modifications subies par le mésentère commun (segment inférieur de la coupe) : *A*, avant la soudure des côlons ascendant et descendant et de leurs mésos ; — *B*, après leur soudure.

mésentère s'allonge très vite comme le jéjunum et l'iléum qu'il relie à la paroi, tandis que le bord adhérent s'accroît comme la paroi dorsale de l'abdomen.

La *racine du mésentère* répond généralement à l'artère mésentérique et à l'artère iléo-colique qu'elle contient. Mais parfois l'accolement du mésocôlon ascendant s'arrête un peu à droite de l'artère ou bien se prolonge un peu à gauche de ce vaisseau. Dans le premier cas, l'artère est comprise entre les deux feuillets du mésentère ; dans le second, elle est appliquée contre la paroi par le feuillet antérieur du mésentère devenu en cet endroit péritoine pariétal.

L'extrémité supérieure de la racine du mésentère n'est pas sur la ligne médiane. L'accroissement de l'anse duodénale et la torsion intestinale l'ont rejetée, ainsi que l'extrémité du jéjunum et de l'iléum, à gauche et au-dessus de l'origine de l'artère mésentérique, et celle-ci croise la partie horizontale du duodénum. C'est pour cela que le bord adhérent du mésentère, oblique en bas et à droite, passe à droite de la vésicule biliaire et croise la partie horizontale du duodénum (fig. 238, E et fig. 240).

d) PÉRITOINE DU CÆCUM ET DE L'APPENDICE. Le cæcum et l'appendice proviennent de l'allongement de la bulle cæcale et sont revêtus par le péritoine sur toute leur surface. Ils restent normalement libres dans la cavité abdominale. Parfois, cependant, leur face postérieure se soude à la paroi postérieure de la fosse iliaque. Dans ces cas, l'accolement n'intéresse souvent qu'une partie de la face postérieure du cæcum, et la zone de soudure limite un *récessus rétro-cæcal,* de forme et d'étendue très variables.

Les artères cæcale antérieure et appendiculaire soulèvent le péritoine sur une partie de leur trajet. Le repli formé par l'artère cæcale antérieure limite avec l'iléumn un récessus iléo-cæcal supérieur. Le repli formé par l'artère appendiculaire est le *méso-appendice*.

4. Évolution de l'intestin terminal

a) CÔLON DESCENDANT, CÔLON ILIO-PELVIEN ET RECTUM. La torsion intestinale a porté l'angle du côlon, situé à l'union du côlon transverse et du côlon terminal, en avant du rein gauche et au-dessous de l'ébauche de la rate (fig. 238). De là, son nom de courbure colique gauche.

L'intestin terminal qui commence à la courbure colique gauche, repoussé avec son méso par l'anse intestinale, s'est placé à gauche, dans un plan frontal, contre la paroi abdominale postérieure. Seule son extrémité inférieure, qui deviendra le rectum et le canal anal, est restée dans le plan sagittal.

L'allongement de l'intestin terminal varie suivant les régions. Il est très rapide dans la région ilio-pelvienne et se traduit par la formation de l'*anse sigmoïde* (fig. 238, E et 240).

b) SOUDURE DU CÔLON DESCENDANT ET DE SON MÉSO. — MÉSOCÔLON SIGMOÏDE ET RÉCESSUS INTERSIGMOÏDIEN. Le côlon descendant et son méso se soudent à la paroi (fig. 239, B). Le processus de coalescence commence en haut suivant une ligne menée de l'entrée de l'artère mésentérique supérieure dans le mésentère, à la courbure colique gauche. De là, la soudure progresse vers le bas et s'arrête dans le bassin le long du bord interne du muscle psoas (fig. 238, E). Elle répond donc à toute la lon-

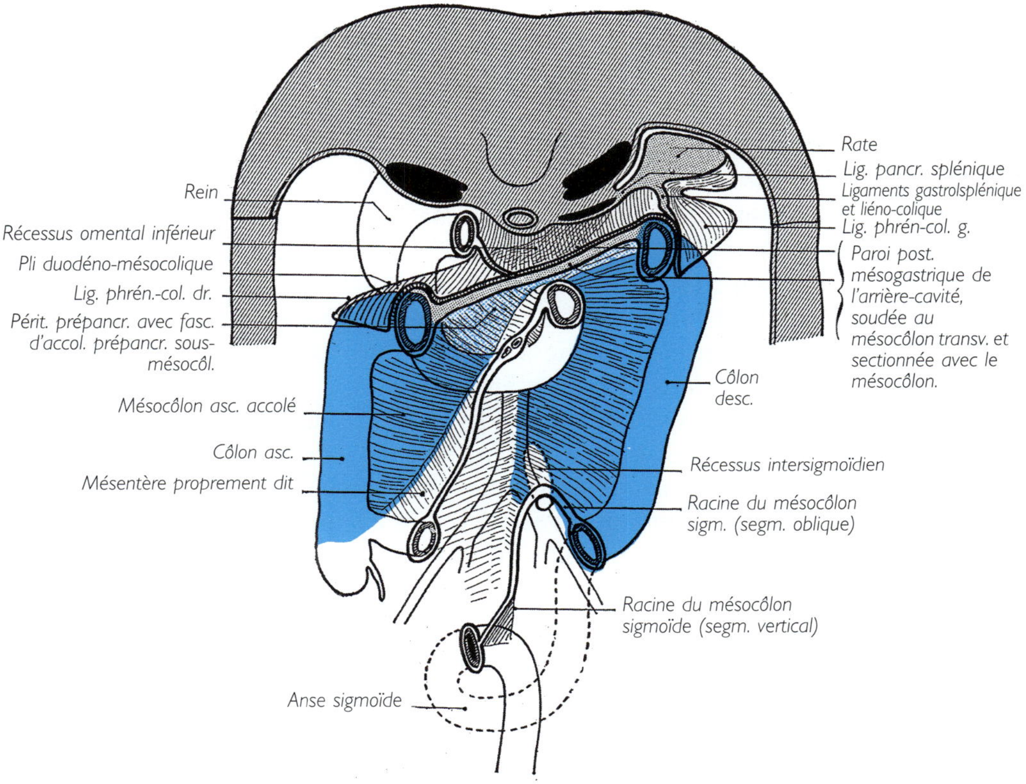

Fig. 240 ▪ Soudure des mésocôlons et formation des ligaments phrénico-coliques (d'après Fredet, modifié).

gueur du côlon descendant et du côlon iliaque (fig. 240). Parfois le côlon descendant ne se soude pas à la paroi ou se soude incomplètement.

La partie du gros intestin qui s'étend du côlon iliaque jusqu'à la partie moyenne du sacrum est le *côlon abdomino-pelvien* ou *côlon sigmoïde*. Celui-ci flotte dans la cavité pelvienne, car il est relié à la paroi par un long mésocôlon pelvien qui reste libre.

Le bord adhérent ou *racine* de ce méso figure une ligne brisée comprenant deux segments (fig. 240) : ❑ l'un, vertical et médian, représente la partie inférieure de la ligne d'attache du méso terminal, sous-jacente au mésocôlon descendant ; ❑ l'autre, oblique en bas et à gauche, longe dans le bassin le bord interne du muscle psoas gauche et répond à la limite inférieure de la zone d'adhérence des mésocôlons descendant et iliaque. Les deux segments de la racine du mésocôlon pelvien se réunissent au voisinage de l'origine de l'artère iliaque commune gauche et limitent un angle ouvert en bas et à gauche.

Le sommet de cet angle présente fréquemment un orifice, et cet orifice donne accès dans un diverticule de la cavité péritonéale appelé *récessus intersigmoïdien* ou *fosse sigmoïde*(fig. 240).

Le récessus intersigmoïdien est allongé, étroit, et monte le long de l'artère iliaque commune jusqu'à son origine ou un peu au-dessus. Il provient du défaut de soudure d'une étroite zone du mésocôlon descendant au péritoine pariétal qui tapisse la dépression comprise entre la saillie vertébrale et la partie inférieure de la saillie rénale.

5. Côlon transverse et méso-côlon transverse. Le côlon transverse étant placé entre le côlon ascendant et le côlon descendant, le mésocôlon transverse comprend donc toute la partie du mésentère commun intermédiaire aux mésocôlons ascendant et descendant. Il est limité sur les côtés par deux lignes obliques en dehors et en haut, qui vont en divergeant, l'une à droite, l'autre à gauche du point d'entrée de l'artère mésentérique dans le mésentère commun, à l'angle colique correspondant. Ces deux lignes représentent à la fois la limite supérieure des mésocôlons ascendant et descendant et le bord adhérent du mésocôlon transverse.

Ce bord se modifie dans la suite parce que le processus de coalescence, par lequel le côlon et le mésocôlon ascendants se sont soudés à la paroi, se prolonge au-dessus d'eux sur le méso du côlon transverse. Celui-ci se soude au péritoine duodénal jusqu'au bord gauche de la partie descendante du duodénum (Buy), et le processus de soudure s'étend sur la partie inférieure de la tête et du col du pancréas. La soudure du mésocôlon transverse au feuillet du méso-duodénum qui recouvre la tête du pancréas produit un *fascia d'accolement prépancréatique sous-mésocolique* (Fredet) (fig. 237 et 243).

Ainsi l'extrémité droite du mésocôlon transverse disparaît, et la partie correspondante du côlon transverse s'accole au rein droit et à la partie descendante du duodénum placés derrière lui.

Le mésocôlon transverse commence donc à gauche de la deuxième portion du duodénum. De ce point, son bord adhérent se porte à gauche et croise la tête du pancréas ainsi que les vaisseaux mésentériques supérieurs à leur émergence sous le bord inférieur de cette glande ; puis, il s'infléchit à gauche et en haut, longe le bord inférieur du corps du pancréas et finit sur la face antérieure du rein gauche (fig. 240).

a) SOUDURE DU MÉSOCÔLON TRANSVERSE À L'OMENTUM MAJUS. Nous avons montré précédemment comment la paroi postérieure mésogastrique du récessus omental inférieur se soude à la paroi abdominale et nous avons étudié le processus de coalescence depuis l'extrémité supérieure de l'estomac jusqu'au bord inférieur du corps du pancréas.

Au-dessous du corps du pancréas, l'omentum majus, qui s'est étendu vers le bas et sur les côtés, descend en avant du mésocôlon et du côlon transverse, et se soude à eux (fig. 241). Dès lors, l'omentum majus relie la grande courbure de l'estomac au bord antérieur du côlon transverse, d'où le nom de *ligament gastro-colique* ou *de grand omentum* qui lui a été donné.

À droite de la ligne médiane, avant de rencontrer le côlon transverse, la lame postérieure du grand omentum s'unit au feuillet antérieur du méso-duodénum qui

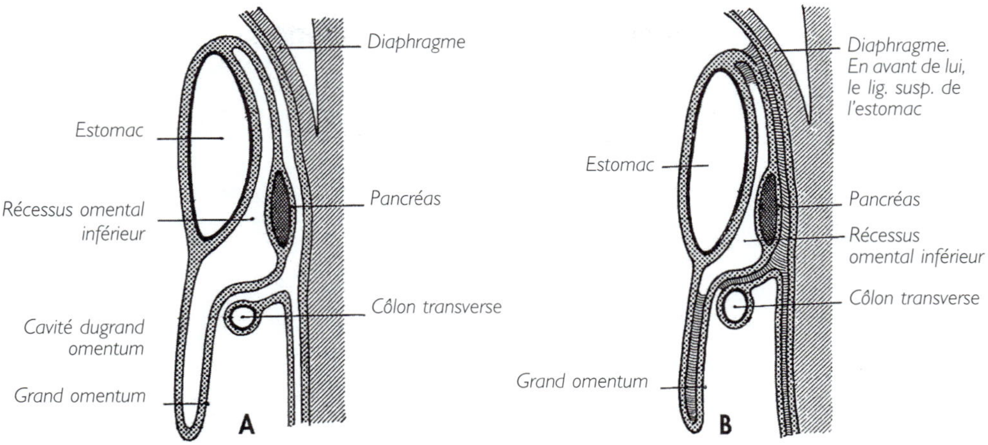

Fig. 241 ▪ Schémas montrant la disposition du grand omentum et du mésocôlon transverse ; A, avant la soudure de la paroi postérieure du récessus omental inférieur à la paroi et du mésocôlon transverse ; — B, après cette soudure.

recouvre la tête du pancréas et la partie descendante du duodénum, au-dessus du bord adhérent du mésocôlon transverse. Cette soudure produit un fascia d'accolement prépancréatique sus-mésocolique (Fredet) (fig. 243).

En passant de la partie descendante du duodénum à laquelle il est uni, sur le côlon transverse auquel il est soudé, le grand omentum dessine un repli qui occupe l'angle de jonction des deux organes. On donne à ce repli le nom de *pli duodéno-mésocolique* (fig. 240).

b) FORMATION DU LIGAMENT PHRÉNICO-COLIQUE GAUCHE ET DU LIGAMENT SPLÉNO-COLIQUE. À gauche et en haut, le grand omentum s'étend au-dessous de la rate (fig. 242, schéma A). Il déborde en dehors de la courbure colique gauche et s'accole au péritoine pariétal diaphragmatique (fig. 242, schéma B). Les feuillets de cette partie du grand omentum soudés entre eux, au péritoine colique et au péritoine pariétal, forment un ligament sur lequel s'appuie l'extrémité inférieure de la rate. C'est le *ligament phrénico-colique gauche* ou *sustentaculum lienis* (fig. 242, schéma B). Ils forment de plus au-dessous de la rate, après accolement au côlon transverse, un repli tendu de la rate au côlon, le *ligament spléno-colique*. Celui-ci est en continuité en haut avec le ligament gastro-splénique (fig. 240).

c) FORMATION DU LIGAMENT PHRÉNICO-COLIQUE DROIT. À droite de la ligne médiane, le grand omentum peut s'étendre en dehors de la courbure colique droite jusqu'au diaphragme. Dans ce cas, il s'unit au péritoine pariétal en formant un ligament qui relie à la paroi la courbure colique droite ; c'est le *ligament phrénico-colique droit* (fig. 240).

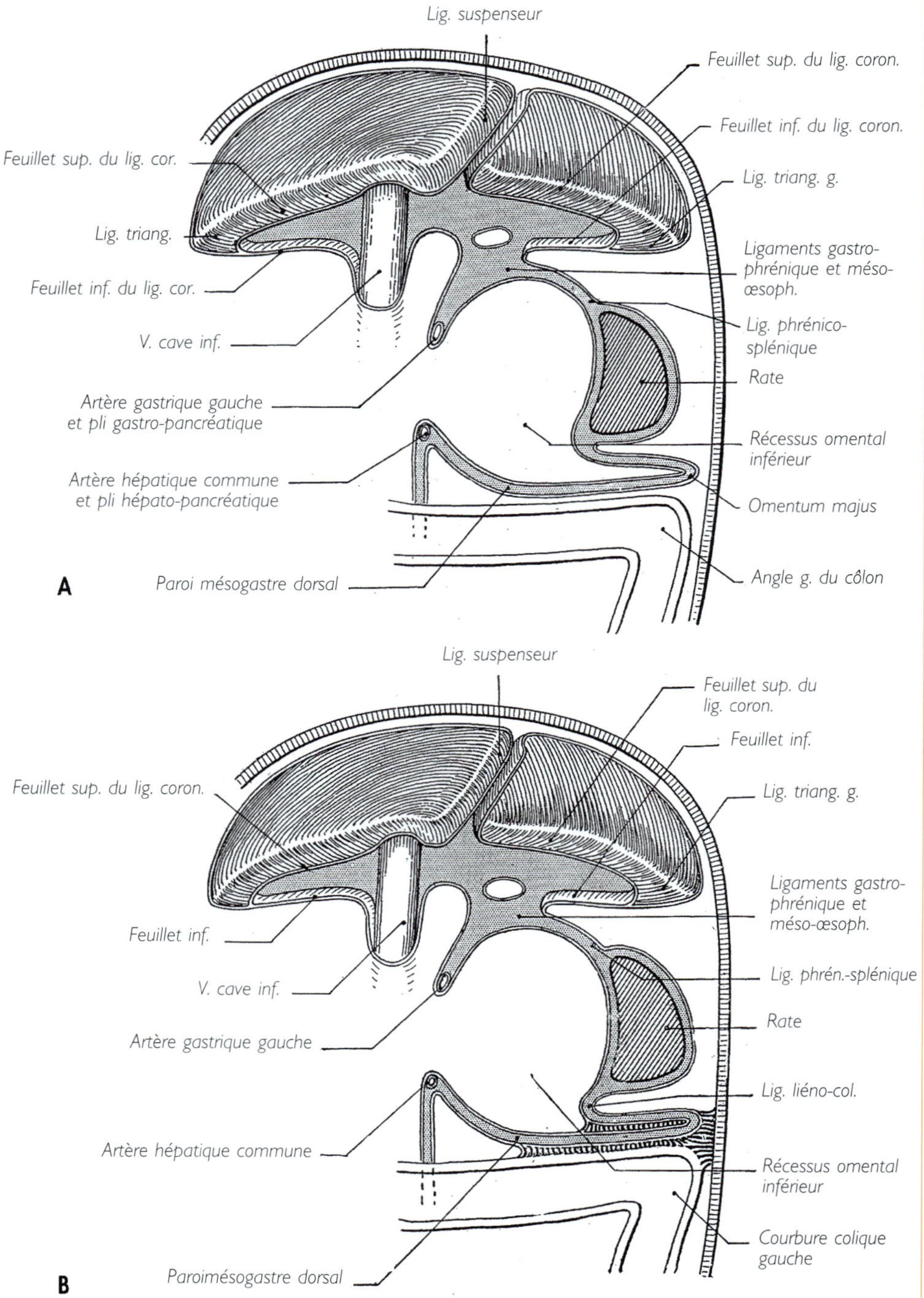

Fig. 242 ▪ Schémas destinés à montrer le mode de formation des ligaments de la rate.
Schéma *A* : Paroi mésogastrique postérieure et omentum majus avant leur accolement au côlon transverse et au péritoine pariétal diaphragmatique ; — Schéma *B* : après leur accolement.

d) OBLITÉRATION DE LA CAVITÉ DU GRAND OMENTUM. ❑ À l'origine, le récessus omental inférieur descend dans le grand omentum jusqu'à son bord inférieur. Au cours du développement, l'omentum majus s'oblitère par accolement des feuillets séreux en présence. L'oblitération monte à droite jusqu'au voisinage du pylore et de l'estomac ; ❑ sur la ligne médiane et à gauche de la ligne médiane, la soudure s'étend, de bas en haut, jusqu'au côlon transverse et limite en bas le cul-de-sac inférieur du récessus omental inférieur (fig. 241, B).

RÉCESSUS OMENTAL INFÉRIEUR. Nous indiquerons seulement la disposition générale du récessus omental inférieur chez l'adulte. La description de chacune de ses parties sera faite en même temps que celle des organes qui l'environnent.

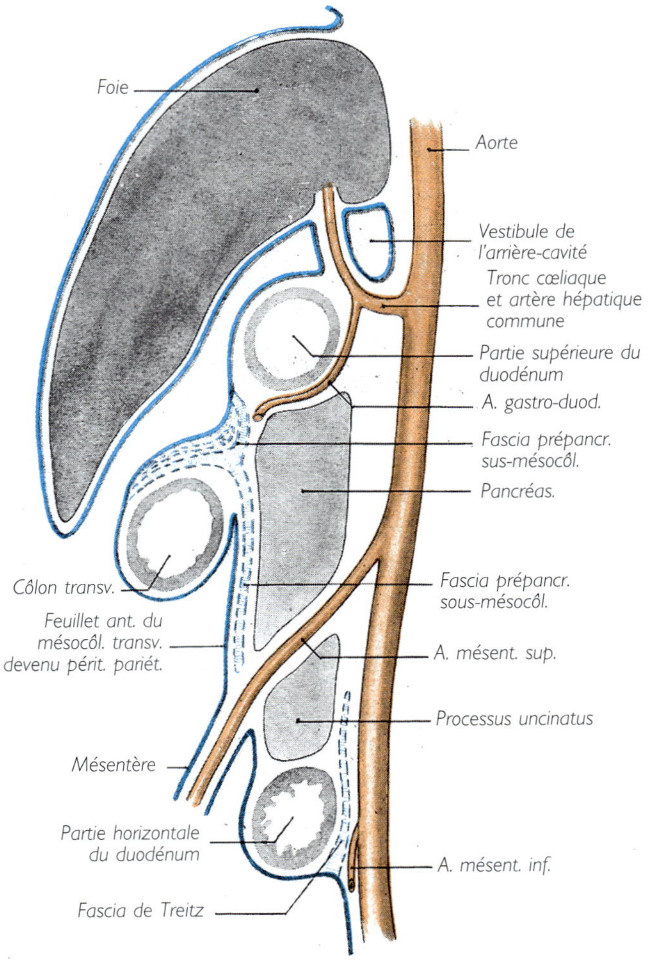

Fig. 243 ▪ Coupe schématique sagittale de la région duodéno-pancréatique destinée à montrer les rapports du duodénum et du pancréas avec les organes voisins, le péritoine et les fascias d'accolement prépancréatique sus-mésocolique.

Le récessus omental inférieur est un diverticule de la cavité péritonéale et communique avec elle par le *foramen omental*. Elle est divisée en deux parties, le *vestibule de la bourse omentale* et le *récessus omental inférieur*, par deux replis séreux soulevés par les artères gastrique gauche et hépatique commune. Ces replis limitent un orifice, l'*entrée du récessus omental inférieur*, qui fait communiquer le vestibule avec le récessus omental inférieur (fig. 242 et fig. 248).

Le *gros intestin* est une fente allongée de haut en bas, ouverte à droite, limitée : ❑ en avant, par le bord du petit omentum comprenant dans son épaisseur le pédicule hépatique ; ❑ en arrière, par le relief de la veine cave inférieure ; ❑ en haut, par le processus caudé du lobe caudé ou, plus exactement, par le processus caudé de ce tubercule ; ❑ en bas, par l'angle de réflexion du péritoine pariétal sur le petit omentum ; cet angle répond à l'union des parois supérieure et postérieure de la partie supérieure du duodénum.

L'*entrée du récessus omental inférieur* est limitée : ❑ en arrière et en haut, par le repli séreux appelé pli gastro-pancréatique ; ❑ en arrière et en bas, par le pli hépato-pancréatique ; ❑ en avant, par la petite courbure de l'estomac.

Le *vestibule* s'étend du foramen omental au foramen bursæ omentalis. Sa paroi antérieure est constituée par le petit omentum. Sa paroi postérieure est formée par la paroi abdominale postérieure, entre la veine cave inférieure et les replis des artères gastrique gauche et hépatique commune. Le vestibule s'élargit progressivement de bas en haut. Il émet à sa partie supérieure un prolongement qui s'enfonce en arrière du foie, entre le lobe caudé et le diaphragme, jusqu'au ligament coronaire.

Le *récessus omental inférieur* s'étend, de droite à gauche, du foramen bursæ omentalis au hile de la rate. Il est limité en haut par la réflexion du péritoine pariétal sur le revêtement séreux de l'estomac ; en bas, par la soudure des deux lames du grand omentum (voir ci-dessus : *Oblitération de la cavité du grand omentum*). ❑ La paroi antérieure du récessus omental inférieur répond en haut à la face postérieure de l'estomac ; en bas, au-dessous de la grande courbure, aux feuillets antérieurs du grand omentum. ❑ La paroi postérieure est en rapport avec le corps et la queue du pancréas, avec le rein, la glande suprarénale gauche et le diaphragme.

Le fond ou extrémité gauche du récessus omental inférieur est constitué : en arrière, par le ligament pancréatico-splénique dans lequel cheminent les vaisseaux spléniques ; en avant, par le ligament gastro-splénique qui livre passage aux vaisseaux courts et à l'artère gastro-omentale gauche. Le long du hile de la rate, le feuillet interne du ligament gastro-splénique se continue avec le feuillet antérieur du ligament pancréatico-splénique (fig. 233).

ESTOMAC

L'estomac est un segment dilaté du tube digestif, intermédiaire à l'œsophage et au duodénum.

Il occupe la plus grande partie de la loge sous-phrénique gauche comprise entre le diaphragme en haut et en dehors, le mésocôlon et le côlon transverse en bas, la région cœliaque en dedans. La loge sous-phrénique répond à peu près à l'hypochondre gauche et à une partie de l'épigastre (voir Anatomie topographique de l'abdomen).

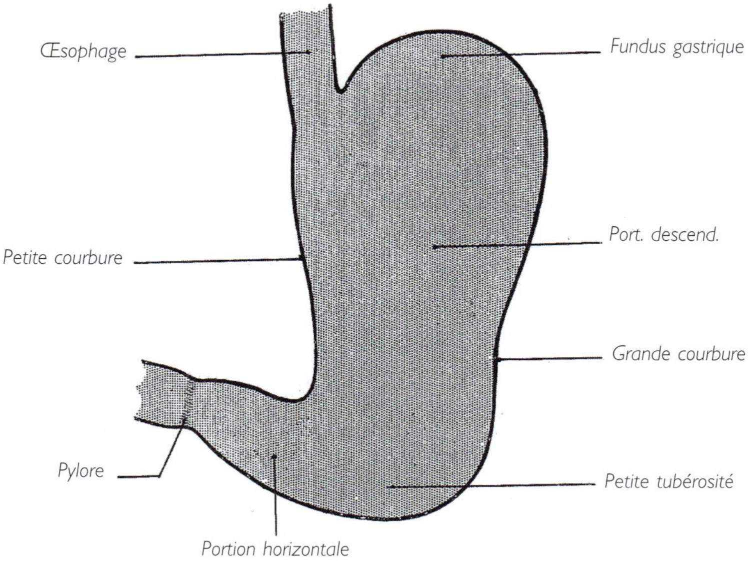

Fig. 244 ▪ Schéma destiné à montrer la configuration extérieure de l'estomac.

▪ **CONFIGURATION EXTÉRIEURE.** On a comparé l'estomac à une cornemuse, à un cône vertical à base supérieure, etc. En réalité, l'estomac comprend deux parties :
❑ l'une, la plus longue et la plus volumineuse, est la *portion verticale* ou *descendante* ;
❑ l'autre, plus petite, est appelée *portion horizontale* (fig. 244 et 245).

a) PORTION DESCENDANTE. La partie descendante ou verticale comprend les deux tiers environ de la longueur de l'estomac. Elle est oblique en bas et en avant. On lui distingue deux segments superposés, le fundus gastrique et le corps de l'estomac, séparés l'un de l'autre par un plan horizontal tangent au bord supérieur du cardia.

Le *fundus gastrique* surmonte le corps de l'estomac à la manière d'une coupole.

Le *corps de l'estomac* se rétrécit un peu de haut en bas. Son extrémité inférieure, ou *petite tubérosité*, forme la partie la plus déclive de l'organe.

b) PORTION HORIZONTALE. La partie horizontale se dirige, en se rétrécissant légèrement obliquement en haut, à droite et en arrière. Son extrémité droite ou *pylore* s'unit au duodénum suivant un sillon annulaire appelé *duodéno-pylorique* (fig. 244, 245 et 251). L'angle saillant en bas et à gauche, par lequel la partie horizontale de l'estomac s'unit à la partie verticale, se confond avec la petite tubérosité du corps de l'estomac.

Telles sont la forme et l'orientation de l'estomac sur le cadavre dont les organes ont été préalablement fixés *in situ*, en position verticale. ❑ Sur le cadavre couché sur le dos, la coudure de l'estomac s'atténue, l'estomac est allongé transversalement et décrit une courbe concave en haut.

c) FORME DE L'ESTOMAC CHEZ LE VIVANT. La description que nous venons de donner est celle de l'estomac normal examiné sur le cadavre ou sur le vivant au cours d'une laparotomie.

Examiné sur le vivant par les procédés radiologiques, l'estomac revêt une forme qui, dans ses grandes lignes, n'est pas très différente de celle qu'il présente sur le cadavre. La forme de l'estomac d'un sujet vivant, examiné debout, a été comparée à celle d'un J majuscule auquel on reconnaît une partie descendante longue et une partie horizontale plus courte. Mais les modifications de détails sont nombreuses ; elles sont en rapport avec le sexe, l'âge, la tonicité de la paroi gastrique, surtout avec la position que l'on donne au sujet et la forme de la cage thoracique. Ainsi, sous l'effet de l'anesthésie au cours d'une laparotomie (Grégoire), ou bien quand la base du thorax est large, la partie descendante de l'estomac se présente comme sur le cadavre couché sur le dos ; elle s'incline en bas et à droite et se continue par une courbe de rayon variable avec la partie horizontale.

■ **DIMENSIONS.** L'estomac moyennement distendu mesure : ❑ 25 cm dans sa plus grande longueur ; ❑ 10 à 12 cm de largeur (mesurée d'un bord à l'autre à la partie moyenne de l'organe) ; ❑ 8 à 9 cm dans le sens antéro-postérieur (Sappey).

■ **FACES ET BORDS.** L'estomac présente, dans son ensemble, deux faces, l'une, antérieure, l'autre, postérieure, plus ou moins convexes suivant le degré de réplétion de l'organe.

Les faces sont séparées l'une de l'autre par les bords ou courbures de l'estomac. On distingue un bord droit, concave, ou petite courbure, et un bord gauche, convexe, ou grande courbure (fig. 245).

Les courbures de l'estomac ne sont pas régulières. Elles se composent de plusieurs segments unis par des angles plus ou moins ouverts et arrondis.

La *petite courbure*, concave, regarde à droite et en haut. Elle se compose de deux segments, l'un, descendant, l'autre, à peu près horizontal, qui répondent aux segments homonymes de l'estomac.

La *grande courbure*, convexe, comprend : ❑ 1° un segment supérieur, qui regarde en haut et fait partie du fundus gastrique ; ❑ 2° un segment moyen, descendant ; ❑ 3° un segment inférieur oblique en haut, à droite et en arrière, comme la portion horizontale de l'estomac.

■ **ORIFICES.** L'estomac communique en haut avec l'œsophage par l'*orifice œsophagien* ou *cardia* ; en bas, avec le duodénum, par l'*orifice duodénal*, *orifice pylorique* ou *pylore* (fig. 244, 245 et 246).

Le *cardia* est situé entre l'extrémité supérieure de la petite courbure et le fundus gastrique. Cet orifice est ovalaire et son grand axe est allongé de haut en bas et de gauche à droite. Il regarde à droite, en haut et un peu en avant (fig. 245).

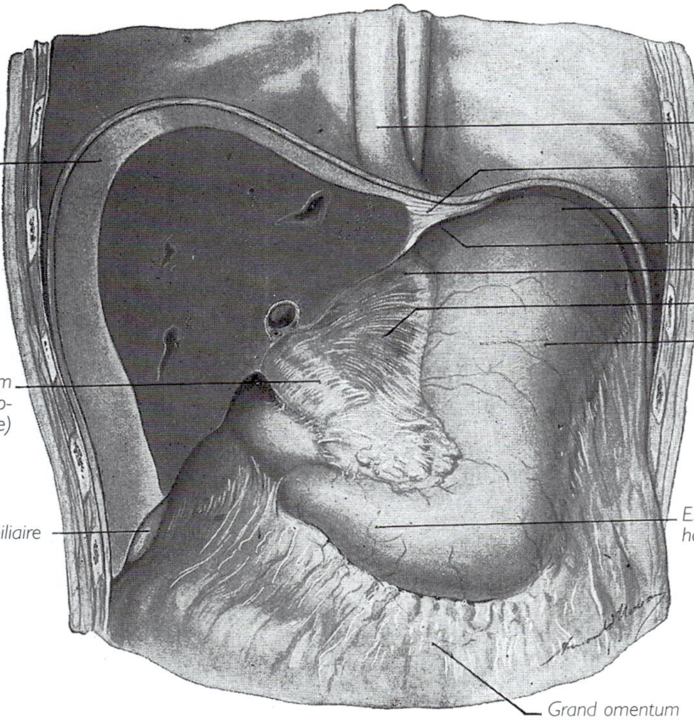

Fig. 245 ▪ Estomac et petit omentum, vue antérieure.
Préparation faite sur un sujet dont les organes avaient été fixés *in situ* par une injection de formol.

L'*orifice pylorique* est circulaire et placé à l'extrémité droite de la partie horizontale de l'estomac. Il regarde à droite, en arrière et en haut, et répond au sillon duodéno-pylorique.

▪ **ANTRE PYLORIQUE.** Le pylore est précédé par le segment horizontal de l'estomac ou antre pylorique. L'antre est caractérisée par sa constitution musculaire et par sa muqueuse. Les fibres musculaires circulaires de l'estomac présentent à son niveau deux faisceaux qui adossés au niveau de la petite courbure s'écartent au niveau de la grande de 4 à 6 cm, délimitant en amont du pylore une chambre parfois visible sur les radiographies, le canalis egestorius (Couinaud).

Quant à la muqueuse, elle est caractérisée par sa structure glandulaire de cellules à mucus et de cellules endocrines sécrétant la gastrine responsable de la sécrétion acide de l'estomac et des mouvements de l'antre (fig. 250).

▪ **CONFORMATION INTÉRIEURE.** La surface intérieure ou muqueuse de l'estomac est rouge chez le vivant.

Après la mort, la muqueuse s'altère très vite et devient rapidement grisâtre.

Quand l'estomac est vide, sa surface intérieure est parcourue dans toute son étendue par des plis anastomosés qui limitent des dépressions de forme variable. Ces plis, formés par la muqueuse, s'effacent à mesure que l'estomac se distend.

Il existe encore sur toute la surface intérieure de l'estomac de fins sillons qui circonscrivent de petites surfaces légèrement saillantes, polygonales, de 3 à 4 mm de diamètre, appelés *mamelons gastriques*. Ces mamelons et les sillons qui les limitent ne disparaissent pas par la distension de l'estomac.

Au cardia, la couleur rouge de l'estomac tranche, sur le vivant, avec la coloration rose pâle de l'œsophage. Cet orifice présente un repli, la *valvule cardio-œsophagienne*, qui traduit sur la surface intérieure de l'orifice l'angle aigu formé par l'œsophage avec le fundus gastrique de l'estomac. La surface intérieure du cardia est plissée, et les replis rayonnent du cardia vers l'estomac. Ces replis sont parmi ceux qui disparaissent par la distention.

Le *pylore* est muni d'une valvule annulaire, la *valvule pylorique*. Du côté du duodénum, la valvule est plane et perpendiculaire à la paroi duodénale. Du côté de l'estomac, la surface de la valvule s'incline obliquement vers la paroi gastrique et se continue insensiblement avec elle.

La valvule pylorique est un repli de la muqueuse soulevé par un épaississement de la musculature de l'estomac appelé *sphincter pylorique*.

RAPPORTS

1. Face antérieure. La face antérieure de l'estomac présente deux parties : ❑ l'une, supérieure, ou *sous-thoracique*, c'est-à-dire cachée par la paroi thoracique et le diaphragme ; ❑ l'autre, inférieure, ou *abdominale*.

a) PARTIE SOUS-THORACIQUE. La projection de la partie supérieure ou sous-thoracique de l'estomac sur la paroi antérieure du thorax s'étend : ❑ 1° en largeur, entre une verticale tangente au bord gauche du sternum et la paroi latérale du thorax ; ❑ 2° en hauteur, dans la respiration moyenne et sur la ligne mamillaire, du rebord inférieur du thorax en bas au cinquième espace intercostal en haut (fig. 246). Cette partie de la face antérieure de l'estomac est en rapport avec la paroi thoracique par l'intermédiaire du diaphragme et aussi par l'intermédiaire d'organes qui sont situés les uns au-dessus, les autres au-dessous du diaphragme. Au-dessus du diaphragme, se trouvent le cœur et le péricarde, le poumon et la plèvre gauches. Au-dessous, un seul organe se place entre l'estomac et le diaphragme, c'est le foie. Le lobe gauche du foie et le ligament triangulaire gauche s'insinuent, en effet, dans une étendue variable entre le diaphragme et la face antérieure de l'estomac (fig. 247 et fig. 283). De plus, en bas et à gauche, la rate affleure la surface de projection de l'estomac sur la paroi thoracique antéro-latérale.

ESPACE SEMI-LUNAIRE DE TRAUBE. On donne ce nom à une région de la paroi thoracique en rapport avec la face antérieure de l'estomac et qui « présente un tympanisme aigu à la percussion ». Cet espace semi-lunaire est limité par deux lignes courbes qui se regardent par leur concavité ; l'une est supérieure, l'autre, inférieure (fig. 246).

La *limite supérieure*, concave en bas et en dedans, commence à l'extrémité antérieure du huitième cartilage costal gauche. De là, elle monte obliquement en haut et à gauche, en regard du bord antérieur du lobe gauche du foie. Elle arrive ainsi

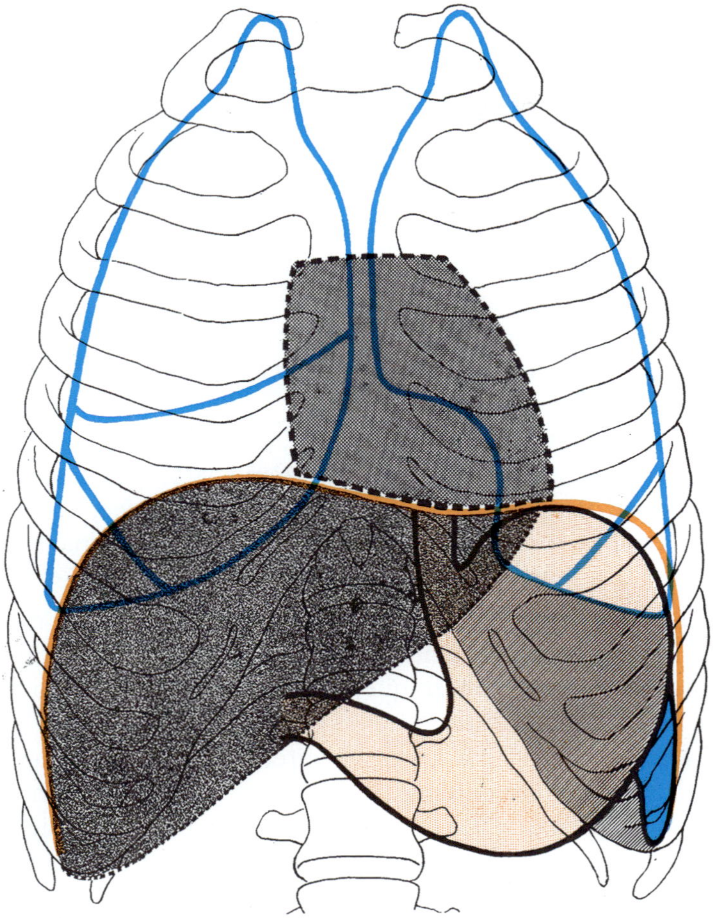

Fig. 246 ▪ Rapports de la face antérieure de l'estomac ; espace de Traube.
L'estomac est représenté en rouge, le foie en gris foncé, le péricarde et le cœur en quadrillé, la rate et les limites des poumons en bleu. L'espace de Traube est recouvert de traits obliques parallèles.

au cinquième espace intercostal, où elle passe un peu au-dessous de la pointe du cœur (Berceanu) ; puis elle s'incline en bas et à gauche et suit la ligne de projection du bord inférieur du poumon gauche jusqu'à la ligne axillaire antérieure ; enfin, elle descend à peu près verticalement, le long de la limite antérieure de la rate, et atteint la onzième côte, un peu en arrière de son extrémité antérieure.

La *limite inférieure* de l'espace de Traube est représentée par le bord inférieur du thorax entre les deux extrémités de la limite supérieure.

En regard de cet espace, la face antérieure de l'estomac, qui n'est séparée de la paroi thoracique que par le diaphragme et la plèvre gauche, donne à la percussion un son tympanique qui contraste avec la matité du foie, du cœur et de la rate et avec la sonorité pulmonaire.

Cependant l'estomac ne répond pas à toute l'étendue de l'espace de Traube ; il est, en effet, débordé en bas et à gauche par l'angle gauche du côlon qui est également sonore à la percussion. La projection du côlon sur la partie externe de l'espace est d'autant plus étroite que l'estomac est distendu, et inversement. En effet, l'estomac fixé à la paroi au niveau du cardia et du pylore refoule le côlon vers la gauche, on l'attire en dedans par le ligament gastro-colique, suivant qu'il se distend ou se rétracte (Dan Berceanu).

b) PARTIE ABDOMINALE. La partie abdominale de la face antérieure de l'estomac s'étend plus ou moins bas, suivant que l'estomac est vide ou distendu et suivant que la tonicité de sa musculature est plus ou moins grande.

Cette partie de l'estomac répond, quand celui-ci n'est pas distendu : en haut et à droite, au foie, en bas et à gauche, à la paroi abdominale suivant une région triangulaire, dite *triangle de L. Labbé*.

Le triangle de Labbé est limité : ❑ à droite, par une ligne qui monte obliquement, en regard du bord antérieur du foie, du neuvième cartilage costal droit à l'extrémité antérieure du huitième cartilage costal gauche ; ❑ à gauche, par le rebord inférieur du thorax ; ❑ en bas, par une ligne horizontale qui, normalement, ne remonte jamais au-dessus des neuvièmes cartilages costaux (fig. 246 et 247).

2. Face postérieure. En haut, le fundus gastrique s'appuie directement sur le diaphragme. Il lui est étroitement uni, dans l'intervalle compris entre les deux feuillets du ligament gastro-phrénique, par du tissu fibreux qui forme le *ligament suspenseur de l'estomac* (Grégoire).

Les deux feuillets du ligament gastro-phrénique se rapprochent et s'appliquent l'un sur l'autre à l'extrémité externe du ligament, où ils se continuent avec ceux du ligament phrénico-splénique. En dedans, le feuillet inférieur du ligament se confond avec le feuillet gauche du pli gastro-pancréatique ; le feuillet supérieur se continue avec la lame gauche du méso-œsophage (voir fig. 240).

Au-dessous du ligament suspenseur, l'estomac est en rapport avec le récessus omental inférieur (fig. 237 et 248). Par ce récessus omental inférieur, il répond de haut en bas : au diaphragme en particulier, à son pilier gauche, à la glande suprarénale, au corps et à la queue du pancréas, et, aux vaisseaux spléniques, au rein suivant une zone triangulaire comprise entre la glande suprarénale, la rate et le pancréas, enfin au mésocôlon transverse et au côlon transverse qui séparent l'estomac de l'angle duodéno-jéjunal et des anses grêles (fig. 248).

La face postérieure de l'estomac répond encore à la face gastrique de la rate, à travers le récessus omental inférieur et aussi par l'intermédiaire des ligaments gastro-splénique et pancréatico-splénique (pour détails, voir : *Rate*).

3. Petite courbure. La petite courbure de l'estomac est réunie au foie par le petit omentum (fig. 245).

L'artère gastrique gauche et le pli gastro-pancréatique atteignent la petite courbure un peu au-dessous du cardia.

Les branches terminales de cette artère et les veines correspondantes cheminent ensuite entre les deux feuillets du petit omentum, étroitement accolées à la paroi

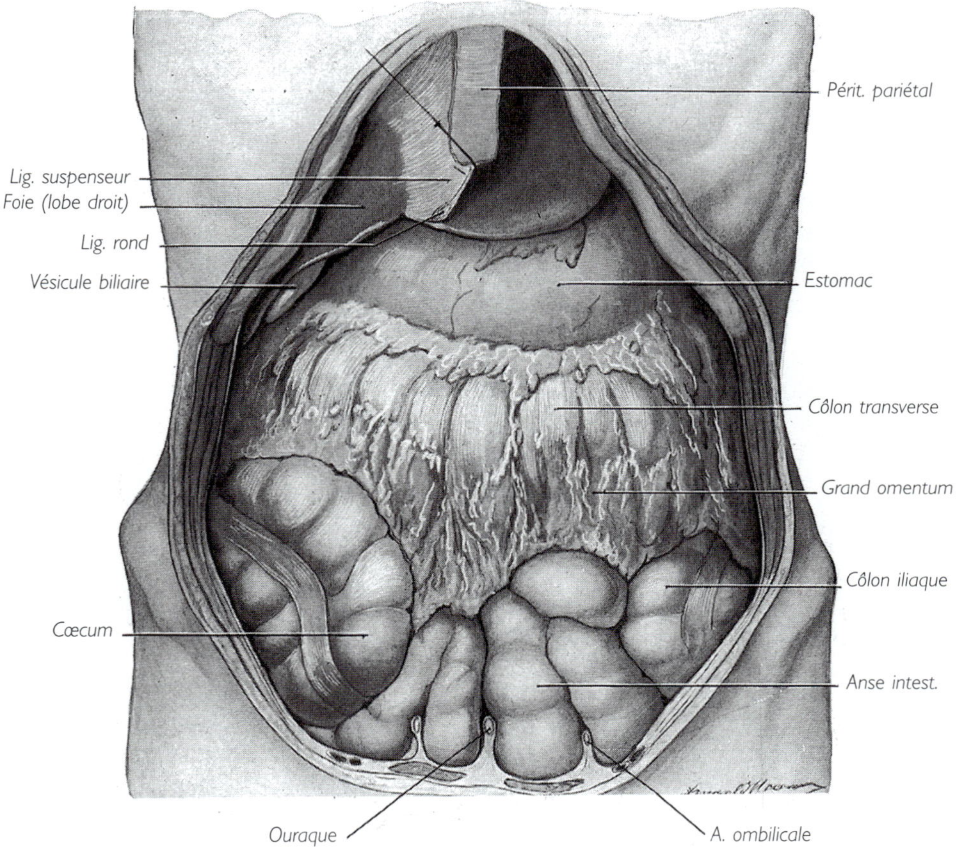

Fig. 247 ▪ Organes abdominaux en place.
Préparation faite sur un sujet dont les organes avaient été fixés *in situ* par une injection de formol.

de l'estomac. Le long de ces vaisseaux s'échelonnent des nœuds lymphatiques gastriques, qui sont, eux aussi, accolés à la paroi gastrique. Les ramifications terminales des nerfs vagues abordent l'estomac le long de la petite courbure (Wertheimer). Enfin, la petite courbure répond encore, à travers le récessus omental inférieur et le péritoine pariétal, à l'aorte, au tronc cœliaque et au plexus solaire.

4. Grande courbure. La grande courbure est reliée : en haut, au diaphragme par le ligament gastro-phrénique ; plus bas, au hile de la rate par le ligament gastro-splénique contenant les vaisseaux courts et l'artère gastro-omentale gauche (fig. 248) ; enfin, au-dessous de la rate, au côlon transverse par le grand omentum (fig. 247).

En regard de la rate, le ligament gastro-splénique atteint la grande courbure seulement au niveau de l'extrémité inférieure de la rate. Plus haut, l'attache gastrique de ce ligament gastro-splénique s'éloigne de la grande courbure et s'en éloigne progressivement de bas en haut. Dans cette partie splénique de son étendue, la grande courbure de l'estomac est en contact avec le diaphragme, parfois même avec le bord antérieur crénelé de la rate, quand celui-ci s'insinue entre la grande courbure de l'estomac et le diaphragme (fig. 248).

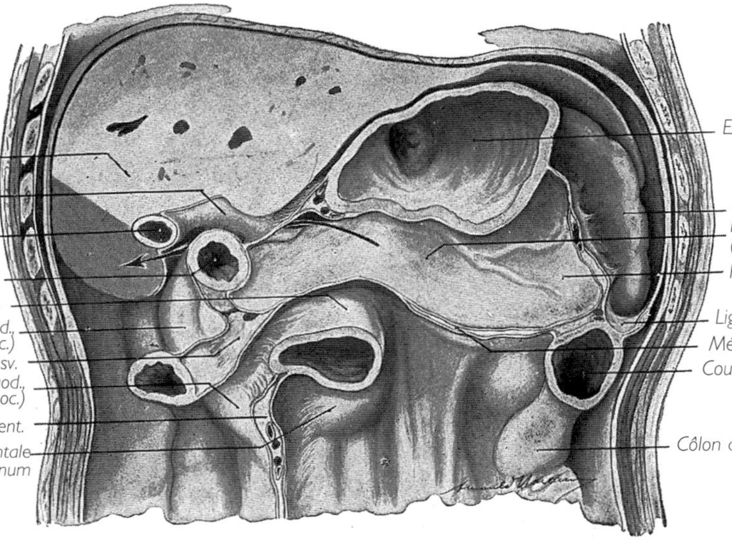

Fig. 248 ▪ Figure destinée à montrer les rapports de la face postérieure de l'estomac et la disposition du péritoine qui recouvre le duodénum et le pancréas. — L'estomac et le côlon transverse ont été enlevés pour mettre en évidence les organes placés en arrière d'eux. — La flèche passe sous le petit omentum et sort du récessus omental inférieur par le foramen omental. — Préparation faite sur un sujet dont les organes avaient été fixés *in situ* par une injection de formol.

Le long du grand omentum, la grande courbure est séparée du côlon transverse par le cul-de-sac inférieur du récessus omental inférieur, compris entre les feuillets du grand omentum. Elle est en rapport dans cette région avec les artères et les veines gastro-omentales droite et gauche qui cheminent entre les deux feuillets du grand omentum, à 1 ou 1,5 cm de la grande courbure ; elle est encore en rapport avec les nœuds du centre gastro-omental qui longent ces vaisseaux. Les nœuds du centre gastro-omental sont normalement placés au-dessous ou au niveau des vaisseaux gastro-omentaux ; ils sont exceptionnellement au-dessus d'eux.

5. Cardia. L'orifice œsophagien ou cardia présente avec les nerfs vagues et le péritoine les mêmes rapports que la partie abdominale de l'œsophage. Il est à 2 cm à gauche de la ligne médiane et répond : en arrière et à droite, à l'aorte, au pilier gauche du diaphragme et au corps de la onzième vertèbre thoracique ; en avant, il est en rapport avec le lobe gauche du foie, sur lequel il creuse une gouttière et se projette sur le septième cartilage costal. À gauche, le cardia répond au sommet de l'angle ouvert en haut, compris entre l'œsophage et le fundus gastrique.

6. Pylore. L'orifice duodénal ou pylore est situé sur la ligne médiane ou un peu à droite de cette ligne, à la hauteur de la première vertèbre lombale. ❑ Son *bord postérieur* répond au pancréas par l'intermédiaire de l'extrémité inférieure et droite du récessus omental inférieur (fig. 248 et 254). Il est côtoyé à droite par l'artère gastro-duodénale (fig. 255). Cette artère gastro-duodénale est accompagnée des nœuds lymphatiques du groupe rétro-pylorique. ❑ Son *bord antérieur* est recouvert par le lobe carré du foie. ❑ Son *bord inférieur* est croisé par l'artère gastro-omentale droite qui passe un peu au-dessous de lui et répond aux nœuds sous-pyloriques. ❑ Enfin, son *bord supérieur* est en rapport avec l'artère pylorique contenue entre les deux feuillets du petit omentum.

■ **CONSTITUTION.** La paroi de l'estomac se compose de quatre tuniques superposées qui sont, de dehors en dedans, les tuniques séreuse, musculaire, sous-muqueuse et muqueuse.

1° La *tunique séreuse* ou *péritonéale* comprend deux feuillets qui adhèrent aux faces antérieure et postérieure de l'estomac. Ces feuillets se continuent le long des courbures avec ceux des omentums.

2° La *tunique musculaire* est constituée par trois plans de fibres : un plan superficiel formé de fibres longitudinales, un plan moyen composé de fibres circulaires et un plan interne constitué par des fibres obliques. ❑ Au niveau du pylore, les fibres circulaires s'épaississent et constituent le sphincter pylorique.

3° La *tunique sous-muqueuse* est une couche de tissu cellulaire lâche.

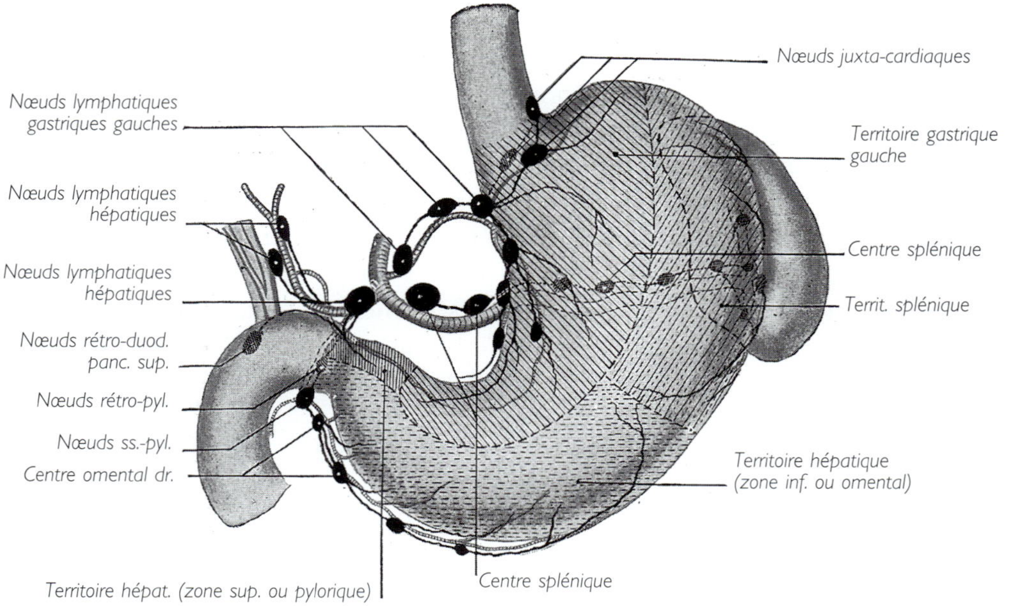

Fig. 249 ▪ Lymphatiques de l'estomac et chaînes de nœuds satellites des branches du tronc cœliaque.

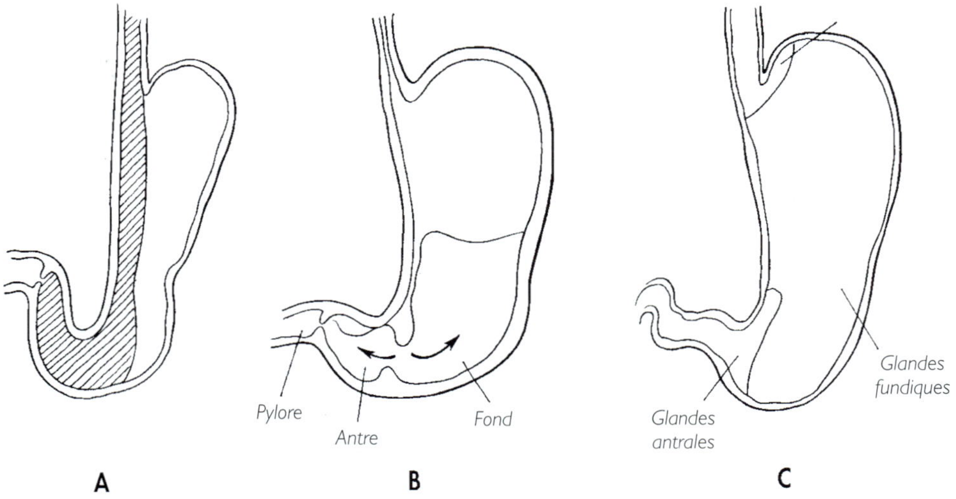

Fig. 250 ▪ A — Canal gastrique ; B — Réservoir gastrique ; C — Glandes gastriques.

4° La *tunique muqueuse* a été précédemment décrite (voir : *Configuration interne de l'estomac*).

VAISSEAUX ET NERFS

a) ARTÈRES. Les artères de l'estomac viennent des trois branches du tronc cœliaque.

L'artère gastrique gauche se divise en deux branches terminales qui descendent le long de la petite courbure et s'anastomosent avec les rameaux de l'artère gastrique droite, branche de l'artère hépatique commune. ❑ L'artère hépatique commune donne encore à l'estomac, par l'intermédiaire de l'artère gastro-duodénale, l'artère gastro-omentale droite qui s'anastomose le long de la grande courbure avec l'artère gastro-omentale gauche, branche de l'artère splénique. ❑ L'artère splénique fournit à l'estomac les artères gastriques courtes.

Toutes ces artères anastomosées entre elles forment deux arcades qui longent : l'une, la petite courbure ; l'autre, la grande courbure de l'estomac. De ces arcades, naissent à angle droit de nombreuses branches qui se rendent aux deux faces de l'organe.

La partie supérieure du corps de l'estomac et le fundus gastrique sont irrigués par les artères gastriques courtes de l'artère splénique, par les rameaux œsophagiens de l'artère gastrique gauche et fundiques, branches des artères gastrique gauche et splénique.

b) VEINES. Les veines sont satellites des artères et se rendent à la veine porte.

c) LYMPHATIQUES. Il faut distinguer dans l'estomac trois territoires lymphatiques principaux (fig. 210). ❑ 1° Le *territoire des nœuds lymphatiques gastriques gauche* comprend

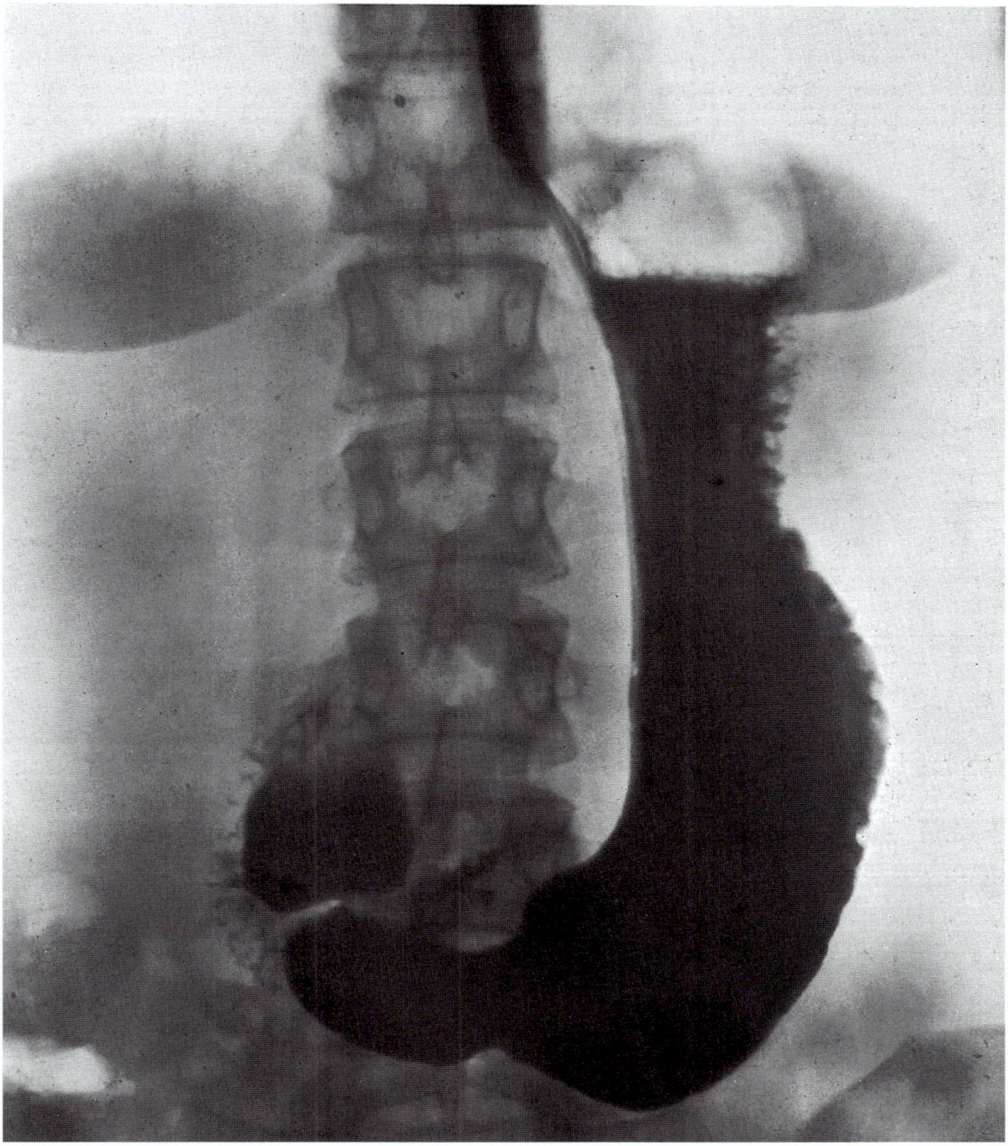

Fig. 251 a ▪ Radiographie de l'estomac après opacification par la baryte.

environ les deux tiers internes de la portion verticale de l'estomac et un petit segment de la portion horizontale.

2° Le territoire des *nœuds lymphatiques spléniques* est représenté par cette partie de la portion verticale de l'estomac, qui se trouve en dehors du territoire de l'artère gastrique gauche, depuis le sommet du fundus gastrique jusqu'à la partie moyenne de la grande courbure.

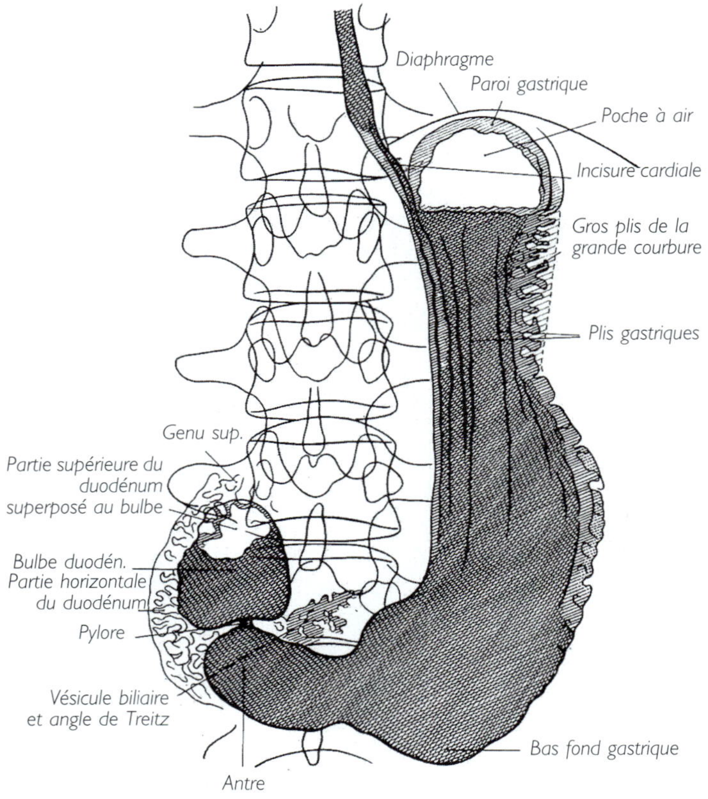

Fig. 251 b.

3° Le territoire des *nœuds lymphatiques hépatiques* est constitué par tout le reste de la paroi gastrique. Ce dernier territoire se divise en deux régions secondaires, l'une, supérieure, ou artère gastrique droite, tributaire des nœuds placés sur le segment horizontal de l'artère hépatique commune et souvent aussi d'un nœud rétroduodéno-pancréatique placé en arrière du premier coude duodénal ; l'autre, inférieure, ou gastro-omentale, qui prolonge en bas et à droite le territoire splénique.

d) NERFS. Les nerfs proviennent des nerfs vagues et grand sympathique et sont groupés en trois pédicules (Latarjet et Wertheimer) : ❑ 1° le *pédicule de la petite courbure* formé par les rameaux gastriques des nerfs vagues, anastomosés avec des filets sympathiques du plexus nerveux de l'artère gastrique gauche ; les rameaux du nerf vague gauche vont à la face antérieure de l'estomac ; ceux du nerf vague droit vont à la face postérieure ; ces rameaux restent indépendants et ont chacun un territoire distinct ; ❑ 2° un *pédicule duodéno-pylorique* formé de quelques filets récurrents du plexus hépatique ; ils innervent le pylore ; ❑ 3° un *pédicule sous-pylorique* ou *gastro-omental droit* qui émane du plexus hépatique et accompagne l'artère gastro-omentale droite. ❑ À ces trois pédicules il convient d'ajouter les ramifications satellites des branches de l'artère splénique destinées à l'estomac.

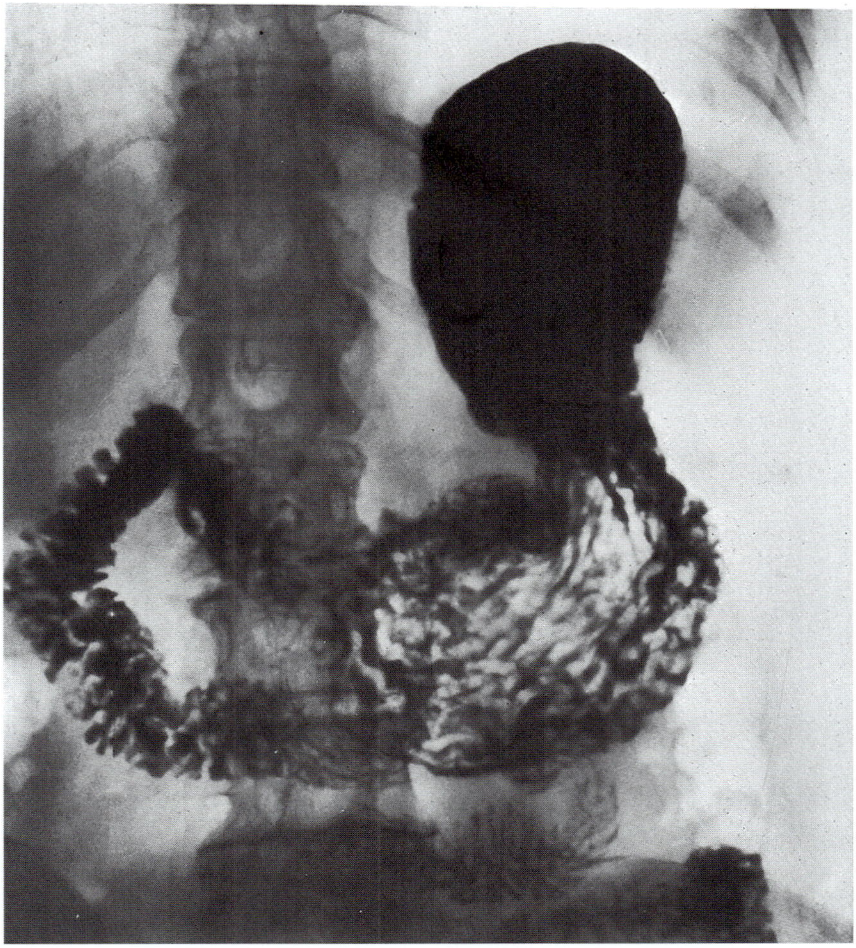

Fig. 252 a ▪ Radiographie de l'estomac lors d'un passage duodénal. Noter : le raccourcissement de la poche gastrique, l'ascension de l'antre, l'ouverture du pylore.

Anatomie fonctionnelle de l'estomac.

L'estomac constitue le réservoir où s'achève la trituration des aliments commencée dans la cavité buccale et où débute leur digestion.

L'estomac répond à une double fonction de conduit et de réservoir : le conduit est réalisé par l'adossement, parallèlement à la petite courbure, des faces antérieure et postérieure de la muqueuse, c'est le canal gastrique que suivent les liquides arrivant par le cardia. Ce canal les dirige directement vers le fond de l'estomac, puis vers l'antre et le pylore et de là vers le duodénum. Les deux plis de la muqueuse qui délimitent le canal sont soulevés par les fibres longitudinales de la cravate de Suisse.

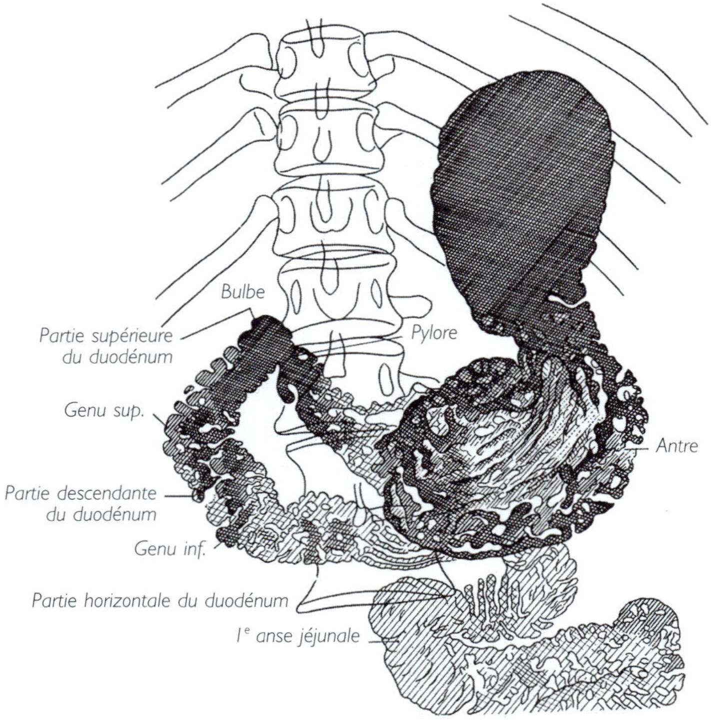

Fig. 252 b.

Les aliments ingérés vont s'accumuler dans le fond de l'estomac, réservoir gastrique dont la capacité peut atteindre un à deux litres. Les fibres musculaires longitudinales de la couche superficielle de l'estomac et les fibres circulaires de la couche moyenne assurent la trituration, le brassage, puis l'évacuation du contenu (fig. 250, 251, 252).

La digestion s'effectue grâce à la sécrétion des glandes gastriques. La région de l'antre et la partie horizontale possèdent des glandes à mucus et des glandes endocrines qui sécrètent la gastrine. Cette hormone est responsable de la sécrétion acide de la partie verticale de l'estomac, et des différentes enzymes nécessaires à la digestion. Celle-ci se termine par la production d'un bol alimentaire semi-liquide, semi-solide, le chyme qui sera expulsé vers le pylore dont l'occlusion et l'ouverture sont obtenues surtout par le glissement de sa muqueuse.

INTESTIN GRÊLE

L'intestin grêle est un segment du tube digestif, mesurant en moyenne 7 m de long, à peu près cylindrique, allant du pylore au gros intestin.

On distingue à l'intestin grêle deux parties principales : une partie relativement fixe, le *duodénum*, et une partie mobile, le *jéjunum et l'iléum*.

A. **Duodénum.**

Le duodénum est la partie initiale de l'intestin grêle.

Ce segment du tube digestif est enroulé en forme d'anneau autour de la tête et du col du pancréas, et profondément situé sur la paroi abdominale postérieure, en avant de la colonne vertébrale et des gros vaisseaux prévertébraux. Il se distingue du jéjunum et de l'iléum parce qu'il est à peu près immobilisé par ses connexions avec les vaisseaux voisins, le foie, le pancréas et le péritoine. Ce dernier, à la suite de l'accolement du mésoduodénum au péritoine pariétal, passe en avant du duodénum qu'il applique sur la paroi.

FIXITÉ. Malgré toutes ces connexions, la fixité du duodénum n'est pas absolue. Ainsi, le duodénum s'abaisse légèrement lorsque le sujet passe de la position horizontale à la station verticale (Grégoire).

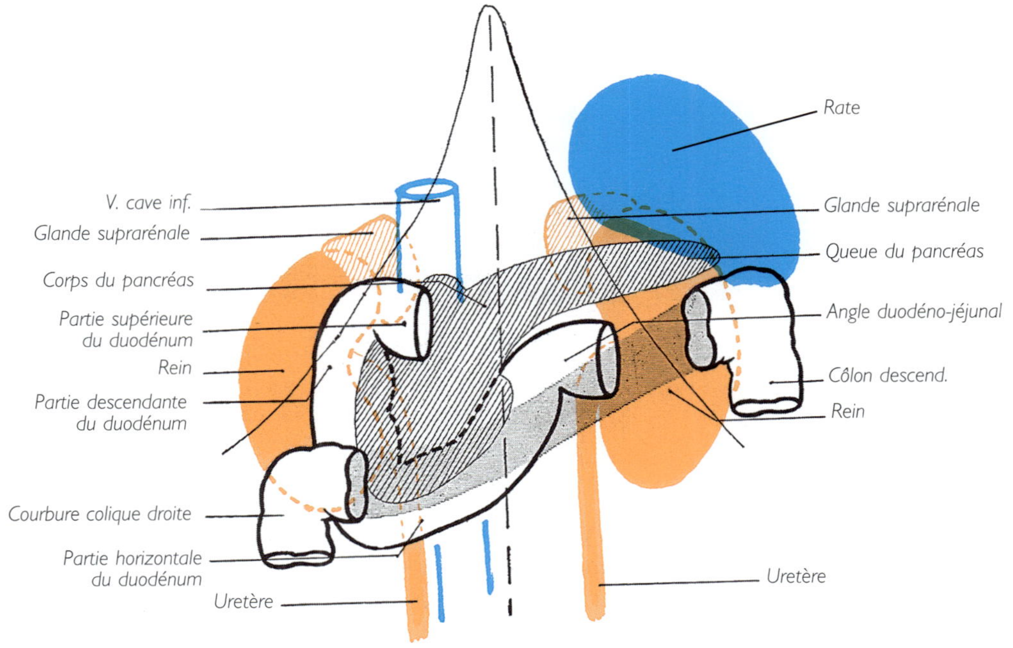

Fig. 253 ▪ Projection du duodénum et ses rapports avec les reins, le pancréas et le côlon (d'après Addison, modifié).

LIMITES ET DIMENSIONS. Le duodénum commence au pylore et son origine est indiquée par le sillon duodéno-pylorique. Il finit en formant avec la partie mobile de l'intestin grêle un angle appelé *courbure dudéno-jéjunale*.

La longueur du duodénum est de 25 cm. Son calibre est irrégulier (voir : *Configuration extérieure*) ; son diamètre mesure environ, suivant la région, de 3 à 4 cm.

FORME ET CONFIGURATION EXTÉRIEURE (fig. 253, 254 et 256). Le duodénum a, le plus souvent, la forme d'un anneau presque complet, ouvert seulement en haut et à gauche. Mais généralement la courbe de l'anneau n'est pas régulière et ceci permet de distinguer au duodénum quatre portions : ❑ une *partie supérieure* en arrière, en haut et un peu à droite (fig. 245) ; ❑ une *partie descendante* et verticale ; ❑ une *partie horizontale* dirigée horizontalement de droite à gauche, mais en décrivant une courbe concave en haut et surtout en arrière ; elle s'adapte en effet à la saillie formée par la colonne vertébrale et les gros vaisseaux prévertébraux ; ❑ enfin, une *partie ascendante*, à peu près verticale, un peu penchée vers la gauche, et qui se termine à la courbure dudéno-jéjunale.

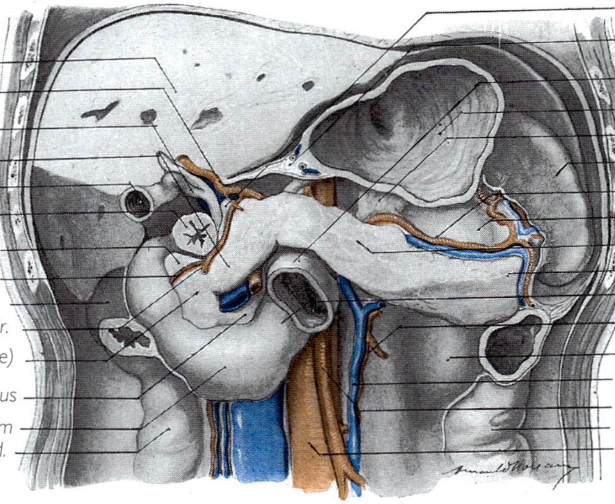

Fig. 254 ▪ Duodénum et pancréas, leurs rapports. L'estomac et le côlon transverse ont été réséqués ; le péritoine a été enlevé. D'après une préparation faite sur un sujet dont les organes avaient été préalablement fixés *in situ* par une injection de formol.

La courbure de l'anse duodénale est variable ; suivant la forme de cette courbure, le duodénum est dit en O, en C, en U ou en V.

Villemin décrit un *rétrécissement supra-vatérien* qui siège un peu au-dessus de l'ampoule hépato-pancréatique (voir plus loin), vers la partie moyenne de la partie descendante du duodénum. Ce rétrécissement divise le duodénum en deux parties qui diffèrent : ❑ 1° par leur structure (les glandes duodénales n'existent que dans le segment supérieur) ; ❑ 2° par leur vascularisation (le segment supérieur est surtout irrigué par des branches de l'artère hépatique commune, l'inférieur par des branches de l'artère mésentérique supérieure) ; ❑ 3° par la présence dans le segment inférieur de valvules conniventes qui font défaut au-dessus du rétrécissement ; ❑ 4° enfin par leur volume, car le diamètre du duodénum est plus grand dans la partie supérieure que dans le partie descendante. ❑ La partie supérieure, la plus large, est encore appelée pour cela *ampoule duodénale*.

■ **CONFORMATION INTÉRIEURE** (fig. 255). La surface intérieure ou muqueuse du duodénum a les caractères généraux de la muqueuse de tout l'intestin grêle. Elle présente en effet des *villosités intestinales*, des *valvules conniventes* et des *nodules lymphatiques*.

Les *villosités intestinales* sont des saillies filiformes très courtes, visibles à la loupe, pressées les unes contre les autres. Elles recouvrent toute la muqueuse et lui donnent un aspect velouté.

Les *valvules conniventes* sont des replis permanents de la muqueuse, allongés perpendiculairement à l'axe de l'intestin. Elles n'existent que dans les parties descendante, horizontale du duodénum et la vésicule biliaire et ne sont bien apparentes qu'à partir du rétrécissement supra-vatérien.

Les valvules conniventes présentent : deux faces, l'une axiale, dirigée vers la cavité, l'autre, pariétale, appliquée sur la paroi ; un bord libre et un bord adhérent ; enfin, deux extrémités qui s'effilent et se confondent avec la paroi.

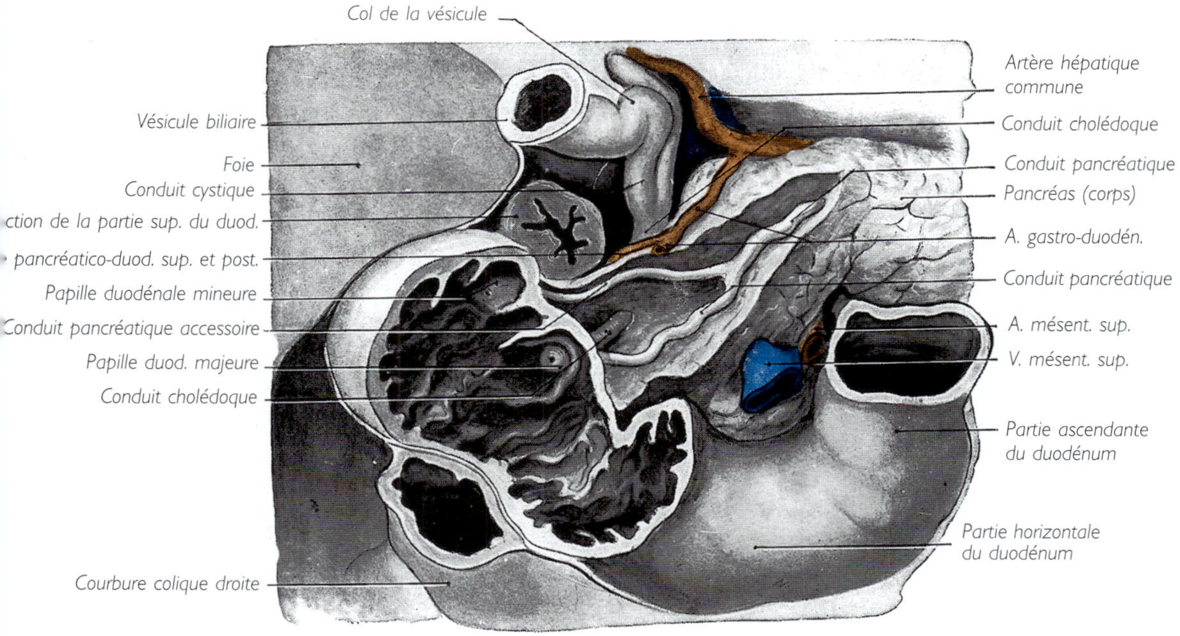

Fig. 255 ▪ Configuration intérieure de la partie descendante du duodénum. Conduits excréteurs du pancréas et voies biliaires extra-hépatiques. Cette figure a été dessinée d'après une préparation faite sur un sujet dont les organes avaient été fixés *in situ* par une injection de formol.

Dans le duodénum comme dans le reste de l'intestin grêle, les valvules conniventes forment rarement un anneau complet ; le plus souvent, elles ne s'implantent que sur le quart, le tiers, ou la moitié de la circonférence intestinale. De même que leur largeur, leur hauteur est très variable. Les valvules de la partie horizontale du duodénum et de la vésicule biliaire sont, avec celles des premières anses du jéjunum et de l'iléum, les plus développées de toute la muqueuse intestinale.

Les *nodules lymphatiques* sont de petits amas lymphoïdes, arrondis, blanchâtres, saillants à la surface de la muqueuse.

a) PAPILLES DUODÉNALES MAJEURE ET MINEURE. En outre de ces éléments qui se retrouvent sur toute l'étendue de l'intestin grêle, la surface muqueuse du duodénum présente deux formations particulières, la papille duodénale majeure et la papille duodénale mineure.

La *papille duodénale majeure* est une saillie conique mesurant de 5 à 10 mm de longueur et de 5 à 6 mm de largeur. Elle est située sur la face interne de la partie descendante du duodénum, vers sa partie moyenne et près de sa face postérieure. Une valvule connivente la recouvre et son bord inférieur est relié à la paroi par un repli muqueux vertical, le *frein de la caroncule*.

Dans la moitié des cas environ, la papille duodénale majeure est creusée d'une cavité appelée *ampoule hépato-pancréatique* (fig. 288) ; au fond de l'ampoule s'abouchent les conduits cholédoque et pancréatique. L'ampoule elle-même s'ouvre dans le duodénum par un étroit orifice de 1 à 3 mm de diamètre (Pedro Belou), qui occupe le sommet de la papille duodénale majeure.

C'est là la disposition la plus fréquente. Cependant, l'ampoule peut ne pas exister, et les conduits cholédoque et pancréatique s'ouvrent directement au sommet de la papille duodénale majeure par un ou par deux orifices.

La papille duodénale majeure se trouve, dans la plupart des cas, sur la *ligne ombilico-hémi-claviculaire droite* (Marsiaj), menée de l'ombilic au milieu de la clavicule droite.

La papille duodénale majeure elle-même fait défaut dans 20 % des cas d'après Marsiaj, dans 38 % des cas d'après Pedro-Belou. Elle est alors remplacée par un simple orifice commun aux conduits cholédoque et pancréatique, ou par deux orifices distincts.

La *papille duodénale mineure* est une saillie également conique, de 1 à 3 mm de hauteur, située à 3 cm environ au-dessus et un peu en avant de la papille duodénale majeure. Le sommet de la petite caroncule est occupé par l'orifice d'abouchement du conduit pancréatique accessoire.

La papille duodénale mineure manque assez souvent ; seul l'orifice existe. Celui-ci peut également faire défaut alors que le conduit pancréatique accessoire existe. Cette disposition est assez rare, Marsiaj l'a trouvée une fois sur quinze.

RAPPORTS

1. Partie supérieure. La partie supérieure oblique en arrière, en haut et un peu à droite, presque antéro-postérieure, se projette sur la moitié droite du corps de la première vertèbre lombale.

a) La *face antérieure*, tapissée par le péritoine, est en contact en avant avec la face inférieure du lobe carré du foie ; en arrière, elle répond au col de la vésicule biliaire et à l'extrémité droite du hile du foie (fig. 254). La face antérieure de l'angle formé par la partie supérieure avec la partie descendante du duodénum est en contact avec le lobe droit du foie, à droite et en avant du sillon transverse (fig. 277 et 278).

b) La *face postérieure* présente deux segments, l'un, interne, péritonéal, l'autre, externe, extrapéritonéal. La limite entre ces deux segments longe le bord interne de l'artère gastro-duodénale.

Le *segment péritonéal* est en rapport avec l'extrémité inférieure et droite du récessus omental inférieur. Le revêtement séreux de la face postérieure du duodénum se continue en haut avec le feuillet postérieur du petit omentum ; en bas, avec le péritoine pariétal pancréatique (fig. 248). Par l'intermédiaire du récessus omental inférieur, le segment péritonéal du duodénum est en rapport avec le corps du pancréas et avec la partie horizontale de l'artère hépatique commune qui chemine au-dessus de cette glande.

Le *segment extrapéritonéal* est adhérent en bas au col du pancréas. Mais il déborde cette glande en haut, où il est croisé par le conduit cholédoque et par la veine porte. Il est également croisé par l'artère gastro-duodénale qui descend entre le duodénum et le pancréas, le long de la ligne de réflexion du péritoine duodénal sur le péritoine pariétal (fig. 254). Autour de l'artère gastro-duodénale se groupent, en arrière de la partie supérieure du duodénum, les nœuds lymphatiques rétropyloriques.

En arrière du pancréas, du conduit cholédoque et de la veine porte, s'étale le *fascia de Treitz* qui provient de l'accolement du feuillet droit du mésoduodénum au péritoine pariétal. Enfin, en arrière du fascia de Treitz monte la veine cave inférieure (fig. 233).

c) La *face supérieure* de la partie supérieure du duodénum présente avec le foie les mêmes rapports que la face antérieure. Elle répond au coude de l'artère hépatique commune.

Le petit omentum se détache de la partie supérieure du duodénum à la limite entre ses faces supérieure et postérieure ; et le revêtement péritonéal de la face supérieure du duodénum se continue en haut avec le feuillet antérieur du petit omentum (fig. 248 et fig. 235).

d) La *face inférieure* adhère en dehors au col du pancréas. L'artère gastro-duodénale, qui a croisé la face postérieure du duodénum, croise également sa face inférieure et se bifurque en ses deux branches terminales, quand elle arrive en regard du bord antérieur de cette face (fig. 254 et fig. 290).

2. Partie descendante. La partie descendante descend, sur le cadavre, à droite de la colonne lombale, depuis le corps vertébral de la première vertèbre lombale jusqu'à celui de la quatrième. La radiographie montre qu'elle est en avant du plan vertébral (Maingot, *in* Grégoire).

La *face antérieure* de la partie descendante du duodénum, recouverte par le péritoine, est croisée par le côlon transverse (fig. 253) et par son méso, qui est lui-même longé par l'artère colique droite supérieure. Le mésocôlon transverse divise cette face en deux parties, l'une, sus-méso-colique, l'autre, sous-mésocolique (fig. 248).

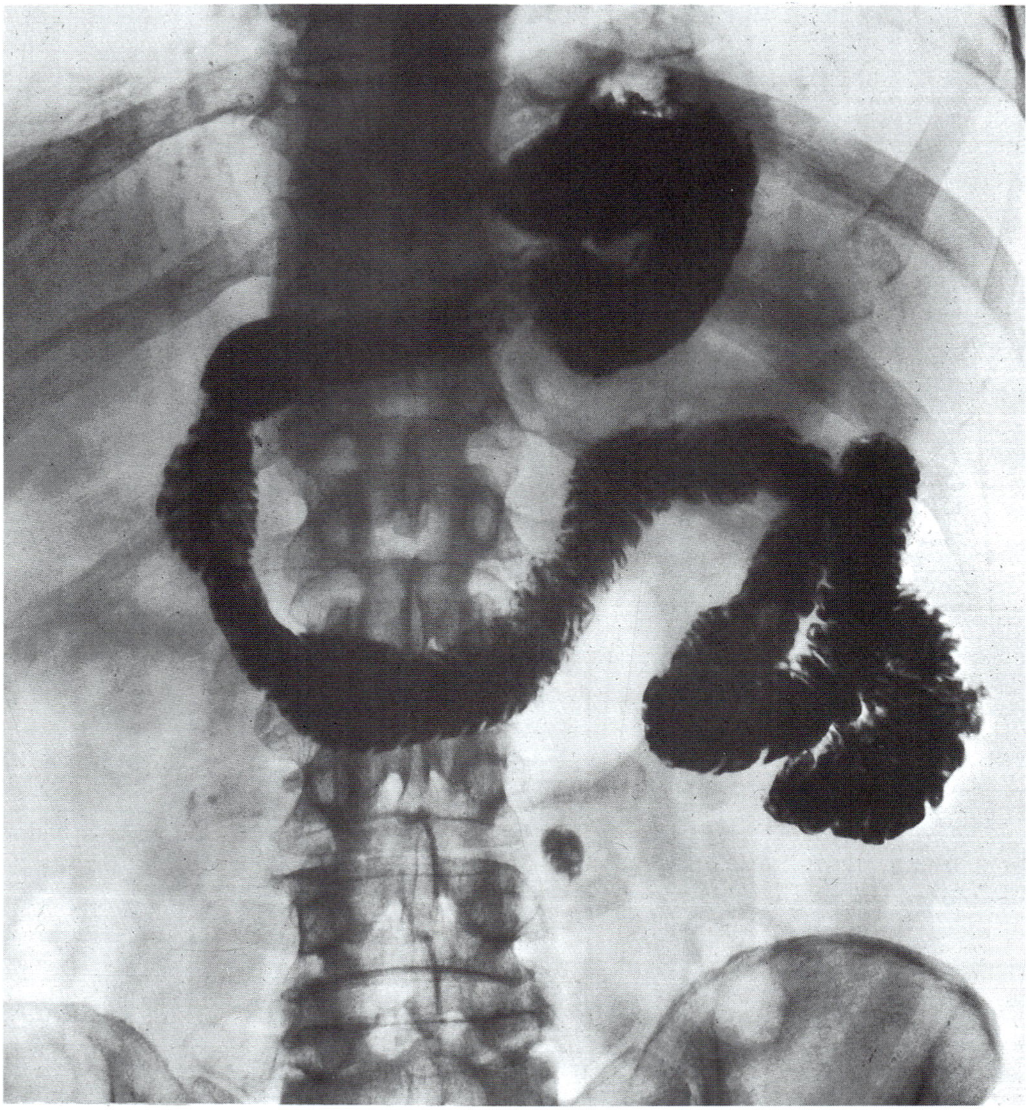

Fig. 256 *a* ▪ Radiographie du cadre duodénal après opacification par la baryte.

❑ La partie sus-mésocolique répond à la face inférieure du lobe droit du foie et à la vésicule biliaire. Elle creuse sur le lobe droit du foie l'empreinte duodénale. ❑ La partie sous-mésocolique est en rapport avec l'extrémité droite du côlon (fig. 253, 254 et fig. 266) et, au-dessous du côlon transverse, avec les anses grêles.

La *face postérieure* est appliquée sur la veine cave inférieure et sur l'artère testiculaire droite, sur le pédicule rénal droit et sur l'uretère ; elle empiète un peu sur la

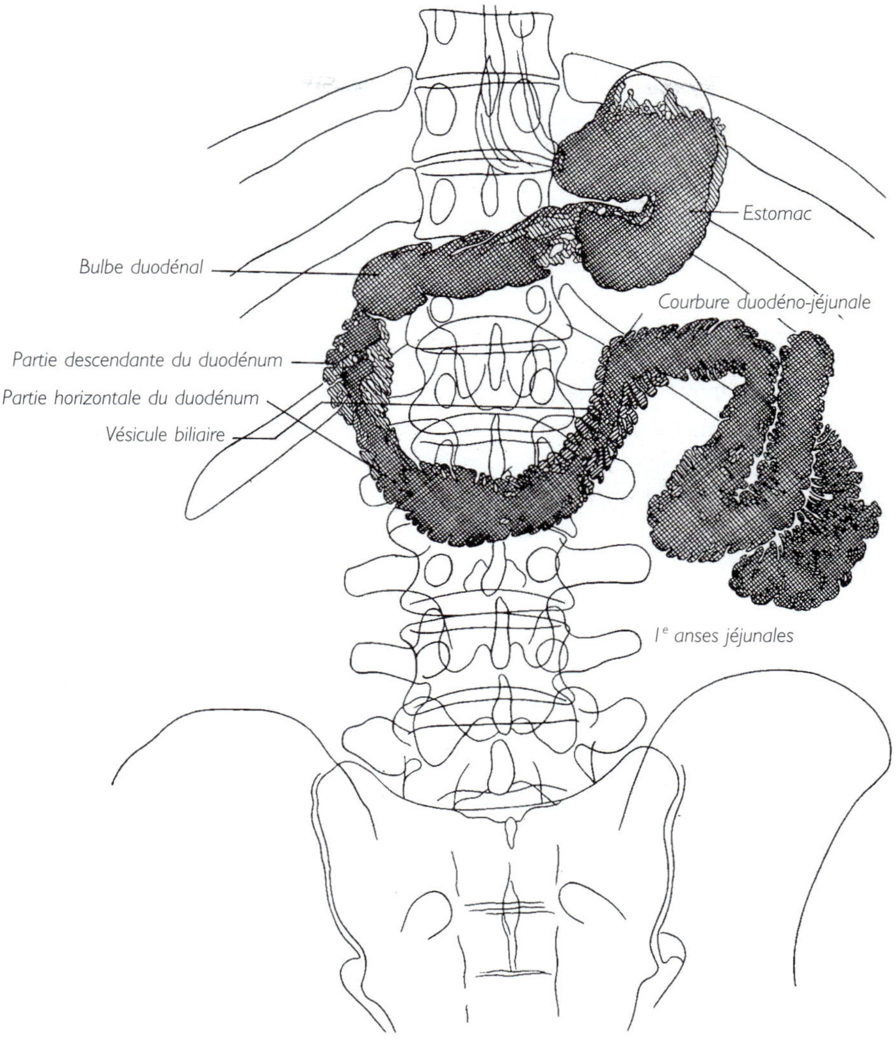

Fig. 256 *b*.

partie médiale de la face antérieure du rein droit. Toutefois, elle est séparée de ces organes par le fascia de Treitz.

La *face latérale* est en rapport, au-dessus du côlon transverse, avec le foie ; au-dessous, avec le côlon ascendant. Le péritoine qui revêt cette face se continue à droite avec le péritoine pariétal, le long d'un sillon vertical sur lequel s'implante le fascia duodéno-jéjunal.

La *face médiale* est unie à la tête du pancréas qui se creuse en gouttière pour la recevoir, elle répond encore aux conduits cholédoque, pancréatique et pancréatique accessoire, qui s'ouvrent dans le duodénum à travers sa paroi interne. Enfin cette face est croisée par l'artère pancréatico-duodénale supérieure et antérieure, quand elle contourne le bord droit de la tête du pancréas.

3. Partie horizontale. La partie horizontale du duodénum s'étend transversalement en avant de la quatrième vertèbre lombale, quelquefois en avant de la troisième. Elle décrit une courbe dont la concavité postérieure embrasse la saillie formée par la colonne lombale et les gros vaisseaux prévertébraux.

La *face antérieure*, recouverte par le péritoine, répond aux anses grêles. Elle est croisée obliquement de haut en bas et de gauche à droite par la racine du mésentère. Les vaisseaux mésentériques supérieurs, qu'entourent les éléments du groupe central des nœuds lymphatiques mésentériques supérieurs, passent entre les feuillets du mésentère, en avant de la partie horizontale du duodénum (fig. 248, 254 et 266). L'artère colique droite supérieure naît en avant de cette partie du duodénum.

La *face postérieure* recouvre la veine cave inférieure, l'aorte, l'origine de l'artère mésentérique inférieure, le plexus nerveux intermésentérique et la partie supérieure des racines des nerfs splanchniques pelviens, enfin l'amas mésentérique inférieur des nœuds lymphatiques préaortiques. Elle est cependant séparée de ces organes par le fascia de Treitz.

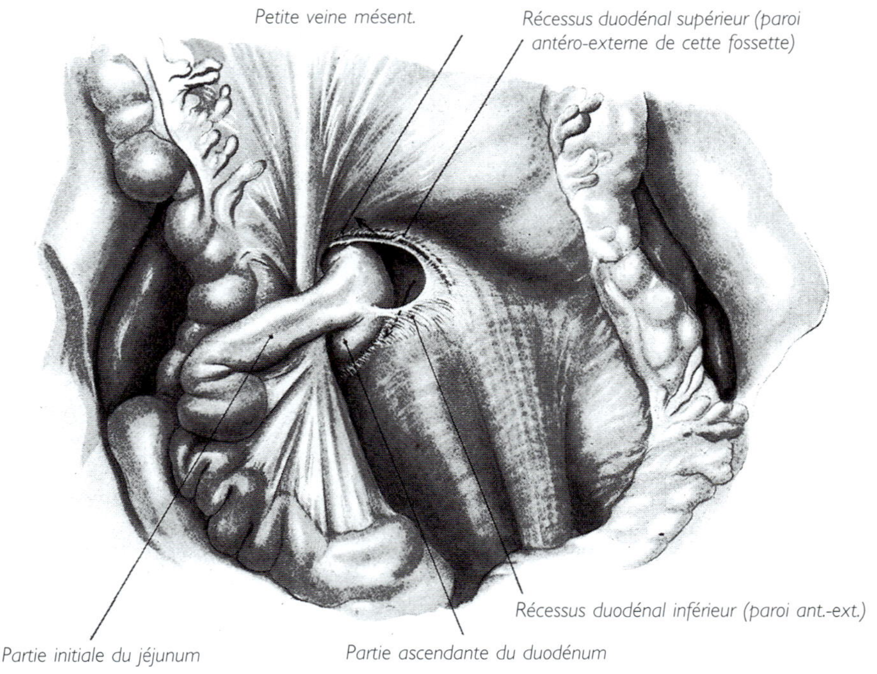

Fig. 257 ▪ Récessus duodénaux. — La partie supérieure du jéjunum a été réclinée à droite, de manière à tendre du même côté la vésicule biliaire et l'angle duodéno-jéjunal. — Sur la préparation qui a servi de modèle, le récessus duodénal supérieur était en même temps duodéno-jéjunal.

La *face supérieure* longe le bord inférieur de la tête et du crochet du pancréas ; elle ne leur est unie qu'à son extrémité droite.

La *face inférieure* est en rapport avec les anses intestinales.

4. Partie ascendante. La partie ascendante du duodénum monte le long du flanc gauche de la colonne lombale, depuis le corps de la quatrième vertèbre lombale jusqu'à la deuxième ou jusqu'au disque qui sépare la première de la deuxième.

Sa *face antérieure* répond : ❑ en haut, au côlon transverse et à son méso qui reposent sur elle et la séparent de l'estomac ; ❑ en bas, aux anses grêles.

Sa *face postérieure* recouvre les vaisseaux rénaux et testiculaires gauches ainsi que la gaine du muscle psoas.

Sa *face médiale* ou droite est contiguë de bas en haut, d'abord à l'extrémité du processus uncinatus, ensuite à l'extrémité supérieure de la racine du mésentère. Elle longe l'aorte.

Sa *face latérale* est plus ou moins rapprochée, suivant les sujets et l'état de distension de l'anse duodénale, du bord interne du rein gauche. Entre ces deux organes monte l'arc vasculaire de Treitz, formé par la petite veine mésentérique et l'artère colique gauche supérieure accolées l'une à l'autre (voir fig. 140).

L'extrémité supérieure de la vésicule biliaire s'unit au jéjunum et à l'iléum par la *courbure dudéno-jéjunale*. Celle-ci atteint la face inférieure du corps du pancréas et la racine du mésocôlon transverse (fig. 248 et 254). Elle répond au bord supérieur de la deuxième vertèbre lombale. ❑ La courbure dudéno-jéjunale est reliée au pilier gauche du diaphragme par un faisceau de fibres musculaires lisses, connu sous le nom de *muscle suspenseur du duodénum*, et c'est à la présence de muscle qu'elle doit d'être la partie la plus fixe du duodénum.

a) RÉCESSUS DUODÉNAUX. Le péritoine recouvre la face antérieure de la vésicule biliaire et se continue : le long de sa face interne, avec le feuillet gauche du mésentère ; le long de sa face externe, avec le péritoine pariétal. Le péritoine de cette partie du duodénum présente fréquemment des replis qui limitent des diverticules de la cavité péritonéale, appelés *récessus duodénaux*. Il existe trois fossettes principales : les récessus duodénaux supérieur, inférieur et paraduodénal.

Les *récessus duodénaux supérieur et inférieur* s'ouvrent dans la cavité péritonéale, le long de la dépression verticale comprise entre la face externe de la vésicule biliaire et la paroi. Aplatis d'avant en arrière (fig. 257), ils prennent, quand on tire en avant cette partie du duodénum, la forme d'une pyramide triangulaire et se regardent par leur base qui répond à l'orifice du récessus. Des trois parois de chacun d'eux, l'une, interne, est formée par la partie postéro-externe de la vésicule biliaire ; une deuxième, postérieure, par la région voisine de la paroi abdominale postérieure ; la troisième, antéro-externe, par un repli péritonéal tendu de la vésicule biliaire à la paroi postérieure de l'abdomen. Le repli qui limite le récessus duodénal supérieur contient fréquemment la petite veine mésentérique.

Le *récessus paraduodénal* (Jonnesco) se rencontre peu souvent. Il se développe entre le versant supérieur de l'angle duodéno-jéjunal et le mésocôlon transverse. Le repli péritonéal qui le limite en haut contient la veine mésentérique inférieure, avant que ce vaisseau ne s'enfonce en arrière du pancréas.

Les récessus duodénaux sont intéressants à connaître, car une anse intestinale peut pénétrer et s'étrangler dans l'un d'eux.

Ils résultent d'un accolement incomplet et anormal de la paroi postérieure de la vésicule biliaire au péritoine pariétal (Ancel et Cavaillon) (fig. 230).

■ **CONSTITUTION.** Le duodénum se compose, comme tout le tube intestinal, de quatre tuniques superposées qui sont, de dehors en dedans, les tuniques séreuse musculaire, sous-muqueuse et muqueuse.

1° La *tunique séreuse ou péritonéale* a été déjà décrite, par fragments, en exposant les rapports du duodénum.

Quand on l'envisage dans son ensemble, on voit que le péritoine duodénal est divisé en trois parties par les racines du mésocôlon transverse et du mésentère (fig. 248).

Au-dessus du mésocôlon, le péritoine revêt la face antérieure des parties supérieure et horizontale du duodénum. Toutefois, la face postérieure de la partie supérieure est également tapissée par la séreuse depuis le pylore jusqu'à la ligne suivant laquelle l'artère gastro-duodénale croise le duodénum ; dans cette région, l'anse duodénale fait partie de la paroi antérieure du récessus omental inférieur, à la limite inférieure et droite de cette cavité.

Au-dessous du mésocôlon, le péritoine recouvre seulement les faces antérieure et inférieure du duodénum. Il se continue en haut avec le feuillet inférieur du mésocôlon transverse. ❑ Le mésentère divise le péritoine duodénal sous-mésocolique en deux parties : l'une, supérieure et droite, en rapport avec le segment sous-mésocolique de la partie descendante du duodénum et la moitié droite de la partie horizontale ; l'autre, inférieure et gauche, recouvrant la moitié gauche de la partie horizontale du duodénum et toute la vésicule biliaire.

2° La *tunique musculaire* est formée d'une couche superficielle de fibres longitudinales et d'une couche profonde de fibres circulaires. Cette tunique est traversée par les conduits cholédoque et pancréatique.

3° La *tunique sous-muqueuse* est une mince lame de tissu cellulaire lâche.

4° La *muqueuse* a été décrite en même temps que la configuration interne du duodénum.

■ **VAISSEAUX ET NERFS**

a) ARTÈRES. Les artères du duodénum sont : ❑ 1° les *artères pancréatico-duodénales supérieures postérieure et antérieure*, branches de l'artère gastro-duodénale, et l'*artère pancréatico-duodénale inférieure*, branche de l'artère mésentérique supérieure ; l'artère pancréatico-duodénale inférieure se divise peu après son origine en deux branches, l'une, supérieure, l'autre, inférieure, qui s'anastomosent sur la face postérieure du pancréas avec les artères pancréatico-duodénales supérieures postérieure et antérieure (fig. 134) ; ❑ 2° la première intestinale de l'artère mésentérique supérieure.

L'ampoule duodénale reçoit, de plus, une *artère supra-duodénale*, branche de l'artère hépatique commune ou de l'artère gastro-duodénale, et une *artère sous-pylorique*, qui naît le plus souvent de l'artère gastro-omentale droite, rarement de l'artère pancréatico-duodénale supérieure et antérieure (Voisin et Devambez). (Voir : *Artères pancréatico-duodénales*).

b) VEINES. Les veines sont, d'une manière générale, satellites des artères, et forment en s'anastomosant des arcades semblables aux arcades artérielles. Cependant, leur terminaison présente quelques particularités.

La *veine pancréatico-duodénale supérieure droite* s'abouche au tronc de la veine porte.

La *veine pancréatico-duodénale inférieure droite* abandonne son artère sur la face antérieure du pancréas et se jette avec la veine gastro-omentale droite dans la grande veine mésentérique.

La *veine pancréatico-duodénale inférieure gauche* se termine également dans la grande veine mésentérique.

c) LYMPHATIQUES. Les lymphatiques du duodénum se jettent dans les nœuds lymphatiques pancréatico-duodénaux antérieurs et postérieurs. Cependant, la partie supérieure est également tributaire des nœuds lymphatiques subpylorique, et la vésicule biliaire envoie quelques lymphatiques à un nœud pancréatique inférieur voisin de la courbure dudéno-jéjunale.

d) NERFS. Les nerfs viennent : surtout du nerf vague gauche pour la partie supérieure ; du ganglion cœliaque droit et du plexus mésentérique supérieur pour les parties descendante et horizontale ; enfin du nerf vague droit et du ganglion cœliaque gauche pour la vésicule biliaire, la partie voisine de la partie horizontale et la courbure dudéno-jéjunale (Thomas et J. Debeyre).

B. **Jéjunum et iléum.**

Le jéjunum et l'iléum s'étendent du duodénum au gros intestin. Ils commencent à la courbure dudéno-jéjunale et se terminent dans le côlon ascendant.

DIMENSIONS. Leur longueur est d'environ 6,50 m. Leur calibre, qui est de 3 cm à la courbure dudéno-jéjunale, diminue graduellement jusqu'au gros intestin et ne mesure que 2 cm au voisinage de leur terminaison (Sappey).

CONFIGURATION EXTÉRIEURE (fig. 258 et 259). De leur origine à leur terminaison, le jéjunum et l'iléum décrivent environ de 15 à 16 grandes flexuosités appelés *anses intestinales*. Chacune d'elles a la forme d'un U dont les branches plus ou moins parallèles sont en contact l'une avec l'autre.

Les anses sont disposées suivant un type à peu près constant. Ce type s'établit, comme l'a montré Erik Müller, dès le troisième mois de la vie embryonnaire ; on reconnaît deux groupes principaux d'anses intestinales : *un groupe supérieur gauche*, formé d'anses horizontales, placées les unes au-dessous des autres, et un *groupe inférieur droit*, formé d'anses verticales, juxtaposées de gauche à droite et d'avant en arrière.

RAPPORTS. Chaque anse intestinale présente : ❑ deux faces convexes, en contact avec les anses intestinales voisines ; ❑ un bord libre, convexe, en rapport avec la paroi abdominale antérieure ou avec les anses attenantes ; ❑ enfin, un bord adhérent, concave, le long duquel le péritoine de l'intestin se continue avec les feuillets du mésentère.

Envisagées dans leur ensemble, les anses intestinales forment une masse qui remplit dans la cavité abdomino-pelvienne un large espace, plus étendu à gauche qu'à droite. Cela tient à ce que le cæcum et le côlon ascendant occupent à peu près, à droite, toute l'épaisseur de la cavité abdominale, tandis que le côlon descendant, beaucoup plus étroit, est toujours à distance de la paroi abdominale antérieure.

La masse du jéjunum et de l'iléum répond donc : ❑ *en arrière,* à la paroi abdominale postérieure et aux organes rétro-péritonéaux (gros vaisseaux prévertébraux, partie sous-mésocolique du duodénum, reins et uretères, côlon ascendant, cæcum et surtout côlon descendant) ; ❑ *en avant,* au grand omentum qui recouvre directement la masse intestinale, et à la paroi abdominale antérieure ; ❑ *en haut,* au côlon transverse et au mésocôlon transverse ; ❑ *en bas,* au côlon ilio-pelvien et aux organes du petit bassin (rectum et vessie chez l'homme ; rectum, vessie, utérus et ligaments larges chez la femme) ; ❑ *à gauche,* à la paroi latérale de l'abdomen ; ❑ *à droite,* au cæcum, au côlon ascendant et à la paroi (fig. 247 et fig. 261).

Diverticule iléal. ❑ Le jéjunum et l'iléum présentent environ deux fois sur cent, un peu en amont du cæcum, un diverticule en cul-de-sac appelé vestige du conduit vitellin, aussi connu comme diverticule de Meckel. Il est ordinairement libre ; mais il peut être uni par son sommet à la paroi directement ou par un cordon fibreux.

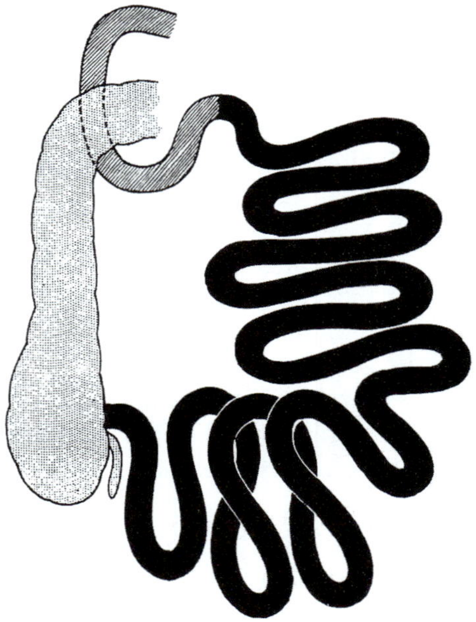

Fig. 258 ▪ Schéma montrant la disposition générale des anses intestinales.

▪ **CONSTITUTION.** La paroi du jéjunum et de l'iléum est constituée, comme celle du duodénum, par quatre tuniques ; séreuse, musculaire, sous-muqueuse et muqueuse.

La *tunique séreuse* se continue le long du bord adhérent des anses intestinales avec les deux feuillets du mésentère.

Les *tuniques musculaires et sous-muqueuse* sont identiques à celles du duodénum.

La *tunique muqueuse* présente comme celle du duodénum : 1° des *villosités intestinales* ; 2° des *valvules conniventes* dont les dimensions et le nombre diminuent graduellement de l'angle duodéno-jéjunal vers la terminaison du jéjunum et de l'iléum ; elles disparaissent même complètement à 50 cm environ en amont du gros intestin ; 3° des *nodules lymphatiques*.

On trouve, de plus, dans le jéjunum et l'iléum, des *nœuds lymphatiques iléaux*. On donne ce nom à des amas de nodules lymphatiques qui dessinent à la surface de la muqueuse des plaques blanchâtres, d'aspect gaufré (Cruveilhier), de forme elliptique, de 5 à 6 cm de longueur ; elles siègent particulièrement dans la deuxième moitié du jéjunum et de l'iléum et le long du bord libre de l'intestin.

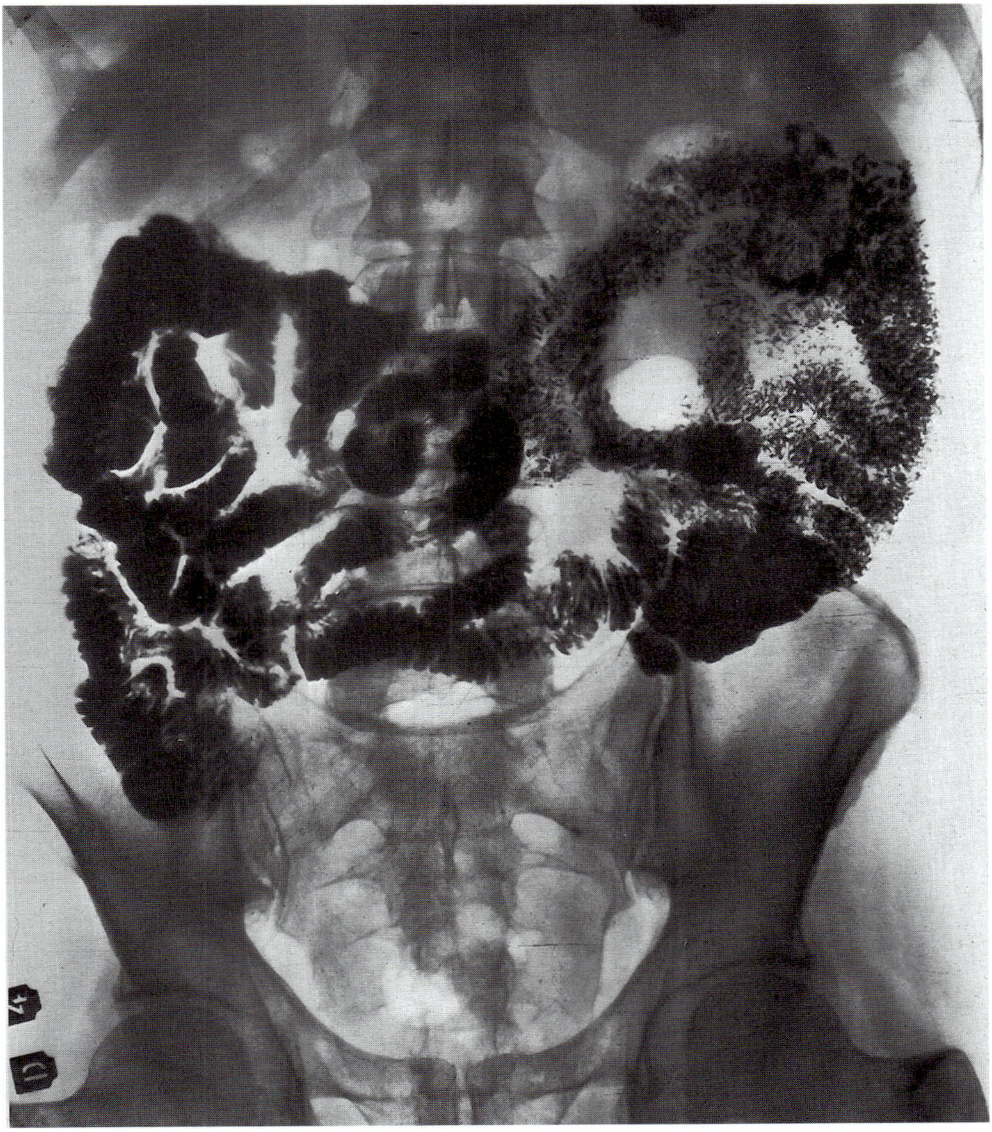

Fig. 259 ▪ Radiographie du grêle opacifié par la baryte.

▪ **VAISSEAUX ET NERFS.** *Les artères* du jéjunum et de l'iléum (fig. 260) sont les branches intestinales de l'artère mésentérique supérieure (voir : *Artère mésentérique supérieure*).

Les *veines jéjunales et iléales* sont disposées comme les artères et se jettent dans la grande veine mésentérique.

Les *lymphatiques* qui sortent de la paroi du jéjunum et de l'iléum sont les *chylifères d'Asselius*.

Ils vont directement, soit aux éléments du groupe juxta-intestinal, soit à ceux du groupe intermédiaire (voir fig. 275). Ces deux groupes communiquent eux-mêmes avec le groupe central, dont les efférents conduisent en fin la lymphe du jéjunum et de l'iléum dans le tronc lombal gauche ou dans la citerne du chyle, soit en partie directement par un ou plusieurs collecteurs appelés *troncs intestinaux*,

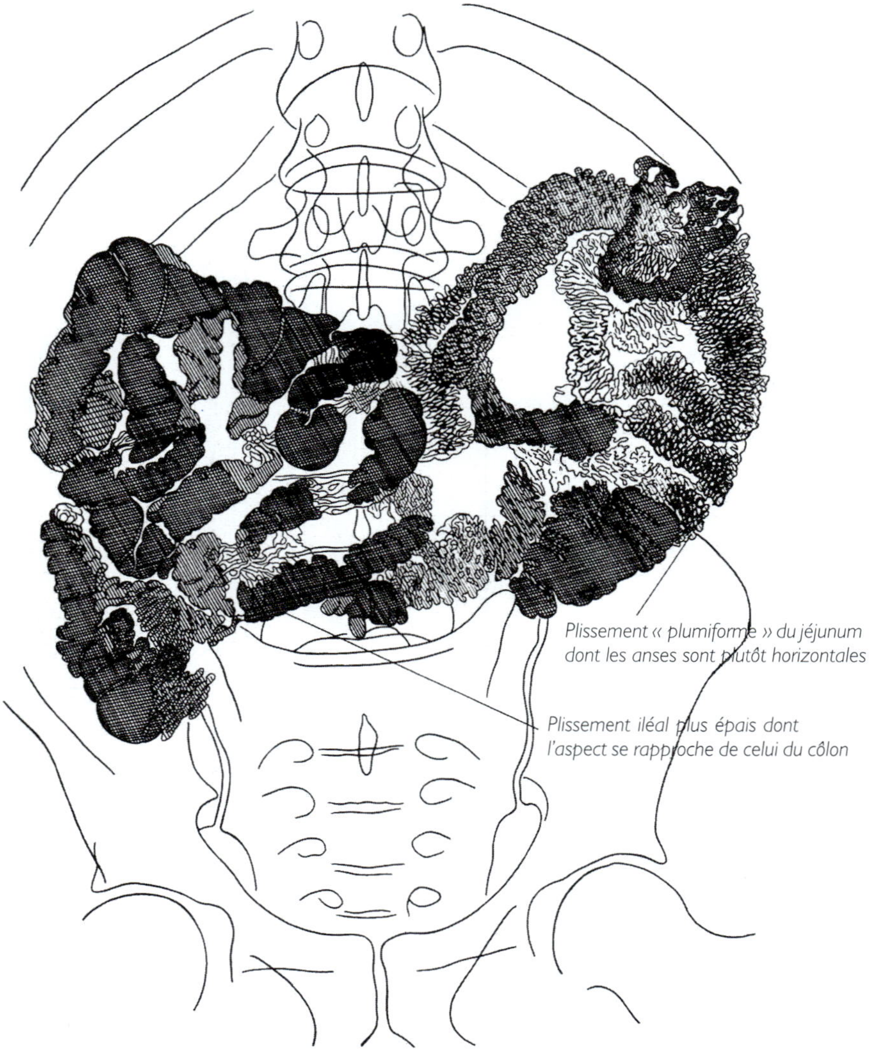

Fig. 259 b ▪

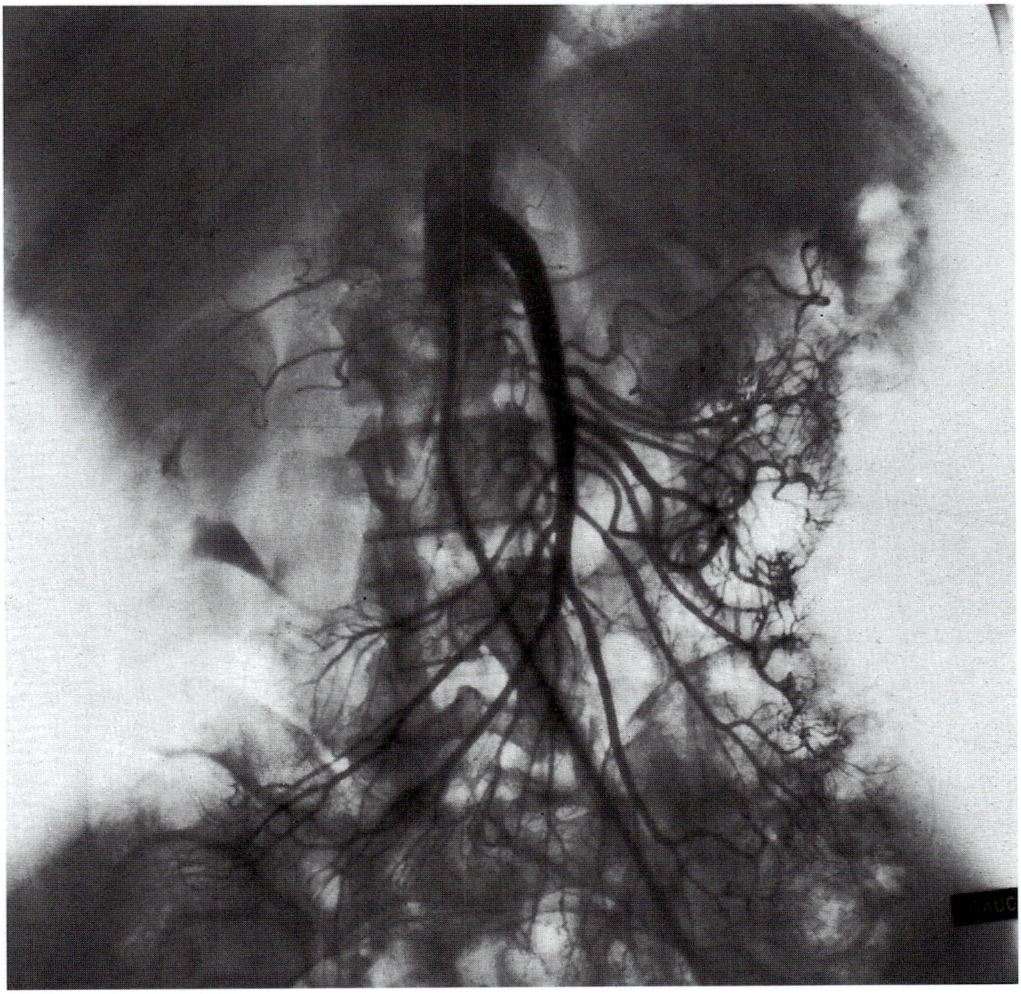

Fig. 260 ▪ Artériographie de l'artère mésentérique supérieure.

soit par l'intermédiaire des nœuds lymphatiques préaortiques et aortiques latéraux voisins du pédicule rénal (Rouvière et Martin).

Les *nerfs du jéjunum et de l'iléum* viennent du plexus solaire par le plexus mésentérique supérieur.

C. **Mésentère.**

Le mésentère est un long méso péritonéal qui relie le jéjunum et l'iléum à la paroi.

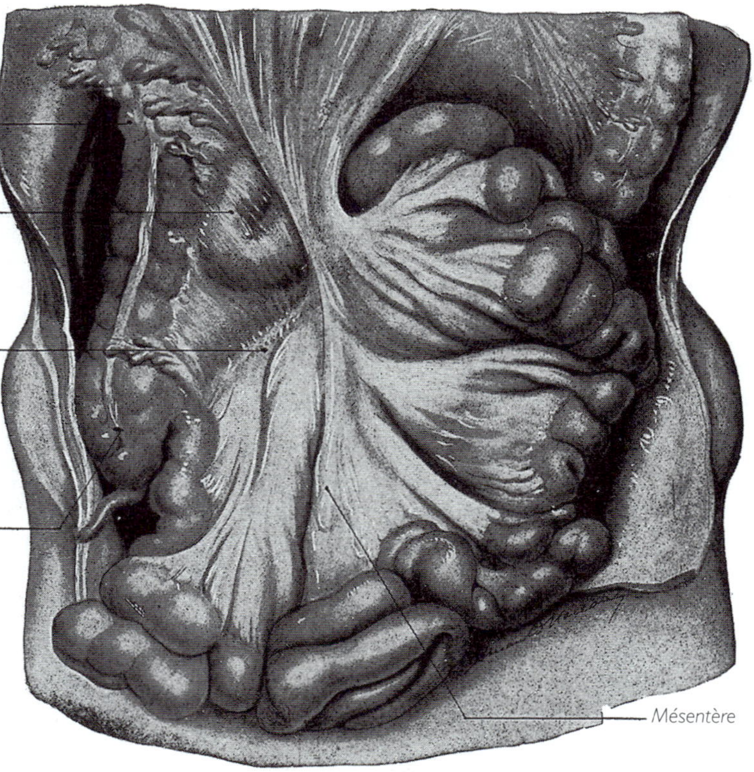

Fig. 261 ▪ Face antérieure du mésentère. — L'intestin grêle a été rabattu vers la gauche.

CONFIGURATION ET RAPPORTS. C'est une membrane godronnée dont les plis augmentent très vite de hauteur depuis son attache à la paroi jusqu'à son bord intestinal, par lequel elle s'unit au jéjunum et à l'iléum. Si bien que le mésentère, qui mesure seulement de 15 à 18 cm le long de son insertion pariétale, atteint la même longueur que les anses grêles, soit 6,50 m, le long de son attache intestinale.

On lui reconnaît : deux faces, l'une, antérieure, ou droite, l'autre, postérieure, ou gauche, et deux bords, l'un, adhérent, appelé racine, l'autre, libre, ou intestinal.

Les *faces* présentent de larges replis en accordéon, en nombre égal à celui des anses intestinales et dont la hauteur augmente du bord adhérent au bord libre.

Le *bord adhérent* ou *racine* fixe le mésentère à la paroi (fig. 266). Long de 15 à 18 cm, il commence au niveau de la deuxième vertèbre lombale ou au niveau du disque entre la première et la deuxième, en dedans de la courbure dudéno-jéjunale. De là, il se dirige en bas et à droite jusqu'à la fosse iliaque droite. Dans ce trajet, ce bord longe le bord droit de la vésicule biliaire ; il croise ensuite le processus uncinatus et la partie horizontale du duodénum en passant par l'émergence des vaisseaux mésentériques supérieurs (fig. 248). Plus bas, la racine du mésentère passe en avant de la veine cave inférieure ; puis elle longe en dehors l'artère iliaque commune d'abord, l'origine de l'artère iliaque externe ensuite et croise dans cette région, sur le muscle psoas, l'uretère et les vaisseaux testiculaires ou utéro-ovariens. Elle se termine à l'angle d'union du jéjunum et de l'iléum avec le côlon ascendant (fig. 266), en regard ou un peu en dehors de l'articulation sacro-iliaque droite et à la hauteur du promontoire.

La racine du mésentère est longée de haut en bas par les vaisseaux mésentériques supérieurs d'abord, ensuite par les vaisseaux iléo-coliques, selon des modes un peu différents, dont j'ai donné la raison d'être en décrivant le développement du mésentère.

Le *bord libre,* sinueux, se confond avec le bord adhérent des anses intestinales. Le long de ce bord, les deux feuillets du mésentère s'écartent pour engainer l'intestin.

■ **DIMENSIONS.** La hauteur du mésentère, mesurée du bord adhérent au bord libre, nulle à ses extrémités, s'élève très vite et peut atteindre 15 cm (hauteur maxima), à 2 m environ au-dessous de la courbure dudéno-jéjunale ; elle oscille ensuite entre 10 et 15 cm jusqu'à quelque distance au-dessus du cæcum.

Son épaisseur est variable. Elle atteint son maximum à la racine, au niveau des vaisseaux mésentériques supérieurs. Elle diminue graduellement de la racine vers le bord intestinal. Les variations qu'elle présente dépendent de la plus ou moins grande quantité de graisse contenue dans le mésentère.

■ **CONTENU DU MÉSENTÈRE.** On trouve entre les deux feuillets péritonéaux du mésentère : ❑ 1° l'artère mésentérique supérieure, ses branches intestinales et leurs ramifications anastomosées en arcade ; ❑ 2° la grande veine mésentérique qui monte à droite et en avant de l'artère, et ses branches collatérales satellites des artères intestinales (nous avons dit ailleurs les rapports des veines avec les artères intestinales, Voir : *Les veines mésentériques*) ; ❑ 3° les nœuds lymphatiques mésentériques supérieurs échelonnés le long des vaisseaux mésentériques, les vaisseaux chylifères qu'ils reçoivent et les canaux lymphatiques qui les relient entre eux et au groupe central ; ❑ 4° le plexus nerveux mésentérique supérieur ; ❑ 5° de la graisse.

Celle-ci fait défaut chez le nouveau-né et chez l'enfant ; chez l'adulte, elle est inégalement répartie suivant les régions. Elle est peu abondante à la partie supérieure du mésentère, c'est-à-dire au voisinage de la courbure dudéno-jéjunale. Plus bas, le mésentère se charge progressivement de graisse ; celle-ci forme même, le long de son attache intestinale et dans la moitié inférieure du mésentère, de petites « houppes graisseuses » qui diminuent ou disparaissent dans les 40 derniers centimètres du jéjunum et de l'iléum (Latarjet). Il existe même vers l'extrémité inférieure du mésentère une zone où celui-ci, dépourvu de graisse et de vaisseaux visibles à l'œil nu, semble à peu près uniquement constitué par deux feuillets péritonéaux adossés. Cette zone, dite « avasculaire », est circonscrite par l'anse artérielle qui unit la branche terminale de l'artère mésentérique supérieure à l'artère iléo-colique.

GROS INTESTIN

Le gros intestin est la dernière partie du tube digestif. Il s'étend du jéjunum et de l'iléum à l'anus.

DISPOSITION GÉNÉRALE. Le jéjunum et l'iléum ne s'abouchent pas à l'extrémité même du gros intestin, mais un peu au-dessus de cette extrémité. Il en résulte la formation, au-dessous de l'orifice de communication entre l'intestin grêle et le gros intestin, d'un cul-de-sac, le *cæcum* (fig. 262 et fig. 266).

Au cæcum fait suite le *côlon*. Celui-ci monte d'abord verticalement jusqu'à la face inférieure du foie *(côlon ascendant)* ; là, il se coude (*courbure colique droite*) et se porte à peu près transversalement de droite à gauche, jusqu'à l'extrémité inférieure de la rate (*côlon transverse*) ; il se coude une deuxième fois au-dessous de la rate (*courbure colique gauche*) et descend verticalement jusqu'à la région inguinale gauche (*côlon descendant*) ; au-dessous du côlon descendant, le gros intestin se porte à travers la région inguinale gauche et le petit bassin jusqu'à la hauteur de la troisième vertèbre sacrale, en décrivant des flexuosités de forme et d'étendue variables (*côlon ilio-pelvien*) ; enfin, le côlon ilio-pelvien se continue par le *rectum et le canal anal* qui s'ouvrent à l'extérieur par l'orifice anal.

DIMENSIONS. La longueur du gros intestin est en moyenne de 1,50 m. Son calibre diminue du cæcum à l'anus. C'est ainsi que son diamètre mesure de 7 à 8 cm à l'origine du côlon ascendant, 5 cm sur le côlon transverse et de 3 à 5 cm sur le côlon descendant et le côlon iliaque. À nouveau, le gros intestin augmente un peu de calibre sur le côlon pelvien et présente à la hauteur du rectum une dilatation, l'*ampoule rectale*.

CONFIGURATION EXTÉRIEURE. Le gros intestin se distingue de l'intestin grêle par quatre caractères principaux (fig. 266) :

1° Il est plus volumineux que l'intestin grêle.

2° Il est parcouru dans toute sa longueur par des bandelettes musculaires longitudinales. Ces bandelettes sont au nombre de trois sur le cæcum, les côlons ascendant, transverse et descendant ; au nombre de deux sur le côlon ilio-pelvien ; elles disparaissent sur le rectum et le canal anal. Sur le cæcum, le côlon ascendant et le côlon descendant, ces bandelettes se distinguent en antérieure, postéro-médiale et postéro-latérale ; sur le côlon transverse en place, la bandelette postéro-radiale devient postéro-supérieure, et répond à l'attache du mésocôlon transverse ; l'antérieure devient postéro-inférieure et la postéro-latérale devient antérieure.

3° Dans l'intervalle des bandelettes, le côlon présente des bosselures séparées par des sillons transversaux. Ces bosselures s'atténuent et disparaissent au voisinage du rectum et du canal anal.

4° Le long des bandelettes longitudinales s'implantent de petits corps graisseux appelés *appendices vermiformes*. ❑ Les appendices vermiformes sont des prolongements de la masse graisseuse contenue dans les mésos. Ces prolongements sont placés sous le péritoine, le long d'une branche terminale d'un vaisseau droit, jusqu'au voisinage de la bandelette la plus rapprochée de l'attache primitive du méso ; ensuite, ils se pédiculisent (Meillère). Chaque appendice vermiforme contient une ramification de la branche terminale correspondante du vaisseau droit ; parfois cette branche elle-même décrit une anse dans l'épaisseur de l'appendice vermiforme avant de se ramifier sur la paroi intestinale (Cunéo et Bloch).

CONSTITUTION ET CONFORMATION INTÉRIEURE. Le gros intestin est constitué comme l'intestin grêle par quatre tuniques superposées qui sont : la séreuse, la musculaire, la sous-muqueuse et la muqueuse.

La *tunique séreuse* a une disposition qui varie avec chaque segment du gros intestin. Nous la décrirons en étudiant ces différents segments.

La *tunique musculaire* se compose, comme dans l'intestin grêle, de deux couches : l'une, superficielle, longitudinale, incomplète, épaisse seulement au niveau des bandelettes ; l'autre, profonde, formée de fibres circulaires.

La *tunique sous-muqueuse* est analogue à celle de l'intestin grêle.

La *muqueuse* du côlon ne présente ni villosités intestinales, ni valvules conniventes. Elle est soulevée par des plis appelés *crêtes* ou *valvules coliques*. Ces valvules répondent aux sillons de la surface externe et limitent des dépressions ou *cellules*, qui correspondent aux bosselures externes.

A. Cæcum et appendice vermiforme.

CÆCUM. Le cæcum est la partie du gros intestin située au-dessous d'un plan transversal, tangent au bord inférieur de l'orifice qui met en communication l'intestin grêle avec le gros intestin. Le cæcum doit être considéré comme un appendice, un diverticule du gros intestin, qui fait défaut chez certains mammifères ; son absence a même été constatée une fois chez l'homme par Velluda. La limite supérieure du cæcum doit par conséquent répondre au bord inférieur et non au bord supérieur de l'*orifice iléo-colique*, improprement appelé *orifice iléo-cæcal*. C'est donc une erreur, à la vérité classique, que de décrire cet orifice avec le cæcum. Je l'étudierai avec le côlon ascendant, auquel il appartient.

1. Forme et dimensions. Le cæcum a la forme d'un sac ouvert en haut. Il mesure environ 6 cm de hauteur, et de 6 à 8 cm de largeur.

2. Situation. Il est normalement placé dans la région inguinale droite, et son extrémité inférieure ou fond occupe l'angle formé par la région inguinale et la paroi abdominale antérieure. Il est alors dirigé obliquement en bas, en dedans et en avant.

Parfois le cæcum est situé à la partie supérieure de la région inguinale ; parfois, même, il est transversalement placé en avant de la région lombale et du rein ; on dit alors qu'il est en *situation haute*. Parfois, au contraire, il déborde en dedans le muscle psoas et les vaisseaux iliaques externes et surplombe la cavité pelvienne ou descend dans cette cavité ; il est alors en *situation basse*. La situation haute du cæcum résulte d'un arrêt de développement du côlon ascendant. La situation basse provient d'une exagération de ce développement.

3. Configuration extérieure. (fig. 262, 263 et 266). Le cæcum présente : quatre faces (antérieure, postérieure, latérale et médiale), une extrémité supérieure ou base par laquelle le cæcum se continue avec le côlon ascendant et une extrémité inférieure ou fond qui est libre et arrondie.

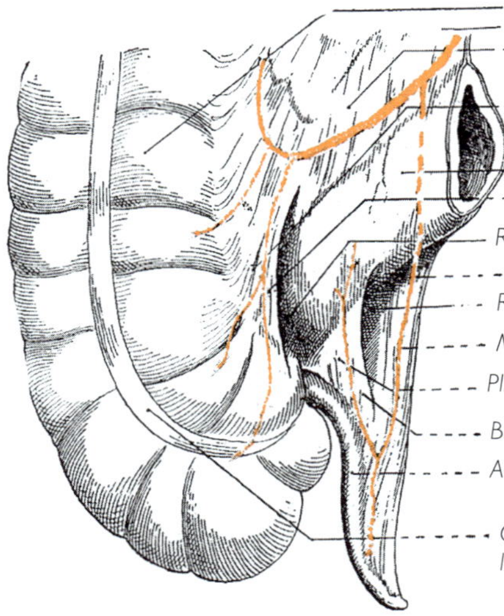

Fig. 262 ▪ Péritoine cæco-appendiculaire.

Au-dessus de la face interne est l'orifice d'abouchement de l'intestin grêle. La portion terminale du jéjunum et de l'iléum forme avec le cæcum un angle aigu ouvert en bas et à gauche, l'*angle iléo-cæcal*.

À 2 ou 3 cm plus bas, s'implante l'appendice vermiforme.

Du point d'implantation de l'appendice partent les trois bandelettes musculaires longitudinales du gros intestin. L'une, la bandelette antérieure, décrit en avant une courbe concave en haut et en dedans et monte sur le milieu de la face antérieure ; une deuxième, postéro-latérale, décrit sur la face postérieure une courbe analogue à celle de la bandelette antérieure et monte sur le côté postéro-latéral du cæcum ; enfin, la troisième passe en arrière de l'orifice iléo-cæcal et devient la bandelette postéro-médiale du côlon ascendant.

Entre les bandelettes se trouvent des bosselures disposées sur trois rangées, comme les bandelettes. Elles s'accusent sous la pression du contenu intestinal, mais elles s'accroissent inégalement. Ce sont les bosselures antéro-latérales qui augmentent le plus de volume ; l'une d'elles constitue le fond du cæcum (J. Delmas).

4. Rapports

a) FACE ANTÉRIEURE. En avant, le cæcum répond directement à la paroi abdominale antérieure ou bien il en est séparé par des anses intestinales, s'il est peu distendu.

b) FACE POSTÉRIEURE. La face postérieure est appliquée sur les parties molles qui occupent la région inguinale. Ces parties molles sont disposées, de la cavité péritonéale vers l'extérieur, sur cinq plans distincts (fig. 264).

1° Le *péritoine pariétal*.

2° Une *couche cellulo-graisseuse sous-péritonéale*. Cette nappe cellulo-graisseuse se continue avec le tissu sous-péritonéal de la paroi abdominale antérieure et comble le long du ligament inguinal un espace prismatique triangulaire, appelé *espace de Bogros*. L'existence de cet espace tient à ce que le péritoine pariétal se réfléchit d'une paroi sur l'autre, à quelque distance du ligament inguinal qui figure l'arête de l'angle dièdre formé par la région inguinale et la paroi abdominale antérieure.

3° Le *fascia iliaca*. Celui-ci s'attache en dehors à la crête iliaque ; il adhère en dedans à la gaine des vaisseaux iliaques externes, en bas au ligament inguinal, et

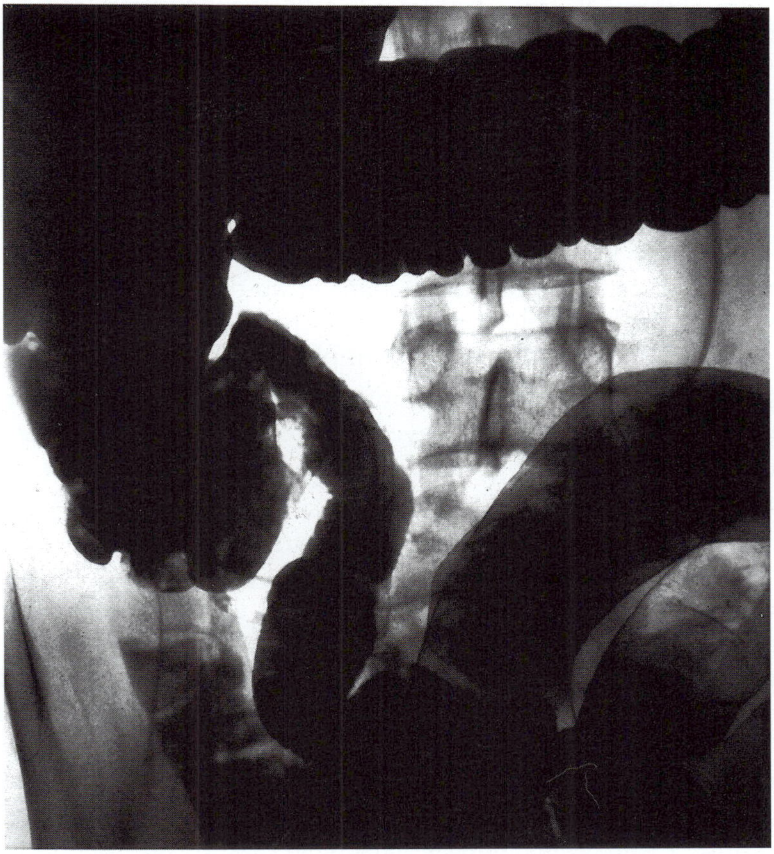

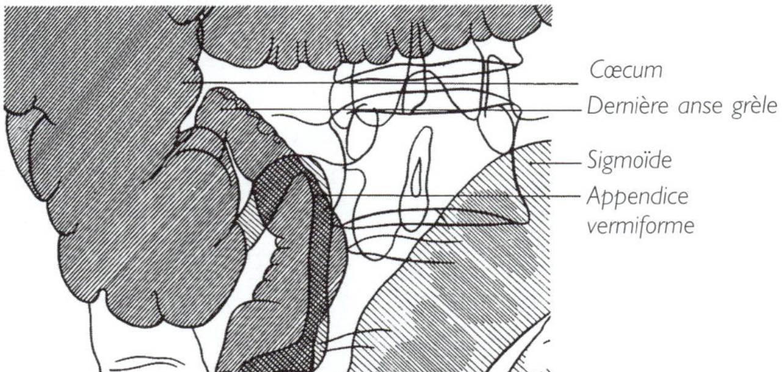

Fig. 263 ■ Radiographie du cæcum et de l'appendice vermiforme injectés par la baryte.

se continue en haut sur le muscle psoas. Les nerfs cutané latéral de la cuisse et génito-fémoral cheminent dans l'épaisseur de ce fascia.

4° Une *couche cellulo-graisseuse sous-fasciale*, comprise entre le fascia iliaca et le muscle ; cette couche est partout séparée, par le fascia, du tissu cellulo-graisseux sous-péritonéal. Elle contient le nerf fémoral.

5° Le *muscle iliopsoas*.

c) FACE LATÉRALE. Cette face est en rapport avec les parties molles de la région inguinale en bas, et avec la paroi latérale de l'abdomen en haut.

d) FACE MÉDIALE. Elle est en contact, en avant et au-dessus des vaisseaux iliaques, avec les anses intestinales et plus particulièrement avec la terminaison du jéjunum et de l'iléum. L'appendice vermiforme est implanté sur cette face.

e) EXTRÉMITÉ INFÉRIEURE OU FOND. L'extrémité inférieure ou fond du cæcum occupe l'angle d'union de la région inguinale avec la paroi abdominale antérieure.

Les rapports du cæcum avec le péritoine seront étudiés en même temps que le péritoine de l'appendice vermiforme.

■ **APPENDICE VERMIFORME.** L'appendice vermiforme est un prolongement du cæcum qui naît de sa paroi interne à 2 ou 3 cm au-dessous de l'orifice iléo-cæcal.

Il mesure environ de 7 à 8 cm de longueur et de 4 à 8 mm de diamètre.

L'appendice vermiforme représente le segment terminal, de calibre réduit, du cæcum primitif. Son point d'implantation est tout d'abord situé à l'extrémité même du cæcum. C'est ainsi qu'on le trouve encore chez le nouveau-né. Dans la suite, l'origine de l'appendice vermiforme est peu à peu reportée sur sa paroi médiale, en raison de la prépondérance du développement de la paroi latérale (Quénu et Heitz-Boyer).

1. Configuration. L'appendice vermiforme a généralement la forme d'un tube cylindrique, plus ou moins flexueux (fig. 262, 263, et 266).

Sa cavité est, elle aussi, assez régulièrement cylindrique. Elle s'ouvre dans le cæcum par un orifice muni parfois, mais rarement, d'un repli muqueux.

2. Rapports. L'appendice vermiforme se dispose par rapport au cæcum d'une manière fort variable. Le plus souvent, il descend le long de la face médiale du cæcum (*situation normale* ou *descendante*) ; ❑ parfois, il se porte suivant une direction oblique ou transversale soit sur la face antérieure du cæcum *(situation pré-cæcale)*, soit sur sa face postérieure *(situation rétro-cæco-colique)* ; ❑ parfois, encore, il contourne de gauche à droite le fond du cæcum et monte sur sa face latérale *(situation sous-cæcale)* ; ❑ tantôt, enfin, il se porte obliquement ou transversalement en dedans, au-dessous de l'iléum *(situation interne)*.

Comme l'appendice vermiforme est uni au cæcum, il présente avec les organes voisins des rapports qui diffèrent non seulement d'après sa situation par rapport au cæcum, mais aussi suivant que le cæcum est en situation normale, haute ou basse.

Quand le cæcum et l'appendice vermiforme sont en situation normale, celui-ci répond : ❑ en dehors, à la face interne du cæcum ; ❑ en dedans, aux anses grêles ; ❑ en avant, aux anses intestinales et à la paroi abdominale ; ❑ en arrière, à la région inguinale et aux vaisseaux iliaques externes. Son extrémité cæcale se projette,

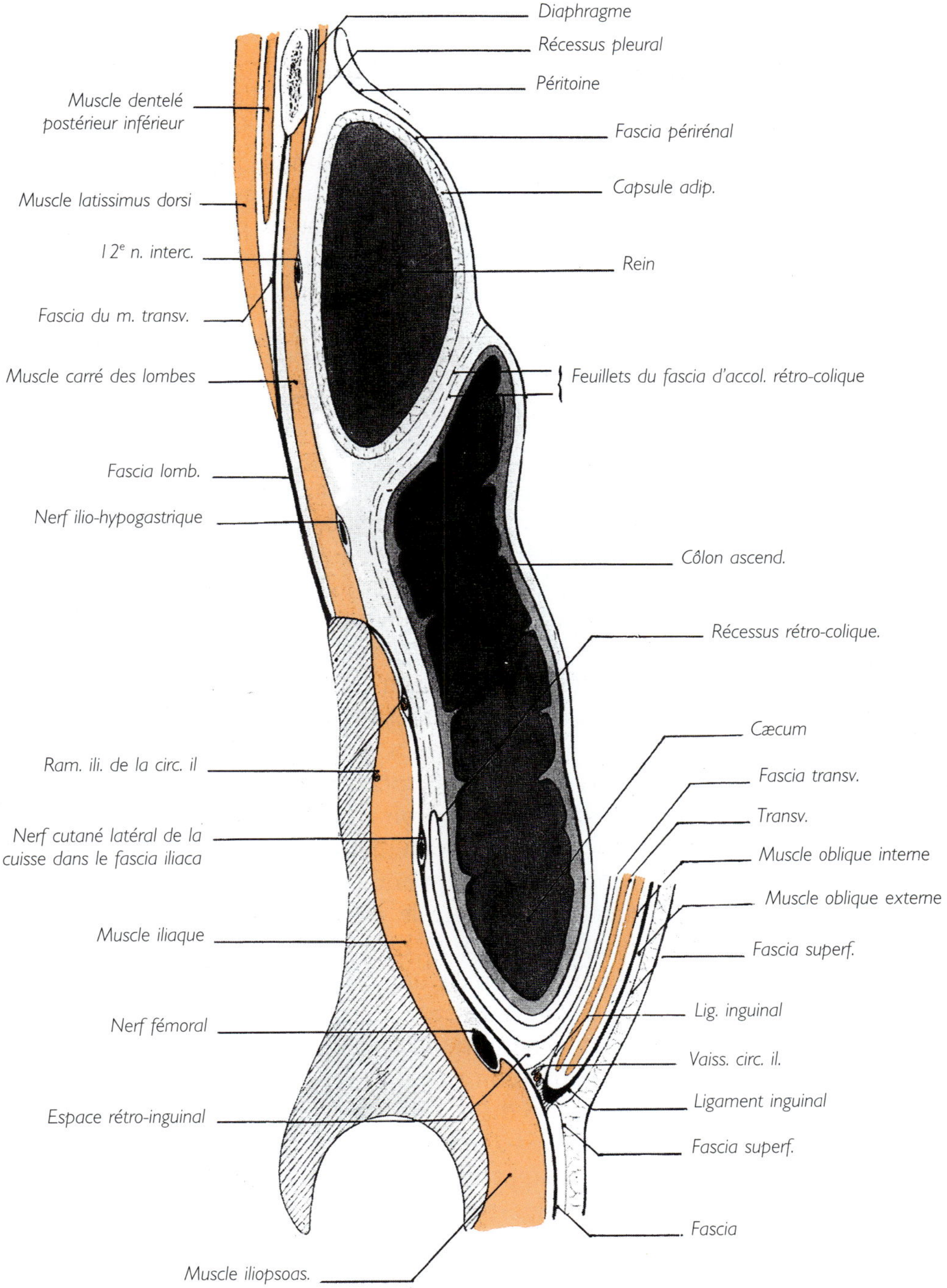

Fig. 264 ▪ Coupe verticale antéro-postérieure du cæcum et du côlon ascendant, ainsi que des régions iliaque et lombal droites.

d'après Mac Burney, sur la paroi en un point qui occupe le milieu d'une ligne menée de l'épine iliaque antéro-supérieure droite à l'ombilic (*point de Mac Burney*). D'après A.-A. Monteiro, lorsque le cæcum est en situation normale, c'est-à-dire dans la position qu'il présente le plus souvent, le point de Mac Burney répond rarement à l'attache de l'appendice sur le cæcum ; selon Monteiro, l'extrémité cæcale de l'appendice est en regard d'un point placé à l'intersection de deux lignes : l'une reliant le processus xiphoïde à un point situé sur le ligament inguinal à 8 cm de la symphyse pubienne, l'autre allant d'une épine iliaque antéro-supérieure à l'autre. Le *point de Monteiro* est donc bien au-dessous et en dedans du point de Mac Burney.

L'extrémité inférieure de l'appendice vermiforme peut descendre dans la cavité pelvienne et se mettre en rapport avec les viscères de cette cavité (vessie, rectum, utérus, ovaire, ligament large).

Quand le cæcum est en situation haute ou basse, l'appendice vermiforme présente avec les parois ou le contenu de la cavité abdomino-pelvienne les mêmes rapports que la partie du cæcum qui lui est attenante.

■ **PÉRITOINE CÆCO-APPENDICULAIRE.** Au niveau de l'angle iléo-colique, les deux feuillets de l'extrémité inférieure du mésentère se portent l'un sur la face antérieure, l'autre sur la face postérieure du cæcum et entourent cet organe ainsi que l'appendice vermiforme. Les deux feuillets péritonéaux se continuent l'un avec l'autre sur la face externe et le fond du cæcum et aussi sur l'un des bords de l'appendice vermiforme, de telle manière que cæcum et appendice sont entourés par le péritoine et mobiles dans la cavité abdominale.

Le péritoine cæco-appendiculaire est soulevé en certains points par les vaisseaux qui se rendent au cæcum et à l'appendice. Il en résulte des replis et des dépressions disposés de la manière suivante (fig. 262).

L'artère antérieure du cæcum croise l'angle compris entre la face antérieure de l'iléum et celle du cæcum ; elle soulève le péritoine cæco-appendiculaire en un *pli vasculaire*, tendu de la face antérieure du mésentère à la face antérieure du cæcum.

L'artère appendiculaire qui se rend à l'appendice vermiforme en passant en arrière de l'iléum forme de la même manière le *méso-appendice* qui va de la face postérieure du mésentère au bord supérieur de l'appendice.

Enfin l'artère appendiculaire donne parfois une branche récurrente qui se porte du bord supérieur de l'appendice à l'iléum. Cette branche soulève également le péritoine en un *pli iléo-cæcal* inconstant, tendu de l'appendice à l'iléum.

Ces trois replis entraînent la formation de deux récessus : l'un, appelé *récessus iléo-cæcal supérieur*, est placé en arrière du pli vasculaire du cæcum et en avant de l'angle iléo-cæcal ; l'autre, le *récessus iléo-cæcal inférieur*, inconstant, est compris entre le pli iléo-cæcal en avant et le méso-appendice en arrière.

On trouve encore assez souvent, en arrière du cæcum, un *récessus rétro-cæcal* provenant de la soudure incomplète de la paroi postérieure du cæcum, au péritoine pariétal. Le processus d'accolement par lequel le côlon ascendant s'unit à la paroi se prolonge parfois sur le cæcum, et la soudure de celui-ci au péritoine pariétal peut se faire seulement le long des bords externe et interne de sa face postérieure. Il se forme ainsi un récessus ouvert en bas ; c'est le *récessus rétro-cæcal*.

Le méso-appendice est assez souvent relié au ligament large par un repli péritonéal, le *ligament appendiculo-ovarien* (Clado). Mais ce ligament ne contient pas de vaisseaux lymphatiques unissant les réseaux de l'appendice à ceux de l'ovaire (Dan Berceanu).

■ **VAISSEAUX ET NERFS.** Les *artères* du cæcum sont les artères cæcales antérieure et postérieure, branches de l'artère iléo-colique. ❑ L'appendice vermiforme est irrigué par l'artère appendiculaire qui naît le plus souvent de l'artère cæcale postérieure, parfois de l'artère iléo-colique.

Les *veines du cæcum* sont satellites des artères et tributaires de la grande veine mésentérique.

Les *lymphatiques du cæcum* suivent le trajet des vaisseaux sanguins, traversent souvent de petits nœuds de relais cæcaux antérieurs et cæcaux postérieurs et se jettent dans le lymphocentre de nœuds iléo-coliques.

Les lymphatiques de l'appendice se rendent, eux aussi, aux nœuds du lymphocentre iléo-colique, directement ou bien après avoir traversé quelques nodules que contient parfois le méso-appendice.

Les *nerfs du cæcum* viennent du plexus solaire par le plexus mésentérique supérieur.

B. **Côlon ascendant.**

Le côlon ascendant est compris entre le cæcum et la courbure colique droite (fig. 266 et 267). Il s'ensuit que sa longueur, sa situation et ses rapports varient suivant que le cæcum est en situation normale, haute ou basse.

■ **LONGUEUR ET DIRECTION.** Dans le plus grand nombre des cas, le côlon ascendant mesure de 8 à 15 cm de longueur. ❑ Sa direction est à peu près verticale, un peu oblique cependant en haut et en arrière, car, à mesure qu'il monte, le côlon ascendant devient de plus en plus profond. De plus, il décrit une légère courbe concave en dedans et concave en avant.

Quand le côlon ascendant est long, il décrit des sinuosités d'autant plus prononcées que sa longueur est grande.

■ **ORIFICES ILÉO-COLIQUE ET VALVE ILÉO-CÆCALE.** Le côlon ascendant ascendant communique avec l'iléum par un orifice situé au-dessus de la paroi interne du cæcum. ❑ Cet orifice iléo-colique est muni d'une valvule, la *valve iléo-cæcale*, formée de deux valves, l'une, supérieure, l'autre, inférieure (fig. 265).

Ces deux valves s'inclinent l'une vers l'autre et proéminent dans la cavité colique. Mais le degré d'inclinaison, l'orientation et la forme de l'une et l'autre valves sont différents. Ainsi, la valve supérieure, dont la forme est comparable à celle d'une valvule colique, est à peu près horizontale, tandis que la valve inférieure est, au contraire, dans un plan à peu près vertical. De plus, la valve inférieure est plus haute et moins longue que la valve supérieure. Les deux valves se réunissent à leurs extrémités en formant les commissures, et celles-ci se continuent sur la paroi colique par un repli saillant, les *freins de la valve iléo-cæcale*.

La valve iléo-cæcale est constituée par l'adossement de la paroi colique à la paroi iléale qui s'invagine dans le côlon.

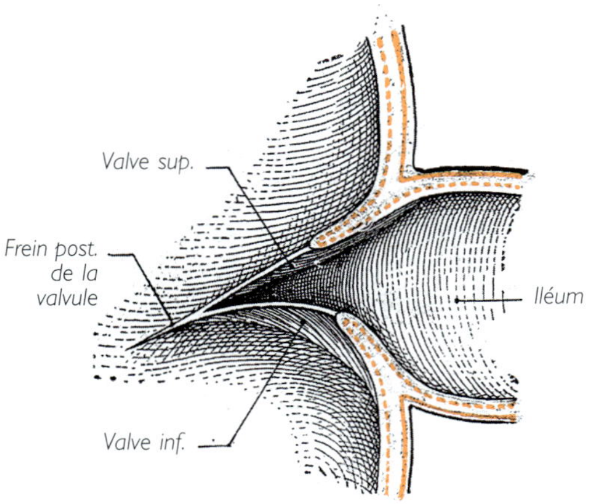

Fig. 265 ▪ Coupe frontale de la valve iléo-cæcale (segment postérieur) (schématique).

Cependant, des différentes couches des parois intestinales, seules la muqueuse, la sous-muqueuse et la couche des fibres musculaires circulaires prennent part à la constitution des valves. La couche musculaire longitudinale et la séreuse passent directement de l'iléum sur le côlon en haut, sur le cæcum en bas, et maintiennent adossées les couches précédentes.

■ **RAPPORTS.** Quand le côlon a une longueur normale, il répond en arrière à la partie supérieure de la région inguinale, à la fosse lombale et à l'extrémité inférieure du rein droit (fig. 264). Il est cependant séparé du fascia iliaca, du fascia du muscle carré des lombes, du rein et du fascia périrénal, par un feuillet de tissu cellulaire assez dense, qui est un *fascia d'accolement*, résultant de l'union du feuillet péritonéal postérieur du côlon et du méso-côlon ascendants au péritoine pariétal. Généralement, en effet, quand l'évolution du péritoine est terminée, celui-ci ne revêt que la face antérieure du côlon ascendant et l'applique à la paroi (fig. 264).

Le côlon ascendant est encore en rapport, de bas en haut : en dehors, avec la paroi latérale de l'abdomen et le diaphragme ; en dedans, avec l'uretère droit, les vaisseaux testiculaires ou utéro-ovariens, les anses intestinales et l'extrémité inférieure de la partie descendante du duodénum (fig. 331 et fig. 338) ; en avant, avec la paroi abdominale antérieure dont il est séparé par les anses intestinales, et avec la face inférieure du foie, sur laquelle il marque une partie de l'*empreinte colique*.

C. **Courbure colique droite.**

Le côlon ascendant se continue avec le côlon transverse en formant la courbure colique droite (fig. 266, 267 et 331).

■ **FORME.** Ordinairement, cette courbure est aiguë. Elle est dans un plan vertical, oblique en avant et en dedans. Son ouverture regarde en avant, en bas et en dedans. Cette orientation tient à l'obliquité en haut et en arrière du côlon ascendant et à la direction oblique en avant, en dedans et légèrement en bas de l'extrémité droite du côlon transverse. Cependant la courbure colique droite peut être très aiguë, ou droite, ou obtue, ou même très obtue. Cette dernière variété s'observe quand le cæcum est en situation haute avec absence complète ou à peu près complète de côlon ascendant. Elle peut être encore sinueuse et contourner l'extrémité inférieure du rein.

■ **RAPPORTS.** La courbure colique droite est située dans l'espace angulaire ouvert en bas, compris entre le rein en arrière et le foie en avant (fig. 254 et 331).

Elle est en rapport en arrière avec la moitié ou le tiers inférieur du rein droit par l'intermédiaire de la capsule périrénale et du fascia d'accolement qui résulte de la soudure du péritoine colique au péritoine pariétal (fig. 264). Parfois le côlon ne monte pas en avant du rein droit et contourne seulement son extrémité inférieure. La courbure colique droite est encore en rapport : ❑ en avant, à peu près en regard de l'extrémité antérieure de la 10e côte, avec la face inférieure du foie, sur laquelle il frappe la plus grande partie de l'empreinte colique ; ❑ en dedans, avec la partie descendante du duodénum ; ❑ en dehors, avec le diaphragme ; il est relié à ce muscle par le ligament phrénico-colique droit.

Il existe parfois un autre repli du péritoine qui relie la courbure colique droite au foie et à la vésicule biliaire ; c'est le *pli duodéno-mésocolique* (A. Gutierrez). Ce ligament est une dépendance du petit omentum (voir petit omentum).

D. **Côlon transverse.**

Le côlon transverse s'étend de droite à gauche, du côlon ascendant au côlon descendant (fig. 266, 267 et fig. 247).

Sa longueur varie entre 40 et 80 cm. Elle mesure en moyenne 50 cm.

DIVISION ET DIRECTION. On peut distinguer deux parties au côlon transverse, une partie droite et une partie gauche, dont la limite est un peu à droite de la ligne médiane, sur le bord interne de la partie descendante du duodénum. La partie droite est fixe, appliquée sur la paroi et dirigée obliquement en avant, en dedans et un peu en bas.

La partie gauche, plus longue que la précédente, est mobile, reliée à la paroi par le mésocôlon transverse ; elle est dirigée obliquement à gauche et en arrière, et un peu en haut.

En définitive, le côlon transverse décrit dans son ensemble une anse concave en arrière et en haut. Le sommet de l'anse répond à peu près à la ligne médiane ; son extrémité gauche est toujours plus élevée que son extrémité droite.

Les variations sont nombreuses. Elles tiennent surtout à une plus grande longueur de la portion mobile du côlon transverse et de son méso. C'est ainsi que le côlon transverse peut dessiner un U, un V, ou un M, un S, etc. (Gérard).

RAPPORTS. ❑ *En avant* (fig. 247), le côlon transverse est en rapport avec le foie à son extrémité droite ; dans tout le reste de son étendue, il répond à la paroi abdominale par l'intermédiaire du grand omentum et du récessus omental inférieur qui s'étend sur la face antérieure du segment gauche ou mobile du côlon transverse. ❑ *En haut* le segment fixe du côlon transverse est en contact avec le foie. Son segment mobile longe la grande courbure de l'estomac jusqu'à la base de la rate ; de plus, il appuie sur la partie externe de la face inférieure du corps du pancréas, où il laisse une empreinte colique. ❑ *En arrière*, le segment fixe est appliqué, de droite à gauche, sur le rein droit d'abord, ensuite sur la partie descendante du duodénum. Le segment mobile est relié à la paroi par le mésocôlon transverse et s'appuie de droite à gauche, sur la tête du pancréas et sur la partie horizontale du duodénum, ensuite sur la vésicule biliaire, sur les anses grêles et sur la partie moyenne de la face antérieure du rein gauche (fig. 266 et fig. 253). ❑ *En bas*, le côlon transverse répond aux anses intestinales.

1. Méso-côlon transverse (fig. 248 et 266). La disposition du péritoine est différente dans le segment fixe et dans le segment mobile du côlon transverse. Le long du

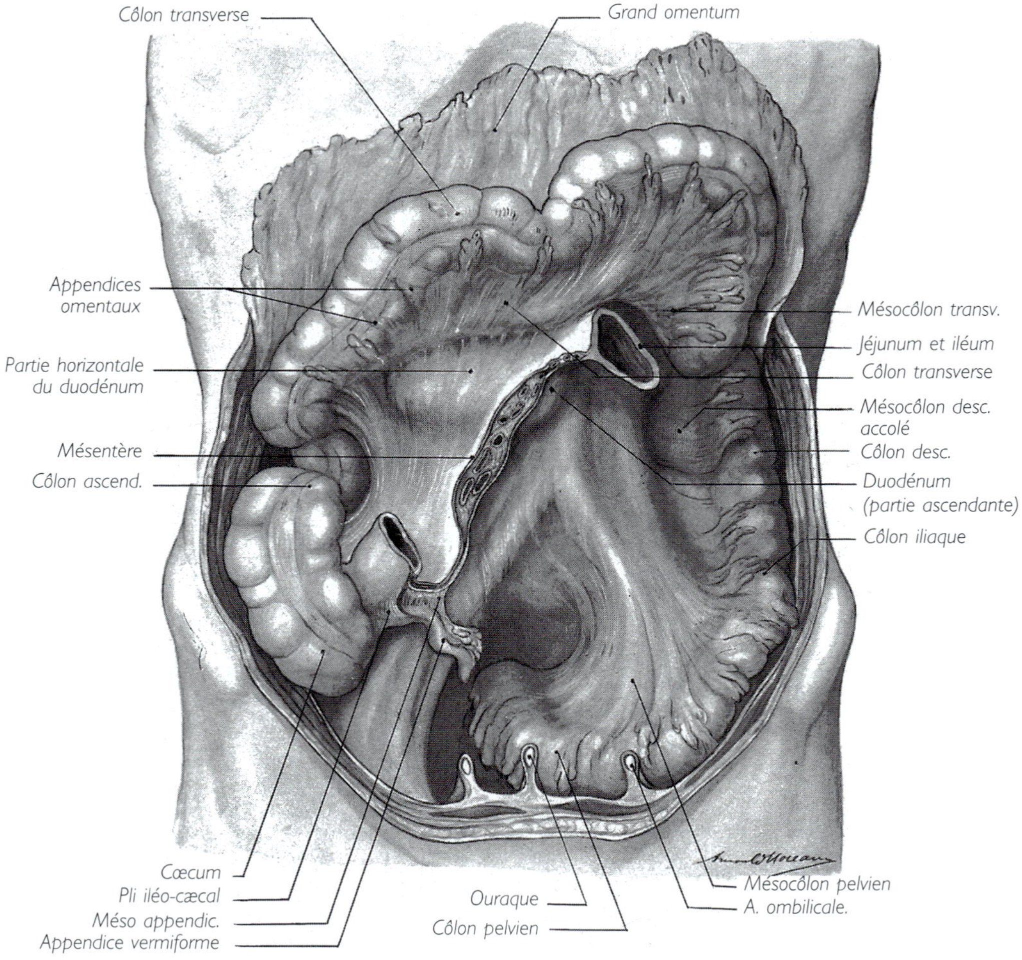

Fig. 266 ▪ Le gros intestin et la racine du mésentère.
▪ L'intestin grêle a été enlevé et le côlon est relevé.
▪ Préparation faite sur un sujet dont les organes avaient été fixés *in situ* par une injection de formol.

segment fixe, le mésocôlon est large et très court et maintient étroitement unie à la paroi la partie correspondante du côlon transverse.

À gauche de la partie descendante du duodénum, le mésocôlon s'allonge et l'allongement persiste jusqu'au voisinage de la courbure colique gauche, où le mésocôlon diminue à nouveau de hauteur et se continue avec le ligament phrénico-colique gauche.

Sa hauteur moyenne maxima varie entre 10 et 15 cm.

Il présente deux bords, l'un, pariétal, l'autre, viscéral, et deux faces.

Le *bord pariétal* croise successivement la partie descendante du duodénum et la face antérieure de la tête du pancréas, passe au-dessus de la courbure dudéno-jéjunale et longe l'arête qui sépare les faces antérieure et inférieure du corps du pancréas. Il se termine sur le diaphragme, au-dessous de la rate, en se confondant avec l'attache phrénique du ligament phrénico-colique gauche.

Le *bord viscéral* s'attache à l'anse colique et présente les mêmes inflexions que celle-ci.

La *face supérieure* forme la partie inférieure de la paroi postérieure du récessus omental inférieur. Ce rapport est dû à ce que le mésocôlon transverse définitif est formé par le méso-côlon transverse primitif soudé à la partie correspondante du mésogastre dorsal. C'est celui-ci qui, en réalité, constitue la paroi postérieure du récessus omental inférieur (relisez le développement du péritoine, et voyez la fig. 237).

La *face inférieure* repose sur les anses intestinales.

Le mésocôlon transverse contient entre ses feuillets, et près de son bord viscéral, l'artère marginale du côlon, anastomosant les artères coliques supérieures droite et gauche. Il est quelquefois parcouru de haut en bas, vers sa partie moyenne, par une branche artérielle inconstante, l'artère du côlon transverse.

2. Grand omentum. Le côlon transverse est relié à l'estomac par un repli péritonéal appelé grand omentum.

Le grand omentum descend de l'estomac vers le bassin en avant de l'intestin et en arrière de la paroi abdominale antérieure (fig. 247).

Il est irrégulièrement quadrilatère ou en forme de tablier dont le bord inférieur, libre, est convexe.

Son aspect, son épaisseur, sa constitution varient avec l'âge et l'embonpoint du sujet. ❑ Chez l'enfant, le grand omentum est mince. ❑ Chez l'adulte, il est infiltré de graisse le long des vaisseaux, mince et fenêtré dans les intervalles, quand le sujet est maigre. Il est au contraire épais, rempli de graisse, quand le sujet est adipeux.

Les dimensions du grand omentum sont également variables ; on le voit souvent descendre jusqu'au pubis ; mais parfois il ne forme qu'une étroite bordure le long et au-dessous du côlon transverse.

Le grand omentum est uni au diaphragme, à la hauteur des angles coliques, par des ligaments phrénico-coliques dont nous avons indiqué plus haut le mode de formation.

Nous avons montré précédemment (voir : *Péritoine*) que le grand omentum est constitué à l'origine par un repli du mésogastre dorsal en forme de sac ; la cavité de ce sac est un diverticule du récessus omental inférieur ; elle s'oblitère au cours du développement par soudure des lames qui la limitent. La soudure, qui progresse de bas en haut, s'arrête à quelque distance de la grande courbure de l'estomac, de telle sorte que le récessus omental inférieur descend dans la partie supérieure du grand omentum. La hauteur de ce prolongement s'accroît de droite à gauche ; à droite, en effet, la cavité s'arrête au-dessus du côlon transverse ; dans la moitié gauche, elle descend jusqu'au côlon transverse, ou même un peu plus bas.

La paroi antérieure du diverticule intra-omental du récessus omental inférieur contient dans son épaisseur, à 1 ou 1,5 cm de la grande courbure de l'estomac, des nœuds et les vaisseaux gastro-omentaux dont les branches descendantes vont au grand omentum.

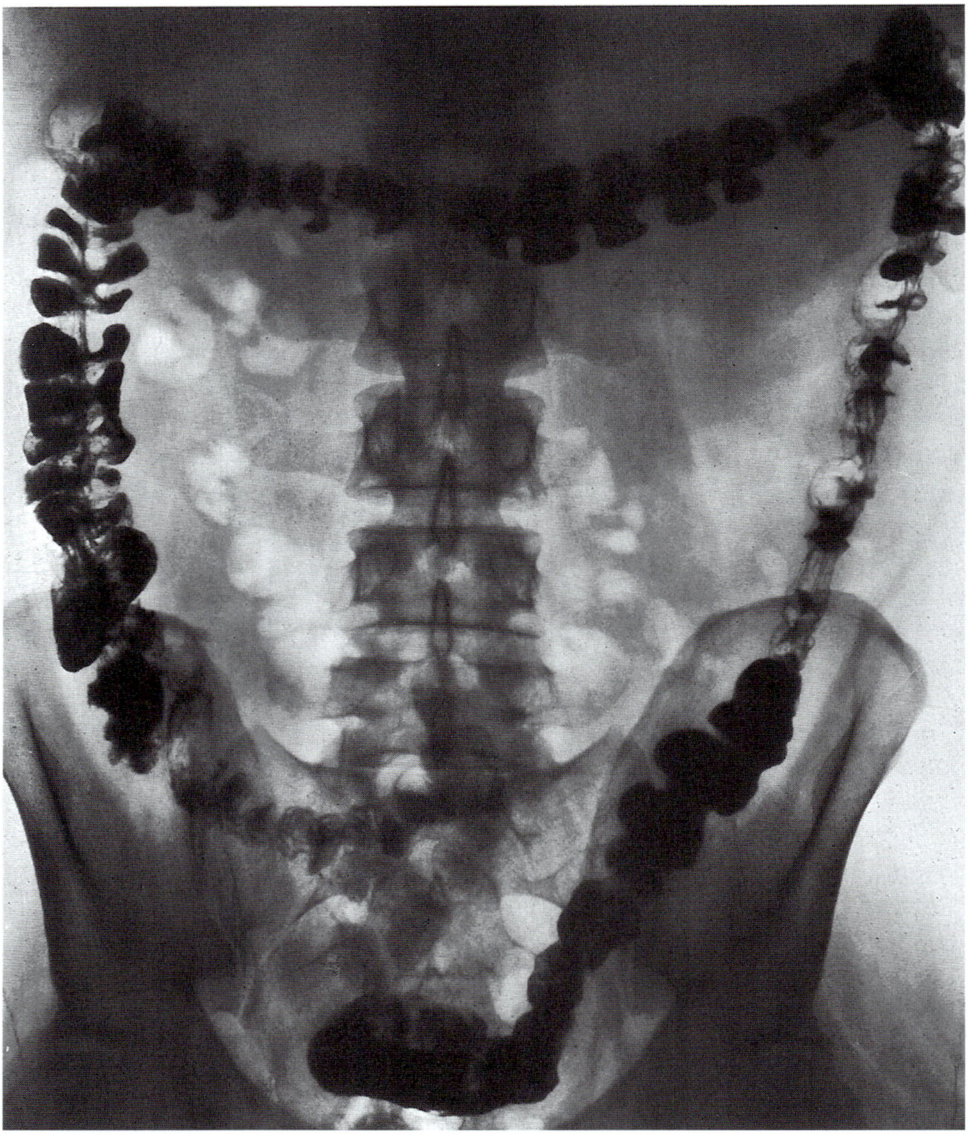

Fig. 267 ▪ Radiographie du cadre colique (lavement baryté).

E. Courbure colique gauche.

La courbure colique gauche est à l'union du côlon transverse avec le côlon descendant (fig. 253, 254 et fig. 266).

▪ **FORME.** Cette courbure forme un angle aigu, beaucoup plus aigu que la courbure colique droite, car l'extrémité gauche du côlon transverse, oblique en haut et en

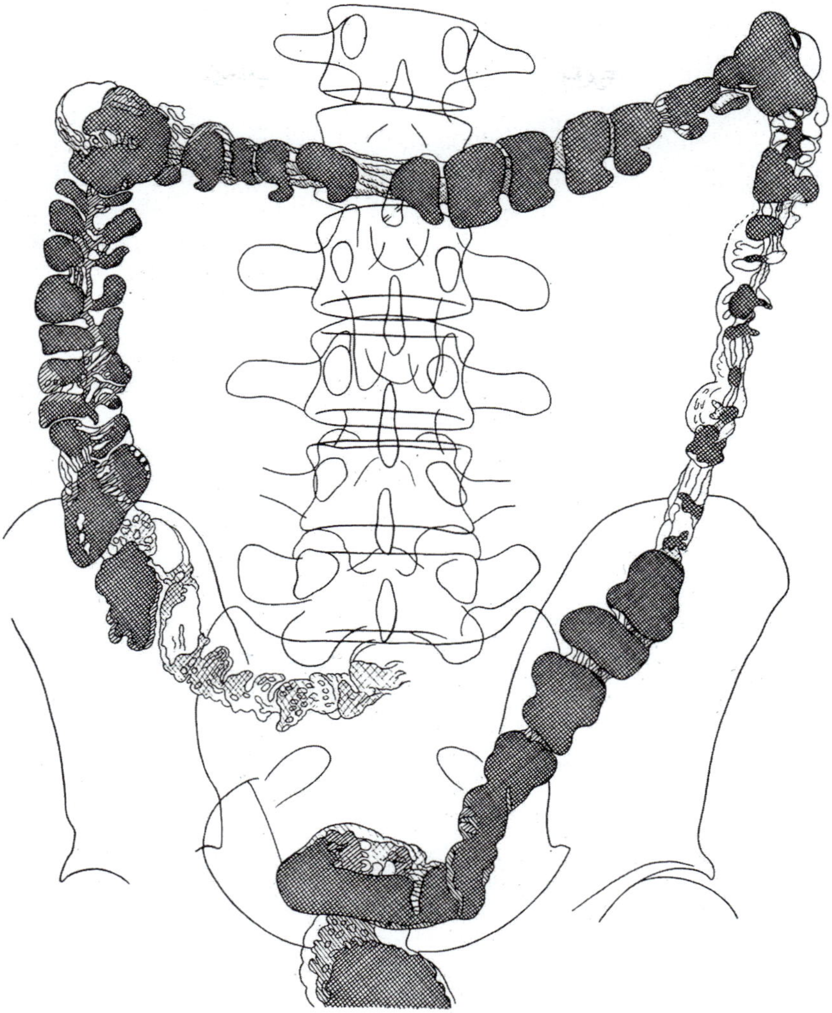

Fig. 267 b.

arrière, s'accole à la face antéro-médiale du segment correspondant du côlon descendant.

Elle est orientée dans un plan vertical à peu près antéro-postérieur, un peu oblique cependant en avant et en dedans. Son ouverture regarde en avant, en bas et un peu en dedans (fig. 254).

RAPPORTS. La courbure colique gauche est plus éloignée de la ligne médiane que la courbure colique droite. Elle déborde en effet en dehors la partie moyenne du rein gauche et s'accole au diaphragme, auquel l'unit étroitement le ligament phrénico-colique gauche.

Elle est aussi plus profondément placée que la courbure colique droite et s'enfonce dans la gouttière comprise entre la partie externe du rein et la paroi. Elle est enfin plus élevée que la courbure colique droite et se trouve à peu près à la hauteur de la 8e côte.

Sur la courbure colique gauche et sur le ligament phrénico-colique gauche qui s'attache à sa face supérieure, repose la rate (fig. 253).

La courbure colique gauche est en rapport en avant avec la grande courbure de l'estomac ; mais elle dépasse l'estomac à gauche et s'appuie au diaphragme ; elle répond, à gauche de l'estomac, à la partie gauche de l'espace semi-lunaire (voir : *Estomac*).

F. **Côlon descendant.**

Le côlon descendant commence à la courbure colique gauche. Il se termine à la crête iliaque, où il se continue avec le côlon ilio-pelvien. Plus profondément situé et de calibre plus petit que le côlon ascendant, il descend à peu près verticalement dans la gouttière comprise entre le rein et la paroi abdominale (fig. 266). ❑ Sa longueur moyenne est de 12 cm.

■ **RAPPORTS.** Dans la grande majorité des cas, le côlon descendant est appliqué sur la paroi abdominale postérieure par le péritoine qui revêt ses faces antérieure et latérales.

Sa *face postérieure* est alors en rapport avec le bord externe du rein et avec la paroi abdominale par l'intermédiaire d'un fascia d'accolement analogue à celui que l'on trouve en arrière du côlon ascendant. Une fois sur six environ, le fascia n'existe pas et le côlon est relié à la paroi par un court méso.

Ses *faces antérieure et latérales*, tapissées par le péritoine, répondent aux anses intestinales.

G. **Côlon ilio-pelvien.**

Le côlon ilio-pelvien s'étend de la crête iliaque gauche, où il fait suite au côlon descendant, à la troisième vertèbre sacrale, où il se continue avec le rectum et le canal anal (fig. 266 et 267).

On lui distingue deux parties : l'une, fixe, le côlon iliaque ; l'autre, mobile, le côlon pelvien.

1. Côlon iliaque. Le côlon iliaque présente les mêmes caractères que le côlon descendant.

Il traverse la région inguinale depuis la crête iliaque jusqu'au bord interne du muscle psoas en décrivant une courbe concave en dedans. Il croise, suivant qu'il est plus ou moins long, tantôt la partie interne de la région inguinale, tantôt et le plus souvent sa partie moyenne, tantôt enfin, mais rarement, la partie antéro-externe de cette région.

Le côlon iliaque est appliqué sur la région inguinale par le péritoine, qui présente la même disposition que sur le côlon descendant. Il revêt, en effet, les faces antérieure et latérales du côlon, tandis que la face postérieure du côlon est séparée du muscle iliopsoas et de son fascia par un fascia d'accolement en continuité avec celui qui se forme en arrière du côlon descendant. Ce fascia résulte, comme nous l'avons montré ailleurs, de la soudure au péritoine pariétal du feuillet séreux postérieur du côlon iliaque et de son méso.

En avant et sur les côtés, le côlon iliaque est recouvert par les anses intestinales ou par l'anse du côlon pelvien.

2. Côlon pelvien ou anse sigmoïde. Celui-ci commence au niveau du bord interne du muscle psoas gauche et se continue avec le rectum et le canal anal à la hauteur de la troisième vertèbre sacrale. Il forme une anse dont la situation, les rapports et la mobilité varient avec la longueur du côlon (fig. 268).

a) CÔLON PELVIEN NORMAL (fig. 268 et 269). Dans le plus grand nombre des cas, le côlon pelvien est long de 40 cm environ. Il est alors très mobile, suspendu à la paroi par un long mésocôlon pelvien, et décrit une courbe dont la concavité regarde en arrière et en bas. Le côlon pelvien normal se porte, en effet, par un trajet à peu près transversal, mais plus ou moins flexueux, du bord gauche au bord droit de l'ouverture supérieure du pelvis ; puis il se dirige en bas, en arrière et en dedans vers le rectum et le canal anal.

Le côlon pelvien croise, à son origine, les vaisseaux iliaques externes.

Il répond : ❑ en bas et en avant à la vessie ou bien à l'utérus et aux ligaments larges sur lesquels il repose ; ❑ en arrière, au rectum et au canal anal ; ❑ en haut, aux anses grêles.

b) CÔLON PELVIEN LONG OU ABDOMINO-PELVIEN (fig. 268)

Parfois le côlon pelvien est très long et peut atteindre jusqu'à 80 cm de longueur. Dans ces cas, l'anse colique, concave en bas, monte plus ou moins haut dans la cavité abdominale, en avant des anses grêles et du côlon descendant.

c) CÔLON PELVIEN COURT (fig. 268)

Parfois encore le côlon pelvien est court. Il descend alors jusqu'au rectum en suivant la paroi postéro-latérale gauche du pelvis et en décrivant une ou deux sinuosités plus ou moins accusées. Quand le côlon présente cette disposition, il est très peu mobile et relié à la paroi par un méso très court (voir plus loin : *mésocôlon sigmoïde*). Parfois même le méso disparaît et le côlon pelvien est appliqué sur la paroi par le péritoine qui passe au-devant de lui.

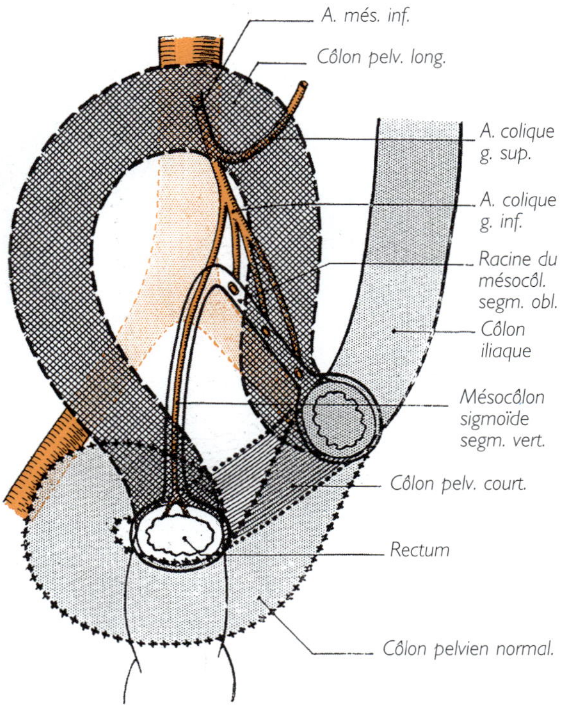

Fig. 268 ▪ Les trois formes ou variétés principales du côlon pelvien ou anse sigmoïde.

3. Mésocôlon pelvien (fig. 268, 269 et 236). Le côlon pelvien est rattaché à la paroi par le *mésocôlon sigmoïde*.

L'une des faces de ce méso est antérieure ; l'autre, postérieure.

Son bord supérieur ou pariétal comprend deux segments ; ❑ l'un, oblique en haut et en dedans *(segment oblique)*, longe de bas en haut le côté externe des artères iliaques externe et commune, croise les vaisseaux testiculaires et l'uretère et se continue ordinairement avec le deuxième segment un peu au-dessous de la bifurcation de l'aorte, à gauche de la ligne médiane ; ❑ l'autre segment *(segment vertical)* forme avec le précédent un angle aigu ouvert en bas ; il se porte en bas et un peu en dedans pour atteindre, au promontoire, la ligne médiane qu'il longe jusqu'au rectum et au canal anal.

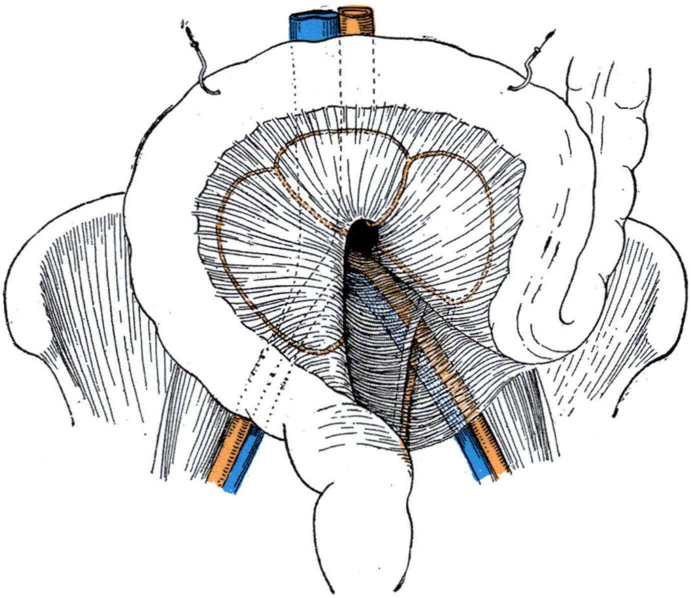

Fig. 269 ▪ Le côlon pelvien a été retourné vers le haut, de façon à étaler le mésocôlon pelvien et à montrer le récessus intersigmoïdien.

La hauteur du mésocôlon est d'autant plus grande que le côlon pelvien est long. Normalement, la plus grande hauteur est à la partie moyenne du méso et mesure environ 15 cm.

La hauteur du mésocôlon sigmoïde est très petite quand le côlon pelvien est très court. Nous avons dit plus haut que le méso peut même parfois faire défaut. Dans ce cas, le feuillet postérieur du méso s'est soudé au péritoine pariétal en produisant un fascia d'accolement situé en arrière des vaisseaux sigmoïdes normalement contenus dans le méso, et en avant des organes pariétaux : vaisseaux iliaques, uretère, etc. *(voir, au sujet des rapports du méso et de l'uretère : Uretère iliaque).*

Le mésocôlon pelvien contient dans son épaisseur, avec des lymphatiques et des filets nerveux, la terminaison de l'artère mésentérique inférieure, les artères sigmoïdes et les veines correspondantes. ❑ La terminaison de l'artère mésentérique inférieure longe le segment vertical du bord adhérent du méso. Le segment oblique de ce bord contient l'artère sigmoïde supérieure. Les artères sigmoïdes moyenne et inférieure cheminent dans la partie moyenne du mésocôlon.

L'espace compris entre le mésocôlon pelvien en avant et le péritoine pariétal en arrière, dans l'intervalle qui sépare les deux segments du bord adhérent du mésocôlon, est appelé *fosse sigmoïde.*

Lorsqu'on relève le mésocôlon pelvien de manière à examiner sa face postérieure, on voit, dans les deux tiers des cas environ, un orifice situé au sommet de la fosse sigmoïde, c'est-à-dire à la jonction du segment oblique et du segment vertical du méso. Cet orifice donne accès dans un diverticule de la cavité péritonéale qui monte jusque sur le flanc gauche de la terminaison de l'aorte. Ce diverticule est la *récessus intersigmoïdien*, dont nous avons indiqué plus haut le mode de formation (voir : *Évolution de l'intestin terminal*).

H. **Rectum et canal anal.**

Le rectum et le canal anal sont le segment terminal du tube digestif.

■ **LIMITES.** Il font suite au côlon ilio-pelvien et commencent lorsque finit le mésocôlon, c'est-à-dire à la hauteur du corps de la troisième vertèbre sacrale. Il se terminent à l'anus.

■ **DIRECTION** (fig. 270, 272, et 273). Le rectum et le canal anal descendent en avant du sacrum et du coccyx.

Le rectum décrit une courbe dont la concavité dirigée en avant est concentrique à celle du sacrum et du coccyx. En regard du sommet du coccyx, le rectum se coude et se porte obliquement en bas et en arrière. Il présente en somme deux courbures antéro-postérieures : l'une, supérieure, concave en avant ; l'autre, inférieure, concave en arrière.

Il présente encore, dans la plupart des cas, de légères inflexions latérales pelviennes dont le siège, la direction et la profondeur sont très variables.

■ **DIVISION ET DIMENSIONS.** On distingue deux segments : l'un, supérieur, ou *rectum*, contenu dans la cavité pelvienne ; l'autre, inférieur, ou *canal anal*, compris dans l'épaisseur de la paroi inférieure du bassin ou périnée. La limite entre ces deux segments répond au sommet du coude correspondant au sommet du coccyx. ❑ La longueur totale du rectum et du canal anal est, chez l'homme adulte, de 12 à 15 cm en moyenne, comprenant 10 à 12 cm pour le rectum, 2 à 3 cm pour le canal anal.

■ **CONFIGURATION EXTÉRIEURE ET CALIBRE.** Quand il est moyennement distendu, le rectum, étroit en haut à son union avec le côlon pelvien, s'élargit d'abord peu à peu pour se terminer par une dilatation, l'*ampoule rectale*. Les parois du rectum sont

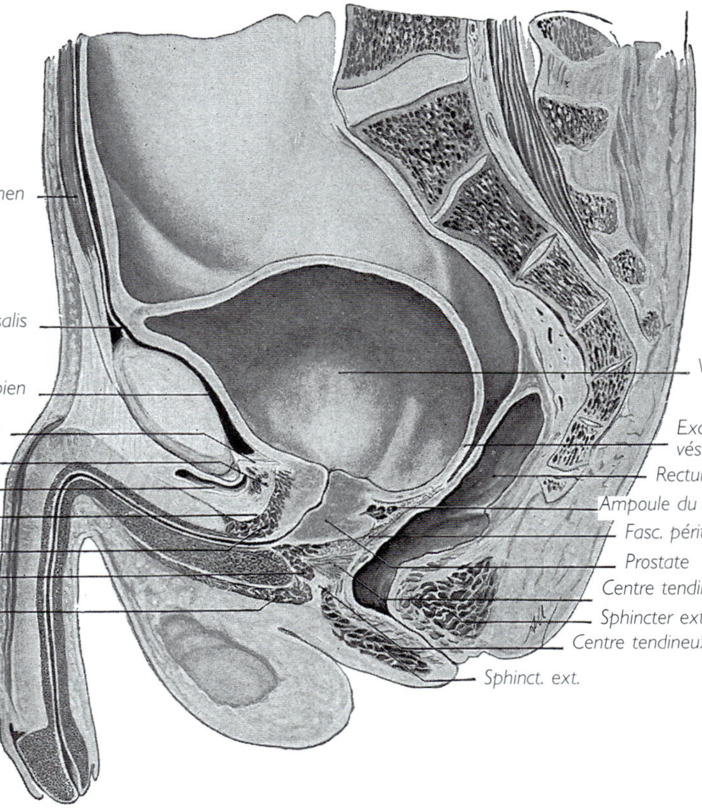

Fig. 270 ▪ Coupe sagittale du bassin chez l'homme (sujet congelé).

très extensibles et, quand le rectum est très distendu, l'ampoule peut occuper toute la largeur de l'excavation pelvienne.

La surface du rectum est parcourue de stries longitudinales formées par les faisceaux de fibres de la couche musculaire superficielle. Il est creusé sur ses faces latérales de sillons peu profonds dont le nombre et le siège sont variables comme les courbures latérales signalées plus haut, dont ils occupent le sommet.

▪ **CONFORMATION INTÉRIEURE** (fig. 271). On remarque sur la surface interne du rectum vide des replis muqueux longitudinaux qui s'effacent par la distension de l'organe.

Avec les replis temporaires, il existe dans le rectum des replis permanents, semi-lunaires, dirigés transversalement, appelés *plis transverses du rectum*. Ces valvules, très variables dans leur situation, leurs dimensions et leur nombre, correspondent aux sillons de la surface extérieure.

Sur le canal anal , on trouve les *colonnes* et les *valvules anales.*

Les *colonnes anales* sont des saillies longitudinales, généralement au nombre de six à huit et longues de 1 cm. Chacune d'elles a la forme d'une pyramide triangulaire

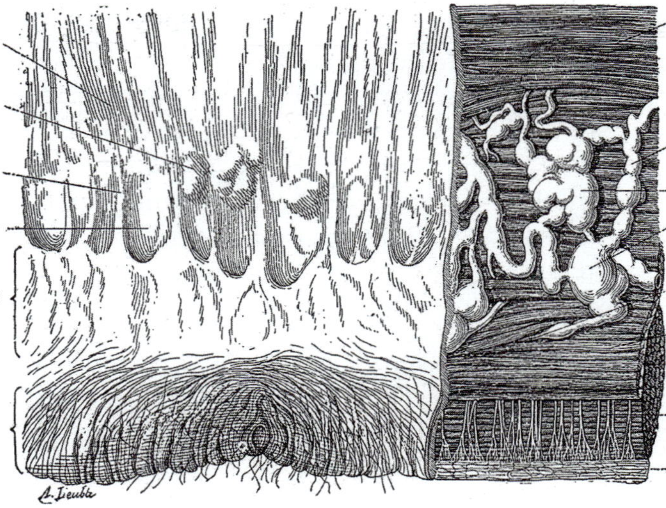

Fig. 271 ▪ Paroi interne de l'extrémité inférieure du rectum et du canal anal (d'après Luschka, modifiée par Jounnesco). À droite, la muqueuse a été enlevée pour montrer la disposition des veines sous-muqueuses à ce niveau.

ou d'un bourrelet qui s'effile à son extrémité supérieure ou sommet, tandis qu'il s'élargit à son extrémité inférieure ou base.

Les bases des colonnes anales sont reliées les unes aux autres par de petits replis transversaux minces, semi-lunaires ; ce sont les *valvules anales*. Ces valvules, de même forme que les valvules semi-lunaires des orifices artériels du cœur, présentent un bord adhérent convexe, un bord libre concave, une face axiale convexe, une face pariétale concave et deux extrémités qui se confondent avec la base des colonnes anales voisines. Elles limitent avec la paroi rectale des fossettes en nid de pigeon, comparables à celles que forment les valvules semi-lunaires.

Dans le canal anal, il faut distinguer deux parties, l'une, muqueuse, l'autre, cutanée. ❑ La *partie muqueuse* est comprise entre une ligne annulaire sinueuse inférieure, appelée *ligne ano-cutanée*, passant par les valvules anales, et une ligne supérieure, la *ligne ano-rectale*, plus sinueuse encore que l'autre. La ligne ano-rectale est, en effet, formée d'une série de festons dont les parties saillantes répondent aux extrémités supérieures des colonnes anales, et les dépressions aux espaces intercolumnaires. ❑ La *partie cutanée* est une zone de 1 cm de hauteur environ, sous-jacente à la ligne ano-cutanée. Elle est appelée *zone cutanée lisse* parce qu'elle ne présente ni poils, ni glandes. ❑ La partie muqueuse du canal anal et la partie cutanée lisse, ainsi définies, ne sont, à vrai dire, que des zones de transition entre le revêtement cutané qui est au-dessous et la muqueuse rectale proprement dite qui est au-dessus.

■ RAPPORTS

1. Rectum

a) GAINE FIBRO-SÉREUSE DU RECTUM. Le rectum est entouré d'une gaine fibro-séreuse, formée en haut par le péritoine, en bas par un feuillet fibreux (fig. 273).

Alors que le mésocôlon pelvien s'arrête à l'extrémité supérieure du rectum, le péritoine des faces antérieure et latérales du côlon ilio-pelvien se prolonge en bas sur les faces latérales et antérieure du rectum. Ce qu'il y a de particulièrement intéressant dans la disposition du péritoine rectal, c'est qu'il descend plus bas sur la face antérieure que sur les faces latérales du rectum et, sur celles-ci, d'autant plus bas qu'on examine un point rapproché de la face antérieure.

Le péritoine se réfléchit : ❏ *en avant,* chez l'homme, sur la vessie (fig. 270 et fig. 339) ; chez la femme, sur la face postérieure du vagin (fig. 272 et fig. 374) ; ❏ *latéralement,* sur la paroi latérale du petit bassin. Le cul-de-sac formé par la réflexion du péritoine porte, en avant, le nom d'*excavation recto-utérine* ou chez l'homme, d'*excavation recto-vésicale.* Il se continue de chaque côté par un cul-de-sac latéral dont la profondeur diminue graduellement d'avant en arrière.

Le fond même de l'excavation recto-génitale, chez l'homme, comme chez la femme, est à 7 cm environ au-dessus de l'orifice anal (Dufour).

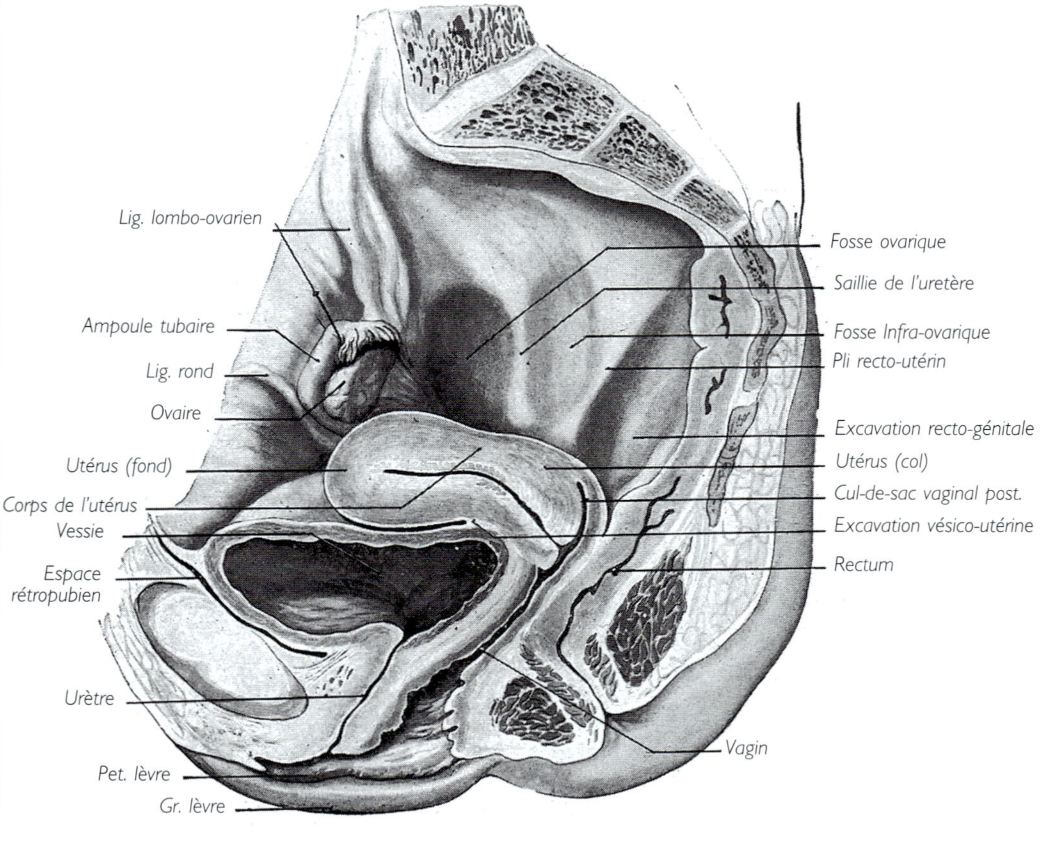

Fig. 272 ▪ Coupe sagittale du bassin chez la femme.

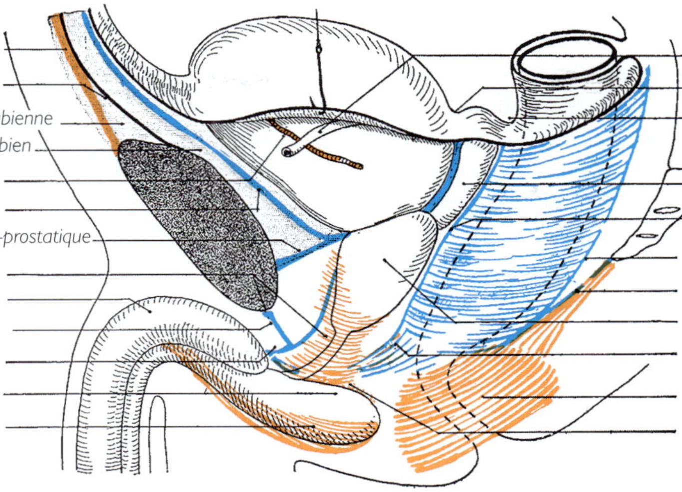

Fig. 273 ▪ Rapports antérieurs du rectum et gaine fibro-séreuse du rectum.

L'excavation recto-vésicale est plus ou moins nettement divisée chez l'homme par le fond de la vésicule séminale qui soulève le péritoine, en deux culs-de-sac secondaires : l'un, antérieur, ou *excavation vésico-génitale*, l'autre, postérieur, ou *excavation recto-génitale* (fig. 273).

Au-dessous du péritoine, le rectum est enveloppé d'une gaine fibro-celluleuse qui s'étend du cul-de-sac péritonéal périrectal, où elle s'attache, jusqu'au périnée, où elle s'unit au fascia pelvien. Cette gaine fibreuse est une dépendance des lames fibro-celluleuses qui se différencient dans le tissu conjonctif de l'espace pelvi-rectal supérieur. Ainsi les parois latérales de la gaine font partie des lames sacro-recto-génitales ; sa paroi antérieure est formée chez l'homme par le fascia péritonéo-périnéal (Denouvilliers) ; sa paroi postérieure, par un *feuillet fibreux rétro-rectal* ou *fascia rétro-rectal* tendu du cul-de-sac péritonéal au périnée.

Le fascia rétro-rectal sépare l'un de l'autre deux espaces décollables placés l'un en avant, l'autre en arrière de lui. Dans le premier descendent les vaisseaux rectaux supérieurs ; le second est « *l'espace décollable classique* » que limite en arrière un feuillet présacral adhérant au périoste et qui recouvre les vaisseaux sacraux moyens. (G. Cordier et Y. Chatain).

Par l'intermédiaire de sa gaine, le rectum présente les rapports suivants.

b) FACE POSTÉRIEURE. La face postérieure du rectum répond au sacrum, au coccyx et au muscle piriforme, sur lesquels reposent : les vaisseaux sacraux moyens et latéraux, la chaîne du sympathique pelvien, en bas la tonsille pharyngienne, sur les côtés les branches antérieures des nerfs sacraux ; celles-ci sont recouvertes par le fascia pelvien.

c) FACE ANTÉRIEURE. Ses rapports sont différents chez l'homme et chez la femme.

Chez l'homme (fig. 270 et 273), elle est en rapport, en haut, par l'intermédiaire de l'excavation recto-vésicale, avec la face postéro-supérieure de la vessie ou avec le côlon pelvien et les anses grêles qui descendent dans le petit bassin. ❑ Au-dessous de l'excavation recto-vésicale, la face antérieure répond à la paroi postéro-inférieure de la vessie, sur laquelle sont appliqués les conduits déférents et les vésicules séminales ; plus bas, à la prostate. Le fascia péritonéo-périnéal, qui est placé entre le rectum et ces organes, entoure les vésicules séminales et la partie terminale des conduits déférents. On a dit jusqu'à maintenant que ce fascia péritonéo-périnéal était traversé en bas par le *muscle recto-urétral* (voir plus loin : *Structure du rectum*).

Chez la femme, le segment péritonéal de la face antérieure du rectum pelvien s'accole à la face postérieure de l'utérus et au cul-de-sac postérieur du vagin, par l'intermédiaire de l'excavtion recto-utérine. ❑ Le segment sous-péritonéal n'est séparé du vagin que par une couche de tissu cellulo-fibreux avec laquelle se confondent la gaine fibreuse du rectum et le *septum recto-vaginal* (voir : *Vagin*). Ce tissu cellulo-fibreux, peu serré, permet de séparer facilement les deux organes. On a décrit un *muscle recto-vaginal* analogue au muscle recto-urétral de l'homme.

d) FACES LATÉRALES. Il faut également distinguer aux faces latérales du rectum deux segments : l'un, supérieur, péritonéal ; l'autre, inférieur, recouvert par la partie fibreuse de la gaine du rectum. ❑ Quand le rectum est vide, le segment supérieur est en rapport avec le côlon pelvien et les anses intestinales. ❑ Quand le rectum est distendu, les parois latérales se rapprochent de la paroi pelvienne et répondent, par l'intermédiaire du cul-de-sac séreux, à l'uretère, aux vaisseaux iliaques interne et à leurs branches. Elles sont encore en rapport, chez la femme, avec l'ovaire et le pavillon de la trompe, surtout quand l'ovaire repose dans la fosse infra-ovarique. (voir fig. 374).

Le segment inférieur, sous-péritonéal, est en contact avec la partie postérieure de la gaine de l'artère iliaque interne qui forme à ce niveau la paroi latérale de la gaine rectale en même temps que l'extrémité postérieure du fascia sacro-recto-génital. La gaine de l'artère iliaque interne contient dans son épaisseur, au niveau du rectum, le plexus nerveux hypogastrique (fig. 274) ; elle recouvre l'uretère et les branches des vaisseaux iliaques internes qui sont placées en dehors d'elle.

Le coude par lequel le rectum se continue avec le canal anal est placé en avant du sommet du coccyx, en arrière du sommet de la prostate chez l'homme ou de la partie moyenne du vagin chez la femme.

2. Canal anal. Le canal anal est entouré par un manchon musculo-fascial constitué de haut en bas par le fascia pelvien, le muscle élevateur de l'anus et le muscle sphincter externe de l'anus. À son entrée dans cette gaine, le rectum est très étroitement uni au plancher pelvien. La plupart des fibres longitudinales du rectum et les fibres supérieures ou profondes de la portion élévatrice du muscle élévateur, immédiatement sous-jacentes au fascia, s'attachent, en effet, à un tissu tendineux compris entre la paroi du rectum et le bord interne du muscle élévateur (Laimer) (voir : *muscle élévateur de l'anus* et fig. 395).

Par l'intermédiaire des muscles élévateurs et sphincter externe, le canal anal répond *en avant* à une masse fibro-musculaire formée par le centre tendineux du

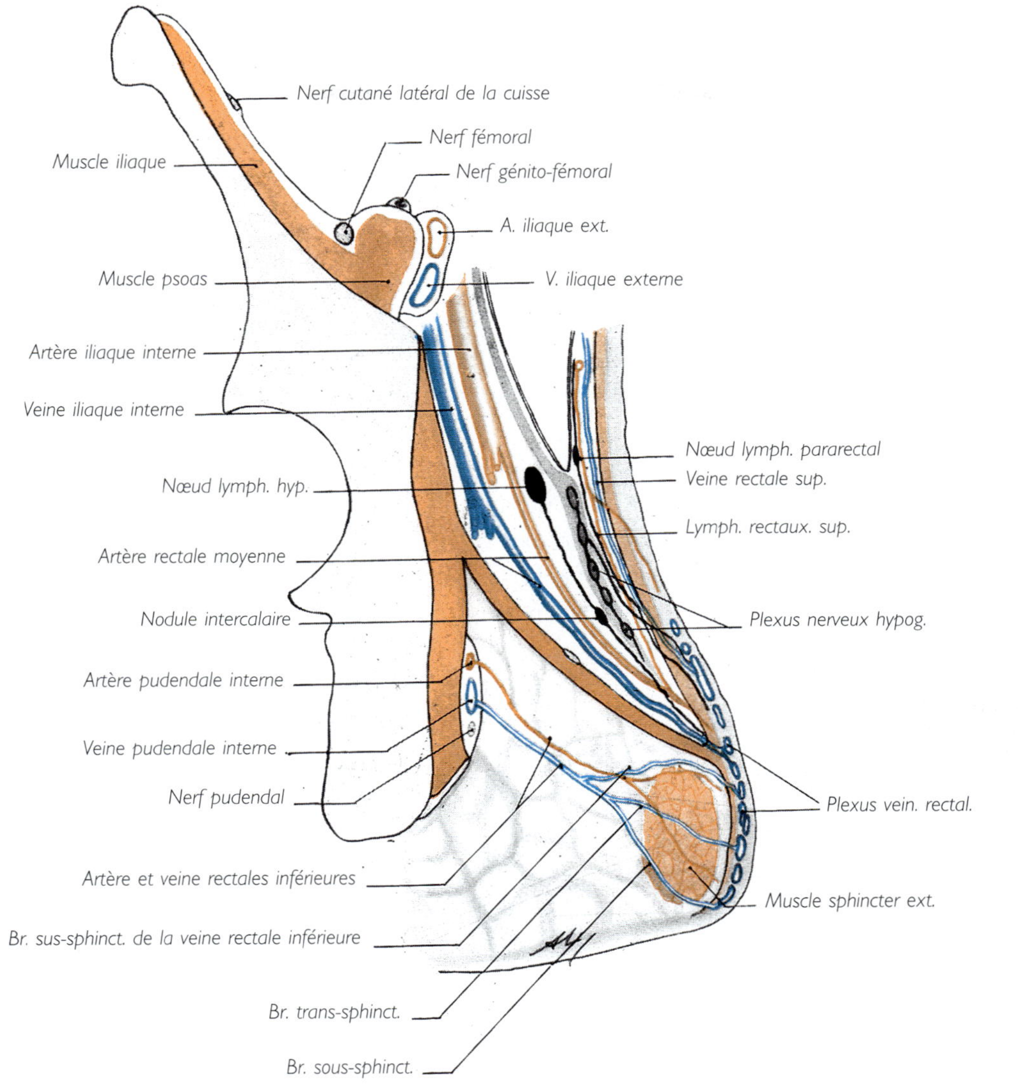

Fig. 274 ▪ Vaisseaux et nerfs du rectum.

périnée et par les muscles du périnée qui s'en détachent (fig. 270 et 272). Ce *centre tendineux du périnée* et ces muscles occupent un espace triangulaire, à base inférieure limitée : en arrière par le rectum ; en avant, chez l'homme, par l'urètre, les glandes bulbo-urétrales et le bulbe du pénis (triangle recto-urétral), ❑ chez la femme, par le vagin (triangle vagino-rectal).

Ce triangle recto-urétral est occupé en haut par la partie inférieure épaissie des fascias péritonéo-périnéal ou recto-vaginal. ❑ *Latéralement*, le canal anal est en rapport avec la fosse ischio-anale et son contenu ; ❑ *en arrière,* avec ces mêmes espaces qui sont séparés l'un de l'autre par le raphé musculo-fibreux ano-coccygien.

■ **STRUCTURE.** Le rectum a une structure un peu différente de celle du côlon.

La *tunique séreuse* a été précédemment décrite.

La *tunique musculaire* se compose d'une couche superficielle de fibres longitudinales et d'une couche profonde de fibres circulaires.

Les *fibres longitudinales* forment un plan continu, d'épaisseur un peu plus grande sur les faces antérieure et postérieure. ❑ Les fibres longitudinales profondes descendent jusqu'à l'anus. ❑ Les fibres superficielles présentent d'étroites connexions avec les fibres de la partie élévatrice du muscle élévateur de l'anus ; ces connexions seront décrites avec ce muscle (voir fig. 395). Disons cependant que, bien souvent, parmi les fibres longitudinales superficielles postérieures, certaines se portent en arrière, au-dessus du muscle élévateur de l'anus, et s'attachent à la face antérieure du coccyx ; elles constituent le *muscle recto-coccygien.* De plus, les fibres longitudinales antérieures superficielles adhèrent en passant au centre tendineux du périnée et descendent entre les muscles sphincters externe et interne sans leur donner de fibres et sans les traverser (Gil Vernet). Le faisceau pubo-rectal du muscle élévateur de l'anus constitue la sangle fixatrice du rectum (Barbin).

On a jusqu'à maintenant décrit, de la manière suivante, un *muscle recto-urétral* : du coude situé à l'union du rectum et du canal anal se détachent chez l'homme des faisceaux de fibres lisses qui se portent en bas et en avant, se tissent avec les éléments du fascia péritonéo-périnéal et se perdent sur le feuillet supérieur du fascia moyen, ainsi que sur les muscles sphincters striés de l'urètre et transverses profonds que ce fascia recouvre ; ce sont ces faisceaux musculaires lisses qui forment le *muscle recto-urétral* (fig. 273). Or ce muscle, qui apparaît ainsi comme une dépendance des fibres longitudinales du rectum, n'existe pas, dit Gil Vernet, car il n'y a pas de connexion directe entre les fibres du rectum et l'urètre. Le muscle recto-urétral est, d'après cet auteur, le résultat d'un artifice de préparation par lequel on écarte de la paroi rectale et l'on tend d'arrière en avant les fibres longitudinales du rectum qui se fixent ou adhèrent au centre tendineux du périnée.

On décrit chez la femme un *muscle recto-vaginal* comparable au recto-urétral de l'homme dont les fibres s'étendent obliquement en bas et en avant, du coude rectal à la face postérieure du vagin, qu'elles atteignent au-dessus du centre tendineux du périnée (Proust, Barbilian). ❑ Ce muscle est vraisemblablement, comme le muscle recto-urétral, le résultat d'un artifice de préparation, et provient de la séparation du centre tendineux du périnée et de la paroi rectale antérieure.

La couche des *fibres circulaires* s'épaissit le long du canal et forme le muscle *sphincter interne.* Celui-ci déborde le muscle sphincter externe en haut, mais il est débordé par lui en bas.

La *tunique sous-muqueuse* contient le plexus veineux rectal.

La *tunique muqueuse* a été déjà décrite (voir : *Configuration intérieure du rectum*).

I. Vaisseaux et nerfs du gros intestin.

ARTÈRES

a) ARTÈRES DU CÔLON (fig. 260). — Les artères du côlon proviennent des artères mésentériques supérieure et inférieure. Le territoire de l'artère mésentérique supérieure s'étend jusqu'à la courbure colique gauche, car l'irrigation du muscle transverse est presque toujours entièrement assurée par l'artère mésentérique supérieure (voir : *Artère mésentérique inférieure*).

L'artère mésentérique supérieure donne les artères coliques droites supérieure, moyenne et inférieure. ❑ L'artère mésentérique inférieure fournit les artères coliques gauches supérieure et inférieure ; celle-ci se divise en trois artères sigmoïdes.

Chacune des artères coliques ou des artères sigmoïdes se bifurque à proximité du côlon, et les deux branches de bifurcation s'anastomosent avec les branches des artères voisines. Il se forme ainsi, tout le long du gros intestin, une arcade artérielle paracolique. Elle porte le nom de fascia du muscle oblique interne le long du côlon transverse. L'arcade paracolique se prolonge jusqu'au rectum par une anastomose qui unit la dernière artère sigmoïde à l'artère rectale supérieure gauche ou à la partie inférieure de l'artère mésentérique inférieure. ❑ Une arcade de second ordre peut exister en regard de la courbure colique droite, tandis qu'on en trouve normalement une série vers la partie moyenne du côlon sigmoïde. ❑ De l'arcade paracolique partent des vaisseaux droits qui se ramifient sur les deux faces du côlon.

Les vaisseaux droits se distinguent en vaisseaux longs et en vaisseaux courts. Les premiers atteignent l'intestin en regard des sillons et se rendent jusqu'au bord libre, les vaisseaux courts naissent en regard des bosselures et ont un trajet moins étendu dans la paroi intestinale que les vaisseaux longs (Hovelacque) (voir *appendices omentaux*). Les vaisseaux droits s'anastomosent très richement dans la paroi et surtout dans la région du bord libre (Meillère).

b) ARTÈRES DU RECTUM. Les artères du rectum sont les artères rectales supérieures, moyennes et inférieures (fig. 274).

Les artères rectales supérieures naissent de la bifurcation de l'artère mésentérique inférieure, à l'extrémité supérieure de la paroi postérieure du rectum. Les deux artères hépatiques communes l'une, droite, l'autre, gauche, divergent et se portent vers les parois latérales, droite et gauche. Elles donnent des rameaux à la moitié correspondante du rectum. Cependant, cette distribution n'est pas absolument symétrique ; « l'artère rectale supérieure gauche a surtout une distribution antéro-latérale, l'artère rectale supérieure droite, une distribution postéro-latérale » (Quénu et Hartmann).

Les artères rectales moyennes, branches de l'artère iliaque interne, abordent la paroi latérale du rectum près de l'extrémité inférieure de l'ampoule rectale ; leurs rameaux rectaux s'unissent : ❑ d'une part, aux artères rectales supérieures par de fines anastomoses, les unes, superficielles, situées sur la couche musculaire (Quénu), les autres, intrapariétales, placées surtout dans la sous-muqueuse ; ❑ d'autre part, aux artères rectales supérieures.

Les artères rectales inférieures, au nombre de une à trois de chaque côté, se détachent de l'artère pudendale interne quand celle-ci court sur la paroi externe de l'espace ischio-anal.

Elles traversent cet espace et se distribuent au muscle sphincter externe de l'anus, à la paroi du canal anal et à la peau de la marge de l'anus. Les ramifications sous-muqueuses des artères rectales inférieures s'anastomosent avec celles des artères rectales moyennes.

L'artère sacrale médiane fournit ordinairement au rectum quelques rameaux très grêles qui se détachent au niveau des deux derniers foramens sacraux pelviens (Quénu et Hartmann).

VEINES

a) VEINES DU CÔLON. Les veines du côlon sont disposées comme les artères qu'elles accompagnent et se rendent à la veine porte par les veines grande et petite mésentériques.

b) VEINES DU RECTUM. Celles-ci, appelées *veines rectales*, suivent à peu près le même trajet que les artères. Les veines rectales se jettent dans la veine porte par la petite veine mésentérique ; les veines rectales moyennes et inférieures vont à la veine cave inférieure par les veines iliaques internes (fig. 274).

Ces veines naissent d'un riche plexus sous-muqueux commun à ces trois groupes de veines. Ce plexus veineux, appelé *plexus rectal* (fig. 274), réalise ainsi une très importante *anastomose porto-cave*. Le plexus rectal est particulièrement développé dans la partie anale du rectum, surtout dans la région des colonnes anales (fig. 271). ❑ Les branches d'origine des veines rectales moyennes et inférieures sont à peu près satellites des artères. Les branches d'origine des veines rectales inférieures se distinguent en veines sus-sphinctériennes, trans-sphinctériennes et sous-sphinctériennes, suivant qu'elles passent au-dessus, à travers ou au-dessous du muscle sphincter externe (fig. 274).

Les veines rectales inférieures qui résultent de leur jonction sont engainées avec les artères qu'elles accompagnent dans la traversée de l'espace ischio-rectal, par une expansion de l'aponévrose du muscle obturateur interne.

LYMPHATIQUES (fig. 275). Les *lymphatiques du côlon* vont, successivement ou en sautant certains relais, aux nœuds épicoliques placés dans la paroi à la base des franges, aux nœuds lymphatiques paracoliques situés le long de l'arcade artérielle et aux groupes de nœuds intermédiaires et principaux placés le long des artères coliques (Jamieson et Dobson).

Les *lymphatiques du rectum* se distinguent en trois groupes : inférieur, moyen et supérieur.

Les *lymphatiques inférieurs* naissent de la zone cutanée de l'anus et vont aux groupes internes des nœuds inguinaux superficiels. Cependant, certains collecteurs de la zone cutanée de l'anus vont aux nœuds ano-rectaux et se mêlent ensuite aux collecteurs supérieurs (Boulay).

Les *lymphatiques moyens* ou *lymphatiques hémorroïdaux moyens* suivent les vaisseaux rectaux moyens et se terminent dans un nœud lymphatique iliaque interne (Quénu) (fig. 274 et 275).

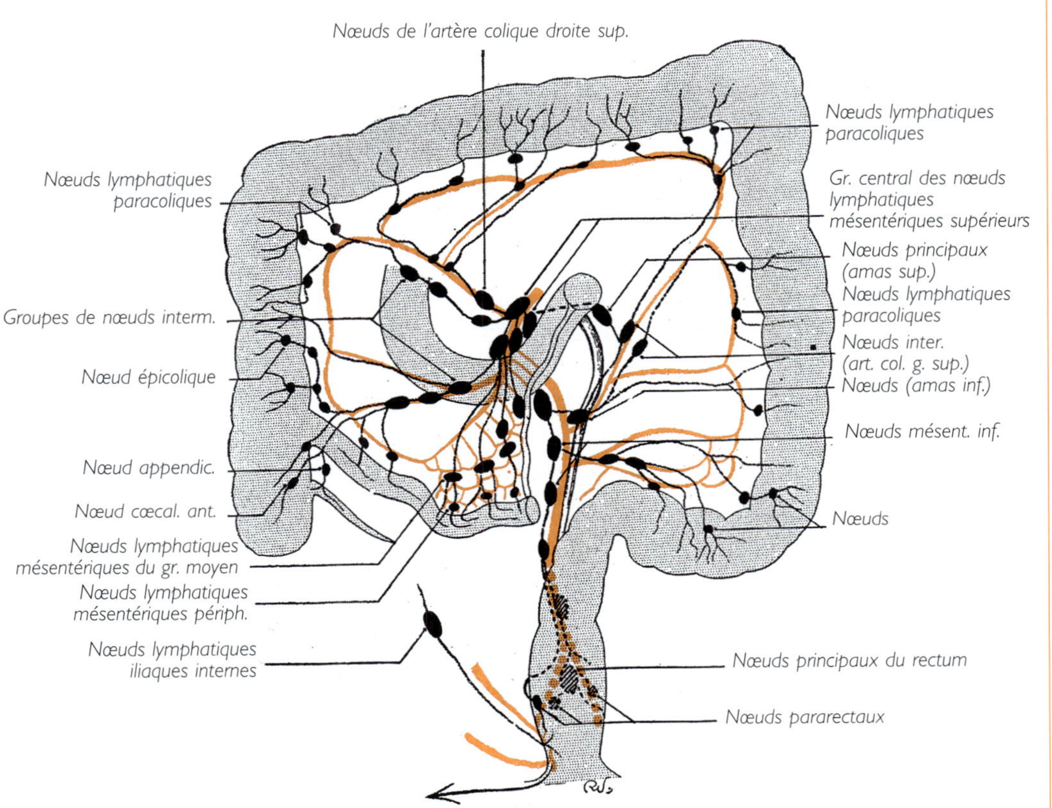

Fig. 275 ▪ Les lymphatiques de l'intestin.

Enfin, les *lymphatiques hémorroïdaux supérieurs* ou *rectaux* ont leur origine dans tout le rectum ; mais ils drainent tout particulièrement la lymphe de l'ampoule rectale, et en totalité celle de la partie supérieure du rectum (fig. 274). Les uns sont courts, d'autres de longueur moyenne, d'autres longs, et tous vont aux nœuds du lymphocentre mésentérique inférieur (Villemin, Huard et Montagné). ❑ Les collecteurs courts, les plus nombreux, se rendent à l'amas de nœuds placé dans la bifurcation de cette artère. Cet amas, qui reçoit la plupart des collecteurs du rectum, constitue le nœud principal du rectum (Mondor). ❑ Les collecteurs moyens et longs se terminent dans des éléments du lymphocentre mésentérique inférieur placé au-dessus des précédents. ❑ Au cours de leur trajet, les collecteurs rectaux supérieurs traversent de nombreux petits nœuds de relai ano-rectaux.

▪ **NERFS.** Les nerfs du côlon proviennent des plexus mésentériques supérieur et inférieur.

Le rectum est innervé : ❑ 1° par les plexus rectaux supérieurs qui terminent le plexus mésentérique inférieur ; ❑ 2° par les plexus hémorroïdaux ou rectaux moyens qui émanent des plexus hypogastriques ; ❑ 3° enfin, par le nerf rectal ou anal, branche du plexus sacral ; le nerf anal innerve le muscle sphincter externe et la peau de la marge de l'anus.

■ **INNERVATION INTRINSÈQUE DU TUBE DIGESTIF.** L'innervation intrinsèque du tube digestif est assurée par les plexus entériques (plexus submuqueux et de Meissner). Le plexus submuqueux assure la motricité des couches musculaires, le plexus de Meissner, celle de la sous-muqueuse. Ces plexus sont reliés au sympathique et au parasympathique.

La densité des plexus sensitifs et moteurs varie suivant les régions ; peu nombreux au niveau de l'œsophage, leur nombre augmente dans l'estomac et à mesure que l'on s'approche du pylore. Il diminue fortement au niveau du duodénum et du jéjunum et de l'iléum, croît le long du gros intestin jusqu'au rectum où sa densité devient analogue à celle de la région pylorique.

La plus ou moins grande richesse en plexus nerveux du tube digestif est évidemment en rapport avec la sensibilité, la motricité végétative des différents segments.

FOIE

Le foie ou hépar est une volumineuse glande qui excrète la bile, et joue un rôle métabolique fondamental dans la sécrétion et le stockage du glucose, des protéines, des facteurs de coagulation.

■ **SITUATION.** Le foie occupe le *récessus subphrénique droit* limité par le diaphragme en haut et en dehors, le côlon transverse et le mésocôlon transverse en bas, la région cœliaque en dedans. Cependant le foie déborde en dedans le récessus subphrénique droit et occupe la partie supérieure de la région cœliaque ainsi que la partie attenante du récessus subphrénique gauche ou en d'autres termes, le foie occupe l'hypocondre droit et se prolonge dans l'épigastre et dans l'hypocondre gauche.

■ **COULEUR ET CONSISTANCE.** Le foie est rouge brun. Il a une consistance assez ferme et cependant il est friable, fragile et se laisse déprimer par les organes voisins.

■ **POIDS ET DIMENSIONS.** Le foie est l'organe le plus volumineux de l'organisme. Son poids est d'environ 1 500 g sur le cadavre. Chez le vivant, le foie contient en plus de 800 à 900 g de sang (Grégoire).

Il mesure en moyenne 28 cm dans le sens transversal, 16 dans le sens antéro-postérieur et 8 d'épaisseur, dans la région la plus volumineuse du lobe droit (Soulié).

■ **CONFIGURATION EXTÉRIEURE ET RAPPORTS.** Dans son ensemble, le foie peut être comparé au segment supérieur d'un ovoïde dont le grand axe serait transversal, la grosse extrémité à droite, et qu'on aurait sectionné de gauche à droite, suivant un plan incliné regardant en haut, en avant et à droite.

La surface du foie est lisse. Elle se subdivise en trois faces : une, supérieure, une deuxième, inférieure, et une troisième, postérieure. Cette troisième face n'est visible que si l'on examine le foie d'un sujet congelé ou fixé, par une injection de formol par exemple. Ces trois faces sont séparées les unes des autres par trois bords, un bord antérieur, un bord postéro-supérieur et un bord postéro-inférieur.

1. Face supérieure (fig. 276 et 283). Elle est convexe, lisse, unie et regarde à la fois en haut, en avant et à droite. Sa limite antérieure est le bord antérieur du foie. Sa limite postérieure est indiquée par la ligne de réflexion du feuillet supérieur du ligament coronaire.

La face supérieure du foie est divisée en deux lobes, l'un, droit, l'autre, gauche, par un repli du péritoine, le *ligament suspenseur ou ligament falciforme du foie*, tendu de la face supérieure du foie au diaphragme. Le *lobe droit* est fortement convexe.

Le *lobe gauche* est beaucoup plus petit que le droit. De plus, il est moins saillant et présente même, vers sa partie moyenne, sur le centre tendineux, en regard du péricarde, une légère inflexion appelée *empreinte cardiaque*, parce qu'elle est déterminée par le cœur.

La face supérieure du foie se moule en haut sur la concavité du diaphragme. Sa partie latérale droite est à peu près entièrement recouverte par la cage thoracique et s'élève, comme le diaphragme, jusqu'au quatrième espace intercostal, le long de la ligne mamillaire droite.

En avant, la face supérieure entre en contact avec la paroi abdominale antérieure, le long du rebord inférieur de l'hémithorax droit, sur une hauteur de 1 cm environ ; ces rapports avec la paroi sont beaucoup plus étendus dans la région de l'angle infrasternal. Dans cette région, le foie répond à toute cette partie de la paroi abdominale située au-dessus d'une ligne qui suit le bord antérieur du foie et réunit la partie

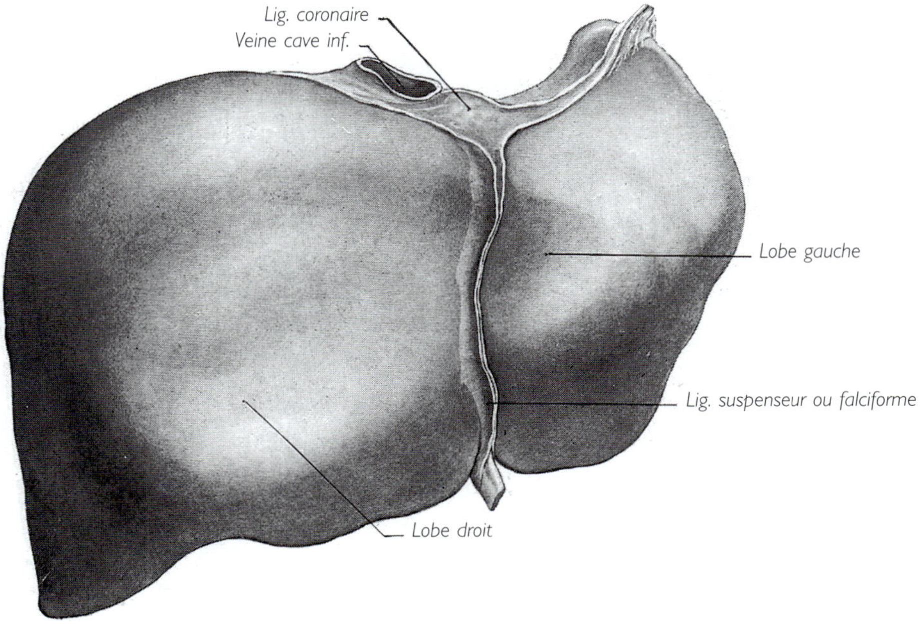

Fig. 276 ■ Foie, face supérieure.

antéro-inférieure du rebord costal droit à l'extrémité antérieure du huitième cartilage costal gauche (fig. 246). La face supérieure du foie peut s'étendre à gauche, sous le diaphragme, jusqu'à la ligne mamillaire ou bien aller au-delà ou rester en deçà de cette ligne, plus ou moins près du sternum. En général, les rapports du foie avec la paroi varient suivant que la base du thorax est large ou étroite, ils varient surtout avec la hauteur de l'auvent chondro-costal : si la hauteur est faible, le foie déborde le rebord chondro-costal ; si elle est grande, il reste caché par lui (Villemin, Dufour et Rigaud).

En ce qui concerne les rapports du foie avec le cœur, les plèvres et les poumons, par l'intermédiaire du diaphragme, voyez les chapitres consacrés à la topographie thoraco-cardiaque, thoraco-pulmonaire et thoraco-pleurale.

2. Face inférieure (fig. 277). La face inférieure, irrégulièrement plane, regarde en bas, en arrière et à gauche. Elle est parcourue par trois sillons, deux sillons antéro-postérieurs et un sillon transversal.

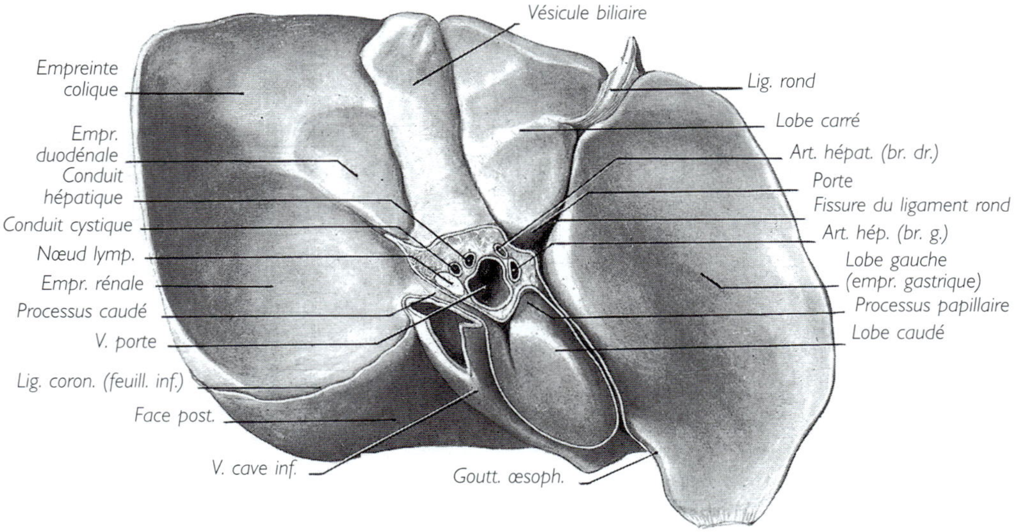

Fig. 277 ▪ Foie, face inférieure.

Les sillons antéro-postérieurs ou longitudinaux se distinguent en sillons droit et gauche. Leur direction est un peu oblique d'avant en arrière et de droite à gauche. Ils sont de plus fortement inclinés de bas en haut et d'avant en arrière, comme la face inférieure du foie.

a) FISSURE DU LIGAMENT ROND. Elle est étroite, mais elle entaille profondément la face inférieure du foie. Son extrémité antérieure creuse sur le bord antérieur de la glande une échancrure à laquelle également aboutit l'extrémité antérieure du ligament suspenseur (fig. 276).

La fissure gauche croise l'extrémité gauche de la porte du foie et se compose de deux segments placés l'un en avant, l'autre en arrière de cette fissure (fig. 277). ❑ Le *segment antérieur* contient le cordon fibreux, appelé *ligament rond*, qui résulte de l'atrophie de la veine ombilicale. Très souvent, un pont de tissu hépatique transforme en canal une partie du sillon de la veine ombilicale. ❑ Le *segment postérieur* est parcouru par le ligament veineux. L'extrémité antérieure de ce segment appartient seule à la face inférieure du foie ; dans tout le reste de son étendue, il est creusé dans la face postérieure de la glande.

b) FOSSE DE LA VÉSICULE BILIAIRE. Celle-ci est en réalité une large gouttière peu profonde, plus large en avant qu'en arrière. Cette gouttière est appelée *fosse de la vésicule biliaire* parce qu'elle répond à la vésicule biliaire. La fosse de la vésicule biliaire commence au bord antérieur du foie qu'elle échancre de toute la largeur du fond de la vésicule et finit en arrière à l'extrémité droite du sillon transverse.

On décrit encore avec la fosse de la vésicule biliaire une gouttière profonde contenant la veine cave inférieure. Mais la gouttière de la veine cave appartient tout entière à la face postérieure du foie. Elle est de plus indépendante de la fosse de la vésicule biliaire, dont elle est séparée par le prolongement du lobe caudé.

c) PORTE DU FOIE. La porte du foie est encore appelée *sillon transverse*. Elle s'étend entre les deux sillons antéro-postérieurs, en avant et très près du bord postérieur du foie, suivant une direction un peu oblique en arrière et à gauche.

Son extrémité gauche divise le sillon antéro-postérieur gauche en deux parties : le sillon de la veine ombilicale et le sillon du ligament veineux. À droite, la porte aboutit à l'extrémité postérieure de la fosse de la vésicule biliaire et se prolonge très souvent, sur le lobe droit, sous la forme d'une fissure profonde, le *sillon du processus caudé*, entre l'empreinte rénale et les empreintes duodénale et colique, en avant et le long du processus caudé du lobe caudé.

La porte du foie mesure de 6 à 7 cm de longueur et 1,5 cm de largeur. Elle est occupée par les organes qui vont au foie ou qui en partent (vaisseaux, nerfs et voies biliaires). Les rapports de ces organes dans le hile seront décrits avec le pédicule hépatique.

Les trois sillons de la face inférieure du foie découpent sur cette face quatre segments ou lobes : le lobe gauche, le lobe droit, le lobe carré et le lobe caudé.

d) LOBE GAUCHE. Le lobe gauche est en dehors de la fissure du ligament rond. Sa surface concave s'appuie et se modèle sur la face antérieure, convexe, de l'estomac (*empreinte gastrique*) (voir fig. 277).

e) LOBE DROIT. Le lobe droit est moins étendu sur la face inférieure que sur la face supérieure du foie. Sa surface est creusée de dépressions larges, superficielles, qui sont les empreintes des organes sur lesquels le lobe droit repose et se modèle (fig. 277 et 278).

On voit en avant l'*empreinte colique*, de forme quadrilatère, déterminée par la courbure colique droite. ❑ En arrière de l'empreinte colique se trouve l'*empreinte rénale* en rapport avec la partie sus-mésocolique de la face antérieure du rein droit. Le foie est uni à l'extrémité supérieure du rein droit par la partie correspondante

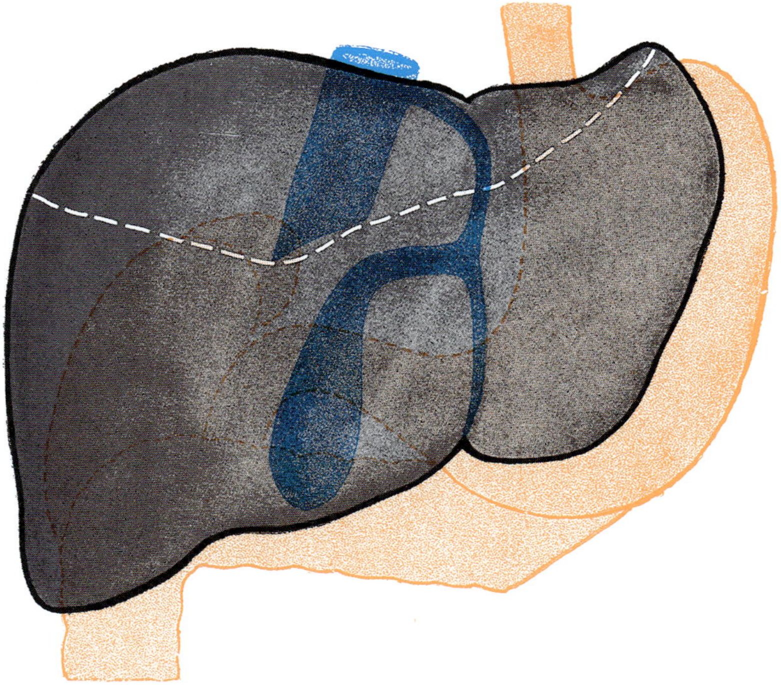

Fig. 278 ▪ Projection des organes en rapport avec les faces inférieure et postérieure du foie. — Les sillons creusés sur ces faces sont en bleu. Les organes en connexion avec elles sont en rouge. La ligne pointillée marque la limite entre les faces postérieure et inférieure.

du feuillet inférieur du ligament coronaire, qui forme à ce niveau le *ligament hépato-rénal*. ❑ Il existe encore en arrière de l'empreinte colique, en dedans de l'empreinte rénale et le long de la partie postérieure de la vésicule biliaire, une étroite dépression appelée *facette* ou *empreinte duodénale* ; elle répond à la partie sus-mésocolique de la partie descendante du duodénum (comparez les fig. 277 et 278).

f) LOBE CARRÉ. Ce lobe est limité par le sillon de la veine ombilicale à gauche, la fosse de la vésicule biliaire à droite, le bord antérieur du foie en avant et le hile en arrière. Il est allongé dans le sens antéro-postérieur et se rétrécit un peu d'avant en arrière. ❑ Le lobe carré recouvre la partie horizontale de l'estomac, le pylore, la partie du duodénum attenante au pylore, et le segment prépancréatique du côlon transverse (fig. 278).

g) LOBE CAUDÉ. Il est placé en arrière du hile, entre le sillon du ligament veineux et le sillon de la veine cave inférieure. Il est allongé de haut en bas et appartient presque entièrement à la face postérieure du foie. Seule son extrémité inférieure fait partie du bord postérieur de la face inférieure du foie et fait saillie sur cette face en bordure du hile.

L'extrémité inférieure du lobe caudé est occupée par deux mamelons ou tubercules, l'un, droit, l'autre, gauche, séparés l'un de l'autre par une légère dépression en rapport avec la veine porte (fig. 280). Le mamelon gauche, arrondi, est appelé *processus papillaire* ; le mamelon droit est le *processus caudé*. Le processus caudé sépare l'extrémité postérieure de la fosse de la vésicule biliaire de l'extrémité inférieure de la gouttière de la veine cave inférieure, et se continue, sur le lobe droit, avec la crête qui sépare l'empreinte rénale des empreintes duodénale et colique.

3. Face postérieure (fig. 278 à 282). La face postérieure du foie, verticale, présente une concavité transversale très prononcée, qui s'adapte à la saillie de la colonne vertébrale.

Sa partie la plus haute se trouve à droite de la veine cave inférieure ; à partir de là, sa hauteur diminue graduellement vers les extrémités.

La face postérieure est limitée en bas par le bord postéro-inférieur, en haut par le bord postéro-supérieur du foie. On voit sur cette face deux sillons verticaux (fig. 280).

Le *sillon vertical droit* ou *sillon de la veine cave inférieure* est une gouttière profonde et large, contenant la veine cave inférieure. Il est incliné en haut et à gauche. Les deux bords de la gouttière ont tendance à se rejoindre sur la face postérieure du

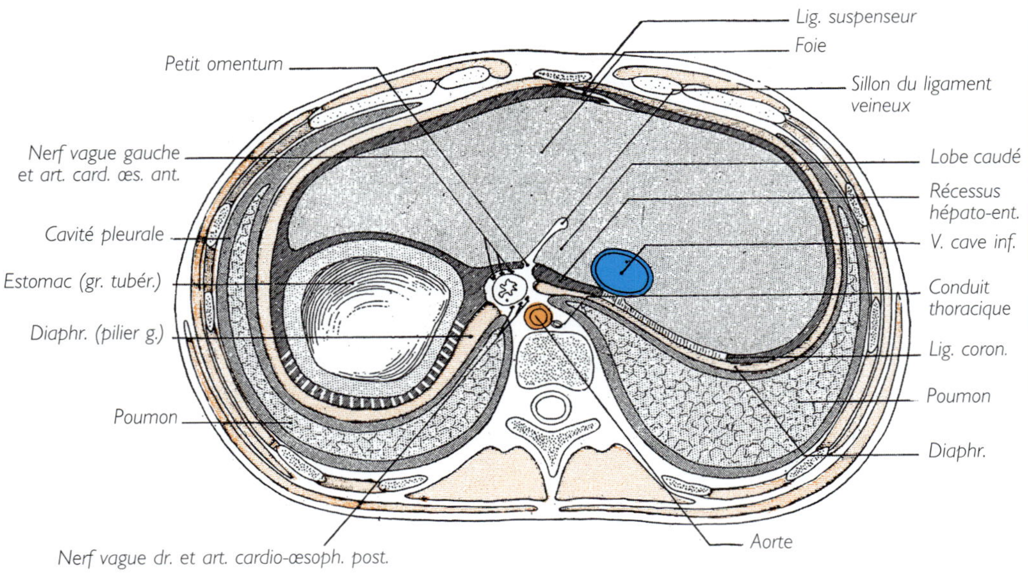

Fig. 279 ▪ Coupe horizontale du tronc passant par la dixième vertèbre thoracique. La coupe passe juste au-dessus du ligament gastro-phrénique qui répond à la zone striée de traits blancs, en arrière de la grosse tubérosité de l'estomac.
En raison de l'accroissement de hauteur, de gauche à droite, de la face postérieure du foie, la coupe intéresse, à droite, la face postérieure du foie, depuis son extrémité droite jusqu'au ligament veineux. À gauche de ce sillon, c'est la face inférieure du foie qui est divisée par le plan de section qui passe par l'empreinte gastrique.

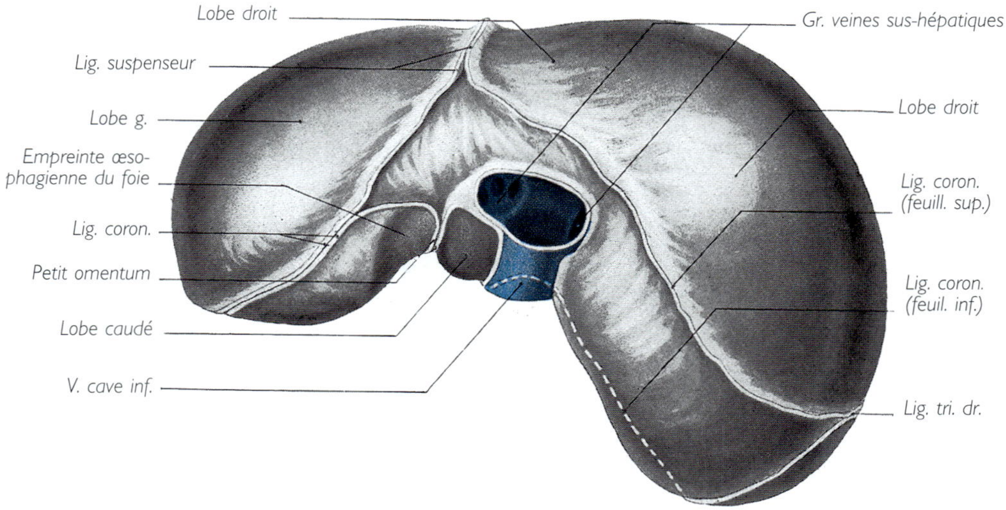

Fig. 280 ▪ Foie, face postérieure. D'après le moulage d'un foie prélevé sur un supplicié dont les organes avaient été fixés *in situ* par une injection de formol (Augier et Roux).

vaisseau. Parfois, même, ils s'unissent et transforment la gouttière en canal. Les parois du sillon droit sont trouées par les orifices qui livrent passage aux veines sus-hépatiques.

Le *sillon vertical gauche* ou *fissure du ligament veineux* fait suite au sillon antéro-postérieur gauche de la face inférieure. Son extrémité supérieure s'incline à droite et aboutit à l'extrémité supérieure du sillon de la veine cave.

Les deux sillons verticaux divisent la face postérieure en trois segments :

Le *segment droit* est situé à droite du sillon de la veine cave. Il est convexe et présente à sa partie inférieure, au voisinage immédiat du sillon de la veine cave, l'empreinte suprarénale que marque la partie supérieure de cette glande. Les ligaments hépato-rénal et hépato-surrénal vont du foie à la face antérieure du rein et de la glande suprarénale du côté droit (voir : *Rein* et *glandes suprarénales*).

Ce segment est très fortement uni au diaphragme par du tissu fibreux dense.

Le *segment moyen* ou *lobe caudé* est compris entre les deux sillons verticaux de la face postérieure. Ce lobe est allongé de haut en bas, regarde un peu à gauche et répond au pilier droit du diaphragme et au flanc droit de l'aorte, par l'intermédiaire d'un diverticule du récessus omental inférieur, dérivé du récessus hépato-entérique.

Le *segment gauche* est à gauche du sillon du ligament veineux. Il est étroit, peu élevé, et présente une gouttière un peu oblique en bas et à gauche, en rapport avec l'œsophage.

4. Bords. Le *bord antérieur* est très aigu. Il circonscrit le foie en avant, à droite et à gauche, et s'étend en arrière jusqu'aux extrémités de la face postérieure, où il se continue avec les bords postéro-supérieur et postéro-inférieur. Ce bord présente deux échancrures situées à l'extrémité antérieure des sillons de la veine ombilicale et de la fosse de la vésicule biliaire.

Nous avons indiqué ses rapports avec la paroi thoraco-abdominale en même temps que les limites de la face supérieure du foie.

Le *bord postéro-inférieur* passe de droite à gauche, en arrière de l'empreinte rénale, au-dessous de l'empreinte suprarénale et du sillon de la veine cave ; puis il croise l'extrémité inférieure du lobe caudé et du sillon du ligament veineux, s'émousse sur l'empreinte œsophagienne pour devenir ensuite tranchant jusqu'à l'extrémité gauche du foie.

Le *bord postéro-supérieur* est mousse dans toute son étendue. Il longe à gauche la ligne de réflexion du feuillet supérieur du ligament coronaire et passe, comme elle, au-dessus des sillons verticaux de la face postérieure.

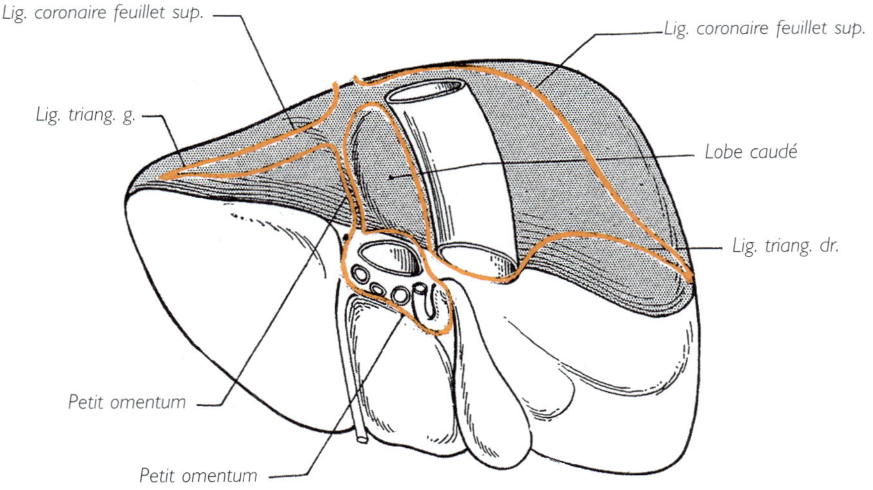

Fig. 281 ▪ Foie vu d'arrière en avant. La figure montre donc la face postérieure du foie et, en raccourci, sa face inférieure. — En rouge, la ligne de réflexion du péritoine viscéral sur le péritoine pariétal, le long du ligament coronaire et du petit omentum.

▪ MOYENS DE FIXITÉ DU FOIE. PÉRITOINE HÉPATIQUE ET LIGAMENTS DU FOIE.

Le foie est solidement maintenu en place : ❑ 1° par du tissu conjonctif très dense qui unit étroitement au diaphragme le segment droit de sa face postérieure ; ❑ 2° par la veine cave inférieure. En effet, ce vaisseau est d'une part solidement fixé à la paroi de la gouttière hépatique par sa propre paroi qui est très adhérente au tissu hépatique et par les veines hépatiques ; d'autre part, il adhère très fortement au bord de son orifice diaphragmatique.

À ces moyens d'attache, il faut encore ajouter les replis ou ligaments péritonéaux qui relient le péritoine hépatique au péritoine pariétal.

Le feuillet viscéral du péritoine qui recouvre le foie est relié : d'une part, au péritoine diaphragmatique, par les ligaments coronaire, triangulaires et par le ligament falciforme ; d'autre part, à l'estomac et à la partie supérieure du duodénum, par le petit omentum.

1. Ligament coronaire. Le ligament coronaire s'étend de la face postérieure du foie au diaphragme. Il est très court, c'est-à-dire que les deux feuillets qui le composent sont uniquement représentés par les angles de réflexion du péritoine viscéral sur le péritoine pariétal. Le ligament coronaire est, par contre, très large, car il s'étend transversalement d'une extrémité à l'autre de la face postérieure du foie. Il est enfin très épais, car ses deux feuillets sont séparés l'un de l'autre sur une grande partie de leur étendue, par toute la hauteur de la face postérieure du foie (fig. 280 et 281).

Le *feuillet supérieur* du ligament coronaire longe à gauche le bord postéro-supérieur du foie. Ce feuillet est divisé en deux segments par le ligament falciforme ou ligament suspenseur, et chacun des segments se continue avec le feuillet correspondant de ce ligament (fig. 280 et 281).

Le *feuillet inférieur* du ligament coronaire est également divisé en deux segments, l'un, droit, l'autre, gauche, par le petit omentum, au niveau de l'extrémité postérieure du conduit veineux. Chacun des segments se continue avec le feuillet correspondant du petit omentum (fig. 281).

Le segment droit longe d'abord cette partie du bord postérieur du foie qui marque la limite postérieure de l'empreinte rénale. Il croise ensuite la face antérieure de la veine cave inférieure à l'extrémité inférieure de sa gouttière, et décrit à gauche de cette veine une courbe en forme de U renversé (∩) dont le contour encadre le

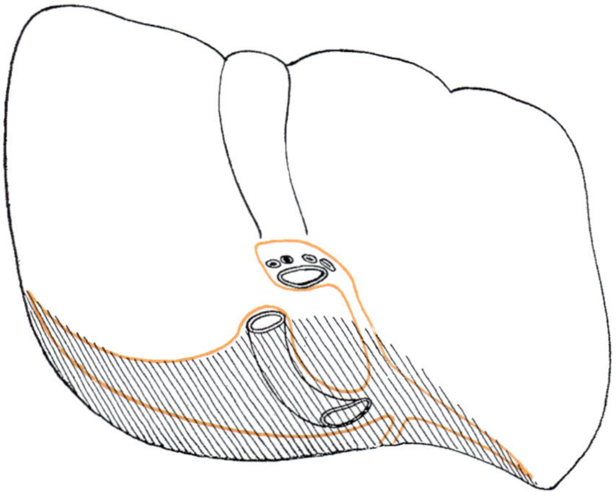

Fig. 282 ▪ Ligne d'attache hépatique du ligament coronaire et du petit omentum.
▪ Le foie est orienté comme dans la figure 277. Le bord antérieur est en haut et la face postérieure, vue obliquement, est couverte de hachures.
▪ Il peut être utile, pour se rendre compte de l'orientation du petit omentum par rapport au ligament coronaire, de regarder cette image en sens inverse.

lobe caudé à droite, en haut, puis à gauche. À la limite supérieure et gauche du lobe caudé, le feuillet inférieur du ligament coronaire se continue avec le feuillet postérieur du petit omentum. Ce dernier feuillet longe le bord droit du sillon du ligament veineux et se prolonge sur la face inférieure du foie (voir plus loin : *petit omentum*).

Le segment gauche du feuillet inférieur du ligament coronaire se porte vers l'extrémité gauche du foie, au-dessous et près du feuillet supérieur, le long de la face postérieure étroite du lobe gauche. À l'extrémité droite du segment gauche, le feuillet inférieur du ligament coronaire s'infléchit le long du bord gauche du ligament veineux et se continue avec le feuillet antérieur du petit omentum.

2. Ligaments triangulaires (fig. 281). Les deux feuillets qui composent le ligament coronaire se rapprochent peu à peu l'un de l'autre aux deux extrémités de ce ligament, puis ils s'appliquent l'un sur l'autre. En même temps, les feuillets deviennent plus longs et leur longueur s'accroît graduellement de dedans en dehors. Ils forment ainsi, à chaque extrémité du ligament coronaire, un repli triangulaire dont le sommet est en dedans et la base en dehors. Des trois bords du ligament, l'un s'attache au diaphragme, un deuxième au foie ; le troisième libre, regarde en avant et en dehors.

Le ligament triangulaire droit est plus petit que le gauche.

3. Ligament falciforme ou ligament suspenseur du foie. Ce ligament, allongé d'avant en arrière, relie la face supérieure du foie au diaphragme et à la paroi abdominale antérieure (fig. 247). Il est mince, translucide, car les deux feuillets qui le constituent sont accolés. Entre eux, on ne voit que de petits et de rares lobules graisseux, des veines portes accessoires appelées veines diaphragmatiques et veines du ligament suspenseur, des vaisseaux lymphatiques, quelques filets nerveux du plexus diaphragmatique, enfin et surtout le ligament rond et les veines portes accessoires qui l'accompagnent.

Le ligament falciforme se porte transversalement de la paroi abdominale et du diaphragme au foie, de telle manière que sa face gauche regarde en bas et repose sur la face supérieure de cet organe, tandis que sa face droite regarde en haut et s'applique sur la voûte diaphragmatique.

Il est triangulaire. ❑ Le *bord antéro-supérieur* ou *diaphragmatique* commence à l'ombilic et s'étend de là jusqu'au feuillet supérieur du ligament coronaire en déviant légèrement vers la gauche. ❑ Le *bord postéro-inférieur* ou *hépatique* (fig. 276 et 280) s'étend de l'échancrure antérieure du sillon de la veine ombilicale au feuillet supérieur du ligament coronaire et s'unit au bord antéro-supérieur du ligament suspenseur un peu à gauche de la veine cave. ❑ Le troisième bord, *libre*, unit les extrémités antérieures des deux bords précédents. Il s'étend donc de l'ombilic à l'échancrure que le sillon de la veine ombilicale creuse sur le bord antérieur du foie.

Les deux feuillets du ligament falciforme se continuent l'un avec l'autre le long de ce bord qui est épais, parce qu'il contient le *ligament rond*, c'est-à-dire le cordon fibreux provenant de l'atrophie de la veine ombilicale.

Le long des bords antéro-supérieur et postéro-inférieur, les deux feuillets du ligament falciforme se séparent et se continuent d'une part avec le péritoine pariétal (fig. 227, 247 et 279), d'autre part, avec le feuillet viscéral du foie (fig. 276).

4. Ligament hépato-gastrique ou petit omentum (fig. 281, 282 et 283). Le petit omentum unit le foie à l'œsophage abdominal, à l'estomac et à la partie supérieure du duodénum. Les deux feuillets qui le composent forment une lame orientée dans un plan à peu près vertico-transversal.

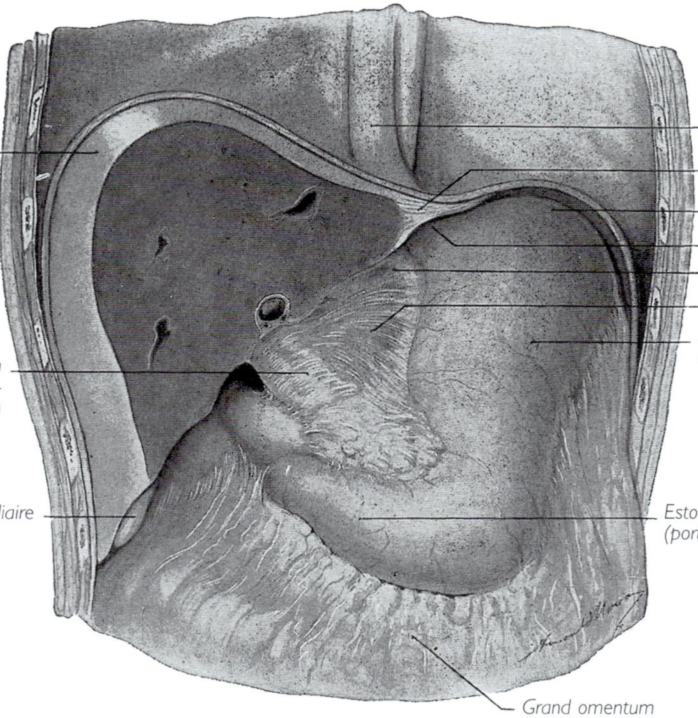

Fig. 283 ▪ Estomac et petit omentum, vue antérieure.
Préparation faite sur un sujet dont les organes avaient été fixés *in situ* par une injection de formol.

À cette lame, nous décrirons un bord hépatique, un bord gastro-duodénal, un bord diaphragmatique, un bord libre et deux faces, l'une, antérieure, l'autre, postérieure.

Le *bord hépatique* commence à l'extrémité supérieure du ligament veineux, où les deux feuillets du petit omentum se continuent l'un à droite, l'autre à gauche, avec les deux segments du feuillet inférieur du ligament coronaire. De ce point, le bord hépatique longe de haut en bas la fissure du ligament veineux jusqu'à l'extrémité gauche de la porte du foie ; arrivé là, il s'infléchit vers la droite et se fixe sur les deux lèvres de cette porte, jusqu'à son extrémité droite.

De ce qui précède il résulte que l'attache hépatique du petit omentum change deux fois de direction. Elle se coude une première fois en passant de la face postérieure sur la face inférieure du foie ; l'angle qu'elle forme à ce niveau est obtus. Peu après, elle se coude encore en passant du ligament veineux sur la porte du foie.

Le long de son attache hépatique, les deux feuillets du petit omentum s'écartent l'un de l'autre et se continuent avec le péritoine viscéral du foie.

Le *bord gastro-duodénal* commence en haut au bord latéral droit de l'œsophage abdominal ; il descend tout le long de la petite courbure de l'estomac et passe ensuite sur la partie supérieure du duodénum à la limite de ses faces supérieure et postérieure. Ce bord se termine au premier coude de l'anse duodénale.

Sur l'œsophage, le feuillet antérieur du petit omentum se continue avec le péritoine de la face antérieure de ce conduit ; son feuillet postérieur se réfléchit du bord droit du tube œsophagien sur le diaphragme. ❑ Le long de la petite courbure, les deux feuillets du petit omentum se continuent avec ceux qui tapissent les faces de l'estomac (fig. 292 et fig. 229). ❑ Enfin, sur le duodénum, le feuillet antérieur se réfléchit sur la face supérieure de cet organe. Le feuillet postérieur est disposé d'une manière différente en dedans et en dehors de l'artère gastro-duodénale : en dedans de l'artère, le feuillet se continue avec le péritoine de la face postérieure du duodénum ; en dehors de l'artère, le feuillet postérieur du petit omentum se réfléchit en arrière et de bas en haut pour se continuer avec le péritoine qui recouvre la paroi abdominale postérieure et la veine cave inférieure (fig. 233).

Le *bord diaphragmatique* est très court et s'étend de l'extrémité supérieure du bord hépatique à l'extrémité supérieure du bord gastro-duodénal. Autrement dit, le petit omentum répond au diaphragme, depuis l'extrémité supérieure du ligament veineux jusqu'à l'extrémité supérieure du bord droit de l'œsophage. Les deux feuillets du petit omentum sont là en continuité avec le péritoine diaphragmatique.

Le *bord libre* limite en avant le foramen omental. Le long de ce bord, les deux feuillets du petit omentum se continuent l'un avec l'autre et celui-ci contient dans son épaisseur le pédicule hépatique (fig. 283 ; voir aussi fig. 229).

La *face antérieure* du petit omentum regarde un peu à gauche. Pour la voir, il faut soulever le foie qui la recouvre.

La *face postérieure* regarde en arrière et un peu à droite ; elle constitue la paroi antérieure du vestibule du récessus omental inférieur.

Le petit omentum ne présente pas le même aspect dans toute son étendue. Ses deux feuillets sont séparés en haut et à gauche, près de l'œsophage, par du tissu cellulaire, des rameaux vasculaires et nerveux (rameau hépatique de l'artère coronaire stomachique, branches hépatiques du nerf vague gauche) ; cette partie assez épaisse du récessus omental inférieur est appelée *pars condensa* (Toldt). Dans sa partie moyenne, le petit omentum est réduit à une lame très mince, transparente, dans laquelle il est impossible de distinguer les deux feuillets qui la composent ; c'est le *ligament hépato-gastrique du petit omentum* (Toldt). Enfin, à droite de ce ligament, le petit omentum devient très épais jusqu'à son bord libre, car il contient dans cette région, entre ses deux feuillets, tous les éléments du pédicule hépatique ; c'est le *ligament hépato-duodénal du petit omentum.*

5. Pli duodéno-mésocolique. Dans près de la moitié des cas (Ancel et Sencert), le petit omentum se prolonge à droite du pédicule hépatique et relie la vésicule biliaire au duodénum et au côlon transverse. Ce prolongement est appelé pour cette raison pli duodéno-mésocolique. Il peut aussi s'étendre en bas et en dehors jusqu'au grand omentum et constitue ainsi un repli cystico-duodéno-colo-omental (A. Gutierrez). ❑ Ce ligament est dû à ce que le petit omentum déborde à droite le pédicule hépatique et prolonge son attache hépatique le long de la vésicule biliaire. Cette partie du petit omentum, d'abord flottante, se soude ensuite en bas, à la partie descendante du duodénum, à l'angle colique droit et au grand omentum.

■ **CONSTITUTION DU FOIE. LOBULES.** Le foie se compose d'une multitude de petits segments appelés lobules hépatiques. Les lobules sont séparés les uns des autres par des *fissures interlobulaires,* interrompues chez l'homme par des zones d'union entre les lobules voisins.

Les fissures interlobulaires sont occupées par du tissu conjonctif et par des vaisseaux interlobulaires. Elles s'élargissent au point de jonction de trois ou quatre lobules et prennent alors le nom d'*espaces périsinusoïdes.*

Capsule fibreuse. Le foie est entouré non seulement par le péritoine dont nous avons indiqué plus haut la disposition, mais encore par une membrane d'enveloppe, de nature conjonctive, indépendante du revêtement péritonéal.

Au niveau de la porte du foie, cette membrane d'enveloppe entoure les vaisseaux sanguins et biliaires, et pénètre avec eux dans le tissu hépatique, en formant un système de gaines ramifiées qui contiennent chacune, dans du tissu conjonctif lâche,

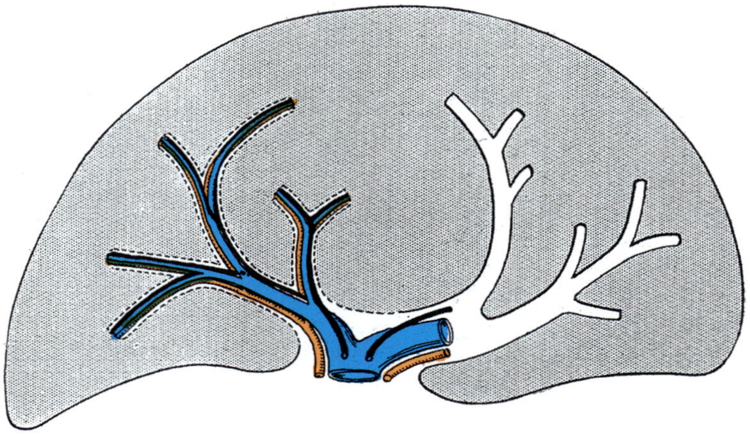

Fig. 284 ■ Capsule fibreuse du foie (schématique).
La figure montre, à gauche, les rapports des ramifications artérielle, portale et biliaire dans les gaines de la capsule. Les voies biliaires sont représentées en noir.

une ramification de la veine porte, de l'artère hépatique commune et des conduits biliaires. C'est cette partie réfléchie, intra-hépatique, de la membrane d'enveloppe, qui est désignée sous le nom de *capsule fibreuse* ou mieux encore sous celui de plaque glissonienne. La capsule fibreuse engaine les vaisseaux et les conduits biliaires jusqu'aux espaces portes.

■ **VAISSEAUX ET NERFS.** Le foie reçoit : 1° un vaisseau fonctionnel, la veine porte ; 2° l'artère hépatique commune. Le sang apporté au foie par ces deux vaisseaux est conduit dans la veine cave inférieure par les veines hépatiques.

a) VEINE PORTE (fig. 285 et 287). La veine porte se divise au niveau du hile en deux branches, l'une, droite, l'autre, gauche. ❑ Elles s'écartent l'une de l'autre en limitant un angle très obtus ouvert en haut, et gagnent l'extrémité correspondante de la porte, où elles s'enfoncent dans le foie.

La *branche droite*, plus volumineuse et plus courte que la gauche, donne deux collatérales pour les lobes carré et caudé, et se ramifie dans le lobe droit. Elle reçoit ordinairement les veines cystiques. ❑ La *branche gauche*, avant de pénétrer dans le lobe gauche, envoie également quelques collatérales aux lobes carré et caudé ; de plus, elle donne attache au ligament rond et au ligament veineux.

Les branches de la veine porte se ramifient dans le foie suivant un mode très irrégulier, donnant sans ordre de gros et de petits rameaux. Tous ces rameaux cheminent avec une ramification de l'artère hépatique commune et un conduit biliaire, dans une gaine de la capsule fibreuse jusqu'aux espaces portes.

Arrivée là, chaque ramification de la veine porte se divise en plusieurs rameaux interlobulaires qui s'anastomosent autour des lobules en formant des réseaux périlobulaires. De ces réseaux partent les veines qui pénètrent dans les lobules.

Les branches de division de la veine porte reçoivent dans le foie quelques branches très grêles venant de la capsule fibreuse ainsi que des parois des vaisseaux et des conduits biliaires.

b) ARTÈRE HÉPATIQUE COMMUNE (fig. 285, 286 et 290). L'artère hépatique commune se divise normalement au-dessous du hile et notablement au-dessous de la bifurcation de la veine porte, en deux branches terminales, l'une, droite, l'autre, gauche.

La *branche gauche* se divise très souvent à son tour, en dehors du foie, en trois branches secondaires destinées au lobe carré, au lobe caudé et au lobe gauche. Il n'est pas rare de voir l'une ou l'autre de ces branches, et surtout celle du lobe gauche, se subdiviser en plusieurs rameaux avant de s'enfoncer dans le foie.

La *branche droite*, plus volumineuse que la gauche, peut rester indivise jusqu'à son entrée dans le parenchyme hépatique, ou bien elle se divise, après avoir donné l'artère cystique, en deux ou trois rameaux, l'un, supérieur, l'autre, inférieur, et parfois un troisième, postérieur.

Normalement, les branches de l'artère hépatique accessoire sont placées dans le hile du foie, en avant de celles de la veine porte (voir, pour détails : *Rapports des voies biliaires extra-hépatiques et pédicule hépatique*).

L'artère hépatique accessoire se ramifie dans le foie de la même manière que la veine porte. Chacun de ses rameaux chemine dans une gaine de la capsule fibreuse avec un rameau porte et un conduit biliaire. Ordinairement, les branches artérielles

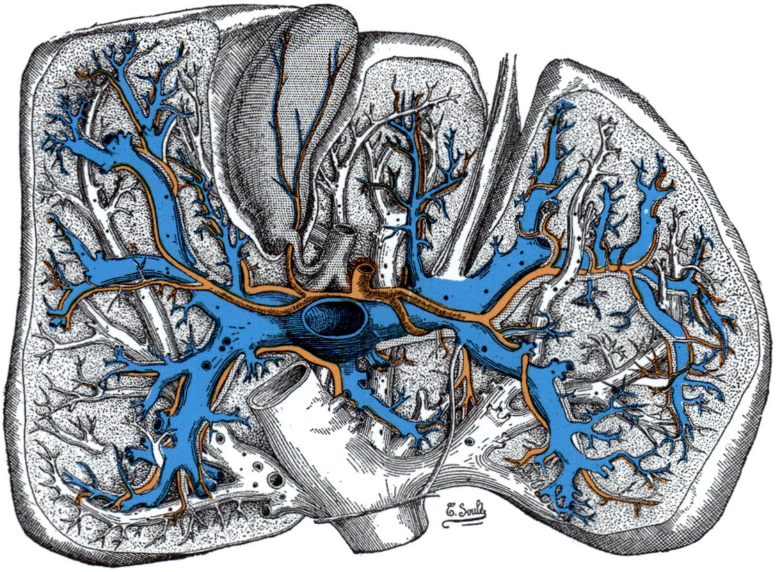

Fig. 285 ▪ Vaisseaux sanguins et conduits biliaires (d'après Bourgery).
▪ L'artère hépatique accessoire est en rouge ; la veine porte est en bleu ; les voies biliaires et les veines sus-hépatiques sont en blanc et noir.

sont accolées aux ramifications de la veine porte et à la face inférieure de ces ramifications. Elles sont *hypoportales*.

Il n'est pas rare de voir les petites branches de division de la veine porte accompagnées par deux rameaux artériels.

L'artère hépatique donne des vaisseaux nourriciers aux lobules hépatiques ; elle irrigue également la membrane d'enveloppe, la capsule fibreuse, et fournit de fins ramuscules aux vaisseaux et aux conduits biliaires.

c) ARTÈRES HÉPATIQUES ACCESSOIRES. La vascularisation artérielle que nous venons de décrire est la plus fréquente, mais elle n'est pas la seule. Le foie peut recevoir en plus de l'artère hépatique commune ou artère hépatique moyenne, une artère hépatique gauche et une hépatique droite. L'artère hépatique gauche destinée au lobe gauche du foie est issue de l'artère gastrique gauche, elle chemine dans la pars condensa du petit omentum. L'artère hépatique droite est une branche de l'artère mésentérique supérieure, destinée au lobe droit, elle supplée souvent l'artère hépatique moyenne.

Ces artères hépatiques accessoires doivent être connues, en raison de leur importance chirurgicale.

d) VEINES HÉPATIQUES (fig. 285 et 294). Le sang apporté au lobule hépatique par l'artère hépatique commune et la veine porte sort du lobule par la *veine intralobulaire*.

Les veines intralobulaires se jettent en dehors des lobules dans les *veines sublobulaires*. Les veines sublobulaires se réunissent et forment des vaisseaux de plus en plus volumineux qui reçoivent à la fois des veines de gros calibre et les veines sublobulaires voisines. En définitive, tout le sang veineux du foie est ramené à la veine cave inférieure par des troncs collecteurs appelés *veines hépatiques*.

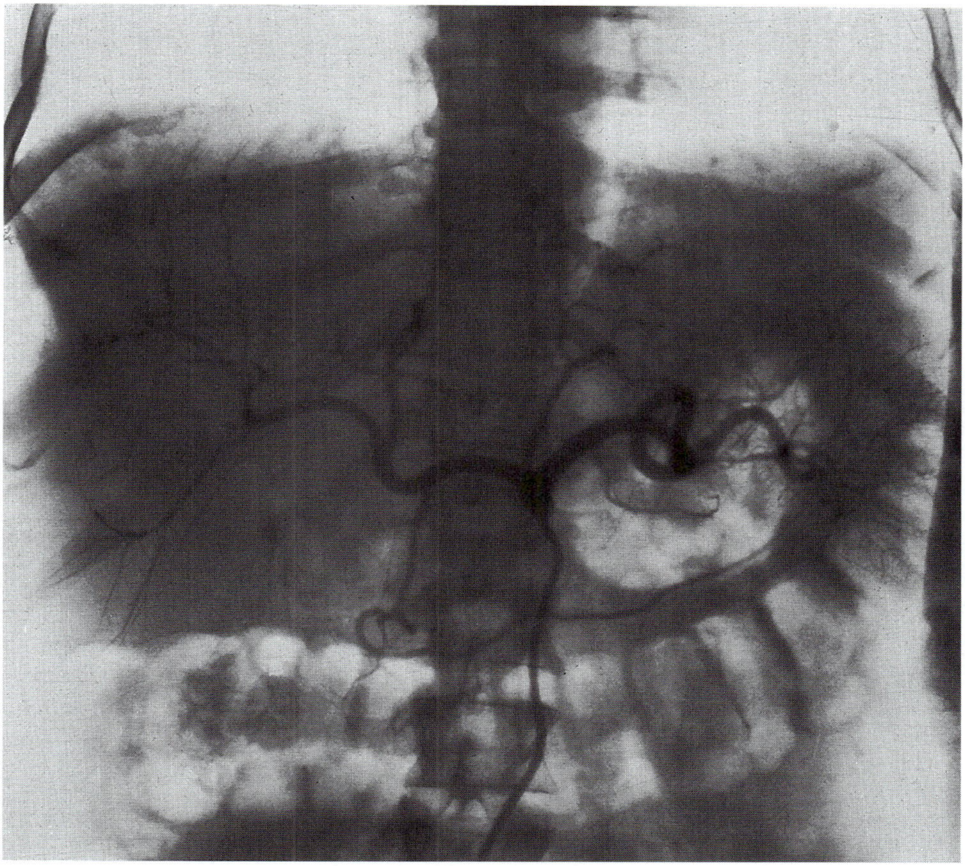

Fig. 286 ▪ Artériographie du tronc cœliaque et de ses branches.

Comme les branches de la veine porte, celles des veines hépatiques ne s'anastomosent pas entre elles. Mais elles se distinguent des ramifications portes par plusieurs caractères : elles sont moins nombreuses et plus petites que les branches de la veine porte ; elles sont adhérentes au tissu hépatique et, par conséquent, béantes sur une coupe ; elles ne sont pas contenues dans les gaines de la capsule fibreuse du foie ; les veines hépatiques et leurs branches d'origine sont placées sur un plan plus élevé que les ramifications portes, tandis que les principales ramifications de la veine porte sont surtout dirigées transversalement, les grosses branches des veines hépatiques ont plutôt une direction antéro-postérieure ; enfin, sur tout leur trajet, les branches de ces dernières veines reçoivent des veines sublobulaires voisines, de telle sorte que leur surface intérieure est criblée de trous.

Les veines hépatiques se distinguent en grandes et petites. Toutes s'abouchent à la veine cave inférieure, le long de la gouttière que cette veine creuse sur la face postérieure du foie.

Les grandes *veines hépatiques* sont au nombre de deux, l'une, droite, l'autre, gauche. On en compte quelquefois trois. Leur calibre à leur abouchement est d'environ 15 mm. La veine droite collecte le sang du lobe droit, la veine gauche celui du lobe gauche ; de plus, elles reçoivent l'une et l'autre une partie du sang veineux des lobes carrés et caudés. Elles se jettent dans la partie supérieure de la veine cave.

Les *petites veines sus-hépatiques*, au nombre d'une vingtaine environ, ont pour territoire le tissu hépatique voisin de la veine cave et se terminent dans la veine cave au-dessous des grandes veines hépatiques. Leur diamètre à leur terminaison varie de 0,5 à 5 mm.

e) LYMPHATIQUES. On distingue au foie des vaisseaux lymphatiques superficiels et des vaisseaux profonds.

Les *vaisseaux lymphatiques superficiels* viennent des espaces interlobulaires superficiels et cheminent à la surface de l'organe, sous le péritoine.

Les vaisseaux antérieurs de la face supérieure contournent le bord antérieur du foie et vont aux nœuds lymphatiques hépatiques.

Les lymphatiques postérieurs de cette face et ceux de la face postérieure se rendent aux nœuds lymphatiques aortiques latéraux. Certains, cependant, pénètrent dans le thorax avec la veine cave inférieure et se terminent dans les nœuds voisins de ce vaisseau.

Enfin, les lymphatiques supérieurs de la face supérieure gagnent le ligament suspenseur et montent dans ce ligament ; leur troncs collecteurs traversent le diaphragme et se jettent dans les nœuds rétro-xiphoïdiens. Les lymphatiques superficiels de la face inférieure vont aux nœuds lymphatiques hépatiques.

Les *vaisseaux lymphatiques profonds* ont leur origine dans la profondeur du foie. Les uns suivent les ramifications de la veine porte, des conduits biliaires et de l'artère hépatique commune, dans les gaines de la capsule fibreuse et se jettent dans les nœuds lymphatiques hépatiques. Les autres accompagnent les veines hépatiques ; leurs troncs collecteurs atteignent la veine cave inférieure, pénètrent avec elle dans le thorax et se terminent dans les nœuds qui sont placés sur le pourtour de ce vaisseau, au-dessus du diaphragme (Sappey).

f) NERFS. Le foie reçoit ses nerfs du plexus solaire, du nerf vague gauche et aussi du nerf phrénique droit par le plexus diaphragmatique.

■ SCHÉMA GÉNÉRAL DE LA DISTRIBUTION INTRA-HÉPATIQUE ET DE LA SEGMENTATION HÉPATIQUE (COUINAUD).

L'embryologie (Nettelblad), l'anatomie comparée des mammifères avaient laissé entrevoir une segmentation générale de l'organe.

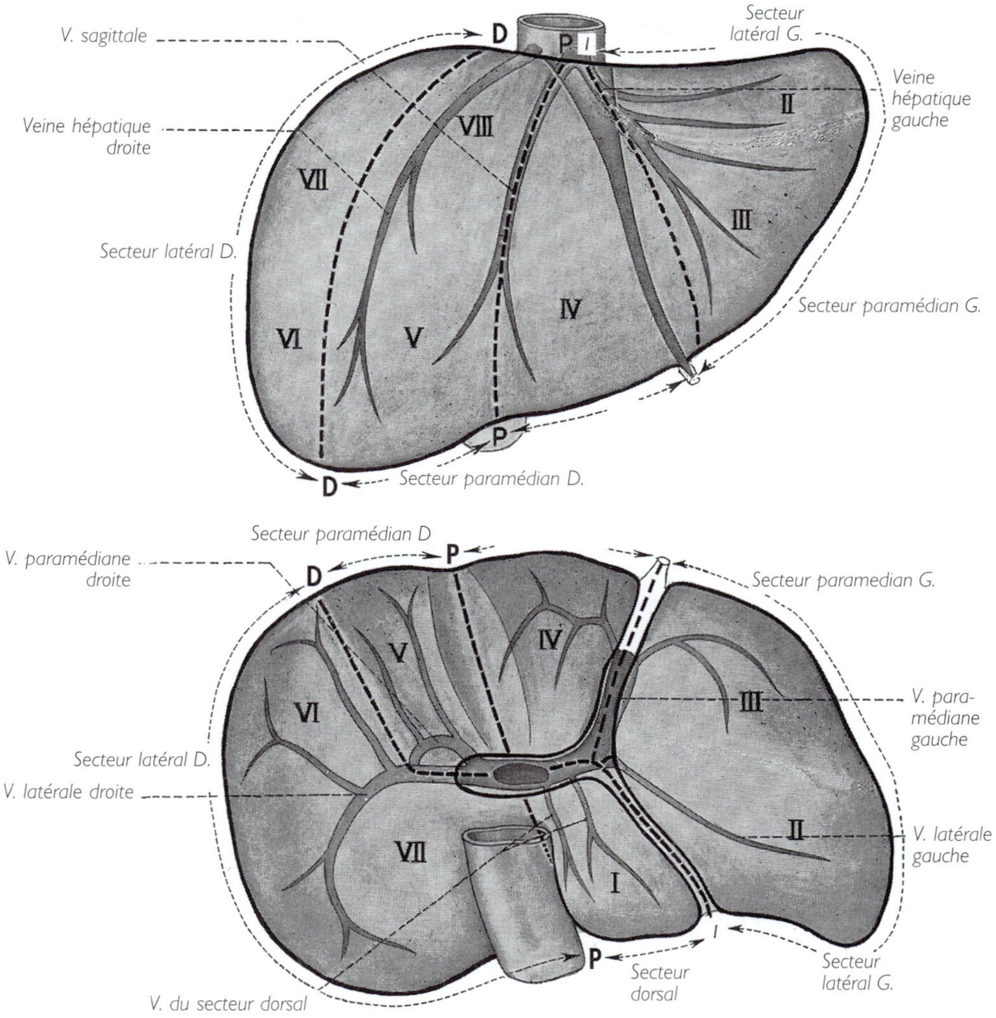

Fig. 287 ▪ Schémas de la segmentation du foie *(COUINAUD)*.
Seules les fissures portales sont indiquées.
En haut : *Schéma de la vue supérieure du foie*. Le trajet des principales veines hépatiques a été dessiné pour indiquer leur siège fissural. — *D* = Fissure droite. — *P* = Fissure principale ou sagittale. — *G* = Fissure gauche.
La veine hépatique droite, à cause de l'obliquité de la fissure, n'est pas exactement projetée sur le trajet de la fissure à la face supérieure. En bas : *Schéma de la face intérieure du foie*. Deux traits fins et pleins indiquent en avant et à droite du hile les limites de la fosse de la vésicule biliaire. C'est la distribution intra-hépatique de la veine porte qui est figurée.

Couinaud a donné, en anatomie humaine, une description détaillée et rationnelle. Nous en donnons un résumé succinct.

La segmentation portale est basée sur la distribution du pédicule hépatique à l'intérieur de l'organe, entouré de son appareil glissonien. La veine porte en est naturellement l'élément directeur.

Les branches droite et gauche de la veine porte irriguent un territoire que l'on peut appeler « foie droit » et « foie gauche ». Ceux-ci sont séparés par un plan désigné par Couinaud comme étant la « fissure principale ou médiane ». À la face inférieure du foie, cette fissure suit le fond de la fosse de la vésicule biliaire, coupe le hile au milieu et aboutit au bord gauche de la veine cave inférieure. Ainsi peut-on parler de pédicule hépatique droit et gauche.

La branche droite de la veine porte donne deux branches principales qui permettent de distinguer deux secteurs droits : para-médian droit, près de la fissure principale, et, latéral droit périphérique. Leur limite est marquée par la fissure droite. Chacun de ces secteurs est divisible en deux segments, antérieur et postérieur.

La branche gauche de la veine porte se divise, à l'extrémité gauche du hile, en deux branches : la plus petite irrigue la moitié postérieure du lobe gauche que l'on peut désigner sous le vocable de secteur latéral gauche, et, un gros tronc, qui irrigue le reste de la face gauche, ou secteur para-médian gauche, séparé du précédent par la fissure gauche qui coupe transversalement le lobe gauche. Le secteur para-médian gauche comprend lui-même deux segments séparés par la fissure ombilicale : l'un des segments correspond au lobe carré, mais s'étend à la face supérieure de l'organe ; l'autre forme la partie antérieure du lobe gauche.

En arrière du hile, le lobe caudé et le parenchyme sus-jacent répondent au secteur dorsal.

En résumé, la distribution du pédicule hépatique comprend cinq secteurs : le secteur dorsal est à cheval sur les deux foies ; les quatre autres, para-médians et latéraux du foie, composent les foies droit et gauche (Couinaud). Les secteurs sont divisibles en deux segments, sauf les secteurs dorsal et latéral gauche qui restent mono-segmentaires. Ainsi on compte huit segments : *Ils sont numérotés sur la face inférieure du foie, en tournant autour du tronc porte, dans le sens inverse des aiguilles d'une montre, le huitième segment n'apparaissant que sur la face dorsale.*

La circulation veineuse hépatique, circulation de retour, peut permettre une segmentation calquée sur la disposition hépatique.

Les veines spiegeliennes drainent le secteur hépatique dorsal qui correspond très exactement au secteur homologue portal. Ces veines se jettent directement dans la veine cave inférieure (Couinaud). Ceci mis à part, trois secteurs hépatiques gauche, moyen, droit, répondent aux veines hépatiques gauche, sagittale, droite.

La veine hépatique gauche est située dans le plan de la fissure portale gauche séparant les secteurs portaux latéral et para-médian gauches. Elle draine le secteur hépatique gauche, qui répond au classique lobe gauche.

La veine sagittale du foie est située dans le plan de la fissure portale principale entre foies droit et gauche. Elle assure la circulation de retour du secteur sus-hépatique médian.

La veine hépatique droite est dans le plan de la fissure portale droite : elle draine le secteur hépatique droit. Les troncs principaux de la circulation afférente, en amont du pédicule hépatique, sont aussi situés dans les fissures hépatiques. Le pédicule para-médian gauche se trouve dans la fissure hépatique gauche (ou ombilicale), et le pédicule para-médian droit est situé dans la fissure hépatique droite (Couinaud).

CONDUITS ET CANAUX HÉPATIQUES

Les conduits hépatiques présentent deux parties, l'une, intra-hépatique, l'autre, extra-hépatique.

A. **Conduits intra-hépatiques** (fig. 284 et 285).

Les conduits intra-hépatiques ont leur origine dans des canalicules intralobulaires compris entre les cellules des lobules. Ces canalicules se jettent dans des *canaux périlobulaires* placés dans les fissures périlobulaires. Les canaux périlobulaires sont anastomosés entre eux et se réunissent dans les espaces périsinusoïdes en formant des conduits plus volumineux.

À partir des espaces périsinusoïdes, les conduits biliaires cheminent dans les gaines de la capsule fibreuse du foie avec un rameau de l'artère hépatique commune et de la veine porte. En général, la situation du conduit biliaire dans les capsules fibreuses est *épiportale*, c'est-à-dire qu'il longe la face supérieure de la ramification porte. À mesure que les conduits biliaires se rapprochent du hile, ils se réunissent les uns aux autres, et finalement se résument dans le fond de la porte du foie en deux canaux, l'un, droit, l'autre, gauche. Ces canaux sont les branches d'origine du conduit hépatique.

B. **Canaux extra-hépatiques** (fig. 288, 289 et 290).

Les deux branches d'origine du conduit hépatique se réunissent et forment le *conduit hépato-cholédoque*.

Sur ce canal se branche un conduit, le *conduit cystique*, qui aboutit à un réservoir, la *vésicule biliaire*. Le point d'abouchement du conduit cystique dans le conduit hépato-cholédoque divise celui-ci en deux segments : l'un, supérieur, est le *conduit hépatique*, l'autre, inférieur, est le *conduit cholédoque*.

Les branches d'origine du conduit hépatique et du conduit hépato-cholédoque constituent le *canal hépatique et cholédoque*. ❑ Le conduit cystique et la vésicule biliaire forment la *vésicule biliaire et le canal cystique*.

Nous décrirons d'abord tout ce qui a trait à la situation, à la forme, aux dimensions et à la direction de chacun de ces canaux. Nous montrerons ensuite leurs rapports.

ANATOMIE DESCRIPTIVE.

a) BRANCHES D'ORIGINE DU CONDUIT HÉPATIQUE. Les deux branches d'origine ou racines du conduit hépatique émergent directement de la porte du foie, ou bien chacune d'elles se constitue dans le hile même par la réunion de deux ou trois conduits hépatiques. Dans le premier cas, la racine droite sort de l'extrémité de la porte du foie, en avant de la branche droite de la veine porte ; la racine gauche émerge en un point variable de ce sillon, en avant de la branche gauche de la veine porte.

La branche d'origine droite du conduit hépatique est généralement plus courte que la gauche. Leur calibre est le même.

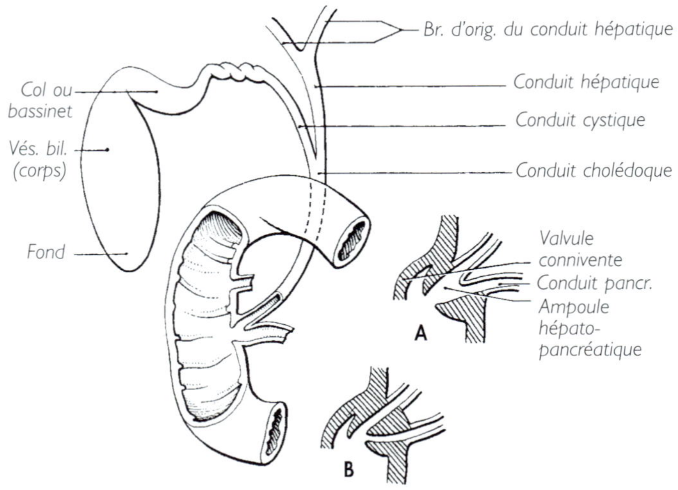

Fig. 288 ▪ Canaux extra-hépatiques (schéma). *A.* papille duodénale majeure ; *B.* avec ampoule hépato-pancréatique.

Elles vont l'une vers l'autre et cheminent d'abord transversalement dans le fond de la porte du foie, en avant de la branche correspondante de la veine porte. Puis elles s'inclinent en bas et s'unissent en un tronc commun, le conduit hépatique, soit en avant de la bifurcation de la veine porte, soit, et c'est le cas le plus fréquent, sur le flanc droit de cette bifurcation.

Les deux branches d'origine du conduit hépatique reçoivent quelques canalicules biliaires provenant des parois de la porte du foie, du sillon de la veine ombilicale et du ligament veineux. Ces petits canaux d'anastomosent entre eux en un réseau très serré qui fait communiquer les deux branches d'origine du conduit hépatique.

b) CONDUIT HÉPATIQUE. Le conduit hépatique fait suite au confluent de ces deux racines. Il descend obliquement en bas, à gauche et un peu en arrière, le long du bord libre du petit omentum. Sa longueur est en moyenne de 3 à 4 cm. Son calibre croît légèrement de haut en bas, et son diamètre transversal mesure environ 5 mm. On a dit que le conduit hépatique était parfois fusiforme (Charpy). Ce conduit ne présente cet aspect que lorsqu'il est distendu par une injection.

c) CONDUIT CHOLÉDOQUE (fig. 288, 289 et 290). — ***Trajet.*** Le conduit cholédoque continue le conduit hépatique et s'étend jusqu'à la papille duodénale majeure de la partie descendante du duodénum.

Le conduit cholédoque est, à son origine, dans le bord libre du petit omentum. De là, il descend en arrière de la partie supérieure du duodénum d'abord, de la tête du pancréas ensuite, et traverse enfin obliquement la paroi duodénale pour s'ouvrir dans le duodénum soit directement, soit par l'intermédiaire de l'ampoule hépato-pancréatique.

On peut donc distinguer au conduit cholédoque quatre segments : un segment supra-duodénal, un segment rétro-duodénal, un segment rétro-pancréatique et un segment intrapariétal. Le segment supra-duodénal, très court, fait parfois défaut. Mais il faut savoir que, dans ce cas, en abaissant la partie supérieure du duodénum, on découvre toujours l'extrémité supérieure du conduit cholédoque.

Dimensions. La longueur moyenne du conduit cholédoque est de 5 cm. Son diamètre est en moyenne de 5 à 6 mm. Il paraît diminuer vers la partie inférieure du conduit.

Le point le plus étroit est l'orifice du canal dans l'ampoule hépato-pancréatique : cet orifice mesure de 2 à 3 mm de diamètre.

Direction. Au cours de son trajet, le conduit cholédoque décrit une courbe concave à droite et en avant. La première partie de la courbe, qui répond aux segments supra-duodénal et rétro-duodénal, est oblique en bas, à gauche et en arrière ; elle continue la direction du conduit hépatique. En atteignant le pancréas, le conduit cholédoque s'infléchit en bas, à droite et en avant, et conserve cette direction jusqu'à sa terminaison.

Dans son ensemble, le conduit hépato-cholédoque, long de 8 cm environ, est courbe et sa concavité regarde à droite et en avant. De plus, sa direction générale est un peu oblique, tantôt de haut en bas et de gauche à droite, tantôt de haut en bas, de droite à gauche et légèrement d'avant en arrière. L'inclinaison en bas et à gauche, admise par Quénu, paraît être la plus fréquente.

d) VÉSICULE BILIAIRE. La vésicule biliaire est un réservoir membraneux appliqué sur la face inférieure du foie, où la vésicule creuse la fosse de la vésicule biliaire.

Elle est allongée, piriforme, et mesure 8 à 10 cm de long sur 3 à 4 cm de large.

On distingue à la vésicule un fond, un corps et un col (fig. 288 et 289).

Le *fond* est l'extrémité antérieure renflée, arrondie de la vésicule. Il répond à l'échancrure cystique du bord antérieur du foie.

Le *corps* est aplati de haut en bas. Sa direction est oblique en haut, en arrière et à gauche. Ses deux faces supérieure et inférieure sont convexes et se continuent l'une avec l'autre par deux bords également convexes, l'un, droit, l'autre, gauche.

Le *col* ou *bassinet* est coudé sur le corps auquel il fait suite. Long de 2 cm, il s'étend d'arrière en avant, en dedans, c'est-à-dire à gauche du corps de la vésicule, et forme avec celui-ci un angle aigu ouvert en avant, dans lequel se trouve un nœud lymphatique. Le sommet de l'angle est marqué par un sillon de la surface extérieure de la vésicule (fig. 566).

Le col est ampullaire. En effet, il est dilaté à sa partie moyenne et se rétrécit à ses deux extrémités ; mais il est moins étroit à son extrémité postérieure qu'à son extrémité antérieure, par laquelle il se continue avec le conduit cystique.

e) CONDUIT CYSTIQUE. Le conduit cystique fait communiquer la vésicule biliaire avec le conduit hépato-cholédoque.

Sa longueur moyenne est de 3 cm. Son calibre, plus petit que celui du conduit hépatique, augmente de son extrémité vésiculaire où le diamètre du conduit est d'environ 2,5 mm, à l'extrémité terminale où ce même diamètre mesure de 3 à 4 mm.

Le conduit cystique se porte en sens inverse du col de la vésicule et il forme avec lui un angle très aigu ouvert en arrière. Le sommet de cet angle est occupé par un sillon qui sépare l'un de l'autre le col et le conduit (fig. 288 et 290).

Le conduit cystique se dirige en effet obliquement en bas, à gauche, et en arrière, en décrivant une courbe dont la concavité regarde à droite, en bas et en avant. Il s'accole, peu après son origine, au côté droit du conduit hépatique et descend jusqu'à sa terminaison, le long de ce conduit, auquel il est assez étroitement uni.

La forme du conduit cystique est très variable. Il est légèrement bosselé dans sa moitié supérieure. Les bosselures ne sont bien visibles que sur le conduit distendu et sont séparées les unes des autres par des sillons le plus souvent irrégulièrement distribués (Pedro Belou), mais qui sont parfois parallèles entre eux et dirigés obliquement sur la paroi du conduit, de telle manière que celui-ci paraît contourné en spirale.

Dans sa moitié inférieure, la surface du conduit cystique est à peu près régulièrement cylindrique.

1. Conformation intérieure. La surface interne des conduits hépatiques présente aussitôt après la mort une coloration blanc grisâtre ; la bile qui l'imbibe lui donne peu après une teinte jaune verdâtre.

La *surface intérieure de la vésicule biliaire* est sillonnée par des plis muqueux qui s'effacent quand la vésicule est distendue, et par de petits replis muqueux, permanents, qui s'anastomosent entre eux et divisent toute la surface vésiculaire en de petites dépressions polygonales.

Il existe une valvule très saillante à chaque extrémité du col, en regard des sillons qui occupent le sommet des coudures formées par le col avec le corps de la vésicule et avec le conduit cystique. Ces valvules sont formées par les parois de ces canaux, adossées au niveau des coudures ; aussi, elles disparaissent quand, par la dissection, on redresse le conduit hépatique accessoire (Cruveilhier).

La *surface intérieure du conduit cystique* est irrégulière et présente des dépressions et des plis muqueux en rapport avec les bosselures et les sillons de la surface extérieure. Les plis muqueux ou valvules du conduit cystique ne s'effacent pas par la distension. Au nombre de cinq à douze (Cruveilhier), les valvules sont transversales ou obliques et s'attachent à la paroi suivant une ligne spirale. Parfois, même, l'ensemble des valvules dessine assez nettement une crête spirale, appelée *pli spiral.*

Il n'existe pas de valvules dans les conduits hépatique et cholédoque. Mais leur surface, de même que celle du conduit cystique, est parsemée de petites vacuoles de 0,5 mm de diamètre, connues sous le nom de *cryptes glandulaires*.

2. Structure. Les canaux hépatiques se composent de deux tuniques : l'une, interne, muqueuse déjà décrite ; l'autre, externe, fibro-musculaire.

La *tunique-fibro-musculaire* est à peu près uniquement conjonctive dans les conduits hépatiques.

Elle présente dans le conduit cholédoque une couche musculaire plexiforme. Il existe de plus, autour de ce conduit, immédiatement avant qu'il ne s'abouche à l'ampoule hépato-pancréatique, une épaisse couche de fibres musculaires circulaires, qui constitue le *sphincter de l'ampoule hépato-pancréatique*.

Dans la paroi de la vésicule biliaire, la tunique fibro-musculaire comprend, dans du tissu conjonctif, des fibres lisses entrecroisées dans tous les sens (Chiray).

Il existe enfin, dans la paroi du conduit cystique, quelques faisceaux musculaires lisses longitudinaux.

RAPPORTS DES CANAUX HÉPATIQUES (PÉDICULE HÉPATIQUE)

1. Canal hépatique et cholédoque. Nous distinguerons à cette voie quatre segments : un segment hilaire, un segment intra-omental, un segment rétro-duodéno-pancréatique et un segment intrapariétal. Les deux premiers segments contribuent à former le *pédicule hépatique*.

Le *pédicule hépatique* est l'ensemble des organes réunis en faisceau, qui vont au foie ou en proviennent en passant par la porte du foie. Ces organes sont : la veine porte, l'artère hépatique commune, les branches terminales de ces vaisseaux dans le hile du foie, le conduit hépatocholédique, les branches d'origine du conduit hépatique, des vaisseaux lymphatiques, des nœuds, des nerfs. Nous montrerons les rapports de ces différents organes en même temps que ceux des segments hilaire et intra-omental du canal hépatique et cholédoque.

a) SEGMENT HILAIRE. Il est classique de dire qu'au hile du foie les branches d'origine du conduit hépatique occupent le plan le plus antérieur du pédicule et sont placées en avant des branches terminales de l'artère hépatique commune, qui sont elles-mêmes en avant des branches terminales de la veine porte.

Cette formule n'est exacte que dans un petit nombre de cas. Il est plus vrai de dire que, généralement, les branches d'origine du conduit hépatique sont entremêlées avec les branches terminales de l'artère et occupent avec elles le plan antérieur de la *porte du foie* (Piquand) (fig. 290).

Le plan postérieur est formé par les branches terminales de la veine porte qui s'étendent transversalement dans le fond du hile.

Le *conduit hépatique droit* chemine ordinairement en avant de la branche porte droite, au-dessus et le long de la branche droite de l'artère hépatique commune, quand cette branche est unique. Quand cette artère est divisée en deux rameaux, l'un, supérieur, ou gauche, l'autre, inférieur, ou droit, le conduit hépatique droit croise le rameau supérieur en passant le plus souvent en avant de lui et court au-dessus du rameau inférieur (Pedro Belou). Quand les rameaux de l'artère sont en plus grand nombre, les rapports du conduit hépatique droit avec ces rameaux présentent des différences individuelles si multipliées qu'elles ne peuvent être décrites.

Le *conduit hépatique gauche* passe tantôt en avant, tantôt en arrière des différents rameaux de la branche gauche de l'artère hépatique commune. Les variétés sont très nombreuses.

Le point de jonction des conduits hépatiques droit et gauche répond le plus souvent au flanc droit de l'extrémité supérieure, bifurquée, de la veine porte ; parfois, à la face antérieure de cette extrémité.

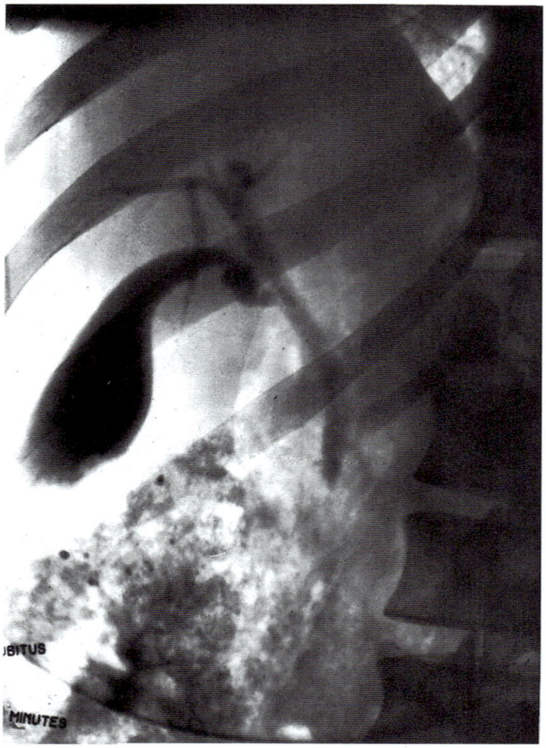

Fig. 289 ▪ Radiographie des conduits et canaux hépatiques.

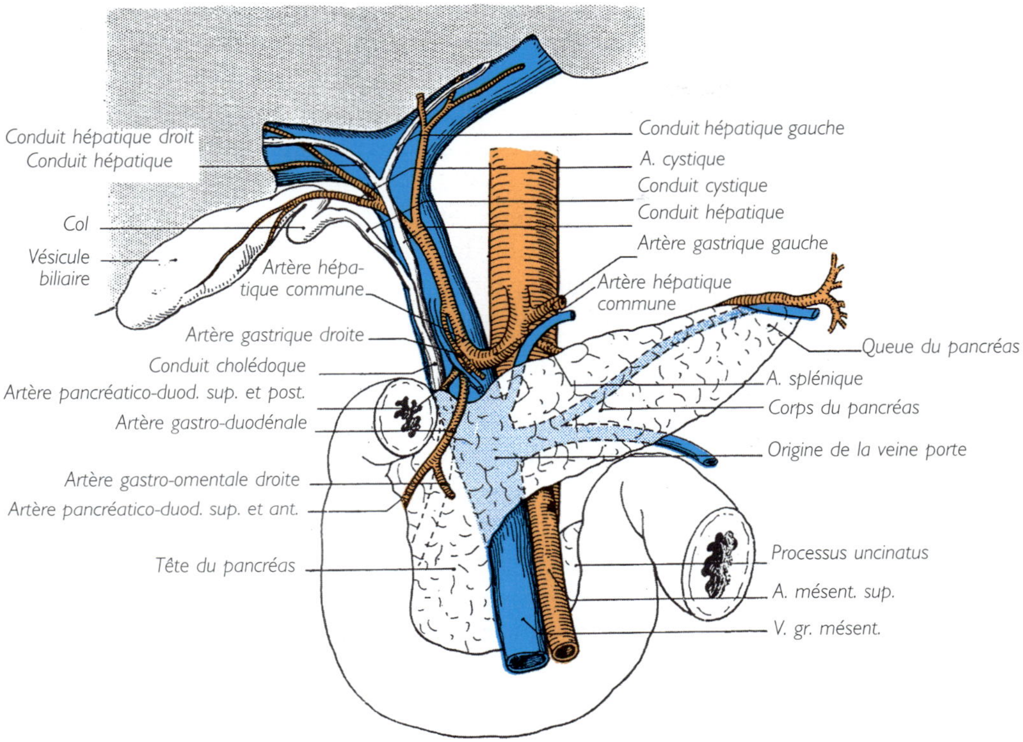

Fig. 290 ▪ Le pédicule hépatique (schématique).

b) SEGMENT INTRA-OMENTAL. Le segment intra-omental du canal hépatique et cholédoque comprend la moitié supérieure environ du conduit hépato-cholédoque, c'est-à-dire le conduit hépatique et l'extrémité supérieure du conduit cholédoque. Le conduit hépatique est donc entièrement intra-omental.

Ce canal est contenu dans l'épaisseur du bord libre du petit omentum avec la veine porte et l'artère hépatique commune.

La *veine porte* constitue le plan postérieur du pédicule hépatique, et le conduit hépato-cholédoque descend sur le côté droit de la face antérieure de ce vaisseau.

L'*artère hépatique commune* monte à gauche du conduit hépato-cholédoque sur la face antérieure de la veine porte et le long de son flanc gauche.

Le *conduit hépato-cholédoque* présente encore, dans le petit omentum, des rapports très étroits avec les branches terminales et collatérales de l'artère hépatique commune (fig. 290). Cette artère se divise en ses deux branches terminales au-dessus et à gauche du confluent des conduits cystique et hépatique, et un peu au-dessous du hile. La branche droite monte obliquement en haut et à droite, et croise la face postérieure du conduit hépatique un peu au-dessous du confluent des branches d'origine de ce conduit. Sa branche gauche monte à gauche du conduit hépatique, dont elle s'éloigne graduellement en raison de son obliquité en haut et à gauche.

L'*artère cystique* naît, soit de l'artère hépatique commune, soit de sa branche droite, le plus souvent à droite, quelquefois, mais rarement, à gauche du canal hépatique et cholédoque. Quand cette disposition existe, l'artère se porte vers la droite pour gagner la vésicule biliaire et passe soit en avant, soit en arrière du conduit hépatique.

L'*artère gastrique droite*, branche de l'artère hépatique commune, descend à gauche du conduit hépato-cholédoque et en avant de l'artère hépatique commune qui lui a donné naissance, jusqu'au duodénum ; tandis que la *veine gastrique droite* monte le long de son artère et s'abouche à la veine porte, entre le conduit hépatique et l'artère hépatique commune, à mi-hauteur du segment intra-omental du tronc porte.

Le segment intra-omental du conduit hépato-cholédoque est encore en rapport : avec les rameaux nerveux du *plexus hépatique* qui cheminent le long des canaux et des vaisseaux du pédicule hépatique ; avec des vaisseaux lymphatiques qui proviennent du foie ; enfin avec les *nœuds lymphatiques* intra-omentaux des nœuds lymphatiques hépatiques.

c) SEGMENT RÉTRO-DUODÉNO-PANCRÉATIQUE. Au-dessous du petit omentum, le conduit hépato-cholédoque est uniquement représenté par le conduit cholédoque, dont l'extrémité supérieure seule est contenue dans le petit omentum. Ici, le canal est encore oblique en bas et à gauche, jusqu'au pancréas qu'il aborde en arrière du tubercule omental ; il s'infléchit ensuite en bas et à droite jusqu'à sa terminaison.

Dans son trajet rétro-pancréatique, le conduit cholédoque chemine soit dans une gouttière, soit dans un canal formé par le tissu pancréatique. En général, il existe en haut une gouttière qui, en bas, se transforme le plus souvent en conduit (fig. 294).

Quand il arrive au duodénum, le conduit cholédoque est placé en avant du *tronc de la veine porte*. Plus bas, en arrière du pancréas, en raison de son obliquité à droite et de l'obliquité à gauche de la veine porte, le canal se dégage de la face antérieure de ce vaisseau, se place à sa droite et limite avec la veine le *triangle interporto-cholédocien*. De son côté, l'artère hépatique commune se coude, quitte la face antérieure de la veine porte et se dirige vers son origine en arrière et à gauche, le long du bord supérieur du pancréas. Mais le conduit cholédoque entre dès lors en rapport avec deux branches de l'artère hépatique commune, les artères gastro-duodénale et pancréatico-duodénale supérieure et postérieure.

À son origine au sommet du coude de l'artère hépatique commune, l'*artère gastro-duodénale* est en avant de la veine porte et à gauche du conduit cholédoque. Elle se dirige en bas et à droite, tandis que le conduit cholédoque, en arrière du duodénum, est dirigé en bas et à gauche. Par suite, ces deux conduits se rapprochent l'un de l'autre ; parfois, même, l'artère passe en avant du conduit. Le plus souvent, cependant, l'artère gastro-duodénale reste sur le côté gauche du conduit cholédoque jusqu'au bord supérieur du pancréas ; alors l'artère passe en avant du col et de la tête pancréatique, tandis que le conduit cholédoque reste en arrière.

L'*artère pancréatico-duodénale supérieure et postérieure*, branche de l'artère gastro-duodénale, se porte à droite dès son origine et croise la face antérieure du conduit cholédoque immédiatement au-dessus du pancréas. Cette artère descend ensuite sur la face postérieure du pancréas entre le conduit cholédoque et la partie descendante du duodénum ; s'infléchissant enfin à gauche, elle passe en arrière du conduit cholédoque près de l'extrémité inférieure de ce conduit, pour aller s'anastomoser avec la branche supérieure de l'artère pancréatico-duodénale inférieure (fig. 296). Ainsi se forme une *arcade postérieure pancréatico-duodénale*, qui est d'autant plus éloignée du duodénum que le tissu pancréatique est développé en arrière du conduit cholédoque et de l'ampoule hépato-pancréatique.

La *veine pancréatico-duodénale supérieure droite* passe, au voisinage de sa terminaison dans la veine porte, tantôt en avant, tantôt en arrière de la veine hépato-cholédoque.

Des *nœuds lymphatiques* s'échelonnent sur le trajet du conduit cholédoque, et leur lymphocentre se continue plus haut dans le segment intra-omental.

La *veine cave inférieure* monte en arrière du conduit cholédoque, mais elle est séparée de ce canal par le *fascia rétroduodénal.*

d) SEGMENT INTRAPARIÉTO-DUODÉNAL. Le conduit cholédoque pénètre dans la paroi duodénale vers la partie moyenne de la partie descendante du duodénum et à l'union de sa face postérieure avec sa face interne. Il traverse obliquement cette paroi, accolé au conduit pancréatique qui est au-dessous de lui, sur une longueur de 1 cm environ. Il s'ouvre enfin dans l'ampoule hépato-pancréatique. Dans la moitié des cas environ, l'ampoule hépato-pancréatique fait défaut et les deux conduits s'abouchent directement à la cavité duodénale, au sommet de la papille duodénale majeure, soit par un orifice distinct pour chacun d'eux, soit par un même orifice (fig. 288).

La papille duodénale majeure et les orifices aortiques du canal cholédoque et du canal de Wirsung se projettent sur la paroi abdominale antérieure en un point situé à 5 cm environ au-dessus et à droite de l'ombilic, sur la ligne qui réunit ce dernier au sommet de l'aisselle droite (Desjardins).

2. Vésicule biliaire et canal cystique.

a) CONDUIT CYSTIQUE. (fig. 288 et 290). Ce conduit est accolé et assez étroitement uni au conduit hépatique, dont il longe le côté droit. On a bien décrit un *triangle biliaire*, limité par le conduit hépatique à gauche, le conduit cystique à droite, et le segment droit de la porte du foie en haut. Mais ce triangle n'existe que lorsque le foie a été relevé et après dissection des conduits et canaux hépatiques. Quand les organes sont à leur place, le triangle est réduit à une fissure qui s'élargit un peu vers le haut. Il est croisé par l'artère cystique, de là son importance au point de vue opératoire.

Cette fissure est en effet croisée de bas en haut et de gauche à droite par l'artère cystique, qui naît le plus souvent de la branche droite de l'artère hépatique commune, à droite du canal hépatique et cholédoque, et gagne ensuite le col de la vésicule en passant en avant ou en arrière de cette branche.

b) VÉSICULE BILIAIRE. Le *fond* de la vésicule répond à l'échancrure cystique du bord antérieur du foie. Cependant, sur le vivant ou sur le cadavre dont les organes ont été préalablement fixés *in situ*, le fond de la vésicule reste normalement un peu en arrière de l'échancrure. Il ne l'affleure ou ne la déborde en avant que si elle est distendue (Grégoire).

Le fond de la vésicule répond à un point de la paroi abdominale antérieure situé immédiatement au-dessous du rebord costal droit, en regard de l'extrémité antérieure du neuvième ou du dixième cartilage costal, et à la jonction du rebord costal avec le bord externe du grand droit.

Le *corps* est en rapport : en haut, avec la fosse de la vésicule biliaire de la face inférieure du foie ; en bas, avec le côlon transverse et la partie sus-mésocolique du duodéno-pancréas (fig. 278).

La face supérieure du corps de la vésicule est unie au foie par un tissu fibro-celluleux que traversent de petites veines portes accessoires.

La face inférieure du corps est tapissée par le péritoine. Celui-ci se continue directement, le long des bords du corps et du fond de la vésicule, avec le revêtement péritonéal de la face inférieure du foie. Il est très rare de voir le péritoine contourner les bords de la vésicule et former au-dessus d'elle un méso qui la relie à la face inférieure du foie.

Le *col* est compris entre les deux feuillets du petit omentum qui le relient à la face inférieure du foie. Il occupe, en effet, l'extrémité supérieure du bord libre de ce petit omentum (fig. 290).

Il est d'ailleurs fréquent de voir le corps et même le fond de la vésicule compris dans l'écartement des feuillets du *pli duodéno-mésocolique* qui prolonge à droite le petit omentum. Dans ces cas, les deux feuillets du ligament recouvrent, en s'écartant l'un de l'autre, la face inférieure du corps et du fond de la vésicule et se continuent au-delà avec le péritoine hépatique.

Le col repose sur la partie supérieure du duodénum. À sa gauche, on voit le conduit cystique et les éléments du hile ; l'artère cystique aborde le col de la vésicule par son côté interne ou gauche et se divise ensuite en ses deux branches terminales.

À droite du col se trouve l'extrémité postérieure du corps de la vésicule. Dans l'angle aigu ouvert en avant, formé par le col et le corps de la vésicule, se trouve un nœud lymphatique, le *nœud du col.*

C. **Vaisseaux et nerfs.**

a) ARTÈRES. Les artères de la vésicule biliaire et du conduit cystique sont fournies par l'artère cystique.

Le conduit hépato-cholédoque reçoit de fins rameaux de l'artère hépatique commune en haut et de l'artère pancréatico-duodénale supérieure et postérieure en bas.

b) VEINES. Les veines de la vésicule biliaire se distinguent en veines superficielles et veines profondes. ❑ Les *veines inférieures* ou *superficielles* sont satellites des artères et au nombre de deux par artère. Elles se jettent dans la branche droite de la veine porte. ❑ Les *veines supérieures* ou *profondes* proviennent de la face supérieure du corps et vont au foie ; ce sont des veines portes accessoires.

Les veines du canal cystique se jettent dans les veines cystiques en haut et dans le tronc porte en bas (J.-L. Faure).

Celles du conduit hépato-cholédoque se terminent dans la veine porte et dans les veines pancréatico-duodénales.

c) LYMPHATIQUES. Les lymphatiques se rendent : d'une part, aux nœuds échelonnés le long des canaux hépatiques, en particulier au nœud du col et au nœud lymphatique hépatique accessoire ; d'autre part, aux nœuds lymphatiques pancréatico-duodénaux postérieurs.

d) NERFS. Ils proviennent du nerf vague gauche et du plexus solaire par le plexus hépatique.

PANCRÉAS

Le pancréas est une glande à sécrétion externe et interne, reliée au duodénum par ses canaux excréteurs.

SITUATION ET MOYENS DE FIXITÉ. Il est couché transversalement en avant des gros vaisseaux prévertébraux et du rein gauche, depuis la partie descendante du duodénum jusqu'à la rate.

Le pancréas est solidement maintenu dans cette situation par le duodénum auquel il est uni, par les vaisseaux qu'il reçoit ou qu'il émet, enfin et surtout par le péritoine qui l'applique sur la paroi abdominale postérieure à la suite de l'accolement de son revêtement séreux postérieur au péritoine pariétal. (Relisez les pages sur le développement du péritoine.)

DIRECTION. Sa direction est légèrement oblique de bas en haut et de droite à gauche. Il décrit en même temps, de droite à gauche, une première courbe dont la concavité postérieure embrasse la saillie formée par la colonne vertébrale et les vais-

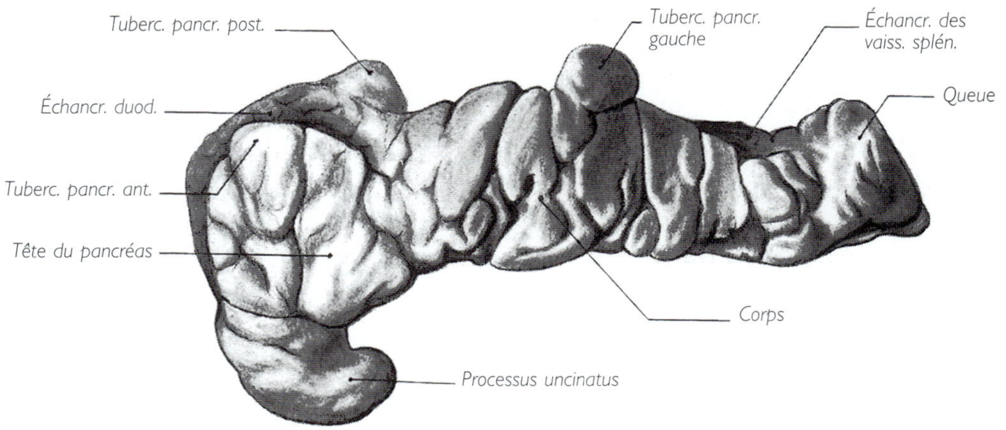

Fig. 291 ▪ Pancréas, vue antérieure, on a enlevé la partie superficielle des cloisons conjonctives qui séparent les uns des autres, les lobules de la glande. D'après le moulage d'un pancréas prélevé sur un supplicié dont les organes avaient été préalablement fixés *in situ* par une injection de formol. (Augier et Roux).

seaux prévertébraux, et une deuxième courbe dont la concavité antérieure s'adapte à la voussure de la paroi postérieure de l'estomac (fig. 294).

■ **FORME, COULEUR ET CONSISTANCE.** Le pancréas est un organe allongé de droite à gauche, aplati d'avant en arrière, d'une coloration blanc rosé à l'état frais et d'une consistance assez ferme.

Sa forme très irrégulière a pu cependant être comparée à celle d'un crochet ou d'un marteau. On distingue, en effet, au pancréas, une extrémité droite, volumineuse, renflée, appelée *tête* ; ❑ à la tête fait suite une partie plus étroite et allongée, le *corps* ; ❑ le corps est uni à la tête par un segment rétréci appelé *incisure*, et se termine à gauche par une extrémité mince, la *queue*.

■ **DIMENSIONS ET POIDS.** Le pancréas mesure environ 15 cm de long. Il atteint au niveau de la tête sa plus grande hauteur, qui est de 6 à 7 cm, et sa plus grande épaisseur, qui varie entre 2 et 3 cm.

Le pancréas pèse de 70 à 80 g.

■ **CONFIGURATION ET RAPPORTS**

1. Tête du pancréas. La tête du pancréas occupe une partie de l'espace compris entre les quatre parties du duodénum. Elle est aplatie d'avant en arrière, irrégulièrement quadrilatère, allongée de haut en bas, et mesure 6 à 7 cm de hauteur, 4 cm de largeur et 2 à 3 cm d'épaisseur.

De son angle inférieur et gauche se détache un prolongement qui se porte transversalement de droite à gauche. Ce prolongement est appelé *processus uncinatus*. On lui donne le nom de *crochet* parce qu'il est incurvé. Il contourne, en effet, les vaisseaux mésentériques supérieurs en passant en arrière et au-dessous d'eux, et ceux-ci reposent dans la concavité de sa face antérieure (fig. 290 et 293).

L'angle supérieur et droit de la tête du pancréas fait souvent saillie en avant de la partie supérieure du duodénum ou du coude qui unit la partie supérieure du duodénum à sa partie descendante. On verra plus loin, à propos d'incisure du pancréas, que cette saillie, qui pourrait être appelée *tubercule pancréatique antérieur* (Grégoire) ou *préduodénal*, exhausse la lèvre antérieure de la gouttière pancréatique sur laquelle repose la partie supérieure du duodénum.

On distingue à la tête du pancréas une face antérieure, une face postérieure et une circonférence.

a) FACE ANTÉRIEURE. La face antérieure est plane ou légèrement convexe. La ligne d'attache du mésocôlon transverse croise transversalement la face antérieure de la tête du pancréas et divise cette face en deux parties, l'une, sus-mésocolique, l'autre, sous-mésocolique (fig. 292).

La *partie sus-mésocolique*, cachée derrière le foie, a un revêtement péritonéal formé par le grand omentum, soudé au feuillet antérieur du méso-duodénum, qui tapissait primitivement cette partie du pancréas (voir : *Péritoine*).

Au-dessous du péritoine que double le fascia d'accolement pré-pancréatique, produit par la soudure du grand omentum au mésoduodénum, la tête du pancréas est croisée en haut par l'extrémité terminale de l'artère gastro-duodénale et par la

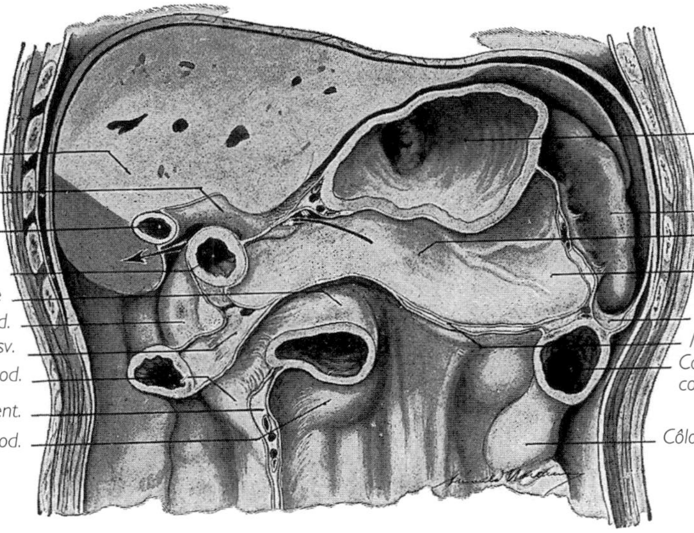

Fig. 292 ▪ Figure destinée à montrer les rapports de la face postérieure de l'estomac et la disposition du péritoine mésocolique qui recouvre le duodénum et le pancréas.
L'estomac et le côlon transverse ont été enlevés pour mettre en évidence les organes placés en arrière d'eux. Préparation faite sur un sujet dont les organes avaient été fixés *in situ* par une injection de formol.

partie initiale de ses deux branches terminales : l'artère pancréatico-duodénale supérieure et antérieure et l'artère gastro-omentale droite (fig. 293).

La *partie sous-mésocolique* se cache en arrière du mésocôlon et du côlon transverse qui passent en avant d'elle. Elle est réduite à une étroite bande qui longe la partie horizontale du duodénum et se prolonge à gauche par le processus uncinatus. Celui-ci est croisé obliquement par la racine du mésentère, qui reçoit entre ses feuillets les vaisseaux mésentériques supérieurs.

b) FACE POSTÉRIEURE. La face postérieure de la tête du pancréas est à peu près plane. Elle est croisée en arrière : 1° par le segment rétro-pancréatique du conduit cholédoque ; 2° par les arcades artérielles que forment les artères pancréatico-duodénales supérieures en s'anastomosant avec les branches de l'artère pancréatico-duodénale inférieure ; 3° par les arcades veineuses correspondantes.

En arrière de la tête du pancréas, du conduit cholédoque, des vaisseaux pancréatico-duodénaux et des nœuds lymphatiques qui sont disposés le long du conduit cholédoque, s'étend une toile cellulo-fibreuse, le *fascia de Treitz*, provenant de la soudure du feuillet postérieur du méso-duodénum au péritoine pariétal (fig. 294 et fig. 232). Par l'intermédiaire de ce fascia, la tête du pancréas est en rapport : avec la veine cave inférieure, en regard des première, deuxième et troisième vertèbres lombales, avec le pédicule rénal et l'artère testiculaire.

c) CIRCONFÉRENCE. La circonférence de la tête du pancréas répond à la concavité de l'anse duodénale et se creuse d'une gouttière dans laquelle, suivant la comparaison

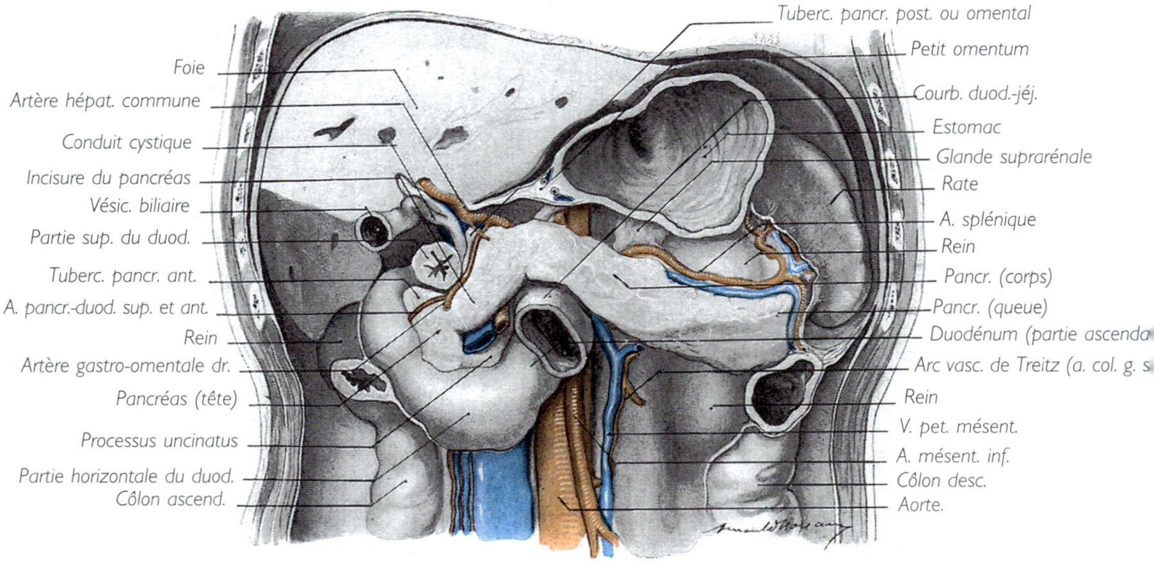

Fig. 293 ▪ Duodénum et pancréas, leurs rapports. L'estomac et le côlon transverse ont été réséqués ; le péritoine a été enlevé.
D'après une préparation faite sur un sujet dont les organes avaient été préalablement fixés *in situ* par une injection de formol.

de Grégoire, le duodénum est reçu comme un pneu dans une jante. Cette gouttière n'existe pas sur tout le pourtour de la tête pancréatique. Elle commence à la partie moyenne de la partie supérieure du duodénum, en dehors de l'artère gastro-duodénale, et répond à ce niveau à l'incisure de la glande. Elle disparaît un peu à droite du point de croisement de la partie horizontale du duodénum par les vaisseaux mésentériques supérieurs.

La tête du pancréas adhère à la paroi intestinale partout où la gouttière de la circonférence existe. Cette adhérence est particulièrement forte sur la partie descendante du duodénum.

2. Incisure du pancréas. L'incisure est étroite et mince. Elle mesure 2 à 3 cm de hauteur, 2 cm de largeur et 1 cm d'épaisseur.

Son existence tient à ce que le pancréas passe à ce niveau dans un étranglement compris entre la partie supérieure du duodénum en haut, les vaisseaux mésentériques supérieurs et plus particulièrement la grande veine mésentérique en bas (fig. 293). Ces organes creusent sur les bords du pancréas deux échancrures, l'une, supérieure, l'autre, inférieure, qui sont la raison d'être du col.

L'échancrure duodénale (ou supérieure) représente la partie initiale de la gouttière que la circonférence du pancréas oppose au duodénum. Les deux lèvres qui bordent cette échancrure sont ici toujours très accusées. Elles se prolongent souvent l'une en avant, l'autre en arrière du duodénum, sous la forme d'éminences triangulaires dont le sommet est en haut (fig. 291 et 293). La première constitue le *tubercule pancréatique antérieur* (Grégoire) ou *préduodénal*; la deuxième forme le *tubercule pancréatique postérieur* ou *rétro-duodénal*. Ce dernier, encore appelé *tubercule épiploïque, ou omental*, dépasse parfois en haut l'anse duodénale et transparaît à travers le petit omentum. Le tubercule omental est distinct d'une autre saillie de la glande, qui existe parfois à gauche de la précédente sur le corps du pancréas (voir fig. 291). L'échancrure supérieure est croisée à son extrémité gauche par l'artère gastro-duodénale qui s'insinue entre le duodénum et le pancréas.

L'*échancrure inférieure* est occupée par la glande veine mésentérique qui s'imprime plus profondément que l'artère sur le bord inférieur du pancréas, au moment où elle passe sur la face postérieure de la glande.

La *face antérieure* de l'incisure est recouverte par le mésocôlon et le côlon transverses ; elle est longée en avant et à gauche par le pylore et par la partie attenante de l'extrémité inférieure et droite de l'estomac.

La *face postérieure* est occupée par une gouttière en rapport avec la terminaison de la veine mésentérique supérieure et la partie rétro-pancréatique de la veine porte. Le versant droit de cette gouttière déborde parfois sur la face postérieure de ces deux vaisseaux (fig. 294). ❑ La face postérieure de l'incisure répond encore en haut, par l'intermédiaire du fascia du Treitz, à la veine cave inférieure.

Certains auteurs placent le col du pancréas, sur la ligne médiane, entre le tronc cœliaque et l'artère mésentérique supérieure, bien que le pancréas ne présente aucun rétrécissement à ce niveau.

3. Corps du pancréas. Le corps est allongé de droite à gauche et de bas en haut. Sa longueur est de 8 à 10 cm ; sa hauteur ne dépasse généralement pas 4 cm et son épaisseur est de 2 cm en moyenne.

On lui reconnaît : trois faces, antérieure, postérieure et inférieure, et trois bords.

a) FACE ANTÉRIEURE. Elle présente une légère courbure transversale dont la concavité regarde en avant. Le feuillet postérieur ou pariétal du récessus omental inférieur la recouvre. En avant de cette cavité, se trouve l'estomac (fig. 292 et 294).

b) FACE POSTÉRIEURE. La face postérieure répond à droite, sur la ligne médiane, à l'origine de l'artère mésentérique supérieure, à la veine splénique qui croise la face antérieure de cette artère, à la partie terminale de la veine gastrique gauche qui se jette dans la veine porte, en arrière du pancréas, près de l'origine de celle-ci enfin à la veine rénale gauche qui traverse l'angle aigu ouvert en bas, compris entre l'aorte et la partie initiale de l'artère mésentérique (fig. 136).

Elle est parcourue en haut et de droite à gauche par l'artère splénique, dont les sinuosités apparaissent au-dessus du bord supérieur. Au-dessous d'elle, la veine splénique chemine transversalement sur la face postérieure du pancréas. Ces deux vaisseaux se creusent chacun une gouttière dans le tissu pancréatique. Des nœuds lymphatiques spléniques sont échelonnés le long de l'artère.

En arrière du corps du pancréas et des vaisseaux spléniques, s'étend un fascia d'accolement résultant de la soudure du mésogastre dorsal au péritoine pariétal (voir : *Péritoine*, fig. 328). C'est par l'intermédiaire de ce fascia que le pancréas répond de droite à gauche, en dehors de l'aorte, au pilier gauche du diaphragme et au pédicule rénal, à la partie inférieure de la glande suprarénale et au rein gauche (fig. 294 et 312).

c) FACE INFÉRIEURE. La face inférieure est irrégulière, faite de la juxtaposition d'empreintes d'étendue et de forme variables, que font sur la glande les organes sous-jacents. J'ai constaté que, normalement, la face inférieure du corps du pancréas se compose, de droite à gauche, d'une *empreinte duodéno-jéjunale* déterminée par la courbure dudéno-jéjunale, d'une *empreinte intestinale grêle* formée par une anse grêle qui s'insinue dans un espace que laissent entre eux le jéjunum à droite, le côlon transverse en avant et la paroi ou le rein gauche en arrière, et d'une *empreinte colique* constituée par le côlon transverse. L'une ou l'autre de ces empreintes fait défaut quand l'organe qui la frappe sur le tissu pancréatique n'est pas en contact immédiat avec la glande. Dans ce cas, la face inférieure est réduite à l'état de bord sur une plus ou moins grande partie de son étendue.

d) BORDS. Les faces du corps du pancréas sont séparées les unes des autres par trois bords, supérieur, antéro-inférieur et postéro-inférieur.

Le *bord supérieur* est en rapport à son extrémité droite avec le tronc cœliaque et le plexus solaire qui se prolonge en arrière de la glande. Il est échancré à son extrémité gauche par les vaisseaux spléniques qui le contournent pour se placer sur la face antérieure de la queue du pancréas. À ce niveau, l'artère repose sur la veine qui est elle-même directement appliquée sur la glande (fig. 293).

On trouve parfois sur le bord supérieur du corps du pancréas et vers le milieu de ce bord une saillie de la glande, parfois très accusée (fig. 291). Je crois que certains ont confondu ce prolongement pancréatique inconstant avec le tubercule omental qui existe toujours. On pourrait l'appeler, en raison de sa situation, *tubercule pancréatique gauche*.

Les *bords antéro-inférieur* et *postéro-inférieur* limitent en avant et en arrière la face inférieure du pancréas. Le mésocôlon transverse s'attache au bord antéro-inférieur, qui est également longé par l'artère pancréatique inférieure (voir fig. 266).

4. Queue du pancréas. La queue du pancréas est séparée du corps par l'échancrure que les vaisseaux spléniques creusent sur le bord supérieur de la glande. Sa forme est variable : la queue du pancréas peut être large ou effilée, longue ou courte, épaisse ou mince, le plus souvent mince.

Quoi qu'il en soit, elle se différencie du corps parce qu'elle est recouverte aussi bien en arrière qu'en avant par le péritoine. Le feuillet péritonéal qui tapisse sa face postérieure se réfléchit et se continue de droite à gauche avec le péritoine pariétal. Le feuillet antérieur qui fait suite au revêtement péritonéal de la face antérieure du corps applique sur la queue de la glande les vaisseaux spléniques. Les deux feuillets, antérieur et postérieur, s'étendent en dehors de la queue du pancréas jusqu'à la rate et forment le ligament pancréatico-splénique.

Ce ligament est d'autant plus long que la queue du pancréas est courte.

Quand la queue pancréatique est longue, son extrémité peut entrer en contact avec la partie supérieure de la base de la rate ainsi qu'avec l'extrémité inférieure du hile : le ligament pancréatico-splénique est alors seulement représenté par la ligne de réflexion du péritoine pancréatique sur le péritoine splénique. ❑ Nous avons montré ailleurs que ce ligament est une partie du mésogastre dorsal (voir : *Péritoine*).

Les vaisseaux spléniques passent en avant de la queue du pancréas, puis dans le ligament pancréatico-splénique pour gagner le hile de la rate.

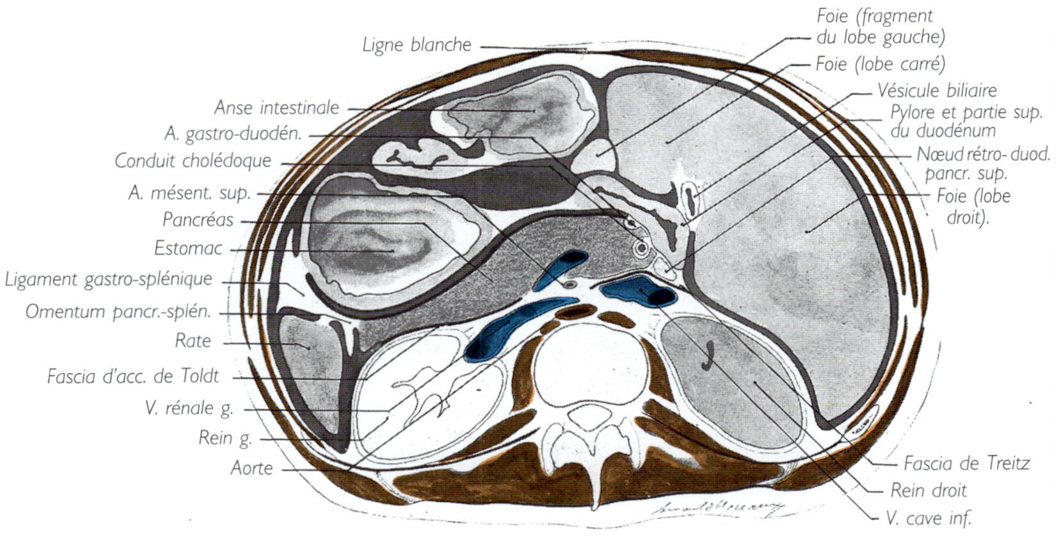

Fig. 294 ▪ Coupe transversale de l'abdomen passant par le pancréas et la rate. — Les irrégularités que présente la coupe des ligaments gastro-splénique et pancréatico-splénique sont dues à la graisse qui les infiltre.

On reconnaît à la queue du pancréas trois faces qui font suite à celles du corps et une extrémité libre.

La *face antérieure* et son revêtement péritonéal font partie de la paroi postérieure du récessus omental inférieur. ❑ La *face postérieure* est en rapport avec le rein. ❑ La *face inférieure* repose sur le côlon transverse. ❑ Nous avons dit plus haut que l'extrémité est en contact avec la rate ou bien est reliée à cet organe par le ligament pancréatico-splénique.

▪ **CONDUITS EXCRÉTEURS DU PANCRÉAS.** Le pancréas a deux conduits excréteurs : l'un, principal, est le conduit pancréatique ; l'autre, accessoire, est le conduit pancréatique accessoire (fig. 295).

1. Conduit pancréatique. Ce conduit parcourt la glande d'une extrémité à l'autre. Il commence à l'extrémité gauche ou queue et parcourt le corps du pancréas, à peu près suivant son grand axe, en décrivant de légères sinuosités.

Arrivé au col, il s'infléchit en bas, à droite et en arrière, traverse la tête du pancréas, ensuite la paroi duodénale, où il est accolé au conduit cholédoque qui est au-dessus de lui, et s'ouvre dans le duodénum au niveau de la papille duodénale majeure, suivant des modalités qui ont été précédemment indiquées à propos du conduit cholédoque.

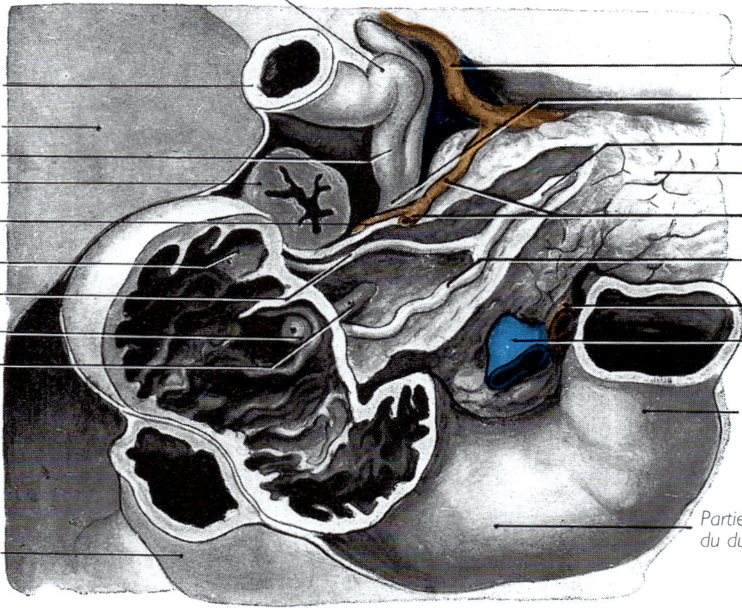

Fig. 295 ▪ Configuration intérieure de la partie descendante du duodénum. Conduits excréteurs du pancréas et canaux hépatiques. Cette figure a été dessinée d'après une préparation faite sur un sujet dont les organes avaient été fixés *in situ* par une injection de formol.

En général, le conduit pancréatique est sensiblement plus rapproché sur tout son trajet de la face postérieure de la glande que de sa face antérieure. Il est aussi légèrement plus près du bord inférieur de la glande que du bord supérieur (Lapeyrie).

Le canal augmente de calibre de son origine vers la tête du pancréas, où il atteint de 3 à 4 mm de diamètre. Mais il se rétrécit fortement à son abouchement dans le duodénum. Sa paroi est mince.

Les canaux collatéraux qu'il reçoit ont une direction perpendiculaire à la sienne, ce qui donne à l'appareil excréteur du pancréas l'aspect d'un myriapode appelé mille-pattes (Cruveilhier).

2. Conduit pancréatique accessoire. Le conduit pancréatique accessoire traverse la partie supérieure de la tête du pancréas et s'étend du coude formé par le conduit pancréatique dans l'incisure de la glande, au sommet de la papille duodénale mineure de la partie descendante du duodénum, suivant un trajet courbe, concave en bas (fig. 295).

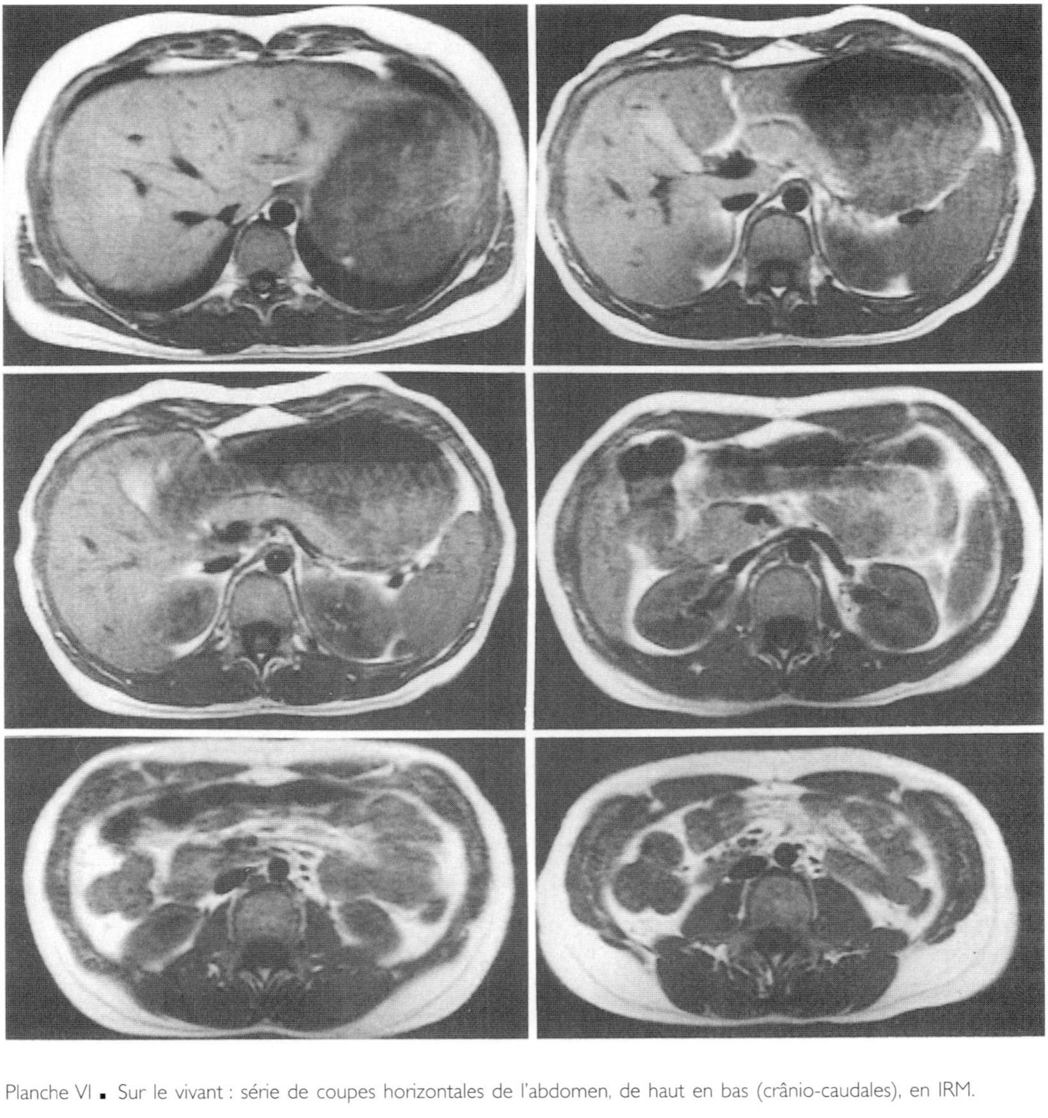

Planche VI ▪ Sur le vivant : série de coupes horizontales de l'abdomen, de haut en bas (crânio-caudales), en IRM.

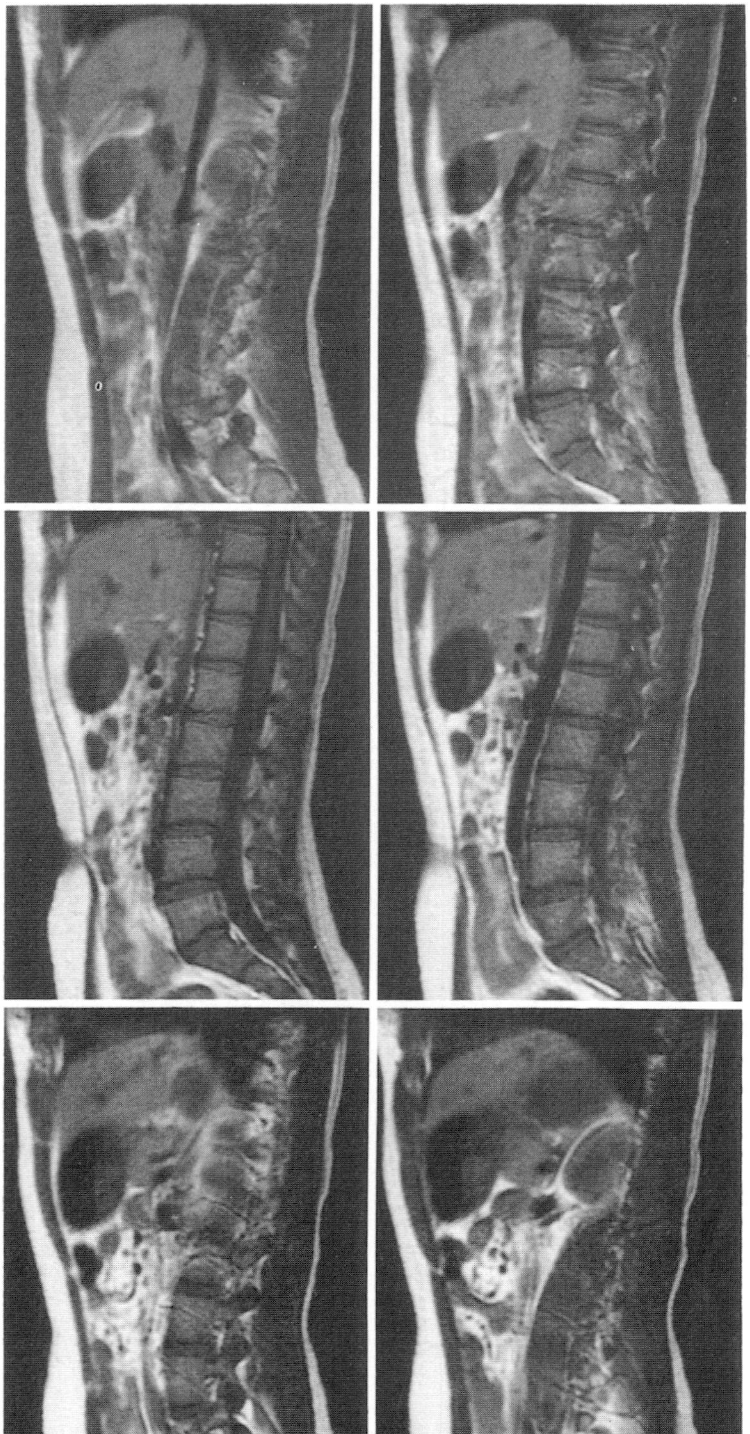

Planche VII ▪ Sur le vivant : série de coupes sagittales de l'abdomen, de droite à gauche, en IRM.

Son calibre augmente progressivement de droite à gauche, c'est-à-dire de l'orifice duodénal à son abouchement dans le conduit pancréatique. Normalement, en effet, le conduit pancréatique accessoire fonctionne comme un affluent du conduit pancréatique. Le conduit pancréatique accessoire peut ne présenter – assez rarement, il est vrai, – aucune communication avec le duodénum. Il peut encore être indépendant du conduit pancréatique, et son territoire est alors localisé à la tête du pancréas (Lapeyrie).

3. Canaux secondaires. Ils forment 2 systèmes, un antérieur, un postérieur (Calas).

4. Structure des conduits excréteurs. Il existe dans la paroi des conduits pancréatique et pancréatique accessoire des fibres musculaires lisses disséminées dans du tissu fibro-élastique. Ces fibres s'épaississent autour de l'extrémité terminale du conduit pancréatique, où elles constituent un sphincter comparable à celui du conduit cholédoque.

■ **VAISSEAUX ET NERFS.**

a) ARTÈRES. Les artères du pancréas sont (fig. 296) : 1° les *artères pancréatico-duodénales supérieure et postérieure et supérieure et antérieure*, branches de l'artère gastro-duodénale, et l'*artère pancréatico-duodénale inférieure*, branche de l'artère mésentérique supérieure ; l'artère pancréatico-duodénale inférieure se divise en deux rameaux qui s'anastomosent sur la face postérieure de la tête du pancréas avec les artères pancréatico-duodénales droites, et forment avec elles deux arcades artérielles rétropancréatiques ; 2° les *rameaux pancréatiques de l'artère splénique* ; d'ordinaire, parmi ces rameaux, il en est un plus volumineux que les autres qui pénètre dans la glande à 2 ou 3 cm de l'origine de l'artère splénique ; il se divise dans le tissu glandulaire en deux branches, l'une, gauche, qui s'étend vers la queue, l'autre, droite, qui se rend à la tête du pancréas (Vergoz, Lefèvre) ; 3° l'*artère pancréatique inférieure*, branche de l'artère mésentérique supérieure.

Calas a montré qu'en s'amastomosant ces artères forment deux arcades, l'une antérieure et inférieure, l'autre postérieure et supérieure. ❑ Le plus souvent c'est l'arcade antérieure et inférieure qui présente le plus gros calibre.

b) VEINES. Les veines suivent en général le trajet des rameaux artériels. Tout le sang veineux du pancréas est déversé dans la veine porte, par les veines spléniques, mésentérique supérieure et pancréatico-duodénale droite postérieure. Cette dernière répond au territoire de l'artère pancréatico-duodénale supérieure et postérieure et s'abouche au tronc porte tandis que la veine pancréatico-duodénale droite antérieure se jette dans la veine gastro-omentale droite et par son intermédiaire dans la grande veine mésentérique (fig. 158).

c) LYMPHATIQUES. Les vaisseaux lymphatiques du pancréas aboutissent : ❑ aux nœuds lymphatiques spléniques ; ❑ aux nœuds lymphatiques rétropyloriques, subpyloriques, pancréatico-duodénaux antérieurs et postérieurs du lymphocentre hépatique ; ❑ aux nœuds lymphatiques mésentériques supérieurs ; ❑ enfin aux nœuds juxta-aortiques, parfois même aux nœuds du mésocôlon transverse (Bartels).

d) NERFS. Les nerfs viennent du plexus solaire par l'intermédiaire des plexus secondaires qui suivent les artères du pancréas.

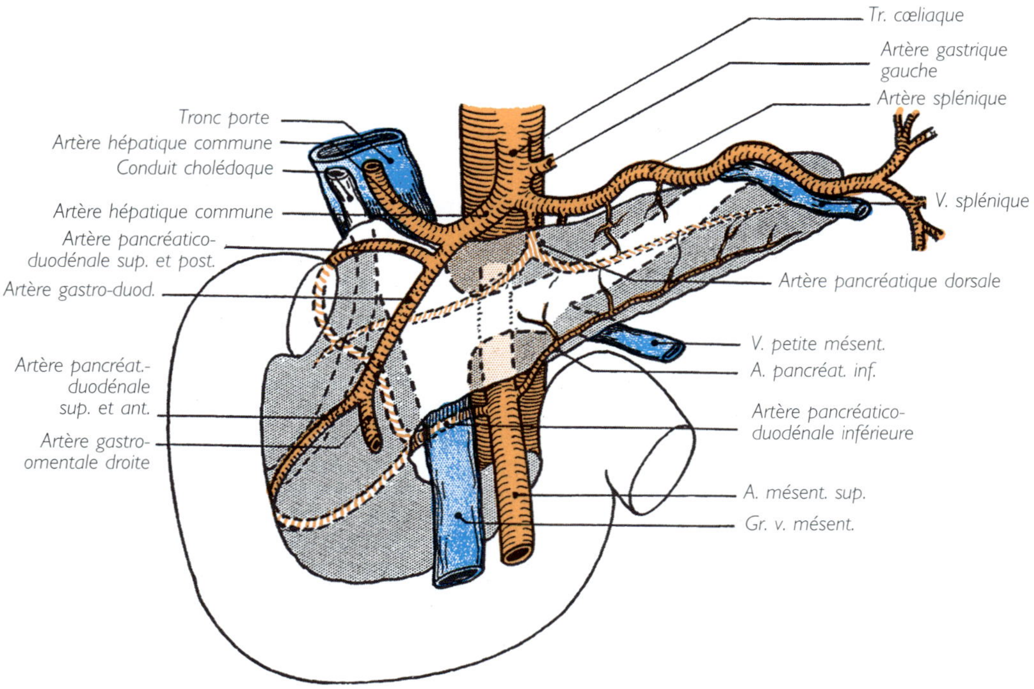

Fig. 296 ▪ Vaisseaux du pancréas. Pour les veines, voir : figure 290, p. 455, où l'on a dessiné derrière le pancréas, avec les veines d'origine du tronc porte, la veine gastrique gauche.

RATE

La rate est un organe lymphoïde. Sa description aurait dû, semble-t-il, trouver place à la suite de l'appareil vasculaire. Si nous l'étudions dans un même chapitre que le tube digestif, le foie et le pancréas, c'est uniquement en raison des rapports qu'elle présente avec l'estomac, le pancréas, le côlon, les vaisseaux de ces organes et les replis péritonéaux qui les relient entre eux.

▪ **SITUATION ET MOYENS DE FIXITÉ.** La rate est située dans la loge sous-phrénique gauche, autrement dit dans l'hypocondre gauche. Elle est placée en arrière de l'estomac, au-dessous et en dedans du diaphragme, au-dessus du rein gauche, de la courbure colique gauche et du ligament phrénico-colique gauche (fig. 299).

Ce sont ces différents organes qui maintiennent la rate en place, en particulier le rein, le côlon et le ligament phrénico-colique gauches sur lesquels elle repose. À ces moyens de fixité s'ajoutent les vaisseaux spléniques et les replis du péritoine qui relient la rate aux organes voisins et à la paroi.

■ **NOMBRE.** Il n'existe normalement qu'une rate. Il n'est cependant pas très rare de trouver, dans le voisinage de la rate normale, de petites *rates surnuméraires*, en nombre variable.

■ **FORME, DIRECTION, COULEUR ET CONSISTANCE.** On a comparé la forme de la rate à celle d'un grain de café, avec une surface convexe regardant en dehors et une surface plane regardant en dedans et en avant. En réalité, cette surface plane est subdivisée en trois faces secondaires, modelées sur les trois organes en contact avec elle : le rein en arrière, le côlon en bas, l'estomac en avant (fig. 297).

La rate a, par suite, la forme d'un polyèdre à quatre faces, irrégulier, allongé de haut en bas, d'arrière en avant et de dedans en dehors, suivant une inclinaison à peu près semblable à celle des côtes correspondantes.

La surface de la rate est lisse. Sa couleur est rouge foncé sur le vivant, rouge brun foncé sur le cadavre.

Cet organe est encore remarquable par sa mollesse et surtout par sa grande friabilité.

■ **DIMENSIONS ET POIDS.** Les plus grandes dimensions sont : en longueur, 12 cm, en largeur, 8, et en épaisseur, 4. ❑ La rate pèse en moyenne 200 g.

A. **Configuration extérieure et rapports.**

On a vu plus haut que la forme de la rate est celle d'un polyèdre à quatre faces dont le grand axe, à peu près parallèle à la direction de la côte correspondante (dixième côte), est très fortement oblique en avant, en dehors et en bas. Ce polyèdre est plus large et plus épais en bas et en avant qu'en arrière et en haut, de telle sorte que l'on distingue à la rate une grosse extrémité antéro-inférieure, ou base, et une petite extrémité postéro-supérieure, ou sommet. Par suite, nous décrirons à la rate trois faces, une base qui représente la quatrième face du polyèdre, un sommet et des bords séparant les faces et la base les unes des autres.

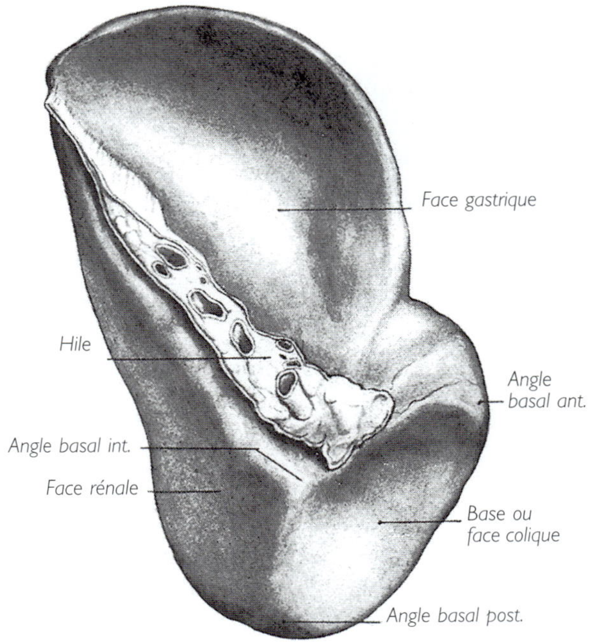

Fig. 297 ■ Rate (vue médiale).

■ **FACES.** Les faces sont appelées, d'après leur orientation et d'après leurs rapports : face postéro-latérale ou diaphragmatique, face inféro-médiale ou rénale et face antéro-médiale ou gastrique.

1. Face diaphragmatique ou postéro-latérale. ❑ Cette face est régulièrement convexe et tapissée tout entière par le péritoine. Elle est en contact avec le diaphragme dans toute son étendue, car la rate de dimensions normales ne descend jamais au-dessous des insertions de ce muscle.

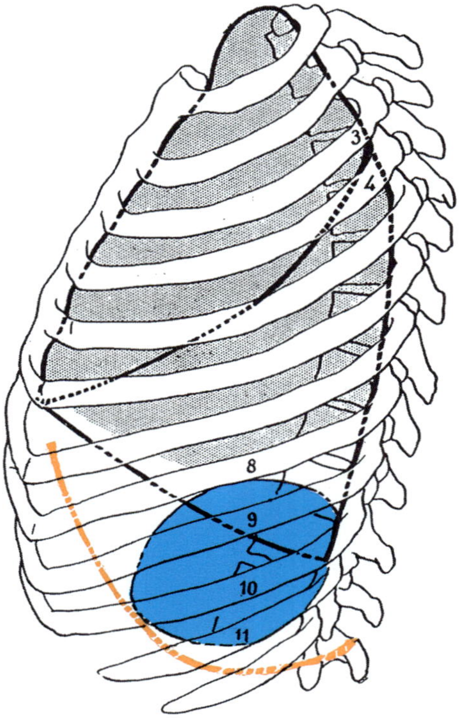

Fig. 298 ▪ Schéma destiné à montrer la projection de la rate sur la paroi thoracique, le poumon et la plèvre gauches.
La rate est dessinée en bleu ; la limite inférieure de la plèvre est indiquée par un trait rouge.

Au-delà et par l'intermédiaire du diaphragme, la face postéro-latérale de la rate répond au récessus pleural costo-diaphragmatique et au poumon gauches. Le récessus costo-diaphragmatique descend, comme le diaphragme, au-dessous des limites inférieures de la rate normale. Le poumon gauche s'arrête bien plus haut que la plèvre et répond seulement à la moitié ou au tiers supérieur de la face diaphragmatique de la rate (fig. 298).

Enfin, cette face est en connexion, en dehors de la plèvre et du poumon gauches, avec la paroi thoracique. Elle se projette sur cette paroi suivant une surface allongée dont le grand axe suit à peu près la dixième côte. ❑ L'extrémité interne ou postérieure de cette surface de projection répond au dixième espace intercostal, près de son extrémité vertébrale, à 4 ou 5 cm de la ligne des processus épineux (Picou). ❑ L'extrémité externe ou antérieure se projette sur la dixième côte, près de la ligne axillaire moyenne, soit un peu en avant, soit un peu en arrière, soit, enfin, au niveau même de cette ligne. Elle ne dépasse jamais la « *ligne costo-articulaire* » menée de l'extrémité antérieure de la onzième côte gauche à l'articulation sterno-costo-claviculaire du même côté (Luschka). ❑ Le bord supérieur de la surface de projection de la rate sur la paroi costale est une ligne courbe, convexe en haut et en avant, allant d'une extrémité à l'autre, et dont la partie moyenne s'élève jusqu'au huitième espace intercostal (fig. 298).

Le bord inférieur se projette sur une ligne convexe en bas et en arrière, qui réunit également les deux extrémités en longeant sur une grande partie de son trajet le bord inférieur de la onzième côte. ❑ En définitive, la face diaphragmatique de la rate répond, dans la région postéro-latérale du thorax, aux neuvième, dixième et onzième côtes, ainsi qu'aux huitième, neuvième et dixième espaces intercostaux.

2. Face rénale. La face rénale regarde en bas et en dedans. Elle est tapissée dans toute son étendue par le péritoine viscéral. Cette face est concave ; sa concavité s'adapte à la convexité de l'extrémité supérieure de la glande suprarénale et de la partie supéro-latérale du rein gauche, sur lesquelles la rate s'appuie.

3. Face gastrique. La face gastrique ou antéro-médiale est excavée comme la précédente, car elle est modelée sur la convexité de la face postérieure de l'estomac. Elle présente en arrière près du bord qui la sépare de la face rénale et tout le long de ce bord, une série de 6 à 8 fossettes disposées sur une seule rangée, par lesquelles les vaisseaux spléniques pénètrent dans la rate. L'ensemble de ces fossettes constitue le *hile de la rate*.

La face gastrique est reliée à l'estomac par le ligament gastro-splénique, et à la queue du pancréas par l'omentum pancréatico-splénique. Sur tout le reste de son étendue, cette face est tapissée par le péritoine viscéral et s'applique sur la face postérieure de l'estomac en partie par l'intermédiaire de ces deux omentums (fig. 294), en partie directement. Cela tient à ce que l'omentum gastro-splénique se continue avec le péritoine gastrique le long de la grande courbure en bas ; tandis qu'en haut l'omentum s'attache à la face postérieure de l'estomac suivant une ligne qui s'éloigne progressivement de la grande courbure, à mesure qu'elle se rapproche de l'extrémité supérieure de la rate. De telle sorte que la rate est directement en contact, en haut, avec la face postérieure de l'estomac, en dehors de l'attache gastrique de l'omentum gastro-splénique (fig. 299).

■ **BASE.** La base de la rate, appelée encore *face colique* ou *face basale* (Picou), regarde à la fois en dedans, en bas et un peu en avant (fig. 297). Plane ou légèrement déprimée, elle s'appuie sur la courbure colique gauche. La face basale de la rate entre aussi en connexion plus ou moins étroite avec la queue du pancréas, au-dessus et en dedans de la courbure colique gauche (fig. 299).

■ **SOMMET OU EXTRÉMITÉ POSTÉRO-MÉDIALE.** Le sommet de la rate est arrondi. Il est placé au voisinage de l'extrémité postérieure du dixième espace intercostal gauche, dans l'espace compris entre l'estomac en avant, la glande suprarénale (fig. 332), le diaphragme en haut et en arrière (fig. 299).

■ **BORDS.** Les faces sont séparées les unes des autres par trois bords qui se distinguent en supéro-latéral, inféro-médial et médial. La base est elle-même circonscrite par un bord saillant qui la sépare des faces proprement dites.

Le *bord supéro-latéral ou bord crénelé*, convexe, mince, échancré par plusieurs incisures, sépare la face gastrique de la face diaphragmatique. Il occupe l'angle dièdre ouvert en bas et en arrière compris entre la face postérieure de l'estomac et le diaphragme, et répond à la limite antéro-supérieure de la zone de projection sur la paroi costale, de la face diaphragmatique de la rate. Ce bord est en rapport à travers le diaphragme avec la plèvre, et, en arrière avec le poumon gauche (fig. 298).

Le *bord postéro-médial* épais, arrondi et mousse, est situé entre la face rénale et la face diaphragmatique. Faiblement concave en bas et en dedans, ce bord s'enfonce

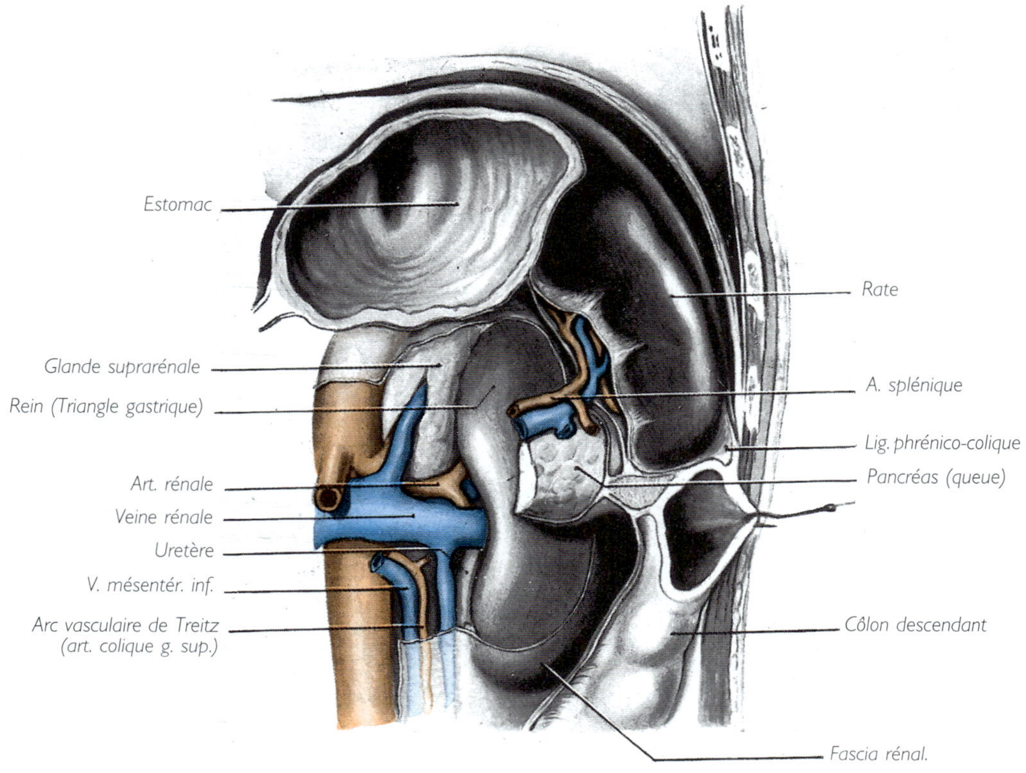

Fig. 299 ▪ Rapports de la face antérieure du rein gauche.

dans la gouttière comprise entre la partie supérieure du bord externe du rein et le diaphragme. Il se projette sur la onzième côte.

Le *bord médial,* arrondi et large, sépare la face rénale de la face gastrique. Il est logé dans l'angle dièdre ouvert en haut et en dehors, compris entre l'estomac et la face antérieure du rein, au-dessus et en dehors de la zone de contact entre ces deux organes (fig. 294).

a) CONTOUR DE LA BASE. Le contour de la base se compose de trois segments et chacun d'eux sépare la base de la rate de l'une de ses faces (fig. 297).

L'un des segments est une arête comprise entre la base et la face diaphragmatique ; il est appelé *bord inférieur de la rate.* ❑ Un deuxième segment est une crête mousse séparant la base de la face rénale. ❑ Enfin, le troisième segment, mousse, peu saillant, est placé entre la base et la face gastrique.

Au point de jonction du bord interne de la rate et des deux crêtes qui séparent la base des faces rénale et gastrique, se trouve une saillie arrondie appelée *angle basal interne de la rate* (Picou). Il existe également une saillie arrondie à la jonction du bord postéro-médial avec les crêtes qui séparent la base des faces rénale et diaphragmatique ; c'est l'*angle basal postérieur de la rate*. Enfin, Picou donne le nom d'*angle basal antérieur de la rate* à l'angle d'union du bord supéro-externe de la rate avec les crêtes qui séparent la base des faces gastrique et diaphragmatique.

PÉRITOINE SPLÉNIQUE. Nous avons montré, en décrivant le développement du péritoine, comment la rate, qui se développe dans l'épaisseur du mésogastre dorsal, se coiffe du feuillet gauche de ce méso et reste reliée à l'estomac et au pancréas par les omentums gastro-splénique et pancréatico-splénique (voir fig. 229). Ce développement bien compris, il est facile de se rendre compte de la disposition chez l'adulte du péritoine splénique, en examinant une coupe transversale passant par le hile de la rate (fig. 294).

Sur cette coupe on voit que le péritoine pariétal se réfléchit de la face antérieure du rein sur la queue du pancréas. Il forme ensuite le feuillet postérieur de l'omentum pancréatico-splénique et se continue le long de la lèvre postérieure du hile de la rate avec le péritoine viscéral de cet organe dont il tapisse successivement les faces rénale, diaphragmatique et gastrique. Le péritoine splénique se continue sur la lèvre antérieure du hile avec le feuillet externe de l'omentum gastro-splénique et, par l'intermédiaire de ce feuillet, avec le revêtement péritonéal de la face antérieure de l'estomac.

Sur cette coupe transversale on voit encore que le péritoine qui tapisse la face antérieure du pancréas se continue avec le feuillet antérieur de l'omentum pancréatico-splénique jusqu'au hile de la rate ; arrivé là, ce feuillet se réfléchit et devient le feuillet interne de l'omentum gastro-splénique.

Aux extrémités du hile, les omentums gastro-splénique et pancréatico-splénique se continuent l'un avec l'autre. Des deux feuillets qui établissent la liaison entre les deux omentums, l'interne limite, au-dessus et au-dessous du hile, le fond même du récessus omental inférieur.

En regard de l'extrémité supérieure de la rate, les deux feuillets se portent sur le diaphragme en formant le ligament phrénico-splénique (fig. 231) et se réfléchissent l'un en dedans, l'autre en dehors. Le feuillet interne forme la limite supérieure du récessus omental inférieur. Le feuillet externe se continue, sur le diaphragme, avec le péritoine pariétal.

À l'extrémité inférieure de la rate, les deux feuillets s'unissent au mésocôlon transverse en formant le *ligament spléno-colique*. Ensuite ils divergent. L'un se porte en dedans et forme le fond du récessus omental inférieur, l'autre se dirige en dehors et se continue avec le feuillet supérieur du ligament phrénico-colique gauche (fig. 238, schéma B).

B. **Vaisseaux et nerfs.**

a) ARTÈRES. Tout le sang artériel de la rate provient de l'artère splénique. Cette artère se divise à proximité du hile de la rate en deux branches terminales, l'une, supérieure, l'autre, inférieure. Chacune d'elles donne deux ou trois rameaux qui s'enfoncent au niveau des fossettes ou dépressions du hile, soit directement, soit après s'être subdivisés en rameaux secondaires.

Après avoir pénétré dans la rate, ces différents rameaux se subdivisent ; mais les ramifications de chacun d'eux ne s'anastomosent pas avec les ramifications voisines ; elles irriguent un territoire indépendant.

Les branches de division de l'artère splénique donnent, avant de pénétrer dans la rate, les rameaux courts destinés à l'estomac. L'artère gastro-omentale gauche se détache ordinairement de la branche terminale inférieure.

b) VEINES. Les veines émergent du hile en nombre égal à celui des artères. Elles ont une disposition semblable à celle des branches artérielles, et la plupart sont placées en arrière de celles-ci.

c) LYMPHATIQUES. Les vaisseaux lymphatiques se distinguent en vaisseaux superficiels et vaisseaux profonds. Les uns et les autres se rendent aux nœuds du hile de la rate.

d) NERFS. Les nerfs viennent du plexus solaire par le plexus qui accompagne l'artère splénique.

II. ANATOMIE TOPOGRAPHIQUE DE L'ABDOMEN

Nous verrons successivement les parois abdominales et les régions de l'ombilic et du canal inguinal puis les régions de la cavité abdominale.

PAROIS DE L'ABDOMEN

On distingue à l'abdomen une paroi supérieure, une paroi antéro-latérale et une paroi postérieure. La paroi supérieure ou diaphragmatique a été décrite (voir : *Diaphragme*). La paroi postérieure sera décrite un peu plus loin.

A. **Paroi antéro-latérale.**

La paroi abdominale antéro-latérale se compose des muscles larges de l'abdomen et de leurs fascias, le tout recouvert en dehors par les téguments, en dedans par le péritoine.

CONSTITUTION. Les rapports que présentent entre eux, avec les vaisseaux et les nerfs de la paroi, les muscles larges de l'abdomen, leurs tendons et leurs fascias de revêtement, ont été déjà longuement exposés en d'autres parties de cet ouvrage. Nous résumerons tous ces faits.

1. Plans superficiels. La peau, souple et mobile, est doublée par un *pannicule adipeux* et par un *fascia superficialis* qui limite profondément le pannicule.

Sous le fascia superficialis s'étend une nappe de tissu cellulaire sous-cutané, lamelleux, dans lequel se ramifient les vaisseaux et nerfs superficiels. Les artères proviennent des artères intercostales et de la branche musculo-phrénique de l'artère thoracique interne en haut, des artères sous-cutanée abdominale et circonflexe iliaque superficielle en bas, des artères lombales en arrière. Ces artérioles s'anastomosent entre elles.

Les veines ont un trajet à peu près analogue à celui des artères, dont elles ne sont pas cependant rigoureusement satellites.

❑ Les veines inférieures se jettent dans la grande veine saphène tributaire du système cave inférieur ; ❑ les veines supérieures se déversent dans les veines thoraciques internes qui appartiennent au système cave supérieur ; ❑ les veines postérieures se rendent aux veines intercostales et lombales. Toutes ces veines unies entre elles aux confins de leur territoire, unies également aux veines postéro-latérales, tributaires des veines lombales, unies, enfin, autour de l'ombilic, à la veine centro-ombilicale et aux veines du ligament rond tributaires du système porte, réalisent une très importante anastomose d'une part entre les deux systèmes caves, d'autre part entre ceux-ci et le système porte.

Les plans superficiels de la paroi abdominale antéro-latérale contiennent encore les rameaux perforants latéraux et antérieurs des cinq derniers nerfs intercostaux, à l'exception du rameau perforant latéral du douzième nerf intercostal, qui descend dans la région glutéale.

2. Fascias et plans profonds. Les *trois muscles larges* de la paroi abdominale sont, de la superficie vers la profondeur, les muscles obliques externe, interne et transverse. Ils se terminent en avant par des membranes tendineuses qui engainent les muscles droits et s'entrecroisent sur la ligne médiane en formant la ligne blanche.

Dans les deux tiers supérieurs environ de sa hauteur, la gaine de chaque muscle droit est constituée en avant par le tendon du muscle oblique externe et par le feuillet antérieur de celui du muscle oblique interne ; en arrière, par le tendon du muscle transverse et par le feuillet postérieur de celui du muscle oblique interne (fig. 79).

Dans le tiers inférieur de la paroi, les tendons fasciaux des trois muscles larges passent entièrement en avant des muscles droits ; la partie postérieure de la gaine est uniquement constituée par le fascia transversalis, qui revêt la face profonde de la couche musculaire (fig. 81).

Le muscle pyramidal est placé dans la même gaine que le muscle droit, en avant de ce muscle ; une mince lame fibro-celluleuse, rarement tendineuse, les sépare l'un de l'autre.

La couche musculaire de la paroi abdominale est recouverte en avant par un fascia de revêtement, mince, transparent et très adhérent au muscle oblique externe qu'il recouvre. De même, la face profonde de la couche musculaire de la paroi est tapissée dans toute son étendue par un feuillet fibro-celluleux, le *fascia transversalis*.

Le fascia transversalis s'écarte un peu de l'extrémité inférieure du muscle droit et limite avec lui et le bord supérieur du pubis la *cavité suprapubienne*.

De plus, les trois muscles oblique externe, oblique interne et transverse sont séparés les uns des autres par de minces lames de tissu celluleux.

Les *nerfs intercostaux* cheminent d'abord dans l'interstice qui sépare le muscle oblique interne du muscle transverse, ensuite dans la gaine du muscle droit. La branche abdominale des nerfs ilio-hypogastriques émerge dans l'interstice des muscles obliques un peu au-dessus de l'orifice profond du canal inguinal ; la branche génitale de ces nerfs s'insinue entre les muscles oblique externe et dentelé postérieur supérieur à la hauteur de l'épine iliaque antéro-supérieure et chemine ensuite entre ces deux muscles.

Les *vaisseaux importants* des couches profondes de la paroi antéro-latérale sont les *vaisseaux thoraciques internes, épigastriques inférieurs* et *circonflexes iliaques profonds.* ❑ Je mentionnerai encore quelques ramifications insignifiantes des vaisseaux intercostaux et lombaux.

Les vaisseaux thoraciques internes, épigastriques inférieurs et circonflexes iliaques profonds sont d'abord placés en arrière des muscles.

L'*artère circonflexe iliaque profonde* monte en arrière du ligament inguinal, entre le ligament inguinal et le fascia transversalis (fig. 306, A).

L'*artère épigastrique supérieure* chemine d'abord dans la gaine du muscle droit et ne s'enfonce dans le muscle qu'à mi-distance environ entre le processus xiphoïde et l'ombilic.

L'*artère épigastrique inférieure* monte obliquement en haut et en dedans, en avant du fascia transversalis et du ligament interfavéolaire (Grégoire). Elle atteint le bord externe du muscle droit à 5 cm environ au-dessus du pubis (Gilis), au même point que le 12e nerf intercostal (Goinard et Curtillet), s'engage plus haut sous la ligne arquée et chemine ensuite dans la gaine du muscle droit jusqu'au niveau de l'ombilic, où elle s'enfonce dans le muscle. ❑ La direction générale de l'artère est indiquée par une ligne menée du milieu du ligament inguinal à l'ombilic. L'artère épigastrique inférieure est à une distance qui varie entre 4 et 10 mm, en dedans de la lèvre interne de l'anneau inguinal, et à 2 ou 3 mm au-dessus du ligament inguinal.

Dans la gaine du muscle droit, descend de chaque côté la branche abdominale de l'artère thoracique interne qui s'anastomose avec l'artère épigastrique inférieure à la fois par des anastomoses capillaires et par des rameaux d'assez gros calibre. Ces deux artères s'anastomosent également avec les artères lombales et intercostales.

Les *veines* satellites de ces artères sont également anastomosées entre elles, avec les veines lombales et intercostales antérieures, ainsi qu'avec les veines du ligament rond et avec les veines portes accessoires du ligament rond ; ainsi les veines profondes, de même que les veines superficielles, unissent entre eux les systèmes caves supérieur et inférieur, et ceux-ci au système porte.

Le long des vaisseaux épigastriques inférieurs et circonflexes iliaques se trouvent les nodules de lymphonodaux *épigastrique et circonflexe iliaque.*

Les *lymphatiques superficiels* ou *cutanés* de la paroi abdominale antéro-latérale peuvent être divisés en deux territoires : supra-ombilical et sub-ombilical. Les lymphatiques supra-ombilicaux vont aux nœuds de l'aisselle, les lymphatiques sub-ombilicaux se rendent aux nœuds inguinaux.

Les *lymphatiques profonds* se jettent en bas dans les nœuds lymphatiques iliaques externes, en haut dans les nœuds lymphatiques parasternaux, en arrière dans les nœuds juxta-aortiques.

3. Péritoine. En arrière des muscles et du fascia transversalis, on trouve le tissu sous-péritonéal et enfin le péritoine pariétal.

Le *tissu sous-péritonéal* ou *fascia propria* est abondant et lâche à la partie inférieure de la paroi où le péritoine est facilement décollable ; partout ailleurs il est peu abondant, serré, et relie assez solidement le péritoine à la paroi. Le péritoine dessine au-dessous de l'ombilic trois replis, un médian soulevé par l'ouraque, les deux autres latéraux constitués par les artères ombilicales (fig. 300). Plus en dehors, au-dessus et au voisinage du ligament inguinal, l'artère épigastrique inférieure détermine elle aussi un autre repli péritonéal.

Ces différents replis limitent entre eux des dépressions péritonéales appelées *fosses supravésicale, inguinale médiale* et *inguinale latérale*. ❑ La fosse supravésicale est comprise entre le repli de l'ouraque et celui de l'artère ombilicale. ❑ La fosse inguinale médiale est située entre le repli de l'artère ombilicale et celui de l'artère épigastrique inférieure. ❑ Enfin, la fosse inguinale latérale est placée en dehors de l'artère épigastrique inférieure et répond à l'orifice profond du canal inguinal.

Dans la région qui s'étend, au-dessous de l'ombilic, d'un repli de l'artère ombilicale à l'autre, il existe entre le fascia transversalis et le tissu sous-péritonéal un autre feuillet fibro-celluleux, le *fascia ombilico-prévésical*. L'intervalle celluleux compris entre ce fascia et le fascia transversalis est l'espace prévésical.

4. Reliefs de la paroi antéro-latérale de l'abdomen. La paroi antéro-latérale de l'abdomen, dont nous venons d'examiner sommairement la structure, peut être subdivisée par ses reliefs musculaires en plusieurs régions secondaires.

Ainsi la présence des muscles droits de part et d'autre de la ligne médiane permet de distinguer dans la paroi antéro-latérale trois régions principales, une médiane et deux latérales La région médiane ou sterno-pubienne est séparée des deux autres par une dépression, longitudinale, le *sillon latéral du ventre* (Gerdy) ; ce sillon est compris entre la saillie du muscle droit et celle du corps charnu du muscle oblique externe. Un *sillon médian* descend du creux de l'estomac à l'ombilic et tend à diviser en deux moitiés latérales la région sterno-pubienne.

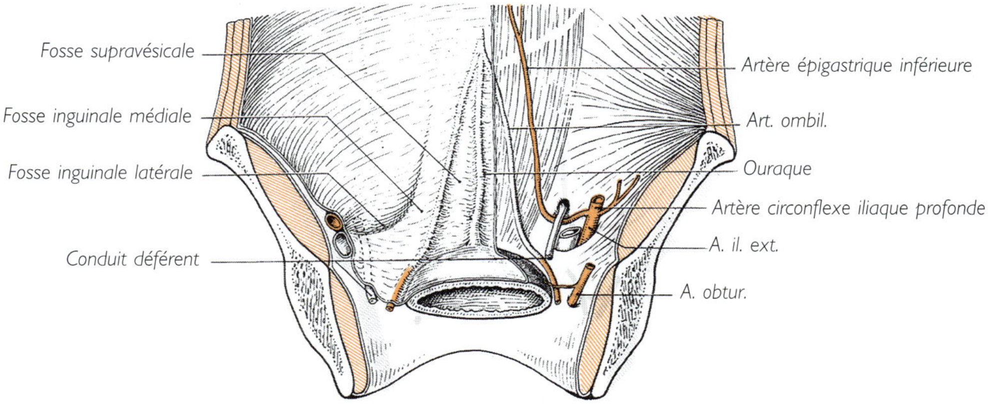

Fig. 300 ▪ Fossettes inguinales.
Paroi abdominale antérieure, vue par-derrière. Le péritoine est enlevé à droite. — De chaque côté du pli ouracal, le pli ombilical et, très en dehors, le pli épigastrique. On voit, à gauche, les trois fossettes inguinales.

B. **Ombilic.**

L'ombilic et la partie abdominale du pli de l'aine ou région inguino-abdominale sont encore deux régions distinctes de la paroi ; ce sont deux régions herniaires. Nous les décrirons en raison du grand intérêt qu'elles présentent.

L'ombilic avant la naissance est la région de passage des organes qui relient le fœtus à la mère. Après la naissance, l'ombilic est la cicatrice consécutive à la chute du cordon ombilical.

Dans les premières semaines du développement, la paroi abdominale présente une large ouverture par laquelle passent le pédicule vitellin et le pédicule allantoïdien.

Le *pédicule vitellin* est représenté par le canal vitellin qui fait communiquer le tube intestinal avec la vésicule ombilicale.

Le *pédicule allantoïdien* se compose d'un diverticule de l'intestin postérieur, le canal allantoïdien, et des vaisseaux ombilicaux qui cheminent le long de ce canal.

De plus, au début de la vie intra-utérine, une partie du tube intestinal fait souvent saillie en dehors à travers l'ouverture ombilicale. Mais, à mesure que la paroi abdominale se développe, l'ombilic se resserre et le tube intestinal rentre normalement tout entier dans la cavité abdominale.

Dans la suite, le canal vitellin et le canal allantoïdien s'oblitèrent et s'atrophient. Mais les vaisseaux ombilicaux persistent et augmentent de calibre. Ces vaisseaux groupés en un pédicule forment les éléments essentiels du cordon ombilical.

Après la naissance, le segment du cordon qui reste attaché au fœtus se mortifie et tombe. Il reste à son point d'implantation une petite plaie qui se cicatrise. Les vaisseaux ombilicaux se rétractent et s'oblitèrent progressivement de l'ombilic vers le foie en ce qui concerne la veine ombilicale, de l'ombilic vers leur tronc d'origine en ce qui concerne les artères. Ils se transforment ainsi en cordons fibreux qui adhèrent au bord inférieur de l'anneau ombilical.

Telle est la disposition considérée jusqu'ici comme normale. C'est celle que j'ai en général observée. Cependant elle n'est pas constante. Elle serait même, d'après Grégoire, exceptionnelle. Cet auteur a constaté, dans la plupart de ses observations, que les quatre cordons fibreux qui résultent de l'oblitération des vaisseaux et de l'ouraque se résolvent le plus souvent en un réseau inextricable de fibrilles, qui adhère au pourtour de l'anneau et obture complètement sa lumière. ❑ Cependant l'examen de coupes sagittales semble démontrer que cette adhérence n'existe, en général, qu'à la partie inférieure de l'anneau.

Ces données embryologiques permettront de comprendre la conformation de l'ombilic, sa structure et la manière dont se produisent les hernies ombilicales.

CONFIGURATION EXTÉRIEURE. L'ombilic est déprimé et siège un peu au-dessous du milieu de la paroi abdominale, en regard de la 4ᵉ vertèbre lombale sur le sujet couché, du disque entre la 4ᵉ et la 5ᵉ ou de l'une ou de l'autre de ces vertèbres sur le sujet debout (Senneville). Le fond de la dépression ombilicale, que circonscrit un bourrelet cutané, est occupé par une saillie, le *mamelon* séparé du bourrelet cutané périphérique par un sillon circulaire, appelé *sillon ombilical* (fig. 301). Au centre du mamelon siège la cicatrice ombilicale.

■ **STRUCTURE.** L'ombilic se compose d'un anneau fibreux recouvert en avant par les téguments, en arrière par le tissu sous-péritonal et le péritoine (fig. 301).

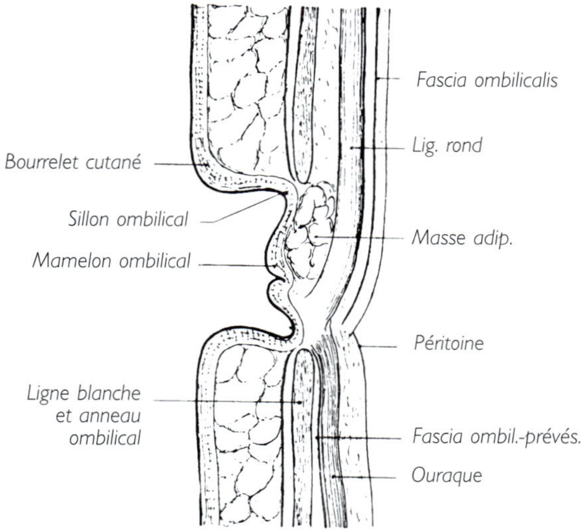

Fig. 301 ▪ Coupe médiane, verticale et antéro-postérieure de la région ombilicale.

1. Anneau ombilical

Arrondi ou elliptique, l'anneau ombilical est creusé dans la ligne blanche. Il est en grande partie comblé par l'ouraque et par les cordons fibreux vasculaires soudés entre eux et au bord inférieur de l'anneau.

La partie de l'orifice de l'anneau ombilical, laissée libre par l'ouraque et les vaisseaux ombilicaux, est occupée par une petite masse adipeuse recouverte en avant par la peau du mamelon.

2. Téguments

La peau est très adhérente à l'anneau ombilical et forme seule le fond même de la cicatrice ombilicale. Elle est doublée en dehors de l'anneau par un pannicule adipeux, un fascia superficialis et une couche de tissu cellulaire sous-cutané. Ces différentes couches s'arrêtent net le long de l'anneau ombilical, par suite de l'adhérence qui unit celui-ci à la face profonde de la peau.

Le bourrelet cutané est déterminé par le pannicule adipeux qui entoure la dépression ombilicale.

3. Péritoine et fascia sous-péritonéal. L'ombilic est tapissé en arrière par le péritoine et par le tissu cellulaire sous-péritonéal.

L'ouraque, les artères ombilicales et la veine ombilicale cheminent dans l'épaisseur de la couche celluleuse sous-péritonéale. Mais, tandis que l'ouraque et les artères ombilicales ne font qu'un léger relief sur la paroi, la veine ombilicale occupe le bord libre du ligament suspenseur du foie et fait de plus en plus saillie dans la cavité péritonéale à mesure qu'elle s'éloigne de l'ombilic.

Les rapports du péritoine de la région ombilicale avec la cicatrice ombilicale sont variables. Parfois la séreuse est séparée de l'anneau et du tissu cicatriciel par une mince couche de tissu cellulaire sous-péritonéal, qui permet de l'isoler facilement. D'ordinaire, de part et d'autre du repli formé par la veine ombilicale, le péritoine est adhérent à l'anneau ainsi qu'à l'extrémité ombilicale de l'ouraque et des cordons fibreux d'origine vasculaire.

Le péritoine de la région ombilicale peut présenter une dépression en regard de l'orifice de l'anneau ombilical.

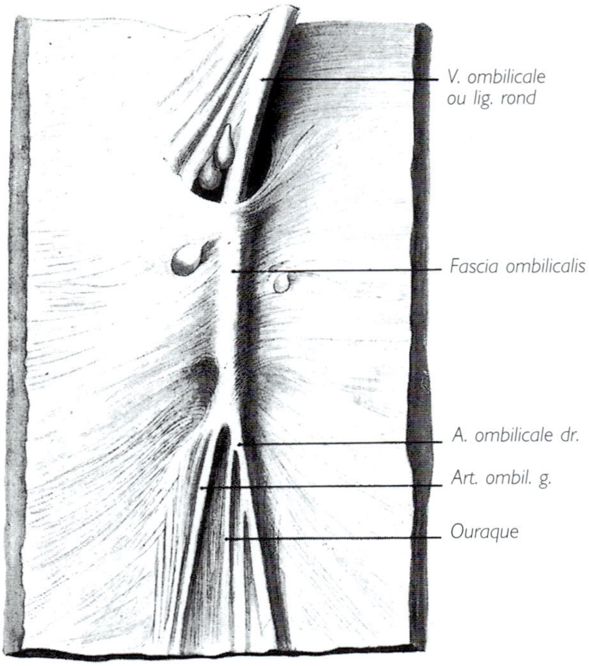

Fig. 302 ▪ Région ombilicale : fascia ombilicalis (d'après Richet).

Dans le tissu sous-péritonéal se différencie très souvent une lamelle fibreuse placée en arrière des vaisseaux ombilicaux, entre eux et le péritoine (fig. 302). Les fibres transversales de cette lame fasciale, connue depuis Richet sous le nom de *fascia ombilicalis*, se confondent de chaque côté avec la gaine du muscle droit, à 1 cm environ ou à un petit travers de doigt de la ligne médiane. Ses bords supérieur et inférieur sont ordinairement peu distincts. Le bord supérieur se perd dans le tissu sous-péritonéal à deux ou trois travers de doigt au-dessus de l'ombilic. L'inférieur s'arrête soit au-dessous, soit au-dessus, soit au niveau de l'orifice de l'anneau ombilical (Sachs). Dans le premier cas, le fascia recouvre complètement l'ombilic et s'oppose au passage d'une hernie. Dans les autres cas, l'orifice de l'anneau ombilical est à découvert en partie ou en totalité (fig. 301). Le péritoine présente alors assez souvent, en regard de la partie découverte de l'anneau et en dehors du repli de la veine ombilicale, une dépression qui peut être l'amorce d'une hernie ombilicale.

C. **Région inguino-abdominale ou région du canal inguinal.**

▪ **LIMITES.** La région inguino-abdominale, de forme triangulaire, est limitée : en bas, par le ligament inguinal, c'est-à-dire par une ligne menée de l'épine iliaque antéro-supérieure à l'épine du pubis ; en haut, par une horizontale tangente à l'épine iliaque antéro-supérieure en dedans, par le bord externe du muscle droit de l'abdomen, dans l'intervalle compris entre les deux lignes précédentes.

▪ **FORME EXTÉRIEURE.** La région inguino-abdominale est en grande partie occupée par une dépression large et peu profonde, le *méplat sus-inguinal*. Ce méplat, bien décrit par Gerdy, est triangulaire.

Ses trois côtés sont courbes ; le côté supérieur, convexe en bas, répond à la limite inférieure de la partie charnue du muscle oblique externe ; le côté interne, convexe en dehors, est formé par la saillie du muscle droit ; le côté inférieur, concave en

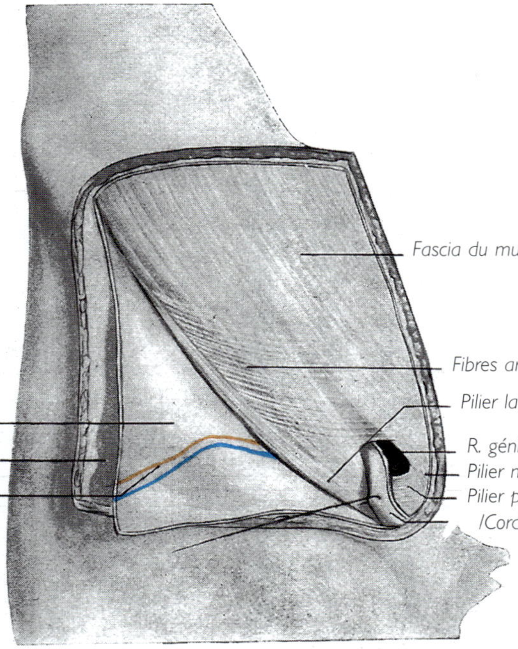

Fig. 303 ▪ Région inguino-abdominale.
Les plans superficiels et le fascia de revêtement du muscle oblique externe ont été réclinés. On voit le fascia du muscle oblique externe et l'orifice superficiel du canal inguinal.

haut, se confond avec le pli de l'aine. Le méplat sus-inguinal est dû à l'amincissement de la paroi ; celle-ci s'amincit parce que la partie charnue du muscle oblique externe est remplacée par une mince lame tendineuse.

■ **CONSTITUTION.**

1. Plan superficiel. Vaisseaux et nerfs supra-fasciaux. Sous la peau, on trouve successivement un pannicule adipeux, un fascia superficialis et une couche de tissu cellulaire sous-cutané (fig. 303 et 304).

Le fascia superficialis adhère en bas au ligament inguinal. Il en est de même du fascia superficialis de la région inguino-fémorale. De telle sorte que les couches cellulaires sous-cutanées des deux régions, sous-jacentes au fascia superficialis, sont indépendantes l'une de l'autre (fig. 304).

La couche cellulaire sous-cutanée contient les ramifications des artères sous-cutanée abdominale et circonflexe superficielle, les veines correspondantes et quelques filets provenant des rameaux perforants latéraux et antérieurs des nerfs intercostaux, ilio-hypogastrique et ilio-inguinal.

2. Fascia. Les plans superficiels enlevés, on aperçoit le fascia du muscle oblique externe à travers une fine toile fibro-celluleuse. Il se prolonge à la partie inféro-

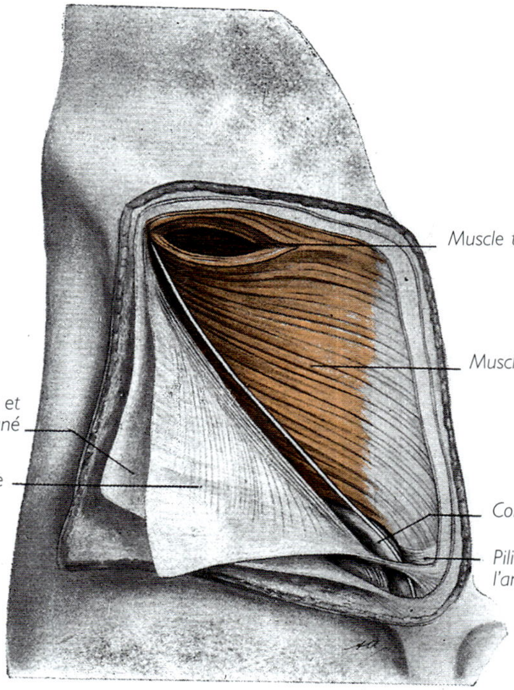

Fig. 304 ▪ Région inguino-abdominale.
Le fascia du muscle oblique externe a été rabattu et l'on voit le plan du muscle oblique interne. Une incision du muscle oblique interne laisse voir le muscle transverse sous-jacent.

interne de la région, dans les bourses, où il forme, à la surface du muscle crémaster, une tunique fibro-celluleuse distincte de la couche celluleuse sous-cutanée.

3. Couches infra-fasciales. — Canal inguinal. Les plans sous-jacents au fascia se disposent de manière à ménager entre eux un interstice traversé par le cordon chez l'homme, par le ligament rond chez la femme. Cet interstice est appelé *canal inguinal.*

On distingue au canal inguinal quatre parois : antérieure, postérieure, supérieure et inférieure, et deux orifices découpés dans les parois antérieure et postérieure du conduit (fig. 305).

a) PAROI ANTÉRIEURE ET ORIFICE SUPERFICIEL OU EXTERNE DU CANAL INGUINAL. La paroi antérieure est beaucoup plus épaisse en dehors qu'en dedans, car elle est constituée en dehors par les trois muscles larges de la paroi abdominale, muscles oblique externe, oblique interne et transverse, tandis qu'en dedans le fascia tendineux du muscle oblique externe existe seule en avant du canal.

L'*orifice superficiel du canal inguinal*, que l'on désigne encore sous le nom d'*anneau inguinal*, est compris entre deux faisceaux tendineux du muscle oblique externe, les piliers médial et latéral de l'anneau inguinal, qui vont l'un à l'épine du pubis du même côté, l'autre à l'angle et à l'épine du pubis du côté opposé. Cet orifice est allongé de haut en bas et de dehors en dedans. Son extrémité supérieure, effilée, est arrondie par les fibres arciformes du muscle oblique externe (fig. 307).

b) PAROI INFÉRIEURE. La paroi inférieure du canal inguinal est formée par le ligament inguinal (fig. 306, B et C).

c) PAROI SUPÉRIEURE. Les faisceaux les plus inférieurs des muscles oblique interne et transverse croisent le cordon ou le ligament rond en passant au-dessus d'eux et forment la partie externe de la paroi supérieure du canal inguinal (fig. 307). En dedans de ce croisement la paroi supérieure répond à l'interstice compris entre les muscles oblique externe et interne (fig. 306, B et C).

d) PAROI POSTÉRIEURE. Grégoire fait entrer avec juste raison, dans la constitution de cette paroi, le pilier postérieur du canal inguinal ou ligament de Colles avec le tronc de la veine cave supérieure, le ligament de Henle et le fascia transversalis.

À la partie interne du canal, on rencontre ces quatre plans fibreux ou tendineux superposés d'avant en arrière dans l'ordre suivant lequel nous les avons énumérés. Ces plans n'ont pas la même étendue et disparaissent l'un après l'autre de dedans

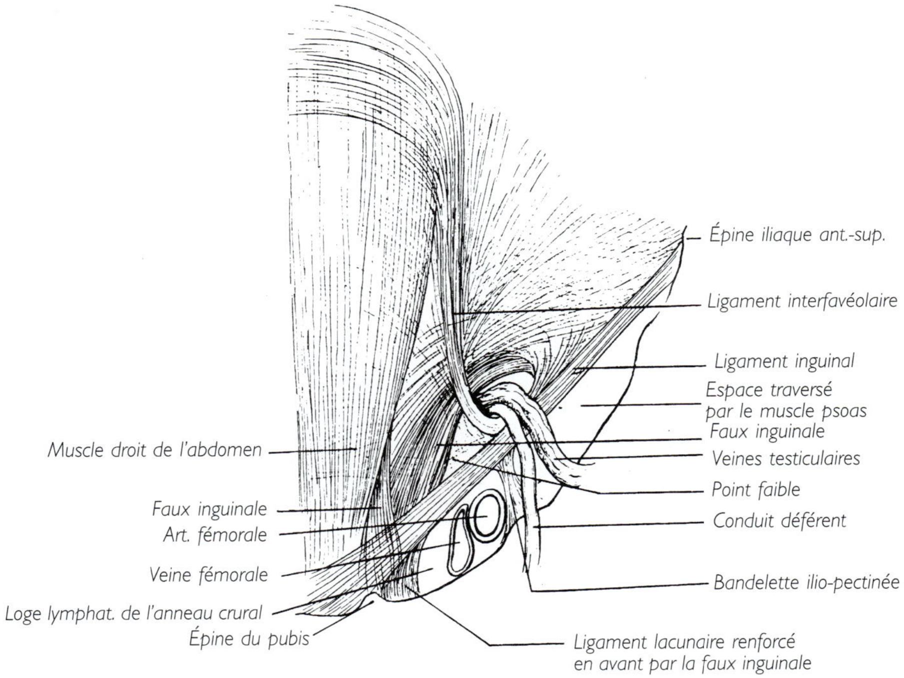

Fig. 305 ▪ Paroi postérieure du canal inguinal ; le péritoine est enlevé (schématique).

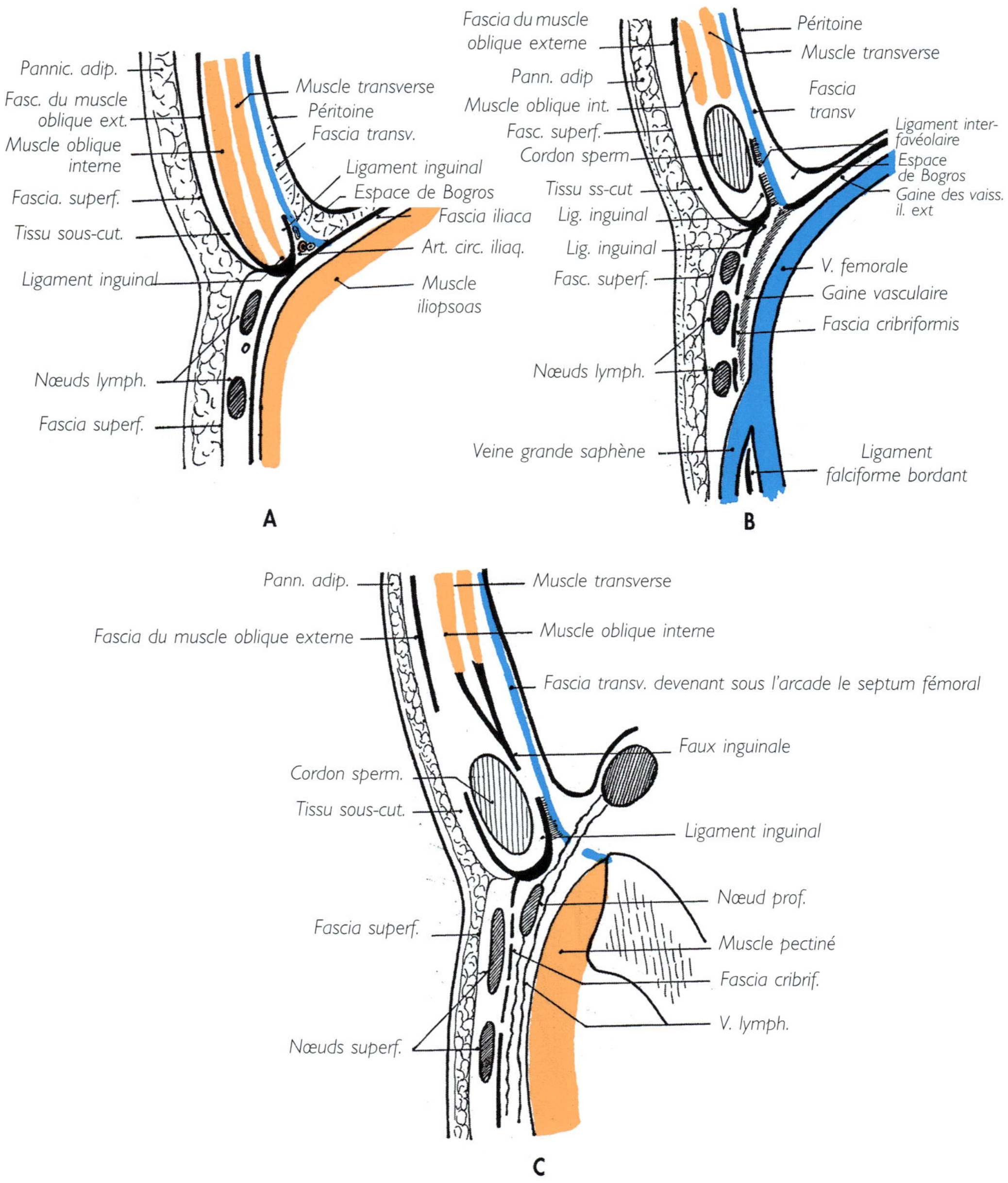

Fig. 306 ▪ Coupes verticales et antéro-postérieures des régions inguino-abdominale et inguino-fémorale.
La coupe A passe en dehors de l'orifice profond du canal inguinal.
La coupe B passe en dedans de cet orifice et intéresse la veine fémorale.
La coupe C intéresse la région en dedans de la précédente et passe par la loge lymphatique du canal fémoral.

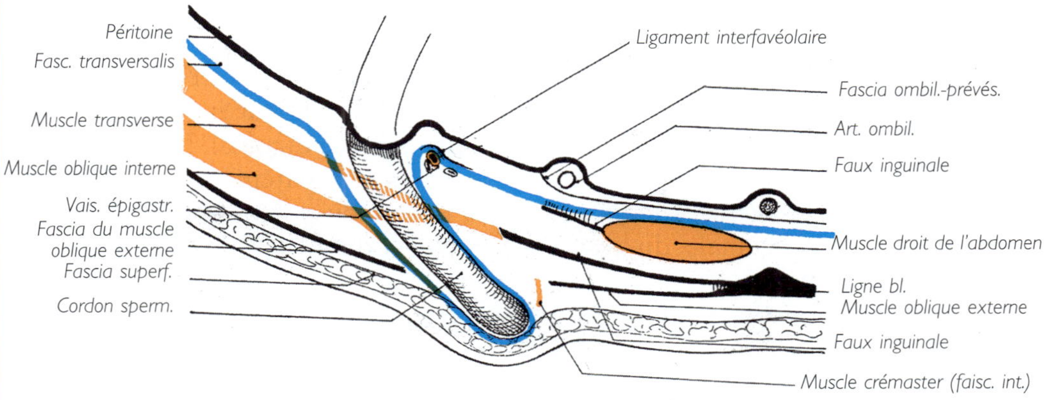

Fig. 307 ▪ Coupe de la région inguino-abdominale, parallèle au ligament inguinal (schématique) (d'après Grégoire, modifié).
L'ouraque dessiné en regard de la ligne blanche n'est pas indiqué par un filet.

en dehors ; finalement, le fascia transversalis forme à lui seul la partie externe de la paroi postérieure du canal.

Le *pilier postérieur* vient du muscle oblique externe du côté opposé, passe en arrière du pilier médial et se termine sur le pubis de l'angle à l'épine, sur l'épine et sur la pecten du pubis.

La *faux inguinale* est une lame tendineuse provenant de la réunion des fibres des muscles oblique interne et transverse qui ont contourné le cordon ou le ligament rond (fig. 307). Cette lame tendineuse, oblique en bas et en dedans, se termine sur la pecten du pubis, sur l'épine du pubis et sur l'angle du pubis, en avant du muscle grand droit et en arrière des fibres du muscle oblique externe. La faux inguinale est plus étendue en dehors que le ligament de Colles (fig. 306 et 307).

Le *ligament de Henle* est placé sur le même plan que le tendon du muscle grand droit dont il est une expansion latérale. Il descend en dehors de ce tendon et se termine sur l'épine du pubis et sur la pecten du pubis.

Le *fascia transversalis* tapisse la face profonde de la couche musculo-tendineuse de la paroi antéro-latérale de l'abdomen. Il est donc placé, dans la région du canal inguinal, en arrière du muscle transverse, du tissu conjonctif, du ligament de Henle et du muscle grand droit (fig. 307).

Au niveau de l'orifice profond du canal inguinal, le fascia transversalis s'invagine dans le canal et forme la gaine fibreuse du cordon.

Les vaisseaux épigastriques inférieurs cheminent en avant du fascia.

Le fascia transversalis est renforcé par le ligament interfavéolaire et par le ligament inguinal (fig. 306).

Le *ligament interfavéolaire* se détache de l'extrémité externe de la ligne arquée, descend en arrière des vaisseaux épigastriques inférieurs (Grégoire) vers l'orifice profond du canal inguinal, contourne le cordon ou le ligament rond en passant au-dessous d'eux et se perd dans le fascia transversalis en dehors de l'orifice profond du canal inguinal.

Le *ligament inguinal* s'étend de l'épine iliaque antéro-supérieure à l'épine du pubis et à la ligne blanche. Elle longe le bord postérieur du ligament inguinal dont elle fait partie et passe au-dessous de l'orifice profond du canal inguinal. Lorsqu'elle parvient au bord externe de la faux inguinale, ses fibres se séparent en deux groupes : les unes vont avec le ligament inguinal jusqu'à l'épine du pubis ; les autres passent en arrière de la faux inguinale, du ligament inguinal et du muscle droit, et s'étendent jusqu'à la ligne blanche.

Le ligament inguinal est accolé au fascia transversalis qui est en arrière de lui, sauf, cependant, le long de la partie externe du ligament inguinal. Dans cette région, le fascia transversalis s'écarte du ligament inguinal et ménage avec lui et le fascia iliaca, placé au-dessous, un étroit espace prismatique triangulaire dans lequel cheminent les vaisseaux circonflexes iliaques (Gilis) (fig. 306, A).

Entre le ligament interfavéolaire en dehors, la faux inguinale en dedans et le ligament inguinal en bas, la paroi postérieure est réduite au seul fascia transversalis ; c'est là le *point faible de la paroi* (fig. 305).

e) ORIFICES DU CANAL INGUINAL. Nous avons indiqué plus haut la situation et les limites de l'orifice superficiel du canal inguinal.

Profondément, le canal inguinal s'ouvre, à un travers de doigt au-dessus et un peu en dedans du milieu du ligament inguinal. Son bord libre est formé par la réflexion du fascia transversalis qui s'invagine dans le canal. En bas, ce bord répond à l'anse du ligament interfavéolaire et au ligament inguinal (fig. 305). Le péritoine qui recouvre cet orifice forme la fosse inguinale latérale.

f) CONTENU DU CANAL INGUINAL. Le canal inguinal contient le cordon ou le ligament rond, ainsi que les rameaux génitaux des nerfs ilio-hypogastrique et génito-fémoral.

Chez l'homme, le cordon est engainé par un prolongement du fascia transversalis. Le rameau génital des nerfs ilio-hypogastriques descend en avant du cordon et de sa gaine ; celui du nerf génito-fémoral descend en arrière. C'est également en arrière du cordon et de sa gaine que chemine l'artère funiculaire, branche de l'artère épigastrique inférieure.

g) PÉRITOINE ET FASCIA PROPRIA. Le péritoine est séparé du fascia transversalis par un tissu sous-péritonéal cellulo-adipeux.

Nous avons déjà décrit les fosses inguinales et les replis péritonéaux qui les limitent. Nous rappellerons que la fosse inguinale latérale répond à l'orifice profond du canal inguinal.

Le péritoine qui tapisse la face profonde de la région se réfléchit de la paroi abdominale sur la région inguinale en décrivant une courbe, ce qui donne à cette partie du péritoine la forme d'une gouttière concave en haut et en arrière. L'inflexion du péritoine, depuis la paroi abdominale antérieure jusqu'à la région inguinale, est telle que la séreuse péritonéale prend contact avec les parties molles de la région inguinale à 1 ou 1,5 cm au-dessus du ligament inguinal. Le péritoine limite ainsi, avec l'angle dièdre formé par le fascia transversalis en avant et le fascia iliaca en bas, un intervalle prismatique triangulaire, rempli de tissu cellulo-graisseux sous-péritonéal, appelé *espace rétro-inguinal* (fig. 306, A et B).

ANATOMIE TOPOGRAPHIQUE DE LA CAVITÉ ABDOMINALE

La cavité abdominale s'étend de la face inférieure du diaphragme au pelvis minor, elle empiète en haut sur la cage thoracique (région thoraco-abdominale), elle se continue en bas et en arrière dans le pelvis major (région abdominale-pelvienne). La racine du mésocôlon transverse, tendue transversalement d'un hypochondre à l'autre, la divise en deux étages sus et sous-mésocoliques (fig. 308).

Ces étages de la cavité abdominale se situent en regard des régions suivantes de la paroi abdominale :

- l'étage sus-mésocolique correspond latéralement aux hypochondres droit et gauche de la paroi, au centre, à la région épigastrique ;
- l'étage sous-mésocolique correspond latéralement aux régions inguinales et aux flancs droits et gauches et, au centre, aux régions ombilicale et hypogastrique.

Enfin en arrière, rétropéritonéale, la région lombale se situe de chaque côté de la colonne vertébrale. Nous la verrons plus loin.

A. **Région thoraco-abdominale et étage sus-mésocolique.**

On divise cet étage en trois loges : un récessus subphrénique droit ou hépatique situé dans l'hypochondre droit, un récessus subphrénique gauche ou gastro-splénique situé dans l'hypochondre gauche, et un récessus cœliaque médian ou épigastrique. Les organes que contiennent ces loges n'en respectent pas les limites.

Le foie déborde en effet l'hypocondre droit, traverse l'épigastre pour se prolonger jusqu'à l'hypocondre gauche ; l'estomac va de l'hypocondre gauche à la région épigastrique et le duodéno-pancréas de la région cœliaque à l'hypochondre gauche.

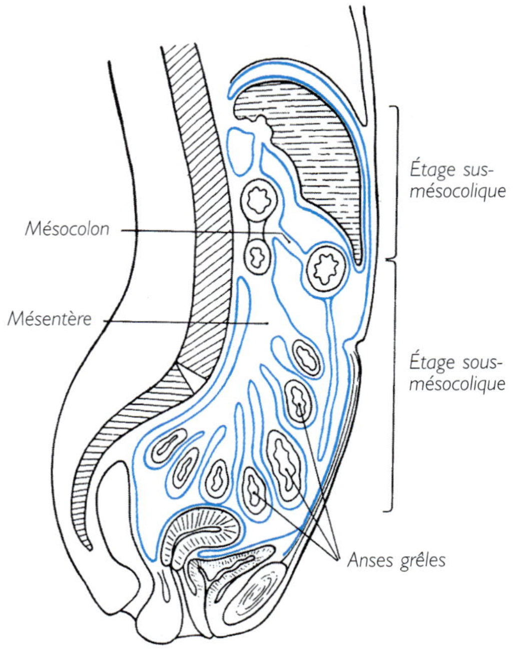

Fig. 308 ▪ Les étages de la cavité abdominale.

B. Hypocondre droit ou région sous-phrénique droite.

Le récessus subphrénique droit est occupé par le foie. Il est limité en haut par la coupole diaphragmatique, en bas par le côlon transverse et son méso, en dehors par les insertions costales du diaphragme qui la séparent des quatre derniers espaces intercostaux et du récessus costo-diaphragmatique de la plèvre.

Le foie se moule sur les parois de sa loge en haut, en arrière, en avant et latéralement ; en bas, sa face inférieure fortement inclinée recouvre les viscères sous-jacents. Nous n'étudierons ici que le lobe droit du foie et les organes en rapport avec lui dans l'hypocondre droit.

La partie la plus élevée de la face supérieure du foie soulève la coupole diaphragmatique qui la sépare de la base du poumon droit et de la plèvre diaphragmatique, elle culmine au niveau de la 9e vertèbre thoracique, elle s'infléchit, à gauche sous la dépression cardiaque du diaphragme qui la sépare de la face inférieure du cœur.

Au sommet arrondi du foie font suite des versants : le versant antérieur du lobe droit du foie déborde légèrement en bas le rebord chondro-costal dont le séparent les insertions intriquées du diaphragme et du muscle transverse.

Le versant droit du foie est entièrement sous-costal sur une hauteur de 5 à 6 cm de la 8e à la 12e côte. Il reste séparé de la paroi par les fibres verticales du diaphragme. Entre la paroi et le diaphragme s'engage le cul-de-sac pleural dont les feuillets pariétaux et viscéraux, appliqués l'un sur l'autre, empêchent le poumon de descendre au-dessous de la 8e côte. La face diaphragmatique de la loge n'a donc pas de rapports en dehors avec le poumon qui reste au-dessus d'elle.

La face inférieure du lobe droit forme, chez le sujet debout, une sorte d'auvent qui recouvre les organes situés au-dessous de lui et au-dessus du mésocôlon transverse.

La vésicule biliaire, le plus médian des organes de la loge droite, occupe la fosse de la vésicule biliaire. Le fond de la vésicule affleure le bord antérieur de la glande à l'intersection du rebord chondro-costal et du bord latéral du muscle grand droit.

En dehors de la vésicule, trois viscères s'étagent d'avant en arrière, leur relief s'imprime sur la face inférieure du foie, ce sont :

En avant, appuyé contre la paroi thoraco-abdominale, la courbure colique droite, en arrière et en dedans de lui, la partie descendante du duodénum, enfin la face antérieure du rein droit s'applique contre la paroi lombale. Nous retrouverons le rein avec la région lombale et le duodénum dans la région épigastrique.

En arrière du hile et de la porte du foie, le bourrelet du tubercule caudé surplombe le foramen omental et le vestibule du récessus omental inférieur.

La loge hépatique est fermée en arrière. La face postérieure du foie adhère en effet à la paroi abdominale postérieure et aux piliers du diaphragme. Cette adhérence constitue le ligament coronaire, poursuivi latéralement par les ligaments triangulaires.

La gouttière cystique aboutit en arrière à la porte et donc au hile du foie, plus en arrière la face postérieure du lobe droit adhère à la paroi par l'intermédiaire du ligament coronaire englobant la veine cave inférieure. La veine est déjà dans le fond de la région cœliaque contre le muscle psoas et le flanc droit des vertèbres lombales. La glande suprarénale droite s'insinue entre la veine cave et le foie.

À gauche de la veine cave, le lobe caudé, l'empreinte de l'aorte sur le foie appartiennent aussi à la région cœliaque.

Entre la face supérieure du foie et le diaphragme, existe un espace de glissement inter-hépato-phrénique, divisé en deux parties et cloisonné par le ligament suspenseur du foie ; celui-ci relie la face supérieure du foie au diaphragme et à la paroi abdominale antérieure jusqu'à l'ombilic. En arrière, le ligament se continue par les ligaments coronaire et triangulaire droit, l'espace de glissement inter-hépato-phrénique passe ensuite en avant du rein et aboutit au-dessous du foie à la courbure colique droite, il se poursuit alors par la gouttière latéro-colique. Ce cheminement est celui des abcès sous-phréniques droits.

C. **Hypocondre gauche ou région sous-phrénique gauche** (fig. 309).

Limitée par la coupole diaphragmatique, la région sous-phrénique gauche est moins haute que la droite. Le côlon transverse et son méso la limitent en bas, la paroi thoracique en avant et en dehors. En dedans, la région communique largement avec la région cœliaque.

Le récessus subphrénique gauche ou gastro-splénique est occupé par la majeure partie de l'estomac, par la rate et par la queue du pancréas.

L'estomac, organe mobile, est de forme variable suivant les sujets, leur position, son état de réplétion. Tout l'estomac ne se trouve pas dans l'hypocondre gauche, mais seulement sa partie verticale et le fundus gastrique cachés tous deux sous l'auvent chondro-costal (espace sonore de Traube), c'est-à-dire l'extrémité antérieure et les cartilages costaux du 5e au 9e et les espaces intercostaux correspondants.

Le fundus gastrique soulève le diaphragme, il est séparé de la pointe du cœur par la faible épaisseur du centre phrénique.

Le lobe gauche du foie s'insinue en avant entre l'estomac et le diaphragme. Celui-ci s'interpose entre le récessus pleural gauche, le bord inférieur du poumon et le foie.

Le segment vertical de l'estomac se continue vers la droite par sa portion horizontale, il sort alors de l'hypochondre proprement dit pour entrer dans la région épigastrique.

La face postérieure de l'estomac répond en arrière à la paroi abdominale postérieure par l'intermédiaire du récessus omental inférieur qui la sépare de la glande suprarénale gauche, un peu du rein, de la rate et de la queue du pancréas.

Le fundus gastrique adhère à la face inférieure du foliole du diaphragme et à son pilier gauche. Cette adhérence est solide, c'est le ligament suspenseur qui fixe le fundus gastrique, alors que le reste de l'estomac est mobile.

La rate occupe la partie supérieure et latérale de la loge sous-phrénique gauche. Elle est entièrement cachée par l'estomac qui l'applique contre le diaphragme et la sépare du récessus gauche qui descend bien en-dessous jusqu'à la 12e côte.

Par l'intermédiaire du diaphragme, de la plèvre et du poumon, la rate, parallèle à la 10e côte, s'étend entre les 8e et 10e espaces intercostaux.

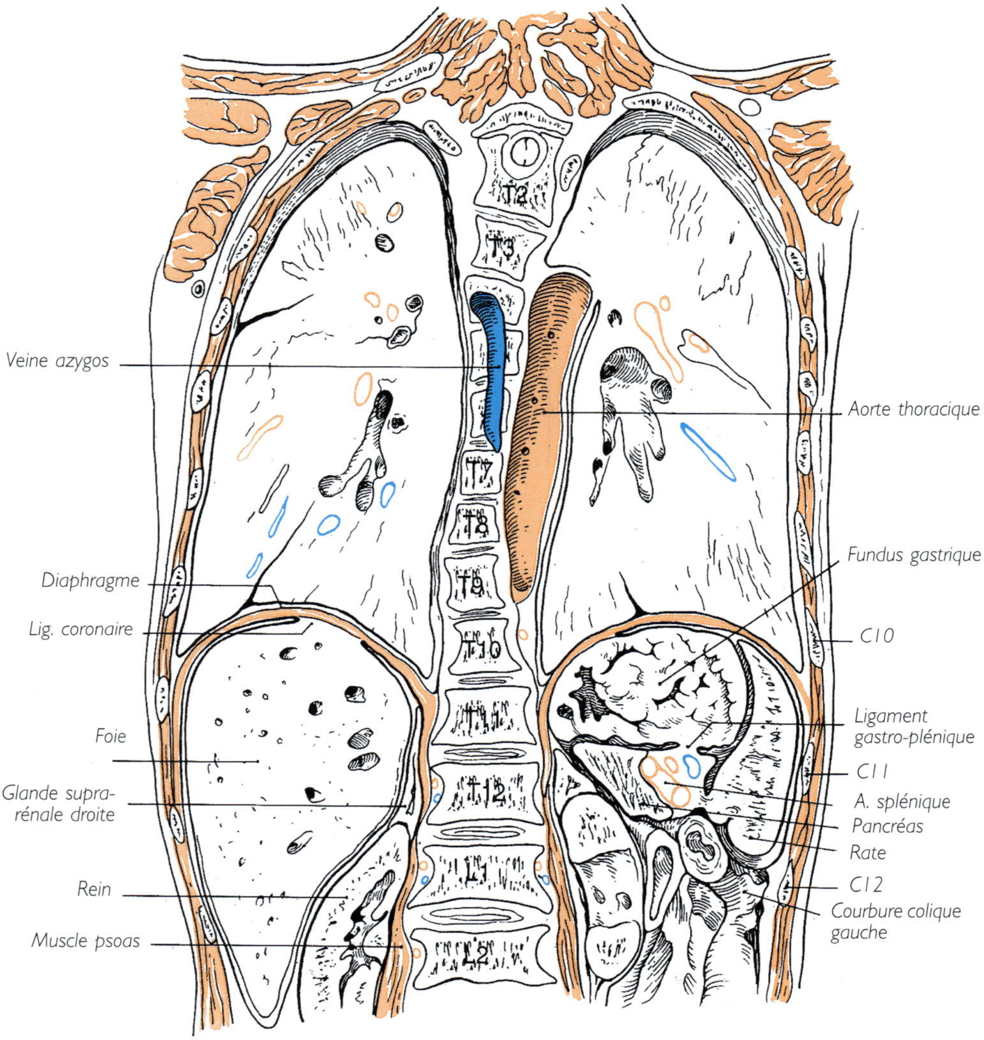

Fig. 309 ▪ Coupe frontale du thorax et de l'abdomen passant par le plan vertébral. Elle montre les deux loges sous-phréniques droite et gauche.

En arrière et en dedans, la rate s'appuie sur la glande suprarénale gauche et la partie supéro-externe du rein gauche. Sa base repose sur la courbure colique gauche et sur le ligament phréno-colique gauche ou sustentaculum lienis (fig. 310).

La queue du pancréas est le 3e organe de la loge sous-phrénique gauche. Il en est le plus postérieur. L'estomac est en avant de la queue du pancréas dont le sépare le récessus omental inférieur, la rate se place à son extrémité gauche, le court ligament splénique relie ces deux organes.

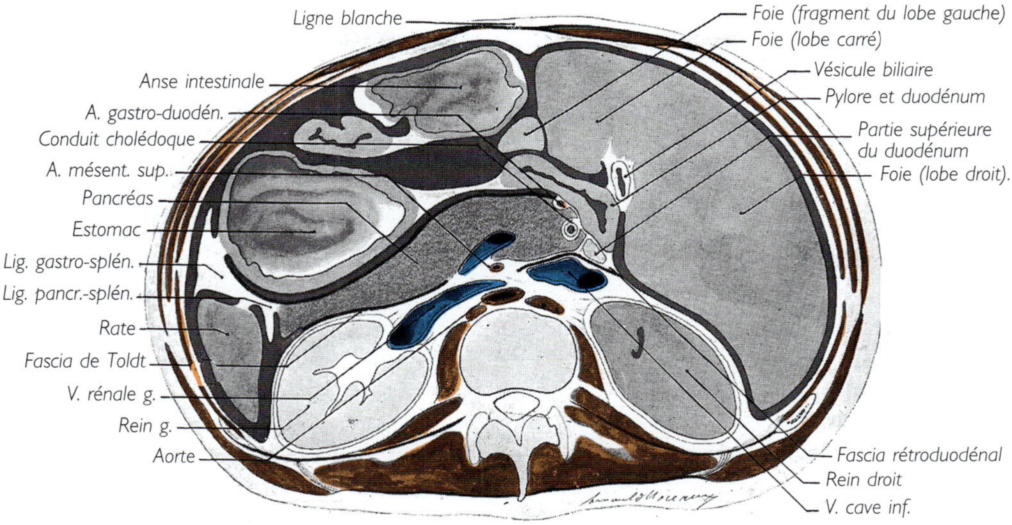

Fig. 310 ▪ Coupe horizontale de l'abdomen passant en L_I.

Dans la loge sous-phrénique, la queue du pancréas est accolée au rein par le fascia de Toldt, les vaisseaux spléniques la croisent avant de s'engager dans le ligament gastro-splénique.

Entre l'estomac et la queue du pancréas, l'extrémité gauche du récessus omental inférieur est représentée en arrière par le ligament pancréatico-splénique, en avant par le ligament gastro-splénique s'unissant le long du hile de la rate.

Le récessus omental inférieur appartenant aussi à la région épigastrique, c'est avec elle que nous l'étudierons plus complètement.

D. **Région épigastrique et région cœliaque.**

La région épigastrique s'étend entre les hypochondres. Dépourvue de squelette protecteur, sa paroi antérieure musculaire, triangulaire, est formée par les muscles grands droits venant se fixer en haut sur le processus xiphoïde et latéralement sur les rebords chondro-costaux.

Le lobe gauche du foie passe, nous l'avons déjà dit, d'un hypochondre à l'autre, de droite à gauche, recouvrant la petite courbure de l'estomac et le petit omentum. Seuls, le fond de l'estomac et l'antre apparaissent au-dessous de cet auvent hépatique, se dirigeant en sens inverse, c'est-à-dire de l'hypochondre gauche vers le droit.

La région épigastrique n'est pas, comme les hypochondres, thoraco-abdominale à proprement parler, mais seulement abdominale d'où son nom de cœliaque, c'est-à-dire du « ventre ».

Le foie s'étant dégagé de l'hypochondre droit apparaît dans la région épigastrique sous les muscles droits de l'abdomen. Son bord inférieur croise obliquement la paroi suivant une ligne allant de l'extrémité antérieure de la 10e côte droite à l'extrémité antérieure du 7e espace intercostal gauche.

Le lobe gauche comme le lobe droit occupe ainsi une place importante dans la région épigastrique, il barre sa partie supérieure. Sa convexité moins saillante que celle du lobe droit présente l'empreinte cardiaque, il répond en effet au cœur par l'intermédiaire du centre phrénique.

En arrière, la face postérieure du lobe gauche présente, dans la région cœliaque, son champ moyen, c'est le lobe caudé, l'aorte y marque son empreinte. Ce champ hépatique est limité à gauche par le sillon du ligament veineux et l'insertion du petit omentum, il répond au pilier droit du diaphragme. Au-delà du ligament veineux, plus à gauche, c'est la gouttière de l'œsophage qui forme avec le diaphragme le canal hépato-diaphragmatique de l'œsophage (Delmas et Roux).

Sur la face supérieure du foie, on retrouve le ligament suspenseur qui limite à droite l'espace de glissement inter-hépato-phrénique gauche. Cet espace s'ouvre largement en bas vers la région cœliaque au-dessous du ligament triangulaire et, en dehors vers le récessus subphrénique gauche.

La face inférieure du foie recouvre, partiellement, nous l'avons dit, les organes de la région cœliaque. En arrière, le hile du foie s'étend transversalement entre l'extrémité de la fosse de la vésicule biliaire et le sillon de la veine ombilicale. Ces deux sillons antéro-postérieurs limitent le lobe carré. Celui-ci recouvre l'antre, le pylore et le partie supérieure du duodénum.

Le côlon transverse, mobile, et son méso forment le plancher de la région épigastrique, sur lequel repose la partie horizontale de l'estomac visible au-dessous du bord inférieur du foie.

La face inférieure du foie recouvre encore le petit omentum incliné en haut et en arrière. Il va de la petite courbure de l'estomac, du pylore et de la partie supérieure du duodénum jusqu'au hile du foie où il se termine.

En arrière du petit omentum se trouve le récessus omental inférieur, diverticule central épigastrique de la cavité péritonéale. Sa paroi postérieure recouvre le tronc cœliaque et ses branches.

Le récessus omental inférieur communique avec la grande cavité péritonéale par le foramen omental (fig. 311). Le récessus omental inférieur est divisé en deux parties, le vestibule et le récessus omental inférieur proprement dit, par deux replis séreux soulevés par les artères gastrique gauche en haut et hépatique commune en bas. Ces replis limitent un orifice, le foramen bursae omentalis qui fait communiquer le vestibule avec le récessus omental inférieur.

Le foramen omental est une fente allongée en haut et en bas, ouverte sur la grande cavité péritonéale à droite. Le bord droit du petit omentum ayant dans son épaisseur le pédicule hépatique le limite en avant ; le relief de la veine cave infé-

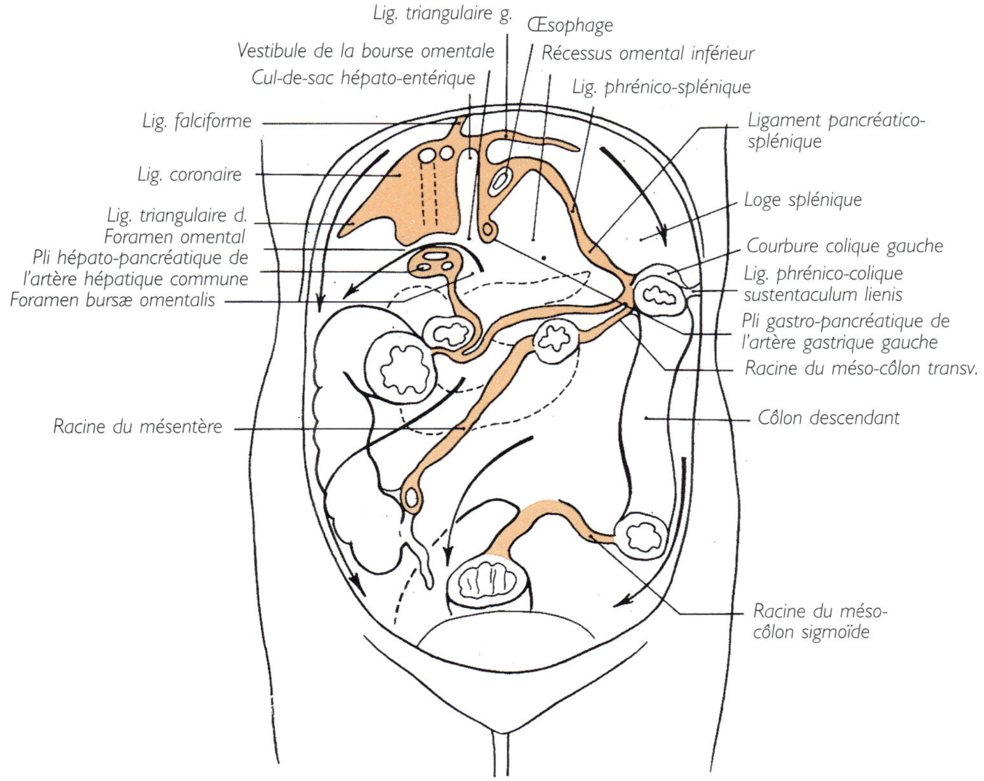

Fig. 311 ▪ La grande cavité péritonéale et ses diverticules.

rieure le limite en arrière, le tubercule caudé du lobe caudé en haut, l'angle de réflexion du péritoine pariétal sur le petit omentum en bas ; cet angle répond à l'union des parois supérieure et postérieure de la partie supérieure du duodénum.

Le foramen bursae omentalis est limité : en arrière et en haut, par le pli gastro-pancréatique de l'artère gastrique gauche ; en arrière et en bas, par le pli hépato-pancréatique de l'artère hépatique commune ; en avant, par la petite courbure de l'estomac.

Le vestibule s'étend du foramen omental au foramen bursae omentalis. Sa paroi antérieure est constituée par le petit omentum, sa paroi postérieure par la paroi abdominale postérieure, entre la veine cave inférieure et les replis des artères gastrique gauche et hépatique commune. Le vestibule s'élargit progressivement de bas en haut. Il émet à sa partie supérieure un prolongement qui s'enfonce en arrière du foie, entre le lobe caudé et le diaphragme, jusqu'au ligament coronaire.

Le récessus omental inférieur proprement dit s'étend, de droite à gauche, du foramen bursae omentalis au hile de la rate. Il est limité en haut par la réflexion du péritoine pariétal sur le revêtement séreux de l'estomac, en bas, par la soudure des deux lames du grand omentum. La paroi antérieure du récessus omental inférieur répond en haut à la face postérieure de l'estomac, en bas, au-dessous de la grande courbure, aux feuillets antérieurs du grand omentum. La paroi postérieure du récessus omental inférieur est en rapport avec le corps et la queue du pancréas puis avec le rein, la glande suprarénale gauche et le diaphragme.

Le fond de la région cœliaque est formé par la moitié inférieure de la 11e vertèbre thoracique, par la 12e et la première vertèbre lombale, cette vertèbre étant recouverte par les piliers du diaphragme et flanquée des glandes suprarénales.

L'aorte émerge entre les deux piliers du diaphragme et donne immédiatement les artères phréniques inférieures, puis le tronc cœliaque. Celui-ci s'y divise en 3 artères gastrique gauche, splénique et hépatique commune. De chaque côté, le tronc cœliaque est entouré par les ganglions semi-lunaires dont les cornes médiales reçoivent une branche du nerf vague droit et les cornes latérales, les nerfs grands et petits splanchniques, le ganglion droit recevant encore la branche abdominale du nerf phrénique droit.

La veine splénique croise l'aorte abdominale au-dessous du tronc cœliaque, est rejointe par la petite veine mésentérique et constitue en s'unissant à la grande veine mésentérique en arrière du pancréas, la veine porte.

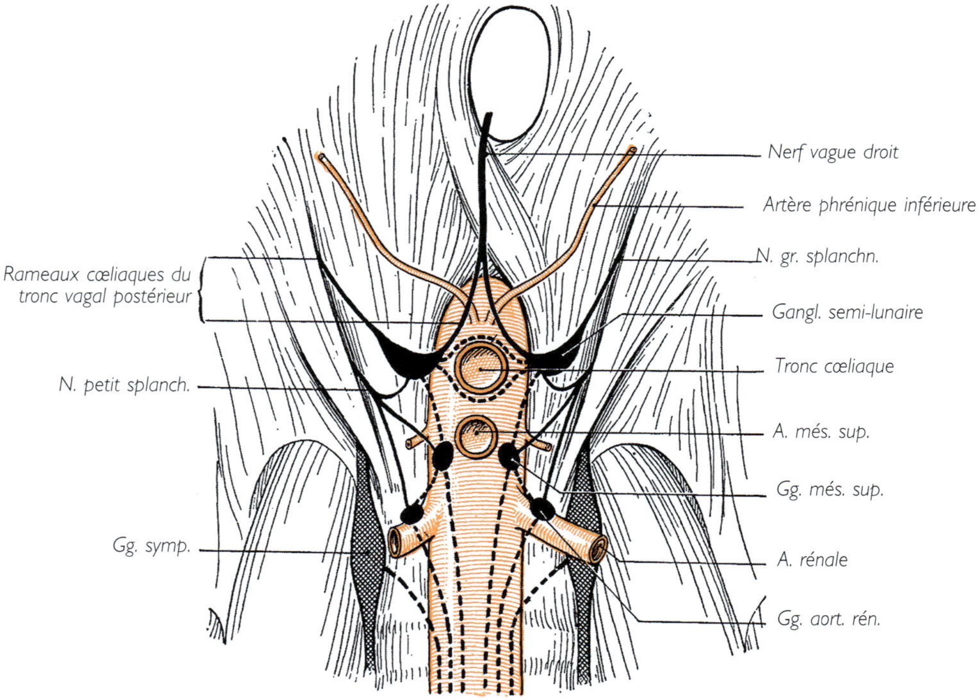

Fig. 312 ▪ Le plexus solaire.

Des ganglions juxta et préaortiques entourent aussi le tronc cœliaque se rendant à la citerne du chyle, en arrière de l'aorte abdominale.

À 10 mm au-dessous du tronc cœliaque, l'artère mésentérique supérieure naît en regard de la 1e vertèbre lombale, elle s'enfonce au-dessous de l'isthme du pancréas, nous la retrouverons à l'étage sous-mésocolique.

Le pancréas est le dernier élément de la région. La tête, mais surtout le col et le corps de la glande apparaissent dans le fond du récessus omental inférieur au-dessus du mésocôlon transverse qui croise sa face antérieure tapissée par le péritoine (fig. 313).

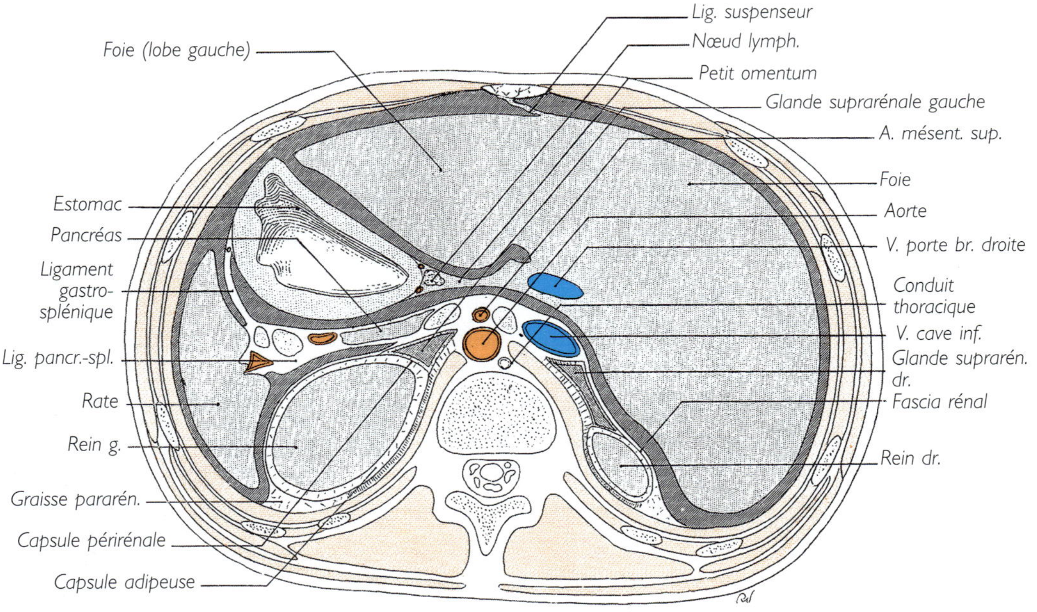

Fig. 313 ▪ Coupe horizontale de l'abdomen passant en L_1-L_2.

L'extrémité gauche du récessus omental inférieur est constituée : en arrière par le ligament pancréatico-splénique dans lequel cheminent les vaisseaux spléniques ; en avant, par le ligament gastro-splénique qui livre passage aux vaisseaux courts et à l'artère gastro-omentale gauche. Le long du hile de la rate, le feuillet interne du ligament gastro-splénique se continue avec le feuillet antérieur du ligament pancréatico-splénique.

E. Étage sous-mésocolique.

Il s'étend au-dessous de la racine du mésocôlon transverse qui croise la partie descendante du duodénum, la tête du pancréas et remonte légèrement au-dessous du col, du corps et de la queue du pancréas jusqu'à l'angle gauche des côlons. Ce méso est plus ou moins étendu suivant les dimensions du côlon transverse. Lorsque celui-ci est long, il retombe, encapuchonnant les anses grêles, lorsque le côlon transverse est haut situé, le tablier du grand omentum recouvre ces mêmes anses (fig. 311).

La région sous-mésocolique est barrée en diagonale par la racine du mésentère et au-dessus du bassin par la racine du côlon sigmoïde. La racine du mésentère va de la courbure dudéno-jéjunale, à gauche et en haut, à la jonction iléo-cæcale.

1. Région profonde sous-mésocolique et sus-mésentérique. La région sous-mésocolique est ainsi divisée en deux étages inégaux par la racine oblique en bas et à droite du mésentère.

L'étage supérieur, sus-mésentérique, est une dépendance de la grande cavité péritonéale située entre le mésocôlon transverse, le côlon transverse, qui retombent sur les anses grêles d'une part, et la face droite godronée du mésentère d'autre part. D'abord large à droite, entre la courbure colique droite des côlons et la terminaison de la racine du mésentère, le fond de la région devient plus étroit à mesure qu'il se poursuit vers la gauche et que l'on atteint son extrémité en dedans de la courbure dudéno-jéjunale. Les anses iléales, verticales, plus superficielles occupent la partie droite de l'étage sous-mésocolique, en cachant le fond.

Celui-ci répond d'abord au mésocôlon ascendant accolé, puis au fascia d'accolement prépancréatique et à la 2e et à la 3e vertèbres lombales, au-devant desquelles se situent l'aorte abdominale et à sa droite la veine cave inférieure ; les artères mésentériques supérieure et inférieure se détachant de l'aorte de part et d'autre de la partie horizontale du duodénum plaquée sur la 3e ou la 4e vertèbre lombale.

L'artère mésentérique supérieure est née certes un peu au-dessus de l'étage sous-mésocolique en regard de L1, mais dès qu'elle émerge au-dessous de l'isthme du pancréas, elle croise en avant son processus uncinatus et la partie horizontale du duodénum, pénètre à la fois dans l'étage sous-mésocolique et dans la racine du mésentère. C'est là son segment fixe.

L'artère mésentérique inférieure tire son origine de l'aorte en regard de la 3e vertèbre lombale, derrière la partie horizontale du duodénum, celle-ci est ainsi enserrée dans la pince artérielle intermésentérique (fig. 314 et 311), et sort rapidement de la région.

La grande veine mésentérique suit un chemin inverse de l'artère homologue, la longe, passe en avant d'elle, et vient se placer à sa droite dans l'épaisseur du mésentère.

2. Régions ombilicale et pubique. L'étage sous-mésocolique correspond superficiellement aux régions ombilicale et pubique de la paroi abdominale, aux fosses iliaques, et aux régions latérales de l'abdomen droites et gauches. Ces régions s'étendent en avant et en haut à partir d'une ligne horizontale unissant l'extrémité des dixièmes côtes au bord supérieur du pubis, en arrière leur plan profond corres-

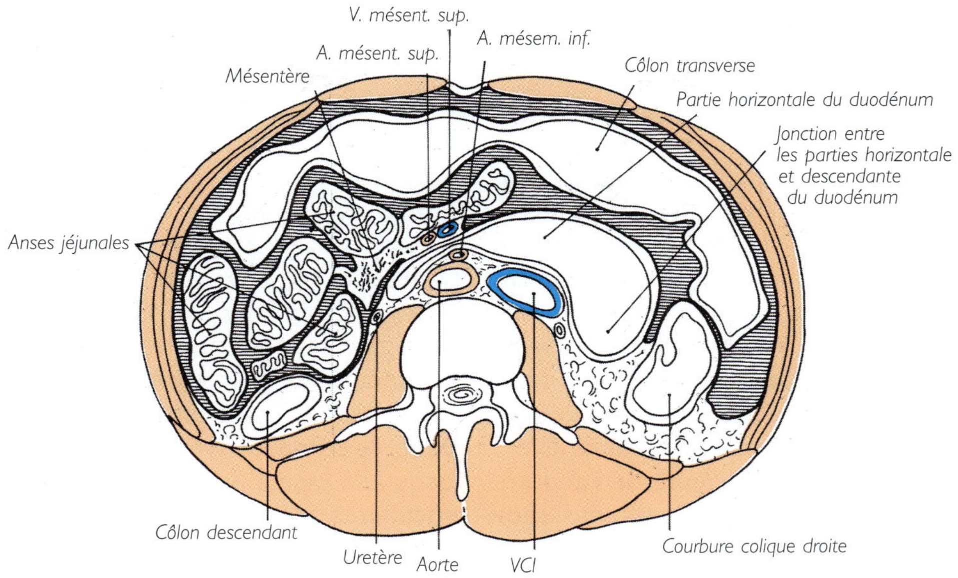

Fig. 314 ▪ Coupe horizontale de l'abdomen passant en L_4.

pond aux 4e et 5e vertèbres lombales et à la terminaison de l'aorte abdominale, à l'origine de la veine cave inférieure. Les deux régions médianes sont donc beaucoup plus hautes en avant qu'en arrière. Les régions latérales bordent la région ombilicale, les régions inguinales, la région pubique.

La région ombilicale et la région pubique sont occupées par les anses grêles. Leur masse appendue au mésentère remplit la grande cavité péritonéale, au-dessous du mésocôlon transverse jusqu'au pelvis.

Comme le cæcum et le côlon ascendant sont logés dans la région inguinale droite et contre la région latérale droite, le côlon iliaque dans la région inguinale gauche, les anses grêles occupent, sous la paroi, la partie gauche de l'abdomen recouvrant le côlon descendant petit et profond, elles débordent ainsi sur la région latérale gauche.

Les anses grêles sont reliées à la paroi postérieure par le mésentère, celui-ci est épais et plissé, comme les anses grêles, le long de son bord intestinal, tandis que son bord adhérent est plus court, rectiligne et oblique.

Les anses jéjunales ont une direction horizontale, les premières sont recouvertes par le côlon transverse qui bascule sur elles. Les anses iléales, verticales, viennent se placer au-dessous des précédentes, dans la large cavité du grand bassin au-dessus du mésocôlon sigmoïde.

En arrière du péritoine, l'aorte se divise en artères iliaques primitives droite et gauche au niveau de la 4e vertèbre lombale. La veine cave inférieure se situe à sa droite, elle résulte de la confluence des veines iliaques primitives.

3. Région inguinale droite et région latérale droite. Le cæco-appendice et le côlon droit occupent la région inguinale droite et la région latérale droite. L'un et l'autre sont volumineux, d'un calibre plus important que le côlon gauche et plus superficiels. Ils occupent le dièdre formé par le muscle psoas en dedans, le muscle iliaque en arrière, les muscles pariétaux les recouvrant en avant.

Le côlon droit est le plus souvent entièrement accolé à la paroi postérieure par la coalescence du feuillet droit et de son méso au péritoine pariétal. Cette adhérence le rend fixe. Le péritoine pariétal parti de la région latérale droite, arrive au bord droit du côlon, forme avec lui une rainure ou même lorsque le cæcum et le côlon sont dilatés, une gouttière verticale qui poursuit vers le bas l'espace inter-phréno-hépatique droit. Le péritoine tapisse le cæcum et le côlon, arrive à leur bord médial et revêt la paroi postérieure de l'abdomen jusqu'à la racine du mésentère. Les vaisseaux coliques, l'uretère et les vaisseaux testiculaires sont situés au-dessous de lui.

L'adhérence du péritoine n'est pas cependant complète, le cæcum n'est pas accolé, il laisse derrière lui un cul-de-sac péritonéal, le récessus rétro-cæcal.

4. Région inguinale gauche et région latérale gauche. L'une et l'autre sont occupées par le côlon gauche, recouvertes par la masse des anses grêles qui vient s'interposer comme nous l'avons dit entre la paroi abdominale antéro-latérale et lui.

Le côlon gauche descend depuis la courbure colique gauche des côlons. Plus haute et plus profonde que la courbure colique droite, la courbure colique gauche siège dans l'hypochondre gauche.

Le segment ascendant du côlon transverse recouvre en avant l'origine du côlon descendant. Comme le côlon droit, le côlon gauche est entièrement accolé à la paroi postérieure de l'abdomen. Il est de petit calibre et profond, plus difficile à palper à travers la paroi abdominale que le côlon droit.

La région inguinale gauche proprement dite est occupée par le côlon ilio-pelvien, ou plus exactement par le côlon iliaque qui reste fixe jusqu'à la racine du mésocôlon sigmoïde dont la partie transversale s'attache au détroit supérieur.

5. Plancher de la cavité abdominale. Lorsque le côlon ilio-pelvien est court, la cavité abdominale se continue dans celle du pelvis minor qui peut contenir des anses grêles. Lorsqu'il est long, le méso-sigmoïde ferme en bas la cavité abdominale et en constitue le plancher. Ce méso-sigmoïde forme ainsi le couvercle du pelvis minor, couvercle mobile, permettant à la grande cavité de communiquer avec l'excavation pelvienne.

ORGANES DE LA RÉGION LOMBALE ET DU PELVIS MINOR

La région postérieure de l'abdomen, ou région lombale, constitue une entité anatomique : non seulement sa paroi diffère de la paroi antéro-latérale mais elle recouvre des viscères rétro-péritonéaux qui ont une origine et une signification particulières. La cavité abdominale est occupée par les organes de l'appareil digestif, les viscères retro-péritonéaux appartiennent à l'appareil urinaire dont le réservoir, la vessie, est contenu dans le pelvis minor. L'embryologie rapprochant les organes génitaux et urinaires, il est légitime, aussi bien du point de vue descriptif que topographique, de grouper organes génitaux et urinaires dans une même partie de cet ouvrage.

La topographie nous incite à décrire ici encore les glandes suprarénales. Bien que n'appartenant pas à l'appareil génito-urinaire, les glandes suprarénales doivent être placées dans ce chapitre en raison de leurs rapports avec les parois et les organes de la région lombale.

Nous étudierons successivement les parois de la région lombale, le péritoine de l'appareil urogénital, les glandes suprarénales, l'appareil urinaire, l'appareil génital et terminerons ce chapitre par celui de la topographie du pelvis minor et du plancher périnéal.

I. PAROI POSTÉRIEURE DE L'ABDOMEN

La paroi postérieure de l'abdomen se compose d'une région vertébrale et des régions lombo-iliaques.

RÉGION VERTÉBRALE

La région vertébrale de la paroi abdominale postérieure fait suite à la région vertébrale du thorax, de même que celle-ci succède à la région de la nuque. Elle comprend la colonne vertébrale et les parties molles qui la recouvrent en arrière.

Ces parties molles sont constituées par la peau, un pannicule adipeux, un fascia superficialis, une couche de tissu cellulaire sous-cutané et par les plans musculaires de la région postérieure du tronc.

La colonne vertébrale contient dans le canal vertébral : la moelle spinale, les méninges spinales, les plexus veineux vertébraux internes et les racines des nerfs spinaux depuis leur origine jusqu'à leur entrée dans le foramen intervertébral.

La moelle spinale, dont le diamètre est bien plus petit que celui du canal vertébral, n'occupe pas l'axe de ce canal, mais tend à prendre la direction de la corde des courbures de la colonne vertébrale. Elle se termine à la hauteur de la deuxième vertèbre lombale.

De la moelle se détachent les racines des nerfs spinaux.

Elle est entourée par les *méninges spinales*, qui limitent entre elles les espaces sus- et sous-arachnoïdiens : dure-mère, arachnoïde, pie-mère (voir t. IV).

A. **Foramens intervertébraux.**

Le canal vertébral est en connexion avec les foramens intervertébraux.

Les foramens intervertébraux sont limités : en haut et en bas, par les pédicules des vertèbres ; en avant, par le disque intervertébral correspondant et par la partie des corps vertébraux comprise entre le disque et les pédicules sus et sous-jacents ; en arrière, par le processus articulaire inférieur de la vertèbre situé au-dessus du foramen intervertébral et par le processus articulaire supérieur de la vertèbre sous-jacente.

Les foramens intervertébraux livrent passage aux racines des nerfs spinaux, au rameau spinal des artères voisines, à des veines, à des lymphatiques, au rameau méningé des nerfs spinaux. Une graisse molle, fluide, entoure ces organes et remplit les interstices qui les séparent les uns des autres.

Les *racines des nerfs spinaux* s'unissent entre elles à l'extrémité externe du foramen intervertébral. Sur le trajet de la racine postérieure se trouve le ganglion spinal. D'une manière générale, les ganglions spinaux sont placés dans le foramen intervertébral, à l'exception des ganglions des nerfs sacraux qui siègent dans le canal vertébral.

Les racines des nerfs spinaux sont accompagnées dans les foramens intervertébraux : 1° par la *pie-mère*, qui se confond avec leur névrilème ; 2° par la *dure-mère*, qui, à l'orifice externe du foramen intervertébral, s'unit en partie au périoste, en partie au névrilème du nerf spinal ; 3° par l'*arachnoïde spinale*, qui limite avec la dure-mère, autour des racines, un prolongement de l'espace sus-arachnoïdien ; profondément, l'arachnoïde se perd rapidement dans le névrilème des racines (Forestier) et limite ainsi, vers le foramen intervertébral, l'espace sous-arachnoïdien ; 4° par l'*artère spinale* ; celle-ci se détache, selon la région, des artères vertébrale, cervicale ascendante, intercostales ou lombales. Dès son entrée dans le foramen intervertébral elle perfore la dure-mère et aborde le nerf au point de jonction de ses deux racines (Tanon).

Les *veines* forment le *plexus du foramen intervertébral*. Celui-ci fait communiquer les plexus veineux vertébraux internes avec les veines et les plexus veineux vertébraux externes. Il est appliqué contre la paroi du foramen intervertébral, mais la plus grande partie du plexus est en avant des racines des nerfs spinaux (Charpy).

Le *rameau méningé des nerfs spinaux* pénètre dans le canal vertébral en passant en avant des racines du nerf spinal et de leur gaine. Il est plus ou moins perdu dans les veines antérieures du foramen intervertébral.

RÉGION LOMBO-ILIAQUE

Cette région est limitée : en haut, par la douzième côte ou, plus exactement, par le ligament arqué médial et le ligament arqué latéral ; en dehors, par le bord externe du muscle carré des lombes ; en bas, par la crête iliaque ; en dedans, par les corps vertébraux.

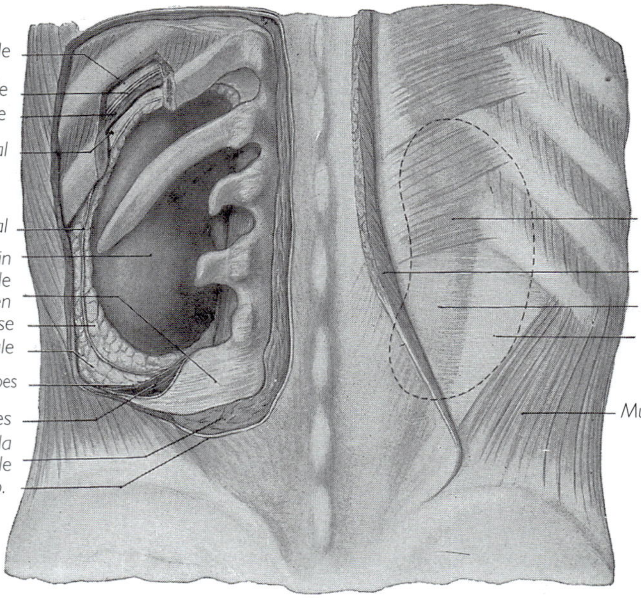

Fig. 315 ▪ La région lombo-iliaque et le triangle lombo-costo-abdominal (Grynfelt).

▪ **CONSTITUTION.** Au-dessous des plans superficiels, qui présentent la même disposition que dans la région vertébrale, les muscles et fascias sont répartis d'avant en arrière en trois groupes : antérieur, moyen et postérieur.

a) GROUPE MOYEN. Il est formé par le fascia d'insertion postérieure du *muscle transverse de l'abdomen*, que renforce en haut le ligament lombo-costal (Henle), et par les *muscles inter-transversaires.*

b) GROUPE ANTÉRIEUR. En avant du fascia du muscle transverse se trouvent deux muscles, les muscles carré des lombes et psoas (fig. 315).

Le muscle *carré des lombes* est compris entre le fascia du muscle transverse et son propre fascia de revêtement qui recouvre sa face antérieure. En avant du muscle et de son fascia cheminent le douzième nerf intercostal et les nerfs ilio-hypogastriques ; en arrière, les vaisseaux lombaux.

Le *muscle psoas* est en avant et en dedans du muscle carré des lombes. Il s'unit en bas au muscle *iliaque* qui recouvre la fosse iliaque. Le muscle iliopsoas ainsi formé est revêtu par le *fascia iliaca*. Cependant celui-ci est séparé du muscle par une mince couche de tissu celluleux très lâche.

Le muscle iliopsoas est traversé, dans l'intervalle compris entre la partie qui naît des processus costiformes et celle qui s'attache aux corps vertébraux et aux disques intervertébraux : par le plexus lombal, par la veine lombale ascendante et aussi par les vaisseaux lombaux qui passent avec les rameaux communicants du nerf sympathique, sous les arcades que forment les insertions du muscle psoas sur les corps vertébraux.

c) GROUPE POSTÉRIEUR. Ce groupe musculaire est placé en arrière du fascia du muscle transverse et des processus costiformes. Il comprend : ❑ 1° les *muscles érecteurs de la colonne vertébrale* qui remplissent les gouttières vertébrales et débordent sur le fascia du muscle transverse ; c'est dans ces muscles que l'on trouve les ramifications principales des branches postérieures des artères et des nerfs lombaux ; ❑ 2° en arrière des muscles érecteurs de la colonne vertébrale, le *ligament gastro-splénique* en haut, le *muscle oblique interne de l'abdomen* en bas ; ❑ 3° le *muscle latissimus dorsi* et son fascia tendineux d'attache, le *fascia thoraco-lombal,* qui recouvrent tous les muscles précédents (fig. 68, et fig. 69).

Le muscle latissimus dorsi peut étendre ses attaches à la crête iliaque jusqu'à l'insertion du muscle oblique externe, ou bien s'arrêter en dedans de ce dernier. Dans ce dernier cas, le bord externe du muscle latissimus dorsi, oblique en haut et en dehors, croise, à quelque distance au-dessus de l'os coxal, le bord postérieur du muscle oblique externe et dessine avec lui un triangle dont la base est formée par le segment de crête iliaque compris entre les attaches des deux muscles ; c'est le *triangle lombal.*

Le fascia thoraco-lombal se modèle sur les muscles sous-jacents ; il épouse toutes leurs irrégularités, en sorte qu'il est soulevé en dedans par les muscles spinaux et dessine le long du bord externe de ces muscles une dépression allongée de haut en bas et que les téguments reproduisent ; c'est le *sillon lombal.*

Le sillon lombal ne s'efface jamais, car le fascia lombal est uni aux plans musculo-fasciaux sous-jacents par de solides tractus conjonctifs.

■ **TRIANGLE LOMBO-COSTO-ABDOMINAL (GRYNFELT).** Le bord postérieur du muscle oblique interne en dehors, le bord externe des muscles érecteurs de la colonne vertébrale en dedans, le muscle dentelé postérieur supérieur, ainsi que la douzième côte en haut, limitent un espace triangulaire ou quadrilatère, selon que le muscle petit dentelé empiète ou non sur l'angle formé par les muscles érecteurs de la colonne vertébrale avec la douzième côte.

Dans l'aire de cet espace, appelé *triangle lombo-costo-abdominal* ou *triangle de Grynfelt,* le fascia du muscle transverse est directement recouvert par le muscle latissimus dorsi. C'est un point faible de la paroi et une région herniaire (fig. 86).

Cependant la résistance de la paroi dans le triangle lombo-costo-abdominal n'est pas la même partout. En effet, le muscle carré des lombes recouvre la face antérieure du fascia du muscle transverse dans la partie interne du triangle, tandis qu'en dehors du muscle carré des lombes la paroi abdominale est uniquement constituée par le fascia du muscle transverse, recouvert en arrière par le muscle latissimus dorsi. Cette seconde zone du triangle de Grynfelt est le véritable point faible de la région, d'autant plus que le fascia du muscle transverse y présente un ou deux orifices vasculo-nerveux qui diminuent encore la résistance de la paroi (fig. 86 et 315).

DÉVELOPPEMENT DES ORGANES GÉNITO-URINAIRES. ÉVOLUTION DU PÉRITOINE CORRESPONDANT

A. Allantoïde et péritoine vésical.

CLOISONNEMENT DU CLOAQUE. À un certain stade du développement, l'extrémité inférieure de l'intestin est un confluent, le *cloaque*, dans lequel s'ouvrent : ❑ en avant, l'allantoïde ; ❑ sur les côtés, les canaux mésonéphrotiques et les conduits paramésonéphrotiques, dont nous dirons plus loin la signification et la destinée.

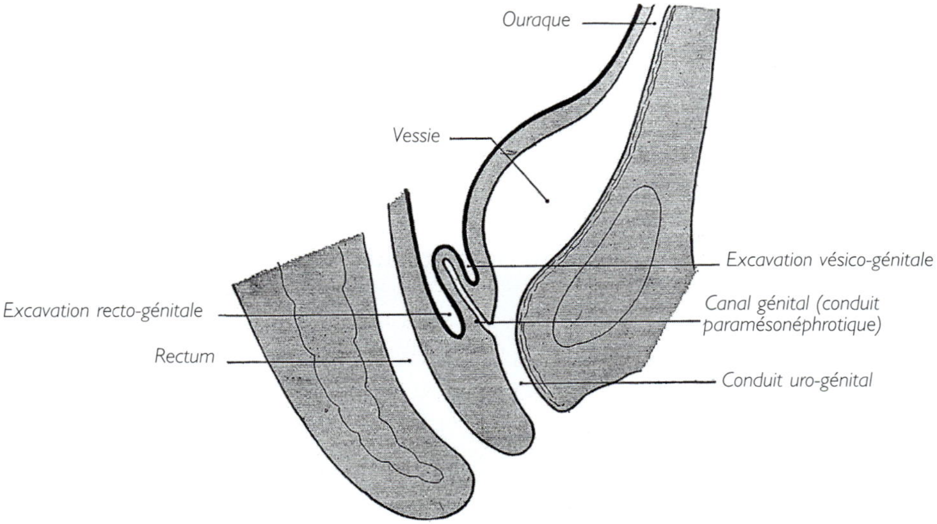

Fig. 316 ▪ Coupe sagittale demi-schématique du bassin, montrant le mode de formation des excavations vésico-génitale et recto-génitale.

Le repli allantoïdien, qui sépare l'allantoïde de l'intestin, s'accroît de haut en bas. Son bord libre, appelé *pli uro-génital* ou *éperon périnéal*, descend transversalement, comme un rideau, dans le cloaque qu'il divise en deux parties : l'une, antérieure, qui se continue avec l'allantoïde, l'autre, postérieure, intestinale (fig. 219). ❑ Bien entendu, le diverticule péritonéal contenu dans le repli allantoïdien descend avec le repli allantoïdien dans le cloaque et forme un cul-de-sac péritonéal qui sépare l'intestin de l'allantoïde.

Quand le cloisonnement du cloaque est terminé, c'est la partie antérieure de celui-ci, appelée *sinus uro-génital*, qui reçoit sur ses parois latérales les canaux méso-néphrotiques et les conduits paramésonéphrotiques. Les orifices d'abouchement de ces canaux permettent alors de distinguer au sinus uro-génital deux segments : ❑ l'un, situé au-dessus des orifices des canaux mésonéphrotiques, constitue le *conduit urétro-vésical* ; ❑ l'autre, situé au-dessous, est appelé *conduit uro-génital* (Tourneux) (fig. 316).

■ ÉVOLUTION DU CONDUIT URÉTRO-VÉSICAL

a) FORMATION DE LA VESSIE URINAIRE ET DE L'OURAQUE. Le conduit urétro-vésical et l'allantoïde qui est au-dessus de ce conduit se développent inégalement. L'allantoïde se rétrécit, puis s'oblitère dans sa partie supérieure et forme ainsi, d'abord un canal étroit, puis un cordon fibreux tendu de l'ombilic au sommet de la vessie ; ce cordon fibreux est appelé *ouraque*. Le conduit urétro-vésical se rétrécit également à son extrémité inférieure, où il donne naissance : chez la femme, à l'urètre tout entier ; chez l'homme au segment de l'urètre compris entre le col de la vessie et les orifices des canaux éjaculateurs, qui représentent les orifices des canaux mésonéphrotiques. Le segment intermédiaire à l'ouraque et à l'urètre se dilate et constitue la vessie (fig. 316).

b) CONNEXIONS DE LA VESSIE ET DE L'OURAQUE AVEC LE PÉRITOINE. L'ouraque et la vessie, longés de chaque côté par les artères ombilicales, proéminent dans la cavité abdominale. L'un et l'autre soulèvent le péritoine et s'en forment une gaine reliée à la paroi abdominale antérieure par un court méso médian, le *méso allontoïdien*. Celui-ci prend, le long de la vessie, le nom de *mésocyste*. ❑ Le méso allantoïdien sépare l'un de l'autre deux culs-de-sac latéraux préallantoïdiens ou prévésicaux (fig. 317).

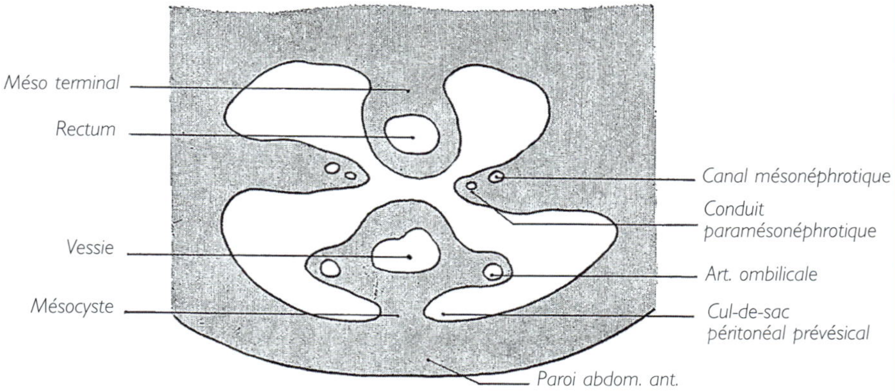

Fig. 317 ■ Coupe transversale du bassin d'un embryon avant la disparition du mésocyste (demi-schématique).

Plus tard, le méso et les culs-de-sac disparaissent ; la vessie et l'ouraque sont unis à la paroi par toute leur face antérieure. Cette dernière transformation est due à la soudure entre eux des feuillets séreux qui forment les parois de ces culs-de-sac ; le fascia ombilico-prévésical représente le fascia d'accolement résultant de la soudure de ces feuillets (Cunéo et Veau, Barbilian).

B. Organes génitaux et péritoine.

MÉSONÉPHROS. CRÊTE GÉNITALE. CANAUX MÉSONÉPHROTIQUES ET CONDUITS PARAMÉSONÉPHROTIQUES, CORDON URO-GÉNITAL. Les *mésonéphros* ou reins primordiaux sont des organes allongés verticalement sur la paroi abdominale postérieure, de chaque côté de la ligne médiane (fig. 318, A). Ces organes sont essentiellement constitués par une série de canalicules tortueux placés transversalement les uns au-dessus des autres. Ces canalicules, appelés *tubules mésonéphrotiques*, s'ouvrent par leur extrémité externe dans un canal collecteur appelé *canal mésonéphrotique* (fig. 318, A) ; leur extrémité interne est en rapport avec un glomérule vasculaire.

Sur la partie supérieure et interne des mésonéphros, se dresse une saillie également verticale, la *crête génitale*. La présence de la crête génitale permet de distinguer au mésonéphros deux parties : l'une, supérieure, *génitale*, en rapport avec la crête génitale ; l'autre inférieure, ou *urinaire*, sous-jacente à la précédente (fig. 319, A).

Sur la partie antérieure et externe des mésonéphros courent, de haut en bas, deux conduits appelés *canal mésonéphrotique* et *conduit paramésonéphrotique*. À l'extrémité inférieure du mésonéphros, ces deux canaux s'inclinent en dedans et descendent vers l'extrémité caudale de l'embryon en se rapprochant de plus en plus de la ligne médiane. Ils s'ouvrent en bas, d'abord sur la paroi latérale du cloaque ; puis, quand le cloaque est cloisonné, sur la paroi latérale du sinus uro-génital, à l'union des conduits urétro-vésical et uro-génital (fig. 316).

Le canal mésonéphrotique et le conduit paramésonéphrotique forment ensemble un cordon en relief sur le mésonéphros ou la paroi ; on l'appelle *cordon uro-génital* (fig. 317 et 318, A).

Dans le cordon uro-génital, le canal mésonéphrotique et le conduit paramésonéphrotique sont toujours côte à côte ; mais leur position réciproque change de haut en bas. Tout le long du mésonéphros, le conduit paramésonéphrotique est en avant et un peu en dehors du canal mésonéphrotique (fig. 318). Arrivé à l'extrémité inférieure du mésonéphros, le conduit paramésonéphrotique se place en dedans du canal mésonéphrotique et descend sur son côté interne jusqu'à sa terminaison (fig. 319). Le conduit paramésonéphrotique est ouvert à ses deux extrémités : en bas, dans le conduit uro-génital ; en haut, dans la cavité péritonéale. Ce dernier orifice, évasé en forme d'entonnoir, siège au niveau de l'extrémité supérieure du mésonéphros.

RAPPORTS DU MÉSONÉPHROS, DE LA CRÊTE GÉNITALE ET DU CORDON URO-GÉNITAL AVEC LE PÉRITOINE. Le mésonéphros fait saillie dans la cavité péritonéale et il est relié à la paroi abdominale postérieure par un court méso, le méso du *mésonéphros,* qui s'étend sur toute la hauteur de son bord postérieur (fig. 318).

L'éminence génitale et le cordon uro-génital qui sont en relief sur le mésonéphros et saillants comme lui dans la cavité péritonéale sont à leur tour reliés au revêtement péritonéal du mésonéphros par deux mésos : le *méso testis* ou *mésovarium* pour l'éminence génitale, le *méso uro-génital* pour le cordon (fig. 318, A).

Au-dessous du mésonéphros, le méso uro-génital se continue jusqu'à l'extrémité inférieure du cordon uro-génital et relie celui-ci à la paroi (fig. 317).

Le méso uro-génital et le méso du mésonéphros sont prolongés vers le haut par un repli qui s'étend au-dessus du mésonéphros jusqu'au diaphragme. Ce repli

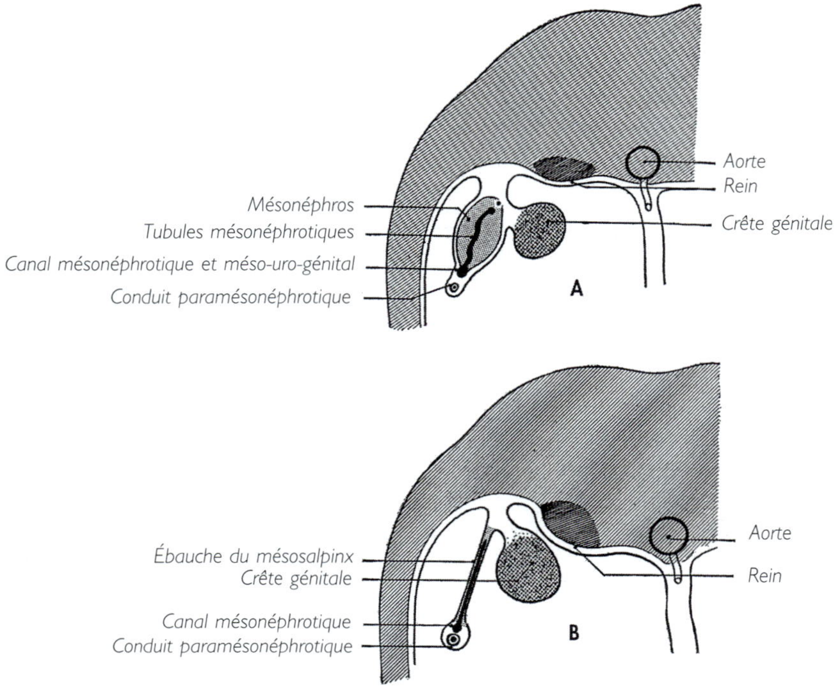

Fig. 318 ▪ Coupes transversales schématiques montrant deux stades successifs du développement du mésonéphros et de la crête génitale chez la femme : *A*, avant l'atrophie du mésonéphros ; — *B*, après que cette atrophie se soit produite.

contient dans son épaisseur quelques éléments musculaires lisses. On lui donne le nom de *ligament diaphragmatique* (fig. 319, A).

L'extrémité inférieure du mésonéphros est également reliée à la région inguinale de la paroi abdominale par un autre repli péritonéal qui porte le nom de *ligament inguinal* (fig. 319, A). Ce repli contient des éléments conjonctifs et musculaires lisses qui forment le *gubernaculum testis* (Hunter).

Le ligament inguinal et son contenu, le gubernaculum testis, sont croisés superficiellement par le cordon uro-génital. Au point de croisement, le gubernaculum testis adhère à ce cordon.

▪ **CANAL VAGINAL.** À l'extrémité inférieure du gubernaculum testis et du ligament inguinal, le péritoine émet à travers la paroi abdominale un diverticule appelé *canal vaginal du péritoine*.

Chez la femme, le canal vaginal est encore appelé *canal de Nuck*. Il est court, car il s'arrête aux grandes lèvres, et s'oblitère normalement, par soudure de ses parois, vers le quatrième mois de la vie intra-utérine.

Chez l'homme, le canal vaginal descend jusque dans les bourses, et son développement est lié, comme nous le montrerons plus loin, à la descente du testicule.

ÉVOLUTION CHEZ LA FEMME DU MÉSONÉPHROS, DE LA CRÊTE GÉNITALE, DU CORDON URO-GÉNITAL ET DU PÉRITOINE CORRESPONDANT

a) FORMATION DES LIGAMENTS LARGES DE L'UTÉRUS ET DESCENTE DE L'OVAIRE. Chez la femme, le mésonéphros s'atrophie. Sa partie génitale devient l'*époophoron* ; sa partie urinaire constitue le *paroophoron*. L'éminence génitale forme l'ovaire (comparez les schémas A, B et C de la figure 319).

Des deux éléments du cordon uro-génital, le canal mésonéphrotique s'atrophie, tandis que le conduit paramésonéphrotique persiste et constitue avec celui du côté opposé le conduit génital de la femme (fig. 319).

b) FORMATION DU CANAL UTÉRO-VAGINAL ET DU MÉSOMÉTRIUM. On peut, au point de vue de leur destinée, distinguer au cordon uro-génital, ainsi qu'aux conduits paramésonéphrotiques et canaux mésonéphrotiques qui le constituent, deux segments, l'un, supérieur, l'autre, inférieur. La limite entre ces deux segments répond à l'insertion supérieure du ligament inguinal sur le mésonéphros et sur le cordon uro-génital.

Au cours du développement, le segment inférieur du cordon uro-génital se porte de plus en plus en dedans et s'unit sur la ligne médiane, dans la cavité pelvienne, à celui du côté opposé. Les canaux mésonéphrotiques qui occupent la partie interne de chaque cordon uro-génital s'accolent, puis se fusionnent en un conduit unique, médian, le *canal utéro-vaginal*. Celui-ci, dans la suite, forme l'utérus et le vagin.

La soudure des deux conduits paramésonéphrotiques progresse de bas en haut, de l'extrémité inférieure du vagin au fond de l'utérus. Ce processus de soudure peut s'arrêter à un stade quelconque de son évolution. Il en résulte des malformations utérines et vaginales d'autant plus importantes que l'arrêt de développement a été précoce.

La partie du canal mésonéphrotique qui correspond au canal utéro-vaginal s'atrophie et devient le *conduit longitudinal del'époophoron*.

Enfin, le segment du méso uro-génital, en rapport avec le canal utéro-vaginal, s'étend transversalement entre ce canal et la paroi latérale de la cavité pelvienne et constitue le *mésométrium*. Les feuillets péritonéaux qui tapissent les faces antérieure et postérieure du mésométrium d'un côté sont reliés à ceux du côté opposé par le péritoine qui revêt les faces antérieure et postérieure du canal utéro-vaginal.

c) TROMPE UTÉRINE. DESCENTE DE LA TROMPE ET DE L'OVAIRE. Le segment supérieur du conduit paramésonéphrotique forme la trompe utérine. L'orifice supérieur du conduit paramésonéphrotique, ouvert dans la cavité péritonéale, devient le pavillon de la trompe.

Celle-ci descend avec l'ovaire, les reliquats du mésonéphros et du canal mésonéphrotique, et s'étend transversalement avec eux dans le pelvis major ou grand bassin, en dehors de la corne utérine (fig. 319, B et C). Tout se passe comme si le segment inférieur du cordon uro-génital entraînait à sa suite, en se portant en dedans, le segment supérieur de ce cordon, le mésonéphros et l'ovaire, et les attirait à la fois en dedans et en bas. En réalité, la descente de ces organes dans le grand bassin tient à de nombreuses causes que nous indiquerons plus loin à propos de la descente du testicule.

Quoi qu'il en soit, la trompe utérine, l'ovaire et les reliquats du mésonéphros, qui sont à l'origine en direction verticale, descendent et s'allongent transversalement dans le grand bassin, en dehors de la cavité pelvienne et du canal utéro-vaginal.

Dans la suite, le pelvis minor ou petit bassin s'accroît. Le canal utéro-vaginal s'enfonce dans la cavité pelvienne devenue plus profonde. En même temps il attire vers lui, c'est-à-dire en bas et en dedans, la trompe utérine, l'ovaire et les reliquats mesonéphrotiques ; et ces organes descendent dans le pelvis minor qui est devenu plus large (fig. 319, C).

d) MÉSOSALPINX ET LIGAMENT LARGE DE L'UTÉRUS. La trompe utérine, l'ovaire et le mésonéphros atrophié, entraînent avec eux, dans la cavité pelvienne, les mésos du péritoine qui les relient entre eux ou les unissent au péritoine pariétal. Mais ces mésos ont subi d'importantes transformations à la suite de l'atrophie du mésonéphros.

En effet, quand le mésonéphros s'atrophie, il s'aplatit transversalement et son revêtement péritonéal se réduit à deux feuillets qui se continuent avec ceux du méso uro-génital en avant, et du méso du mésonéphros en arrière (fig. 318, B). En définitive, la trompe utérine qui dérive du segment supérieur du conduit paramésonéphrotique se trouve dès lors reliée à la paroi par un long méso, le *mésosalpinx*, formé d'avant en arrière : 1° par le méso uro-génital ; 2° par le péritoine qui revêt les vestiges du mésonéphros ; 3° par le méso du mésonéphros.

Quand la trompe utérine a pris place dans la cavité pelvienne, le mésosalpinx se trouve placé au-dessus du mésométrium et en continuité avec lui. Ensemble, ils forment le ligament large (fig. 319, C).

La face postérieure du mésosalpinx dans la cavité pelvienne représente ce qui était la face interne du méso uro-génital et du péritoine du mésonéphros quand celui-ci était encore situé dans la cavité abdominale. Aussi l'ovaire qui, à l'origine, est uni par le mésovarium à la face interne du mésonéphros, est relié, dans la cavité pelvienne, à la face postérieure du mésosalpinx.

Le mésosalpinx contient entre ses deux feuillets les vestiges de la partie supérieure ou génitale du mésonéphros et du canal mésonéphrotique, devenus l'époophoron (voir : *Ligaments larges*).

e) LIGAMENT ROND DE L'UTÉRUS. LIGAMENT LOMBO-OVARIEN. On sait que le ligament inguinal est adhérent par son extrémité supérieure au cordon uro-génital et, par suite, au canal mésonéphrotique et au conduit paramésonéphrotique, à la limite entre les segments supérieur et inférieur de ces canaux.

Le ligament inguinal persiste chez l'adulte. Entraîné dans le bassin au cours de la descente de l'ovaire et de la trompe, il devient le ligament rond (fig. 319, C).

Le ligament diaphragmatique devient le ligament lombo-ovarien.

f) FORMATION DES EXCAVATIONS VÉSICO-UTÉRINE ET UTÉRO-RECTALE. L'utérus et les ligaments larges constituent une cloison à peu près transversale qui divise l'excavation péritonéale formée par l'abaissement du repli allantoïdien, en deux excavations secondaires, l'une, antérieure, vésico-utérine, l'autre, postérieure, ou utéro-rectale.

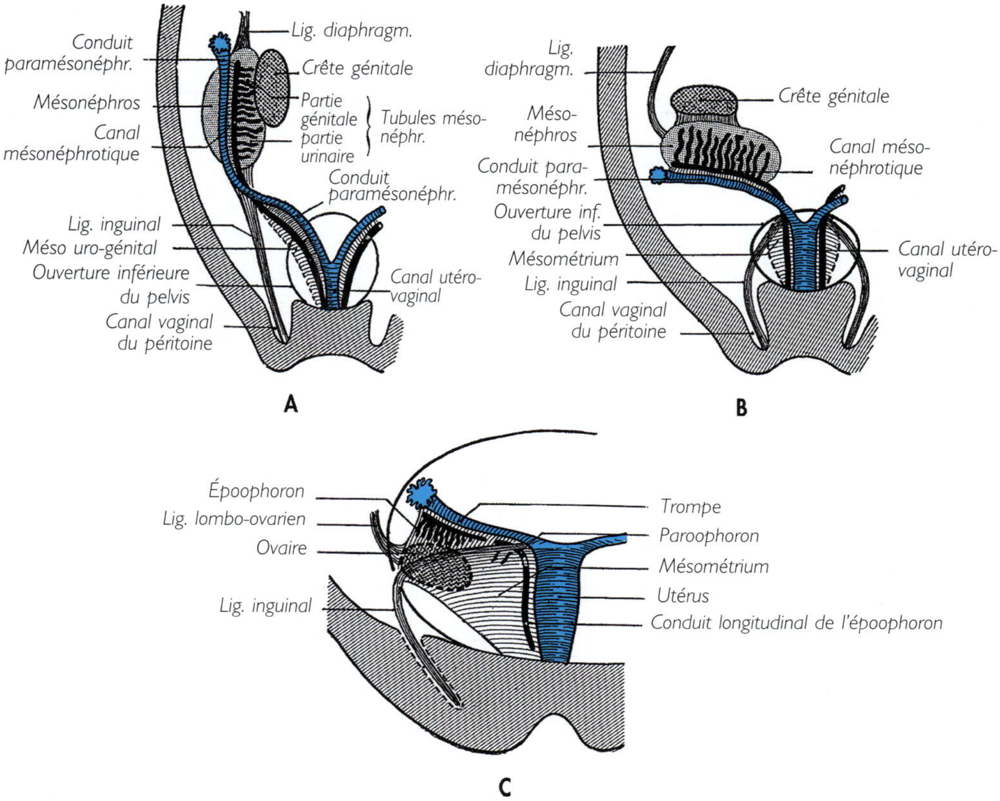

Fig. 319 ▪ Trois schémas destinés à montrer le développement des organes génitaux chez la femme.
A, avant la descente de l'ovaire. — B, l'ovaire est allongé transversalement dans le grand bassin, — C, l'ovaire est descendu dans l'excavation pelvienne

Ces excavations et surtout l'excavation vésico-utérine disparaissent en partie par soudure de bas en haut des deux feuillets séreux en présence.

■ **ÉVOLUTION CHEZ L'HOMME DU MÉSONÉPHROS, DE LA CRÊTE GÉNITALE, DU CORDON URO-GÉNITAL ET DU PÉRITOINE CORRESPONDANT.** Chez l'homme, la crête génitale forme le testicule.

Les tubules mésonéphrotiques de la partie supérieure ou génitale du mésonéphros entrent en relation avec le testicule et forment les canalicules efférents du testicule (comparez les schémas A et C de la figure 320).

Les tubules mésonéphrotiques de la portion inférieure ou urinaire du mésonéphros s'atrophient et disparaissent.

Certains cependant persistent, qui n'ont aucune connexion avec le testicule, mais restent en relation avec le canal mésonéphrotique ; ce sont les *canalicules aberrants*.

Le segment supérieur du canal mésonéphrotique, en rapport avec le mésonéphros, s'allonge, se pelotonne et constitue l'*épididyme*. Le segment inférieur de ce canal devient le *conduit déférent* (fig. 320).

Enfin le conduit paramésonéphrotique disparaît presque entièrement. Seules ses extrémités persistent. L'extrémité supérieure devient l'*appendice du testicule*, homologue du pavillon de la trompe. L'extrémité inférieure s'unit à celle du côté opposé ; de leur réunion résulte un conduit médian unique, l'*utricule prostatique*, homologue du vagin (fig. 320).

a) DESCENTE DU TESTICULE. Quel que soit le sexe, le mésonéphros, la glande sexuelle et le segment supérieur du cordon uro-génital se déplacent de haut en bas. Leur descente jusque dans le grand bassin est due aux causes suivantes :

1° La paroi dorsale du corps s'accroît plus vite que le mésonéphros, les glandes sexuelles et les cordons uro-génitaux ; comme ces organes sont amarrés en bas à la région inguinale par le ligament inguinal, ils paraissent ainsi se rapprocher peu à peu du bassin.

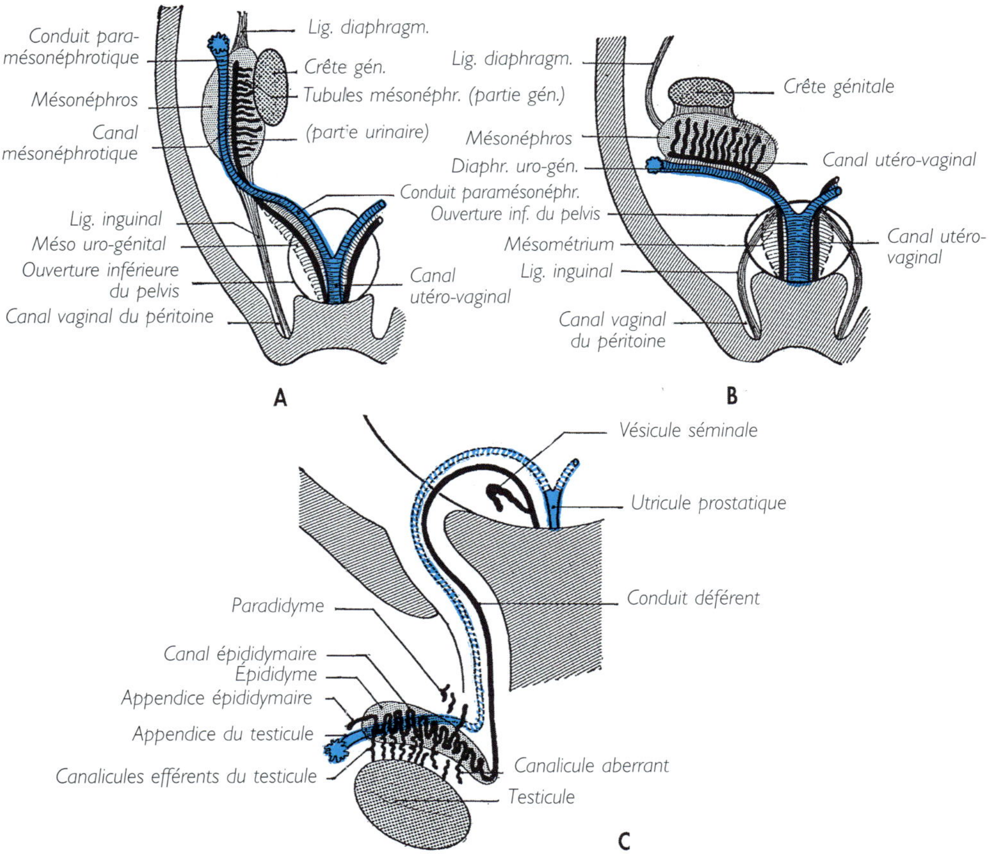

Fig. 320 ▪ Trois schémas destinées à montrer le développement des organes génitaux chez l'homme. *A*, avant la descente du testicule ; — *B*, le testicule est descendu dans le pelvis major ; — *C*, le testicule est descendu dans les bourses.

2° En raison encore de cette inégalité de développement, les segments inférieurs des deux cordons génitaux, soudés l'un à l'autre sur la ligne médiane et fixés au fond de la cavité pelvienne par leur extrémité inférieure, tirent en bas et en dedans le segment supérieur de ces cordons ainsi que le mésonéphros et la glande génitale.

3° Le rein et la glande suprarénale se développent très vite et repoussent en dehors et en bas la partie supérieure du mésonéphros, placée le long de leur bord externe (Broman). Sous cette poussée, le mésonéphros, ainsi que la glande sexuelle et le cordon génital qui lui sont unis, s'inclinent en dehors et en bas et se placent peu à peu suivant une direction transversale (voir fig. 320, B).

Les causes qui entraînent les mésonéphros et les glandes sexuelles du pelvis major jusqu'à leur place définitive sont différentes chez la femme et chez l'homme.

Nous avons montré plus haut que, chez la femme, la descente de l'ovaire et de la trompe dans le pelvis minor est due à l'accroissement de celui-ci.

Chez l'homme, la descente du testicule et des dérivés mésonéphrotiques qui l'accompagnent est due à l'action du gubernaculum testis.

Le gubernaculum testis est primitivement attaché par son extrémité supérieure au mésonéphros et aux canaux du cordon génital. Quand le mésonéphros s'atrophie, le gubernaculum prend des attaches secondaires sur l'extrémité inférieure de l'éminence génitale.

Le gubernaculum est fixé en bas au fond même du canal vaginal du péritoine. De plus, il se continue au-delà avec un cordon cellulaire plein, le *processus vaginal* (Soulié), qui attire en bas le canal vaginal et détermine son allongement (fig. 321). Quand ce canal descend, il entraîne à sa suite le testicule et les dérivés mésonéphrotiques, auxquels il est étroitement uni par le gubernaculum testis ; ces organes descendent et s'engagent sous la paroi du canal vaginal. Or le gubernaculum testis est relativement court ; de plus, il se rétracte si bien que le fond du canal vaginal ne précède que de très peu le testicule, et ces deux formations arrivent à peu près simultanément dans les bourses.

Le gubernaculum testis et le processus vaginal deviennent le ligament scrotal.

b) CANAL VAGINO-PÉRITONÉAL. OBLITÉRATION PARTIELLE DE CE CANAL. FORMATION DE LA TUNIQUE VAGINALE DU TESTICULE. Normalement, le canal vaginal, encore appelé *canal vagino-péritonéal*, s'allonge à travers le canal inguinal et descend dans les bourses qui se forment au-devant de lui. On peut distinguer à ce canal deux parties : l'une, supérieure, funiculaire, en rapport avec le cordon qu'elle engaine, l'autre, inférieure, recouvrant le testicule.

À la naissance, la partie funiculaire du canal vagino-péritonéal s'oblitère et la partie inférieure, élargie, en rapport avec le testicule, persiste et forme la *vaginale*.

Quand la partie funiculaire du canal vagino-péritonéal est oblitérée, il persiste comme seul vestige de ce canal un tractus fibreux, le *vestige du processus vaginal* (fig. 321, D). Ce tractus est grêle et descend au milieu des éléments du cordon spermatique.

L'oblitération de la partie funiculaire du canal vagino-péritonéal peut être incomplète et il peut persister un segment de ce canal ouvert tantôt en haut dans la cavité péritonéale, tantôt en bas dans la vaginale, ou bien fermé à ses deux extrémités.

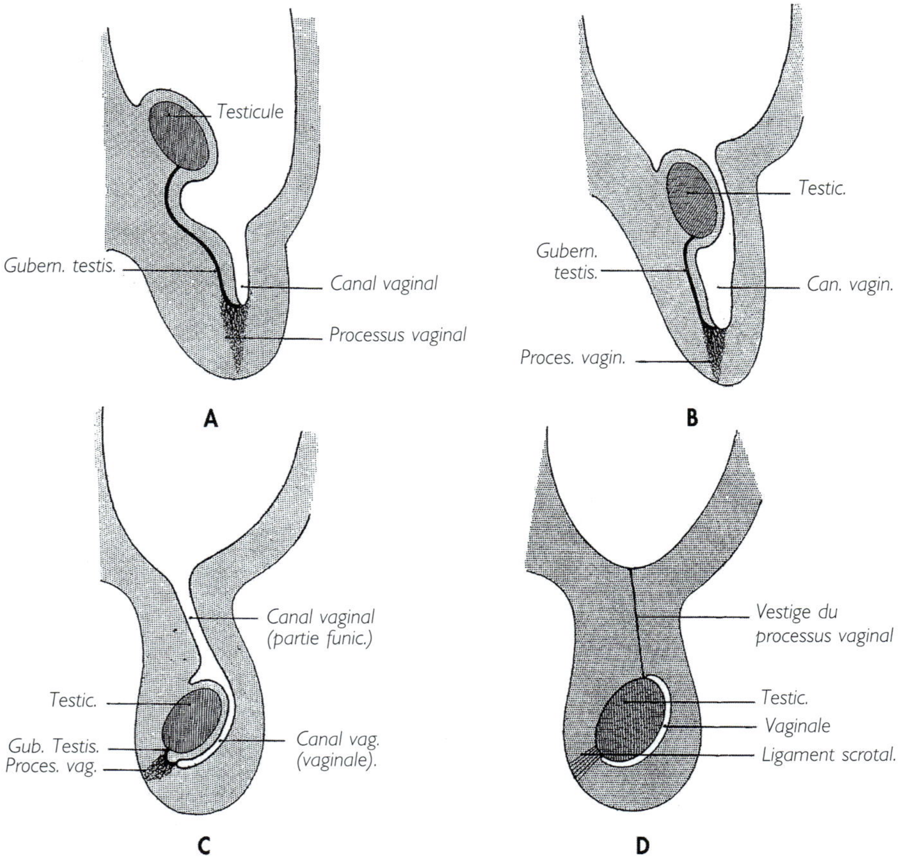

Fig. 321 ▪ *A, B, C, D*, quatre stades successifs de la descente du testicule (schématique).

Parfois le canal vagino-péritonéal reste perméable dans toute son étendue, et, si des organes intra-abdominaux s'engagent dans ce canal, la hernie ainsi produite est dite *congénitale*.

c) DÉVELOPPEMENT DES VÉSICULES SÉMINALES. FORMATION DES EXCAVATIONS VÉSICO-GÉNITALE ET RECTO-GÉNITALE. La partie inférieure du conduit déférent, située en dehors de l'utricule prostatique, donne naissance à la vésicule séminale correspondante.

Les deux vésicules se développent en arrière et en haut. Elles soulèvent le péritoine rétro-vésical en un repli génital ou séminal peu saillant, tendu transversalement en arrière de la vessie.

Bien que très peu accusé, ce repli permet cependant de distinguer dans le péritoine pelvien de l'homme une *excavation vésico-génitale* à peine visible, et une *excavation recto-génitale* ou *sémino-rectale* qui se confond avec l'excavation vésico-rectale (fig. 316).

Le repli génital peut contenir sur la ligne médiane l'utricule prostatique, quand celui-ci est très développé. C'est pour cela que certains auteurs établissent une analogie entre le ligament large et le repli séminal qu'ils appellent ligament large masculin.

Dans la suite du développement, l'excavation vésico-génitale disparaît à peu près totalement par accolement de ses parois.

De même, l'excavation recto-génitale, qui à l'origine descend jusqu'au plancher périnéal, diminue très vite de profondeur par soudure de ses feuillets antérieur et postérieur. Il résulte de ce processus la formation de deux fascias d'accolement, l'un, préséminal, l'autre, rétro-séminal, qui entrent, tous deux, comme nous le répéterons ailleurs, dans la constitution du fascia péritonéo-périnéal.

II. ORGANES LOMBAUX

La région lombale comprend en arrière du péritoine et donc de la grande cavité abdominale les reins et les glandes suprarénales.

Je commencerai l'étude de ces organes, par celle des glandes suprarénales, les plus haut placées, de façon à poursuivre sans interruption l'étude des reins et de l'appareil urinaire jusqu'au pelvis minor.

GLANDES SUPRARÉNALES

SITUATION. Les glandes suprarénales sont au nombre de deux, l'une, droite, l'autre, gauche (fig. 322).

Elles sont ordinairement situées le long de la partie sus-hilaire du bord interne du rein (Albarran et Cathelin). Parfois la glande suprarénale coiffe l'extrémité supérieure du rein. Cette position haute que l'on rencontre environ une fois sur six était considérée autrefois comme la position normale.

COULEUR, CONSISTANCE ET DIMENSIONS. Les glandes suprarénales ont une coloration gris jaunâtre. Leur consistance est assez ferme.

Leur volume est très variable. En moyenne, les glandes suprarénales mesurent de 4 à 5 cm de longueur et de 2 à 4 cm de largeur. Leur épaisseur atteint de 8 à 10 mm le long de leur bord externe qui s'appuie sur le rein ; elle diminue graduellement de dehors en dedans et ne mesure plus que 3 à 4 mm le long du bord interne de la glande.

Chaque glande suprarénale pèse environ 6 g.

CONFIGURATION EXTÉRIEURE ET RAPPORTS. Les glandes suprarénales sont aplaties d'avant en arrière. Leur forme, en situation normale, est ordinairement celle d'un croissant ou mieux, d'une virgule dont la tête repose sur le pédicule rénal, tandis que la pointe remonte jusqu'au pôle supérieur du rein (Albarran et Cathelin) (voir fig. 209). La glande suprarénale droite a normalement la forme d'une languette ; la forme de la glande suprarénale gauche est très variable (Gérard). ❑ En position haute, les glandes suprarénales tendent à prendre une forme triangulaire à base inférieure ou inféro-externe.

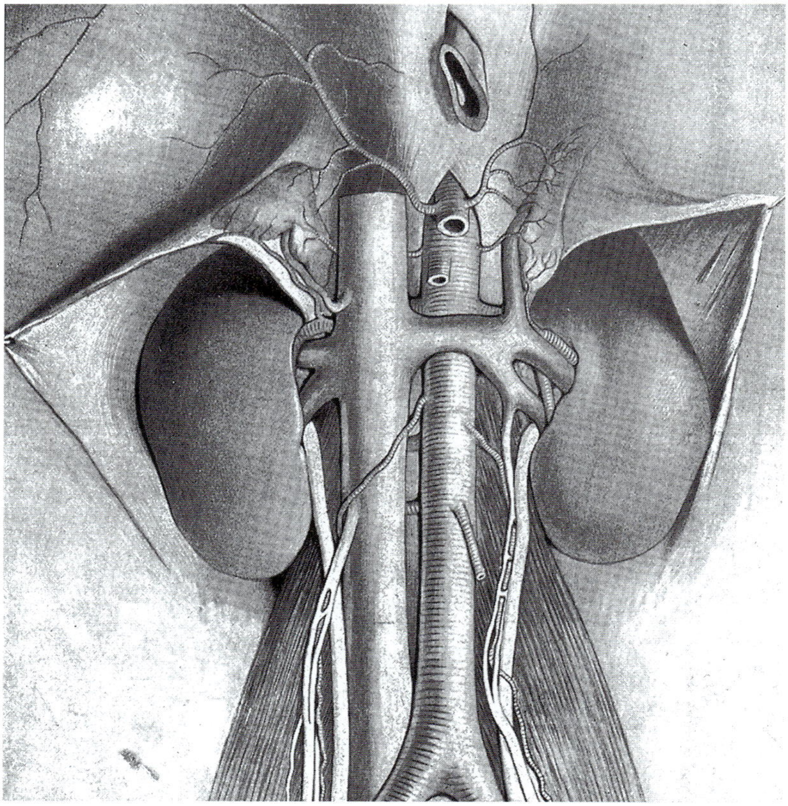

Fig. 322 ▪ Reins et glandes suprarénales (d'après Hartmann).

La surface des glandes suprarénales est parcourue par de nombreux sillons qui s'effacent peu à peu avec l'âge et qui donnent à la glande un aspect chagriné (Bleicher).

Nous leur décrirons : deux faces, l'une, antérieure, l'autre, postérieure ; deux bords, l'un, médial, l'autre, latéral ; deux extrémités, l'une, proximale, l'autre distale.

1. Face antérieure. La face antérieure, à peu près plane, parfois légèrement concave ou convexe dans son ensemble, regarde en avant et en dehors.

On voit sur cette face un sillon oblique et généralement orienté suivant le grand axe de la glande. C'est par ce sillon que la veine suprarénale sort de la glande. On donne à ce sillon le nom de *hile*. Ce n'est pas à proprement parler un hile, mais une plicature de la glande, déterminée au cours du développement par la pression qu'exerce le rein sur la glande suprarénale (Bleicher).

Les rapports sont différents à droite et à gauche.

a) GLANDE SUPRARÉNALE DROITE. Elle répond : en avant et en dedans à la veine cave inférieure qui la recouvre parfois presque complètement ; en dehors, au foie. Une arête peu accusée de la surface glandulaire sépare la « facette cave de la surrénale » de la « facette hépatique de la surrénale » (Bleicher) (voir fig. 321 et fig. 152). Elle est encore en rapport en bas, quand elle est en position basse, avec le premier angle duodénal par l'intermédiaire du fascia duodéno-jéjunal. Dans tout le reste de son étendue, elle répond à la face inférieure et à la face postérieure du foie, où la glande suprarénale droite creuse parfois une empreinte.

Le péritoine pariétal recouvre la face antérieure de la glande suprarénale droite sur une étendue variable suivant qu'elle est placée directement au-dessus du pédicule rénal ou à distance de ce pédicule. Il s'ensuit que le foie et la glande suprarénale droite sont séparés l'un de l'autre, dans une étendue variable, par un cul-de-sac péritonéal compris entre le péritoine pariétal qui recouvre la glande suprarénale droite et le revêtement séreux du foie.

Le fond de ce cul-de-sac présente très souvent, quand on soulève le foie, un petit repli péritonéal, situé en dedans du ligament hépato-rénal et dont le bord libre, concave, regarde en bas et en avant. C'est le *ligament hépato-surrénal* ou *hépato-rénal interne* (J.-L. Faure). L'attache postérieure ou suprarénale de ce repli empiète sur la veine cave inférieure. Il représente vraisemblablement l'extrémité inférieure du méso hépato-cave.

b) GLANDE SUPRARÉNALE GAUCHE. Celle-ci est recouverte en bas par le corps ou la queue du pancréas et par les vaisseaux spléniques, en haut par l'estomac (voir fig. 294

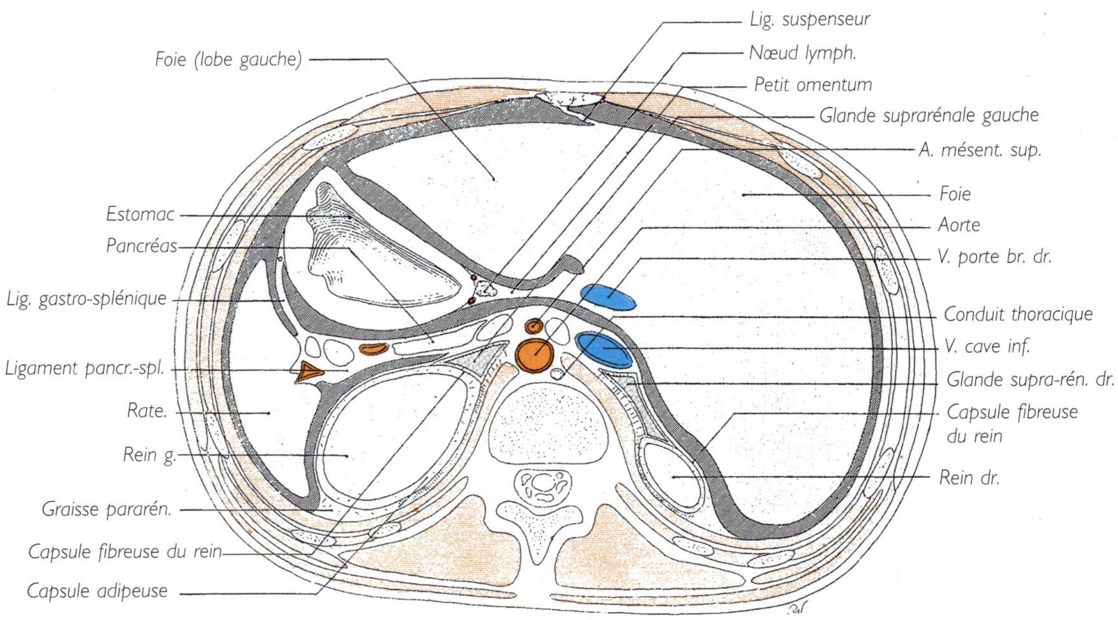

Fig. 323 ▪ Coupe horizontale de l'abdomen passant par la première vertèbre lombale.

et 332). Ordinairement, la glande suprarénale gauche est séparée du pancréas par un fascia d'accolement qui provient de la soudure du péritoine pariétal au feuillet séreux rétro-pancréatique. Au-dessus du pancréas, la face antérieure de la glande suprarénale gauche est en rapport avec l'estomac par l'intermédiaire du récessus omental inférieur (Comp. les fig. 293 et 294). Elle répond aussi assez souvent, dans sa partie supérieure, à l'attache pariétale du pli gastro-pancréatique de l'artère gastrique gauche, qui prolonge en bas l'extrémité interne du ligament gastro-phrénique. Cependant Bleicher a toujours vu la face antérieure de la glande suprarénale gauche entièrement revêtue par le feuillet péritonéal qui forme la paroi postérieure du récessus omental inférieur.

2. Face postérieure. Cette face, plane ou convexe, regarde en arrière et en dedans. Elle s'appuie sur le diaphragme qui la sépare de la douzième vertèbre thoracique, de la partie supérieure de la première vertèbre lombale et du récessus pleural costo-diaphragmatique. La partie interne de la face postérieure répond encore aux nerfs grand et petit splanchniques et aussi, parfois, au ganglion semi-lunaire correspondant.

3. Bord médial. Le bord médial, convexe, est recouvert : ❑ à droite par la veine cave inférieure qui empiète plus ou moins sur la face antérieure de la glande ; ❑ à gauche, par le péritoine postérieur du récessus omental inférieur et par le pancréas ; de plus, à gauche, ce bord est un peu en dehors de l'aorte.

Le bord médial de l'une et l'autre glandes suprarénales est longé dans ses deux tiers supérieurs par l'artère phrénique supérieure. Il est de plus en connexion avec le plexus solaire et, en particulier, avec les ganglions semi-lunaires, auxquels les glandes suprarénales sont reliées par de très nombreux filets nerveux.

C'est par leur bord médial que les glandes suprarénales reçoivent encore les artères suprarénales médiane et supérieures, branches de l'artère phrénique supérieure.

C'est aussi le long de leur bord médial que les glandes suprarénales sont le plus étroitement unies au fascia périrénal ou périréno-surrénal, au point qu'il est très difficile d'enlever la glande sans déchirer ce fascia, qui est lui-même, en cet endroit, assez fortement uni au diaphragme. L'étroite union entre le bord interne et le fascia est certainement due, pour une grande part, aux nombreux vaisseaux et nerfs qui pénètrent dans la glande le long de ce bord. Ces vaisseaux et nerfs sont si nombreux que Bleicher a pu les comparer à une crinière qu'il a appelée le *plexus suprarénal* du bord interne des glandes suprarénales.

Le bord interne répond à travers le diaphragme au flanc droit : 1° de la douzième vertèbre thoracique ; 2° du disque qui unit la douzième à la onzième ; 3° et aussi, surtout à gauche, de la partie inférieure de cette vertèbre.

4. Bord latéral. Ce bord, concave, est beaucoup plus épais que le médial. Il est séparé de la face postérieure par une *arête réno-diaphragmatique* qui s'enfonce dans l'angle que forme le bord interne du rein avec le diaphragme (Bleicher).

Le bord latéral s'applique sur la convexité du segment sus-hilaire du bord interne du rein quand la glande suprarénale est en position normale. Il repose sur l'extrémité supérieure du rein, quand la glande est en position plus élevée. ❑ Ce bord, large, est décrit par certains auteurs sous le nom de face basale.

5. Extrémité distale. L'extrémité distale est large. Elle est normalement en rapport avec le pédicule rénal. Elle reçoit l'artère suprarénale inférieure et des rameaux nerveux du plexus rénal.

6. Extrémité proximale. Quand la glande suprarénale est en position normale, son extrémité supérieure, arrondie ou effilée, est placée à 5 ou 6 cm de la ligne médiane (Bleicher) ; elle répond au pôle supérieur du rein et à la onzième côte. ❑ À gauche, elle est en rapport avec le sommet de la rate.

a) ENVELOPPE CELLULO-FIBREUSE ET CAPSULE ADIPEUSE DU REIN. Les glandes suprarénales sont situées dans la loge rénale, c'est-à-dire qu'elles sont entourées par le fascia périrénal et par la capsule adipeuse du rein (fig. 322).

Les feuillets pré-rénal et rétro-rénal du fascia rénal passent l'un en avant, l'autre en arrière de la glande suprarénale, et s'attachent au diaphragme au-dessus de cet organe. La capsule adipeuse du rein enveloppe également la glande de toutes parts et s'insinue entre elle et le rein. De plus, chez l'adulte, l'enveloppe fibreuse périrénale envoie entre la glande suprarénale et le rein une expansion fibreuse *intersurréno-rénale* (Delamare) (fig. 322 et 328).

Les glandes suprarénales sont maintenues solidement par le péritoine qui les recouvre, par leurs vaisseaux, par leurs nerfs et aussi par leurs connexions avec le fascia rénal et la capsule adipeuse périrénale. Aussi, quand le rein se déplace, la glande suprarénale ne bouge pas.

■ **STRUCTURE.** La glande suprarénale est constituée par un parenchyme enveloppé par une membrane fibreuse propre, mince, mais résistante.

Le parenchyme se compose de deux parties, une périphérique : la cortico-surrénale, une centrale : la medullo-surrénale.

La cortico-surrénale, glande endocrine de couleur jaunâtre, ferme, comprend trois couches, une périphérique faite d'éléments rayonnés, c'est la couche glomérulaire qui secrète les minéralocorticoïdes (aldostérone), une moyenne à la structure radiée, ou couche fasciculaire à l'origine des glucocorticoïdes (cortisol), une dernière plus profonde, la couche réticulaire qui sécrète les androgènes surrénaliens.

La médullo-surrénale, de nature sympathique, rouge, molle et friable, s'altère très vite après la mort et prend l'aspect d'une bouillie brun-marron, elle produit l'adrénaline.

■ **VAISSEAUX ET NERFS**

a) ARTÈRES Chaque glande suprarénale reçoit de trois sources différentes des artères appelées *artères* suprarénales.

L'*artère suprarénale médiane* vient de l'aorte, gagne le bord médial de la glande et se ramifie sur les deux faces de l'organe. Cette artère est inconstante (voir : *Branches de l'aorte abdominale*).

Les *artères suprarénales supérieures*, au nombre de 1 à 3, sont des branches de l'artère phrénique supérieure ; elles fournissent de fins rameaux à la partie supéro-interne de la glande.

L'*artère suprarénale inférieure* vient de l'artère rénale ou de l'une de ses branches terminales. Elle est destinée à l'extrémité inférieure de la glande suprarénale.

b) VEINES. Les veines des glandes suprarénales ne présentent aucune analogie avec le système artériel (Bleicher).

Il existe une *veine suprarénale,* appelée encore *veine centrale,* qui recueille presque la totalité du sang veineux de la glande. Elle émerge du sillon principal et se termine : à droite dans la veine cave, à gauche, dans la veine rénale.

On trouve encore de petites veines d'importance secondaire et inconstantes. ❑ Les unes, *supérieures,* plus ou moins satellites des artères suprarénales supérieures, se rendent aux veines phréniques inférieures ; ❑ les autres, *inférieures,* se terminent à droite dans la veine cave inférieure, à gauche dans la veine rénale.

c) LYMPHATIQUES. Les vaisseaux lymphatiques se rendent aux nœuds lymphatiques aortiques latéraux qui s'étagent depuis le tronc cœliaque jusqu'un peu au-dessous du pédicule rénal correspondant. De plus, certains se rendent à travers le diaphragme aux nœuds lymphatiques prévertébraux et médiastinaux postérieurs (Grégoire, J. Delage).

d) NERFS. Ils viennent du plexus solaire et du plexus rénal. ❑ Bleicher distingue au plexus suprarénal trois plexus secondaires : ❑ 1° un *plexus suprarénal supérieur* formé par des rameaux du plexus diaphragmatique ; ❑ 2° un *plexus suprarénal inférieur* représenté par quelques filets nerveux issus du plexus rénal ; ❑ 3° un *plexus suprarénal médian* constitué par un grand nombre de filets qui émanent du plexus solaire, en particulier du ganglion semi-lunaire et aussi, directement, du nerf grand splanchnique.

PARAGANGLIONS ACCESSOIRES

On réunit sous le nom de paraganglions accessoires de petites formations qui n'appartiennent pas à la région lombale mais qu'il faut signaler ici en raison de leur parenté avec les glandes suprarénales.

Le *glomus carotidien* (voir Tome I, : *Bifurcation carotidienne*).

La *glande tympanique* est placée dans le canal tympanique avec le nerf tympanique.

Le *paraganglion cardiaque* se trouve le long de la coronaire gauche, dans la graisse du sillon auriculo-ventriculaire.

Le *paraganglion aortique ou organe de Zuckerkandl* se compose de deux petits corps rougeâtres, allongés verticalement, de 1 à 2 cm de longueur, placés sur les flancs de l'aorte, de part et d'autre de l'artère mésentérique inférieure. Le paraganglion para-aortique régresse peu après la naissance.

Le *corps coccygien* est un corpuscule de 3 à 4 mm de diamètre, de couleur brune, situé sur la ligne médiane en avant de l'extrémité inférieure du coccyx.

De fines ramifications artérielles l'unissent à l'extrémité de l'artère sacrale médiane.

III. ORGANES URINAIRES

L'appareil urinaire se compose (fig. 324) : 1° de deux organes qui sécrètent l'urine, les *reins* ; 2° de canaux excréteurs, chargés de conduire l'urine des reins jusqu'à la vessie ; ces canaux sont, pour chaque rein, les *calices rénaux*, le *pelvis rénal* et l'*uretère* ; 3° d'un réservoir, la *vessie urinaire*, dans lequel s'accumule l'urine dans l'intervalle des mictions ; 4° enfin, d'un canal évacuateur de la vessie, appelé *urètre*.

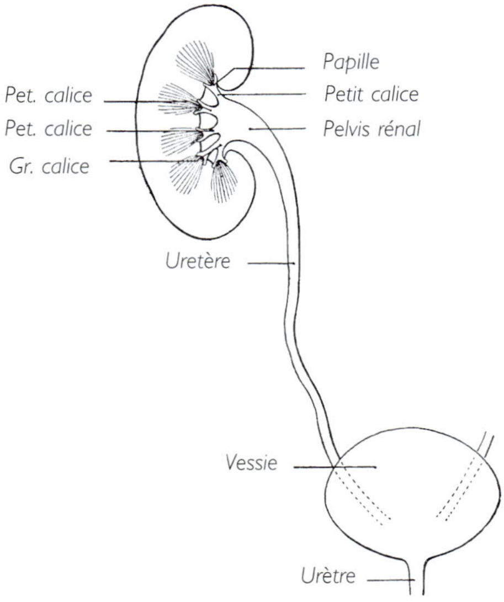

Fig. 324 ▪ Schéma de l'appareil urinaire.

REINS

SITUATION. Les reins sont appliqués sur la paroi abdominale postérieure, en arrière du péritoine, l'un à droite, l'autre à gauche de la colonne vertébrale.

FORME ET ORIENTATION. Leur forme est comparable à celle d'un haricot. Ces organes sont allongés de haut en bas, aplatis d'avant en arrière, et leur bord concave regarde en dedans. En définitive, on distingue à chaque rein : deux faces convexes, l'une, antérieure, l'autre, postérieure ; deux bords, l'un, latéral, convexe, l'autre, médial, échancré à sa partie moyenne, qui répond au hile de l'organe ; enfin, deux extrémités ou pôles, l'une, proximale, l'autre, distale.

Le grand axe de chaque rein n'est pas exactement vertical ; il est un peu incliné de haut en bas et de dedans en dehors de telle manière que l'extrémité supérieure du bord interne du rein est à 3 ou 4 cm de la ligne médiane, tandis que son extrémité inférieure est à 5 ou 6 cm de cette ligne.

De plus, les reins ne sont pas dans un plan frontal, c'est-à-dire que leur aplatissement n'est pas directement antéro-postérieur. En effet, leur face antérieure regarde en avant et en dehors et leur face postérieure regarde en arrière et en dedans.

DIMENSIONS ET POIDS. Le rein mesure en moyenne 12 cm de longueur, 6 cm de largeur et 3 cm d'épaisseur.

Il pèse environ 140 g chez l'homme et 125 g chez la femme.

COULEUR ET CONSISTANCE. Le rein est d'une couleur rouge brun ; sa consistance est ferme et son parenchyme est assez résistant.

MOYENS DE FIXITÉ. — ENVELOPPE FIBREUSE ET CAPSULE ADIPEUSE DU REIN. On admet depuis longtemps que les vaisseaux rénaux et le péritoine pariétal contribuent pour une large part au maintien des reins dans leur situation et leur orientation normales. En réalité, le péritoine qui recouvre la face antérieure des reins ne joue qu'un faible rôle dans la fixation de ces organes, car, après ablation de leur revêtement péritonéal, les reins ne subissent aucun déplacement.

La direction à peu près transversale des vaisseaux rénaux montre également que les tractions exercées sur eux par les reins sous l'influence de la pesanteur sont de peu d'importance, sans quoi ces vaisseaux auraient une direction oblique en bas et en dehors afin de pouvoir s'opposer efficacement au déplacement des reins.

Le principal moyen de sustentation des reins est réalisé par un fascia rénal et une capsule adipeuse périrénales.

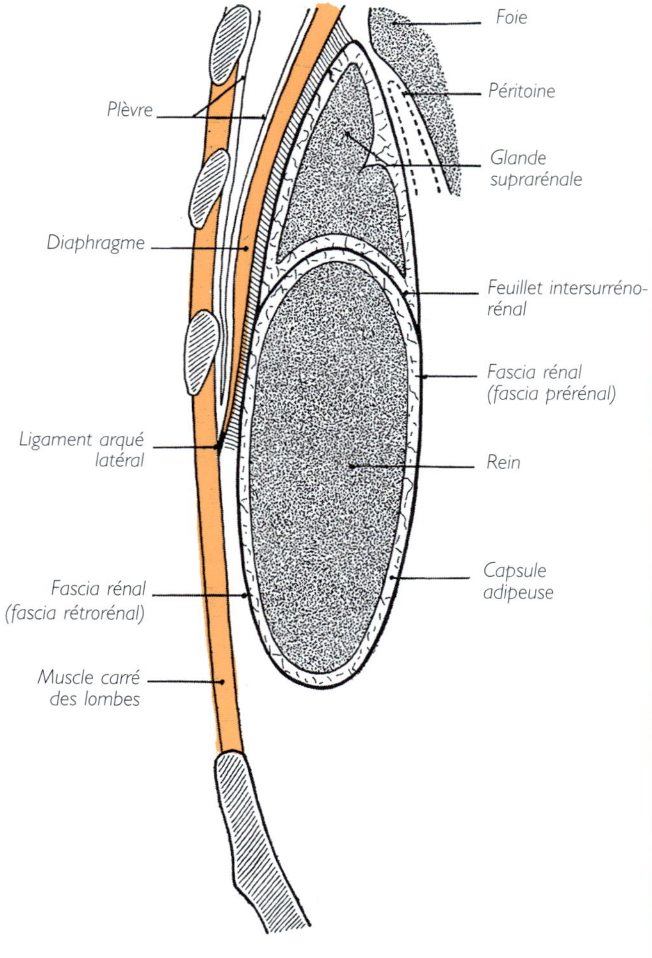

Fig. 325 ▪ Fascia rénal en coupe parasagittale (schématique).

a) Fascia rénal.

L'enveloppe fibreuse périrénale, appelée encore *fascia rénal (Gérota)*, est une dépendance du fascia propria, c'est-à-dire de la couche de tissu conjonctif qui double le péritoine.

Le long et un peu en arrière du bord externe du rein, le fascia propria, en général celluleux et lâche, se différencie, en effet, en une lame fibreuse assez dense et résistante qui se divise en deux feuillets ou fascias, l'un, antérieur, l'autre, postérieur (fig. 326).

Il était classique de dire, avec Gérota, que le feuillet postérieur ou rétrorénal s'étendait sur la face postérieure du rein, en avant des muscles carré des lombes et psoas, et se confondait en dedans de ce dernier muscle avec le tissu conjonctif qui entoure les gros vaisseaux prévertébraux, tandis que le feuillet antérieur ou prérénal passait sur la face antérieure du rein, du pédicule rénal et des gros vaisseaux prévertébraux, et se continuait sur la ligne médiane avec celui du côté opposé.

D'après cette manière de voir, les deux loges rénales comprises de chaque côté entre les feuillets prérénal et rétrorénal communiquaient l'une avec l'autre en avant des gros vaisseaux prévertébraux.

Or la clinique a montré qu'une pareille conception ne pouvait être, car jamais l'on n'a vu un abcès périnéphrétique se propager d'un côté à l'autre. Les feuillets prérénal et rétrorénal du fascia périrénal se présentent, en effet, de la manière suivante (fig. 325 et 326) :

Ils s'étendent l'un en avant, l'autre en arrière du rein, et se réunissent l'un à l'autre : en haut, au-dessus de la glande suprarénale et, en bas, au-dessous du pôle inférieur du rein (fig. 325) ; en dedans, enfin, ils s'unissent d'une part entre eux ou aux éléments du pédicule rénal (fig. 326 et 330), et aussi, par de nombreux tractus, au tissu conjonctif qui enveloppe les troncs vasculaires, les nerfs, les ganglions nerveux et les nœuds lymphatiques prévertébraux (Vecchi, Laboureau).

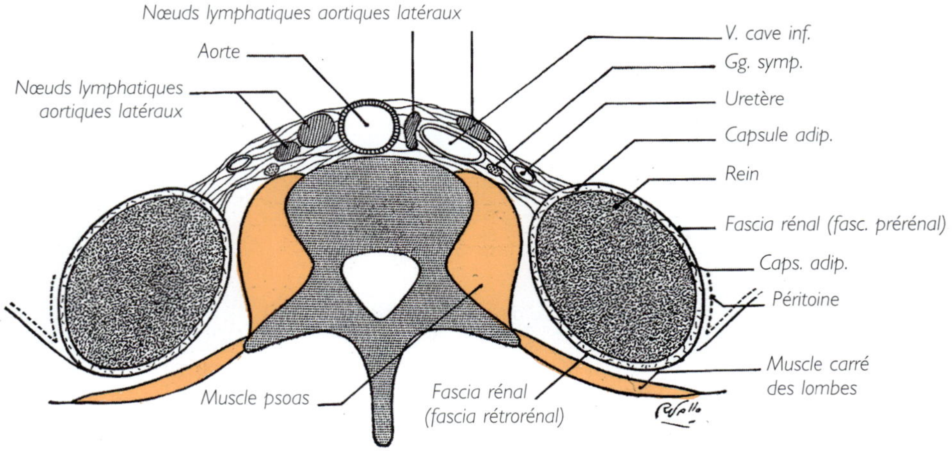

Fig. 326 ▪ Fascia périrénal en coupe horizontale sur un jeune enfant (d'après Laboureau ; schématique).

Ainsi les feuillets prérénal et rétrorénal du fascia rénal forment une enveloppe complète autour du rein et de la glande suprarénale et délimitent une loge rénale entièrement close de toutes parts.

L'enveloppe fibreuse périrénale envoie entre le rein et la glande suprarénale une expansion fibreuse, la *lame intersurréno-rénale* (Delamare), qui sépare la capsule adipeuse du rein de celle de la glande suprarénale (fig. 325).

Le feuillet antérieur de l'enveloppe fibreuse périrénale est séparé par une mince couche de tissu cellulaire lâche, soit du péritoine, soit du fascia d'accolement formé par l'union du péritoine pariétal prérénal au péritoine viscéral des organes placés devant lui.

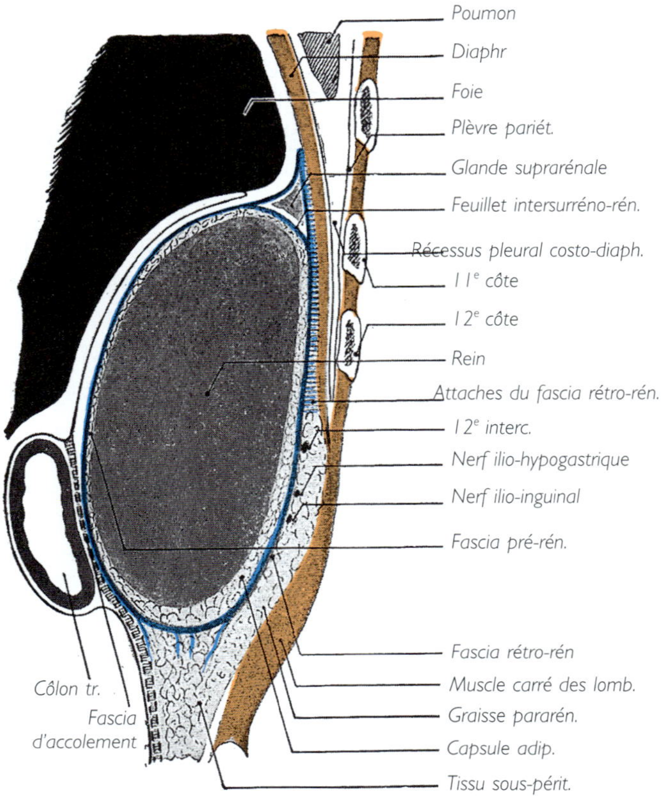

Fig. 327 ▪ Coupe verticale et antéro-postérieure du rein droit, destinée à montrer la disposition de l'enveloppe du rein.

Le feuillet postérieur est solidement attaché au diaphragme depuis l'extrémité supérieure de la tunique fibreuse périrénale jusqu'au bord inférieur du diaphragme.

Plus bas, le feuillet rétrorénal est séparé du fascia du muscle carré des lombes par une couche adipeuse « pararénale » (Gerota), dont l'épaisseur variable s'accroît de dedans en dehors (fig. 326, 327 et 330).

L'enveloppe fibreuse du rein et de la glande suprarénale est encore solidement fixée tout le long du bord interne de la glande suprarénale par les nombreux vaisseaux et nerfs de cette glande, qui entrent en étroite connexion avec l'enveloppe fibreuse qu'ils traversent.

b) CAPSULE ADIPEUSE DU REIN. Le fascia rénal n'est pas en contact immédiat avec le rein et la glande suprarénale. Il en est séparé chez l'adulte par une lame cellulo-graisseuse, molle, fluide, connue sous le nom de capsule adipeuse du rein.

La capsule adipeuse s'insinue entre le rein et la glande suprarénale.

L'épaisseur de la couche graisseuse périrénale présente de très nombreuses et grandes variations individuelles qui dépendent de l'âge et de l'embonpoint du sujet.

Pendant les premières années de la vie, la capsule adipeuse du rein est représentée par une mince lame de tissu cellulaire lâche contenant quelques rares lobules adipeux.

La graisse se développe surtout à partir de la huitième année (Sappey). Chez l'adulte, la capsule adipeuse présente son maximum d'épaisseur le long des bords du rein, surtout le long du bord externe. Elle est plus épaisse à l'extrémité inférieure qu'à l'extrémité supérieure, plus épaisse également sur la face postérieure du rein que sur sa face antérieure, où elle est souvent en couche très mince. Les lobules adipeux sont séparés les uns des autres par des travées conjonctives qui s'étendent de la surface du rein au fascia rénal. Ces travées sont fines et peu résistantes, mais elles sont en si grand nombre qu'elles forment dans leur ensemble un lien solide entre le rein et sa tunique fibreuse.

En résumé, le moyen de fixité réalisé par les enveloppes du rein comprend : ❑ d'une part, le fascia rénal, qui est solidement uni au diaphragme en haut et en arrière, et qui est également relié par de nombreux tractus conjonctifs ainsi que par les rameaux vasculaires et nerveux de la glande suprarénale, aux vaisseaux et aux nœuds lymphatiques prévertébraux ; ❑ d'autre part, les innombrables travées cellulo-fibreuses de la capsule adipeuse qui relient le rein au fascia rénal.

■ **RAPPORTS.** Les connexions que nous allons envisager s'établissent entre les reins et les organes voisins par l'intermédiaire de la capsule adipeuse et du fascia rénal.

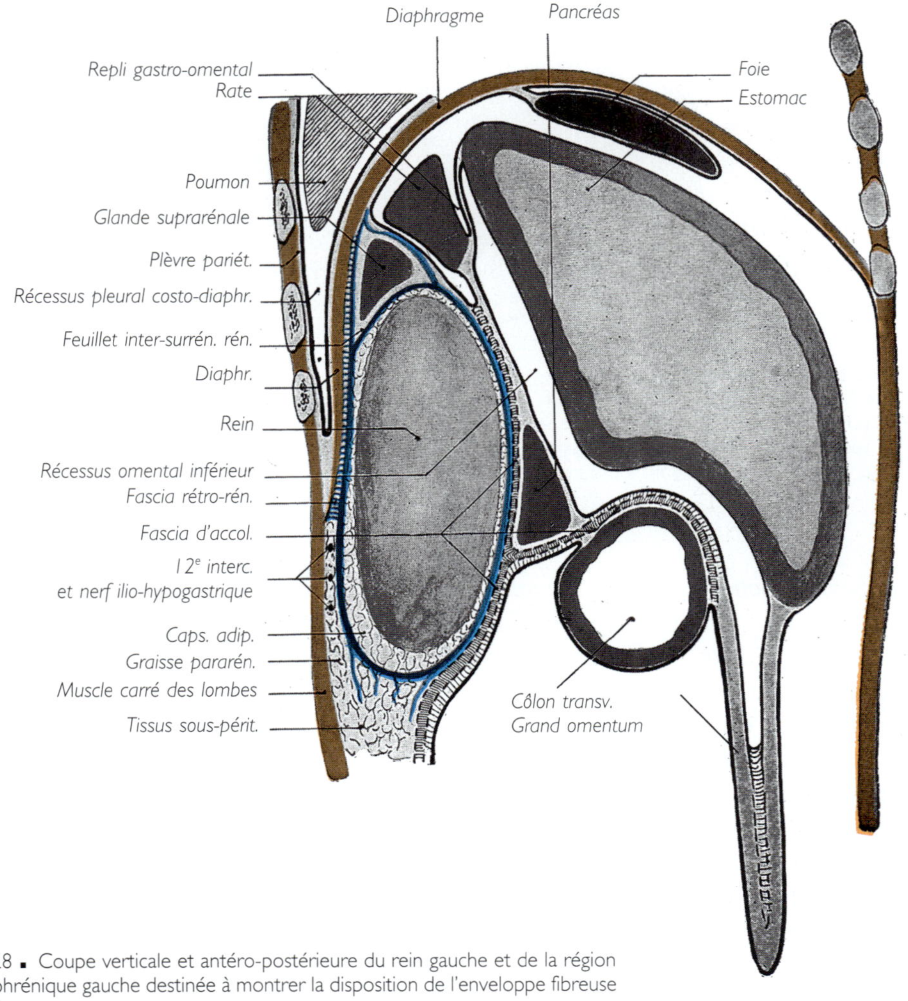

Fig. 328 ▪ Coupe verticale et antéro-postérieure du rein gauche et de la région sous-phrénique gauche destinée à montrer la disposition de l'enveloppe fibreuse du rein.

1. Face postérieure. (fig. 327 à 330). Les reins ont, en arrière, à peu près les mêmes rapports à droite et à gauche. Ils s'appliquent en haut sur le diaphragme, en bas sur la paroi lombale. On peut donc distinguer deux segments à leur face postérieure, un segment diaphragmatique et un segment lombal.

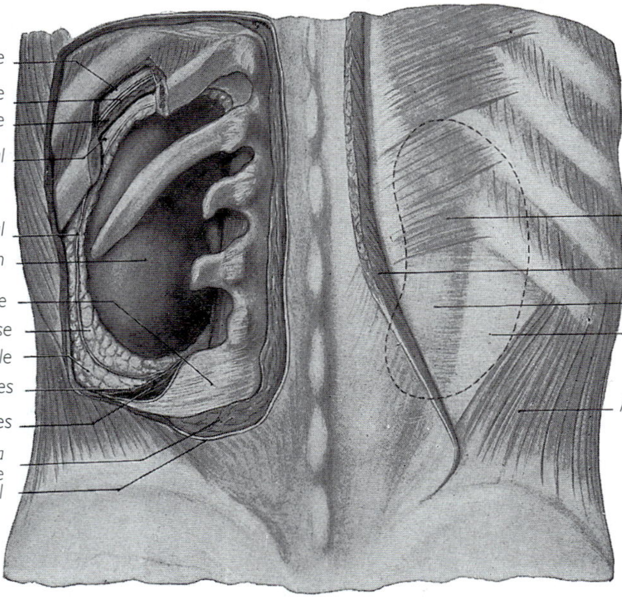

Fig. 329 ▪ Rapports postérieurs des reins.
À droite, la figure montre la projection du rein sur la paroi et ses rapports avec le triangle lombo-costo abdominal. — À gauche, la dissection a mis en évidence les différents plans musculaires, fibreux, adipeux ou séreux en rapport avec le rein.
Préparation faite sur un sujet dont les organes avaient été fixés *in situ* par une injection de formol.

Segment diaphragmatique. Il répond : sur un premier plan, à la mince lame charnue qui se détache du ligament arqué médial, du ligament arqué latéral et de l'arcade fibreuse tendue entre le sommet de la douzième côte et celui de la onzième ; il répond également à ces trois arcades fibreuses ; plus loin, au récessus pleural costo-diaphragmatique qui descend jusqu'au niveau du bord supérieur de la première vertèbre lombale ; plus loin encore, aux douzième et onzième côtes et au onzième espace intercostal.

Le bord inférieur du poumon reste au-dessus de l'extrémité supérieure du rein.

Quand la douzième côte est longue, le récessus pleural croise cet os à 8 cm de la ligne médiane. Quand la douzième côte a une longueur inférieure à 6 cm, la plèvre la déborde en bas dans toute son étendue.

Parfois les faisceaux du diaphragme qui proviennent du ligament arqué latéral font défaut. Le fascia rénal entre alors directement en contact, à travers ce *hiatus costo-diaphragmatique*, avec le tissu sous-pleural.

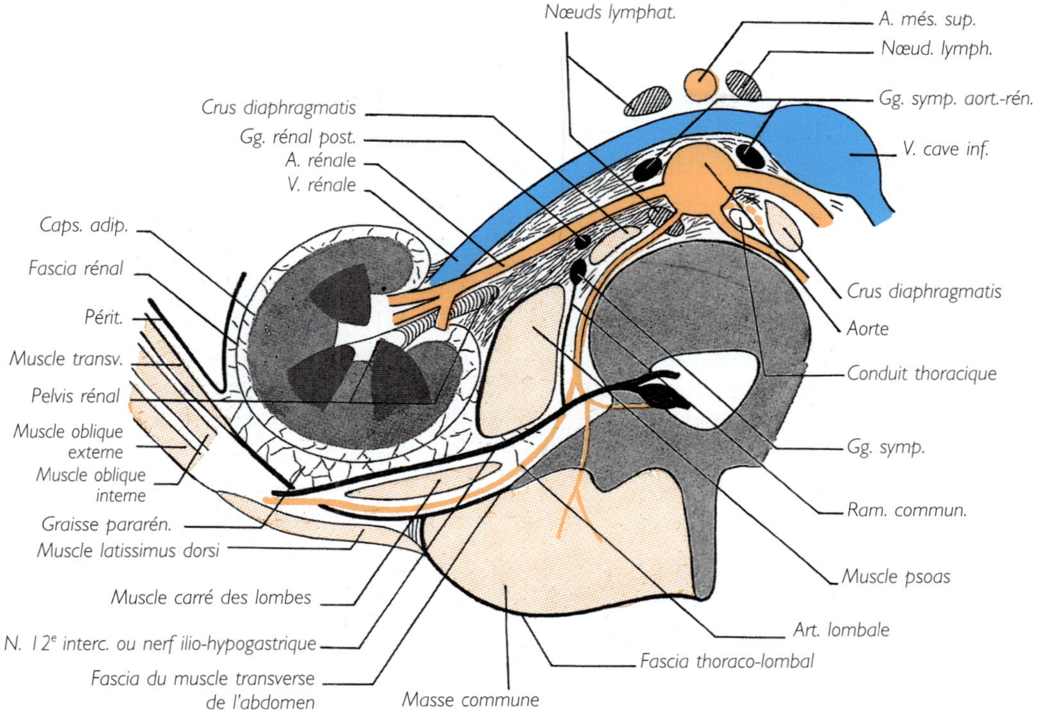

Fig. 330 ▪ Coupe horizontale de la région lombale et du rein gauches, destinée à montrer les rapports de la face postérieure et du bord interne du rein au niveau du pédicule rénal (schématique).

Segment lombal. Il est en rapport avec les parties molles de la fosse lombale comprise entre la colonne vertébrale, la douzième côte et la crête iliaque.

Sur un premier plan, on trouve : le muscle psoas, le fascia iliaca qui le recouvre, le muscle carré des lombes et son fascia. Mais ce dernier muscle et son fascia sont séparés du fascia rétro-rénal par la couche graisseuse pararénale dans laquelle cheminent le douzième nerf intercostal, le nerf ilio-hypogastrique et le nerf ilio-inguinal ; ces nerfs sont appliqués sur la face postérieure de l'enveloppe fibreuse du rein. Le tissu graisseux pararénal est un tissu assez dense, ce qui permet de le distinguer, sur le vivant, de la graisse fluide qui forme la capsule adipeuse.

Le rein déborde en dehors le muscle carré des lombes et entre en rapport, toujours par l'intermédiaire de la couche graisseuse pararénale, avec le fascia du muscle transverse de l'abdomen que renforce, près de la douzième côte, le ligament lombo-costal. Cette lame tendineuse constitue dans cette région le fond du triangle lombo-costo-abdominal.

Le fascia du muscle transverse de l'abdomen se prolonge sur la face postérieure du muscle carré des lombes jusqu'aux processus costiformes des vertèbres lombales. Entre le muscle carré des lombes et le fascia du muscle transverse de l'abdomen courent les deux premières artères lombales et les veines correspondantes.

En arrière s'étendent les muscles spinaux et le muscle latissimus dorsi.

Le bord externe des muscles spinaux forme la limite interne du triangle lombo-costo-abdominal. En dehors des muscles spinaux, la partie externe du segment lombal des reins se projette sur l'aire de ce triangle et n'est séparée des plans superficiels, en dehors du muscle carré des lombes, que par le fascia du muscle transverse de l'abdomen et par le muscle latissimus dorsi (fig. 329 et 330).

2. Face antérieure. Les rapports de la face antérieure des reins sont différents à droite et à gauche.

a) REIN DROIT. Le rein droit est en rapport en avant avec la courbure colique droite, la partie descendante du duodénum et le foie (fig. 331 et 332).

La *courbure colique droite* répond à l'extrémité inférieure du rein droit. Tantôt le côlon se coude immédiatement au-dessous du rein en décrivant une anse qui s'adapte à la courbure du pôle inférieur rénal ; tantôt la courbure colique droite

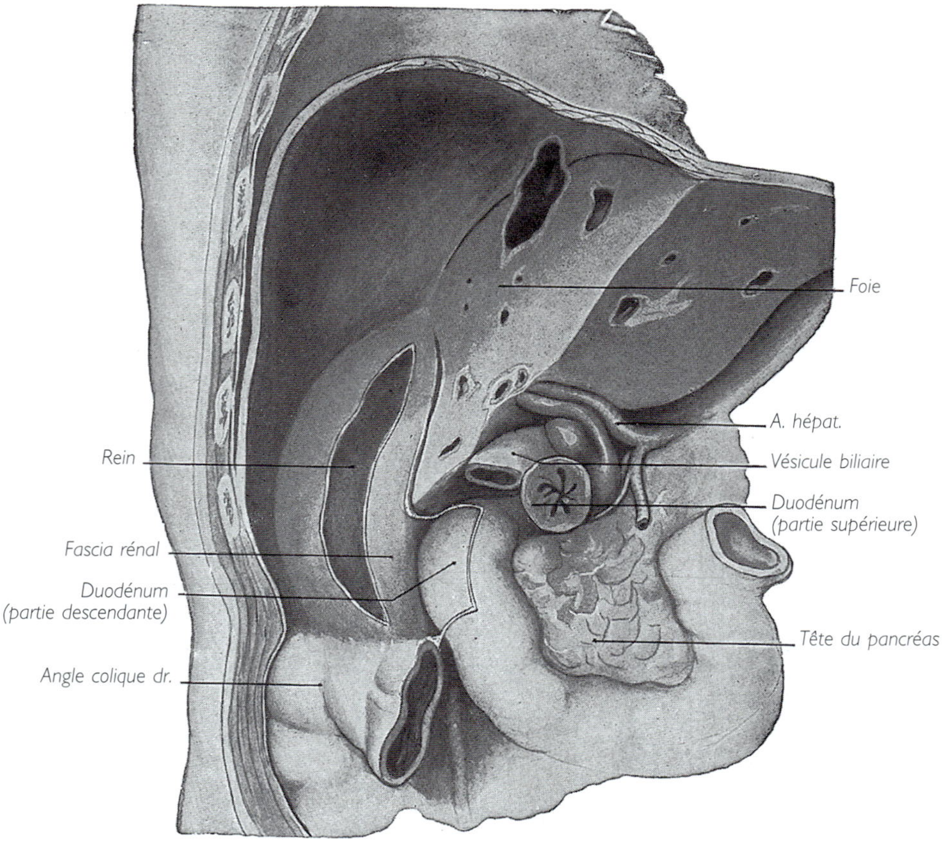

Fig. 331 ▪ Rapports antérieurs du rein droit. Préparation faite sur un sujet dont les organes avaient été fixés *in situ*.

recouvre la partie inférieure de la face antérieure du rein droit. À ce niveau, le côlon n'a pas de méso et la paroi colique est séparée du fascia prérénal par un fascia d'accolement résultant de la soudure du péritoine pariétal au péritoine colique (fig. 327).

La *partie descendante du duodénum* croise la face antérieure du pédicule rénal et entre en contact avec le rein le long de son bord interne. Bien entendu, le fascia duodéno-jéjunal sépare le duodénum des organes qu'il recouvre.

Le foie, enfin, s'applique sur toute la surface antérieure du rein qui n'est pas recouverte par le côlon et le duodénum. Il entre ainsi en rapport avec la plus grande partie de la face antérieure du rein droit qui marque sur la face inférieure du foie l'*empreinte rénale*.

Cependant il n'y a pas contact direct entre le foie et le rein. Entre ces deux organes s'enfonce un récessus péritonéal qui se réfléchit au voisinage de l'extrémité supérieure du rein. Le fond de ce cul-de-sac est fréquemment divisé en deux parties par un repli du péritoine, appelé *ligament hépato-rénal*. Ce ligament se présente comme un repli du feuillet inférieur du ligament coronaire. ❑ Quand la réflexion du péritoine se fait au-dessous du pôle supérieur du rein, le foie entre alors, en haut, en connexion directe avec la partie du fascia prérénal qui déborde la ligne de réflexion du péritoine.

b) REIN GAUCHE. La face antérieure du rein gauche peut être divisée au point de vue de ses rapports en trois segments : *supérieur* ou *sus-colique, moyen* ou *colique* et *inférieur* ou *sous-colique.*

1° *Segment supérieur.* La *rate* s'appuie par sa face rénale sur la partie supéro-externe de la face antérieure et du bord externe du rein gauche.

L'extrémité gauche du corps du *pancréas* et la queue de cet organe, accompagnées des vaisseaux spléniques, passent en avant du hile et de la face antérieure du rein gauche. C'est en un point variable de la face antérieure du rein, en général vers sa partie moyenne, que le péritoine postérieur de la queue pancréatique se réfléchit sur le péritoine rénal (fig. 294).

À gauche de ce repli péritonéal pancréatico-rénal, les deux organes sont en contact par leurs surfaces péritonéales, tandis qu'à droite ils sont séparés l'un de l'autre par un fascia produit par l'accolement du revêtement péritonéal postérieur du pancréas au péritoine pariétal prérénal.

La queue du pancréas atteint souvent la base de la rate et l'extrémité inférieure de son hile (fig. 293 ; voir également fig. 332).

Quand la queue du pancréas n'atteint pas la rate, la face antérieure du rein est en rapport, en avant, avec le ligament pancréatico-splénique et son contenu, les vaisseaux spléniques.

L'*estomac* est en relation avec une zone triangulaire de la face antérieure du rein, limitée en bas par le pancréas, en haut et à gauche par la rate, à droite par la glande suprarénale (fig. 293, 299, et fig. 332). Dans l'aire de ce *triangle gastrique*, l'estomac n'est séparé du rein que par le récessus omental inférieur (fig. 328).

2° *Segment moyen*. L'*extrémité gauche du côlon transverse*, attaché au pancréas et au diaphragme par son mésocôlon et le ligament phrénico-colique, passe au-devant du

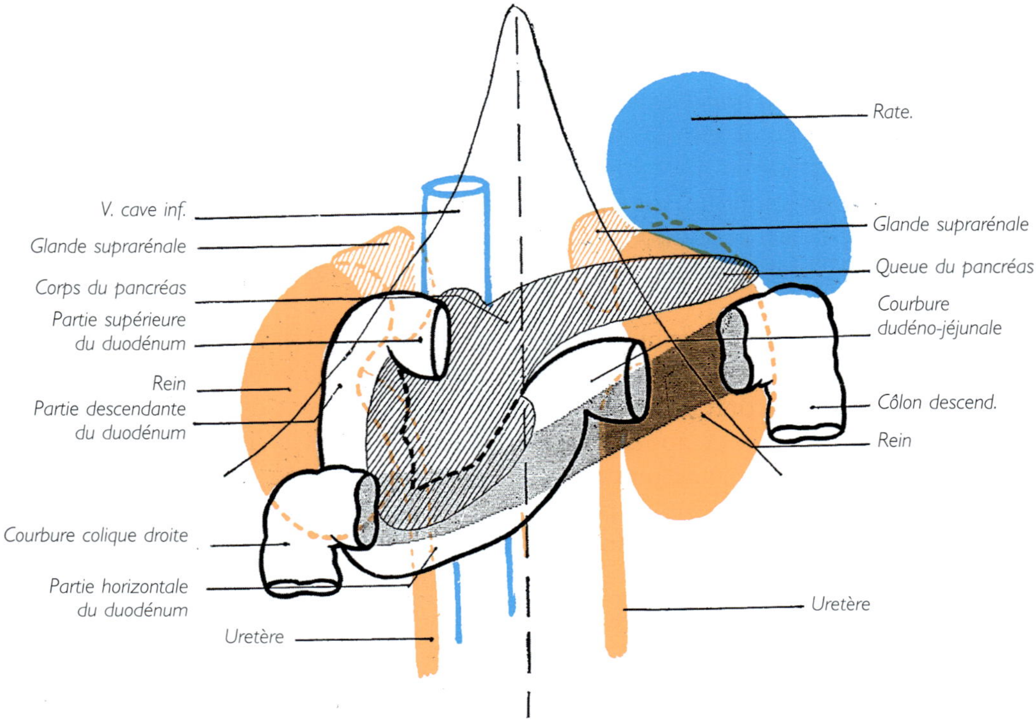

Fig. 332 ▪ Rapports antérieurs des reins (schéma, d'après Addison, modifié).

rein gauche le long et au-dessous du pancréas, pour se continuer, sous la base de la rate, avec le côlon descendant. Ordinairement, le côlon transverse croise la partie moyenne de la face antérieure du rein gauche ; la courbure colique gauche et le côlon descendant s'accolent au-dessous de la rate à la partie externe de la face antérieure du rein.

3° *Segment inférieur.* Le côlon et le mésocôlon transverses laissent au-dessous d'eux une partie antérieure du rein contre laquelle peuvent venir s'appuyer des anses grêles.

3. Bord externe. Le *bord externe du rein droit* est longé par la partie droite du bord antérieur du foie (fig. 331 et 294).

Le *bord externe du rein gauche* répond au bord inféro-interne de la rate dans sa moitié supérieure et au côlon descendant dans sa moitié inférieure (fig. 292).

4. Bord interne. Il faut considérer à ce bord trois segments : un segment moyen ou *hile*, déprimé, concave ; un segment *sus-hilaire* ; un segment *sous-hilaire* ; ces deux derniers sont convexes.

Le *hile* est une ouverture allongée verticalement et mesurant de 3 à 4 cm de longueur et de 1 à 1,5 cm de largeur. Ses bords antérieur, supérieur et inférieur, sont saillants, convexes ; cependant, le bord postérieur est rectiligne ou même concave. Les bords du hile sont fréquemment séparés les uns des autres par des incisures plus ou moins profondes qui se prolongent parfois, mais en s'atténuant, sur les faces de l'organe.

Le hile donne accès dans une cavité appelée *sinus rénal*, et livre passage aux vaisseaux, aux nerfs et au canal excréteur de l'organe, qui forment ensemble le *pédicule rénal*.

Tous les éléments du pédicule rénal sont plongés dans un tissu cellulo-graisseux séparé de la capsule adipeuse par la capsule du rein. Nous indiquerons plus loin les rapports qu'ils présentent entre eux, à leur entrée dans le sinus rénal.

Le *segment sus-hilaire* du rein est en connexion avec la glande suprarénale correspondante (fig. 332 et 299).

Le *segment sous-hilaire* est longé par l'uretère.

Les reins sont assez rapprochés des gros vaisseaux prévertébraux : la veine cave inférieure à droite et l'aorte à gauche. Le rein droit est presque en contact, en haut, avec la veine cave.

Il faut également connaître la présence de l'arc vasculaire de Treitz qui monte entre le rein gauche et l'aorte, à une distance variable de la partie sous-hilaire du bord interne.

Enfin, le bord interne du rein se projette au-dessous de la douzième côte sur les processus costiformes des deux premières vertèbres lombales. Le processus costiforme de la première répond au hile. Ce processus costiforme et parfois aussi celui

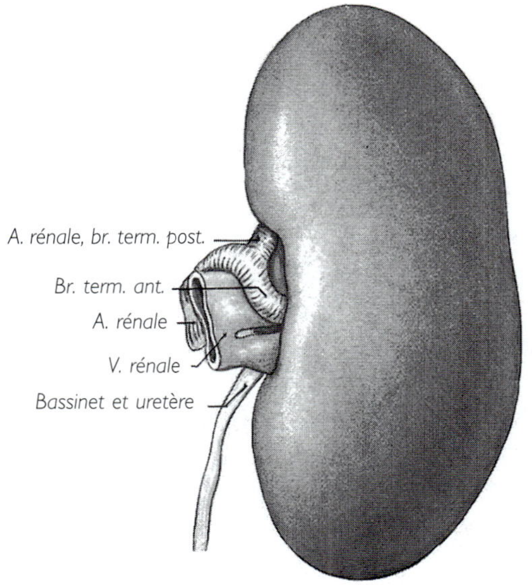

Fig. 333 ▪ Rein gauche, face antérieure.

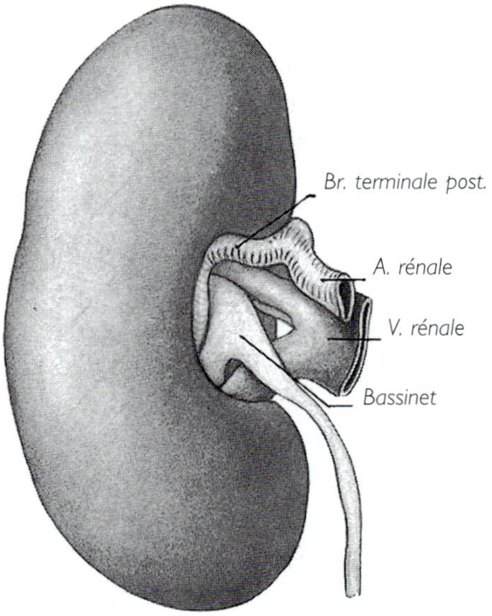

Fig. 334 ▪ Rein gauche, face postérieure.

de la deuxième vertèbre dépassent le bord interne du rein et leur extrémité se place en arrière de cet organe.

5. Extrémités. L'*extrémité supérieure* des reins est en connexion avec l'extrémité supérieure de la glande suprarénale et aussi, à gauche, avec le sommet de la rate.

Le pôle supérieur du rein droit est habituellement placé en regard du disque qui sépare la onzième vertèbre thoracique de la douzième. Le pôle supérieur du rein gauche est situé à la hauteur de la partie moyenne de la onzième vertèbre thoracique.

L'*extrémité inférieure* du rein répond, en général, à la partie moyenne de la troisième vertèbre lombale à droite, et au disque qui sépare cette vertèbre de la deuxième à gauche. Elle est à 4 cm au-dessus de la crête iliaque à droite, et à 5 cm à gauche.

Le rein droit est donc sensiblement à un niveau plus bas que le rein gauche. Ceci est probablement dû à la pression que le foie exerce sur lui.

Enfin le rein est incliné d'une extrémité à l'autre, de telle façon qu'il est à 4 cm environ de la ligne médiane en haut, et à 6 cm en bas.

CONFORMATION INTÉRIEURE. SINUS DU REIN. Le sinus du rein est une cavité, une poche, dont l'ouverture est au hile et dont les parois sont constituées par le parenchyme rénal.

Le sinus rénal, dont la profondeur moyenne mesure 3 cm, contient, dans du tissu cellulo-graisseux, les ramifications des vaisseaux rénaux, les nerfs et les premiers segments de l'appareil excréteur du rein, appelés calices et bassinet ou pelvis rénal.

Pour examiner la configuration du sinus du rein, il faut d'abord pratiquer une coupe vertico-transversale menée du bord externe au hile du rein, à égale distance des deux faces.

Si l'on enlève ensuite tout le contenu du sinus, vaisseaux et canaux excréteurs qu'il faut sectionner au ras de la surface de la poche, on voit que la paroi sinusienne est très irrégulière. Elle présente des saillies coniques, les *papilles rénales*, séparées les unes des autres par des surfaces irrégulières, convexes, en forme de bourrelet (fig. 335).

Les papilles mesurent de 4 à 10 mm de hauteur.

Leur volume et leur forme sont variables. Il existe de petites papilles assez régulièrement coniques, appelées *papilles rénales simples*. Il en est aussi de volumineuses dont la surface est parcourue de la base au sommet par deux ou trois sillons de profondeur variable. Ces sillons indiquent que ces grosses papilles résultent de la réunion de deux ou trois papilles simples. On les appelle *papilles rénales composées*.

Le nombre des papilles varie de quatre à vingt. Cela tient surtout à ce que la proportion entre le nombre de papilles simples et celui des papilles composées diffère d'un sujet à l'autre. On en compte en moyenne de huit à dix.

Le sommet des papilles est arrondi et perforé de petits pertuis, visibles à la loupe, dont l'ensemble constitue l'*area cribrosa*. Ce sont les orifices par lesquels les canaux collecteurs des tubes urinifères déversent leur contenu. L'area cribosa des papilles simples présente de dix à vingt orifices ; sur les papilles composées, ce nombre est deux ou trois fois plus grand.

STRUCTURE DU REIN. CONFIGURATION D'UNE COUPE DU PARENCHYME RÉNAL.

Le rein est formé d'un parenchyme qu'entoure une capsule fibreuse.

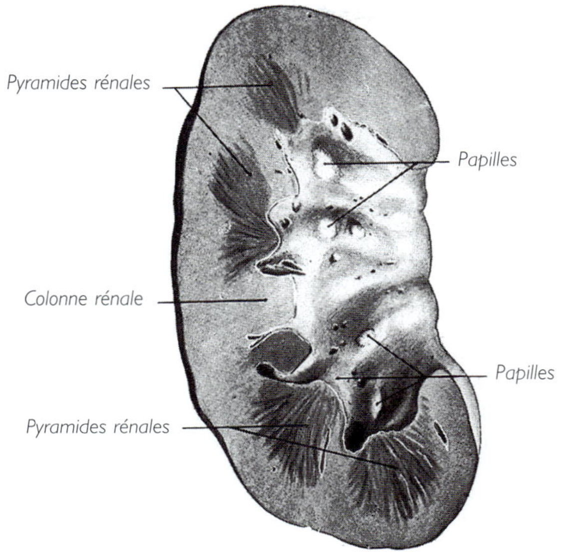

Fig. 335 ▪ Coupe frontale du rein montrant la configuration du parenchyme rénal et du sinus du rein.

1. Capsule fibreuse. Il ne faut pas confondre la capsule propre du rein avec son enveloppe fibreuse ou fascia rénal, dont elle est séparée par la capsule adipeuse.

La capsule du rein est une membrane directement appliquée sur le parenchyme rénal. Elle est unie au rein par des tractus conjonctifs qui pénètrent dans l'organe. Ces tractus sont très ténus ; aussi est-il facile de séparer la capsule du parenchyme rénal. Au niveau du hile, la capsule se réfléchit dans le sinus, tapisse ses parois et se continue avec la tunique conjonctive des calices et des vaisseaux, au moment où ceux-ci s'enfoncent dans le parenchyme rénal.

2. Parenchyme rénal

Une coupe frontale du rein menée du bord externe vers le hile montre que le parenchyme rénal se compose de deux parties : l'une, centrale, appelée substance médullaire, l'autre, périphérique, ou substance corticale.

a) MÉDULLA. Elle est représentée sur la coupe par des zones triangulaires de couleur rouge foncé, striées parallèlement au grand axe du triangle. Ces zones triangulaires représentent la section de masses coniques appelées *pyramides rénales*.

Les pyramides rénales sont, dans chaque rein, au nombre de huit à dix environ. Leur sommet proémine dans le sinus et constitue les papilles. Les pyramides, comme les papilles, sont, les unes, simples, les autres, composées, c'est-à-dire formées par la réunion de deux ou trois pyramides simples.

b) CORTEX. La substance corticale, de couleur jaune rougeâtre, friable et moins consistante que la substance médullaire, entoure les pyramides rénales, sauf les papilles. Elle forme, d'une part, une épaisse couche périphérique qui sépare la base des pyramides de la surface du rein ; d'autre part, elle pénètre entre les pyramides ; ces prolongements qui séparent les unes des autres les pyramides rénales sont appelés *colonnes rénales*.

La couche périphérique de la substance corticale se compose de deux parties, la partie radiée des lobules corticaux rénaux et le labyrinthe.

Les parties radiées des lobules corticaux rénaux, d'aspect strié comme les pyramides de Malpighi, semblent prolonger celles-ci vers la surface du rein ; elles s'étendent, en effet, en se rétrécissant, de la base des pyramides de Malpighi jusqu'au voisinage de la périphérie du rein qu'elles n'atteignent pas. On compte environ 500 parties radiées des lobules corticaux rénaux par pyramide rénale.

La *partie contournée des lobules corticaux rénaux*, d'aspect granuleux, sépare les parties radiées des lobules corticaux rénaux les unes des autres et de la surface du rein. C'est encore le labyrinthe qui constitue les colonnes rénales.

L'aspect granuleux du labyrinthe est dû à la présence d'innombrables granulations rougeâtres, appelées *corpuscules rénaux*.

Le parenchyme rénal est essentiellement constitué par les tubes urinifères dont l'étude est du domaine de l'histologie.

Lobes du rein. Les reins de l'homme se composent de plusieurs lobes soudés entre eux. Chaque lobe comprend : 1° une pyramide rénale ; 2° la zone de substance corticale qui entoure la pyramide et la prolonge jusqu'à la surface du rein. Dans chaque lobe on peut distinguer autant de lobules qu'il existe de parties radiées des lobules corticaux rénaux.

La lobation est très apparente chez le fœtus, où elle se traduit par la présence, à la surface du rein, de sillons qui répondent aux limites des lobes rénaux.

Chez certains mammifères, les lobes du rein restent toujours distincts les uns des autres. (J. Hureau).

■ VAISSEAUX ET NERFS

a) ARTÈRES DU REIN. ARTÈRES RÉNALES (fig. 336). Le mode de division des artères rénales est très variable. Nous indiquerons seulement celui qui se présente dans la majorité des cas.

Chaque artère rénale se divise au voisinage du hile en deux branches terminales principales, l'une, antérieure, l'autre, postérieure.

Le *rameau antérieur* reste en avant du pelvis rénal.

Le *rameau postérieur* contourne le bord supérieur du pelvis rénal, puis, descend en arrière de lui jusque vers la partie moyenne du hile, mais en rasant le bord de celui-ci, de telle manière qu'elle laisse libre et facilement abordable toute la partie extrahilaire de la face postérieure du pelvis rénal.

Les deux rameaux antérieur et postérieur se subdivisent plusieurs fois et forment dans le sinus rénal deux arborisations, l'une, antérieure, ou *prépyélique*, située en avant des conduits excréteurs (pelvis rénal et calices), l'autre, postérieure, ou *rétropyélique*, placée en arrière de ces conduits (Augier) (voir : *pelvis rénal et pédicule rénal*).

Les branches de l'arborisation antérieure sont les plus nombreuses. Elles sont mêlées aux branches veineuses de telle sorte qu'il est impossible de reconnaître dans cette cavité un plan veineux et un plan artériel distincts. Dans l'ensemble, cependant, les artères paraissent être en grand nombre antérieures aux veines.

Les dernières ramifications de l'artère pénètrent dans le parenchyme rénal autour de chaque papille et cheminent à la surface des pyramides jusqu'à leur base. Ces ramifications, appelées *artères interlobaires*, sont terminales, c'est-à-dire qu'elles ne s'anastomosent pas entre elles (Gérard). ❑ Les artères lobaires qui viennent des lobes du système prépyélique irriguent les lobes antérieurs ou ventraux et la moitié antérieure des lobes polaires et des lobes dorsaux. ❑ Celles qui naissent du système rétropyélique vont à la moitié postérieure des lobes polaires et des lobes dorsaux

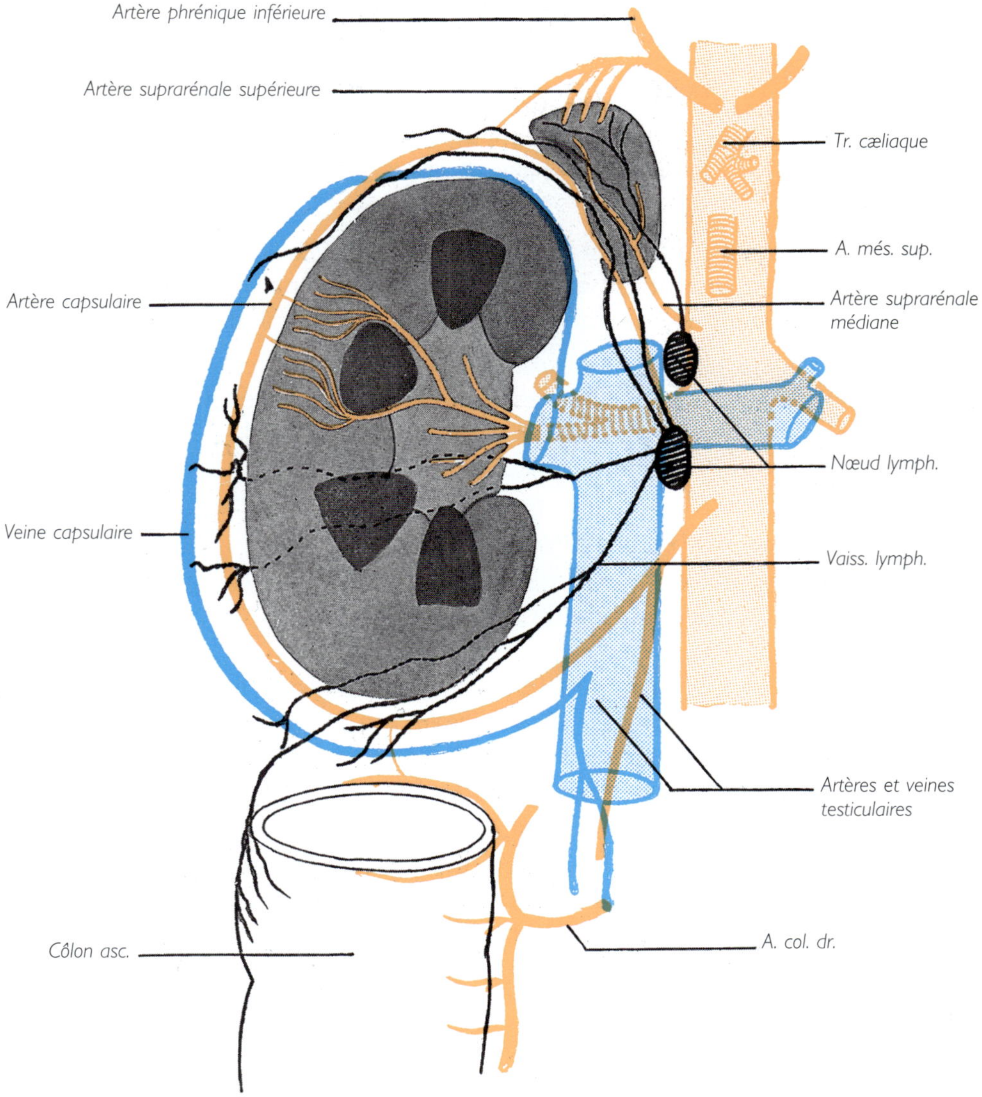

Fig. 336 ▪ Schéma destiné à montrer la disposition des vaisseaux sanguins et lymphatiques des capsules adipeuses du rein.

(Augier). ❑ La séparation entre ces deux territoires est indiquée, sur la surface extérieure du rein, par une dépression ou ligne de Brodel menée parallèlement au bord externe du rein, à 1 cm en arrière de ce bord (Brodel).

Chaque artère lobaire se divise au niveau de la base de la pyramide en de nombreuses *artères interlobulaires*. Celles-ci restent indépendantes les unes des autres. Il ne se forme en effet jamais de voûte artérielle complète sus-pyramidale (Gérard).

Chaque artère interlobulaire gagne par un trajet incurvé en demi-arcade un espace interlobulaire compris entre plusieurs parties radiées des lobules corticaux rénaux et donne les artères glomérulaires qui constituent, en se capillarisant, les glomérules de Malpighi.

Les pyramides rénales sont parcourues de la base au sommet par les *artérioles droites*. Celles-ci naissent surtout du rameau efférent des glomérules et aussi des artères interlobulaires, près de la base des pyramides (Klein, Ludwig, Alcala Santaella).

Artères rénales polaires. La multiplicité des artères rénales est fréquente. ❑ Il n'est pas rare non plus de voir une artère aborder le rein par l'une de ses extrémités. Ces artères polaires viennent d'ordinaire soit de l'artère rénale, soit de l'aorte. (Ternon).

b) ARTÈRES CAPSULAIRES (fig. 336). La *capsule adipeuse* du rein reçoit de l'artère rénale, des artères suprarénales, de l'artère testiculaire ou ovarique, des artères coliques supérieures, lombales, et parfois même de l'aorte (Schmerber, Laboureau), de fins rameaux qui s'anastomosent entre eux. L'une de ces anastomoses s'étend, le long du bord externe du rein, depuis l'artère suprarénale jusqu'à une branche de l'artère testiculaire, et forme *l'artère capsulaire*.

c) VEINES DU REIN (fig. 336). Les veines interlobulaires satellites des artères homonymes naissent à la surface du rein de la réunion de petites veinules convergentes, formant les *veinules étoilées*.

Elles se dirigent vers la base de la pyramide rénale, où elles se jettent dans un réseau veineux appelé *veine arquée*. De ce réseau, qui reçoit encore les *veinules droites* de la pyramide rénale, partent des *veines interlobaires* ou *veines lobaires des reins* qui gagnent le sinus du rein en cheminant à la surface des pyramides.

Alcala Santaella distingue dans le sinus : ❑ 1° un plan veineux antérieur, prépyélique ; ❑ 2° un plan veineux postérieur, rétro-pyélique ; ❑ 3° des veines intermédiaires qui unissent ces deux plans et passent dans les intervalles qui séparent les calices. Les veines se réunissent dans le sinus en formant des branches de plus en plus volumineuses qui, finalement, constituent, en dehors du rein, la veine rénale.

d) VEINES DES CAPSULES PÉRIRÉNALES (fig. 336). La *capsule adipeuse* contient un réseau périrénal dans lequel on distingue une *veine capsulaire* disposée de la même manière que l'arcade artérielle. Ce réseau se déverse dans les veines voisines, c'est-à-dire dans les veines rénale, suprarénale, coliques, urétériques, phréniques inférieures et aussi dans les veinules étoilées. Il s'anastomose, par les veines lombales, avec le réseau veineux sous-cutané (Tuffier et Lejars).

e) LYMPHATIQUES (fig. 336). Il faut distinguer les lymphatiques des fascias rénaux et les lymphatiques des reins.

Les *fascias rénaux* vont aux nœuds juxta-aortiques voisins de l'origine de l'artère rénale et de la terminaison de la veine rénale du même côté. Sur le trajet de ces lymphatiques, il existe quelques nœuds qui seraient le centre de localisation des foyers suppurés périnéphrétiques (Krymow).

Les collecteurs lymphatiques des reins peuvent être anastomosés avec les lymphatiques du côlon.

Les *collecteurs lymphatiques des reins* se distinguent, dans le pédicule rénal, en antérieurs, moyen et postérieurs, selon qu'ils sont placés en avant ou en arrière des vaisseaux rénaux, ou bien entre l'artère et la veine. Ils se rendent aux nœuds du pédicule rénal et aux nœuds lymphatiques aortiques latéraux compris entre l'origine des artères rénales et celle de l'artère mésentérique inférieure (J. Nicolesco).

f) NERFS. Les nerfs viennent du plexus rénal. Le plexus rénal accompagne l'artère. ❑ Les rameaux provenant des ganglions du plexus solaire cheminent sur les bords supérieur et inférieur, et sur les faces antérieure et postérieure de l'artère ; ❑ les filets du nerf petit splanchnique longent le bord supérieur et la face postérieure de cette artère ; ❑ enfin les rameaux venant du nerf grand splanchnique se trouvent seulement sur le bord supérieur (Lino Rodrigues). Cependant, d'après L. Dambrin, il n'existe aucun filet destiné au rein, en avant de la partie interne de l'artère rénale. Il peut présenter de petits ganglions ; l'un d'eux, à peu près constant, situé en arrière de l'artère, est appelé *ganglion rénal postérieur de Hirschfeld*.

A. **Conduits excréteurs du rein.**

Les voies d'excrétion du rein commencent dans le sinus rénal par des tubes courts, les *calices rénaux mineurs*. Les calices rénaux mineurs se jettent dans des troncs collecteurs appelés *calices rénaux majeurs*. Ceux-ci se réunissent et de leur confluence résulte la formation d'un élargissement de la voie d'excrétion, qui a reçu le nom de *pelvis rénal*. Le pelvis rénal se rétrécit peu à peu de haut en bas et se continue jusqu'à la vessie par un long canal appelé uretère (fig. 324).

CALICES RÉNAUX MINEURS. Les calices rénaux mineurs sont des canaux membraneux, longs de 1 cm environ et dont le nombre est égal à celui des papilles. Chacun d'eux s'insère par une extrémité un peu élargie tout autour de la base d'une papille et celle-ci fait saillie dans le conduit à la manière d'un bouchon conique. Par leur autre extrémité, les calices rénaux mineurs s'ouvrent dans un calice rénal majeur. Leur direction est commandée par celle des papilles correspondantes (fig. 337). Ils sont disposés en deux rangées antérieure et postérieure, confluant aux pôles su rein.

CALICES RÉNAUX MAJEURS. Les calices rénaux mineurs se réunissent par groupes de deux à quatre et forment les calices rénaux majeurs.

Le nombre des calices rénaux majeurs varie de deux à cinq. On en compte ordinairement trois et ceux-ci se distinguent en supérieur, moyen et inférieur. Les calices rénaux majeurs s'étagent en effet de haut en bas, sur le même plan vertico-transversal. Quelquefois, l'un d'eux s'échappe dans un plan oblique (Legueu).

La longueur des calices est très variable. Elle est d'autant plus grande que le pelvis rénal est petit. En général, quand il existe seulement deux ou trois calices rénaux majeurs, le calice rénal majeur supérieur est plus long, mais moins large que l'inférieur (Legueu) (fig. 337, B et C).

Les calices rénaux majeurs s'ouvrent dans la base du pelvis rénal.

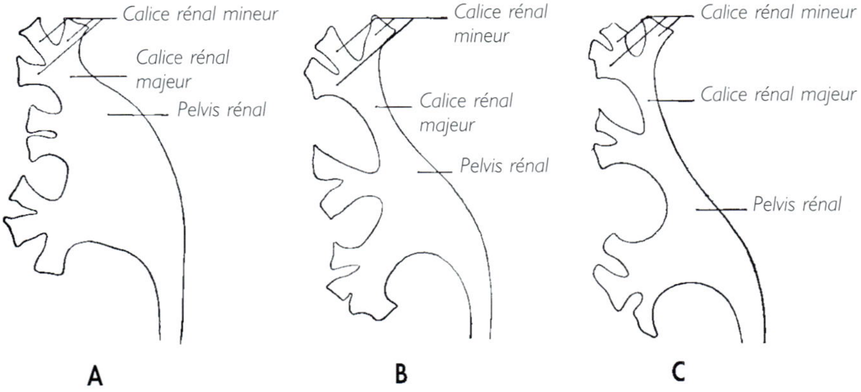

Fig. 337 ▪ Trois types de calices et de pelvis rénal.
A, bassinet ampullaire ; — *B*, et *C*, bassinets ramifiés.

▪ **PELVIS RÉNAL OU BASSINET.** Le pelvis rénal est un segment élargi de l'appareil excréteur du rein, situé à la jonction des calices rénaux majeurs.

1. Configuration extérieure. Le pelvis rénal a la forme d'un entonnoir aplati d'avant en arrière ; sa base mesure en moyenne de 20 à 25 mm de hauteur.

On lui distingue : ❑ deux faces, l'une, antérieure, l'autre, postérieure ; ❑ un bord supéro-médial, convexe, oblique en bas et en dedans ; ❑ un bord inférieur, à peu près horizontal et légèrement concave ; ❑ un sommet inférieur, en continuité avec l'uretère ; ❑ enfin une base située en haut et en dehors, dans le sinus rénal.

À la vérité, la forme et les dimensions du pelvis rénal sont très variables. « En réalité, il y a autant de formes de pelvis rénal que de reins. Toutefois, ces formes diverses se rapprochent plus ou moins dans leur ensemble, et, au point de vue pratique, il y a lieu de grouper toutes ces variétés en deux classes, les pelvis ampullaires et les *pelvis ramifiés* ; dans chacun de ces groupes se trouvent échelonnées toute une série de variétés qui sont des transitions entre l'un et l'autre » (Legueu) (fig. 337).

Quand le pelvis rénal est ampullaire, les calices rénaux majeurs sont très courts. Parfois même ceux-ci font défaut et les calices rénaux mineurs s'abouchent directement à la base renflée du pelvis rénal.

Quand le pelvis rénal est ramifié, et c'est le cas le plus fréquent, les deux extrémités de sa base se continuent, l'une en dehors et en haut, l'autre en dehors et un peu en bas, avec les calices rénaux majeurs supérieur et inférieur. Le calice rénal majeur moyen s'ouvre soit directement dans le pelvis rénal entre les calices rénaux majeurs supérieur et inférieur, soit dans l'un de ces calices rénaux majeurs.

2. Rapports. Le pelvis rénal est situé en partie dans le sinus rénal, en partie en dehors du sinus et du hile.

a) PARTIE EXTRA-HILAIRE DU PELVIS RÉNAL. — PÉDICULE RÉNAL. En dehors du hile, le pelvis rénal occupe la partie postérieure du pédicule rénal (fig. 334).

Il est en rapport en avant : ❑ d'abord avec l'artère et sa branche antérieure qu'entoure le plexus rénal (voir : *Nerfs du rein*) ; ❑ plus loin avec la veine rénale et ses grosses branches d'origine ; enfin avec le fascia de Treitz et la partie descendante du duodénum à droite ; ❑ avec le corps du pancréas, le muscle suspenseur du duodénum, la courbure duodéno-jéjunale et le segment initial, mobile, du jéjunum à gauche.

En arrière, le pelvis rénal est croisé en haut, et *le long du hile*, par la branche artérielle rétropyélique qui a contourné le bord supérieur du pelvis rénal et longe ensuite le bord postérieur du hile ; elle laisse ainsi accessible au chirurgien toute la face postérieure du pelvis rénal extrarénal. Au-delà du fascia rétrorénal, le pelvis rénal répond au muscle psoas et au processus costiforme de la première vertèbre lombale à gauche ; à droite, il répond à l'intervalle qui sépare les processus costiformes des deux premières vertèbres lombales.

En dedans du pelvis rénal, le pédicule rénal se prolonge jusqu'aux gros vaisseaux prévertébraux. Il se compose alors de l'artère rénale placée en arrière de la veine, du plexus rénal qui entoure l'artère, de nœuds et de vaisseaux lymphatiques.

La veine rénale gauche, plus longue que la droite, passe : en avant de l'aorte, en arrière du muscle suspenseur du duodénum et de l'artère mésentérique supérieure. C'est surtout la compression exercée sur elle par ce muscle, par cette artère et par les nœuds lymphatiques voisins, qui explique la plus grande fréquence à gauche de la varicocèle ainsi que des varices du ligament large (Fagarasanu).

b) PARTIE INTRARÉNALE. Le plus souvent, le pelvis ne s'enfonce que bien peu dans le sinus rénal, et son segment intrasinusien ne dépasse pas un demi-centimètre de largeur. Seuls les pelvis rénaux ampullaires, volumineux, pénètrent profondément dans la cavité sinusienne.

Dans les sinus, les deux faces du pelvis rénal répondent aux ramifications vasculaires prépyéliques et rétropyéliques. ❑ Ici, l'artère prépyélique et la plupart de ses ramifications sont placées en avant des branches veineuses.

■ **URETÈRE.** L'uretère est un long conduit qui fait suite au pelvis rénal et s'étend jusqu'à la vessie.

1. Trajet et direction. Du sommet du pelvis rénal, l'uretère descend à peu près verticalement, ou un peu obliquement en bas et en dedans (G. Cordier), appliqué sur la paroi abdominale postérieure jusqu'au détroit supérieur. Arrivé là, il croise les vaisseaux iliaques en décrivant des sinuosités dont les courbes s'adaptent aux saillies que forment ces vaisseaux (fig. 338). L'uretère plonge ensuite dans le bassin et descend en bas et un peu en dehors, appliqué sur la paroi pelvienne. Un peu au-dessus de l'épine ischiatique, le canal s'infléchit et se porte en avant, en dedans et en bas, jusqu'à son abouchement à la cavité vésicale. ❑ Dans son ensemble, la direction des uretères est oblique en bas et en dedans, car les deux uretères, qui sont à 7 ou 8 cm l'un de l'autre à leur origine, sont séparés par une distance de 2 cm à leur terminaison.

2. Dimensions. L'uretère mesure 25 cm de longueur.

Vide, il est aplati d'avant en arrière et sa largeur paraît à peu près égale partout.

On a décrit un peu au-dessous de son origine un premier rétrécissement où le diamètre intérieur du canal serait de 2 mm environ ; ce rétrécissement, appelé *collet du pelvis*, ou d'une manière plus exacte, *collet de l'uretère*, n'existe pas. L'urétéro-pyélographie rétrograde montre que l'uretère à sa partie supérieure a un diamètre uniforme (G. Cordier). Cependant l'uretère présente deux rétrécissements, l'un en regard du détroit supérieur, l'autre à l'entrée du canal dans la paroi vésicale. À leur niveau, le diamètre intérieur ne dépasse pas ordinairement 3 mm.

Ailleurs, le diamètre intérieur de l'uretère varie entre 3 et 5 mm.

3. Rapports des uretères. Nous distinguerons à l'uretère quatre portions : une partie abdominale, une portion iliaque, une partie pelvique et une portion vésicale.

a) PARTIE ABDOMINALE. *En arrière*, l'uretère abdominal repose sur le fascia iliaca et le muscle psoas dont il est séparé par une mince couche de tissu cellulo-graisseux. Il est croisé de haut en bas et de dedans en dehors par le nerf génito-fémoral qui descend dans l'épaisseur du fascia iliaca. Enfin, l'uretère, quand il est vertical, se projette, en arrière du muscle psoas, sur le sommet des processus transverses des trois ou quatre dernières vertèbres lombales ou un peu en dedans de leur sommet. Quand l'uretère est oblique en bas et en dedans, il répond au sommet du 3e processus costiforme, à l'union du tiers moyen et du tiers externe du 4e, et à la jonction du tiers moyen et du tiers interne du 5e (G. Cordier).

En avant, le segment lombal de l'uretère a des rapports différents à droite et à gauche (fig. 338).

L'uretère droit est recouvert : en haut par la partie descendante du duodénum et par le fascia rétroduodenal ; au-dessous du duodénum par le péritoine et par le fascia d'accolement, du mésocôlon ascendant au péritoine pariétal. Il est croisé au niveau de la troisième vertèbre lombale par les vaisseaux testiculaires ou utéro-ovariques qui passent en arrière de ce fascia (fig. 338) et par l'artère colique droite moyenne qui passe en avant.

L'uretère gauche est recouvert dans toute son étendue par le péritoine et par le fascia d'accolement qui provient de la soudure du mésocôlon descendant au péritoine pariétal. De même qu'à droite, les vaisseaux testiculaires ou utéro-ovariques passent en arrière du fascia d'accolement d'origine mésocolique ; l'artère colique gauche monte en avant de ce fascia et en dedans de l'uretère (fig. 140). Mais, tandis que l'artère testiculaire ou utéro-ovarique croise l'uretère au niveau de la troisième vertèbre lombale, la veine correspondante, qui, à gauche, se jette dans la veine rénale, passe en avant de ce canal bien plus haut, au voisinage du pédicule rénal. ❑ En bas, à la limite inférieure de la portion lombale, l'uretère gauche est croisé par le segment oblique de la racine du mésocôlon pelvien.

Chacun des deux uretères, entouré d'une gaine conjonctive formée par le fascia propria (Cordier), adhère au péritoine et au fascia d'accolement qui le recouvre.

En dehors, l'uretère côtoie la partie sous-hilaire du bord interne du rein. L'uretère est uni à la partie sous-hilaire du bord interne du fascia rénal (et par l'intermédiaire de celui-ci au rein) par des tractus fibreux qui émanent de l'enveloppe fibreuse péri-rénale (Vecchi, Laboureau). Plus bas, l'uretère est longé, à plus grande distance à

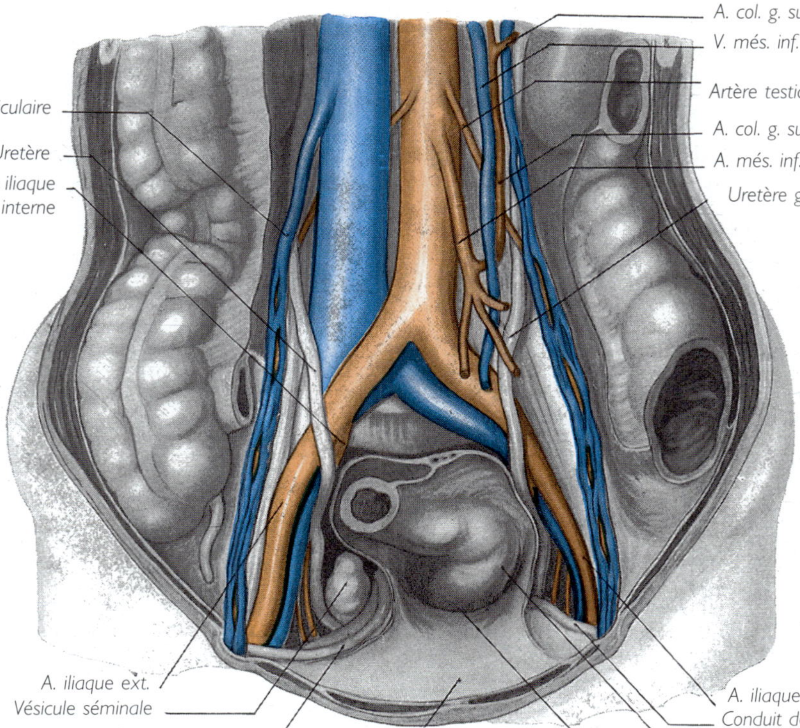

Fig. 338 ▪ Rapports des uretères.
Cette figure a été dessinée d'après une préparation faite sur un sujet dont les organes avaient été préalablement fixés par une injection de formol.

gauche qu'à droite, par le côlon ascendant à droite et par le côlon descendant à gauche.

En dedans, ❑ l'uretère droit répond à la veine cave inférieure ; ❑ l'*uretère gauche,* à la partie ascendante du duodénum à l'arc vasculaire de Treitz, à l'aorte, et à l'artère mésentérique inférieure.

b) PORTION ILIAQUE. Avant de pénétrer dans la cavité pelvienne, l'uretère passe en avant des vaisseaux iliaques. Dans le plus grand nombre des cas, l'uretère droit croise l'artère iliaque externe à 1,5 cm au-dessous de son origine, tandis que l'uretère gauche passe sur l'artère iliaque commune à 1,5 cm au dessus de la bifurcation (Luschka) (fig. 338).

Mais ces rapports sont soumis à de fréquentes variations qui tiennent à ce que la hauteur de la bifurcation de l'artère iliaque primitive est elle-même très variable, tandis que l'uretère croise l'ouverture supérieure du pelvis à peu près toujours au même point. Par suite, lorsque la bifurcation est basse, l'uretère croise l'artère iliaque commune des deux côtés ; lorsqu'elle est haute, l'uretère croise l'artère iliaque externe aussi bien à gauche qu'à droite (Proust et Maurer).

En avant, le segment iliaque de l'uretère est croisé, du côté droit, par l'extrémité inférieure du mésentère et par l'artère iléo-colique.

Du côté gauche, l'uretère est recouvert par le péritoine pariétal et par le méso-côlon pelvien. Celui-ci présente avec l'uretère des rapports qui varient avec la longueur du méso et avec la situation plus ou moins haute de son attache à la paroi (Quénu et Duval). Quand le mésocôlon pelvien s'attache haut, le péritoine pariétal seul recouvre directement l'uretère. Si le mésocôlon s'attache bas, l'uretère entre en rapport étroit avec les artères sigmoïdes qui s'accolent à la paroi par suite de la soudure du mésocôlon pelvien au péritoine pariétal. Enfin, le récessus intersigmoïdien peut parfois croiser la face antérieure de l'uretère.

C'est en regard du croisement des vaisseaux iliaques que l'uretère est le plus rapproché de la paroi abdominale antérieure *(point urétéral)*. Ce point siège à l'union du tiers externe et du tiers moyen d'une ligne reliant les deux épines iliaques antéro-supérieures.

c) PARTIE PELVIQUE. Dans la cavité pelvienne, l'uretère décrit une courbe concave en avant et en dedans, à laquelle on reconnaît deux segments, l'un, pariétal, l'autre, viscéral. Les rapports de l'un et de l'autre de ces segments diffèrent chez l'homme et chez la femme.

CHEZ L'HOMME. — *Segment pariétal.* L'uretère descend le long de l'artère iliaque interne, soit en avant, soit en dedans, soit en arrière de cette artère, suivant qu'il a croisé les vaisseaux iliaques au-dessous, au niveau ou au-dessus de la bifurcation de l'artère iliaque primitive. Le plus souvent, l'uretère droit est en avant de l'artère iliaque interne, l'uretère gauche est en arrière (fig. 338). Dans ce court trajet, l'uretère répond à l'origine des branches du tronc antérieur ou du tronc postérieur de l'artère iliaque interne ainsi que, à gauche, à la veine iliaque interne qui est en arrière de l'artère.

Au-dessous de l'artère iliaque interne, l'uretère répond en dehors aux branches viscérales de cette artère.

En dedans, l'uretère est en rapport avec le rectum dont il est séparé par la partie latérale de l'excavation recto-génitale, par la gaine de l'artère iliaque interne et par le plexus hypogastrique que cette gaine contient.

Segment viscéral. L'uretère se porte en avant et en dedans. Il passe en dehors, puis en avant du rectum, en arrière et au-dessous du conduit déférent, et s'engage entre le fond de la vésicule séminale et la paroi postérieure de la vessie (fig. 338 et 344). Dans cette région, le conduit urétéral est entouré, surtout en arrière, par de nombreuses artères (artère du conduit déférent, rameaux prostatiques de l'artère vésicale inférieure et artère rectale moyenne), par les veines des plexus séminal et vésico-prostatique, par les veines rectales moyennes et par les rameaux nerveux vésicaux du plexus hypogastrique.

Jusqu'au voisinage de la vessie, l'uretère est contenu dans l'espace latéro-viscéral. Mais avant d'atteindre la vessie, il est obligé de traverser le plexus hypogastrique qui forme autour de lui une « fronde nerveuse » (Hovelacque) d'où partent des rameaux uretéraux.

CHEZ LA FEMME. — *Segment pariétal.* Les rapports avec les vaisseaux iliaques internes sont les mêmes que chez l'homme. L'uretère constitue avec l'artère iliaque interne la limite postérieure de la fosse ovarique (voir : *Ovaire*). Il répond donc en avant à l'ovaire et au pavillon de la trompe qui recouvre la face interne de l'ovaire. ❑ Au-dessous du tronc de l'artère iliaque interne, l'uretère descend sur le côté antéro-interne de l'artère utérine. ❑ En dedans, l'uretère est recouvert par le péritoine, la gaine de l'artère iliaque interne et le plexus hypogastrique qui le séparent des anses intestinales ou du côlon ilio-pelvien en haut, du rectum en bas.

Segment viscéral. Quand l'uretère abandonne la paroi pelvienne, il s'engage sous le mésométrium ou base des ligaments larges, qu'il croise suivant une direction oblique en avant et en dedans. Vers la partie moyenne de ce trajet, l'artère utérine, qui jusque-là était en arrière et en dehors de l'uretère, se dirige en dedans vers l'isthme de l'utérus et croise l'uretère en passant en avant et au-dessus de lui (fig. 387). Ce croisement a lieu à 1,5 cm environ en dehors du col utérin et un peu au-dessous de l'isthme. Au niveau de ce croisement et en arrière de l'uretère, passe la veine utérine principale, tandis qu'une seconde veine utérine, petite, longe l'artère et passe avec elle en avant de l'uretère (Farabeuf).

Au-dessous de l'artère utérine, l'uretère, qui jusque-là était en dehors de la gaine et du plexus nerveux hypogastriques, se porte obliquement en avant et en dedans, entouré de nombreuses branches artérielles et veineuses vésico-vaginales et des rameaux nerveux antérieurs du plexus hypogastrique. Il passe, au niveau de l'insertion du vagin sur l'utérus, à 1 ou 1,5 cm en dehors du récessus latéral du vagin (Rieffel). Il gagne peu à peu la paroi antérieure de ce conduit, auquel il est uni par un tissu conjonctif peu dense, et qu'il atteint au niveau du récessus antérieur. Après un trajet d'environ 1 cm, l'uretère pénètre dans la paroi vésicale.

d) PORTION VÉSICALE. Quand les uretères pénètrent dans la paroi vésicale, ils sont à 4 cm l'un de l'autre ; ils traversent cette paroi très obliquement en bas et en dedans, de telle sorte qu'à leur abouchement dans la vessie une distance d'environ 2,5 cm seulement les sépare l'un de l'autre. Les orifices vésicaux des uretères occupent les angles latéraux du trigone vésical (voir : *Vessie*). Ces orifices sont en général elliptiques, allongés en bas et en dedans, et bordés en haut par un repli des muqueuses vésicale et urétérale. Ils correspondent à peu près, chez la femme, à la base du triangle vaginal.

Dans sa traversée vésicale, la paroi musculaire de l'uretère s'unit à celle de la vessie par de nombreuses fibres musculaires qui passent d'une paroi dans l'autre. Cependant l'adventice de l'uretère se prolonge en partie dans la paroi vésicale et conserve ainsi au canal, jusqu'à la sous-muqueuse vésicale, une certaine indépendance. Au-delà de la paroi musculaire de la vessie, l'uretère chemine directement dans la sous-muqueuse de la vessie, où il se dilate en ampoule (Cordier). Par suite, la paroi supérieure de l'uretère est constituée à sa terminaison par un repli muqueux qui se laisse comprimer par le contenu vésical et s'appose normalement au reflux de l'urine dans le canal urétéral. Enfin l'uretère présente, en s'ouvrant dans la vessie par le méat urétéral, un rétrécissement très court.

■ **CONSTITUTION DES CONDUITS EXCRÉTEURS DU REIN.** Les différents segments des voies d'excrétion de l'urine, depuis le rein jusqu'à la vessie, se composent de trois couches : ❑ 1° une *adventice*, de nature conjonctivo-élastique ; ❑ 2° une *musculeuse*, formée d'une couche externe de fibres circulaires et d'une couche interne de fibres longitudinales ; ❑ 3° une tunique *muqueuse*, lisse, blanc grisâtre, en continuité en bas avec la muqueuse vésicale.

■ **VAISSEAUX ET NERFS DES CONDUITS EXCRÉTEURS DU REIN.** Les *artères des calices* et du pelvis rénal proviennent de l'artère rénale ou de ses branches.

Celles de l'uretère naissent successivement, de haut en bas, des artères rénale, testiculaire ou utéro-ovarique, iliaque commune, des artères vésicale et du conduit déférent chez l'homme, de l'artère utérine chez la femme.

Les *veines* se jettent dans les veines rénales, suprarénales, testiculaires ou utéro-ovariques, enfin dans les veines iliaque interne ou dans l'un de leurs affluents.

Les *lymphatiques des calices* et du pelvis rénal se rendent aux nœuds lymphatiques aortiques latéraux voisins de l'origine de l'artère rénale correspondante.

Ceux de l'uretère sont tributaires : ❑ 1° des nœuds lymphatiques aortiques latéraux, depuis l'origine de l'artère rénale jusqu'à la terminaison de l'aorte ; ❑ 2° des nœuds lymphatiques iliaques communs et internes et des lymphocentres moyen et interne des nœuds lymphatiques iliaques externes (J. Nicolesco).

Les *nerfs* accompagnent les artères et viennent des plexus rénal, testiculaires et iliaque internes.

VESSIE

La vessie est un réservoir dans lequel l'urine qui s'écoule par les uretères s'accumule et séjourne dans l'intervalle des mictions.

■ **SITUATION.** La vessie, chez l'adulte, quand elle est vide, est tout entière contenue dans la cavité pelvienne, en arrière de la symphyse pubienne et des pubis. Elle déborde en haut l'excavation pelvienne, quand elle est distendue, et fait saillie dans l'abdomen (fig. 347).

Chez l'homme, elle est située au-dessus du plancher pelvien et de la prostate, en avant et au-dessus du rectum et des vésicules séminales (fig. 350).

Chez la femme, elle est placée au-dessus du plancher pelvien, en avant de l'utérus et du vagin (fig. 352).

■ **FORME, CAPACITÉ ET DIMENSIONS.** La vessie présente dans sa forme et dans ses dimensions des variations qui dépendent de la quantité d'urine qu'elle contient, du sexe et de l'âge.

Vide, la vessie est aplatie de haut en bas et d'avant en arrière ; elle est appliquée sur la face postérieure de la symphyse pubienne et sur la partie antérieure du plancher pelvien, dont elle épouse la courbure. Elle est donc concave en arrière et en haut (fig. 339 et 343). Très rarement la vessie est sphéroïdale.

Quand la vessie se remplit, sa paroi postérieure se soulève, ses bords s'élargissent et elle prend une forme ovoïde dont la grosse extrémité est dirigée en arrière et en bas (fig. 347 et 350).

La capacité de la vessie est très variable. Sur le cadavre, on peut injecter, sans déchirer la paroi vésicale, de 1 000 à 1 200 g de liquide (Testut). Sur le vivant, la capacité maxima atteint 2 à 3 L si la réplétion se produit lentement. La quantité d'urine que contient la vessie quand se produit le besoin d'uriner mesure ce que l'on appelle, depuis Guyon, la *capacité physiologique* de la vessie ; elle varie entre 150 et 500 cm^3 ; en moyenne, elle égale 300 cm^3.

Chez la femme, la vessie est sensiblement plus large que chez l'homme, et l'on admet que sa capacité est un peu plus grande.

Chez l'enfant nouveau-né, la vessie est allongée de haut en bas, piriforme à grosse extrémité inférieure. Elle est située en arrière de la paroi abdominale et contenue tout entière dans l'abdomen. Mais, à mesure que le sujet avance en âge, elle s'enfonce peu à peu dans la cavité pelvienne, en même temps que sa partie supérieure se rétrécit, puis s'oblitère, tandis que l'ouraque s'allonge vers le bas.

■ **CONFIGURATION EXTÉRIEURE ET RAPPORTS.** Les caractères et les rapports de la vessie varient suivant que cet organe est vide ou plein. Ils sont également différents chez l'homme et chez la femme.

1. Vessie vide. On distingue à la vessie vide : une face supérieure, une face antéro-inférieure, une face postéro-inférieure ou base, deux bords latéraux, un bord postérieur et trois angles.

a) FACE SUPÉRIEURE. Cette face, concave en haut, est triangulaire. Le sommet est en avant et les trois côtés sont constitués par les bords latéraux et le bord postérieur de l'organe (fig. 339).

La face supérieure est tapissée dans toute son étendue par le péritoine. Celui-ci adhère à la paroi vésicale en avant, près de l'ouraque. En arrière, l'union de la séreuse à la vessie est moins étroite, et le péritoine forme souvent de petits plis transversaux qui s'effacent par la distension de l'organe. L'un deux, plus important, est appelé *pli vésical transverse*.

Par l'intermédiaire du péritoine, la face supérieure de la vessie répond aux anses intestinales, au côlon ilio-pelvien et, chez la femme, au corps de l'utérus et aux ligaments larges.

b) FACE ANTÉRO-INFÉRIEURE. ESPACE RÉTROPUBIEN (RETZIUS). La face antéro-inférieure, convexe, regarde en bas et en avant. Elle est reliée à la paroi antérieure du bassin par deux forts trousseaux fibreux et musculaires lisses, appelés *ligaments pubo-prostatiques*, qui s'étendent de sa partie inférieure à la partie inférieure de la face postérieure de la symphyse et des pubis.

Cette face est en rapport avec la symphyse pubienne, les pubis, la partie antérieure des muscles élévateurs de l'anus, obturateur interne et des fascias de ces muscles, avec les vaisseaux et nerfs obturateurs, avec les artérioles rétro-symphysiennes. Toutefois, elle est séparée de tous ces organes par le *fascia ombilico-prévésical* et par l'*espace rétropubien* (fig. 340 à 342).

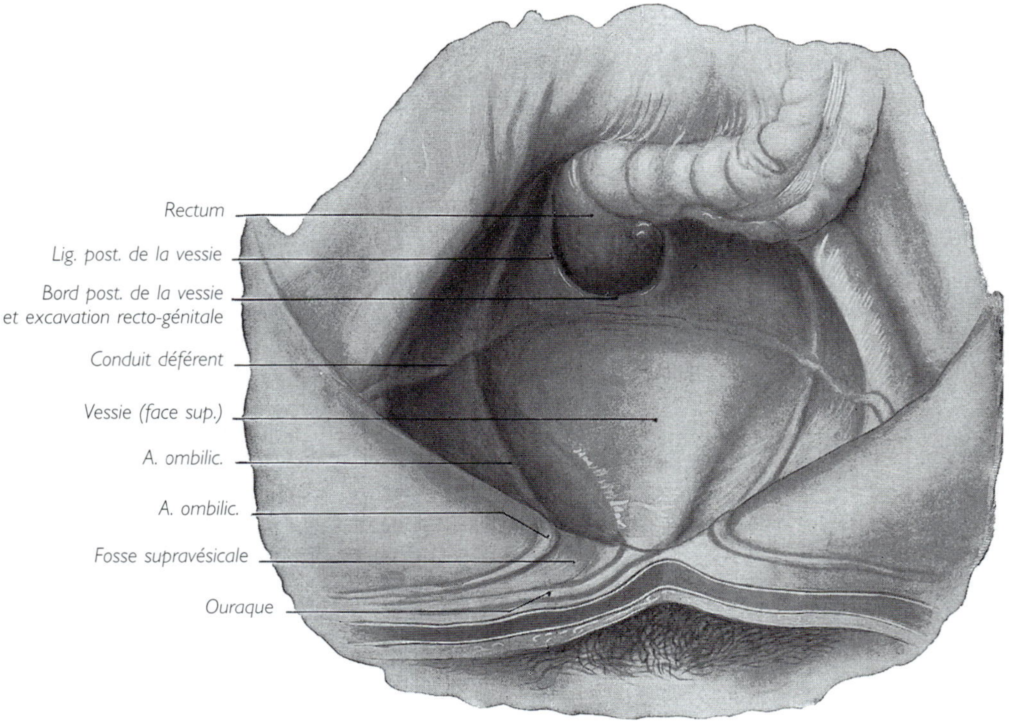

Fig. 339 ▪ La cavité pelvienne et le péritoine pelvien chez l'homme.

Le *fascia ombilico-prévésical* est un feuillet fibro-celluleux, tendu de l'ombilic au fascia pelvien. Elle est triangulaire et contournée en demi-cône (fig. 340). ❑ Sa face postérieure, concave, embrasse la face antérieure de la vessie, de l'ouraque et des artères ombilicales. Le fascia est faiblement uni à la paroi vésicale par une mince lame de tissu conjonctif lâche. ❑ Sa face antérieure est séparée du fascia transversalis en haut, de la symphyse pubienne, des pubis et de la partie antérieure du plancher pelvien en bas, par une nappe celluleuse qui occupe l'espace prévésical. ❑ Le sommet du fascia prévésical est à l'ombilic. ❑ Sa base s'unit, d'avant en arrière, aux ligaments pubo-prostatiques, au fascia pelvien et à la gaine de l'artère iliaque interne suivant une ligne courbe qui s'étend d'une grande incisure ischiatique à l'autre, en passant en avant de la vessie. ❑ Ses bords latéraux s'unissent à la face profonde du péritoine, le long et en dehors des artères ombilicales.

Le fascia ombilico-prévésical est plus dense et plus résistant à sa partie moyenne que sur les bords. Il est en partie constitué par les fascias d'accolement que produit, au cours du développement du péritoine, la soudure, de chaque côté du mésocyste, des feuillets péritonéaux des culs-de-sac pré-allantoïdiens ou prévésicaux (voir : *Péritoine*) et par une condensation du tissu celluleux voisin.

La *cavité rétropubienne*, ou plus exactement l'*espace rétropubien* que remplit du tissu cellulaire lâche, lamelleux ou cellulo-graisseux, est situé en avant du fascia ombilico-prévésical et compris entre deux parois, l'une antérieure, l'autre postérieure (fig. 340 à 342).

La paroi antérieure est constituée : en bas, c'est-à-dire dans le bassin, par la symphyse pubienne, les pubis, la partie antérieure du muscle obturateur interne, de son fascia et du plancher pelvien ; en haut, par le fascia transversalis qui recouvre la face profonde de la paroi abdominale antérieure.

La paroi postérieure est formée par le fascia ombilico-prévésical.

L'espace celluleux prévésical facilite les mouvements d'expansion de la vessie.

c) FACE POSTÉRO-INFÉRIEURE OU FOND DE LA VESSIE. La face postéro-inférieure regarde en bas et en arrière. Comme les précédentes, elle est triangulaire. Le sommet du triangle est marqué par l'orifice vésical de l'urètre ; la base est constituée par le bord postérieur de la vessie (fig. 344). Les rapports de cette face diffèrent chez l'homme et chez la femme.

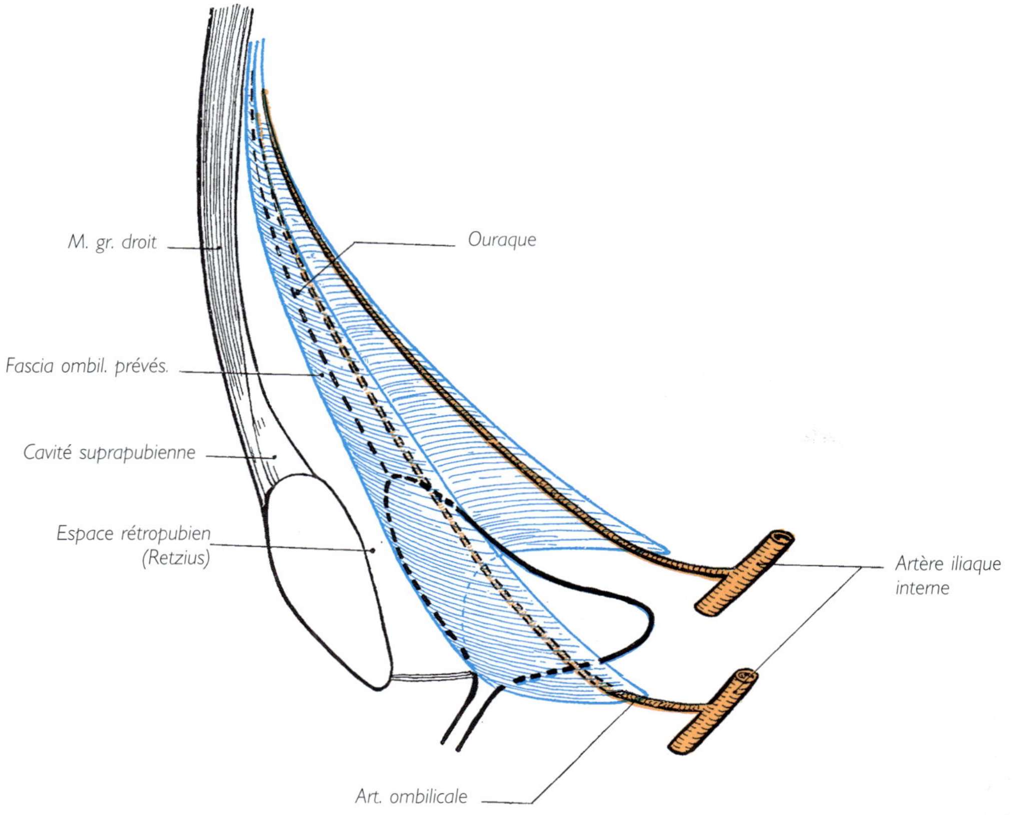

Fig. 340 ▪ Schéma destiné à montrer la disposition générale du fascia ombilico-prévésical figuré en bleu.

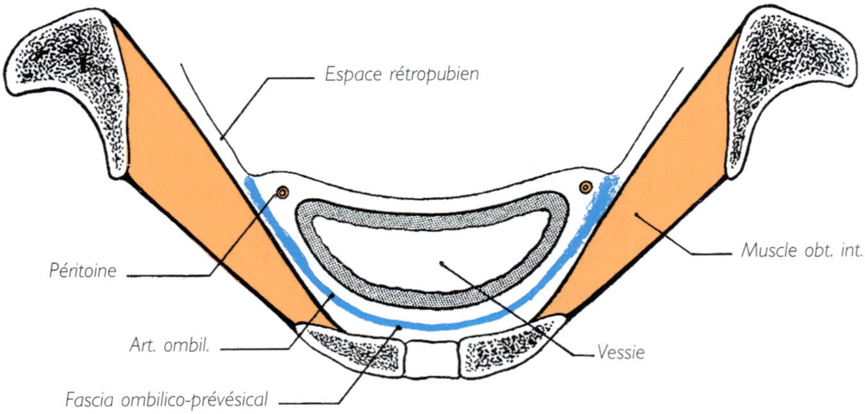

Fig. 341 ▪ Coupe horizontale du bassin destinée à montrer les rapports de la face antérieure de la vessie ainsi que le mode de constitution de la loge vésicale et de l'espace prévésical.

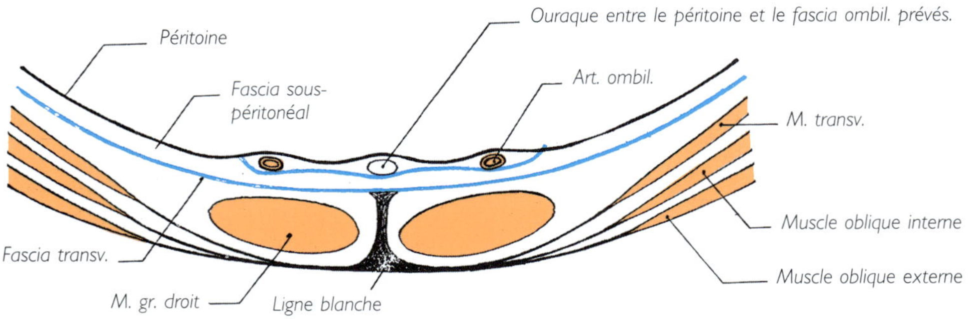

Fig. 342 ▪ Coupe horizontale de la paroi abdominale antérieure destinée à montrer le mode de constitution de l'espace prévésical, entre le bassin et l'ombilic.

CHEZ L'HOMME. Elle répond, en bas et en avant, à la prostate et lui est unie par un tissu cellulaire assez serré, traversé par de nombreuses ramifications veineuses. En arrière de la prostate, la base de la vessie est en rapport : ❑ avec les vésicules séminales ; ❑ avec les ampoules des conduits déférents qui descendent en convergeant, en dedans des vésicules séminales, vers la base de la prostate, et qui limitent entre elles le *triangle interdéférentiel* ; ❑ avec les uretères qui s'insinuent entre la paroi vésicale et les vésicules séminales. Elle est séparée de ces différents organes par le péritoine et par le fascia péritonéo-périnéal (fig. 343, 344 et 350).

Le revêtement péritonéal de la vessie descend en effet un peu sur la face postéro-inférieure avant de se réfléchir sur le rectum. Le péritoine recouvre ainsi la partie

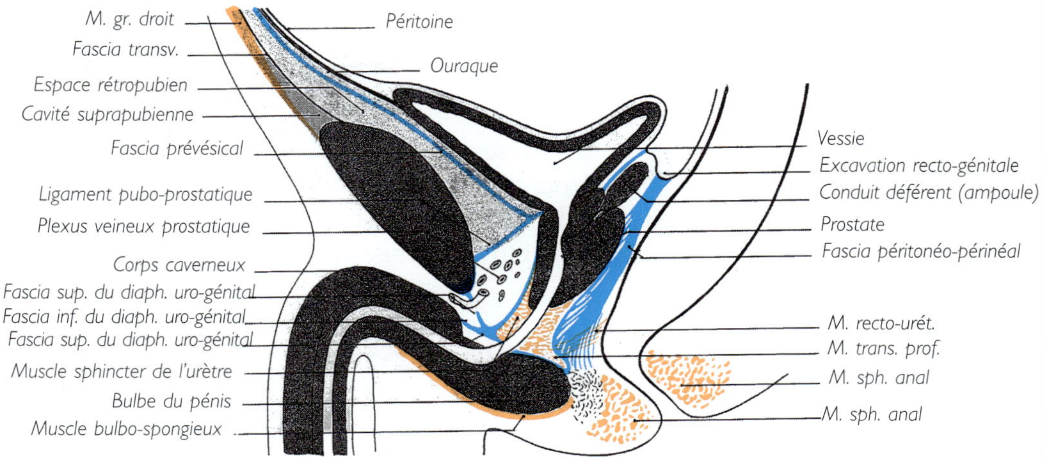

Fig. 343 ▪ Coupe médiane et antéro-postérieure du bassin chez l'homme. Vessie vide (schématique). L'ampoule du conduit déférent, qui est paramédiane, est supposée vue par sa face latérale interne, entre les deux lames du fascia péritonéo-périnéal qui la tapissent devant et derrière.

supérieure des vésicules séminales et des ampoules des conduits déférents ; mais il descend surtout dans le triangle interdéférentiel (fig. 344). C'est dans l'aire de ce triangle, à 1,5 cm environ au-dessus de la prostate, que le péritoine se réfléchit de bas en haut sur la face antérieure du rectum et constitue le fond de l'*excavation recto-vésicale* ou *excavation recto-génitale*.

Au-dessous de l'excavation recto-vésicale, la face postérieure de la vessie répond directement au fascia péritonéo-périnéal qui englobe dans son épaisseur les vésicules séminales et les conduits déférents (fig. 343). Seul ce fascia ou le péritoine sépare la vessie du rectum dans le triangle interdéférentiel.

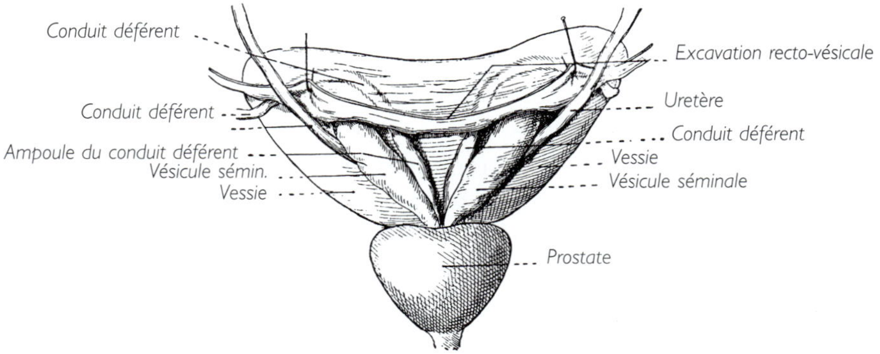

Fig. 344 ▪ Rapports de la face postéro-inférieure de la vessie avec les vésicules séminales, les canaux déférents, les uretères et la prostate.

CHEZ LA FEMME. La face postéro-inférieure de la vessie est en rapport, dans son tiers supérieur, avec le col de l'utérus. Dans tout le reste de son étendue, elle repose sur le vagin (fig. 351). La paroi vésicale est séparée du col utérin par un tissu cellulaire assez lâche qui permet de séparer aisément les deux organes.

Entre la vessie et le vagin, il existe une cloison vésico-vaginale faite en haut d'un tissu conjonctif peu serré dans lequel passent les uretères et des rameaux vasculaires ; ici les deux organes sont aisément séparables l'un de l'autre par clivage de cette lame conjonctive. Mais en bas, le tissu intervésico-vaginal devient dense, et la vessie est plus solidement unie au vagin. Cependant les deux organes peuvent encore être séparés.

À la limite postérieure de la base de la vessie, le péritoine de la face supérieure de cet organe se réfléchit sur l'utérus et constitue l'excavation vésico-utérine.

d) BORDS LATÉRAUX. Les bords latéraux de la vessie sont longés par l'artère ombilicale. Chez l'homme, les conduits déférents côtoient souvent la partie postérieure de ce bord avant d'atteindre l'angle latéral de la vessie (fig. 339).

Le péritoine qui revêt la face supérieure de la vessie se réfléchit le long des bords latéraux de cet organe, sur la paroi latérale du pelvis. Chez la femme, il se continue de plus en arrière avec le feuillet antérieur des ligaments larges.

e) BORD POSTÉRIEUR. Le bord postérieur, situé à l'union de la face supérieure et de la base de la vessie, courbe, concave en arrière, embrasse dans sa concavité le rectum chez l'homme, l'isthme utérin chez la femme.

Chez l'homme, un repli péritonéal, transversal, falciforme, concave en arrière, constitue à la fois, dans la majorité des cas, le bord postérieur de la vessie et le rebord antérieur de l'excavation recto-génitale (fig. 339). Ce repli s'infléchit en arrière, de chaque côté du rectum, et se termine sur la paroi postérieure du bassin. Ces prolongements latéraux, appelés par certains *ligaments postérieurs de la vessie*, sont encore connus sous le nom de *replis urétéro-vésicaux* parce qu'ils contiennent dans leur partie antérieure, mais profondément, la partie para-vésicale du segment viscéral des uretères.

Chez la femme, le bord postérieur de la vessie est plus souvent indiqué par le fond même de l'excavation vésico-utérine.

f) ANGLE ANTÉRIEUR OU SOMMET. Le sommet de la vessie vide se continue avec l'ouraque. Il est derrière la symphyse et un peu au-dessous du bord supérieur de celle-ci.

Au-dessus de lui, s'élèvent : 1° un repli péritonéal médian, plus ou moins saillant, soulevé par l'ouraque ; 2° deux replis latéraux, un de chaque côté, déterminés par les artères ombilicales. Ces replis délimitent, de part et d'autre de la ligne médiane, une dépression péritonéale appelée *fosse supravésicale* (fig. 339 et fig. 300).

OURAQUE. L'ouraque est un cordon fibreux qui s'étend de la vessie à l'ombilic. Il est indépendant depuis son origine jusqu'à proximité de l'ombilic, où il se fusionne avec les artères ombilicales ou les ligaments qui remplacent ces artères. Chez l'adulte, l'ouraque est le plus souvent imperméable ; cependant, il présente une fois sur 3 ou 4 sujets environ, à son extrémité inférieure de forme conique, une lumière qui prolonge la cavité vésicale sur une hauteur qui varie entre 0,5 et 6 cm (Lazorthes).

g) ANGLES LATÉRAUX. Placés à l'union du bord postérieur et des bords latéraux, ces angles sont bien indiqués chez l'homme. C'est à leur niveau que les replis urétéro-vésicaux se détachent de la vessie.

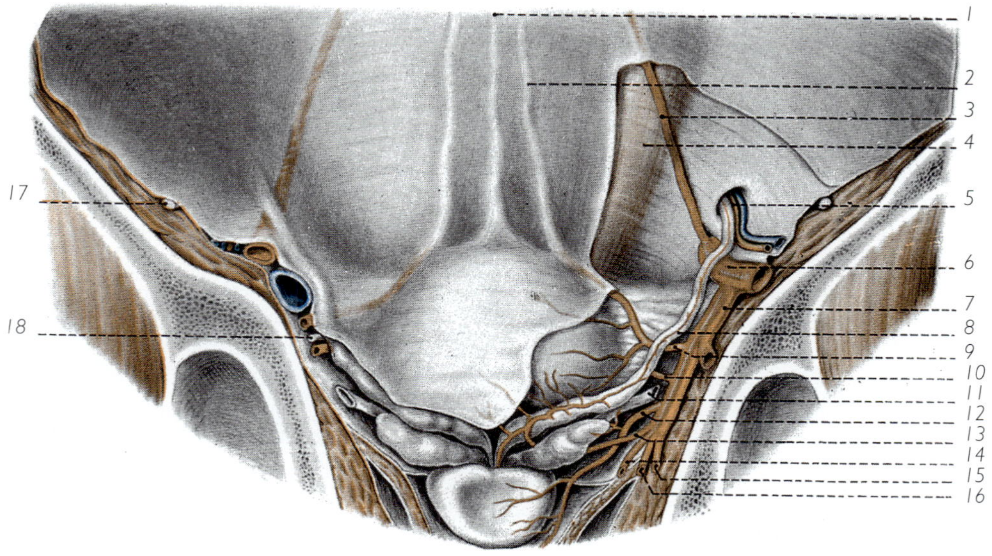

Fig. 345 ▪ Vue postérieure de la vessie et de la paroi abdominale antérieure (d'après Albarran).
Cette vue est destinée à montrer les plans de la paroi abdominale antérieure qui sont en connexion avec la face antérieure de la vessie quand elle se distend. Elle permet une vue d'ensemble des rapports postérieurs et latéraux de la vessie.
Le bassin a été coupé suivant un plan frontal, passant par l'acétabulum.
Le péritoine pariétal a été réséqué suivant une zone triangulaire rétro-pariétale pour découvrir le muscle grand droit et l'orifice profond du canal inguinal.
1. Le cordon de l'ouraque.
2. Le cordon de l'artère ombilicale.
3. L'artère épigastrique inférieure.
4. La face postérieure du muscle droit de l'abdomen.
5. Les vaisseaux testiculaires.
6. L'artère iliaque externe.
7. L'artère iliaque interne (le tronc postérieur est réséqué plus bas).
8. Le conduit déférent.
9. L'artère ombilicale croisant le conduit déférent et donnant les artères vésicales.
10. L'artère obturatrice.
11. L'uretère.
12. Le rameau prostatique de l'artère vésicale inférieure qui donne des branches à la vésicule séminale et à l'uretère ; il naît isolément et non par un tronc commun avec l'artère du conduit déférent.
13. L'artère du conduit déférent.
14. L'artère rectale moyenne.
15. L'artère glutéale inférieure.
16. L'artère pudendale interne.
17. Le nerf fémoral.
18. Le nerf obturateur.

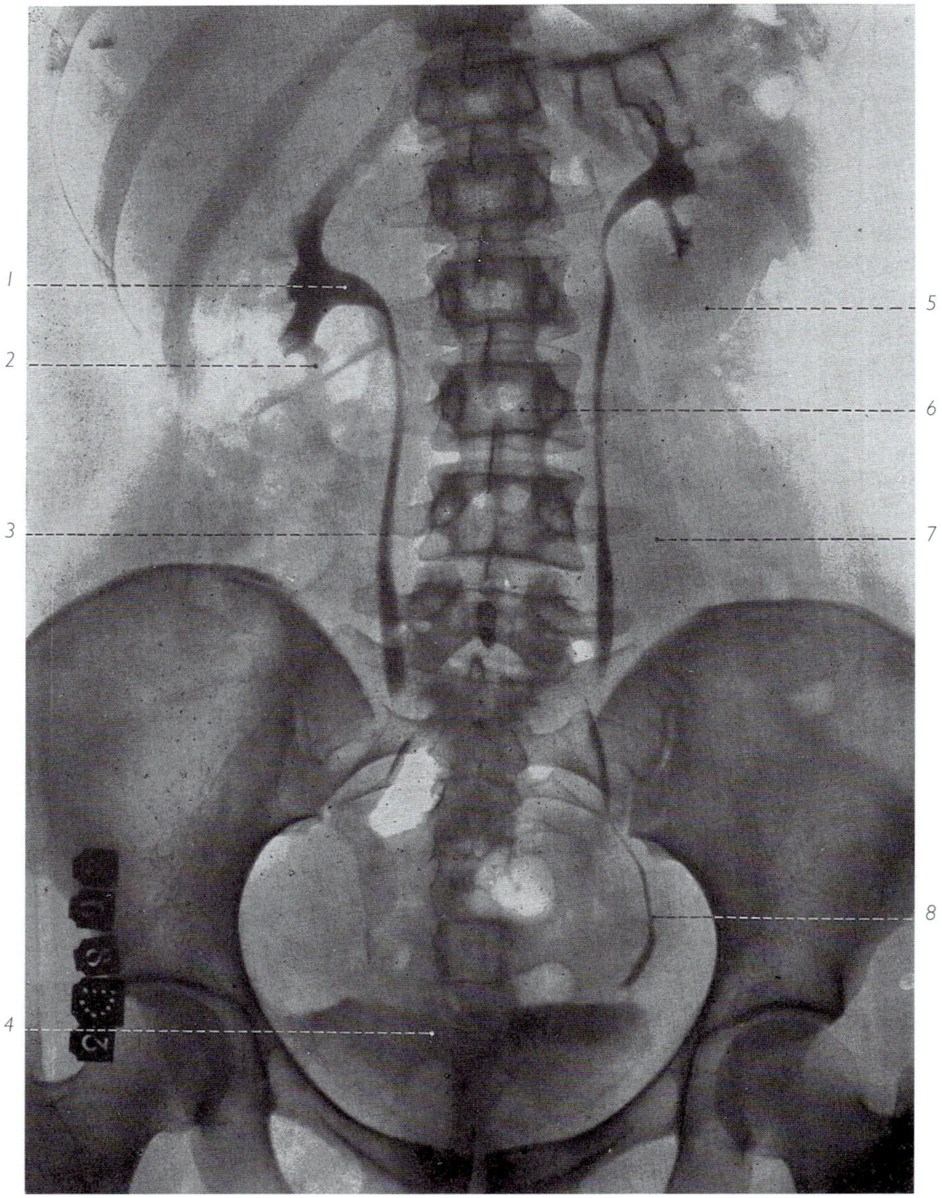

Fig. 346 ▪ Image normale de l'appareil urinaire vivant (urographie intraveineuse chez une jeune femme, cliché à la vingt-cinquième minute après décompression).
Comme le cliché est instantané, calices, pelvis et uretères animés de contractions péristaltiques paraissent discontinus, du côté droit en particulier, l'uretère pelvien n'est pas visible, le cliché ayant été pris au moment d'une chasse pelvienne (Cliché dû à l'obligeance du Professeur agrégé *Louis Quénu*).
1. bassinet ; 2. calice ; 3. uretère portion lombale ; 4. uretère portion pelvienne ; 5. vessie ; 6. ombre du pôle inférieur du rein gauche ; 7. 3e vertèbre lombale ; 8. ombre du muscle psoas.

2. Vessie pleine. Quand la vessie se remplit, toutes ses parois se distendent, mais seules les connexions des parois antéro-inférieure, supérieure et latérales présentent des modifications notables.

a) PAROIS ANTÉRO-INFÉRIEURE ET SUPÉRIEURE. Par suite de l'accroissement de la paroi antérieure, le point d'implantation de l'ouraque s'élève d'autant plus au-dessus de la symphyse que la vessie est distendue. Mais la paroi supérieure se distend plus rapidement que la paroi antéro-inférieure, et la vessie se dilate surtout en haut et en arrière (fig. 347). Par suite de cette inégalité dans la distension des parois vésicales, le point culminant de la vessie ne correspond plus au point d'implantation de l'ouraque, mais à une partie de sa paroi postéro-supérieure, d'autant plus éloignée de l'ouraque que la vessie est distendue.

De plus, comme le péritoine adhère étroitement au sommet de la vessie et à l'extrémité inférieure de l'ouraque, il est entraîné par ces organes quand ils se déplacent. Quand la vessie se dilate, il reste donc fidèlement appliqué sur la face postérieure de l'ouraque et de la paroi supérieure de la vessie ; le péritoine forme ainsi un cul-de-sac prévésical compris entre l'extrémité inférieure de l'ouraque et le segment de la paroi supérieure de la vessie qui s'étend au-dessus du point d'implantation de l'ouraque.

Ce cul-de-sac est d'autant plus profond et s'élève d'autant plus au-dessus de la symphyse que la dilatation de la vessie est grande. Cependant, comme la paroi antérieure de la vessie ne se prête pas à une grande distension, le point d'attache de l'ouraque et le fond du cul-de-sac prévésical s'éloignent peu de la symphyse. Ainsi, quand la vessie contient 300 g de liquide, le cul-de-sac péritonéal ne remonte qu'à 1,5 ou 2 cm au-dessus du pubis (Guyon).

b) PAROIS LATÉRALES. Quand la vessie se distend, ses bords latéraux deviennent des faces. Celles-ci, en se développant au-dessus du plancher pelvien, attirent à elles le péritoine des parois latérales du pelvis minor et s'en revêtent. Le conduit déférent, entraîné par le péritoine auquel il adhère, s'applique également sur la paroi vésicale et croise l'artère ombilicale en passant en dehors et au-dessus d'elle (voir fig. 273, fig. 359 et fig. 360).

LOGE VÉSICALE. La vessie est entièrement contenue, chez l'homme, dans une loge fibro-séreuse dont les parois sont formées par le péritoine vésical et par les fascias périvésicaux (fig. 341 et 347).

Cette loge est, en effet, constituée : en haut, par le revêtement péritonéal de la face supérieure de la vessie ; en bas et en avant, par le fascia ombilico-prévésical ; en bas et en arrière, par le fascia prostato-péritonéal chez l'homme.

Chez la femme, on a bien décrit une lame vésico-vaginale confondue avec le tissu cellulo-fibreux qui unit la vessie au vagin ; mais cette lame n'est pas morphologiquement comparable au fascia péritonéo-périnéal. La loge vésicale est donc largement ouverte, chez la femme, sur toute l'étendue de la paroi postéro-inférieure de la vessie, qui est en rapport avec le vagin et le col de l'utérus.

La loge fibro-séreuse de la vessie est séparée de cet organe par une mince couche conjonctive périvésicale, que Paul Delbet décrit sous le nom de *gaine allantoïdienne*. La présence de ce tissu conjonctif permet de séparer la vessie des parois de sa loge

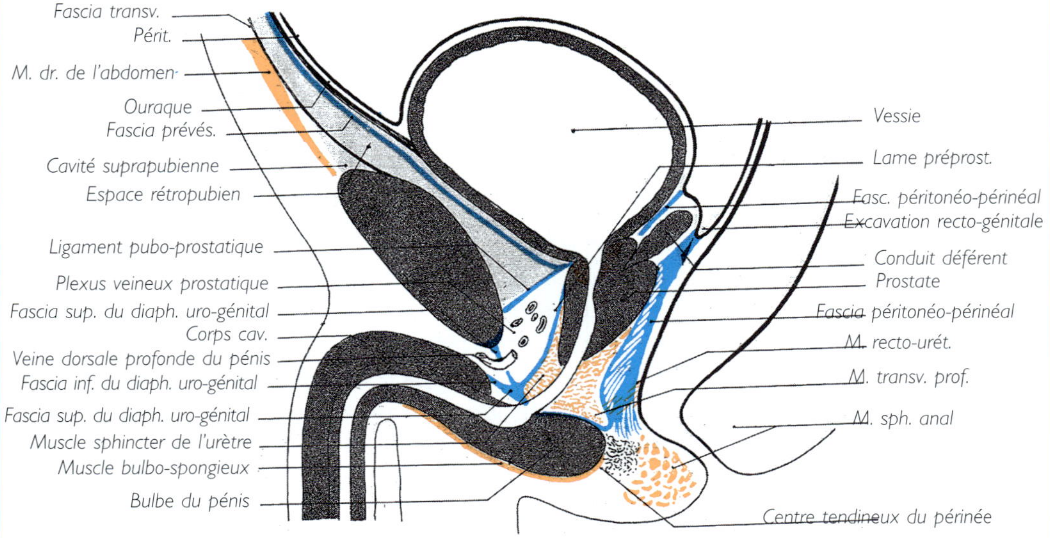

Fig. 347 ▪ Coupe médiane et antéro-postérieure du bassin chez l'homme. Vessie distendue (schématique). L'ampoule du conduit déférent, qui est paramédiane, ne peut être intéressée par la coupe. Il faut supposer qu'elle est vue par sa face latérale interne.

fibro-séreuse, sauf en haut, près de l'ouraque, où la vessie adhère fortement au péritoine.

■ **CONFORMATION INTÉRIEURE.** La surface intérieure de la vessie est blanc grisâtre sur le cadavre, rouge sur le vivant. Lisse chez l'enfant, elle devient aréolaire chez l'adulte, par suite de l'hypertrophie des faisceaux de la couche musculaire interne. Ces faisceaux se développent de plus en plus à mesure que le sujet avance en âge et ils déterminent parfois, chez le vieillard, des bourrelets en relief sur la surface vésicale et anastomosés entre eux (*vessie à colonnes*).

On voit sur la surface interne de la vessie trois orifices. L'un, antérieur, médian, est l'ostium interne de l'urètre, encore appelé *col de la vessie* ; les deux autres, latéraux, sont les ostiums des uretères (fig. 349).

L'*ostium interne de l'urètre* ou *col de la vessie* est normalement circulaire. Chez le vieillard, il est très souvent en forme de fente transversale, ou en croissant concave en arrière.

L'ostium interne de l'urètre est, chez l'homme, à 2,5 ou 3 cm environ en arrière de la partie moyenne de la symphyse. Mais il n'est pas rare de voir cet orifice au niveau d'un point situé à une hauteur variable sur la moitié inférieure de la symphyse, surtout quand la vessie est distendue (fig. 350). ❑ Chez la femme, le col de la vessie est à peu près placé au même niveau que chez l'homme, c'est-à-dire en regard d'un point variable pris sur la moitié inférieure de la symphyse, et à 2 ou 3 cm en arrière de cette articulation.

Les *ostiums des uretères*, étroits, elliptiques, sont allongés de haut en bas et de dehors en dedans. Ils sont placés, environ à 2,5 cm l'un de l'autre et à 2 ou 3 cm en arrière et en dehors de l'orifice urétral, quand la vessie est vide.

Ces trois orifices occupent les trois angles d'un triangle, le *trigone vésical*, dont la surface est à peu près toujours unie et lisse. Les bords du trigone vésical sont limités par des bourrelets que forment à la surface de la vessie deux faisceaux musculaires qui prolongent les fibres longitudinales des uretères. Le bourrelet postérieur est le plus saillant ; le faisceau musculaire qui le soulève est appelé muscle inter-urétéral.

La partie de la face postéro-inférieure qui est en arrière du bourrelet inter-urétéral est plus ou moins déprimée. Elle prend le nom de *fond de la vessie*. La profondeur du bas-fond vésical augmente avec l'âge.

■ **CONSTITUTION.** La paroi vésicale se compose de trois tuniques :

1° La *tunique externe, conjonctive*, appelée encore *adventice*, se confond avec la gaine conjonctive périvésicale sous-séreuse (gaine allantoïdienne de Paul Delbet).

2° La *tunique musculaire* comprend une couche externe de fibres longitudinales, une couche moyenne de fibres circulaires et une couche interne de fibres longitudinales ; celle-ci se compose de faisceaux anastomosés en un réseau dont les mailles sont longitudinales.

Deux faisceaux se détachent de la couche longitudinale externe au-dessus et en avant de l'orifice urétral et forment les *ligaments pubo-prostatiques* ; ceux-ci s'attachent au pubis et à la symphyse.

3° La *tunique muqueuse*. Elle a été décrite en même temps que la conformation intérieure de la vessie.

■ **VAISSEAUX ET NERFS**

a) ARTÈRES. La vessie est irriguée de chaque côté : ❑ en bas et latéralement, par l'artère vésicale inférieure, branche de l'artère iliaque interne ; ❑ en bas et en arrière, par les rameaux vésicaux des artères rectales moyennes, des rameaux prostatiques de l'artère vésicale inférieure et des artères du conduit déférent chez l'homme, des artères utérine et vaginale chez la femme ; ❑ en bas et en avant, par l'artère vésicale antérieure, branche de l'artère pudendale interne ; ❑ en haut, par les artères vésicales supérieures qui se détachent de l'artère obturatrice et de la partie perméable de l'artère ombilicale.

b) VEINES. Les veines des parois vésicales se jettent dans un riche réseau veineux superficiel. Les veines de ce réseau déversent leur contenu en avant dans la partie antérieure et sur les côtés dans les plexus veineux prostatiques, en arrière dans le plexus séminal. Les veines efférentes principales de ces plexus et les veines vésicales sont tributaires des veines iliaques internes.

c) LYMPHATIQUES. Les lymphatiques de la vessie se rendent aux nœuds lymphatiques iliaques externes, en particulier aux éléments des lymphocentres moyen et interne. Il en est encore parfois qui vont aux nœuds lymphatiques iliaques internes ou communs (Arguello-Cervantes).

Les uns et les autres sont fréquemment interrompus par des nœuds paravésicaux (fig. 373).

Enfin, des lymphatiques nés au voisinage du col de la vessie se portent en arrière et en haut et se terminent dans les nœuds lymphatiques du promontoire (Cunéo et Marcille).

d) NERFS. Les nerfs proviennent des 3e et 4e vertèbres sacrales, en partie directement, mais surtout par l'intermédiaire du plexus hypogastrique, qui lui apporte aussi des fibres du sympathique.

URÈTRE

L'urètre est le canal excréteur de la vessie.

Chez l'homme, il livre aussi passage au sperme à partir des orifices d'abouchement des conduits éjaculateurs.

Nous décrirons successivement l'urètre chez l'homme et l'urètre chez la femme.

A. Urètre masculin.

L'urètre de l'homme commence au col de la vessie et se termine à l'extrémité de la verge.

DIVISION DE L'URÈTRE EN PLUSIEURS SEGMENTS. Dans ce trajet, l'urètre traverse d'abord la prostate, ensuite le plan moyen musculo-fascial du périnée et pénètre enfin dans une gaine érectile, le corps spongieux, qui l'entoure jusqu'à sa terminaison. Ces trois rapports différents permettent de distinguer à l'urètre trois portions distinctes : une *partie prostatique, une partie membranacée* et une *partie spongieuse.*

Avec Guyon, on peut encore diviser l'urètre en deux parties : l'*urètre postérieur,* qui comprend les portions prostatique et membraneuse, et la *partie spongieuse de l'urètre,* qui se confond avec l'urètre spongieux.

DIRECTION. L'urètre descend d'abord à peu près verticalement dans l'épaisseur de la prostate, ensuite obliquement en bas et en avant jusqu'à son entrée dans le canal spongieux, au-dessous de la symphyse pubienne. Il décrit dans cette première partie de son trajet une légère courbe dont la concavité est antérieure (fig. 348). L'urètre change ensuite de direction (*angle sous-pubien de l'urètre*) et se porte en avant et en haut ; quand il arrive en avant de la symphyse, au niveau de la base d'implantation de la verge, le canal se coude une deuxième fois (*angle prépubien de l'urètre*) et descend verticalement si la verge est molle, ou bien il continue sa direction oblique en avant et en haut si la verge est en érection.

En définitive, quand la verge est pendante, l'urètre décrit deux courbes, l'une, postérieure, l'autre, antérieure. ❑ La courbe postérieure, concave en haut et en avant, s'étend du col de la vessie à l'angle urétral prépubien ; le sommet de cette courbe est l'angle sous-pubien. ❑ La courbe antérieure est concave en bas et en arrière ; son sommet est à l'angle prépubien.

URÈTRE FIXE ET URÈTRE MOBILE. La courbure postérieure du canal urétral est relativement fixe et constitue ce qu'il est convenu d'appeler l'*urètre fixe.* ❑ La courbure antérieure disparaît quand la verge est en érection et l'on donne le nom d'*urètre mobile* à la partie pénienne du canal.

La *direction* et la *position de l'urètre fixe* peuvent être déterminées par les rapports qui existent entre cette partie du canal et la symphyse pubienne. Ces rapports sont très variables ; les chiffres et les indications qui suivent sont des moyennes.

Nous avons déjà dit que l'extrémité postérieure de l'urètre fixe, ou col de la vessie, est ordinairement en arrière de la partie moyenne de la symphyse et à une distance de 2,5 à 3 cm de celle-ci (fig. 348).

L'extrémité antérieure, ou angle prépubien, est placée au niveau ou un peu au-dessous d'une ligne horizontale tangente au bord inférieur de la symphyse.

Enfin le point le plus déclive de l'urètre fixe est situé à 1,5 cm au-dessous de la symphyse pubienne, soit sur la verticale abaissée du bord inférieur de la symphyse, soit un peu en arrière de cette verticale.

La fixité de ce segment de l'urètre est due aux connexions du conduit urétral avec la prostate, avec le plancher périnéal et avec le ligament suspenseur de la verge.

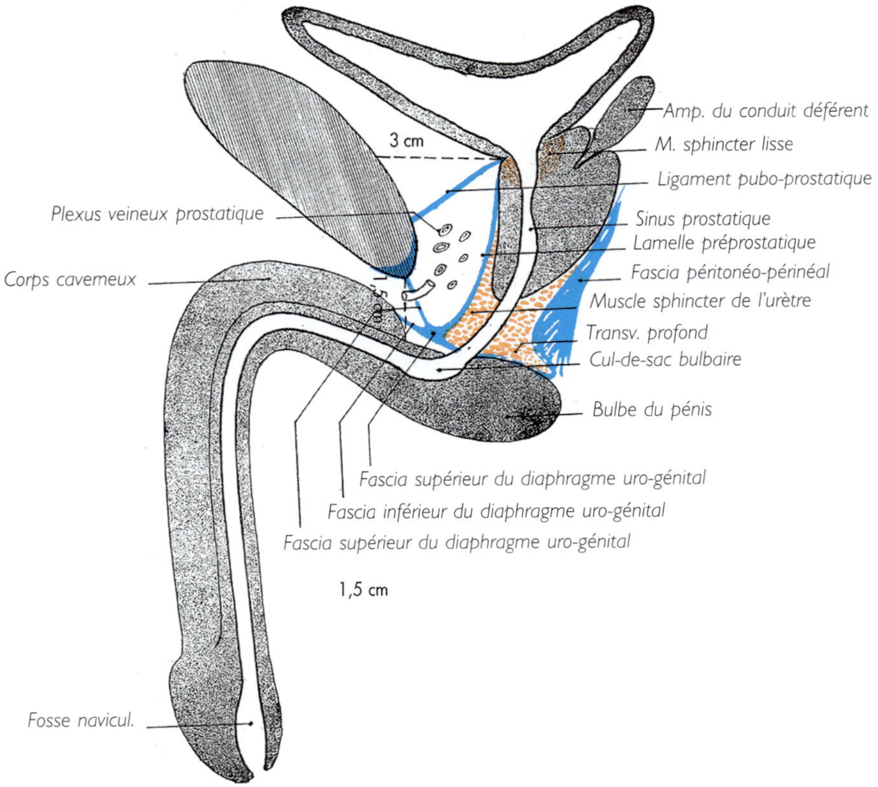

Fig. 348 ▪ Disposition générale de l'urètre chez l'homme.
L'ampoule du conduit déférent a été représentée, bien qu'elle ne puisse être atteinte par un plan exactement sagittal. Il s'agit ici d'une projection sur le dessin de l'ampoule du conduit déférent ou de la vésicule séminale.

Cependant cette fixité est relative, car la courbure de l'urètre fixe peut être notablement modifiée par une traction sur la verge qui abaisse l'angle prépubien, et par la réplétion de la vessie qui abaisse le col de cet organe.

■ **DIMENSIONS.** L'urètre mesure, quand la verge est à l'état de flaccidité, 16 cm de longueur environ, qui se répartissent ainsi : 25 à 30 mm pour la portion prostatique, 12 mm pour la portion membraneuse et 12 cm pour la portion spongieuse.

■ **FORME.** Dans l'intervalle des mictions, les parois de l'urètre sont appliquées sur elles-mêmes et la section transversale du canal a la forme d'une fente. Cette fente est verticale depuis le méat jusqu'à la base du gland. Dans la partie antérieure du corps spongieux, la fente prend la forme d'un T renversé (⊥) dont le segment transversal, qui est en bas, augmente graduellement de longueur tandis que le segment vertical diminue. Bientôt la fente est uniquement transversale. Elle devient courbe et concave en arrière dans la partie prostatique de l'urètre et sur toute la hauteur du colliculus séminalis, parce que celui-ci projette en avant la paroi postérieure du canal.

■ **CALIBRE.** L'urètre est inégalement calibré. Il présente trois segments dilatés et quatre segments rétrécis (fig. 348). Des trois dilatations, l'une est dans le gland et porte le nom de *fosse naviculaire de l'urètre* ; une deuxième, appelée *cul-de-sac bulbaire*, siège au niveau du bulbe ; la troisième occupe la portion prostatique, c'est le *sinus prostatique*.

Les quatre segments rétrécis sont : le méat, la portion spongieuse comprise entre la fosse naviculaire et le cul-de-sac du bulbe, la portion membraneuse et le col de la vessie. Le segment le plus étroit est le méat urinaire. Ordinairement, son diamètre mesure 7 mm.

■ **CONFORMATION INTÉRIEURE.** La surface intérieure de l'urètre est blanchâtre sur le cadavre, rouge sur le vivant.

1. Partie prostatique. Dans son trajet prostatique, l'urètre présente sur sa paroi postérieure une saillie médiane, allongée verticalement, appelée *colliculus séminalis* (fig. 349).

Large et très saillant à sa partie moyenne, effilé à ses deux extrémités, le colliculus séminalis mesure 10 à 15 mm de long et 3 mm de haut. ❑ L'extrémité supérieure du colliculus séminalis se bifurque en deux replis légèrement divergents, les freins du *colliculus séminalis*. Ceux-ci limitent entre eux la *fossette prostatique*. ❑ L'extrémité inférieure du colliculus séminalis se perd en s'effilant, sous le nom de *crête urétrale*, sur la portion membraneuse de l'urètre.

À la partie la plus saillante du colliculus séminalis s'ouvrent l'*utricule prostatique* et les *conduits éjaculateurs*.

L'*utricule prostatique* est un conduit médian, dirigé en haut et en arrière dans l'épaisseur de la prostate, entre les deux conduits éjaculateurs. Il se termine en cul-de-sac après un trajet de 1 cm de longueur environ. Son orifice urétral, en forme de fente verticale, est sur la ligne médiane, au sommet du colliculus séminalis.

Les *orifices des canaux éjaculateurs* sont placés de part et d'autre de l'orifice de l'utricule.

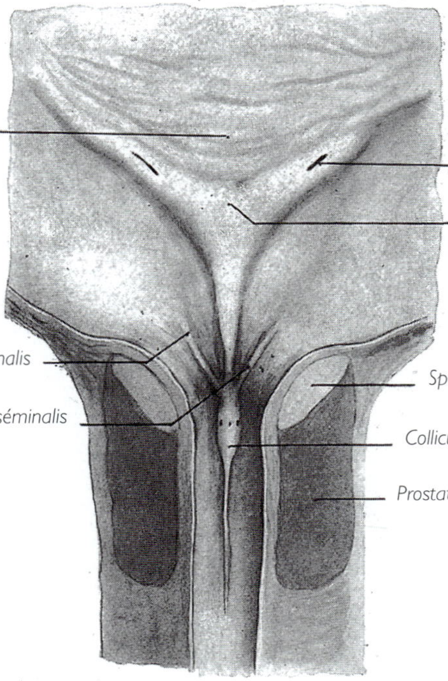

Fig. 349 ▪ Configuration intérieure de la partie prostatique de l'urètre.

Le colliculus séminalis limite de chaque côté, avec les parois latérales du canal, deux dépressions verticales, les *gouttières latérales du veru*, dans lesquelles s'ouvrent de nombreux canaux excréteurs de la glande prostatique.

2. Partie membranacée. Sur cette partie de l'urètre on voit quelques plis longitudinaux qui s'effacent quand le conduit est distendu.

3. Partie spongieuse. La partie spongieuse est également sillonnée de plis longitudinaux qu'une traction de la muqueuse fait disparaître. On voit encore, sur cette partie du canal, de nombreux orifices qui donnent accès dans de simples dépressions tubulaires de la muqueuse, creusées très obliquement vers la racine de la verge dans l'épaisseur de la paroi. Ce sont les *lacunes urétrales*.

On divise les lacunes urétrales en deux catégories, les grandes ou les petites.

- Les grandes lacunes urétrales, au nombre de 12 environ et profondes de 8 à 10 mm, sont disposées en une série linéaire médiane sur la face dorsale du canal.
- Les petites lacunes urétrales, bien plus nombreuses, peuvent s'ouvrir un peu partout ; le plus souvent, elles sont placées, comme les grandes, en séries linéaires. Elles sont particulièrement nombreuses sur les faces dorsale et latérales de l'urètre.

On trouve encore, sur la face inférieure de l'urètre et à la partie antérieure du cul-de-sac bulbaire, les orifices des glandes bulbo-urétrales, placés l'un près de l'autre, de chaque côté de la ligne médiane.

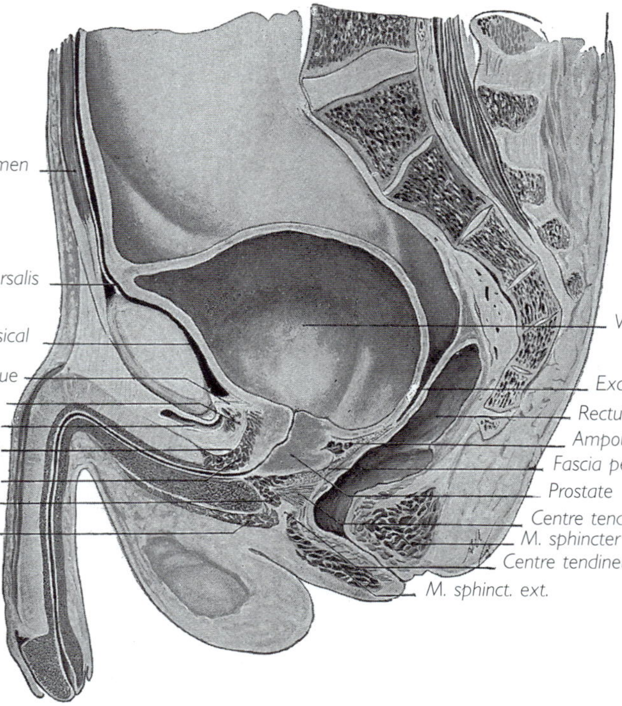

Fig. 350 ▪ Coupe verticale, médiane et antéro-postérieure du bassin chez l'homme (sujet congelé).

Enfin, à 1 ou 2 cm du méat, il existe sur la paroi dorsale de l'urètre un repli muqueux transversal, appelé *valvule de la fosse naviculaire*. Ce repli est limité par un bord antérieur, libre, concave, et adhère par tout le reste de son contour à la paroi urétrale. Il limite avec celle-ci une dépression en nid de pigeon, ouverte en avant, comparable à celles que déterminent les valvules sigmoïdes.

▪ **RAPPORTS. 1. Partie prostatique de l'urètre.** Dès son origine au col de la vessie, l'urètre s'enfonce dans la prostate et traverse cette glande de la base au sommet (fig. 350). Les rapports que le canal présente avec la glande sont variables : ❑ tantôt l'urètre se creuse seulement une gouttière sur la face antérieure de la prostate ; ❑ tantôt il est entouré par le tissu glandulaire qui, cependant, ne forme qu'une mince couche en avant de lui ; ❑ tantôt, enfin, l'urètre croise obliquement de haut en bas et un peu d'avant en arrière l'axe de la prostate, de telle manière qu'il est reçu d'abord dans une gouttière, ensuite dans un canal.

La partie prostatique de l'urètre est entourée à son origine par un anneau épais de fibres musculaires lisses : c'est le sphincter lisse de l'urètre (fig. 349). Ce sphincter, haut de 1 cm, diminue d'épaisseur de haut en bas. Il est une dépendance de la tunique musculeuse de l'urètre et se continue en haut avec les fibres circulaires de la vessie. Le sphincter lisse s'enfonce en bas avec l'urètre dans la base de la prostate.

Par l'intermédiaire de la prostate, l'urètre prostatique présente des connexions qui seront décrites avec cette glande.

2. Partie membranacée de l'urètre. La partie membranacée de l'urètre est entourée par le fascia du diaphragme uro-génital et par le sphincter strié de l'urètre, qui est lui-même engainé par un prolongement ascendant du feuillet supérieur du fascia du diaphragme uro-génital (fig. 348).

Par l'intermédiaire de ce muscle et de ce fascia, l'urètre membraneux répond : ❑ *en avant*, à la veine dorsale profonde du pénis, à la partie inférieure du plexus veineux prostatique et au bord inférieur de la symphyse pubienne (fig. 348, 350 et fig. 343) ; une distance moyenne de 15 mm sépare l'urètre de la symphyse ; ❑ *en arrière*, au muscle transverse profond, à l'extrémité inférieure du fascia péritonéo-périnéal et aux glandes bulbo-urétrales ; ❑ *sur les côtés*, au bord interne du muscle élévateur de l'anus (fig. 399).

3. Partie spongieuse de l'urètre. L'urètre s'enfonce obliquement dans le corps spongieux, de telle sorte que cet organe est en contact avec la paroi inférieure de l'urètre bien avant de se mettre en rapport avec la paroi supérieure de ce conduit (fig. 348 et 350).

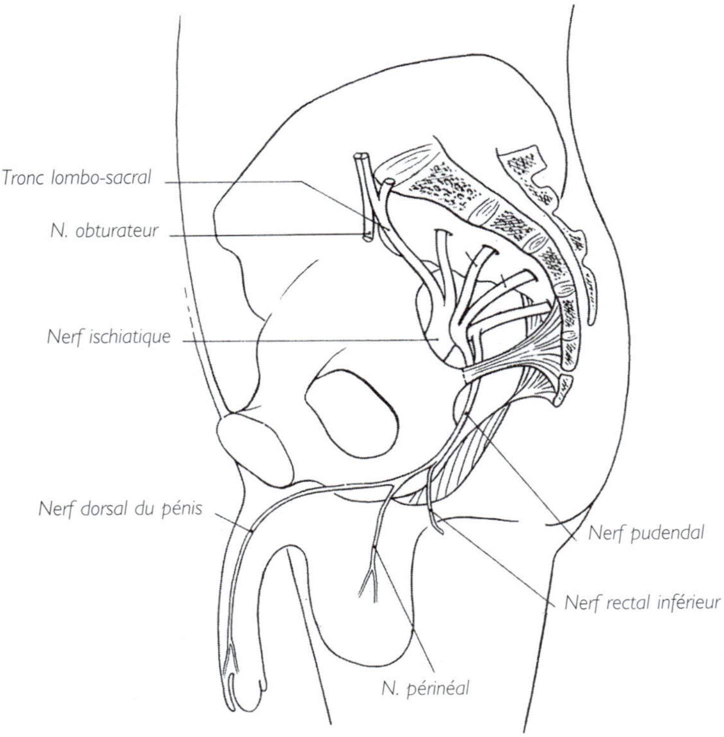

Fig. 351 ▪ Schéma du plexus pudendal.

Le corps spongieux forme à l'urètre une gaine complète.

La partie postérieure de la partie spongieuse de l'urètre est traversée par les canaux excréteurs des glandes bulbo-urétrales.

Autour de la gaine spongieuse de l'urètre sont disposés : les corps caverneux, les vaisseaux et nerfs de la verge, ses enveloppes. Tous ces éléments et leurs rapports réciproques seront décrits avec la verge.

■ **CONSTITUTION.** La paroi de l'urètre se compose de deux tuniques, une tunique musculaire et une tunique muqueuse.

La *tunique musculaire* comprend une couche interne de fibres longitudinales et une couche externe de fibres circulaires. Le sphincter lisse de l'urètre est un épaississement de cette dernière couche.

La *muqueuse* a été décrite à propos de la configuration intérieure de l'urètre.

Le chorion de la muqueuse est envahi profondément par un tissu vasculaire. Celui-ci s'épaissit tout le long de l'urètre antérieur et forme le corps spongieux que nous décrirons avec les organes érectiles de la verge.

■ **VAISSEAUX ET NERFS.** Les *artères* de la partie prostatique de l'urètre de l'homme sont celles de la prostate. La partie membranacée est irriguée de chaque côté par les artères rectales inférieures, par l'artère bulbaire et par la branche vésicale antérieure de l'artère pudendale interne. ❑ Les artères de la partie spongieuse de l'urètre sont : les artères du bulbe du pénis, bulbo-urétrale et dorsale du pénis, branches de l'artère pudendale interne.

Les *veines de l'urètre de l'homme* se jettent, suivant le segment de l'urètre où elles prennent leur origine, soit dans la veine dorsale profonde du pénis, soit dans les plexus veineux prostatique et séminal.

Les *vaisseaux lymphatiques* de la partie spongieuse de l'urètre chez l'homme vont aux nœuds lympathiques inguinaux et iliaques externes. ❑ Les collecteurs lymphatiques de la partie membranacée se rendent aux nœuds lymphatiques iliaques externes et internes. ❑ Enfin, les lymphatiques de la partie prostatique sont tributaires des mêmes nœuds que les collecteurs lymphatiques de la prostate.

Les *nerfs de l'urètre de l'homme* proviennent : ❑ 1° du plexus hypogastrique par l'intermédiaire du plexus prostatique ; ❑ 2° du rameau musculaire du nerf périnéal, qui est lui-même l'une des deux branches terminales du nerf pudendal ; ❑ 3° du nerf dorsal du pénis.

B. **Urètre féminin.**

L'urètre de la femme s'étend du col de la vessie à la vulve (fig. 352).

■ **DIRECTION.** Sa direction, légèrement oblique en bas et en avant, est très rapprochée de la verticale et à peu près parallèle à celle du vagin placé derrière lui. Il n'est pas exactement rectiligne, mais décrit une légère courbe concave en avant.

■ **DIMENSIONS.** La longueur moyenne de l'urètre de la femme est de 3 cm.

Son diamètre normal mesure environ 7 mm. Le point le plus étroit et le moins dilatable est l'orifice inférieur ou méat. Ce canal est très extensible.

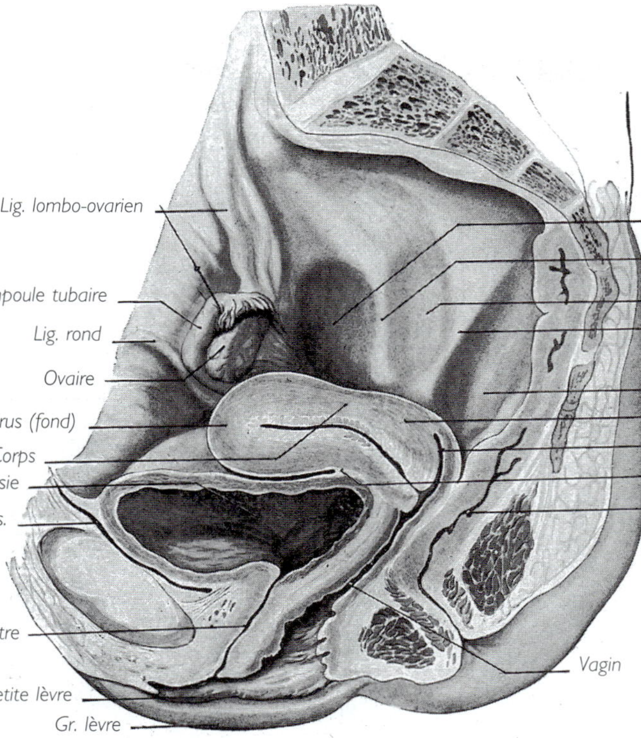

Fig. 352 ▪ Coupe verticale, médiane et antéro-postérieure du bassin chez la femme (sujet congelé).

▪ **CONFORMATION INTÉRIEURE.** La surface interne du canal est, de même que chez l'homme, blanchâtre sur le cadavre, rouge sur le vivant. Elle présente également des plis longitudinaux qui disparaissent par distension du canal. L'un d'eux, médian et postérieur, presque toujours plus apparent que les autres, est appelé *crête urétrale*.

La surface intérieure de l'urètre offre encore de nombreux orifices qui donnent accès dans des diverticules analogues aux lacunes urétrales de l'urètre de l'homme.

▪ **RAPPORTS.** On distingue à l'urètre de la femme deux portions : l'une, supérieure, intra-pelvienne, située au-dessus du fascia du diaphragme uro-génital ; l'autre, inférieure, intra-périnéale.

1. Urètre pelvien. Cette partie de l'urètre est engainée par le sphincter strié de l'urètre. Elle répond encore en avant à la veine dorsale profonde du clitoris, au plexus veineux pré-urétral, aux ligaments pubo-vésicaux et à la symphyse pubienne (fig. 352). Nous avons déjà dit que le col de la vessie est à 2 ou 3 cm en arrière de la symphyse. ❑ Sur les côtés, l'urètre est croisé par le fascia pelvien et par le bord inférieur des muscles élévateurs de l'anus. ❑ En arrière, enfin, il est relié au vagin par une épaisse couche de tissu cellulaire dense.

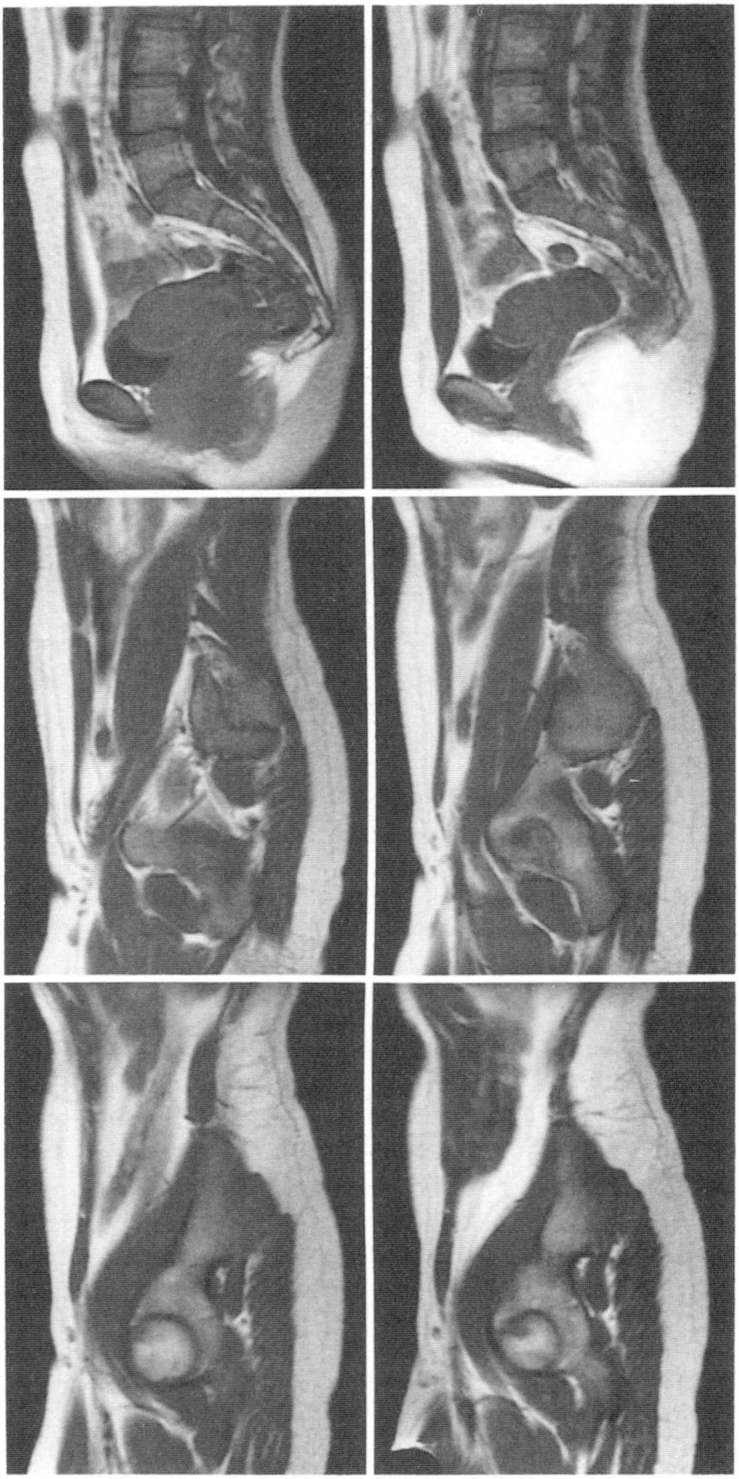

Planche VIII ▪ Sur le vivant : série de coupes sagittales du bassin chez la femme, de dedans (ligne médiane) en dehors, en IRM.

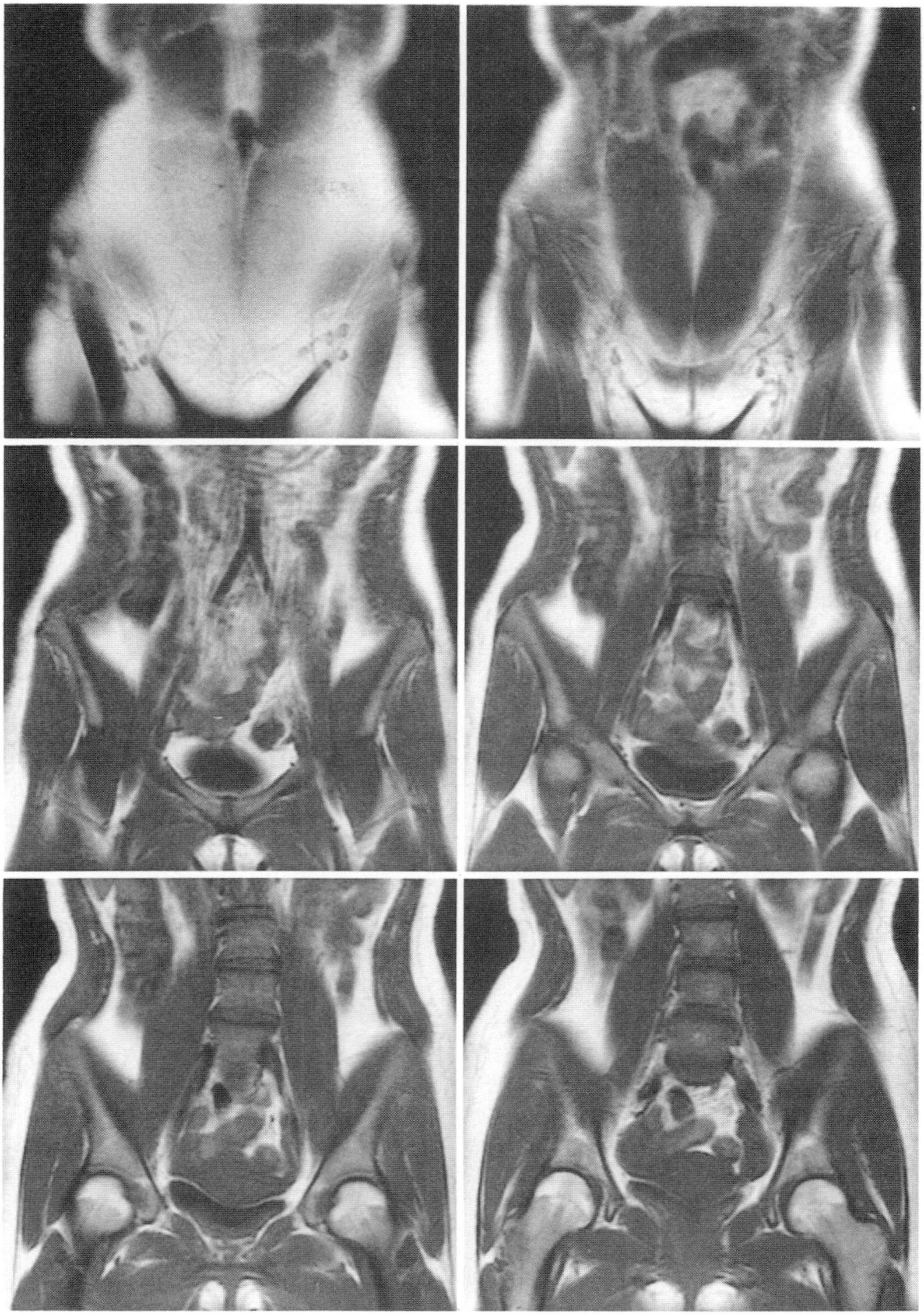

Planche IX ▪ Sur le vivant : série de coupes frontales du bassin chez la femme, d'avant en arrière (ventro-dorsales), en IRM.

2. Urètre périnéal. En traversant le périnée, l'urètre est toujours placé en avant du vagin et lui est étroitement uni par une épaisse lame de tissu très serré, cellulo-fibreux et musculaire lisse, appelée *cloison urétro-vaginale.*

Ses faces antérieure et latérales sont entourées, en haut, par les éléments du plan moyen du périnée, c'est-à-dire par les feuillets du fascia du diaphragme uro-génital, par les muscles transverse et sphincter de l'urètre.

Au-dessous du fascia du diaphragme uro-génital, l'urètre est croisé de chaque côté par les corps caverneux du clitoris et par la partie antérieure du bulbe. En avant de lui se trouve le réseau intermédiaire.

L'orifice inférieur de l'urètre est situé à 20 ou 25 mm en arrière du clitoris et immédiatement en avant du tubercule vaginal. Les bords de cet orifice sont dentelés ou plissés ; le plus souvent, ils proéminent et leur saillie forme une éminence de forme et de dimensions variables, appelée *papille urétrale* (fig. 390).

■ **CONSTITUTION. —** *Glandes para-urétrales (Skéne).* La paroi urétrale comprend, chez la femme comme chez l'homme, une tunique musculaire et une tunique muqueuse.

La tunique musculaire se compose également de deux couches : une couche interne de fibres longitudinales et une couche externe de fibres circulaires. Celle-ci s'épaissit autour de la partie initiale de l'urètre et forme un sphincter lisse.

Nous avons signalé plus haut les caractères morphologiques de la muqueuse à propos de la configuration interne du canal.

La paroi de l'urètre contient dans son épaisseur les *glandes para-urétrales* ou *glandes de Skéne*. Ces glandes, au nombre de deux, sont placées de chaque côté du canal dans la couche musculaire et en dehors d'elle. Les canaux excréteurs descendent dans la partie profonde de la muqueuse et débouchent de part et d'autre du méat.

■ **VAISSEAUX ET NERFS.** Les *artères de l'urètre* de la femme proviennent : ❑ pour la portion pelvienne, des artères vésicale inférieure et vaginale, branches de l'artère iliaque interne, et aussi de l'artère vésicale antérieure, branche de l'artère pudendale interne ; ❑ pour la portion périnéale, des artères du bulbe et urétrale, branches de l'artère pudendale interne.

Les *veines de l'urètre de la femme* se jettent en haut dans le plexus veineux pré-urétral et dans le plexus vaginal ; en bas, dans les veines du bulbe du vestibule.

Les *vaisseaux lymphatiques de l'urètre chez la femme* se rendent aux nœuds lymphatiques iliaques externes et internes.

Les *nerfs* de l'urètre de la femme proviennent du plexus hypogastrique et du nerf pudendal.

IV. ORGANES GÉNITAUX MASCULINS

Nous décrirons successivement les testicules, les voies spermatiques, les enveloppes du testicule, le pénis, enfin les glandes annexées à l'appareil génital, c'est-à-dire la prostate et les glandes bulbo-urétrales.

TESTICULES

Les testicules, au nombre de deux, sont les organes producteurs des spermatozoïdes. Ils sont aussi des glandes à sécrétion interne.

SITUATION. Normalement, les testicules sont placés au-dessous du pénis, dans les *bourses*. Le testicule gauche descend généralement un peu plus bas que le testicule droit.

Nous avons montré, en étudiant le péritoine, que la situation des glandes sexuelles se modifie au cours du développement et nous avons dit pourquoi. Au début de leur évolution, les testicules sont placés de chaque côté de la colonne vertébrale, à la hauteur des reins. Peu à peu, ils s'abaissent et se rapprochent de la région inguinale. Ensuite ils sortent de la cavité abdominale à travers le canal inguinal, et pénètrent dans les bourses, où ils sont normalement placés à la naissance.

Les testicules s'arrêtent parfois au cours de leur *migration*, soit dans la cavité abdominale, soit dans le canal inguinal, soit à l'orifice externe de ce canal. Cette *ectopie du testicule* peut être unilatérale ou bilatérale.

FORME, ORIENTATION, DIMENSIONS, COULEUR ET CONSISTANCE. Chaque testicule a la forme d'un ovoïde, aplati transversalement et dont le grand axe est oblique de haut en bas et d'avant en arrière.

Leur volume et leur poids sont soumis à d'importantes variations individuelles. Un testicule pèse en moyenne 20 g ; il mesure de 4 à 5 cm de longueur, 2,5 cm d'épaisseur et 3 cm de hauteur (la hauteur étant mesurée d'un bord à l'autre et suivant une direction perpendiculaire au grand axe).

La surface du testicule est lisse, polie, brillante, partout où sa surface est recouverte par la séreuse vaginale. Sa couleur est d'un blanc tirant un peu sur le bleu.

Sa consistance, due à la grande tension de son enveloppe, est très ferme. On l'a comparée à celle du globe oculaire.

CONFIGURATION EXTÉRIEURE ET RAPPORTS. Chaque testicule présente : deux faces, l'une, médiale, l'autre, latérale ; deux bords, l'un supérieur, l'autre, inférieur ; deux extrémités, l'une, antérieure, l'autre, postérieure.

La *face médiale*, convexe, est recouverte dans la plus grande partie de son étendue par la séreuse vaginale, sauf en arrière, près du bord supérieur du testicule (fig. 353).

La *face latérale*, également convexe, est en rapport avec l'épididyme en haut, le long du bord supérieur du testicule (fig. 354). Elle est unie à la tête et à la queue de l'épididyme, tandis qu'elle est séparée du corps de cet organe par un prolongement de la vaginale appelé cul-de-sac interépididymo-testiculaire (voir : *Vaginale*). Partout ailleurs, cette face est tapissée par la séreuse.

Le *bord supérieur* ou *postéro-supérieur*, légèrement convexe, est en rapport avec l'épididyme et avec les vaisseaux du cordon ; ceux-ci abordent le testicule par son bord supérieur en dedans de l'épididyme et en arrière de la tête de cet organe.

Le *bord inférieur* ou *antéro-inférieur* est convexe, libre et en rapport dans toute son étendue avec la séreuse vaginale.

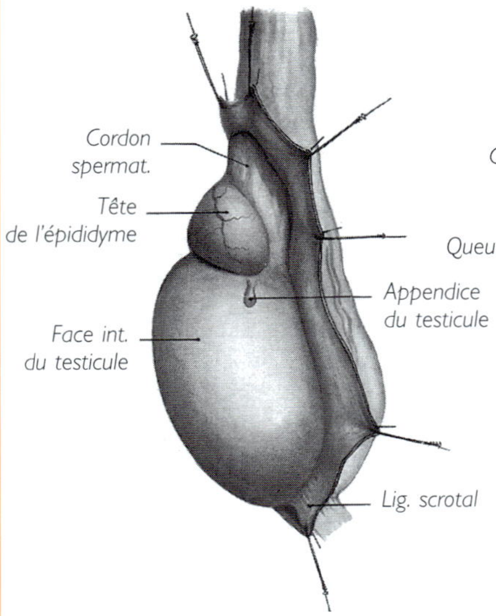

Fig. 353 ▪ Testicule et épididyme, vue antéro-médiale.

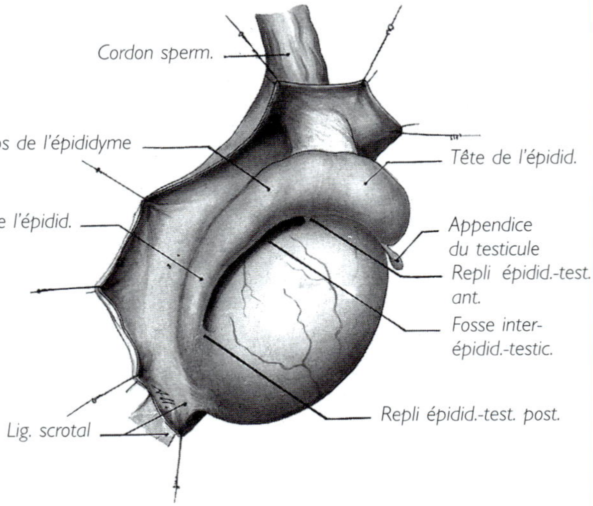

Fig. 354 ▪ Testicule et épididyme, vue latérale externe.

L'*extrémité antérieure* est surmontée par la tête de l'épididyme. Le feuillet viscéral de la vaginale qui recouvre l'extrémité supérieure du testicule passe directement sur la tête de l'épididyme. Un sillon peu marqué indique la limite entre les deux organes.

Un petit corps ovoïde, appelé *appendice du testicule*, est appendu à cette extrémité, ou bien s'attache dans le sillon qui sépare le testicule de la tête de l'épididyme. C'est un vestige de l'extrémité supérieure du conduit para-mésonéphrotique.

L'*extrémité postérieure* est en dehors de la vaginale et donne insertion au *ligament scrotal*. Ce ligament est un faisceau de fibres conjonctives, élastiques et musculaires lisses, qui s'étend de l'extrémité postérieure du testicule et de l'épididyme à la face profonde du scrotum. C'est ce ligament qui fixe le testicule au fond des bourses. Il soulève un repli de la vaginale, qui est placé sur le prolongement du bord antéro-inférieur du testicule.

▪ **CONSTITUTION ANATOMIQUE.** Une coupe verticale menée suivant le grand axe du testicule montre que cet organe est entouré d'une membrane fibreuse appelée *albuginée*.

L'*albuginée* est résistante, inextensible. C'est elle qui donne au testicule sa couleur blanc bleuâtre, qui a fait comparer l'albuginée à la sclérotique.

Son épaisseur, qui est en moyenne de 1 mm, augmente le long du bord supérieur du testicule, surtout dans la moitié antérieure de ce bord, où elle présente un très gros épaississement appelé *mediastinum testis*.

Vu en coupe verticale, antéro-postérieure ou frontale, le mediastinum testis est triangulaire. La base, supérieure, s'étale sur le bord supérieur du testicule, en regard de l'épididyme ; le sommet s'enfonce comme un coin dans l'épaisseur du testicule (fig. 355).

Des vaisseaux et de nombreux canalicules appartenant aux voies spermatiques le parcourent en tous sens.

Du sommet et des faces latérales du mediastinum testis se détachent de nombreuses cloisons qui vont en divergeant jusqu'à la face profonde de l'albuginée et divisent le testicule en de petites masses appelées lobules.

Les *lobules du testicule,* de forme pyramidale ou conique, au nombre de 250 à 300 (Sappey), sont essentiellement constitués par les canalicules séminipares. La longueur de ces canalicules, qui sont très flexueux, varie entre 0,30 et 1,75 m (Sappey) ; leur nombre dans chaque lobule varie de un à quatre. Ils sont anastomosés entre eux.

VOIES SPERMATIQUES

Les voies spermatiques sont les voies d'excrétion du sperme testiculaire ; elles s'étendent des canalicules séminipares à l'urètre.

Ces voies se composent de plusieurs segments qui sont : les tubes droits, le *rete testis* ou réseau testiculaire, les canalicules efférents, le canal épididymaire, le conduit déférent, les vésicules séminales et les conduits éjaculateurs (fig. 355).

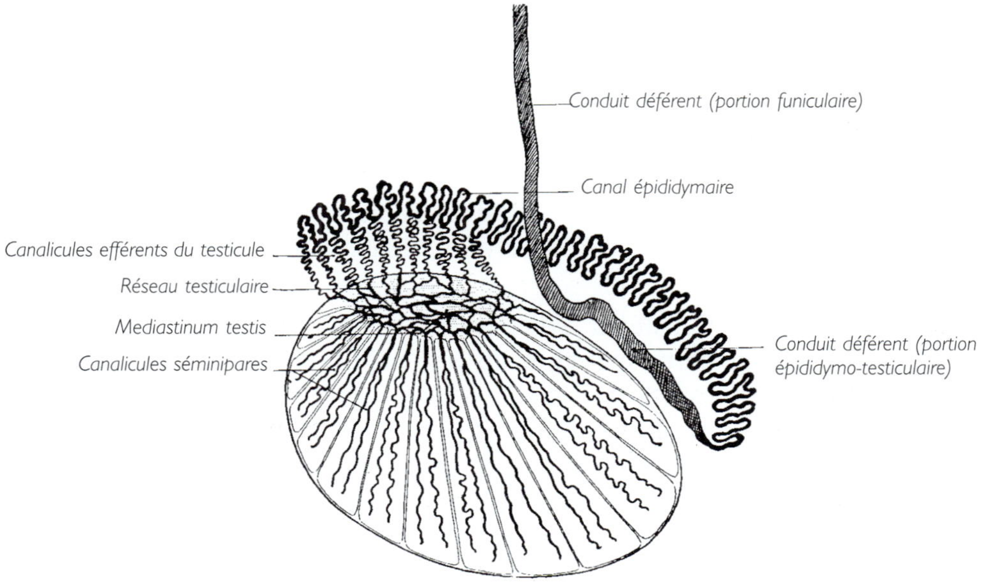

Fig. 355 ▪ Voies spermatiques depuis leur origine jusqu'à la portion funiculaire du conduit déférent (schématique).

A. **Tubes droits.**

Les tubes droits sont les canaux excréteurs des lobules.

Les canalicules séminipares d'un même lobule se réunissent en un seul conduit collecteur, court, étroit et rectiligne, qui occupe l'extrémité supérieure du lobule ; ce conduit est un *tube droit*. Il existe autant de tubes droits que de lobules.

B. **Rete testis.**

Les tubes droits se jettent dans un réseau de canaux anastomosés, creusés dans la partie inférieure du mediastinum testis. Les mailles de ce réseau, appelé *rete testis*, ou *réseau testiculaire*, sont irrégulières, mais allongées, surtout d'avant en arrière ; elles s'entrecroisent avec les vaisseaux qui traversent le mediastinum testis.

C. **Canalicules efférents du testicule.**

Le réseau testiculaire est uni à l'épididyme par de fins canaux placés les uns derrière les autres et appelés *canalicules efférents du testicule ou cônes efférents*. Cette dernière dénomination est due à ce que chacun de ces canaux se pelotonne sur lui-même de manière à former une petite masse allongée, conique, dont la largeur croît graduellement à mesure que le canal s'éloigne du testicule.

Les canalicules efférents du testicule sont au nombre de neuf à douze. Leur longueur mesure environ 15 mm, tandis que celle du canal qui les constitue est en moyenne de 15 cm.

Le canalicule efférent du testicule le plus antérieur se continue avec l'extrémité antérieure du canal épididymaire. Les autres s'abouchent dans ce canal, successivement l'un derrière l'autre, le long de la tête de l'épididyme.

D. **Épididyme.**

SITUATION. L'épididyme est un organe allongé d'avant en arrière, placé sur le testicule à la manière d'un « cimier de casque ».

Il est couché sur le bord postéro-supérieur du testicule et sur la partie attenante de la face latérale de cet organe (fig. 354). Aussi l'épididyme n'est pas rectiligne et décrit une courbe dont la concavité antéro-inférieure s'adapte à la convexité du testicule.

FORME ET DIMENSIONS. On décrit à l'épididyme trois parties : une partie antérieure renflée, la *tête* ; une partie moyenne, le *corps* ; enfin une extrémité postérieure, la *queue*.

D'une extrémité à l'autre, l'épididyme mesure 5 cm de longueur. Sa hauteur et sa largeur atteignent 10 à 12 mm au niveau de la tête. Sa largeur, à peu près la même tout le long du corps et de la queue, mesure environ 1 cm. Son épaisseur, au contraire, diminue notablement d'avant en arrière ; elle est de 5 mm à la partie moyenne du corps et de 3 mm seulement à l'extrémité postérieure.

CONFIGURATION EXTÉRIEURE ET RAPPORTS. La *tête* de l'épididyme est volumineuse et arrondie. Sa face inférieure repose sur la partie antérieure du testicule et lui est unie par les canalicules efférents, par du tissu cellulo-fibreux et par la vaginale.

Le feuillet viscéral de la vaginale recouvre en effet la tête de l'épididyme en avant et sur les côtés et se continue en bas sur le testicule, en haut sur le cordon (fig. 356 A et 357). Nous avons déjà signalé le sillon superficiel qui marque le passage de la séreuse de l'épididyme sur le testicule.

De l'extrémité antérieure de la tête de l'épididyme se détache parfois un petit organe étroit à son origine, renflé à son extrémité libre qui est fermée en cul-de-sac ; c'est l'*appendice épididymaire*. Il s'agit là d'un débris embryonnaire, vestige de l'extrémité supérieure du canal mésonéphrotique.

Le *corps* est prismatique triangulaire (fig. 356, B). ❑ Sa face supéro-externe, convexe, est recouverte par la vaginale. ❑ Sa face interne répond aux vaisseaux du cordon qui la croisent. ❑ Enfin sa face inférieure, concave, est tapissée par la séreuse et séparée du testicule par un prolongement de la cavité vaginale, appelé *cul-de-sac* ou *fossette interépididymo-testiculaire* (voir : *Enveloppes du testicule*).

La *queue* de l'épididyme est aplatie de haut en bas. ❑ Sa face supérieure est en rapport en dehors avec la vaginale. Elle est recouverte en dedans par les éléments du cordon (fig. 356, C). ❑ Sa face inférieure est unie au testicule par du tissu fibreux. ❑ Son extrémité postérieure, située en dehors de la vaginale, se continue avec le conduit déférent et forme avec lui un angle aigu ouvert en avant. De plus, comme le testicule, elle est reliée au scrotum par le ligament scrotal.

■ **CONSTITUTION ANATOMIQUE.** L'épididyme est essentiellement constitué par un conduit très flexueux, plusieurs fois pelotonné sur lui-même. Déroulé, ce canal mesure environ 6 m de long. Son calibre est en moyenne de 0,3 mm.

C'est dans la partie antérieure du canal épididymaire et au niveau de la tête de l'organe que le canal épididymaire reçoit les canalicules efférents du testicule (fig. 355).

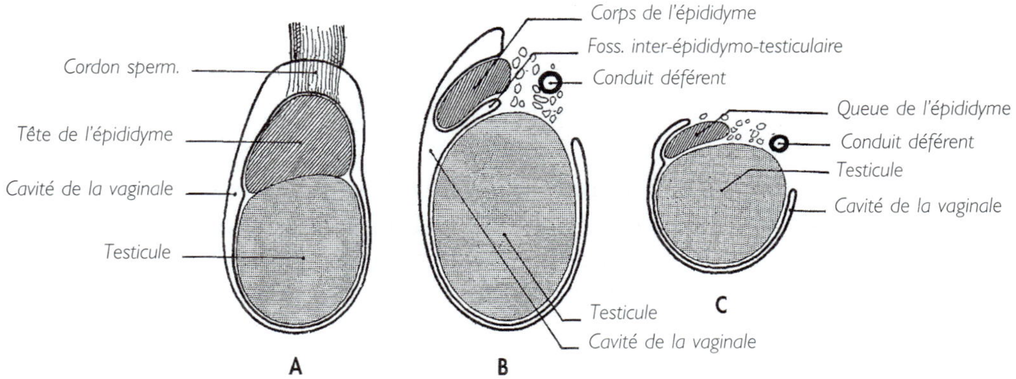

Fig. 356 ■ Coupes vertico-transversales du testicule et de l'épididyme passant : A, par la tête ; B, par le corps ; C, par la queue de l'épididyme (demi-schématique).

Les flexuosités du canal épididymaire sont unies par du tissu conjonctif très serré. Ce tissu forme à la surface de l'organe une enveloppe fibreuse, mince mais résistante, appelée *tunique séreuse de l'épididyme*.

E. Conduit déférent.

Le conduit déférent commence à la queue de l'épididyme et finit au point de jonction de la vésicule séminale et du conduit éjaculateur. Ce point de jonction se trouve au fond de la dépression qui sépare, sur la base de la prostate, les commissures pré et rétro-séminales.

FORME ET CONSISTANCE. C'est un conduit régulièrement cylindrique, sauf, cependant, au voisinage de sa terminaison, où son calibre augmente, en même temps que sa surface devient irrégulière et se couvre de bosselures (fig. 344). Ce dernier segment est appelé *ampoule du conduit déférent*.

Le conduit déférent est dur au toucher, ce qui permet de le reconnaître aisément parmi les autres éléments du cordon spermatique. Sa consistance, très ferme, est due à la grande épaisseur de sa paroi.

DIMENSIONS. Sa longueur mesure en moyenne 40 cm. Son diamètre est d'environ 2 mm ; mais la lumière du conduit ne dépasse pas 0,5 mm. Le long de l'ampoule, le diamètre du canal devient deux ou trois fois plus grand. La lumière du conduit présente dans cette région des dépressions et des diverticules qui répondent aux bosselures de la surface extérieure.

TRAJET ET RAPPORTS. Nous distinguerons au conduit déférent cinq portions : épididymo-testiculaire, funiculaire, inguinale, iliaque et pelvienne.

1. Portion épididymo-testiculaire. De la queue de l'épididyme, où il fait suite au canal épididymaire, le conduit déférent, légèrement flexueux, se dirige en haut et en avant sur le bord supérieur du testicule et le long de la face interne de l'épididyme, jusqu'à la partie antérieure du corps de cet organe. Il est séparé de l'épididyme par des veines testiculaires du plexus postérieur (fig. 356, B et C). Dans cette partie de son parcours, le conduit n'est en aucun point recouvert par la vaginale.

2. Portion funiculaire. En arrivant à la partie antérieure du corps de l'épididyme, le conduit déférent se coude et monte verticalement jusqu'à l'orifice externe du canal inguinal (fig. 357 et 363). Dans ce trajet, le canal est contenu dans le pédicule des bourses et fait partie du *cordon spermatique*.

Cordon spermatique. On donne le nom de cordon spermatique au pédicule qui suspend le testicule et l'épididyme. Contenu à l'intérieur de la tunique fibreuse des bourses, le cordon spermatique se compose de tous les éléments qui vont au testicule et à l'épididyme ou qui en viennent. Ces éléments sont : le conduit déférent, les artères testiculaires et du conduit déférent, les filets nerveux qui accompagnent ces artères et ce conduit, les plexus testiculaires antérieur et postérieur, des vaisseaux lymphatiques et le vestige du processus vaginal.

En avant du conduit déférent, on voit le volumineux plexus testiculaire antérieur et l'artère testiculaire (fig. 357, 358 et 363).

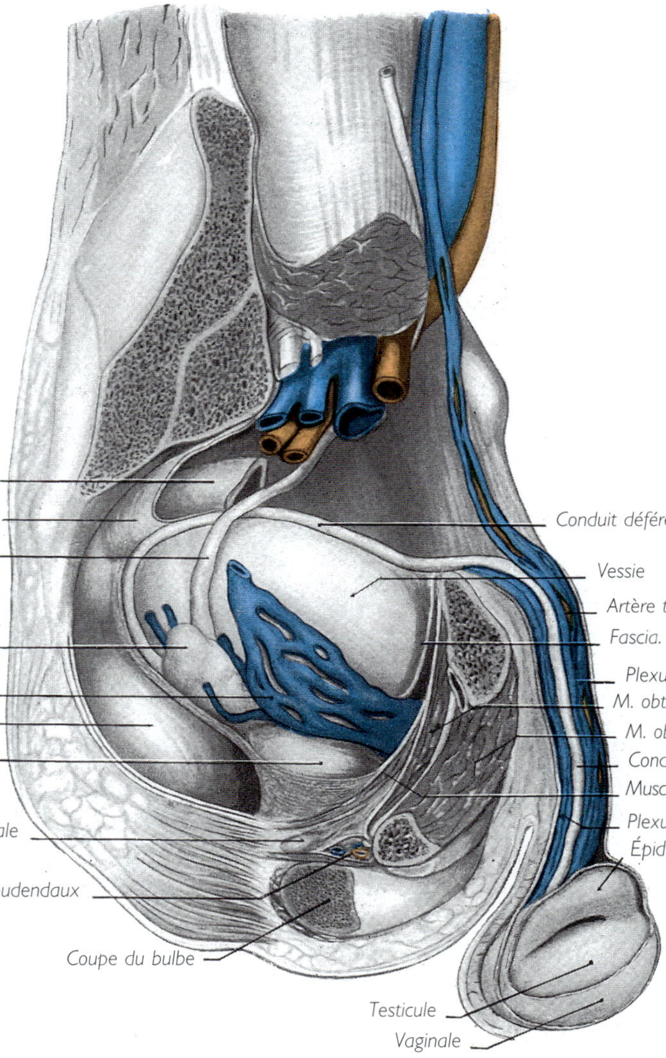

Fig. 357 ▪ Vue latérale des organes intrapelviens après ablation de la paroi latérale de la cavité pelvienne. Cette figure a été dessinée d'après une préparation faite sur un sujet dont les organes avaient été préalablement fixés par une injection de formol.

Le *plexus testiculaire* occupe toute la portion antérieure du cordon et refoule le conduit déférent dans la moitié postérieure. C'est ce plexus qui, plus haut, donne naissance aux veines testiculaires.

L'*artère testiculaire* est placée soit entre les vaisseaux de ce plexus, soit en arrière d'eux. Dans ce dernier cas, l'artère descend en avant et très près du conduit déférent.

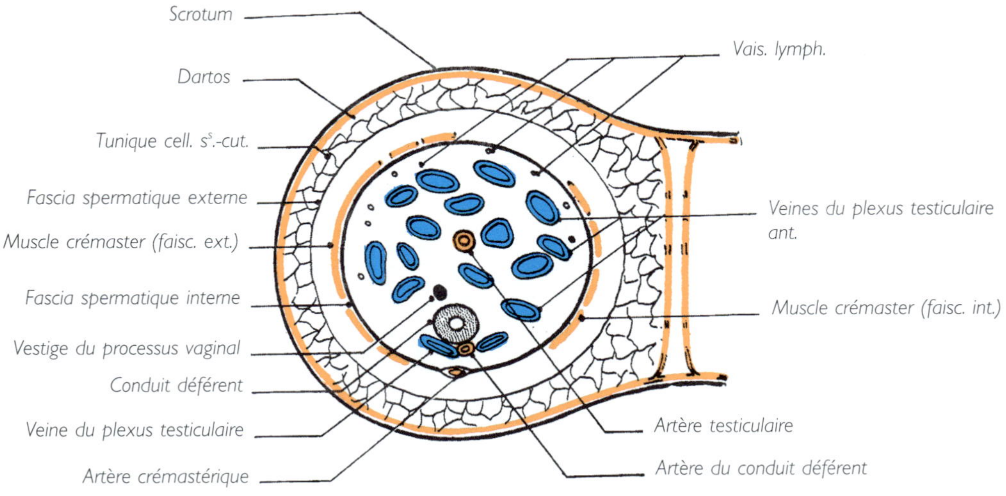

Fig. 358 ▪ Section horizontale du cordon et de ses enveloppes.

En arrière du conduit déférent se trouve le *plexus testiculaire*. Celui-ci est beaucoup moins volumineux que le précédent. Il est formé seulement de deux à trois vaisseaux.

L'*artère du conduit déférent* court le long du conduit déférent.

Le *vestige du processus vaginal*, qui résulte de l'oblitération du canal vagino-péritonéal, est placé en avant du conduit déférent.

De nombreux vaisseaux lymphatiques accompagnent les veines, ils sont, pour la plupart, plus superficiels que celles-ci et cheminent à la surface des plexus testiculaires.

Tous ces éléments sont unis par un tissu cellulo-graisseux peu dense, qui permettrait de les dissocier aisément s'ils n'étaient étroitement maintenus groupés par les nombreuses anastomoses qui unissent entre elles les veines des deux plexus.

3. Portion inguinale. Au-dessus des bourses, le conduit déférent pénètre dans le canal inguinal par son orifice superficiel et le parcourt dans toute son étendue. Il présente dans ce canal des rapports avec les éléments du cordon, identiques à ceux de la portion funiculaire. Il est de plus en rapport avec le nerf ilio-inguinal qui descend en avant du cordon, avec le rameau du nerf génito-fémoral et l'artère crémastérique qui descendent en arrière (voir, en ce qui concerne les rapports avec les parois du canal inguinal, la description du canal inguinal).

4. Portion iliaque. Arrivés à l'orifice profond du canal inguinal, les éléments du cordon spermatique se séparent les uns des autres (fig. 357 et 363). Tandis que les vaisseaux du plexus testiculaire antérieur montent vers la paroi abdominale postérieure et que ceux du plexus postérieur se jettent dans la veine épigastrique inférieure, le conduit déférent, accompagné de l'artère du conduit déférent, se dirige vers la cavité pelvienne, sous le péritoine. Il franchit les vaisseaux épigastriques inférieurs en passant au-dessus d'eux et en décrivant une courbe dont la concavité inférieure s'oppose à la courbe concave en haut de l'artère épigastrique inférieure.

Il croise ensuite les vaisseaux iliaques externes en passant sur leur face interne et descend dans la cavité pelvienne.

5. Portion pelvienne. Elle comprend deux segments principaux : l'un, latéro-vésical, l'autre, rétro-vésical.

Segment latéro-vésical. Quand la vessie est vide, le conduit déférent descend dans la cavité pelvienne, obliquement en bas et en arrière, appliqué par le péritoine sur la paroi latérale du pelvis jusqu'à l'extrémité postérieure du bord latéral de la vessie. Son revêtement péritonéal lui adhère au point que, si l'on soulève le péritoine, celui-ci entraîne le conduit avec lui. Dans ce trajet pariétal, le conduit passe d'abord en dedans des vaisseaux et nerfs obturateurs, puis au-dessus de l'artère ombilicale (fig. 339 et 359).

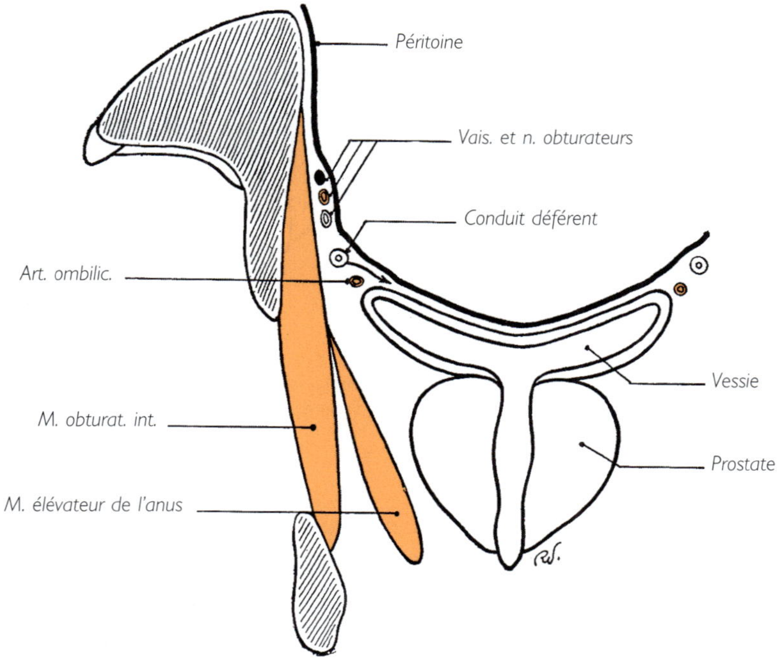

Fig. 359 ▪ Rapports du conduit déférent et de l'artère ombilicale, lorsque la vessie est vide. La flèche indique la direction que suit le conduit pour croiser l'artère.

Quand la vessie se distend, ses parois latérales se recouvrent du péritoine pariétal qu'elles soulèvent ; elles entraînent, avec le péritoine, l'artère ombilicale et le conduit déférent qui adhère au péritoine. Ainsi le conduit s'accole à la paroi latérale de la vessie, sur laquelle il croise l'artère ombilicale de bas en haut, d'avant en arrière et de dehors en dedans (fig. 273 et 360). Arrivé à l'extrémité postérieure du bord latéral de la vessie, le conduit déférent passe en avant et au-dessus de l'uretère, ensuite il se coude et se porte obliquement en bas, en dedans et en avant, accolé à la paroi postérieure et inférieure de la vessie, jusqu'à la base de la prostate.

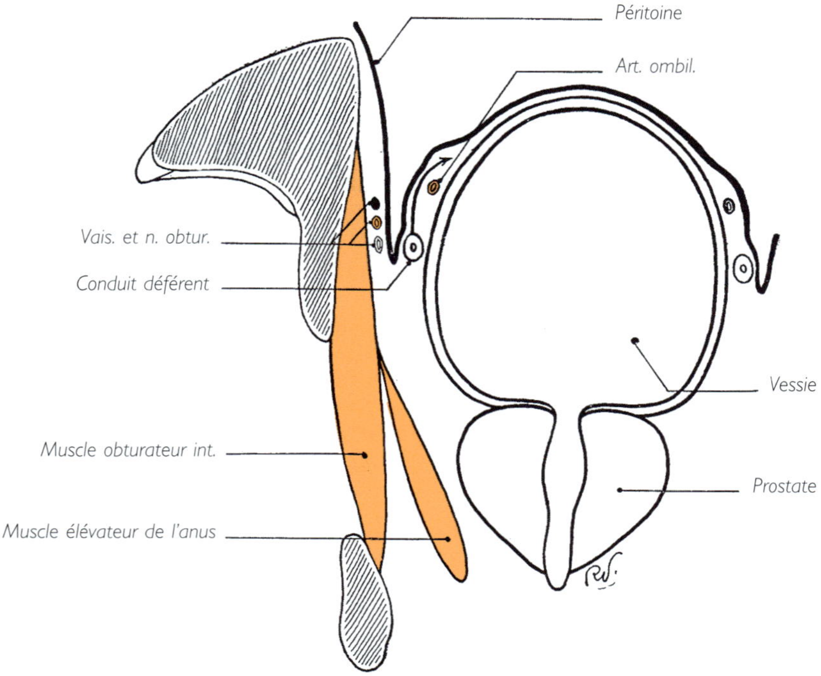

Fig. 360 ▪ Rapports du conduit déférent et de l'artère ombilicale, lorsque la vessie est distendue. La flèche indique la direction que suit le conduit pour croiser l'artère.

Segment rétro-vésical. C'est ce segment du conduit déférent, sinueux, bosselé, augmenté de calibre, qui porte le nom d'*ampoule du conduit déférent* (fig. 344).

Sur la paroi vésicale postérieure, les rapports du conduit déférent avec la vessie distendue sont à peu près les mêmes que ceux qu'il présente avec la vessie vide.

Dans leur trajet rétro-vésical, les conduits déférents sont d'abord appliqués sur la vessie par le péritoine, qui les recouvre en arrière sur une partie de leur étendue. Plus bas, ils sont compris dans l'épaisseur d'une lame faite de tissu cellulo-fibreux et musculaire lisse, c'est la membrane ou *fascia péritonéo-périnéal* ; elle est ainsi appelée parce qu'elle s'étend du cul-de-sac péritonéal vésico-rectal au périnée en passant en arrière de la prostate.

Le fascia péritonéo-périnéal est uniquement formé, à l'origine, par les fascias d'accolement qui résultent de la soudure des feuillets limitant les culs-de-sac péritonéaux pré-séminal et rétro-séminal (voir : *Péritoine*). Elle s'épaissit ensuite par adjonction de tissu cellulo-fibreux et musculaire lisse. Le fascia péritonéo-périnéal contient également de nombreuses veines du plexus veineux séminal.

C'est par l'intermédiaire de l'excavation recto-génitale en haut et du fascia péritonéo-périnéal en bas que l'ampoule du conduit déférent est en rapport : en avant avec le bas-fond de la vessie, en arrière avec le rectum, en dehors avec les vésicules séminales, en dedans avec le conduit déférent du côté opposé. Comme les conduits déférents descendent en convergeant, ils limitent entre eux un espace triangulaire, le *triangle interdéférentiel*, dont la base est en haut et le sommet en bas, à la prostate, où les deux canaux sont contigus.

F. **Vésicules séminales.**

Les vésicules séminales sont deux réservoirs membraneux dans lesquels s'accumule le sperme dans l'intervalle des éjaculations.

SITUATION ET DIRECTION. Chacune d'elles est branchée sur l'extrémité terminale de l'un des conduits déférents et s'étend en dehors de lui, entre la vessie et le rectum, suivant une direction oblique en dehors, en arrière et un peu en haut (fig. 344).

FORME ET DIMENSIONS

Les vésicules séminales sont des organes allongés, aplatis de haut en bas et d'avant en arrière et bosselés sur toute leur surface. Leur diamètre, d'abord très étroit, augmente de leur origine sur le conduit déférent, jusqu'à leur extrémité terminale. Aussi l'on peut distinguer à chaque vésicule : 1° une extrémité antéro-interne, le *col de la vésicule séminale*, par lequel la vésicule s'unit au conduit déférent ; 2° une extrémité postéro-externe, arrondie, appelée *fond* ; 3° enfin, une partie moyenne, ou *corps*, comprise entre les deux extrémités.

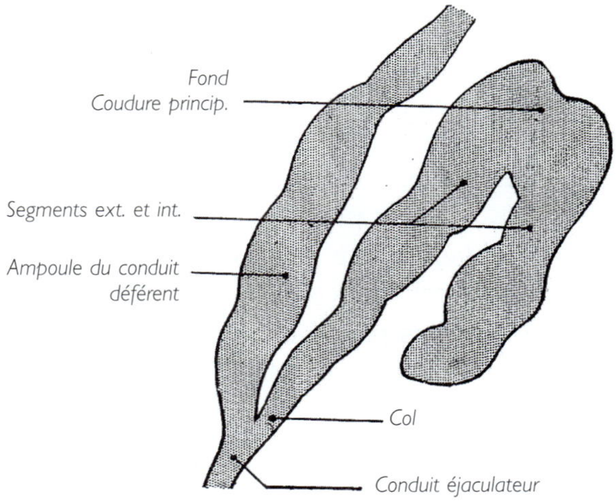

Fig. 361 ▪ La vésicule séminale disséquée (schématique).

La longueur des vésicules chez l'adulte est de 5 à 6 cm, leur épaisseur est de 5 mm ; leur plus grande largeur mesure en moyenne 15 mm.

RAPPORTS. Les vésicules séminales sont situées, comme les conduits déférents, dans l'épaisseur du fascia péritonéo-périnéal, qui est, par suite, divisé, le long de ces organes, en deux lames, l'une, antérieure, l'autre, postérieure ; celle-ci est toujours plus épaisse que celle-là. Les rapports des vésicules avec les organes voisins se font donc par l'intermédiaire de ce fascia (fig. 273 et 372).

La *face antéro-supérieure* des vésicules répond à la face postéro-inférieure de la vessie, dont elle peut être très facilement séparée. Quand la vessie est vide, les vésicules débordent le réservoir vésical et se déjettent en dehors et en arrière de lui.

La *face postéro-inférieure* est accolée au rectum, mais ne lui adhère pas. À ce sujet, il n'est peut-être pas inutile de rappeler que le fascia péritonéo-périnéal, dans lequel sont contenues les vésicules séminales, représente la partie antérieure de la gaine fibreuse du rectum.

Le *bord médial* ou supérieur longe l'ampoule du conduit déférent (fig. 344).

Le *bord latéral* ou inférieur est entouré par les veines des plexus séminal et vésico-prostatique. Il est uni par le fascia péritonéo-périnéal à la gaine hypogastrique qui forme, de chaque côté, le fascia sacro-recto-génito-pubien.

Le *col*, étroit (fig. 357), est enfoui avec la terminaison du conduit déférent dans la base de la prostate. Il s'unit à angle très aigu à la portion terminale du conduit déférent et se continue par le conduit éjaculateur.

Le *fond*, enfin, est coiffé par le péritoine et répond en avant à la terminaison de l'uretère.

■ **CONSTITUTION ET CONFORMATION INTÉRIEURE.** Si, par une dissection attentive, on sectionne le tissu conjonctif séparant les bosselures des unes des autres, on reconnaît que la vésicule séminale est un canal tortueux, infléchi sur lui-même. La coudure principale siège au fond de la vésicule, de telle sorte que, dans son ensemble, ce canal disséqué comprend deux segments : l'un, interne, en continuité en bas avec le canal éjaculateur, l'autre, externe, dont l'extrémité inférieure est libre (fig. 361). Ce tube, déroulé, mesure environ le double de la longueur apparente de la vésicule séminale. Son calibre est très irrégulier et sa surface est partout recouverte de bosselures ou de prolongements plus ou moins longs.

La cavité vésiculaire présente, mais en sens inverse, les mêmes irrégularités que la surface externe. Aux saillies répondent des dépressions de profondeur variable.

L'épaisseur des parois est assez grande ; elle est cependant un peu moindre que celle des conduits déférents.

G. Conduits éjaculateurs.

Les conduits éjaculateurs s'étendent de la terminaison des conduits déférents et de l'origine des vésicules séminales à la portion prostatique de l'urètre.

■ **DIMENSIONS.** Les conduits éjaculateurs font en moyenne 2,5 cm de long. Leur calibre diminue graduellement de haut en bas. Ils sont en effet coniques et le diamètre de leur lumière, qui mesure à la base du cône 1 à 2 mm, ne dépasse pas 0,5 mm à leur terminaison dans l'urètre. Leur paroi est mince.

■ **TRAJET ET RAPPORTS.** Chacun des conduits éjaculateurs commence par une extrémité évasée qui fait suite au confluent du conduit déférent et du col de la vésicule séminale.

De là, le conduit se porte obliquement en bas et en avant, à travers la prostate, et se termine sur le colliculus séminalis, à côté de l'orifice de l'utricule prostatique.

Les deux conduits éjaculateurs sont contenus dans tout leur trajet dans l'épaisseur de la prostate et entourés de tissu conjonctif si riche en vaisseaux veineux qu'on le décrit souvent sous le nom de tissu caverneux. Ils sont d'abord accolés l'un à l'autre sur la ligne médiane ; puis ils rencontrent l'utricule prostatique près du colliculus séminalis, s'écartent alors l'un de l'autre et descendent sur les côtés de ce diverticule.

VAISSEAUX ET NERFS DU TESTICULE ET DES VOIES SPERMATIQUES

ARTÈRES. Le testicule est irrigué par l'artère testiculaire ; l'épididyme, par cette même artère et par l'artère du conduit déférent ; le conduit déférent, par l'artère du conduit déférent ; l'ampoule du conduit déférent, les vésicules séminales et les conduits éjaculateurs, par les artères vésicale inférieure, prostatique, rectale moyenne et par les branches vésiculaire et déférentielle de l'artère du conduit déférent.

a) L'*artère testiculaire* descend dans les bourses, au milieu ou en arrière des veines du plexus testiculaire antérieur. Elle se divise à la hauteur ou au voisinage de l'épididyme en branche épididymaire et branche testiculaire (fig. 362).

Le *rameau épididymal de l'artère testiculaire* longe l'épididyme de la tête à la queue, où il s'anastomose avec les artères du conduit déférent et crémastérique.

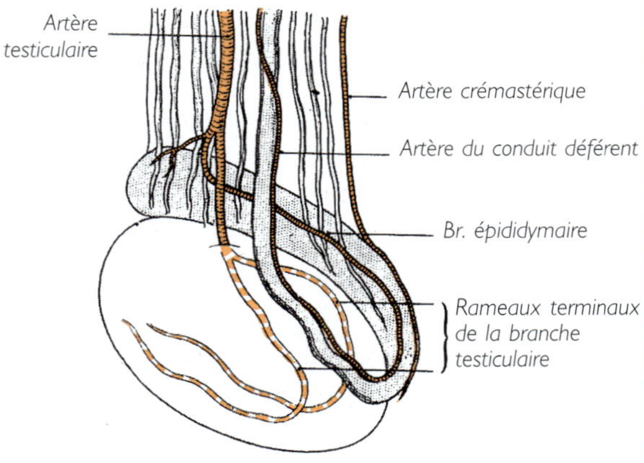

Fig. 362 ▪ Artères du testicule et de l'épididyme.

L'*artère testiculaire* descend jusqu'au bord supérieur du testicule en croisant la face interne de l'épididyme. Elle s'engage aussitôt dans l'albuginée testiculaire et se divise peu après en deux branches secondaires ou terminales, l'une, médiale, l'autre, latérale. Ces deux branches vont en cheminant dans l'épaisseur de l'albuginée, l'une sur la face médiale, l'autre sur la face latérale du testicule (fig. 362), et vascularisent une moitié sagittale du testicule (Alexandre).

Chacune de « ces artères des faces » se porte d'abord en arrière, s'infléchit à quelque distance de l'extrémité postérieure du testicule et remonte enfin le long du bord antéro-inférieur de l'organe jusqu'à son extrémité antérieure (Grégoire et Tourneix).

Les artères des faces donnent des rameaux superficiels qui cheminent dans l'albuginée. De ces rameaux enfin partent des *ramuscules interlobulaires* qui montent dans les cloisons interlobulaires. Les uns, *courts*, s'épuisent dans les lobules voisins ; d'autres, *longs*, gagnent le mediastinum testis et se terminent soit en s'anastomosant entre eux, soit dans les lobules voisins, qu'ils atteignent par un trajet récurrent.

b) L'*artère du conduit déférent* est accolée au conduit déférent sur tout son parcours et s'anastomose à l'extrémité postérieure du testicule avec la branche épididymaire de l'artère testiculaire, parfois avec un rameau de sa branche testiculaire (Grégoire et Tourneix).

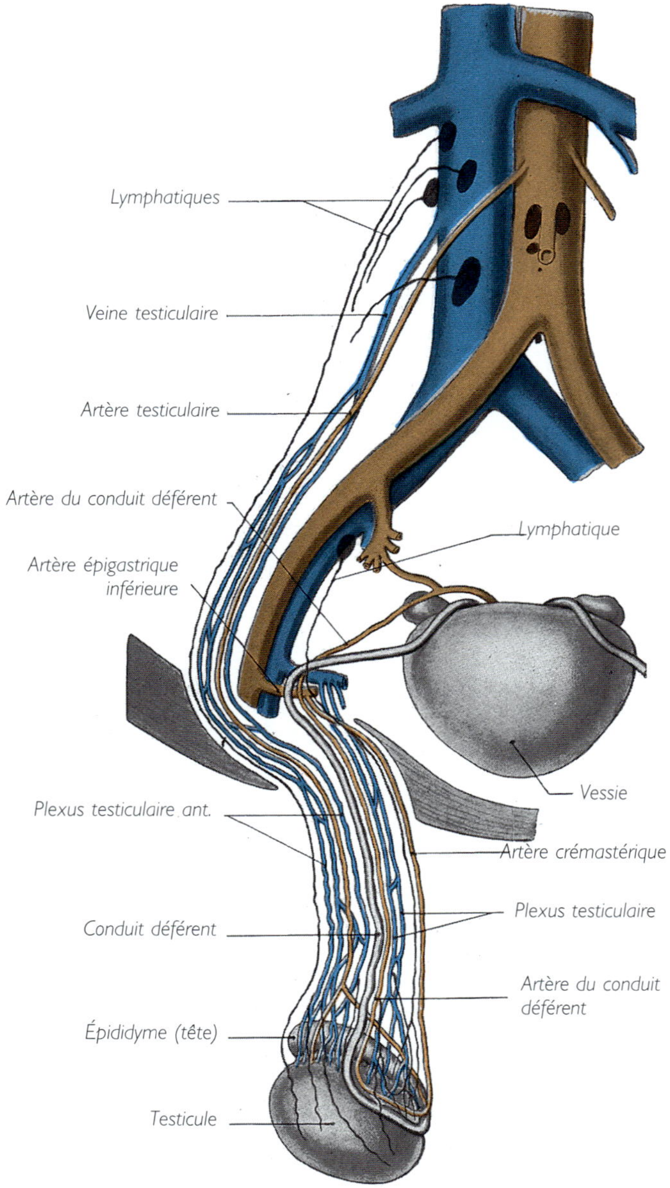

Fig. 363 ▪ Vaisseaux du testicule et de l'épididyme. — Artère et veine testiculaires.

c) L'*artère crémastérique* s'anastomose elle aussi assez souvent à sa terminaison, par de très fines ramifications, avec les artères testiculaires et du conduit déférent (fig. 362).

d) L'*artère du conduit déférent*, les *rameaux prostatiques de l'artère vésicale inférieure, les artères vésicale inférieure* et *rectale moyenne* contribuent d'une manière très variée à la vascularisation des vésicules séminales, de l'ampoule du conduit déférent et des conduits éjaculateurs.

■ **VEINES.** Les *veines du testicule et de la partie antérieure de l'épididyme* constituent le groupe veineux antérieur ou plexus testiculaire antérieur du cordon spermatique.

Les *veines de la partie postérieure de l'épididyme* forment le groupe veineux postérieur ou plexus testiculaire postérieur du cordon.

Les *veines du conduit déférent* se rendent d'une part aux troncs veineux du cordon, d'autre part, dans le bassin, aux plexus vésico-prostatique et séminal.

Les *veines des vésicules séminales et des conduits éjaculateurs* se terminent dans ces derniers plexus.

■ **LYMPHATIQUES.** Les vaisseaux lymphatiques *du testicule et de l'épididyme* montent le long des artères testiculaires et se jettent dans les nœuds lymphatiques lombaux qui s'échelonnent depuis le pédicule rénal jusqu'à la bifurcation de l'aorte (fig. 363).
❑ La voie terminale du testicule droit est le nœud situé au niveau du bord inférieur de la veine rénale droite. La voie terminale du testicule gauche aboutit à un nœud situé devant la veine rénale gauche (G. Hidden).

Les lymphatiques du *conduit déférent et des vésicules séminales* se rendent aux nœuds lymphatiques iliaques externes et internes.

■ **NERFS.** Les nerfs du testicule et de l'épididyme viennent du plexus solaire par le plexus testiculaire, et du plexus hypogastrique inférieur par le plexus déférentiel. C'est également ce dernier plexus qui innerve les conduits déférents, les vésicules séminales et les conduits éjaculateurs.

VESTIGES EMBRYONNAIRES JUXTA-TESTICULAIRES

Il existe fréquemment au voisinage immédiat du testicule et de l'épididyme de petits organes rudimentaires dont l'existence est expliquée par l'histoire du développement des organes génitaux (voir : *Développement des organes génito-urinaires*).

Ces vestiges embryonnaires sont l'appendice du testicule, l'appendice épididymaire, les canalicules aberrants et le paradidyme (fig. 364).

L'*appendice du testicule* est un petit corps lisse, fixé soit à l'extrémité antérieure du testicule, soit à celle de l'épididyme, soit encore au sillon qui sépare ces deux organes. Elle représente l'extrémité supérieure persistante du conduit paramésonéphrotique, qui s'est implantée secondairement sur l'épididyme ou le testicule (voir fig. 320).

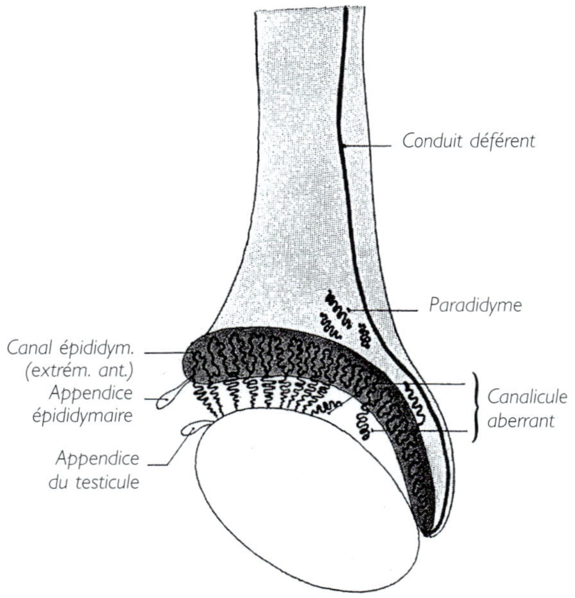

Fig. 364 ▪ Vestiges embryonnaires juxta-testiculaires.

L'*appendice épididymaire* est une vésicule implantée sur la tête de l'épididyme. Cette formation, inconstante, est le reliquat de l'extrémité supérieure du canal mésonéphrotique.

Les *canalicules aberrants* sont de petits conduits qui sont en relation par une de leurs extrémités avec l'épididyme et se terminent par l'autre en cul-de-sac. Ce sont des vestiges des tubules mésonéphrotiques de la partie urinaire du mésonéphros (fig. 320).

On trouve parfois, immédiatement en arrière des canalicules efférents, un vaisseau aberrant fixé au testicule et en communication avec le réseau testiculaire. C'est le *canalicule aberrant* ; il représente un tubule mésonéphrotique de la portion génitale du mésonéphros, en relation seulement avec le testicule.

Le *paradidyme* est un amas de petits organes vésiculeux ou canaliculés, situés au-dessus du corps ou de la tête de l'épididyme. Il représente les vestiges de tubules mésonéphrotiques morcelés, ayant perdu toute relation aussi bien avec le canal mésonéphrotique qu'avec le testicule.

ENVELOPPES DU TESTICULE

Les enveloppes du testicule forment, en avant du périnée et au-dessous de la verge, un sac allongé verticalement, appelé *bourses*.

Chez l'enfant, les bourses sont plus larges en haut qu'en bas. Chez l'adulte, elles sont renflées en bas et suspendues au-dessous du pubis par une partie rétrécie, appelée *pédicule*. Chez l'adulte, la moitié gauche descend ordinairement un peu plus bas que la droite.

Les bourses sont divisées en deux moitiés par un raphé médian qui se continue en arrière sur le périnée.

Les bourses sont formées par la paroi abdominale qui est en quelque sorte refoulée par le testicule et par le canal vaginal qui précède cet organe dans sa descente. Ceci explique pourquoi les enveloppes du testicule représentent les différentes couches de la paroi abdominale et pourquoi elles sont en continuité avec elles.

Ces enveloppes, en effet, au nombre de sept, sont superposées dans le même ordre que les couches de la paroi abdominale. On trouve, de la superficie vers la profondeur : 1° la peau ou scrotum ; 2° le dartos ; 3° la tunique celluleuse sous-cutanée ; 4° le fascia spermatique externe ; 6° la tunique musculaire ; 7° le fascia spermatique interne ; 8° la tunique vaginale (fig. 365 et 367).

À l'exception de la peau qui forme une seule enveloppe aux deux testicules, toutes les autres tuniques des bourses constituent un sac particulier pour chacun de ces organes.

1. Peau ou scrotum. La peau fine, très extensible, de couleur foncée, est sillonnée de plis transversaux qui vont du raphé aux faces latérales, en décrivant une courbe concave en haut et en dedans. Ces plis sont surtout prononcés sur les faces antérieure et latérales du scrotum.

2. Dartos. Le dartos est une mince membrane rougeâtre, unie à la face profonde du scrotum ; elle se compose de fibres musculaires lisses, de fibres conjonctives et de fibres élastiques. Cette couche musculaire est particulièrement développée sur les faces antérieure et latérales des bourses.

Les couches dartoïques qui doublent la face profonde du scrotum à droite et à gauche se divisent au voisinage du raphé en deux lames, l'une, superficielle, l'autre,

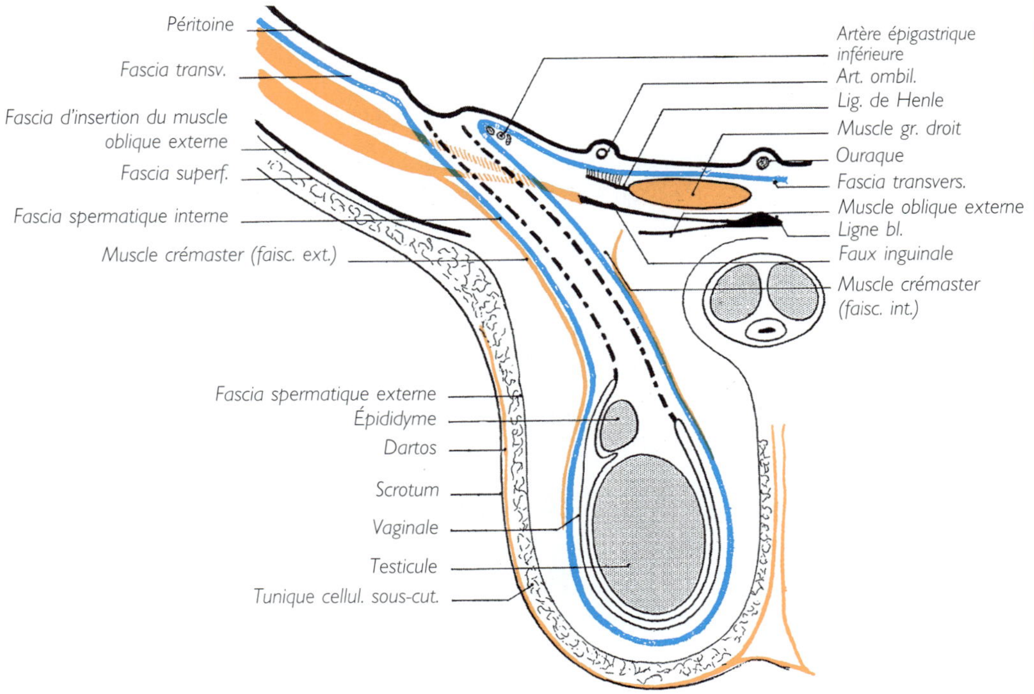

Fig. 365 ▪ Coupe schématique des enveloppes du testicule. Connexions de ces enveloppes avec les différentes couches de la paroi abdominale.

profonde. La lame superficielle se continue sur la ligne médiane avec celle du côté opposé. La lame profonde monte accolée à son homologue du côté opposé et forme avec elle une cloison médiane qui s'étend jusqu'à la face inférieure du pénis.

Le dartos des bourses se confond en haut, sur les faces latérales de la racine du pénis, avec le dartos pénien ; il se continue en avant et en haut, de chaque côté du pénis, jusqu'à l'orifice du canal inguinal. ❑ Il se prolonge parfois, en arrière, dans la région périnéale, où il prend le nom de *dartos périnéal*. ❑ Enfin, sur les côtés, il s'arrête le long du sillon génito-fémoral et s'attache aux branches ischio-pubiennes.

Les fibres musculaires lisses qui le composent sont surtout dirigées d'avant en arrière, et c'est par leur contraction que se forment les plis ou rides du scrotum.

3. Tunique celluleuse sous-cutanée. La tunique celluleuse sous-cutanée, mince, contient les vaisseaux et nerfs superficiels de la région scrotale. Elle se continue autour de l'orifice superficiel du canal inguinal avec la couche de tissu cellulaire sous-cutané de la paroi abdominale, en arrière avec celle du périnée, tandis que, sur les côtés, elle est séparée des plans superficiels de la cuisse par les attaches ischio-pubiennes du dartos.

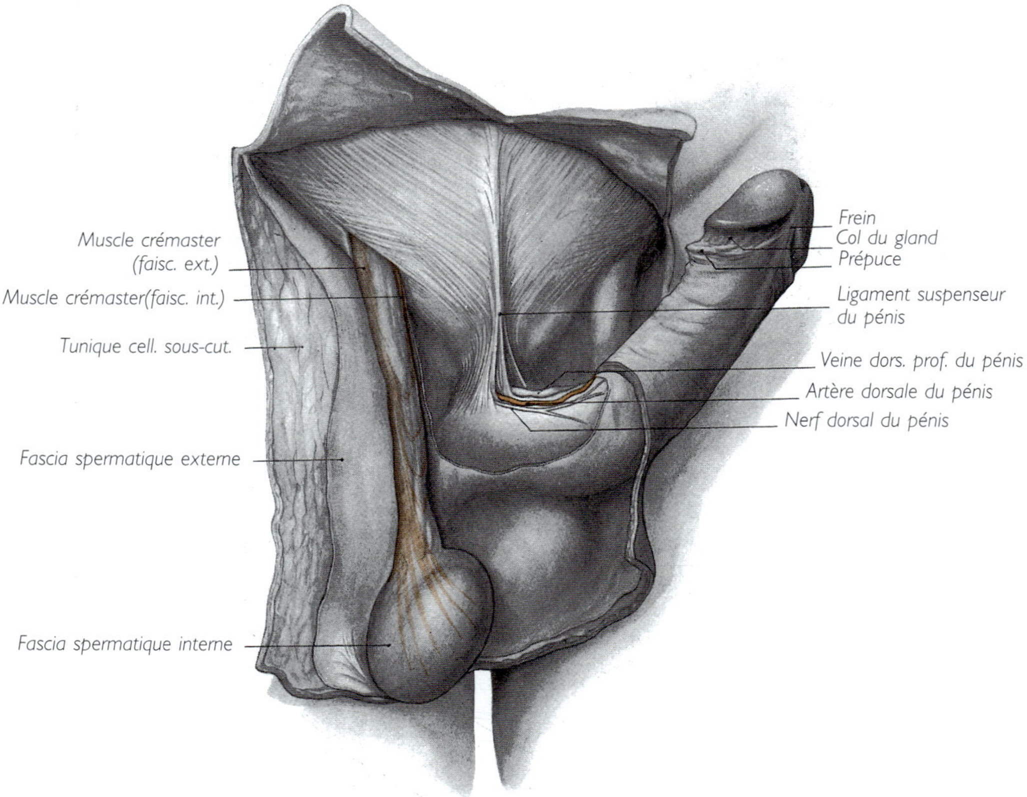

Fig. 366 ▪ Enveloppes du testicule et ligament suspenseur du pénis.

4. Fascia spermatique externe. Cette lame fibro-celluleuse, mince, fragile, prolonge dans les bourses le feuillet de revêtement superficiel du muscle oblique externe (fig. 366). Elle se continue en haut et en dedans avec le fascia pénis [1].

5. Muscle crémaster. Le muscle crémaster se compose de faisceaux musculaires striés, intimement adhérents au fascia spermatique interne sur lequel ils sont appliqués (fig. 365 et 366).

On distingue au muscle crémaster deux faisceaux principaux, l'un, latéral, l'autre, médial.

Le *faisceau latéral* se détache soit de l'arcade fémorale, soit du bord inférieur des muscles oblique interne et transverse en dehors du cordon spermatique. Il descend le long du cordon, appliqué sur le côté latéral de la tunique fibreuse, et se dissocie bientôt en de petits fascicules pâles qui, à différentes hauteurs, s'infléchissent et se terminent sur la face antérieure de la tunique fibreuse profonde ; quelques fibres descendent jusqu'au niveau du testicule.

Le *faisceau médial*, plus grêle que le précédent, naît de l'épine du pubis ou du tendon conjoint et descend en dedans du cordon, étroitement uni à l'enveloppe fibreuse profonde. Les fibres qui le composent divergent et se terminent comme celles du faisceau latéral. Cependant elles ne descendent pas jusqu'au testicule.

Les fibres des faisceaux latéral et médial se continuent parfois les unes avec les autres, en bas, à leur insertion sur la tunique fibreuse, en dessinant sur la face antérieure, rarement sur la face postérieure de cette tunique, des arcades superposées, concaves en haut. Les deux faisceaux du crémaster sont, en effet, deux parties d'un même faisceau des muscles oblique interne et transverse entraîné dans les bourses par le canal vaginal et le testicule.

6. Fascia spermatique interne. Il est une évagination du fascia transversalis, en forme de sac, contenant le cordon, l'épididyme et le testicule.

Le fascia spermatique interne commence à l'orifice profond du canal inguinal, où il fait suite au fascia transversalis (fig. 365). De là, il descend, en engainant le cordon, d'abord dans le canal inguinal, puis dans les bourses, où il s'élargit pour envelopper l'épididyme et le testicule.

Son aspect, sa texture et sa résistance varient suivant les régions. Il est mince, celluleux et délicat dans le canal inguinal et à la partie supérieure du cordon. Plus bas, il s'épaissit et devient fibreux.

À l'extrémité inférieure des bourses et en arrière du testicule, la tunique fibreuse s'attache autour d'un faisceau de fibres conjonctives, élastiques et musculaires

1. Certains auteurs n'admettent pas qu'il existe dans les bourses une couche celluleuse sous-cutanée distincte de la tunique fibro-celluleuse sous-jacente, et font de l'une et de l'autre l'homologue du fascia de revêtement du muscle oblique externe. Ils voient dans les insertions du dartos aux branches ischio-pubiennes une barrière qui empêche les couches sous-cutanées de l'abdomen et des bourses de se continuer l'une avec l'autre.
En réalité, la dissection et l'examen de coupes montrent que, en haut et en avant, dans toute la région qui recouvre l'orifice superficiel du canal inguinal et les piliers de cet orifice, les plans superficiels de la paroi abdominale se continuent avec les premières tuniques des bourses de la manière que nous venons de décrire.

lisses, appelé *ligament scrotal,* qui relie l'extrémité postérieure du testicule et de l'épididyme à la face profonde du scrotum.

7. Tunique vaginale. La tunique vaginale est une séreuse qui s'est isolée du péritoine dont elle est une dépendance. Elle comprend deux feuillets en continuité l'un avec l'autre, un feuillet pariétal et un feuillet viscéral.

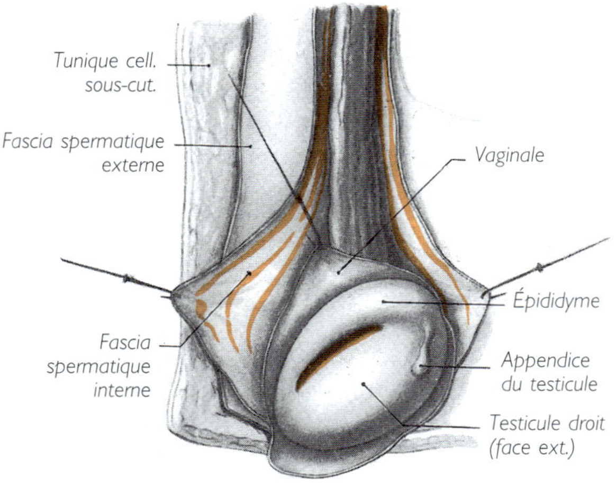

Fig. 367 ▪ Enveloppes du testicule. La vaginale est ouverte ; ses lambeaux sont réclinés et l'on voit la face externe du testicule ainsi que l'épididyme.

Le *feuillet pariétal* est séparé de la face profonde de la tunique fibreuse par un tissu cellulaire sous-séreux qui représente le tissu cellulaire sous-péritonéal. Cette couche celluleuse permet d'isoler facilement la séreuse de la tunique fibreuse (fig. 367).

Le *feuillet viscéral de la vaginale du testicule* recouvre presque entièrement le testicule et s'étend sur une partie de l'épididyme, ainsi que sur l'extrémité inférieure du cordon. L'examen détaillé de la ligne de réflexion du feuillet viscéral sur le feuillet pariétal donnera la limite précise de la surface revêtue par la séreuse.

La *ligne de réflexion* du feuillet viscéral sur le feuillet pariétal passe en avant sur le cordon à 1 cm environ au-dessus de la tête de l'épididyme (fig. 353).

De la face antérieure du cordon, cette ligne se porte en bas et en arrière. Elle croise d'abord la face médiale du cordon, puis descend sur la face médiale du testicule en avant du bord postérieur de cet organe et à une distance de ce bord qui augmente graduellement d'avant en arrière. Cette distance est de 1 cm vers la partie moyenne du testicule et atteint 15 mm près de son extrémité postérieure (fig. 353). À l'extrémité postérieure du testicule, la ligne de réflexion de la séreuse contourne le ligament scrotal en passant au-dessous de lui et atteint l'extrémité postérieure de la face externe du testicule.

De ce point, la ligne de réflexion monte obliquement en haut et en avant sur la face externe du testicule, qu'elle quitte bientôt pour passer sur le bord externe de la queue de l'épididyme (fig. 354). Elle longe ensuite en haut le bord interne de la face supéro-externe du corps épididymaire jusqu'à la tête de l'épididyme. La ligne de réflexion monte alors sur la face latérale du cordon et s'élève, comme nous l'avons dit, en atteignant sa face antérieure, jusqu'à 1 cm environ au-dessus de l'épididyme.

En définitive, le feuillet viscéral de la séreuse laisse à découvert la partie postéro-supérieure de la face interne du testicule, l'extrémité postérieure de cet organe ainsi que celle de l'épididyme ; sur ces extrémités s'implante le ligament scrotal.

En dedans, le feuillet viscéral de la vaginale ou tunique vaginale du testicule s'applique régulièrement sur la surface testiculaire.

En dehors, il passe de l'épididyme sur le testicule. Le long de la tête et de la queue de l'épididyme, qui sont unies au bord supérieur du testicule, le feuillet viscéral se déprime légèrement à la limite des deux organes ou passe directement de l'un à l'autre. Mais il envoie entre le corps de l'épididyme et le testicule un prolongement appelé *fossette interépididymo-testicualire*. Ce diverticule se termine en cul inter-épididymo-testiculaire le long du bord interne de l'épididyme. Il est limité en avant et en arrière par la zone d'union entre le corps et la queue de l'épididyme d'une part et le testicule d'autre part. Son orifice d'entrée, compris entre le bord externe du corps de l'épididyme en haut et le testicule en bas, est bien souvent limité en avant et en arrière par deux replis saillants de la séreuse qui portent les noms de *replis épididymo-testiculaires antérieur et postérieur*.

■ VAISSEAUX ET NERFS DES BOURSES.

a) ARTÈRES. Les *artères superficielles* viennent des artères pudendales, branches de l'artère fémorale, et de l'artère périnéale superficielle, branche de l'artère pudendale interne. Ces artères se ramifient dans la tunique celluleuse sous-cutanée des bourses et s'anastomosent entre elles.

Les *artères profondes* proviennent de l'artère crémastérique, branche de l'artère épigastrique inférieure. L'artère crémastérique descend en arrière de la tunique fibreuse profonde jusqu'à l'extrémité postérieure du testicule, où elle s'anastomose avec les artères testiculaires et du conduit déférent. Elle s'anastomose avec les artères superficielles. L'artère crémastérique fournit au crémaster, à la tunique fibreuse profonde et au feuillet pariétal de la vaginale.

b) VEINES. Les *veines superficielles* se jettent dans la veine grande saphène par les veines pudendales, et dans la veine pudendale interne par les veines périnéales superficielles.

Les unes et les autres s'anastomosent avec les veines sous-cutanées des régions voisines.

Les *veines profondes* se terminent dans les plexus veineux du cordon.

c) LYMPHATIQUES. Ils se rendent aux nœuds inguinaux des groupes internes.

d) NERFS. Les bourses sont innervées : par le nerf périnéal superficiel et par le rameau périnéal externe, branches du nerf pudendal, par le rameau périnéal du nerf glutéal inférieur et par les rameaux génitaux des nerfs ilio-inguinal et génito-fémoral. Ce sont ces derniers qui innervent le muscle crémaster.

PÉNIS

Le pénis ou verge est l'organe de la copulation chez l'homme. Elle est insérée au-dessus des bourses et en avant de la symphyse pubienne.

■ FORME ET DIRECTION. Sa forme et sa direction diffèrent suivant qu'elle est à l'état de flaccidité ou à l'état d'érection.

À l'état de flaccidité, le pénis a la forme d'un cylindre aplati d'avant en arrière et pend en avant des bourses.

À l'état d'érection, le pénis augmente de volume, devient rigide et se relève au-devant de l'abdomen. Il prend alors la forme d'un prisme triangulaire dont les bords sont arrondis. Des trois bords, ❑ deux sont latéraux et répondent aux corps caverneux ; ❑ le troisième, antérieur, a une forme hémi-cylindrique déterminée par le corps spongieux et l'urètre qui sont au-dessous.

Le pénis se termine en avant par un renflement conoïde, le gland (fig. 366). La surface du gland est lisse ; elle est rosée ou rouge foncé, suivant que le pénis est à l'état de flaccidité ou d'érection.

Le *gland du pénis* est percé à son extrémité antérieure ou sommet par le méat urinaire. ❑ Sa base saillante, appelée *couronne*, est taillée obliquement aux dépens de la face inférieure du gland : elle est en relief sur le *corps du pénis*, dont elle est séparée par le *col du gland*. Ce col se prolonge sur la face inférieure du gland jusqu'au méat urinaire, sous la forme de deux gouttières séparées l'une de l'autre, sur la ligne médiane, par un repli cutané, appelé *frein du prépuce*.

Autour du sillon balano-préputial, les téguments du pénis forment un repli annulaire, le *prépuce du pénis*.

Le *prépuce* peut ne pas dépasser la couronne du gland ; mais il peut aussi recouvrir celui-ci et lui former un manchon plus ou moins complet. Quelles que soient ses dimensions, le prépuce est toujours uni à la face inférieure du gland par le frein du prépuce.

Quand le prépuce s'étend jusqu'à l'extrémité antérieure du gland, son orifice antérieur est ordinairement assez large pour qu'il soit facilement ramené en arrière de la couronne ; il est parfois étroit et dans ce cas le gland ne peut sortir de sa gaine, ce qui constitue le *phimosis*.

L'extrémité postérieure du pénis est appelée *racine*. Elle se confond avec la région pubienne ; mais les organes qui la composent se prolongent en arrière de cette région et s'étendent dans le périnée.

Par son extrémité postérieure, le pénis est solidement fixée : 1° à la symphyse pubienne et au pubis par le ligament suspenseur du pénis ; 2° aux branches ischio-pubiennes par les corps caverneux (voir plus loin).

■ **DIMENSIONS.** Les dimensions de la verge sont sujettes à de nombreuses variations individuelles. La verge mesure en moyenne, à l'état de flaccidité, 10 cm de long et 9 cm de circonférence ; à l'état d'érection, 15 cm de long et 12 cm de circonférence.

■ **CONSTITUTION.** La verge est constituée : 1° par des organes érectiles qui sont les corps caverneux, le corps spongieux et le gland ; 2° par des enveloppes.

1. Organes érectiles

a) CORPS CAVERNEUX. Les corps caverneux sont au nombre de deux et s'étendent des branches ischio-pubiennes jusqu'au gland. Leur longueur moyenne est de 15 cm quand la verge est molle ; elle atteint 20 cm quand la verge est en érection.

Chaque corps caverneux a la forme d'un cylindre aplati transversalement et qui se rétrécit à ses deux extrémités, antérieure et postérieure.

Chaque corps caverneux commence en arrière par une extrémité conique, appelée *pilier*. Celle-ci est légèrement aplatie transversalement, comme tout le reste du corps caverneux. Le sommet postérieur de cette extrémité est arrondi. Sa face externe est solidement fixée à l'interstice du bord inférieur des branches ischio-pubiennes, le long des deux tiers antérieurs de ce bord, sauf, cependant, au voisinage de la symphyse. Les faces inférieure et médiale sont recouvertes par le muscle ischio-caverneux.

Les extrémités postérieures des corps caverneux montent en convergeant le long des branches ischio-pubiennes, et les deux organes se réunissent par leur face médiale au-dessous de l'arcade pubienne. Ils parcourent ensuite le corps de la verge dans toute sa longueur.

En raison de leur forme à peu près cylindrique, les corps caverneux, fusionnés sur la ligne médiane, sont disposés comme les canons d'un fusil à deux coups. Ils limitent entre eux sur les faces supérieure et inférieure de la verge deux gouttières longitudinales et médianes (fig. 369). ❑ Dans le sillon supérieur passent la veine dorsale profonde, les artères dorsales et les nerfs dorsaux du pénis. ❑ Le sillon urétral inférieur, beaucoup plus large et beaucoup plus profond que le premier, est occupé par le corps spongieux et par l'urètre.

À leur extrémité antérieure, les corps caverneux, toujours unis sur la ligne médiane, s'enfoncent dans la base du gland et s'effilent brusquement en s'aplatissant de haut en bas. Ensuite leur cloison médiane se continue dans le gland par une lame sus-urétrale (balanique) fibreuse horizontale, dont la face inférieure, creusée en gouttière, reçoit le canal de l'urètre.

b) CORPS SPONGIEUX. Le corps spongieux est un organe érectile qui engaine l'urètre antérieur dans toute sa longueur. Il mesure en moyenne 13 cm de long quand la verge est molle et 18 cm quand elle est en érection. Cet organe s'enfonce en haut dans la gouttière longitudinale inférieure que forment en s'adossant les corps caverneux (fig. 368). Sa paroi inférieure répond aux enveloppes de la verge. Elle les soulève quand le pénis est en érection et détermine la saillie hémicylindrique qui marque le bord inférieur de l'organe.

L'épaisseur du corps spongieux n'est pas uniforme ; elle est toujours un peu plus grande sur la paroi inférieure que sur la paroi supérieure de l'urètre.

Son extrémité antérieure forme autour de la portion balanique de l'urètre une très mince gaine qui disparaît dans la partie antérieure du gland. Cette gaine est elle-même entourée d'une enveloppe fibreuse constituée : 1° en haut, par la lame fibreuse sus-urétrale qui prolonge dans le gland, jusqu'au méat, la cloison médiane des corps caverneux ; 2° sur les faces latérales et inférieure, par deux prolongements latéraux de cette lame sus-urétrale, qui descendent de chaque côté de l'urètre et se réunissent sur sa paroi inférieure en une *lame sous-urétrale (balanique)*.

En pénétrant dans le gland, mais avant de s'engager à l'intérieur de la gaine fibreuse péri-urétrale, la partie inférieure de la gaine spongieuse se continue de chaque côté avec le tissu érectile du gland.

L'extrémité postérieure du corps spongieux est renflée et porte le nom de *bulbe du pénis*.

Le *bulbe du pénis* est un renflement piriforme formé par l'épaississement de la partie inférieure du corps spongieux. Il se termine en arrière par une extrémité arrondie. Mais, lorsque le corps spongieux est injecté, un sillon médian divise le renflement bulbaire en deux saillies latérales hémisphériques. Au sillon médian de la surface bulbaire répond dans l'épaisseur de l'organe une cloison médiane complète en arrière, mais qui disparaît peu à peu en avant (Kobelt).

Le bulbe est recouvert en bas par le muscle bulbo-spongieux et le fascia superficiel du périnée. Sa face supérieure ou profonde est séparée de la face postérieure

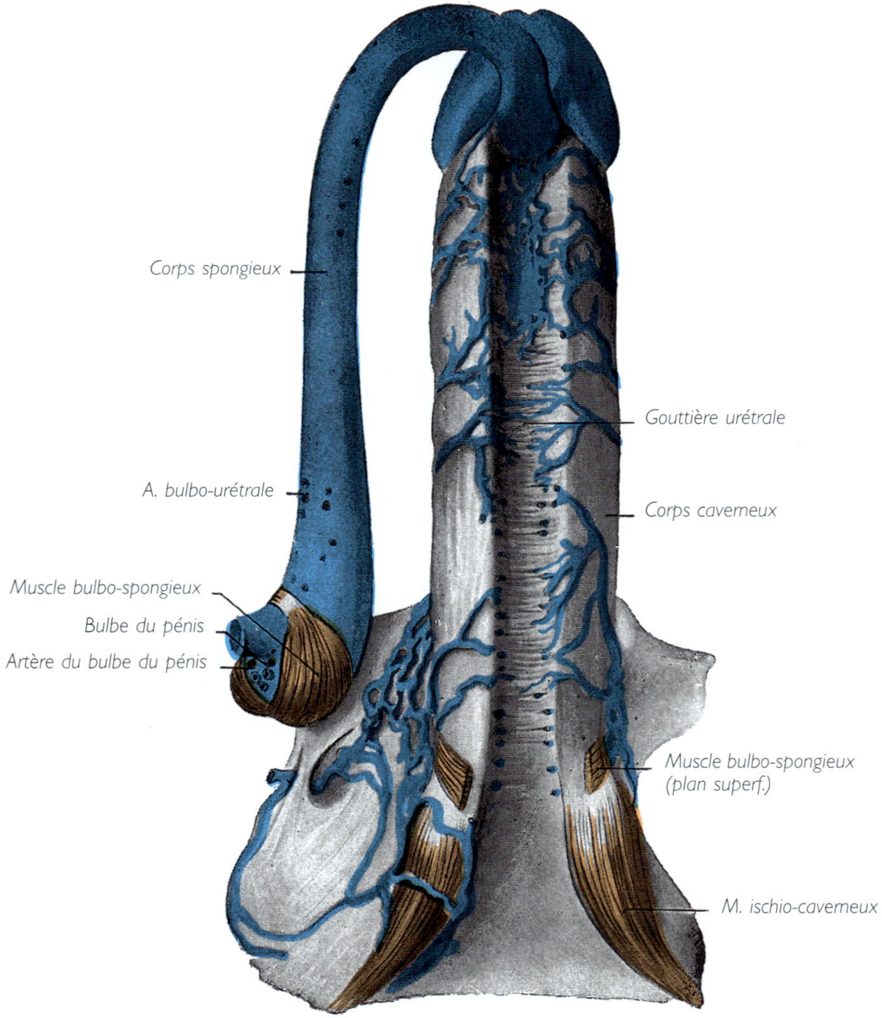

Fig. 368 ▪ Organes érectiles du pénis (d'après Kobelt).

de l'urètre membraneux par les muscles sphincter et transverse profond ; elle est également en rapport avec les glandes bulbo-urétrales dont les canaux excréteurs vont à l'urètre à travers le bulbe. Son extrémité postérieure répond au centre tendineux du périnée (fig. 350).

c) GLAND DU PÉNIS. La configuration du gland a été précédemment décrite.

Le gland est constitué : ❑ 1° par une partie péri-urétrale, comprenant les gaines spongieuse et fibreuse que nous avons décrites avec le corps spongieux ; ❑ 2° par une couche périphérique de tissu érectile. Cette couche de tissu érectile fait défaut le long de la lame fibreuse sous-urétrale.

d) STRUCTURE DES ORGANES ÉRECTILES. Les corps caverneux et le corps spongieux sont formés d'une enveloppe et de tissu érectile.

L'enveloppe, blanchâtre, très résistante et très élastique, est appelée *albuginée*. L'albuginée est plus épaisse sur les corps caverneux que sur les corps spongieux. Elle constitue entre les corps caverneux, quand ceux-ci sont unis sur la ligne médiane, une cloison unique, mince, percée de nombreuses fentes dirigées verticalement, qui mettent en communication les cavités aréolaires des deux corps caverneux.

Le tissu érectile se compose de nombreuses travées qui se détachent de la face profonde de l'albuginée. Ces travées s'anastomosent entre elles et limitent les aréoles qui communiquent les unes avec les autres. Les aréoles sont remplies de sang, car elles représentent des capillaires dilatés.

2. Enveloppes de la verge. Les organes érectiles sont entourés par quatre tuniques qui sont, de la superficie à la profondeur : la peau, le dartos pénien, une couche celluleuse et une enveloppe fibro-élastique (fig. 369).

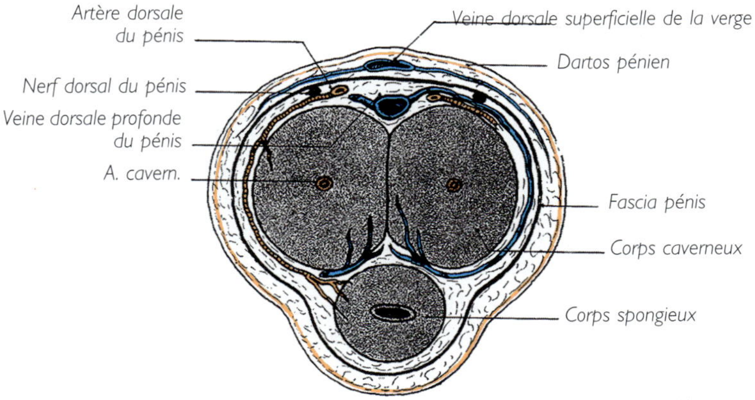

Fig. 369 ▪ Coupe vertico-transversale du pénis. Le fascia pénis est représenté, sur cette coupe, séparé des organes érectiles par des ramifications artérielles ou veineuses (schéma d'après Paul Delbet, modifié).

a) PEAU. La peau est fine, pigmentée, très mobile. Sur sa face inférieure court un raphé médian, en continuité avec celui des bourses.

b) DARTOS PÉNIEN. Le dartos pénien ou *fascia superficiel du pénis* (Sappey) est une couche de fibres musculaires lisses qui double la face profonde de la peau. Il se continue en arrière avec le dartos des bourses. La plupart de ses fibres sont circulaires ; d'autres, moins nombreuses, sont longitudinales.

c) COUCHE CELLULEUSE. Au-dessous de la peau et de son muscle peaucier se trouve une couche de tissu conjonctif lamelleux lâche, grâce à laquelle la peau est très mobile sur les plans sous-jacents. Cette enveloppe contient les ramifications vasculaires et nerveuses superficielles du pénis.

d) ENVELOPPE FIBRO-ÉLASTIQUE. Cette enveloppe, appelée *fascia profond du pénis*, engaine directement les corps caverneux et le corps spongieux. Elle adhère à ces organes partout où elle est en contact avec eux.

L'enveloppe fibro-élastique recouvre également les vaisseaux profonds du pénis et les nerfs dorsaux, ainsi que les ramifications de ces vaisseaux et de ces nerfs qui courent à la surface des organes érectiles.

Cette gaine fibreuse se termine en avant en se confondant avec l'albuginée des corps caverneux et du corps spongieux. Elle se continue : en arrière, avec le fascia superficiel du périnée et avec le ligament suspenseur du pénis ; en bas, avec la tunique fibreuse superficielle des bourses (voir fig. 366).

3. Prépuce du pénis. Tandis que la tunique fibro-élastique s'arrête sur les corps érectiles à la base du gland, la peau se porte plus avant à la surface du gland ; elle se replie ensuite en dedans, sur la face interne du prépuce, où elle prend un aspect muqueux, et se continue en arrière avec le revêtement du sillon balano-préputial.

Le dartos pénien double le repli cutané dans toute son étendue, et la couche celluleuse s'insinue entre les deux couches dartoïques de ce repli jusqu'à son extrémité antérieure.

Ce repli cutané constitue le *prépuce*.

4. Ligament suspenseur du pénis. Le ligament suspenseur du pénis attache cet organe à la paroi abdominale, à la symphyse pubienne et au pubis. Il se compose de trois lames principales, une médiane et deux latérales (fig. 366).

La *lame médiane*, formée surtout de fibres élastiques, s'insère en haut sur la partie inférieure de la ligne blanche et sur la symphyse du pubis. Les fibres descendent verticalement et forment une membrane triangulaire dont le bord antérieur, libre, est vertical. Le bord inférieur de cette membrane se divise en deux feuillets, l'un, droit, l'autre, gauche, qui s'écartent l'un de l'autre et s'attachent aux corps caverneux, de chaque côté du sillon qui contient la veine dorsale profonde du pénis.

Les *lames latérales* sont des trousseaux fibreux épais et courts, solidement fixés en haut au pubis, de part et d'autre de la partie inférieure de la symphyse.

Une partie des fibres des lames latérales s'attache en bas à la face latérale des corps caverneux. D'autres se confondent avec le fascia pénis, contournent les faces latérales et inférieure de la verge et s'unissent au-dessous d'elle aux fibres du côté opposé ; la verge repose sur ces fibres comme sur une sangle. Enfin, quelques fibres, les plus externes, après avoir contourné la moitié correspondante de la verge, se prolongent dans la cloison des bourses.

Les lames latérales sont traversées de chaque côté par l'artère dorsale du pénis et le nerf dorsal du pénis. Chacun d'eux s'ouvre un passage particulier.

VAISSEAUX ET NERFS

a) ARTÈRES. Les artères se distinguent en superficielles et profondes (fig. 369).

Les *artères superficielles* sont destinées aux enveloppes. Elles proviennent des artères pudendales et périnéale superficielle qui cheminent dans la couche celluleuse. Quelques fines ramifications se détachent des artères dorsales du pénis.

Les *artères profondes* sont destinées aux organes érectiles et à l'urètre spongieux. Elles proviennent toutes de l'artère pudendale interne. Ce sont : les artères caverneuses pour les corps caverneux ; les artères du bulbe du pénis et urétrales pour le bulbe, l'urètre et le corps spongieux ; enfin, les artères dorsales du pénis qui donnent des rameaux à la fois aux corps caverneux, au corps spongieux et au gland.

Les *artères caverneuses* pénètrent dans les corps caverneux par leur face supéro-interne. Chacune d'elles, très flexueuse, se dirige en avant, dans l'épaisseur de l'organe, jusqu'au gland, en suivant l'axe du corps caverneux ; cette *artère centrale* donne en cours de route de nombreux rameaux appelés *artères hélicines* parce qu'ils sont contournés en spirale.

Peu après avoir traversé l'albuginée du corps caverneux, chaque artère caverneuse fournit un rameau récurrent pour la racine de l'organe.

Les *artères du bulbe du pénis* abordent le bulbe par sa face supérieure, un peu en arrière de l'urètre (fig. 368). Elles se divisent aussitôt en de nombreuses ramifications qui se répandent dans le bulbe.

Les *artères bulbo-urétrales* s'enfoncent dans la paroi supérieure du corps spongieux, l'une à droite, l'autre à gauche de la ligne médiane, près de l'angle d'union des corps caverneux, et parcourent d'arrière en avant, en se ramifiant, toute la longueur du corps spongieux jusqu'au gland.

Les *artères dorsales du pénis* donnent des rameaux aux corps caverneux et quelques ramifications latérales qui vont au corps spongieux en contournant la face externe des corps caverneux.

Enfin, le gland reçoit de nombreuses branches des deux artères dorsales anastomosées en couronne autour de la base du gland.

b) VEINES. Les *veines superficielles* se jettent dans la veine dorsale superficielle.

La *veine dorsale superficielle* court d'avant en arrière sur la face dorsale de la verge, dans la couche celluleuse sous-cutanée (fig. 369). Elle arrive ainsi en avant de la symphyse, où elle se porte en dehors, le plus souvent à gauche, et se jette dans la veine grande saphène.

Les *veines profondes* se rendent dans un gros tronc collecteur, la veine dorsale profonde du pénis.

La *veine dorsale profonde du pénis* provient de la réunion de deux plexus placés l'un à droite, l'autre à gauche, le long du sillon balano-préputial, et formés par la réunion des veines du gland. Elle chemine ensuite, médiane, sur la face dorsale de la verge, au-dessous du fascia pénis, entre les deux artères dorsales (fig. 370). Elle passe à travers la lamelle sous-pubienne du faisceau périnéal moyen et se termine dans le plexus veineux prostatique.

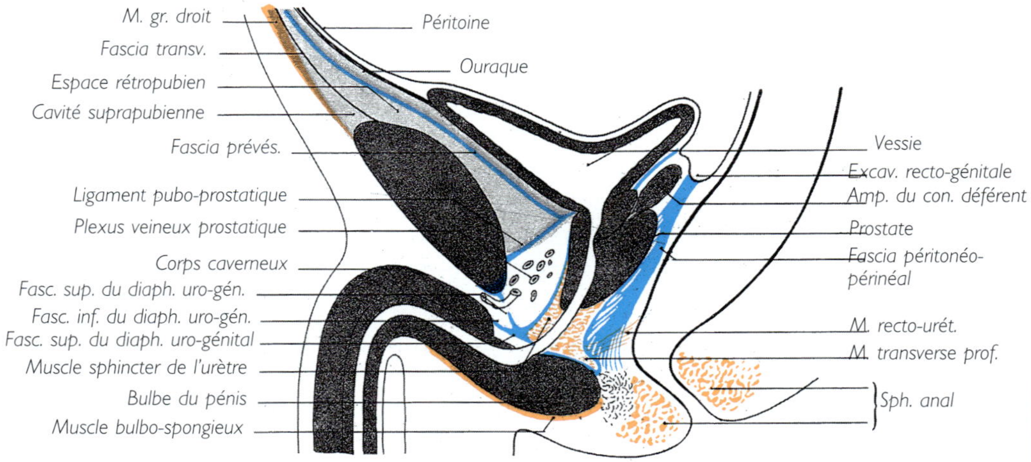

Fig. 370 ▪ Coupe médiane et antéro-postérieure du bassin chez l'homme. Vessie vide (schématique).

Tout le long de son trajet, la veine dorsale profonde reçoit : ❏ 1° de nombreuses branches latérales qui contournent en dehors les corps caverneux et ramènent du sang veineux de ces organes et du corps spongieux ; ❏ 2° des branches supérieures qui émergent des corps caverneux le long du sillon longitudinal supérieur et se jettent aussitôt dans la veine dorsale profonde.

c) LYMPHATIQUES. Les vaisseaux lymphatiques superficiels ou des téguments de la verge se jettent dans des troncs collecteurs qui accompagnent la veine dorsale superficielle et se terminent dans des nœuds inguinaux du groupe supéro-interne.

Les vaisseaux lymphatiques du gland, de l'urètre pénien, du corps spongieux et des corps caverneux se rendent à des collecteurs qui cheminent le long de la veine dorsale profonde du pénis. Les uns aboutissent aux nœuds inguinaux superficiels et profonds. D'autres traversent le canal fémoral ou le canal inguinal et se jettent dans les nœuds lymphatiques iliaques externes rétro-fémoraux (G. Marchant, Bruhns, Cunéo et Marcille, Pou de Santiago).

d) NERFS. Les nerfs proviennent, de chaque côté, de la branche génitale du nerf génito-fémoral, du nerf dorsal du pénis et du rameau périnéal superficiel. L'innervation organo-végétative est donnée par les nerfs caverneux qui viennent du plexus hypogastrique.

PROSTATE

La prostate est une masse glandulaire qui entoure chez l'homme la partie initiale de l'urètre.

■ **SITUATION.** Elle est située au-dessous de la vessie, au-dessus du plancher périnéal, en avant du rectum et en arrière de la symphyse pubienne autour du carrefour formé par l'urètre et les voies spermatiques.

■ **FORME, COULEUR ET CONSISTANCE.** La forme de la prostate est comparable à celle d'une châtaigne ou d'un cône un peu aplati d'avant en arrière, et orienté de telle manière que la base est en haut, vers la vessie, et le sommet en bas et en avant, vers le bulbe (fig. 344 et 370).

Sa coloration est blanchâtre et sa consistance assez ferme.

■ **DIMENSIONS.** Jusqu'à la puberté, la prostate est peu développée. Mais, à cette époque, elle s'accroît brusquement. Chez l'adulte, sa hauteur varie entre 25 et 30 mm. Ses diamètres antéro-postérieur et transversal, pris à la base, atteignent respectivement 25 et 40 mm.

■ **CONFIGURATION EXTÉRIEURE ET RAPPORTS.** On distingue à la prostate une face antérieure, une face postérieure, deux faces latérales, une base et un sommet (fig. 370 et 371).

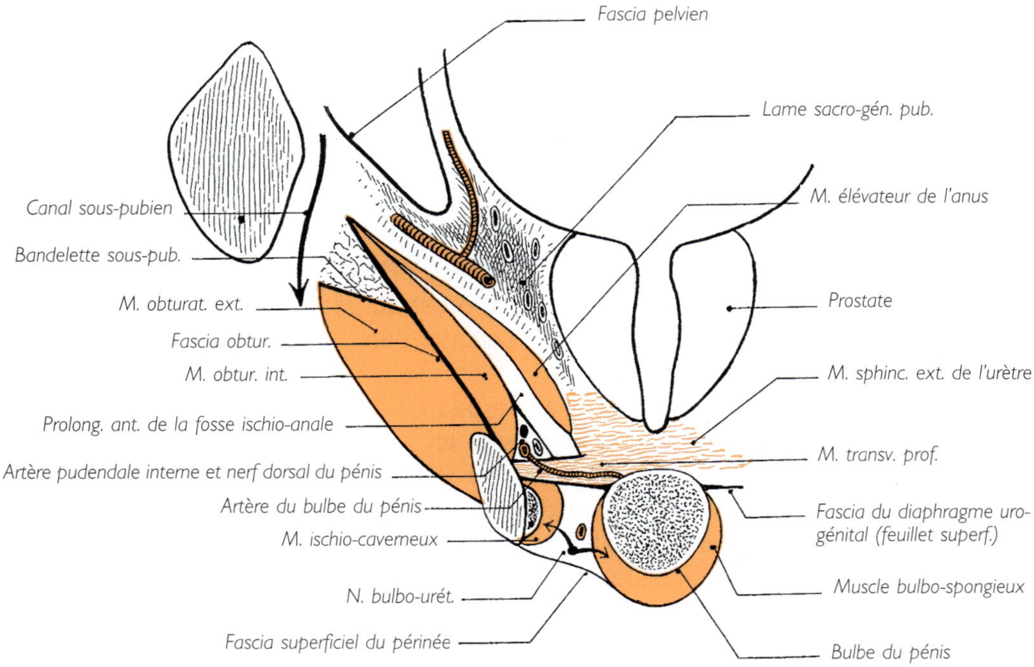

Fig. 371 ■ Coupe vertico-transversale du périnée antérieur chez l'homme (schématique).

1. Face antérieure. La face antérieure, à peu près plane ou légèrement convexe, regarde en avant et un peu en haut (fig. 370). Elle est directement recouverte par les fibres les plus élevées du muscle sphincter de l'urètre, sauf, cependant, en haut, au voisinage immédiat de la vessie. Le muscle sphincter de l'urètre recouvre entièrement la face antérieure seule de la prostate parce que, en raison du grand développement de cette glande, ce muscle, primitivement annulaire, s'est d'abord déchiré en arrière et s'est ensuite étalé sur la face antérieure de la prostate. Le bec de la prostate reste cependant entouré par le muscle. ❑ En avant de ce muscle et de la prostate monte l'expansion préprostatique du fascia supérieur du diaphragme uro-génital. Plus en avant encore se trouve la partie antérieure du plexus veineux prostatique qui sépare la prostate et la lame préprostatique des ligaments pubo-prostatiques, de la symphyse pubienne et des pubis (fig. 370 et 372).

2. Face postérieure. La face postérieure, convexe, est fortement inclinée en bas et en avant. Sa partie médiane est déprimée en forme de gouttière verticale, dont l'extrémité supérieure échancre fortement le bord supérieur de cette face. La présence de cette gouttière et de cette échancrure a permis de distinguer à la prostate deux lobes latéraux.

La face postérieure de la prostate est en rapport avec la paroi antérieure du rectum pelvien dont la sépare le fascia péritonéo-périnéal (fig. 370 et 372).

3. Faces latérales. Les faces latérales sont fortement convexes à la fois d'avant en arrière et de haut en bas. Elles sont très inclinées en bas et en dedans (fig. 371 et 372).

Chaque face latérale est recouverte par une lame composée de tissu cellulo-fibreux et musculaire lisse comprenant dans son épaisseur les veines de la partie latérale du plexus prostatique. Cette lame conjonctivo-vasculaire, appelée *fascia prostatique*, descend jusqu'au fascia du diaphragme uro-génital. Elle sépare la prostate du muscle élévateur de l'anus et du fascia pelvien.

Les fascias prostatiques sont unis en avant aux pubis, en dedans des insertions du muscle élévateur de l'anus. Ils se prolongent en haut sur les flancs de la base de la vessie, en arrière sur les côtés du rectum jusqu'au sacrum, car elles font partie des cloisons para-sagittales pubo-sacrales (voir : *Espace pelvi-rectal supérieur*).

4. Base. La base ou face supérieure de la prostate est divisée par un bourrelet saillant, transversal, en deux parties ou versants, l'un, antérieur ou vésical, l'autre, postérieur ou séminal (fig. 370).

Le *versant antérieur* regarde en haut et un peu en avant ; il répond à la vessie. Ce segment de la base de la prostate est occupé en avant par l'orifice supérieur de la portion prostatique de l'urètre, qu'entoure le sphincter lisse. Autour du sphincter, la prostate est unie à la vessie par un tissu cellulo-fibreux assez dense.

Le *versant postérieur* regarde en haut et en arrière. Il est divisé en deux parties par une entaille profonde, transversale, dans laquelle s'enfoncent les confluents des vésicules séminales et des conduits déférents, auxquels font suite les conduits éjaculateurs.

Cette dépression est comprise entre deux saillies transversales, l'une, antérieure, l'autre, postérieure. La saillie antérieure sépare l'un de l'autre les versants antérieur et postérieur de la base de la prostate et répond au bourrelet interurétéral de la

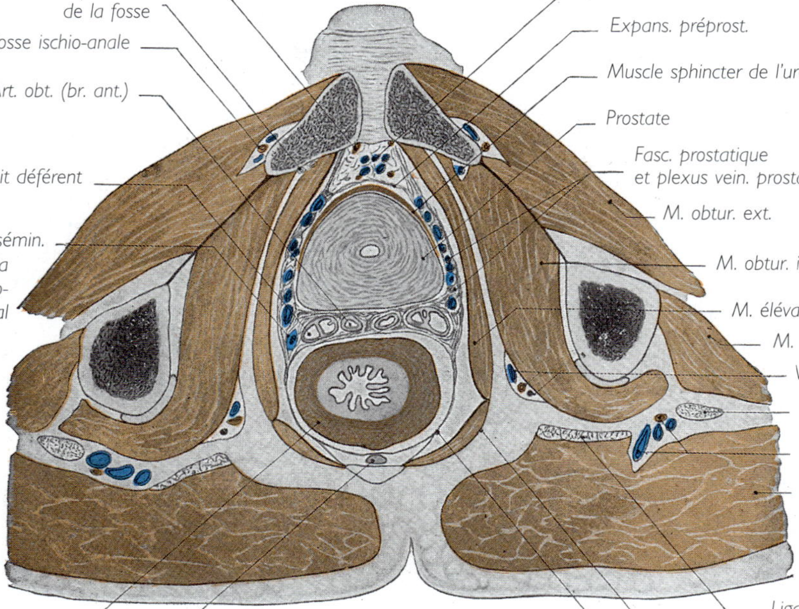

Fig. 372 ▪ Coupe un peu oblique en avant et en bas, presque horizontale, du petit bassin, montrant : 1° la constitution du diaphragme pelvien principal, de la loge prostatique, de la gaine du rectum ; 2° la disposition générale de la fosse ischio-anale. — La fosse ischio-anale, comprise entre le diaphragme pelvien principal et le muscle obturateur interne, et qui se prolonge en arrière entre le diaphragme pelvien et le muscle grand fessier, n'est pas, sur cette figure, désignée par un filet.

vessie ; elle est appelée *lobe moyen de la prostate, commissure préspermatique* ou *préséminale.* ❑ La saillie postérieure échancrée à sa partie moyenne est la *commissure rétrospermatique* ou *rétro-séminale.*

5. Sommet. Le sommet ou bec de la prostate est allongé transversalement et arrondi d'avant en arrière. Il est situé au-dessus du plan moyen du périnée, en avant du fascia péritonéo-périnéal et du rectum, à 3 ou 4 cm environ au-dessus de l'orifice anal.

Le coude formé par le rectum et le canal anal est placé un peu au-dessous et en arrière du bec de la prostate.

C'est enfin par le sommet de la prostate ou près de lui, soit un peu en avant, soit un peu en arrière de lui, que l'urètre se dégage de la prostate.

■ **LOGE DE LA PROSTATE.** L'étude des rapports de la prostate montre que cet organe est contenu dans une loge dont les parois cellulo-fibreuses sont constituées (fig. 370, 371 et 372) : en avant, par la lame préprostatique qui se détache du feuillet supérieur du fascia du diaphragme uro-génital ; en arrière, par le fascia péritonéo-périnéal ;

sur les côtés, par les fascia prostatiques ; en bas, par le plan moyen du périnée et plus particulièrement par le feuillet supérieur du fascia du diaphragme uro-génital ; en haut, par la vessie et par le tissu conjonctif fibreux qui unit cet organe à la base de la prostate. Ces parois cellulo-fibreuses sont particulièrement épaisses : sur les côtés, où elles contiennent de nombreuses veines appartenant aux plexus périprostatiques, et en avant, où deux veines prévésicales descendent dans la lame préprostatique vers les veines pudendales internes (G. Cordier, A. Dufour et Y. Chatain).

■ **CONSTITUTION DE LA PROSTATE ET RAPPORTS INTÉRIEURS DE LA GLANDE PROSTATIQUE.** La prostate telle que nous l'avons décrite n'est pas seulement constituée par du tissu glandulaire. La glande englobe des organes qui la traversent et s'incorporent à la masse prostatique.

Ces organes sont : la partie prostatique de l'urètre, le sphincter lisse, la partie supérieure périprostatique du muscle sphincter de l'urètre, l'utricule prostatique et les conduits éjaculateurs. Nous avons précédemment décrit ces organes et leurs rapports avec la prostate.

■ **VAISSEAUX ET NERFS.** Les *artères* de la prostate viennent des artères prostatique, vésicale inférieure et rectale moyenne.

Les *veines* se jettent en avant et sur les côtés dans le plexus veineux prostatique, en arrière dans le plexus séminal. Le sang de ces plexus est conduit à la veine iliaque interne par les veines vésicales.

Les *lymphatiques de la prostate* émanés de la prostate forment à la surface de l'organe un réseau périprostatique. De la partie postérieure de ce réseau naissent plusieurs collecteurs qui forment quatre pédicules (fig. 373) : ❑ 1° un *pédicule iliaque externe*, formé d'un collecteur tributaire d'un nœud lymphatique iliaque externe sous-veineux ; ❑ 2° un *pédicule iliaque interne*, satellite de l'artère prostatique ; celui-ci se termine dans un nœud lymphatique iliaque interne ; ❑ 3° un *pédicule postérieur* formé de deux à trois troncs qui se portent en arrière et se jettent dans les nœuds sacraux latéraux et dans ceux du promontoire ; ❑ 4° enfin, un *pédicule inférieur* formé d'un vaisseau qui naît de la partie antérieure du réseau périprostatique et gagne un nœud lymphatique iliaque interne en suivant l'artère pudendale interne (Cunéo et Marcille).

Les *nerfs* proviennent du plexus hypogastrique inférieur.

GLANDES BULBO-URÉTRALES

Les glandes bulbo-urétrales (Cowper) sont deux petites masses glandulaires de la grosseur d'un noyau de cerise, situées l'une à droite, l'autre à gauche, au-dessus des extrémités latérales saillantes du bulbe du pénis (fig. 357).

Elles sont comprises soit dans l'épaisseur du muscle transverse profond, soit dans la partie postérieure et inférieure du muscle sphincter de l'urètre.

Le tissu qui est au contact même de la glande est lamelleux et lâche, ce qui permet d'isoler aisément le corps glandulaire.

De chaque glande bulbo-urétrale part un canal excréteur qui se porte obliquement en avant et en dedans, vers celui du côté opposé ; ensuite, les deux canaux

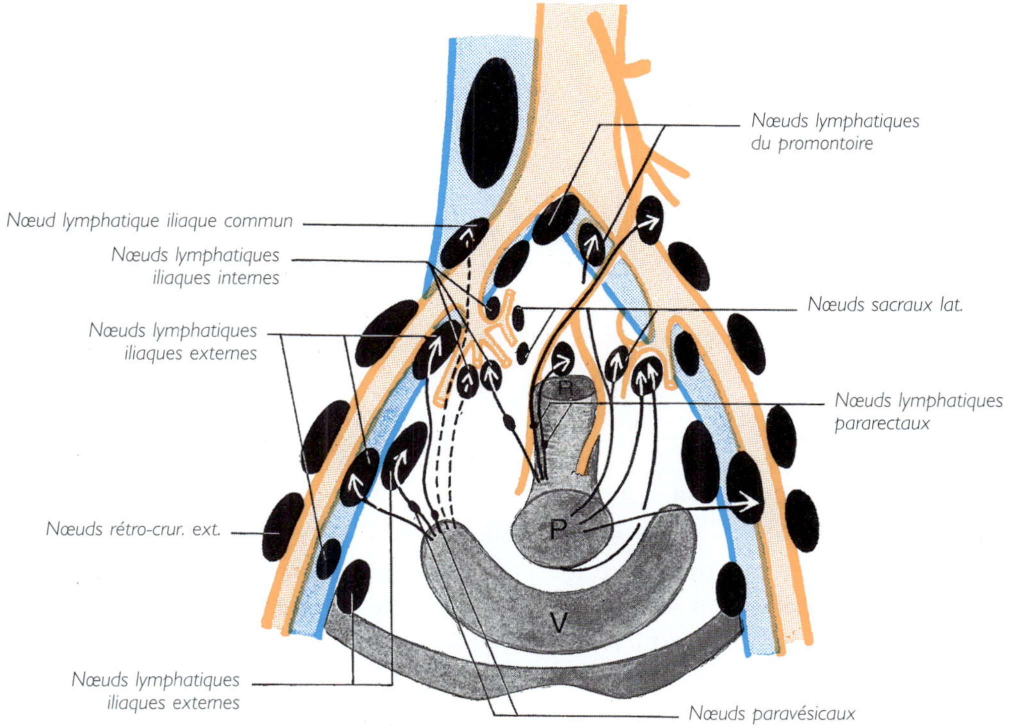

Fig. 373 ▪ Schéma montrant la disposition générale des lymphatiques des organes intrapelviens chez l'homme et leurs connexions de nœuds lymphatiques.

cheminent parallèlement, d'abord à travers le bulbe du pénis, puis dans l'épaisseur de la paroi urétrale. Ces conduits, longs de 3 à 4 cm en moyenne, s'ouvrent dans l'urètre sur la paroi inférieure du canal, à la partie antérieure du cul-de sac du bulbe.

V. ORGANES GÉNITAUX FÉMININS

L'appareil génital de la femme se compose : 1° de deux glandes, les *ovaires,* qui produisent les ovules ; 2° des *trompes utérines,* qui conduisent les ovules jusqu'à l'utérus ; 3° de l'*utérus,* dans lequel se développe l'œuf fécondé ; 4° du *vagin* et de la *vulve,* qui sont les organes de la copulation.

OVAIRES

Les ovaires sont les organes producteurs des ovules. Ils contiennent également les éléments d'une glande à sécrétion interne.

▪ **SITUATION.** Au nombre de deux, l'un, droit, l'autre, gauche, les ovaires sont placés dans la cavité pelvienne, en arrière des ligaments larges et contre la paroi latérale de l'excavation pelvienne.

■ **FORME ET ASPECT.** Leur forme est celle d'un ovoïde un peu aplati de dehors en dedans, dont le grand axe, chez la nullipare, est à peu près vertical. On peut ainsi distinguer à cet organe : deux faces, l'une, latérale, l'autre, médiale ; deux bords, l'un, antérieur, l'autre, postérieur ; deux extrémités, l'une, supérieure, l'autre, inférieure.

L'aspect de l'ovaire change au cours de l'évolution de l'individu. Sa surface est lisse jusqu'à la puberté. Elle devient ensuite de plus en plus irrégulière, car elle se couvre de saillies formées par les ovisacs ou follicules vésiculaires de l'ovaire en voie d'évolution et de cicatrices consécutives à la rupture de ces follicules. Après la ménopause, les ovaires diminuent considérablement de volume, les saillies folliculaires disparaissent, les cicatrices s'atténuent et la surface de l'organe tend à redevenir lisse et régulière.

■ **DIMENSIONS.** Les ovaires mesurent environ 3,5 cm de hauteur, 2 cm de largeur et 1 cm d'épaisseur.

■ **CONSISTANCE ET COULEUR.** La consistance de l'ovaire est ferme. Sa couleur est blanc rosé chez le vivant, blanc grisâtre sur le cadavre.

■ **RAPPORTS.** L'ovaire est presque entièrement libre et nu dans la cavité péritonéale. Seuls son bord antérieur et ses extrémités sont reliés d'une part au ligament large par un court méso, d'autre part à la trompe et à l'utérus par des ligaments recouverts de péritoine. Il s'ensuit que, dans tout le reste de son étendue, l'ovaire entre en rapport avec les organes voisins par l'intermédiaire de la cavité péritonéale.

1. Face latérale. *Chez la nullipare,* avons-nous dit, l'ovaire est allongé verticalement et appliqué sur le péritoine de la paroi latérale de la cavité pelvienne. Cette paroi présente dans la région occupée par l'ovaire une dépression, la *fosse ovarique,* dans laquelle s'enfonce la face externe, convexe, de l'organe.

L'existence de la fosse ovarique, dont l'étendue et la profondeur sont très variables, est due aux reliefs que forment autour d'elle : le ligament large en bas et en avant, les vaisseaux iliaques externes en haut, les vaisseaux iliaques internes et l'uretère en arrière. Ce sont, en effet, ces organes qui soulèvent le péritoine pariétal et limitent la fosse ovarique (fig. 380 et 384).

Dans cette dépression, l'ovaire entre en rapport avec les organes qui traversent, sous le péritoine, le fond de la fosse : l'artère ombilicale, le nerf et les vaisseaux obturateurs. De plus, l'extrémité inférieure de la fosse est croisée par l'artère utérine, quand celle-ci se sépare de la paroi pour s'engager au-dessous du ligament large.

Chez la multipare, l'ovaire s'est abaissé. Son grand axe n'est plus vertical, mais très oblique en bas et en dedans. Sa face latérale devenue inféro-latérale n'est plus en contact avec la fosse ovarique, mais repose dans une autre dépression de la paroi pelvienne, située en arrière et au-dessous de la précédente et généralement décrite sous le nom de *sous-ovarienne (Claudius)* (fig. 380).

La fossette sous-ovarienne est limitée en avant par le repli du péritoine que soulève l'uretère, en arrière par la paroi postérieure du bassin, en bas et en dedans par le repli utéro-sacral.

2. Face médiale. La face médiale, convexe, est recouverte par le pavillon de la trompe qui se replie sur l'ovaire ; elle est aussi recouverte par le mésosalpinx que la trompe entraîne avec elle et rabat sur l'ovaire (fig. 374) (voir : *Trompe utérine*).

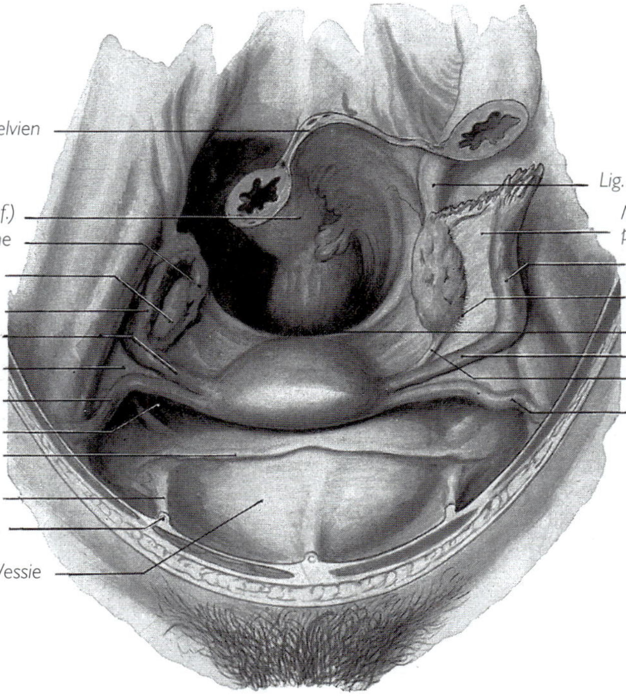

Fig. 374 ▪ La cavité pelvienne et le péritoine pelvien chez la femme. La trompe gauche a été réclinée en avant et en haut, afin de mettre à découvert toute la face interne de l'ovaire et la face postérieure, étalée, du mésosalpinx.

3. Bord antérieur. Le bord antérieur est à peu près rectiligne. Il donne attache à un méso péritonéal très court, le *mésovarium*, qui unit l'ovaire au ligament large (fig. 386).

Le mésovarium s'étend d'une extrémité à l'autre de l'ovaire. Il s'attache à cet organe suivant une ligne sinueuse, appelée *ligne mésovarique*, le long de laquelle le péritoine s'arrête brusquement et fait place à l'*épithélium ovarien* qui recouvre le reste de l'organe.

Le mésovarium circonscrit, sur toute la longueur du bord antérieur de l'organe, un étroit espace appelé *hile de l'ovaire*, par lequel les vaisseaux et nerfs s'enfoncent dans le parenchyme ovarien. Il renferme également à ses extrémités les fibres

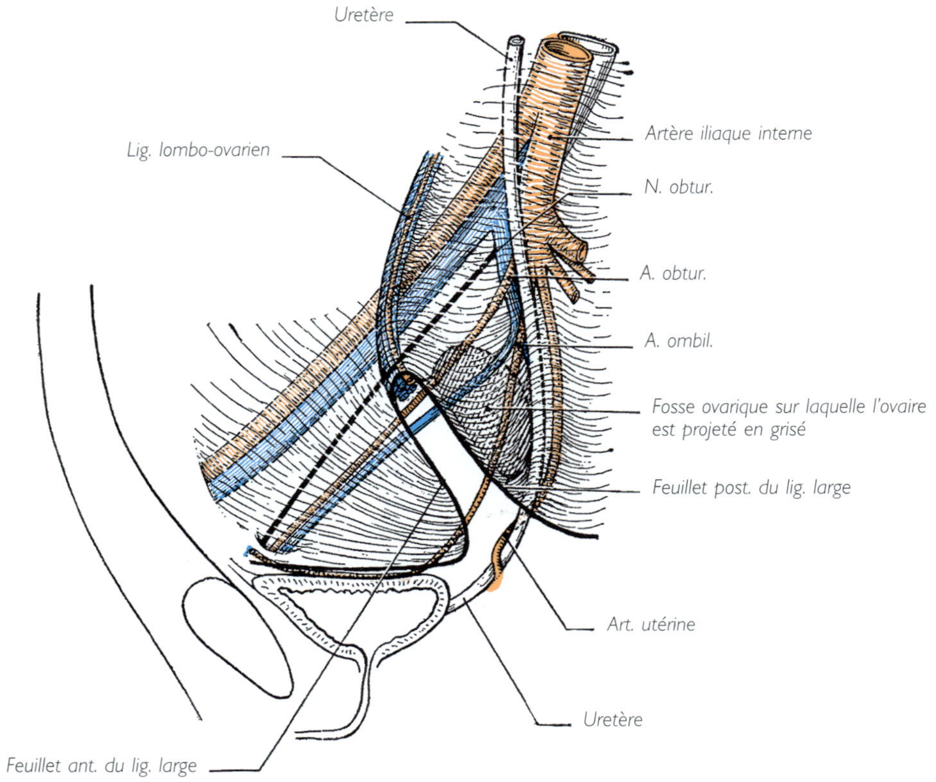

Fig. 375 ▪ Cette figure schématique montre la fosse ovarique et ses rapports avec l'ovaire. — Le ligament large est sectionné le long de la ligne de réflexion de ces feuillets sur la paroi pelvienne. — L'ovaire est représenté en projection sur la fosse ovarique.

conjonctives et musculaires lisses du ligament lombo-ovarien, de la frange ovarique et du ligament propre de l'ovaire, qui s'attachent aux extrémités de la glande.

Le long et en avant du bord antérieur de l'ovaire, monte l'ampoule tubaire (fig. 374).

4. Bord postérieur. Le bord postérieur est libre, convexe et plus épais que le bord antérieur. Il répond chez la nullipare à la limite postérieure de la fosse ovarique, c'est-à-dire aux vaisseaux iliaques internes et à l'uretère. Chez la multipare, il entre en contact avec la paroi postérieure de l'excavation.

5. Extrémité supérieure. L'extrémité ou pôle supérieur de l'ovaire est arrondie. Chez la nullipare, elle est située un peu au-dessous des vaisseaux iliaques externes ; ainsi elle laisse inoccupée l'extrémité supérieure de la fosse ovarique. Le ligament lombo-ovarien et la frange ovarique se fixent sur elle. La trompe et le mésosalpinx la recouvrent.

6. Extrémité inférieure. L'extrémité inférieure, un peu moins épaisse que la supérieure, donne attache au ligament utéro-ovarien.

MOYENS DE FIXITÉ ET LIGAMENTS DE L'OVAIRE. L'ovaire est maintenu dans sa position par le mésovarium et par le ligament lombo-ovarien, la frange ovarique et le ligament propre de l'ovaire (fig. 374).

Le *mésovarium* est très court et ne permet à l'ovaire que des mouvements de charnière.

Le *ligament lombo-ovarien ou ligament suspenseur de l'ovaire* se compose : 1° de fibres conjonctives et musculaires lisses qui entourent les vaisseaux utéro-ovariens ; 2° d'un repli du péritoine pariétal soulevé par ces vaisseaux et par les éléments conjonctifs et musculaires lisses qui les accompagnent.

Le ligament commence au voisinage de l'origine des vaisseaux utéro-ovariens.

Les fibres conjonctives et musculaires lisses qui le constituent augmentent de nombre de haut en bas et se terminent sur l'extrémité supérieure et le bord antérieur de l'ovaire.

La saillie du repli péritonéal augmente elle aussi de haut en bas. Ce repli croise les vaisseaux iliaques externes et finit à l'extrémité supérieure de l'ovaire.

La *frange ovarique* est un faisceau conjonctif et musculaire lisse, reliant le pôle supérieur de l'ovaire à la surface extérieure de l'infundibulum de la trompe utérine, sur laquelle il s'insère depuis l'extrémité de la *frange ovarique* jusqu'au sommet de l'infundibulum de la trompe utérine.

Ce faisceau est, en effet, longé sur une grande partie de sa longueur par une frange de l'infundibulum de la trompe utérine, la *frange ovarique*, qui repose sur lui et lui adhère (voir : *Trompe*).

Le *ligament propre de l'ovaire* est un cordon de fibres musculaires lisses qui s'étend de l'angle latéral de l'utérus à l'extrémité inférieure de l'ovaire. Cette dénomination s'applique également au repli du péritoine qui recouvre le faisceau musculaire (voir, pour détails : *Utérus*).

De tous ces ligaments, seuls le mésovarium et le ligament lombo-ovarien maintiennent l'ovaire dans sa position normale. La frange ovarique et le ligament propre de l'ovaire relient l'ovaire à des organes qui sont eux-mêmes mobiles. Leur existence a seulement pour effet de maintenir l'ovaire à proximité des organes auxquels ces ligaments l'unissent.

VAISSEAUX ET NERFS. Les artères de l'ovaire proviennent des artères ovarique et utérine (fig. 376 et 386).

L'*artère ovarique* arrive à l'ovaire en suivant le ligament lombo-ovarien. Elle donne en atteignant l'ovaire une branche salpingienne ou tubaire externe qui gagne la trompe ; cette branche fournit en passant quelques rameaux à l'extrémité supérieure de l'ovaire.

L'artère ovarique descend ensuite le long du hile de l'ovaire, où elle détache quelques branches qui s'enfoncent dans l'ovaire. Quand elle arrive à l'extrémité inférieure de cet organe, elle s'anastomose avec l'artère utérine, et de l'anastomose naissent de nouveaux rameaux ovariens.

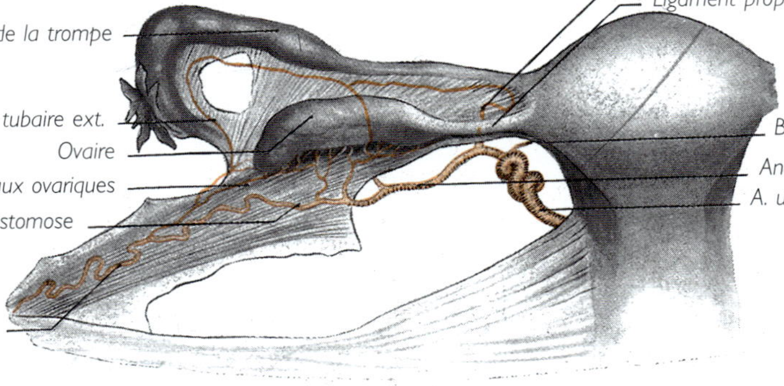

Fig. 376 ▪ Artères de l'ovaire et de la trompe ; vue postérieure (d'après Fredet).

Les *veines de l'ovaire* forment dans le hile et le mésovarium un plexus très développé. Les rameaux qui en partent vont aux veines ovariques et utérine.

Les *lymphatiques de l'ovaire* suivent le trajet des vaisseaux ovariques et se jettent : à droite, dans les nœuds lymphatiques aortiques latéraux au pédicule rénal ; à gauche, dans les nœuds lymphatiques aortiques latéraux et préaortiques au pédicule rénal et voisins de ce pédicule. De plus, un collecteur se rend assez souvent, aussi bien à droite qu'à gauche, à un élément du lymphocentre moyen des nœuds lymphatiques iliaques externes.

Les *nerfs* proviennent du plexus intermésentérique par le plexus ovarien qui accompagne l'artère ovarique.

TROMPES UTÉRINES

Les trompes utérines (Fallope) sont deux conduits qui s'étendent, le long du bord supérieur des ligaments larges, des angles latéraux de l'utérus à la surface de l'ovaire (fig. 374).

▪ **DIMENSIONS.** Leur longueur est de 10 à 14 cm. Leur diamètre extérieur, qui mesure environ 3 mm à l'angle de l'utérus, augmente progressivement de dedans en dehors et atteint à son extrémité externe de 7 à 8 mm.

▪ **DIVISION.** On distingue à chaque trompe quatre parties qui diffèrent les unes des autres par leur situation, leur direction, leur forme et leurs rapports. Ces quatre parties ou segments sont de dedans en dehors : la *partie utérine*, l'*isthme*, l'*ampoule* et l'*infundibulum*.

▪ **FORME ET DIRECTION. — RAPPORTS AVEC L'OVAIRE**

1. Partie utérine. Elle est située dans l'épaisseur de la paroi utérine. Longue de 1 cm environ, son diamètre intérieur atteint 0,5 mm (Daniel).

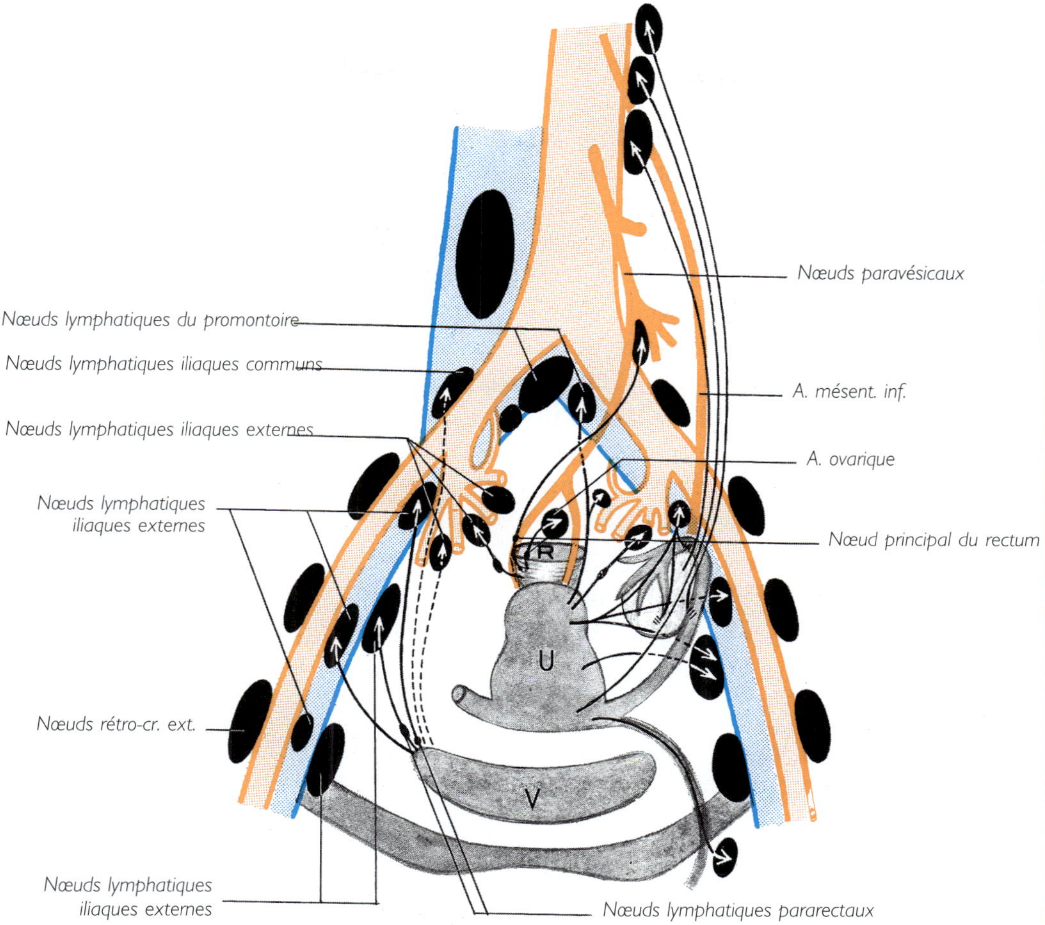

Fig. 377 ▪ Schéma montrant la disposition générale des lymphatiques des organes intrapelviens chez la femme.

Elle commence par un étroit orifice, l'*ostium de l'utérus*, au sommet de l'angle supéro-externe de la cavité utérine, traverse la paroi de l'utérus suivant un trajet oblique en dehors et en haut, le plus souvent linéaire, quelquefois flexueux (Daniel), et se continue au sommet de l'angle de l'utérus avec l'isthme de la trompe.

Une gaine de tissu conjonctif l'isole de la paroi utérine.

2. Isthme. L'isthme fait suite à la partie utérine de la trompe utérine. Il se détache du sommet de l'angle de l'utérus, un peu au-dessus et en arrière du ligament rond, au-dessus et en avant du ligament propre de l'ovaire. De l'utérus, l'isthme de la trompe s'étend jusqu'au pôle inférieur de l'ovaire en ligne droite, à peu près horizontalement, mais un peu obliquement de dedans en dehors et d'avant en arrière.

Ce segment de la trompe est à peu près cylindrique, de consistance ferme. ❑ Il mesure 3 à 4 cm de long et 3 à 4 mm de diamètre.

3. Ampoule. L'ampoule est plus volumineuse et plus longue que l'isthme. Elle atteint, en effet, 7 à 8 cm de longueur et 7 à 8 mm de diamètre.

Elle n'est pas cylindrique comme l'isthme, mais aplatie, car sa consistance est faible et sa paroi médiale s'applique sur sa paroi latérale.

Chez la femme adulte, nullipare, l'ampoule tubaire fait avec l'isthme qu'elle continue un angle droit et monte, légèrement flexueuse, le long du bord antérieur de l'ovaire. Arrivée au pôle supérieur de cet organe, l'ampoule s'infléchit en arrière puis en bas, retombe verticalement sur la face médiale de l'ovaire et se continue peu après avec l'infundibulum de la trompe utérine.

Dans son ensemble, l'ampoule tubaire décrit donc chez la nullipare une anse concave en bas, dont le sommet répond à l'extrémité supérieure de l'ovaire.

Chez la multipare, l'ampoule décrit toujours la même courbe et conserve les mêmes rapports avec l'ovaire. Mais celui-ci s'est abaissé et son grand axe a pris une direction oblique plus ou moins rapprochée de l'horizontale. Par suite, l'ampoule tubaire décrit une courbe dont la concavité regarde d'autant plus en dedans que l'ovaire est incliné sur l'horizontale.

4. Infundibulum. La trompe se termine par un large entonnoir, l'infundibulum, qui s'évase brusquement à l'extrémité de l'ampoule.

La surface *extérieure* ou *périphérique* du pavillon fait suite à la surface extérieure de l'ampoule. Elle est lisse et tapissée par le péritoine. Celui-ci ne s'étend que jusqu'à l'origine des franges (Grynfeltt).

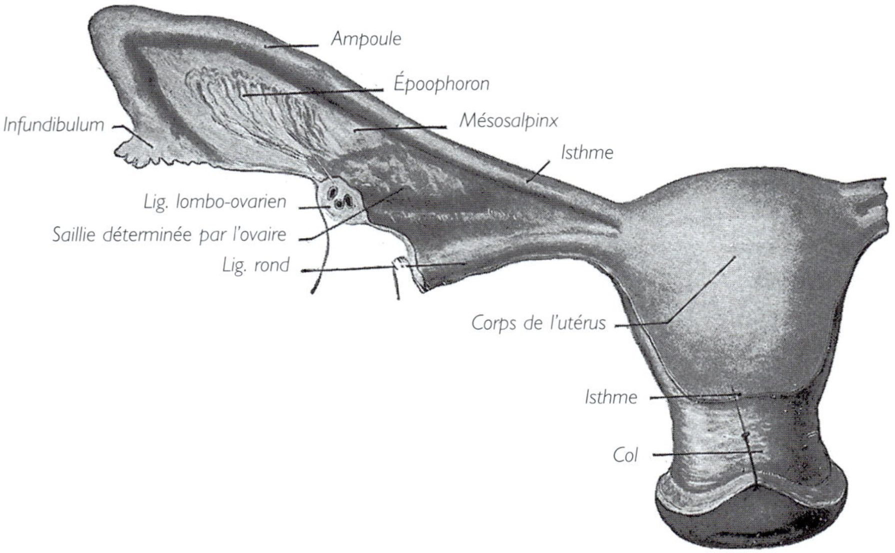

Fig. 378 ▪ Utérus et trompe droite, vue antérieure.
La trompe et le mésosalpinx sont déployés.

La *surface axiale* est irrégulière, plissée, et s'étale sur la face interne de l'ovaire. Elle présente à son centre un orifice de 2 mm de diamètre qui donne accès dans l'ampoule. Par cet orifice, appelé *orifice abdominal*, le canal tubaire communique librement avec la cavité abdominale. Toute la surface axiale du pavillon est, en effet, libre dans la cavité péritonéale, puisque le revêtement péritonéal de la trompe s'arrête sur la surface extérieure du pavillon.

Le *bord libre* ou *circonférence de l'infundibulum de la trompe utérine* est irrégulièrement découpé en petites languettes appelées *franges*. ❑ Les franges sont au nombre de dix à quinze et leur longueur varie en moyenne de 10 à 15 mm. Leurs bords sont dentelés, quelquefois lisses. Leur surface extérieure ou périphérique n'est pas, comme celle du pavillon, tapissée par le péritoine, car les franges ne sont autre chose « qu'une houppe de plis de la muqueuse en *ectropion*, sur le pourtour de l'orifice abdominal » (Grynfelt). Leur surface axiale, appliquée sur l'ovaire, est souvent rendue irrégulière par des franges secondaires qui s'implantent sur elles.

Parmi les franges, il en est une plus longue et plus large que les autres, appelée *frange ovarique (Richard)*, en raison de ses connexions avec l'ovaire. La frange ovarique se dirige vers ce ligament vers le pôle supérieur de l'ovaire. Elle l'atteint parfois ; le plus souvent, elle s'arrête à quelque distance de cet organe.

■ RAPPORTS AVEC LE LIGAMENT LARGE

a) MÉSOSALPINX. À l'exception de la partie interstitielle de la trompe, qui est dans l'épaisseur de la paroi utérine et qui est isolée de cette paroi par une couche de tissu conjonctif, tout le reste de la trompe est contenu dans le ligament large et occupe le bord supérieur de ce ligament. Le péritoine du ligament large lui forme une enveloppe séreuse.

Celle-ci se continue en dedans avec le péritoine utérin. Elle s'arrête en dehors, ceci a déjà été dit, sur la surface extérieure du pavillon, à la limite des franges. Elle est enfin reliée au ligament large par un méso péritonéal, appelé *mésosalpinx* (fig. 374, 378 et 386).

Le mésosalpinx, étroit en dedans, augmente de longueur de dedans en dehors. Il est suffisamment long sur toute l'étendue de l'ampoule pour permettre à celle-ci de se replier sur l'ovaire. Mais la trompe entraîne avec elle son méso, et celui-ci, « rabattu avec la trompe forme un pli aigu qui masque l'ovaire. Ce dernier est encapuchonné et, pour le voir, il faut relever la trompe et redresser le pli du mésosalpinx » (Pierre Delbet).

La trompe est évidemment en rapport avec les organes contenus dans l'épaisseur du mésosalpinx (vaisseaux, époophoron, fig. 386). Nous préciserons tous ces faits en décrivant les ligaments larges.

La trompe est encore en contact par sa surface péritonéale avec le côlon ilio-pelvien, ou avec les anses intestinales qui descendent dans la cavité pelvienne.

■ CONFORMATION INTÉRIEURE. La surface intérieure de la trompe, de couleur rosée sur le vivant, est parcourue dans toute sa longueur par des plis muqueux, allongés parallèlement à la direction du conduit. Ces plis sont à peine visibles dans la partie utérine. Ils s'accusent davantage et deviennent plus nombreux dans l'isthme. Dans l'ampoule et sur l'infundibulum, ils prennent un grand développement ; des plis secondaires se greffent sur les plis principaux, de telle sorte que ceux-ci, vus sur une coupe transversale, ont une disposition arborescente. ❏ Ce sont ces plis muqueux qui, en se prolongeant en dehors du pavillon, constituent les franges.

■ **STRUCTURE.** La trompe se compose de quatre tuniques superposées de dehors en dedans, dans l'ordre suivant : ❏ 1° une *tunique séreuse*, péritonéale ; ❏ 2° une *tunique conjonctive* dans laquelle cheminent les ramifications principales vasculaires et nerveuses ; ❏ 3° une *tunique musculaire*, comprenant une couche externe de fibres longitudinales et une couche interne de fibres circulaires ; ❏ 4° une *muqueuse* ; celle-ci forme les replis qui recouvrent la surface intérieure de la trompe.

■ **VAISSEAUX ET NERFS.** Les *artères de la trompe utérine* proviennent de l'arcade artérielle formée dans le mésosalpinx par l'artère tubaire externe, branche de l'artère ovarique, et par le rameau tubaire de l'artère utérine, anastomosées entre elles (fig. 376 et fig. 386).

Les nombreuses *veines de la trompe utérine* suivent un trajet semblable à celui des artères et se jettent dans les veines ovarique et utérine.

Les *lymphatiques de la trompe utérine* rejoignent les collecteurs de l'ovaire, montent avec eux le long des vaisseaux ovariques et se jettent pour la plupart dans des nœuds lymphatiques aortiques latéraux (fig. 377).

De plus, assez souvent, un collecteur lymphatique de la trompe se rend à un nœud postérieur du lymphocentre moyen des nœuds lymphatiques iliaques externes et un autre aboutit à un nœud lymphatique iliaque interne (A. Pellé et Mme A. Pellé).

Les *nerfs* accompagnent les vaisseaux. Ils proviennent du plexus intermésentérique par le plexus de l'artère ovarique et du plexus hypogastrique inférieur par le plexus de l'artère utérine.

UTÉRUS

L'utérus est l'organe destiné à contenir l'œuf fécondé pendant son évolution et à l'expulser quand il est arrivé à son complet développement.

■ **SITUATION** (fig. 380). L'utérus est situé dans la cavité pelvienne, sur la ligne médiane, entre la vessie et le rectum, au-dessus du vagin, au-dessous des anses intestinales et du côlon ilio-pelvien.

■ **FORME** (fig. 378, 379 et 380). Sa forme est celle d'un cône tronqué aplati d'avant en arrière et dont le sommet est en bas. Il présente, un peu au-dessous de sa partie moyenne, un étranglement appelé *isthme de l'utérus*. L'isthme de l'utérus divise cet organe en deux parties : l'une, supérieure, le *corps* ; l'autre, inférieure, le *col*.

Le *corps*, assez fortement aplati d'avant en arrière, est triangulaire. Sa base est en haut et le sommet, fortement tronqué, répond à l'isthme.

Le *col* est plus étroit et moins volumineux que le corps. Il se rétrécit légèrement à ses deux extrémités, à la manière d'un barillet, auquel il a été comparé.

■ **DIMENSIONS.** Chez la nullipare, l'utérus mesure en moyenne 6,5 cm de long (3,5 cm pour le corps, 2,5 cm pour le col, 1,5 cm pour l'isthme). Sa largeur atteint

4 cm au niveau du corps et 2,5 cm au niveau du col. L'épaisseur mesure 2 cm en moyenne (Rieffel).

Chez les multipares, la longueur de l'utérus varie entre 7 et 8 cm (5,5 cm pour le corps, et 2 à 2,5 cm pour le col). Sa largeur à la base du corps atteint 5 cm, tandis qu'elle ne dépasse pas 3 cm à la partie moyenne du col. Son épaisseur mesure à peu près 3 cm.

■ **CONSISTANCE.** L'utérus est dur au toucher sur le cadavre. Sa consistance est bien moindre pendant la vie.

■ **DIRECTION** (fig. 380). Ordinairement, chez la femme dont le bassin est normal, la vessie et le rectum étant à peu près vides ou peu distendus, l'utérus est à la fois *antéfléchi* et *antéversé.*

La flexion est l'inclinaison du corps de l'utérus sur le col. Dans l'antéflexion, le corps s'incline en avant sur le col et forme avec lui un angle dont l'ouverture normale varie entre 100 et 120° (Rieffel).

La version est un mouvement de rotation ou de bascule par lequel le corps et le col de l'utérus tournent en sens inverse autour d'un axe transversal passant par la partie moyenne de l'utérus et s'éloignent en sens inverse de l'axe de la cavité pelvienne. Dans l'antéversion, le corps s'incline en avant de l'axe de l'excavation pelvienne et le col se porte en arrière de cet axe.

Telle est la position de l'utérus, dite normale.

Cependant, rien n'est plus variable que cette position. L'utérus est, en effet, un organe très mobile ; aussi sa situation et son orientation se modifient chez le même sujet d'un moment à l'autre, sous la pression des organes qui l'environnent.

C'est ainsi que, chez la femme dont le bassin est normal, l'antéversion diminue graduellement sous l'influence de la distension vésicale.

La réplétion de l'ampoule rectale diminue également l'antéversion, car, sous la pression du rectum, le col est repoussé en avant ou bien l'utérus tout entier est refoulé en avant.

La position de l'utérus se modifie encore suivant des modalités très diverses, sous l'influence de l'attitude du sujet, de la pression abdominale, etc.

■ **CONFIGURATION EXTÉRIEURE ET RAPPORTS.** Nous examinerons successivement le corps, l'isthme et le col.

1. Corps. On peut distinguer au corps, en raison de sa forme triangulaire, deux faces, trois bords et trois angles (fig. 378 et 380).

a) FACES. La *face antéro-inférieure* est légèrement convexe, lisse et recouverte par le péritoine. Celui-ci descend jusqu'à l'isthme, où il se réfléchit sur la vessie en formant l'excavation vésico-utérine. C'est par l'intermédiaire de ce cul-de-sac que le corps de l'utérus repose sur la face postéro-supérieure de la vessie.

La *face postéro-supérieure* est fortement convexe. Une crête mousse, médiane, la divise en deux moitiés latérales. Elle est, comme la précédente, entièrement recouverte par le péritoine. Mais ici le péritoine s'étend au-dessous de l'isthme utérin et descend jusque sur la face postérieure du vagin qu'il revêt sur une hauteur d'environ

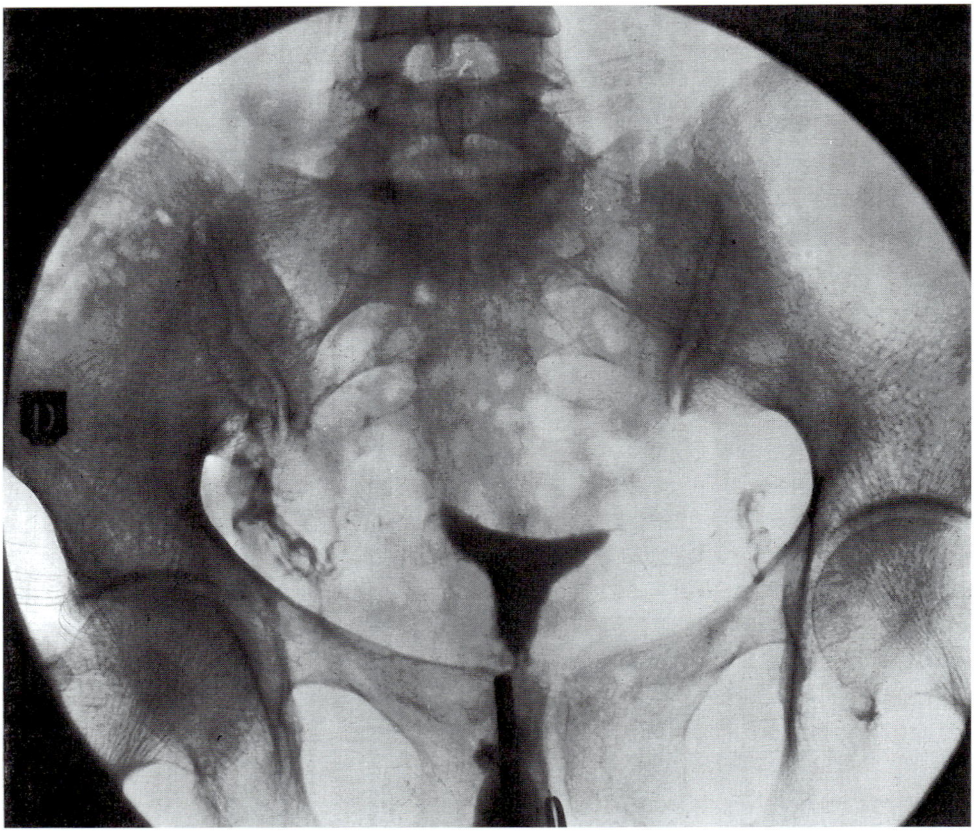

Fig. 379 ▪ Hystérographie.

2 cm. La séreuse se réfléchit ensuite sur le rectum en constituant l'excavation recto-utérine.

La face postéro-supérieure du corps de l'utérus répond aux anses intestinales et au côlon ilio-pelvien qui reposent sur elle.

b) BORDS LATÉRAUX. Les bords latéraux du corps de l'utérus sont larges et arrondis d'avant en arrière. Ils sont en rapport avec les ligaments larges qui, de chaque côté, s'étendent de l'utérus à la paroi latérale de l'excavation pelvienne (voir plus loin). Le long de ces bords cheminent les vaisseaux utérins. On peut y trouver un débris du canal mésonéphrotique, le *conduit longitudinal de l'époophoron*.

c) BORD SUPÉRIEUR. Le bord supérieur, le plus souvent appelé *fond de l'utérus*, est épais et arrondi d'avant en arrière. Il est légèrement concave chez l'enfant, rectiligne ou faiblement convexe chez la nullipare, nettement convexe chez la multipare.

Il est tapissé par le péritoine et entre en contact avec les anses intestinales ou le côlon pelvien qui descendent dans le bassin.

d) ANGLES. Les *angles latéraux* se continuent avec l'isthme de la trompe. De chacun d'eux partent encore le ligament rond et le ligament propre de l'ovaire d'un même côté.

On peut rencontrer à proximité de ces angles un vestige de la partie urinaire du mésonéphros, le *paroophoron*.

L'*angle inférieur* se confond avec l'isthme.

2. Isthme. Il est à l'union du corps et du col. L'étranglement qui le marque est surtout accusé en avant et sur les côtés.

L'isthme répond en avant au bord postérieur de la vessie et au fond de l'excavation vésico-utérine. Ses rapports en arrière et sur les côtés sont analogues à ceux de la face postérieure et des bords latéraux du corps utérin.

3. Col. Les faces antérieure et postérieure du col sont convexes. Ses bords latéraux sont épais et arrondis.

Il est divisé par l'attache du vagin en trois parties : sus-vaginale, vaginale et sous-vaginale ou intravaginale (fig. 380).

a) PARTIE SUS-VAGINALE. Sa *face antérieure* est unie à la face postéro-inférieure de la vessie par un tissu cellulaire peu dense qui permet de séparer facilement les deux

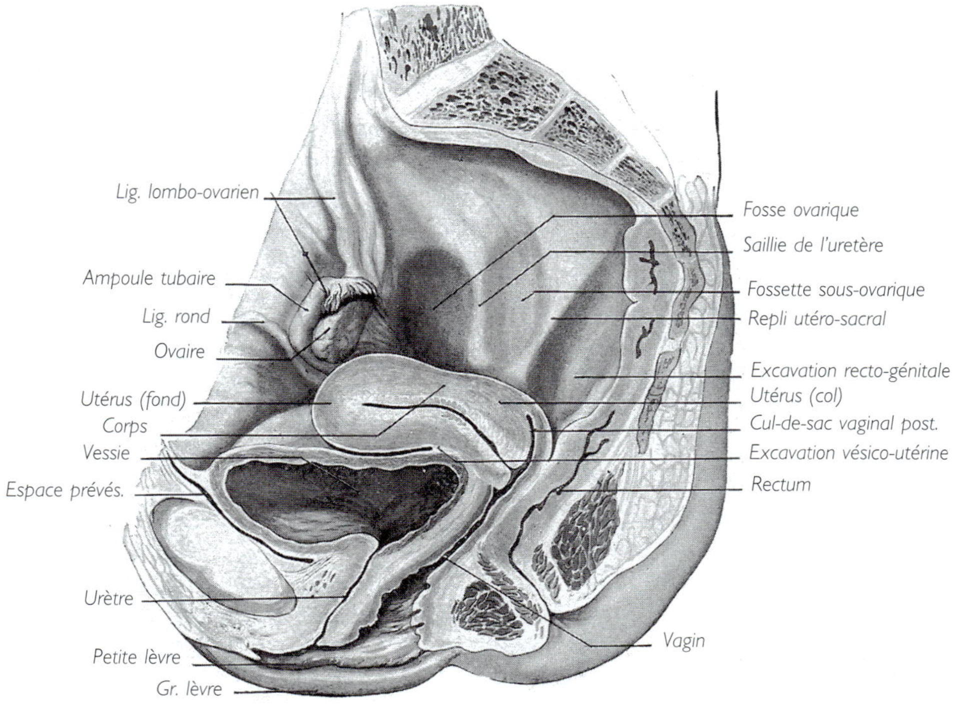

Fig. 380 ▪ Coupe verticale, médiane et antéro-postérieure du bassin chez la femme (sujet congelé).
L'ovaire et le pavillon de la trompe ont été érignés en haut et en avant pour mettre à découvert la fosse ovarique.

organes. Ce tissu cellulaire est parcouru par quelques ramifications vasculaires sans importance.

Sa *face postérieure*, recouverte par le péritoine, répond à l'excavation recto-génitale et au rectum.

Ses *bords latéraux* sont en rapport : à leur extrémité supérieure, avec les ligaments larges ; plus bas, avec le tissu conjonctif et musculaire lisse de l'espace pelvi-rectal supérieur dans lequel passent et se croisent l'artère utérine et l'uretère. L'artère utérine croise l'uretère en passant en avant de lui. Ce croisement se fait à 1,5 cm environ en dehors du col utérin et un peu au-dessous de l'isthme (fig. 387) (voir : *Uretère*).

Des bords latéraux du col se détachent, en arrière, les plis recto-utérins qui bordent latéralement l'excavation recto-utérine. Ces ligaments seront décrits plus loin.

b) PARTIE VAGINALE. Elle est représentée par la ligne d'insertion du vagin sur le col. Cette ligne, large d'un demi-centimètre, est oblique en bas et en avant. Le vagin, en effet, s'attache en arrière à égale distance des deux extrémités du col ou à l'union du tiers supérieur et des deux tiers inférieurs, tandis qu'en avant il s'insère à l'union du tiers moyen avec le tiers inférieur du col. Il s'ensuit que la partie intravaginale est plus haute en arrière qu'en avant.

c) PARTIE INTRAVAGINALE. La partie intravaginale du col est souvent appelée *portion vaginale*. La portion vaginale fait saillie dans la cavité vaginale. Elle est conique. Le sommet arrondi est percé d'une ouverture, l'*ostium de l'utérus*, qui donne accès dans la cavité utérine.

Les caractères du museau de tanche diffèrent chez la vierge, la primipare et la multipare. ❑ *Chez la vierge*, le col est lisse, uni, de consistance ferme. L'orifice externe du col est circulaire ou en forme de fente transversale de 5 à 6 mm de longueur ; ses bords sont réguliers, lisses et unis, et leur consistance est très ferme. ❑ *Chez la primipare*, le sommet de la portion vaginale s'aplatit. Sa consistance est moindre que chez la vierge. L'orifice externe du col s'allonge transversalement ; ses lèvres présentent une ou deux incisures peu profondes et leur consistance diminue. ❑ *Chez les multipares*, enfin, la partie intravaginale du col se raccourcit, mais devient plus large. Sa consistance est moins ferme encore que chez la primipare. L'orifice externe du col, qui peut atteindre 1,5 cm de largeur, est bordé par deux lèvres irrégulières qu'entament de nombreuses déchirures.

La portion vaginale est séparée de la paroi vaginale par un cul-de-sac annulaire dans lequel on reconnaît quatre segments : un cul-de-sac antérieur, un cul-de-sac postérieur et deux culs-de-sac latéraux. La profondeur de chacun d'eux est mesurée par la hauteur de la face correspondante de la portion vaginale. Le cul-de-sac postérieur est donc le plus profond ; il répond en arrière à l'excavation recto-utérine. Le cul-de-sac antérieur est à peine marqué, car la lèvre antérieure de l'orifice externe du col est peu saillante.

Cependant, des deux lèvres du col, l'antérieure descend toujours un peu plus bas que la postérieure. Ceci est dû à l'inclinaison du col en bas et en arrière.

■ **CONFORMATION INTÉRIEURE. CAVITÉ UTÉRINE.** L'utérus est creusé d'une étroite cavité, aplatie d'avant en arrière. Un étranglement correspondant à l'isthme de l'utérus divise cette cavité en deux parties : la cavité du corps et la cavité du col.

La *cavité du corps* est lisse. Sa forme est triangulaire. Ses deux parois antérieure et postérieure sont accolées. ❑ La base de la cavité convexe chez la nullipare, rectiligne ou concave chez la multipare, répond au fond de l'utérus. Les bords latéraux sont convexes. ❑ Aux angles supérieurs ou latéraux se trouvent les ouvertures des trompes. ❑ L'angle inférieur communique avec la cavité du col par le rétrécissement isthmique.

La *cavité du col* est fusiforme, mais aplatie d'avant en arrière. On remarque sur chacune de ses faces antérieure et postérieure une saillie longitudinale, à peu près médiane, sur laquelle sont branchés des replis, obliques en haut et en dehors, appelés *plis palmés*. L'ensemble de ces reliefs constitue l'*arbre de vie*.

Les saillies longitudinales de l'arbre de vie ne sont pas exactement médianes ; celle de la paroi antérieure est légèrement déviée à droite ; celle de la paroi postérieure, à gauche. De plus, les plis obliques sont disposés sur l'une et l'autre face, de manière que ceux de l'une s'engrènent dans les dépressions qui séparent les plis de l'autre.

L'extrémité supérieure de la cavité du col se confond avec l'isthme et porte le nom d'*orifice interne du col*. Nous avons précédemment décrit l'orifice externe situé au sommet de la portion vaginale.

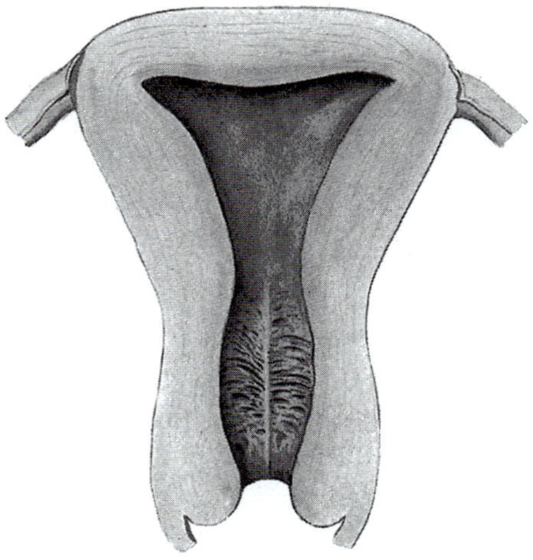

Fig. 381 ▪ Cavité utérine chez la multipare.

a) Dimensions de la cavité utérine.

Les dimensions de la cavité utérine sont plus grandes chez les femmes qui ont eu des enfants que chez les nullipares. Il importe encore de noter que l'augmentation de la cavité qui se produit chez les multipares se fait uniquement sentir sur la cavité du corps, car celle du col reste la même ou diminue légèrement de longueur.

Voici quelques chiffres à retenir : la longueur de la cavité de l'utérus nullipare mesure en moyenne 55 mm, dont 25 pour le corps, 25 pour le col et 5 pour l'isthme ; chez la femme multipare, la longueur de l'utérus atteint de 60 à 65 mm, dont 35 pour le corps, 25 pour le col et 5 pour l'isthme.

■ **STRUCTURE.** La paroi utérine, épaisse d'environ 1 cm, se compose de trois tuniques qui sont, de dehors en dedans : une tunique séreuse, une tunique musculaire et une tunique muqueuse.

1. Tunique séreuse ou péritonéale. Le péritoine qui tapisse la face supérieure de la vessie se réfléchit sur la face antérieure de l'utérus au niveau de l'isthme. Rarement le péritoine se prolonge en avant du col utérin. Dans ces cas, le cul-de-sac de réflexion du péritoine peut descendre, surtout chez les multipares, jusqu'à proximité ou même jusqu'au contact de la paroi antérieure du vagin. ❑ La séreuse recouvre ensuite la face antérieure du corps de l'utérus, le fond et la face postérieure de cet organe. Elle descend, avant de se réfléchir sur le rectum, sur la face postérieure du vagin, qu'elle revêt sur une hauteur de 2 cm environ.

Le péritoine est très adhérent à l'utérus sur le fond de cet organe et sur la partie voisine des faces antérieure et postérieure du corps. Toutefois, cette zone adhérente est toujours plus étendue sur la face postérieure que sur la face antérieure ; de plus, elle descend toujours plus bas sur le milieu que sur les côtés, surtout en arrière.

Sur la face postérieure du col et au niveau de l'isthme, une couche celluleuse sous-séreuse permet de décoller facilement le péritoine.

Entre la zone adhérente et la zone décollable se trouve une zone intermédiaire où le péritoine peut être isolé au bistouri.

2. Tunique musculaire. La tunique musculaire ou myomètre a une disposition un peu différente sur le corps et sur le col.

1° *Sur le corps*, les fibres lisses sont disposées sur trois couches : externe, moyenne et interne.

La *couche externe*, très mince, comprend un plan superficiel de fibres longitudinales qui recouvre seulement les faces et le fond du corps de l'utérus, et un deuxième plan de fibres circulaires.

La *couche moyenne*, très épaisse, appelée *couche plexiforme*, est constituée par des faisceaux entrecroisés dans tous les sens et entourant de nombreux vaisseaux qui

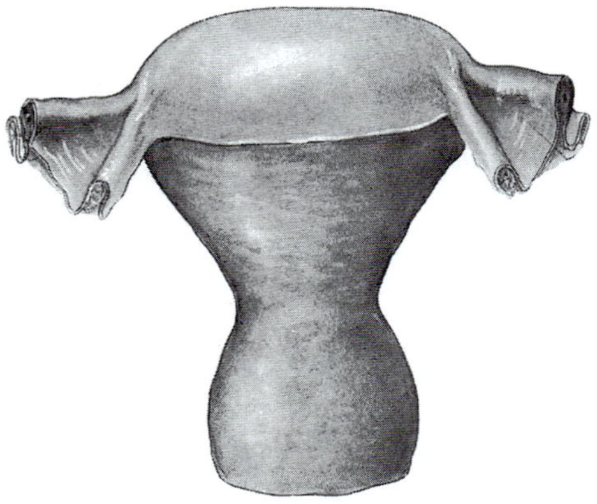

Fig. 382 ▪ Utérus, face antérieure. Zone d'adhérence du péritoine avec l'utérus.

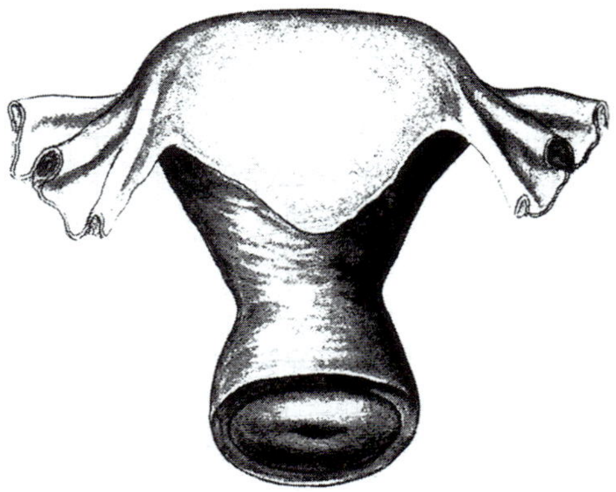

Fig. 383 ▪ Utérus, face postérieure. Zone d'adhérence du péritoine avec l'utérus.

leur adhèrent. Ces vaisseaux sont si nombreux qu'ils ont fait donner à cette couche le nom de *stratum vasculosum*.

La *couche interne* est surtout formée de fibres circulaires. Il existe, aussi dans la partie la plus profonde de cette couche, quelques fibres longitudinales.

2° *Sur le col*, le muscle utérin est moins épais que sur le corps. On distingue une couche moyenne de fibres circulaires, comprise entre quelques rares faisceaux longitudinaux, les uns, superficiels, les autres, profonds.

3. Tunique muqueuse. La tunique muqueuse ou endomètre, mince et friable, est adhérente au muscle.

Nous l'avons déjà décrite à propos de la conformation intérieure de l'utérus.

■ **LIGAMENTS DE L'UTÉRUS.** L'utérus est rattaché aux parois du bassin par trois paires de ligaments qui sont : ❑ 1° les ligaments latéraux ou ligaments larges ; ❑ 2° les ligaments antérieurs ou ligaments ronds ; ❑ 3° les ligaments postérieurs ou plis recto-utérins. Les ligaments ronds et les plis recto-utérins peuvent être considérés comme des expansions des ligaments larges.

1. Ligaments larges. *a*) DISPOSITION GÉNÉRALE. Le péritoine des faces et du fond de l'utérus s'étend de chaque côté, au-delà de ses bords latéraux, jusqu'à la paroi latérale de la cavité pelvienne. Il forme ainsi de part et d'autre de l'utérus un repli transversal, le ligament large, qui, de chaque côté, relie l'utérus à la paroi pelvienne (fig. 374 et fig. 384).

Chaque ligament large comprend donc un feuillet péritonéal antérieur qui prolonge en dehors celui de la face antérieure du corps utérin, et un feuillet postérieur en continuité avec le péritoine de la face postérieure de l'utérus. Ces deux feuillets se réunissent en haut en formant un repli qui prolonge en dehors le péritoine du fond de l'utérus.

En arrivant à la paroi pelvienne latérale, le péritoine des ligaments larges se continue en avant, en arrière et en haut, avec le péritoine pariétal de l'excavation.

b) ORIENTATION ET DIRECTION. Les ligaments larges sont orientés comme l'utérus, dont ils émanent. Ils présentent donc : ❑ une face antéro-inférieure qui regarde, comme la face antérieure de l'utérus, en avant et en bas ; ❑ une face postéro-supérieure dirigée en arrière et en haut ; ❑ un bord médial uni au bord latéral correspondant de l'utérus ; ❑ un bord latéral en rapport avec la paroi latérale de l'excavation pelvienne ; ❑ un bord supérieur libre ; ❑ enfin, un bord inférieur ou base qui répond au plancher pelvien (fig. 310).

Cette orientation se voit très nettement sur une coupe antéro-postérieure du ligament.

Chaque ligament large n'est pas exactement transversal, mais un peu oblique de dedans en dehors, et d'avant en arrière (fig. 384).

c) CONFIGURATION ET RAPPORTS. La *face antéro-inférieure* est soulevée par un cordon musculaire lisse, le ligament rond, en un repli qui s'étend de l'angle latéral de l'utérus à la paroi pelvienne. Ce repli est appelé *aileron antérieur du ligament large de l'utérus*. Entre l'aileron antérieur et le bord supérieur du ligament large, la face

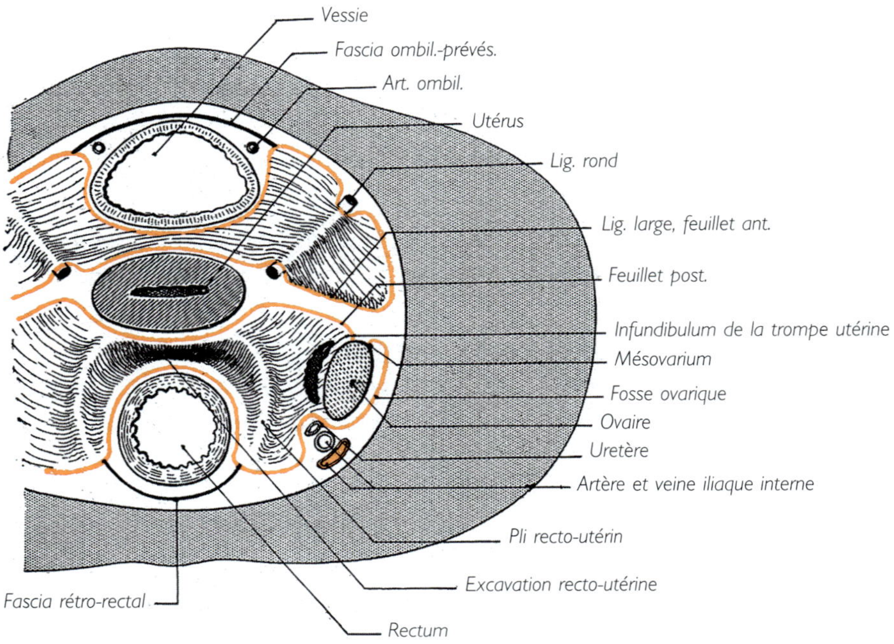

Fig. 384 ▪ Coupe horizontale schématique du pelvis minor, destinée à montrer la disposition générale du péritoine pelvien.
La coupe intéresse le ligament large à la hauteur du mésométrium et sectionne en deux points l'aileron antérieur.

antéro-inférieure présente une dépression connue sous le nom de *fossette pré-ovarienne* (fig. 374).

La *face antéro-inférieure* du ligament large répond à la vessie.

La *face postéro-supérieure* est plus étendue et descend plus bas que la face antérieure. Elle est rendue irrégulière par le ligament propre de l'ovaire et par le mésovarium. ❑ Le ligament utéro-ovarien soulève le feuillet postérieur du ligament large depuis l'angle latéral de l'utérus jusqu'à l'extrémité inférieure de l'ovaire (fig. 374). ❑ Le mésovarium qui unit l'ovaire au ligament large fait suite en dehors au ligament propre de l'ovaire. Le repli formé par ce ligament, le mésovarium et l'ovaire constitue l'*aileron postérieur du ligament large*.

Au-dessous de l'aileron postérieur, la face postéro-supérieure du ligament large est croisée par une autre saillie, le *pli recto-utérin*. Ce ligament sera décrit plus loin.

La face postéro-supérieure du ligament large est en contact avec les anses intestinales et le côlon ilio-pelvien qui s'appuient sur elle.

Le *bord interne* s'unit au bord latéral de l'utérus. Il contient l'artère utérine, le plexus veineux utérin, des vaisseaux lymphatiques, des nerfs, le conduit longitudinal de l'époophoron et le paroophoron.

Le *bord externe* est fixé à la paroi latérale de la cavité pelvienne, où les deux feuillets péritonéaux du ligament se continuent avec le péritoine pariétal (fig. 384).

Le *bord inférieur* est séparé du plancher pelvien par le tissu de l'espace pelvi-rectal supérieur que traversent l'uretère et de nombreux vaisseaux (voir : *Uretère*).

Les deux feuillets du péritoine s'écartent l'un de l'autre le long de ce bord, et se continuent en avant et en arrière avec le péritoine pelvien.

Le bord supérieur, libre, situé à l'union des deux feuillets du ligament large, contient la trompe utérine. Il est relié au reste du ligament large par un mince repli péritonéal appelé mésosalpinx (fig. 378 et 385).

d) DIVISION DU LIGAMENT LARGE EN DEUX PARTIES. On distingue au ligament large deux parties : l'une, supérieure, le *mésosalpinx* ; l'autre, inférieure, le *mésométrium ou base du ligament large*.

MÉSOSALPINX (fig. 386). Comme le montre une coupe verticale et antéro-postérieure, les deux feuillets du ligament sont très rapprochés l'un de l'autre dans toute l'étendue du mésosalpinx. Cette partie supérieure du ligament est triangulaire. Son sommet est à l'angle latéral de l'utérus. ❑ Sa base, libre, est formée par le ligament infundibulo-ovarien qui supporte la frange ovarique et unit l'infundibulum de la trompe utérine à l'extrémité supérieure de l'ovaire. ❑ Son bord supérieur contient la trompe utérine depuis son origine jusqu'à l'infundibulum. ❑ Enfin, le bord inférieur de ce méso se continue en bas avec le reste du ligament large ou mésométrium, le long du ligament propre de l'ovaire et du mésovarium.

Il existe normalement un petit organe pédiculé, implanté sur la face antérieure du mésosalpinx près de son bord externe chargé, d'après Cunéo, de la résorption du contenu du follicule ovarique vésiculeux, après sa rupture.

La trompe et son méso constituent l'*aileron supérieur du ligament large*.

En ce qui concerne les rapports du mésosalpinx avec la trompe et l'ovaire, voir : *Trompes*.

MÉSOMÉTRIUM. Il s'étend au-dessous du mésosalpinx. Ici les deux feuillets du ligament large s'écartent l'un de l'autre et sont séparés par un espace qui augmente d'épaisseur de haut

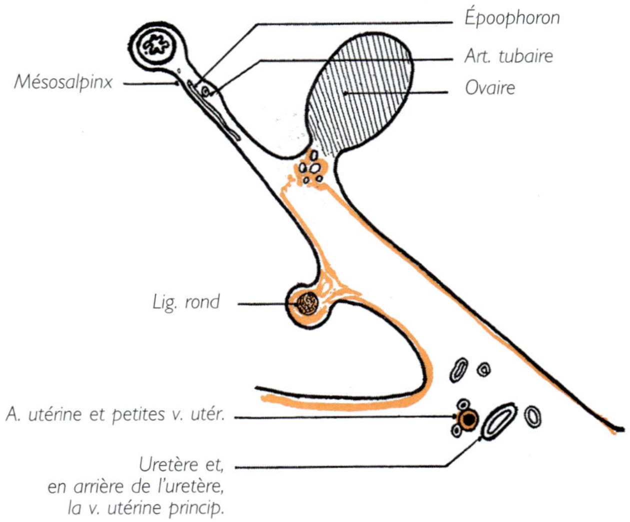

Fig. 385 ▪ Coupe verticale et antéro-postérieure du ligament large (schématique).

en bas. ❑ Son bord supérieur se confond avec la limite inférieure du mésosalpinx ; ❑ son bord interne longe le bord latéral de l'utérus ; ❑ son bord externe répond à la paroi latérale de l'excavation pelvienne où les feuillets du ligament se continuent, avec le péritoine pariétal ; ❑ son bord inférieur enfin, se confond avec celui du ligament large.

e) CONSTITUTION. Les ligaments larges sont constitués : 1° par une lame superficielle ou recouvrante ; 2° par un contenu (fig. 385).

COUCHE RECOUVRANTE. On distingue à la lame superficielle ou recouvrante deux parties, une lame antérieure et une lame postérieure, correspondant aux deux faces du ligament, et qui sont unies entre elles le long du bord supérieur. Chacune des lames se compose du feuillet péritonéal que doublent profondément quelques éléments cellulo-fibreux et surtout des fibres musculaires lisses. Ces fibres émanent de la couche superficielle du muscle utérin.

Dans certaines régions, elles se rassemblent en de volumineux faisceaux ou cordons qui sont les ligaments ronds en avant, le ligament propre de l'ovaire et le pli recto-utérin en arrière. En d'autres, elles sont peu abondantes et clairsemées, comme dans le mésosalpinx.

CONTENU. Nous désignerons sous ce nom l'ensemble des éléments qui sont compris dans les ligaments entre les lames de la couche recouvrante.

Contenu du mésosalpinx. Dans le mésosalpinx, les lames sont par endroits séparées l'une de l'autre par les branches tubaires des artères et veines ovariques et utérines, et par deux formations embryonnaires, l'*époophore*, ou *époophoron*, et le *paroophoron*.

L'*époophoron* est un reliquat de la partie génitale du mésonéphros, situé dans la partie externe, large, du mésosalpinx (voir : *Développement des organes génitaux*). C'est un « organe pectiniforme » formé d'un canal allongé, parallèlement à la trompe, sur lequel sont branchés des conduits sinueux, dont l'extrémité libre se dirige vers le hile de l'ovaire (fig. 378 et 386).

L'arcade artérielle tubaire passe en arrière de l'époophoron.

Le *paroophoron* est un vestige de la partie urinaire du mésonéphros. Il se présente sous la forme de petites vésicules groupées dans la partie interne du mésosalpinx, au voisinage de l'angle latéral de l'utérus.

Contenu du mésométrium *(fig. 385 et 386)*. Dans cette partie épaisse du ligament large, on trouve du tissu cellulo-fibreux et musculaire lisse, disposé autour des vaisseaux qui traversent le mésométrium. Ce tissu est en continuité, en bas et en dedans, avec le tissu cellulaire de l'espace pelvi-rectal supérieur.

On peut encore trouver dans le mésométrium, en outre des pédicules vasculaires qui se détachent normalement de l'utérus ; ❑ 1° quelques petites artérioles qui unissent à travers le mésométrium deux points éloignés de l'artère utérine et anastomosent ainsi la circulation de l'utérus à celle de l'ovaire ; ❑ 2° une « *veine interpédiculaire* ». Ce vaisseau naît de l'angle latéral de l'utérus en arrière du ligament rond, se porte de là en dehors sous le péritoine, près du ligament rond, et s'unit enfin aux veines utéro-ovariques, au voisinage des vaisseaux iliaques.

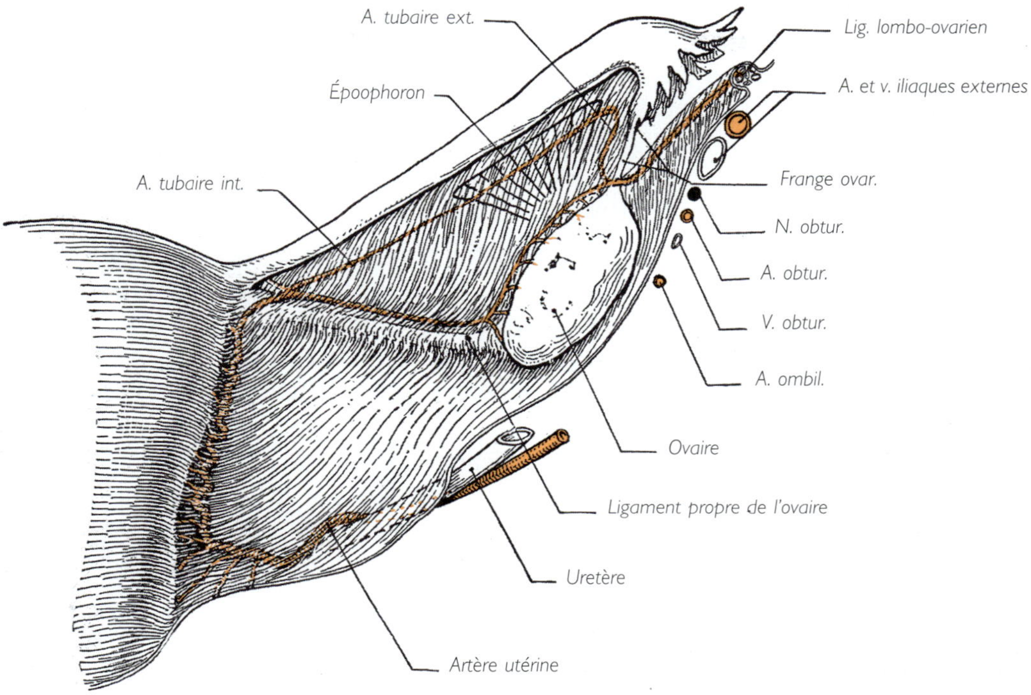

Fig. 386 ▪ Ligament large étalé vu par sa face postérieure.

L'uretère ne pénètre pas dans le ligament large, mais traverse l'espace pelvi-rectal supérieur, au-dessous de ce ligament. Il est donc inexact de situer dans le mésométrium le croisement de l'uretère et de l'artère utérine.

2. Ligaments ronds. Les ligaments ronds sont des cordons arrondis, tendus des angles latéraux de l'utérus aux régions inguinale et pubienne. Leur longueur atteint environ 15 cm ; leur épaisseur diminue légèrement de leur origine à leur terminaison et varie de 3 à 5 mm.

Ils se détachent de la partie antérieure de l'angle latéral de l'utérus, un peu au-dessous et en avant de la trompe (fig. 374). De là ces ligaments se portent en avant et en dehors, sous le feuillet péritonéal antérieur du ligament large. Ils soulèvent ce feuillet qui forme un repli, l'*aileron antérieur*. Les ligaments ronds croisent d'abord les vaisseaux et nerfs obturateurs, appliqués sur le fascia pelvien, ensuite les vaisseaux iliaques externes ; ils passent au-dessus de l'anse, concave en haut, que décrit l'artère épigastrique inférieure à son origine, et s'engagent dans le canal inguinal qu'ils parcourent dans toute sa longueur.

Dans le canal inguinal, le ligament rond est longé : en avant et en dehors par le rameau génital des nerfs ilio-hypogastriques, en arrière par celui du nerf génito-fémoral et par l'artère crémastérique. Le ligament, les vaisseaux et nerfs qui l'accompagnent sont séparés du ligament inguinal par des lobules graisseux. Le ligament sort du canal par son orifice superficiel et se divise aussitôt en de nombreux faisceaux fibreux qui se terminent dans le tissu cellulo-graisseux du mont de Vénus et de la grande lèvre. Le ligament jette, de plus, quelques filaments sur les parois du canal.

Le ligament rond se compose de tissu conjonctif et musculaire lisse. Au centre du ligament court son artère principale.

3. Plis recto-utérins. Des faisceaux conjonctifs et musculaires lisses qui naissent de la face postérieure du col de l'utérus, près de ses bords latéraux et au voisinage immédiat de l'isthme, se dirigent en haut et en arrière, contournent les faces latérales du rectum et se terminent sur la face antérieure du sacrum. Ils soulèvent le péritoine en un repli courbe, concave en dedans, qui limite latéralement l'excavation recto-utérine (fig. 384 ; voir aussi fig. 374 et 380).

Sous le nom de plis recto-utérins, on désigne à la fois le repli séreux et les éléments conjonctivo-musculaires qui le déterminent et le soutiennent. ❑ Ces ligaments contiennent encore dans leur épaisseur, mélangée aux fibres conjonctives et musculaires lisses, une partie du plexus nerveux hypogastrique, qui, en réalité, constitue, de chaque côté, la trame vraiment résistante du ligament.

Le pli recto-utérin d'un côté s'unit à celui du côté opposé, en arrière du col, par un repli transversal appelé *torus uterinus* (J.-L. Petit). Dans leur ensemble, les deux ligaments dessinent donc un fer à cheval dont la concavité postérieure embrasse la saillie du rectum (fig. 374).

Parfois quelques faisceaux se séparent des plis recto-utérins et accompagnent en haut et en arrière, vers la base du sacrum, les cordons nerveux plexiformes qui unissent le plexus lombo-aortique au plexus hypogastrique inférieur.

Eux aussi déterminent une saillie du péritoine, généralement peu accusée, distincte du pli recto-utérin ; on donne à ce repli le nom de *ligament utéro-lombal*.

4. Ligament propre de l'ovaire. On donne ce nom à un faisceau de fibres musculaires lisses qui naît de l'angle de l'utérus, un peu au-dessous et en arrière de la trompe. De là, il se porte en dehors et en arrière, en cheminant en arrière du bord inférieur du mésosalpinx. Il se termine à l'extrémité inférieure du mésovarium et de l'ovaire.

■ **MOYENS DE FIXITÉ.** Les ligaments que nous venons de décrire jouent un rôle dans la statique de l'utérus. Ils ont pour effet d'attirer cet organe dans sa position normale quand il s'est déplacé sous la pression des organes voisins.

Mais ce ne sont pas ces ligaments qui maintiennent l'utérus en place.

L'appareil de sustentation de l'utérus est le périnée, qui soutient cet organe par l'intermédiaire de la paroi vaginale sur laquelle appuie le col utérin.

■ **TOPOGRAPHIE GÉNÉRALE DU PÉRITOINE PELVIEN CHEZ LA FEMME.** L'utérus et les ligaments larges divisent la cavité pelvienne en deux cavités secondaires : l'une, antérieure, est l'*excavation vésico-utérine* : l'autre, postérieure, est l'*excavation recto-utérine* (fig. 384 et fig. 374).

Les replis que déterminent les ligaments ronds et les plis recto-utérins, ainsi que les saillies formées par les organes et les vaisseaux sous-jacents au péritoine, subdivisent les cavités pré et rétro-utérine en plusieurs régions ou fosses secondaires.

Dans la cavité pré-utérine, on trouve (fig. 374) : ❑ 1° au milieu, la région vésicale, concave quand la vessie est vide, convexe quand elle est distendue ; ❑ 2° de chaque côté de la vessie, la région ou *fosse paravésicale* (Waldeyer), limitée en dedans par le bord latéral de la vessie, en dehors par le détroit supérieur, en arrière par le ligament rond ; ❑ 3° en arrière de la fosse paravésicale, la *fossette pré-ovarique*, comprise entre le ligament rond en avant, la trompe en arrière et les vaisseaux iliaques externes en dehors.

La *cavité rétro-utérine* est divisée en deux étages par les plis recto-utérins (fig. 374 et 389). ❑ L'étage inférieur est l'*excavation recto-utérine*, dont l'ouverture en fer à cheval, concave en arrière, est limitée par le bord libre, saillant, des plis recto-utérins. ❑ L'étage supérieur est divisé, par la saillie que forment l'artère iliaque interne et l'uretère, en deux fossettes : l'une, placée en avant, est la *fosse ovarique*, dont nous avons déjà précisé les limites ; l'autre, placée au-dessous et en arrière de la précédente, est la *fossette sous-ovarienne (Claudius)* (fig. 389).

■ VAISSEAUX ET NERFS.

a) ARTÈRES. L'utérus reçoit ses vaisseaux de l'artère utérine (fig. 386 et 387).

Après avoir croisé l'uretère, l'artère utérine aborde le col de l'utérus un peu au-dessus du cul-de-sac latéral du vagin et monte, très sinueuse, sur le côté de l'utérus, d'abord à quelque distance du col dont elle se rapproche de bas en haut, si bien qu'elle s'accole au bord latéral du corps utérin.

Un peu avant d'atteindre le col, l'artère utérine fournit : 1° des rameaux vésico-vaginaux à la vessie et au vagin ; 2° une artère cervico-vaginale destinée à la partie inférieure du col et à la paroi antéro-latérale du vagin. Elle donne ensuite sur toute la hauteur de son trajet juxta-utérin de nombreux rameaux très flexueux pour le col et le corps de l'utérus.

Les rameaux du col sont au nombre de six en moyenne (Davidsohn). Ils sont longs, c'est-à-dire qu'ils ont un assez long trajet extra-utérin en raison des nombreuses flexuosités qu'ils décrivent.

Les rameaux du corps, en général au nombre de huit (Davidsohn), sont courts et s'enfoncent dès leur origine dans le tissu musculaire « jusqu'à la garde » (Farabeuf) ; chacun d'eux se divise aussitôt en une branche antérieure et une branche postérieure. Parmi les rameaux du corps, l'artère récurrente du fond de l'utérus fait exception ; elle naît, en effet, à distance de l'utérus, quand l'artère utérine s'est déjà infléchie dans le ligament large pour gagner l'extrémité inférieure de l'ovaire (Fredet) (fig. 376).

Entre le corps et le col, il existe une zone de l'utérus très peu vascularisée, car les artères du col ne communiquent que faiblement avec celles du corps (Fredet). De même, les artères d'un côté ne sont reliées, sur la ligne médiane, à celles du côté opposé, que par des anastomoses peu nombreuses et de faible calibre. Mais les artères superposées peuvent être unies par des anastomoses qui longent les bords latéraux de l'utérus. Une anastomose relie normalement l'artère récurrente au rameau sous-jacent (Fredet).

b) VEINES. Les veines de l'utérus se jettent dans les riches plexus latéro-utérins placés sur les côtés de l'utérus. Ces plexus, anastomosés en haut avec les veines ovariques, se déversent dans les troncs iliaques internes par les veines utérines.

c) LYMPHATIQUES (fig. 377 et 388). Il faut distinguer les lymphatiques du col et les lymphatiques du corps. Cependant ceux-ci communiquent avec ceux-là : par les réseaux d'origine qui sont les mêmes dans toute la paroi utérine, par de nombreuses anastomoses tronculaires aux confins du col et du corps, enfin par un gros tronc anastomotique latéro-utérin qui court de chaque côté de l'utérus, le long et en dehors de l'artère utérine.

Les *lymphatiques du col de l'utérus* se rendent, dans la plupart des cas, aux nœuds moyen et supérieur du centre lymphatique iliaque externe (Cunéo et Marcille, Canella), parfois aussi au nœud moyen du centre interne (Canella) ; on voit parfois encore des collecteurs inconstants qui vont aux nœuds lymphatiques iliaques internes et du promontoire.

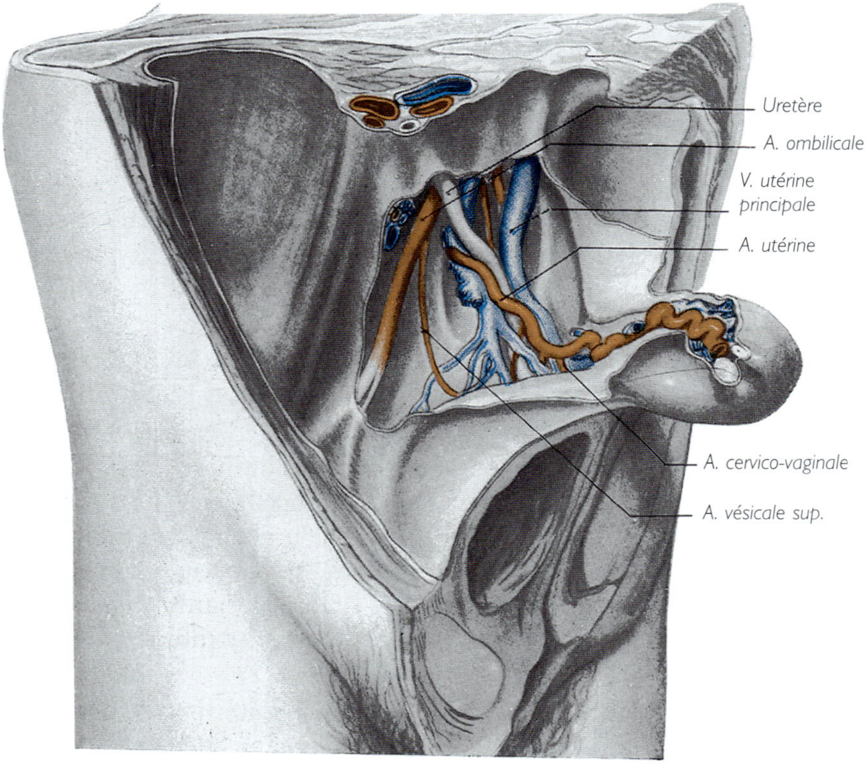

Fig. 387 ▪ Rapports de l'uretère et de l'artère utérine avec les ligaments larges. Cette figure a été dessinée d'après une préparation faite sur un sujet dont les organes avaient été préalablement fixés par une injection de formol.

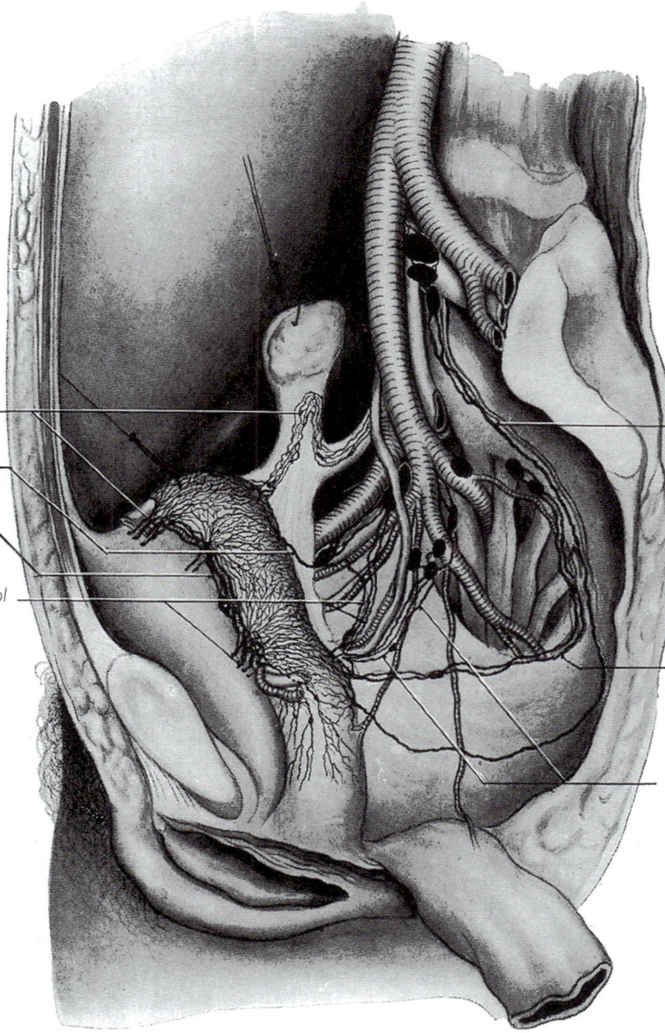

Fig. 388 ▪ Collecteurs lymphatiques de l'utérus (d'après Cunéo et Marcille).

Les *lymphatiques du corps de l'utérus* aboutissent aux nœuds lymphatiques aortiques latéraux, aux nœuds lymphatiques préaortiques voisins de l'origine de l'artère mésentérique inférieure, aux nœuds du centre lymphatique iliaque externe, parfois aux nœuds inguinaux superficiels supéro-internes par un vaisseau satellite du ligament rond.

d) NERFS. L'utérus est innervé par le plexus utérin. Ce plexus se détache du bord antérieur du plexus hypogastrique inférieur, chemine dans la partie antéro-supérieure du pli recto-utérin et aborde l'utérus au niveau de l'isthme (Latarjet).

VAGIN

SITUATION ET DIRECTION (fig. 389). Le vagin est un conduit qui s'étend du col utérin à la vulve. Il est placé dans la cavité pelvienne, en avant du rectum, en arrière de la vessie et au-dessous de l'utérus. Sa direction oblique en bas et en avant fait avec l'horizontale un angle d'environ 70°, ouvert en arrière.

Le vagin n'est pas tout à fait rectiligne ; quand le rectum et la vessie sont vides ou à peu près vides, il décrit une légère courbe concave en arrière.

FORME ET DIMENSIONS. Quand il est vide, le vagin est aplati d'avant en arrière ; sa paroi antérieure est accolée à sa paroi postérieure sur presque toute la longueur du conduit, sauf aux extrémités. L'extrémité supérieure a la forme d'une cupule dont la concavité coiffe le museau de tanche. À l'extrémité inférieure, le vagin est aplati transversalement.

Par conséquent, la fente qui, sur une coupe horizontale, représente la section de la cavité vaginale, est circulaire au niveau du museau de tanche, antéro-postérieure à son extrémité inférieure et transversale dans tout le reste de son étendue.

La longueur du vagin est en moyenne de 8 cm. La paroi antérieure, longue de 7 cm environ, est un peu plus courte que la paroi postérieure, qui atteint 9 cm.

RAPPORTS. Il faut considérer au vagin une face antérieure, une face postérieure, deux bords latéraux et deux extrémités, l'une, supérieure, l'autre, inférieure.

1. Face antérieure. (fig. 380). En avant du vagin, se trouvent : en haut, la face postéro-inférieure de la vessie avec la partie terminale des uretères ; en bas, l'urètre.

Le vagin est séparé de ces organes par une couche de tissu conjonctif dont la texture se modifie de haut en bas. En haut, sur toute l'étendue de la vessie, ce tissu conjonctif est lâche ou peu dense, ce qui permet de séparer la vessie du vagin. Cependant, comme la densité de ce tissu augmente de haut en bas, le clivage devient de plus en plus difficile à mesure que l'on se rapproche de l'urètre. En bas et sur toute la longueur de ce canal, le tissu conjonctif inter-urétro-vaginal est très dense ; il constitue une lame épaisse, très serrée, qui unit solidement l'un à l'autre les deux organes. On a donné à cette lame le nom de *cloison urétro-vaginale*.

2. Face postérieure. (fig. 380). La face postérieure du vagin est tapissée en haut, sur une hauteur de 2 cm environ, par le péritoine de l'excavation recto-utérine. Le fond du cul-de-sac est donc à 7 cm de l'orifice vaginal.

Au-dessous du péritoine, le vagin s'accole au rectum jusqu'au plancher périnéal. Il en est toutefois séparé par une couche de tissu cellulaire assez lâche, parcourue par quelques ramifications vasculaires et nerveuses. C'est cette mince nappe celluleuse, appelée *septum recto-vaginal*, qui, d'après les descriptions classiques, était traversée en bas par le *muscle recto-vaginal*. On peut parfois distinguer dans cette nappe celluleuse un *septum recto-vaginal* résultant de la coalescence des deux feuillets du cul-de-sac péritonéal qui descend primitivement jusqu'au plancher pelvien.

À la limite supérieure du plancher périnéal, c'est-à-dire à 2 ou 3 cm au-dessus de la peau, le vagin et le canal anal s'écartent l'un de l'autre ; le vagin continue son trajet oblique en bas et en avant, tandis que le canal anal s'incline en bas et en arrière. L'espace *recto-vaginal* triangulaire, qu'ils limitent, est occupé par le centre

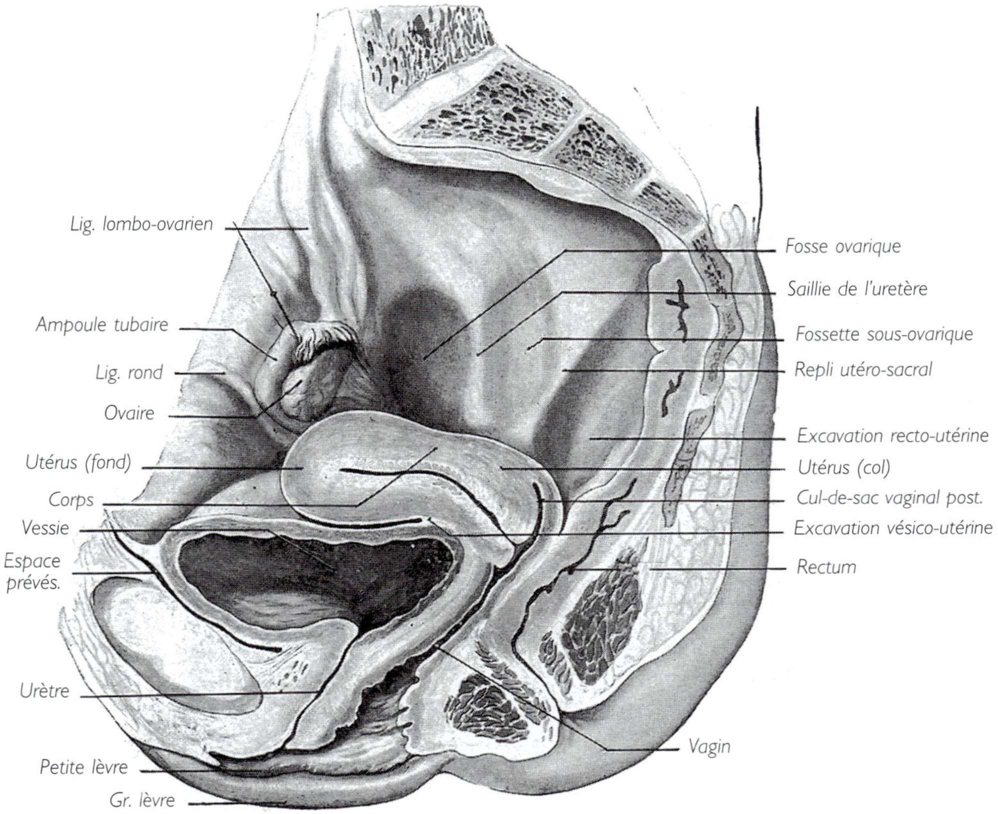

Fig. 389 ▪ Coupe verticale, médiane et antéro-postérieure du bassin chez la femme (sujet congelé). L'ovaire et la trompe ont été érignés en avant.

tendineux du périnée et par les muscles qui s'en détachent (transverses superficiel et profond du périnée, sphincter strié de l'anus).

3. Bords latéraux. On distingue aux bords latéraux deux parties, l'une, supérieure, intrapelvienne, l'autre, inférieure, périnéale.

La *portion intrapelvienne* comprend environ les deux tiers supérieurs du conduit. Elle répond au tissu cellulo-fibreux de l'espace pelvi-rectal supérieur, ainsi qu'aux nombreuses ramifications artérielles et veineuses vaginales qui occupent la partie interne de cet espace. La partie supérieure du bord latéral du vagin est également en rapport avec l'uretère. Celui-ci passe à 1,5 cm en dehors du fond même du cul-de-sac latéral du vagin et se place sur la face antérieure du conduit vaginal à la hauteur de l'orifice externe du col (Rieffel).

La *partie périnéale* est successivement en rapport de haut en bas et de chaque côté : 1° avec les faisceaux internes du muscle élévateur de l'anus qui croisent le vagin et lui sont unis par un tissu conjonctif dense, dans lequel se perd le fascia pelvien ; 2° avec le fascia moyen et le muscle transverse profond ; 3° avec le muscle constricteur de la vulve, le bulbe du vagin et la glande de Bartholin (fig. 391 ; ❑ voyez ces organes).

4. Extrémité supérieure. L'extrémité supérieure du vagin, insérée sur le col utérin, s'évase en forme de cupule qui s'applique exactement sur la partie intravaginale du col ou portion vaginale du col utérin.

Nous avons dit plus haut que la ligne d'attache du vagin sur le col est oblique en bas et en avant. Il en résulte que le récessus, compris entre la paroi vaginale et la partie intravaginale du col, augmente de profondeur d'avant en arrière. La partie antérieure de ce cul-de-sac ou cul-de-sac antérieur se réduit à une légère dépression transversale, tandis que le cul-de-sac postérieur mesure environ 2 cm de profondeur.

5. Extrémité inférieure. Le vagin s'ouvre au fond du vestibule. Cet orifice est rétréci, chez la femme vierge, par un repli muqueux, l'hymen (fig. 390).

L'*hymen* est une membrane d'épaisseur et de forme variables, qui s'attache au bord même de l'orifice vaginal. Le plus souvent, il est semi-lunaire ; dans ce cas, le bord concave, libre, de la membrane regarde en avant. Mais l'hymen peut être annulaire, ou bien labié, c'est-à-dire divisé en deux lèvres latérales. Parfois, même, l'hymen ferme complètement l'orifice vaginal.

Quelle que soit sa forme, l'hymen présente : 1° une face supérieure ou vaginale, irrégulière, en continuité avec la surface du vagin ; 2° une face inférieure ou vulvaire, lisse, séparée sur les côtés des petites lèvres par un sillon courbe appelé *sillon nympho-hyménéal* ; 3° un bord libre ordinairement uni et lisse, mais qui peut être irrégulier, dentelé ou frangé.

Au premier coït, l'hymen se déchire et les lambeaux cicatrisés sont appelés *lobules de l'hymen*.

Pendant l'accouchement, les déchirures deviennent plus profondes ; les lobules hyménéaux sont alors remplacés par des tubercules irréguliers appelés *caroncules de l'hymen*.

Le bord antérieur de l'orifice inférieur du vagin présente ordinairement une saillie, la *carina urétrale*, qui s'étend jusqu'à l'orifice de l'urètre.

Parfois, ce tubercule est à peine indiqué. Il représente l'extrémité inférieure de la colonne antérieure du vagin que nous allons décrire.

■ **CONFORMATION INTÉRIEURE.** Il existe sur la surface intérieure du vagin des plis transversaux qui sont des épaississements de la muqueuse. Ces plis, appelés encore rides du vagin, sont particulièrement développés dans les deux tiers inférieurs du vagin. Ils s'atténuent ou disparaissent même à l'extrémité supérieure du conduit.

On trouve encore sur chacune des parois antérieure et postérieure du vagin une saillie longitudinale médiane, large, qui s'étend seulement sur la moitié inférieure de ces parois ; ce sont les *colonnes des rides*. Celles-ci sont entièrement recouvertes par les crêtes transversales. Les colonnes des rides ne sont pas exactement médianes, de telle sorte que, quand les parois sont appliquées l'une contre l'autre, les colonnes se juxtaposent, mais ne se superposent pas.

La colonne antérieure est ordinairement plus développée que la colonne postérieure. Elle commence sur le bord antérieur de l'orifice vulvaire du vagin par la carina urétrale et finit à la hauteur du col de la vessie en se bifurquant. Les deux branches de bifurcation s'écartent l'une de l'autre de bas en haut et de dedans en dehors, en s'atténuant peu à peu. Elles limitent, avec un pli transversal situé un peu au-dessous de l'extrémité inférieure du col utérin, un espace triangulaire, le *triangle de Pawlick*, dont la surface répond à cette partie de la surface vésicale appelée trigone vésical.

■ **STRUCTURE.** La paroi vaginale est constituée par trois tuniques : ❑ 1° une tunique externe, conjonctive ; ❑ 2° une tunique moyenne, musculaire, lisse, formée surtout de fibres longitudinales en dehors et de fibres circulaires en dedans ; ❑ 3° une tunique interne, muqueuse, très adhérente à la tunique musculaire.

■ **VAISSEAUX ET NERFS.** Les *artères du vagin* sont de chaque côté : ❑ 1° en haut, les branches vaginales des artères utérine et cervico-vaginale, ainsi que la première artère du col ; ❑ 2° à la partie moyenne du conduit, l'artère vaginale proprement dite ou artère vaginale longue ; celle-ci irrigue environ la moitié ou les deux tiers inférieurs du vagin ; ❑ 3° enfin l'artère rectale moyenne, qui donne, elle aussi, quelques rameaux à la paroi vaginale postérieure. Ces différentes artères s'anastomosent entre elles et avec celles du côté opposé. Ces anastomoses forment, en arrière, l'artère azygos du vagin, qui s'étend d'une extrémité à l'autre du conduit.

Les *veines du vagin* forment, sur les côtés du vagin, le *plexus veineux vaginal*, anastomosé en haut avec le plexus utérin, en avant avec le plexus vésical, en bas avec les veines pudendales internes par les veines bulbaires, en arrière avec le plexus rectal. Les veines vaginales qui en partent se jettent soit directement dans la veine iliaque interne, soit dans l'un de ses affluents.

Les *lymphatiques du vagin* suivent : les uns, l'artère utérine ; les autres, l'artère vaginale. Les premiers sont tributaires des nœuds lymphatiques iliaques externes ; les autres, des nœuds lymphatiques iliaques internes, parfois aussi des nœuds lymphatiques du promontoire.

Les *nerfs du vagin* viennent du plexus hypogastrique inférieur.

VULVE OU PUDENDUM FÉMININ

On désigne sous le nom de pudendum ou vulve l'ensemble des organes génitaux externes de la femme.

■ **CONFORMATION GÉNÉRALE** (fig. 390). La vulve est occupée à sa partie moyenne par une dépression médiane, au fond de laquelle s'ouvrent l'urètre et le vagin. Cette dépression est appelée *vestibule du vagin*. Elle est limitée de chaque côté par deux larges replis cutanés juxtaposés : la *grande lèvre* en dehors, et la *petite lèvre* en dedans.

Les grandes lèvres se perdent en avant sur une saillie médiane, le *mont du pubis*.

Les petites lèvres sont reliées par leur extrémité antérieure à un organe érectile médian, le *clitoris*.

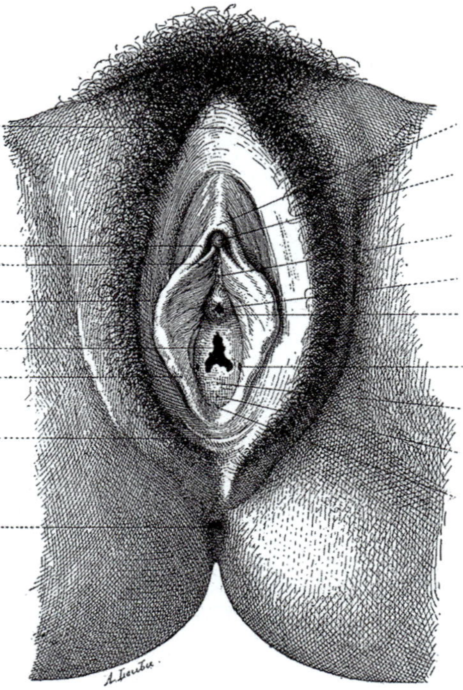

Fig. 390 ▪ Organes génitaux externes d'une vierge, vus après écartement des grandes et des petites lèvres (d'après Rieffel).

Celui-ci est formé par la réunion de deux corps érectiles qui sont les corps caverneux. Deux autres organes érectiles, les bulbes vestibulaires ou vulvaires, sont placés dans le fond du vestibule, de chaque côté de l'orifice vaginal.

Enfin, deux glandes sont annexées à la vulve ; elles sont connues sous les noms de *glande vestibulaire majeure* (Bartholin).

A. **Grandes lèvres.**

Les grandes lèvres sont deux grands replis cutanés, allongés d'avant en arrière, aplatis de dehors en dedans, mesurant environ 8 cm de longueur et 1,5 cm de hauteur. Leur épaisseur est plus grande en haut qu'en bas, c'est-à-dire au bord adhérent qu'au bord libre, de telle sorte que leur coupe transversale est triangulaire (fig. 391).

▪ **CONFIGURATION ET RAPPORTS.** On leur distingue deux faces, deux bords et deux extrémités. ❏ La *face latérale* est recouverte de poils et séparée de la cuisse par le sillon génito-fémoral. ❏ La *face médiale*, lisse et rosée, est en rapport avec la petite lèvre, et limite avec elle un profond *sillon labial* ou *interlabial*. ❏ Le *bord supérieur*, adhérent, recouvre les branches ischio-pubiennes en avant et le triangle ischio-bulbaire en arrière. ❑ Le *bord inférieur*, libre, arrondi, est recouvert de poils. ❑ L'*extrémité antérieure* se confond avec le mont du pubis. ❑ L'*extrémité postérieure* se perd dans les téguments du périnée, ou bien se réunit sur la ligne médiane à celle du côté opposé en formant la *commissure postérieure* des grandes lèvres (fig. 390).

■ **STRUCTURE.** Les grandes lèvres se composent de cinq couches superposées :

1° La peau ;

2° Une *couche de fibres musculaires lisses* formant le *dartos des grandes lèvres*. Ces fibres appliquées sur le derme de la peau se dirigent dans tous les sens. Le dartos n'est bien visible que sur la face externe et le bord libre des grandes lèvres ;

3° Un *pannicule adipeux sous-cutané* ;

4° Une *membrane fibro-élastique*. Celle-ci s'attache à la paroi abdominale et aux branches ischio-pubiennes, et se continue en dedans avec le ligament suspenseur du clitoris ; elle forme un sac dont l'ouverture correspond à l'orifice superficiel du canal inguinal. La membrane élastique est probablement l'homologue de la tunique fibreuse superficielle des bourses ;

5° Le *corps adipeux*. C'est une formation oblongue bien limitée de la grande lèvre qui lui doit sa forme en amande ou en quartier d'orange, très vascularisé par de grosses veines qui en font un organe semi-érectile. Entouré par son enveloppe cellulo-élastique, le corps adipeux est amarré à la racine des cuisses dont il suit les mouvements (Delmas et Lassau).

B. **Mont du pubis.**

Le *mont du pubis* ou *pénil* est une saillie médiane, large, située en avant de la vulve. Cette saillie se continue en arrière et en bas avec les grandes lèvres, tandis qu'en haut elle se perd sur la partie inférieure de la paroi abdominale. Elle est bordée de chaque côté par le pli de l'aine.

La saillie du mont du pubis est due à ce que la peau est doublée par une épaisse couche de tissu graisseux. Celle-ci est traversée par des faisceaux provenant : du ligament suspenseur du clitoris, de la membrane fibro-élastique des grandes lèvres et du ligament rond.

C. **Petites lèvres de la vulve.**

Les petites lèvres de la vulve ou nymphes sont deux replis cutanés, d'apparence muqueuse, situés en dedans des grandes lèvres. Elles mesurent en moyenne 3 cm de longueur et 1 ou 1,5 cm de hauteur. Leur épaisseur augmente de leur bord libre vers le bord adhérent, où elle atteint un demi-centimètre.

■ **CONFIGURATION ET RAPPORTS.** Les petites lèvres de la vulve présentent comme les grandes lèvres deux faces, deux bords et deux extrémités (fig. 390). ❑ La *face latérale*, lisse, est séparée de la grande lèvre par le sillon labial. ❑ La *face médiale* forme la paroi latérale du vestibule. ❑ Le *bord supérieur*, adhérent, répond au bulbe vestibulaire. ❑ Le *bord inférieur*, libre est mince, irrégulier, dentelé. ❑ L'*extrémité antérieure* se divise en deux replis secondaires : l'un, antérieur, se continue sur la face dorsale du clitoris avec celui du côté opposé et forme avec lui le *prépuce du clitoris* ; ❑ l'autre, postérieur, s'attache avec celui du côté opposé à la face inférieure du clitoris, et cela constitue le *frein du clitoris*. ❑ L'*extrémité postérieure*, plus étroite que la précédente, s'unit à l'extrémité postérieure de la petite lèvre opposée. De leur réunion résulte un repli appelé *commissure postérieure des lèvres*.

■ **STRUCTURE** Les petites lèvres sont constituées par un repli cutané contenant dans son épaisseur du tissu conjonctif et élastique ; elles sont riches en glandes sébacées.

D. Clitoris.

Le clitoris est un organe érectile, formé par les corps caverneux et par des enveloppes.

■ **CORPS CAVERNEUX.** Ils sont analogues à ceux du pénis, qu'ils reproduisent en raccourci. De même que ceux-ci, ils s'attachent au bord inférieur des branches ischio-pubiennes. Leur insertion ne s'étend pas en arrière au-delà de la partie moyenne des branches ischio-pubiennes. Ils sont recouverts en dedans par les muscles ischio-caverneux.

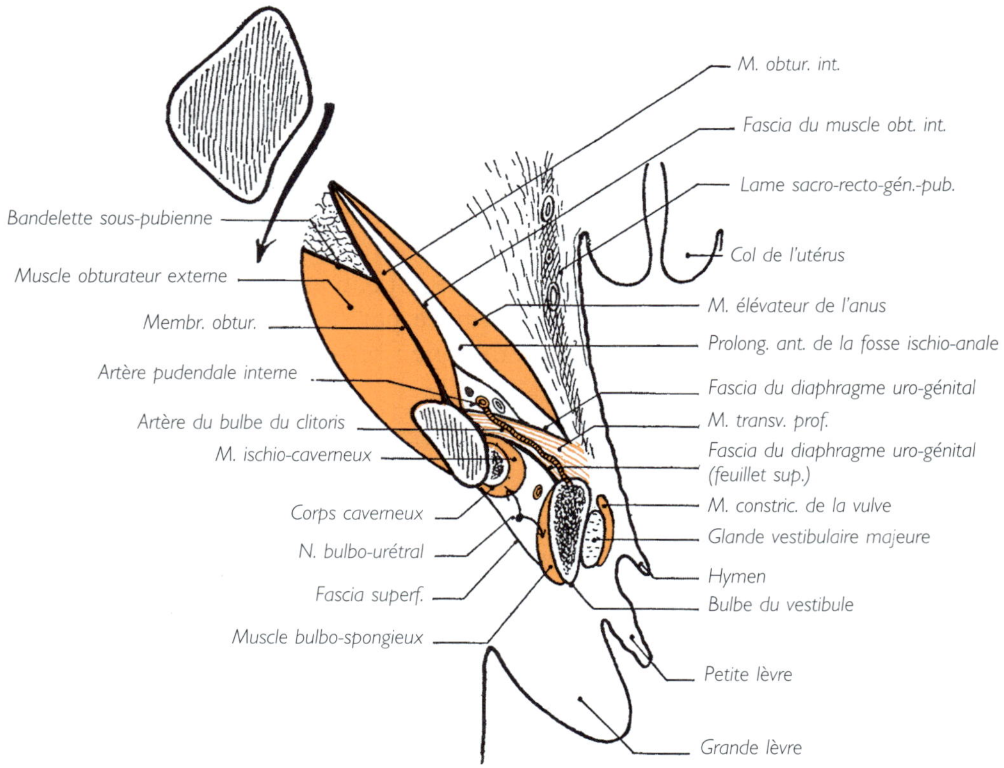

Fig. 391 ▪ Coupe vertico-transversale du périnée antérieur chez la femme.

De leur origine, les corps caverneux s'étendent en avant, en haut et en dedans, et arrivent ainsi en avant de l'extrémité inférieure de la symphyse, où ils s'unissent sur la ligne médiane pour former le *corps du clitoris*.

Le corps du clitoris continue d'abord la direction des corps caverneux et se porte en avant et en haut ; mais il change bientôt de direction et se dirige en bas et en arrière. Le coude ainsi formé porte le nom de *genou du clitoris*. L'angle ouvert en bas formé par le corps du clitoris est occupé par un réseau veineux, le *plexus veineux intermédiaire (Kobelt)*.

Le corps du clitoris diminue de volume à mesure qu'il s'éloigne de son origine. Il se termine par une extrémité conique dont le sommet est arrondi, le *gland du clitoris*.

Les corps caverneux et le gland du clitoris ont une structure identique à celle des corps caverneux et du gland du pénis.

ENVELOPPES DU CLITORIS

a) PEAU. Le clitoris est revêtu par le tégument de la vulve, qui forme sur les faces supérieure et latérales de l'organe un repli, le prépuce du clitoris. On a vu plus haut que ce repli se continue en arrière avec les petites lèvres de la vulve.

La face inférieure du clitoris est creusée d'une gouttière, et les bords de cette gouttière donnent attache aux replis des petites lèvres de la vulve qui constituent le frein du clitoris. La gouttière inférieure du clitoris se continue en arrière avec la bride masculine.

b) COUCHE CELLULEUSE. La peau du corps du clitoris est doublée d'une mince couche de tissu cellulaire.

c) FASCIA CLITORIDIEN. Sous la couche cellulaire on trouve une lame fibro-élastique, appelée *fascia clitoridien*. Le fascia clitoridien forme autour de l'organe érectile du corps du clitoris une gaine semblable à celle que le fascia pénis forme autour des organes érectiles de la verge. Le fascia clitoridien sépare les vaisseaux et nerfs sous-cutanés des vaisseaux et nerfs profonds du clitoris.

LIGAMENT SUSPENSEUR DU CLITORIS. Au clitoris est annexé un ligament suspenseur, analogue à celui de la verge. Les éléments fibro-élastiques qui le composent descendent de la ligne blanche et de la symphyse, et se terminent sur le fascia clitoridien. Quelques faisceaux forment une sangle sur laquelle repose l'angle clitoridien.

E. Bulbes du vestibule.

On donne le nom de bulbes du vestibule à deux organes érectiles, annexés à la vulve, placés de part et d'autre des orifices de l'urètre et du vagin. Ils représentent le bulbe du pénis et le corps spongieux de l'homme ; mais, chez la femme, le bulbe du vestibule est divisé en deux parties séparées l'une de l'autre, sur la ligne médiane, par les orifices de l'urètre et du vagin, ainsi que par le vestibule de la vulve.

Leur longueur, quand ils sont injectés, mesure en moyenne 3,5 cm ; leur hauteur mesure 1,5 cm et leur largeur 1 cm.

■ **CONFIGURATION ET RAPPORTS.** Les bulbes du vestibule injectés ont la forme d'un ovoïde légèrement aplati de dehors en dedans et dont la grosse extrémité est en arrière (fig. 392 et 402).

On leur décrit deux faces, l'une, médiale, l'autre, latérale, deux bords, l'un, supérieur, l'autre, inférieur, et deux extrémités, l'une, postérieure, l'autre, antérieure.

❑ La *face médiale* est contiguë en arrière à la glande vestibulaire majeure. Elle est recouverte, comme cette glande, par le muscle constricteur de la vulve et répond, par l'intermédiaire de ce muscle : à l'extrémité inférieure de l'urètre, à celle du vagin, enfin au revêtement cutanéo-muqueux du vestibule, le long du bord adhérent des petites lèvres de la vulve (fig. 391). ❑ La *face latérale*, convexe, est recouverte par le muscle bulbo-spongieux qui sépare le bulbe du triangle ischio-bulbaire (fig. 391). ❑ Le *bord supérieur* est en rapport avec le plan moyen du périnée et en particulier

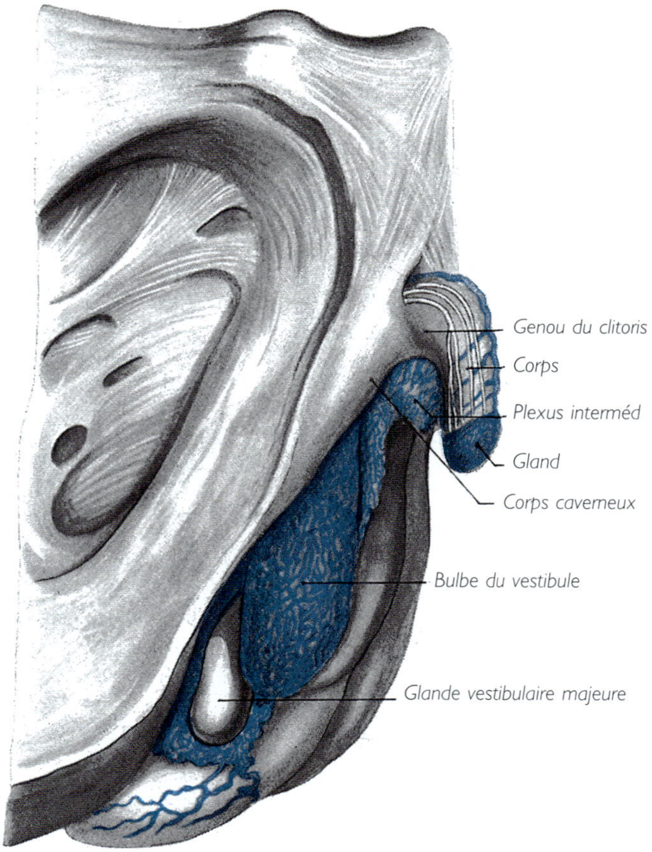

Fig. 392 ■ Clitoris, bulbe du vestibule et glande vestibulaire majeure (d'après Kobelt)

avec le feuillet inférieur du fascia moyen qui s'attache à lui (fig. 391). ❑ Le *bord inférieur* longe le bord adhérent des petites lèvres. ❑ L'*extrémité postérieure,* renflée, s'arrête à peu près en regard de la partie moyenne de l'orifice vaginal (fig. 402). ❑ L'*extrémité antérieure,* enfin, se rétrécit ; elle communique avec le bulbe du vestibule du côté opposé et avec les veines du clitoris par le *réseau intermédiaire.* Kobelt a donné ce nom à un plexus veineux situé dans l'angle de coudure du clitoris, en avant et sur les côtés de l'orifice urétral.

F. **Glandes vestibulaires majeures.**

Les glandes vestibulaires majeures (Bartholin) sont situées de chaque côté de la moitié postérieure de l'orifice vaginal (fig. 392 et 402).

Elles sont allongées d'avant en arrière et aplaties transversalement.

Leur volume est très variable. Les glandes vulvo-vaginales sont petites jusqu'à la puberté ; à ce moment, elles augmentent rapidement de volume. Elles régressent après la ménopause.

Pendant la période d'activité sexuelle, les glandes vestibulaires majeures mesurent en moyenne de 10 à 15 mm de longueur, 8 mm de hauteur et 5 mm d'épaisseur.

■ **RAPPORTS** (fig. 391 et 392). La *face médiale* est recouverte par le muscle constricteur de la vulve. En dedans de ce muscle se trouve la paroi vaginale. ❑ La *face latérale* est accolée en avant au bulbe du vestibule, et en arrière au muscle bulbo-spongieux. ❑ Le *bord supérieur* est en rapport avec le fascia du diaphragme uro-génital et le muscle transverse profond. ❑ Le *bord inférieur* est au-dessus des petites lèvres de la vulve. ❑ L'*extrémité postérieure* répond aux muscles transverse profond et transverse superficiel. ❑ L'*extrémité antérieure,* accolée au bulbe du vestibule qu'elle déprime, s'arrête un peu en arrière du milieu de l'orifice vaginal ou en regard de la partie postérieure de cet orifice, à 2 cm de l'ischium (Lieffring) (voir encore, pour ces rapports, la figure 402).

D'après Laux et Passebois, la glande est incluse dans le muscle constricteur vulvaire qui se clive en deux lames musculaires, l'une, médiale, l'autre, latérale.

■ **CANAL EXCRÉTEUR DES GLANDES VESTIBULAIRES.** Long de 1 cm environ, large de 2 mm, le canal excréteur émerge de la face interne de la glande. Il se porte obliquement en avant et en dedans, et s'ouvre dans le sillon nympho-hyménéal, un peu en arrière de sa partie moyenne.

G. **Vestibule du vagin.**

Le vestibule est la dépression vulvaire limitée : latéralement par la face médiale des petites lèvres, en avant par le clitoris, en arrière par la commissure postérieure des lèvres (fig. 390).

Le *fond du vestibule* ou *toit du vestibule* est séparé des petites lèvres par le *sillon vestibulaire* (Jayle), qui prend le nom de sillon nympho-hyménéal le long des bords latéraux de l'hymen. Nous venons de dire que c'est dans ce dernier sillon que s'ouvrent les canaux excréteurs des glandes vestibulaires majeures.

Le toit du vestibule est en grande partie occupé par les orifices de l'urètre et du vagin.

En arrière de l'orifice vaginal, entre cet orifice et la commissure postérieure des lèvres, se trouve une dépression appelée *fossette naviculaire*.

En avant du méat urétral et de la papille urétrale, le vestibule présente une surface triangulaire, dont le sommet est au clitoris et la base à la papille urétrale. Ce triangle est parcouru sur la ligne médiane et d'arrière en avant, depuis le méat jusqu'à la face inférieure du clitoris, par « une bandelette limitée par deux bords légèrement concaves en dehors » (Pozzi), très apparente dans le jeune âge et chez les vierges, mais qui s'atténue chez la femme déflorée et disparaît même chez la multipare.

Pozzi assimile cette formation qu'il a appelée *bride masculine* « à la grosse bride qui, dans la malformation dite hypospadias périnéo-scrotal, relie, chez l'homme, le gland imperforé au méat urinaire anormal. Dans l'un et l'autre cas, cette bride est le vestige de la portion pénienne de l'urètre dont la formation a avorté ».

H. **Vaisseaux et nerfs du pudendum.**

a) ARTÈRES. (fig. 393). Les artères du pudendum proviennent des artères pudendales externes, branches de l'artère fémorale, et surtout de l'artère pudendale interne, branche de l'artère iliaque interne.

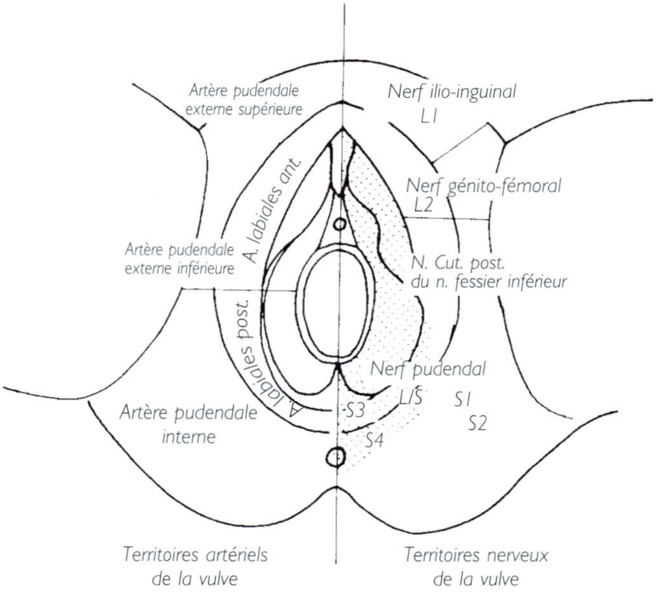

Fig. 393 ▪ Schéma des territoires artériels et nerveux de la vulve et des régions circum pudendales. *En pointillé le territoire innervé par le nerf.*

Les artères du mont du pubis et de la partie antérieure des grandes lèvres et des petites lèvres sont fournies par les artères pudendales externes. Les grandes lèvres reçoivent encore en avant les ramifications terminales de l'artère crémastérique.

Celles de la partie postérieure des grandes lèvres et des petites lèvres du pudendum viennent de l'artère périnéale superficielle, branche de l'artère pudendale interne.

Le *clitoris* et son capuchon reçoivent les artères caverneuses et les artères dorsales du clitoris, qui se comportent de la même manière que les artères caverneuses et dorsales du pénis.

Le *bulbe du vestibule* est irrigué par les artères bulbaire et bulbo-urétrale ; celle-ci, chez la femme, se rend au réseau veineux intermédiaire.

La glande vestibulaire majeure reçoit également des rameaux des artères bulbaire et périnéale superficielle.

b) VEINES. Les veines du mont du pubis, des grandes lèvres de la vulve et des petites lèvres du pudendum se déversent dans les veines pudendales externes en avant, dans les veines périnéales superficielles et, par suite, dans les veines pudendales internes en arrière. ❑ Celles des petites lèvres se jettent dans les veines du bulbe du vestibule et du réseau veineux intermédiaire.

Les *veines du clitoris* sont collectées par les veines clitoridiennes superficielles et profondes qui cheminent sur la face dorsale du clitoris, les premières au-dessus, les secondes au-dessous du fascia clitoridien.

On distingue tantôt une, tantôt deux veines dorsales superficielles principales, l'une, droite, l'autre, gauche ; elles se jettent dans la grande veine saphène correspondante.

La veine dorsale profonde du clitoris est analogue à celle du pénis et se termine dans le plexus veineux péri-urétral ou plexus de Santorini féminin.

Les veines du *bulbe du vestibule*, de la *glande vestibulaire majeure* et du *réseau intermédiare* se rendent, de chaque côté, à la veine pudendale interne.

c) LYMPHATIQUES DU PUDENDUM. Les vaisseaux lymphatiques se terminent dans les nœuds inguinaux superficiels internes, et surtout dans les nœuds du groupe supéro-médial. Souvent certains vaisseaux lymphatiques émanés de l'une des moitiés du pudendum aboutissent aux nœuds du côté opposé.

Les lymphatiques des glandes vestibulaires majeures vont eux aussi, d'après Bruhns, aux nœuds inguinaux superficiels, en particulier aux nœuds supéro-médiaux.

Des différents organes de la vulve, seul le gland du clitoris a un territoire de nœuds lymphatiques particulier. De même que les vaisseaux du gland pénien, certains lymphatiques du gland clitoridien se rendent aux nœuds inguinaux profonds ; d'autres vont aux nœuds lymphatiques iliaques externes, après avoir traversé soit le canal fémoral, soit le canal inguinal (Cunéo et Marcille).

Nous avons vu un vaisseau lymphatique né du clitoris aller directement à un nœud lymphatique iliaque interne en passant au-dessous de la symphyse.

d) NERFS. (fig. 393). Les nerfs du mont du pubis et de la partie antérieure des grandes lèvres émanent des branches génitales des nerfs ilio-inguinal et génito-fémoral. ❑ La partie postérieure des grandes lèvres de la vulve est innervée par le rameau périnéal externe et par le rameau superficiel du nerf périnéal, branche du nerf pudendal. ❑ Les petites lèvres de la vulve reçoivent leurs nerfs des rameaux superficiel et profond du nerf périnéal. ❑ C'est également le rameau profond de ce nerf qui innerve le bulbe du vestibule. ❑ Les nerfs dorsaux du clitoris innervent cet organe. ❑ Les nerfs vaso-moteurs proviennent des plexus sympathiques qui accompagnent les artères pour les glandes vestibulaires majeures et les bulbes du vestibule. Ceux des corps caverneux émanent du nerf caverneux du clitoris, qui provient lui-même du plexus hypogastrique inférieur.

PÉRINÉE

Le périnée ou plancher pelvien est l'ensemble des parties molles qui ferment en bas l'excavation pelvienne.

Il a pour limites un cadre ostéo-fibreux, de forme losangique, constitué : en avant, par le bord inférieur de la symphyse du pubis et les branches ischio-pubiennes ; en arrière, par le sommet du coccyx et par les ligaments sacro-tubéraux.

Une ligne transversale menée d'une tubérosité ischiatique à l'autre divise le périnée en deux segments triangulaires, l'un, postérieur, l'autre, antérieur. ❑ Le *triangle postérieur*, traversé par la partie périnéale ou anale du rectum, est le triangle anal, encore appelé *région anale*. ❑ Le *triangle antérieur*, traversé par l'urètre chez l'homme, par l'urètre et le vagin chez la femme, est le triangle uro-génital, souvent désigné encore sous le nom de *région uro-génitale*.

Aux différents conduits qui traversent le périnée sont annexés des muscles et des fascias.

I. PÉRINÉE DE L'HOMME

Nous décrirons d'abord les muscles et les fascias du périnée. Nous montrerons ensuite de quelle manière ces formations musculo-fasciales sont groupées pour constituer les différents étages du périnée et comment sont répartis dans ces différents étages les vaisseaux et les nerfs.

MUSCLES

Les muscles sont disposés sur trois plans : profond, moyen et superficiel.

Le *plan profond* est constitué par les muscles élévateur de l'anus et ischio-coccygien.

Le *plan moyen* ou *uro-génital* est représenté par deux muscles, les muscles transverse profond du périnée et sphincter de l'urètre.

Le *plan superficiel* comprend quatre muscles : les muscles sphincter externe de l'anus, transverse superficiel du périnée, ischio-caverneux et bulbo-spongieux.

A. **Plan profond.**

Les muscles élévateurs de l'anus et ischio-coccygiens forment une cloison concave en haut, tendue entre les parois du bassin et appelée *diaphragme pelvien principal* ou *rectal*. Ce diaphragme présente sur la ligne médiane un grand orifice allongé d'avant en arrière, depuis le pubis jusqu'au rectum, pour le passage de l'urètre, des vaisseaux et des nerfs de la verge.

1. Muscle élévateur de l'anus. Le muscle élévateur de l'anus se compose de deux parties, l'une, latérale, ou sphinctérienne, l'autre, médiale, ou élévatrice (fig. 394 et 396).

a) PARTIE LATÉRALE OU SPHINCTÉRIENNE OU ILIO-COCCYGIENNE (fig. 394). Cette partie du muscle élévateur s'attache : ❑ 1° à la face postérieure du pubis, suivant une ligne oblique en haut et en dehors qui commence à un demi-centimètre environ au-dessus et en dehors de l'extrémité inférieure de la symphyse et finit soit au niveau, soit un peu au-dessous de l'orifice profond du canal sous-pubien ; ❑ 2° au fascia obturateur, suivant une ligne courbe, légèrement concave en haut et en arrière qui s'étend de l'orifice profond du canal sous-pubien ou de son voisinage, à la face interne de l'épine ischiatique ; 3° à la face interne de cette épine. ❑ Quand l'inser-

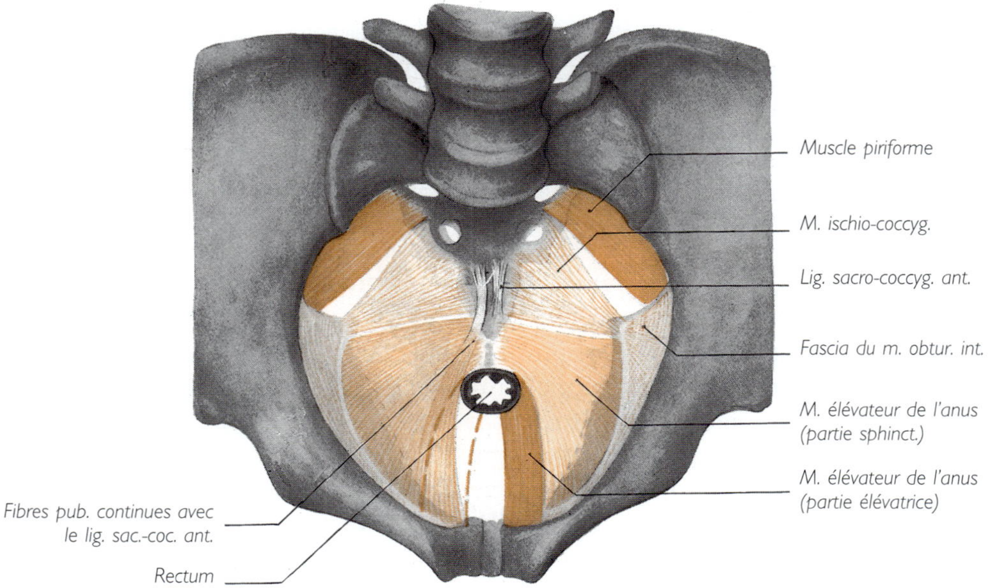

Fig. 394 ▪ Muscles du plan profond du périnée : muscles élévateurs de l'anus et ischio-coccygien (demi-schématique).

tion du muscle élévateur atteint l'orifice du canal sous-pubien, le muscle s'attache également à l'arcade fibreuse qui limite en bas cet orifice.

Le fascia obturateur présente, le long de l'attache des fibres du muscle élévateur, un épaississement large, courbe, concave en haut et en arrière, appelé *arc tendineux du muscle élévateur de l'anus*.

Mais l'attache du muscle élévateur à l'arc tendineux de ce muscle est une fausse insertion. En réalité, les fibres tendineuses du muscle élévateur se confondent à partir de là avec le fascia obturateur et remontent avec lui jusqu'à son attache à l'os coxal, c'est-à-dire jusqu'au voisinage de la ligne arquée de l'ilium.

Un peu au-dessous de l'arc tendineux du muscle élévateur de l'anus, le fascia qui recouvre ce muscle présente, lui aussi, un épaississement qui s'étend de l'extrémité interne de l'attache pubienne du muscle élévateur de l'anus à la face médiale de l'épine ischiatique. Cet épaississement, légèrement arqué et concave en haut, est appelé *arc tendineux du fascia pelvien*.

Seules les extrémités de cette dernière arcade donnent insertion à quelques fibres du muscle élévateur. Sur tout le reste de son étendue, elle est libre de toute attache musculaire ; les fibres charnues passent au-dessous d'elle pour aller se fixer plus haut, sur l'arc tendineux du muscle élévateur de l'anus.

De leur origine, les faisceaux de la partie sphinctérienne du muscle élévateur se dirigent obliquement en dedans, en bas et en arrière. Toutefois leur direction est d'autant plus antéro-postérieure que leur attache est rapprochée du pubis. Ils se terminent en arrière sur les bords latéraux des deux dernières pièces du coccyx et surtout sur le ligament ano-coccygien, qui est en partie produit par l'entrecroisement des fibres sphinctériennes du muscle élévateur. Quelques fibres d'origine pubienne s'étendent jusque sur la face supérieure du coccyx, où elles se continuent avec le ligament sacro-coccygien antérieur du même côté.

Dans leur trajet, les fibres les plus internes de la partie sphinctérienne du muscle élévateur sont séparées de la prostate et du rectum par celles de la partie élévatrice.

b) PARTIE ÉLÉVATRICE OU MÉDIALE OU PUBO-COCCYGIENNE (fig. 394 et 395). La partie élévatrice du muscle élévateur, beaucoup plus étroite que la précédente, s'insère en avant sur le pubis, au-dessus, en dedans et au-dessous des faisceaux les plus médiaux de la portion sphinctérienne. Quelques fibres se détachent du ligament pubo-prostatique.

De là, les fibres se portent en arrière. Dans ce trajet, elles sont surtout placées en dedans de la partie sphinctérienne ; mais elles recouvrent un peu la partie médiale de la face supérieure. Elles croisent la prostate, dont elles sont séparées par le fascia latéral, et se terminent dans les parois antérieure et latérale du rectum. ❑ Les fibres supérieures ou profondes, immédiatement sous-jacentes au fascia pelvien, s'attachent, avec des fibres longitudinales du rectum, à un tissu tendineux compris entre la paroi rectale et le bord médial du muscle élévateur (Laimer). Ce tissu tendineux se présente sur les côtés du rectum sous la forme d'arcades concaves en dedans (arcs tendineux de Laimer). ❑ Les fibres inférieures descendent, avec d'autres fibres longitudinales du rectum, dans la paroi du canal anal et s'étendent jusqu'à la peau de l'anus. Les unes passent à travers le sphincter interne ; ❑ d'autres

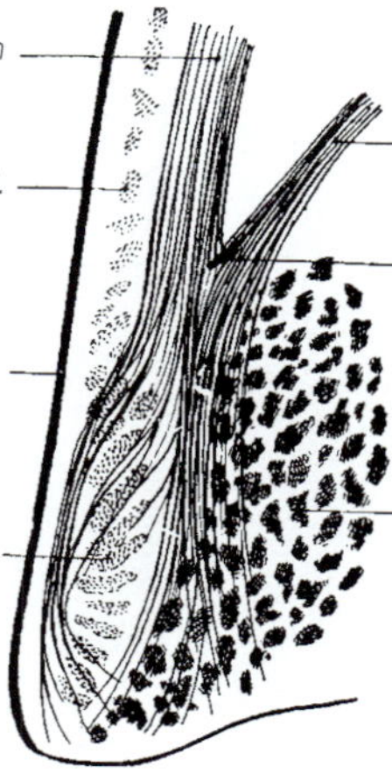

Fig. 395 ▪ Cette figure montre la terminaison dans la région anale des fibres longitudinales du rectum et de la partie élévatrice du muscle élévateur de l'anus.

gagnent les téguments en descendant entre les deux sphincters interne et externe ; ❑ d'autres, enfin, s'insinuent entre les faisceaux du sphincter externe (Jonnesco). Cependant les fibres antérieures, en rapport avec le centre tendineux du périnée, ne traversent ni le sphincter interne, ni le sphincter externe (Gil Vernet).

Les deux muscles élévateurs circonscrivent entre eux, sur la ligne médiane, en avant du rectum, une large ouverture appelée *fente urogénitale*.

c) ACTION. Les faisceaux de la portion sphinctérienne compriment le rectum de dehors en dedans ; de plus, ils rapprochent sa paroi postérieure de sa paroi antérieure parce que leur contraction raccourcit la sangle concave en avant, formée par la portion sphinctérienne des deux muscles élévateurs ; ils sont donc constricteurs du rectum.

La portion élévatrice attire le canal anal en haut et en avant. Elle tend également à dilater ce canal par la traction qu'elle exerce sur ses parois antérieure et latérales.

2. Muscle ischio-coccygien. Le muscle ischio-coccygien est une lame triangulaire, placée en arrière du muscle élévateur de l'anus et tendue de l'épine ischiatique au bord latéral du sacrum et du coccyx (fig. 394 et 396).

a) INSERTIONS ET DESCRIPTIONS. Le muscle ischio-coccygien naît de la face interne de l'épine ischiatique, en arrière de l'attache du muscle élévateur, et très souvent, aussi, par quelques faisceaux de la partie voisine du bord antérieur de l'incisure.

De là, le muscle coccygien se porte en s'élargissant en dedans et en arrière ; il se termine sur le bord latéral ainsi que sur la face antérieure des deux dernières vertèbres sacrales et des deux ou trois premières vertèbres coccygiennes.

Le muscle coccygien est placé sur le même plan que le muscle élévateur de l'anus.

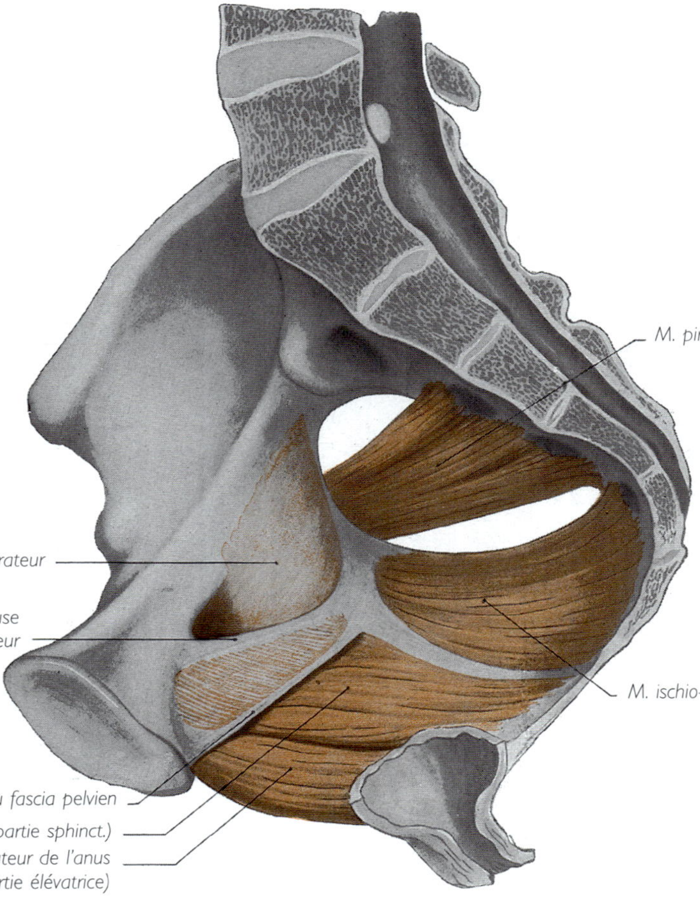

Fig. 396 ▪ Muscles élévateur de l'anus et ischio-coccygien.

Son bord antérieur est contigu au bord postérieur du muscle élévateur. ❑ Son bord postérieur est séparé du bord inférieur du muscle piriforme par un interstice qui livre passage au pédicule vasculo-nerveux glutéal inférieur.

La face inférieure du muscle ischio-coccygien est appliquée sur le ligament sacro-épineux. Parfois même le muscle ischio-coccygien, dont les faisceaux charnus sont fréquemment mêlés à des faisceaux tendineux, est étroitement uni au ligament. Cela tient à ce que le muscle et le ligament ont une commune origine et dérivent d'un *muscle coccygien* dont une partie reste musculaire (ischio-coccygien), tandis que l'autre devient fibreuse (ligament sacro-épineux).

b) ACTION. L'action du muscle ischio-coccygien s'ajoute à celle des faisceaux du muscle élévateur, qui s'attachent au coccyx, pour s'opposer au mouvement d'inclinaison en arrière de cet os et pour former un solide plan de soutien aux organes intrapelviens.

B. **Plan moyen.**

Ce plan musculaire, qui se compose du muscle transverse profond et du muscle sphincter de l'urètre, est tout entier situé dans le triangle antérieur ou uro-génital du périnée, et compris entre les deux feuillets du fascia du diaphragme uro-génital.

1. Muscle transverse profond du périnée.

a) INSERTIONS ET DESCRIPTIONS (fig. 397). Le muscle transverse profond du périnée est aplati, mince, triangulaire. Il s'attache par son extrémité externe, large, à l'ischium et à la branche ischio-pubienne, au-dessus des muscles ischio-caverneux et transverse superficiel.

Les faisceaux musculaires se portent transversalement en dedans, au-dessus du muscle transverse superficiel dont il est séparé par le feuillet superficiel du fascia du diaphragme uro-génital. Ils se terminent en arrière de l'urètre, sur le centre tendineux du périnée.

On donne le nom de *centre tendineux du périnée*, à une masse fibro-musculaire où convergent et s'entrelacent les unes avec les autres les fibres tendineuses de la plupart des muscles des plans superficiel et moyen du périnée (muscles transverses superficiels et profonds, sphincter de l'urètre, sphincter externe de l'anus, bulbo-spongieux).

b) ACTION. Les muscles transverses profonds contribuent pour une grande part à former le plancher uro-génital qui soutient la vessie et la prostate. De plus, la contraction de ces muscles a pour effet de comprimer les veines des corps érectiles qui les traversent. Ces muscles jouent donc un rôle dans l'érection. Ils seraient même, d'après Cruveilhier, l'*agent principal de l'érection*.

2. Muscle sphincter de l'urètre. Le muscle sphincter de l'urètre entoure la portion membraneuse de l'urètre et se prolonge en haut sur une partie de la prostate (fig. 400). De même que le précédent, il est compris entre les deux feuillets du fascia du diaphragme uro-génital.

a) INSERTIONS ET DESCRIPTIONS (fig. 397). Ses fibres profondes, annulaires, s'enroulent autour de l'urètre.

D'autres, situées à la périphérie du muscle, naissent, en avant, de la partie antérieure du feuillet inférieur du fascia du diaphragme uro-génital et du tissu serré, dense, qui entoure le plexus veineux prostatique. Elles se portent en arrière, contournent les faces latérales de l'urètre membraneux et se terminent en arrière du canal urétral en s'entrecroisant avec celles du côté opposé. Quelques-unes de ces fibres s'étendent jusqu'au centre tendineux du périnée. Les faisceaux inférieurs se perdent autour des glandes bulbo-urétrales.

Le sphincter strié forme tout autour de l'urètre membraneux une gaine complète. Au niveau de la prostate, le muscle a été en quelque sorte déchiré par suite du grand développement de la glande prostatique. Le sphincter persiste seulement sur la face

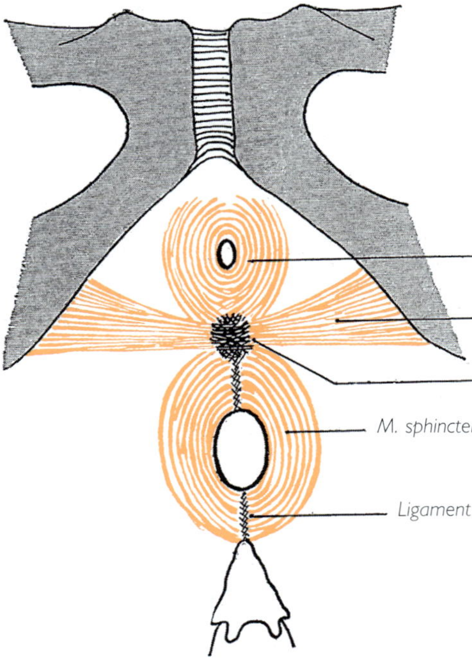

Fig. 397 ▪ Muscles sphincter de l'urètre, transverse profond et sphincter externe de l'anus (schématique).

antérieure de la prostate sous la forme d'une lame qui diminue d'épaisseur de bas en haut et dont les fibres se terminent sur les fascias prostatiques.

b) ACTION. Le muscle sphincter de l'urètre ferme la partie membraneuse de ce canal.

C. **Plan superficiel.**

Les quatre muscles superficiels du périnée se répartissent en deux groupes : un groupe postérieur est représenté par le muscle sphincter externe de l'anus ; le groupe antérieur comprend les muscles transverse superficiel du périnée, ischio-caverneux, bulbo-spongieux. Ces trois derniers muscles sont situés dans le triangle antérieur du périnée et sont annexés aux organes érectiles (fig. 398).

1. Muscle transverse superficiel du périnée. C'est un muscle très variable. Il fait parfois défaut.

a) INSERTIONS ET DESCRIPTION. Ordinairement, le muscle transverse superficiel est une mince languette musculaire constituée par deux ordres de faisceaux. Les uns naissent de la face interne de l'ischium et de la branche ischio-pubienne, au-dessus du corps caverneux et du muscle ischio-caverneux, au-dessous du feuillet profond, du fascia du diaphragme uro-génital et du muscle transverse profond. Ils se portent transversalement en dedans et se terminent sur le centre tendineux du périnée.

D'autres faisceaux proviennent du muscle sphincter externe de l'anus et de la partie pubo-rectale ou élévatrice du muscle élévateur. Ils traversent la ligne médiane en s'entrecroisant avec les éléments du centre tendineux du périnée et s'accolent aux faisceaux du muscle transverse superficiel placé du côté opposé à celui où ils ont pris leur origine.

b) ACTION. Le rôle de ce muscle inconstant et variable doit être de peu d'importance.

D'après certains, il aurait pour fonction de comprimer la partie antérieure du canal anal, et de concourir ainsi à la défécation. De plus, en tirant sur le centre tendineux du périnée, les muscles transverses superficiels immobiliseraient l'attache postérieure du muscle bulbo-spongieux.

2. Muscle ischio-caverneux. C'est un muscle en forme de demi-cornet dont la concavité dirigée en dehors s'applique sur la surface non adhérente de la racine du corps caverneux (fig. 398 et 399).

a) INSERTIONS ET DESCRIPTION. Le muscle ischio-caverneux s'insère : 1° au-dessus et au-dessous de la racine du corps caverneux, sur les deux lèvres de la branche ischio-pubienne ; 2° sur la face interne de l'ischium, en arrière du corps caverneux. Ces

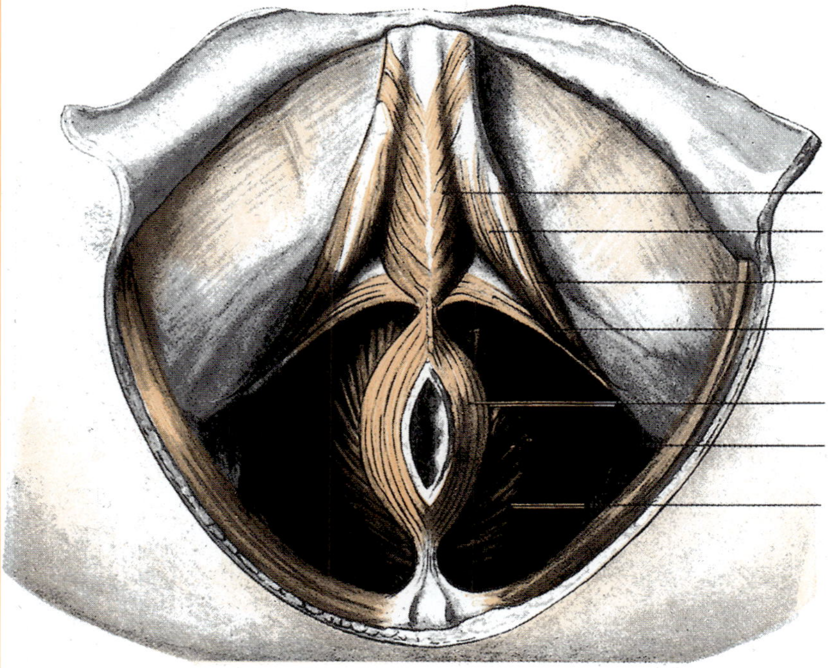

Fig. 398. ▪ Muscles du périnée, plan superficiel.

faisceaux forment un seul corps musculaire qui recouvre en bas, en dedans et en haut, toute la surface non adhérente de la racine du corps caverneux.

Les fibres se terminent, après un trajet de longueur variable, sur l'albuginée des corps caverneux. Cette insertion s'étend jusqu'à celle que prend sur cet organe le muscle bulbo-spongieux.

Les fibres les plus internes vont jusqu'à l'angle d'union des corps caverneux.

3. Muscle bulbo-spongieux. Le muscle bulbo-spongieux est juxta-médian. Il forme avec celui du côté opposé une gouttière concave en haut, qui recouvre le bulbe du pénis et le corps spongieux jusqu'à la jonction de cet organe avec les corps caverneux (fig. 398 et 399).

a) INSERTIONS ET DESCRIPTION. Il s'insère en arrière sur le centre tendineux du périnée, et en avant de ce corps tendineux, sur le raphé médian qui unit, au-dessous du bulbe du pénis, les deux muscles bulbo-spongieux.

Les faisceaux charnus se disposent sur deux plans principaux.

PLAN SUPERFICIEL. Il se compose de fibres obliques en avant et en dehors. ❑ Les *fibres antérieures* se terminent sur l'albuginée du corps spongieux et sur le tissu fibreux qui unit le corps spongieux au corps caverneux. Parfois, un faisceau contourne la face latérale et la face dorsale du corps caverneux et s'unit sur la ligne médiane à celui du côté opposé par des fibres tendineuses confondues avec le fascia pénis. Ce faisceau est généralement appelé *muscle bulbo-spongieux*. ❑ Les *fibres pos-*

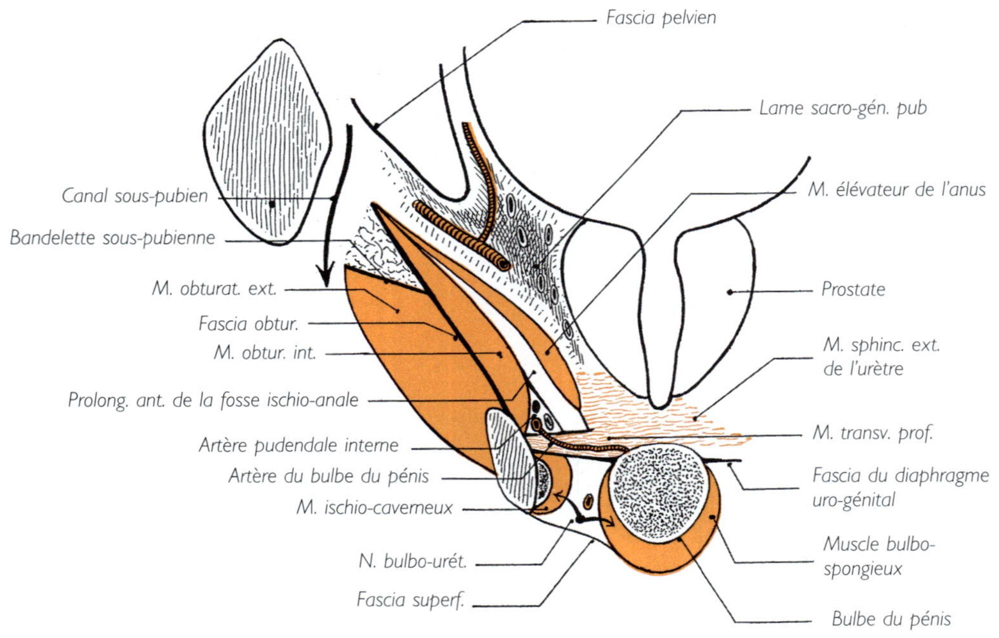

Fig. 399 ▪ Coupe transversale du périnée antérieur chez l'homme (schématique).

térieures se fixent sur la face inférieure du corps spongieux et aussi dans l'angle d'union du bulbe avec le feuillet inférieur du fascia du diaphragme uro-génital.

PLAN PROFOND (fig. 398). Appelé *muscle bulbo-spongieux*, ce plan est formé de fibres qui se portent en avant et en haut, en s'enroulant sur la saillie latérale hémisphérique du bulbe du pénis qu'elles coiffent.

Elles s'unissent à celles du côté opposé par une lame tendineuse qui passe transversalement sur la face supérieure du bulbe.

b) ACTION DES MUSCLES ISCHIO-CAVERNEUX ET BULBO-SPONGIEUX. Ces deux muscles déterminent l'érection de la manière suivante : ils compriment les organes érectiles auxquels ils s'attachent ; ils chassent ainsi le sang qu'ils contiennent dans la partie antérieure ou pénienne de ces organes dont ils augmentent la rigidité. De plus, le muscle bulbo-spongieux comprime la veine dorsale profonde du pénis ; il concourt donc à l'érection en s'opposant au retour du sang veineux.

4. Muscle sphincter externe de l'anus.

a) INSERTIONS ET DESCRIPTION (fig. 398). Ce muscle est situé autour du canal anal. Les fibres qui le constituent forment deux arcs qui circonscrivent le canal anal et se réunissent en avant et en arrière de ce conduit.

Elles s'insèrent : en arrière, sur la pointe du coccyx, sur le ligament ano-coccygien et sur la face profonde de la peau ; ❑ en avant, sur le centre tendineux du périnée et sur la face profonde de la peau.

Le muscle sphincter externe de l'anus est étroitement uni par sa face profonde au muscle sphincter interne, sauf le long de son bord inférieur, où il déborde en bas ce dernier muscle et se met directement en contact avec la muqueuse anale et les téguments. ❑ En haut, le muscle sphincter externe est contigu aux faisceaux les plus inférieurs de la portion pubo-rectale du muscle élévateur. ❑ Il répond par sa face externe au tissu adipeux de la fosse ischio-anale.

b) ACTION. Le muscle sphincter externe de l'anus ferme le canal anal.

FASCIAS

Chacun des plans musculaires du périnée possède un revêtement fascial particulier.

Nous avons donc à décrire trois fascias du périnée : un *fascia superficiel* pour les muscles superficiels ; un *fascia du diaphragme uro-génital* en rapport avec le plan musculaire moyen ; enfin, un fascia pelvien qui recouvre le diaphragme pelvien principal.

Le fascia superficiel du périnée, sous-cutané, s'étend seulement dans le périnée antérieur et recouvre les muscles superficiels du triangle uro-génital, c'est-à-dire les muscles transverse superficiel, ischio-caverneux et bulbo-spongieux (voir fig. 399 et fig. 405).

Il s'attache, *sur les côtés*, à la lèvre externe du bord inférieur des branches ischio-pubiennes. ❑ En arrière, le fascia se confond sur la ligne médiane avec le centre tendineux du périnée, tandis que, de part et d'autre du centre tendineux, elle contourne le bord postérieur du muscle transverse superficiel et s'unit, au-dessus de ce muscle, au feuillet inférieur du fascia du diaphragme uro-génital. ❑ En avant, enfin, le fascia superficiel du périnée se continue avec le fascia pénis. ❑ Sa face superficielle est recouverte par le tissu sous-cutané. ❑ Sa face profonde émet des expansions qui tapissent les muscles transverse superficiel, ischio-caverneux et bulbo-spongieux, et se soudent, à la limite profonde de ces muscles, avec le feuillet inférieur du fascia du diaphragme uro-génital.

A. **Fascia du diaphragme uro-génital.**

De même que le fascia superficiel du périnée, le fascia du diaphragme uro-génital, de forme triangulaire, occupe seulement le triangle antérieur ou uro-génital du périnée.

Il se compose de deux feuillets, l'un, inférieur, l'autre, supérieur ou profond, comprenant entre eux les muscles du plan moyen, c'est-à-dire le muscle transverse profond en arrière et le muscle sphincter externe de l'urètre en avant (fig. 399 et 400).

FEUILLET INFÉRIEUR (fig. 400 et 401). Ce feuillet est une lame fibreuse épaisse et résistante, longtemps décrite sous le nom de *fascia inférieur du diaphragme uro-génital*. Il s'insère en dehors sur la face interne de l'ischium et sur la lèvre interne du bord inférieur de la branche ischio-pubienne, immédiatement au-dessus des attaches du corps caverneux et du muscle ischio-caverneux. Il adhère à ces organes, sauf en arrière, où il en est séparé par les insertions du muscle transverse superficiel.

Le feuillet inférieur du fascia du diaphragme uro-génital s'étend de là transversalement de dehors en dedans, et se fixe sur l'albuginée du bulbe du pénis et du corps spongieux de l'urètre, au-dessus du muscle bulbo-spongieux. ❑ Son bord postérieur se confond sur la ligne médiane avec le centre tendineux du périnée ; il s'unit, de chaque côté de ce centre, au fascia superficiel du périnée qui est au-dessous, et au feuillet profond du fascia du diaphragme uro-génital qui est au-dessus. ❑ En avant, le feuillet inférieur du fascia du diaphragme uro-génital se prolonge entre les corps caverneux jusqu'à leur union sur la ligne médiane, en comblant l'espace anguleux qui les sépare. Cette dernière partie du feuillet fascial est communément appelée *fascia inférieur du diaphragme uro-génital* ou *bandelette sus-urétrale ou lame interfémorale*.

En définitive, le feuillet inférieur du fascia du diaphragme uro-génital réalise un système d'attache du bulbe du pénis et du corps spongieux qu'il amarre solidement aux branches ischio-pubiennes (Paul Delbet).

La texture de ce feuillet n'est pas la même partout. Elle est épaisse en avant, dans l'angle d'écartement des corps caverneux, où elle forme le fascia inférieur du diaphragme uro-génital. En arrière de cette lame et jusqu'au voisinage de l'urètre membraneux, le fascia devient encore plus épais et plus résistant ; il présente ici l'aspect d'une bandelette transversale, à laquelle on donne le nom de *fascia supérieur du diaphragme uro-génital*. En arrière de l'urètre, enfin, le fascia s'amincit ; il recouvre, dans toute cette région rétro-urétrale, la face inférieure du muscle transverse profond.

La lame sus-urétrale, le fascia supérieur du diaphragme uro-génital et le feuillet de revêtement inférieur du muscle transverse profond ne sont pas des formations indépendantes. Ces différents fascias constituent un tout partout continu.

FEUILLET SUPÉRIEUR OU PROFOND (fig. 401). Celui-ci est une mince lame fibro-celluleuse qui recouvre la face supérieure des muscles transverse profond et sphincter strié de l'urètre.

En arrière, le feuillet profond se perd dans le centre tendineux du périnée ; de chaque côté de ce corps tendineux, il s'unit au feuillet superficiel.

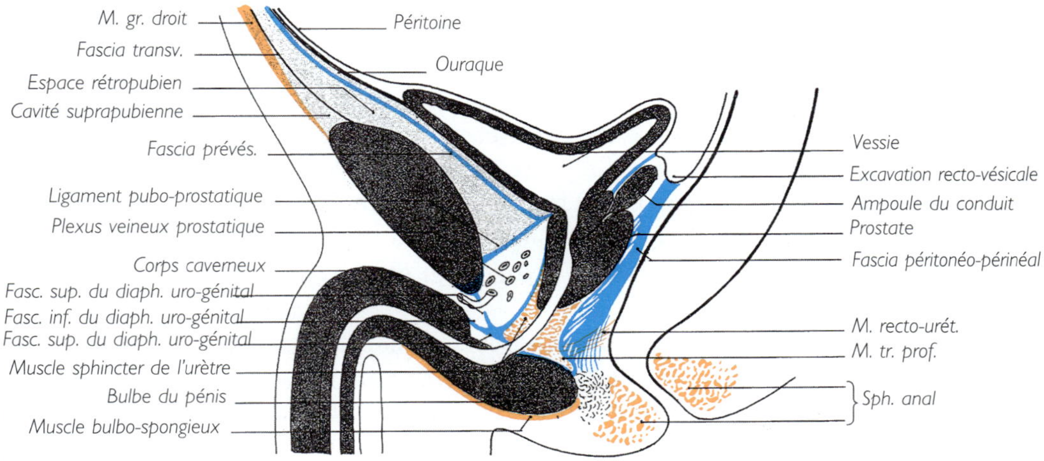

Fig. 400 ▪ Coupe médiane et antéro-postérieure du bassin chez l'homme. Vessie vide (schématique).

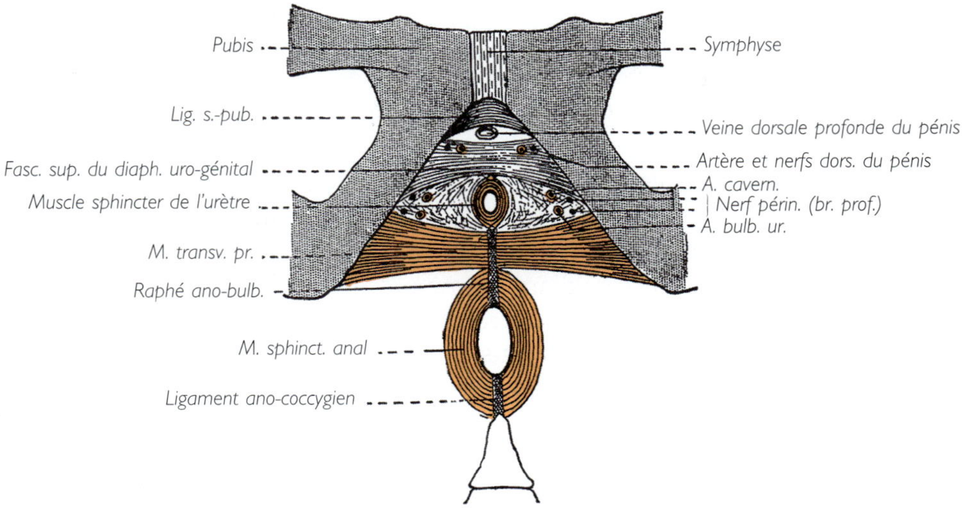

Fig. 401 ▪ Fascia du diaphragme uro-génital (schéma).
Le revêtement fascial de la face inférieure du muscle transverse profond n'a pas été représenté.

Le muscle sphincter strié de l'urètre, le plus antérieur et le plus profond des deux muscles du plan moyen, n'atteint pas le bord antérieur de l'arcade pubienne. Et, lorsque ce muscle cesse d'exister, le feuillet supérieur du fascia du diaphragme uro-génital s'unit au feuillet inférieur qui, en cet endroit, est constitué par le fascia supérieur du diaphragme uro-génital. Sur les côtés, les vaisseaux pudendaux et le nerf dorsal du pénis se dégagent du feuillet supérieur du fascia et croisent normalement le bord antérieur du ligament transverse ou parfois traversent la partie antérieure de ce ligament.

Un peu en avant de la ligne d'union des deux feuillets, le ligament transverse se divise le long de son bord antérieur en deux lames : l'une se dirige en avant et devient la bandelette sus-urétrale ; l'autre, qui pourrait être appelé *fascia supérieur du diaphragme uro-génital*, se porte en avant et en haut et s'attache au bord inférieur du ligament sous-pubien. D'après Grégoire et Mounier, cette dernière lamelle représente la partie du feuillet supérieur du fascia du diaphragme uro-génital qui déborde en avant sa zone de soudure au fascia supérieur du diaphragme uro-génital.

Le fascia supérieur du diaphragme uro-génital est traversé sur la ligne médiane par la veine dorsale profonde du pénis.

Sur les côtés, le feuillet supérieur du fascia du diaphragme uro-génital s'attache à la branche ischio-pubienne, au-dessus de l'insertion du muscle transverse profond. Le long de cette insertion courent, au-dessus du feuillet fascial, le nerf dorsal du pénis et les vaisseaux pudendaux internes, recouverts par une lamelle fibro-celluleuse tendue du fascia du muscle obturateur interne au feuillet supérieur du fascia du diaphragme uro-génital (fig. 399). Ainsi le paquet vasculo-nerveux pudendal interne chemine dans la région uro-génitale, le long des branches ischio-pubiennes, dans un canal fascial qui fait suite à la gaine fibreuse que lui forme le fascia du muscle obturateur interne sur la paroi externe de la fosse ischio-anale.

On peut aussi bien dire que les vaisseaux et nerfs pudendaux internes cheminent dans l'épaisseur du fascia du diaphragme uro-génital. Dans ce cas, la lamelle fibreuse qui unit le fascia du muscle obturateur au feuillet supérieur du fascia du diaphragme uro-génital doit être considérée comme une dépendance du feuillet supérieur de ce fascia.

Dans la région uro-génitale, la veine pudendale interne est le plus souvent en dedans de l'artère, et le nerf dorsal du pénis, branche terminale du nerf pudendal, chemine au-dessus de l'artère (fig. 399).

Le feuillet supérieur du fascia du diaphragme uro-génital rencontre, vers le milieu du périnée antérieur, la prostate et l'urètre membraneux. Il se réfléchit de bas en haut sur ces organes en recouvrant le muscle sphincter de l'urètre qui les engaine (Grégoire et Mounier). En arrière et sur les côtés, le feuillet se perd dans le tissu des fascias prostatique et péritonéo-périnéal. En avant, il recouvre toute la face antérieure de la prostate et prend le nom de *lamelle préprostatique*.

B. **Fascia pelvien.**

Le fascia pelvien recouvre le diaphragme pelvien principal formé par les muscles élévateurs de l'anus et ischio-coccygiens. Il se continue en dehors et en haut avec le fascia du muscle obturateur interne ; en arrière, avec le feuillet fascial qui recouvre le plexus sacral. Avec la plupart des auteurs, nous entendrons sous le nom de fascia pelvien non pas seulement le revêtement fascial des muscles élévateurs et ischio-coccygiens, mais tout le plan fibreux qui recouvre les parties molles des parois de l'excavation : muscles, plexus sacral, pudendal et sacro-coccygien.

Son aspect n'est pas uniforme. Le fascia pelvien présente, en effet, plusieurs épaississements parmi lesquels nous avons déjà décrit, à propos des insertions du muscle élévateur, l'arc tendineux du fascia pelvien et l'arc tendineux du muscle élévateur de l'anus. Ces deux arcades fibreuses s'insèrent ensemble, en arrière, sur l'épine ischiatique (fig. 399b).

De cette saillie osseuse partent deux autres épaississements ; l'un, ascendant, longe de bas en haut le bord antérieur de l'incisure ; l'autre, oblique en bas et en dedans, répond à l'interstice compris entre le muscle piriforme et le plexus sacral d'une part, le muscle ischio-coccygien d'autre part. Ces deux épaississements et l'arc tendineux du muscle élévateur de l'anus rayonnent de l'épine ischiatique à la manière d'une étoile à trois branches (Rogie).

Le fascia pelvien présente de chaque côté : deux faces, l'une, inférieure, l'autre supérieure ; et deux bords, l'un, supérieur, ou latéral, l'autre, inférieur, ou médial (fig. 399).

La *face inférieure* est appliquée sur les muscles, ainsi que sur les plexus sacral, pudendal et sacro-coccygien.

La *face supérieure* est séparée du péritoine par un espace, appelé *pelvi-viscéral*, contenant l'uretère, le conduit déférent, ainsi que les vaisseaux et nerfs des viscères pelviens. L'espace pelvi-viscéral sera décrit plus loin.

Le *bord supérieur* ou *latéral* représente la ligne d'attache du fascia pelvien. Celle-ci commence sur la face postérieure du pubis, immédiatement au-dessus des insertions du muscle élévateur de l'anus. Elle se confond ensuite avec le bord supérieur du fascia du muscle obturateur interne et forme avec celui-ci l'arcade fibreuse qui limite en bas l'orifice d'entrée de la gouttière sous-pubienne. Après avoir longé les insertions supérieures du muscle obturateur interne, le bord périphérique du fascia pelvien croise la partie supérieure de la grande incisure ischiatique et gagne le sacrum, où elle s'attache en dedans des foramens sacraux pelviens.

Le *bord inférieur* ou *interne* a une disposition différente en avant, en arrière et au niveau du rectum. ❑ En avant du rectum, le fascia se réunit, le long du bord inférieur du muscle élévateur de l'anus, au fascia prostatique, et, par son intermédiaire, au fascia du diaphragme uro-génital. ❑ En arrière du rectum, le bord interne du fascia pelvien adhère au raphé ano-coccygien et se continue avec le fascia du côté opposé. ❑ Au niveau du rectum, il s'unit à la gaine fibreuse du rectum pelvien.

Le muscle élévateur de l'anus est également recouvert sur sa face inférieure par un mince feuillet fibro-celluleux qui ne présente aucune particularité à signaler.

II. PÉRINÉE DE LA FEMME

Les muscles et les fascias du périnée de la femme ont la même disposition générale que chez l'homme. Les différences qui existent tiennent à ce que l'appareil génital, représenté dans la traversée du périnée par le vagin, est indépendant de l'appareil urinaire constitué dans cette région par l'urètre. De plus, ces deux canaux, urètre et vagin, débouchent dans une même dépression médiane, antéro-postérieure, le *vestibule du vagin,* qui divise en deux moitiés latérales le bulbe et sépare les muscles qui lui sont annexés.

MUSCLES

A. Plan profond.

1. Muscle élévateur de l'anus. Le muscle élévateur de l'anus a les mêmes insertions chez la femme que chez l'homme. Les rapports seuls diffèrent.

Le bord interne du muscle élévateur répond d'avant en arrière : au ligament pubovésical, auquel il s'attache, au plexus veineux pré-urétral, à l'extrémité supérieure de l'urètre, au bord latéral du vagin qu'il croise à l'union de ses deux tiers supérieurs avec son tiers inférieur, enfin à l'extrémité supérieure de la portion anale du rectum. Le muscle élévateur est très adhérent à la paroi vaginale.

Avant de s'enfoncer dans la paroi rectale, les fibres les plus internes du muscle élévateur appartenant à la partie pubo-rectale de ce muscle s'insinuent entre le vagin et le rectum jusqu'à la ligne médiane. Ainsi les deux muscles élévateurs s'unissent l'un à l'autre sur la ligne médiane, dans l'intervalle compris entre le vagin et le rectum.

2. Muscle ischio-coccygien. Le muscle ischio-coccygien a les mêmes insertions et les mêmes rapports que chez l'homme.

B. Plan moyen.

1. Muscle transverse profond du périnée. Chez la femme, le muscle transverse profond du périnée est plus large que chez l'homme et s'attache en dedans au centre tendineux du périnée. Le centre tendineux du périnée est situé dans l'espace triangulaire recto-vaginal, compris entre la partie périnéale du rectum et celle du vagin.

2. Muscle sphincter de l'urètre. Ce muscle, naît, comme chez l'homme, de la partie antérieure du feuillet inférieur du fascia du diaphragme urogénital et du tissu dense qui entoure le plexus veineux pré-urétral. Les fibres contournent les parois latérales de l'urètre et se terminent en arrière de ce canal, d'une manière différente en haut et en bas. ❑ En haut, elles se perdent dans le tissu qui sépare l'urètre du vagin. ❑ En bas, elles se terminent en partie dans le tissu conjonctif dense qui unit étroitement l'urètre au vagin, en partie sur la paroi du vagin en dehors de la cloison urétro-vaginale.

C. Plan superficiel.

Le plan superficiel comprend cinq muscles.

L'un d'eux, le muscle sphincter externe de l'anus, est situé dans le triangle rectal du périnée. Les quatre autres occupent le triangle uro-génital. Ce sont : les muscles transverse superficiel, ischio-caverneux, bulbo-spongieux et constricteur de la vulve (fig. 402 et 404).

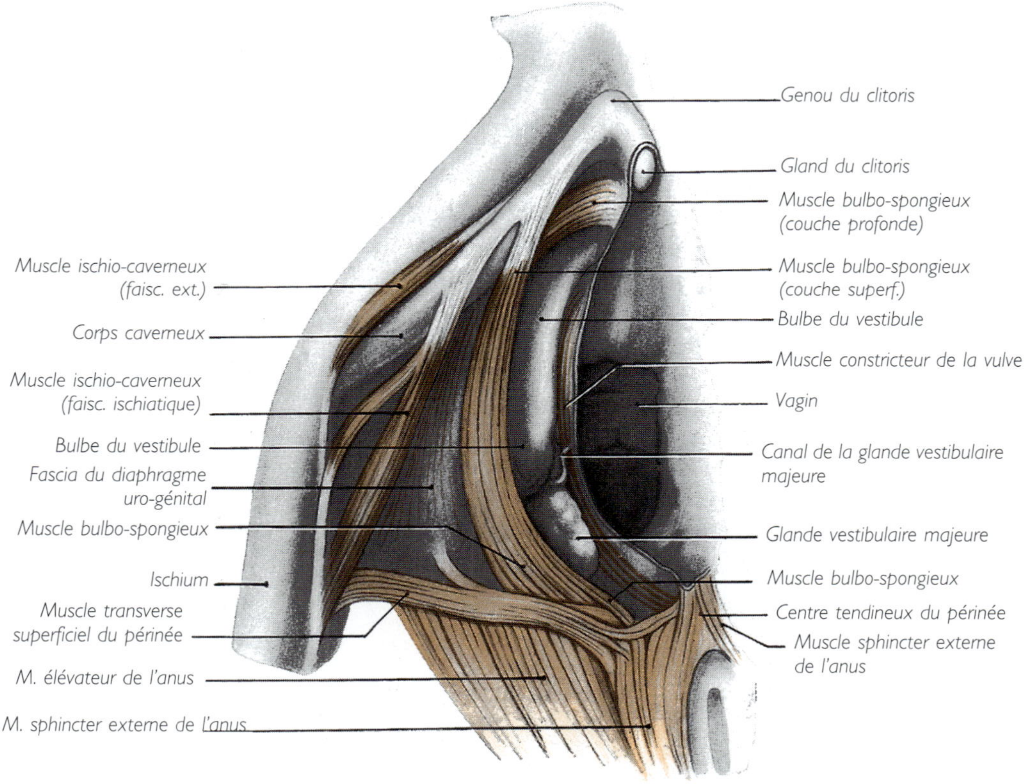

Fig. 402 ▪ Muscles superficiels du périnée chez la femme (d'après Henle, un peu modifié).

1. Muscles sphincter externe de l'anus, ischio-caverneux et transverse superficiel du périnée. Leur disposition est identique à celle que ces trois muscles présentent chez l'homme.

2. Muscle bulbo-spongieux. Le muscle bulbo-spongieux chez la femme recouvre la face externe du bulbe.

Il s'insère en arrière par une extrémité large et mince sur le centre tendineux du périnée.

Le muscle se porte en haut et en avant, en devenant de plus en plus étroit. Il recouvre la face externe de la glande vestibulaire majeure et la surface externe du bulbe (fig. 402).

On lui reconnaît deux couches principales, l'une, profonde, l'autre, superficielle. ❑ La *couche profonde* se termine en partie sur le bulbe lui-même ; certains de ces faisceaux s'inclinent en dedans et se perdent, en avant de l'urètre, dans le réseau veineux intermédiaire de Kolbet (muscle bulbo-spongieux). ❑ La *couche superficielle* s'attache en partie sur la face latérale des corps caverneux du clitoris. Certains de ces faisceaux passent sur la face dorsale de cet organe et se continuent avec ceux du muscle opposé par l'intermédiaire du fascia clitoridien.

L'action des muscles du périnée de la femme que nous venons de décrire est la même que celle des muscles analogues du périnée de l'homme.

3. Muscle constricteur de la vulve ou constricteur du vestibule du vagin. Le muscle constricteur du vestibule du vagin est une mince nappe musculaire placée en dedans du bulbe et de la glande vestibulaire majeure sur la paroi latérale du vagin (fig. 402 et 404).

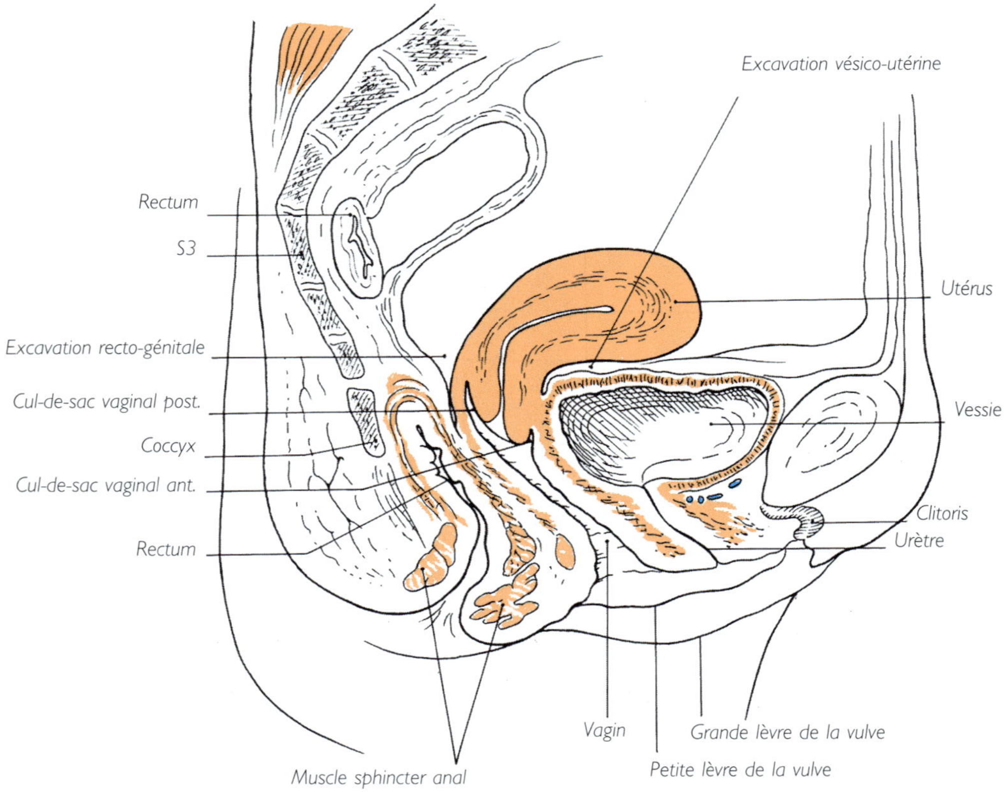

Fig. 403 ▪ Coupe sagittale médiane du bassin chez la femme.

Ce muscle s'attache en arrière au centre tendineux du périnée ; il se termine en avant sur la paroi antérieure du vagin et sur le tissu dense de la cloison urétro-vaginale (Lesshaft).

Le muscle constricteur du vestibule du vagin rétrécit, en se contractant, l'orifice inférieur du vagin. C'est la contraction de ce muscle qui produit le vaginisme inférieur.

FASCIAS

Les fascias du périnée féminin seraient en tout point semblables à ceux de l'homme, s'ils n'étaient traversés par la longue fente médiane qui livre passage à l'urètre et au vagin (fig. 404).

Le *fascia superficiel du périnée* présente avec les muscles ischio-caverneux, transverse superficiel et bulbo-spongieux, les mêmes rapports que chez l'homme. Il se perd, en dedans, dans le tissu conjonctif de la base des petites lèvres de la vulve. En avant, le fascia superficiel du périnée se continue avec le fascia clitoridien.

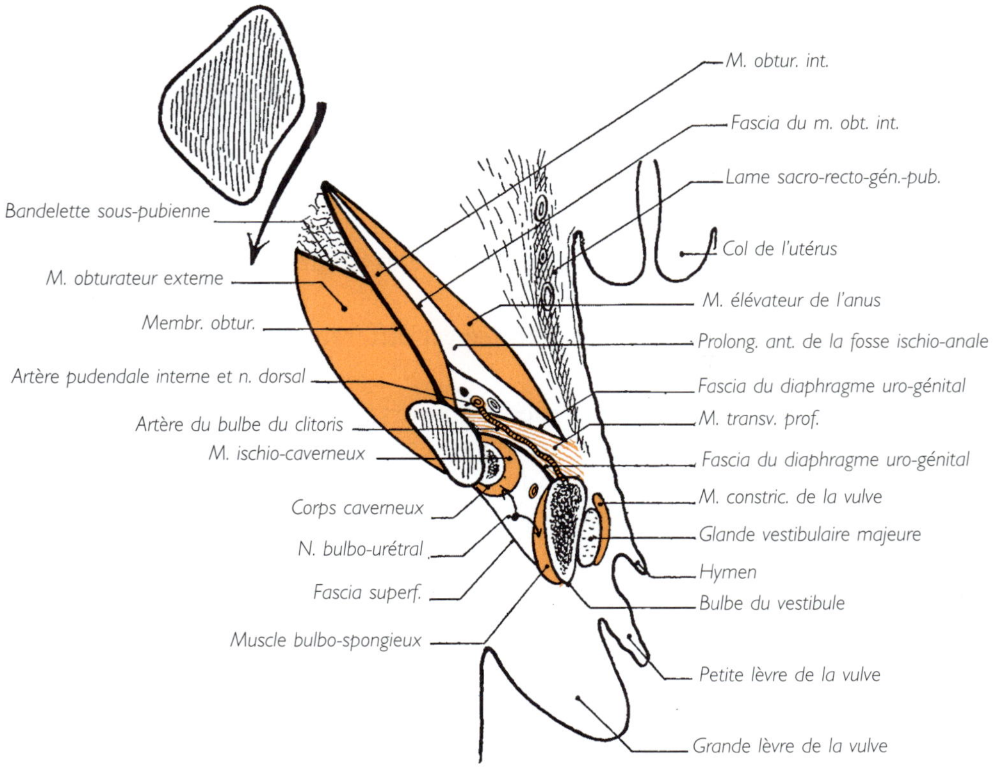

Fig. 404 ▪ Coupe vertico-transversale du périnée antérieur chez la femme (schématique).

Le *fascia du diaphragme uro-génital* comprend deux feuillets : le feuillet inférieur s'étend transversalement de la branche ischio-pubienne au bulbe du vestibule. Son feuillet supérieur a la même disposition générale que chez l'homme ; il se termine en dedans sur la paroi latérale de l'urètre et du vagin.

Le *fascia pelvien*, enfin, a le même aspect et les mêmes limites périphériques que celui de l'homme. En dedans, ce fascia au niveau de l'arc tendineux du fascia pelvien est en rapport, d'arrière en avant, avec l'urètre, le vagin et le rectum (De Lancey).

ANATOMIE TOPOGRAPHIQUE DU PÉRINÉE

Ayant étudié la constitution du périnée, il reste à décrire l'anatomie topographique du périnée antérieur chez l'homme et chez la femme, celle du périnée postérieur est identique dans les deux sexes.

Nous verrons enfin l'espace pelvirectal supérieur situé entre le péritoine pelvien et le périnée proprement dit.

PÉRINÉE DE L'HOMME

FORME EXTÉRIEURE. L'anus est placé dans le triangle postérieur du périnée, en arrière de la ligne bi-ischiatique qui unit les deux tubérosités de l'ischium.

En avant de l'anus, on voit une saillie large, médiane, antéro-postérieure, qui se perd en avant dans les bourses. Cette saillie est déterminée par le bulbe du pénis, le corps spongieux et les muscles bulbo-spongieux. Un raphé médian la parcourt sur toute sa longueur et se prolonge sur le scrotum.

Le bord inférieur des muscles grands fessiers fait saillie à la limite postérieure de la région.

CONSTITUTION. La constitution du périnée est différente dans le périnée antérieur et dans le périnée postérieur.

1. Périnée antérieur. Une coupe vertico-transversale montre que le périnée antérieur se compose de quatre plans : un plan supra-fascial et trois plans musculo-fasciaux : superficiel, moyen et profond (fig. 399).

a) PLAN SUPRA-FASCIAL. Le peau fine, mince et mobile en avant, s'épaissit en arrière, où elle devient adhérente.

Sous la peau on trouve, de la superficie vers la profondeur : un pannicule adipeux qui s'amincit d'arrière en avant, un fascia superficialis et un tissu cellulaire lamelleux sous-cutané.

Celui-ci se continue avec la tunique celluleuse des bourses. Il contient les artères périnéales superficielles, branches des artères pudendales internes, les veines satellites de ces artères, les ramifications des rameaux périnéal externe et périnéal superficiel du nerf pudendal, le rameau périnéal du nerf ischiatique (fig. 405, côté gauche de la figure), enfin des lymphatiques tributaires des nœuds inguinaux superficiels.

La séparation par un fascia superficialis entre le pannicule adipeux et le tissu celluleux sous-cutané n'est bien nette que dans la partie antérieure de la région. En arrière, toutes ces couches sont plus ou moins confondues.

b) PLAN SUPERFICIEL. (fig. 399 et 405). Ce plan se compose du fascia superficiel du périnée et des formations comprises entre ce fascia et celui du diaphragme uro-génital. Il contient les racines des corps caverneux, le bulbe du pénis, la partie périnéale du corps spongieux, et les trois muscles : ischio-caverneux, bulbo-spongieux et transverse superficiel.

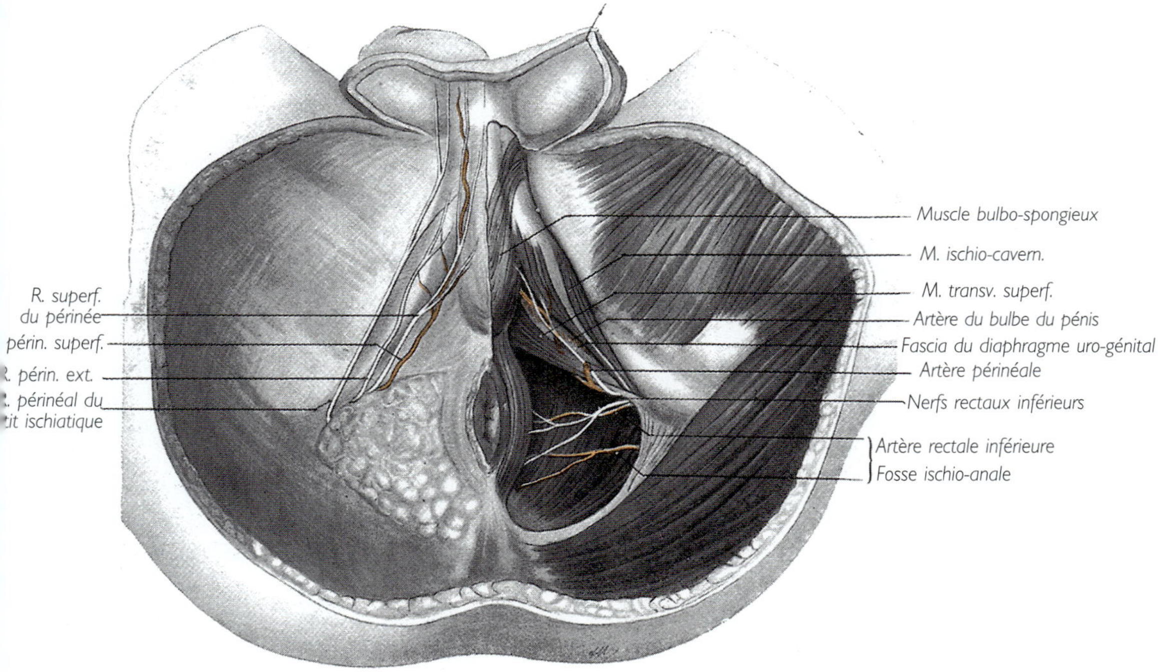

Fig. 405 ▪ Périnée chez l'homme.
À droite (côté gauche de la figure), plans superficiels. — À gauche, plans infra-fasciaux et fosse ischio-anale. Sur la préparation qui a servi de modèle, le nerf bulbo-urétral, qui est désigné à droite de la figure par le même filet que l'artère périnéale superficielle, croisait la face superficielle du transverse superficiel du périnée.

Le fascia superficiel du périnée émet des expansions qui recouvrent ces muscles et s'unissent ensuite, dans la profondeur, au feuillet inférieur du fascia du diaphragme uro-génital.

Les muscles et leur revêtement limitent, de part et d'autre de la ligne médiane, un espace triangulaire, appelé *triangle ischio-bulbaire*. Un peu de tissu cellulaire remplit ce triangle que traversent quelques petits vaisseaux sans importance et le rameau bulbo-urétral du nerf pudendal. Ce rameau donne des filets aux trois muscles du triangle ischio-bulbaire.

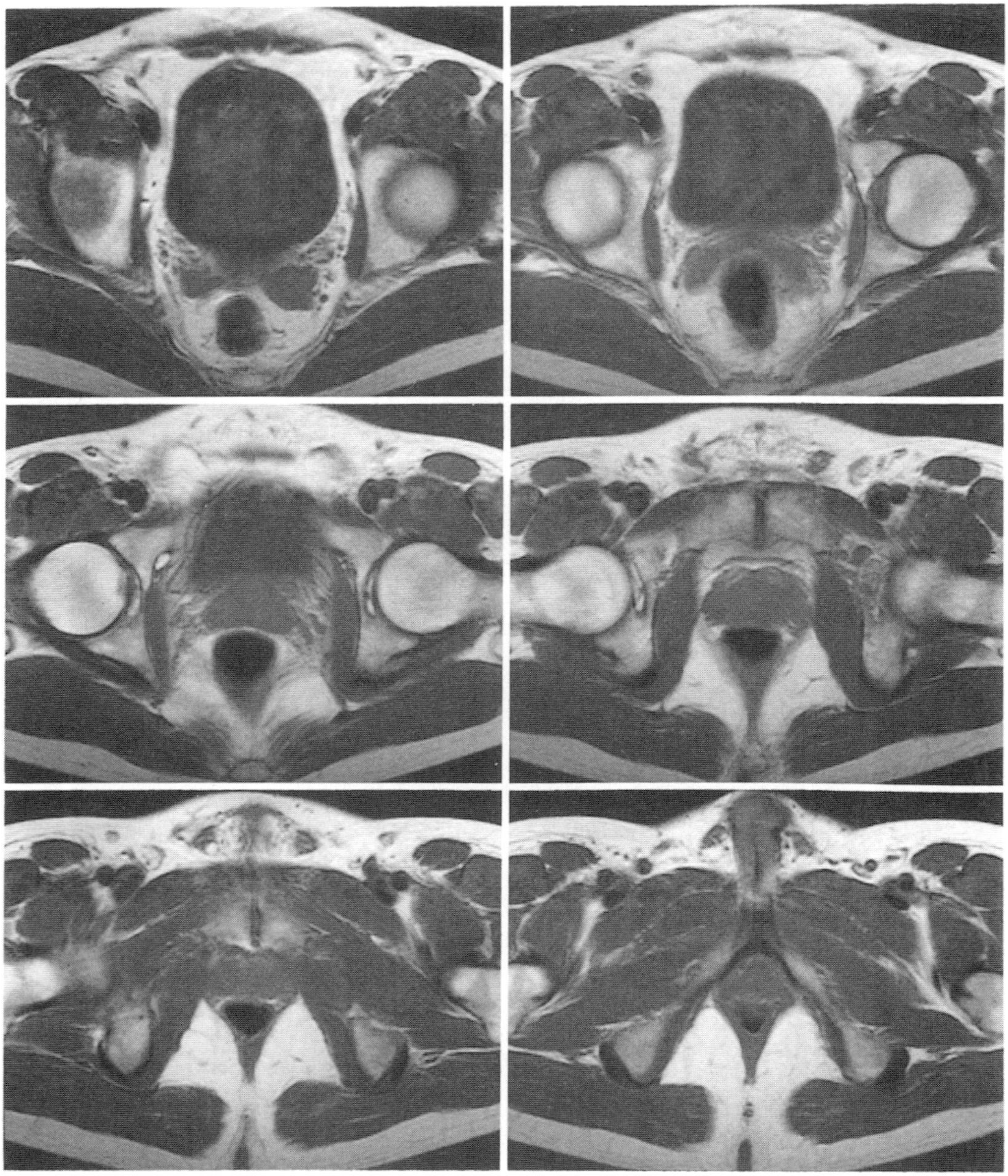

Planche X. — Sur le vivant : série de coupes horizontales du bassin et du périnée chez l'homme, de haut en bas (cranio-caudales), en IRM. Voir la suite, planche XI.

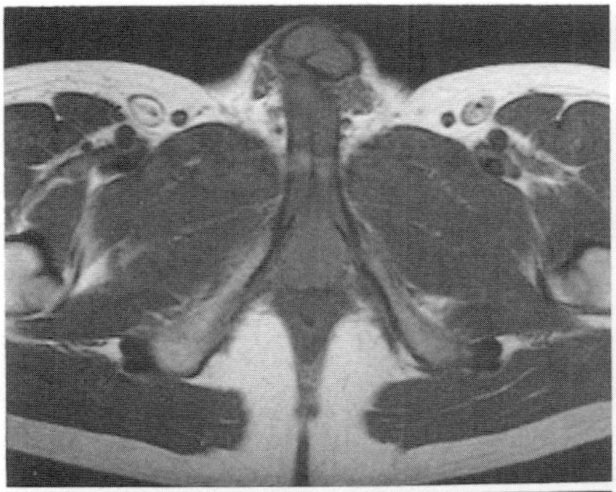
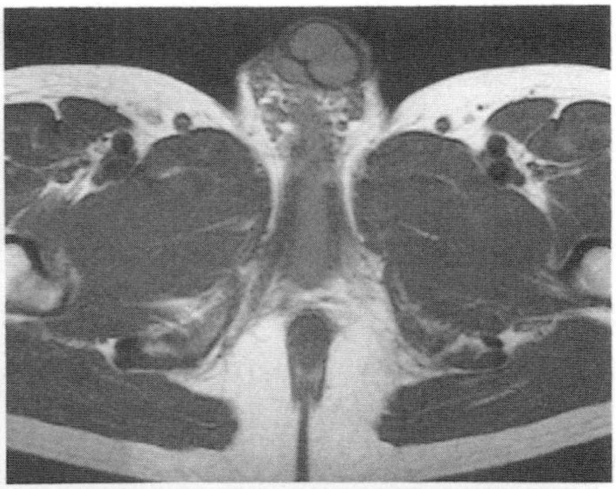
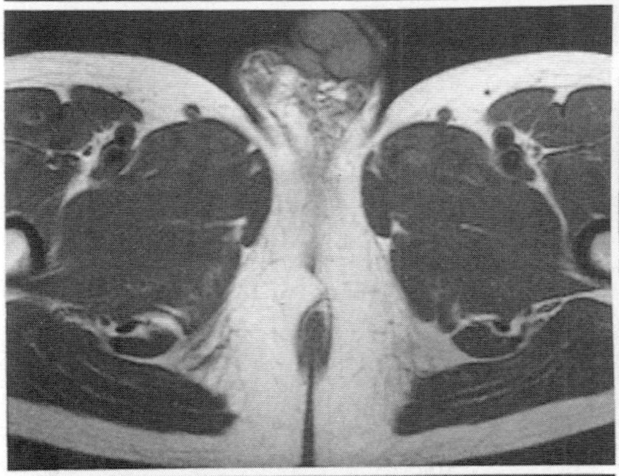
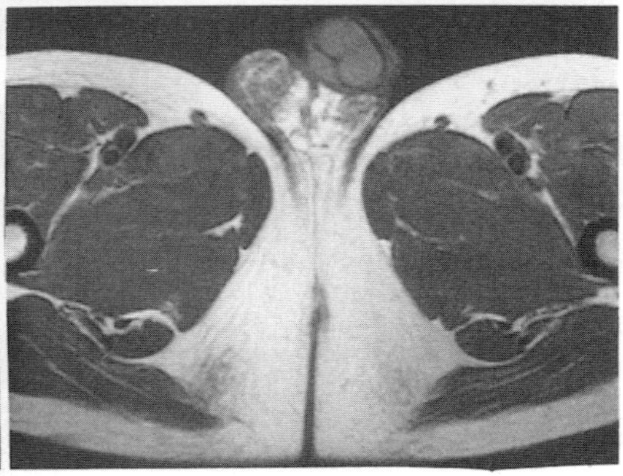
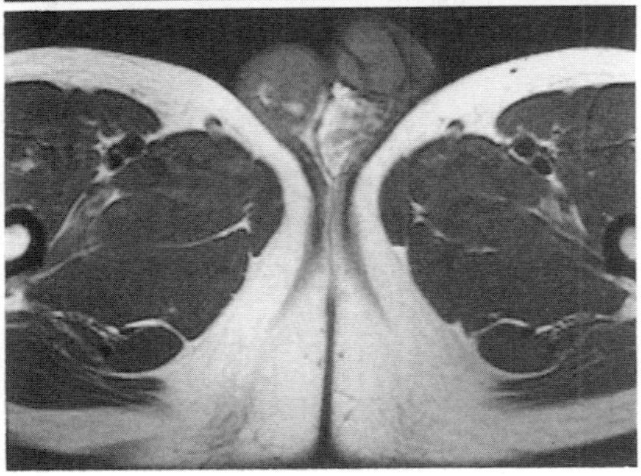

Planche XI (suite de la planche X). — Sur le vivant : fin de la série des coupes horizontales du bassin et du périnée chez l'homme, de haut en bas (cranio-caudales), en IRM.

c) PLAN MUSCULO-FASCIAL MOYEN. (fig. 399). Le plan moyen se compose des muscles transverse profond et sphincter strié de l'urètre, compris entre les deux feuillets du fascia du diaphragme uro-génital. Dans ce plan monte, le long des branches ischio-pubiennes, le paquet vasculo-nerveux pudendal interne, constitué de dehors en dedans et de haut en bas par le nerf dorsal du pénis, l'artère et les veines pudendales internes.

Ces vaisseaux et nerfs sont contenus dans un canal fascial, constitué en bas par le feuillet supérieur du fascia du diaphragme uro-génital, en dehors par le fascia du muscle obturateur interne, en haut par un feuillet fibreux réunissant ces deux fascias. Ils quittent l'étage moyen du périnée en passant dans le fascia supérieur du diaphragme uro-génital ou à travers la partie antérieure de ce ligament.

L'artère et les veines du bulbe du pénis cheminent entre les deux feuillets du fascia du diaphragme uro-génital.

L'artère urétrale traverse le fascia près de son extrémité antérieure.

Les glandes de Cowper sont en arrière de l'urètre, dans l'épaisseur du muscle sphincter de l'urètre ou du muscle transverse profond.

Le plan musculo-fascial moyen du périnée de l'homme ferme, autour de l'urètre, la fente uro-génitale comprise, en avant du rectum, entre les deux muscles élévateurs de l'anus. Il est parfois appelé pour cela *diaphragme* ou *plancher uro-génital*.

d) PLAN SUPÉRIEUR OU PROFOND. Au-dessus du plan moyen, s'étend le plan profond ou diaphragme pelvien principal, formé par les muscles élévateur de l'anus, ischio-coccygien et leurs fascias.

Ce plan musculo-fascial n'appartient pas seulement au périnée antérieur. Il occupe toute l'étendue du plancher pelvien.

Le plancher pelvien est traversé en arrière par le rectum et présente, en avant du rectum, la fente uro-génitale qu'oblitère plus bas le plan moyen.

Entre le plan musculo-fascial moyen du périnée antérieur et le diaphragme pelvien principal, s'insinue un prolongement de la fosse ischio-anale ou pelvi-rectale inférieure, que nous allons décrire avec le périnée postérieur.

2. Périnée postérieur. Dans le périnée postérieur il n'existe pas de plans musculo-fasciaux superficiel et moyen.

Cette partie du périnée est occupée, au centre, par le canal anal et par le sphincter externe de l'anus. Celui-ci est uni : en avant au centre tendineux du périnée, en arrière au coccyx et au ligament ano-coccygien.

De chaque côté du canal anal se trouve une cavité remplie de graisse, appelée *fosse ischio-anale* ou *espace superficiel du périnée*.

a) FOSSE ISCHIO-ANALE. (fig. 406 et 399). Sa forme est celle d'une barque renversée, c'est-à-dire qu'elle présente deux parois latérales, l'une médiale, l'autre, latérale, qui se réunissent l'une à l'autre le long de leur bord supérieur et à leurs extrémités antérieure et postérieure, tandis qu'elles s'écartent graduellement l'une de l'autre, de haut en bas. Sur coupe vertico-transversale, la fosse ischio-anale est donc triangulaire. Elle présente à décrire trois parois (médiale, latérale et inférieure), un bord supérieur, une base et deux extrémités, l'une, antérieure, l'autre, postérieure.

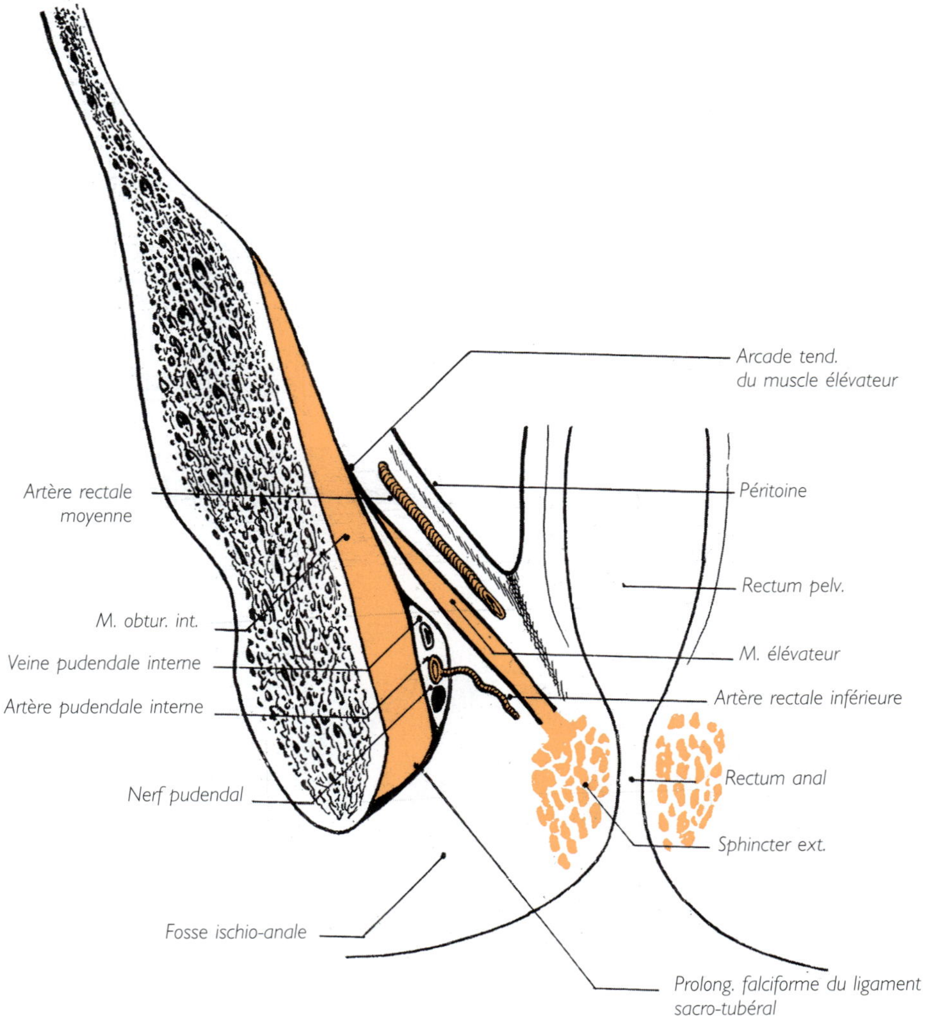

Fig. 406 ▪ Coupe vertico-transversale du périnée postérieur, montrant la disposition des parois de la fosse ischio-anale.

La *paroi interne* ou *supéro-interne* est un plan musculaire continu, incliné de haut en bas et de dehors en dedans, constitué en haut par les muscles élévateur de l'anus, ischio-coccygien et leur revêtement celluleux, en bas par le muscle sphincter de l'anus et le ligament ano-coccygien.

La *paroi latérale,* à peu près verticale, est formée par le muscle obturateur interne et son fascia. Celle-ci se dédouble pour engainer les vaisseaux pudendaux internes. On trouve de haut en bas, dans ce canal dit *canal pudendal* : tantôt (et c'est le cas le plus fréquent) la veine, l'artère et le nerf ; tantôt l'artère, la veine et le nerf. Celui-ci chemine immédiatement au-dessus du repli falciforme du ligament sacro-tubéral, dont le bord supérieur est à la jonction des deux feuillets du canal fascial vasculo-nerveux.

La *paroi inférieure* ou *base* est constituée par les téguments du périnée, c'est-à-dire par la peau que double un pannicule adipeux sous-dermique en continuité avec la graisse qui remplit la fosse ischio-anale.

Le *bord supérieur* longe la ligne d'attache du muscle élévateur au fascia du muscle obturateur interne.

L'*extrémité antérieure* émet un prolongement représenté par l'étroit espace compris, dans le périnée antérieur, entre la face inférieure du muscle élévateur, la face supérieure du plan moyen du périnée et le fascia du muscle obturateur interne. Ce prolongement, qui s'effile d'arrière en avant, est fermé, en dedans et en avant, par l'union du fascia du muscle élévateur au feuillet supérieur du fascia du diaphragme uro-génital.

Le paquet vasculo-nerveux pudendal, constitué par l'artère pudendale interne et par le nerf dorsal du pénis, s'avance dans ce prolongement de la fosse ischio-anale,

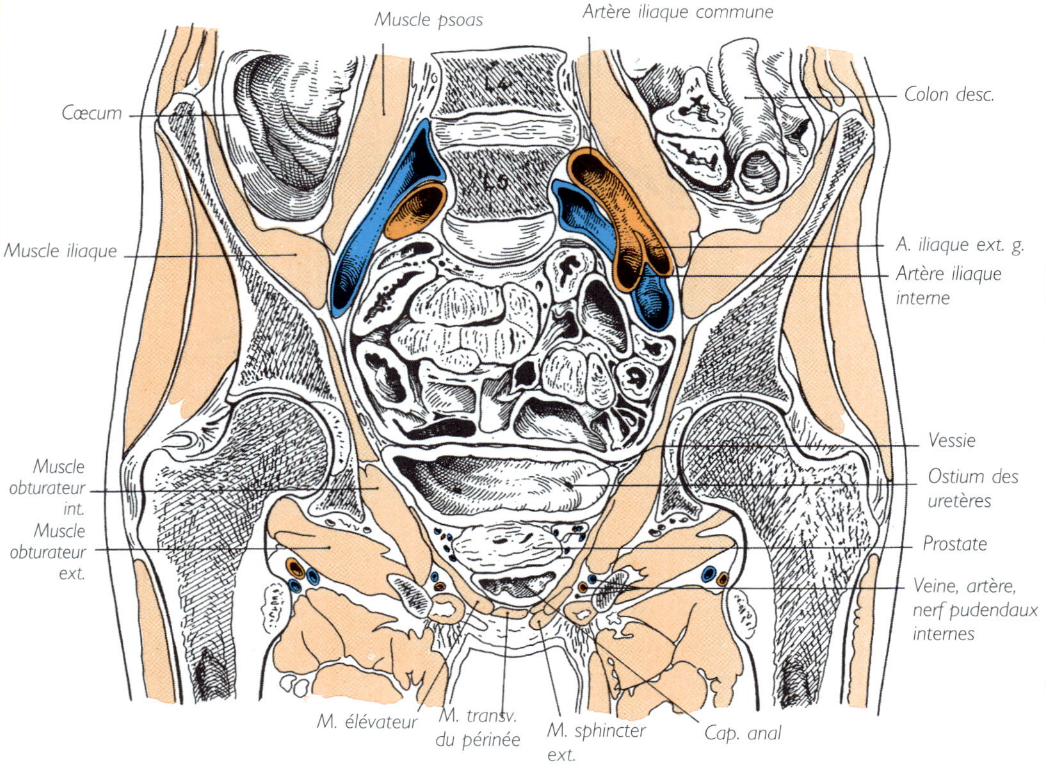

Fig. 407 ▪ Coupe frontale du pelvis minor chez l'homme passant par le promontoire.

le long de la branche ischio-pubienne, et dans un canal fibro-celluleux formé : en bas, par le feuillet supérieur du fascia du diaphragme uro-génital ; en dehors, par le fascia du muscle obturateur interne, enfin, en haut, par un feuillet celluleux qui réunit ces deux fascias. Ici, la veine est en dedans de l'artère et du nerf, et celui-ci chemine au-dessus de l'artère.

L'*extrémité postérieure* se prolonge également, en se rétrécissant, entre le muscle grand fessier et la partie postérieure du diaphragme pelvien (fig. 372).

La cavité de la fosse ischio-anale est remplie de graisse qui se continue avec la pannicule adipeux sous-cutané. Cette volumineuse masse graisseuse est traversée par le nerf rectal inférieur, les artères et veines rectales inférieures, entourées d'une gaine fibreuse qui émane du fascia du muscle obturateur interne. Le nerf pénètre, en général, de chaque côté dans la partie moyenne du sphincter.

PÉRINÉE DE LA FEMME

Le périnée de la femme est construit sur le même type que celui de l'homme. Les particularités qu'il présente tiennent : ❑ 1° à l'indépendance qui existe dans leur traversée périnéale, entre les organes urinaires et les organes génitaux, ceux-ci étant placés en arrière de ceux-là ; ❑ 2° à l'absence de la prostate ; ❑ 3° au dédoublement du bulbe du vestibule dont les deux moitiés sont placées sur les côtés de l'orifice vaginal (comparez les figures 399 et 404).

1. Région uro-génitale. Le *plan supra-fascial* est occupé dans le région uro-génitale par les différentes parties de la vulve dont nous avons précédemment indiqué la configuration et la structure.

Il existe, de plus, chez la femme, un *muscle transverse peaucier du périnée*, dont les fibres transversales, ou légèrement obliques en arrière, s'insèrent : en dedans, sur la commissure postérieure des lèvres et le quart postérieur de la vulve ; en dehors sur les téguments (Laux et Passebois).

Le *plan superficiel* comprend, comme chez l'homme, le fascia superficiel, les organes érectiles, les trois muscles du triangle ischio-bulbaire, c'est-à-dire les muscles transverse superficiel, ischio-caverneux et bulbo-spongieux ; il comprend, de plus, un quatrième muscle, le muscle constricteur de la vulve. Ce muscle est appliqué à l'entrée du vagin sur la face interne du bulbe du vestibule et sur les glandes vestibulaires majeures situées de chaque côté du vagin (fig. 402 et 404).

Le vestibule divise le fascia superficiel du périnée en deux moitiés latérales qui se comportent sur le triangle ischio-bulbaire de la même manière que chez l'homme.

Le *plan musculo-fascial moyen*, appelé encore *diaphragme* ou *plancher uro-génital,* est également divisé en deux parties par l'urètre et le vagin. Mais ces deux parties latérales sont disposées de la même manière que dans le périnée de l'homme.

Le *plan supérieur*, formé par les muscles élévateur de l'anus, ischio-coccygien et leurs fascias, se différencie par les rapports que le muscle élévateur présente avec l'urètre et le vagin.

2. Périnée postérieur. Sa disposition est identique à celle que nous avons décrite chez l'homme.

ESPACE PROFOND DU PÉRINÉE

Le péritoine pelvien ne descend pas jusqu'au contact du diaphragme pelvien principal. Il existe entre celui-ci et la séreuse péritonéale un espace appelé *espace profond du périnée*. Cet espace porte, en regard du rectum, le nom d'*espace pelvi-rectal supérieur*.

1. Parois. Cet espace est limité : en haut par le péritoine, en bas par le fascia pelvien, en dedans par les viscères pelviens : ❑ rectum en arrière, vessie et prostate en avant chez l'homme ; ❑ utérus, vagin et vessie chez la femme (fig. 399, 404 et 406).

Son épaisseur augmente de dehors en dedans. En effet, le péritoine s'infléchit de bas en haut et de dehors en dedans pour revêtir les viscères pelviens, tandis que le diaphragme pelvien est incliné en sens inverse, c'est-à-dire de haut en bas et de dehors en dedans.

2. Contenu. L'espace profond du périnée contient un tissu fibro-cellulaire traversé : par les vaisseaux et nerf obturateurs, par les branches viscérales des vaisseaux iliaques internes, par des lymphatiques et par le plexus hypogastrique inférieur.

Le tissu cellulaire de l'espace profond du périnée n'a pas partout la même texture. Il se condense en certains points et s'organise en lames de tissu cellulo-fibro-musculaire lisse. Ces lames sont : la *gaine hypogastrique*, le *fascia ombilico-prévésical*, le *fascia péritonéo-périnéal* et le *fascia rétro-rectal* de la gaine du rectum.

Chez la femme, le fascia péritonéo-périnéal est remplacé par une cloison celluleuse contenant un *septum recto-vaginal* analogue au feuillet qui, dans le fascia péritonéo-périnéal, provient de la réunion des parois de l'excavation recto-utérine.

a) GAINE HYPOGASTRIQUE. Les vaisseaux iliaques internes et leurs branches intrapelviennes sont appliqués sur la paroi par une toile cellulo-fibro-musculaire lisse « mal tissée, irrégulièrement tissée, ici fascia, là toile d'araignée » (Farabeuf).

Ce *fascia*, plus souvent appelé *gaine hypogastrique*, est soulevé en dedans par les vaisseaux viscéraux, quand ceux-ci abandonnent la paroi pour aller aux organes intrapelviens : rectum, vessie, vésicules séminales et prostate, ou bien utérus et vagin.

La partie juxta-viscérale de la gaine hypogastrique forme une lame tendue du pubis au sacrum, placée de champ sur toute la hauteur de la partie interne de l'espace profond du périnée, tout contre les viscères pelviens. On réserve à cette partie de la gaine le nom de *lame sacro-recto-génitale* ou *sacro-recto-génito-pubienne* (fig. 408).

La *partie postérieure de la gaine hypogastrique* contient le plexus hypogastrique inférieur dans son épaisseur, en regard du rectum et des vésicules séminales chez l'homme, en regard du rectum et de la partie postéro-supérieure du vagin chez la femme. Ce n'est qu'artificiellement, par une dissection laborieuse, que l'on peut séparer de la face externe du plexus une mince lame cellulo-fibreuse. Cette lame ne représente qu'une partie de la gaine dont les éléments s'entrelacent avec ceux

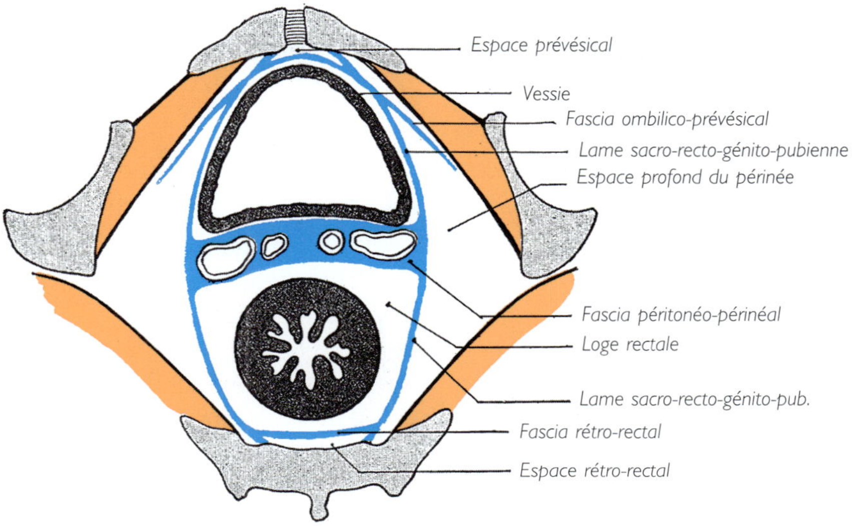

Fig. 408 ▪ Coupe horizontale schématique, destinée à montrer la topographie générale de l'excavation pelvienne.

du plexus et s'étendent sur sa face interne. À vrai dire, ce sont les éléments du plexus hypogastrique inférieur qui constituent la trame vraiment résistante de cette partie de la gaine hypogastrique. C'est pourquoi la gaine hypogastrique est fixée en arrière, à la paroi postérieure du bassin, par les filets nerveux du plexus qui proviennent de la chaîne sympathique, ainsi que des plexus pudendal et sacro-coccygien (Barbilian).

La *partie antérieure de la gaine hypogastrique* est essentiellement vasculaire. Elle est en effet formée par du tissu conjonctif et par des veines que ce tissu conjonctif entoure : veines des plexus vésical et prostatique chez l'homme, utéro-vaginal, vésical et veineux pré-urétral chez la femme.

La continuité entre la partie antérieure, vasculaire, de la gaine hypogastrique, c'est-à-dire de la lame sacro-recto-génitale, avec la partie postérieure, nerveuse, est assurée : 1° par les rameaux nerveux qui vont du plexus hypogastrique à la vessie et à la prostate chez l'homme, à la vessie, à l'utérus et au vagin chez la femme ; 2° par les anastomoses qui relient entre eux les plexus veineux placés autour des viscères intrapelviens (Barbilian).

Nous avons précédemment décrit le *fascia ombilico-prévésical*, le *fascia péritonéo-périnéal* et le *septum recto-vaginal*. Ces feuillets fibro-celluleux sont placés transversalement entre les organes qu'ils séparent les uns des autres, et les deux derniers s'unissent par leurs bords latéraux aux lames sacro-recto-génito-pubiennes

Leur texture est un peu différente de celle de la gaine hypogastrique. Ils sont en effet formés non seulement par du tissu conjonctif fibreux et musculaire lisse, mais encore par un fascia d'accolement résultant de la soudure des culs-de-sac péritonéaux qui sont : les culs-de-sac prévésicaux en ce qui concerne le fascia ombilico-prévésical, les excavations recto-vésicale et vésico-séminale pour le fascia péritonéo-périnéal, l'excavation recto-utérine pour le fascia recto-vaginal.

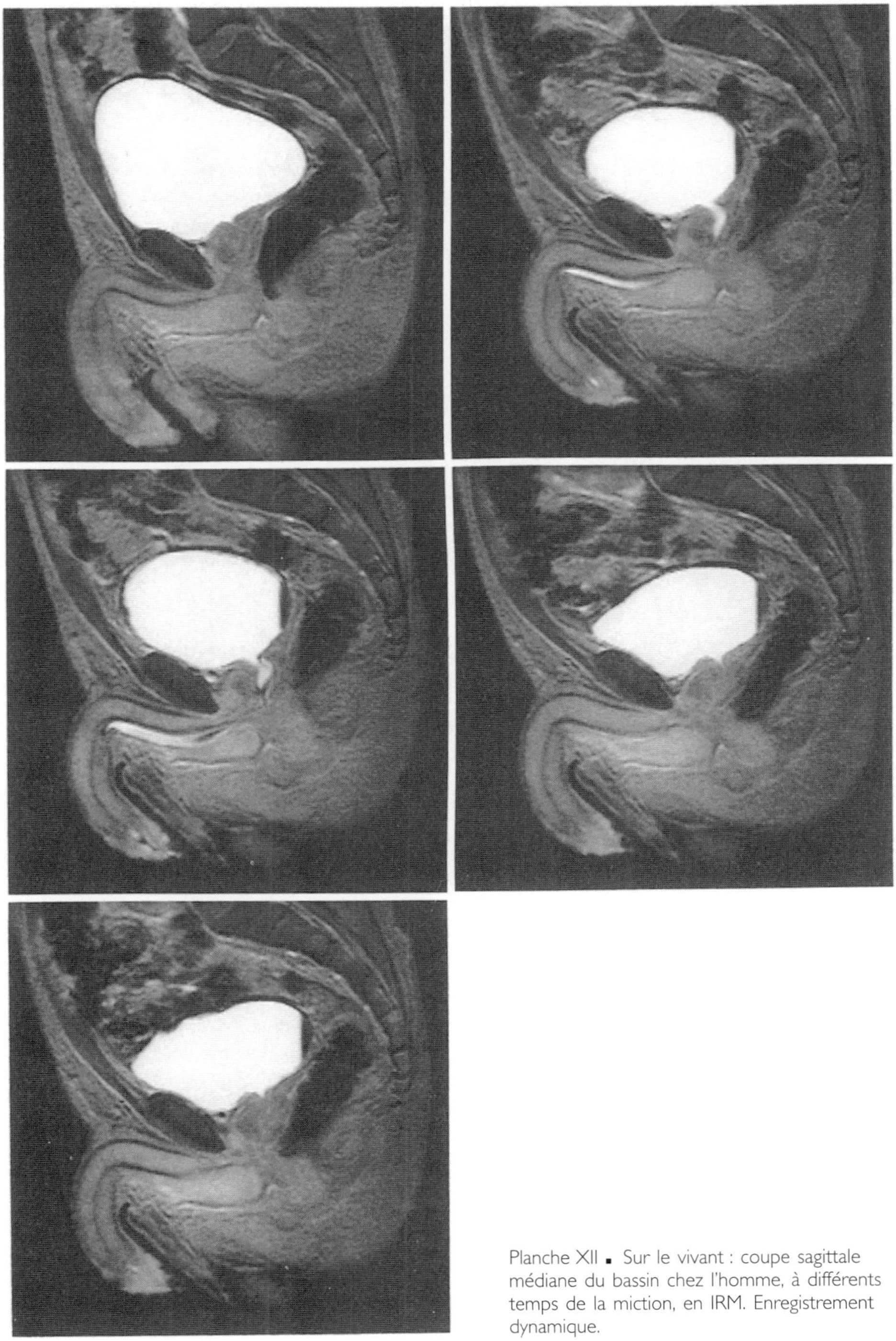

Planche XII ▪ Sur le vivant : coupe sagittale médiane du bassin chez l'homme, à différents temps de la miction, en IRM. Enregistrement dynamique.

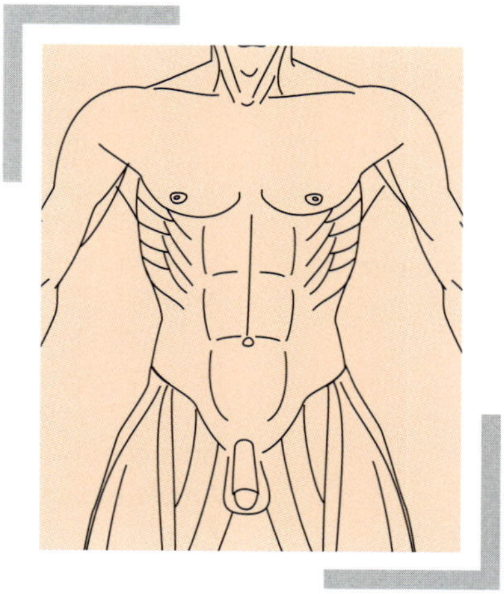

Index

B

C

D

G

H

I

J

L

N

O

P

S

T

U

V

Z

MASSON Éditeur
120, boulevard Saint-Germain
75280 Paris Cedex 06
Dépôt légal : septembre 2002

Mise en page Nord Compo
59650 Villeneuve-d'Ascq

Impression et reliure
Pollina S.A.
85400 Luçon
N° L 87273-B
Imprimé en France

400392 - I - 6,5 - CSB 90°